国防科工委“十五”规划教材.材料科学与工程

材料的腐蚀与防护

主 编:刘道新
编 者:(按姓氏笔画排序)
刁 鹏 刘道新 李 澄 张 琦
杨世伟 项 民 赵 晴 秦熊浦
常铁军 谢发勤

西北工业大学出版社
北京航空航天大学出版社 北京理工大学出版社
哈尔滨工业大学出版社 哈尔滨工程大学出版社

内容简介

本书系统地论述了金属材料、非金属材料的腐蚀原理、类型、腐蚀行为、影响因素和腐蚀控制方法，全面地介绍了航空、航天、船舶、兵器、核工业等国防领域机电装备的腐蚀与控制技术。全书共分 13 章，内容包括绪论、电化学腐蚀热力学与动力学、析氢腐蚀与耗氧腐蚀、金属的钝化、局部腐蚀、应力作用下的腐蚀、金属在自然环境中的腐蚀、高温腐蚀、金属材料的耐蚀性、非金属材料的腐蚀行为、腐蚀控制方法及其选择、机电装备的腐蚀与控制等。

本书为国防类高等院校材料专业(包括腐蚀与防护专业)的本科生教材，同时也可供非国防类院校相近专业的师生使用，并可作为从事腐蚀与防护、材料、化工、冶金、机械、维修等专业工作的研究人员、工程技术人员、设计工作者和管理人员的参考书。

图书在版编目(CIP)数据

材料的腐蚀与防护/刘道新主编．—西安：西北工业大学出版社，2005.12(2022.1 重印)
国防科工委“十五”规划教材．材料科学与工程
ISBN 978-7-5612-1929-4

Ⅰ.材…　Ⅱ.刘…　Ⅲ.工程材料—腐蚀—高等学校—教材　Ⅵ. TB304

中国版本图书馆 CIP 数据核字(2005)第 034379 号

材料的腐蚀与防护

刘道新　主编
责任编辑　季苏平
责任校对　刘　晖
西北工业大学出版社出版发行
西安市友谊西路 127 号(710072)
市场部电话：029-88493844　88491757
http://www.nwpup.com
兴平市博闻印务有限公司　　各地书店经销
开本：787×960　1/16
印张：37　字数：806 千字
2006 年 1 月第 1 版　2022 年 1 月第 9 次印刷
ISBN 978-7-5612-1929-4　　定价：75.00 元

国防科工委“十五”规划教材编委会

总 序

国防科技工业是国家战略性产业，是国防现代化的重要工业和技术基础，也是国民经济发展和科学技术现代化的重要推动力量。半个多世纪以来，在党中央、国务院的正确领导和亲切关怀下，国防科技工业广大干部职工在知识的传承、科技的攀登与时代的洗礼中，取得了举世瞩目的辉煌成就。研制、生产了大量武器装备，满足了我军由单一陆军，发展成为包括空军、海军、第二炮兵和其他技术兵种在内的合成军队的需要，特别是在尖端技术方面，成功地掌握了原子弹、氢弹、洲际导弹、人造卫星和核潜艇技术，使我军拥有了一批克敌制胜的高技术武器装备，使我国成为世界上少数几个独立掌握核技术和外层空间技术的国家之一。国防科技工业沿着独立自主、自力更生的发展道路，建立了专业门类基本齐全，科研、试验、生产手段基本配套的国防科技工业体系，奠定了进行国防现代化建设最重要的物质基础；掌握了大量新技术、新工艺，研制了许多新设备、新材料，以"两弹一星"、"神舟"号载人航天为代表的国防尖端技术，大大提高了国家的科技水平和竞争力，使中国在世界高科技领域占有了一席之地。党的十一届三中全会以来，伴随着改革开放的伟大实践，国防科技工业适时地实行战略转移，大量军工技术转向民用，为发展国民经济做出了重要贡献。

国防科技工业是知识密集型产业，国防科技工业发展中的一切问题归根到底都是人才问题。50 多年来，国防科技工业培养和造就了一支以"两弹一星"元勋为代表的优秀的科技人才队伍，他们具有强烈的爱国主义思想和艰苦奋斗、无私奉献的精神，勇挑重担，敢于攻关，为攀登国防科技高峰进行了创造性劳动，成为推动我国科技进步的重要力量。面向新世纪的机遇与挑战，高等院校在培养国防科技人才，生产和传播国防科技新知识、新思想，攻克国防基础科研和高技术研究难题当中，具有不可替代的作用。国防科工委高度重视，积极探索，锐意改革，大力推进国防科技教育特别是高等教育事业的发展。

高等院校国防特色专业教材及专著是国防科技人才培养当中重要的知识载体和教学工具，但受种种客观因素的影响，现有的教材与专著整体上已落后于当今国防科技的发展水平，不适应国防现代化的形势要求，对国防科技高层次人才的培养造成了相当不利的影响。为尽快改变这种状况，建立起质量上乘、品种齐全、特点突出、适应当代国防科技发展的国防特色专业教材体系，国防科工委全额资助编写、出版200种国防特色专业重点教材和专著。为保证教材及专著的质量，在广泛动员全国相关专业领域的专家学者竞投编著工作的基础上，以陈懋章、王泽山、陈一坚院士为代表的100多位专家、学者，对经各单位精选的近550种教材和专著进行了严格的评审，评选出近200种教材和学术专著，覆盖航空宇航科学与技术、控制科学与工程、仪器科学与工程、信息与通信技术、电子科学与技术、力学、材料科学与工程、机械工程、电气工程、兵器科学与技术、船舶与海洋工程、动力机械及工程热物理、光学工程、化学工程与技术、核科学与技术等学科领域。一批长期从事国防特色学科教学和科研工作的两院院士、资深专家和一线教师成为编著者，他们分别来自清华大学、北京航空航天大学、北京理工大学、华北工学院、沈阳航空工业学院、哈尔滨工业大学、哈尔滨工程大学、上海交通大学、南京航空航天大学、南京理工大学、苏州大学、华东船舶工业学院、东华理工学院、电子科技大学、西南交通大学、西北工业大学、西安交通大学等，具有较为广泛的代表性。在全面振兴国防科技工业的伟大事业中，国防特色专业重点教材和专著的出版，将为国防科技创新人才的培养起到积极的促进作用。

党的十六大提出，进入21世纪，我国进入了全面建设小康社会、加快推进社会主义现代化的新的发展阶段。全面建设小康社会的宏伟目标，对国防科技工业发展提出了新的更高的要求。推动经济与社会发展，提升国防实力，需要造就宏大的人才队伍，而教育是奠基的柱石。全面振兴国防科技工业必须始终把发展作为第一要务，落实科教兴国和人才强国战略，推动国防科技工业走新型工业化道路，加快国防科技工业科技创新步伐。国防科技工业为有志青年展示才华，实现志向，提供了缤纷的舞台，希望广大青年学子刻苦学习科学文化知识，树立正确的世界观、人生观、价值观，努力担当起振兴国防科技工业、振兴中华的历史重任，创造出无愧于祖国和人民的业绩。祖国的未来无限美好，国防科技工业的明天将再创辉煌。

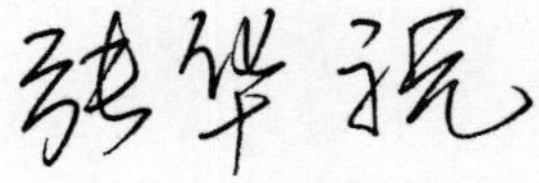

前 言

“材料的腐蚀与防护”是材料科学与工程学科本科生的一门专业课程。该课程介绍材料与腐蚀环境介质作用的规律、作用的机理、影响因素以及腐蚀破坏的危害性，论述腐蚀分析与研究的方法，讲述控制、预防和预测材料及其结构腐蚀发生或发展的技术与方法。

本教材是结合作者从事腐蚀与防护专业多年的教学、科研经验及国内外最新研究成果，参考大量的文献资料编写而成的。意在编撰一本既能作为材料专业本科生的教材，又能作为冶金、化工、机械工程、维修工程、武器装备设计与维护等专业学生选修课的教学参考书，同时还可作为从事上述领域工作的工程技术人员和科研、设计人员自学腐蚀与防护知识的参考用书。

材料的腐蚀理论与防护技术是一门涉及物理学、化学、力学、材料学、热工艺学等多门学科的综合性技术学科。由于材料和结构通常处在不同程度的腐蚀环境之中，因此，腐蚀损伤是机电设备失效的重要原因之一，并造成巨大的经济损失。近期统计结果表明，我国每年因腐蚀造成的总经济损失高达 5 000 亿元。研究腐蚀科学与防护技术，不仅有利于减少经济损失，而且可以保护环境，节约资源和能源。腐蚀不仅是一般民用工业中机电设备的重要破坏形式，而且更是影响国防领域武器装备作战性能、安全性、可靠性和使用寿命等的重要因素，因此，材料的腐蚀与防护知识对于国防领域中的工程技术人员和管理人员是十分重要的。

本教材全面系统地介绍了金属材料与非金属材料的腐蚀原理、类型、腐蚀行为、影响因素和腐蚀控制方法。作为腐蚀理论与防护技术的工程应用，本教材最后一章全面地介绍了航空、航天、船舶、兵器、核工业等国防领域机电装备的腐蚀与控制技术，以及现代腐蚀监测技术和机电装备腐蚀失效分析的方法。教材注重基本概念、基本知识和基本理论的介绍，注重理论联系实际，图文并茂，由浅入深。针对教改的需要，教材编写的内容较课堂有限学时内所能够讲述的内容多出一定的比例。一方面是为学有余力的学生扩大知识面和培养自学能力时选用;另一方面,是根据不同学校专业设置的不同特点,教师根据授课内容可以有一定的筛选(选讲内容在书中以“*”注明)。每章后编有思考题和习题,供学生巩固所学理论知识和锻炼分析问题与解决问题的能力使用;教材后附有常用的数据表格等信息资料,便于读者查阅。

本教材由西北工业大学刘道新任主编,负责教材的编写立项和统稿,并编写第1章、第6章、第7章和第13章的13.1节、13.8节及附录;北京航空航天大学项民、刁鹏和张琦分别编写第2章、第3章和第11章;南京航空航天大学李澄编写第4章、第5章和第13章的13.2节;哈尔滨工程大学常铁军和杨世伟编写第8章和第13章的13.3节至13.5节;西北工业大学秦熊浦编写第9章和第13章的13.6节、13.7节,并校阅了部分书稿;西北工业大学谢发勤编写第10章;南昌航空学院赵晴编写第12章。西安交通大学黄淑菊教授认真审阅了本教材,并提出了许多宝贵意见。

本教材得到了国防科工委“十五”重点建设教材经费的资助,同时科工委聘请了有关专家对本书初稿进行了认真审阅,并提出了诸多建设性意见。在编写过程中,西北工业大学教务处和出版社的有关领导和老师给予了很大的支持和帮助。书中引用了大量的文献资料。在此一并表示衷心感谢!

由于编者水平有限,书中难免存在疏漏和错误之处,敬请读者批评指正。

编　者

2005年6月

符 号 表

A_r—— 相对原子质量

a—— 活度,裂纹长度

da/dt—— 裂纹扩展速率

da/dN —— 疲劳裂纹扩展速率

b—— 塔费尔常数

b_A—— 阳极塔费尔常数,阳极塔费尔直线斜率

b_C—— 阴极塔费尔常数,阴极塔费尔直线斜率

C—— 电容,积分常数

c_O—— 氧化态物质的浓度

c_R—— 还原态物质的浓度

c^0—— 整体溶液浓度或初始浓度

c^S—— 电极表面溶液浓度

D—— 扩散系数

E—— 电极电位,电场强度,杨氏模量

$E^{\ominus}$ —— 标准电极电位

E^e—— 开路电位,平衡电位

E_A—— 阳极电位

E_A^e—— 阳极开路电位,阳极平衡电位

E_C—— 阴极电位

E_C^e—— 阴极开路电位,阴极平衡电位

E_b—— 点蚀电位,击穿电位

E_{corr}—— 腐蚀电位,自腐蚀电位,混合电位

E_F——Flade 电位,金属由钝态转化为活化态时的电位

E_{mix}—— 混合电位

E_p—— 初始稳态钝化电位

E'_p—— 点蚀保护电位

E_{pp}—— 初始钝化电位,临界钝化电位,致钝电位

E_s—— 稳定电位

E_{tp}—— 过钝化电位

e_i^-—— 间隙电子

F—— 法拉第常数

G—— 吉布斯自由能,自由能

ΔG—— 吉布斯自由能变化

ΔH—— 焓变

$\vec{I}$—— 氧化反应电流强度

$\overleftarrow{I}$—— 还原反应电流强度

I_A—— 阳极电流强度

I_C—— 阴极电流强度

I_{corr}—— 腐蚀电流强度

I_g—— 电偶电流强度

i—— 电流密度

i^0—— 交换电流密度

$\vec{i}$—— 氧化反应电流密度

$\overleftarrow{i}$—— 还原反应电流密度

i_A—— 阳极电流密度

$i_{A外}$—— 外加阳极电流密度

i_C—— 阴极电流密度

$i_{C外}$—— 外加阴极电流密度

i_{corr}—— 腐蚀电流密度

i_d—— 扩散电流密度

i_L—— 极限扩散电流密度

i_g—— 电偶电流密度

i_{pp}—— 初始钝化电流密度,临界钝化电流密度

i_p—— 稳态钝化电流密度

J—— 扩散流量

K, K_{sp}—— 反应平衡常数

K_I——I 型裂纹的应力强度因子

K_{IC}—— 断裂韧性

K_{ISCC}—— 应力腐蚀断裂临界应力强度因子

n_C—— 阳离子迁移数

n_A—— 阴离子迁移数

n_e—— 电子迁移数

P_A—— 阳极极化率

P_C—— 阴极极化率

R—— 电阻,气体常数

R_{sol}—— 溶液电阻

R_P—— 极化电阻

U—— 内能

v_w—— 重量法的腐蚀速率

v_d—— 厚度减小表示的腐蚀速率

Z—— 交流阻抗

Z_{Re}—— 交流阻抗实部

Z_{Im}—— 交流阻抗虚部

α—— 还原反应的传递系数

β—— 氧化反应的传递系数

δ—— 扩散层有效厚度

$\dot{\varepsilon}$—— 应变速率

ε_f—— 断裂延伸率

η—— 过电位

η_A—— 阳极过电位

η_C—— 阴极过电位

η_H—— 氢过电位

η_O—— 氧过电位

μ—— 化学势

$\mu^\ominus$—— 标准化学势

μ_i—— 第 i 物质的化学势

ρ—— 密度,电阻率

σ—— 应力

σ_b—— 抗拉强度

σ_{th}—— 应力腐蚀断裂门槛应力

σ_s—— 屈服应力

σ_{SCC}—— 应力腐蚀临界应力

目 录

第1章 绪 论

1.1 材料腐蚀的基本概念

材料是现代科学技术和当代文明的重要支柱。材料的使用离不开环境。材料的腐蚀与防护学科就是研究材料在其周围环境作用下的破坏、变质行为及其控制的一门学科。在绝大多数情况下，机械装备的失效（丧失其规定功能）是由于构成它的材料的损伤和变质而引起的。根据失效过程中材料发生变化的物理、化学的本质机理不同和过程特征的差异，可以将机械失效划分为过载变形、腐蚀、断裂、磨损、热损伤、电损伤、污染和辐射损伤等多种形式，其中腐蚀（corrosion）、断裂（fracture）和磨损（wear）是工程材料和结构最重要、最常见的三种失效破坏形式，如表1.1和图1.1所示。在表1.1中将腐蚀加速的断裂和磨损归入了腐蚀范畴。因此，研究材料的腐蚀与防护具有十分重要的意义。

表1.1 在一些工程工业中调查的失效原因的比例

失效原因	腐蚀	断裂	磨损	其他
比例/(%)	42	44	3	11

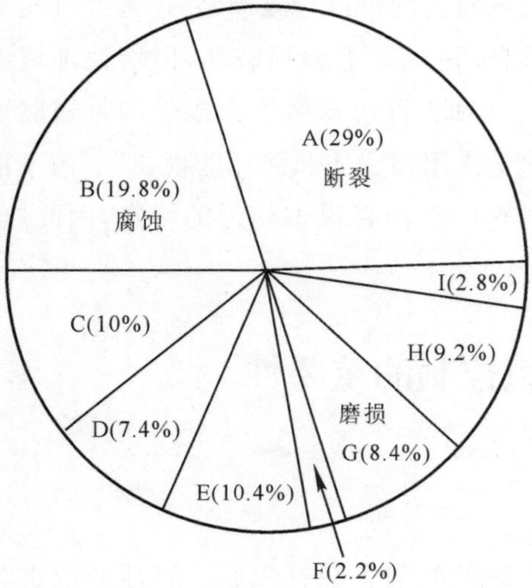

事件	累计事件百分比
A—断裂	29%
B—腐蚀	19.8%
C—与紧固件有关	10%
D—压痕/刻痕/刮伤	7.4%
E—蜂窝结构损伤	10.4%
F—与紧固件孔有关	2.2%
G—磨损	8.4%
H—维护	9.2%
I—其他	2.8%

图1.1 五种飞机分解状态检查的事故累积出现率

金属材料在人类社会文明发展史上占有极为重要的地位，人们最为熟悉的腐蚀现象是金属材料的腐蚀，如铁生锈是因其表面腐蚀生成了腐蚀产物 FeO(OH)或 $Fe_2O_3 \cdot H_2O$，铜腐蚀后则在表面产生铜绿[$CuSO_4 \cdot 3Cu(OH)_2$]。然而，随着现代科学技术的发展，非金属材料、复合材料在各工业部门中的使用量愈来愈大，这些材料因环境造成的破坏和变质及其控制问题也越来越受到重视。因此，腐蚀与防护科学已从过去以金属材料为主要研究对象，转变为以金属材料、无机非金属材料、高分子材料和复合材料等在内的各类材料为研究对象。

腐蚀的英文名称起源于拉丁文“corrodere”，其含义是损坏或腐烂。随着人们对腐蚀认识的深入和研究范围的扩大，腐蚀的定义也在不断变化。早期对腐蚀的定义是针对金属材料的。例如，英国人艾文思(U. R. Evans)给出如下的定义：“金属腐蚀是金属从元素态转变为化合态的化学变化及电化学变化”。美国人方坦纳(M. G. Fantana)则认为腐蚀可以从几个方面下定义：①由于材料与环境及应力作用而引起的材料的破坏和变质；②除了机械破坏以外的材料的一切破坏；③冶金的逆过程等。前两种定义既包含了金属材料，也包含了非金属材料；而后一种定义则是针对金属材料的，同时说明腐蚀过程在热力学上是自发的。

近年来，由于腐蚀的研究范围不断扩大，有人将腐蚀的定义拓展为“材料的腐蚀是材料受环境介质的化学、电化学和/或物理作用的破坏的现象”。该定义不仅涵盖了金属材料的化学和电化学原因造成的腐蚀破坏，而且包含了液态金属等导致的金属材料的物理破坏(传统上称为金属材料的液态金属腐蚀)。同时，该定义还包括了非金属材料的腐蚀，如耐火砖或陶瓷、玻璃材料受熔化金属、熔融盐等介质的腐蚀，石英或硅酸盐材料由水分子引起的破坏或变质，高分子材料的辐照分解，等等。然而依据上述定义，材料的融化、蒸发、断裂、磨损等物理因素导致的破坏和变质也应属于腐蚀，这显然是不合适的。虽然腐蚀可以导致断裂，但是当纯机械应力超过材料的塑性极限时也可发生断裂；同样，尽管腐蚀可以促进磨损破坏，但惰性环境中接触材料表面的相对运动也可以造成纯机械磨损破坏。因此，目前普遍为人接受的材料腐蚀定义是“材料腐蚀是材料受环境介质的化学作用或电化学作用而变质和破坏的现象”。由于液态金属导致的材料破坏，与化学或电化学造成的金属材料的腐蚀有很多相近的特点，因此，金属的这类破坏现象通常也纳入腐蚀学科的研究范畴。

1.2 腐蚀的危害与腐蚀控制的重要性

一、腐蚀的危害

腐蚀问题遍及国民经济和国防建设的各个部门，造成的危害触目惊心。腐蚀的危害具体表现在以下几个方面。

1. 直接经济损失

腐蚀的直接经济损失是指由于腐蚀的存在而导致总费用的增量。关于腐蚀造成的经济损失有不同的估算方法,如 Uhlig 估算法、Hoar 估算法和 NBS/BCL 估算法(美国商业部所属的国家标准局(NBS)与 Battelle 研究所在 Columbus 的实验室联合提出)等。按照 NBS/BCL 估算法,腐蚀造成的直接经济损失包括以下几个方面:①资本费用,具体包括更换设备费及建筑费、富裕容量费、多余的备用设备费;②控制费用,包括维修费、腐蚀控制费;③设计费用,包括建筑材料、腐蚀容差、特殊工艺的费用;④相关费用,包括产品损失、技术支持、保险、零件及设备存货的费用。

腐蚀造成的直接经济损失可以统计出具体数字。根据部分国家腐蚀损失的调查统计表明,每年因腐蚀造成的直接经济损失约占国民生产总值(GNP)的1%～6%(见表1.2),全球每年因腐蚀造成的损失约达7 000亿美元,是自然灾害即地震、台风、水灾等损失总和的6倍。从表1.2可以看出,不仅发展中国家,即使发达国家,腐蚀造成的经济损失也相当可观,如美国因腐蚀造成的损失达到1 100美元/(人·年)。由中国工程院组织的"中国工业和自然环境腐蚀调查"咨询项目是我国建国以来所进行的最大规模的一次行业腐蚀调查。2000年报道的结果表明,我国每年腐蚀造成的直接损失约2 288亿元人民币(利用 Hoar 估算法);若计入间接损失,腐蚀总损失可达5 000亿元,约占我国 GNP 的5%,即我国因腐蚀造成的损失约为400元/(人·年)。

表1.2 部分国家腐蚀损失统计

国别	统计年份	直接损失	占国民生产总值/(%)	损失可能减少的部分占/(%)
美国	1975年	825亿美元	4.9	15
	1984年	1 680亿美元		
	1989年	2 000亿美元	4.2	
	1995年	3 000亿美元	4.2	
	1998年	2 757亿美元		
英国	1985年	100亿英镑	3.5	23
德国	1982年	450亿德国马克	3.0	25
瑞典	1986年	350亿瑞士克郎		20
意大利	1989年	480 000亿里拉	6.0	30
前苏联	1969年	67亿美元	2	
日本	1976年 1997年	92亿美元 52 580亿日元	1.8 1.02	
印度	1985年	400亿印度卢比		40
中国	2000年	2 288亿人民币	2.4	

腐蚀造成的经济损失因各工业部门的特点不同而有所差异。英国霍尔(T. P. Hoar)腐蚀控制委员会向英国技术部提出的关于1971年的调查报告表明，腐蚀损失最为严重的四个部门是运输、海洋、建筑和石化，这四个部门的腐蚀损失分别占整个腐蚀损失的比例为25.64%，20.51%，18.32%，13.19%，共占整个腐蚀损失的77.66%，其他部门(包括食品、冶金及加工、动力、供水、政府部门等)仅占22.34%。作为重要载运工具之一的飞机对安全性要求格外高，腐蚀失效是影响其安全性的重要因素。美国1995年统计表明，仅因飞机金属结构的腐蚀损失每年就达130亿美元，其中美国空军腐蚀维修费约占10亿美元，海军飞机每年约花1.5亿美元用做腐蚀维护和维修。1982年国际航空运输协会对其成员公司的调查统计表明，因腐蚀导致飞机定期维修、更换机件所需费用平均为每架次每飞行小时10～20美元。腐蚀同样给国防建设各部门带来巨大的经济损失，有统计资料表明，每年由于腐蚀原因造成全球军用资产损失高达数十亿美元。我军沿海、海岛部队军械弹药由于受潮、腐蚀，每年有大批量报废，仅某型火炮弹药在2～3年内就有近千吨报废，经济损失巨大；海军舰船腐蚀的直接损失占海军维修费用的50%，而舟桥部队每年的维修费用中约70%用于腐蚀防护。

金属材料用量大，且耐蚀性能通常较非金属材料差，因此，腐蚀失效主要发生在金属材料构件上。然而，随着非金属材料的使用量增大，非金属材料造成的腐蚀损失也与日俱增，如近期美国的统计数据表明，每年因陶瓷材料腐蚀造成的经济损失已达10亿美元。

2. 间接经济损失

腐蚀造成的间接损失难以估计，一般包括如下几个方面：①停工，例如炼油厂更换一根腐蚀了的钢管可能只需数百美元，但由此造成的停工1 h，产值可能损失10 000美元。再如电站锅炉管因腐蚀而爆炸，造成电厂停电，由此导致其供电范围内的工厂全部停电，其损失会是十分惊人的。②降低产品效率，如腐蚀产物影响管路畅通，降低设备和管道的换热效率及输送容量等。③产品的污染，如罐头或饮料因容器器壁腐蚀造成污染而报废。

3. 人身伤亡和环境污染

腐蚀造成生产中的“跑、冒、滴、漏”，使有毒气体、液体、核放射物质等外逸，不仅污染周围的环境，而且会危及人类的健康和生命安全。例如，1990年美国仅轻水堆核电站由于腐蚀的原因不仅引起13亿美元的经济损失，而且导致人员被辐射达10^4人·伦。腐蚀失效造成的直接人员伤亡的例子则不胜枚举。例如，1980年3月我国北海油田一采油平台发生腐蚀疲劳破坏，致使123人丧生；1984年12月3日，美国联合碳化物公司在印度博帕尔市的农药厂泄漏了45 t甲基异氰酸酯剧毒物，造成3 500多人丧生，20多万人中毒；1985年8月，日航一架波音747客机(价值约2亿美元)由于机身增压舱端框应力腐蚀断裂而坠毁，机上524人全部遇难；1985年在瑞士，一个使用了13年的游泳馆顶棚因不锈钢吊杆长期承受馆内空气中的氯(由水消毒剂中析出)和顶棚载荷(200 t)的联合作用，发生应力腐蚀而突然坍塌，造成12人死亡，多人受伤；1986年1月28日，美国“挑战者”号航天飞机助推器因橡胶“O”形密封圈受热老化(非金属材料的腐蚀)失效，导致航天飞机升空74 s后突然爆炸，7名宇航员殉难，价值12亿美元的航天飞机毁于一旦。

4. 阻碍科学技术和国防事业的发展

腐蚀问题不能及时解决则会阻碍科学技术的发展,从而影响生产力的进步。现代电子技术需要极高纯度的半导体材料,而生产设备的微量腐蚀,便会污染产品,降低性能。美国阿波罗登月飞船储存 N_2O_4(氧化剂)的钛合金高压容器产生应力腐蚀开裂,使登月计划受阻;若不是后来研究出添加质量分数为 0.006 的 NO 来控制应力腐蚀开裂的办法,登月计划就会推迟许多年。在航天飞机研制过程中,一个关键问题是如何防止再入大气层时因高速飞行的气动力热引起的机体外表面高温氧化(温度达 1 900℃),仅当采用硅瓦做表面防护层后,此计划方得以实现。最近国内外致力于发展的高超声速(马赫数大于 6)航空器和航天器,其制约研究的瓶颈同样是表面耐热材料及涂层的问题。

腐蚀对武器装备的安全可靠性和国防建设有着重要的影响。武器装备不适应预定腐蚀环境带来的危害和造成经济损失或军事失利的教训比比皆是,甚至是触目惊心。因海洋等严酷腐蚀环境造成事故所占的比例相当高。例如,美军 F16 战斗机违规使用石墨润滑脂导致发动机油路控制阀门的电子连接器电偶腐蚀,造成一个编队中至少 7 架飞机失事。再如,我军某舰载直升机的服役寿命不到陆上的 20%;某型飞机不适应我国海南的湿热环境,出勤率低于 20%;海军航空兵在海南使用的某型发动机叶片工作 20 h 大部分就开始腐蚀,最短工作 6 h 就开始腐蚀,导致飞机大面积停飞。我国某型高速鱼雷快艇的铜合金螺旋桨因严重的空泡腐蚀,有的航行 8 h 后螺旋桨就报废。我海军四艘鱼雷快艇在一次战斗中埋伏在某岛屿近两周,其中一艘铝壳艇就因腐蚀和海生物生长而无法开动,造成严重危险,所布放的水雷也因腐蚀和海生物附着,致使引信失效、雷体脱离锚系点而逐波漂流。我国南部沿海库存的战术导弹有效期不到 10 a;大潜深的潜艇密封和水密材料不适应深水区的腐蚀环境而失效,造成危险;我国研制的某型铝壳鱼雷快艇,不到半年 7 mm 厚的艇底板已腐蚀去 3.5 mm,严重影响到该型艇的设计定型;海军南海地区舰艇每次小修时更换腐蚀的钢板达到 1/3,中修时的换板率超过一半……

5. 资源和能源的浪费

统计表明,每年全球因设备和工程结构腐蚀而报废的金属约占金属年产量的 30%,其中 1/3 完全无法回收,这样全世界每年就有上亿吨的金属,因腐蚀而损耗掉了,仅我国每年因腐蚀报废的钢铁就相当于上海宝钢全年的产量。据推测,在英国平均每 90 s 就有 1 t 钢因腐蚀而完全变成铁锈,速度十分惊人。地球上的资源是有限的,有人预测按目前的探测储量和开采速度,Fe,Al,Cu,Zn,Mo,Ag,Cr,U 和 Ti 的可开采年数分别仅有 109 a,35 a,24 a,18 a,36 a,14 a,112 a,44 a 和 51 a。腐蚀不仅浪费了材料资源,而且也耗费了生产材料时所需要的能源和水源等。例如,把铁矿石冶炼成 1 t 钢铁所耗电能,以英国消费水平推算,足够一般家庭

3个月生活的使用，因此，腐蚀造成的能源损失也是巨大的。

二、腐蚀控制及其重要性

由上面的介绍可以看出，腐蚀造成的危害极大，不仅带来巨大的经济损失，而且给人类赖以生存的环境造成严重的污染以及资源和能源的严重损耗，与当今全球倡导的可持续发展的战略相抵触。因此，学习和研究腐蚀的基本原理，减缓和控制腐蚀破坏的发生，不仅有显著的经济效益，而且有巨大的社会效益，同时对促进新技术、新工艺的发展也是必不可缺的。实际上，经过人类与腐蚀现象的长期斗争，通过对腐蚀行为、机理和规律较为广泛、深入的研究，已经建立了一定的基础理论，并通过借助相关科学技术的发展，探索出了一系列行之有效的腐蚀控制方法，并已成功地应用于材料和工程设备的腐蚀防护。目前用于控制腐蚀的基本方法可以概括为以下几个方面：

(1)合理的结构设计。针对具体的工程结构和产品，通过合理的结构设计和工艺设计(包括整体的和细节的)，实现控制腐蚀的目的。

(2)正确选材和发展新型耐蚀材料。根据设备和工程结构的具体工况条件，正确选用工程材料；在目前材料难以满足具体应用背景下，必须发展新型耐蚀材料。

(3)采用合理的表面工程技术。通过合理选用表面涂镀层和改性技术(通过物理的或化学的手段，改变材料表面的结构、力学状态、化学成分等)，达到抗腐蚀或隔离材料与腐蚀环境的目的。当目前的表面技术难以满足具体应用要求时，需要开发新型技术。

(4)改善环境和合理使用缓蚀剂。采取各种技术措施和手段，降低环境的腐蚀性，例如，工业生产中采用的脱气、除氧、脱盐和降温处理等措施，或将腐蚀控制对象置入干燥的、腐蚀性低的环境之中的做法。在合适的工况条件下(如封闭或循环的体系中)添加恰当的缓蚀剂也可达到有效地控制腐蚀的目的。

(5)电化学保护。对于电化学原因导致的腐蚀，可以采用阴极保护或阳极保护的措施。

实际中常常根据具体情况采用上述方法中的两种或两种以上的方法，进行综合保护，这样可获得更好的效果。同时，腐蚀现象不仅仅是材料自身的问题，它涉及设计、选材、制造、储存、运输、安装、运行、维护、维修和管理等诸多个环节，因此，要真正达到有效地控制腐蚀，必须将腐蚀工程与科学管理相结合，通过上述各个环节进行系统、综合地控制腐蚀。事实上现今已形成了一门新的学科——防腐蚀系统工程学(Terotechnology)，即从系统工程的角度出发，对腐蚀进行综合治理。这种方法已在发达国家和我国航空工业等部门中得到了推广应用。从系统工程上控制腐蚀，不仅要考虑技术的可行性，而且还要注意技术的经济性(见图1.2)和防护方案实施的社会效益。由图1.2可以看出，一味地追求腐蚀控制的有效性，从经济上讲可能是得不偿失的，因此盲目地在任何情况下都杜绝腐蚀的发生，不仅不现实(因为腐蚀是自发过程)，而且没必要。亦即合理地控制腐蚀或减缓腐蚀比根除腐蚀更科学。当然，对于腐蚀可能造成严重的人员伤亡或构成较大的社会影响时，经济性的考虑还需服从于社会效益。

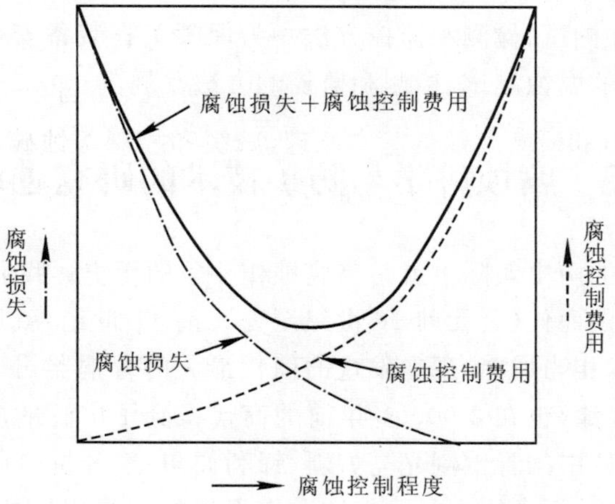

图 1.2 腐蚀控制策略示意图

实践表明，若能充分利用现有的防腐蚀技术，实施严格的科学管理，就有可能使腐蚀损失降低 15%～40%(见表 1.2)。即使按下限 15%计算，每年全球腐蚀损失也可以减少 1 000 多亿美元，同时还可以节约大量的能源，降低大量的资源浪费，避免更大的环境污染和人员伤亡事故的发生。表 1.2 中有关美国历年的腐蚀损失统计结果表明，由于大量新的耐蚀材料、新技术的推广应用，腐蚀造成的损失已由 1975 年占 GNP 的 4.9%降低到 1989 — 1995 年的 4.2%，若充分利用现有防护技术，估计其中仍有 35%约 1 000 亿美元的损失可以避免。由此说明，广泛宣传腐蚀的危害，积极开展腐蚀理论知识和防腐蚀技术的教育与培训是十分重要的。现有腐蚀控制技术虽取得了明显的效果，但就目前来看，仍有 50%以上的腐蚀损失尚无行之有效的腐蚀控制方法来加以避免。同时，随着科学技术进步和社会的发展，原有的腐蚀问题不断得到解决，但新的腐蚀问题也在不断涌现，因此，需要不断加强腐蚀学科的基础理论和防护工程应用技术的研究。

此外，需要指出的是，由于任何事物都是一分为二的，腐蚀既有有害的一面，也有有利的一面，腐蚀的有害表现前面已进行了讨论，而利用腐蚀现象进行电化学加工、制备信息硬件的印刷线路、腐蚀出金相试样的微观形貌等，均属于腐蚀对人类有利的一面。因此，从科学上深入理解腐蚀的机理，在技术上提出避免腐蚀的有害效应、利用有利效应的措施，就可以最大限度地获得人类所追求的经济效益。

综上所述，可以看出学习材料的腐蚀理论与防护技术是十分必要的，主要目的如下：

(1)研究材料在环境介质作用下的破坏行为、普遍规律和机理。不仅要从热力学方面研究腐蚀发生的可能性，更重要的是研究腐蚀发生的动力学规律和机理，以指导腐蚀的控制。

(2)以材料的腐蚀理论研究为基础，以腐蚀防护技术研究为应用目标，研究和发展腐蚀控制的技术措施和方法，制定腐蚀控制的标准及规范。

(3)研究和开发腐蚀测试、检测和监控方法。为保障工程装备安全可靠地运行，研究和开发适用于实验室与现场的腐蚀测试、检测和监控的方法及规范。

1.3 腐蚀科学与防护技术的研究进展*

人类有效利用材料的历史实际上就是与腐蚀作斗争的历史。我们的祖先早就对腐蚀科学作出了卓越的贡献。我国商代(公元前 16 世纪至公元前 11 世纪)就用锡改善铜的耐蚀性，冶炼出了青铜，且冶炼技术相当成熟，现在发现的商代最大的青铜器司母戊大方鼎重达 875 kg。闻名世界的中国真漆(大漆)也在 3 000 多年前的商代得到了广泛的应用。现今发掘的 2 000 多年前的秦始皇兵马俑坑中的青铜剑光亮如新、锋利如初，经分析表面有一层厚约10 μm的含铬黑色氧化层，而基体中并不含铬。很可能这种表面保护层是用铬的化合物人工氧化并经高温处理得到的。2 000 多年前创造出与现代铬酸盐钝化处理相似的防护技术，的确是中国文明史上的一个奇迹。同一时期类似近代钝化防护技术的鎏金术也得到了广泛应用。

尽管对腐蚀及其控制认识的历史悠久，但都是属于经验性的。材料的腐蚀科学与防护技术实际上是一个涉及多门学科的综合性边缘学科，它的理论和实践与金属学、冶金学、金属物理、材料学、化学、电化学、物理学、物理化学、工程力学、断裂力学、流体力学、化学工程学、机械工程学、微生物学、表面科学、表面工程学、电学、计算机科学等密切相关。因此，作为独立学科的腐蚀与防护学科是随着各相关学科的发展逐步完善的。18 世纪中叶开始陆续出现对腐蚀现象和防护技术的研究及阐述。其中，Ломоносов 在 1748 年解释了金属氧化现象。Alarm 在 1763 年认识到了双金属接触腐蚀现象。1790 年，Keir 描述了铁在硝酸中的钝化现象。1800 年，Volta 发现了原电池原理。随之 1801 年，Wollaton 提出了电化学腐蚀理论。1824 年，Davy用铁作为牺牲阳极，成功地实施了英国海军铜船底的阴极保护。1827 年，Behquerel 和 Mallet 先后提出了浓差腐蚀电池原理。1830 年，De La Rive 提出了金属腐蚀的微电池概念。1833 年，Davy 的助手 Faraday 提出了法拉第电解定律。1840 年，Elkington 正式获得了电镀银的专利。1847 年，Aide 发现了氧浓差电池腐蚀现象。1860 年，Baldwin 申请了世界上的第一个关于缓蚀剂的专利。1880 年，Hughes 明确了金属酸洗中析氢导致氢脆的后果，同一时期发现了金属材料的应力腐蚀开裂现象。1887 年，Arrbeius 提出了离子化理论。1890 年，Edison 研究了通过外加电流对船实施阴极保护的可行性。1906 年，美国材料试验学会(ASTM)开始建立材料大气腐蚀试验网。随后于 1912 年，美国国家标准局，启动了历时 45 a 的土壤腐蚀试验。1910 年，防蚀涂料问世。这些先驱工作为腐蚀学科的发展奠定了基础。

然而，腐蚀科学与防护技术作为一门独立的学科则是在 20 世纪 20～30 年代发展起来的。

1911年,Eden等首次观察到微动腐蚀现象。1927年,Tomlinson通过研究首次提出了微动腐蚀的机理模型。1920—1923年,Tammann,Pilling与Bedworth通过研究金属Ag,Fe,Pb,Ni等的氧化规律,提出了氧化动力学的抛物线定律和氧化膜完整性的判据;Moore研究认为黄铜季裂是黄铜在含氨环境中的晶间型应力腐蚀。1926年,McAdam开始着手研究腐蚀疲劳。1929年,Evans建立了腐蚀金属极化图,并推动了腐蚀电化学本质的定量化研究。1933年,Wagner从理论上推导出金属高温氧化的膜生长的经典抛物线理论。1938年,Wagner和Traud建立了电化学腐蚀的混合电位理论,奠定了近代腐蚀科学与工程的动力学基础。同年,Pourbaix计算和绘制了电位-pH图,奠定了近代腐蚀科学的热力学理论框架。1947年,Brenner和Riddell提出了化学镀镍技术。1950年,Unilig提出了点蚀的自催化机理模型。1957年,Stern和Geary提出了线性极化技术。1968年,Iverson观察到了腐蚀的电化学噪声信号图像。20世纪60年代,Brown首先将断裂力学引入到应力腐蚀的研究中。1970年,Epellboin首次用电化学阻抗谱研究腐蚀过程。

在20世纪下中叶到目前的近几十年里,腐蚀科学和防护技术得到了迅速的发展。国际学术交流日益活跃;对石油化工、海洋工程、航空航天、国防建设等部门有重要影响的局部腐蚀和应力作用下的腐蚀行为及其控制的研究备受重视;腐蚀学科吸引了许许多多相关学科中的著名科学家和工程师转入从事腐蚀领域的研究工作,使腐蚀学科的研究队伍日益壮大;腐蚀科学的应用学科——腐蚀工程学和防腐蚀系统工程学——形成。在这一时期内先进的表面分析仪器和技术,如俄歇电子谱(AES)、X光电子能谱(XPS)、二次离子质谱(SIMS)、扫描电子显微镜(SEM)、透射电子显微镜(TEM)、原子力显微镜(AFM)、电化学交流阻抗谱(EIS)等在腐蚀研究中得到了应用,进一步揭示了许多腐蚀过程的微观机制和本质。物理和化学学科的新成就,如渗流理论、非线性动力学、混沌理论、分形理论、半导体理论、量子化学等引入腐蚀研究领域后已取得了一系列重要成果。与此同时,计算机技术、网络技术及人工智能等得到了广泛应用,这一切也相应地促进和发展了一系列行之有效的腐蚀控制技术。20世纪60～70年代,电子束、离子束、激光束和等离子体技术等先后引入到表面技术领域中,使表面技术发生了飞跃的进步。目前,已涌现出了各式各样的表面防护新技术方法,并推动了现代表面工程技术及表面工程学的形成。近年来纳米技术研究的热潮又促进了多种新的防腐蚀技术的问世,因此可以说,正是工业和科学技术的发展促进了现代腐蚀科学理论和防护技术的形成与发展。反之,如果没有腐蚀研究的进展和腐蚀控制技术的成功,许多重要工业是不可能发展到今天这个水平的。

新中国成立后,尤其是改革开放以来,我国的腐蚀与防护的科技研究工作得到了很大的发展,不仅在国际本学科领域中占有重要的一席,而且对我国国民经济发展和国防建设作出了巨大的贡献。建国初期,国家科委在机械学科组内成立了腐蚀与防护分组,于1961年又单独成立了国家腐蚀科学学科组,负责制定了我国腐蚀与防护发展规划,召开了多次学术交流会,建立了土壤腐蚀试验点等。这期间我国一些高校也先后建立了腐蚀防护专业,一些相关研究院、所先后成立了从事腐蚀与防护研究的组、室,开展了有关科研工作。但由于“十年动乱”和当时帝国主义封锁的政治环境，一些组织和活动被取消或中断，致使腐蚀与防护学科的发展较为缓慢。改革开放后，腐蚀与防护学科得到了国家的高度重视，1978 年 12 月国家科委重新恢复了腐蚀科学学科组的工作。中国腐蚀与防护学会于 1979 年 12 月正式成立（目前下设 10 多个专业委员会），标志着我国腐蚀与防护学科走上了规范发展的快车道。经过广大腐蚀与防护科技工作者近 20 多年的辛勤耕耘，目前我国已较好地解决了包括石油天然气开发、石油化工、化学工业、船舶制造、航空航天、核能、武器装备、冶金、交通、通信、海洋工程、电子、建筑等各工业领域中的腐蚀问题，研制和开发了许多先进的腐蚀控制及监测技术，较好地满足了生产发展的需要。学会组织承担了包括三峡水利枢纽工程、西气东输、南水北调、中国工业与自然环境腐蚀问题调查与对策、中国材料自然环境腐蚀试验网建设及腐蚀数据积累等许多与腐蚀控制相关的国家重大项目的建设和咨询工作，建立了多个专业或相关专业国家重点实验室和国家工程技术研究中心，出版了以《腐蚀与防护全书》、《现代腐蚀科学和防蚀技术全书》、《中国腐蚀与防护学报》等为代表的专业书籍和刊物，培养了一大批包括专科、本科、硕士研究生、博士研究生在内的高素质专业人才。在基础和应用研究方面取得了一系列处于国际先进或领先水平的科技成果，举办了一系列国际性腐蚀学术专题会议，并争取到腐蚀学科最重要的国际系列会议——第 16 届世界腐蚀大会（2005 年）——的主办权，国际学术交流日益频繁，国际影响日益提高。

腐蚀与防护学科对我国国防建设的贡献也是巨大的，从腐蚀控制系统工程在航空领域实施到耐高温、耐腐蚀、抗辐射涂层和材料的研制，从武器装备储存、包装技术研究到我军腐蚀环境数据积累，从武器装备的腐蚀失效分析到复杂环境中腐蚀破坏的监测，等等，均体现了腐蚀与控制工作在我军建设中的举足轻重的地位。可以说，没有现代腐蚀科学和防护技术，就不可能有我国导弹、原子弹、氢弹的成功爆炸，不可能有卫星、载人飞船、火箭的成功发射，不可能有核潜艇、飞机的安全服役，即使常规武器（如坦克、两栖装甲、舰船、火炮、枪支等）的寿命和电子设备及通信系统的可靠性也都将会大打折扣。

1.4 材料腐蚀的分类

一、腐蚀的分类方法

材料的腐蚀环境复杂，影响因素颇多（见图 1.3），因此，从不同的角度出发，可以有不同的腐蚀分类方法。

目前主要的腐蚀分类方法有依据腐蚀环境分类法、依据腐蚀机理分类法、依据腐蚀形态分类法、依据材料的特性分类法、依据应用范围或工业部门分类法和依据影响因素分类法等。在这几种分类方法中，前三种分类方法应用较广。

依据腐蚀环境分类，较为直观和使用，具体可分为干燥气体腐蚀、潮湿环境腐蚀和非电解液中的腐蚀等。依据腐蚀机理分类，则利于研究腐蚀的微观机制，具体分为化学腐蚀和电化学腐蚀。依据腐蚀形态分类，利于辨别和诊断腐蚀失效，一般分为全面腐蚀、局部腐蚀和应力作用下的腐蚀等。依据腐蚀材料的特性和种类分类，主要是从使用角度出发，如编写教材和材料的腐蚀数据手册或数据库时常常采用，具体可分为金属材料的腐蚀、无机非金属材料的腐蚀、有机材料的腐蚀和复合材料的腐蚀等。针对每种材料还可以进一步细分。依据应用范围和工业部门分类，实际上是按环境分类的一种，具体有自然环境腐蚀和工业环境腐蚀。前者又可再分为大气、土壤、海水、微生物腐蚀等；后者也可依据工业环境介质的特性再分为酸，碱、盐介质腐蚀及化工、石油、电力、核工业、航空、航天、煤炭、纺织等工业环境腐蚀。

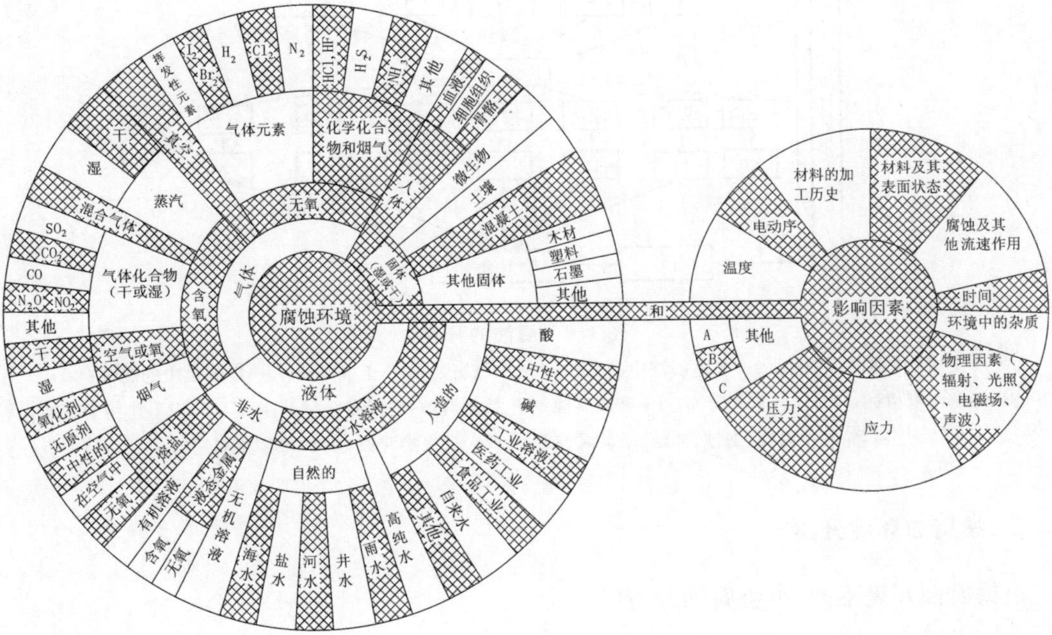

图 1.3　产生腐蚀的各种环境和主要影响因素

此外，还有其他因素影响的腐蚀，这些因素主要有外部电流腐蚀、接触腐蚀、应力作用下的腐蚀、摩擦与磨损促进的腐蚀、生物和微生物导致的腐蚀、辐射影响的腐蚀和高温影响的腐蚀等。外部电流腐蚀最典型的例子是地下水管由于电车轨道散失电流所引起的破坏（通常称为杂散电流腐蚀），接触腐蚀通常是指电极电位不同的金属或金属与导电的非金属直接接触引起的腐蚀，这两类腐蚀都是电学因素促成的。力学因素加速腐蚀破坏的情况有应力腐蚀及磨损腐蚀，细菌在土壤中促进化学分解，船壳附着海生物所带来的复杂现象，都属于生物腐蚀，而人体或生物体液也会造成材料的腐蚀。此外，声、光、磁场、紫外线等物理因素对腐蚀也有重要的影响。由于液态金属对材料的物理破坏与腐蚀相似，因而也常常纳入腐蚀研究范畴。这样，就可将各种类型腐蚀之间的关系用图 1.4 表示出来。

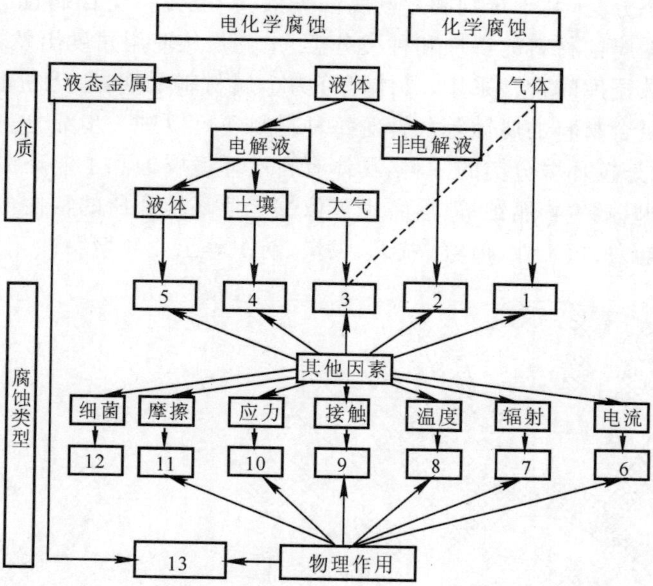

图 1.4　腐蚀的分类

1—气体腐蚀(氧化)；2—非电解液中的腐蚀；3—大气腐蚀；4—土壤腐蚀；5—电解质中的腐蚀；6—外部电流腐蚀；7—辐射加速腐蚀；8—高温腐蚀；9—接触腐蚀(电偶和缝隙腐蚀)；10—应力作用下腐蚀；11—磨损腐蚀(磨蚀、冲蚀、微动腐蚀等)；12—微生物腐蚀；13—液态金属腐蚀

二、按腐蚀环境分类

根据腐蚀环境不同，可将腐蚀分为以下几类：

1. 干燥气体腐蚀(干腐蚀)

干燥气体腐蚀具体包括露点以上的常温干燥气体腐蚀和高温气体中的氧化。前者属于化学腐蚀范畴；而从过去的观点看，后者属于纯化学腐蚀，目前普遍认为是化学和电化学的联合作用。

2. 电解液中的腐蚀

(1)自然环境中的腐蚀：大气腐蚀、土壤腐蚀、海水腐蚀、微生物腐蚀。

(2)工业介质中的腐蚀：酸、碱、盐溶液中的腐蚀，工业水中的腐蚀，高温高压水中的腐蚀，熔融盐中的腐蚀。

大气有水蒸气的凝聚，同时大气中含有不同成分的污染物和杂质(例如 CO_2，SO_2，NaCl，灰尘等)，故属于电解液腐蚀。土壤中起腐蚀作用的为水分和溶解于水的矿物质及气体，因此也属于电解液中的腐蚀。电解液中的腐蚀为电化学腐蚀，有人也称之为湿腐蚀。

3. 非电解液中的腐蚀

非电解液中的腐蚀包括卤代烃(如 CCl_4,$CHCl_3$)和各种有机液体物质(如苯、四氯化碳、三氯甲烷、甲醇、乙醇等)的腐蚀,这类腐蚀为化学腐蚀。然而,即使少量水分也可以改变腐蚀的性质。例如,对于含痕量水的汽油、煤油等造成的腐蚀,起作用的实际上是水,因而这类腐蚀实为电化学腐蚀;再如干 Cl_2 和干 H_2S 对普通钢是完全不腐蚀的,但湿的 Cl_2 和 H_2S 对大多数金属与合金有较强的腐蚀性,对于钛则相反,干氯比湿氯的腐蚀性更强。

4. 熔融金属的腐蚀

熔融金属的腐蚀通常为物理作用引起的破坏,故有人也称之为物理腐蚀。

三、按腐蚀机理分类

1. 化学腐蚀(Chemical Corrosion)

材料与周围非电解质之间发生纯化学作用而引起的腐蚀损伤称为化学腐蚀。其反应历程的特点是材料表面的原子与非电解质中的氧化剂直接发生氧化还原反应,腐蚀产物生成于发生腐蚀反应的表面,当它较牢固地覆盖在材料表面时,会减缓进一步的腐蚀。腐蚀反应过程中不伴随电流产生。

2. 电化学腐蚀(Electrochemical Corrosion)

金属和电解质接触时,由于腐蚀电池作用而引起的金属腐蚀现象称为电化学腐蚀。腐蚀的特点在于,腐蚀历程可分为两个相对独立的并同时进行的阳极(发生氧化反应)和阴极(发生还原反应)过程。特征为受蚀区域是金属表面的阳极,腐蚀产物常常产生在阳极与阴极之间,不能覆盖被蚀区域,通常起不到保护作用。和化学腐蚀的显著区别是电化学腐蚀过程中有电流产生。对大多数工业部门而言,发生电化学腐蚀的情况远大于发生化学腐蚀的情况。金属发生高温氧化,表面生成一定厚度的半导体性质的氧化膜,既可以传导电子,也可以导通离子,此时腐蚀不再是单纯的化学腐蚀,而包含了电化学腐蚀。

四、按腐蚀形态分类

依据腐蚀的形态,可将腐蚀分为以下 3 类:

1. 普遍性腐蚀(或全面腐蚀)(General Corrosion)

腐蚀分布在整个金属的表面,可以是均匀的或不均匀的。这类腐蚀的危险性较小,也较容易控制,并且依据腐蚀速率可进行结构腐蚀控制设计和使用寿命预测。

2. 局部腐蚀(Localized Corrosion)

局部既可以是部位的也可以是成分的:前者包括“脓疮”、斑点、坑、焊接区、缝隙区、金属与导电体接触区、表面下及晶间腐蚀等;后者最明显的实例是黄铜的脱锌破坏。将这些常见的局部腐蚀分别归为点蚀(或孔蚀)、缝隙腐蚀、丝状腐蚀、电偶腐蚀、晶间腐蚀、成分选择性腐蚀等,并且均属于电化学腐蚀范畴。局部腐蚀较普遍性腐蚀更具危险性,更容易导致机械产品腐蚀失效。

3. 应力作用下的腐蚀断裂

即材料在应力和腐蚀性环境介质协同作用下发生的开裂及断裂失效现象。主要包括应力腐蚀、腐蚀疲劳、氢脆或氢致损伤、微动腐蚀(或微振腐蚀)、冲击腐蚀(或湍流腐蚀)和空泡腐蚀等。过去人们也将这类腐蚀归于广义的局部腐蚀范畴,因为这些腐蚀导致的破坏均集中在材料的局部。由于多数机械产品均处于一定的应力(外加的应力或内应力)和环境介质的联合作用下,故应力作用下的腐蚀较为普遍(见图 1.5),破坏具有突发性,是影响结构安全可靠性的重要隐患之一。

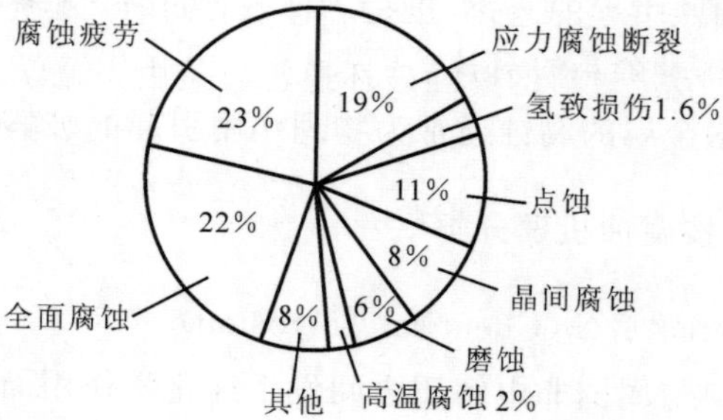

图 1.5　美国部分工业部门不同腐蚀形态所占比例统计

图 1.6 给出了主要腐蚀破坏形态特征示意图。

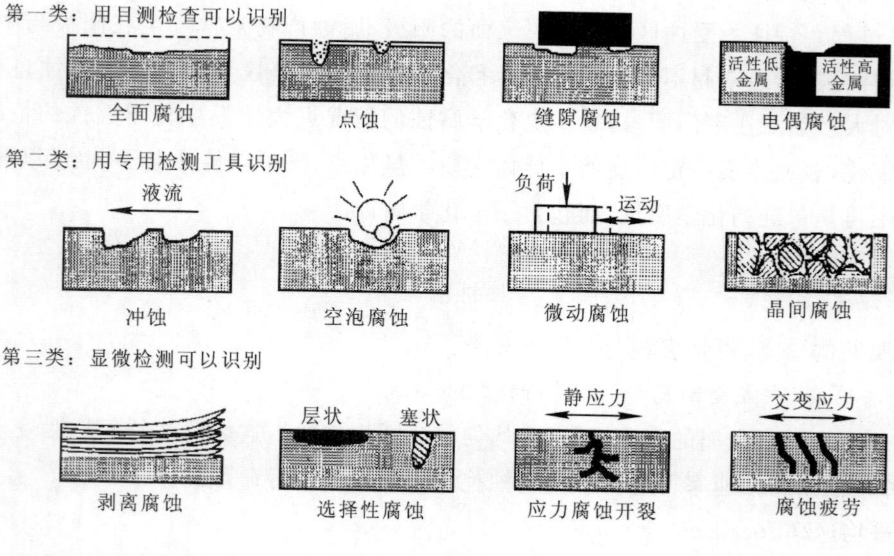

图 1.6　金属材料腐蚀破坏的各种形态

五、非金属材料的腐蚀类型

上面介绍的腐蚀分类主要是针对金属材料的，而非金属材料（无机非金属材料、有机材料）的腐蚀机理与金属材料有所不同。金属材料的腐蚀有化学腐蚀和电化学腐蚀之分，而非金属材料的腐蚀破坏通常为纯化学作用和物理作用。例如，塑料的氧化和水解腐蚀均为化学变化，紫外线辐照引起的老化，也是一种氧化过程，而辐射导致的高分子材料的分解则为物理作用的结果。硅酸盐材料的腐蚀破坏通常也是由于化学的或物理的因素所致，并非电化学过程引起的，但有人研究认为，熔融玻璃能起着电解质的作用，因而对耐火陶瓷材料的腐蚀归入电化学腐蚀范畴才更正确。表1.3给出了高分子、玻璃与陶瓷以及混凝土等材料的常见腐蚀类型或腐蚀破坏的表现形式。

表1.3 非金属材料的腐蚀类型

材料类型	高分子材料	玻璃与陶瓷	混凝土
腐蚀类型或表现	化学氧化 水解 应力腐蚀（环境应力开裂） 生物腐蚀 辐照分解 热、光氧化分解 溶胀溶解	水解 酸、碱侵蚀（溶解） 风化（溶解与水解浸析） 选择性腐蚀 应力腐蚀	溶解浸蚀（物理性溶解） 分解型腐蚀（化学作用） 膨胀型腐蚀（物理或化学作用）

1.5 材料腐蚀程度的评定方法

材料的腐蚀倾向由其热力学稳定性决定，热力学上不稳定的材料具有腐蚀自发性。然而，腐蚀造成的破坏状况和程度大小则取决于腐蚀的动力学。为了定量地评定材料的耐蚀性和腐蚀程度的大小，需要科学的方法。腐蚀的类型不同，所采用的评定方法也不同。

一、均匀腐蚀程度的评定方法

对于全面腐蚀情况下的均匀腐蚀，通常采用下面介绍的重量法、深度法和电流密度法来表征腐蚀的平均速率。

1. 重量法

重量法（确切地讲应为质量法）灵敏、有效、用途广泛，是最基本的定量评定方法之一。根据腐蚀前后的重量变化(增加或减少)来表示腐蚀的平均速率。若腐蚀产物全部牢固地附着于试样表面,或虽有脱落但易于全部收集,则常用增重法来表示。反之,如果腐蚀产物完全脱落或易于全部清除,则往往采用失重法。平均腐蚀速率(单位时间、单位面积的重量变化)的计算公式为

$$v_w = \frac{\Delta W}{St} = \frac{|W - W_0|}{St} \tag{1.1}$$

式中,v_w 为腐蚀速率($g/(m^2 \cdot h)$);$\Delta W = |W - W_0|$,为试样腐蚀前重量 W_0 和腐蚀后重量 W 的变化量(g);S 为试样的表面积(m^2);t 为试样腐蚀的时间(h)。

需要注意的是:①按式(1.1)计算腐蚀速率,是假定整个试验周期内腐蚀始终以恒定的速率进行,而实际中常常并非如此;②当采用失重法时,应按有关标准规定的方法去除试样表面的残余腐蚀产物;③公式中 S 通常是利用试样腐蚀前的表面积,然而,当试验周期内腐蚀导致的试样表面积变化比较明显时,将会影响数据的真实性。

2. *深度法*

从工程应用角度上看,影响结构或设备寿命和安全的重要指标是腐蚀后构件的有效截面尺寸。因此,用深度法表征腐蚀程度更有实际意义,特别是对衡量不同密度的材料的腐蚀程度,目前该方法已被纳入有关标准(如我国国标 GB10124《金属材料实验室均匀腐蚀全浸试验方法》,美国材料试验协会标准 ASTM G1,ASTM G31 等)。直接测量腐蚀前后或腐蚀过程中某两时刻的试样厚度,就可以得到深度法表征的腐蚀速率(失厚或增厚)。可选择具有足够精度的工具和仪器直接测量厚度变化,也可以采用无损测厚的方法,如涡流法、超声法、射线照相法和电阻法等,破坏法则以金相剖面法最为实用。

深度法表征的腐蚀速率可以由重量法计算出的腐蚀速率换算得到,换算公式为

$$v_d = 8.76 v_w / \rho \tag{1.2}$$

式中,v_d,v_w 分别为深度法和重量法表示的腐蚀速率,单位分别为 mm/a 和 $g/(m^2 \cdot h)$。对于腐蚀减薄情况,ρ 为腐蚀材料的密度;对于增厚情况,ρ 应为腐蚀产物的密度。但实际中腐蚀产物密度的准确值难以确定,因而式(1.2)一般仅用于减薄情况,ρ 的单位为 g/cm^3。深度法和重量法表征的腐蚀速率也可以用其他的量纲单位,其换算关系见附录 1。

根据深度法表征的腐蚀速率大小,可以将材料的耐蚀性分为不同的等级,表 1.4 给出了 10 级标准分类法。该分类方法对有些工程应用背景显得过细,因此还有低于 10 级的其他分类法。例如三级分类法规定:腐蚀速率小于 0.1 mm/a,为耐蚀(1 级);腐蚀速率在 0.1～1.0 mm/a,为可用(2 级);腐蚀速率大于 1.0 mm/a,为不可用(3 级)。不管按几级分类,仅具有相对性和参考性,科学地评定腐蚀等级还必须考虑具体的应用背景。

表1.4 均匀腐蚀的10级标准

腐蚀性分类	耐蚀性等级	腐蚀速率/(mm·a^{-1})	腐蚀性分类	耐蚀性等级	腐蚀速率/(mm·a^{-1})
Ⅰ完全耐蚀	1	<0.001	Ⅳ尚耐蚀	6	0.1～0.5
Ⅱ很耐蚀	2	0.001～0.005		7	0.5～1.0
	3	0.005～0.01	Ⅴ欠耐蚀	8	1.0～5.0
Ⅲ耐蚀	4	0.01～0.05		9	5.0～10.0
	5	0.05～0.1	Ⅵ不耐蚀	10	>10.0

3. 电流密度表征法

金属的电化学腐蚀是由阳极溶解导致的，因而电化学腐蚀的速率可以用阳极反应的电流密度来表征。法拉第定律指出，当电流通过电解质溶液时，电极上发生电化学变化的物质的量与通过的电量成正比，与电极反应中转移的电荷数成反比。设通过阳极的电流强度为 I，通电时间为 t，则时间 t 内通过电极的电量为 It，相应溶解掉的金属的质量 Δm 为

$$\Delta m=\frac{AIt}{nF} \tag{1.3}$$

式中，A 为1 mol金属的相对原子质量，单位为g/mol；n 为金属阳离子的价数；F 为法拉第常数，其值约为96 500 C/mol。

对于均匀腐蚀情况，阳极面积为整个金属表面 S，因此腐蚀电流密度 i_{corr} 为 I/S。这样就可以得到重量法表示的腐蚀速率 v_{w} 和电流密度之间的关系：

$$v_{\mathrm{w}}=\frac{\Delta m}{St}=\frac{Ai_{\mathrm{corr}}}{nF} \tag{1.4}$$

同样可以得到以深度法表征的腐蚀速率与腐蚀电流密度的关系为

$$v_{\mathrm{d}}=\frac{\Delta m}{\rho St}=\frac{Ai_{\mathrm{corr}}}{nF\rho} \tag{1.5}$$

当电流密度 i_{corr} 的单位取 $\mu\mathrm{A/cm^2}$，其他量的单位同前面规定时，式(1.4)和式(1.5)转换为

$$v_{\mathrm{w}}=3.73\times10^{-4}Ai_{\mathrm{corr}}/n \tag{1.6}$$

$$v_{\mathrm{d}}=3.27\times10^{-3}Ai_{\mathrm{corr}}/n\rho \tag{1.7}$$

前面所介绍的腐蚀速率表征方法均适用于均匀腐蚀情况。而对于非均匀腐蚀，即便是全面腐蚀，上述方法也不适用，这时需要借助其他方法来评定腐蚀程度。

二、局部腐蚀程度的评定方法

包括应力作用下腐蚀在内的广义局部腐蚀的特点是，材料的质量损失很小，但是，材料局部腐蚀可能会很严重。例如，点腐蚀可能造成容器穿孔，应力腐蚀会导致构件断裂，晶间腐蚀和选择性腐蚀通常虽然不会引起材料质量和尺寸的明显变化，但其强度却会显著下降。因此，评价局部腐蚀程度不能简单地采用前面介绍的适用于均匀腐蚀的方法，这时需要根据具体腐蚀类型，以及对材料或结构安全可靠性的影响等来选择适用的评定方法。例如，对于点腐蚀的评定，可以采用点蚀密度、平均点蚀深度、最大点蚀深度等指标进行综合评价。断裂寿命或断裂时间法适用于应力作用下的腐蚀，电阻率的改变适用于多数局部腐蚀。测定腐蚀前后试件机械强度或断裂延伸率的变化，不仅适用于全面腐蚀（均匀的或不均匀的），更有利于评定各类局部腐蚀。假设试件腐蚀前、后的抗拉强度分别为 σ_b 和 σ_b'，延伸率分别为 ε_f 和 ε_f'，则在规定腐蚀时间内，评定腐蚀程度的指标抗拉强度损失 K_σ 和延伸率损失 K_ε 可分别表示为

$$K_\sigma=\frac{\sigma_b-\sigma_b'}{\sigma_b}\times 100\% \tag{1.8}$$

$$K_\varepsilon=\frac{\varepsilon_f-\varepsilon_f'}{\varepsilon_f}\times 100\% \tag{1.9}$$

针对不同类型的局部腐蚀，还有特定的评定方法，这将在后面的相关章节加以介绍。

1.6　本书的章节安排

本书的章节安排如图 1.7 所示（图中数字表示章节序号），内容具体分为三个层次。首先，论述材料腐蚀的基本原理，包括金属材料电化学腐蚀的热力学、动力学、析氢与耗氧腐蚀、钝化、局部腐蚀、应力作用下的腐蚀、高温腐蚀和非金属材料的腐蚀，由于目前金属材料使用量最大，同时，电化学腐蚀更为普遍，因而金属材料的电化学腐蚀在该部分占了很大的篇幅。其次，应用腐蚀原理讨论了自然环境中的腐蚀、金属材料的耐蚀性，并介绍了腐蚀控制的基本方法。最后，作为腐蚀科学与防护技术的工业应用，重点论述了与国防建设关系密切的有关工业部门中的腐蚀及控制。

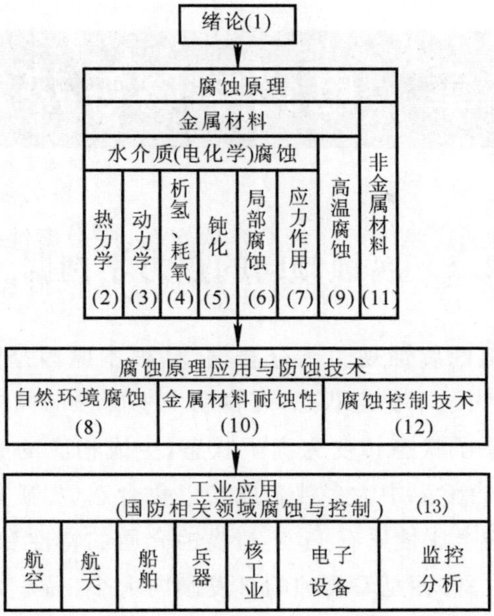

图1.7　本书内容与章节安排

思考题与习题

1. 材料的失效形式有哪些？最主要的失效形式是哪几种？

2. 根据你对腐蚀的理解，给材料腐蚀下一个你认为比较完善的定义。

3. 腐蚀有哪些危害？腐蚀的直接经济损失包括哪些方面？

4. 腐蚀控制的主要方法有哪些？控制腐蚀有何意义？腐蚀可否根除？

5. 腐蚀学科的发展可以划分为几个主要阶段？各阶段有何特点？

6. 腐蚀的分类方法有哪些？为什么要从多种角度对腐蚀进行分类？按腐蚀形态可将腐蚀分为哪些类型？请用图示法给以说明。

7. 化学腐蚀和电化学腐蚀有何区别？

8. 试评述重量法、深度法和电流密度表征法用于腐蚀速率大小表示时的特点及适用条件。为何这些方法不能评定局部腐蚀？局部腐蚀应该如何评定才合理？对于腐蚀速率随时间改变的均匀腐蚀情况，怎样评定腐蚀程度更为科学？请给出你认为合理的方案。

9. 试推出式(1.2)，式(1.6)和式(1.7)。铜在充空气的中性水溶液中的腐蚀产物为二价铜离子，阳极腐蚀电流密度 $i_{corr}=10^{-2}\ A/m^2$。请分别计算出以重量法和深度法表示的铜的腐蚀速率大小，并指出铜在该环境中的腐蚀等级和耐蚀情况。

10. 国外英文文献中常用 mils per year，即毫英寸/年(记为 mpy)来作为腐蚀速率的单位，请导出该单位与 mm/a 之间的换算关系。

第 2 章　电化学腐蚀热力学

2.1　腐蚀倾向的热力学判据*

在自然环境中金属材料的腐蚀现象十分普遍，其根本原因是除个别贵金属（Au，Pt 等）外，绝大多数金属均处于热力学不稳定状态，有自动发生腐蚀的倾向，即这些金属在一定的外界环境下会自发地由金属原子状态转变为离子状态，生成相应的氧化物、硫化物或相应的盐等，从而发生腐蚀。这正是自然界中大多数金属均以化合态（如矿石）存在的原因。金属发生腐蚀的可能性和程度不仅与金属性质有关，还与腐蚀介质的特性和外界条件有关。研究腐蚀现象需要从两个方面着手，一方面是看腐蚀的自发倾向大小，另一方面是看腐蚀进程的快慢，前者需要用热力学原理进行分析，后者则要借助动力学理论。

对于金属腐蚀和大多数化学反应来说，一般都是在恒温、恒压的敞开体系条件下进行的，在这种情况下，用系统状态函数吉布斯（Gibbs）自由能判据来判断反应的方向和限度较为方便。吉布斯自由能用 G 表示，它被定义为物质系统的焓减去它的绝对温度与熵的乘积。对于等温、等压并且没有非膨胀功的过程，物质系统的平衡态对应于吉布斯自由能 G 为最低的状态。设物质系统吉布斯自由能变化为 ΔG，则有

$$\left.\begin{aligned}(\Delta G)_{T,p}<0 \quad & \text{自发过程}\\(\Delta G)_{T,p}=0 \quad & \text{平衡状态}\\(\Delta G)_{T,p}>0 \quad & \text{非自发过程}\end{aligned}\right\} \tag{2.1}$$

自然环境中的大多数金属的原子态和化合物状态（矿石和腐蚀产物）的自由能高低表现出如图 2.1 所示的状况，即腐蚀产物与矿石一样处于低能的稳定状态，因此金属腐蚀具有自发倾向。一个腐蚀体系是由金属和外围介质组成的多组分敞开体系，恒温、恒压条件下，腐蚀反应自由能的变化可由反应中各物质的化学势计算得到，即

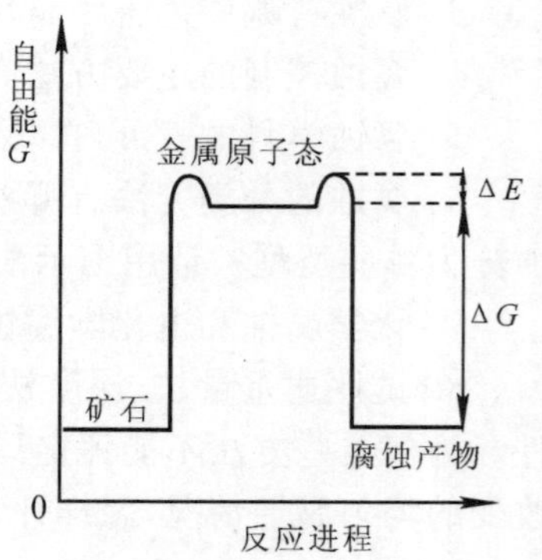

图　2.1

$$(\Delta G)_{T,p}=\sum_{i}\nu_i\mu_i \tag{2.2}$$

式中　ν_i——反应式中组分 i 的化学计量数。反应物的计量数取负值，生成物的计量数取正值。

μ_i——组分 i 的化学势。化学势是恒温恒压及组分 i 以外的其他物质量不变的情况下，第 i 物质的偏摩尔自由能。

根据式(2.1)、式(2.2)，可得到以化学势表示的腐蚀反应自发性及倾向大小的判据为

$$\left.\begin{aligned}(\Delta G)_{T,p} &= \sum_i \nu_i\mu_i < 0 \quad \text{自发过程}\\ (\Delta G)_{T,p} &= \sum_i \nu_i\mu_i = 0 \quad \text{平衡状态}\\ (\Delta G)_{T,p} &= \sum_i \nu_i\mu_i > 0 \quad \text{非自发过程}\end{aligned}\right\} \tag{2.3}$$

真实溶液中组分 i 的化学势等温式为

$$\mu_i = \mu_i^{\ominus} + RT\ln a_i = \mu_i^{\ominus} + RT\ln(\gamma_i c_i) \tag{2.4}$$

式中，a_i，γ_i，c_i 分别为组分 i 的活度，活度系数和浓度；R 为摩尔气体常量；T 为热力学温度；$\mu_i^{\ominus}$ 为组分 i 的标准化学势，在数值上等于该组分的标准摩尔生成自由能 $\Delta G_{m,f}^{\ominus}$，即

$$\mu_i^{\ominus} = (\Delta G_{m,f}^{\ominus})_i \tag{2.5}$$

物质的标准摩尔生成自由能是指在 101 325 Pa(即 1 atm)，298.15 K 的标准条件下，由处于稳定状态的单质生成 1 mol 纯物质时反应的吉布斯自由能的变化。它的值一般可以从物理化学手册等资料中查到。

这样，将式(2.4)、式(2.5)代入式(2.3)中，就可计算出 ΔG 的大小，由此来判断腐蚀反应能否自发进行及腐蚀倾向的大小，ΔG 的负值的绝对值越大，该腐蚀的自发倾向就越大。

例如，判断铜在 25℃时无氧和有氧存在的纯盐酸中的腐蚀倾向情况如下：

(1)铜在纯盐酸(pH=0)中，则有

$$Cu + 2H^+ \longrightarrow Cu^{2+} + H_2\uparrow$$

	Cu	$2H^+$	Cu^{2+}	H_2
$\mu_i^{\ominus}/(kJ\cdot mol^{-1})$	0	0	65.52	0
$\mu_i/(kJ\cdot mol^{-1})$	0	0	≈65.52	0

$$(\Delta G)_{T,p} \approx +65.52\ kJ\cdot mol^{-1} > 0$$

(2)铜在含有溶解氧的盐酸(pH =0，p_{O_2} =21 278 Pa)中，则有

$$Cu + \frac{1}{2}O_2 + 2H^+ \longrightarrow Cu^{2+} + H_2O$$

	Cu	$\frac{1}{2}O_2$	$2H^+$	Cu^{2+}	H_2O
$\mu_i^{\ominus}/(kJ\cdot mol^{-1})$	0	0	0	65.52	−237.19
$\mu_i/(kJ\cdot mol^{-1})$	0	−3.86	0	≈65.52	−237.19

$$(\Delta G)_{T,p} \approx -237.19 + 65.525 - (-3.86)/2 = -169.64\ kJ\cdot mol^{-1} < 0$$

可见，铜在无氧的纯盐酸中不发生腐蚀，而在有氧溶解的盐酸里将被腐蚀，因此腐蚀条件对金属的腐蚀倾向有很大的影响。

对于 Mg，Cu 和 Au 在含氧的潮湿环境中的反应，标准条件下自由能变化 $\Delta G^{\ominus}$ 的情况为

$$Mg + \frac{1}{2}O_2 + H_2O \longrightarrow Mg(OH)_2 \qquad \Delta G^{\ominus} = -596\ kJ \cdot mol^{-1}$$

$$Cu + \frac{1}{2}O_2 + H_2O \longrightarrow Cu(OH)_2 \qquad \Delta G^{\ominus} = -119 kJ \cdot mol^{-1}$$

$$Au + \frac{3}{4}O_2 + \frac{3}{2}H_2O \longrightarrow Au(OH)_3 \qquad \Delta G^{\ominus} = +66\ kJ \cdot mol^{-1}$$

可以看出，Mg，Cu 在潮湿的自然环境中有自发腐蚀的倾向，且前者倾向大于后者，而 Au 在该类环境中则是惰性的。

需要指出的是，材料的耐蚀性不仅与腐蚀倾向的大小有关，还取决于腐蚀速度的快慢，而腐蚀速度则由腐蚀反应过程中需要克服的能垒——活化自由能 ΔE——的高低决定（见图 2.1），这属于第 3 章腐蚀动力学要讨论的范畴。

2.2 腐蚀电池及其工作历程

一、电化学腐蚀现象与腐蚀电池

所谓电化学腐蚀是指金属材料和电解质接触时，由于腐蚀电池作用而引起的金属材料腐蚀破坏。由于实际中电化学腐蚀的环境十分普遍，因而电化学腐蚀是金属材料腐蚀中最普遍的现象。例如，在潮湿的大气中各种金属结构、车辆、飞机、大炮、枪支、桥梁钢架等的腐蚀，海水中采油平台、码头、军舰、船体的腐蚀，土壤中地下管道（输油、输水、输气等管线）的腐蚀，在含酸、含碱、含盐的水溶液等工业介质中各种金属及其设备的腐蚀以及熔盐中金属的腐蚀等，都属于电化学腐蚀。其实质是浸在电解质溶液中的金属表面上进行阳极氧化溶解的同时还伴随着溶液中去极化剂在金属表面上的还原，其腐蚀破坏规律遵循电化学腐蚀原理。

尽管无论是发生化学腐蚀还是电化学腐蚀，都会使金属元素的价态升高而被氧化，但是电化学腐蚀与化学腐蚀有着显著的区别。表 2.1 是对电化学腐蚀和化学腐蚀的比较。

为了解释金属发生电化学腐蚀的原因，人们提出了腐蚀原电池模型。下面通过举例来加以说明。

我们知道原电池是一个可以将化学能转变为电能的装置。丹尼尔电池是人们熟知的一种原电池（见图 2.2(a)）。它可简单地表示为

$$(-)Zn|ZnSO_4(水溶液)\|CuSO_4(水溶液)|Cu(+)$$

其中，“|”表示有两相界面存在；“‖”表示“盐桥”，它可以基本消除两溶液之间的液体接界电位。

按照电化学定义，电极电位较低的电极称为负极，电极电位较高的电极称为正极；发生氧

化反应的电极称为阳极，发生还原反应的电极称为阴极。

表 2.1　电化学腐蚀与化学腐蚀的比较

项　目	化学腐蚀	电化学腐蚀
介质	干燥气体或非电解质溶液	电解质溶液
反应式	$\sum_i \nu_i M_i = 0$	$\sum_i \nu_i M_i^{n+} \pm ne = 0$
过程规律	化学反应动力学	电极过程动力学
能量转换	化学能与热	化学能与电能
电子传递	直接的，不具备方向性，测不出电流	间接的，有一定的方向性，能测出电流
反应区	在碰撞点上瞬时完成	在相对独立的阴、阳极区同时完成
产物	在碰撞点上直接形成	一次产物在电极上形成，二次产物在一次产物相遇处形成
温度	主要在高温条件下	室温和高温条件下

在金属腐蚀研究中，习惯上对电池的两个电极用阴极、阳极命名。由于原电池负极上进行的是氧化反应，其负极是阳极，正极上进行的是还原反应，其正极是阴极，因此，当用导线将锌片、铜片、电流表和负载串联起来接通时，会立刻发现毫安表的指针转动。这说明有电流通过，电流的方向是从铜片经导线流向锌片。由于锌的电极电位较低(负)，铜的电极电位较高(正)，在两个电极上分别进行以下的电极反应。

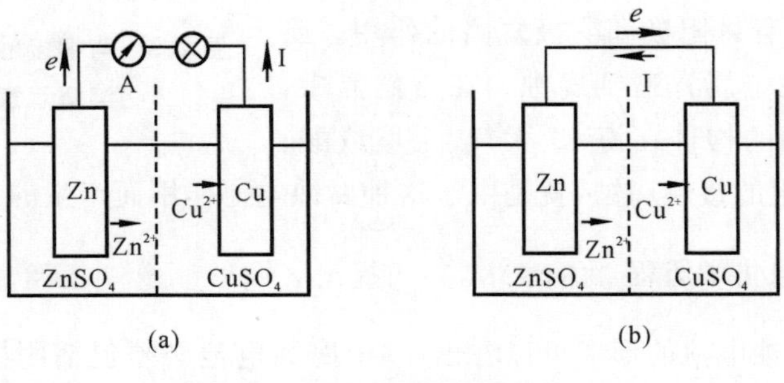

图 2.2　原电池与腐蚀电池示意图

(a)原电池；(b)腐蚀电池

锌电极作为阳极，发生氧化反应

$$Zn \longrightarrow Zn^{2+} + 2e$$

锌不断发生溶解，以 Zn^{2+} 进入溶液，锌电极上积累的电子通过导线流到铜电极。

铜电极作为阴极,发生还原反应

$$Cu^{2+} + 2e \longrightarrow Cu$$

整个电池总反应为

$$Cu^{2+} + Zn \longrightarrow Zn^{2+} + Cu$$

在电池工作期间,锌电极不断发生氧化反应,铜电极上不断进行着还原反应。电子从锌极流向铜极,而在水中,电荷的传递是依靠溶液中阴、阳离子的迁移来完成的,这样,整个电池形成了一个电流回路,将化学能转变为电能并带动负载工作,对外界做有用功。

如果将图 2.2(a)中所示原电池的两个电极短路而不经过负载,如图 2.2(b)所示,这时尽管电路中仍有电流通过,但是由于电池体系是短路的,电极反应所释放的化学能虽然转化成了电能,但不能对外做有用功,最终只能以热的形式散发掉。因此,短路的原电池已经失去了原电池的原有含义,仅仅是一个进行氧化-还原反应的电化学体系,其反应结果是作为阳极的金属材料被氧化而遭受腐蚀。我们把这种只能导致金属材料破坏而不能对外做有用功的短路原电池称为腐蚀原电池或腐蚀电池。

实际上,在电解液中的两种金属不一定非要有导线连接才能组成腐蚀电池,两种金属直接接触也能组成腐蚀电池。例如,将铜和锌两块金属板直接接触,并浸入稀硫酸溶液中,如图 2.3 所示,就组成了一个腐蚀电池。在该腐蚀电池中,锌电极电位较低,为阳极,发生氧化反应,不断溶解;而铜的电极电位较高,为阴极,溶液中的 H^+ 发生还原反应,在铜电极上不断析出大量氢气。在这种情况下,电子不是通过导线传递,而是通过锌和铜金属内部进行直接传递的。也就是说金属本身起着将阳极和阴极短路的作用。腐蚀电池工作的结果使金属锌遭到腐蚀。在自然界中,由不同金属直接接触的构件在海水、大气、土壤或酸、碱、盐水溶液中所发生的接触腐蚀,就是由于这种腐蚀电池作用而产生的。

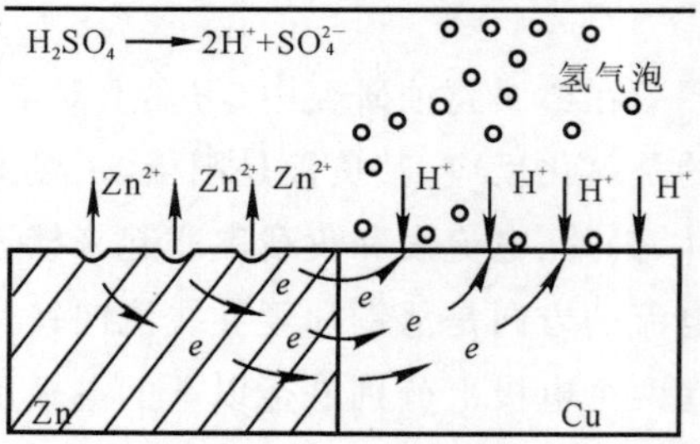

图 2.3　与铜接触的锌在硫酸中的溶解示意图

二、金属腐蚀的电化学历程

从上面讨论的腐蚀电池的形成可以看出,一个腐蚀电池必须包括阴极、阳极、电解质溶液和连接阴极与阳极的电子导体等几个组成部分,缺一不可。这几个组成部分构成了腐蚀电池工作历程的三个基本过程。

(1)阳极过程。金属以离子形式溶解而进入溶液,等电量的电子则留在金属表面,并通过电子导体向阴极区迁移,即阳极发生氧化反应

$$M \longrightarrow M^{n+} + ne$$

(2)阴极过程。电解质溶液中能够接受电子的物质从金属阴极表面捕获电子而生成新的

物质，即阴极发生还原反应

$$D + ne \longrightarrow [D \cdot ne]$$

腐蚀的阴极还原反应过程中能够吸收电子的氧化性物质 D，被称为阴极去极化剂(Depolarizer)。其阴极过程又称为去极化过程。多数情况下 H^+ 和 O_2 起去极化剂的作用，它们在阴极上能够吸收电子而发生还原发应，生成 H_2 和 OH^- 等。

(3)电荷的传递。电荷的传递在金属中是依靠电子从阳极流向阴极；在溶液中则是依靠离子的电迁移。

这样，通过阴、阳极反应和电荷的流动使整个电池体系形成一个回路，阳极过程就可以连续地进行下去，使金属遭到腐蚀。

图 2.4 为腐蚀电池工作历程的示意图。按照这种电化学历程，金属的腐蚀破坏将集中出现在阳极区，阴极区将不发生可觉察的金属损失，它只起了传递电荷的作用。因此，除金属外，其他电子导体，如石墨、过渡族元素的碳化物和氮化物，某些氧化物(如 PbO_2，MnO，Fe_3O_4)和硫化物(如 PbS，CuS，FeS)等，都可成为腐蚀电池中的阴极。

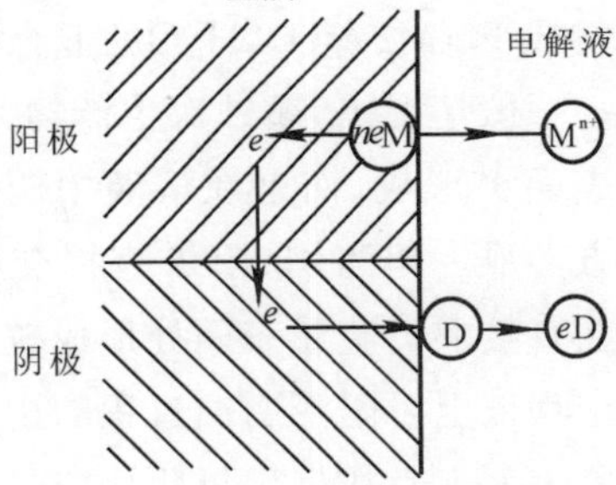

图 2.4　腐蚀电池工作历程示意图

腐蚀电池工作时所包含的上述三个基本过程既相互独立，又彼此紧密联系。只要其中一个过程受到阻滞不能进行，则其他两个过程也将受到阻碍而停止，从而导致整个腐蚀过程的终止。应当指出的是按照现代电化学理论，金属电化学腐蚀能够持续进行的条件是溶液中存在着可以使金属氧化的去极化剂，而且这些去极化剂的阴极还原反应的电极电位要比金属阳极氧化反应的电极电位高。所以只要溶液中有去极化剂存在，即使是不含(起阴极作用)杂质的纯金属也可能在溶液中发生电化学腐蚀。在这种情况下，阳极和阴极的空间距离可以很小，小到可以用金属的原子间距计算，而且随着腐蚀过程的进行，数目众多的微阳极和微阴极不断地随机交换位置，以至于经过腐蚀以后的金属表面上无法分辨出腐蚀电池的阳极区和阴极区，在腐蚀破坏的形态上呈现出均匀腐蚀的特征。

三、电化学腐蚀的次生过程

腐蚀过程中，阳极反应和阴极反应的直接产物称为一次产物(Primary Product)。随着腐蚀的不断进行，电极表面附近一次产物的浓度不断增加。阳极区附近金属离子的浓度增高，阴极区由于 H^+ 放电和水中溶解氧的还原而使 pH 值升高，溶液中产生了浓度梯度，一次产物发生扩散，阴、阳极过程中的一次产物在扩散过程中相遇并生成难溶化合物的过程称为腐蚀的次生过程。难溶性产物称为二次产物或次生产物(Secondary Product)。例如，铁和铜在氯化钠溶液中组成的腐蚀电池(见图 2.5)，就会发生次生过程，形成次生产物沉淀。即

(1)阳极过程　　$Fe \longrightarrow Fe^{2+} + 2e$

(2)阴极过程　　$\frac{1}{2}O_2 + H_2O + 2e \longrightarrow 2OH^-$

(3)次生过程　当 $pH > 5.5$,Fe^{2+} 与 OH^- 相遇时,就会发生次级反应,形成氢氧化亚铁沉淀物,即

$$Fe^{2+} + 2OH^- \longrightarrow Fe(OH)_2 \downarrow$$

在某些情况下,腐蚀次生产物还会进一步发生变化,比如由于溶液中氧的存在,$Fe(OH)_2$ 又可发生进一步氧化,形成 $Fe(OH)_3$ 或铁锈($Fe(OH)_2$,$Fe(OH)_3$,H_2O 或 FeO,Fe_2O_3,H_2O 的混合物)。

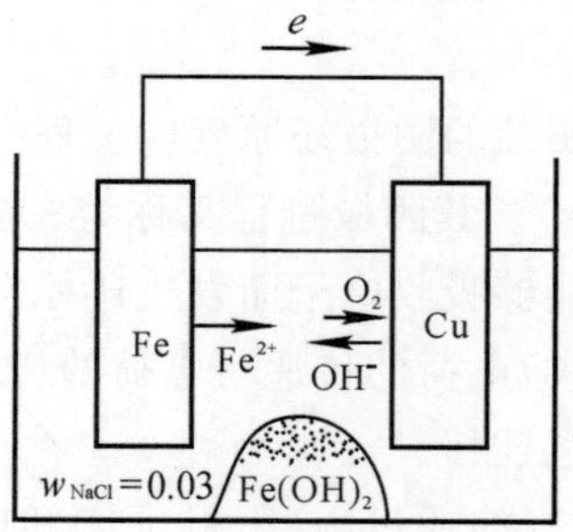

图 2.5　Fe－Cu 腐蚀电池中 $Fe(OH)_2$ 沉淀的形成

一般情况下,腐蚀次生产物并不直接在腐蚀的阳极区表面上形成,而是在溶液中阴、阳极一次产物相遇的地方形成。但当阴、阳极直接交界时,难溶性次生产物可在直接靠近金属表面处形成较紧密的、具有一定保护性的氢氧化物保护膜粘附在金属上,在一定程度上可阻滞腐蚀过程的进行。次生产物膜的保护性取决于该膜的性质,但通常比起在金属表面上直接发生氧化反应时生成的初生膜的保护性要差得多。

2.3　电极电位与电化学腐蚀倾向的判断

在大多数情况下,金属的腐蚀是按电化学机理进行的,金属电化学腐蚀的自发倾向除了可用吉布斯自由能判据外,更为方便的是采用电极电位或标准电极电位来判断。

一、电极和电极电位

电化学腐蚀中电极的含义一般是指电子导体(金属)和离子导体(电解质溶液或熔融盐等)组成的体系,常以金属/溶液表示。例如,图 2.2 中所示的锌电极 $Zn/ZnSO_4$ 和铜电极 $Cu/CuSO_4$。此外,习惯上有时也将电极材料,即电子导体(如金属、石墨等)称为电极,此时“电极”不代表电极体系,而只是电极体系中电极材料本身。电极电位通常由下述三种情况之一产生。

(1)在金属浸入电解质溶液中后,金属表面的正离子由于极性水分子的作用,将发生水化。若水化时产生的水化能足以克服金属晶格中金属正离子与电子之间的引力(金属键能),则金属表面一部分正离子就会脱离金属进入溶液中形成水化离子。等电量的负电荷(电子)留在金属表面而使金属表面带负电。与此同时,水化了的金属离子由于静电引力或热运动等作用,也有解脱水化从溶液中重新回到金属表面与电子结合的趋势。当水化过程和解脱水化过程达到动态平衡时,即

$$\underset{(在金属表面上)}{M^+ \cdot e + nH_2O} \rightleftharpoons \underset{(在溶液中)}{M^+ \cdot nH_2O + e}$$

结果就在金属/溶液界面上形成了如图 2.6(a)所示的双电层(Double Layer)结构。很多负电性的金属(如 Zn,Mg,Cd,Fe 等)浸入水中或酸、碱、盐的溶液中,就会形成这种类型的双电层。

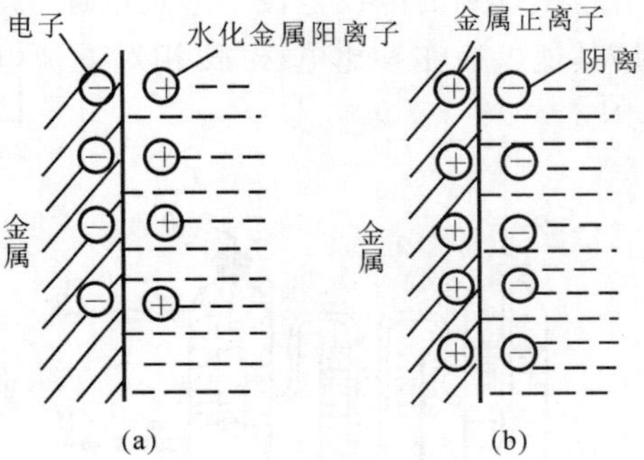

图 2.6 金属在溶液中形成的双电层

(2)在金属浸入电解质溶液中后,如果水化能不足以克服金属的点阵键能,则金属表面可能从溶液中吸收一部分水化了的金属阳离子(解脱水化作用),结果使金属表面带正电。而与金属表面相接触的液层,由于阴离子的过剩而带负电,这样也可以建立起一个如图 2.6(b)所示的双电层结构,不过其带电情况恰好与图 2.6(a)所示相反。很多正电性的金属在含有金属离子的溶液中常会形成这种类型的双电层,如铜浸在含铜盐的溶液中,汞浸在含汞盐的溶液中,铂在金、银或铂盐溶液中。

(3)对于某些正电性金属(如铂)或导电的非金属(如石墨)浸入电解液中,当它们既不能被水化而进入溶液,也没有金属离子解脱水化沉积到表面,这时将会出现另外一种双电层,其符号与图 2.6(b)所示的双电层结构一样。此时,正电性的导体表面上能吸附一层氧分子,氧化性的氧分子在电极上夺取电子并和水作用生成氢氧离子,即发生电化学反应 $O_2 + 2H_2O + 4e \rightleftharpoons 4OH^-$。这种电极称为氧电极,类似地还有氢电极,这类电极常统称为气体电极。气体电极的特点是,作为电极的导体本身不参加反应,仅起电子的导通和反应的载体作用。

通过上述三种方式建立起的金属(或导体)与溶液之间的双电层,使金属与溶液之间产生电位差,这种电位差称之为该金属/溶液体系的绝对电极电位(Electrode Potential)。绝对电极电位目前尚无法直接测得。为此,国际上统一规定了用标准氢电极为参照(参比电极),并规定其电位值为零,测量其他电极的电位,由此测得的电极电位称为氢标电位(以 SHE 表示)。标准氢电极的结构如图 2.7 所示的右侧半电池,它由电解镀铂丝浸在 H^+ 活度等于 1,且通入 101 325 Pa 氢气的溶液中构成的。规定在任何温度下,标准氢电极电位都为零。由于标准氢电极使用不方便,因此,实际中广泛应用的是饱和甘汞电极(SCE)、银-氯化银电极、铜-硫酸铜电极等参比电极。参比电极本身必须是稳定的和可逆的。参比电极相对于标准氢电极都有稳定的电位值(见附录1),由非氢标电极测得的电极电位均可以转换成氢标电位。例如,当把利用饱和甘汞电极作为参比电极测得的电极电位 E_{SCE} 转换成氢标电位 E_{SHE} 时,换算关系为

$$E_{SHE} = 0.241\,5 + E_{SCE} \tag{2.6}$$

从物理化学手册或有关书籍中查到的电极电位一般是以标准氢电极(其电位规定为零)为参比电极的相对电位值。若用其他电极作参比电极时,相对电极电位应另加说明。本教材中如无特殊说明,均是指氢标电位。

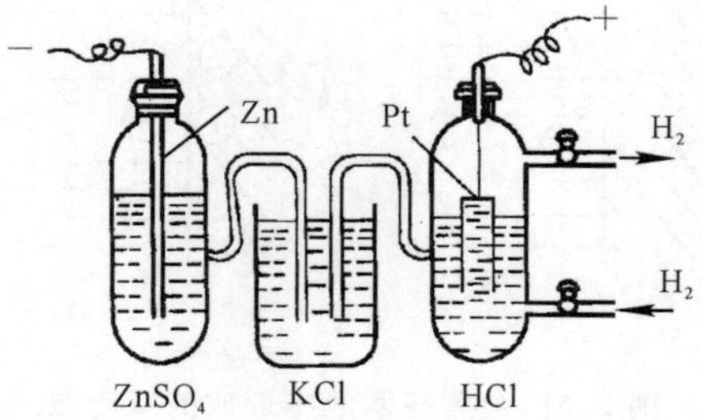

图 2.7　利用标准氢电极测量金属电极电位的装置示意图

二、平衡电极电位和非平衡电极电位

当金属(例如 Zn,Cu,Ag 等)置入它们自身离子的溶液(如 $ZnSO_4$,$CuSO_4$,$AgNO_3$)中,电极界面上进行的可逆电极反应建立起电化学平衡

$$M^{n+} \cdot ne + mH_2O \rightleftharpoons M^{n+} \cdot mH_2O + ne$$

时,正、反向反应速率相等,即通过金属-溶液界面的物质转移和电荷转移速率在两个方向上都达到动态平衡。此时建立起的电极电位称为平衡电极电位。平衡电极电位与溶液中金属离子的活度和温度有关,可根据化学热力学推导的能斯特(Nernst)方程计算,即

$$E^e = E^{\ominus} + \frac{RT}{nF}\ln\frac{a_{氧化}}{a_{还原}} \tag{2.7}$$

式中,E^e 为平衡电极电位;$E^{\ominus}$ 为标准电极电位(Standard Electrode Potential),即当电极反应中各物质的活度为1,气体逸度为1时,以标准氢电极作为参比电极测得的平衡电极电位;$a_{氧化}/a_{还原}$ 为氧化态物质和还原态物质的活度比;F 为法拉第常数。

当金属电极上同时存在两个或两个以上不同物质参与的电化学反应时,电极上不可能出现物质交换和电荷交换均达到平衡的状态,这种情况下的电极电位称为非平衡电极电位,或不可逆电极电位。例如,将铁浸在酸性溶液中,阴极与阳极分别发生的反应为

阳极　　$Fe \longrightarrow Fe^{2+} + 2e$

阴极　$$2H^+ + 2e \longrightarrow H_2\uparrow$$

上述电极反应属于不可逆的，因为电极过程中即使阴极与阳极过程反应速率相等，达到了电荷交换平衡，但物质交换达不到平衡。非平衡电极电位可以是稳定的，也可以是不稳定的。当从金属到溶液和从溶液到金属间的电荷转移速率相等时，就可以达到稳定电位。稳定电极电位也可称为开路电位（Open Circuit Potential）或自腐蚀电位（Free Corrosion Potential），即外电流为零时的电极电位。非平衡电位不服从能斯特公式，只能通过测试得到，其值受金属性质、电极表面状态、电解质种类、温度、浓度、流速等因素影响。由于生产中金属处于自身离子溶液中的情况较少，而常常会接触各种电解质，因而在研究金属腐蚀问题时，非平衡电位有着十分重要的意义。

三、电化学腐蚀倾向的判断和电动序

对于电化学腐蚀自发倾向的判断除了可以用本章第 2.1 节所介绍的吉布斯自由能判据外，更方便的是用由吉布斯自由能判据导出的电极电位判据。由电化学热力学知识可知，等温、等压条件下可逆电池所做的最大有用电功 W 等于系统反应吉布斯自由能的减小，即

$$W = nFE = -(\Delta G)_{T,p}$$

或

$$(\Delta G)_{T,p} = -nFE \tag{2.8}$$

式中，n 为参加电极反应的电子数；F 为法拉第常数；E 为可逆电池的电动势。

在忽略液接界电位的情况下，原电池的电动势 E 等于正极平衡电位与负极平衡电位之差，即等于阴极反应的平衡电位 E_C^e 与阳极反应的平衡电位 E_A^e 之差，即

$$E = E_C^e - E_A^e \tag{2.9}$$

将式(2.8)、式(2.9)代入式(2.1)，则得到金属电化学腐蚀倾向的电极电位判据为

$$\left.\begin{array}{ll} E_A^e < E_C^e & \text{电位为 } E_A^e \text{ 的金属自发进行腐蚀} \\ E_A^e = E_C^e & \text{平衡状态} \\ E_A^e > E_C^e & \text{电位为 } E_A^e \text{ 的金属不会自发腐蚀} \end{array}\right\} \tag{2.10}$$

这表明，只有当 $E_A^e < E_C^e$，即 $E > 0$ 时，才满足 $\Delta G < 0$ 的条件，金属的腐蚀才能自发进行；否则，金属不会自发腐蚀。例如，在无氧的还原性酸中，只有金属的电位比该溶液中氢电极电位更低时，才能发生析氢腐蚀；在含氧的溶液中，只有金属的电位比该溶液中氧电极电位更低时，才能发生吸氧腐蚀。因此，依据金属在一定介质条件下电极电位的高低就可以判断某一腐蚀过程能否自发进行。

由于金属的平衡电极电位与金属本性、溶液成分、温度和压力有关，有些情况下不易得到平衡电极电位的数值，为简便起见，通常利用 25℃时金属的标准电极电位作为电化学腐蚀倾向的热力学判据。

金属的标准平衡电极电位 $E^{\ominus}$ 既可以从物理化学手册或电化学书籍中查到，也可以从电极反应的热力学数据计算出来。实际上 $E^{\ominus}$ 为电池

$$(-)\mathrm{M}|\mathrm{M}^{n+}(a_{n^+}=1)\parallel \mathrm{H}^+(a_{\mathrm{H}^+}=1),\quad \mathrm{H}_2(p_{\mathrm{H}_2}=101\ 325\mathrm{Pa})|\mathrm{Pt}(+)$$

标准金属电极　　　　　　　　　　标准氢电极

的电动势。该可逆电池的电动势 $E^{\ominus}$ 与该金属电极的标准电极电位 $E^{\ominus}$（或表示为 $E^{\ominus}_{\mathrm{M}^{n+}/\mathrm{M}}$）的关系为

$$E^{\ominus}=E^{\ominus}_{\mathrm{H}^+/\mathrm{H}}-E^{\ominus}_{\mathrm{M}^{n+}/\mathrm{M}}=0-E^{\ominus}_{\mathrm{M}^{n+}/\mathrm{M}}=-E^{\ominus}_{\mathrm{M}^{n+}/\mathrm{M}}$$

由式(2.8)可知

$$(\Delta G)_{T,p}=-nFE^{\ominus}=nFE^{\ominus}$$

所以

$$E^{\ominus}=\frac{1}{nF}(\Delta G^{\ominus})_{T,p} \tag{2.11}$$

又因为

$$(\Delta G^{\ominus})_{T,p}=\sum_{\mathrm{i}}\nu_{\mathrm{i}}\mu_{\mathrm{i}}^{\ominus}=\sum_{\mathrm{i}}\nu_{\mathrm{i}}(\Delta G^{\ominus}_{\mathrm{m,f}})_{\mathrm{i}}$$

故

$$E^{\ominus}=\frac{\sum\nu_{\mathrm{i}}\mu_{\mathrm{i}}^{\ominus}}{nF} \tag{2.12}$$

或

$$E^{\ominus}=\frac{\sum\nu_{\mathrm{i}}(\Delta G^{\ominus}_{\mathrm{m,f}})_{\mathrm{i}}}{nF} \tag{2.13}$$

因此，根据电极反应式中各物质的化学计量数 ν_{i} 和 i 物质的 $\mu_{\mathrm{i}}^{\ominus}$ 或 $\Delta G^{\ominus}_{\mathrm{m,f}}$，可由式(2.12)或式(2.13)计算出该电极的标准电极电位。

按照金属在 25℃的标准电极电位 $E^{\ominus}$ 值由低（负）值到高（正）值逐渐增大的次序排列，得到的次序表称之为电动序(EMF series)或标准电位序，如表 2.2 所示。标准氢电极的电位规定为零，电位比氢的标准电极电位低（负）的金属称为负电性金属，而电位比氢的标准电极电位高（正）的金属称为正电性金属。金属的负电性愈强，则其转入溶液成为离子状态的趋势愈大。

从表 2.2 可以看出，根据 pH＝7 的中性水溶液和 pH＝0($a_{\mathrm{H}^+}=1$)的酸性水溶液中氢电极和氧电极的平衡电位：$E^{\mathrm{e}}_{\mathrm{H}}=-0.414$ V 和 0.000 V；$E^{\mathrm{e}}_{\mathrm{O}}=+0.815$ V 和 1.229 V，可把金属划分为腐蚀热力学稳定性不同的五个组。第一组是热力学很不稳定的金属（贱金属），$E^{\mathrm{e}}_{\mathrm{M}^{n+}/\mathrm{M}}<-0.414$ V，甚至在不含氧和氧化剂的中性介质中也会由于发生 H^+ 还原反应而使金属产生腐蚀。第二组是热力学不稳定的金属（半贱金属），$-0.414\ \mathrm{V}<E^{\mathrm{e}}_{\mathrm{M}^{n+}/\mathrm{M}}<0.000\ \mathrm{V}$，这些金属在无氧的中性介质中是稳定的，但在酸性介质中能被腐蚀。第三组是热力学上中等稳定的金属（半贵金属），$0.000\ \mathrm{V}<E^{\mathrm{e}}_{\mathrm{M}^{n+}/\mathrm{M}}<0.815\ \mathrm{V}$，在无氧的酸性介质和中性介质中是稳定的。第四组是热力学高稳定性的金属，$0.815\ \mathrm{V}<E^{\mathrm{e}}_{\mathrm{M}^{n+}/\mathrm{M}}<1.229\ \mathrm{V}$，在有氧的中性介质中不会腐蚀，在有氧或氧化剂的酸性介质中可能发生腐蚀。第五组是完全稳定的金属，$E^{\mathrm{e}}_{\mathrm{M}^{n+}/\mathrm{M}}>1.229$ V，在有氧的酸性介质中是稳定的，但在含有络合剂的氧化性溶液中，由于电极电位负移，也有可能发生腐蚀。

表 2.2 金属在 25℃时的标准电极电位(电动序)(对于 $M = M^{n+} + ne$ 的电极反应)

电极反应	$E^{\ominus}$/V	电极反应	$E^{\ominus}$/V	电极反应	$E^{\ominus}$/V
$Li \rightleftharpoons Li^{+} + e$	−3.405	$Ti \rightleftharpoons Ti^{3+} + 3e$	−1.210	$Sn \rightleftharpoons Sn^{4+} + 4e$	+0.007
$Rb \rightleftharpoons Rb^{+} + e$	−2.925	$V \rightleftharpoons V^{2+} + 2e$	−1.186	$Ge \rightleftharpoons Ge^{2+} + 2e$	+0.010
$K \rightleftharpoons K^{+} + e$	−2.924	$Mn \rightleftharpoons Mn^{2+} + 2e$	−1.180	$Bi \rightleftharpoons Bi^{3+} + 3e$	+0.216
$Cs \rightleftharpoons Cs^{+} + e$	−2.923	$Nb \rightleftharpoons Nb^{3+} + 3e$	−1.100	$Sb \rightleftharpoons Sb^{3+} + 3e$	0.240
$Ra \rightleftharpoons Ra^{2+} + 2e$	−2.916	$Cr \rightleftharpoons Cr^{2+} + 2e$	−0.913	$Re \rightleftharpoons Re^{3+} + 3e$	+0.300
$Ba \rightleftharpoons Ba^{2+} + 2e$	−2.906	$V \rightleftharpoons V^{3+} + 3e$	−0.876	$As \rightleftharpoons As^{3+} + 3e$	+0.300
$Sr \rightleftharpoons Sr^{2+} + 2e$	−2.890	$Ta \rightleftharpoons Ta^{5+} + 5e$	−0.810	$Cu \rightleftharpoons Cu^{2+} + 2e$	+0.337
$Ca \rightleftharpoons Ca^{2+} + 2e$	−2.866	$Zn \rightleftharpoons Zn^{2+} + 2e$	−0.763	$Tc \rightleftharpoons Tc^{2+} + 2e$	+0.400
$Na \rightleftharpoons Na^{+} + e$	−2.714	$Cr \rightleftharpoons Cr^{3+} + 3e$	−0.744	$4OH^{-} \rightleftharpoons O_2 + 2H_2O + 4e$	+0.400
$La \rightleftharpoons La^{+} + e$	−2.522	$Ga \rightleftharpoons Ga^{3+} + 3e$	−0.529	$Co \rightleftharpoons Co^{3+} + 3e$	+0.418
$Ce \rightleftharpoons Ce^{3+} + 3e$	−2.480	$Te \rightleftharpoons Te^{2+} + 2e$	−0.510	$Cu \rightleftharpoons Cu^{+} + e$	+0.521
$Y \rightleftharpoons Y^{3+} + 3e$	−2.372	$Fe \rightleftharpoons Fe^{+} + e$	−0.440	$Rh \rightleftharpoons Rh^{2+} + 2e$	+0.600
$Mg \rightleftharpoons Mg^{2+} + 2e$	−2.363	$Cd \rightleftharpoons Cd^{2+} + 2e$	−0.402	$Tl \rightleftharpoons Tl^{3+} + 3e$	+0.723
$Am \rightleftharpoons Am^{3+} + 3e$	−2.320	$In \rightleftharpoons In^{3+} + 3e$	−0.342	$Pb \rightleftharpoons Pb^{4+} + 4e$	+0.784
$Sc \rightleftharpoons Sc^{3+} + 3e$	−2.080	$Tl \rightleftharpoons Tl^{+} + e$	−0.336	$Hg \rightleftharpoons Hg^{+} + e$	+0.789
$Pu \rightleftharpoons Pu^{3+} + 3e$	−2.070	$Mn \rightleftharpoons Mn^{3+} + 3e$	−0.283	$Ag \rightleftharpoons Ag^{+} + e$	+0.799
$Th \rightleftharpoons Th^{4+} + 4e$	−1.900	$Co \rightleftharpoons Co^{2+} + 2e$	−0.277	$Rh \rightleftharpoons Rh^{3+} + 3e$	+0.800
$Np \rightleftharpoons Np^{3+} + 3e$	−1.860	$Ni \rightleftharpoons Ni^{2+} + 2e$	−0.250	$Hg \rightleftharpoons Hg^{2+} + 2e$	+0.854
$Be \rightleftharpoons Be^{2+} + 2e$	−1.847	$Mo \rightleftharpoons Mo^{3+} + 3e$	−0.200	$Pd \rightleftharpoons Pd^{2+} + 2e$	+0.987
$U \rightleftharpoons U^{3+} + 3e$	−1.800	$Ce \rightleftharpoons Ce^{4+} + 4e$	−0.150	$Ir \rightleftharpoons Ir^{3+} + 3e$	+1.000
$Hf \rightleftharpoons Hf^{4+} + 4e$	−1.700	$Sn \rightleftharpoons Sn^{2+} + 2e$	−0.136	$Pt \rightleftharpoons Pt^{2+} + 2e$	+1.190
$Al \rightleftharpoons Al^{3+} + 3e$	−1.662	$Pb \rightleftharpoons Pb^{2+} + 2e$	−0.126	$2H_2O \rightleftharpoons O_2 + 4H^{+} + 4e$	+1.229
$Ti \rightleftharpoons Ti^{2+} + 2e$	−1.628	$W \rightleftharpoons W^{3+} + 3e$	−0.110	$Au \rightleftharpoons Au^{3+} + 3e$	+1.498
$Zr \rightleftharpoons Zr^{4+} + 4e$	−1.529	$Fe \rightleftharpoons Fe^{3+} + 3e$	−0.037	$Au \rightleftharpoons Au^{+} + e$	+1.691
$U \rightleftharpoons U^{4+} + 4e$	−1.500	$H_2 \rightleftharpoons 2H^{+} + 2e$	0.000		

利用电动序中的标准电极电位，可以方便地判断金属的电化学腐蚀倾向。例如，铁在酸中的腐蚀反应，实际上可分为铁的氧化和氢离子的还原两个电化学反应，即

$$Fe = Fe^{2+} + 2e \qquad E^{\ominus}_{Fe^{2+}/Fe} = -0.440\ V$$

$$2H^{+} + 2e = H_2 \qquad E^{\ominus}_{H^{+}/H_2} = 0.000\ V$$

$$E^{\ominus} = E^{\ominus}_{H^{+}/H_2} - E^{\ominus}_{Fe^{2+}/Fe} = 0.440\ V > 0$$

$$(\Delta G^{\ominus})_{T,p} = -nFE^{\ominus} = -2 \times 96\ 500 \times 0.44 = -84\ 920\ J/mol$$

可见，不管是从 $E^{\ominus}_{Fe^{2+}/Fe} < E^{\ominus}_{H^{+}/H_2}$，还是根据 $(\Delta G^{\ominus})_{T,p} < 0$，都说明 Fe 在酸中的腐蚀反应

$Fe+2H^+=Fe^{2+}+H_2\uparrow$是能自发进行的。

同理，铜在含氧与不含氧酸性溶液（pH=0）中可能发生的电化学反应为

$$Cu = Cu^{2+}+2e \qquad E^{\ominus}_{Cu^{2+}/Cu}=+0.337\ V$$

$$2H^+ +2e = H_2\uparrow \qquad E^{\ominus}_{H^+/H_2}=0.000\ V$$

$$\frac{1}{2}O_2+2H^+ +2e = H_2O \qquad E^{\ominus}_{O_2/H_2O}=1.229\ V$$

因为 $E^{\ominus}_{Cu^{2+}/Cu}>E^{\ominus}_{H^+/H_2}$，所以铜在不含氧酸中不会被 H^+ 氧化而腐蚀；但是 $E^{\ominus}_{Cu^{2+}/Cu}<E^{\ominus}_{O_2/H_2O}$，故铜在含氧酸中可能发生腐蚀。

应当指出的是，用标准电极电位 $E^{\ominus}$ 作为金属腐蚀倾向的判据虽简单易行，但很粗略，有一定的局限性。首先，金属电极体系在大多数情况下是处于非标准状态的；其次，表 2.2 中的数据都是指金属在裸露状态下的标准电极电位，而大多数金属表面被一层氧化膜所覆盖。氧化膜的致密、完整性的程度将给金属腐蚀行为带来显著影响。

在实际的腐蚀介质中，金属腐蚀的可能性大小并不一定与电动序一致。例如在实际电偶腐蚀中，金属电极电位大多是不可逆电极电位。另外，目前使用的大多数工程材料都是合金，而合金一般含有两种或两种以上的反应组分，要建立它的可逆电极电位也是不可能的。因此，不能使用标准电极电位的电动序表作为电偶对中极性判断的依据，而只能使用实际测量得到的电极在溶液中的稳定电位，即采用金属（或合金）的电偶序作为判据。所谓电偶序（Galvanic Series），指金属（或合金）在一定电解质溶液条件下测得的稳定电位的相对大小排列而成的次序表（见第 6 章）。例如，Al 的标准电位（−1.66 V）比 Zn（− 0.763 V）低，由此判断 Al 的腐蚀倾向比 Zn 大；但在质量分数为 0.03 的 NaCl 水溶液中，Al 的稳定电位（约为− 0.53V）比 Zn（约为− 0.83 V）高，Al 反而比 Zn 还耐腐蚀。当 Al 和 Zn 在此溶液中连在一起时，Zn 将遭到腐蚀，这表明电偶序比电动序更能反映金属实际腐蚀的性质。

必须注意的是，不管是使用电极电位判据，还是使用吉布斯自由能判据，都只能判断金属腐蚀的可能性及腐蚀倾向的大小，而不能确定腐蚀速度的大小。腐蚀倾向大的金属不一定腐蚀速度大。速度问题是属于动力学讨论的范畴。金属实际的耐腐蚀性主要看它在指定环境下的腐蚀速度。

2.4 电位-pH 图及其应用

一、电位-pH 图原理

常见的金属腐蚀过程一般都发生在与水溶液相接触的环境中。水溶液中除了其他离子外，总含有 H^+ 和 OH^-，因此对于有 H^+ 或 OH^- 参加的腐蚀反应来说，电极电位也将随溶液的 pH 值变化而变化。将金属腐蚀体系中各种反应的平衡电位与溶液 pH 值的函数关系绘制成

图，就能直观地从图上判断在给定条件下发生腐蚀反应的可能性。这种图称为电位- pH 图，它首先是由比利时学者布拜(Pourbaix)在 20 世纪 30 年代提出并用于金属腐蚀问题的研究，后来被广泛应用于电化学、无机化学、化学分析、地质和冶金科学等方面，因而也称为布拜图。

最简单的电位- pH 图仅涉及一种元素(及其氧化物和氢氧化物)与水构成的体系，目前已有 90 多种元素与水构成的电位- pH 图绘制成册(由布拜主编)。除了水与金属的电位- pH 图外，近年来，人们又把金属的电位- pH 图同金属的腐蚀与防护的实际情况紧密结合起来，建立了多元体系的电位- pH 图。利用这些图可以很方便地判断金属腐蚀的热力学倾向，所以电位- pH 图已成为分析和研究金属腐蚀的重要工具。

电位- pH 图是以平衡电位(相对于标准氢电极(SHE))为纵坐标，pH 值为横坐标的电化学平衡相图。金属的电位- pH 图通常指在气压为 101 325 Pa 和温度为 25℃时，某金属在水溶液中不同价态时的平衡电位和 pH 值间的关系图。

根据参加电极反应的物质不同，电位- pH 图上的曲线可分为 3 类：

1. 反应只与电极电位有关，而与溶液的 pH 值无关

这类反应的特点是电极反应必然有电子参与，而无 H^+ 或 OH^- 参与。例如，电极反应

$$Fe^{3+}+e=\!=\!=Fe^{2+}$$

$$Fe^{2+}+2e=\!=\!=Fe(\text{固})$$

其反应通式为

$$aA+ne\rightleftharpoons bB \tag{2.14}$$

式中，A 为表示物质的氧化态；B 为表示物质的还原态；a，b 为分别表示反应物和产物的化学计量数；n 为参加反应的电子数。

平衡电位的通式可写成

$$E^e=E^\ominus+\frac{2.3RT}{nF}\lg\frac{a_A^a}{a_B^b} \tag{2.15}$$

式中，a，$E^\ominus$ 分别为活度和标准电极电位。

显然，这类反应的平衡电位与 pH 值无关，在一定温度下，随比值 a_A^a/a_B^b 的变化而变化。当 a_A^a/a_B^b 一定时，E^e 也将固定，在电位- pH 图上这类反应为一条水平线。

2. 反应只与 pH 值有关，而与电极电位无关

这类反应的特点是有 H^+ 或 OH^- 参加，而无电子参与的化学反应，因此这类反应不构成电极反应，不能用 Nernst 方程表示电位与 pH 的关系。例如，沉淀反应

$$Fe^{2+}+2H_2O=\!=\!=Fe(OH)_2\downarrow+2H^+$$

和水解反应

$$2Fe^{3+}+3H_2O=\!=\!=Fe_2O_3+6H^+$$

其反应通式为

$$aA + cH_2O \rightleftharpoons bB + mH^+ \tag{2.16}$$

其平衡常数 K 为

$$K = \frac{a_B^b a_{H^+}^m}{a_A^a} \tag{2.17}$$

由 $pH \approx -\lg a_{H^+}$，可得

$$pH = -\frac{1}{m}\lg K - \frac{1}{m}\lg\frac{a_A^a}{a_B^b} \tag{2.18}$$

可见，这类反应的平衡与电极电位无关。在一定温度下，K 一定，若给定 a_A^a/a_B^b，则 pH 为定值，因此，在电位-pH 图上这类反应表示为一垂直线段。

3. 反应既与电极电位有关，又与溶液的 pH 值有关

例如：

$$Fe_2O_3 + 6H^+ + 2e = 2Fe^{2+} + 3H_2O$$

这类反应的特点是 H^+(或 OH^-)和电子都参加反应，反应的通式可写为

$$aA + mH^+ + ne \rightleftharpoons bB + cH_2O \tag{2.19}$$

该反应的平衡电位为

$$E^e = E^\ominus - \frac{2.3mRT}{nF}pH + \frac{2.3RT}{nF}\lg\frac{a_A^a}{a_B^b} \tag{2.20}$$

可见，在一定温度下，反应的平衡条件既与电极电位有关，又与溶液的 pH 值有关。在一定温度下，给定 a_A^a/a_B^b 值，平衡电位随 pH 升高而降低，在电位-pH 图上这类反应为一斜线，其斜率为$\frac{-2.3mRT}{nF}$。

上述分别代表三类不同反应的线(水平线、垂直线和斜线)都是两相平衡线，它们将整个电位-pH 图坐标平面划分成若干区域，这些区域分别代表某些物质的热力学稳定区，线段的交点则表示两种以上不同价态物质共存时的状况。

二、电位-pH 图的绘制*

一般情况下给定体系的电位-pH 图可按下列步骤绘制而成。

(1)列出体系中可能存在的各种组分及其标准化学势 $\mu^\ominus$ 或标准生成自由能 $\Delta G_{m,f}^\ominus$。

(2)根据各组分的特征和相互作用，列出体系中可能发生的各种化学反应和电极反应。

(3)计算相应的平衡电极电位或 pH 表达式，得到各反应的平衡条件。

(4)在电位-pH 坐标图上画出各反应的平衡线，经综合整理得到该体系的电位-pH 图。

下面以应用最多也是最成熟的 Fe-H_2O 体系的电位-pH 图为例介绍其绘制方法。

Fe-H_2O 体系中可能存在的各组分物质和它们的标准化学势列于表 2.3 中，各组分物质的相互反应和它们的平衡条件列于表 2.4 中。平衡条件是根据各反应的类型，按式(2.15)、

式(2.18)和式(2.20)计算出来的。

表 2.3　Fe－H_2O 体系中的物质组成及其标准化学势 $\mu^{\ominus}$

状　态	名　称	化学符号	$\mu^{\ominus}$/(kJ/mol)
溶液态	水	H_2O	－237.190
	氢离子	H^+	0
	氢氧根离子	OH^-	－157.297
	亚铁离子	Fe^{2+}	－84.935
	铁离子	Fe^{3+}	－10.586
	亚铁酸氢根离子	$HFeO_2^-$	－337.606
固态	铁	Fe	0
	四氧化三铁	Fe_3O_4	－1 015.550
	三氧化二铁	Fe_2O_3	－741.5
气态	氢气	H_2	0
	氧气	O_2	0

表 2.4　Fe－H_2O 体系中的反应和平衡条件

编　号	反应式	平衡条件
(a)	$2H^+ + 2e \rightleftharpoons H_2$	$E_a^e = -0.059\ 1\ pH$
(b)	$O_2 + 4H^+ + 4e \rightleftharpoons 2H_2O$	$E_b^e = 1.229 - 0.059\ 1\ pH$
(1)	$Fe^{2+} + 2e \rightleftharpoons Fe$	$E_1^e = -0.440 + 0.029\ 6\lg a_{Fe^{2+}}$
(2)	$Fe_3O_4 + 8H^+ + 8e \rightleftharpoons 3Fe + 4H_2O$	$E_2^e = -0.086\ 0 - 0.059\ 1\ pH$
(3)	$3Fe_2O_3 + 2H^+ + 2e \rightleftharpoons 2Fe_3O_4 + H_2O$	$E_3^e = 0.221 - 0.059\ 1\ pH$
(4)	$Fe_3O_4 + 2H_2O + 2e \rightleftharpoons 3HFeO_2^- + H^+$	$E_4^e = -1.82 + 0.029\ 6\ pH\ - 0.089\lg a_{HFeO_2^-}$
(5)	$Fe_2O_3 + 6H^+ + 2e \rightleftharpoons 2Fe^{2+} + 3H_2O$	$E_5^e = 0.728 - 0.17\ pH - 0.059\ 1\lg a_{Fe^{2+}}$
(6)	$Fe^{3+} + 2e \rightleftharpoons Fe^{2+}$	$E_6^e = 0.771 + 0.059\lg a_{Fe^{3+}}/a_{Fe^{2+}}$
(7)	$Fe_3O_4 + 8H^+ + 2e \rightleftharpoons 3Fe^{2+} + 4H_2O$	$E_7^e = 0.980 - 0.236\ pH - 0.0891\lg a_{Fe^{2+}}$
(8)	$HFeO_2^- + 3H^+ + 2e \rightleftharpoons Fe + 2H_2O$	$E_8^e = 0.493 - 0.089\ pH + 0.029\ 61g\ a_{HFeO_2^-}$
(9)	$Fe_2O_3 + 6H^+ \rightleftharpoons 2Fe^{3+} + 3H_2O$	$\lg a_{Fe^{3+}} = -0.72 - 3pH$

例如，反应(1)是没有 H^+ 参加的电极反应，其相应的平衡条件为

$$E_1^e = E_1^\ominus + \frac{0.059\,1}{n}\lg a_{Fe^{2+}} = -0.440 + 0.029\,6\lg a_{Fe^{2+}}$$

可见反应(1)的 E^e 与 pH 无关，当 $a_{Fe^{2+}}$ 的活度一定时，在电位-pH 图上可得到一条水平线。若分别设 $a_{Fe^{2+}}$ 为 $10^0, 10^{-2}, 10^{-4}, 10^{-6}$ mol/L，则将得到一组水平线，如图 2.8 中直线①所示。

反应(2)是有 H^+ 参加的电极反应，其平衡条件为

$$E_2^e = E_2^\ominus + 0.059\,1\lg a_{H^+}$$

因为

$$E^\ominus = \frac{\sum \nu_i \mu_i^\ominus}{nF}$$

所以

$$E_2^\ominus = \frac{1}{8F}(\mu_{Fe_3O_4}^\ominus + 8\mu_{H^+}^\ominus - 3\mu_{Fe}^\ominus - 4\mu_{H_2O}^\ominus =$$

$$\frac{1}{8\times 96\,500}(-1\,015\,550 + 4\times 237\,190\,) = -0.086\text{ V}$$

即

$$E_2^e = -0.086\,0 - 0.059\,1\text{ pH}$$

由于 E_2^e 只与 pH 值有关，与其他反应物质浓度无关，因此在电位-pH 图中得到一条斜率为 0.0591 的斜线(见图 2.8 中直线②)。

反应(9)的平衡常数为

$$K = \frac{a_{Fe_2O_3}\,a_{H^+}^6}{a_{H_2O}^3\,a_{Fe^{3+}}^2} = \frac{a_{H^+}^6}{a_{Fe^{3+}}^2}$$

所以

$$\lg K = 6\lg a_{H^+} - 2\lg a_{Fe^{3+}} = -6\text{pH} - 2\lg a_{Fe^{3+}}$$

由 $\lg K = \frac{\sum \nu_i \mu_i}{-2.3RT}$，计算可得 $\lg K = 1.44$，将此值代入上式，得

$$\lg a_{Fe^{3+}} = -0.72 - 3\text{pH}$$

当 $a_{Fe^{3+}}$ 为 $10^0, 10^{-2}, 10^{-4}, 10^{-6}$ mol/L 时，可得 pH 值变化的一组垂直线(见图 2.8 中第⑨组平衡线)。

用同样的方法，可以得出 Fe - H_2O 体系中其他各个反应的平衡条件(见表 2.4)及其电位-pH直线，抹去各直线相交后的多余部分，可整理汇总成整个体系的电位-pH 图，如图 2.8 所示。图中直线上圆圈中的号码对应于表 2.2 中各平衡条件的编号，各平衡线旁边的数字代表可溶性离子活度的对数值。

图 2.8 中还有互相平行的两条虚线ⓐ和虚线ⓑ。虚线ⓐ表示 H^+ 和 H_2 ($p_{H_2} = 101\,325$Pa)的平衡关系，即

$$2H^+ + 2e \rightleftharpoons H_2$$

$$E_{H^+/H_2}^e = E^\ominus + \frac{2.3RT}{2F}\lg\frac{a_{H^+}^2}{p_{H_2}} = -0.059\,1\text{ pH}$$

虚线ⓑ表示 $O_2(p_{O_2}=10\ 135\ Pa)$和 H_2O 的平衡关系，即

$$O_2+4H^++4e \rightleftharpoons 2H_2O$$

$$E^e_{O_2/H_2O}=E^\ominus+\frac{2.3RT}{4F}\lg a^4_{H^+}\cdot p_{O_2}=1.229-0.059\ 1pH$$

可以看出，当电位低于虚线ⓐ时，水中的 H^+ 被还原而放出 H_2，是 H_2 的稳定区；当电位高于虚线ⓑ时，水中的 OH^- 可被氧化而析出氧，是 O_2 的稳定区；而在虚线ⓐ与虚线ⓑ之间，水不可能分解出 H_2 和 O_2，故该区域是 H_2O 的热力学稳定区。由于腐蚀电化学中，水是最重要的溶剂，水溶液中氢离子的还原反应和氧的还原反应通常是电化学腐蚀过程中最重要的阴极反应，因此这两条虚线出现在电位-pH 图中，具有特别重要的意义。

图 2.8 是基于 Fe，Fe_3O_4 和 Fe_2O_3 为固相的平衡反应得到的。若以 Fe，$Fe(OH)_2$ 和 $Fe(OH)_3$ 为固相，用类似的方法计算同样可得到相应的电位-pH 图。

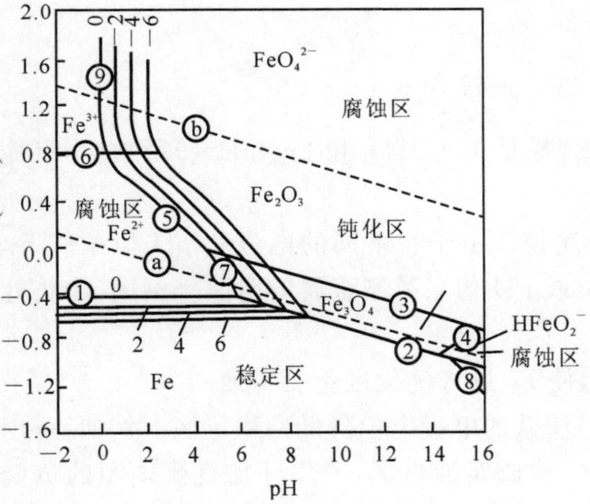

图 2.8　Fe-H₂O 体系的电位-pH 图

（考虑固相物质为 Fe，Fe_3O_4，Fe_2O_3）

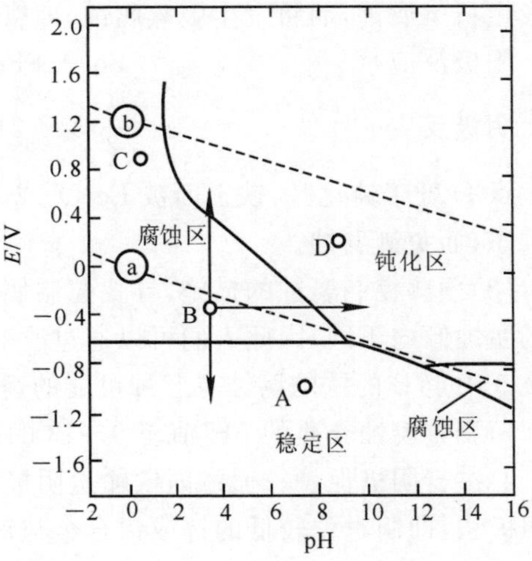

图 2.9　简化的 Fe-H₂O 体系电位-pH 图

三、电位-pH 图的应用及其局限性

1. 电位-pH 图的应用

在腐蚀学中，人为地规定当可溶性物质在溶液中的浓度小于 10^{-6} mol/L 时，它的溶解度可视为无限小，即可把该物质看成是不溶解的，因此可以把平衡金属离子浓度为 10^{-6} mol/L 作为金属腐蚀与不腐蚀的分界线。如果把平衡关系式中有关离子浓度都取 10^{-6} mol/L，则可以得到简化的电位-pH 图，又称为金属腐蚀图，如图 2.9 所示。该图可被分为三种类型的区域。

(1)腐蚀区：该区域内稳定存在的是各种可溶性离子，如 Fe^{2+}，Fe^{3+}，$HFeO_2^-$ 等。对于金属而言，处于热力学不稳定状态，有可能发生腐蚀。

(2)稳定区(或免蚀区):该区域内金属处于热力学稳定状态,不发生腐蚀。

(3)钝化区:该区域内稳定存在的是固体氧化物、氢氧化物或盐膜,因此,在该区域内金属是否遭受腐蚀,取决于所生成的固态膜是否致密无孔,即看它是否能进一步阻止金属的溶解。

电位-pH 图主要应用在以下几个方面:

(1)判断反应自发进行的方向,从热力学上分析金属腐蚀的可能性。

(2)估计腐蚀产物的组分。例如,从图 2.9 中 A,B,C,D 各点对应的电位和 pH 条件,可以判断铁的腐蚀情况。点 A 处于 Fe 和 H_2的稳定区,故不会发生腐蚀。点 B 处于腐蚀区,且在氢线以下,即处于 Fe^{2+} 和 H_2的稳定区,在该条件下,铁将发生析氢腐蚀,腐蚀电池反应为

阳极反应 $$Fe \longrightarrow Fe^{2+} + 2e$$

阴极反应 $$2H^+ + 2e \longrightarrow H_2\uparrow$$

点 C 也处于腐蚀区,但在氢线以上,氧线以下,这个区域是 Fe^{2+} 和 H_2O 的稳定区,因此不会发生析氢腐蚀,而将发生吸氧腐蚀,即腐蚀电池反应为

阳极反应 $$Fe \longrightarrow Fe^{2+} + 2e$$

阴极反应 $$\frac{1}{2}O_2 + 2H^+ + 2e \longrightarrow H_2O$$

点 D 处于钝化区,铁上面被 Fe_2O_3或 Fe_3O_4(或是 $Fe(OH)_2$和 $Fe(OH)_3$)所覆盖,可能处于钝态,而免遭腐蚀。

(3)预测控制腐蚀的措施,寻找控制腐蚀的途径。由于在不同的电位和 pH 值条件下,金属的腐蚀倾向不同,因此人们可以通过改变电位或 pH 值来控制金属的腐蚀。例如,防止处于图 2.9 中点 B 的铁的腐蚀有三种可能的途径。

1)调整腐蚀介质的 pH 值至 9~13 的范围,使 Fe 进入钝化区免受腐蚀。

2)进行阴极保护。通过向铁输送阴极电流,使铁的电极电位降低到稳定区。例如,可用牺牲阳极法,即用电位较低的锌或铝合金与铁连接,构成腐蚀电偶,或用外加直流电源的负端与铁相连而正端与辅助电极相连,形成回路,均可保护铁免受腐蚀。

3)进行阳极保护。通过向铁输送阳极电流或在溶液中添加钝化剂,将铁的电极电位正移,使之进入钝化区。应当指出的是,这种方法只适用于可钝化的金属。有时由于钝化剂加入量不足,或者阳极保护参数控制不当,金属表面保护不完整,反而会引起严重的局部腐蚀。当溶液中有 Cl^- 存在时,还须注意防止点蚀的出现。

2. 理论电位-pH 图的局限性

上面介绍的电位-pH 图都是根据热力学数据绘制的,所以也称为理论电位-pH 图。理论电位-pH 图有着严密的理论基础,因而得到广泛的应用和不断的发展。但是由于实际的电化学体系复杂多样,与根据热力学数据建立的理论电位-pH 图有较大的差别,因此,用理论电位-pH 图解决实际问题时存在一定的局限性。这种局限性主要表现在以下几个方面。

(1)金属的理论电位-pH 图是以热力学为基础的电化学平衡相图,因此它只能预测金属腐蚀的可能性,而不能预测金属腐蚀速度的大小。

(2)图中的各条平衡线，是以金属与溶液中的离子和固相反应产物之间建立的平衡为条件的，但在实际腐蚀体系中，可能偏离这个平衡条件。

(3)理论电位-pH图只考虑了 OH^- 这种阴离子对平衡的影响，但在实际体系中，水溶液中存在的 Cl^-，SO_4^{2-}，PO_4^{3-} 等离子对电化学平衡的影响常常是不能忽略的。

(4)理论电位-pH图中的pH值表示的是平衡时主体溶液的pH值。但在实际腐蚀体系中，金属表面附近和局部区域内的pH值与主体溶液的pH值往往并不相同。

(5)理论电位-pH图上的钝化区表示金属表面生成了氧化物或氢氧化物等固体产物，但这些固体产物膜是否具有保护性能并未反映出来。

因此，应用电位-pH图时，应根据具体情况进行分析，充分注意其局限性。

2.5 实际中的腐蚀电池类型*

根据组成腐蚀电池的电极大小、形成腐蚀电池的主要影响因素和腐蚀破坏的特征，一般将腐蚀电池分为三大类：宏观腐蚀电池、微观腐蚀电池和超微观腐蚀电池。

一、宏观腐蚀电池

这类腐蚀电池通常是由肉眼可见的电极所构成。它具有阴极区和阳极区保持长时间稳定，并常常产生明显的局部腐蚀的特征。常见的宏观腐蚀电池有以下几种：

1. 异种金属接触电池

异种金属接触电池是指当两种或两种以上不同的金属相互接触(或用导线连接起来)并处于某种电解质溶液中构成的腐蚀电池。由于两金属的电极电位不同，故电极电位较低的金属将不断遭受腐蚀而溶解，而电极电位较高的金属却得到了保护。这种腐蚀现象称为电偶腐蚀(Galvanic Corrosion)或异种金属接触腐蚀(Dissimilar Metal Corrosion)。例如，铝制容器用铜钉铆接时(见图2.10)，当铆接处与电解质溶液接触，由于铝的电极电位比铜低，便形成了腐蚀电池。结果铜电位较高成为阴极，受到保护，而铆钉周围的铝电位较低成为阳极遭受加速腐蚀。

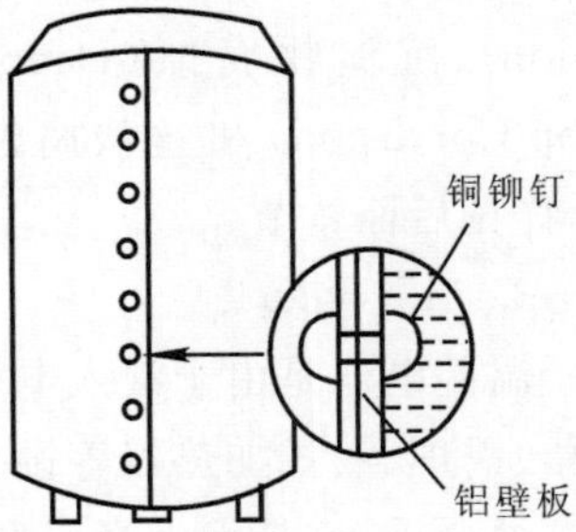

图2.10 有铜铆钉的铝容器结构图

2. 浓差电池

浓差电池的形成是由于同一金属的不同部位所接触的介质浓度不同所致。最常见的浓差电池有两种。

(1)盐浓差电池：这种电池是由于同一金属浸入不同浓度的电解液中形成的。例如，一根长铜棒的两端分别与稀硫酸铜溶液和浓硫酸铜溶液相接触，与较稀硫酸铜溶液接触的铜棒一端因其电极电位较低，作为腐蚀电池的阳极将遭受到腐蚀，但与浓硫酸铜溶液接触的铜棒另一端由于其电极电位较高，作为腐蚀电池的阴极，故溶液中的 Cu^{2+} 将在这一端的铜上面析出。这种溶解和析出反应一直进行到铜棒两端所处溶液中硫酸铜浓度相等为止。

(2)氧浓差电池：它是由金属与含氧量不同的溶液相接触而形成的腐蚀电池，又称差异充气电池或供氧差异腐蚀电池。它是造成金属局部腐蚀的重要因素之一，也是一种比较普遍存在的、危害性很大的一种腐蚀破坏形式。

当金属浸入含有氧的中性溶液里会形成氧电极，并发生如下的电极反应，即

$$O_2+2H_2O+4e \longrightarrow 4OH^-$$

如果溶液中各部分含氧量不同，就会因氧浓度的差别产生氧浓差电池。与缺氧溶液接触的金属表面电位较与富氧溶液接触的金属表面电位低，同时两区域金属表面临近的溶液层的组成随着腐蚀过程的进行发生不同的变化，由此引起金属表面阳极溶解动力学的不同变化，其结果使与缺氧溶液接触的金属表面的阳极溶解速度远大于与富氧溶解接触的金属表面的溶解速度，从而导致局部腐蚀的发生。例如，钢桩半浸入水中，靠近水线的下部区最容易腐蚀(见图 2.11)，故常称为水线腐蚀(Water-line-attack)。这是因为在水线处的金属铁直接接触空气，水层中含氧量高，而水线下面的金属铁表面处的氧溶解度低，这样就形成了氧浓差电池，由此导致水线下部铁的加速腐蚀。这种水线腐蚀是生产上最为普遍的一种局部腐蚀形式。此外，氧浓差电池还是引起缝隙腐蚀(Crevice Corrosion)、沉淀物腐蚀(Deposit Corrosion)、盐滴腐蚀(Salt Drop Corrosion)和丝状腐蚀(Filiform Corrsion)的主要原因，详见后面章节。

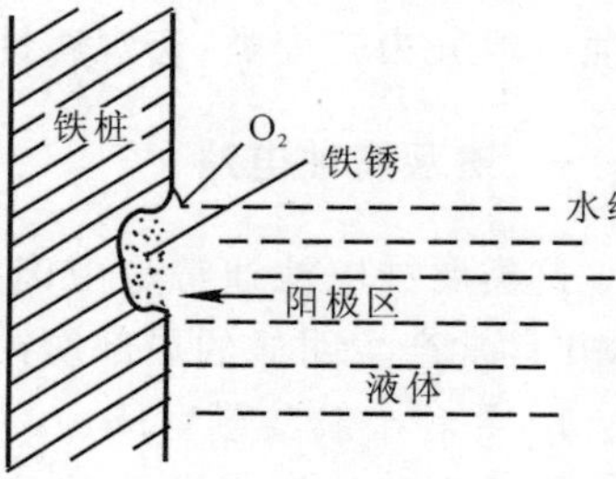

图 2.11　水线腐蚀示意图

3. 温差电池

温差电池是由于浸入电解质溶液中的金属处于不同的温度区域而形成的，常发生在热交换器、锅炉、浸式加热器等设备中。例如，在检查碳钢制成的换热器时，可发现其高温端比低温端腐蚀严重，这是因为高温部位的碳钢电极电位比低温部位的碳钢电极电位低，而成为腐蚀电池的阳极。但是，铜、铝等在有关溶液中不同温度下的电极行为与碳钢相反。例如在硫酸铜溶液中，低温端铜电极是阳极，高温端铜为阴极。

对于因氧浓差和温差而形成的腐蚀电池，其两个电极区的电位属于非平衡电位，故不能简单地套用能斯特公式说明其极性。

二、微观腐蚀电池

由于金属表面的电化学不均匀性，在金属表面产生许多微小的电极，由此而构成各种各样的微观腐蚀电池，简称为微电池。微电池产生的原因主要有以下几个方面。

1. 金属化学成分的不均匀性引起的微电池

众所周知，绝对纯的金属是没有的，尤其是工业上使用的金属常常含有各种杂质，当金属与电解质接触时，这些杂质便以微电极的形式与基体金属构成许多短路的微电池，如图 2.12 所示。若杂质作为微阴极存在时，它将加速基体金属的腐蚀；反之，若杂质是微阳极的话，则基体金属受到保护而减缓其腐蚀。例如，工业纯锌中的 Fe 杂质（以 $FeZn_7$ 存在），工业纯铝中的杂质 Fe 和 Cu 等，都是微电池的阴极，当电解液存在时，它们都可加速基体金属的腐蚀。此外，合金凝固时产生的偏析造成的化学成分不均匀性，也是引起电化学不均匀性的原因。

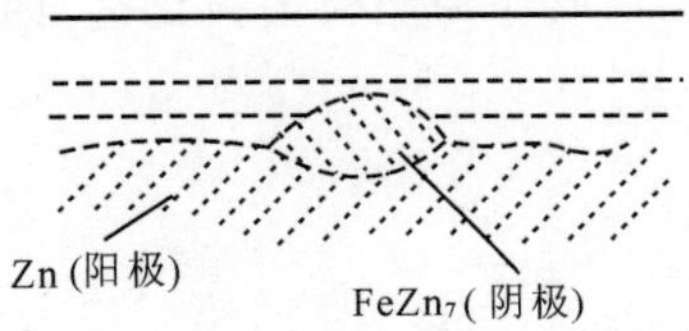

图 2.12　含有杂质的工业锌形成的微电池

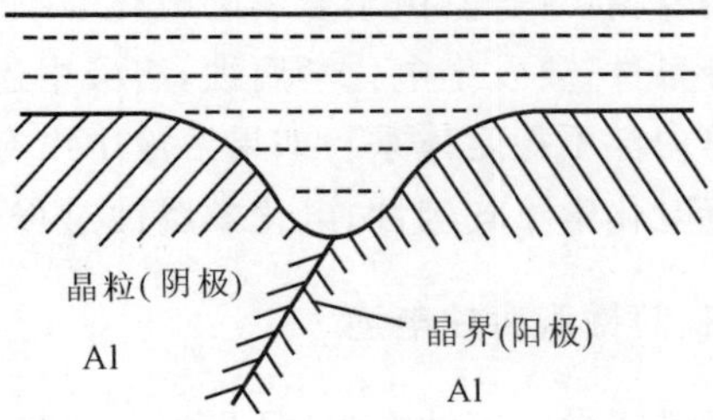

图 2.13　工业纯铝晶粒与晶界形成的微电池

2. 金属组织结构的不均匀性构成的微电池

所谓组织结构，在这里是指组成合金的粒子种类、分量和它们的排列方式的统称。在同一金属或合金内部存在着不同组织结构区域，因而有不同的电极电位值。大多数金属为多晶体材料，晶界是原子排列较为疏松而紊乱的区域，这一区域容易富集杂质原子，产生晶界吸附和晶界沉淀，而且晶体缺陷（如位错、空穴和点阵畸变）密度大，因此晶界比晶粒内部更为活泼，通常具有更低的电位值。例如，工业纯铝其晶粒内的电位为 0.585 V，晶界电位却为 0.494 V，所以晶界成为微电池的阳极，因此腐蚀首先从晶界开始（见图 2.13）。

多相合金中不同相之间的电位是不同的，这同样也是形成腐蚀微电池的重要原因之一。例如，Al－Cu 和 Al－Ag－Cu 系合金时效时，富铜的 θ 相（$CuAl_2$）沿晶界析出，在质量分数为 0.03的 NaCl 溶液中，θ 相电位为－0.3 V。θ 相析出的结果使晶界附近形成贫铜区，其电位为－0.78 V。晶内基体的电位为－0.68 V。这样，由于贫铜区电位最低，成为阳极区，而 θ 相和基体为阴极区，溶解过程将沿贫铜区进行，这是这类合金发生晶间腐蚀和应力腐蚀断裂的重要原因。

3. 金属物理状态的不均匀性引起的微电池

金属在机械加工或构件装配过程中，由于金属各部分形变的不均匀性或应力的不均匀性，都可形成微电池。一般情况下变形较大和应力集中的部位因电位较低而成为阳极。例如，铁板或钢管弯曲处易发生腐蚀就是这个原因。

4. 金属表面膜不完整引起的微电池

金属表面膜，通常指钝化膜或其他具有电子导电性的表面膜或涂层，如果这层表面膜存在孔隙或破损，则该处的基体金属通常要比表面膜的电极电位低，便形成了膜-孔腐蚀电池，孔隙下的基体金属将作为阳极而遭到腐蚀。例如，不锈钢在含有 Cl^- 的介质中，由于 Cl^- 对钝化膜的破坏作用，使得膜破坏处的金属成为微阳极而发生点蚀。这类微电池又常称为活化-钝化电池。它们与差异充气电池相配合，是引起易钝化金属的点蚀、缝隙腐蚀、晶间腐蚀和应力腐蚀开裂的重要原因。

需要指出的是，由于金属的电化学不均匀性而形成的微电池并不是金属发生电化学腐蚀的充分条件，要发生电化学腐蚀，溶液中还必须同时存在着可使金属氧化的物质，它与金属构成了热力学不稳定体系。如果溶液中没有合适的氧化性物质作为阴极去极化剂，即使金属表面具有电化学不均匀性，电化学腐蚀过程也不能进行下去。

三、超微观腐蚀电池

所谓超微观腐蚀电池，是指由于金属表面上存在着超微观的电化学不均匀性产生了许多超微电极，从而形成的腐蚀电池。它是造成金属材料产生电化学均匀腐蚀的原因。造成这种超微观电化学不均匀性的原因可能是：

(1)在固溶体晶格中存在有不同种类的原子；

(2)由于结晶组织中原子所处的位置不同，而引起金属表面上个别原子活度的不同；

(3)由于原子在晶格中的热振荡而引起了周期性的起伏，从而引起了个别原子的活度不同。

由此产生了肉眼和普通显微镜也难以分辨的微小电极(1～10 nm)，并遍布整个金属表面，阴极和阳极无规则地分布着，具有极大的不稳定性，并随时间不断的变化，这时整个金属表面既是阳极又是阴极，结果导致金属的均匀腐蚀。

思考题与习题

1. 电化学腐蚀的热力学判据有几种？举例说明它们的应用和使用的局限性。

2. 什么是电位-pH图？试用 $Fe-H_2O$ 体系的电位-pH图说明各直线、点、区域的物理意义和控制铁腐蚀的具体技术途径。电位-pH图使用中有何局限性？

3. 何谓腐蚀电池？腐蚀电池和原电池有无本质区别？原因何在？

4. 腐蚀电池由几个部分组成？其基本过程是什么？二次反应产物对金属腐蚀有何影响？

5. 腐蚀电池分类的根据是什么？它可分为几大类？

6. 什么是异金属接触电池、浓差电池和温差电池？举例说明这三类腐蚀电池的作用原理。

7. 何谓标准电极电位？试指出标准电位序和电偶序的区别。

8. 铁在 pH=1 的 NaCl 溶液中的电极电位为 0.2 V,利用 Pourbaix 图写出可能的阳极反应和阴极反应。有人提出两个反应分别为 $Cl_2 + 2e = 2Cl^-$ 和 $Na = Na^+ + e$,你同意上述看法吗？为什么？

9. 把 Zn 浸入 pH=2 的 0.001 mol/L 的 $ZnCl_2$ 的溶液中,计算该金属发生析氢腐蚀的理论倾向(以电位表示)。

10. 计算下列电池的电动势：

$Pt \mid Fe^{3+}(a_{Fe^{3+}}=0.1),\ Fe^{2+}(a_{Fe^{2+}}=0.001) \parallel Ag(a_{Ag^+}=0.01) \mid Ag$

并写出该电池的自发反应,判定哪个电极为阳极。

11. 锌浸在 $CuCl_2$ 溶液中时会发生什么样的反应？当 Zn^{2+}/Cu^{2+} 活度比等于何值时,这个反应才会停止？

12. (1)计算 Cu 电极在 0.1 mol/L $CuSO_4$ 和 0.5 mol/L $CuSO_4$ 溶液之间构成的浓差电池电动势(忽略其液接界电位);(2)写出上述电池的自发反应,并指出哪个电极为阳极。

13. 计算停止镉在 25℃充空气的水中腐蚀所需的氢气压力。作为腐蚀产物,$Cd(OH)_2$ 的溶度积为 2.0×10^{-14}。

14. 在 0.1 mol/L 氯化铜溶液中,银能否腐蚀生成固体 AgCl？如能发生,腐蚀倾向的大小如何(以 V 表示)？

(1)阴极反应是 Cu^{2+} 还原为 Cu^+;

(2)阴极反应是 Cu^{2+} 还原为 Cu。

15. 已知电极反应 $O_2 + 2H_2O + 4e = 4OH^-$ 的标准平衡电位等于 0.401 V,请计算电极反应 $O_2 + 4H^+ + 4e = 2H_2O$ 的标准电极电位。

16. 已知电极反应 $Fe = Fe^{2+} + 2e$ 和 $Fe^{2+} = Fe^{3+} + e$ 的标准电极电位分别为 −0.44 V和 0.771 V,请计算电极反应 $Fe = Fe^{3+} + 3e$ 的标准电极电位。

17. 根据 25℃时 $Fe-H_2O$ 体系电位-pH 图(平衡相为 Fe,Fe_2O_3,Fe_3O_4),当溶液的 pH 值为 7,Fe 在此溶液中分别处在 5 个不同电位−0.65 V,−0.5 V,−0.3 V,+0.5 V,+1.0 V 时,写出可能进行的电极反应。Fe 处于何种状态？

18. 有一个储放 pH=1 的稀硫酸的铜制容器,处在 101 325 Pa 氢气气氛的掩蔽下,试计算酸中铜污染的最大浓度(以 mol/LCu^{2+} 表示)。假如氢分压降到 10.132 5 Pa,相应的铜污染又为多少？

第 3 章 电化学腐蚀动力学

第 2 章从热力学的观点阐述了金属发生腐蚀的根本原因，介绍了判断腐蚀倾向的方法。然而在实际中，了解金属材料的腐蚀倾向固然重要，但更重要的是了解腐蚀速率的大小及其影响因素。

由于热力学方法中没有考虑到时间因素及腐蚀反应过程的具体细节，因此，从热力学上只能判断腐蚀的倾向大小，而不能判断腐蚀速率的快慢，腐蚀倾向大并不意味着腐蚀速率快。例如，金属铝的标准电极电位很低，这表明从热力学角度来看，铝的腐蚀倾向很大，然而在某些介质如大气中铝却很耐蚀，可以作为结构材料使用。另外，在实际工作中，人们总是希望将金属材料的腐蚀速率减到最小，以延长其使用寿命。为了准确地判断和人为地控制腐蚀速率，必须了解金属腐蚀的机理及影响腐蚀速率的各种因素，掌握腐蚀过程中的动力学规律。

3.1 腐蚀电池的电极过程

一、阳极过程

在金属构成腐蚀原电池后，电极电位较低的金属作为阳极发生氧化反应，因此对于金属电极，阳极过程就是金属发生电化学溶解或阳极钝化的过程。本章重点讨论阳极溶解过程，金属的钝化将在第 5 章讨论。

如图 3.1 所示，金属 M_1 和 M_2 构成腐蚀电池，由于 $E_{M_1} < E_{M_2}$，M_1 将作为阳极发生溶解反应，水溶液中阳极溶解的通式可以表示为

$$M_1 + mH_2O \longrightarrow M^{n+} \cdot mH_2O + ne$$

或

$$M_1 + xA^- + yH_2O \longrightarrow (MA_x)^{n-x} \cdot yH_2O + ne$$

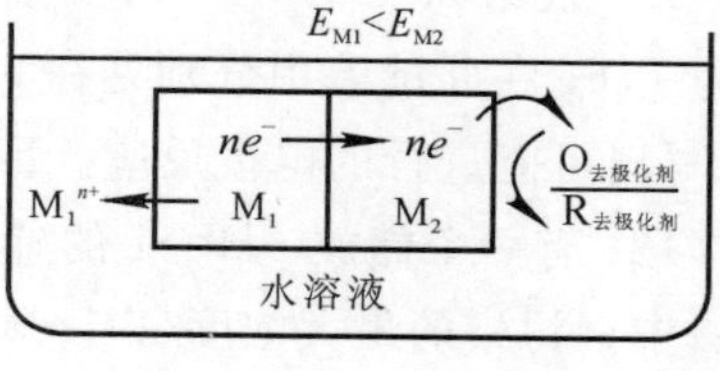

图 3.1 两种金属材料组成原电池示意图

（电极电位较低的发生氧化反应）

即金属表面的金属阳离子在极性溶剂分子（如水）或离子的作用下，离开晶格进入溶液，形成溶剂化阳离子或配离子。剩余的电子在两金属间电位差的作用下，进入作为阴极的 M_2，这一过程促进了 M_1 的持续溶解。

通常金属的阳极溶解至少由下面几个步骤组成：

(1)金属原子离开晶格，转变为表面吸附原子，即

$$M_{晶格} \longrightarrow M_{吸附}$$

(2)在溶剂分子的作用下,表面吸附原子失去电子并进入金属/溶液界面双电层,成为溶剂化阳离子,即

$$M_{吸附} + xH_2O \longrightarrow M^{n+} \cdot xH_2O + ne^-$$

(3)溶剂化阳离子从双电层溶液侧向溶液本体的迁移。极性溶剂分子(如水)或阴离子(如 Cl^-)的溶剂化作用或配合作用在金属的溶解过程中极为重要。在金属晶体中,金属离子通常情况下只能在晶格结点附近振动,金属离子要脱离金属表面,需要极大的垂直于表面的振动能,因此在一般温度下,金属即使在真空中也不会蒸发。但是在金属浸入溶液后,由于溶剂化作用使金属离子在溶液相中的能量低于金属相中,于是金属离子进入溶液可以自发进行。其具体历程一般为:极性的溶剂分子或溶液中的阴离子与表面局部晶格上的金属离子发生作用,使金属离子从晶格上迁移到表面,形成吸附离子。之后吸附的金属离子脱离金属表面,进入溶液形成水合阳离子。金属相中由于出现了剩余电子而带负电,溶液一侧则由于金属阳离子的进入而带正电,这样在金属/溶液界面形成双电层(见图 2.6(a))。

如果该金属与电极电位较高的金属接触,如图 3.1 所示,则该金属中剩余电子将流向电极电位较高的金属,从而促进了阳极溶解过程。

二、阴极过程

如图 3.1 所示,腐蚀原电池中电极电位较低和较高的金属及其附近液层分别构成电池的阳极区和阴极区,金属阳极溶解后所释放出来的电子将转移到阴极区,并在那里与溶液中的去极化剂发生还原反应。如果没有这些去极化剂存在,转移到阴极区的电子将积累起来,在阴、阳极区之间建立一个电场,阻碍电子进入阴极区,进而使阳极溶解难以发生。因此,发生电化学腐蚀的基本条件是腐蚀电池和去极化剂同时存在,或者说阳极过程和阴极过程必须同时进行。

电化学腐蚀的阴极去极化剂有 H^+,O_2,NO_3^-,$Cr_2O_7^{2-}$,高价金属离子及一些易被还原的有机化合物等,这些去极化剂发生的反应主要有如下几种类型:

(1)溶液中溶解氧的还原反应:在中性或碱性溶液中,溶解氧发生还原反应,生成 OH^-,即

$$O_2 + 2H_2O + 4e \longrightarrow 4OH^-$$

在酸性溶液中生成水,即

$$O_2 + 4H^+ + 4e \longrightarrow 2H_2O$$

以氧的还原反应为阴极过程的腐蚀,叫氧去极化腐蚀,也叫耗氧腐蚀。大多数金属在海水、大气、土壤和中性盐溶液中所发生的电化学腐蚀,其阴极过程主要是氧的还原反应。

(2)溶液中氢离子的还原反应:

$$2H^+ + 2e \longrightarrow H_2$$

以氢离子还原反应为阴极过程的腐蚀称为氢去极化腐蚀,也称为析氢腐蚀。析氢过程是电极

电位较低的金属在酸性介质中常见的阴极去极化反应。

(3)溶液中高价金属离子的还原反应：

$$Fe^{3+}+e\longrightarrow Fe^{2+}$$

$$Fe_3O_4+H_2O+2e\longrightarrow 3FeO+2OH^-$$

$$Fe(OH)_3+e\longrightarrow Fe(OH)_2+OH^-$$

$$Cu^{2+}+2e\longrightarrow Cu$$

其中前三个反应是铁锈中三价铁的还原，后一个反应是溶液中含有 Cu^{2+} 时，Cu^{2+} 将被还原并沉积出来形成附加阴极，从而加速了电极电位较低的金属的溶解。

(4)氧化性阴离子的还原反应：

$$NO_3^-+2H^++2e\longrightarrow NO_2^-+H_2O$$

$$Cr_2O_7^{2-}+14H^++6e\longrightarrow 2Cr^{3+}+7H_2O$$

(5)溶液中某些有机化合物的还原反应：

$$R-COOH+2H^++2e\longrightarrow R-COH+H_2O$$

对于一个具体的腐蚀体系，不仅需要金属的阳极溶解，而且必须有阴极去极化剂的还原来维持阴极过程的不断进行。其阴极去极化剂的种类则要视介质中可发生还原反应的物质及其电极电位以及阴极过程的动力学过程而定。

三、金属的全面腐蚀与局部腐蚀

如第1章所述，按照腐蚀的形态分类，金属的腐蚀可以分为全面腐蚀和局部腐蚀。从电化学腐蚀原理上，可以进一步理解二者的异同性。

1. 全面腐蚀

所谓全面腐蚀是指分布在整个金属表面和连成一片的腐蚀破坏。其特点是整个金属表面均处于活化状态，只是各点的电极电位随时间(或环境变化)略有起伏，电极电位高时为阴极，电极电位低时为阳极，这样使金属表面都遭到腐蚀，或者说全面腐蚀是由于时空上不断变换的超微观腐蚀电池作用的结果。这是从经典的电化学原理对全面腐蚀的理解。根据金属表面腐蚀速率是否相同，全面腐蚀又可以分为均匀腐蚀和非均匀腐蚀。

(1) 均匀腐蚀是指当金属的材质和腐蚀环境较为均匀时，腐蚀作用均匀地发生在整个金属表面上，金属表面上各点的腐蚀速率基本相同。例如，碳钢在稀硫酸中发生的表面均匀溶解现象，钢材在大气中的锈蚀，金属的高温氧化等。

(2)非均匀腐蚀是指腐蚀作用虽然发生在整个金属表面上，但各区域的腐蚀速率相差较大，对于整个表面而言腐蚀是不均匀的。例如，船只在海上航行一段时间后，金属船体的水下部分可观察到非均匀腐蚀现象。

2. 局部腐蚀

局部腐蚀是相对于全面腐蚀而言的，其特征是腐蚀作用仅局限在金属表面的某一区域，而表面的其他区域几乎未被破坏。发生局部电化学腐蚀时，阳极区和阴极区一般可以清晰地区分开，即腐蚀电池中的阳极反应和腐蚀剂的还原反应可以发生在不同区域，即局部腐蚀实际上是由宏观腐蚀电池或微观腐蚀电池的作用引起的。

本章重点讨论电化学作用引起的全面腐蚀现象，而局部腐蚀则在后面章节进行专门介绍。

3.2　腐蚀速率与极化作用

腐蚀速率表示单位时间内金属腐蚀程度的大小。由于在任意时刻单位面积上金属溶解失去的质量与该时刻通过腐蚀电池的电流密度遵守法拉第定律，因此电化学腐蚀速率可以用流过腐蚀电池的电流表示。下面就影响腐蚀速率的主要因素进行讨论。

一、腐蚀电池的极化现象及分类

首先让我们分析一个演示性试验。将面积各为 10 cm^2 的 Zn 片和 Cu 片浸在质量分数为 0.03 的 NaCl 水溶液中，用带有电流表和开关的外电路将 Zn 片和 Cu 片连接起来，构成一个腐蚀电池，如图 3.2 所示。已测知 Zn 和 Cu 在质量分数为 0.03 的 NaCl 水溶液中的开路电位分别为$E_A^e = -0.83$ V 和 $E_C^e = +0.05$ V，外电路电阻 $R_{外}=150\ \Omega$，内电路电阻 $R_{内}=100\ \Omega$。

当电路处于开路状态时，$R_{外}\to\infty$，故 $I_0 = 0$。接通外电路的瞬间，可观察到很大的起始电流，根据欧姆定律，该电流为

$$I_{始}=\frac{E_C^e-E_A^e}{R}=\frac{0.05-(-0.83)}{150+100}=3.5\times10^{-3}\,A$$

观察表明，在达到最大电流值后，电流迅速减小，最终达到一稳定值 0.15 mA，比 $I_{始}$ 约小 23 倍。

为什么电流会减小呢？根据欧姆定律，影响电流强度的因素有电池的电动势和整个电路中的电阻。由于外电路的电阻和电池的内阻基本不发生变化，因此电流的减小，只能是由于电动势发生变化的结果。测量结果表明，电池接通后，阴极的电极电位逐渐降低，而阳极的电极电位逐渐升高，如图 3.3 所示。结果使腐蚀电池的电动势减小，腐蚀速率逐渐降低。像这样当电极上有电流通过时，电极电位 E 偏离平衡电位 E^e（对可逆电极）或稳定电位 E_s（对不可逆电极）的现象称为电极的极化现象，简称为极化。电极电位的偏离值称为极化值。通常引入一新术语——过电位或超电位 η（取正值）——来表征电极极化的程度。

对于可逆电极，极化值与过电位之间存在如下的关系：

阳极极化　　$\eta_A=\Delta E = E - E^e$

阴极极化　　$\eta_C=\Delta E = E^e - E$

对于不可逆电极存在稳定电极电位 E_s时，极化值与过电位之间的关系如下：

$$\eta_A=|\Delta E| = |E-E_s|$$

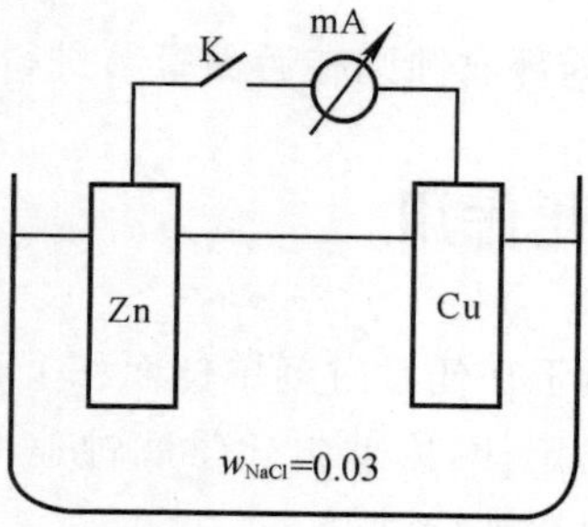

图 3.2 铜-锌腐蚀电池示意图

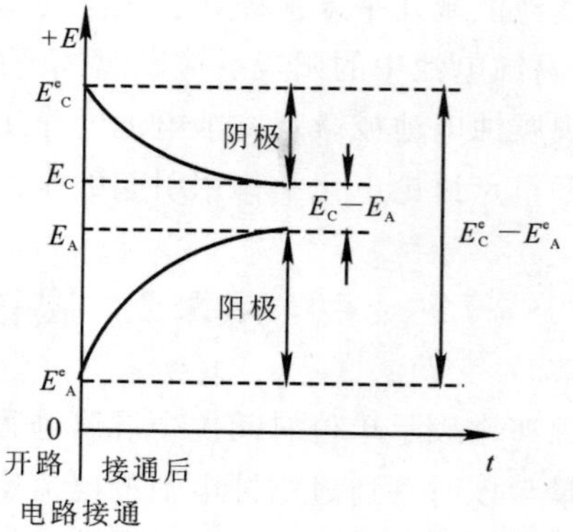

图 3.3 腐蚀电池接通前后电位变化

根据极化发生的区域，可以把极化分为阳极极化和阴极极化。阴极极化使电极电位负移（或降低），阳极极化使电极电位正移（或升高）。根据产生的原因，极化可分为活化极化（或电化学极化），浓差极化和电阻极化。下面分别就阳极极化和阴极极化进行讨论。

二、阳极极化(Anodic Polarization)

电流通过腐蚀电池时，阳极的电极电位向正方向移动的现象，称为阳极极化。产生阳极极化的原因有如下三种情况：

1. 电化学极化(Electrochemical Polarization)或活化极化(Activation Polarization)

实验表明，电子运动速率往往大于电极反应的速率，金属的腐蚀电池也不例外。在金属阳极溶解过程中，由于电子从阳极流向阴极的速率大于金属离子放电离开晶格进入溶液的速率，因此阳极的正电荷将随着时间发生积累，使电极电位向正方向移动，发生电化学阳极极化，亦称为活化极化。

2. 浓差极化(Concentration Polarization)

阳极溶解得到的金属离子，将会在阳极表面的液层和溶液本体间建立浓度梯度，使溶解下来的金属离子不断向溶液本体扩散。如果扩散速率小于金属的溶解速率，阳极附近金属离子的浓度会升高，导致电极电位升高，产生浓差阳极极化。

3. 电阻极化(Resistance Polarization)

当腐蚀过程中金属表面生成或原有一层氧化物膜时，电流在膜中产生很大的电压降，从而使电位显著升高，由此引起的极化称为电阻极化。

对于腐蚀电池的阳极，极化程度越大，金属的阳极溶解越难进行，因此阳极极化对减缓金属腐蚀有利。

三、阴极极化(Cathodic Polarization)

电流流过腐蚀电池时,阴极的电极电位向负方向移动的现象,称为阴极极化。产生阴极极化的原因如下:

1. 活化极化

由于电子进入阴极的速率大于阴极电化学反应放电的速率,因此电子在阴极发生积累,结果使阴极的电极电位降低,发生电化学阴极极化。

2. 浓差极化

如果阴极反应的反应物或产物的扩散速率小于阴极放电速率,则反应物和产物分别在阴极附近的液层中浓度降低和升高,阻碍阴极反应的进一步进行,造成阴极电极电位向负方向移动,产生浓差阴极极化。

阴极极化程度越大,说明阴极过程受阻越严重。由于阴极过程与阳极过程为共轭过程,因此阴极极化同样可以减缓金属腐蚀。

四、极化曲线

极化行为通常用极化曲线来描述。极化曲线是表示电极电位与极化电流强度 I 或极化电流密度 i 之间关系的曲线。图 3.2 中的原电池在短接后,铜电极和锌电极的极化曲线示于图 3.4 中。其中曲线 E^{e}_{Zn}MA 是 Zn 阳极的极化曲线,曲线 E^{e}_{Cu}NC 是 Cu 阴极的极化曲线。曲线的倾斜程度表示极化程度,曲线倾斜程度越大,极化程度就越大,电极过程就越难进行。电极在任意一个电流下的极化程度可以用极化率来表示,电位对电流的导数 dE_C/dI_C 和 dE_A/dI_A 分别称为阴极和阳极在该电流密度下的极化率。对于处于活化状态下的金属,阳极极化程度不大,因此阳极极化曲线较平坦。如果发生钝化,则阳极极化曲线变得很陡,表明极化程度很大。

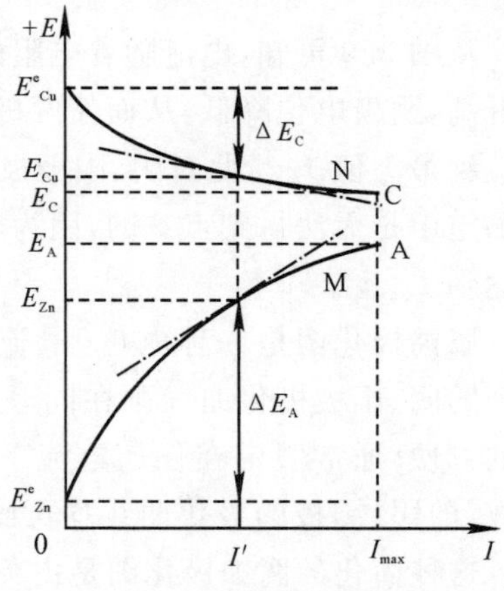

图 3.4　极化曲线示意图

3.3　腐蚀极化图及其应用

一、腐蚀极化图

在 3.2 节中介绍了电极的极化曲线,借助电极的极化曲线可以做出腐蚀电池的极化图。

按照示意图 3.5 构造一个腐蚀电池体系，开路时测得阴、阳极的电位分别为 E_C^e 和 E_A^e。用高阻值的可变电阻把两电极连接起来，将可变电阻由大逐渐减小，相应测出各个电流下的阴、阳极的电极电位，作出阴、阳极极化曲线，如图 3.6 所示。

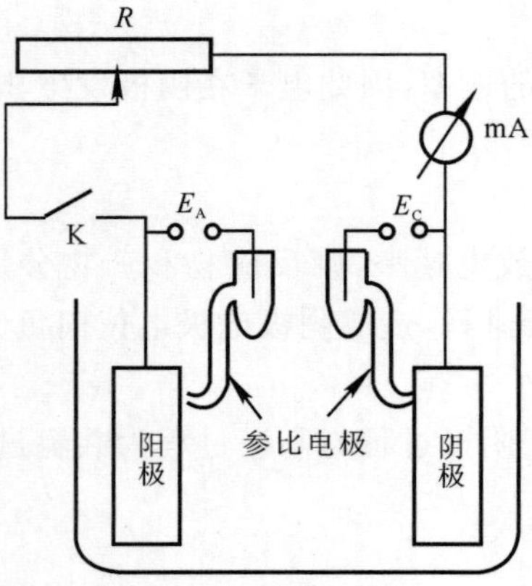

图 3.5　腐蚀电池极化行为测量装置示意图

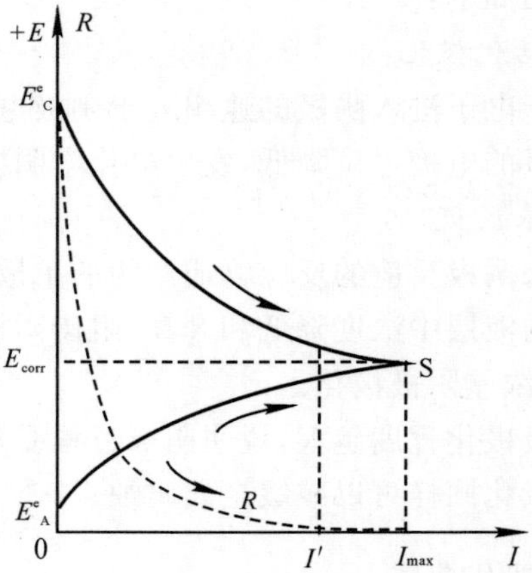

图 3.6　腐蚀电池的阴、阳极电位随电流强度的变化

从图 3.6 可知，电流随着电阻的减小而增大，同时电流的增大引起电极的极化，使阳极电位升高，阴极电位降低，从而使两极间的电位差变小。当可变电阻及电池内阻均趋于零时，电流达到最大值 I_{max}，此时阴、阳极极化曲线交于点 S，阴、阳极电位相等，即 $\Delta E = IR = 0$。在实际测定中是无法得到点 S 的，因为即使外电路短路电池内阻也不可能为零，电流只能接近但不能达到 I_{max}。

腐蚀极化图是一种电位-电流图，它是把表征腐蚀电池特征的阴、阳极极化曲线画在同一张图上构成的。为分析问题的方便，通常假定在任何电流下阴、阳极的极化率分别为常数，即阴、阳极的极化曲线均可画成直线形式，如图 3.7 所示。这种简化的腐蚀极化图是由英国腐蚀科学家艾文思(U. R. Evans)及其学生于 1929 年首先提出并应用的，因此该图又称作 Evans 图。图 3.7 中 E_C^e 和 E_A^e 分别表示起始时阴、阳极的平衡电位，阴、阳极极化曲线交于点 S，点 S 所对应的电位处于 E_C^e 和 E_A^e 之间，称为混合电位 E_{mix}。由于 E_{mix} 电位下的金属处于腐蚀状态，因此混合电位就是金属的自腐蚀电位，简称腐蚀电位，用 E_{corr} 表示；对应的电流称为腐蚀电流，用 I_{corr} 表示。

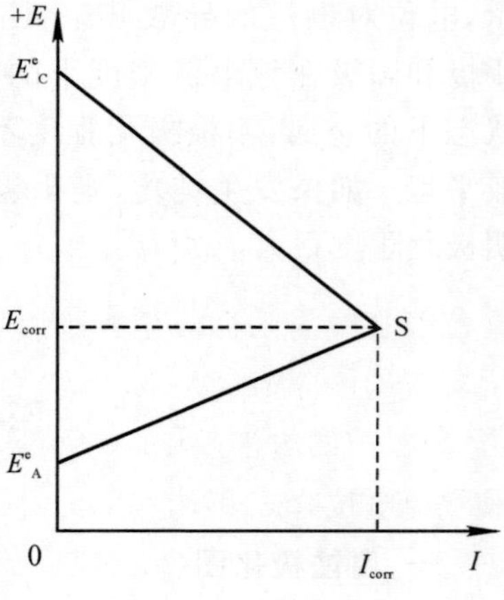

图 3.7　腐蚀极化图(Evans 图)

很明显，腐蚀电位是一种不可逆的非平衡电位，需由实验测得。腐蚀电流表示金属腐蚀的速率，虽然腐蚀电池中阴极和阳极的面积常常不相等，但稳态下流过阴、阳极的电流相等，因此通常用 $E-I$ 极化图比较方便，而且对于均匀腐蚀和局部腐蚀都适用。在单电极表面发生均匀腐蚀的情况下（阴极与阳极反应的面积相等），还可以采用电位-电流密度（$E-i$）极化图。如果阴、阳极反应均由电化学极化控制，在强极化区电位与电流强度或电流密度的对数呈线性关系，此时采用半对数坐标 $E-\lg I$ 或 $E-\lg i$ 极化图，则更为方便。

二、腐蚀极化图的应用

腐蚀极化图是研究电化学腐蚀的重要理论工具，利用腐蚀极化图可以解释腐蚀过程中所发生的现象，分析腐蚀过程的性质和影响因素，确定腐蚀的主要控制因素，计算腐蚀速率，研究防腐蚀剂的效果与作用机理等。

如前所述，当电流通过电池时，阴、阳极分别发生极化。如果当电流增加时，电极电位的变化很大，表明电极过程受到的阻碍较大，即电极的极化率较大。反之，当电流增加时，电极电位的变化很小，表明电极过程受到的阻碍较小，即电极的极化率较小。在 Evans 图中，由于阴、阳极极化曲线均为直线，因此阴、阳极的极化率分别是阴、阳极极化曲线的斜率，如图 3.8 所示。

阴极极化率为

$$P_C=\frac{|E_C-E_C^e|}{I_{corr}}=\frac{|\Delta E_C|}{I_{corr}} \tag{3.1}$$

阳极极化率为

$$P_A=\frac{E_A-E_A^e}{I_{corr}}=\frac{\Delta E_A}{I_{corr}} \tag{3.2}$$

式中，E_C 和 E_A 分别是电流为 I_{corr} 时阴、阳极的极化电位；ΔE_C 和 ΔE_A 分别是电流为 I_{corr} 时阴、阳极的极化值。

当体系中有欧姆电阻 R 时，必须考虑欧姆电位降对腐蚀电池体系的影响。如果 R 不随电流变化，则欧姆电位降与电流成线性关系，在图 3.8 中以直线 0B 表示。把欧姆电位降直线与阴、阳极极化曲线之一相结合，可得到含欧姆电位降的腐蚀极化图，图 3.8 中的 E_A^eM 是欧姆电位降直线与阳极极化曲线加和后得到的直线，E_A^eM 与阴极极化曲线 E_C^eS 交于一点 C，点 C 所对应的电流值就是电阻为 R 时的腐蚀电流。从图 3.8 中可以看出，没有电流时腐蚀电池阴、阳极间的电位差（又称初始电位差）等于腐蚀电流 I_{corr} 下阴极极化电位降、阳极极化电位降及欧姆电位降之和，即

$$E_C^e-E_A^e=|\Delta E_C|+\Delta E_A+\Delta E_R \tag{3.3}$$

根据式(3.1)和式(3.2)，得

$$|\Delta E_C|=I_{corr}P_C \tag{3.4}$$

$$\Delta E_A = I_{corr} P_A \tag{3.5}$$

又因为

$$\Delta E_R = I_{corr} R \tag{3.6}$$

所以

$$E_C^e - E_A^e = I_{corr} P_C + I_{corr} P_A + I_{corr} R \tag{3.7}$$

因此

$$I_{corr} = \frac{E_C^e - E_A^e}{P_C + P_A + R} \tag{3.8}$$

腐蚀体系中阴、阳极通常处于短路状态，如果溶液中电阻不大，体系中的欧姆电阻可以忽略不计，这时式(3.7)可以简化为

$$I_{corr} = I_{max} = \frac{E_C^e - E_A^e}{P_C + P_A} \tag{3.9}$$

由于忽略了欧姆电阻，腐蚀电流相当于图3.8中极化曲线交点S对应的腐蚀电流I_{max}。

腐蚀极化图可以方便地用来分析腐蚀过程中各种因素对腐蚀速率的影响，确定腐蚀过程的主控因素。下面就腐蚀极化图的一些重要应用加以说明。

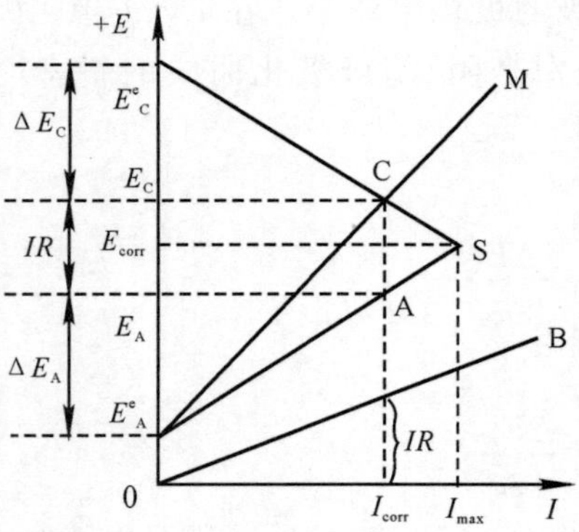

图3.8　有欧姆电位降的腐蚀极化图

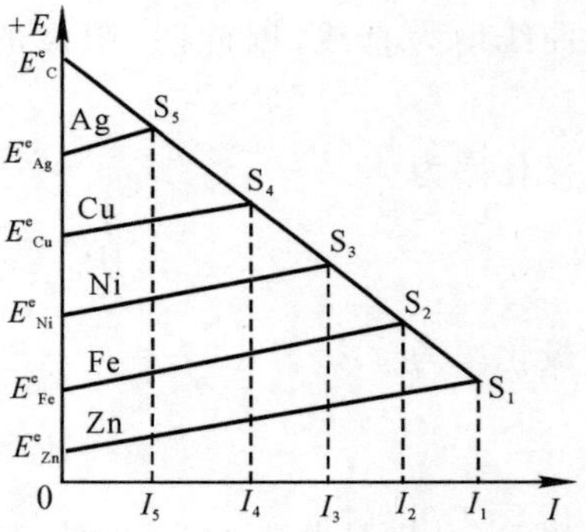

图3.9　金属的平衡电位对腐蚀电流的影响

1. 腐蚀极化图用于分析腐蚀速率的影响因素

(1)腐蚀速率与腐蚀电池初始电位差的关系。发生电化学腐蚀的根本原因是腐蚀电池阴、阳极之间存在电位差，即腐蚀电池的初始电位差$E_C^e - E_A^e$是腐蚀的原动力。式(3.8)表明，当其他条件完全相同时，初始电位差越大，腐蚀电流就越大。如图3.9所示，不同金属具有不同的平衡电位，当阴极反应及其极化曲线相同时，如果金属阳极极化程度较小，金属的平衡电位越低，则腐蚀电池的初始电位差越大，腐蚀电流越大。

(2)极化性能对腐蚀速率的影响。如果腐蚀电池体系中的欧姆电阻很小，则电极的极化性能对腐蚀速率必然有很大影响。在其他条件相同时，极化率越小，其腐蚀电流越大，即腐蚀速率越大。图3.10为不同种类的钢在非氧化性酸溶液中的腐蚀极化图，图中$E_H^e S_1$和$E_{Fe}^e S_1$表

示钢中有大量渗碳体 Fe_3C 存在而没有硫化物时的阴、阳极化曲线。因为氢在渗碳体上析出的过电位比在 Fe 上低，所以含 Fe_3C 的钢的阴极极化程度小，因此点 S_1 比点 S_2 对应的腐蚀电流大，即含渗碳体 Fe_3C 时钢的腐蚀速率更快。当钢中无渗碳体而含有硫化物时，由于 S^{2-} 能催化阳极反应，而且还可以使 Fe^{2+} 大大降低，能起到阳极去极化剂的作用，从而降低了阳极的极化率，加速了腐蚀的进行。如图 3.10 所示，点 S_3、点 S_4 对应的腐蚀速率大于点 S_2 对应的腐蚀速率。

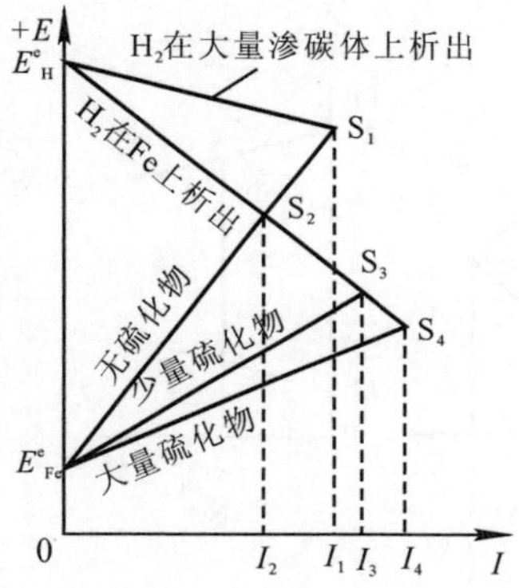

图 3.10　钢在非氧化性酸中的腐蚀极化图

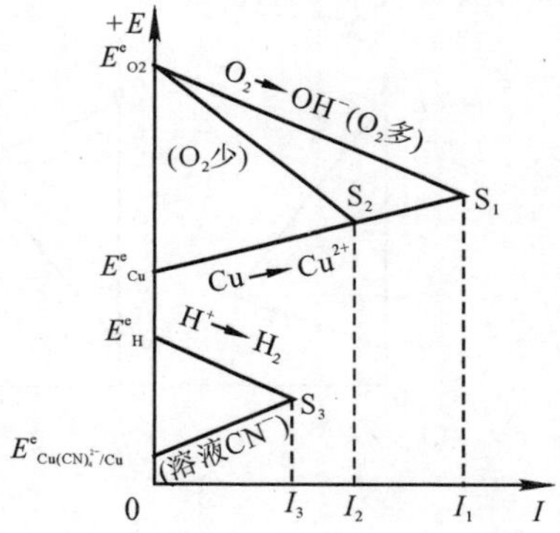

图 3.11　铜在含氧分子的酸性溶液中和含氰化物的溶液中的腐蚀极化图

(3)去极化剂浓度及配位剂对腐蚀速率的影响。当金属的平衡电位高于溶液中氢的平衡电位，并且溶液中无其他去极化剂时，腐蚀电池无法构成，金属不会发生腐蚀，如铜在还原性酸溶液中。但当溶液中含有去极化剂时，情况则发生了变化。例如，铜可以溶于含氧的溶液或氧化性酸中，因为氧的平衡电位比铜高，可以构成阴极反应，组成腐蚀电池。如图 3.11 所示，当酸溶液中氧含量高时，氧分子作为阴极去极化剂使阴极极化程度大大降低，这时腐蚀电流较大；而当氧含量较低时，氧分子的去极化作用小，阴极极化程度高，腐蚀电流较小。

如果溶液中存在配位剂，它们与阳极溶解下来的金属离子形成配离子，根据能斯特方程金属配离子的形成将会使金属在溶液中的平衡电极电位向负方向移动，进而使原本不能构成腐蚀电池的金属在溶液中构成腐蚀电池，发生溶解。例如，铜在还原性酸中是耐蚀的，但如果溶液中存在配合剂 CN^- 时，由于可以形成 $Cu(CN)_4^{2-}$ 配离子，使 $E^e_{Cu(CN)_4^{2-}/Cu} < E^e_H$（见图3.11），这样铜在含 CN^- 的还原性酸中发生溶解，其腐蚀电流对应于点 S_3 的数值。

2. 用腐蚀极化图分析腐蚀速率控制因素

根据式(3.8)可知，影响腐蚀速率的因素有阴、阳极间的初始电位差 $E^e_C - E^e_A$，阴、阳极极化率 P_C 和 P_A，以及欧姆电阻 R。其中，初始电位差是腐蚀的原动力，而 P_C，P_A 和 R 则是腐蚀过程的阻力。前面我们已经讨论了腐蚀电池的初始电位差对腐蚀速率的影响，下面重点讨论腐蚀过程中阻力的影响。在腐蚀过程中如果某一步骤的阻力与其他步骤相比大很多，则这一步骤对于腐蚀进行的速率影响最大，将其称为腐蚀的控制步骤，其参数称为控制因素。

利用腐蚀极化图可以非常直观地判断腐蚀的控制因素。如图 3.12 所示，腐蚀控制的基本形式有四种：当 R 很小时，如果 $P_C \gg P_A$，根据式(3.8)，I_{corr} 主要取决于 P_C 的大小，这时称为阴极控制(见图 3.12(a))；当 R 很小时，如果 $P_C \ll P_A$，则 I_{corr} 主要取决于 P_A，这时称为阳极控制(见图 3.12(b))；当 R 很小时，如果 $P_C \approx P_A$，则腐蚀速率由 P_C 和 P_A 共同决定，这时称为混合控制(见图 3.12(c))；如果腐蚀电池体系的欧姆电阻 $R \gg (P_C + P_A)$，则腐蚀速率主要由电阻决定，这时称为欧姆控制(见图 3.12(d))。

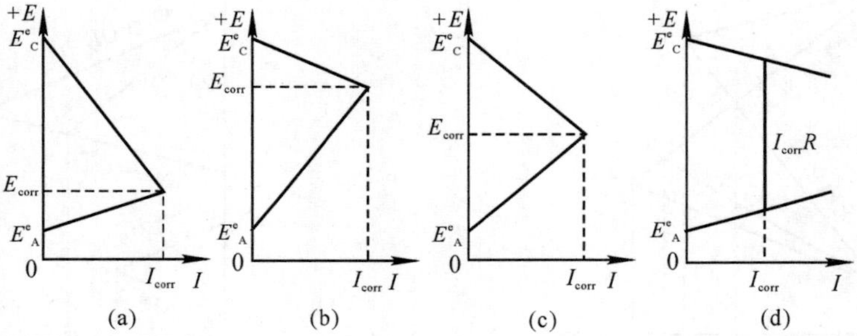

图 3.12　不同控制因素的腐蚀极化图

(a)阴极控制；(b)阳极控制；(c)混合控制；(d)欧姆控制

从腐蚀极化图不仅可以判断各个控制因素，而且还可以计算出各因素对腐蚀过程的控制程度。根据式(3.3)腐蚀电流与 P_C，P_A，R 及初始电位差有如下关系：

$$E^e_C - E^e_A = I_{corr}(P_C + P_A + R) = |\Delta E_C| + \Delta E_A + \Delta E_R$$

式中，ΔE_C，ΔE_A 分别是阴极和阳极极化的电位降，ΔE_R 是欧姆电位降。ΔE_C，ΔE_A 和 ΔE_R 可以从腐蚀极化图中得出，因此各个控制因素的控制程度可以用各控制因素的阻力与所有控制因素的阻力之和的百分比来表示。如果采用 C_C，C_A 和 C_R 分别表示阴、阳极和欧姆电阻的控制程度，则可得

$$C_C = \frac{P_C}{P_C + P_A + R} \times 100\% = \frac{|\Delta E_C|}{|\Delta E_C| + \Delta E_A + \Delta E_R} \times 100\% = \frac{|\Delta E_C|}{E^e_C - E^e_A} \times 100\% \quad (3.10)$$

$$C_A = \frac{P_A}{P_C + P_A + R} \times 100\% = \frac{|\Delta E_A|}{|\Delta E_C| + \Delta E_A + \Delta E_R} \times 100\% = \frac{\Delta E_A}{E^e_C - E^e_A} \times 100\% \quad (3.11)$$

$$C_R = \frac{A}{P_C + P_A + R} \times 100\% = \frac{|\Delta E_R|}{|\Delta E_C| + \Delta E_A + \Delta E_R} \times 100\% = \frac{\Delta E_R}{E^e_C - E^e_A} \times 100\% \quad (3.12)$$

例　25℃时铁在 pH＝7，质量分数为 0.03 的 NaCl 溶液中发生腐蚀，测得其腐蚀电位 $E_{corr} = 0.350$ V，已知欧姆电阻很小，可以忽略不计，试计算该腐蚀体系中阴、阳极的控制程度。(已知 $E^{\ominus}_{Fe^{2+}/Fe} = -0.44$ V，$E^{\ominus}_{O_2/OH^-} = 0.401$ V，$K_{sp}(Fe(OH)_2) = 1.65 \times 10^{-15}$，氧气的分压为 2.13×10^4 Pa(0.21 atm)。)

分析　在计算控制程度时，首先要知道腐蚀电位 E_{corr} 和开路时金属在该介质中的平衡电位 E_A^e 以及阴极反应的平衡电位 E_C^e，这样才能够计算出阴、阳极的极化电位降 ΔE_C 和 ΔE_A。

解　腐蚀电池的阳极反应为

$$Fe-2e^- = Fe^{2+}$$

此反应的标准电极电位为

$$E^{\ominus}_{Fe^{2+}/Fe}=-0.44\ V$$

根据能斯特方程可得 Fe 在质量分数为 0.03 的 NaCl 中的平衡电极电位为

$$E^{e}_{Fe^{2+}/Fe}=E^{\ominus}_{Fe^{2+}/Fe}+\frac{2.3RT}{2F}\lg a_{Fe^{2+}}$$

式中，$a_{Fe^{2+}}$ 可由 $Fe(OH)_2$ 的溶度积计算得到。已知 $Fe(OH)_2$ 的 $K_{sp}=1.65\times10^{-15}$，因此

$$K_{sp}=a_{Fe^{2+}}a^2_{OH^-}=1.65\times10^{-15}$$

$$a_{Fe^{2+}}=\frac{1.65\times10^{-15}}{(10^{-7})^2}=0.165\ mol/L$$

所以

$$E^{e}_{Fe^{2+}/Fe}=-0.44+\frac{0.059\ 1}{2}\lg 0.165=-0.463\ V$$

该腐蚀电池的阴极反应为

$$O_2+2H_2O+4e^- = 4OH^-$$

此反应的标准电极电位

$$E^{\ominus}_{O_2/OH^-}=0.401\ V$$

阴极反应在质量分数为 0.03 的 NaCl 溶液中的平衡电极电位为

$$E^{e}_{O_2/OH^-}=E^{\ominus}_{O_2/OH^-}+\frac{2.3RT}{4F}\lg\frac{p_{O_2}}{a^4_{OH^-}}=0.401+\frac{0.059\ 1}{4}\lg\frac{0.21}{10^{-7\times4}}=0.805\ V$$

由此可以计算出阴、阳极极化电位降为

$$|\Delta E_C|=|E_{corr}-E^{e}_{O_2/OH^-}|=|-0.350-0.805|=1.155\ V$$

$$\Delta E_A=E_{corr}-E^{e}_{Fe^{2+}/Fe}=-0.350-(-0.463)=0.113\ V$$

根据式(3.10)和式(3.11)，可计算出 C_C 和 C_A 分别为

$$C_C=\frac{|\Delta E_C|}{\Delta E_C+\Delta E_A}\times100\%=\frac{1.155}{1.155+0.113}\times100\%=91\%$$

$$C_A=\frac{\Delta E_A}{\Delta E_C+\Delta E_A}\times100\%=\frac{0.113}{1.155+0.113}\times100\%=9\%$$

根据上面计算可知，该腐蚀过程主要是氧去极化腐蚀控制，其控制程度高达 91%。

在腐蚀与防护研究过程中，确定某一因素的控制程度是很重要的，这可以使我们有针对性地采取措施主动地去影响主控因素，最大限度地降低腐蚀速率。例如，对于阴极控制的腐蚀，$P_C\gg(P_A+R)$，任何增大阴极极化率 P_C 的因素都将对减小腐蚀速率有贡献，而影响阳极极化率的因素在一定范围内不会明显影响腐蚀速率。比如金属在冷水中的腐蚀通常受氧的阴极还

原过程控制，采取除氧的方法降低水中氧分子的浓度可以增加阴极极化程度，达到明显的缓蚀效果。对于阳极控制的腐蚀，有 $P_A \gg (P_C + R)$，任何增大阳极极化率 P_A 的因素都将对减小腐蚀速率有贡献；而此时在一定范围内改变影响阴极反应的因素则不会引起腐蚀速率的明显变化。例如，被腐蚀的金属在溶液中发生钝化，这时的腐蚀是典型的阳极控制。如果在溶液中加入少量促使钝化的试剂，可以大大降低反应速率；相反，若向溶液中加入阳极活化剂，可破坏钝化膜，加速腐蚀。

应当指出，虽然腐蚀极化图对于分析腐蚀过程很有价值，但它是建立在阴、阳极极化曲线基础上的，因此可以说准确地绘制出极化曲线是应用腐蚀极化图的前提。

3.4 极化控制下的腐蚀动力学方程式

根据电化学动力学理论，电极过程通常包括下面几个串联进行的步骤：

(1)反应粒子(离子、分子等)向电极表面的传递，即液相传质步骤；

(2)反应粒子在电极表面或表面附近液层中进行的前置转化步骤；

(3)反应粒子在电极/溶液界面上发生的电荷转移步骤，亦即电化学反应步骤；

(4)电荷转移步骤的产物在电极表面或表面附近液层中进行的随后转化步骤；

(5)反应产物转入稳定状态(生成新相)，或由电极表面附近向溶液内部传递。

上述(1)，(3)，(5)是不可缺少的基本步骤。电极反应的速率决定于上述几个串联步骤中速率最慢的步骤，这个最慢的步骤称为控制步骤。如果电荷转移过程是整个电极过程的控制步骤，这时将发生电化学极化。当溶液中反应物或反应产物的扩散过程是整个电极过程的控制步骤时，将发生浓差极化。

金属的电化学腐蚀常常是在自腐蚀电位下进行的，其腐蚀速率由阴、阳极反应的控制步骤共同决定的，金属腐蚀的电化学动力学特征也是由阴、阳极反应的控制步骤的动力学特征决定的。用数学公式描述腐蚀金属的极化曲线就得到腐蚀金属的极化方程式，它是研究金属腐蚀过程的重要理论基础。本节讨论电化学极化和浓差极化控制下的腐蚀动力学方程。

一、电化学极化控制下的腐蚀动力学方程式

金属腐蚀速率由电化学极化控制的腐蚀过程，称为电化学极化控制的腐蚀过程。例如，无钝化膜生成的金属在不含氧或其他阴极去极化剂的非氧化性酸中的腐蚀就是这种情况。这时，唯一的阴极去极化剂为溶液中的氢离子，而且氢离子的还原反应和金属的阳极溶解反应都由电化学极化控制。下面讨论在这种情况下腐蚀金属电极的电化学极化方程式。

1. 单电极反应的电化学极化方程式

对于下面单一电极电化学反应：

$$\mathrm{R} \rightleftharpoons \mathrm{O} + ne^- \tag{3.13}$$

其正(氧化)、逆(还原)反应速率$\vec{v}$和$\overleftarrow{v}$分别为

$$\vec{v}=\vec{k}c_R \tag{3.14}$$

$$\overleftarrow{v}=\overleftarrow{k}c_O \tag{3.15}$$

$$\vec{k}=A_f\exp\left(-\frac{\vec{E}_a}{RT}\right) \tag{3.16}$$

$$\overleftarrow{k}=A_b\exp\left(-\frac{\overleftarrow{E}_a}{RT}\right) \tag{3.17}$$

式中,以"⇀"表示氧化反应,"↼"表示还原反应;$\vec{k}$和$\overleftarrow{k}$分别为正(氧化)、逆(还原)反应的速率常数;$\vec{E}_a$和$\overleftarrow{E}_a$分别表示正(氧化)、逆(还原)反应的活化能;A_f和A_b均为指前因子,c_R和c_O分别为氧化还原对中还原剂和氧化剂的浓度;R为气体常数,T为绝对温度。

若反应速率用电流密度表示,则式(3.14)和式(3.15)两式应变为

$$\vec{i}=nF\vec{k}c_R \tag{3.18}$$

$$\overleftarrow{i}=nF\overleftarrow{k}c_O \tag{3.19}$$

式中,$\vec{i}$和$\overleftarrow{i}$分别为正(氧化)、逆(还原)反应的电流密度;n为反应中的电子数;F为法拉第常数。

当电极处于平衡状态时,正、逆反应速率相等,电极上没有净电流流过,其电极电位为平衡电位E^e。在平衡电位E^e下,有

$$i^0=\vec{i}=\overleftarrow{i} \tag{3.20}$$

即

$$i^0=nF\vec{k}c_R=nFc_RA_f\exp\left(-\frac{\vec{E}_a^0}{RT}\right)=nF\overleftarrow{k}c_O=nFc_OA_b\exp\left(-\frac{\overleftarrow{E}_a^0}{RT}\right) \tag{3.21}$$

式中,i^0称为交换电流密度(简称交换电流),它表示一个电极反应的可逆程度,当电极面积相同时,i^0越大,表明正、逆反应进行得越快,电极反应的可逆程度越高。$\vec{E}_a^0$和$\overleftarrow{E}_a^0$是平衡电位下正(氧化)、逆(还原)反应的活化能。

对于金属阳极来说,晶格中的金属离子的能量会随着电极电位升高而增加,因此电位升高使金属离子更容易离开金属表面进入溶液,从而使氧化反应速率加快。电化学理论已经证明电极电位的变化是通过改变反应活化能来影响反应速率的,具体来说就是,电位升高可使氧化反应的活化能下降,加快氧化反应速率;而电极电位降低可使还原反应的活化能下降,加快还原反应速率。

当电极电位比平衡电位高即$\Delta E>0$时,电极上金属溶解反应的活化能将减小$\beta nF\Delta E$。对于还原反应则相反,将使还原反应的活化能增加$\alpha nF\Delta E$。即

$$\vec{E}_a=\vec{E}_a^0-\beta nF\Delta E \tag{3.22}$$

$$\overleftarrow{E}_a=\overleftarrow{E}_a^0+\alpha nF\Delta E \tag{3.23}$$

式中,α和β称为传递系数或能量分配系数,分别表示电位变化对还原反应和氧化反应活化能

影响的程度，且 $\alpha+\beta=1$。α 和 β 可由实验求得，一般情况下可以粗略地认为 $\alpha=\beta=0.5$。

将式(3.21)、式(3.22)和式(3.23)分别代入式(3.18)和式(3.19)，得

$$\vec{i}=nFA_{\mathrm{f}}c_{\mathrm{R}}\exp\left(-\frac{\vec{E}_{\mathrm{a}}^{0}-\beta nF\Delta E}{RT}\right)=i^{0}\exp\frac{\beta nF\Delta E}{RT} \tag{3.24}$$

$$\overleftarrow{i}=nFA_{\mathrm{b}}c_{\mathrm{O}}\exp\left(-\frac{\overleftarrow{E}_{\mathrm{a}}^{0}+\alpha nF\Delta E}{RT}\right)=i^{0}\exp\left(-\frac{\alpha nF\Delta E}{RT}\right) \tag{3.25}$$

可见，当 $\Delta E=0$ 时，$\vec{i}=\overleftarrow{i}=i^0$，电极上无净电流通过。当 $\Delta E\neq 0$ 时，$\vec{i}\neq\overleftarrow{i}$，这时正、逆方向的反应速率不等，电极上有净电流通过，因此电极将发生极化。

阳极极化时，阳极过电位 η_{A} 为

$$\eta_{\mathrm{A}}=\Delta E_{\mathrm{A}}=E_{\mathrm{A}}-E_{\mathrm{A}}^{\mathrm{e}} \tag{3.26}$$

因为 ΔE_{A} 为正值，使氧化反应的活化能减小，而使还原反应的活化能增大，故使 $\vec{i}>\overleftarrow{i}$。二者之差就是通过电极的净电流，即阳极极化电流密度 i_{A} 为

$$i_{\mathrm{A}}=\vec{i}-\overleftarrow{i}=i^{0}\left[\exp\frac{\beta nF\eta_{\mathrm{A}}}{RT}-\exp\left(-\frac{\alpha nF\eta_{\mathrm{A}}}{RT}\right)\right] \tag{3.27}$$

阴极极化时，由于 ΔE_{C} 为负值，为使阴极过电位 η_{C} 取正值，令

$$\eta_{\mathrm{C}}=-\Delta E_{\mathrm{C}}=E_{\mathrm{C}}^{\mathrm{e}}-E_{\mathrm{C}} \tag{3.28}$$

因 ΔE_{C} 为负值，由式(3.24)和式(3.25)可知，$\overleftarrow{i}>\vec{i}$。二者之差就是通过阴极的净电流密度 i_{C}，即

$$i_{\mathrm{C}}=\overleftarrow{i}-\vec{i}=i^{0}\left[\exp\frac{\alpha nF\eta_{\mathrm{C}}}{RT}-\exp\left(-\frac{\beta nF\eta_{\mathrm{C}}}{RT}\right)\right] \tag{3.29}$$

令

$$b_{\mathrm{A}}=\frac{2.3RT}{\beta nF} \tag{3.30}$$

$$b_{\mathrm{C}}=\frac{2.3RT}{\alpha n F} \tag{3.31}$$

式中，b_{A} 和 b_{C} 分别为阳极和阴极塔菲尔(Tafel)斜率。则式(3.27)和式(3.29)可改写为

$$i_{\mathrm{A}}=i^{0}[\exp(2.3\eta_{\mathrm{A}}/b_{\mathrm{A}})-\exp(-2.3\eta_{\mathrm{A}}/b_{\mathrm{C}})] \tag{3.32}$$

$$i_{\mathrm{C}}=i^{0}[\exp(2.3\eta_{\mathrm{C}}/b_{\mathrm{C}})-\exp(-2.3\eta_{\mathrm{C}}/b_{\mathrm{A}})] \tag{3.33}$$

式(3.32)和式(3.33)就是单电极反应的电化学极化基本方程式。

当 $\eta>\dfrac{2.3RT}{nF}$ 时，阴、阳极反应中的逆向过程可以忽略，即忽略式(3.32)和式(3.33)等号右边第二项，则式(3.32)和式(3.33)分别简化为

$$i_{\mathrm{A}}=i^{0}\exp(2.3\eta_{\mathrm{A}}/b_{\mathrm{A}}) \tag{3.34}$$

$$i_{\mathrm{C}}=i^{0}\exp(2.3\eta_{\mathrm{C}}/b_{\mathrm{C}}) \tag{3.35}$$

或者

$$\eta_{\mathrm{A}}=-b_{\mathrm{A}}\lg i^{0}+b_{\mathrm{A}}\lg i_{\mathrm{A}} \tag{3.36}$$

$$\eta_C = -b_C \lg i^0 + b_C \lg i_C \tag{3.37}$$

式(3.36)、式(3.37)是单电极反应的 Tafel 方程式。

2. 电化学极化控制下的腐蚀速率表达式

如图 3.13 所示，金属电化学腐蚀时，一对或一对以上的电极反应同时发生在金属表面的不同区域。假设金属 M 在只有一种阴极去极化剂 O 的溶液中发生腐蚀，这时阳极反应和阴极反应分别表示如下，其中以"$\rightharpoonup$"表示氧化过程，"$\leftharpoondown$"表示还原过程：

$$M \underset{\overleftarrow{i_1}}{\overset{\overrightarrow{i_1}}{\rightleftharpoons}} M^{n+} + ne^- \tag{3.38}$$

$$O \underset{\overleftarrow{i_2}}{\overset{\overrightarrow{i_2}}{\rightleftharpoons}} R + ne^- \tag{3.39}$$

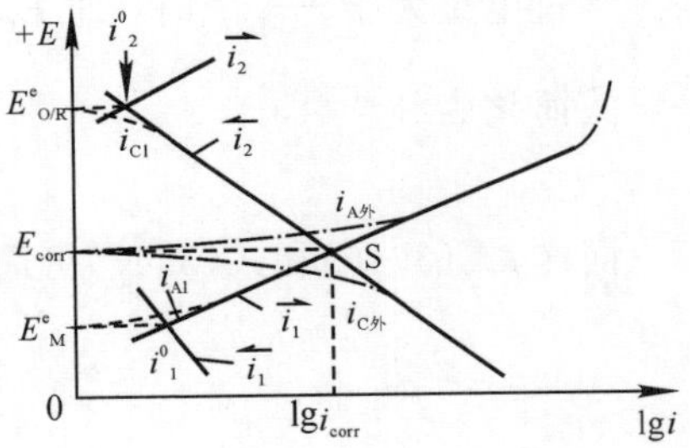

图 3.13　电化学极化控制的腐蚀金属的极化曲线

对于反应式(3.38)，在其平衡电位 E^e_M 下，正、逆反应速率相等，氧化过程的电流等于还原过程的电流，即 $\overrightarrow{i_1} = \overleftarrow{i_1} = i^0_1$。这时如果溶液中不存在阴极去极化剂，金属将保持平衡状态而不发生腐蚀。对于阴极反应式(3.39)，在其平衡电位 $E^e_{O/R}$ 或 E^e_C 下，同样存在 $\overrightarrow{i_2} = \overleftarrow{i_2} = i^0_2$，这时如果没有金属阳极，反应式(3.39)也将保持在平衡状态。当金属和阴极去极化剂同时存在时，由于 $E^e_M < E^e_{O/R}$，引发电子流动，产生净电流，使平衡遭到破坏，阴、阳极均发生极化，具体表现为两对反应的电极电位彼此相向移动。阳极电位向正方向移动，阴极电位向负方向移动，最后达到稳定的腐蚀电位 E_{corr}。在此电位下，对于金属来说，发生腐蚀的阳极过电位为

$$\eta_A = E_{corr} - E^e_M \tag{3.40}$$

这使金属的氧化反应速率 $\overrightarrow{i_1}$ 大于还原反应速率 $\overleftarrow{i_1}$，阳极反应的净电流为

$$i_A = \overrightarrow{i_1} - \overleftarrow{i_1} \tag{3.41}$$

因此金属 M 将发生溶解。

对于阴极反应来说，由于发生了阴极极化，其过电位为

$$\eta_C = E^e_{O/R} - E_{corr} \tag{3.42}$$

这使 O 的还原反应速率 $\overleftarrow{i_2}$ 大于 R 的氧化反应速率 $\overrightarrow{i_2}$，阴极将发生净还原反应，其净还原电流为

$$i_C = \overleftarrow{i_2} - \overrightarrow{i_2} \tag{3.43}$$

在自腐蚀电位下，金属的净氧化反应速率 i_A 等于阴极去极化剂的净还原反应速率 i_C，结果造成金属的腐蚀，其腐蚀速率 i_{corr} 为

$$i_{corr} = i_A = i_C \tag{3.44}$$

即

$$i_{corr} = \overrightarrow{i_1} - \overleftarrow{i_1} = \overleftarrow{i_2} - \overrightarrow{i_2} \tag{3.45}$$

将单电极反应的电化学极化方程式代入，可得腐蚀电池的电流与腐蚀电位或过电位间的

关系式为

$$i_{corr}=i_1^0\left[\exp\frac{2.3\eta_A}{b_{A1}}-\exp\left(-\frac{2.3\eta_A}{b_{C1}}\right)\right] \tag{3.46}$$

或

$$i_{corr}=i_2^0\left[\exp\frac{2.3\eta_C}{b_{C2}}-\exp\left(-\frac{2.3\eta_C}{b_{A2}}\right)\right] \tag{3.47}$$

当过电位大于$\frac{2.3RT}{nF}$时，即 E_{corr}距离 E_M^e 和 $E_{O/R}^e$较远时，式(3.45)中的$\overleftarrow{i_1}$和$\overrightarrow{i_2}$可忽略，于是该式简化为

$$i_{corr}=\overrightarrow{i_1}=\overleftarrow{i_2} \tag{3.48}$$

同样，式(3.46)和式(3.47)可简化为

$$i_{corr}=i_1^0\exp\frac{2.3\eta_A}{b_{A1}} \tag{3.49}$$

或

$$i_{corr}=i_2^0\exp\frac{2.3\eta_C}{b_{C2}} \tag{3.50}$$

可见，腐蚀速率 i_{corr}与相应的过电位、交换电流 i^0 和 Tafel 斜率 b_A 或 b_C 有关，可由这些参数计算得出。这些参数对腐蚀特征及腐蚀速率的影响，也可通过极化图进行分析。测定出 E_{corr}并根据热力学数据计算出 E_M^e 和 $E_{O/R}^e$后，可以得到 η_A 和 η_C，比较 η_A 和 η_C 的大小可确定腐蚀是阴极控制还是阳极控制或是共同控制。当 E_M^e 和 $E_{O/R}^e$及 Tafel 斜率 b_A 和 b_C 不变时，i_1^0 或 i_2^0 越大，则腐蚀速率越大。当平衡电位和交换电流不变时，Tafel 斜率越大，即极化曲线越陡，则腐蚀速率越小，腐蚀电位也会相应地发生变化。

3. 电化学极化控制下腐蚀金属的极化曲线

对处于自腐蚀状态下的金属电极进行电化学极化时，相当于使整个金属腐蚀体系成为另一个电池的一个电极，整块金属与外电路之间将会出现净电流，因此自腐蚀状态下的电化学反应将会受到很大影响。例如，对腐蚀金属进行阳极极化时，金属所处电位高于自腐蚀电位，这将使电极上的净氧化反应速率($\overrightarrow{i_1}-\overleftarrow{i_1}$)增加，净还原反应速率($\overleftarrow{i_2}-\overrightarrow{i_2}$)减小，二者之差为流经外电路的外加阳极极化电流，即

$$i_{A外}=(\overrightarrow{i_1}-\overleftarrow{i_1})-(\overleftarrow{i_2}-\overrightarrow{i_2})=(\overrightarrow{i_1}+\overrightarrow{i_2})-(\overleftarrow{i_2}+\overleftarrow{i_1}) \tag{3.51}$$

实际上，在阳极极化电位 E_{AP}下，金属上所有的氧化过程的速率都将加快，而所有的还原过程的速率都将降低，因此电极上流经外电路的外加阳极极化电流 $i_{A外}$等于电极上所有的氧化过程速率的总和$\sum\overrightarrow{i}$减去所有还原过程速率的总和$\sum\overleftarrow{i}$，即

$$i_{A外}=\sum\overrightarrow{i}-\sum\overleftarrow{i} \tag{3.52}$$

相反,在阴极极化电位 E_{CP} 下,金属上所有的还原过程的速率都将加快,而所有的氧化过程的速率都将降低,因此总还原电流和总氧化电流之差即为外加阴极极化电流,即

$$i_{C外}=(\overleftarrow{i_2}-\overrightarrow{i_2})-(\overrightarrow{i_1}-\overleftarrow{i_1})=(\overleftarrow{i_2}+\overleftarrow{i_1})-(\overrightarrow{i_1}+\overrightarrow{i_2}) \tag{3.53}$$

或

$$i_{C外}=\sum\overleftarrow{i}-\sum\overrightarrow{i} \tag{3.54}$$

当自腐蚀电位 E_{corr} 距离 E_M^e 和 $E_{O/R}^e$ 较远时,忽略 $\overleftarrow{i_1}$ 和 $\overrightarrow{i_2}$,则 $i_{corr}=\overrightarrow{i_1}=\overleftarrow{i_2}$,同时式(3.51)和式(3.53)简化为

$$i_{A外}=\overrightarrow{i_1}-\overleftarrow{i_2} \tag{3.55}$$

$$i_{C外}=\overleftarrow{i_2}-\overrightarrow{i_1} \tag{3.56}$$

在外加极化电位 E_p 下,相对于自腐蚀电位 E_{corr} 的阳极电位变化为 ΔE_{AP},则

$$\Delta E_{AP}=E_P-E_{corr} \tag{3.57}$$

根据式(3.24)和式(3.49),得到氧化反应速率 $\overrightarrow{i_1}$ 与 ΔE_{AP} 的关系为

$$\overrightarrow{i_1}=i_{corr}\exp\frac{2.3\Delta E_{AP}}{b_A} \tag{3.58}$$

同样,设相对于自腐蚀电位 E_{corr} 的阴极电位变化为 ΔE_{CP},则

$$\Delta E_{CP}=E_P-E_{corr} \tag{3.59}$$

根据式(3.25)和式(3.50),得到还原反应的速率 $\overleftarrow{i_2}$ 与 ΔE_{CP} 的关系为

$$\overleftarrow{i_2}=i_{corr}\exp\left(-\frac{2.3\Delta E_{CP}}{b_C}\right) \tag{3.60}$$

将式(3.58)和式(3.60)代入式(3.55)和式(3.56),并注意到 $\Delta E_{AP}=\Delta E_{CP}$,则腐蚀金属阳极极化时,有

$$i_{A外}=i_{corr}\left[\exp\left(\frac{2.3\Delta E_{AP}}{b_A}\right)-\exp\left(-\frac{2.3\Delta E_{AP}}{b_C}\right)\right] \tag{3.61}$$

对腐蚀金属进行阴极极化时,

$$i_{C外}=i_{corr}\left[\exp\left(-\frac{2.3\Delta E_{CP}}{b_C}\right)-\exp\left(\frac{2.3\Delta E_{CP}}{b_A}\right)\right] \tag{3.62}$$

式(3.61)和式(3.62)为电化学极化控制下金属腐蚀动力学基本方程式,是实验测定电化学腐蚀速率的理论基础。式中,b_A 和 b_C 分别为腐蚀金属阳极极化曲线和阴极极化曲线的 Tafel 斜率(或 Tafel 常数),可由实验测得。Tafel 斜率的数值通常在 0.05～0.15 V 之间,一般取 0.1 V。图 3.13 中 $i_{A外}$ 和 $i_{C外}$ 标明的点画线是根据式(3.61)和式(3.62)绘制的极化曲线。

值得注意的是,式(3.61)和式(3.62)的应用是有条件的,即腐蚀电位 E_{corr} 必须与 E_M^e 和 $E_{O/R}^e$ 有较大差值,使 $\overleftarrow{i_1}$ 和 $\overrightarrow{i_2}$ 可以忽略。当 E_{corr} 与 E_M^e 或 $E_{O/R}^e$ 很接近时,$\overleftarrow{i_1}$ 和 $\overrightarrow{i_2}$ 或二者其中之一不

能忽略时，金属腐蚀动力学方程变得较复杂，读者可以自己尝试推导。

二、浓差极化控制下的腐蚀动力学方程式

1. 稳态扩散方程式

由于电极过程是在电极/溶液界面上进行的，并伴随着反应物的消耗和产物的生成，因此物质在电极表面附近溶液相中的传输过程对电极反应十分重要，有时甚至成为电极反应的控制步骤。

电极过程动力学中物质在溶液中的传输过程主要有三种方式：对流、扩散和电迁移。对流传质指物质的粒子随着流动的液体而移动。由于在电极表面附近的液层中对流速率很小，因此对流对电极表面附近液层中的物质传输贡献很小。电迁移传质是指带电粒子在电场作用下在溶液中的定向移动。如果反应物粒子或产物粒子带电，电迁移会对传质过程有贡献，但是当溶液中存在大量支持电解质(不参加电极反应的局外电解质)时，电迁移主要由支持电解质承担。这时电迁移对反应物或产物的传质贡献很小，因此在电极表面附近液层中的传输过程主要是扩散过程。当扩散过程速率比电化学反应速率更慢时，扩散过程成为整个电极过程的控制步骤。由于电极反应的不断进行，电极表面附近液层中反应物的浓度不断下降而产物的浓度则不断升高，由此造成与溶液本体的浓度梯度。在这种浓度梯度下，反应物从溶液本体向电极表面扩散，产物由电极表面向溶液本体扩散。由于电极表面附近液层中反应物和产物的浓度变化，使电极电位发生变化，即产生浓差极化。

腐蚀电池作为一类特殊的电池，其电极表面的传质过程同样主要是扩散过程。如果扩散过程成为腐蚀电池中阴极或阳极的控制步骤，则腐蚀电池的阴极或阳极上将发生浓差极化。但实际情况是，当金属发生腐蚀时，在多数情况下阳极过程是电化学极化控制的金属溶解过程。而对于阴极去极化过程，去极化剂的扩散常常成为控制步骤，例如在氧去极化过程中，氧分子向电极表面的扩散步骤往往是决定腐蚀速率的控制步骤。因此，对于腐蚀电池，研究浓差极化控制下的动力学特征也是十分必要的。

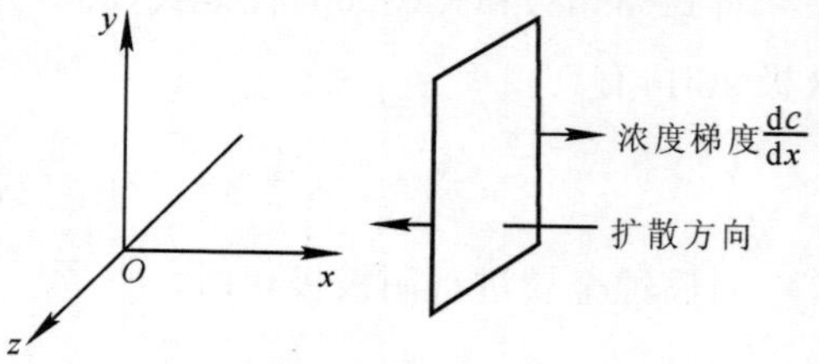

图 3.14　浓度梯度与扩散方向示意图

将腐蚀金属电极看做平面电极，这时只考虑一维扩散，如图 3.14 所示。根据 Fick 第一扩散定律，电活性物质单位时间内通过单位面积的扩散流量与浓度梯度成正比，即

$$J=-D\left(\frac{\mathrm{d}c}{\mathrm{d}x}\right)_{x\to 0} \tag{3.63}$$

式中，J 为扩散流量，单位为 $\mathrm{mol \cdot cm^{-2} \cdot s^{-1}}$；$(\mathrm{d}c/\mathrm{d}x)_{x\to 0}$ 表示电极表面附近液层中电活性粒子的浓度梯度，单位为 $\mathrm{mol \cdot cm^{-4}}$；$D$ 为扩散系数，即单位浓度梯度下单位截面积电活性粒子的扩散速率，单位为 $\mathrm{cm^2 \cdot s^{-1}}$，它与温度、粒子的大小及溶液粘度等因素有关。式中负号表示

扩散方向与浓度增大的方向相反，如图 3.14 所示。

稳态扩散条件下，如果电极反应引起的溶液本体的浓度变化可以忽略不计，浓度梯度 $(\mathrm{d}c/\mathrm{d}x)_{x\to 0}$ 为一常数，即

$$\left(\frac{\mathrm{d}c}{\mathrm{d}x}\right)_{x\to 0}=\frac{c^0-c^{\mathrm{S}}}{\delta} \tag{3.64}$$

式中，c^0 为溶液本体的浓度；c^{S} 为电极表面浓度；δ 为扩散层有效厚度。

在稳态扩散下，单位时间内单位面积上扩散到电极表面的电活性物质的量等于参加电极反应的量，因此反应粒子的扩散流量也可以用电流表示。因为每消耗 1 mol 的反应物需要通过 nF 的电量，所以扩散总流量可用扩散电流密度 i_{d} 表示，即

$$i_{\mathrm{d}}=-nFJ \tag{3.65}$$

式中，负号表示反应物粒子的扩散方向与 x 轴方向相反，即从溶液本体向电极表面扩散。将式(3.63)和式(3.64)代入式(3.65)，可得

$$i_{\mathrm{d}}=nFD\left(\frac{\mathrm{d}c}{\mathrm{d}x}\right)_{x\to 0}=nFD\,\frac{c^0-c^{\mathrm{S}}}{\delta} \tag{3.66}$$

因为在扩散控制条件下，当整个电极过程达到稳态时，电极反应的速率等于扩散速率。对于阴极过程，阴极电流 i_{C} 就等于阴极去极化剂的扩散速率 i_{d}，即

$$i_{\mathrm{C}}=i_{\mathrm{d}}=nFD\,\frac{c^0-c^{\mathrm{S}}}{\delta} \tag{3.67}$$

随着阴极电流的增加，电极表面附近去极化剂的浓度 c^{S} 降低。在极限情况下，$c^{\mathrm{S}}=0$。这时扩散速率达到最大值，阴极电流也就达到极大值，用 i_{L} 表示，叫做极限扩散电流密度，即

$$i_{\mathrm{L}}=nFAD\,\frac{c^0}{\delta} \tag{3.68}$$

由式(3.68)可见，极限扩散电流与放电粒子的本体浓度 c^0 成正比，与扩散层有效厚度成反比。加强溶液搅拌，δ 变小，可使 i_{L} 增大。

由式(3.67)和式(3.68)，可得

$$\frac{i_{\mathrm{c}}}{i_{\mathrm{L}}}=1-\frac{c^{\mathrm{S}}}{c^0} \tag{3.69}$$

或

$$c^{\mathrm{S}}=c^0\left(1-\frac{i_{\mathrm{C}}}{i_{\mathrm{L}}}\right) \tag{3.70}$$

由于扩散过程为整个电极过程的控制步骤，可以近似认为电子传递步骤(电化学步骤)处于准平衡状态，因此电极上有扩散电流通过时，仍可以近似用能斯特方程计算电极电位，即

通电前
$$E_{\mathrm{C}}^{\mathrm{e}}=E_{\mathrm{C}}^{0}+\frac{RT}{nF}\ln c^0 \tag{3.71}$$

通电后
$$E_{\mathrm{C}}=E_{\mathrm{C}}^{0}+\frac{RT}{nF}\ln c^{\mathrm{S}} \tag{3.72}$$

由式(3.71)和式(3.72),得

$$\Delta E_C = E_C - E_C^e = \frac{RT}{nF}\ln\frac{c^S}{c^0} \tag{3.73}$$

将式(3.69)代入,得

$$\Delta E_C = \frac{RT}{nF}\ln\left(1-\frac{i_C}{i_L}\right) \tag{3.74}$$

这就是浓差极化方程式。相应的极化曲线如图 3.15 中的 E_C^eBS 所示。

2. 浓差极化控制下的腐蚀速率

对于阳极过程为金属的电化学溶解而阴极过程为氧的扩散控制的腐蚀,其极化图如图3.15所示。金属的腐蚀速率受氧的扩散速率控制,腐蚀速率等于氧的极限扩散电流,与电位无关。即

$$i_{corr} = i_L = nFD\frac{c^0}{\delta} \tag{3.75}$$

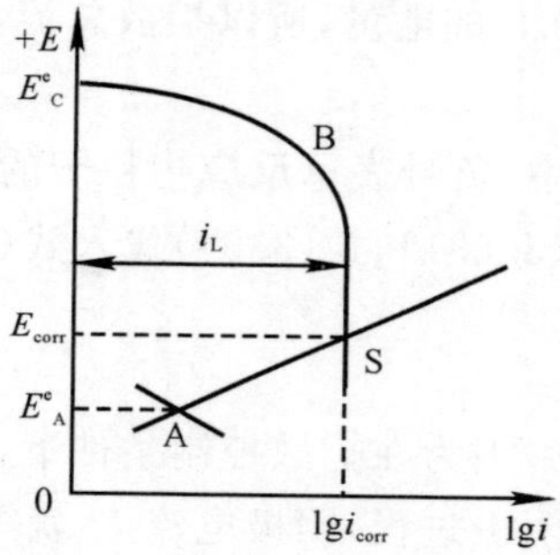

图 3.15　阴极过程为浓差极化控制的腐蚀极化图

由式(3.75)可以看出,对于扩散控制的腐蚀体系,影响 i_L 的因素,就是影响腐蚀速率的因素。因此有:

(1) i_{corr} 和 c^0 成正比,即去极化剂浓度降低,会使腐蚀速率减小。

(2) 搅拌溶液或使溶液流速增加,会减小扩散层厚度,增大极限电流 i_L,因而会加速腐蚀。

(3) 升高温度,会使扩散系数 D 增大,使腐蚀速率增加。

3. 浓差极化控制下腐蚀金属的极化曲线

当对腐蚀金属进行外加电位极化时,如果阴极过程为扩散控制,则式(3.55)中的 $\overleftarrow{i_2}$ 等于极限扩散电流 i_L。这意味着式(3.61)中 $b_C \to \infty$,因此式(3.61)可简化为

$$i_{A外} = i_{corr}\left[\exp\left(\frac{2.3\Delta E_{AP}}{b_A}\right)-1\right] \tag{3.76}$$

式(3.76)即为阴极过程为浓差极化控制时腐蚀金属的阳极极化曲线方程式。

三、实测极化曲线与理想极化曲线

1. 实测极化曲线

本章前面已经谈到,极化电位与极化电流或极化电流密度的关系曲线称为极化曲线。极化曲线可以通过实验测试进行绘制,根据实验中主变量和被测量的不同,实验方法又分为恒电流法和恒电位法。无论采用哪种方法,都是要得到极化电位和极化电流两个变量之间的对应数据,然后再根据这些数据绘制出 $E-i$ 或 $E-\lg i$ 曲线。这样通过实验得到的极化曲线称为实测极化曲线。

所谓恒电流法，是在给定电流下测定电极电位，电极电位是电流的函数，即 $E=f(i)$。恒电位法是在给定电位下测定相应的电流，电流是电极电位的函数，即 $i=f(E)$。当 $E=f(i)$ 和 $i=f(E)$ 均为单值函数时，用恒电流法和恒电位法测得的极化曲线相同。然而在实际中，E 和 i 常常不是一一对应的，这时两种方法测得的极化曲线有很大差别。在这种情况下，只有恒电位法才能够测得完整的极化曲线。上述两种测定极化曲线的具体实验方法及所涉及的仪器设备不在本书讨论的范围之内，请读者参考有关电化学测量技术方面的书籍或文献。

在实际中，由于各种原因，金属不可能绝对均匀和纯净，通常总有一定量的杂质组分和电化学性质不均的区域。当整块金属浸入溶液中时，杂质和金属本体之间或电化学性质不同的区域之间就会形成很多局部腐蚀微电池，因此在金属表面不同区域内同时存在着阳极区和阴极区，阴、阳极区之间每时每刻都有腐蚀电流流过。即使非常均匀和纯净的金属，当溶液中含有能使其氧化的去极化剂时，金属也会发生溶解并出现腐蚀电流。因此绝大多数金属在溶液中处于自腐蚀状态，即金属表面同时进行着金属的氧化反应和阴极去极化剂的还原反应，金属电极在开路时测得的电极电位实际上并不是该金属的平衡电位，而是它的自腐蚀电位 E_{corr}。这样，无论对于实测的阳极极化曲线或阴极极化曲线，其电极电位的起点都是其自腐蚀电位 E_{corr}，并且在测定过程中金属电极表面上始终同时存在着两个电化学反应，只不过不同的极化条件会加速某一个反应的进行速率而降低另一个反应的速率。

2. 理想极化曲线及其与实测极化曲线的关系

理想极化曲线是指在理想电极上得到的极化曲线。所谓理想电极，是指在平衡态和极化状态下电极表面只发生一个半电池反应的电极。因此理想电极的开路电位即是它的平衡电位，并且在阳极极化或阴极极化条件下，电极电位的起点都是该电极的平衡电位。假设有两个不同的理想电极，分别对其中一个进行阴极极化，对另一个进行阳极极化，分别得到它们的理想极化曲线。阴、阳极极化曲线将分别从两个理想电极的平衡电位出发，阳极极化曲线的 E 随着 i 的增加而升高，阴极极化曲线的 E 随着 i 的增加而降低，阴、阳极极化曲线相交于点 S，点 S 对应的电极电位和电流分别是自腐蚀电位和腐蚀电流。

理想极化曲线有助于分析电极反应的极化行为，了解多电极反应中各分反应对总反应的影响情况，以及加深认识腐蚀过程的作用机理等。然而，理想极化曲线是不能通过实验方法测得的，只能根据实测结果进行二次绘制，所以有必要搞清理想极化曲线和实测极化曲线两者之间的关系。

图 3.16 是理想极化曲线和实测极化曲线的关系示意图。图中给出了金属 M 在氢气饱和的非氧化性酸溶液中的理想阳极极化曲线和氢电极的理想阴极极化曲线。另外，图 3.16 还给出了金属 M 在该溶液中作为实际腐蚀体系的实测极化曲线。图中，实线 E_C^eFSMC 和 E_A^ePSNA 分别表示理想阴、阳极极化曲线；虚线 E_{corr}GD 和 E_{corr}QB 分别表示实测阴、阳极极化曲线。

由图 3.16 可知，与理想阴、阳极极化曲线相交于点 S 不同，实测阴、阳极极化曲只是在它们的起点相交。如果采用电流的半对数作为横坐标，则理想极化曲线和实测极化曲线的关系如图 3.13 所示。

当没有进行外加电流或电位极化时，金属 M 处于自腐蚀状态，其表面同时进行着金属的氧化反应和氢气的还原反应，这时体系的腐蚀电位为 E_{corr}，腐蚀电流密度 $i_{corr}=i_A=i_C$。

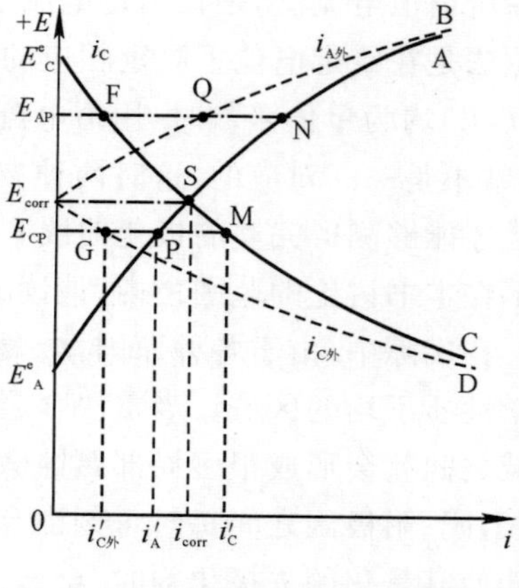

图 3.16　实测极化曲线与理想极化曲线关系示意图

这时如果对体系进行外加电流或电位极化时，体系的状态将发生很大变化。若采用恒电位法对体系进行阴极极化，设阴极极化电位为 E_{CP}，如图 3.16 所示。由于电位降低到 E_{CP}，腐蚀体系中原来的金属阳极氧化速率由 $i_A=i_{corr}$ 减小到 i'_A，原来的氢阴极析出速率由 $i_C=i_{corr}$ 增加到 i'_C，而两者之差就是外加净电流密度，即 $i'_{C外}=i'_C-i'_A$。当外加电位等于 E^e_A 时，$i_A=0$，$i_A=0$，$i'_{C外}=i'_C$，这时金属的腐蚀完全停止了。因此用恒电位法对金属进行阴极极化可以起到腐蚀防护作用。由于恒电位法必须使用恒电位仪、参比电极等，因此实际工作中更常用的是恒电流极化法防腐蚀，即通过施加阴极极化电流为 $i'_{C外}=i'_C-i'_A$，使腐蚀体系的电位由自腐蚀电位 E_{corr} 降低到 E_{CP}。当阴极极化电流逐渐增大到使 $E_{CP}=E^e_A$ 时，$i_A=0$，$i'_{C外}=i'_C$，此时即可达到使金属的腐蚀完全停止，这就是电化学阴极保护的理论基础。

与上述讨论相反，当对腐蚀体系进行外加阳极极化时，腐蚀速率将会增加。读者可以根据图 3.16 自己进行分析。

3. 理想极化曲线的绘制

根据实测极化曲线绘制理想极化曲线的方法有两种。

(1) 根据实验数据计算出理想极化曲线。在测定极化曲线的过程中，不仅记录外加电位(或电流)值及其相对应的电流(或电位)值，而且同时针对不同的阴、阳极反应，采用相应的分析方法准确测定金属的溶解量或阴极反应物的消耗量或产物生成量，进而根据法拉第定律计算出 i_A 和 i_C，然后利用 $i_{C外}=i_C-i_A$ 或 $i_{A外}=i_A-i_C$ 计算出未知的 i_A 或 i_C，这样即可得到在电极电位 E_{CP} 下的 i_A 和 i_C 的值，并作出理想极化曲线。

上述绘制极化曲线的方法在实施过程中难度很大。当氢离子作为唯一的阴极去极化剂时，在极化过程中测量氢气的析出量较容易做到。但是当阴极反应为氧气的还原反应时，无论是参加反应的反应物还是得到的产物，其量均难以测定，因此这时只能靠准确测定每一外加极化电位或电流下金属的溶解量来计算 i_A 和 i_C 的值。这在实验上虽然是可行的，但具体操作步骤是非常麻烦的。

(2)实测极化曲线的外推法。对于电化学极化控制的腐蚀体系，其实测极化曲线与理想极化曲线在强极化区（塔菲尔区）重合，因此可以利用实测极化曲线外推得到理想极化曲线，如图 3.17所示。

采用外推法时还应当预先通过热力学数据计算出阴、阳极的平衡电位，这是因为在塔菲尔区的外推是在半对数坐标上进行的，而当电极电位接近阴极或阳极的平衡电位时（ΔE 约小于 50 mV），电极电位与电流之间不再是半对数关系而是线性关系，所以这时应当在普通坐标系下进行外推。

与第一种方法相比，外推法的优点是避免了繁琐的实验操作，在电极电位远离阴极或阳极的平衡电位时有较好的准确性；其缺点是该方法只适用于电化学极化控制的腐蚀体系，并且在电极电位接近阴极或阳极的平衡电位时（或外加电流密度很小时），外推法作图容易产生较大的误差。

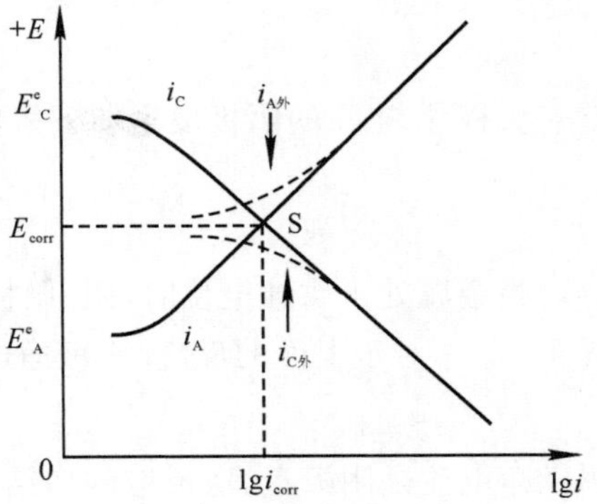

图 3.17　用实测极化曲线外推法绘制理想极化曲线示意图

3.5　混合电位理论及其应用

一、混合电位理论

通常我们把腐蚀电池的阴极、阳极分别看做单一的电极体系。所谓单一电极体系，就是在一个电极表面上只进行一个电极反应的电极体系。当单一金属处于平衡态时是不会发生腐蚀的，而实际上孤立的金属电极（如 Fe，Zn 等）也会发生腐蚀。早期的腐蚀理论是用微观腐蚀电池和超微观腐蚀电池来分别解释孤立金属上的局部腐蚀和均匀腐蚀。1938 年 Wagner 和 Traud 在前人工作的基础上，正式提出了混合电位理论。这一理论对电化学腐蚀机理做了更加完善的阐述，它扩充和部分取代了经典的微电池腐蚀理论，能够很好地解释局部腐蚀和微观尺寸的均匀腐蚀。混合电位理论在腐蚀理论中地位极为重要，它与腐蚀动力学方程一起构成了现代腐蚀动力学的理论基础。

混合电位理论有两个基本假设：

(1)任何电化学反应都能分成两个或两个以上的局部氧化反应和局部还原反应；

(2)电化学反应过程中不可能有净电荷积累。

任何一个电化学反应都同时包括一种或多种氧化剂得到电子被还原和一种或多种还原剂失去电子被氧化的过程，并且实验证明得电子过程和失电子过程可以发生在不同区域，因此第一个假设是不难理解的。因为电化学过程必须遵从电荷守恒定律，所以第二个假设是电荷守恒的必然结果，即一块金属在溶液中发生腐蚀时，氧化反应的总速率等于还原反应的总速率，阳极电流一定等于阴极电流。例如，对金属 M 在溶液中的腐蚀，阳极存在如下氧化还原过程：

$$\mathrm{M} \underset{\overleftarrow{i_1}}{\overset{\overrightarrow{i_1}}{\rightleftharpoons}} \mathrm{M}^{n+} + ne^- \tag{3.77}$$

含有去极化剂 O 的阴极发生如下氧化还原过程：

$$\mathrm{R} \underset{\overleftarrow{i_2}}{\overset{\overrightarrow{i_2}}{\rightleftharpoons}} \mathrm{O} + ne^- \tag{3.78}$$

当金属处于腐蚀电位时，阴、阳极均有净电流通过，且阴极净电流和阳极净电流相等并都等于 i_{corr}。对于上面的反应，阳极净电流是阳极正、逆反应的净结果，即

$$i_{\mathrm{A}} = \overrightarrow{i_1} - \overleftarrow{i_1} \tag{3.79}$$

阴极净电流是阴极正、逆反应的净结果，即

$$i_{\mathrm{C}} = \overleftarrow{i_2} - \overrightarrow{i_2} \tag{3.80}$$

因为 $i_{\mathrm{A}} = i_{\mathrm{C}}$，所以

$$\overrightarrow{i_1} - \overleftarrow{i_1} = \overleftarrow{i_2} - \overrightarrow{i_2} \tag{3.81}$$

于是有

$$\overrightarrow{i_1} + \overrightarrow{i_2} = \overleftarrow{i_2} + \overleftarrow{i_1} \tag{3.82}$$

因此金属发生自腐蚀时，腐蚀过程中总的氧化反应速率（氧化反应电流）等于总的还原反应速率（还原反应电流）。即

$$\sum \overrightarrow{i} = \sum \overleftarrow{i} \tag{3.83}$$

式(3.83)对于多电极体系同样适用。根据混合电位理论，当金属发生腐蚀时，腐蚀电位是金属的阳极氧化和阴极去极化剂的还原过程共同决定的，是整个腐蚀体系的混合电位。

二、腐蚀电位

金属处于腐蚀电位时，有腐蚀电流通过体系，因此在腐蚀电位下腐蚀体系是不可逆体系，腐蚀电位不是平衡电位，不能用能斯特方程计算。

腐蚀电位一般可由实验直接测得。用被腐蚀金属和参比电极组成测量电池，用电位差计或高阻抗数字电压表得到被测电池的电动势，然后计算出腐蚀电极相对于标准氢电极的电位，该电位即是金属的腐蚀电位。另外，用恒电位仪在开路情况下也可以方便地测定腐蚀金属相对于参比电极的电极电位，进而得到腐蚀电位。

如图 3.6 所示，腐蚀电位是腐蚀体系的混合电位，它处于该金属阳极氧化反应的平衡电位与阴极去极化剂还原反应的平衡电位之间。对于不同因素控制的反应，其腐蚀电位还可以根据相应条件进行估算。

对于阴极控制下的腐蚀，如图 3.12(a)所示，腐蚀电位略高于该体系中金属阳极氧化反应的平衡电位。例如，Zn 在酸溶液中的腐蚀受析氢过电位控制，其腐蚀电位接近 Zn 在该溶液中的平衡电位 $E^{\mathrm{e}}_{\mathrm{Zn^{2+}/Zn}}$，因此可以根据平衡电位近似地估计 Zn 的腐蚀电位。根据能斯特方程，平衡电位可按式

$$E^{e}_{Zn^{2+}/Zn}=E^{\ominus}_{Zn^{2+}/Zn}+\frac{2.3RT}{nF}\lg a_{Zn^{2+}}$$

计算。如果不知道溶液中 Zn^{2+} 的浓度，则可以参照绘制电位-pH 图时的假设，即认为溶液中金属离子的浓度大于 10^{-6} mol·L^{-1}时就发生了腐蚀，因此取 $a_{Zn^{2+}}=10^{-6}$ mol·L^{-1}。可根据上式计算出 Zn 在腐蚀介质中的平衡电位 $E^{e}_{Zn^{2+}/Zn}=-0.94$ V，于是可以近似认为 Zn 在该腐蚀介质中的腐蚀电位约为−0.9 V。

如果溶液中含有沉淀剂或配位剂，由于形成沉淀或配合物使溶液中游离腐蚀金属的离子浓度大大降低，根据能斯特方程，这时金属的平衡电位将发生负移。因此，在阴极控制下，腐蚀电位也将发生负移。

阳极控制的腐蚀过程中，腐蚀电位略低于阴极还原反应的平衡电位，而比金属的平衡电位要高得多。例如，当金属表面在溶液中发生钝化时，由于钝化膜会引起较大的阳极极化和欧姆极化，因此这时的金属腐蚀多为阳极控制。实际中阳极极化的例子有 Al 和 Ti 在质量分数为 0.03 的 NaCl 溶液中的腐蚀，其中 Al 的腐蚀电位为−0.53 V，比其标准电位−1.67 V 高 1.14 V；而 Ti 的腐蚀电位为+0.37 V，比其标准电位−1.63 V 高 2 V。

三、多种阴极去极化反应的腐蚀行为

在实际中，经常遇到金属所处的腐蚀介质中含有两种或更多种阴极去极化剂，由于存在两个或多个阴极还原反应，因此腐蚀电位和腐蚀电流将由金属阳极氧化过程和多个阴极还原过程共同确定。例如，金属 M 在含氧化剂 Fe^{3+} 的酸溶液中发生腐蚀时，阳极进行着如下的氧化还原过程（以“⇀”表示氧化过程，“↽”表示还原过程）：

$$M \underset{\overleftarrow{i_1}}{\overset{\overrightarrow{i_1}}{\rightleftharpoons}} M^{n+}+ne$$

阴极同时进行着如下的还原反应过程：

$$H_2 \underset{\overleftarrow{i_2}}{\overset{\overrightarrow{i_2}}{\rightleftharpoons}} 2H^{+}+2e$$

$$Fe^{2+} \underset{\overleftarrow{i_3}}{\overset{\overrightarrow{i_3}}{\rightleftharpoons}} Fe^{3+}+e$$

根据混合电位理论，当金属 M 处于腐蚀电位时，腐蚀过程的氧化反应的总电流必须等于总还原电流，即

$$\sum\overrightarrow{i}=\sum\overleftarrow{i}$$

由于腐蚀是电化学极化控制，因此金属 M 的腐蚀极化图采用半对数坐标更为方便。图 3.18画出了各个氧化还原过程的极化曲线和总的极化曲线。其中，总阳极极化曲线中的电流 $\sum\overrightarrow{i}=\overrightarrow{i_1}+\overrightarrow{i_2}+\overrightarrow{i_3}$；而总阴极极化曲线中的电流 $\sum\overleftarrow{i}=\overleftarrow{i_1}+\overleftarrow{i_2}+\overleftarrow{i_3}$。由于在腐蚀电位下阳极发生的净反应是氧化反应，而阴极的净反应是还原反应，因此，$\overrightarrow{i_1}\gg\overrightarrow{i_2}+\overrightarrow{i_3}$，$\overleftarrow{i_1}\ll\overleftarrow{i_2}+\overleftarrow{i_3}$。于是金属

M 的腐蚀极化图中总阳极电流为$\overrightarrow{i}_1$，而总阴极电流为$\overleftarrow{i}_2+\overleftarrow{i}_3$（见图 3.18 中的点画线）。

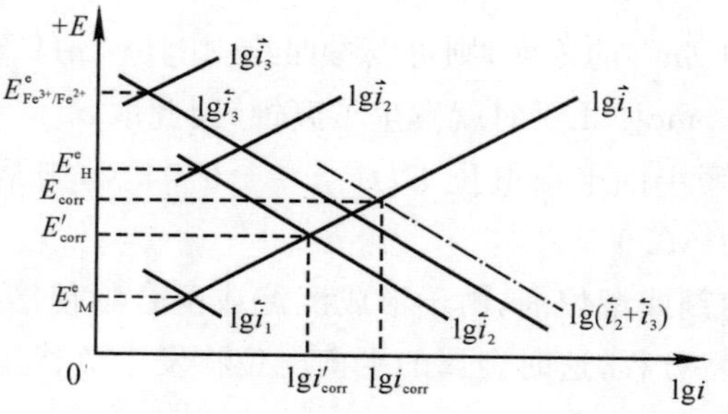

图 3.18　金属 M 在含三价铁离子的酸性溶液中的腐蚀极化图

总阳极极化曲线和总阴极极化曲线的交点对应的电位即是腐蚀电位 E_{corr}，对应的电流为腐蚀电流 i_{corr}。从图 3.18 中可以看出体系不含 Fe^{3+} 时，体系的腐蚀电位和腐蚀电流分别为 E'_{corr} 和 i'_{corr}。加入 Fe^{3+} 后，由于 Fe^{3+} 可以作为阴极去极化剂，并且 $Fe^{3+}+e^{-}\longrightarrow Fe^{2+}$ 的反应速率很快，整个体系的腐蚀电位和腐蚀电流均有所升高。

必须指出，当腐蚀介质中加入其他的去极化剂时，腐蚀速率是否会增加还要看反应的动力学过程。由于整个阴极反应电流为

$$\sum\overleftarrow{i}=\overleftarrow{i}_{原去极化剂}+\overleftarrow{i}_{加入去极化剂}$$

如果加入的去极化剂的阴极反应速率很慢，使$\overleftarrow{i}_{加入去极化剂}\ll\overleftarrow{i}_{原去极化剂}$，则阴极电流不会因该氧化剂的加入产生显著变化，即对整个腐蚀速率几乎没有影响。如果加入的去极化剂阴极反应速率很快，使$\overleftarrow{i}_{加入去极化剂}$接近或大于$\overleftarrow{i}_{原去极化剂}$，这时新去极化剂的加入会大大加快腐蚀速率。在这里还必须指出的是，如果加入的去极化剂使金属发生了钝化，阳极极化程度将大大增加，这时尽管腐蚀电位升高，但腐蚀电流会大大减小，即腐蚀速率大大降低（详见有关金属钝化章节的介绍）。

四、多电极体系的腐蚀行为

在实际工作中金属制品通常为多相合金或多元金属组合件，相互导通的不同金属相构成了很多腐蚀电池，这时通常采用多电极体系的腐蚀极化图来分析腐蚀过程。假设有五种金属 M_1，M_2，M_3，M_4，M_5，它们在腐蚀介质中的平衡电位依次为 $E^e_{M_5}>E^e_{M_4}>E^e_{M_3}>E^e_{M_2}>E^e_{M_1}$，用实验测定出每种金属在该介质中的极化曲线，如图 3.19 所示。用总氧化电流$\sum\overrightarrow{i}$对 E 作图得到总的阳极极化曲线，用总还原电流$\sum\overleftarrow{i}$对 E 作图得到总的阴极极化曲线，两条总极化曲线的交点所对应的电位和电流分别是多电极体系的腐蚀电位 E_{corr} 和总腐蚀电流 i_{corr}。

从图 3.19 可知，当金属在腐蚀介质中的平衡电位高于 E_{corr} 时，该金属作为阴极，在该金属上发生阴极去极化剂的还原反应，而它本身得到保护（图中金属 M_5 和 M_4）；当金属的平衡电

位低于 E_{corr} 时，该金属作为阳极，发生腐蚀，如图 3.19 中 M_1，M_2 和 M_3，而且 E_M^e 越低，腐蚀趋势越大。

多电极腐蚀极化图还可以判断不同金属的腐蚀速率。如图 3.19 所示，在腐蚀电位下，金属 M_1，M_2，M_3 的腐蚀电流分别为 i_1，i_2 和 i_3，由于 $i_1 > i_2 > i_3$，所以三种金属的腐蚀速率表现为 $v_{M_1} > v_{M_2} > v_{M_3}$。

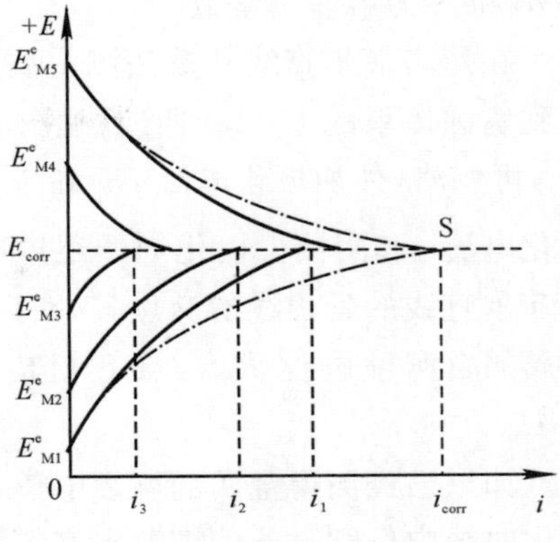

图 3.19　多电极腐蚀体系的极化图

应当指出，电极的极化程度对多电极腐蚀极化图有较大影响，电极的极化程度越小，极化曲线趋平坦，该电极对阳极或阴极电流的贡献越大；反之电极极化程度越大，极化曲线趋陡，该电极对阳极或阴极电流的贡献越小。因此，如果采取措施降低对阳极电流贡献最大的电极的极化程度，则可能使 E_{corr} 降低，从而使原来略低于 E_{corr} 的金属的平衡电位变得高于 E_{corr}，这样该金属从发生腐蚀的阳极变为被保护的阴极。

3.6　腐蚀速率的电化学测定方法*

在金属腐蚀的研究中，人们最为关心的问题是腐蚀速率的大小。如第 1 章介绍了评定金属腐蚀速率的多种方法，其中用电化学方法测定腐蚀速率，实验周期短，并且易于现场监控，因而电化学方法成为测定金属腐蚀速率的重要方法之一。下面简单介绍应用广泛的三种测定腐蚀速率的电化学方法。

一、塔菲尔(Tafel)直线外推法

对于电化学极化控制的腐蚀体系，极化电流遵从式(3.61)和式(3.62)表达的金属腐蚀基本动力学方程。如果外加极化电位与金属自腐蚀电位的差值足够大（$|\Delta E_{AP}| > 100$ mV 或 $|\Delta E_{CP}| > 100$ mV），即满足强极化的条件，此时则可忽略式(3.61)和式(3.62)中的后一项而得到

$$i_{A外} = i_{corr}\exp\left(\frac{2.3\Delta E_{AP}}{b_A}\right) \tag{3.84}$$

或

$$\Delta E_{AP} = -b_A \lg i_{corr} + b_A \lg i_{A外} \tag{3.85}$$

$$i_{C外} = i_{corr}\exp\left(-\frac{2.3\Delta E_{CP}}{b_C}\right) \tag{3.86}$$

或

$$\Delta E_{CP} = b_C \lg i_{corr} - b_C \lg i_{C外} \tag{3.87}$$

由式(3.85)和式(3.87)可知，如果用 ΔE_{AP} 和 ΔE_{CP} 分别对 $\lg i_{A外}$ 和 $\lg i_{C外}$ 作图，将得到两条直线。在 $E-\lg i$ 图中，这一直线段被称做强极化区，也叫塔菲尔区。式(3.85)和式(3.87)中

的 b_A 和 b_C 为塔菲尔常数。

在用塔菲尔直线外推法测定腐蚀速率时,先要用实验测定得到腐蚀体系的 $E-\lg i$ 曲线(见图 3.20)。在强极化区,由于 $\overleftarrow{i_1}$ 和 $\overleftarrow{i_2}$ 可忽略,外加极化电流 $i_{A外}$ 和 $i_{C外}$ 分别与腐蚀体系中的金属氧化电流 $\overrightarrow{i_1}$ 和阴极去极化剂的还原电流 $\overleftarrow{i_2}$ 相等,因此在阴、阳极塔菲尔直线的延长线的交点 S 处有 $\overrightarrow{i_1}=\overleftarrow{i_2}$,即点 S 对应的电位为金属的自腐蚀电位 E_{corr},点 S 对应的电流为金属的自腐蚀电流 i_{corr}。

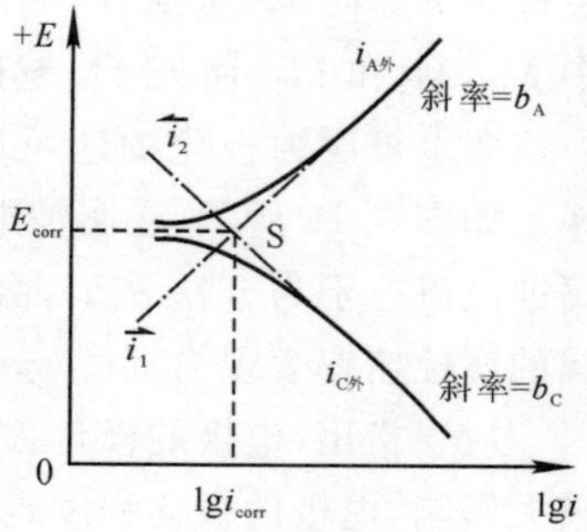

图 3.20 由阴、阳极塔菲尔直线外推法求腐蚀速率

如果已经测得金属的腐蚀电位 E_{corr},点 S 也可以由阴、阳极极化曲线中任意一条的塔菲尔直线和 $E=E_{corr}$ 水平直线的相交点得到,进而在图中得到腐蚀电流 i_{corr}。另外,利用极化图中塔菲尔直线段的斜率还可以得到 b_A 和 b_C。

采用塔菲尔直线外推法测量金属的腐蚀速率有严格的理论根据。对于钢、铁和铝在非氧化性酸溶液中腐蚀速率的测定,该方法得到的结果与化学分析方法得到的结果基本一致。由于塔菲尔直线外推法可以方便地确定腐蚀体系的 E_{coor},i_{coor},b_A 和 b_C 等动力学参数,因而该方法便于研究缓蚀剂对这些动力学参数的影响,以确定缓蚀机理。

必须指出,塔菲尔直线外推法也存在着缺点。由于该方法必须应用在强极化区,而在强极化区内,腐蚀体系偏离金属的自腐蚀电位很远,极化程度很高,对腐蚀体系干扰太大。例如,测定阳极极化曲线时可能出现钝化,对于研究吸附性缓蚀剂时可能出现阳极极化的脱附,而在测定阴极极化曲线时,金属表面原来的氧化膜发生还原反应引起极化行为的变化,由此造成较大的测量误差。

二、线性极化法

对于阴、阳极过程均为电化学极化控制的腐蚀体系,当极化程度较小时,可以采用线性极化法,下面就对该方法进行具体介绍。

由活化控制下金属腐蚀的基本动力学方程式(3.61)和式(3.62)可知,当将其指数项以级数形式展开,而当 ΔE 很小(<10 mV),即满足微极化条件时,级数中的高次项可忽略,式(3.61)和式(3.62)可以简化。

对阳极极化过程,有

$$i_{A外}=i_{corr}\left(\frac{2.3\Delta E_{AP}}{b_A}+\frac{2.3\Delta E_{AP}}{b_C}\right)=i_{corr}\Delta E_{AP}\left(\frac{2.3}{b_A}+\frac{2.3}{b_C}\right) \tag{3.88}$$

或

$$i_{corr}=\frac{i_{A外}}{\Delta E_{AP}}\cdot\frac{b_A b_C}{2.3(b_A+b_C)} \tag{3.89}$$

同理,对阴极极化过程,有

$$i_{C外}=-i_{corr}\left(\frac{2.3\Delta E_{CP}}{b_C}+\frac{2.3\Delta E_{CP}}{b_A}\right)=-i_{corr}\Delta E_{CP}\left(\frac{2.3}{b_C}+\frac{2.3}{b_A}\right) \tag{3.90}$$

或

$$i_{corr}=-\frac{i_{C外}}{\Delta E_{CP}}\cdot\frac{b_A b_C}{2.3(b_A+b_C)} \tag{3.91}$$

对于一定的腐蚀体系，i_{corr}的值一定，根据式(3.88)和式(3.90)，$i_{A外}$与ΔE_{AP}成正比，$i_{C外}$与$-\Delta E_{CP}$成正比，因此在直角坐标系中微极化区极化曲线为一直线，直线的斜率称为极化电阻，用 R_P 表示，即

$$R_P=\frac{\Delta E_{AP}}{i_{A外}}=-\frac{\Delta E_{CP}}{i_{C外}} \tag{3.92}$$

设

$$B=\frac{b_A b_C}{2.3(b_A+b_C)} \tag{3.93}$$

将式(3.92)和式(3.93)代入式(3.89)和式(3.91)，得

$$i_{corr}=\frac{B}{R_p} \tag{3.94}$$

式中，常数 B 的单位为 V；R_p的单位为 Ω。由式(3.94)可知，在弱极化区，R_p越大，i_{corr}越小。当由实验测得 R_p和 b_A，b_C后，就可求得腐蚀速率 i_{corr}。

线性极化法是斯特恩(Stern)和盖里(Geary)等人 1957 年首先提出并发展起来的，至今一直被广泛利用。获得 b_A和 b_C的方法有多种，例如：

(1)若已知有关电极反应的能量分配系数 α 和 β，可直接利用式(3.30)和式(3.31)计算获得 b_A和 b_C。

(2)利用弱极化区的三点法求 b_A和 b_C，参见 3.6 节"三点法"。

(3)若腐蚀体系中阴、阳极过程均为电化学极化控制，则可以对腐蚀体系进行强阳极极化和强阴极极化，然后由塔菲尔直线的斜率求出 b_A和 b_C。

测定极化电阻的方法有很多，最常用的方法有直流线性极化法和交流方波法。

直流线性极化法：首先测出腐蚀体系在自腐蚀电位 E_{corr}附近的极化曲线 $E-i$，确定 E_{corr}附近的直线段，即弱极化线性极化区，而后求出该直线的斜率，即得到极化电阻 R_p。

交流方波法：该方法又分为方波电流法和方波电位法，这两种方法均使用小幅度交流方波作极化源。为了快速测得瞬间腐蚀速率，已根据方波电流法原理和方波电位法原理设计制造出了商品化的方波电流腐蚀仪和方波电位腐蚀仪。利用这些仪器可以直接读出极化电阻 R_p或腐蚀电流 i_{corr}的数值，具有测试简便，对电极表面状态影响小，腐蚀电位 E_{corr}漂移小等优点。但方波频率对 R_p的测试结果影响较大，应注意选择适当的频率，以保证实现稳定的测量。有关交流方波法可参考电化学测量技术的书籍和文献。

三、弱极化区三点法

塔菲尔直线外推法(强极化条件)要求电极的极化程度高，对体系的干扰很大，且只能适用

于电化学极化控制的腐蚀体系，应用上有一定的局限性；线性极化法（微极化条件）虽然快速、灵敏且可连续测量瞬时腐蚀速率，但该方法要求腐蚀体系在 E_{corr} 附近线性度要好，同时还必须知道或测得塔菲尔常数。下面介绍的弱极化测量技术（介于微极化与强极化条件之间的电位范围）则既不受腐蚀体系线性度的限制，也无须知道塔菲尔常数，因此是对前两种方法很好的补充。

弱极化测量技术中最常用的测量腐蚀速率的方法是弱极化区三点法，简称为三点法。该方法是 1970 年由 Barnartt 首先提出并应用的，可同时测定腐蚀体系的 i_{corr} 和塔菲尔常数。由于弱极化区三点法没有像塔菲尔直线外推法和线性极化法那样的近似简化处理，因此它是一种普遍适用的精确方法。三点法及其他弱极化区测试方法，都需选取几组具有一定比例关系的极化电位值，测量出相应的极化电流，然后根据测量数据进行计算以得到腐蚀速率。

若腐蚀体系的阴、阳极反应均受电化学极化控制，且自腐蚀电位 E_{corr} 距阴、阳极反应的平衡电位很远，则在与自腐蚀电位差值为 10～70 mV 的范围内任选一个电位差 ΔE，测定三个相关的数据点 A_1，A_2 和 C（见图 3.21）。此时，点 A_1 阳极过电位为 ΔE，电流为 $i_{A,\Delta E}$；点 A_2 阳极过电位为 $2\Delta E$，电流为 $i_{A,2\Delta E}$；点 C 阴极过电位为 $-2\Delta E$，电流为 $i_{C,-2\Delta E}$。因为是弱极化，所以可直接利用电化学极化控制下金属腐蚀速率的基本动力学方程式（3.61）和式（3.62），写出三个相关数据点电流的表达式为

$$i_{A,\Delta E}=i_{corr}\left[\exp\left(\frac{2.3\Delta E}{b_A}\right)-\exp\left(-\frac{2.3\Delta E}{b_C}\right)\right] \tag{3.95}$$

$$i_{A,2\Delta E}=i_{corr}\left[\exp\left(\frac{4.6\Delta E}{b_A}\right)-\exp\left(-\frac{4.6\Delta E}{b_C}\right)\right] \tag{3.96}$$

$$i_{C,-2\Delta E}=i_{corr}\left[\exp\left(-\frac{4.6\Delta E}{b_C}\right)-\exp\left(\frac{4.6\Delta E}{b_A}\right)\right] \tag{3.97}$$

令

$$u=\exp\left(\frac{2.3\Delta E}{b_A}\right) \tag{3.98}$$

$$v=\exp\left(\frac{-2.3\Delta E}{b_C}\right) \tag{3.99}$$

则

$$i_{A,\Delta E}=i_{corr}(u-v) \tag{3.100}$$

$$i_{A,2\Delta E}=i_{corr}(u^2-v^2) \tag{3.101}$$

$$i_{C,-2\Delta E}=i_{corr}(v^{-2}-u^{-2}) \tag{3.102}$$

由式（3.100）和式（3.101）式，得

$$r_2=\frac{i_{A,2\Delta E}}{i_{A,\Delta E}}=\frac{u^2-v^2}{u-v}=u+v \tag{3.103}$$

由式（3.101）和式（3.102），得

$$r_1=\frac{i_{A,2\Delta E}}{i_{C,-2\Delta E}}=\frac{u^2-v^2}{v^{-2}-u^{-2}}=u^2v^2 \tag{3.104}$$

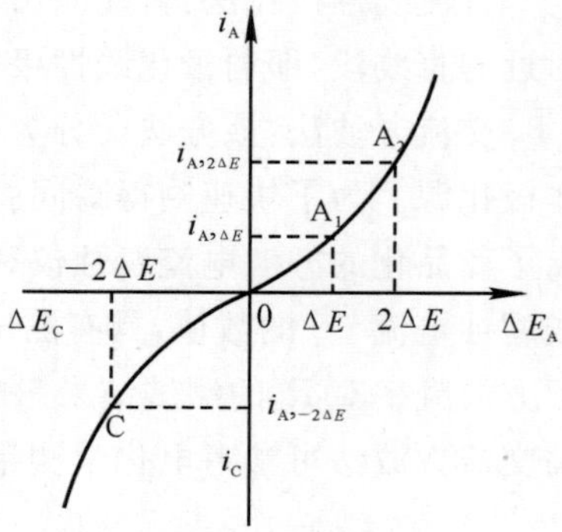

图 3.21　三点法测定腐蚀速率

由式(3.103)和式(3.104)，可得两个对称的一元二次方程

$$u^2-r_2u+\sqrt{r_1}=0 \tag{3.105}$$

$$v^2-r_2v+\sqrt{r_1}=0 \tag{3.106}$$

根据 u 和 v 的定义，可知 $u>1$ 和 $v<1$，因此得

$$u=\frac{1}{2}\left(r_2+\sqrt{r_2^2-4\sqrt{r_1}}\right) \tag{3.107}$$

$$v=\frac{1}{2}\left(r_2-\sqrt{r_2^2-4\sqrt{r_1}}\right) \tag{3.108}$$

由此并根据式(3.98)～式(3.100)，可解得

$$i_{\text{corr}}=\frac{i_{\text{A},\Delta E}}{u-v}=\frac{i_{\text{A},\Delta E}}{\sqrt{r_2^2-4\sqrt{r_1}}} \tag{3.109}$$

$$b_{\text{A}}=\frac{\Delta E}{\lg u}=\frac{\Delta E}{\lg\left(r_2+\sqrt{r_2^2-4\sqrt{r_1}}\right)-\lg 2} \tag{3.110}$$

$$b_{\text{C}}=\frac{-\Delta E}{\lg v}=\frac{\Delta E}{\lg\left(r_2-\sqrt{r_2^2-4\sqrt{r_1}}\right)-\lg 2} \tag{3.111}$$

这样，测量一组数据即可计算出 i_{corr}，b_{A} 和 b_{C}。

由式(3.109)、式(3.110)及式(3.111)可知，若用作图法，亦可从直线的斜率求得 i_{corr}，b_{A} 和 b_{C}，且结果比代入三点实际数据计算所得的结果更加可靠。图解法须在多个给定的 ΔE 下测量数组 $i_{\text{A},\Delta E}$，$i_{\text{A},2\Delta E}$ 和 $i_{\text{C},-2\Delta E}$，再计算出每个给定 ΔE 下的 r_1 和 r_2，然后用 $\sqrt{r_2^2-4\sqrt{r_1}}$ 对 $i_{\text{A},\Delta E}$ 作图，斜率即为 i_{corr}^{-1}；用 $\lg\left(r_2+\sqrt{r_2^2-4\sqrt{r_1}}\right)-\lg 2$ 和 $\lg\left(r_2-\sqrt{r_2^2-4\sqrt{r_1}}\right)-\lg 2$ 分别对 ΔE 作图，从直线的斜率可分别得到 b_{A} 和 b_{C}。

思考题与习题

1. 电池极化和电极极化有何不同？它们有什么关系？什么是阴极极化、阳极极化？产生这类极化的原因是什么？哪些物质属于极化剂？哪些物质属于去极化剂？对腐蚀速率有何影响？

2. 举例说明有哪些可能的阴极去极化剂。当有几种阴极去极化剂同时存在时，如何判断哪一种发生还原的可能性最大？自然界中最常见的阴极去极化反应是什么？

3. 什么是腐蚀极化图和 Evans 极化图？如何测得？腐蚀极化图在研究电化学腐蚀中有何应用？

4. 在 Evans 极化图上的点 S，其 $E_{\text{C}}-E_{\text{A}}=0$，为什么还有电流？又在点 S 处 $R=0$，为什么电流不是无限大？原电池在极化过程中电流是越来越大，还是越来越小？

5. 试用腐蚀极化图说明电化学腐蚀的几种控制因素及控制程度的计算方法。

6. 从腐蚀电池出发，分析影响电化学腐蚀速率的主要因素。

7. 为什么在讨论腐蚀金属电极极化方程式时，首先必须掌握单一金属电极的极化方程式？两者之间的根本区别是什么？对照单电极电化学极化方程式推导出电化学极化控制下的腐蚀金属电极极化方程式。

8. 在电化学极化控制下决定腐蚀速率的主要因素是什么？

9. 浓差极化控制下决定腐蚀速率的主要因素是什么？

10. 什么是金属电极的极化曲线？实测极化曲线和理想极化曲线有何区别和联系？理想极化曲线如何绘制？

11. 混合电位理论的基本假说是什么？试利用混合电位理论分析全面腐蚀产生的原因，这与用微电池解释全面腐蚀产生的原因有何不同？

12. 试用混合电位理论说明铜在含氧酸和氰化物中的腐蚀行为。

13. 何谓腐蚀电位？试用混合电位理论说明氧化剂对腐蚀电位和腐蚀速率的影响。

14. 试用混合电位理论说明铁在含 Fe^{3+} 的酸中的腐蚀行为。

15. 试用混合电位理论分析多电极腐蚀体系中各金属的腐蚀行为。

16. 铁电极在 pH＝4.0 的电解液中以 0.001 $A \cdot cm^{-2}$ 的电流密度阴极极化到电位 －0.916 V(SCE)时的氢过电位是多少？

17. 当 H^+ 以 0.001 $A \cdot cm^{-2}$ 放电时的阴极电位为－0.92 V(相对 25℃，0.01 $mol \cdot L^{-1}$ KCl 溶液中的 Ag/AgCl 电极)。问：(1)相对 SHE 的阴极电位是多少？(2)如果电解液的 pH＝1，氢过电位多大？

18. 在 pH＝10 的电解液中，铂电极上氧的析出电位为 1.30 V(SCE)，求氧的析出过电位。

19. Cu^{2+} 从 0.2 $mol \cdot L^{-1}$ $CuSO_4$ 溶液中沉积到 Cu 电极上的电位为－0.180 V(相对 1 $mol \cdot L^{-1}$ 甘汞电极)，计算该电极的极化值。该电极发生的是阴极极化还是阳极极化？

20. Zn 和 Cu 试片的面积各为 10 cm^2，浸在质量分数为 0.03 的 NaCl 溶液中，分别测得电位 $E_{Zn}=-0.792$ V，$E_{Cu}=0.04$ V，在两块金属片之间经导线接通后，线路中流过的稳定电流 $I=200$ μA，线路的外电阻 $R_{外}=110$ Ω、内电阻 $R_{内}=120$ Ω。试问：

(1) 起始的腐蚀电流值是多少？

(2) 此值是实验测得的稳定腐蚀电流的多少倍？说明了什么问题？

(3) Zn 的腐蚀速率以重量法和深度法表示时，各为多少？(Zn 的密度 $\rho_{Zn}=7.14\ g \cdot cm^{-3}$)

21. 计算 25℃下 1 电子和 2 电子电荷传递过程的阳极塔菲尔常数 b_A，对每一过程的传递系数都取 $\alpha=0.5$。

22. 金属在溶液中平衡电位与该金属上阴极还原反应的平衡电位之差为－0.45 V。假定 $|b_C|=2b_A=0.10$ V，每一过程的 $i^0=10^{-1}\ A \cdot m^{-2}$，计算该金属的腐蚀速率。为了进行有效的

计算，需要做什么假设？

23. 25℃时，Zn在海水中的腐蚀电位为−1.094 V(SCE)，计算其腐蚀速率（认为Zn表面附近 $c_{Zn^{2+}}=10^{-6}$ mol·L^{-1}，从有关表中查到Zn溶解反应的 $b_A=0.05$ V，$i^0=10^{-2}$ A·m^{-2}）。

24. 计算25℃下从1 mol·L^{-1} $CuSO_4$ 溶液中阴极电沉积时的极限电流密度。已知 $D_{Cu^{2+}}=2\times10^{-10}$ m^2·s^{-1}，扩散层厚度 δ 为100 μm。

25. 电极和甘汞电极浸在pH=3.5的除去空气的HCl溶液中短路，当每个电极的总暴露面积为10 cm^{2}时，问通过电池的电流是多大？Zn相应的腐蚀速率多少（以g·m^{-2}·d^{-1}为单位）？已知Zn的腐蚀电位是−1.03 V（相对1 mol·L^{-1}甘汞电极）。

26. 低碳钢在pH=2的除去空气的溶液中，腐蚀电位为−0.64 V（相对饱和Hg-$HgSO_4$电极）。对于同样的钢的氢过电位（单位为V），遵循关系式 $\eta=0.7+0.11gi$，式中 i 的单位为A·cm^{-2}。假定所有的钢的表面近似地作为阴极，计算腐蚀速率（以mm·a^{-1}为单位）。

27. 测得铁在25℃、质量分数为0.03的NaCl溶液中的混合电位为−0.3 V(SCE)，试问阴、阳极的控制程度并指出属于何种腐蚀控制。

28. Pt在除空气的pH=1.0的 H_2SO_4 中，以0.01 A·cm^{-2}的电流进行阴极极化时的电位为−0.334 V(SCE)；而以0.1 A·cm^{-2}阴极极化时的电位为−0.364 V(SCE)。计算在此溶液中 H^+ 在Pt上放电的交换电流密度 i^0 和塔费尔常数 b_C。

29. 对于小的外加电流密度 i，阳极活化过电位 η 遵循关系式 $\eta=ki$，推导 k 与交换电流密度 i^0 的关系。假定塔菲尔常数 $b_A=b_C=0.1$ V。

30. 25 ℃的0.5 mol·L^{-1}的硫酸，以0.2 m·s^{-1}的流速通过铁管。假定所有的铁表面作为阴极，塔菲尔斜率为 ±0.100 V，而且 Fe^{2+}/Fe 和氢在Fe上的交换电流密度分别为 10^{-3} A·m^{-2}和 10^{-2} A·m^{-2}，求铁管的腐蚀电位和腐蚀速率（以mm·a^{-1}为单位）。

31. Fe在腐蚀溶液中，低电流密度下线性极化的斜率 $dE/di=2$ mV/(μA·cm^{-2})，假定 $b_A=b_C=0.1$ V，试计算其腐蚀速率（以g·m^{-2}·d^{-1}为单位）。

第4章 析氢腐蚀与耗氧腐蚀

金属在溶液中发生电化学腐蚀的根本原因是溶液中含有能使该种金属氧化的氧化性物质，即腐蚀过程的去极化剂。导致去极化剂还原的阴极过程与金属氧化的阳极过程共轭组成了整个腐蚀过程，二者相互依存，缺一不可。如第3章所述，对于金属腐蚀来说，在阴极去极化剂的还原反应中，氢离子和氧分子的阴极还原反应是最常遇到的两个阴极去极化过程，二者分别引起析氢腐蚀和耗氧腐蚀。

4.1 析氢腐蚀

以氢离子去极化剂还原反应为阴极过程的腐蚀，称为氢去极化腐蚀，或称析氢腐蚀（Hydrogen Evolution Corrosion）。阴极反应为 $2H^+ + 2e \longrightarrow H_2$ 的电极过程称为氢离子去极化过程，简称氢去极化或析氢。

一、析氢反应

在酸性和中性、碱性溶液中，析氢反应有着不同的形式。在酸性溶液中，反应物来源于水合氢离子（H_3O^+），它在阴极上放电，析出氢气，即

$$H_3O^+ + 2e \longrightarrow H_2 + 2H_2O$$

而在中性或碱性溶液中，则是水分子直接接受电子析出氢气，即

$$2H_2O + 2e \longrightarrow H_2 + 2OH^-$$

因此，在酸性和中性、碱性溶液中，氢去极化过程的基本步骤是不同的。

一般认为，在酸性溶液中，析氢过程是按下列步骤进行的。

（1）水合氢离子向阴极表面扩散并脱水，即

$$H_3O^+ \longrightarrow H^+ + H_2O$$

（2）H^+ 与电极表面的电子结合放电，在电极表面上形成吸附态的氢原子 H_{ads}，即

$$H^+ + e \longrightarrow H_{ads}$$

（3）吸附态氢原子通过复合脱附，形成 H_2 分子，即

$$H_{ads} + H_{ads} \longrightarrow H_2$$

或发生电化学脱附，形成 H_2 分子，即

$$H_{ads} + H^+ + e \longrightarrow H_2$$

（4）H_2 分子形成氢气泡，从电极表面析出。

在中性、碱性溶液中氢去极化过程按下列基本步骤进行。

(1)水分子到达阴极表面,同时氢氧根离子离开电极表面;

(2)水分子解离及 H^+ 还原生成吸附在电极表面的吸附氢原子,即

$$H_2O \longrightarrow H^+ + OH^-$$

$$H^+ + e \longrightarrow H_{ads}$$

(3)吸附氢原子复合脱附形成氢分子,即

$$H_{ads} + H_{ads} \longrightarrow H_2$$

或电化学脱附形成氢分子,即

$$H_{ads} + H^+ + e \longrightarrow H_2$$

(4)氢分子形成氢气泡,从电极表面析出。

不论是在酸性还是在中性或碱性溶液中,析氢过程的各个步骤都是连续进行的。在这些步骤中,如果其中有一个步骤进行地比较迟缓,则整个析氢过程受到阻滞,导致电极电势向负方向移动,产生一定的超电位(或过电位)。

对于大多数金属来说,第二个步骤即 H^+ 与电子结合而放电的电化学步骤最缓慢,是控制步骤,即所谓“迟缓放电”。但对于某些氢过电位很低的金属(如 Pt,Pd)来说,则是第三个步骤,即复合脱附步骤进行得最缓慢,是控制步骤,即所谓“迟缓复合”。除此以外,其他步骤对氢去极化过程的影响不大。

在有些金属电极上,例如镍和铁电极上,一部分吸附氢原子会向金属内部扩散,这就是导致金属在腐蚀过程中可能产生氢脆的原因(详细讨论见后面有关章节)。

二、析氢腐蚀发生的条件与特征

1. 析氢腐蚀发生的必要条件

实际上产生析氢腐蚀的必要条件有两个:①电解质溶液中必须有 H^+ 存在;②腐蚀电池中的阳极金属电位 E_A 必须低于氢的析出电位 E_H,即

$$E_A < E_H \tag{4.1}$$

所谓氢的析出电位是指在一定的阴极电流密度下,氢电极的平衡电位 E_H^e 与阴极上氢过电位 η_H 的差值。例如,在 25℃,$p_{H_2}=101\ 325$ Pa 的情况下,氢的标准电位为 $E_H^{\ominus}$ 时,则有

$$E_H = E_H^e - \eta_H = E_H^{\ominus} + \frac{RT}{nF}\ln a_{H^+} - \eta_H = -0.059\ 1pH - \eta_H \tag{4.2}$$

将式(4.2)代入式(4.1),即得

$$E_A < -0.059\ 1pH - \eta_H \tag{4.3}$$

由式(4.3)可见,当 η_H 一定时,溶液中 pH 值下降,E_H^e 增高,其阳极平衡电位 E_A^e 与 E_H^e 的差值愈大,便愈有利于析氢腐蚀,即金属腐蚀速率随着酸浓度增加而加剧,因此负电性较强的金属(如 Zn,Fe,Cd 等)在酸性溶液中都会发生析氢腐蚀。在中性或碱性溶液中,只有负电性很强

的金属（如 Al,Mg 合金）才能发生析氢腐蚀。但是也应当指出，对一些易钝化金属（如 Ti,Cr 等），尽管能够满足析氢腐蚀条件，但由于其表面会生成钝化膜，阳极溶解过电位 η_M 很大，结果在某些酸性溶液中（只要钝化膜在此溶液中有足够的稳定性），它们并不发生析氢腐蚀。

2. 析氢腐蚀的特征

通过以上分析可知，析氢腐蚀主要有以下几个特征：

(1)在酸性溶液中，当没有其他氧化还原电位较正的去极化剂（如氧、氧化性物质）存在时，金属腐蚀过程属于典型的析氢腐蚀。

(2)在金属表面上没有钝化膜或其他成相膜的情况下，由于酸中 H^+ 浓度高，H^+ 扩散系数特别大，而且氢气泡析出时起了搅拌作用，因此，酸中进行的析氢腐蚀是一种活化极化控制的阳极溶解过程，浓差极化可以忽略。

(3)金属在酸中的析氢腐蚀与溶液中的 pH 值有关。随着溶液 pH 值的下降，腐蚀速率加快。

(4)金属在酸中的析氢腐蚀通常是一种宏观均匀的腐蚀现象。

3. 氢去极化的阴极极化曲线与析氢过电位

在氢去极化过程中，由于控制步骤形成阻力，在氢电极平衡电位下将不发生析氢过程，只有克服了这一阻力之后才能发生氢的析出，因此氢的析出电位总是比氢电极的平衡电位更低一些，由此产生了阴极极化。

图 4.1 是典型的氢去极化的阴极极化曲线，是在 H^+ 为唯一的去极化剂的情况下实测绘制而成的。它表明在氢的平衡电位 E_H^e 时没有氢析出，电流为零。而只有在一定的电流密度下，电位比 E_H^e 更低并达到了一定值，如图 4.1 中 i_1 相对应于 E_C 时，才会发生。这个在一定电流密度下，氢在阴极实际析出的电位，通常被称为氢的实际析出电位，简称析氢电位。在一定电流密度下，氢的平衡电位 E_H^e 与析氢电位 E_C 之间的差值，就是该电流密度下的析氢过电位或氢过电位 η_H。如图 4.1 中，电流密度为 i_1 时，氢过电位 η_H 为

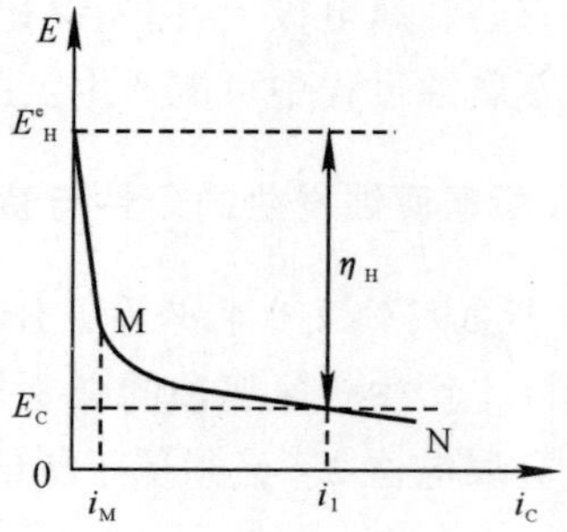

图 4.1　氢去极化过程的阴极极化曲线

$$\eta_H = -(E_C - E_H^e) = E_H^e - E_C \tag{4.4}$$

析氢过电位 η_H 的大小与电流密度、材料的性质、电极的表面状态、溶液的组成、浓度和温度等因素有关。由于析氢过电位是电流密度的函数，因此，只有指出对应的电流密度的数值时，析氢过电位才具有明确定量的意义。

从图 4.1 可以看出，阴极电位变化的程度与电流密度有关。可把阴极极化曲线（E_H^eMN）分为两个部分：当电流密度很小，约小于 $10^{-4} \sim 10^{-5}$ A/cm^{2}时，E 与 i_C 呈线性关系，即

$$E = E_H^e - R_F i_C$$

或
$$\eta_{\rm H}=R_{\rm F}i_{\rm C} \tag{4.5}$$
式中，$R_{\rm F}$ 为法拉第电阻，对应图 4.1 中的 $E_{\rm H}^{\rm e}{\rm M}$ 线段，即 $i_{\rm C}<i_{\rm M}$ 时的情形。当继续增加电流密度时，在一个很大的电流密度范围内，$E-i_{\rm C}$ 曲线呈对数关系，即
$$E=E_{\rm H}^{\rm e}-(a+b\lg i_{\rm C})$$
或
$$\eta_{\rm H}=a+b\lg i_{\rm C} \tag{4.6}$$
式(4.6)即为析氢反应时的塔菲尔电化学极化方程式。

4. 影响氢过电位的主要因素

影响析氢过电位值的主要因素有电流密度、电极材料及其表面状态、溶液组成、浓度和温度等。

(1)电流密度。上述塔菲尔公式式(4.6)是反映析氢腐蚀电化学极化基本特征的方程式，并指出了 $\eta_{\rm H}$ 与 $i_{\rm C}$ 的关系。式(4.6)中，
$$a=-\frac{2.3RT}{\alpha nF}\lg i^{0}\quad（塔菲尔常数）$$
$$b=\frac{2.3RT}{\alpha nF}\quad（塔菲尔斜率）$$

对于给定电极，在一定的溶液组成和温度下，a 与 b 均为常数。常数 a 与电极析氢反应的交换电流密度 i^{0}、电极材料性质、表面状态、溶液组成、浓度及温度有关，其数值等于单位电流密度下的过电位。a 值越大，$\eta_{\rm H}$ 就越大，阴极极化程度也愈大，则析氢腐蚀中阳极金属对应的腐蚀速率就愈小。常数 b 与电极材料无关，而与控制步骤中参加反应的电子数 n 和温度 T 有关。由于对许多金属来说 $a=0.5$，故当 $n=1$，$T=298$ K 时，b 值的理论计算结果为 $b=\dfrac{2.3RT}{\alpha nF}=0.118$ V。各种金属阴极上析氢反应的 b 值大致相同，约在 0.1～0.2 V 的范围内。

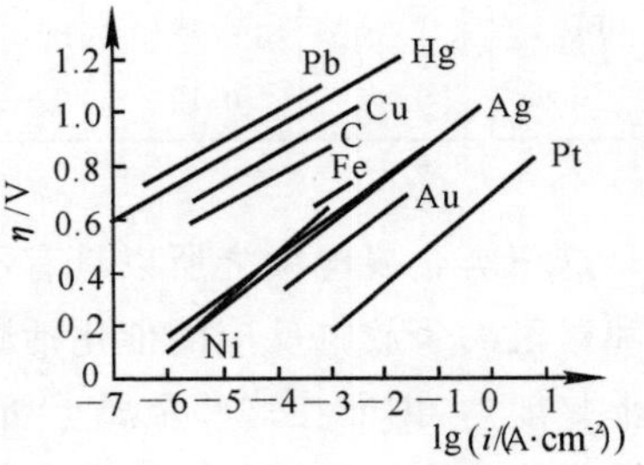

图 4.2　不同金属上的 $\eta_{\rm H}-\lg i_{\rm C}$ 图

图 4.2 给出了不同金属上析氢过电位与电流密度的对数值之间的关系，均成直线规律。由于塔菲尔关系式中 b 值相近，因此这些直线基本上是平行的。

(2)电极材料。不同金属电极在给定溶液中对析氢过电位的影响，主要反映在塔菲尔方程式中的常数项 a 值的差别上，而 b 值差别较小，见表 4.1(表中涉及的酸性溶液为 1 mol·L^{-1} HCl 或 0.5 mol·L^{-1} H_2SO_4，碱性溶液为 1 mol·L^{-1} KOH)。

根据表 4.1 列出的 a 值数据，可将金属材料按析氢过电位大小分成 3 类。

1)高氢过电位金属：a=1.0～1.6 V，如 Pb，Cd，Hg，Tl，Zn，Be，Sn 等；

2)中氢过电位金属：a=0.5～1.0 V，如 Fe，Co，Ni，Cu，Ag，Ti 等；

3)低氢过电位金属：a=0.1～0.5 V，如 Pt，Pd，Au，W 等。

表 4.1　氢在不同金属上阴极析出的塔菲尔方程式中常数 a 和 b 值(25℃)

金属	酸性溶液		碱性溶液		金属	酸性溶液		碱性溶液	
	a/V	b/V	a/V	b/V		a/V	b/V	a/V	b/V
Pt	0.10	0.03	0.31	0.10	Cu	0.87	0.12	0.96	0.12
Pd	0.24	0.03	0.53	0.13	Ag	0.95	0.10	0.73	0.12
Au	0.40	0.12	—	—	Ge	0.97	0.12		
W	0.43	0.10	—	—	Al	1.00	0.10	0.64	0.14
Co	0.62	0.14	0.60	0.14	Sb	1.00	0.11	—	—
Ni	0.63	0.11	0.65	0.10	Be	1.08	0.12	—	—
Mo	0.66	0.08	0.67	0.14	Sn	1.20	0.13	1.28	0.23
Fe	0.70	0.12	0.76	0.11	Zn	1.24	0.12	1.20	0.12
Mn	0.80	0.10	0.90	0.12	Cd	1.40	0.12	1.05	0.16
Nb	0.80	0.10	—	—	Hg	1.41	0.114	1.54	0.11
Ti	0.82	0.14	0.83	0.14	Tl	1.55	0.14	—	—
Pb	1.56	0.11	1.36	0.25	Pb	1.56	0.11	1.36	0.25
Bi	0.84	0.12	—	—					

这三类金属电极之所以具有不同的析氢过电位，是与不同金属电极的析氢反应的控制步骤和对氢离子放电反应的催化活性有关。低氢过电位的 Pt，Pd 等金属对氢离子放电有较强的催化能力，因而在这些金属上析氢反应的交换电流密度很大(见表 4.2)。可是它们吸附氢原子的能力也很强，因此，这类金属电极上氢的去极化过程由最慢的吸附氢原子复合脱附步骤控制。中氢过电位的 Fe，Ni，Cu 等金属对氢离子放电的催化能力较小，交换电流密度也不大，金属电极上氢去极化过程最缓慢的控制步骤可能是吸附氢的电化学脱附反应。高氢过电位的 Pb，Cd，Hg 等金属对氢离子放电的催化能力最弱，因而析氢交换电流密度也最小。这类金属电极上氢离子的放电步骤最慢，构成了氢去极化过程的控制步骤，因此，当用电极材料作为某些电极反应的催化剂时，一般可以用交换电流密度来衡量催化剂的活性。

各种金属材料对氢析出反应的催化活性与氢过电位有下列顺序关系：

$$\xleftarrow{\text{催化活性增加}}$$

$$\text{Pt,Pd,W,Ni,Fe,Ag,Cu,Zn,Sn,Cd,Pb,Hg}$$

$$\xrightarrow[\text{氢过电位增加}]{}$$

必须指出，电极表面状态对氢过电位也有影响。相同金属材料的粗糙表面上的氢过电位比光滑表面上的氢过电位要小，这是因为粗糙表面的真实面积要比光滑表面面积大的缘故。

表 4.2　不同金属上析氢反应的交换电流密度

金　属	$\lg(i_H^0/(A\cdot cm^{-2}))$	金　属	$\lg(i_H^0/(A\cdot cm^{-2}))$	金　属	$\lg(i_H^0/(A\cdot cm^{-2}))$
Pd	−3.0	Fe	−5.8(1 mol/L HCl)	Cd	−10.8
Pt	−3.1	W	−5.9	Mn	−10.9
Rn	−3.6	Cu	−6.7 (0.5 mol/L H_2SO_4)	Tl	−11.0
Ir	−3.7	Nb	−6.8	Pb	−12.0
Ni	−5.2	Ti	−8.3	Hg	−13.0
Au	−5.4	Zn	−10.3(0.5 mol/L H_2SO_4)		

注:除注明外,其余为 1 mol/L H_2SO_4 中的数据。

(3)溶液组成和温度的影响 溶液组成与温度对氢过电位的影响情况是比较复杂的。溶液中存在正电性金属离子时,它们将在电极表面上被还原,对该金属析氢过电位有不同的影响。如果溶液中有 Pt 离子,在 Fe 电极表面析出,由于 Pt 上的氢过电位比在 Fe 上的氢过电位低得多,作为附加阴极的 Pt 就会显著地提高 Fe 在酸性溶液中的腐蚀速率。若在酸性溶液中含有 As,Sb,Bi 等金属的盐类,这些金属离子会以 As,Sb,Bi 等金属单质形式析出在 Fe 的表面上,提高了析氢过电位,使析氢腐蚀速率降低,从而起到缓蚀作用。

溶液中含有表面活性物质时,它们将吸附在金属电极表面,阻碍析氢反应的进行,使氢过电位增大,从而起到缓蚀剂的作用。

溶液的 pH 值对析氢过电位也有影响,在酸性溶液中,氢过电位随 pH 值的增加而增大,而在碱性溶液中随 pH 值的增加而减小。

溶液温度升高,氢过电位减小。一般温度每升高 1℃,氢过电位约减小 2 mV。

三、析氢腐蚀的控制过程

根据阴极和阳极的极化性能,可以将金属析氢腐蚀分为阴极控制、阳极控制和混合控制。

1. 阴极控制的析氢腐蚀

阴极控制的析氢腐蚀是指阴极析氢反应的极化率大于阳极溶解反应的极化率,析氢腐蚀速率受氢在阴极上放电的析氢过电位所控制。此时,金属电极的腐蚀电位 E_{corr} 接近金属阳极反应的平衡电位 E_M^e。例如金属锌在酸中的腐蚀,即属于此类。图 4.3 是锌和含有杂质的锌在酸中的腐蚀极化图。锌阳极溶解反应的极化率较小,而纯锌上的析氢反应过电位却很高,因此锌的腐蚀速率基本上取决于析氢阴极过程的极化率大小。纯锌在酸中的腐蚀电位 $E_{corr(Zn)}$ 接近于锌的平衡电位 E_{Zn}^e,倘若锌中含有 Cu,Fe 等析氢过电位较低的杂质,由于它们的混入,降低了析氢反应的阴极极化率,结果含 Cu 和含 Fe 的锌在酸中的腐蚀速率要比纯锌大得多。其原因是氢在Cu,Fe上的交换电流密度要比在Zn上大3～4个数量级(见表4.2),因此,氢在含有Cu,Fe杂质的锌上的交换电流密度也比纯锌上的交换电流密度大。相反,由于在Hg上的析氢反应的交换电流密度比在锌上的要小(Hg上的析氢过电位也高),所以锌被汞齐化后,腐蚀率降低。因此电池工业中采用锌表面汞齐化处理的办法,可降低干电池锌皮在酸性氯化铵介质中的腐蚀速率,减少电池自放电。而这恰恰是普通干电池报废后造成环境污染的重要因素之一,从环境保护的角度出发必须寻求新的绿色替代处理工艺。在这方面已有不少研究成果,部分已投入应用。

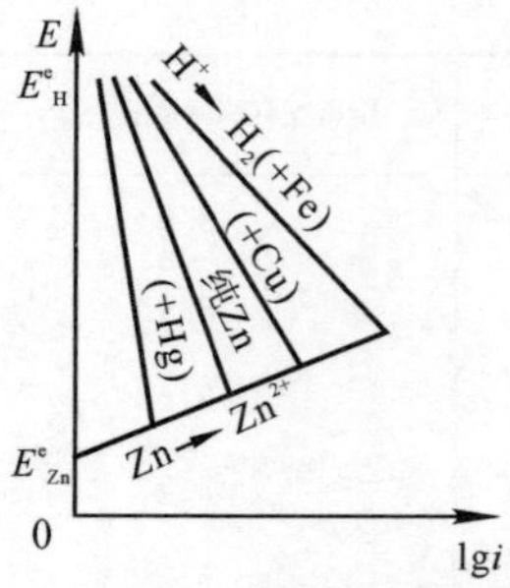

图4.3　杂质对Zn在酸中腐蚀的影响

2. 阳极控制的析氢腐蚀

阳极控制的析氢腐蚀是指金属阳极溶解反应的极化率大于阴极析氢反应的极化率,析氢腐蚀速率受阳极溶解的过电位所控制。此时,金属电极的腐蚀电位 E_{corr} 接近析氢阴极反应的平衡电位 E^e_H。例如,处于钝态的金属铝在弱酸溶液中的腐蚀即属此类;钛和不锈钢在稀酸溶液中也有类似的情况。图4.4是金属铝在充气、除气(脱氧)或含有 Cl^- 的弱酸中的腐蚀极化图。对于Al在脱氧的弱酸溶液中,因为Al表面有钝化膜存在,金属离子的进一步溶解必须穿透钝化膜,所以阳极溶解过程受阻,表现为具有较高的阳极过电位。此时,铝的腐蚀速率大小取决于其表面钝化膜的完整性。倘若溶液中含有 Cl^- 或其他活性离子,钝化膜的完整性就被破坏。一旦膜发生破坏,得不到及时修补,则金属铝在弱酸中的腐蚀速率就会增大。当溶液中有氧存在时,这些有钝化膜存在的金属,如Al,Ti,不锈钢,在弱酸溶液中腐蚀速率会自动减小。这是由于钝化膜中的缺陷易得到修补,从而恢复钝化膜完整性的缘故。

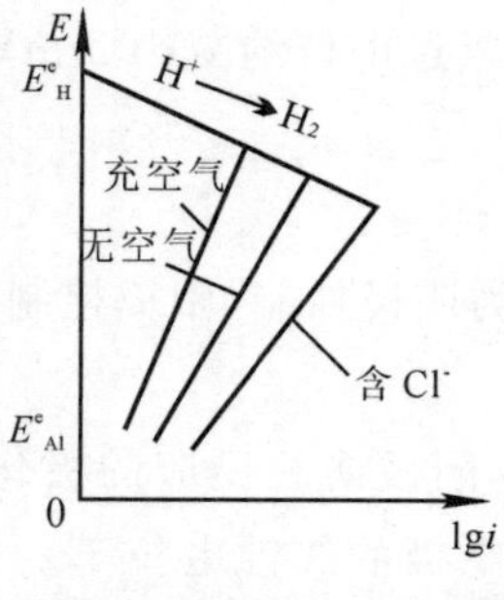

图4.4　Al在弱酸中的腐蚀及其影响

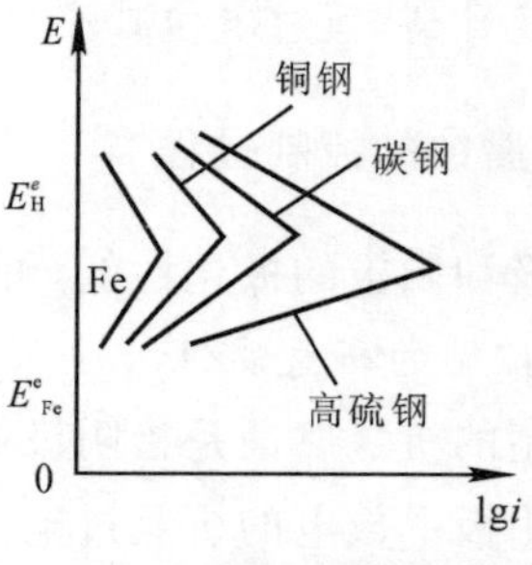

图4.5　铁和不同成分碳钢在非氧化酸中析氢腐蚀

3. 混合控制的析氢腐蚀

大多数的钢和铁在析氢腐蚀过程中,由于它们的阴、阳极极化大体相当,因而成为一种阴、阳极混合控制状态的析氢腐蚀。图4.5为铁和不同成分的碳钢的析氢腐蚀极化图。从图4.5

可以看出是阴、阳极混合控制的腐蚀过程，但在给定的电流密度下，碳钢的阴、阳极极化低于纯 Fe，这说明碳钢的腐蚀速率比纯 Fe 大得多。实验表明，高硫钢中由于 S 以 FeS 杂质存在，具有良好的导电性和低的析氢过电位，从而促进析氢反应的进行，其腐蚀速率加大。

4.2 耗氧腐蚀

一、耗氧腐蚀的产生条件

在中性和碱性溶液中，由于氢离子的浓度较小，析氢反应的电位较低，一般金属腐蚀过程的阴极反应往往不是析氢反应，而是溶解在溶液中的氧的还原反应。

1. 耗氧腐蚀现象

以氧的还原反应为阴极过程的腐蚀，称为氧还原腐蚀，或称耗氧腐蚀（Oxygen-Consuming Corrosion），有的书中也称之为吸氧腐蚀。与氢离子还原反应相比，氧还原反应可以在较高的电位下进行，因此耗氧腐蚀比析氢腐蚀更为普遍。大多数金属在中性和碱性溶液中的腐蚀，少数正电性金属在含有溶解氧的弱酸性溶液中的腐蚀，以及金属在土壤、海水、大气中的腐蚀都属于耗氧腐蚀。

2. 发生耗氧腐蚀的必要条件与特征

与析氢腐蚀相类似，产生耗氧腐蚀也需要满足两个必要条件：①溶液中必须有氧存在；②腐蚀电池中阳极金属电位 E_A 必须低于氧的离子化电位 E_O，即

$$E_A < E_O \tag{4.7}$$

氧离子化电位 E_O 是指在一定电流密度下，氧平衡电位 E_O^e 和氧的离子化过电位 η_O 之差值。如果在温度 25℃，$p_{O_2} = 101\ 325$ Pa 的情况下，氧的标准电位为 $E_O^\ominus$，则

$$E_O = E_O^e - \eta_O = E_O^\ominus + \frac{RT}{4F}\ln\frac{p_{O_2}}{a_{OH^-}^4} - \eta_O = 1.229 - 0.0591\ \mathrm{pH} - \eta_O \tag{4.8}$$

将式(4.8)代入式(4.7)，即可得到

$$E_A < (1.229 - 0.059\ 1\mathrm{pH}) - \eta_O \tag{4.9}$$

如果把式(4.8)与式(4.3)相比较，可以看出，在同一溶液和相同条件下，氧的平衡电位比氢的平衡电位高 1.229V。因此，溶液中只要有氧存在，首先发生的应该是耗氧腐蚀。

实际上金属在溶液中发生电化学腐蚀时，析氢腐蚀和耗氧腐蚀往往会同时存在，仅是各自占有的比例不同而已。

但也应看到，氧是不带电荷的中性分子，在溶液中仅有一定的溶解度，并以扩散方式到达阴极。因此，氧在阴极上的还原速率与氧的扩散速率有关，并会产生氧浓差极化。在一定条件下，氧的去极化腐蚀将受氧浓差极化的控制。

由以上分析可知，耗氧腐蚀的主要特征主要有以下三点：

(1)电解质溶液中,只要有氧存在,无论在酸性、中性还是碱性溶液中都有可能首先发生耗氧腐蚀。这是由于在相同条件下氧的平衡电位总是比氢的平衡电位高的缘故。

(2)氧在稳态扩散时,其耗氧腐蚀速率将受氧浓差极化的控制。氧的离子化过电位将是影响耗氧腐蚀的重要因素。

(3)氧的双重作用主要表现在,对于易钝化金属,可能起着腐蚀剂作用,也可能起着阻滞剂的作用。

二、氧还原反应过程及其特点

1. 氧去极化过程的基本步骤

耗氧腐蚀可分为两个基本过程:氧的输送过程和氧分子在阴极上被还原的过程,即氧的离子化过程。

氧的输送过程包括以下几个子步骤(见图 4.6):

(1)氧通过空气和电解液的界面进入溶液;

(2)氧依靠溶液中的对流作用向阴极表面溶液扩散层迁移;

(3)氧借助扩散作用,通过阴极表面溶液扩散层,到达阴极表面,形成吸附氧。

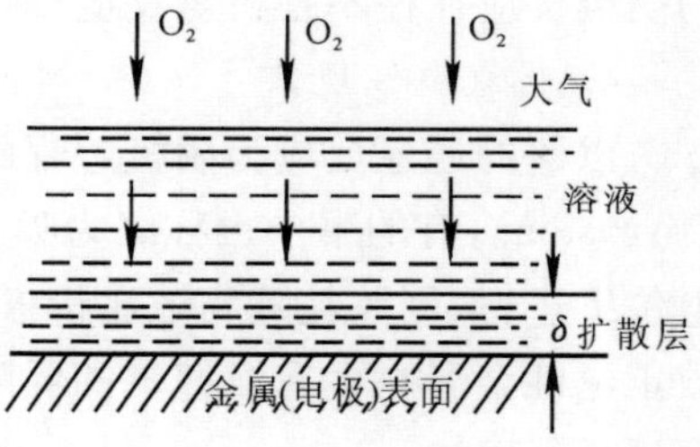

图 4.6 氧的输送过程示意图

氧分子在阴极表面进行还原反应的历程主要包括以下两种情况:

(1)在中性和碱性溶液中,氧的总还原反应为

$$O_2 + 2H_2O + 4e \longrightarrow 4OH^-$$

具体可能由以下一系列步骤组成:

$$O_2 + e \longrightarrow O_2^-$$

$$O_2^- + H_2O + e \longrightarrow HO_2^- + OH^-$$

$$HO_2^- + H_2O + 2e \longrightarrow 3OH^-$$

(2)在酸性溶液中,氧的总反应为

$$O_2 + 4H^+ + 4e \longrightarrow 2H_2O$$

具体可能分成以下几个基本反应步骤:

$$O_2 + e \longrightarrow O_2^-$$

$$O_2^- + H^+ \longrightarrow HO_2$$

$$HO_2 + e \longrightarrow HO_2^-$$

$$HO_2^- + H^+ \longrightarrow H_2O_2$$

$$H_2O_2 + H^+ + e \longrightarrow H_2O + HO$$

$$HO + H^+ + e \longrightarrow H_2O$$

在上述步骤中，任何一个分步骤进行迟缓都会引起阴极极化作用。由于氧为中性分子，不存在电迁移作用，其输送仅能依靠对流和扩散作用。通常在溶液中对流对氧的传输远远超过氧的扩散，但在靠近电极表面附近，对流速率逐渐减小，在自然对流情况下，稳态扩散层厚度 δ 约为 0.1～0.5 mm，在此扩散层内，氧的传输只有靠扩散进行。因此，现代理论认为，氧电极的极化主要是由于氧通过扩散层的扩散缓慢所造成的浓差极化，在加强搅拌或流动的腐蚀介质中，电化学反应缓慢所造成的电化学极化才可能成为控制步骤。对于电化学极化控制的情况，一般认为在中性、碱性溶液中以生成二氧化一氢离子 HO_2^- 迟缓，为控制步骤；在酸性溶液中以生成过氧化氢 H_2O_2 迟缓，因而成为控制步骤。耗氧还原反应的中间产物有可能是 HO_2^-，H_2O_2，也可能是表面氧化物等。

室温下氧在水中的溶解度非常低，例如，在 20 ℃时，被空气饱和的纯水中大约含质量分数为 4×10^{-5} 的氧，而在 5℃的海水中氧的溶解量约为 0.3 mol/m³。这样低的氧溶解度使得氧扩散控制的极限扩散电流值很小。例如典型情况下，取扩散层有效厚度 $\delta=0.1$ mm，氧在水中的扩散系数 $D=10^{-9}\,m^2\cdot s^{-1}$，氧在海水中的浓度 c^0 为 0.3 mol/m³，氧还原反应中的电子数 $n=4$，将这些数据代入式(3.68)，可得氧的极限扩散电流约为

$$i_L=nFD\frac{c^0}{\delta}=(4\times96\,500\times10^{-9}\times0.3)/10^{-4}=1.16\ A\cdot m^{-2}$$

该值对于一般工程金属材料，腐蚀速率约为 1 mm·a⁻¹，即在通常的阴极扩散速率限制下的耗氧腐蚀速率是比较低的。然而，对于加强搅拌或流动的水溶液中，尤其是存在海水飞溅作用时，腐蚀速率则会大大增加。

2. 氧还原过程的阴极极化曲线

由于氧的还原反应受到氧向电极表面的输运和氧的离子化过程两方面因素的影响，因此，氧去极化的阴极极化曲线比氢去极化的阴极极化曲线复杂。图 4.7 为氧还原反应的总的阴极极化曲线。根据控制步骤的不同，这条极化曲线可分成四个部分：

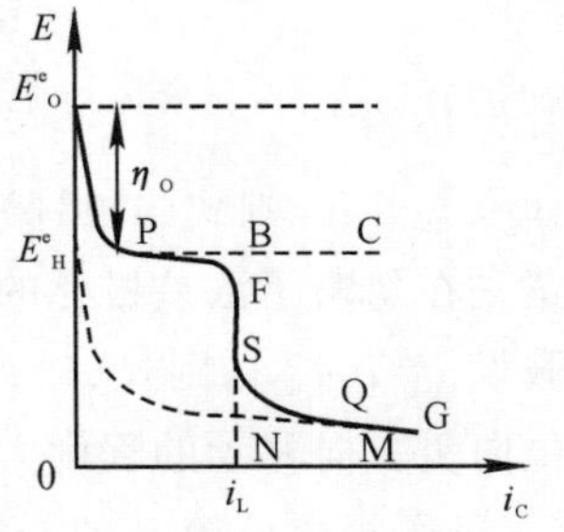

图 4.7　氧还原反应过程阴极极化曲线

(1)当阴极极化电流密度 i_C 不大，而且阴极表面供氧充分时，氧离子化反应为控制步骤，氧还原反应的过电位 η_O (或氧离子化极化电位 E_C)与极化电流密度 i_C 之间服从塔菲尔关系式(图 4.7 中 E^e_OPBC 线段)，即

$$\eta_O=a'+b'\lg i_C \tag{4.10a}$$

或

$$E_O=E^e_O-(a'+b'\lg i_C) \tag{4.10b}$$

式中，a' 是一个与阴极材料、表面状态、溶液组成及温度有关的常数。$b'=\frac{2.3RT}{\alpha nF}$，设 $T=295$ K，$\alpha=0.5$，$n=1$，则 $b'=0.118$ V。不同金属上氧的离子化过电位列于表 4.3 中。

表 4.3　不同金属上氧的离子化过电位　V

金属	电流密度 $i_C/(mA \cdot cm^{-2})$		金属	电流密度 $i_C/(mA \cdot cm^{-2})$	
	0.5	1		0.5	1
Pt	0.65	0.70	Sn	1.17	1.21
Au	0.77	0.85	Co	1.15	1.25
Ag	0.87	0.97	Fe_3O_4	1.11	1.26
Cu	0.99	1.05	Cd	1.38	
Fe	1.00	1.07	Pb	1.39	1.44
Ni	1.04	1.09	Hg	1.80	1.62
石墨	0.83	1.17	Zn	1.67	1.76
不锈钢	1.12	1.18	Mg	~2.51	~2.55
Cr	1.15	1.20	氧化处理 Mg	~2.84	~2.94

(2)当阴极极化电流密度增大，一般大约在 $i_L/2 < |i_C| < i_L$ 时(i_L 为氧的极限扩散电流密度)，由于氧浓差极化出现，阴极过电位由氧离子化反应与氧的扩散过程混合控制(即氧离子化电化学极化和氧浓差极化混合控制)。此时，相当于图 4.7 中极化曲线的 PF 段，在此区间，过电位 η_O 与电流密度 i_C 及 i_L 之间的关系为

$$\eta_O = a' + b'\lg i_C - b'\lg\left(1-\frac{i_C}{i_L}\right) \tag{4.11a}$$

或

$$E_O = E_O^e - (a' + b'\lg i_C) + b'\lg\left(1-\frac{i_C}{i_L}\right) \tag{4.11b}$$

如果 $i_C \ll i_L$，则式(4.11b)等号右边最后一项趋于零，于是回到塔菲尔关系式，说明塔菲尔公式正是在忽略了浓差极化的情况下提出的。

假设 $i_C/i_L < 1$，则式(4.11b)等号右边最后一项为负值，这说明当出现氧浓差极化时，阴极电位向负方向移动的程度大于没有浓差极化的情况。

(3)随着极化电流 i_C 的增加，由氧扩散控制而引起的氧浓差极化不断加强，使极化曲线更陡地下降，如图 4.7 中 FSN 线段所示。此时，氧浓差过电位 η_O 与阴极电流密度 i_C 的关系为

$$\eta_O = -\frac{RT}{nF}\ln\left(1-\frac{i_C}{i_L}\right) = -b'\lg\left(1-\frac{i_C}{i_L}\right) \tag{4.12a}$$

或

$$E_C = E_O^e + b'\lg\left(1-\frac{i_C}{i_L}\right) \tag{4.12b}$$

式中，$n = 4$ 表示参与一个氧分子放电过程的电子数。

式(4.12a)、式(4.12b)是一个表达完全为氧扩散控制的氧浓差极化方程式。当 $i_C = i_L$ 时，

$\eta_O \to \infty$，即氧的还原反应过电位完全取决于氧的极限扩散电流密度 i_L，而与电极材料无关。

(4)实际上，氧去极化过程中电位的负移不可能无限制地沿 FSN 方向进行下去。因为当阴极电位足够低时，在水溶液中可能发生氢离子还原反应，此时阴极过程将由氧去极化和氢去极化共同组成。如图 4.7 所示，在阴极极化到达氢平衡电位 E_H^e 后，氢离子去极化过程 $E_H^e M$ 就开始与氧的去极化过程加合起来同时进行。极化曲线 SQG 线段表示电极上总的阴极电流密度 i_C 是氧去极化作用的电流密度 i_{O_2} 和氢去极化作用的电流密度 i_{H_2} 的总和，即

$$i_C = i_{O_2} + i_{H_2} \tag{4.13}$$

总的阴极电流密度中 i_{O_2} 和 i_{H_2} 的比值取决于金属电极的性质和水溶液的 pH 值。

三、耗氧腐蚀的影响因素

耗氧腐蚀速率大多由氧的极限扩散电流密度所决定，所以凡是影响 i_L 值的因素都将影响耗氧腐蚀过程。以下就有关因素进行讨论。

1. 溶解氧浓度的影响

溶解氧的浓度增大时，氧的极限扩散电流密度将增大，氧离子化反应的速率也将加快，因而耗氧腐蚀的速率也随着增大。但对于可钝化金属，当氧浓度大到一定程度，其腐蚀电流增大到腐蚀金属的致钝电流而使金属由活性溶解状态转为钝化状态时，则金属的腐蚀速率将要显著降低。由此可见，溶解氧对金属腐蚀往往有作用恰恰相反的双重影响。

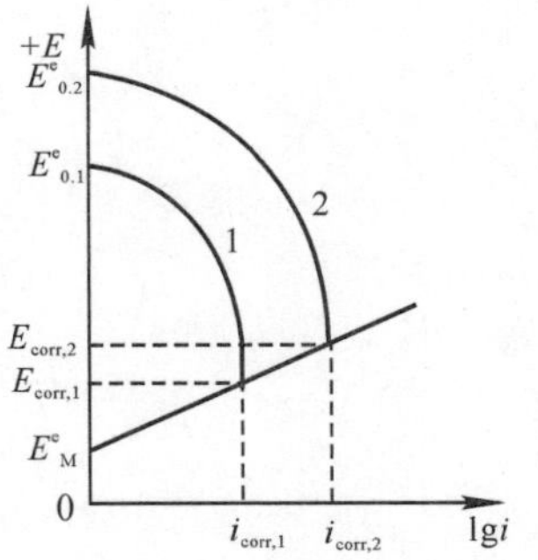

图 4.8　溶解氧浓度对阴极扩散控制的金属腐蚀

图 4.8 表明了当氧的浓度增大时，阴极极化曲线的起始电位要适当正移，氧的极限扩散电流密度也要相应增大，腐蚀电位将升高，非钝化金属的腐蚀速率将由 $i_{corr,1}$ 增大到 $i_{corr,2}$。对于易钝化金属而言，氧浓度变化时所产生的作用要复杂得多(详见钝化章节的介绍)。

2. 溶液流速的影响

在氧浓度一定的条件下，极限扩散电流密度与扩散层厚度 δ 成反比。溶液流速增大，扩散层厚度减小，氧的极限扩散电流密度就增大，通常这会导致金属的腐蚀速率增大。

图 4.9 为流速对 Fe 的耗氧腐蚀速率的影响规律。由图可见，在层流区内，腐蚀速率随溶液流速的增加而缓慢上升；当从层流转为湍流时，腐蚀速率急剧上升。在湍流区内，开始时腐蚀速率随溶液流速增加很快上升，但当氧的极限扩散电流密度由于流速增加而大到一定程度，以至于阴极极化曲线不再与阳极极化曲线在氧的扩散控制区相交时，腐蚀速率就不再随流速增加了。当流速进一步增加到很大程度时，在高速流体作用下金属或合金将发生空泡腐蚀(见应力作用下的腐蚀章节介绍)，腐蚀速率将再次随流速增大而增加。

搅拌作用的影响与溶液流速的影响类似。扩散层厚度 δ 与溶液相对于金属(电极)表面的

切向流速有关，搅拌作用会增加切向流速而使扩散层厚度减小，从而增大极限扩散电流密度，使腐蚀速率上升。搅拌作用对腐蚀速率的影响与图 4.9(b)所示的情形非常相似。

上述讨论是针对活化金属的，然而，溶液流速或搅拌对于有钝化倾向的金属或合金的腐蚀行为则有特殊的影响，具体详见有关金属钝化章节的介绍。

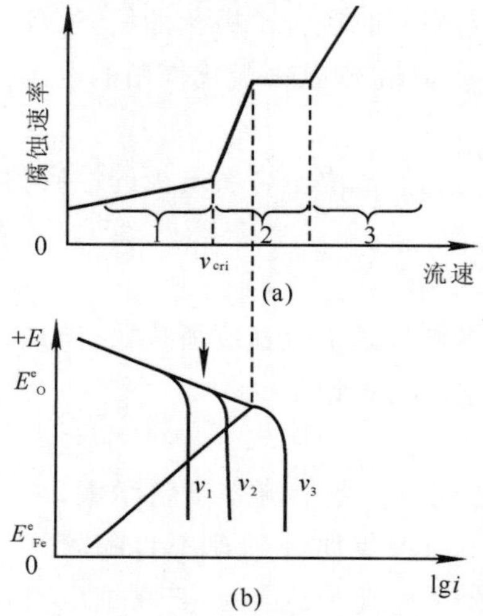

图 4.9　流速对耗氧腐蚀速率的影响

(a)流速对腐蚀速率和类型的影响；(b)不同流速时的耗氧腐蚀图

1—层流区全面腐蚀；2—湍流区湍流腐蚀；3—高速区空泡腐蚀

(图中流速 v_{cri} 为引起湍流的临界流速，且流速 $v_3>v_2>v_{cri}>v_1$)

3. 盐浓度的影响

溶液中盐浓度对金属的腐蚀速率有双重影响。一方面随着盐浓度的增加，由于溶液电导率的增大，腐蚀速率通常会有所上升；另一方面，溶液中盐浓度的增大，会使溶解氧的量减少，对于阴极为耗氧腐蚀控制的情况，腐蚀速率则会降低。这两个相反的影响作用使得腐蚀速率出现如图 4.10 所示的情况，即在中性水溶液中，当氯化钠含量达到质量分数为 0.03(相当于海水中氯化钠的含量)时，铁的腐蚀速率达到最大值。随着氯化钠的浓度进一步增加时，因氧的溶解度显著降低，铁的腐蚀速率反而下降。

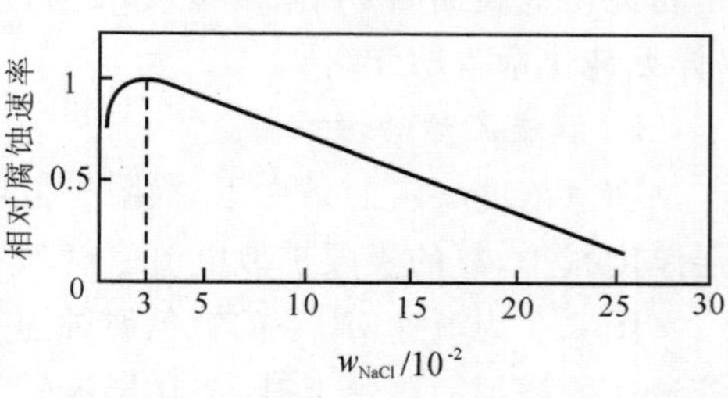

图 4.10　25℃下水溶液中 NaCl 的质量分数对铁腐蚀速率的影响

4. 温度的影响

溶液温度升高将使氧的扩散过程和电极反应速率加快，因此在一定的温度范围内，腐蚀速率将随温度的升高而加快。但是对于开放系统，温度升高的相反影响是使溶液中氧的溶解度降低，这将导致腐蚀速率的减小。所以在敞口系统中，铁的腐蚀速率约在 80℃达到最大值，然后则随温度的升高而下降，如图 4.11 所示。

在封闭系统中，温度升高使气相中氧的分压增大，氧分压增大将增加氧在溶液中的溶解度，这就抵消了温度升高使氧溶解度降低的效应，因此腐蚀速率将随温度的升高而单调增大。

以上主要从溶液（介质）的角度出发，讨论了以氧的扩散为控制步骤的腐蚀过程中的几个主要影响因素。耗氧腐蚀大多属于氧扩散控制的腐蚀过程，但也有一部分属于氧离子化反应控制（活化控制）或阳极钝化控制的腐蚀过程。对于后面这两种腐蚀过程，除了上述几个影响因素外，还应考虑金属材料和表面状态的影响。

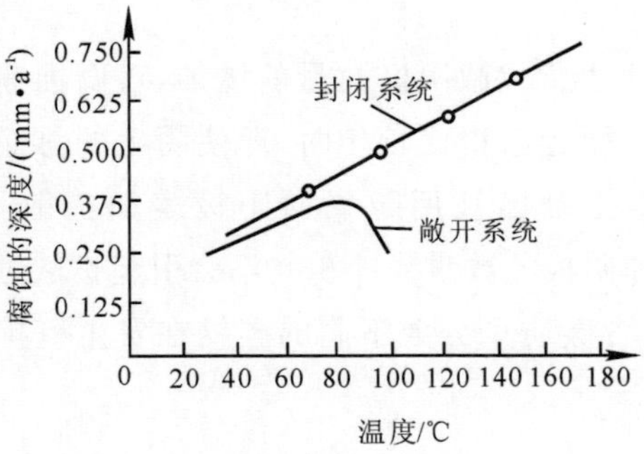

图 4.11　温度对铁在水中腐蚀速率的影响

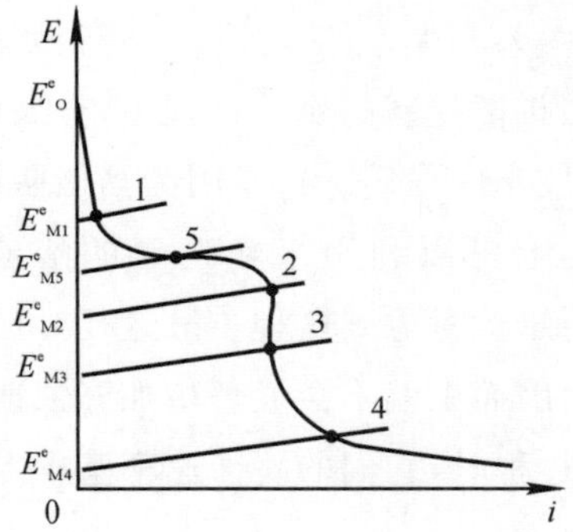

图 4.12　耗氧腐蚀过程示意图

5. 耗氧腐蚀的一般规律

（1）如果腐蚀金属在溶液中的电位较高，则阳极反应的极化曲线将与氧的阴极还原反应的极化曲线相交于图 4.7 中点 P 的左边，即阳极曲线与阴极曲线在氧的离子化过电位控制区相交，如图 4.12 中的交点 1。这时的腐蚀电流密度小于氧的极限扩散电流密度的一半，金属表面氧的浓度大于溶液整体中氧的浓度的一半。如果阳极极化率不大，则此时氧离子化反应是腐蚀过程的控制步骤，金属腐蚀的速率主要决定于金属表面上氧的离子化过电位。例如，铜置于敞口容器内的中性盐溶液中的腐蚀即属于该情况。

（2）如果金属在溶液中的电位较低并处于活性溶解状态，而氧向金属表面的扩散与氧在该金属表面上的离子化反应相比是最慢步骤，则阳极极化曲线与阴极极化曲线将相交于氧的扩散控制区。此时腐蚀过程由氧的扩散过程控制，金属腐蚀电流密度等于氧的极限扩散电流密度，如图 4.12 中的交点 2 和交点 3。锌、铁和碳钢等金属和合金在天然水或中性水溶液中的腐蚀就属于这种情况。

（3）如果金属在溶液中的电极电位很低，例如锰、镁及镁合金，则阳极极化曲线与阴极极化曲线将相交于图 4.7 中点 S 的右边，腐蚀的阴极过程由氧去极化反应和氢离子去极化反应共同组成。此时腐蚀电流密度大于氧的极限扩散电流密度，如图 4.12 中交点 4。金属腐蚀速率 $i_{corr}=i_{H_2}+i_{O_2}$，并且 $i_{corr}>i_L$。但是，在氧、氢混合去极化情况下，过电位与电流密度之间的函数关系是复杂的，可采用图解法合成耗氧和析氢反应的阴极极化曲线而获得。在此情况下究竟是以吸氧腐蚀为主，还是以析氢腐蚀为主，则取决于金属的性质、溶液的 pH 值和氧的浓度。例如，铁在充气海水中的腐蚀，耗氧反应占其总的腐蚀电流中的比例达 95%，而析氢反应只占 5%。但铁在充气的酸性溶液中的腐蚀，其情形正好相反。

(4)在扩散控制的腐蚀过程中，因为腐蚀速率仅由氧的扩散速率决定，所以阳极的平衡电位及阳极曲线的走向对腐蚀速率没有影响，即在氧扩散控制的腐蚀过程中，腐蚀速率与金属本身的性质关系不大。

(5)在扩散控制的腐蚀过程中，金属中的阴极性杂质或微阴极数量的增加，对腐蚀速率的增加只起较小的作用。这是因为当微阴极在金属表面分散得比较匀时，即使阴极的总面积不大，但实际上可以利用来输送氧的溶液体积基本上都已被用于氧向阴极表面扩散了，如图 4.13 所示。考虑到这种扩散途径，可知继续增加阴极的数量或面积并不会引起扩散过程的显著加强，因而也就不会显著增加腐蚀速率。所以含碳质量分数不同的碳钢在发生氧扩散控制的腐蚀过程时，它们的腐蚀速率基本上相同。

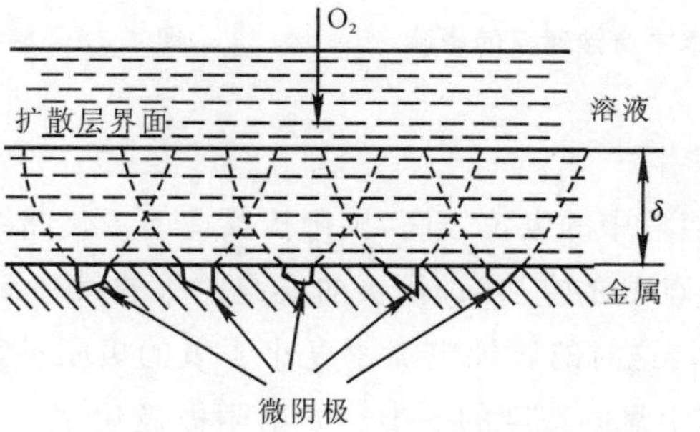

图 4.13　氧向微阴极扩散示意图

除上述情况外，如果氧扩散速率和氧的阴极还原反应速率相差不多，则金属腐蚀速率由氧的还原反应及氧的扩散过程混合控制。其腐蚀电流密度为 $0.5i_L<i_{corr}<i_L$，如图 4.12 中的交点 5 的情况。

四、耗氧腐蚀与析氢腐蚀的比较

在讨论了析氢腐蚀与耗氧腐蚀的一般规律后，可对二者进行简单的比较，如表 4.4 所示。

表 4.4　耗氧腐蚀与析氢腐蚀的比较

比较项目	析氢腐蚀	耗氧腐蚀
去极化剂的性质	氢离子,可以以对流、扩散和电迁移三种方式传质,扩散系数很大	中性氧分子,只能以对流和扩散传质,扩散系数较小
去极化剂的浓度	浓度大,酸性溶液中氢离子作为去极化剂,中性或碱性溶液中水分子作为去极化剂	浓度较小,室温及普通大气压下,在中性水中的饱和浓度约为 10^{-4} mol/L,随温度升高或盐浓度增加,溶解度将下降
阴极反应产物	氢气,以气泡形式析出,使金属表面附近溶液得到附加搅拌	水分子或氢氧根离子,以对流、扩散、或迁移离开金属表面,没有附加搅拌作用
腐蚀的控制类型	阴极控制、混合控制和阳极控制都有,阴极控制较多见,并且主要是阴极的活化极化控制	阴极控制居多,并且主要是氧扩散控制,阳极控制和混合控制的情况比较少
合金元素或杂质的影响	影响显著	影响较小
腐蚀速率的大小	在不发生钝化现象时,因氢离子的浓度和扩散系数都较大,所以单纯的析氢腐蚀速率较大	在不发生钝化现象时,因氧的溶解度和扩散系数都很小,所以单纯的耗氧腐蚀速率较小

思考题与习题

1. 什么是析氢腐蚀？析氢腐蚀发生的必要条件是什么？析氢腐蚀有哪些特征？

2. 塔菲尔关系式中 a,b 值的物理意义是什么？影响析氢过电位的因素有哪些？

3. 划分高、中、低氢过电位金属的依据是什么？并据此分析金属元素对析氢腐蚀的影响。

4. 什么是耗氧腐蚀？耗氧腐蚀具有哪些特征？

5. 影响耗氧腐蚀的因素有哪些？举例说明。

6. 试比较析氢腐蚀和耗氧腐蚀的规律,并提出控制析氢腐蚀和耗氧腐蚀的技术途径。

7. 试分析比较工业锌在中性 NaCl 和稀盐酸中的腐蚀速率及杂质的影响。

8. 已知 Cu,Pd,Pb 三种金属在某种酸介质中测得的 a 值分别为 0.87 V,0.24 V,1.56 V,b 值分别为 0.12 V,0.03 V,0.11 V。试求 $i = 0.1\ \mathrm{A \cdot cm^{-2}}$时,各金属的 η_H 值。

9. 写出下列各小题的阳极和阴极反应式：

(1)铜和锌连接起来,且浸入质量分数为 0.03 的 NaCl 水溶液中；

(2)在(1)中加入少量盐酸；

(3)在(1)中加入少量铜离子；

(4)铁全浸在淡水中。

10. 已知在 pH=1.0 的不含空气的 H_2SO_4 中，铂以 0.01 $A \cdot cm^{-2}$ 的电流密度阴极极化时，其电位相对于饱和甘汞电极为−0.334 V；当以 0.1 $A \cdot cm^{-2}$ 的电流密度阴极极化时，则电位为−0.364 V。试计算在这个溶液中 H^+ 在铂电极上释放电荷反应的 α 值和交换电流密度值。

11. 铁在 25℃、无氧的盐酸(pH=3)中的腐蚀速率为 30 $mg \cdot dm^{-2} \cdot d^{-1}$，已知铁上氢过电位常数 $b_C=0.1$ V，交换电流密度 $i^0=10^{-6} A \cdot cm^{-2}$。计算铁在此介质中的腐蚀电位及 α 值(设阴、阳极面积相等)。

12. 已知水以 40 $L \cdot min^{-1}$ 的速率流入钢制管道，并且水中含有 5.50 $mL \cdot L^{-1}$ 的氧(25℃，101 325 Pa)，水离开管道时的含氧量降为 0.15 $mL \cdot L^{-1}$。假设所有的腐蚀集中发生在面积为 30 m^2 的形成 Fe_2O_3 的加热区，试求腐蚀速率(以 $g \cdot m^{-2} \cdot d^{-1}$ 为单位)。

13. 铁在中性溶液中发生耗氧腐蚀，受氧扩散控制，实验测得腐蚀速率为 0.12 $mm \cdot a^{-1}$，适当搅拌溶液，其腐蚀速率增加到 0.3 $mm \cdot a^{-1}$，而腐蚀电位正移 20 mV。假设整体溶液中氧的溶解度为 1.2 mol/m^3，氧在溶液中的扩散系数 $D=10^{-9} m^2 \cdot s^{-1}$。试求铁阳极反应塔菲尔斜率 b 值及溶液搅拌前后的扩散层厚度 δ。

第5章　金属的钝化

5.1　钝化现象

金属的钝化现象，早在18世纪初就被人们发现。例如，铁在稀硝酸中腐蚀很快，而在浓硝酸中则腐蚀很慢。1836年，斯柯比（Schöbein）称金属在浓硝酸中获得的耐蚀状态为钝态（Passive State）。金属的这种失去了原来的化学活性的现象被称为钝化（Passivation），金属钝化后所获得的耐蚀性质称为钝性（Passivity）。到目前为止人们对金属的钝化已进行了广泛的研究，并在控制金属腐蚀和提高金属材料的耐蚀性方面发挥了十分重要的作用。

根据金属钝化产生的条件，可将钝化分为化学钝化（Chemical Passivation）和电化学钝化（Electrochemical Passivation）。

一、化学钝化

如果把铁片放在硝酸中，观察铁片溶解速率（腐蚀速率）与浓度的关系，则会得到图5.1所示的变化规律，即铁在稀硝酸中剧烈地溶解，并且铁的溶解速率随着硝酸的浓度增加而迅速增大。当硝酸的浓度增加到质量分数为0.30～0.40时，铁的腐蚀速率达到最大值。若继续增加硝酸的浓度，使之超过0.40时，铁的溶解速率就突然下降，直到反应接近停止，这一异常现象就被称为钝化。如果继续增加硝酸浓度，使质量分数超过0.90，腐蚀速率又有较快地上升（在质量分数为0.95 HNO_3中，铁的腐蚀速率约为质量分数为0.90 HNO_3中的10倍），这一现象则称为过钝化（Transpassivation）。并且还发现经过浓硝酸处理过的铁再放入稀硝酸（如 $w_{HNO_3}=0.30$）或硫酸中也能保持一定的时间不会受到侵蚀，其原因是金属表面已经发生了钝化。

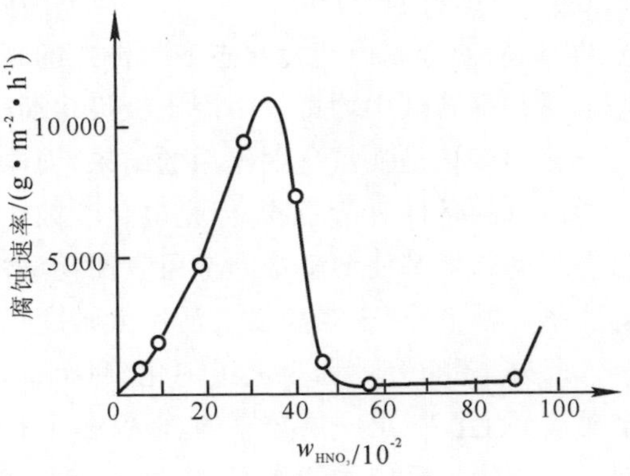

图5.1　工业纯铁的溶解速率与硝酸浓度的关系（20℃）

不仅是铁，其他一些金属，如铬、镍、钴、钼、钽、铌、钨、钛等，在适当条件下都会产生钝化。除硝酸外，其他强氧化剂如 KNO_3，$K_2Cr_2O_7$，$KMnO_4$，$KClO_3$，$AgNO_3$ 等都可使金属发生钝化，甚至非氧化性试剂也能使某些金属钝化，例如镁可在氢氟酸中钝化，钼和铌可在盐酸中钝化，

汞和银在 Cl^- 的作用下也能发生钝化。这一系列能使金属钝化的物质，统称为钝化剂。溶液中或大气中的氧也是一种钝化剂。不过钝化的发生并不简单地取决于钝化剂氧化能力的强弱。例如，H_2O_2 和 $KMnO_4$ 溶液的氧化-还原电位比 $K_2Cr_2O_7$ 溶液的氧化-还原电位要高，按理说它们是更强的氧化剂，但实际上它们对铁的钝化作用比 $K_2Cr_2O_7$ 差；$Na_2S_2O_8$ 的氧化-还原电位比 $K_2Cr_2O_7$ 更高，可是它反而不能使铁钝化。显然，这与阴离子的特性及其对钝化过程的影响有关。

综上所述，金属与钝化剂的化学作用而产生的钝化现象，称为化学钝化或自钝化。例如，铬、铝、钛等金属在空气中和很多种含氧的溶液中都易被氧所钝化，故称为自钝化金属。

金属变为钝态时，还会出现一个较为普遍的现象，即金属的电极电位朝正的方向移动。例如 Fe 的电位为 $-0.5\sim+0.2$ V，在钝化后升高到 $+0.5\sim+1.0$ V；又如 Cr 的电位为 $-0.6\sim0.4$ V，钝化后为 $+0.8\sim+1.0$ V。这样，由于金属的钝化而使电位强烈地正移，几乎接近贵金属（如 Au，Pt）的电位。由于电位升高，钝化后的金属失去它原有的某些特性，例如钝化后的铁在铜盐中不能将铜置换出来。

二、电化学钝化

金属除了可用一些钝化剂处理使之产生钝化外，还可采用电化学阳极极化的方法使金属变成钝态。例如 18－8 型不锈钢在质量分数为 0.30 的 H_2SO_4 中会剧烈溶解。但如用外加电流使之阳极极化，并使阳极极化至 -0.1 V(SCE)后，不锈钢的溶解速率会迅速下降到原来的数万分之一，并且在 $-0.1\sim+1.2$ V 范围内一直保护着高度的稳定性。这种采用外加阳极电流的方法，使金属由活性状态变为钝态的现象，称为电化学钝化或阳极钝化。如铁、镍、铬、钼等金属在稀硫酸中均可发生因阳极极化而引起的电化学钝化。

化学钝化是强氧化剂作用的结果，而电化学钝化是外加电流的阳极极化产生的效应，尽管二者产生的条件有所不同，但是电化学钝化和化学钝化之间没有本质的区别。因为这两种方法得到的结果都使溶解中的金属表面化学性质发生了某种突变，这种突变使它们的电化学溶解速率急剧下降，金属表面的活性大幅度降低。

此外，还有一种称为机械钝化(Mechanical Passivation)的说法，即指在一定环境中，由于金属表面上沉淀出一层较厚的、但又多少有些疏松的盐层。这种通常为非导体的盐层实际上起了机械隔离反应物的作用，从而降低了金属电化学活性和腐蚀速率。这类钝化现象显然不需要使金属的电极电位正移，甚至在盐的溶度积很低时，金属的电极电位还能负移。例如，铅在硫酸中，镁在水溶液里和银在氯化物溶液中等的情况就是如此。

5.2 有钝化特性金属的极化曲线

阳极极化曲线可以直观地揭示金属的阳极钝化行为和特征。利用控制电位法（恒电位法）

可以测得具有活化-钝化行为金属的完整的阳极极化曲线。图 5.2 所示是用控制电位法测得的典型的具有钝化特征的金属电极的阳极极化曲线示意图，它揭示了金属活化、钝化的各特性点和特性区。图中的整条阳极极化曲线被四个特征电位值(金属电极的开路电位 E_{corr}、致钝电位 E_{pp}、初始稳态钝化电位 E_p 及过钝化电位 E_{tp})分成四个区段。各区段的特点如下：

(1)AB 区：从 E_{corr} 至 E_{pp} 为金属电极的活化溶解区(Active Region)。金属按正常的阳极溶解规律进行，金属以低价的形式溶解为水化离子，即

$$M+mH_2O \longrightarrow M^{n+}\cdot mH_2O+ne$$

对铁来说，即为

$$Fe \longrightarrow Fe^{2+}+2e$$

曲线从电位 E_{corr} 出发，电流随电极电位升高而增大，溶解速率受活化极化控制，基本上服从塔菲尔方程式。当电极电位达到 E_{pp} 时，金属的阳极溶解电流密度达到最大值 i_{pp}。

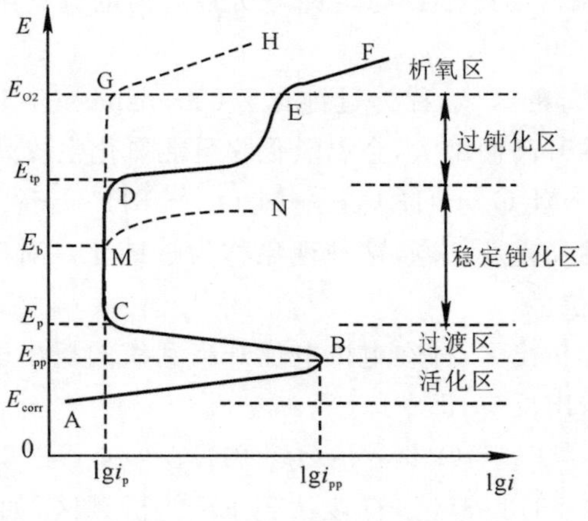

图 5.2　金属钝化过程的阳极极化曲线

(2)BC 区：从 E_{pp} 至 E_p，为活化-钝化过渡区。当电极电位到达某一临界值 E_{pp} 时，金属的表面状态发生突变，金属开始钝化，这时阳极过程按另一种规律沿着 BC 向 CD 过渡，电流密度急剧下降。在金属表面可生成二价到三价的过渡氧化物，即

$$3M+4H_2O \longrightarrow M_3O_4+8H^{+}+8e$$

对于铁，即为

$$3Fe+4H_2O \longrightarrow Fe_3O_4+8H^{+}+8e$$

对应于点 B 的电位和电流密度分别称为致钝电位 E_{pp}(Passive Potential)和致钝电流密度 i_{pp}(Passive Current Density)。这标志着金属钝化的开始，具有特殊的意义。此区的金属表面处于不稳定状态。从 E_{pp} 至 E_p 电位区间，有时电流密度出现剧烈振荡，其真正原因目前还不十分清楚。E_p 与 Flade 电位(用 E_F 表示)往往十分接近，难以区分。对已经处于钝化状态的金属

来说，将电极电位从高于 E_p 电位区负移到 E_p 附近时，金属表面将从钝化状态转变为活化状态，对应转变点的电位即所谓 Flade 电位或活化电位。

(3)CD 区：从 E_p 至 E_{tp}，金属处于稳定钝态，故称为稳定钝化区(Passive Region)。金属表面生成了一层耐蚀性好的钝化膜(Passive Film)，即

$$2M + 3H_2O \longrightarrow M_2O_3 + 6H^+ + 6e$$

对于铁，则为

$$2Fe + 3H_2O \longrightarrow \gamma\text{-}Fe_2O_3 + 6H^+ + 6e$$

对于点 C，有一个使金属进入稳定钝态的电位，称为初始稳态钝化电位 E_p，并延伸到电位 E_{tp}，从而形成 $E_p \sim E_{tp}$ 的维钝电位区。它们对应有一个很小的电流密度，称为维钝电流密度 i_p。金属以 i_p 速率溶解着，它基本上与维钝电位区的电位变化无关，即不再服从金属腐蚀动力学方程式。显然，在这里金属氧化物的化学溶解速率决定了金属的溶解速率。金属按上式反应来补充膜的溶解，故维钝电流密度是维持稳定钝态所必需的电流密度。因此，E_p，i_p 是钝化过程的重要参数。

(4)DE 区：电位高于 E_{tp} 的区域，称为过钝化区(Transpassive Region)。当电极电位进一步升高，电流再次随电位的升高而增大，金属氧化膜可能氧化生成高价的可溶性氧化膜，即

$$M_2O_3 + 4H_2O \longrightarrow M_2O_7^{2-} + 8H^+ + 6e$$

钝化膜被破坏后，腐蚀又重新加剧，这种现象称为过钝化。对应于点 D，金属氧化膜破坏的电位 E_{tp}，称为过钝化电位。

(5)EF 区：该区为氧的析出区，即在电极电位升高到氧的析出电位后，电流密度进一步增大，这是由于发生了氧的析出反应，即

$$4OH^- \longrightarrow O_2 + 2H_2O + 4e$$

对于某些体系，不存在 DE 过渡区，直接达到 EF 的析氧区，如图 5.2 中的虚线 DGH 所示，即点 D 以后的电流密度增大，纯粹是 OH^- 放电引起的，这不称为过钝化。只有金属的高价溶解(或和氧的析出同时进行)才叫过钝化。

对于有的体系，虽然能发生钝化，但随着电极电位的正移，在尚未达到过钝化电位 E_{tp} 时，金属表面的某些点上就出现了钝化膜的局部破坏，此处金属发生活性溶解，由此导致阳极电流密度的增大，阳极极化曲线上没有过钝化区，呈现出图 5.2 中的 ABCMN 的形式。点 M 对应的电位 E_b 称为破裂电位或击穿电位，此时金属表面将萌生腐蚀点。

综上所述，阳极钝化的特性曲线至少有以下两个特点：

(1)整个阳极钝化曲线通常存在着四个特征电位(E_{corr}，E_{pp}，E_p，E_{tb})，四个特征区(活化溶解区、活化-钝化过渡区、稳定钝化区 $E_p \sim E_{tp}$、过钝化区)和两个特征电流密度(i_{pp}，i_p)，成为研究金属或合金钝化的重要指标。

(2)金属在整个阳极极化过程中，由于它们的电极电位所处的范围不同，其电极反应不同，腐蚀速率也各不一样。如果金属的电极电位保持在钝化区内，即可极大地降低金属的腐蚀速

率。如果控制在其他区域，腐蚀速率就可能很大。

5.3　金属的自钝化*

在腐蚀研究中，人们十分重视在没有任何外加极化的情况下，金属表面上产生的自钝化现象及其发生的条件。这种钝化主要是由于腐蚀介质中氧化剂（去极化剂）的还原而促成的金属钝化，即自钝化或化学钝化。为了实现金属的自钝化，介质中的氧化剂必须满足以下两个条件：①氧化剂的氧化-还原平衡电位要高于该金属的初始稳态钝化电位，即 $E_C^e > E_p$；②氧化剂的还原反应的阴极极限扩散电流密度，必须大于金属的致钝电流密度，即 $i_L > i_{pp}$。只有满足了这两个条件，才能使金属进入钝化状态。下面讨论易钝化金属在不同介质中的腐蚀行为。设金属的阳极极化曲线为图 5.3 所示的 ABCDE 简化形式，介质中的去极化剂在该金属上还原时的阴极极化曲线，因其氧化性和浓度的不同可分为Ⅰ，Ⅱ，Ⅲ，Ⅳ四种情况。

（1）Ⅰ代表氧化剂的氧化性很弱的情况。阴、阳极极化曲线只相交一个点 a，该点处于金属的活化区，金属不能自发进入钝态。例如，铁在稀硫酸中的腐蚀，钛在不含空气的稀盐酸和稀硫酸中的腐蚀均属于这种情况。

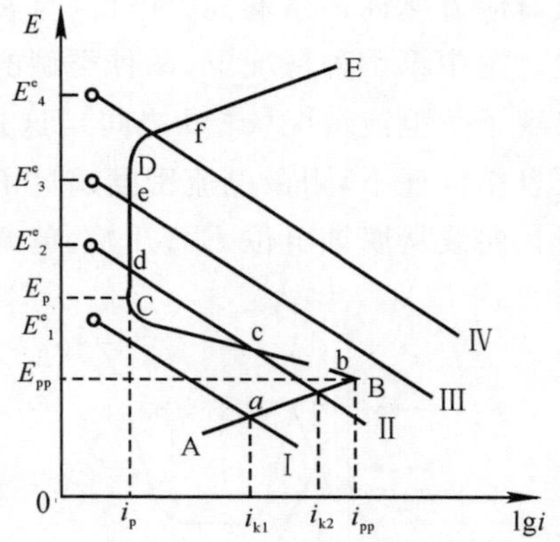

图 5.3　易钝化金属在氧化能力不同的介质中的钝化行为

（2）Ⅱ代表氧化剂的氧化性较弱或氧化剂浓度不高时的情况。阴、阳极极化曲线相交于三个交点。点 b 在活化区，点 c 在活化-钝化过渡区，点 d 在钝化区。三个点上的氧化速率和还原速率相等。若金属原先处于点 b 的活化状态，则它在该介质中不会钝化，以相当于 i_{k2} 的速率进行腐蚀；如果金属原先处于点 d 钝化状态，那么它也不会活化，将以相当于维钝电流密度 i_p 的速率腐蚀；如果金属处于点 c 钝化过渡区，该点的电位是不稳定的，在开始时处于钝态的金属，一旦由于某种原因活化了，则金属在这种介质中不可恢复钝态。例如，不锈钢在不含氧的酸中，钝化膜被破坏后得不到修复，将导致金属的局部腐蚀。

（3）Ⅲ代表中等浓度的氧化剂的情况。例如，中等浓度的硝酸，含有 Fe^{3+}，Cu^{2+} 的 H_2SO_4 等。此时，阴、阳极极化曲线只有一个交点 e，并且处于稳定钝化区。所以，只要将金属（或合金）浸入介质，它将与介质自然作用而成为钝态，即发生自钝化。从耐蚀性观点看，这是我们所希望的。例如，铁在中等浓度的硝酸中，不锈钢在含有 Fe^{3+} 的 H_2SO_4 中，以及高铬合金在 H_2SO_4，HCl 中的耐蚀行为等，即属于这种情况。这种情况的发生是由于介质的氧化性强，如 HNO_3 的阴极还原反应为

$$NO_3^- + 2H^+ + 2e \longrightarrow NO_2^- + H_2O$$

该反应进行较剧烈，且 NO_3^- 还原为 NO_2^- 的平衡电位又很高（pH=0，$E^e_{NO_2^-/NO_3^-}=+0.94$ V），远高于电位 E_p，微电池的作用足以使阴极极化电流密度超过致钝电流密度，即 $i_{c_3}>i_{pp}$，满足自钝化的两个条件，进入钝化区，不产生析氢腐蚀。

（4）Ⅳ代表强氧化剂的情况。例如，碳钢和不锈钢在浓 HNO_3 中，由于 HNO_3 浓度增加，NO_3^- 还原的平衡电位移向更高值，阴极极化曲线的位置也更高，所以阴、阳极极化曲线相交于点 f 的过钝化区。此时，钝化膜被溶解，故碳钢、不锈钢不能在过浓的硝酸中使用。

由于图 5.3 所示的金属的阳极极化曲线为理想（或理论）极化曲线，而实验中实测的极化曲线是理想阳极极化曲线与介质中的去极化剂在该金属上还原反应的阴极极化曲线合成而得到的表观阳极极化曲线，实测阳极极化曲线所对应的外加阳极电流等于理想电极阳极电流与去极化剂的阴极反应电流之差，因此金属的实测阳极极化曲线在上述几种条件下具有不同的表观形式。图 5.4 对比了上述Ⅰ，Ⅱ，Ⅲ情况下的理想极化曲线与实测极化曲线形式的异同。从图中可以看出，金属钝态的稳定性与阴极极化有密切的关系。实测阳极极化曲线的起始电位对应着腐蚀体系的混合电位（自腐蚀电位），即理想极化曲线图中阴、阳极极化曲线的交点位置。图中第Ⅰ种情况下，两种类型的阳极极化曲线形式一致；在第Ⅱ种情况中，实测极化曲线出现了负电流情况（c—d 之间），这是由于腐蚀系统的还原速率此时大于氧化速率的缘故；在第Ⅲ中情况下，阴极电流密度超过了阳极的致钝电流密度，因而金属可以自发钝化，实测阳极极化曲线从腐蚀电位 E_{corr} 开始，单调地随着电位的升高而增大。

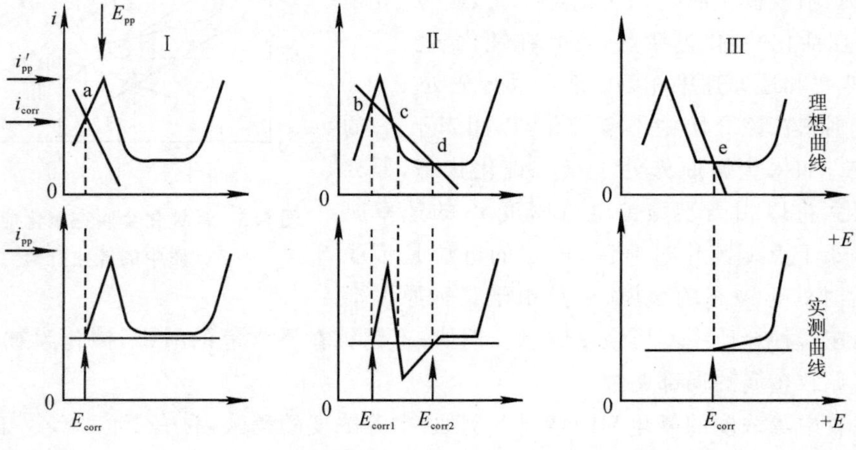

图 5.4　去极化剂还原情况对金属钝态稳定性的影响

金属在腐蚀介质中自钝化的难易程度，不仅与金属本性有关，同时还受金属电极上还原过程的条件所控制，较常见的有电化学反应控制的还原过程引起的自钝化。这里再举 Fe 或 Ni 在硝酸中的腐蚀情况（见图 5.5）。当 Fe 在稀 HNO_3 中时，由于 H^+ 和 NO_3^- 的氧化能力或浓度都不够高，因而只有小的阴极还原速率（i_{C,H^+} 或 i_{C,NO_3^-}），这样就不足以使 Fe 的阳极极化提高到 Fe 的阳极初始钝化电位（$E_{pp,Fe}$）和致钝电流密度（$i_{pp,Fe}$），结果腐蚀电位不能进入钝化区，只能落在位于活化区的极化曲线的交点 1 和 2，使 Fe 遭受严重的析氢腐蚀和 NO_3^- 去极化腐蚀。如果把硝酸浓度提高的话，则 NO_3^- 的平衡电位正移至 $E'^{e}_{NO_3^-}$，阴极还原反应电流密度升高到 i'_{C,NO_3^-} 并超过 Fe 钝化所需要的致钝电流密度 $i_{pp,Fe}$，即 $E'^{e}_{NO_3^-} > E_{pp,Fe}$，$i'_{C,NO_3^-} > i_{pp,Fe}$，使阴、阳极极化曲线相交于处在 Fe 钝化区的点 3。此时，Fe 进入钝化区，其 Fe 的腐蚀电流密度很小，达到 Fe 的维钝电流密度 $i_{p,Fe}$（即 i_3）。可是，在这种情况下，对于致钝电位较高的 Ni 来说，却反而交于点 4，进入活化区，其腐蚀电流密度为 i_4。由此可见，对于金属腐蚀，不是所有氧化剂都能作为钝化剂，只有满足初始还原电位高于金属阳极初始稳态钝化电位（E_p）和 $i_C > i_{pp}$ 的氧化剂，才有可能使金属产生自钝化。

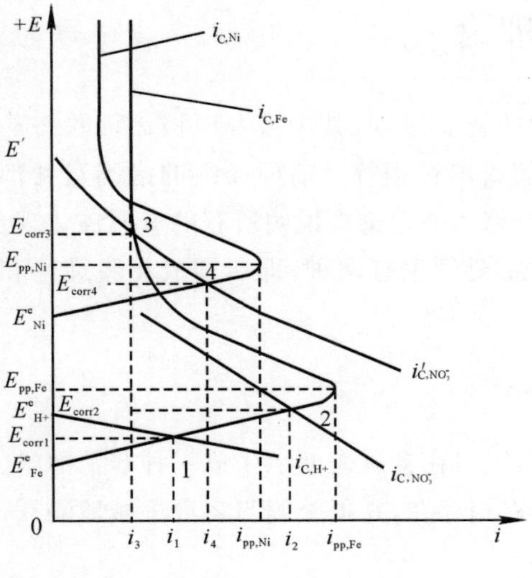

图 5.5　氧化剂浓度和金属材料对自钝化的影响

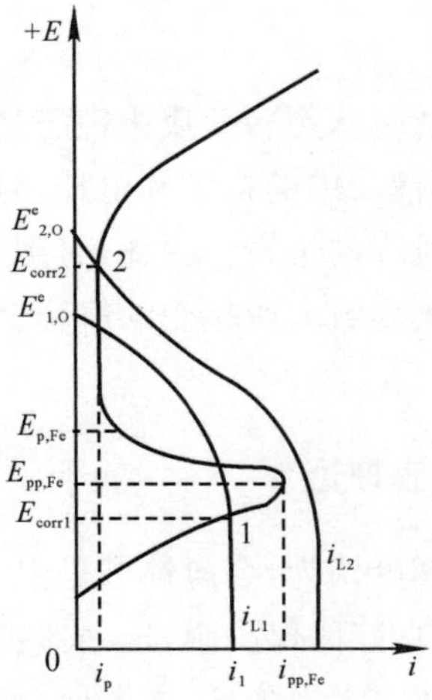

图 5.6　阴极扩散控制时氧化剂浓度对金属钝化的影响

若金属的阴极过程由扩散控制，则金属自钝化不仅与进行阴极还原的氧化剂浓度有关，而且还与影响扩散的多种因素有关，如金属运动、介质流动和搅拌等。由图 5.6 可见，当氧浓度不够大时，氧还原反应平衡电位较低，氧的极限扩散电流密度也小于致钝电流密度，即 $i_{L1} < i_{pp}$，因而阴、阳极极化曲线交点 1 落在活化区，金属 Fe 以 i_1 速率不断溶解；若提高氧浓度，则氧的平衡电位由 $E^e_{1,O}$ 正移至 $E^e_{2,O}$，氧极限扩散电流密度增大到 i_{L2}，并大于钝化所需要的致钝电流密度 $i_{pp,Fe}$，即 $i_{L2} > i_{pp}$。此时，极化曲线交点 2 落在钝化区，使金属 Fe 进入钝化状态，并以极小的 i_p 速率进行溶解。因此，在介质中不同浓度的氧可以产生完全相反的效果，一方面氧可作为去极化剂而使金属溶解；另一方面氧达到一定浓度时，又可与溶解产物结合生成相应的钝化膜，阻止金属进一步溶解，发生表面钝化，起到钝化剂的作用。同理，若提高介质与金属表面的相对运动速率（如增加搅拌），可使扩散层减薄而提高氧的传递速率，同样能达到 $i_L > i_{pp}$ 的目的，如图 5.7 所示。此时，阴、阳极极化曲线交点由点 1 变成点 2，使金属进入钝化状态。由此可见，溶解氧具有双重作用。对非钝化金属来说，除氧可减轻金属腐蚀；但对易钝化金属，不恰当地除氧，将使像不锈钢、钛等金属的钝化膜破坏后得不到及时修补，反而会增加这些耐蚀性金属的腐蚀倾向。

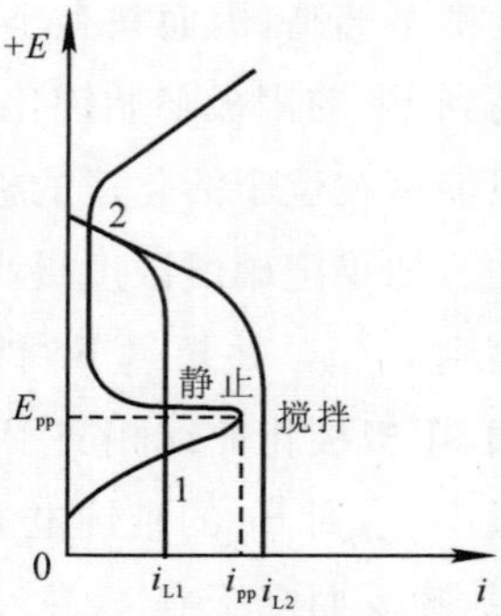

图 5.7　搅拌对钝化的影响

5.4　钝化理论

金属由活化状态转变成为钝态是一个相当复杂的暂态过程，其中涉及电极表面状态的不断变化，表面液层中的扩散和电迁移过程以及新相的析出过程等。前面介绍的诸因素又都可影响上述各过程的进行。因此，直到现在还没有一个完整的理论来说明所有的金属钝化现象。目前比较为大多数人所接受的解释金属钝化现象的主要理论有两种，即所谓成相膜理论和吸附理论。

一、成相膜理论

成相膜理论认为，金属钝态是由于金属和介质作用时在金属表面上生成一种非常薄的、致密的、覆盖性良好的保护膜，这种保护膜作为一个独立相存在，并把金属与溶液机械地隔开，使金属的溶解速率大大降低，亦即使金属转变为钝态。

这种保护膜通常是金属的氧化物。在某些金属上可直接观察到膜的存在，并能测定其厚度和组成。例如，使用 I_2 和 KI 甲醇溶液作溶剂，便可以分离出铁的钝化膜。使用比较灵敏的光学方法（如椭圆偏振仪），可不必把膜从金属表面取下来也能测定其厚度。近年来运用 X 光衍射仪、X 光电子能谱仪、电子显微镜等表面测试仪器对钝化膜的成分、结构、厚度进行了广泛的研究。一般膜的厚度在 1～10 nm，具体厚度与金属材料有关。例如，Fe 在浓 HNO_3 中的钝化膜厚度约为 2.5～3.0 nm，碳钢约为 9～10 nm，不锈钢约为 0.9～1 nm。不锈钢的钝化膜最薄，但最致密，保护性最好。Al 在空气中氧化生成的钝化膜厚度约为 2～3 nm，也具有良好的保护性。Fe 的钝化膜是 $\gamma-Fe_2O_3$，$\gamma-FeOOH$，Al 的钝化膜是无孔的 $\gamma-Al_2O_3$ 或多孔的 $\beta-Al_2O_3$。除此以外，在一定条件下，铬酸盐、磷酸盐、硅酸盐及难溶的硫酸盐和氯化物、氟化物也能构成钝化膜。例如，Pb 在 H_2SO_4 中生成 $PbSO_4$，Fe 在氢氟酸中生成 FeF_2 等。

应当指出，金属处于稳定钝态时，并不等于它已经完全停止溶解，而只是溶解速率大大降低而已。对于这一现象，有人认为是因钝化膜具有微孔，钝化后金属的溶解速率是由微孔内金属的溶解速率所决定；但也有人认为金属的溶解过程是透过完整膜而进行的。在这一理论中，认为膜的溶解是一个纯粹的化学过程，因而其进行速率与电极电位无关。这一结论在大多数情况下和实验结果是相符的。

但是，若金属表面被厚的保护层遮盖，如被金属的腐蚀产物、氧化层、磷化层或涂漆层等所遮盖，则不能认为是金属薄膜钝化。

然而，要能够生成一种具有独立相的钝化膜，其先决条件是在电极反应中要能够生成固态反应产物。可以利用电位-pH图来估计简单溶液中生成固态物的可能性。大多数金属在强酸性溶液中生成溶解度很大的金属离子，部分金属在碱性溶液中也可生成具有一定溶解度的酸根离子（如 ZnO_2^{2-}，$HFeO_2^-$，PbO_2^{2-} 等），而在近中性溶液中阳极产物的溶解度一般很小，故易于实现钝化。

二、吸附理论

吸附理论认为，金属钝化并不需要在金属表面生成固相的成相膜，而只要在金属表面或部分表面上生成氧或含氧粒子的吸附层就足够了。一旦这些粒子吸附在金属表面上，就会改变金属-溶液界面的结构，并使阳极反应的活化能显著提高而产生钝化。与成相膜理论不同，吸附理论认为金属能够呈现钝化的根本原因是由于金属表面本身反应能力的降低，而不是由于膜的机械隔离作用，膜是金属出现钝化后产生的结果。这种理论首先由德国人塔曼（Tamman）提出，后为美国人尤利格（Uhlig）等加以发展。

吸附理论的主要实验依据是用测量界面电容的结果，来提示界面上是否存在成相膜。若界面上生成哪怕是很薄的膜，其界面电容值也应比自由表面上双电层电容的数值小得多。测量结果表明，在 Ni 和 18－8 不锈钢上相应于金属阳极溶解速率大幅度降低的那一段电位内，界面电容值的改变不大，它表示氧化膜并不存在。另外，根据测量电量的结果表明，在某些情况下为了使金属钝化，只需要在每平方厘米电极表面上，通过十分之几毫库仑的电量，而这些电量甚至不足以生成氧的单分子吸附层。例如，在 0.05 mol/L NaOH 中用 1×10^{-5} A/cm² 的电流密度极化铁电极时，只需要通过相当于 3 mC/cm² 的电量就能使铁电极钝化；而在 0.01～0.03 mol/L KOH 中用大电流密度（>100 mA/cm²）对 Zn 电极进行阳极极化，只需要通过不到 0.5 mC/cm² 的电量，即可使 Zn 电极钝化。又如 Pt 在盐酸中，只要有 6%的表面充氧，就可使 Pt 的溶解速率降低 4 倍；若有 13%的 Pt 表面充氧，则其溶解速率会降低 16 倍之多。

以上实验事实都表明，金属表面的单分子吸附层不一定能将金属表面完全覆盖，甚至是不连续的。吸附理论认为，只要在金属表面最活泼的、最先溶解的表面区域上（例如金属晶格的顶角或边缘，或者在晶格的缺陷、畸变处）吸附着氧单分子层，便能抑制阳极过程，使金属产生钝化。

在金属表面吸附的含氧粒子究竟是哪一种，则要由腐蚀体系中的介质条件来决定。可能是 OH^-，也可能是 O^{2-}，更多的人认为可能是氧原子。

关于氧吸附层的作用有几种解释：

(1)从化学角度解释，认为金属表面原子的不饱和键在吸附了氧以后变饱和了，使金属表面原子失去了原有的活性，金属原子不再从其晶格中移出，从而出现钝化。这种观点特别适用于过渡金属(如 Fe,Ni,Cr 等)，因为它们的原子都具有未填满的 d 电子层，能和有未配对电子的氧形成强的化学键，导致氧的吸附。这样的氧吸附层称为化学吸附层(Chemical Absorption Layer)，以区别低能的物理吸附层(Physical Absorption Layer)。

(2)从电化学角度解释，认为金属表面吸附氧之后改变了金属与溶液界面的双电层(Electric Double Layer)结构，所吸附的氧原子可能被金属上的电子诱导生成氧偶极子，使得它正的一端在金属中，而负的一端在溶液中，形成了双电层，如图 5.8 所示。这样原先的金属离子平衡电位将部分地被氧吸附后的电位代替，结果使金属总的电位朝正向移动，并使金属离子化作用减小，阻滞了金属的溶解。

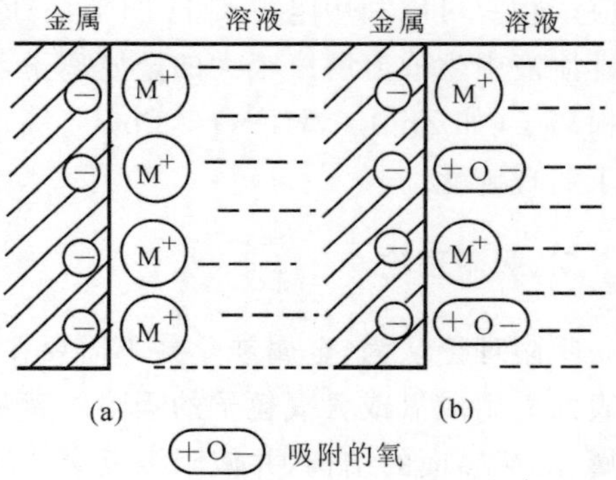

图 5.8 吸附氧前后的双电层结构

(a)金属离子平衡电位差(平衡电位)；

(b)吸附氧后形成电位差(氧吸附电位)

吸附理论能够解释一些成相膜理论难以解释的事实。例如，一些无机阴离子能在不同程度上引起金属钝态的活化或阻碍钝化的进程。从吸附理论出发，可认为钝化是由于电极表面吸附了某种含氧粒子所致，阴离子在足够高的阳极极化电位下与含氧粒子发生竞争吸附，排除掉一部分含氧粒子，因而阻碍了钝化。Cr,Ni,Fe 等金属和合金上的过钝化现象也可以通过吸附理论加以解释。因为增大阳极极化既可促进含氧粒子的表面吸附量，使阳极溶解的阻化作用加强，同时还加强了界面电场对金属溶解的促进作用，这两种作用在一定电位范围内彼此基本抵消，所以出现了几乎不随电位变化的稳定电流区间。然而在过钝化电位范围内，后一因素起主导作用，由此导致在一定电位下生成可溶性、高价金属的含氧离子(如 $Cr_2O_7^{2-}$)。

三、两种理论的比较

成相膜理论和吸附理论都能较好地解释相当一部分的实验事实，然而至今无论哪一种理论都不能圆满地解释各种实验现象。下面讨论所存在的一些异同性和难以确定的问题。

两种理论的共同点是都认为，由于在金属表面上生成一层极薄的钝化层，从而阻碍了金属的进一步溶解。但该膜层的厚度、组成和性质如何，两个理论各有不同的解释。

吸附理论认为，有实验表明在某些金属表面上不需要形成完整的单分子氧层就可以使金属钝化，但是实际上很难证明极化前电极表面上确实完全不存在氧化膜。界面电容的测量结果是有利于吸附理论的，但是对于具有一定离子导电性和电子导电性的薄膜，在强电场的作用下应具有怎样的等效阻抗值现在还不清楚。

两种理论的区别似乎不在于膜是否对金属的阳极溶解具有阻滞作用，而在于为了引起所谓钝化现象到底在金属表面上应出现怎样的变化。但是用不同的研究方法和对不同的电极体系的测量结果表明，并非一切钝化现象都是由于基本相同的表面变化所引起的。事实上金属在钝化过程中，在不同的条件下或不同的时空阶段，吸附膜和成相膜可以分别起主导作用。

从所形成键的性质上来看，如果生成了成相的氧化膜，则金属原子与氧原子之间的键应与氧化物分子中的化学键没有区别。倘若仅仅存在氧吸附，那么金属原子与氧原子间的结合强度要比化学键弱些，然而化学吸附键与化学键之间并无质的差别。当阴离子在带有正电的电极表面吸附时更是如此。在电极电位足够高时，吸附氧层与氧化物层之间的区别不会很大。

成相膜理论与吸附理论之间的差别并不完全是对钝化现象的实质有着不同的看法，这还涉及钝化现象的定义及吸附膜和成相膜的定义等问题。为此有人试图将两种理论结合起来，以解释所有的钝化现象。这种观点认为，由于吸附于金属表面上的含氧粒子参加电化学反应而直接形成"第一层氧层"后，金属的溶解速率即已经大幅度地下降，然后在这种氧层基础上继续生长形成的成相氧化物层进一步阻滞了金属的溶解过程。不过这种看法目前还缺乏足够的证据。

从辩证的角度看，不应笼统地反对或支持某一种理论，而是应该研究发生钝态的各个具体情况，并得出在该条件下哪一种因素起主要作用，从而不断地丰富和发展对钝化现象本质的认识，以建立更加完善的理论模型。

5.5　影响金属钝化的因素*

一、合金成分的影响

不同金属具有不同的钝化趋势。部分常见金属的钝化趋势按下列顺序依次减小：钛、铝、铬、钼、铁、锰、锌、铅、铜。这个顺序并不表明上述金属的耐蚀性也是依次减小，仅表示决定阳极过程由于钝化所引起的阻滞腐蚀的稳定程度。容易被氧钝化的金属称为自钝化金属，最具有代表性的金属是钛、铝、铬等。它们能在空气中或含氧的溶液中自发钝化，且当钝化膜被破坏时还可以重新恢复钝态。

合金化是使金属提高耐蚀性的有效方法。提高合金耐蚀性的合金元素通常是一些稳定性的组分元素（如贵金属或自钝化能力强的金属）。例如，铁中加入铬或铝，可抗氧化，加入少量的铜或铬则可以改善其抗大气腐蚀性能，而铬是不锈钢的基本合金化元素。一般来说，如果两种金属组成的耐蚀合金是单相固溶体合金，则在一定的介质条件下，具有较高的化学稳定性和耐蚀性。

在一定的介质条件下，合金的耐蚀性与合金元素的种类和含量有直接影响，并发现所加入的合金元素数量必须达到某一个临界值时，才有显著的耐蚀性。例如在 Fe－Cr 合金中，只有当 Cr 的加入量超过质量分数为 0.117(换算成摩尔分数为 0.125)时，合金才会发生自钝化，其耐蚀性才有显著提高(见图 5.9)。而当铬含量低于此临界值时，它的表面难生成具有良好保护作用的完整钝化膜，耐蚀性也无法显著提高。临界组成代表了合金耐蚀性的突跃，每一种耐蚀合金都有其相应的临界组成，临界值的的大小遵从塔曼(Tamman)定律，即固溶体耐蚀合金中耐蚀(稳定)性组分恰好等于其原子百分数的 $n/8$ 倍(n 为从 1 至 7 的整数)，当合金元素的含量达到这些临界值时，合金的耐蚀性会突然增高。合金临界组成的原因同样可以用成相膜理论和吸附理论进行解释。如成相膜理论认为，只有当耐蚀合金达到临界组成后，金属表面才能形成完整的致密钝化膜；而吸附理论则认为，当有水存在，并且高于临界组成时，氧在合金表面的化学吸附方可导致钝性，而低于临界组成时氧立即反应，生成无保护性的氧化物或其他形式。

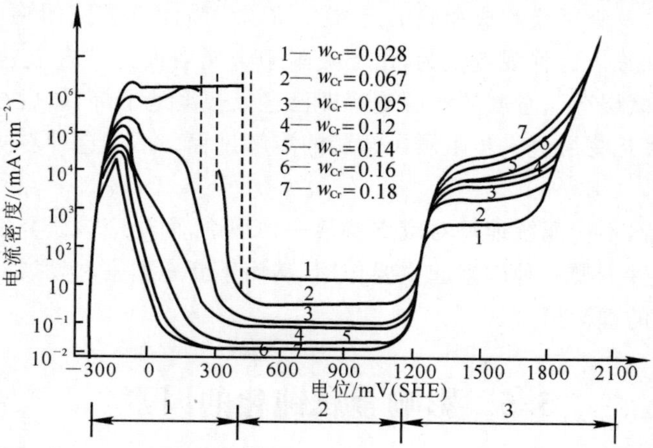

图 5.9　不同含 Cr 量的 Fe－Cr 合金在质量分数为 0.10 的 H_2SO_4 中的阳极极化曲线

二、钝化介质的影响

金属在环境介质中发生钝化，主要是因为有相应的钝化剂的存在。钝化剂的性质与浓度对金属钝化产生很大的影响。一般钝化介质分为氧化性和非氧化性介质。不过钝化的发生不是简单地取决于钝化剂氧化性强弱，还与阴离子特性有关。例如，$K_2Cr_2O_7$ 没有 H_2O_2，$KMnO_4$ 和 $Na_2S_2O_8$ 的氧化能力强，但 $K_2Cr_2O_7$ 的致钝化性能却比它们强。对某些金属来说，可以在非氧化性介质中进行钝化，除前面提到的 Mo 和 Nb 在盐酸中、Mg 在氢氟酸中、Hg 和 Ag 在含 Cl^- 溶液中可钝化外，Ni 在醋酸、草酸、柠檬酸中也可钝化。

各种金属在各种不同的介质中能够发生钝化的临界浓度是不同的。应注意获得钝化的浓度与保持钝化的浓度之间的区别。例如，钢在硝酸中浓度，即质量分数达到 0.40～0.50 时发生钝化，再将酸的浓度，即质量分数降低到 0.30 时，钝态仍可保持较长时间而不受破坏。

三、活性离子对钝化膜的破坏作用

介质中若有活性离子，如 Cl^-，Br^-，I^- 等卤素离子，则会促进金属钝态的破坏，其中以 Cl^- 的破坏作用最大。例如，自钝化金属铬、铝及不锈钢等处于含 Cl^- 的介质中时，在远未达到过钝化电位前，已出现了显著的阳极溶解电流。图 5.10 给出了不锈钢在无 Cl^- 和含 Cl^- 的浓度不同的 H_2SO_4 溶液中的阳极极化曲线。在含 Cl^- 介质中金属钝态开始提前破坏的电位称为点蚀(Pitting)电位或破裂电位，用 E_b 表示。大量实验表明，Cl^- 对钝化膜的破坏作用并不是发生在整个金属表面上，而是带有局部点腐蚀的性质。由图 5.10 还可以看出，溶液中 Cl^- 浓度愈高，点蚀电位 E_b 愈低，即愈容易发生点蚀。溶液中各种活化阴离子，按其活化能力的大小可排列为如下次序：

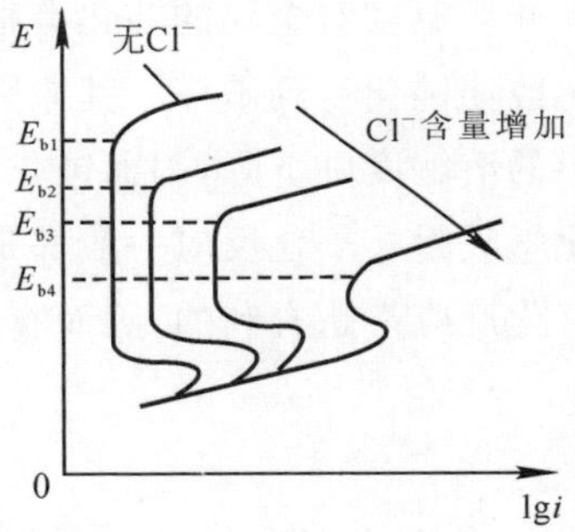

图 5.10　不锈钢在无 Cl^- 和含 Cl^- 的浓度不同的 H_2SO_4 中的阳极极化曲线

$$Cl^- > Br^- > I^- > F^- > ClO_4^- > OH^- > SO_4^{2-}$$

视条件不同，这个次序可能会有所变化。

对于 Cl^- 破坏钝化膜的原因，成相膜理论和吸附理论有不同的解释。

成相膜理论认为，Cl^- 半径小，穿透能力强，比其他离子更容易在扩散或电场作用下透过薄膜中原有的小孔或缺陷，与金属作用生成可溶性化合物。同时，Cl^- 又易于分散在氧化膜中形成胶态，这种掺杂作用能显著改变氧化膜的电子和离子导电性，破坏膜的保护作用。恩格尔(Engell)和斯托利卡(Stolica)发现氯化物浓度在 3×10^{-4} mol/L 时，钝态铁电极上已产生点蚀。他们认为这是由于 Cl^- 穿过氧化膜与 Fe^{3+} 发生了以下反应，即

$$Fe^{3+}(\text{钝化膜中}) + 3\,Cl^- \longrightarrow FeCl_3$$

$$FeCl_3 \longrightarrow Fe^{3+}(\text{电解质中}) + 3\,Cl^-$$

该反应诱导时间为 200 min 左右，它说明 Cl^- 通过钝化膜时有某种物质的迁移过程。

吸附理论则认为，Cl^- 破坏钝化膜的根本原因是由于它具有很强的可被金属吸附的能力。从化学吸附具有选择性这个特点出发，对于过渡金属 Fe，Ni，Cr，Co 等金属表面吸附 Cl^- 比吸附氧更容易，因而 Cl^- 优先吸附，并从金属表面把氧排挤掉。我们已经知道，吸附氧决定着金属的钝态，尤利格在研究铁的钝化时指出，Cl^- 和氧或铬酸根离子竞争吸附作用的结果导致金属钝态遭到局部破坏。由于氯化物与金属反应的速率大，吸附的 Cl^- 并不稳定，因此形成了可

溶性物质，这种反应导致了孔蚀的加速。以上观点已通过示踪原子法实验得到证实。

Cl^- 对不同金属钝化膜的破坏作用是不同的，Cl^- 的作用主要表现在 Fe，Ni，Co 和不锈钢上，对于 Ti，Ta，Mo 和 Zr 等金属的钝化膜破坏作用很小。成相膜理论认为，Cl^- 与这些金属能形成保护性好的碱性氯化物膜。吸附理论认为，这些金属与氧的亲和力强，Cl^- 难以排斥和取代氧。

四、温度的影响

介质温度对金属的钝化有很大影响。温度愈低金属愈易钝化；反之，升高温度使金属难以钝化或使钝化受到破坏。其原因可认为是温度升高使金属阳极致钝电流密度变大，而氧在溶液中的溶解度则下降，因而钝化的难度增加。温度的影响也可用钝化的吸附理论加以解释，由于化学吸附及氧化反应一般都是放热反应，因此，根据化学平衡原理，降低温度对于吸附过程及氧化反应都是有利的，因而有利于钝化。

思考题与习题

1. 金属的自钝化（或化学钝化）与电化学阳极钝化有何异同？试给金属的钝化、钝性和钝态下一个比较确切的定义。

2. 金属的化学钝化曲线与电化学钝化阳极极化曲线有何异同点？试画出金属的阳极钝化曲线，并说明该曲线上各特征区和特征点的物理意义。

3. 何谓 Flade 电位？如何利用 Flade 电位来判断金属的钝化稳定性？举例说明。

4. 实现金属的自钝化，其介质中的氧化剂必须满足什么条件？试举例分析说明随着介质的氧化性和浓度的不同，对易钝化金属可能腐蚀的四种情况。

5. 成相膜理论和吸附理论各自以什么论点和论据解释金属的钝化？两种理论各有何局限性？

6. 什么是合金耐蚀性的“$n/8$ 定律”（或 Tamman 定律）？是否只要稳定化合金元素满足“$n/8$ 定律”就一定可获得显著的耐蚀性？试用两种钝化理论对“$n/8$ 定律”进行解释。

7. 影响金属钝化的因素有哪些？其规律是怎样的？试用两种钝化理论解释活性氯离子对钝化膜的破坏作用。

8. 在氧去极化腐蚀条件下，作图说明液体的流速或搅拌溶液对易钝化金属和非钝化金属的腐蚀速率影响的原因。

9. 试用极化图分析溶液中氧浓度对易钝化金属和非钝化金属腐蚀速率影响的原因。

10. 有哪些措施可以使处于活化-钝化不稳定状态的金属进入稳定的钝态？试用极化图说明。

11. 现有一批 304 L 不锈钢管，拟用做运输常温下含氧的 1 mol · L^{-1} H_2SO_4 的管材。如

果氧的溶解度为 10^{-6} mol·L^{-1}，测定不锈钢在这种酸中的致钝电流密度为 200 $\mu A \cdot cm^{-2}$，并已知氧还原反应 $O_2 + 2H_2O + 4e \longrightarrow 4OH^-$，$n=4$，氧的扩散层厚度在流动酸中为 0.005 cm，在静止酸中为 0.05 cm，溶解氧的扩散系数 $D=10^{-5}\ cm^2 \cdot s^{-1}$。试问：304L 不锈钢管在流动酸中和静止的酸中是否处于钝化状态？通过理论计算试确定该材料能否投入使用。

12. Fe 在 0.5 mol·L^{-1} H_2SO_4 中稳态钝化电流密度为 7 $\mu A \cdot cm^{-2}$，试计算每分钟有多少层 Fe 原子从光滑电极表面上除去。

第 6 章　局部腐蚀

6.1　局部腐蚀与全面腐蚀的比较

正如第 1 章所述，按腐蚀破坏形态的区别可以将金属材料的腐蚀分为全面腐蚀和局部腐蚀两大类。所谓全面腐蚀(General Corrosion)是指腐蚀发生在整个金属材料的表面，其结果是导致金属材料全面减薄。局部腐蚀(Localized Corrosion)则是指腐蚀破坏集中发生在金属材料表面的特定局部位置，而其余大部分区域腐蚀十分轻微，甚至不发生腐蚀。全面腐蚀和局部腐蚀表现出诸多不同的特点。

全面腐蚀通常是均匀腐蚀(Uniform Corrosion)，即金属表面各处的减薄速率相同，但也有时表现为非均匀的腐蚀，后者的破坏性较前者严重。全面腐蚀现象十分普遍，既可能由电化学腐蚀原因引起，例如均相电极(纯金属)或微观复相电极(均匀的合金)在电解质溶液中的自溶解过程，也可能由纯化学腐蚀反应造成，如金属材料在高温下发生的一般氧化现象。人们通常所说的全面腐蚀是特指由电化学腐蚀反应引起的。电化学反应引起的全面腐蚀过程的特点是腐蚀电池的阴、阳极面积都非常微小，且其位置随时间变幻不定，由于整个金属表面在电解质溶液中都处于活化状态，表面各处随时间发生能量起伏，某一时刻为微阳极(高能量状态)的点，另一时刻则可能转变为微阴极(低能量状态)，从而导致整个金属表面遭受腐蚀。

全面腐蚀尽管导致金属材料的大量流失，但是由于易于检测和察觉，通常不会造成金属材料设备的突发性失效事故。特别是对于均匀性全面腐蚀，根据较简单的试验所获数据，就可以准确地估算设备的寿命，从而在工程设计时通过预先考虑留出腐蚀裕量的措施，达到防止设备发生过早腐蚀破坏的目的。控制全面腐蚀的技术措施也较为简单，可采取选择合适的材料或涂镀层，缓蚀剂和电化学保护等方法。

局部腐蚀是由于电化学因素的不均匀性形成局部腐蚀原电池导致的金属表面局部集中腐蚀破坏，其阳极区和阴极区一般是截然分开的，可以用肉眼或微观检查方法加以区分和辨别，通常阳极面积比阴极面积小得多。局部腐蚀原电池可由异类金属接触电池，或由介质的浓差电池，或由活化-钝化电池构成；也可以由金属材料本身的组织结构或成分的不均匀性以及应力或温度状态差异所引起。根据形成局部腐蚀电池的原因和腐蚀特点，可将局部腐蚀主要分为电偶腐蚀、点蚀、缝隙腐蚀、晶间腐蚀、选择性腐蚀，以及应力和腐蚀因素共同作用下的腐蚀(如应力腐蚀开裂、氢损伤、腐蚀疲劳、摩耗腐蚀)六种。由于应力作用下的腐蚀破坏具有特殊性，因此人们为了更好地分析这类腐蚀，通常将其从局部腐蚀中单独分立出来进行讨论，本教材也是这样处理的，即本章仅讨论前五种主要局部腐蚀，关于应力作用下的腐蚀将放在第 7 章专门讨论。

与全面腐蚀相比，局部腐蚀造成的金属材料的质量损失虽然不大，但其危害性却要严重得多，如点蚀能导致容器或管道穿孔而报废，应力腐蚀则会导致构件的承载能力大大降低。另外，局部腐蚀造成的失效事故往往没有先兆，一般为突发性的破坏，通常难以预测，局部腐蚀破坏的控制也较为困难，因此，在工程实际中由于局部腐蚀导致的事故比全面腐蚀多得多。各类腐蚀失效事故事例的调查结果表明，全面腐蚀仅占约 20%，其余约 80%为局部腐蚀破坏，而局部腐蚀中又以点蚀、缝隙腐蚀、应力腐蚀和腐蚀疲劳形式最为突出(见图 1.5)。基于这种原因，人们对局部腐蚀的机理、特点、影响因素和控制技术的研究给予了更大的关注。

表 6.1 总结了电化学因素导致的全面腐蚀和局部腐蚀的主要区别。

表 6.1　全面腐蚀与局部腐蚀的比较

比较项目	全面腐蚀	局部腐蚀
腐蚀形态	腐蚀遍部整个金属材料表面	腐蚀集中在特定的区域，其余部分腐蚀甚微
腐蚀电池	阴、阳极在表面上变化不定，不可辨别	阴、阳极可以分辨
电极面积	阴极面积与阳极面积相等或相近	阳极面积远远小于阴极面积
电　　位	$E_C = E_A = E_{corr}$	$E_C > E_A$
极化图	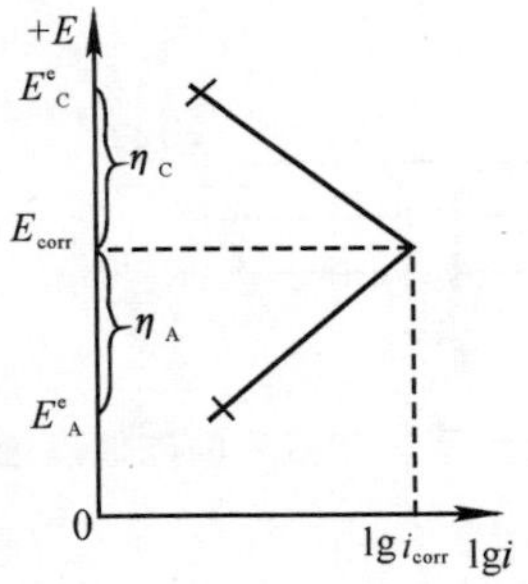	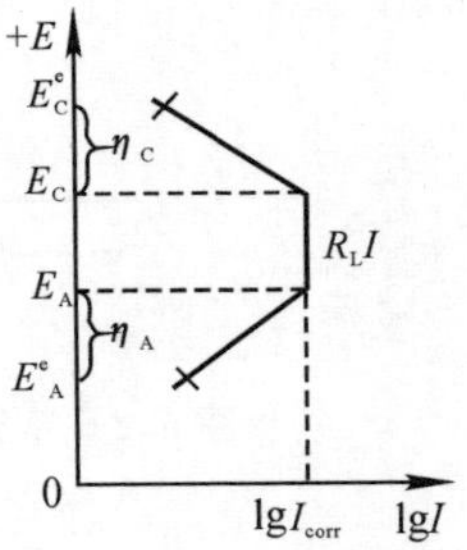 (图中 R_L 为溶液电阻，I 为腐蚀电流)
腐蚀产物	可能对金属基材有保护作用	对腐蚀区无保护作用
质量损失	大	小
失效事故率	低	高
预测性	容易预测	难以预测
评价方法	重量法、深度法、电流密度表征法等	局部最大腐蚀深度法或强度损失法等

6.2 电偶腐蚀

一、电偶腐蚀现象与电偶序

众所周知，日常生活中使用的干电池(见图 6.1)，如果不使用它，存放很长时间外壳锌皮才出现腐蚀穿透现象，损坏的主要原因是金属锌的自腐蚀。然而，当干电池的两个电极发生短路时，很快锌皮就会腐蚀穿，造成干电池内湿的糊状物(氯化铵电解质等)流出，这种加速腐蚀现象的产生就是由电偶腐蚀导致的。在腐蚀介质中，金属与电位更高(或更正)的另一种金属或非金属导体(石墨或碳纤维复合材料等)电连接而引起的加速腐蚀称为电偶腐蚀(Galvanic Corrosion)。对于因两种腐蚀电位不同的金属接触引起的加速腐蚀现象，有时也称为双金属腐蚀(Bimetallic Corrosion)或异金属腐蚀(Dissimilar Metal Corrosion)。实际中电偶腐蚀现象十分普遍，因为机械装备常常由不同金属材料制备的零部件组装而成。例如，飞机上用钛合金紧固件将不锈钢蒙皮与铝合金蒙皮连接在一起(见图 6.2)，在一定的电化学腐蚀环境中，就会发生电偶腐蚀破坏。

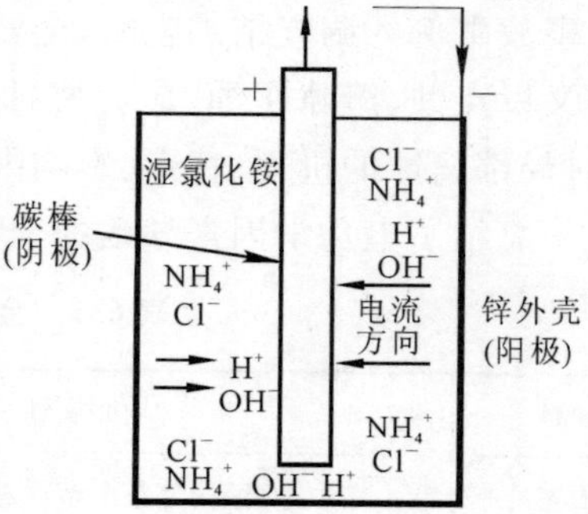

图 6.1 干电池的截面

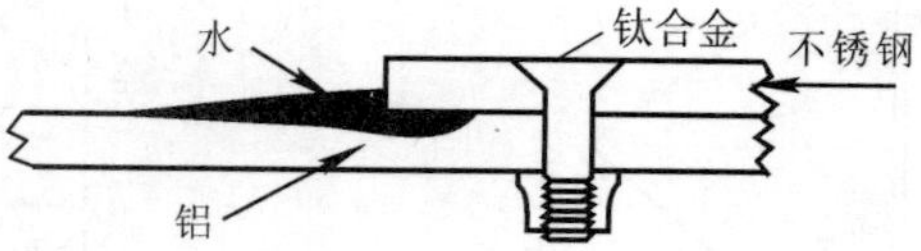

图 6.2 不锈钢蒙皮与铝合金蒙皮连接后的电偶腐蚀

电偶腐蚀强调电接触导致的腐蚀加速作用(腐蚀电池作用)，因为金属由于自身电化学不均匀性在电解质溶液中会发生自腐蚀溶解，在不同金属电接触构成电偶腐蚀电池后，只不过电位低(或负)的金属成为电偶腐蚀电池的阳极，其腐蚀速率较电连接前大大提高，有时会增加数十倍。而电位高(或正)的金属成为电偶腐蚀电池的阴极，其腐蚀速率大大降低，甚至不再发生腐蚀。由于两种金属直接接触会导致电偶腐蚀，因此有人也将电偶腐蚀称为接触腐蚀。然而，当同种金属接触时通常不会发生电偶腐蚀，并且不同种类的金属接触时除发生电偶腐蚀外，还可能会发生后面要讨论的缝隙腐蚀，因此将电偶腐蚀称为接触腐蚀不够严谨。

电偶腐蚀实际上是宏观腐蚀电池的一种，产生电偶腐蚀应同时具备下述三个基本条件：

(1)具有不同腐蚀电位的材料。电偶腐蚀的驱动力是金属与电连接的高腐蚀电位金属或非金属之间产生的电位差。

(2)存在离子导电支路。电解质溶液必须连续地存在于接触金属之间，构成电偶腐蚀电池的离子导电支路。对多数机电产品而言，电解质溶液主要是指凝聚在零构件表面上的、含有某些杂质(氯化物、硫酸盐等)的水膜或海水。

(3)存在电子导电支路。即金属与电位高的金属或非金属之间要么直接接触，要么通过其他导体实现电连接，构成腐蚀电池的电子导电支路。

在电化学腐蚀原理章节中介绍了金属的标准电极电位和电位序的概念，根据标准电极电位的高低可以从热力学的角度判断金属变成离子进入溶液的倾向大小，但是标准电极电位只给出了金属的理论电位值，它是指无膜的金属浸在该金属盐的溶液中且金属离子的活度为 1 时用热力学公式计算得到的。此外，标准电位序也未考虑腐蚀产物的作用，且没有涉及合金的排序，而含两种或两种以上活性成分的合金是不可能建立起标准平衡电极电位的。因此，标准电极电位序仅能用来判断金属在简单腐蚀体系中产生腐蚀的可能性，不能判断金属材料在某一特定腐蚀电解质中电偶腐蚀倾向的大小，为了方便地判断金属材料在某一特定腐蚀电解质中电偶腐蚀倾向的大小而引入了电偶序。

所谓电偶序，就是将金属材料在特定的电解质溶液中实测的腐蚀(稳定)电位值按高低(或大小)排列成表的形式。图 6.3 所示为金属在 25℃的流动海水中的电偶序。利用电偶序可以判断电偶腐蚀电池的阴、阳极极性和金属腐蚀的倾向性大小。例如，金属铝和锌在海水中组成电偶时锌受到加速腐蚀，铝得到了保护，原因是铝在海水中的腐蚀电位约为－0.8 V(SCE)，高于锌在海水中的腐蚀电位值(约为－1.0 V(SCE))。在电偶序中腐蚀电位低的金属与离它越远的高电位金属接触，电偶腐蚀的驱动力越大，电偶腐蚀的倾向越高。然而，电偶腐蚀的速率除与电极电位差有密切关系外，还受腐蚀金属电极极化行为等因素的影响。由于金属材料的腐蚀电位受多种因素影响，其值通常随腐蚀反应时间而变化，即金属在特定电解质溶液中的腐蚀电位不是一个固定值，而是有一定变化范围(见第 3 章)，因此，电偶序中一般仅列出金属稳定电位的相对关系或电位变化范围，而很少列出具体金属的稳定电位值。另外，某些材料(如不锈钢和 Inconel 合金等)有活化和钝化两种状态，因此出现在电偶序中的不同电位区间。

二、电偶腐蚀的原理

电偶腐蚀的原理可用腐蚀原电池原理和腐蚀极化图来分析。

由电化学腐蚀动力学可知，两金属偶合后的腐蚀电流强度与电极电位差、极化率及回路中的欧姆电阻有关。偶合金属的电极电位差愈大，电偶腐蚀的驱动力愈大。而电偶腐蚀速率的大小又与电偶电流成正比，其大小可表示为

$$I_g=\frac{E_C-E_A}{P_C/S_C+P_A/S_A+R} \tag{6.1}$$

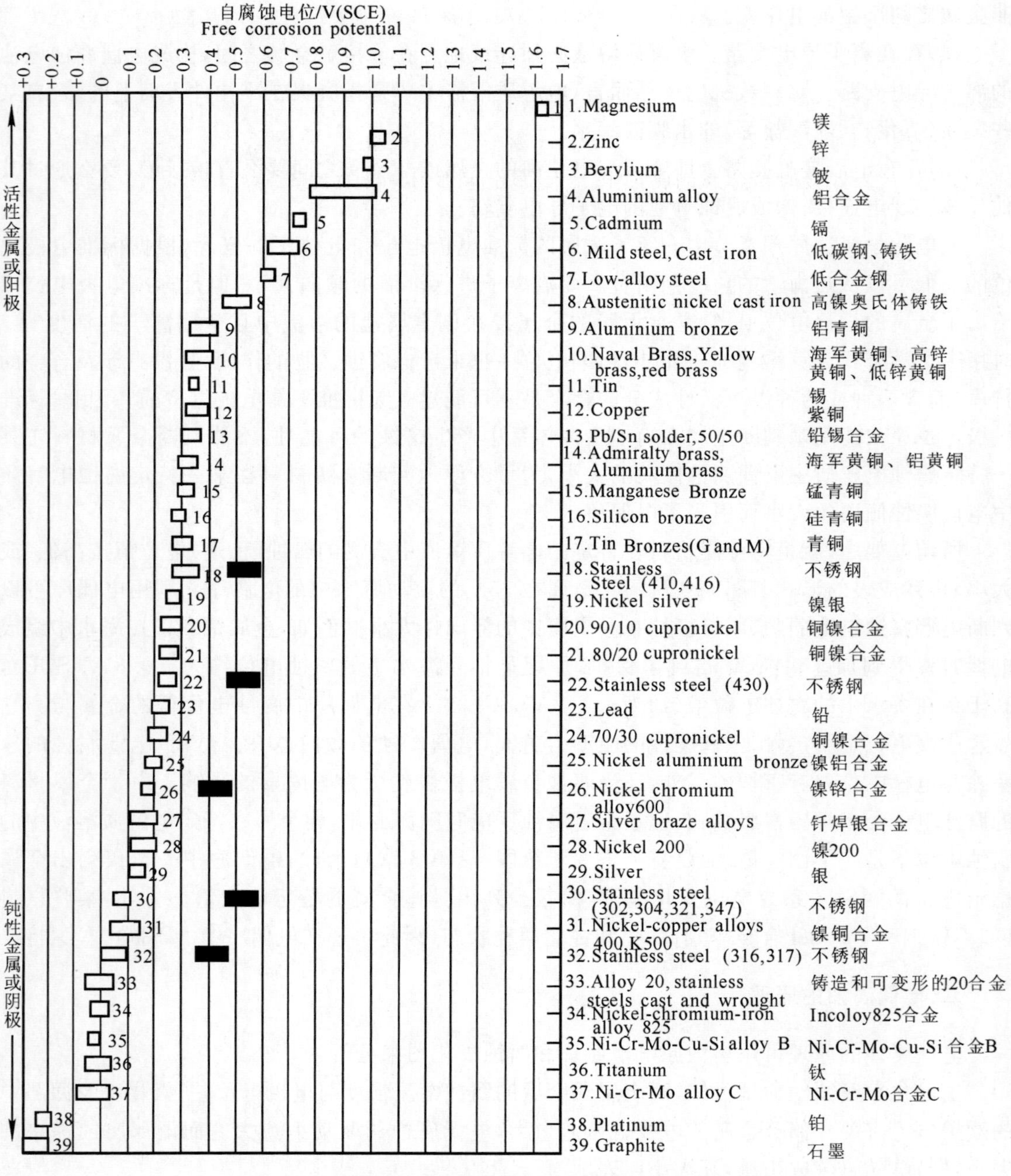

图 6.3 一些工业金属和合金在 25℃ 流动海水中的电偶序

(图中,□区为自腐蚀电位范围;■区为合金发生活化(如缝隙腐蚀)时的电位范围)

式中，I_g 为电偶电流强度；E_C，E_A 分别为阴、阳极金属偶接前的稳定电位；P_C，P_A 分别为阴极和阳极金属的极化率；S_C，S_A 分别为阴极和阳极金属的表面积；R 为欧姆电阻（包括溶液电阻和接触电阻）。由式(6.1)可知，偶合电流随电极电位差增大及极化率、欧姆电阻的减小而增大；由此导致电偶阳极的加速腐蚀。

若将电位高的金属M和电位低的金属N偶接后，低电位阳极金属N的腐蚀电流记为 i'_N，则 i'_N 与未偶接时该金属的腐蚀电流 i_N 之比 γ 称为电偶腐蚀效应，即

$$\gamma = i'_N / i_N = (i_g + |i_{C,N}|)/i_N \approx i_g / i_N \tag{6.2}$$

式中，i_g 为阳极金属的电偶电流密度；$i_{C,N}$ 为阳极金属N上的阴极还原电流密度；后者相对于前者通常很小，可以忽略不计。式(6.2)表明，γ 值越大，则电偶腐蚀越严重。

现通过极化图进一步分析电偶腐蚀的原理。图6.4所示为电位高的金属M和电位低的金属N构成电偶对前、后的极化图。为使问题简化，假设两种金属面积相等，且阴极过程仅是氢离子的还原。在两金属表面各自发生的共轭电极反应如下：

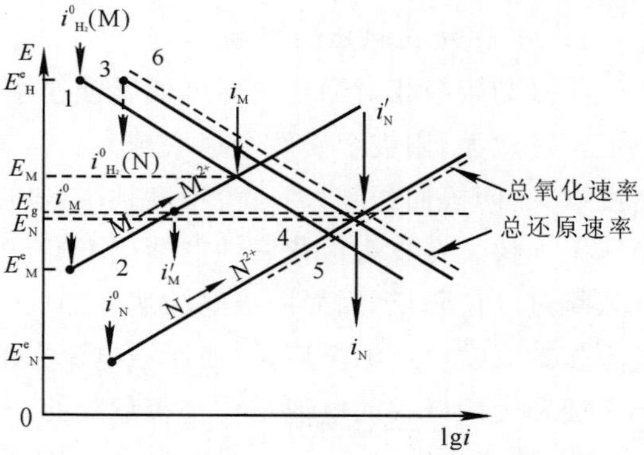

图6.4 两种腐蚀的金属构成电偶对前、后的腐蚀特性变化

金属M表面上，氧化反应为

$$M \longrightarrow M^{2+} + 2e \qquad (i_M)$$

还原反应为

$$2H^+ + 2e \longrightarrow H_2\uparrow \qquad (i_{C,M})$$

金属N表面上，氧化反应为

$$N \longrightarrow N^{2+} + 2e \qquad (i_N)$$

还原反应为

$$2H^+ + 2e \longrightarrow H_2\uparrow \qquad (i_{C,N})$$

由极化图可知，两金属偶接前，金属M的自腐蚀速率 i_M 和自腐蚀电位 E_M 由金属M的理论阴、阳极极化曲线（曲线1和2）的交点所决定；金属N的自腐蚀速率 i_N 和自腐蚀电位 E_N 由金属N的理论阴、阳极极化曲线（曲线3和4）的交点所决定。两金属偶接后，根据混合电位理论，电偶腐蚀电池的总阳极极化曲线5和总阴极极化曲线6的交点即总氧化速率与总还原速率相等处，即对应偶合体系的总腐蚀速率 i_t 和总混合电位（电偶电位）E_g，E_g 处于两偶接金属自腐蚀电位之间。可以看出，由于偶合的结果导致自腐蚀电位低的金属N的腐蚀电流由 i_N

增加到 i'_N，就产生了阳极极化加速腐蚀；而自腐蚀电位高的金属 M 的腐蚀电流由 i_M 降低到 i'_M，得到了阴极极化的保护，此即电偶腐蚀的原理。通过偶接使高电位金属腐蚀速率减小甚至完全不发生腐蚀的效应，称为阴极保护效应。利用该原理，人们提出了牺牲阳极的电化学阴极保护技术，这方面的知识在腐蚀控制章节将进行专门介绍。

三、影响电偶腐蚀的因素

电偶腐蚀受多种因素影响，除了接触金属材料自身性质外，还受环境条件、阴极与阳极面积比等因素的影响。

1. 阴、阳极面积比的影响

阴极与阳极相对面积比对电偶腐蚀速率有重要的影响。阴、阳极面积比的比值愈大，阳极电流密度愈大，阳极金属腐蚀速率越大。在氢去极化腐蚀的情况下，阴极上的氢过电位与电流密度有关，阴极面积越大，电流密度越小，氢过电位也越小，越容易发生氢去极化，因而阳极腐蚀速率加快。在氧去极化腐蚀的情况下，若过程由氧离子化过电位所控制，则阴极面积的增大导致氧过电位降低，因而阳极腐蚀速率加快；如果过程由氧扩散所控制，则阴极面积增大能接受更多的氧发生还原反应，因而腐蚀电流也增大，由此导致阳极腐蚀加速。因此，生产实际中，小阳极和大阴极式的电偶结构是很危险的。在航空结构设计中，如果钛合金板用铝合金铆钉铆接，就属于小阳极大阴极结构，铝合金铆钉会迅速破坏（见图 6.5(a)）；反之，如果用钛合金铆钉铆接铝合金板，组成大阳极小阴极结构，尽管铝合金板受到腐蚀（见图 6.5(b)），但是整个结构破坏的速率和危险性较前者小。由于钛合金与铝合金在电偶序中相距较远，因此飞机结构设计中即使对于小阴极（钛合金）大阳极（铝合金）的情况也力求避免。新型飞机结构中已采用钛合金紧固件真空离子镀铝的方法，使钛-铝结构电位一致。

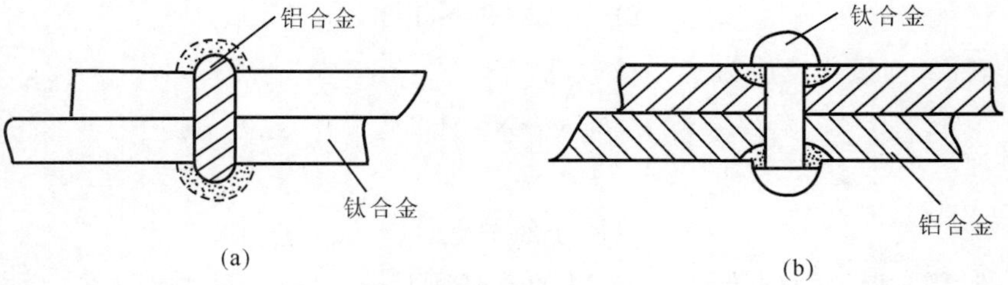

图 6.5　不同阴、阳极面积比时，电偶腐蚀形态差异

图 6.6 所示为海水中不同金属与钛接触时的腐蚀速率和不接触时的自腐蚀速率。由图 6.6所示不仅可以看出电偶腐蚀在整个腐蚀中所起的作用，而且可看到阴极与阳极面积比对电偶腐蚀的重要影响。当阳极与阴极面积比为 10∶1 时，各种金属的腐蚀主要表现为自腐

蚀，电偶腐蚀的影响作用较小；而当阳极与阴极面积比为 1∶10 时，电偶腐蚀占优势。

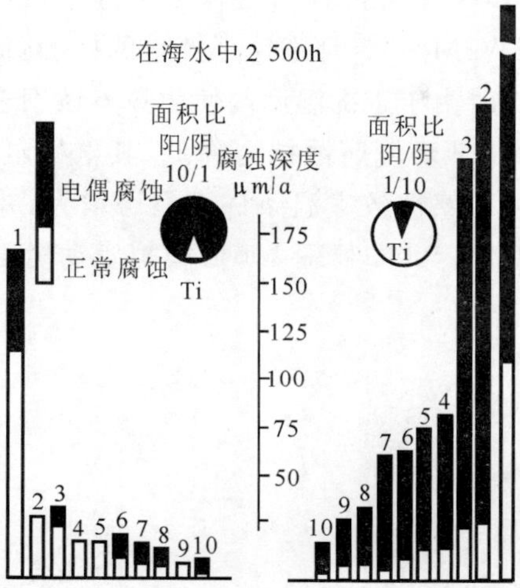

图 6.6　在海水中不同金属与钛偶接对腐蚀速率的影响

1—低碳钢；2—炮铜；3—铝；4—铜镍 70/30；5—铜镍 80/20；6—蒙乃尔(67/31/1/1)；7—ASTMβ171 合金 D；8—黄铜60/40；9—铝黄铜；10—不锈钢 18/8

2. 环境因素的影响与电偶极性的逆转

环境因素的性质如介质的组成、温度、电解质溶液的电阻、溶液的 pH 值、环境工况条件的变化等因素均对电偶腐蚀有重要的影响，不仅影响腐蚀速率，同一电偶对在不同环境条件下有时甚至会出现电偶电极极性的逆转现象。例如，在水中金属锡相对于铁来说为阴极，而在大多数有机酸中，锡对于铁来说成为阳极。温度变化可能改变金属表面膜或腐蚀产物的结构，也可能导致电偶电池极性发生逆转。例如，在一些水溶液中，钢与锌偶合时锌为阳极受到加速腐蚀，钢得到了保护，而当水的温度高于 80℃时，电偶的极性就发生逆转，钢成为阳极而被腐蚀，而锌上的腐蚀产物使锌的电位提高成为了阴极。溶液 pH 值的变化也会影响电极反应，甚至也会改变电偶电池的极性。例如，镁与铝偶合在稀的中性或弱酸性氯化钠水溶液中，铝是阴极，但随着镁阳极的溶解，溶液变为碱性，导致两性金属铝成为阳极。

由于在电偶腐蚀中阳极金属的腐蚀电流分布的不均匀性，造成电偶腐蚀的典型特征是腐蚀主要发生在两种不同金属或金属与非金属导体相互接触的边沿附近，而在远离接触边沿的区域其腐蚀程度通常要轻得多，据此很容易识别电偶腐蚀。电偶腐蚀影响的空间范围与电解质溶液的电阻大小有关。在高电导的电解质溶液中，电偶电流在阳极上的分布比较均匀，总的腐蚀量和影响的空间范围也较大；在低电导的介质中，电偶电流主要集中在接触边沿附近，总的腐蚀量也较小。

对于环境条件变化的实际工况，一定要注意分析接触金属表面状态的变化对电偶腐蚀敏感性的影响，不然可能会造成电偶腐蚀的隐患。例如，某航空发动机中固定钛合金压气机叶片的耐热不锈钢 1Cr11Ni2W2MoV 卡环的选材是依据常温条件下钛合金与耐热不锈钢的电偶序，但实际应用中，1Cr11Ni2W2MoV 卡环发生了严重的接触腐蚀损伤。对此笔者进行了实验研究和分析，发现发动机工作时由于工况温度高使耐热不锈钢表面发生选择性氧化，由此导致次表面层发生贫铬现象，耐 NaCl 环境腐蚀抗力降低，其电极电位比钛合金显著下降，因而耐热不锈钢-钛合金的电偶腐蚀敏感性较室温条件下显著增大，并以点蚀形态为特征（如图 6.7 所示，室温试样表面无明显腐蚀；400℃处理 100 h 模拟发动机压气机工况环境，试样发生严重电偶腐蚀）。

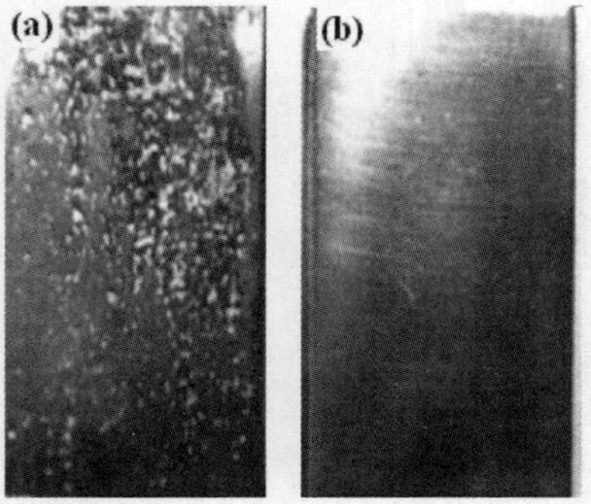

图 6.7　1Cr11Ni2W2MoV 钢与 TA7 钛合金在 NaCl 水溶液中电连接时表面腐蚀形态

(a)400℃处理 100h；(b)室温未处理

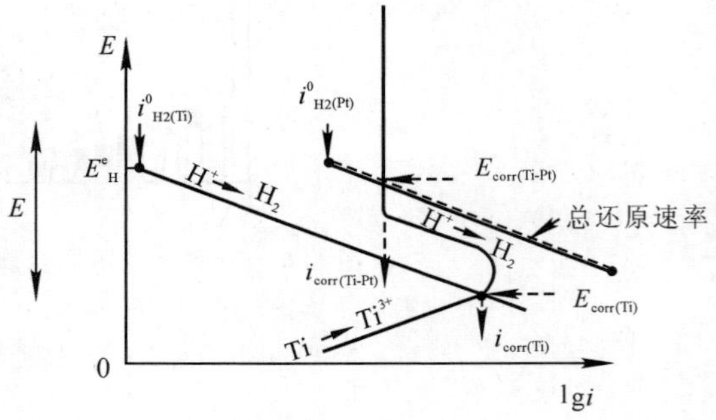

图 6.8　钛偶接铂后的自发钝化

3. 金属特性的影响

偶合金属材料的电化学特性会影响其在电偶序中的位置，从而改变偶合金属的电偶腐蚀敏感性（见图 6.6）。此处需要特别指出的是，对于像钛、铬等具有很强的、稳定的活化-钝化行为的材料，在某些特殊环境中，电偶偶合导致的阳极极化反而有可能使这类金属材料的腐蚀速率降低。例如，在非氧化性酸（硫酸或盐酸）中，钛的腐蚀由阴极氢离子还原所控制，此时钛处于活化腐蚀状态，其自腐蚀电位 $E_{corr(Ti)}$ 和自腐蚀电流 $i_{corr(Ti)}$ 如图 6.8 所示。在这种环境中氢离子在铂、铑、钯等金属上的还原速率高，因此，当钛与金属铂等电偶接时，其电偶电位升高到 $E_{corr(Ti-Pt)}$，而电偶电流 $i_{corr(Ti-Pt)}$ 低于原来的自腐蚀速率 $i_{corr(Ti)}$。即电偶合的结果不但未使低电位金属 Ti 的腐蚀速率增加，反而使其腐蚀速率降低。根据这一特殊行为，通过合金化的方法在钛中加入铂、铑、钯等金属元素，可以改进钛合金的抗腐蚀性能。例如，含 Pb 质量分数为 0.005的 Ti 在质量分数为 0.10 的沸腾硫酸和质量分数为 0.10 的盐酸中的腐蚀速率较纯 Ti 低 800～1 000 倍。

四、电偶腐蚀的控制措施

如前面所述，电偶腐蚀的产生必须具备三个基本条件，因此，实际中设法控制或排除产生电偶腐蚀的三个基本条件，即可达到控制电偶腐蚀破坏的目的。主要的技术措施如下：

(1)在设计时尽可能选用电位差小的金属材料相接触。一般工业中，当两金属的电位差小于 50 mV 时，电偶效应通常可以忽略不计；而对于安全性要求高的航空结构来说，通常规定接触金属的电位差必须小于 25 mV，即使这样往往还要采取其他必要的防护措施。此外，国内外均颁布了有关双金属电偶腐蚀敏感性分类的标准，如我国航空标准 HB5374 按电偶腐蚀敏感性增大的顺序将电偶腐蚀分为 A，B，C，D，E 五个级别，在结构设计时可参考有关标准和实际工况条件等因素确定相应的腐蚀控制方案。

(2)采用合理的表面处理技术。例如，钢零件镀锌、镀镉后才可与阳极化的铝合金零件接触；铆接铝合金板材结构的钛合金铆钉表面需要采用离子镀铝处理。对 1Cr11Ni2W2MoV 钢制备的航空发动机压气机零部件使用的固定卡环表面上镀镍或钝化处理，均可控制卡环与钛合金叶片及盘之间的电偶腐蚀。

(3)设计中应避免出现大阴极小阳极面积比的不合理结构。例如，在螺接或铆接结构中，螺栓、螺帽或铆钉材料的电极电位不应低于被连接构件材料的电极电位。

(4)在接触金属之间进行电绝缘处理，如放置绝缘衬垫(纤维纸板、硬橡胶、夹布胶木、胶粘绝缘带等)或涂绝缘胶。但是不允许用吸湿性强的棉花、毛毡、报纸及不涂漆的麻布作为绝缘材料，否则反而使之接触的金属发生强烈的腐蚀。

(5)设计时尽可能使处于阳极状态的部件易于更换或加大其尺寸，以延长寿命。

(6)采用阴极保护措施，使用耐蚀材料(如用 Cr17Ni2 耐热不锈钢取代 1Cr11Ni2W2MoV 钢作发动机压气机零部件用固定卡环，也可控制卡环与钛合金叶片及盘之间的电偶腐蚀)等。在许可的情况下，向环境介质中加入缓蚀剂，也可以达到控制接触金属电偶腐蚀的目的。

6.3　点腐蚀

一、点腐蚀的特征及产生条件

金属材料在某些环境介质中，经过一定的时间后，大部分表面不发生腐蚀或腐蚀很轻微，但在表面上个别点或微小区域内出现孔穴或麻点，且随着时间的推移，蚀孔不断向纵深方向发展，形成小孔状腐蚀坑，这种现象称为点腐蚀(Pitting Corrosion)，简称点蚀(Pitting)。由于蚀点最终发展成腐蚀孔洞，因此又称为小孔腐蚀或孔蚀。

点蚀是一种隐蔽性强、破坏性大的局部腐蚀形式，通常因点蚀造成的金属质量损失很小，但设备常常由于发生点蚀而出现穿孔破坏，造成介质泄露，甚至导致重大危害性事故发生。点蚀通常发生在易钝化金属或合金表面，并且腐蚀环境中往往有侵蚀性阴离子（最常见的是Cl^-）和氧化剂同时存在。例如，由不锈钢或铝、钛及其合金制成的设备，在含有氯离子及其他一些特定离子的介质环境中，很容易产生点蚀破坏。碳钢在含氯离子的水中由于表面氧化皮或锈层存在孔隙，也会发生点腐蚀。另外，当金属材料表面上镀上阴极性防护镀层时（如钢上镀 Cr，Ni，Sn，Cu 等），如果镀层上出现孔隙或其他缺陷而使基材露出，则大阴极（镀层）-小阳极（孔隙处裸露的基体金属）腐蚀电池将导致基体金属上孔蚀的发生。

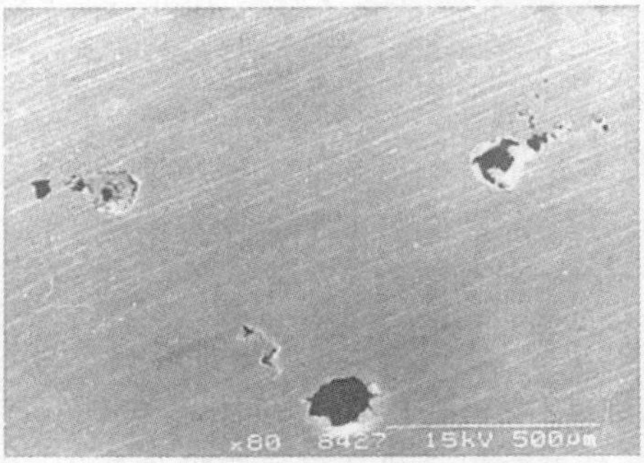

图 6.9　UNSS30403 不锈钢在 $w_{NaCl}=0.035$ 水溶液中形成的点蚀坑形貌

从表面上看，点蚀坑多数被腐蚀产物所覆盖，呈闭口形式，但也有开口式的，如图 6.9 所示。孔口直径一般等于或小于孔的深度，大小通常在数十微米到数百微米范围。点蚀坑的剖面形貌一般呈现图 6.10 所示的几种类型，具体形状由金属材料的性质、组织结构、环境条件等因素决定。点蚀坑的发展通常受重力的影响，多数情况是从水平表面向下生长，少数在垂直的表面上发展，极少情况是从材料朝下的表面向上生长。

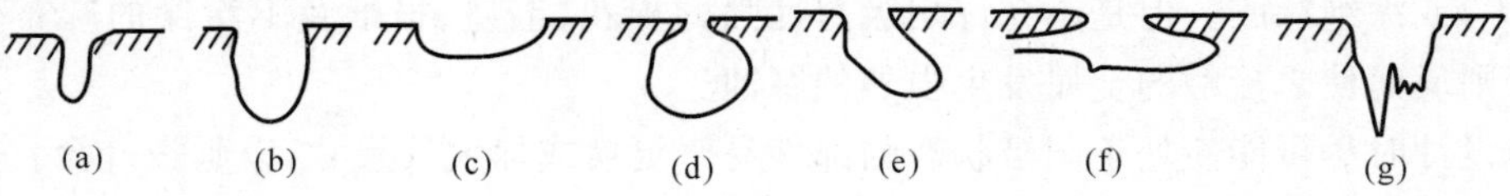

图 6.10　点蚀坑的各种剖面形貌（ASTM G46－76）

(a)楔形窄而深的孔坑；(b)椭圆形长圆形孔坑；(c)盘蝶形宽浅形（蝶形）孔坑；
(d)皮下变形闭口孔坑；(e)掏蚀形切向孔坑；(f)水平不定型孔坑；(g)垂直不定型孔坑

金属点腐蚀的产生需要在某一临界电位以上，该电位称做点蚀电位或击穿电位（Breakdown Potential，记为 E_b）。点蚀电位 E_b 的测量可以利用动电位扫描法，即以较缓慢的速率使金属电极的电位升高，当电流密度达到某一预定值时，立即回扫，这样可以得到“滞后环”状阳极极化曲线（如图 6.11 所示，易钝化金属在多数情况下表现出这种滞后现象）。点蚀电位 E_b 对应着金属阳极极化曲线上电流迅速增大的位置，即钝化遭到破坏产生了局部点腐蚀。正、反向极化曲线交点对应的电位 E'_p 称为保护电位（也叫再钝化电位）。当金属的电位低于 E'_p 而仍处于钝化区时，不会生成点蚀孔；当金属的电位处于 $E_b \sim E'_p$ 之间时，不会形成新

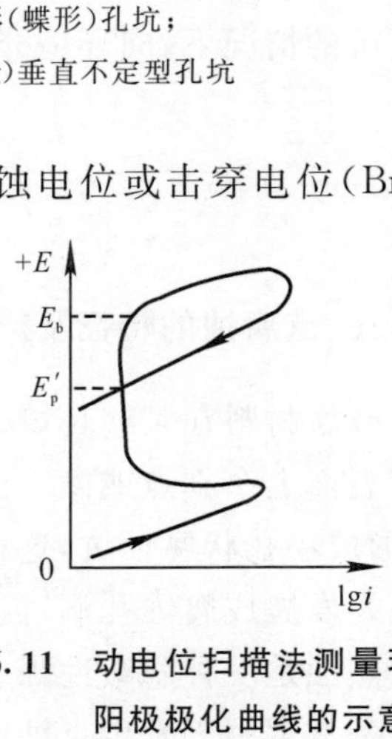

图 6.11　动电位扫描法测量环状阳极极化曲线的示意图

的点蚀孔，而已有的点蚀孔会继续长大；当金属的电位高于 E_b 时，不仅已形成的点蚀孔会继续长大，而且将形成新的点蚀孔。点蚀电位 E_b 越高，从热力学上讲金属的点蚀倾向越小；而 E_b 与 E'_p 越接近，则表明金属钝化膜的修复能力越强。

点腐蚀过程包括孕育（萌生）和发展两个阶段，孕育（或诱导）期长短不一，有的情况需要几个月，有的情况则达数年之久。有时因环境条件的改变，已生成的点蚀坑会停止长大，当环境条件进一步变化时，可能又会重新发展。由于点蚀是一种破坏性和隐蔽性很大的局部腐蚀，一般很难预测，同时，点蚀常常又是机械设备应力作用下腐蚀破坏裂纹的萌生源，因此，研究材料点腐蚀的行为、机理及控制技术途径，具有十分重要的实际意义。

二、点蚀的机理

1. 点蚀的萌生

点蚀的发生首先是在金属表面的某些敏感位置（点蚀源处）形成点蚀核，即萌生点蚀孔。生成第一个或最初几个蚀点所需要的时间称为点蚀萌生的诱导期（或孕育期），用 τ 表示。

点蚀过程是由内因（金属材料的成分和组织结构、表面状态等因素）和外因（环境介质的成分和温度等因素）共同影响的，如第 5 章所述环境中侵蚀性阴离子（如 Cl^-）对钝化膜的破坏常常是诱发点蚀核形成的关键因素。点蚀核的萌生实质上就是钝化膜的局部破坏过程，破坏的原因有化学的或机械的作用，化学作用的模型目前尚无统一的认识，较为典型的有穿透模型、吸附模型和钝化成相膜局部破裂模型等。下面仅以纯金属为对象作简要描述，对于合金，夹杂物和第二相粒子等对点蚀核的形成将起协同作用。

(1)穿透模型。如图 6.12(a)所示，腐蚀性阴离子穿过钝化膜，迁移到金属/氧化物界面，促进了金属的腐蚀性溶解和钝化膜的局部破坏。或者说侵蚀性阴离子（如 Cl^-）在氧化膜阻挡层外表面吸附和结合引起氧化膜内阳离子空位形成，这些空位扩散到金属/氧化物界面，加速金属基体原子的溶解（形成阳离子填充阳离子空位）。如果空位流大于氧化生成的金属阳离子填充速率，则一些空位将集结在金属/氧化膜界面上形成孔洞，导致点蚀坑萌生。

(2)吸附模型。在钝化章节中已经知道，处于钝态的金属仍有一定的反应能力，钝化膜以很低的速率 $i_{钝化}$ 发生溶解，且溶解和修复（再钝化）处于动态平衡状态。点蚀的发生是由于氯化物与氧的竞争吸附促进局部加速溶解的结果（见图 6.12(b)），氯离子和钝化膜中的阳离子结合成可溶性氯化物，结果在新露出的基体金属的特定点上，因侵蚀性阴离子的吸附而生成小蚀孔。

(3)钝化膜局部破裂模型。如图 6.12(c)所示，一方面由于机械应力可导致钝化膜薄弱环节处破裂；另一方面，当有害的阴离子吸附到钝化膜表面，由于同号吸附离子间的静电相互排斥，降低了在溶液界面处的表面张力，当应力足够大时，钝化膜破裂。有害的阴离子将促进暴露出的基体金属的局部溶解，尽管该处的膜修复仍然会存在，但溶解速率大于再钝化速率，结果导致形成点蚀核。有人还将膜渗透机理与膜破裂机理结合起来说明点蚀的萌生，认为氯离子穿过钝化膜，迁移到金属/氧化物界面，形成金属氯化物相，其较大的比体积导致外面覆盖的氧化物膜开裂。

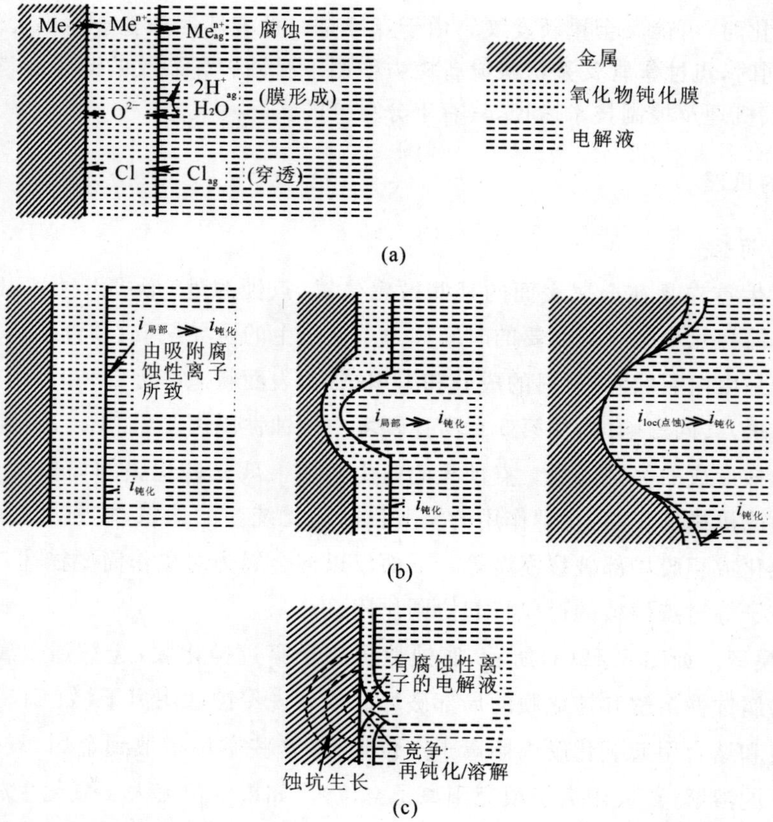

图 6.12　点蚀萌生模型示意图

(a)穿透模型；(b)吸附模型；(c)钝化膜局部破裂模型

对于不同的金属/环境体系，点蚀孔可能以上述某一种机理模型或混合型机理模型萌生。同时点蚀核既可在光滑的钝化金属表面上萌生，更易在金属或合金表面层中包含的某些化学上的不均匀位置或物理上的缺陷处萌生。这些化学或物理的不均匀位置具体包括：

(1)化学不均匀位置：金属基体与非金属夹杂物（如钢中的硫化物夹杂等）之间的界面区、化学活性大的夹杂物本身，晶界上杂质偏析或沉积质点（如铬的碳化物等），金属间化合物质点（如铝，钛及其合金中的 $FeAl_3$，Ti_3Al_2 等），合金中的相界（如钢中 δ 和 γ 相界），第二相沉淀等。

(2)物理不均匀位置：钝化膜缺陷、机械划痕或裂纹，氧化膜裂隙，孔穴、位错露头或滑移线(位错是单晶体点蚀成核的重要原因)。

上述位置是电化学的活性位置，侵蚀性阴离子更容易在这些部位吸附，促进钝化膜的破坏，造成大阴极(钝化膜完整区)-小阳极(钝化膜局部破坏区)的加速局部腐蚀而导致点蚀核形成。

在大多数情况下，蚀核将继续长大，当长大至一定临界尺寸(一般孔径大于 30 μm)时，金属表面出现宏观蚀坑。在外加阳极极化条件下，环境介质中只要含有一定量的氯离子便可能使点蚀核发展成蚀孔。在自然腐蚀的条件下，含氯离子的介质中若有溶解氧或阳离子氧化剂(如 Fe^{3+})，也可使点蚀核长大成蚀孔，因为氧化剂可使金属的腐蚀电位上升至点蚀临界电位 E_b 以上。上述原因一旦使蚀孔形成后，点蚀的发展是很快的。

点蚀的孕育期 τ 的长短取决于介质中的阴离子浓度、pH 值、金属的纯度和表面完整性、外加极化电位等因素。对于给定的金属而言，随着 Cl^- 浓度的增加或外加电位的升高，τ 减少。在高于点蚀电位 E_b 的恒电位下，τ 取决于 Cl^- 的浓度。例如，对于含钼量不同的 Cr18Ni14xMo 不锈钢/NaCl 溶液体系，τ 与 Cl^- 浓度存在如下的定量关系，即

$$\frac{1}{\tau}=K(c_{Cl^-}-c^*_{Cl^-}) \tag{6.3}$$

式中，K 为系数；$c^*_{Cl^-}$ 为临界 Cl^- 浓度，在此浓度下，不发生点蚀。

2. *点蚀的发展*

点蚀的发展机理目前也有多个模型，被人们普遍接受的是蚀孔内自催化机制，或闭塞腐蚀电池(Occluded Corrosion Cell)作用。下面以不锈钢在充气的含 Cl^- 的中性介质中的腐蚀过程为例，来讨论点蚀孔的发展过程。

如图 6.13 所示，点蚀孔一旦形成，孔内金属处于局部活化状态(电位较低)，为阳极；点蚀孔外大片表面仍处于钝化状态(电位较高)，为阴极。于是蚀孔内外构成了小阳极-大阴极组成的活化-钝化电池，使蚀孔加速发展。

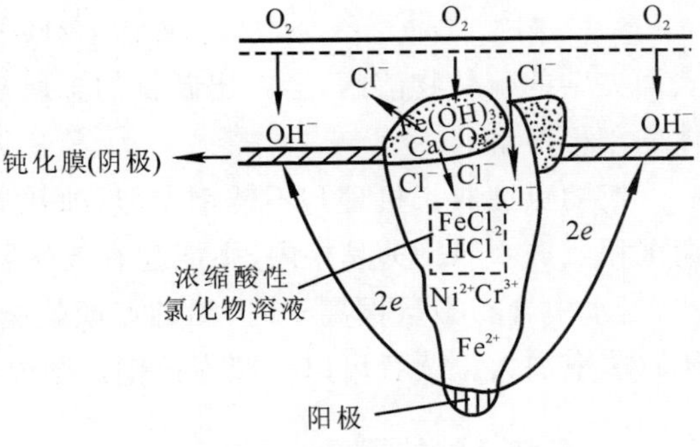

图 6.13　不锈钢在充气含 Cl^- 中性介质中的点蚀示意图

点蚀孔发展的最初阶段，在蚀孔内发生金属的阳极溶解，主要生成 Fe^{2+}，此外还会有 Cr^{3+}，Ni^{2+}。其反应为

$$Fe \longrightarrow Fe^{2+}+2e$$

$$Cr \longrightarrow Cr^{3+}+3e$$

$$Ni \longrightarrow Ni^{2+}+2e$$

而在相邻的孔口外表面上，发生阴极还原反应，即

$$O_2+2H_2O+4e \longrightarrow 4OH^-$$

孔口处 pH 值的增高和孔内金属离子 Fe^{2+} 的外迁，产生二次反应，即

$$Fe^{2+}+2OH^{-}\longrightarrow Fe(OH)_2$$

$$4Fe(OH)_2+2H_2O+O_2\longrightarrow 4Fe(OH)_3\downarrow$$

$Fe(OH)_3$在点蚀孔口沉积形成多孔的蘑菇状硬壳层，使点蚀孔内形成一个闭塞区，限制了孔内外物质的交换，孔内介质相对孔外介质呈滞留状态。孔内缺氧，孔外富氧，从而形成氧浓差电池，进一步加速孔内金属的离子化过程。孔内金属阳离子 Fe^{2+} 等浓度不断增大，结果为保持电中性，蚀孔外阴离子 Cl^- 向孔内迁移，造成孔内 Cl^- 浓度增高（如 1Cr18Ni12Mo2Ti 不锈钢点蚀孔内 Cl^- 浓度可达 6～12 $mol\cdot L^{-1}$，高出孔外一个数量级以上），并与孔内 Fe^{2+} 等形成高浓度的氯化物 MCl（$FeCl_2$，$NiCl_2$，$CrCl_3$ 等）。Fe^{2+} 和氯化物在蚀孔内发生水解反应，即

$$Fe^{2+}+H_2O\longrightarrow FeOH^{+}+H^{+}$$

$$MCl+H_2O\longrightarrow MOH\downarrow+H^{+}+Cl$$

由此导致蚀孔内 pH 值降低（通常使 pH 值降低到 2～3，甚至趋于 0），加之 Cl^- 活化作用，促使孔内加速阳极溶解。这种由闭塞电池引起孔内酸化加速腐蚀的作用，称为自催化酸化作用。自催化作用可使孔内-孔外电池的电极电位差达 100 mV 量级，加上重力的作用，构成了蚀孔具有深挖的能力。而孔外大片面积处于钝化的阴极状态，同时又受到蚀孔内阳极过程所释放的电子的阴极保护作用，因而抑制了蚀孔周围的全面腐蚀。

综上所述可以看出，大阴极-小阳极电池、孔内外氧浓差电池、闭塞电池自催化酸化作用等构成了点蚀发展过程的推动力。

碳钢的点蚀成长机理与不锈钢基本类似，不同的是硫化物夹杂对点蚀坑的形成和发展起到一定的作用。硫化物相对于钢基体为阳极，点蚀自硫化物/碳钢界面处萌生，向基体一侧发展。点蚀孔内的自催化酸化作用导致夹杂的硫化物（如 MnS）溶解，即

$$MnS+2H^{+}\longrightarrow H_2S+Mn^{2+}$$

表面夹杂的硫化物溶解，会露出新鲜的金属基体，同时产生浓缩的 H_2S 酸性溶液区，加速铁基体的阳极溶解。

铝的点蚀成长机理与不锈钢类似，蚀孔周围的 Al_2O_3 钝化膜起大阴极作用。铝表面若有铜沉积或嵌入 Al_2O_3 晶格内，则能起有效的阴极作用，加快在它上面的溶解氧的还原过程，因此，当水中含有微量铜离子时，铝的点蚀就能迅速发生。金属间相 $CuAl_2$ 或 $FeAl_3$ 等也使氧的还原速率加大。读者可以参照不锈钢点蚀成长模型给出铝点蚀成长的机理示意图。

三、影响点蚀的因素

点蚀受材料因素（金属的本性、合金成分、表面状态、冷加工、热处理、显微组织等）和环境条件（环境介质成分、pH 值、温度、介质流速、极化电位等）共同影响。

1. 材料因素

（1）金属本性与合金元素的影响。金属的本性对其点蚀敏感性有着重要的影响，通常具有自钝化特性的金属或合金，对点蚀的敏感性较高。表 6.2 列出了几种常见金属在 25℃，

0.1 mol/LNaCl水溶液中的点蚀电位。材料的点蚀电位越高，说明耐点蚀能力越强。从表中可以看出，对点蚀最为敏感的是铝，抗点蚀能力最强的是钛。

表 6.2　在 25℃，0.1mol/L NaCl 水溶液中某些金属的点蚀电位 E_b

金属	Al	Fe	Ni	Zr	Cr	Ti	Fe-Cr ($w_{Cr}=0.12$)	18Cr-8Ni	Fe-Cr ($w_{Cr}=0.30$)
E_b/V	−0.45	0.23①	0.28	0.46	1.0	12	0.20	0.26	0.62

①在 0.01 mol/L NaCl 水溶液中。

铝及其合金易在含卤素离子的电解质环境中遭受点腐蚀，其点蚀敏感性与氧化膜的状态、第二相的存在、合金的退火温度及时间等因素有关。固溶状态的 Al-Cu 合金的点蚀电位随 Cu 含量的增加而朝正方向移动，但当合金中有 $CuAl_2$ 相析出时，点蚀倾向则会增大。采用真空溅射或离子注入的方法获得含 Cr，Mo，Ti，Ta，Nb 等非平衡铝合金改性层，可使其抗点蚀能力显著提高。将 Sn 和 Zn 等加入到铝中，可增加其点蚀敏感性。

铁如果处于钝态，且环境介质中含有 Cl^-，Br^-，I^- 或 ClO_4^-，则它在酸性、中性或碱性溶液中均会遭受点腐蚀。增加不锈钢抗点蚀能力最有效的合金元素是 Cr 和 Mo，其次是 Ni。钢中 Cr 含量增加，提高了表面钝化膜的稳定性。Mo 的作用有多种解释，通常认为是 Mo 形成可溶性钼酸盐，吸附在金属表面的活性位置，从而抑制了金属的溶解。另外，V，Si，N，Re 等元素对提高不锈钢在氯化物溶液中的抗点蚀性能也是有益的，而 Mn，S，Ti，Nb，Te，Se 等是有害元素，B，C，Cu 的影响则视在钢中的状态而定。

钛及其合金在含卤素离子的溶液中，对点蚀有很高的稳定性。钛的点蚀仅发生在高浓度氯化物的沸腾溶液中（如 $w_{MgCl_2}=0.42$，$w_{CaCl_2}=0.61$，$w_{ZnCl_2}=0.86$，$w_{BaCl_2}=0.30$ 和 $NiCl_2$ 等），w_{HCl} 为 0.002 的 $C_2H_5OH-H_2O$ 溶液中，以及非水溶液中（如加有少量水的溴化甲溶液中）。铝对钛的点蚀抗力有不利的影响，而 Mo 的加入可使其点蚀电位升高。

(2)表面状态与加工硬化的影响。当金属表面存在均质致密的钝化膜时，点蚀的抗力随着钝化膜厚度增加而提高。孔隙率高的钝化膜加速点蚀的萌生。当金属表面存在 n 型氧化膜时，其点蚀敏感性高；而当被 p 型氧化膜覆盖时，其点蚀敏感性则较低。

表面精整处理对点蚀有一定的影响。电解抛光或机械抛光能够提高钢的抗点蚀能力，一般光滑、清洁的表面抗点蚀能力高，而积有灰尘或有金属和非金属杂质的表面，易产生点蚀。

位错在金属材料表面露头处，容易萌生点蚀坑，因此增加位错密度的冷加工变形处理可以增大点蚀趋势，提高点蚀密度，但一般对点蚀电位影响不大。

(3)热处理与组织结构的影响。奥氏体不锈钢敏化热处理促进富 Cr 的碳化物 $M_{23}C_6$ 沿晶析出，导致临近区域贫 Cr，从而会提高其点蚀敏感性。σ 相和 δ 铁素体对不锈钢的点蚀抗力也是有害的。对奥氏体不锈钢进行固溶处理后，可提高其抗点蚀能力。

对含 Cu 和 Mg 的铝合金进行时效处理，可促进 Al_2CuMg 相析出，导致合金表面上生成有缺陷的氧化膜，点蚀核容易在这些有沉积物质点的氧化膜缺陷处形成，因此点蚀的敏感性增大。

金属材料中夹杂物(如钢中的硫化物、Al_2O_3及Cr_2O_3等夹杂)与晶界是点蚀容易形核的地点。晶界因存在晶界吸附的不均匀性和结构的不均匀性,导致细晶点蚀的趋势通常较大。

2. 环境因素

(1)环境介质成分的影响。多数金属材料的点蚀破坏易发生在含有卤素阴离子(特别是氯离子)的溶液中。铁、镍、铝、钛、锆及其合金在含Cl^-的溶液中,均可能产生点蚀。对于铁和铝基合金而言,Cl^-的侵蚀性高于Br^-和I^-;对于钛和钽而言,情况刚好相反。ClO_4^-可以引起铁、铝、锆的点蚀。除Cl^-,Br^-外,$S_2O_3^{2-}$也会使不锈钢产生点蚀。SO_4^{2-}引起铁活化-钝化电位区点腐蚀,而抑制钝化区Cl^-引起的点蚀。铜对SO_4^{2-}的点蚀敏感性高于对Cl^-,Cl^-和SO_4^{2-}浓度对铜点蚀倾向的影响与对不锈钢点蚀的影响则相反。

含侵蚀性卤素离子的介质中若含有去极化较有效的阳离子,如Fe^{3+},Cu^{2+},Hg^{2+}等,则可以加速点蚀,因此,实际中常用的加速点蚀的试剂中含有Fe^{3+}。例如,$FeCl_3$对不锈钢的点腐蚀是极为严重的,当w_{FeCl_3}为0.10时,使18－8不锈钢在几小时内就会产生严重的点腐蚀。

点蚀在卤素离子浓度等于或超过某一临界值(临界浓度)时才能发生,因此一般采用产生点蚀的最小Cl^-或Br^-或I^-浓度作为评定点蚀趋势的一个参量。点蚀电位E_b(SCE)与卤素离子的浓度c_{x^-}之间存在一定的定量关系。例如,对于Cr17(SUS430)不锈钢有如下关系:

$$E_b^{Cl^-} = -0.084\lg c_{Cl^-} + 0.020$$

临界卤素离子浓度值的大小与金属或合金的本性、热处理、介质温度、其他阴离子(如OH^-,SO_4^{2-})和氧化剂(如O_2,H_2O_2等)的特性有关。

许多含氧的非侵蚀性阴离子,例如NO_3^-,CrO_4^{2-},SO_4^{2-},OH^-,CO_3^{2-},Ac^-等,添加到含Cl^-的溶液中时,都可起到点蚀缓蚀剂的作用,使点蚀电位正移、诱导期延长、孔蚀率减少。例如,对于18－8不锈钢,缓蚀效果按下列顺序而递减,即

$$OH^- > NO_3^- > Ac^- > SO_4^{2-} > ClO_4^-$$

非侵蚀性阴离子的作用可用竞争吸附学说解释,即在阳极极化电位下,这些阴离子在金属氧化物表面上发生竞争性吸附,置换出表面的Cl^-而使点蚀受到抑制。

(2)溶液pH值的影响。当溶液的pH值低于10时,对二价金属,如铁、镍、镉、锌和钴等,其点蚀电位与pH值几乎无关;当高于此pH值时,点蚀电位升高。各类不锈钢的点蚀电位与pH值的关系也有类似的情况。在pH值高于10的碱性溶液中,点蚀电位明显正移,不锈钢点蚀的临界Cl^-浓度随pH值的提高而增加。强碱性溶液中点蚀电位升高据认为是OH^-的钝化能力所致。在弱酸性溶液中,pH值影响小,如18－8不锈钢点蚀电位在pH＝4～9之间无变化。在强酸性溶液中,金属易发生严重的全面腐蚀,而不是点蚀。对于三价金属,例如铝,发生点蚀的条件及点蚀电位都不受溶液pH值的影响,这是由铝离子水解的各步骤的缓冲作用所致。

(3)环境温度和介质流动性的影响。温度升高时,氯等侵蚀性离子在不锈钢等金属表面的积聚和化学吸附增加,导致钝态破坏的活性点增多,点蚀电位降低,点蚀密度增加。温度过高

(如对 Cr18Ni9 钢,温度高于 200℃)时,点蚀电位又升高,这可能是由于温度升高,参与反应的物质的运动速率加快,使蚀孔内反应物的积累减少及氧溶解度下降的缘故。

一般来讲,溶液的流动对抑制点蚀具有一定的有益作用。通常认为介质的流速对点蚀的减缓起双重作用,一方面流速增大有利于溶解氧向金属表面输送,使钝化膜易于形成;另一方面可减少沉积物在金属表面沉积的机会,抑制局部点蚀的发生。流速通常对点蚀电位影响不大,但是对点蚀密度和深度有明显的影响,而流速过高则可能会引起冲击腐蚀。

四、点蚀敏感性的试验评定方法*

点蚀敏感性的试验评定方法可分为化学浸泡法、电化学测量法和现场试验法三类。

化学浸泡法是将板状试样磨光、除油、清洗、干燥、称重后浸泡到腐蚀溶液中,一定时间后取出试样进行评定。耐点蚀性能评定的判据可以选择点蚀坑深度、点蚀密度、腐蚀率(失重)等指标。将腐蚀率和蚀孔特征(分布、密度、形状、尺寸、深度等)综合起来,并借助统计学的方法评定材料的点蚀敏感性则更为全面和科学。点蚀对容器等设备的贯穿程度可以用点蚀系数(或点蚀因子)来表示,即

$$\text{点蚀系数}=\frac{\text{最大腐蚀深度}}{\text{平均腐蚀深度}} \tag{6.4}$$

化学浸泡法选用的腐蚀溶液是根据材料的种类确定的。三氯化铁腐蚀溶液被用于检验不锈钢及含铬的镍基合金在氯化物介质中的耐点蚀性能,此法已列入我国国家标准 GB4334.7(不锈钢三氯化铁腐蚀试验方法)和美国材料试验学会(ASTM)标准(ASTM G48)中。ASTM G46 标准中则对点蚀密度、大小和深度进行了分级,并给出了标准样图。

电化学测量法是利用电化学测试仪器测量点蚀特征电位(E_b 和 E_p)、电化学噪声(电极电位或电流密度的随机波动现象)等,用以评价材料的点蚀敏感性。用于测量点蚀电位的方法有控制电位法(如动电位法、恒电位下的电流-时间曲线法)和控制电流法(动电流法、恒电流下的电位-时间曲线法)。值得指出的是:点蚀电位值与测量方法有关,为相互比较起见,测量时,应采用相同的规范。动电位扫描法测量临界点蚀电位应用得较为广泛,且对于不锈钢点蚀电位的测量已颁布了国标(GB 4334.9),下面对此方法作简要介绍,以供参考。

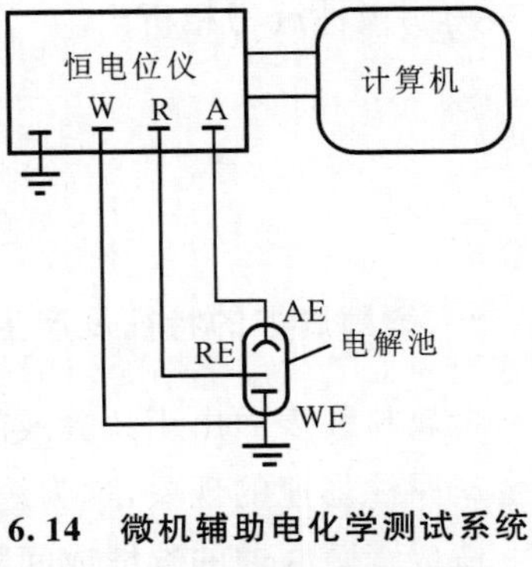

图 6.14　微机辅助电化学测试系统

WE—工作电极;AE—辅助电极;
RE—参比电极

将打磨好的不锈钢试片放入利用高纯氮或氩脱氧的质量分数为 0.035 的 NaCl 水溶液中。试验温度控制为(30±1)℃。从自腐蚀电位开始,以近似于 20 mV/min 的扫描速率进行阳极极化曲线的测量,直至阳极电流密度达到 500～1 000 $\mu A/cm^2$ 为止。电路图如图 6.14 所示。点蚀电位对应阳极极化曲线上电流急剧增加的位置(见图 6.11),实际中这一位置较难准确地确定,因此,通常的做法是在

阳极极化曲线上对应于电流密度为 10 $\mu A/cm^2$ 或 100 $\mu A/cm^2$ 的电位值中，取其最高的电位值来表示点蚀电位（并分别用符号 E'_{b10} 或 E'_{b100} 表示）。试验中试样的封装十分关键，必须排除电偶腐蚀和缝隙腐蚀的影响。

五、点蚀的控制措施

控制点蚀的基本措施应从材质、环境、结构、表面处理等几个方面考虑，具体措施如下：

(1)合理选择耐蚀材料。钛及其合金在通常环境中具有优异的抗点蚀性能，在其他性能和经济条件许可的情况下应尽可能选用。对于不锈钢材料，适当增加抗点蚀有效的合金元素如 Cr，Mo，N，Si 等，而降低 Mn，S 等有害杂质元素，可以显著提高其抗点蚀性能。对于铝合金，降低那些能生成沉淀相的金属元素（如 Si，Fe，Cu 等），以减少局部阴极，或加入 Mn，Mg 等合金元素，能与 Fe，Si 等形成电位较负的活泼相，均能起到提高抗点蚀能力的效果。

(2)降低环境的侵蚀性。降低环境中的 Cl^-，Br^- 等侵蚀性阴离子浓度，尤其是避免其局部浓缩；避免氧化性阳离子；降低环境温度；使溶液处于一定速率的流动状态。添加合适的缓蚀剂对于循环体系是十分有效的方法，如对于不锈钢可以选硫酸盐、硝酸盐、钼酸盐、铬酸盐、磷酸盐、碳酸盐等缓蚀剂。需要注意的是，铬酸盐、亚硝酸盐等阳极钝化型缓蚀剂用作控制点蚀时是危险型缓蚀剂，其用量应严格控制，或应与其他缓蚀剂复配。

(3)电化学保护。对于金属设备、装置采用电化学保护措施，将电位降低到保护电位 E_p 以下，使设备金属材料处于稳定的钝化区或阴极保护电位区。

(4)表面处理和改善热处理制度。使用钝化处理和表面镀镍可以提高不锈钢的抗点蚀性能；包覆纯铝可以提高铝合金的抗点蚀性能；在金属表面注入铬、氮离子也能明显改善合金抗点蚀的能力。对于不锈钢，应避免敏化热处理；对于铝合金，应避免在 500℃ 左右退火，以防止过多的阴极性沉积相析出。

6.4　缝隙腐蚀

一、缝隙腐蚀的特征及产生条件

金属材料表面由于狭缝或间隙的存在，腐蚀介质的扩散受到了很大的限制，由此导致狭缝内金属腐蚀加速的现象，称为缝隙腐蚀（Crevice Corrosion）。

造成缝隙腐蚀的狭缝或间隙的宽度必须足以使腐蚀介质进入并滞留其中，所以缝隙腐蚀通常发生在 0.025～0.1 mm 的缝隙中。而在那些宽的沟槽或宽的缝隙中，因腐蚀介质畅流而一般不发生缝隙腐蚀损伤。缝隙腐蚀是一种很普遍的局部腐蚀，在许多设备或构件中缝隙往往不可避免地存在着，如板材之间的搭接处、法兰连接面之间、螺母压紧面之间，以及铆钉头、焊缝气孔、焊渣、溅沫、锈层、污垢等与金属的接触面上(见图 6.15(a)～(d))。

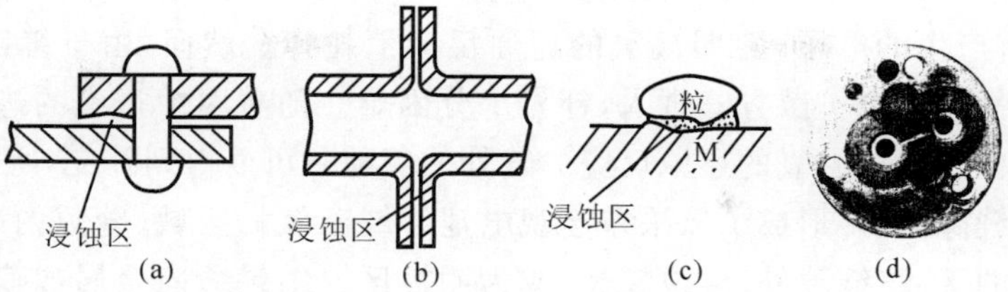

图 6.15　缝隙腐蚀示意图及实际形态

(a)铆接；(b)法兰连接；(c)污垢沉积；(d)水泵法兰连接实物

金属的缝隙腐蚀表现出如下主要特征。

(1)不论是同种或异种金属的接触还是金属同非金属(如塑料、橡胶、玻璃、陶瓷等)之间的接触,只要存在满足缝隙腐蚀的狭缝和腐蚀介质,都会发生缝隙腐蚀,其中以依赖钝化而耐蚀的金属材料更容易发生。

(2)几乎所有的腐蚀介质(包括淡水)都能引起金属的缝隙腐蚀,而含有氯离子的溶液通常是缝隙腐蚀最为敏感的介质。

(3)与点蚀相比,对同一种金属或合金而言,缝隙腐蚀更易发生。通常,缝隙腐蚀的电位比点蚀电位低。

(4)遭受缝隙腐蚀的金属表面既可表现为全面性腐蚀,也可表现为点蚀形态。耐蚀性好的材料通常表现为点蚀型,而耐蚀性差的材料则为全面腐蚀型。

(5)缝隙腐蚀存在孕育期,其长短因材料、缝隙结构和环境因素的不同而不同。缝隙腐蚀的缝口常常为腐蚀产物所覆盖,由此增强缝隙的闭塞电池效应。

缝隙腐蚀的结果会导致部件强度的降低,配合的吻合程度变差。缝隙内腐蚀产物体积的增大,会引起局部附加应力,不仅使装配困难,而且可能使构件的承外载能力降低。

二、缝隙腐蚀的机理

金属离子浓差电池和氧浓差电池(或充气不均匀电池)是早期阐述缝隙腐蚀机理的较为重要的两种理论。目前普遍为大家所接受的缝隙腐蚀机理则是氧浓差电池和闭塞电池自催化效应共同作用的结果。现以铆接金属(如铁或钢)板材在充气海水中发生缝隙腐蚀过程(见图 6.16)为例,介绍这一机理模型。

在腐蚀初期,金属材料缝隙内、外整个表面都与含氧溶液相接触,所以电化学腐蚀的阴极和阳极反应均匀地发生在缝隙内部及外部的整个表面上(见图 6.16(a))。阳极反应为金属的离子化,即

$$M \longrightarrow M^{n+} + ne$$

阴极反应为氧还原，即

$$O_2+2H_2O+4e \longrightarrow 4OH^-$$

金属阳极溶解产生的电子，随即被氧的还原反应消耗掉。然而，由于缝隙几何因素的限制，缝内溶液中的氧只能以扩散方式进入，补充十分困难。随着腐蚀过程的进展，缝内的氧很快就耗尽了，从而中止了缝内氧的还原反应。缝外的氧随时可以得到补充，所以氧还原反应继续进行，由此导致缝隙内、外形成了氧浓差宏观电池。缺乏氧的区域（缝隙内）电位较低，成为阳极区；氧易到达的区域（缝隙外）电位较高，成为阴极区。结果缝内金属加速溶解，金属离子 M^{n+} 在缝内不断积累、过剩，从而吸引缝外溶液中负离子（如 Cl^-）迁入缝内，以维持电荷平衡，造成 Cl^- 在缝隙内富集（如 Cl^- 含量比整体溶液中可高出 3～10 倍）。缝隙内，由于金属离子的浓缩和 Cl^- 的富集，生成可溶性金属氯化物。金属氯化物在水中水解成不溶的金属氢氧化物和游离酸。以二价金属为例，有如下反应，即

$$MCl_2+H_2O \longrightarrow M(OH)_2\downarrow+2H^+Cl^-$$

其结果使缝隙内溶液 pH 值下降，可达 2～3，即造成缝隙内溶液酸化。这种酸性和高浓度 Cl^- 进一步促进了缝内金属的阳极溶解。阳极的加速溶解又引起更多的 Cl^- 从缝外向缝内迁入，氯化物的浓度增加，氯化物的水解又使介质酸化。如此循环往复，形成了一个闭塞电池自催化过程，导致缝内金属的溶解不断加剧。当缝隙内腐蚀增加时，缝隙口邻近表面的阴极过程（氧的还原）速率增加（见图 6.16(b)），因此外部表面得到了一定程度的阴极保护。

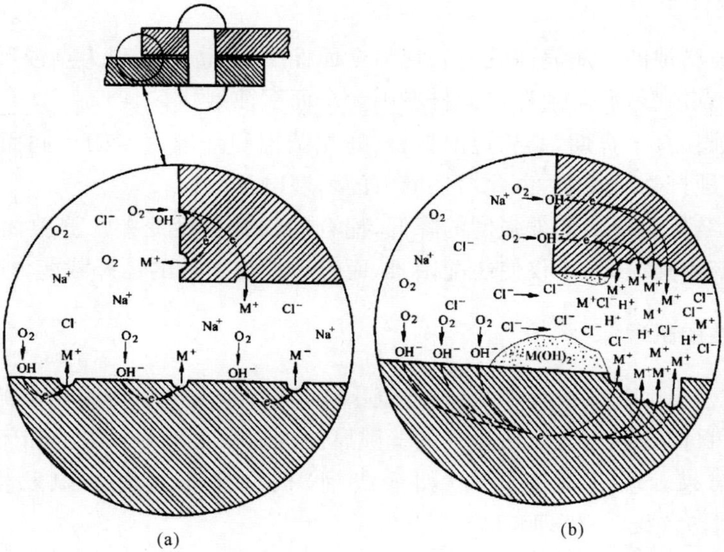

图 6.16　金属在充气海水中发生缝隙腐蚀的示意图

(a)初始阶段；(b)后期阶段

对于具有自钝化特性的不锈钢和铝合金等材料，在含 Cl^- 的中性介质中，其缝隙腐蚀的敏感性比铁、碳钢还要高。其原因除上述腐蚀机理外，还有如下两种可能贡献。一是闭塞电池自催化效应造成的缝内溶液 pH 值下降，将导致金属的 Flade 电位(即金属由钝态转变为活化状态时的电位)上升，这意味着原来的钝态可能转化为活化状态，即缝内金属表面钝化膜全部破坏，发生全面活性腐蚀。缝内活化阳极和缝外钝态的阴极构成小阳极-大阴极面积比的电偶电池，电极电位差通常为 50～100 mV，但有时可高达数百毫伏(如 1Cr13 不锈钢在氯化物重型溶液中缝内、外电位差达 600 mV)。由此导致缝内金属的严重加速腐蚀，这种缝隙腐蚀称为活化型缝隙腐蚀。另一种缝隙腐蚀是由点蚀起源的，在这种腐蚀过程中，缝隙内溶液中金属盐(尤其是盐中的 Cl^-)的浓缩，使钝化金属的点蚀电位降低，以至腐蚀电位超过点蚀电位，使缝隙内金属钝化膜遭到破坏，产生点蚀型缝隙腐蚀。钝性金属究竟是发生活化型缝隙腐蚀还是点蚀型缝隙腐蚀，要依具体条件而定，对于不锈钢一般可依据表 6.3 所列的各方面因素进行综合分析。

表 6.3 活化型与点蚀型缝隙腐蚀产生条件的比较

比较项目	介质的氧化还原性	腐蚀电位所处电位区	决定性临界条件	钢种耐蚀性	孕育期或腐蚀时间
活化型	还原性介质	低电位区	去钝化 pH 值	差	长
点蚀型	氧化性介质(如充气海水)	较高电位区	临界 Cl^- 浓度	好	短

三、特殊形式的缝隙腐蚀——丝状腐蚀*

丝状腐蚀(Filiform Corrosion)是一种特殊形式的缝隙腐蚀，发生在处于一定湿度大气环境中有有机涂层保护的钢、铝、镁、锌等材料表面，腐蚀形态呈细丝状，如图 6.17 所示。由于丝状腐蚀多发生在漆膜与金属基体表面之间的缝隙处，因此，又称为膜下腐蚀。它属于大气腐蚀的一类，1944 年人们首次着手研究。丝状腐蚀造成的金属质量损失虽不大，但它损害金属制品的外观，有时发展为晶间腐蚀或点蚀穿孔，甚至引发应力腐蚀破坏。

1. 丝状腐蚀的特征

在透明涂层下的金属表面，丝状腐蚀形成密集的网络花纹，使金属表面上的涂层出现无明显损伤的隆起，失去保护膜的作用。腐蚀细丝在金属上掘出了一条可觉察细沟，深度通常为数微米。对于钢，细丝的宽度约为 0.2 mm，而对于铝，其宽度在 0.5～1 mm。腐蚀细丝是由一个活性的头部(图 6.17 中的深色端部)和一个非活性的尾部构成，对于铁或钢来讲，活性头部呈蓝绿色(是亚铁离子的特征颜色)，非活性躯体或尾部为红棕色。丝状腐蚀是由它的头部发展的，丝状腐蚀起源于涂层的缺陷处或结构棱边(见图 6.17)。腐蚀细丝生长和发展通常按一定的规则进行：一条细丝的头部不会穿过另一细丝的非活性的尾巴(即细丝不发生相互交叉)，当一个发展着的头接近一个非活性的尾时，就会发生转折；如果活性头垂直接近一个非活性的尾，它可能变为非活性而中止，或分成两个新细丝而折回，折回角度大约为 45°；当两根细丝的活性头部以锐角相遇时，它们可能结合为一根新细丝；有时还会出现细丝陷入一个圈套而消亡的情况。

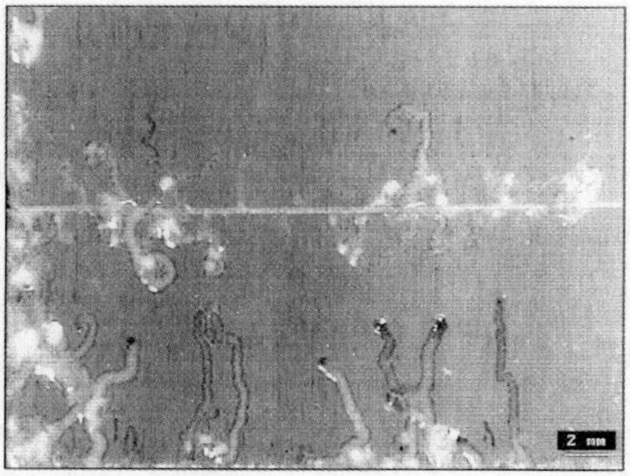

图 6.17　带环氧树脂涂层的 2024 - T3 铝合金表面丝状腐蚀形貌

丝状腐蚀的产生，通常要具备如下一些基本条件：

(1)较高的相对湿度。金属发生丝状腐蚀的相对湿度范围为 60%～95%。相对湿度在 80%～85%时，通常最易引发丝状腐蚀；如果相对湿度在 60%以下，则难以发生丝状腐蚀；相对湿度高于 95%时，丝充分宽化，以致造成涂层鼓泡。

(2)涂层存在缺陷。丝状腐蚀通常起源于涂层的孔隙、机械缺陷、气泡或较薄的边缘处。

(3)有氧气存在。氧气的存在是维持丝状腐蚀阴极反应的必要条件。

(4)合适的温度条件。室温下丝状腐蚀通常就会发生，但温度升高，发展速率则增加。

2. 丝状腐蚀的机理

丝状腐蚀的机理较为复杂。迄今为止，人们对丝状腐蚀发展过程的理解较为清晰，对丝状腐蚀萌生的确切机理仍存在争议，而对细丝相互间作用特性原因的认识尚不够清楚。

引发丝状腐蚀是依靠腐蚀介质的渗透，因此丝状腐蚀往往萌生于漆膜的破坏处、边缘棱角及较大的针孔等缺陷或薄弱环节。在这些部位，大气中的少量腐蚀介质(如氯化钠、硫酸盐的离子和氧、水分等)通过渗透进入表面膜层下，激发丝状腐蚀点的形成(活化源)。在活化源处盐浓度较高，气压低，由此使氧、水等不断地渗入，而氧渗透的不均匀性，导致氧浓差电池形成，氯离子的存在破坏金属表面钝化膜的修复及金属离子的水解与溶液的酸化，进而促进膜下腐蚀的发展。

图 6.18 给出了以铁基材料为例的目前较为人们普遍接受的丝状腐蚀发展的示意图。氧浓差电池是丝状腐蚀萌生和发展的重要推动力。在细丝发展过程中，由于其活性的头部溶解有高浓度的Fe^{2+} ($Fe \longrightarrow Fe^{2+} + 2e$)，使周围大气中的水借渗透作用而源源不断地渗入；在非活性的尾部，由于锈蚀产物($Fe_2O_3 \cdot H_2O$ 或 $Fe(OH)_3$)的沉积，Fe^{2+}浓度低，渗透作用使水从该处渗出，即尾部趋于变干。大气中的氧可以从膜的各个方位扩散进入膜下活性头部，但由于侧面和干的尾部扩散较为充分，因此在尾部和头部之间"V"型界面处氧的浓度较高，而头部中心氧的浓度较低，形成了氧浓差电池，头部中心及头的前部为阳极，发生腐蚀，生成 Fe^{2+} 的浓溶液为蓝色流体。在活性头部，还可能由于腐蚀产物的水解使溶液酸化(有报道 pH 值可低到 1)，造成闭塞电池自催化加速腐蚀效应。在头部边缘，腐蚀作用使膜/金属的界面结合变弱，丝状腐蚀向前发展。另外，"V"型界面后的细丝的躯干和尾部相对于活性的阳极头部来说，成为较大面积的阴极，这种大阴极-小阳极的电偶腐蚀效应也是推动活性细丝头部向前发展的推动力之一。由此可见，丝状腐蚀的发展好似自行延伸的缝隙。氧浓差电池、闭塞电池水解酸化及大阴极-小阳极等特征均表明了丝状腐蚀与缝隙腐蚀的相似性。

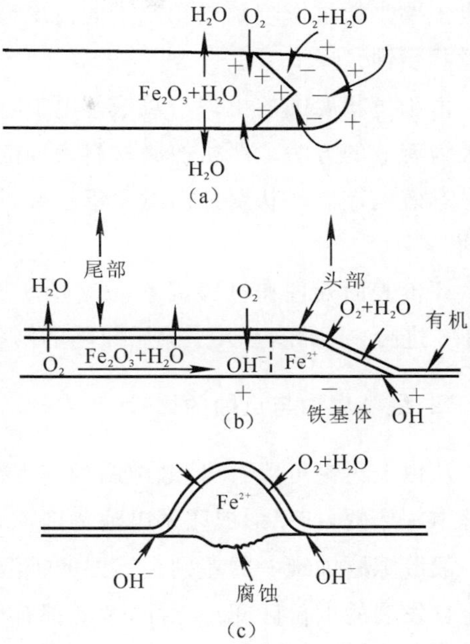

图 6.18　铁基合金丝状腐蚀机理示意图

(a)俯视图；(b)侧视图；(c)头部的横截面

对于铝和镁的丝状腐蚀，人们发现在活性的头部有小的氢气泡形成，这是由于头部附近高浓度 H^+ 的二次阴极还原的结果($2H^+ + 2e \longrightarrow H_2$)。铁基材料丝状腐蚀中未发现氢气泡，可能是析出的 H_2量太少。

3. 丝状腐蚀的影响因素和控制措施

丝状腐蚀的发生与发展，受环境因素(相对湿度、温度、腐蚀介质等)、涂料、颜料、活化剂、表面处理状态、基体金属的性质等影响。如前所述，大气中的相对湿度是最为重要的影响因素。此外，大气中的 SO_2，NaCl，尘埃等起了丝状腐蚀引发剂的作用，如高的 Cl^- 浓度，可以使产生丝状腐蚀所需要的临界相对湿度降低。涂层性质对丝状腐蚀有一定影响作用，如透水率低的涂层，可以阻止或延缓丝状腐蚀的发生。丝状腐蚀迹线倾向于跟随材料表面磨痕和抛光方向发展。热处理和冷加工硬化处理对材料的抗丝状腐蚀有影响，其原因是因表层组织结构，尤其是第二相析出粒子及其分布的变化作用。合金成分是影响丝状腐蚀的重要因素之一，如 Cu,Fe,Pb,Mg 或 Zn 含量的增加会降低铝合金的抗丝状腐蚀性能，合金元素对丝状腐蚀的影响也主要是通过影响第二相粒子的析出与分布，第二相粒子的析出及其不均匀的分布，均会加速丝状腐蚀。

由于丝状腐蚀的机理与氧浓差电池有关，因此降低大气环境中的相对湿度是控制丝状腐蚀最为有效的方法。严格控制材料表面的预处理工艺，选用渗透性低的涂料，降低涂层孔隙率等可有效地控制丝状腐蚀。对于铝合金，涂漆前进行阳极氧化处理，对控制丝状腐蚀是十分有效的。

评价表面处理和材料因素等对丝状腐蚀的影响，可依据美国材料试验学会标准 ASTM D2803 进行，主要包括人工涂层缺陷的制备、氯离子的引入和环境温度及湿度的控制。

四、缝隙腐蚀与点蚀的比较

从以上讨论可以看出，缝隙腐蚀与点蚀有许多相似之处，特别是两者腐蚀发展阶段的机理是基本一致的，均以形成闭塞电池为前提，为此，有人认为点蚀只是一种特殊形式的缝隙腐蚀，与一般缝隙腐蚀唯一的差别是点蚀的扩散通道较短。事实上，在发生机理上，发生难易程度上以至在发展的电位区间等方面，两者都有很大的差异。

从腐蚀发生的条件来看，点蚀是通过腐蚀逐渐形成蚀孔（即闭塞电池），而后加速腐蚀；而缝隙腐蚀是在腐蚀前就已存在缝隙，腐蚀一开始就是闭塞电池作用，而且缝隙腐蚀的闭塞程度较孔蚀的为大。另外，点蚀一定要在含有 Cl^- 等活性阴离子的介质中才发生，而缝隙腐蚀即使在不含活性阴离子的介质中亦能发生。

从循环阳极极化曲线上的特征电位来看，不锈钢等钝性金属材料缝隙腐蚀的发生与成长电位范围比点蚀的要宽，萌生电位也比点蚀电位低，说明缝隙腐蚀更易发生。在实践中，缝隙腐蚀的危害性也比点蚀更大。例如，在氯化物溶液中，钛不发生点蚀，但在浓度较高的 NaCl 热溶液中，钛及其合金易遭缝隙腐蚀。

点蚀通常发生在钝性金属的表面，而缝隙腐蚀既可造成钝性金属加速腐蚀，也可促进活性金属的腐蚀破坏。从腐蚀形态上看，缝隙腐蚀既可呈现均匀的全面活化腐蚀，也可呈现局部点蚀型腐蚀，即使对于后一种情况，点蚀坑也广而浅，而一般点蚀的蚀孔则窄而深。

五、缝隙腐蚀的影响因素

(1)缝隙的几何因素。缝隙的几何形状、宽度和深度，以及缝隙内、外面积比等，决定着缝内、外腐蚀介质及产物交换或转移的难易程度、电位的分布和宏观电池性能的有效性等。图 6.19 所示为 2Cr13 不锈钢在 0.5 mol/L NaCl 水溶液中缝隙腐蚀宽度与腐蚀深度和腐蚀速率的关系。可以看出，缝隙宽度增大，腐蚀失重降低，但在缝隙宽度为 0.10～0.12 mm 时，腐蚀深度最大，即此时缝隙腐蚀的敏感性最高。缝隙的宽度和深度主要是影响闭塞电池效应。缝外面积/缝内面积增大，促进大阴极-小阳极效应，因此增大缝隙腐蚀的倾向。

(2)环境因素。影响缝隙腐蚀的环境因素包括溶液中的溶解氧量，电解质溶液的流速、温度、pH 值和 Cl^- 浓度等。通常随溶液中 pH 值的降低，Cl^- 浓度和 O_2 浓度增大，缝隙腐蚀加重。Br^- 和 I^- 等卤素离子也会引起缝隙腐蚀，但其作用均不及 Cl^- 的作用强。溶液的流速和温度对缝隙腐蚀的影响不能简单而论，应作具体分析。流速增大，缝外溶液的溶解氧量增加，使缝隙腐蚀增大。但是，当由沉积物引起缝隙腐蚀时，情况则不同，流速增大，沉积物的形成难度增加，因此，使缝隙腐蚀的倾向降低。通常温度升高，缝隙腐蚀加速；但对于开放系统，温度过高(如大于 80℃时)，溶液中的溶解氧量明显降低，结果会导致缝隙腐蚀速率下降。

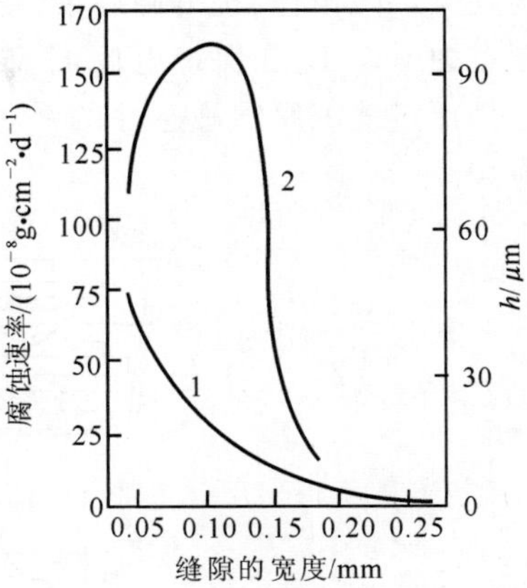

图 6.19　不锈钢 2Cr13 在 NaCl 水溶液中缝隙腐蚀与缝隙宽度的关系

1—总腐蚀速率；2—腐蚀深度

(3)材料因素。合金成分对缝隙腐蚀有重要影响，对于不锈钢材料，Cr，Ni，Mo，Cu，Si，N 等元素对提高其抗缝隙腐蚀是有效的，而 Ru，Pd 则是有害元素。但 Pd 对于提高钛及其合金在高温和较浓 Cl^-，Br^-，I^-，SO_4^{2-} 溶液中缝隙腐蚀抗力，却是十分有效的合金元素。

六、缝隙腐蚀敏感性的试验评定方法*

缝隙腐蚀敏感性的试验评定方法包括化学浸泡试验法和电化学测量法。

化学浸泡试验法将合理设计的缝隙试样磨光、除油、清洗、干燥、称重，按要求组装后浸泡到特定的腐蚀溶液中，一定时间后取出试样进行评定，评定内容包括目检腐蚀形态、测试质量变化等。缝隙腐蚀试验的关键是设计合理的缝隙试样，需要考虑缝隙的几何形状、尺寸、缝隙内外的面积比及配对材料等因素，图 6.20 给出了浸泡试验中几种简单的缝隙试样。由于人工缝隙试样的几何形状不易重现，因此有时需要从统计学角度设计试样和处理试验结果。美国材料试验学会推荐的三氯化铁溶液的缝隙腐蚀试验方法标准(ASTM G48)，可用于评定不锈钢、含 Cr 的镍基合金等材料在氧化性含氯离子介质中对缝隙腐蚀的相对耐蚀性。

电化学测试方法是以某些电化学参数作为判据，以比较金属材料对缝隙腐蚀的相对敏感性。通常电化学测试方法可缩短缝隙腐蚀的诱导期而达到加速腐蚀试验的目的。临界(再钝化)电位测试法是常用的一种电化学试验方法，如我国已颁布的《不锈钢缝隙腐蚀电化学测试方法》(GB/T13671)推荐的就是该方法。其原理是将规定的人工缝隙试样放在恒温的 NaCl

溶液中，用恒电位法使其极化到 0.800 V(SCE)(此电位远高于不锈钢在该溶液中的自腐蚀电位)，诱发缝隙腐蚀。然后，立即将电位降至某一预选钝化电位，如果在该电位下，材料对缝隙腐蚀敏感，腐蚀将继续发展，反之试样将发生钝化。以缝隙腐蚀试样表面能够再钝化的最高电位为判据，评价材料抗缝隙腐蚀性能，即再钝化电位越高，抗缝隙腐蚀性能越好。此外，采用类似测点蚀电位 E_b 和保护电位 E'_p 的方法，测定缝隙腐蚀试样 $E_b - E'_p$ 差值及循环阳极极化曲线也是评定缝隙腐蚀敏感性的一种电化学方法。$E_b - E'_p$ 差值愈大，材料的缝隙腐蚀敏感性也愈大。

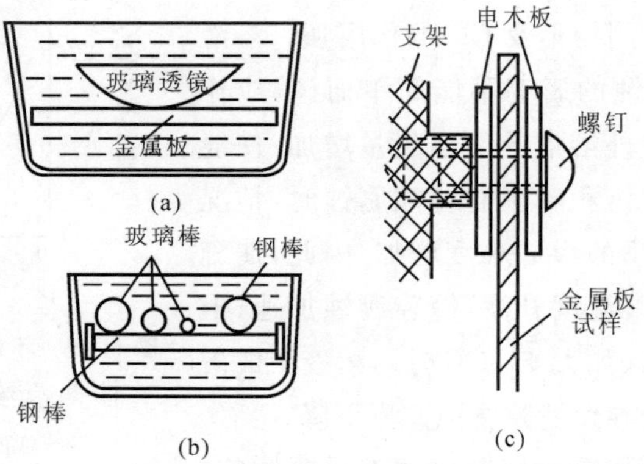

图 6.20　浸泡试验用的几种简单缝隙试样

七、缝隙腐蚀的控制措施

根据缝隙腐蚀产生的条件、机理及其影响因素，常采用如下措施来控制缝隙腐蚀。

(1)合理设计。在设计和制造工艺上应尽可能避免造成缝隙结构。例如，尽量用焊接取代铆接或螺栓连接，采用连续焊取代点焊，并且在接触腐蚀介质的一侧避免孔洞和缝隙。设计容器时，应保证容器在排空时无残留溶液存在。连接部件的法兰盘垫圈要采用非吸水性材料(如聚四氟乙烯等)。

(2)合理选择耐蚀性材料。选择合适的耐缝隙腐蚀材料是控制缝隙腐蚀的有效方法之一。例如，含 Cr，Mo，Ni，N 量较高的不锈钢和镍基合金，钛及钛合金，某些铜合金等具有较好的抗缝隙腐蚀性能。选材时既要考虑耐蚀性能，同时还要注意经济因素。例如，Ti－Pd 合金具有优异的抗热浓氯化物介质缝隙腐蚀性能，但因其价格昂贵难以推广使用，钛合金表面渗 Pd 则可解决这一问题。

(3)采取电化学保护措施。例如，对不锈钢等钝化性金属材料，将其电位降低到保护电位以下，而高于 Flade 电位区间，这样既保证不产生点蚀，也不致引起缝隙腐蚀。

此外，采用缓蚀剂控制缝隙腐蚀时要谨慎，通常需要采用高浓度的缓蚀剂才能有效，因为缓蚀剂进入缝隙时常受阻，其消耗量较大。若缓蚀剂用量不当，很可能会加速腐蚀。

6.5　晶间腐蚀

一、晶间腐蚀的特征

晶间腐蚀(Intergranular Corrosion)是金属在适宜的腐蚀环境中沿着或紧挨着材料的晶粒间界发生和发展的局部腐蚀破坏形态，如图 6.21 所示。晶间腐蚀从金属材料表面开始，沿着晶界向内部发展，使晶粒间的结合力大大丧失，以致材料的强度几乎完全消失。例如，经受这种腐蚀的不锈钢材料，外表虽然还十分光亮，但轻轻敲击即可碎成细粉。因此，晶间腐蚀是一种危害性较大的局部腐蚀。

晶间腐蚀常在不锈钢、镍基合金、铝基合金及铜合金上发生，主要在焊接接头上或经一定加热处理后使用时发生。晶间腐蚀不仅导致材料的承载能力降低，而且诱发晶间型应力腐蚀开裂，或引发点腐蚀。

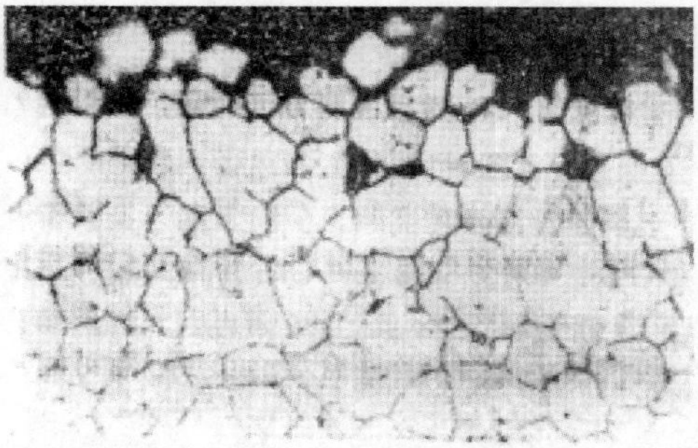

图 6.21　1Cr18Ni9Ti 不锈钢晶间腐蚀金相照片

产生晶间腐蚀的根本原因是晶粒间界及其附近区域与晶粒内部存在电化学腐蚀的不均匀性，这种不均匀性是金属材料在熔炼、焊接和热处理等过程中造成的。例如：①晶界析出第二相，造成晶界某一合金成分的贫乏化；②晶界析出易于腐蚀的阳极相；③杂质与溶质原子在晶界区偏析；④晶界区原子排列杂乱，位错密度高；⑤新相析出或转变，造成晶界处较大的内应力。这些原因均可能构成特定体系的晶间腐蚀机理模型。

二、晶间腐蚀的机理

解释晶间腐蚀的理论模型很多，各种模型均承认晶界区存在局部微观阳极的看法。其原因是晶界区既遭受选择性腐蚀，它必然为阳极，而对阳极区的来源、发展和分布看法的不同，出现了各种腐蚀理论。目前具有代表性的理论模型主要有贫化理论、相沉淀理论和晶界吸附理论等。

1. 贫化理论

贫化理论是被最早提出的，在实践中已得到了证实，因此是目前被广泛接受的理论。对于不锈钢来说，是贫铬；对于镍钼合金，是贫钼；对于铝铜合金，则是贫铜。下面以奥氏体不锈钢为例，介绍晶间腐蚀的贫化理论。

奥氏体不锈钢在氧化性或弱氧化介质中产生晶间腐蚀，多数是由于热处理不当而造成的。

固溶状态下的奥氏体不锈钢，当在 450～850℃温度范围保温或缓慢冷却处理时，就会在一定的腐蚀性介质中呈现晶间腐蚀敏感性。所以这个温度范围称之为敏化温度(危险温度)。

出厂前的奥氏体不锈钢材料经过 1 050～1 150℃加热及淬火处理，获得含碳质量分数高(如 Cr18Ni9Ti 中碳的固溶度约为 0.002)的过饱和固溶体(固溶处理)。碳在奥氏体中的固溶度是随温度下降而减少的(如在 500～700 ℃下，Cr18Ni9Ti 中碳的固溶度约为 0.000 2)，因此，固溶处理的奥氏体不锈钢在较低温度(450～850 ℃)加热或缓慢冷却过程中，碳倾向于与铬及铁结合形成复杂的碳化物 $(CrFe)_{23}C_6$，从过饱和的奥氏体中析出而优先分布在晶界上。$(CrFe)_{23}C_6$ 较晶粒内的平均含 Cr 质量分数高得多，因此 $(CrFe)_{23}C_6$ 的析出必然使其周围晶界区消耗大量的铬，加之，碳在奥氏体中扩散速率远大于铬的扩散速率，从而使消耗的铬不能从晶粒中通过扩散得到及时的补充。其结果使晶界附近形成贫铬区(见图 6.22、图 6.23)，贫铬区含铬质量分数低于不锈钢表面形成耐蚀钝化膜所需要的最低含铬质量分数(0.12)，因而钝态受到破坏。晶粒与晶界及其附近区域构成大阴极(钝化)-小阳极(活化)的微电池，从而加速了晶粒间界区的腐蚀。晶界及其附近贫铬被多数实验数据证实，有人还对贫铬区域的大小进行了测量。例如，对于 18—8 不锈钢，经 650℃敏化处理，贫铬区宽度约为 150～200 nm。

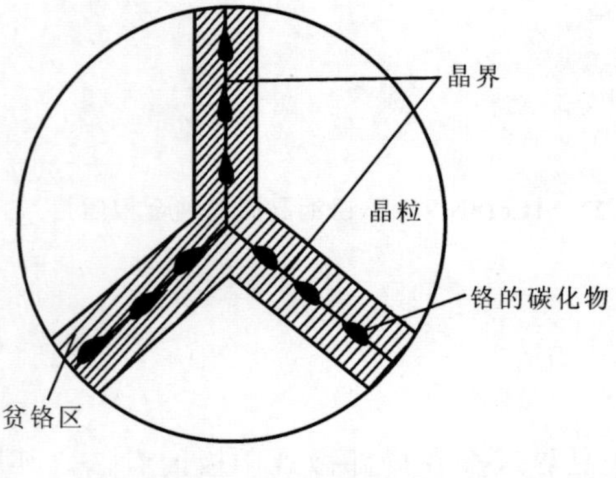

图 6.22　不锈钢敏化态晶界析出示意图

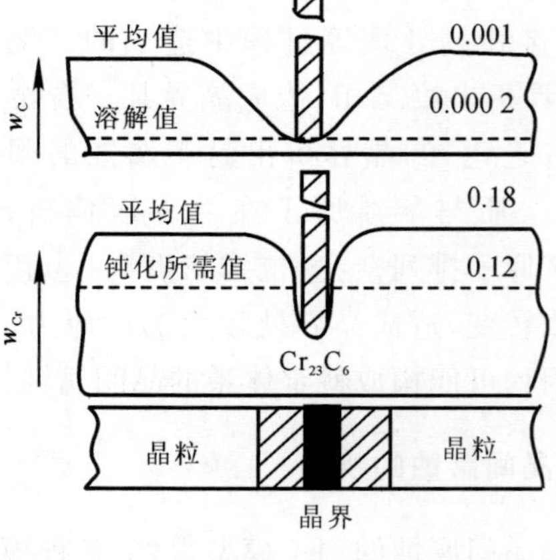

图 6.23　晶界碳化物附近碳和铬质量分数分布示意图

2. 第二相析出理论

晶界 σ 相析出促进晶间腐蚀是最具代表性的第二相析出理论，用于解释低碳或超低碳不锈钢晶间腐蚀敏感性，因为碳化物引起的晶界合金元素 Cr 贫化理论此时不再适用。σ 相是 FeCr 的金属间化合物，含 Cr 质量分数为 0.18～0.54，σ 相在晶界的析出，同样会引起晶界区贫铬，由此导致晶间腐蚀。超低碳不锈钢，特别是高铬、含钼钢在 650～850℃加热或热处理时，易析出 σ 相。18—8 铬镍不锈钢若在产生 σ 相的温度区间长时间加热，冷加工变形后在产

生 σ 相的温度范围加热，或钢中添加 Mo，Ti，Nb 等合金元素，也可能出现 σ 相而诱发晶间腐蚀。通常，σ 相析出引起的晶间腐蚀较碳化物导致的晶界贫铬引起的晶间腐蚀产生的难度大，如具有 σ 相的奥氏体不锈钢只能在质量分数为 0.65 的 HNO_3 等强氧化性介质中产生晶间腐蚀。σ 相引起的晶间腐蚀可通过测量的不锈钢中奥氏体（γ 相）和 σ 相的阳极极化曲线（见图 6.24）加以间接解释。在氧化性低的腐蚀介质中，析出 σ 相的不锈钢处于较低的电位区间，此时 σ 相较 γ 相还稍耐蚀，因此不易产生晶间型腐蚀破坏。在过钝化电位下，σ 相发生严重的腐蚀，其阳极活性电流急剧增加，即高电位下 σ 相有遭受严重选择性腐蚀的可能，这正是强氧化性介质——质量分数为 0.65 的 HNO_3——能够检验出 σ 相引起晶间腐蚀的电化学原理。因此，含碳质量分数不同决定了不锈钢晶间腐蚀机理的差异，如含碳量高的 316 不锈钢有 $Cr_{23}C_6$ 沉淀引起的晶间腐蚀，而超低碳的 316L 不锈钢避免了 $Cr_{23}C_6$ 沉淀引起的晶间腐蚀，却出现了 σ 相引起的晶间腐蚀。

对于 Al－Mg－Zn 合金及含 Mg 较高的 Al－Mg 合金的晶间腐蚀，普遍认为是由于晶界上析出 $MgZn_2$ 或 Mg_5Al_8 导致的选择性溶解所致。

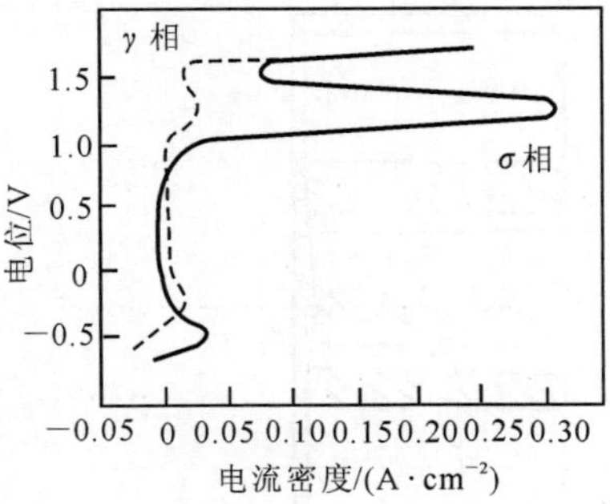

图 6.24　不锈钢 γ 相和 σ 相的阳极极化曲线（H_2SO_4－$CuSO_4$ 介质）

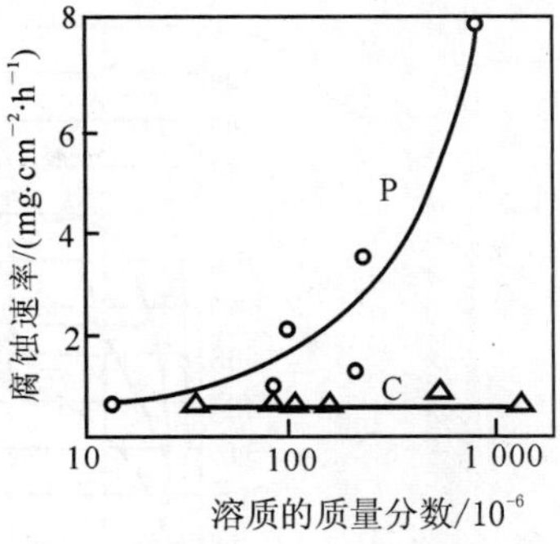

图 6.25　P，C 对 14Cr－14Ni 不锈钢在沸腾的 $5mol\cdot L^{-1}$ HNO_3＋$4g\cdot L^{-1}$ Cr^{6+} 溶液中的晶间腐蚀的影响

3. 晶界吸附理论

人们发现，在强氧化性热浓的“硝酸＋重铬酸盐”介质中，经 1 050℃ 固溶处理的超低碳 18—8 型奥氏体不锈钢等也能产生晶间腐蚀，这显然既不能用晶界沉积 $M_{23}C_6$ 引起的贫铬解释，也不能用 σ 相析出现象来说明。经过研究，将这类晶间腐蚀归于晶界吸附溶质 P 等产生电化学侵蚀而造成晶界吸附性溶解所致。其依据之一是，对 14Cr－14Ni 合金在 115℃ 的 $5\ mol\cdot L^{-1}$ HNO_3＋$4g\cdot L^{-1}$ Cr^{6+} 溶液中进行腐蚀试验的研究表明，含碳质量分数高达 0.001 没有影响，而含磷质量分数高于 0.000 1 后，腐蚀速率剧增（见图 6.25）。电子金相分析也未发现有晶界沉积物存在。同时，试验发现晶界吸附造成的晶界硬化与晶界腐蚀敏感性相一致。

上述三种晶间腐蚀理论模型并不相互抵触，而是相辅相成的，各自适用于不同的合金组织状态和环境体系。值得指出的是，由于晶间腐蚀的复杂性，目前所提出的机理模型仍不完善，有待进一步的发展，这需要通过对晶界更微观的成分、结构和相电化学的深入研究。

三、特殊形式的晶间腐蚀*

1. 焊接区的晶间腐蚀

奥氏体不锈钢焊接时，靠近焊缝处均有被加热到敏化处理温度的区域，因此焊接结构都有受晶间腐蚀而发生破坏的可能。根据钢种的差异，焊缝区表现出两种不同的晶间腐蚀形式。

(1)焊接腐蚀(Weld Decay)。焊接腐蚀特指经固溶处理的奥氏体不锈钢，焊接后在离焊缝有一定距离的母材上，由于经受了敏化加热，使得热影响区发生的腐蚀现象。图 6.26 所示为奥氏体不锈钢焊接时热影响区各部位的温度-时间变化的测试结果。可以看出，点 B，点 C 和点 B，C 之间的金属有一段时间处于敏化温度范围之内，从而引起铬的碳化物$(CrFe)_{23}C_6$的析出，导致贫化型晶间腐蚀。

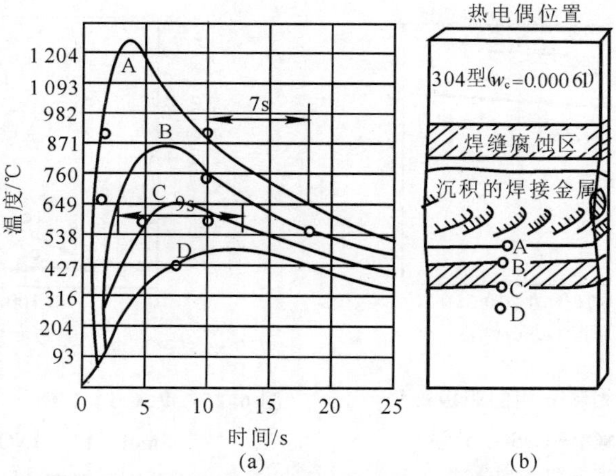

图 6.26　304 型不锈钢电弧焊焊缝区受热情况图

(a)各区温度随时间的变化曲线；(b)热电偶测量位置

(2)刀线腐蚀(Knife-Line Attack)。刀线腐蚀与焊接腐蚀相同之处在于：均属于晶间型腐蚀，同时均与焊接有联系。不同之处是：刀线腐蚀发生在紧邻焊缝的母材上一条窄带内，形状像刀痕，而焊接腐蚀发生在离焊缝有一定距离的地方；刀线腐蚀发生于稳定钢。刀线腐蚀与焊接腐蚀产生的机理有所不同，加有 Ti，Nb 稳定化元素的不锈钢焊接时，热影响区被快速加热到固相线附近的高温，不仅碳化物 $M_{23}C_6$ 已全部溶解，而钢中的 TiC，NbC 也全部溶解，焊接后的快速冷却，使钢失去稳定化效果。随后，若进行 500～900℃的去应力加热处理，就会有 $M_{23}C_6$，TiC，NbC 重新沿晶析出而引起晶间腐蚀。但是 $M_{23}C_6$ 沉淀并不是引起刀线腐蚀的主要原因，因为通过 800～950℃的稳定化处理，并不能避免这类腐蚀，相反，这种加热正是刀线腐蚀所需要的。因此，在强氧化性介质中，晶界沉积的 TiC，NbC 的选择性溶解应为刀线腐蚀的主要原因。

2. 剥离腐蚀

铝合金型材常常发生一种特殊形式的腐蚀——剥离腐蚀(Exfoliation)，简称为剥蚀。通常具有晶间腐蚀倾向的铝合金经轧制或锻压形成的型材，其显微组织发生变化，平行于型材表面的晶粒尺寸，远大于其垂直方向。在腐蚀介质作用下，腐蚀沿与型材表面平行的晶界方向发展，生成的腐蚀产物 $AlCl_3$ 或 $Al(OH)_3$ 等体积比铝的体积大。由于体积膨胀必然会沿着晶界产生张应力，而且该应力的方向总是与铝型材表面法向一致，因此随着该应力的逐渐增大，就会使已经失去与基体之间结合的晶粒向外鼓起，使合金表面鼓泡，严重时会使合金表面呈层状撬起或产生剥落，故称之为剥离腐蚀，有时也称为层状腐蚀。剥蚀通常用肉眼即可判断，因为剥蚀区外表上有腐蚀产物或肿胀凸起，侧面可看到起层开裂(见图 6.27)，类似多层饼特征。

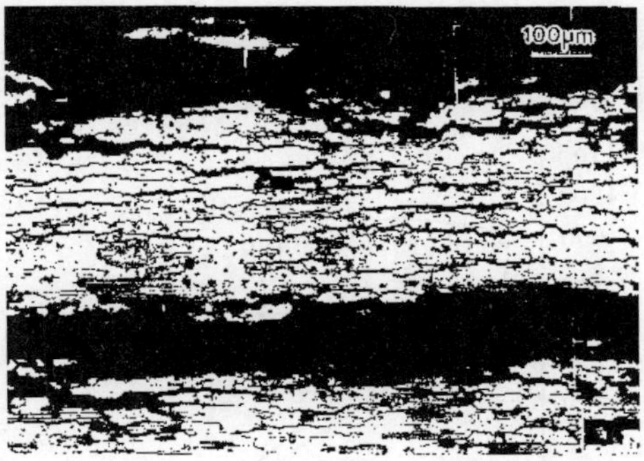

图 6.27　铝合金剥离腐蚀剖面形貌

由于上述用晶间腐蚀模型来阐述剥离腐蚀已被多数人所接受，因此本教材也将剥离腐蚀放到晶间腐蚀中介绍。但对剥离腐蚀也有其他不同的观点。如有实验表明有些铝合金中可看到剥离腐蚀穿晶发展，即晶间腐蚀不是剥离腐蚀的必要条件；也有人认为剥离腐蚀是沿轧制加工方向伸长了的 Al-Fe-Mn 系化合物的腐蚀所致；但更多的证据表明剥离腐蚀由表面钝化膜破裂开始，沿拉长了的变形组织的晶界发展。上述不同的认识，也可能恰恰表明了不同的合金组织，其剥离腐蚀机理确实不同。

四、晶间腐蚀的影响因素

1. 冶金因素的影响

合金成分是影响晶间腐蚀的重要因素。以不锈钢为例，无论是奥氏体不锈钢还是铁素体不锈钢，晶间腐蚀的倾向均随碳含量的增加而增大。其原因是，碳含量越高，晶间沉淀的碳化物越多，晶间贫铬程度越严重。与奥氏体不锈钢不同的是，铁素体不锈钢中碳含量需要降低到更低的程度，才能降低晶间腐蚀敏感性。Cr，Mo 含量增大，可降低碳的活度，从而降低不锈钢的晶间腐蚀倾向；而 Ni，Si 对碳的影响作用恰恰相反，因而加速不锈钢的晶间腐蚀倾向。不锈钢中加入与 C 亲和力强的 Ti，Nb，能够优先于 Cr 而与 C 结合成碳化物 TiC，NbC，从而减少奥氏体中的固溶碳量，使钢在敏化温度加热时避免铬的碳化物在晶界沉淀，从而降低产生晶间腐蚀的倾向。材料组织对晶间腐蚀同样有重要影响，如奥氏体不锈钢中含 δ 铁素体的质量分数为 0.05～0.10 时，可减轻晶间腐蚀倾向，其原因是降低了奥氏体晶界的碳化铬析出量；粗晶较细晶组织的晶间腐蚀倾向大，原因是粗晶晶界部位的碳化物密度比细晶大。

2. 热处理因素的影响

从晶间腐蚀的机理看，晶间腐蚀的敏感性与合金材料的热履历(加热温度、加热时间、温度变化速率)有直接的关系。热处理过程影响晶间碳化物的沉淀，进而影响晶间腐蚀的倾向性。不过晶界沉淀的开始并不意味着晶间腐蚀敏感性的开始，而是存在图 6.28 所示的关系。高温敏化，虽然已开始晶界沉淀，但晶界铬的碳化物是孤立的颗粒，晶间腐蚀趋势较小，甚至没有晶间腐蚀；低温敏化，晶间的碳化铬在晶界面上形成连续的片状，晶间腐蚀趋势增大，温度低到一定程度时，开始晶界沉淀与开始有晶间腐蚀的曲线趋于一致。

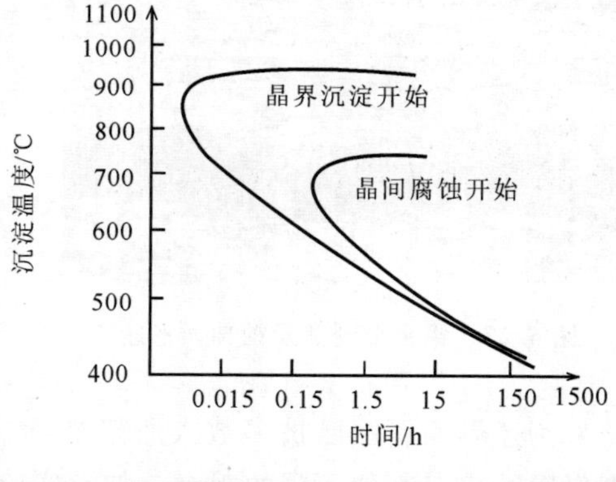

图 6.28　18Cr－9Ni 不锈钢晶界 $Cr_{23}C_6$ 沉淀与晶间腐蚀之间的关系

(w_C＝0.000 5，1 250℃固溶，$CuSO_4$－H_2SO_4 溶液)

3. 环境因素的影响

由于晶间腐蚀是晶界区或晶界沉淀相选择性腐蚀的结果，因此，凡是能促使晶粒表面钝化，同时又使晶界表面活化的介质，或者可使晶界处的沉淀相发生严重的阳极溶解的介质，均为诱发晶间腐蚀的介质。例如，不仅强氧化性的浓 HNO_3 溶液能引起 Cr－Ni 不锈钢的晶间腐蚀，而且稀硫酸、甚至海水也能引起晶间腐蚀；工业大气、海洋大气或海水则可引起 Al－Cu，Al－Cu－Mg，Al－Zn－Mg 及含 Mg 质量分数大于 0.03 的 Al－Mg 合金产生晶间腐蚀。那些可使晶粒、晶界都处于钝化状态或活化状态的介质，因为晶粒与晶界的腐蚀速率无太大差异，不会导致晶间腐蚀发生。温度等因素的影响主要是通过晶粒、晶界或沉淀相的极化行为的差异来显示的。

五、晶间腐蚀敏感性的评定方法*

晶间腐蚀敏感性的评价方法包括化学浸蚀法和电化学腐蚀法，通常要根据不同的金属材料和试验目的来选择。对于不锈钢的晶间腐蚀已形成标准，如美国材料试验学会标准 ASTM 262 和我国国标 GB4334.1～5。这些标准包括草酸浸蚀法（O 法）、沸腾 65％硝酸法（N 法）、硫酸-硫酸铁法（I 法）、硫酸-硫酸铜法（S 法）、硝酸-氢氟酸法（F 法）等。

无论是化学浸蚀法还是电化学腐蚀法，其原理的依据是一致的，即选用合适的化学浸蚀条件或电化学腐蚀条件，使晶界区以比晶粒更快的腐蚀速率进行腐蚀或促使晶界区沉淀相发生择优腐蚀。图 6.29 所示为用于不锈钢晶间腐蚀试验的电化学原理图。图中的低 Cr 钢 10Cr－10Ni 可看做模拟不锈钢中的晶界贫铬区，而固溶的 18Cr－10Ni 钢模拟不锈钢晶粒本体。不同的浸蚀法的腐蚀电位处于极化曲线的不同位置，但具有相对恒定的电位区间，即各种浸蚀剂构成了所谓化学恒电位计。草酸浸蚀法仅使 $Cr_{23}C_6$ 发生选择性溶解腐蚀，因此不能检验由于 σ 相、TiC 在晶界析出而引起的晶间腐蚀。沸腾的 65％硝酸溶液既可以使在晶界析出的 σ 相和 TiC 腐蚀，也可以使贫 Cr 晶界区以远高于正常成分晶粒本体的腐蚀速率进行腐蚀，从而显示晶间腐蚀倾向。沸腾硫酸-硫酸铁法可以使贫铬的晶界区及晶界析出的 σ 相发生选择性溶解而呈现晶间腐蚀。硫酸-硫酸铜法使不锈钢晶粒本体处于钝态，使贫铬区加速溶解而引起严重的晶间腐蚀。硝酸-氢氟酸法则是根据保持晶粒一些钝性，而晶界发生强烈腐蚀的基础上建立起来的。目前应用最为广泛的是 N 法和 S 法。

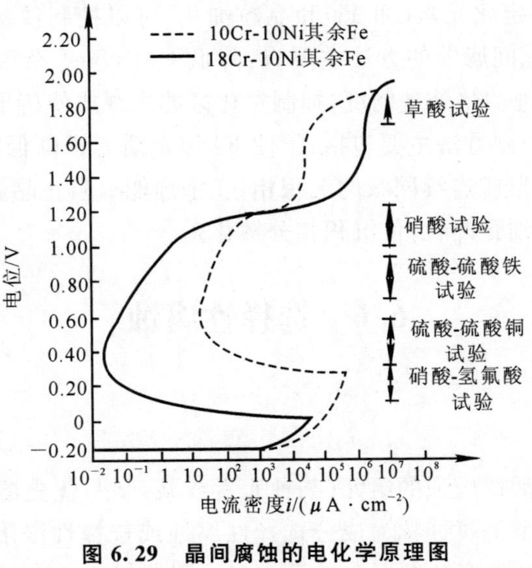

图 6.29　晶间腐蚀的电化学原理图

电化学腐蚀法有恒电流阳极电解浸蚀法、恒电位浸蚀法、动电位正-逆扫描的电化学再活化法等。例如，恒电位浸蚀法首先根据极化曲线判断易引起晶间腐蚀的电位区间，然后利用恒电位仪将试件在此电位值下进行长时间的恒电位侵蚀，以获得电位与晶间腐蚀的关系，从而评定不锈钢的晶间腐蚀敏感性及研究其机理。

晶间腐蚀试验后，试件的晶间腐蚀敏感性大小的判断根据金相组织改变、试样弯曲后表面开裂状况、试件失重、试件电阻变化、承载强度改变、声频变化等进行，也可以用超声波法、涡流法、声发射法等对试件进行无损检测和评定。

六、晶间腐蚀的控制措施

晶间腐蚀的控制主要是通过科学的合金化设计及合理地实施热处理工艺，以避免晶界沉淀相析出或有害杂质元素的晶界吸附。根据合金材料的品种不同，具体措施有所差异。

1. 不锈钢的晶间腐蚀控制

(1)降低钢中有害元素C,N,P等的含量，提高钢的纯净度。

(2)添加少量稳定化元素，控制晶界吸附和抑制晶界沉淀。如添加Ti或Nb，与C优先生成TiC或NbC，以避免或减少$(CrFe)_{23}C_6$在晶界析出。

(3)采用合理的热处理工艺。例如，对于加入稳定化元素Ti，Nb的奥氏体不锈钢，应在850～900℃下进行稳定化处理，避免快速析出$(CrFe)_{23}C_6$的600～750℃的敏化温度。采用固溶处理，以不使碳化物析出的极快速率冷却，抑制碳化物在晶界析出。

(4)恰当地控制晶粒度，使晶粒合理地细化。

2. 其他合金的晶间腐蚀控制

降低C含量，添加稳定化元素(如Ti)和晶粒细化，可以控制铁基高镍耐蚀合金的晶间腐蚀。控制镍基耐蚀合金晶间腐蚀的方法主要有：降低C,P,Si等杂质元素；提高Cr元素的含量；添加V元素；选择合理的热处理制度，抑制贫化区的出现或使析出相转成球状。

铝合金晶间腐蚀的控制方法主要包括：①使Fe等杂质元素降低到最低程度；②选择恰当的热处理工艺，避免晶界形成连续网状的沉积相；③添加能够阻止晶界析出沉积相的元素或改变沉积相性质的元素；④细化晶粒，使沉积相分散化。

6.6 选择性腐蚀

一、现象与特征

合金在腐蚀过程中，活性较强的组元(某种元素或某一相)优先溶解或溶解量大于其在合金中所占的比例，这种类型的腐蚀称为成分选择性腐蚀或选择性浸出(Selective Corrosion 或 Selective Leaching)。选择性腐蚀发生在二元或多元固溶体合金中，电位较高的组元为阴极，电位较低的组元为阳极，组成腐蚀原电池，使电位较高的组元保持稳定或重新沉积，而电位较低的组元发生溶解。最典型的选择性腐蚀是黄铜脱锌和灰口铸铁的石墨化腐蚀，其中黄铜脱锌是最早(1866 年)被人们认识的选择性腐蚀，在腐蚀过程中锌被优先脱除而留下多孔的铜骨架。实际上，除黄铜和灰口铸铁以外，还有很多种铜基合金和其他合金材料在适当的介质中都会发生选择性腐蚀，如表 6.4 所示。合金发生选择性腐蚀的本质是由于合金中各组分的化学稳定性或化学活性不同。

从外观上，可以将选择性腐蚀分为三种破坏形式：

(1)层式——腐蚀较均匀地波及整个材料的表面；

(2)栓式——腐蚀集中发生在材料表面的某些局部区域，并不断地向材料的纵深发展；

(3)点蚀——成分选择性腐蚀在点蚀的基础上进行，即起始于点蚀孔处。

选择性腐蚀发生后，在材料表面留下一个多孔的残余结构，虽然总尺寸变化不大，但是其机械强度、硬度和韧性大大降低，甚至完全丧失，能够引起难以预料的突发性失效。

表 6.4　易发生选择性腐蚀的合金/环境体系

合　金	环　境	脱除的元素
黄铜	多种水溶液(特别是在滞积条件下)	锌(脱锌)
灰口铸铁	土壤，多种水	铁(石墨化腐蚀)
铝青铜	氢氟酸，含氯离子的酸	铝(脱铝)
硅青铜	高温蒸汽和酸性物质	硅(脱硅)
锡青铜	热盐水或蒸汽	锡(脱锡)
铜镍合金	高的热负荷和低水流(精炼厂的冷凝器管、海水)	镍(脱镍)
铜金合金	三氯化铁	铜(脱铜)
Monel 合金	氢氟酸和其他酸	某些酸中脱铜，另一些酸中脱镍
金铜或金银合金	硫化物溶液，人体唾液	铜，银
铝锂合金	氯化物溶液，海水	锂(脱锂)
高镍合金	熔融盐	铬、铁、钼和钨
铁铬合金	高温氧化性气氛	形成保护膜的铬
镍钼合金	高温下的氧	钼
中碳钢和高碳钢	氧化性气氛，高温下的氢	碳(脱碳)
铍青铜	卤族气体	铍(脱铍)

二、黄铜脱锌

黄铜中的合金元素锌用做提高合金的强度，但是当锌的质量分数超过 0.15 时，选择性腐蚀脱锌就较为明显地表现出来，并且脱锌腐蚀倾向随锌含量的增大而增大。脱锌的结果使黄铜变为多孔的海绵紫铜(往往还含有质量分数为 0.10 以下的铜氧化物)，其机械强度显著降低。黄铜脱锌最普遍的是发生在海水中，因此黄铜脱锌成为海水热交换器中黄铜冷凝管的重要腐蚀问题。除海水环境外，在含盐的水及淡水中，或酸性环境、大气和土壤中，也会发生黄铜脱锌腐蚀。但是，如果介质的腐蚀性十分强烈，铜与锌同时被溶解，则不会发生选择性腐蚀。

从腐蚀形态上看，黄铜脱锌有两种形式，即栓式脱锌和层式脱锌，如图 6.30 所示。栓式(或塞状)脱锌的特点是腐蚀沿着局部区域向深处发展，构件呈针孔状腐蚀特征，局部腐蚀速率可达每年 5 mm，而针孔周围的区域却没有明显的腐蚀迹象，这种腐蚀易导致黄铜管穿孔或引起突发性脆性断裂。图 6.31 为 α 黄铜(70Cu30Zn)在室温 1 mol · L^{-1} NaCl 水溶液中浸渍 79 d所发生的栓式脱锌的金相形貌照片。层式(或层状)脱锌则是在铜合金材料的整个表面上发生锌元素的优先脱除，构件整体减薄，强度逐渐减弱，通常较栓式脱锌的破坏性低。一般含锌量较低的黄铜在高于室温的高盐含量的中性、碱性或弱酸性介质中易发生栓式脱锌；而含锌量较高的黄铜则易在低盐含量的酸性或弱酸性介质中发生层式脱锌。

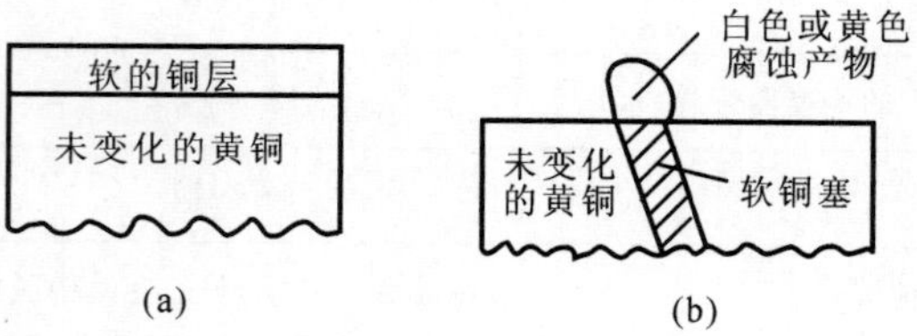

图 6.30　黄铜脱锌的两种形态

(a)层状；(b)塞状

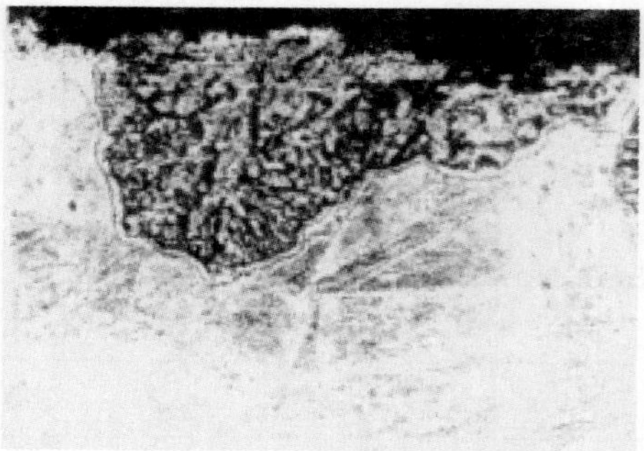

图 6.31　α 黄铜在室温 1 mol/L NaCl 水溶液中浸渍 79 d 所发生的栓式脱锌(×64)

不仅含锌量，而且组织结构对黄铜的脱锌也有重要影响。由铜锌二元合金组成的简单黄铜包括 α 黄铜(w_{Zn}<0.36)、α+β 两相黄铜(w_{Zn}为 0.36～0.465)和 β 黄铜(w_{Zn}为 0.47～0.50)。β 相含锌量高，腐蚀电位比含锌量低的 α 相低，因此 β 黄铜的脱锌腐蚀的倾向较大。α+β 两相黄铜的脱锌倾向比单相 α 黄铜严重，并且因 β 相阳极性高，脱锌往往从 β 相开始(见图6.32)，待 β 相已被腐蚀至几乎消失，然后再发展到 α 相。

脱锌与黄铜的其他腐蚀形式有密切关系，如脱锌能够促进黄铜应力腐蚀裂纹的萌生与扩展，成为诱发黄铜应力腐蚀开裂的主要因素之一。

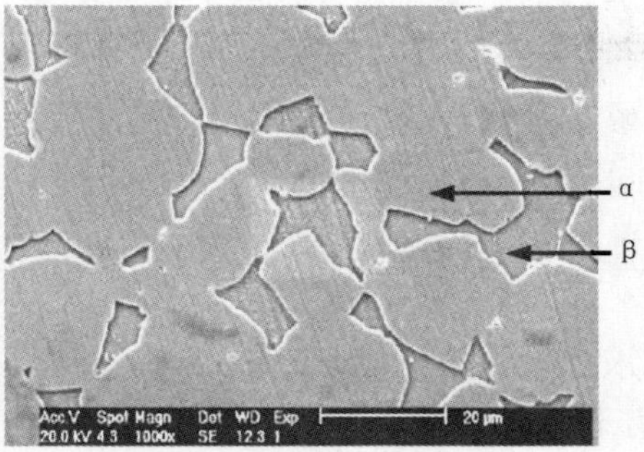

图 6.32　60Cu40Zn 黄铜在“$FeCl_3$＋盐酸＋乙醇”混合溶液中的选择性腐蚀形态

三、铸铁的石墨化腐蚀

灰口铸铁中的石墨以网络状形式分布在铁素体的基体内，对于铁素体来说石墨为阴极，在一定的介质环境条件下发生铁的选择性腐蚀，而留下一个多孔的石墨骨架，称为石墨化腐蚀(Graphitization)。石墨化腐蚀使灰口铸铁丧失原有的强度和金属性能，具有一定的危险性。石墨化腐蚀通常发生在较为缓和的环境中，如盐水、矿水、土壤或极稀的酸性溶液等。船舶的冷凝器、地下管道等设施中使用的灰口铸铁常常发生石墨化腐蚀。

石墨化腐蚀通常仅发生在有石墨网存在的灰口铸铁中，不能保持连续石墨残留物的可锻铸铁及球墨铸铁则不发生石墨化腐蚀，而没有自由碳的白口铸铁同样也不发生石墨化腐蚀。石墨化腐蚀是一个缓慢进行的过程，当灰口铸铁处于腐蚀性十分强烈的环境中时，则取代石墨化腐蚀的是整个铸铁表面的均匀化腐蚀。

四、选择性腐蚀的机理

关于合金的选择性腐蚀机理，多年来存在着两种不同的观点：一种是选择性溶解理论(或剩余理论)，另一种是溶解再沉积理论。选择性溶解理论认为，活性高的组元(贱组元)优先溶出而残留下活性低的组元(贵组元)的残余构架；溶解再沉积理论则认为选择性腐蚀是活性高与活性低的组元一同溶解到腐蚀介质中后，活性低的组元发生再沉积(或反镀)，形成疏松多孔的骨架结构。这两种理论均有一定的依据，并能解释一些实验现象，但却不能完全否定另外一种理论。为此，近年来愈来愈多的人倾向于认为两种机理可能共存，提出了综合作用机理。选择性腐蚀的理论围绕黄铜脱锌讨论得最多，因此，下面的介绍将主要以黄铜的脱锌为例。

(1)选择性溶解理论。该理论模型认为，黄铜的脱锌机理是黄铜中的锌发生选择性溶解，合金内部的锌通过表层上的复合空位迅速扩散并到达溶解反应的地点，从而保持继续溶解，由此导致表层留下疏松的铜层。这一机理模型十分直观，并得到了金相分析、旋转环-盘电极试验、电子探针分析、X 射线衍射分析、显微硬度测试等方面直接或间接实验结果的支持；同时利用该理论能较好地解释灰口铸铁的石墨化腐蚀、Cu－Au 合金的脱铜等选择性腐蚀现象。但也有人认为该理论模型的理由不够充分，其根据是溶液或离子要通过复杂而曲折的空位是相当困难的，要么不易使脱锌达到相当深度，要么造成脱锌过程极为缓慢。

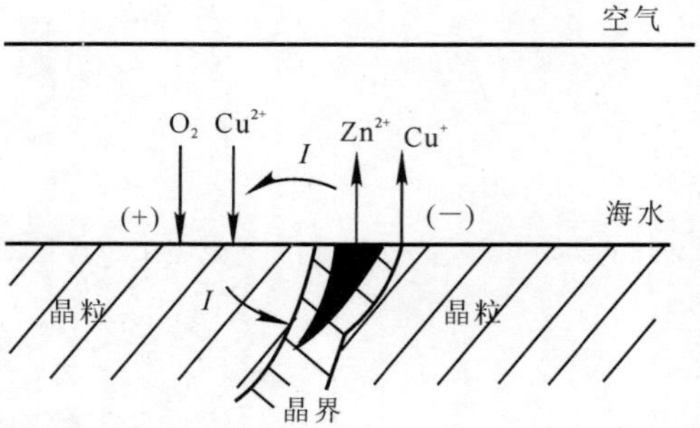

图 6.33　黄铜选择性腐蚀示意图

(2)溶解-再沉积理论。该理论认为，黄铜的脱锌由黄铜的整体溶解、锌离子留在溶液和铜反镀回基体等步骤组成。下面以黄铜在海水中脱锌过程(见图 6.33)为例，加以说明。

1）黄铜的整体溶解。

阳极过程为

$$Cu-Zn \longrightarrow Cu^{2+} + Zn^{2+} + 4e \tag{a}$$

阴极过程为

$$O_2 + 2H_2O + 4e \longrightarrow 4OH^- \tag{b}$$

2)铜的反镀(或再沉积)。由于 Zn 的活性高，阳极溶解出的 Zn^{2+} 留在水溶液中，而富集在基体表面的 Cu^{2+} 将产生置换反应(阴极)，即

$$Cu^{2+} + Cu-Zn \longrightarrow 2Cu + Zn^{2+} \tag{c}$$

沉积在基体上。式(a)及式(c)中的 Cu－Zn 表示铜锌合金。Cu 与 Zn 原子之间存在结合力。式(a)～式(c)相加的总反应为

$$O_2 + 2H_2O + 2Cu-Zn \longrightarrow 2Zn^{2+} + 4OH^- + 2Cu \tag{d}$$

式(d)表明，黄铜总的腐蚀结果是锌量减少，铜量不变；疏松多孔的沉积铜取代了黄铜中有结合力的铜。这样虽然黄铜几何形状无明显改变，但是其力学和金属学性能显著改变。

(3)综合作用机理。迄今已知的实验事实尚难以判定上述两种理论中哪一个更正确，同时近年来又有各种新的实验现象不断出现，驱使更多的研究者倾向于两种机理共存的意见。这种观点包含两个方面的含义。一些研究者认为，在不同的介质环境条件下，选择性腐蚀的机理不同。例如，在弱酸性介质中或温度较低的条件下，选择性溶解起主导作用；而在强酸性介质、海水或高温条件下，溶解再沉积机理起作用。另外一些研究者认为，在选择性腐蚀发展的不同阶段可以有不同的机理起主导作用。观点之一是，在黄铜脱锌初期，以锌的优先溶解为主，产生的富铜位置对后期的铜再沉积起阴极区作用；随着腐蚀进程的发展，转化为以合金溶解和铜再沉积为主的腐蚀。这些观点也得到了一些直接或间接试验的支持。

综上所述可以看出，由于选择性腐蚀的错综复杂性和目前实验手段的局限性，还难于完全确定某种机理的完全正确性。但随着科学技术的进展，人们的认识会愈来愈清晰。另外，由于事物的多变性，因此，不同的体系遵从不同的选择性腐蚀机理也是完全可能的。

五、选择性腐蚀的评定方法*

关于选择性腐蚀的评定，有标准化试验(化学浸泡)方法和电化学试验方法等。标准化试验方法可参考我国国家标准 GB10119《黄铜耐脱锌腐蚀性能的测定》和国际标准 ISO6509《金属与合金的腐蚀——黄铜抗脱锌性能的测定》，采用在温度 75℃的质量分数为 0.01 的氯化亚铜水溶液中浸渍 24 h 的化学浸渍法，试样浸渍后，用金相显微镜测定脱锌层深度，作为材料脱锌敏感性的评价和判断。

选择性腐蚀常用的电化学试验方法包括恒电位极化法和恒电流极化法。恒电位极化试验法的理论依据是：选择性腐蚀是合金中两组元在一定介质中稳定性差异的表现，选择性腐蚀发生在一定的电极电位和介质的 pH 值条件下。因此，在选定的介质条件中，用恒电位仪把试样的电位控制在脱合金元素区域的最适宜电位上，即可快速而准确地取得实验结果。选择性腐蚀的电极电位范围和介质的 pH 值通过实验研究加以确定。例如，α 黄铜在 0.5 mol/L NaCl 溶液中的试验，电位可恒定在－100～＋150 mV 范围内，而 pH 值取 3 较为合适，温度为室温，试验时间选 3～10 h。选择性腐蚀的评定通过对试验后的溶液进行化学分析，计算脱合金元素系数(即试验后溶液中贱、贵元素离子质量比值，除以合金原有成分中的贱、贵元素的质量比)，利用金相法测定选择性腐蚀深度。恒电流试验法与恒电位试验法所用试验装置相同，不过此时控制的不是试样的阳极极化电极电位，而是阳极极化电流，阳极极化电流的选择同样要通过试验进行确定。电化学方法对研究选择性腐蚀机理更为有利。

六、选择性腐蚀的影响因素与控制措施

选择性腐蚀受合金成分、组织结构、介质状况、温度及电化学极化条件等因素影响，因此，人为地去合理控制这些因素就可以达到有效控制选择性腐蚀的目的。

合金中活性组元的含量越高，脱合金元素的倾向就越大，因此，为了控制选择性腐蚀，有效方法之一就是尽可能选择含活性组元低的合金。另外，除了主加合金组元外，添加少量的辅加合金元素，也会对选择性腐蚀产生重要影响。例如，在 α 黄铜中加入砷、锑、锡、磷、镍和铝均可有效地抑制其脱锌腐蚀，基于此原因目前发展了一些含这类辅加合金元素的新型合金，以控制 α 黄铜的脱锌，从综合效果和经济上考虑，则以加入砷和磷最为有利。

合金组织结构对选择性腐蚀有重要影响。例如，对于二元铝铜合金，脱铝腐蚀的严重程度通常按如下顺序递增：α 相→含铝少的马氏体→含铝高的马氏体→γ_2 相。因此，通过恰当地控制热处理工艺，以获得选择性腐蚀倾向低的组织是解决选择性腐蚀破坏的另一个途径。

合金成分选择性腐蚀与介质状况密切相关，特定的合金仅对某些介质有选择性腐蚀敏感性(见表 6.4)。对于黄铜脱锌腐蚀，当介质中氯化物浓度高、含氧量大、流速低或合金表面存在有利于缝隙形成的垢层及沉积物时，均会增大脱锌的敏感性。合理地控制这些因素即可降低黄铜脱锌的敏感性。而在环境介质中加入缓蚀剂则是控制选择性腐蚀的另一种重要手段，

例如，苯并三唑(BTA)、甲基苯并三唑(TTA)和2-巯基苯并咪唑(MBI)可以在多种环境条件下抑制单相和双相黄铜的脱锌。

由于选择性腐蚀通常发生在特定的电极电位范围内，因此，通过电化学阴极保护手段，将被保护的合金维持在最活泼的合金组元的溶解电位以下，就可以防止选择性腐蚀的发生。但是因该措施通常不够经济，所以在实际中应用不广。

思考题与习题

1. 试分析为什么全面腐蚀的阴极和阳极电位相等，均等于腐蚀电位，而局部腐蚀的阴极电位与阳极电位不相等。在极化图上，为什么局部腐蚀通常不能像全面腐蚀那样横坐标用电流密度表示？

2. 试比较标准电位序与腐蚀电偶序的异同，并说出其各自的应用。

3. 假设将某活性金属与铂构成电偶，且阴极去极化剂是氧，阴极反应过程受氧的扩散所控制。试证明该电偶体系的电偶腐蚀效应 $\gamma=1+S_{Pt}/S$，其中 S，S_{Pt} 分别为活性金属和铂的表面积。

4. 电偶腐蚀的影响因素有哪些？造成电偶极性逆转的主要原因是什么？

5. 对于不锈钢、铝合金、钛合金、低碳钢等，溶液中 Cl^- 的存在往往促进点蚀，然而，对于铜来说，其情况则相反。试查阅有关文献资料，分析其差异的原因。

6. 试述点蚀萌生和发展的机理模型及控制点蚀的措施。

7. 点蚀电位与保护电位(或再钝化电位)所代表的意义是什么？它们是如何确定的？其数值与测定方法是否有关？

8. 阐述缝隙腐蚀的机理及影响因素，并比较缝隙腐蚀与点蚀的异同性。

9. 试简述丝状腐蚀的特征、机理模型、影响因素及控制措施。

10. 试比较晶间腐蚀、焊接腐蚀和刀线腐蚀产生的原因。热处理制度对奥氏体不锈钢和铁素体不锈钢产生晶间腐蚀的影响有何不同之处？

11. 哪些金属材料更易发生点蚀、缝隙腐蚀和晶间腐蚀？这三种类型的腐蚀机理中有无相同的作用因素和联系？

12. 产生选择性腐蚀的根本原因是什么？哪些合金材料易产生选择性腐蚀？简述黄铜脱锌的机理及控制措施。

13. 何为石墨化腐蚀？试述其特点和产生机理。

14. 将一金属板部分浸入电解液中，使阴、阳极区永久固定且阴、阳极间的溶液电阻 R 为 0.1 Ω，金属和阴极去极化反应的初始电位差为 0.45 V。假定 $|b_C|=2b_A=0.01$ V，阴、阳极电极反应的交换电流密度是 $0.1\ A\cdot m^{-2}$，试求该金属的腐蚀速率并与假定 $R=0$ 时的腐蚀速率进行比较。

15. 某公司要在A，B，C，D四种金属材料中选取一种材料用于制造储备工业用腐蚀性液体原料的容器,四种金属材料在该工业用液体原料中的实验室腐蚀试验结果如下表所示。从经济角度考虑应选择哪一种金属材料更为合理?如果该容器的设计寿命为 40 a,那么该容器壁至少应设计多厚?(注:不计大气腐蚀)

材料	价格/(元·kg^{-1})	密度/(g·cm^{-3})	腐蚀速率/(g·m^{-2}·d^{-1})	点蚀系数
A	30	2.7	38	1.5
B	100	8.9	20	4
C	10	7.8	55	9
D	300	4.5	2	1.1

第 7 章　应力作用下的腐蚀

7.1　应力作用下腐蚀破坏的范畴

材料在应力(外加的、残余的、化学变化或相变引起的)和环境介质协同作用下发生的开裂或断裂现象,称为材料的环境断裂(Environment Fracture)。如果环境介质为腐蚀性环境,则称之为应力作用下的腐蚀。材料在应力因素和腐蚀环境因素单独或联合作用下造成的破坏类型及彼此间的关系可用图 7.1 表示。

材料(结构)在应力因素单独作用下的破坏属于机械断裂(包括机械疲劳);材料(结构)在腐蚀环境因素单独作用下的破坏属于一般性腐蚀破坏;当应力因素与腐蚀环境因素协同作用于材料或结构时,则发生应力作用下的腐蚀破坏,若导致构件断裂破坏则称为腐蚀断裂。

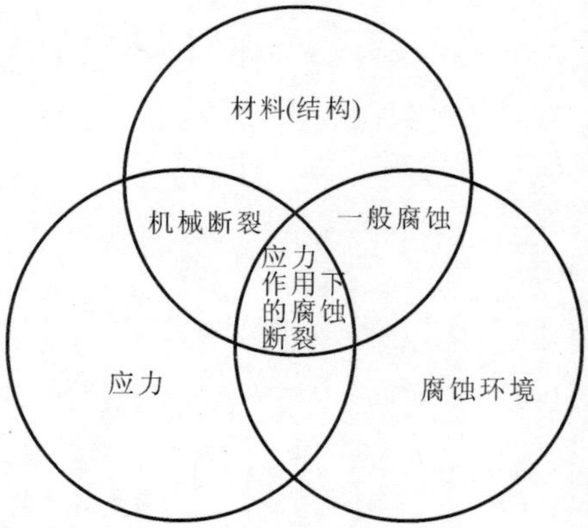

图 7.1　材料及结构破坏定义范畴示意图

应力作用下的腐蚀破坏主要包括应力腐蚀、腐蚀疲劳、氢致断裂、微动腐蚀(或微振腐蚀)、冲击腐蚀(或湍流腐蚀)和空泡腐蚀等。有人把液态金属导致的材料破坏也归为腐蚀的范畴,实际上液态金属与材料的作用多为物理作用。然而,金属材料在应力与低熔点金属(液态的或固态的)共同作用下的破坏(称为材料的低熔点金属致脆(Metal Induced Embrittlement,缩写为MIE))与应力作用下的腐蚀有许多相似之处,故本教材也把 MIE 纳入本章节进行介绍。

应力腐蚀开裂(Stress Corrosion Cracking,缩写为 SCC)——是指受应力的材料在特定腐蚀环境下产生滞后开裂,甚至发生滞后断裂的现象。发生 SCC 的材料不受应力的作用时,其腐蚀非常轻微;当承受的应力超过某一临界值时,会在腐蚀并不严重的情况下发生开裂或断裂。材料、应力和腐蚀环境是发生应力腐蚀的三要素。

腐蚀疲劳(Corrosion Fatigue,缩写为 CF)——是指腐蚀介质与交变应力协同作用,引起材料破坏的现象。腐蚀疲劳可以看做是应力腐蚀的一种特殊形式(应力是交变的);也可看成是特殊环境(腐蚀介质)下的疲劳。为了突出腐蚀疲劳的特殊性,应力腐蚀狭义上仅指受静应力或非常缓慢变化应力作用下的腐蚀破坏。

氢脆(Hydrogen Embrittlement,缩写为 HE)或氢损伤——是指进入材料内部的氢导致材料性能的退化现象，包括氢压引起的微裂纹、高温高压氢腐蚀、氢化物相或氢致马氏体相变、氢致塑性损失及氢致开裂或断裂等。

微动腐蚀(Fretting Corrosion，缩写为 FC)——是指在有氧气或其他腐蚀介质存在的条件下，沿着受压载荷而紧密接触的界面上有轻微的振动或微小振幅的往返相对运动，导致在接触面上出现小坑、细槽或裂纹的现象。微动腐蚀的结果要么导致以磨损为主的破坏，要么造成以裂纹萌生和扩展为主的疲劳断裂破坏，具体破坏形式依赖于工况条件。

冲击腐蚀(Impingement Attack 或 Erosion Corrosion)——是指金属表面与腐蚀流体之间由于高速相对运动而引起的金属破坏现象。冲击腐蚀时，金属的腐蚀产物因受高速流体的冲刷而离开金属表面，从而使新鲜的金属表面与腐蚀介质直接接触，加速了腐蚀破坏。

空泡腐蚀(Cavitation)——是指由于流体压力分布不均匀，在金属表面形成流体的空泡，随后这类空泡破裂，产生高压冲击波，加速构件表面破坏的现象。空泡破裂产生的冲击波可产生如下三种效应：使软的金属表面发生高速形变；使韧性差的金属表面层剥落；损坏金属表面的保护膜，促进腐蚀。

应力作用下的腐蚀导致的工程结构破坏，危害到航空、航天、能源、国防、石油、化工、海洋开采、船舶、交通、建筑等诸多行业，造成了巨大的经济损失和灾难性后果，这方面的例子不胜枚举，仅在航空领域就曾造成众多起灾难性事故。例如，1980 年 11 月，我国一架直升机 1 号桨叶大梁因腐蚀疲劳折断而导致飞机空中解体；1988 年 4 月 28 日，美国一架波音 737－200 客机在夏威夷上空因机身蒙皮发生应力腐蚀和腐蚀疲劳等破坏，造成机体上部大面积蒙皮和结构飞掉，一名空姐被吸出机身，多名机上人员受重伤。因此，研究材料、机械设备和结构在应力作用下腐蚀破坏的特征、规律、机理和分析与诊断的方法，在此基础上提出和实施合理而有效的预防技术措施，对于确保机械装备的安全性和可靠性意义重大。

7.2　应力腐蚀开裂

人们较早对应力腐蚀破坏的认识可追溯到 19 世纪后期黄铜弹壳的“季裂”现象，即黄铜弹壳在夏季季风期储存过程中，因为潮湿空气中含有腐蚀性氨离子和弹壳制造过程中引入的残余应力联合作用，导致弹壳的应力腐蚀开裂破坏。应力腐蚀开裂在力学、环境、材料、断裂形态学等方面表现出一些独特的性质。

一、应力腐蚀的特征

1. 力学特性

(1) 应力性质。通常认为应力腐蚀只有在拉应力条件下才能发生，这种应力可以是外加应力，或是加工(铸造、锻造、轧制、挤压、机加工、焊接等)、热处理、表面处理、磨削、装配等过程中引入的残余应力，也可以是腐蚀产物的楔入作用而引起的扩张应力。例如，304L 不锈钢退

火酸洗后在 w_{MgCl_2} 为 0.42 的沸腾溶液中放置 3 个月后，发现断面上有穿晶型应力腐蚀裂纹，这是因为点蚀坑中的固体腐蚀产物比体积大，能起到楔子的作用，从而产生横向张应力。据统计，80％的应力腐蚀事故起源于残余应力，因此设备破坏分析中一定要注重对残余应力的分析。应当指出，近年来有的研究结果表明宏观压应力在某些情况下也可以产生应力腐蚀裂纹。其原因有两种可能：一是当应力腐蚀开裂以裂纹尖端的金属阳极溶解为控制过程时，由于压应力同样能够引起金属产生滑移变形，故 SCC 仍可发生；另一种情况是，虽然结构或试样所受宏观应力为压应力，但微观上局部仍为张应力。SCC 是一种低应力(应力水平通常为材料屈服强度的 50％～90％)脆性断裂，断裂前无大的塑性变形，常常导致无先兆的灾难性事故。

(2)存在临界应力。应力腐蚀开裂是一种与时间有关的滞后破坏，材料所受应力愈小，断裂时间 t_F 愈长。在应力小于某一临界值后，t_F 趋于无穷，此应力值称为应力腐蚀的临界应力(σ_{SCC})。对于存在预裂纹的试样或构件，则存在一临界应力强度因子(K_{ISCC})。对于不同的材料，环境体系的 σ_{SCC} 或 K_{ISCC} 可能有很大的差异。例如，在室温 w_{NaCl} 为 0.035 的水溶液中，用于制备飞机起落架的 30CrMnSiNi2A 超高强度钢的 K_{ISCC} 只有 17 $MPa \cdot m^{\frac{1}{2}}$，而用于制备飞机发动机压气机叶片和盘的 TC4(Ti6Al4V)钛合金的 K_{ISCC} 高达 60 $MPa \cdot m^{\frac{1}{2}}$，但后者的屈服强度 σ_s 只有前者的 64％。

(3) 应变速率的作用。应变速率对应力腐蚀的发生与发展有重要的影响。研究表明，材料的应力腐蚀敏感性(以塑性损失率 $I_\psi=(\psi_{空白}-\psi_{SCC})/\psi_{空白}$)常表现出图 7.2 所示的规律。当应变速率 $\dot{\varepsilon}$ 大于某一临界值 $\dot{\varepsilon}_2$ 后，其塑性损失不明显，表明应力腐蚀敏感性较低(因高应变速率时，断裂时间太短，应力腐蚀裂纹来不及形核就发生机械过载断裂)；当应变速率 $\dot{\varepsilon}$ 小于某一临界值 $\dot{\varepsilon}_1$ 后，其塑性损失也不明显，同样表明应力腐蚀敏感性较低(原因是应变速率过低，拉伸使金属表面膜破裂的速率低于新鲜金属重新形成钝化膜的速率，这时新鲜金属来不及溶解又被膜覆盖，因此不发生应力腐蚀开裂)。具有这种应力腐蚀规律的体系其 SCC 机理属于阳极溶解型。

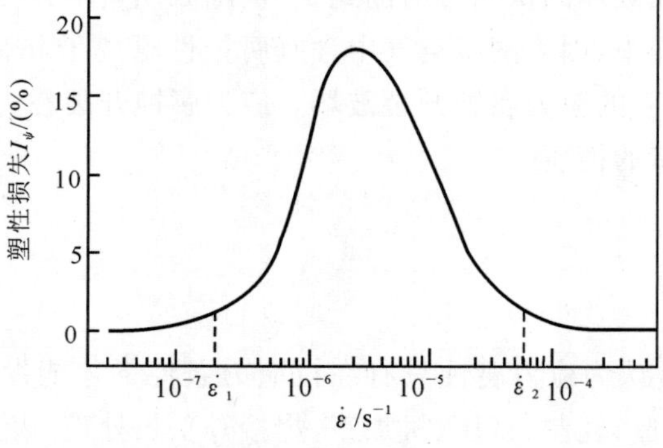

图 7.2　低碳钢在碳酸钠溶液中应力腐蚀敏感性随应变速率的变化

2. 环境特性

(1)特定的材料/环境介质组合。对每一种金属材料，只有在特定的介质中才能发生应力腐蚀，如表 7.1 所示。正因为如此，有人以环境特点命名一些金属材料的应力腐蚀，例如锅炉钢在碱性溶液中的碱脆、低碳钢在硝酸盐溶液中的硝脆、奥氏体不锈钢在含有 Cl^- 溶液中的氯脆、黄铜在带有氨气氛中的氨脆、奥氏体不锈钢在含有连多硫酸溶液中的硫脆、高强度钢在酸性或中性 NaCl 水介质中的氢脆。发生 SCC 的体系，金属表面的均匀腐蚀倾向小(低于 0.125 mm/a)，具有一定的钝化能力，以发生局部腐蚀为特点。

表 7.1　产生应力腐蚀的特定材料/环境介质体系

材料	介　　质	断裂形式
低碳钢	NaOH，$CO—CO_2—H_2O$，硝酸及碳酸盐溶液	晶间/穿晶
高强度钢	水介质，氯化物，含痕量水的有机溶剂，HCN 溶液	晶间/解理
奥氏体不锈钢	沸腾盐溶液，高温纯水，含 Cl^- 水溶液，含 Na^+ 的盐溶液，连多硫酸，H_2S 溶液，$H_2SO_4+CuSO_4$ 溶液，苛性碱溶液	穿晶/晶间
铝合金	湿空气，含 Cl^- 的水溶液，高纯水，有机溶剂	晶间
钛与钛合金	水溶液，有机溶剂，热盐，发烟硝酸，N_2O_4	晶间/穿晶
镁和镁合金	湿空气，高纯水，$KCl+K_2CrO_4$ 溶液	晶间/穿晶
铜和铜合金	含 $NH_4{}^+$ 溶液或蒸气，$NaNO_2$，醋酸钠，酒石酸钾，甲酸钠等水溶液	晶间/穿晶
镍和镍合金	高温水，热盐溶液，卤素化合物，HCl，H_2S+CO_2+C1，NaOH	晶间/穿晶
锆和锆合金	水溶液(含 $FeCl_3$，$CuCl_2$，硝酸，卤素化合物)，热盐溶液，甲醇(含 I^-，Br^-，$C1^-$)，CCl_4，$CHCl_3$，卤素蒸气	晶间/穿晶

(2)特定的电位范围。材料与特定介质的偶合是导致 SCC 的必要条件，可以从电化学的角度找到原因，即金属材料 SCC 往往发生在电化学极化曲线的活化-阴极保护过渡区、钝化-活化过渡区或钝化-过钝化过渡区，如图 7.3 所示。在这种条件下，表面膜处于不稳定状态，局部易出现活化的点蚀核心，而大部分区域处于钝化状态，从而构成大阴极-小阳极电化学腐蚀结构，为局部应力腐蚀裂纹萌生提供了必要的条件。特定的材料/环境介质组合正是使材料的自腐蚀电位处于上述钝化-活化过渡区或钝化-过钝化过渡区，材料的 SCC 敏感电位范围除与介质的类型和浓度有关外，还受环境温度的影响(见图 7.4)，温度愈高，其 SCC 敏感的电位范围愈大。根据 SCC 在阳极极化曲线上的特定电位范围特点，既可理解已发现的 SCC 系统产生的原因，也可通过介质的

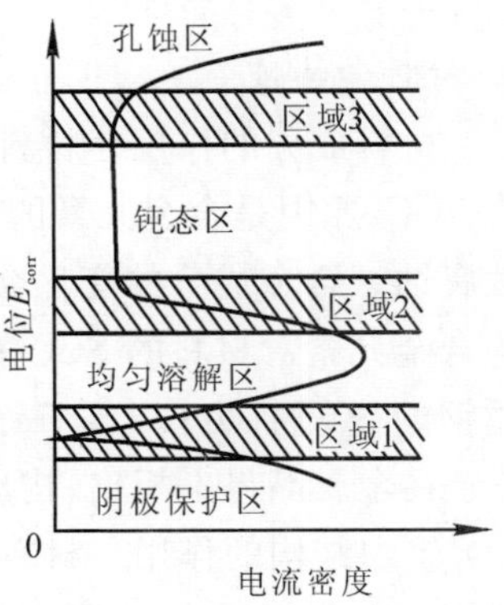

图 7.3　合金的应力腐蚀断裂电位区(阴影)

选择和电位的控制，发现和理解新的应力腐蚀断裂系统，达到预测和控制 SCC 的目的。

(3)局部环境与整体环境间的差异。应力腐蚀与点蚀、缝隙腐蚀的发展过程有一个共同点——即均以"闭塞电池"机制为推动力。根据前面关于点蚀、缝隙腐蚀的讨论可知，裂纹或缝隙闭塞区的局部化学环境与整体溶液的化学环境之间存在很大的差别。测试结果表明，在模拟海水环境的 w_{NaCl} 为 0.035(pH=5)水溶液中，铁、铝、钛合金和奥氏体不锈钢裂纹尖端的 pH 值分别约为 4，3.5，2 和 0.7，即裂尖为局部酸性，为阳极溶解提供了条件。Cl^- 浓度的测量结果表明，裂纹内较其外部提高了 10 倍左右。其他离子(如金属离子，NO_3^-，SO_4^{2-} 等)在裂纹内与裂纹外也有明显的差异，这种差异反映在电化学上则是裂纹尖端与裂纹外的电极电位的不同。图 7.5 所示为 Pourbaix 对铁在含 Cl^- 的溶液中根据热力学计算的裂纹内 pH 值和电位的分布，裂纹内部电位较外部电位通常低数十毫伏到数百毫伏，即裂尖是局部阳极区。

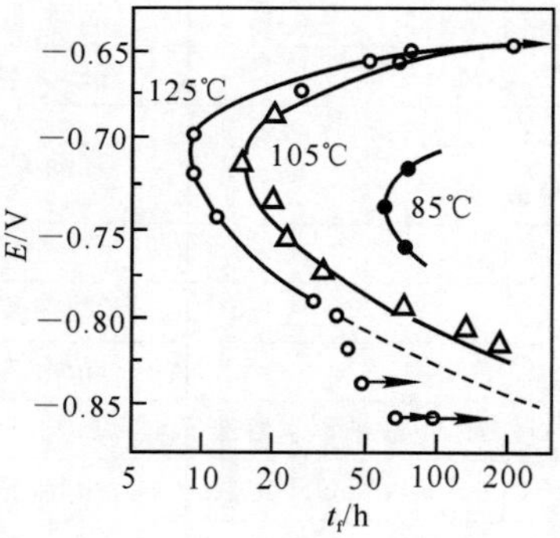

图 7.4　低碳钢在 w_{NaCl} 为 0.035 水溶液中外加电位与断裂寿命的关系

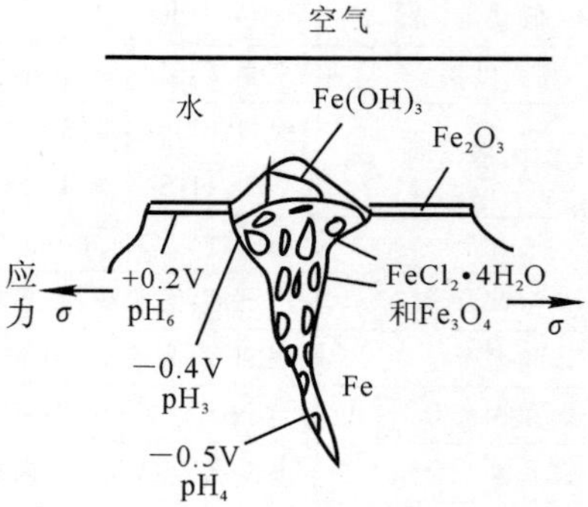

图 7.5　铁的裂纹 pH 值及电位分布

3. 材料学特性

(1) 材料成分的作用。材料的成分对 SCC 通常有明显的影响，一般讲，合金比纯金属更易产生 SCC，原因是合金元素的加入能够影响材料表面的电化学均匀性和稳定性，可能促进选择性腐蚀。合金成分的变化会影响材料的组织结构，进而影响在特定介质中的电化学行为。不同的合金元素对材料的 SCC 有不同的影响。例如，加入适当的 Cr 或 Al 元素可以提高奥氏体不锈钢的 SCC 抗力；Ni 对 Fe-Ni-Cr 合金 SCC 的影响则呈非单调的变化规律；而 C，N，S，P 等易于在金属晶界上析出，构成活性通路，促进 SCC 的发生。

(2) 组织结构的作用。材料的微观组织结构对 SCC 有重要影响。例如，面心立方的奥氏体不锈钢在氯化物溶液中很容易产生 SCC，但体心立方的铁素体不锈钢则对该环境有很高的 SCC 抗力。材料的显微组织结构取决于材料成分、热处理制度，因此显微组织对 SCC 的影响与材料成分、热处理制度的作用相联系。例如，相同成分而显微组织不同的碳钢或低合金钢，在 H_2S-H_2O 环境中，对 SCC 抗力按下列顺序递减：铁素体中球状碳化物组织→完全回火后的淬火显微组织→正火和回火后的显微组织→正火后的显微组织→淬火后未回火的马氏体组织。敏化热处理使奥氏体不锈钢晶界 Cr 贫化，成为 SCC 的活化通道，因此促进 SCC。

粗晶粒比细晶粒对应力腐蚀开裂更敏感，多数金属的 SCC 开裂时间 t_F 与晶粒直径 d 有如下的关系，即

$$\lg t_F = ad^{-\frac{1}{2}} + b \tag{7.1}$$

式中，a 为材料和环境决定的常数，b 是由初始力学因素决定的常数。

决定金属材料 SCC 特性的最重要因素之一是其强度水平，对于高强度钢来说，强度愈高，其 SCC 敏感性愈大，当屈服强度大于 1 400 MPa 时，其 SCC 敏感性很高，因此在航空、化工等领域为了控制 SCC 而对钢的强度、硬度提出了专门的要求。例如，国际上为防止在 H_2S 环境中发生 SCC，要求低合金钢的硬度值必须小于洛氏硬度 HRC22。

晶粒取向与应力方向的关系也是影响 SCC 敏感性的一个重要因素。当应力方向与轧制板材中晶粒长轴方向一致时，SCC 敏感性低；当二者垂直时，SCC 敏感性高。

4. 应力腐蚀裂纹扩展特征

SCC 的发生与发展可分为裂纹的孕育期和扩展期两个阶段。SCC 裂纹孕育期的长短取决于 SCC 三要素——材料性能、环境状况和力学条件，可以从几分钟到几年，甚至几十年。

对于带裂纹试样，依据外加应力与裂纹面的取向关系，有图 7.6 所示的三类裂纹试样。Ⅰ型也称为拉开型，Ⅱ型也叫滑开型，Ⅲ型又叫撕开型。从断裂力学角度，为描述裂纹尖端应力、应变的大小而引入应力强度因子的概念。对于Ⅰ型、Ⅱ型、Ⅲ型裂纹，分别有三类应力强度因子 K_{I}，K_{II} 和 K_{III}。对于Ⅰ型裂纹，$K_{\mathrm{I}} = \sigma Y\sqrt{a}$，式中 σ，a 分别表示远离裂纹的均匀拉应力和裂纹长度，而形状因子 Y 是与裂纹形状、加载方式及试样几何有关的量。从裂纹扩展速率 ($\mathrm{d}a/\mathrm{d}t$) 与裂纹尖端的应力场强度因子 K_{I} 的关系，可以将 SCC 裂纹扩展过程划分为图 7.7 所示的三个阶段。

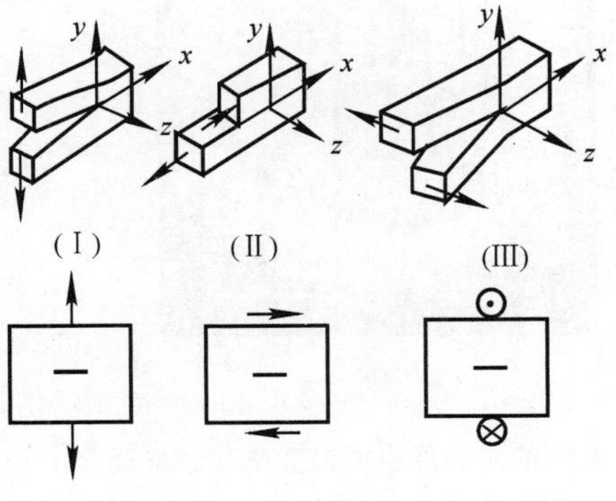

图 7.6　三种裂纹方式

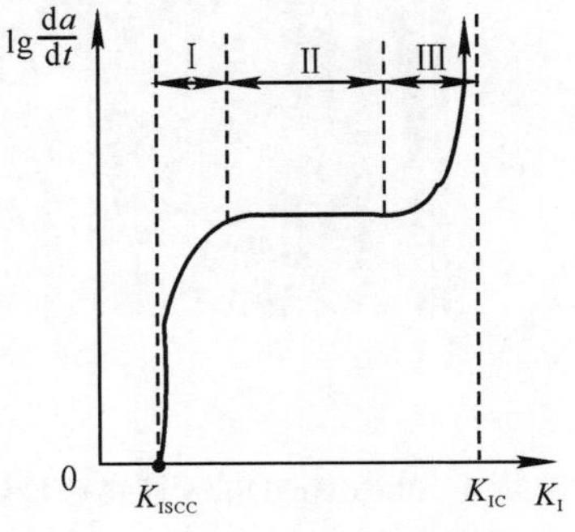

图 7.7　裂纹扩展速率 $\mathrm{d}a/\mathrm{d}t$ 与 K_{I} 间的关系

第一阶段：当 $K_{\mathrm{I}} > K_{\mathrm{ISCC}}$时，裂纹才以低速率扩展，这时力学因素起主要作用，$\mathrm{d}a/\mathrm{d}t$ 随着 K_{I} 的增大而迅速增加。K_{ISCC}即为临界应力强度因子。

第二阶段：当 K_{I} 增大到一定数值后，$\mathrm{d}a/\mathrm{d}t$ 保持恒定，即裂纹扩展速率不随力学因素变化而改变，原因是化学或电化学因素起主要作用(如裂纹尖端反应物质的传质过程为裂纹扩展的控制步骤)。

第三阶段：K_{I} 继续增大，力学因素又起着主要作用，当达到机械断裂的裂纹临界应力强度因子 K_{IC}时，则在机械力的作用下发生快速失稳断裂。

应力腐蚀裂纹稳定扩展速率(第一、二及第三阶段快速扩展前)一般为 10^{-8}～10^{-4} mm/s，它较机械作用下的快速断裂低 10^{10}倍(机械快速断裂一般为金属中声速的 1/3～1/4)，比点蚀等局部腐蚀速率快得多，如高强度钢在海水中 SCC 的速率比点蚀速率快 10^{6} 倍。应力腐蚀试样或构件的寿命是孕育期与裂纹稳定扩展时间的总和。

5. 应力腐蚀破坏的形态学特征

(1)SCC 的宏观形态特征。断口特征是分析和诊断 SCC 破坏的重要依据。应力腐蚀断裂破坏属于脆性损伤，即使延性很好的材料，其 SCC 宏观形态仍显示明显的脆性断裂特征。即断口平直，并与正应力垂直，没有明显的塑性变形，颈缩也不明显(见图 7.8)，裂纹源及扩展区断口表面通常呈黑褐色(钢基)或深灰色(铝基)。其原因是腐蚀产物覆盖着断口表面，并且离源区越近，腐蚀产物越多，同时断口表面腐蚀状况还与电化学腐蚀条件及 SCC 机制有关。应力腐蚀断裂起源于表面，一般为多源，起源处表面一般存在腐蚀坑，应力腐蚀与机械断裂过渡区断口上常出现放射性花样或"人"字纹，最后失稳断裂(机械断裂)区为银灰色。宏观断口上，放射性花样或"人"字纹收敛的方向即 SCC 裂纹萌生区(裂纹源)。

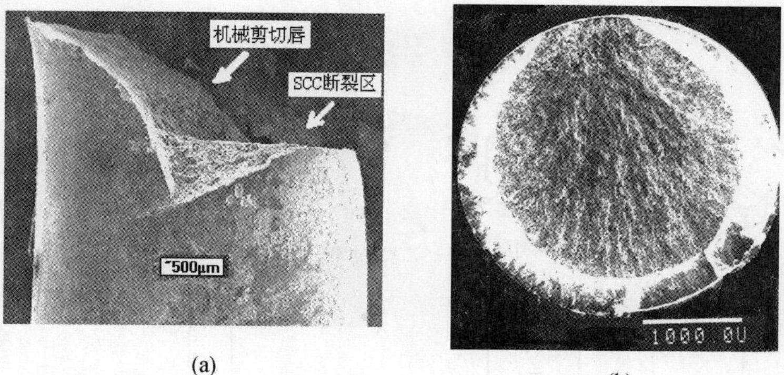

(a)　　(b)

图 7.8　30CrMnSiNi2A 超高强度钢在 w_{NaCl} 为 0.035 的水溶液中慢应变速率拉伸断口

(a)侧视图；(b)俯视图

我们的研究发现，应力腐蚀宏观断口的另一个特征是裂纹前沿的形状因应力状态、SCC 作用机理不同而有明显的差异。当表层平面应力状态有重要影响或裂纹扩展以氢脆机制为控制过程时，裂纹前沿一般为正舌型（即试件中部较表面裂纹扩展快）；当试件平面应变状态条件满足得好或阳极溶解机制起重要作用时，裂纹前沿通常呈倒舌型、M 型或平直型，如图 7.9 所示。

(2) SCC 的微观形态特征。应力腐蚀断口的微观形态与应力腐蚀机理、环境条件、材料性质、电化学状态、力学因素等有重要关系（见表 7.1）。

从电化学角度，可将 SCC 机理分为阳极溶解型和氢致开裂型。对氢致开裂型的 SCC，如高强度钢在水介质中，其断口形貌和钢的强度 σ_s 及外加应力（或 K_I）有关。当 σ_s 较低，K_I 较高时，获得韧窝断口；随 σ_s 升高或 K_I 降低，可变为准解理、解理或沿晶断口。

对于阳极溶解型的 SCC，将获得脆性沿晶、穿晶（解理或准解理）、混合或相间 SCC 断口。

航空用超高强度钢在含 Cl^- 水溶液乃至纯水中都能表现出很高的 SCC 敏感性，其 SCC 过程以氢脆机制为主，微观断口特征为冰糖块状沿晶脆性断裂形态，如图 7.10 所示。

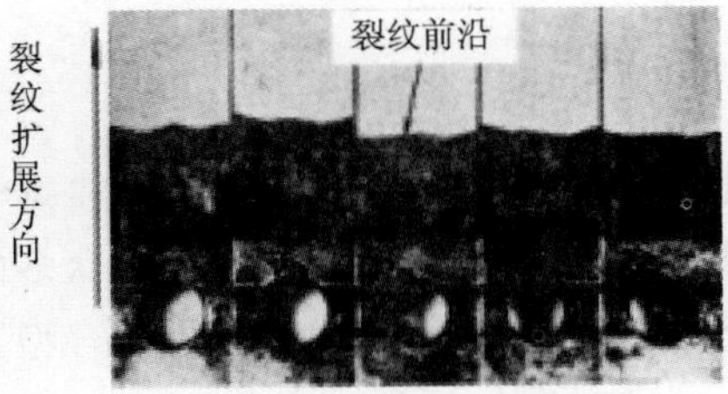

图 7.9　40CrMnSiMoVA 超高强度钢试样在 w_{NaCl} = 0.035 水溶液中的 SCC 宏观断口

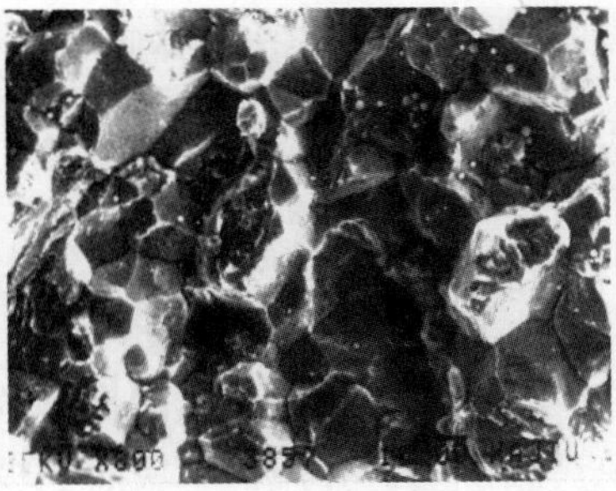

图 7.10　40CrMnSiMoVA 超高强度钢在室温蒸馏水中的 SCC 沿晶断口形貌

面心立方结构的铝合金和奥氏体不锈钢等 SCC 断口上常常可见到如图 7.11 所示的河流花样或扇形准解理的形貌特征。

材料成分对 SCC 断口形貌也有重要影响。例如，Mo 含量对 16Cr－15Ni 不锈钢 SCC 断口形貌的影响是随 Mo 含量的增高，断口由穿晶破坏向晶间断裂模式转变，金属的阳极溶解作用减弱，即 Mo 增加了不锈钢的耐 Cl^- 腐蚀抗力。

SCC 断口不仅有宏观上的分叉，而且存在微观上的分叉。当 SCC 机理为阳极溶解控制时，显微断口呈多分枝特征；但当 SCC 机理为氢脆控制时，则通常为单一裂纹。

对于 Ti_3Al＋Nb 金属间化合物等材料，还会出现沿相间开裂的阳极溶解型 SCC 形态特征，如图 7.12 所示。这既不同于沿晶型开裂，也不同于穿晶型开裂，而是一种独立的 SCC 开裂方式。

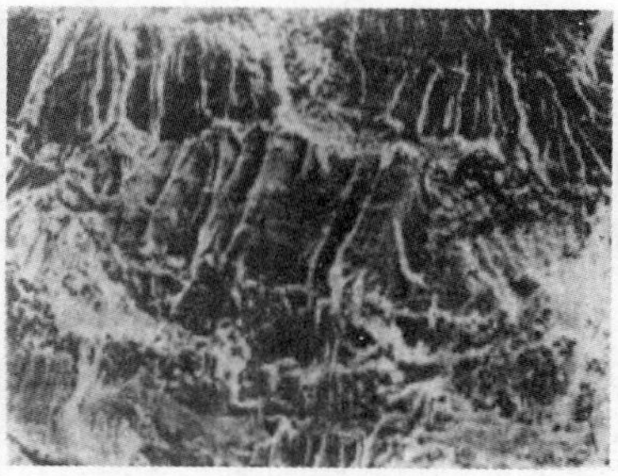

图 7.11　铝合金应力腐蚀断口上的扇形准解理形貌

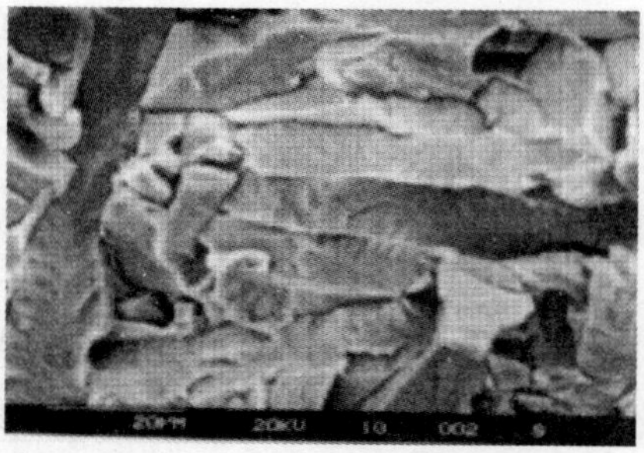

图 7.12　Ti_3Al+Nb 在甲醇溶液中的相间 SCC 断口

另外，当钛合金与高温氯化物、溴化物、碘化物接触时，如果环境中还有氧和水分存在，同样会发生低应力延迟破坏，其破坏形态以沿晶为主，此称为钛合金的热盐应力腐蚀。钛合金在各类氯化物中热盐应力腐蚀的敏感程度按由轻到重，排列次序为 $MgCl_2$，$SrCl_2$，$CaCl_2$，KCl，$BaCl_2$，NaCl，LiCl。关于钛合金热盐 SCC 机理的认识，目前尚存在争议，较为普遍接受的观点是痕量的水分导致钛合金基体吸氢而引起氢脆损伤的结果。

二、应力腐蚀的机理

关于应力腐蚀的机理，目前尚无统一的理论，原因是应力腐蚀涉及材料、环境和力学等多种因素，其过程较为复杂，目前所提出的十多个机理模型均存在一定的局限性。在众多的应力腐蚀机理中，比较有代表性的是阳极溶解机理和氢致开裂机理，居于中间的即为混合型。众所周知，腐蚀过程中必然有阳极反应和阴极反应发生。而导致裂纹扩展的过程既可能与阳极过程有关，也可能与阴极过程有关。最明显的阳极机理就是材料简单活性溶解并脱离裂纹尖端，最明显的阴极机理是氢的析出、吸附、扩散和致脆。这种区分方法对于分别选择研究重点，探讨和阐明机理以及寻求防护措施等都是必要的。

阳极溶解 SCC 理论认为，应力腐蚀要经过膜破裂—溶解—断裂这三个阶段。

(1)膜破裂。在大多数情况下，金属是被表面膜覆盖着的，这些膜在热力学上是稳定的。只有膜遭受破坏，裂纹形核，才有可能沿某一择优路径溶解，最终导致应力腐蚀断裂。膜的局部破坏可能是由于化学原因或机械原因所造成的。对于某些材料/环境组合，如果材料的腐蚀电位比点蚀电位还高，则膜会局部破坏，形成点蚀。在应力作用下，可在点蚀坑根部诱发应力腐蚀裂纹。若腐蚀电位处于活化-钝化或钝化-过钝化的过渡电位区间，则钝化膜处于不稳定状态，应力腐蚀裂纹容易在膜的薄弱部位形核。在以上情况下，膜是以化学方式破坏的。

材料在受力变形时往往造成其表面膜的局部破坏，此即膜的机械破坏方式。裂纹的尖端由于应力、应变集中，因此金属表面膜更容易破裂。晶界缺陷及杂质较多，表面膜往往不完整，裂纹易于沿晶界形核和扩展，导致沿晶应力腐蚀开裂。用滑移导致膜破裂的机理模型可以圆满地解释穿晶型应力腐蚀的起因,如图 7.13 所示。

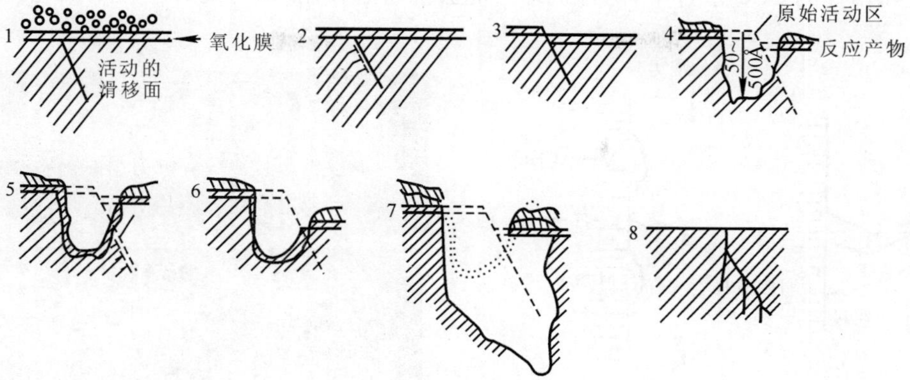

图 7.13 不锈钢滑移台阶活化和局部溶解过程

1—无应力时氧化膜完整;2—存在应力时,位错在滑移面塞积;3—应力增大时,位错开动后膜破裂;
4—金属溶解,形成"隧洞";5—形成保护膜,溶解区重新进入钝态;6—位错再次开动钝化膜,形成无膜区;
7—金属再次快速溶解;8—产生穿晶型 SCC 开裂
(1~7 放大倍数约为 200 000 倍,8 放大倍数约为 100 倍)

(2)溶解。阳极溶解控制的活性通道腐蚀型应力腐蚀断裂(APC—SCC)的裂纹是通过裂纹尖端的阳极溶解过程而推进的。裂纹扩展的可能途径有两个,即预先存在活性通道和应变产生的活性通道。预存活性通道的电化学机理认为,发生 SCC 需要两个基本条件:首先是材料中预先存在着对腐蚀敏感的、多少带有连续性的通道,这种通道在特定环境下相对于周围组织是阳极;其次是要有足够大的、基本上垂直于活性通道的拉应力。对于第二种可能的途径有一种观点认为,应力的作用不仅是造成膜的破裂,更重要的是使裂尖局部区域迅速屈服,出现很多的化学活性点,或降低了溶解的活化能,即应变造成新的活性溶解途径。

(3)断裂。应力腐蚀裂纹扩展达到临界尺寸,便会在机械力作用下发生失稳快速断裂。氢致开裂型 SCC 理论认为,如果阳极金属溶解腐蚀所对应的阴极过程是析氢反应,而且原子氢能扩散进入金属并控制了裂纹的形核与扩展,这一类的应力腐蚀就称为氢致开裂型应力腐蚀,它是氢损伤的一个特例。氢损伤的具体机制详见 7.3 节。

阳极溶解控制的活性通道腐蚀型 SCC(APC—SCC)和阴极析出氢控制的氢脆型 SCC(HE—SCC)在微观机制和 SCC 裂纹形核位置上均有不同,这可通过图 7.14 加以比较。图 7.14(a)中,APC—SCC 的裂纹是通过裂纹尖端的阳极溶解过程而推进的。活性通道可以是合金中原先已经存在的一些连续或准连续的成分不均匀区,也可以是裂纹尖端的前沿因塑性变形而新形成的活性区。阴极过程除了与阳极过程所产生的电子发生反应外,对 SCC 裂纹扩展并无其他影响。图 7.14(b)中,HE—SCC 的裂纹是通过合金在阴极区吸收阴极反应的产物氢原子诱导脆性开裂而推进的。阳极过程仅为阴极反应提供电子，对裂纹扩展并无直接影响。在实际构件的 SCC 事件中，两种机理可能会同时起作用，即为混合型作用机理。

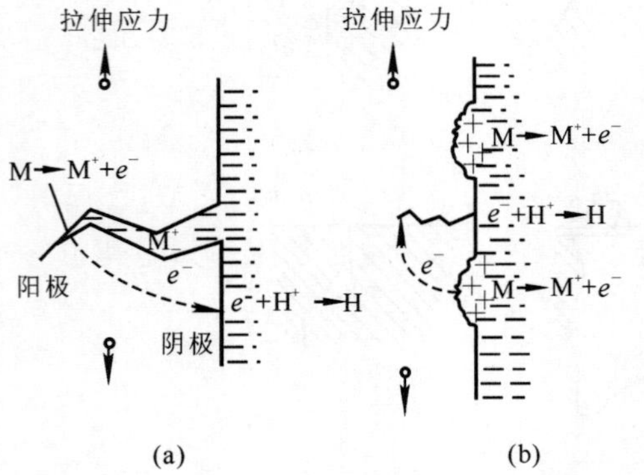

图 7.14 SCC 的阳极溶解型和 HE 型机理模型

(a)阳极溶解型；(b)氢致开裂型

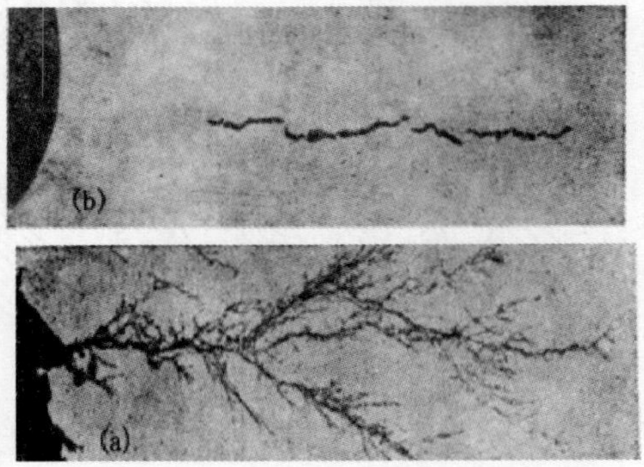

图 7.15 阳极溶解型 SCC 和氢脆型 SCC 裂纹的显微形貌

(a)阳极溶解型 SCC；(b)氢脆型 SCC

由于电化学保护技术或金属镀层方法对阳极溶解型 SCC 和氢致开裂型 SCC 有截然不同的影响，所采取的预防措施也就不同，因此分析和诊断 SCC 机理属于阳极溶解型还是氢致开裂型是十分重要的。具体区分两种机理可以综合参考下述方法和途径。

(1)电化学方法。一般来说，阳极极化可加速阳极溶解型 SCC 破坏，而减缓氢致开裂型 SCC 破坏；阴极极化则加速氢脆型 SCC 过程，而减缓阳极溶解型 SCC 破坏。但由于 SCC 过程的复杂性，上述情况是有例外的。例如，对高强度钢在水溶液中阳极极化，则加速氢在钢中的渗透，从而促进 HE 的作用；另外，若阳极极化使局部腐蚀减轻而全面腐蚀加速，同样可缓解 SCC 过程。钛合金对 HE 十分敏感，但是阴极极化可导致裂纹尖端 pH 值从 1.8 升至 11，析氢减缓，SCC 敏感性反而降低。

(2)断口特征。应力腐蚀断口依赖于断裂机理、应力状态、材料强度、氢含量等多种因素。一般来说，阳极溶解型 SCC 断口，腐蚀坑明显，起源于表面；而氢致开裂型 SCC 断口表面可能探测出氢化物，裂纹一般起源于次表面。同时，阳极溶解型 SCC 裂纹通常为多分叉特征，而氢致开裂型分支少，如图 7.15 所示。解理、准解理、沿晶等是共同的断口特征，但氢致开裂型断口有时可看到较轻微的韧窝特征。

(3)应力状态的作用。宏观压应力能引起阳极溶解型应力腐蚀开裂，其孕育期较拉应力情况高 1～2 个数量级，门槛值高 3～5 倍，但不会引起氢致开裂型的 SCC。

(4)裂纹扩展的连续性。传统认为，当裂纹扩展在时间上或空间上出现不连续情况时，通常是氢致开裂型 SCC；相反，如果为连续性扩展，则为阳极溶解型 SCC。但近年来的研究表明，实际中是有例外情况出现的，因此，具体区分 SCC 机理必须结合多种方法和途径进行综合判断。同时还要注意，有些情况下两种机理可能会同时起作用(即混合型 SCC 机理)。

图 7.16 示出了 Fontana 于 1970 年总结的 SCC 系统概貌，给出了裂纹尖端可能发生的各种作用过程，是从各个学科的角度对 SCC 的系统分析。图的右方指出了与晶界有关的各种现象，如晶界沉淀、晶界贫乏、晶界吸附、偏聚等；图的中部则表示了裂纹尖端的应力场强度、塑性区、相变、吸附反应、位错交互作用，以及裂纹内部的电化学反应和输运过程；图的上方示出了金属表面的电化学反应和产物，以及表面膜的破裂、修复和成分的变化；图的下方还指出了应力作用下位错和亚结构的交互作用。从图中看，SCC 过程十分复杂，但它使人们对金属 SCC 有一个较为系统而全面的图像。实际上，对于给定的具体问题，起主要作用的只是其中的某些因素。

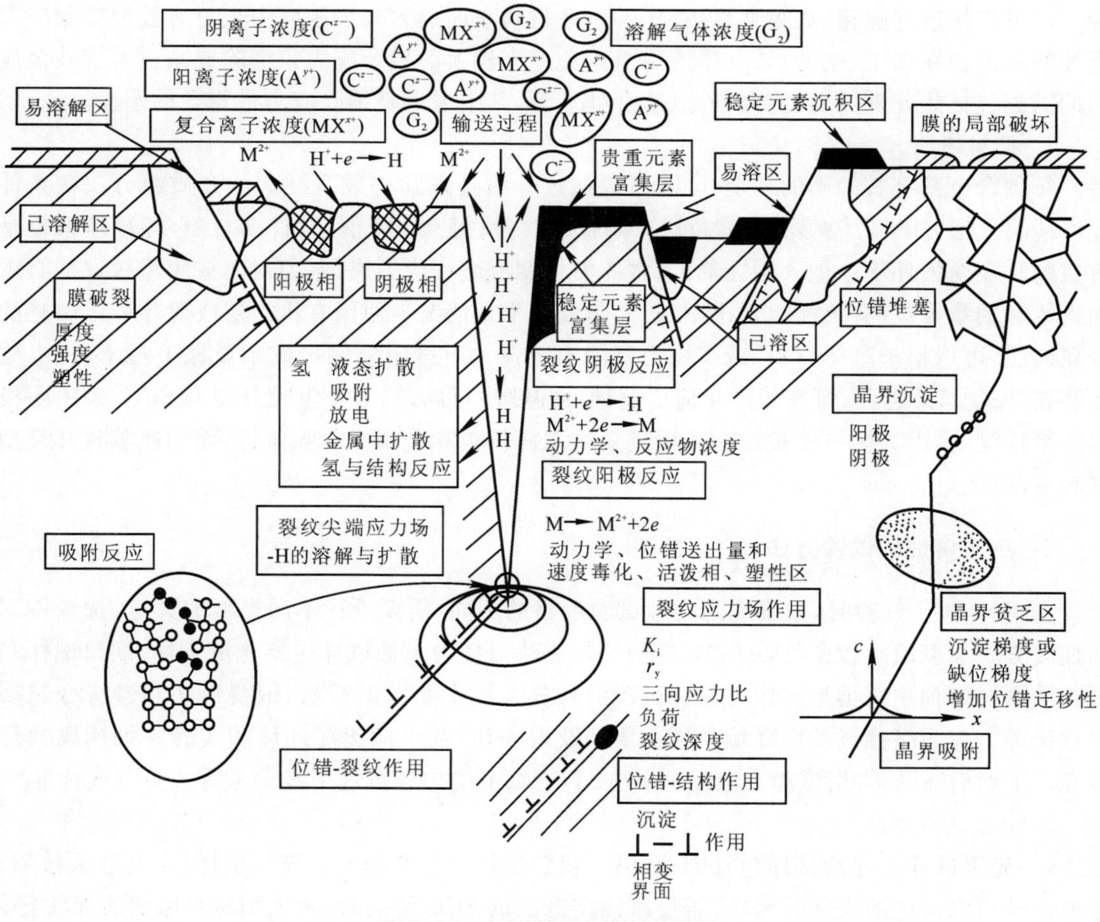

图 7.16　金属应力腐蚀系统概貌

三、应力腐蚀的控制方法

1. 改善材质

在满足其他条件(性能、成本等)的情况下,结合具体使用环境选材是最常用的方法。改进冶金工艺可提高材料的纯度,减少材料中的杂质;通过适当的热处理可以改变材料的组织,消除有害杂质的偏析,细化晶粒等。所有这些作用对降低材料的应力腐蚀敏感性均是有益的。

2. 合理设计与控制应力

通过改进结构设计,可以避免或减少局部应力集中。结构设计还应尽量避免缝隙和可能造成腐蚀液残留的死角,防止有害物质(如 Cl^-,OH^-)浓缩。由于金属构件中难免会存在宏观或亚微观的裂纹和缺陷,因此用断裂力学进行结构设计,比用传统力学设计具有更高的可靠性。通过机械形变强化(如喷丸、冷挤压等),在材料表面引入残余压应力也可有效地抑制应力腐蚀的发生。在加工、制造、装配中应尽量避免产生较大的残余应力。消除或减少有害残余应力的措施包括热处理、低温应力松弛、喷丸处理等,其中退火是消除应力最重要的手段。

3. 控制环境

每种合金都有其敏感的环境介质,可以通过介质处理除去危害性大的介质组分。在条件允许情况下避开 SCC 敏感的温度范围。降低氧含量、提高 pH 值,对许多材料/环境体系也是有益的。在腐蚀环境中加入缓蚀剂,通常能够抑制或减缓应力腐蚀,但对于成膜型缓试剂必须加入足够的量,或者有可能出现小阳极-大阴极的不利情况。使用有机涂层或对环境不敏感的金属镀层,可以保护基体材料,减少应力腐蚀敏感性。通过阴极保护或阳极保护技术,将电位控制在 SCC 非敏感区,可有效防止应力腐蚀。需要注意的是,对于氢致开裂型 SCC,采用阴极保护是危险的,因为阴极保护通常可促进金属表面析氢和金属内部吸氢,从而加速氢致开裂型 SCC 破坏。

四、应力腐蚀的试验方法*

在进行 SCC 试验时,根据应力腐蚀试验的目的不同,需要设计不同类型的试样,选择不同的加载方式和腐蚀环境条件,确定合理的评定方法。应力腐蚀试样包括光滑试样、缺口试样和预裂纹试样三种主要类型。应力腐蚀试验的加载方式主要有恒载法、恒变形法和慢应变速率加载法等。应力腐蚀试验的环境条件主要涉及现场环境、模拟工况环境和实验室加速腐蚀环境等。下面对 SCC 常用试验方法做简要介绍,更细节的内容可进一步参考有关专著或标准。

1. SCC 试样

(1)光滑试样。光滑试样包括圆棒试样、板状试样、U 形试样、C 形环试样、音叉形试样等。这种试样要求一定的表面粗糙度,若要求测定产品的 SCC 特性时,则采用材料原始表面状态。

(2)带缺口试样。缺口试样一是用于模拟金属材料中的宏观裂纹和各种加工缺口效应,二是为了缩短试验时间(减小孕育期),而人为地在光滑试样上开一几何缺口,造成应力集中。在加工制作这类试样时，要求缺口的尺寸和几何形状严格统一，以保证受力条件一致。

(3)预裂纹试样。预裂纹 SCC 试样是人工预开机械缺口处进行疲劳预制裂纹处理，使试样上产生裂纹，通过 SCC 试验和断裂力学分析，测试结果可用于工程设计、安全评定和寿命估计等。预制裂纹试样，显著地缩短了 SCC 孕育期，数据比较集中，便于研究裂纹扩展动力学过程，确定金属材料在特定介质中的临界应力场强度因子 K_{ISCC} 和裂纹扩展速率 da/dt，确定构件中可允许的最大缺陷尺寸。预裂纹 SCC 试样种类很多(见图 7.17)，按应力强度因子 K 在试验过程中的变化情况分为增 K、降 K 和恒 K 预裂纹试样。

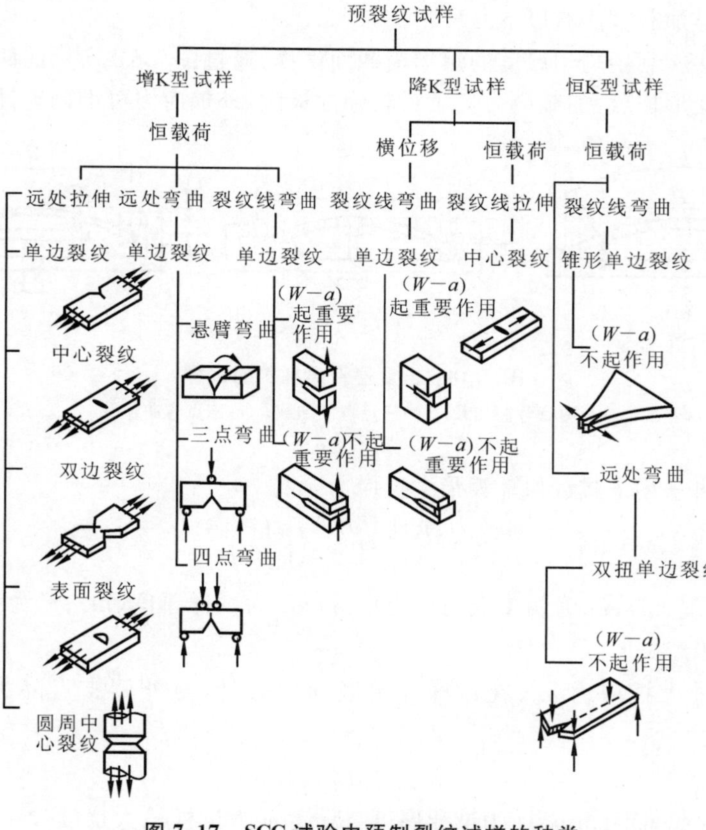

图 7.17　SCC 试验中预制裂纹试样的种类

2. SCC 试验加载系统

(1)恒载荷系统。利用砝码、力矩、弹簧等对试样施加一定载荷以进行 SCC 试验，此即恒载荷加载系统。这种加载方式往往用于模拟工程构件可能受到的工作应力或加工应力，既可通过试样一端直接悬挂砝码进行直接拉伸加载，也可采用杠杆系统加载。有时为简化装置，可采用一个经标定的弹簧对试样加载。恒载荷 SCC 试验虽然载荷是恒定的，但试样在暴露过程中由于腐蚀和产生裂纹，使其横截面积不断减小，从而使断裂面上的有效应力不断增加。与恒变形 SCC 试验相比，则会导致试样过早断裂。即恒载荷试验更为严格，通常所测试样寿命更短，SCC 的临界应力更低。

(2)恒变形系统。利用具有足够刚性的框架对试样进行直接拉伸或使之弯曲，在试样上产生恒定变形的加载方式，称为恒变形加载系统。恒变形加载 SCC 试验以其装置简单、试样紧凑、操作方便而获得广泛应用，不仅可用于实验室试验，也可用于现场试验。恒变形 SCC 试验过程中，伴随裂纹发展，往往会出现某种弛豫作用，从而导致试样承受的应力下降，使裂纹的发展减缓或停止，甚至可能会出现试样不断裂现象。

常用的恒变形加载方法有以下几种：

1)弯曲加载法。利用均匀厚度的矩形横截面试样，通过图 7.18 所示的两支点、三支点、四支点方式进行恒变形加载，加载应力低于材料弹性极限，外加应力可准确地计算。

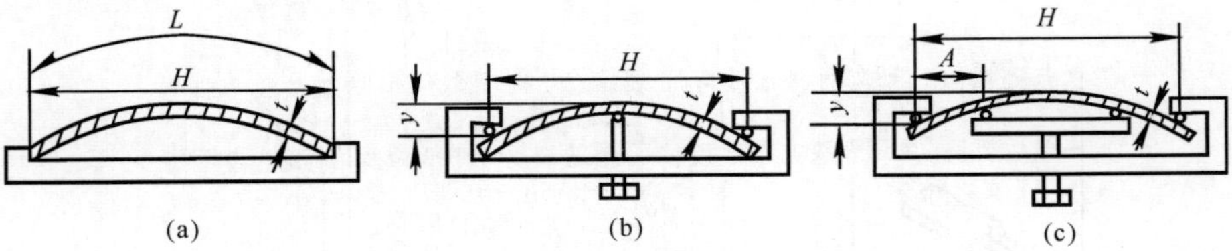

图 7.18 恒变形弯梁加载的试样

(a)两点弯曲加载；(b)三点弯曲加载；(c)四点弯曲加载

两支点试样可采用下式近似计算最大拉应力 σ，即

$$L=\frac{KtE}{\sigma}\arcsin\left(\frac{H\sigma}{KtE}\right) \tag{7.2}$$

式中，L 为试样长度(m)；H 为两支点间的距离(m)；t 为试样厚度(m)；E 为弹性模量(Pa)；K 为常数($K=1.280$)。

三支点试样最大拉应力 σ_{max} 在试样外侧表面中心处，至外侧支点降为零。σ_{max} 的计算如下：

$$\sigma_{max}=6Ety/H^2 \tag{7.3}$$

式中，H 为两外支点间距(mm)；t 为试样厚度(mm)；y 为试样最大挠度(mm)；E 为材料弹性模量(MPa)。

四支点试样情况下，两个内支点和两个外支点分别对称地位于试样中心两侧，最大拉应力在两内支点之间的试样外表面处，且在此区域内应力是恒定的；从内支点至外支点应力线性地降至零。两内支点间的弹性应力可按下式计算：

$$\sigma_{max}=12Ety/(3H^2-4A^2) \tag{7.4}$$

式中，A 为内外支点间的距离(mm)；其余符号同式(7.3)。

2) C 形环加载。通过紧固一个位于环直径中心线上的螺栓而在环外表面造成拉伸应力

(见图 7.19(a)),也可以扩张 C 形环在内表面造成拉伸应力(见图 7.19(b)),这两种均为恒变形试样;采用经过校准的弹簧在螺栓上加载(见图 7.19(c))为恒载荷 C 形环试样。C 形环的周向应力是不均匀的,从螺栓孔处的零应力沿环形弧线直至中点增大到最大应力。C 形环周向应力(σ_c)和横向应力(σ_t)可按下式计算,即

$$\sigma_c=\frac{E}{1-\nu^2}(\varepsilon_c+\nu\varepsilon_t) \tag{7.5}$$

$$\sigma_t=\frac{E}{1-\nu^2}(\varepsilon_t+\nu\varepsilon_c) \tag{7.6}$$

式中,ν 为泊松系数;ε_c 为周向应变;ε_t 为切向应变;E 为材料弹性模量。

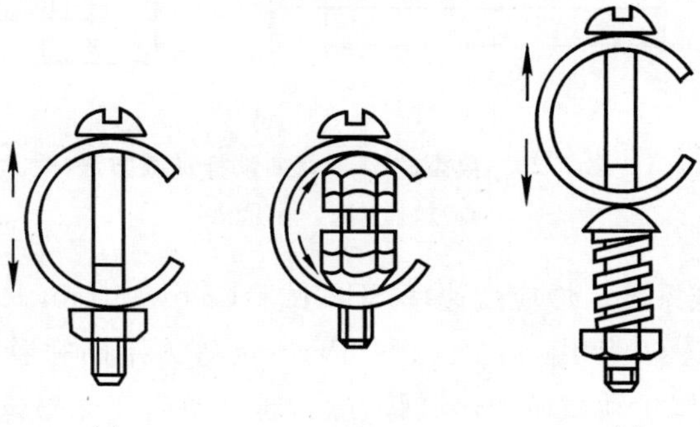

图 7.19　C 形环试样

(a)恒变形,外表面拉伸应力;(b)恒变形,内表面拉伸应力;(c)恒载荷试样

3)U 形弯曲加载。将矩形板材以一定夹具弯曲成呈规定半径的 180° U 形试样,这种恒变形试样包含弹性变形和塑性变形,是试验条件十分苛刻的 SCC 光滑试样。按图7.20 示出典型加载方法施加载荷。U 形试样沿厚度方向从外表面的最大拉应力渐变至内表面的最大压应力,沿长度方向从弯曲中心的应力最大值降至两端点处的零应力,且沿宽度方向应力分布也不均匀,所以实际应力值计算很困难。对于 U 形弯曲试样,当其厚度 t 比弯曲半径 R 小时,外表面上的总应变 ε 可按下式近似计算,即

$$\varepsilon=t/(2R) \tag{7.7}$$

4) 恒位移预裂纹试样加载。最常用的是改进后的楔形张开加载(WOL)试样和双悬臂梁(DCB)试样,这两种试样均通过螺钉和垫块在裂纹口加载,达到使裂纹张开到一定位移的目的。这两种试样裂纹尖端的应力强度因子均可以准确地计算出来。由于裂纹口处的位移保持恒定,当裂纹扩展时,裂纹尖端的应力强度因子下降;当下降到材料的临界应力腐蚀强度因子 K_{ISCC}时,裂纹停止扩展。该试样加载的优点是:依靠螺钉自行加载,不需要专用设备,可以在现场环境中进行试验;一个试样就可以获得临界应力腐蚀强度因子 K_{ISCC} 和裂纹扩展速率数

据。这种加载试验方法有国标可供参考(GB12445.1《高强度合金双悬臂(DCB)试样应力腐蚀试验方法》;GB12445.3《高强度合金楔形张开加载(WOL)预裂纹试样应力腐蚀试验方法》)。

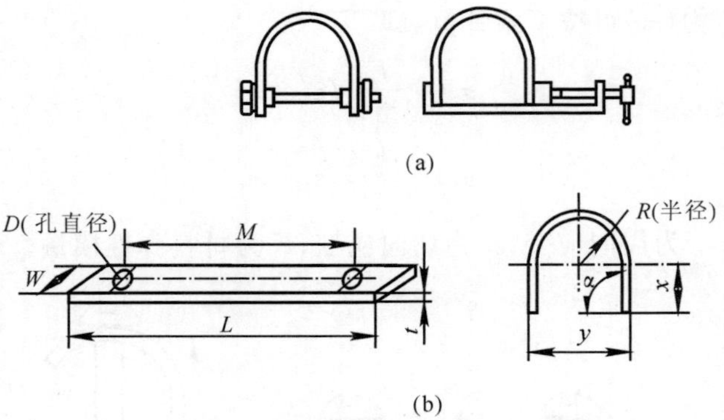

图 7.20　典型的 U 形弯曲试样加载方法

(a)加载方法;(b)尺寸

(3)慢应变速率加载系统。慢应变速率 SCC 试验(Slow Strain Rate Test,缩写为 SSRT)方法最早出现于 20 世纪 60 年代,后经 R. N. Parkins 等人不断完善而成为一种独立的重要 SCC 试验方法。该方法属于动载荷加速试验方法,通过慢应变速率试验机控制处于腐蚀介质中的试样产生恒定速率的缓慢变形。加载方式多为拉伸方式,也有用弯曲、扭转等方式。试样可为圆棒式、平板式、锥形式、缺口式、预裂纹式等。该方法的出发点是应力腐蚀的敏感性取决于应变速率,只有在适当的应变速率范围内,裂缝尖端的变形、溶解、成膜和介质扩散等才能处于产生应力腐蚀开裂的敏感状态。该方法的优点在于快速、有效、重复性好,即使对不发生应力腐蚀的体系,在较短时间内也可得到结果。该方法评定应力腐蚀敏感性以最大拉伸应力、断面收缩率、延伸率、断裂能等作为参量。另外,通过设计合适的锥形试样等特殊的试样形式,还可以测量 SCC 萌生应力、萌生寿命等参数。该方法既可用于比较材料、环境和其他因素对 SCC 的影响,也可用于揭示应力腐蚀的机理,是目前应用比较广泛的方法。

材料的敏感 SSRT 应变速率对 SCC 试验体系具有选择性,一般为 $10^{-4}\sim10^{-7}\,s^{-1}$,应根据具体腐蚀体系选定。SSRT 试验过程中,拉伸机的“十”字头移动速度保持恒定,但试样的应变速率在试验过程中并不是恒定的,特别是材料发生屈服变形后,颈缩区的实际应变率可能会增加一个数量级。SSRT 试验周期一般为 1～3 d,通常较恒载荷、恒变形加载系统周期短。但因该方法为加速试验方法,应力条件较为苛刻,因此与工程实际的一致性必须认真分析。

3. SCC 试验的环境系统

应力腐蚀试验的环境系统包括环境介质成分、pH 值、溶解气体、溶液的对流或扩散速度、环境温度、环境湿度、腐蚀介质的供给方式等。

对于现场 SCC 试验,要把施加应力的试样或构件置于实际使用的环境介质中进行 SCC

试验。实验室试验则有两种情况。一是在接近实际应用条件的模拟环境中进行模拟试验，这样通常可以得到较为可靠的数据，但是这种试验一般周期长、费用高。另一种情况是采用加速 SCC 试验方法，加速试验是通过增大腐蚀介质的腐蚀苛刻性、提高环境温度、增大应变或应力水平、利用动态加载方法（如 SSRT 加载方式）等等。加速试验的介质和条件应能产生和实际应用条件下相同的开裂类型和规律性。目前已经提出了一些标准的加速腐蚀试验方法，如用于检测不锈钢及有关合金的 SCC 敏感性的沸腾氯化镁溶液试验（见国标 GB4334.8）。

应力腐蚀试验中，试样与腐蚀环境的接触方式主要有直接浸泡法、周期浸泡（间浸）法、喷雾法和灯芯虹吸法等。

4. SCC 试验及敏感性评定

确定试样类型、加载方式和腐蚀环境是进行 SCC 试验的三个密切相关的要素。除此之外，根据试验目的可能还有一些特殊的要求和采用一些特殊的辅助手段，如对试样表面粗糙度、应力状态的要求，对溶液的循环方式或更换周期的规定，对试验周期的选取等。此外，在开始 SCC 试验时，是先对试样加载后注入腐蚀介质，还是采用相反的次序，这也将影响到试验结果。若在注入腐蚀介质之前已对试样加载一段时间，则由于预先的蠕变作用可显著影响 SCC 过程和断裂时间；若试样加载之前已暴露于腐蚀介质，则预先的腐蚀过程将影响 SCC 试验结果。

在 SCC 试验中辅以电化学极化和进行电化学测量可以获得许多重要的信息，这对于揭示 SCC 机理和探讨可靠的 SCC 控制技术途径十分有益。例如，通过极化对 SCC 行为的影响，有利于判断应力腐蚀的机理类型及电化学保护的可行性；对裂纹尖端电位场和电流场的测量，则有助于研究应力腐蚀裂纹扩展动力学等。

SCC 试验中通常可以获得如下主要数据：①试样的断裂寿命；②应力-寿命曲线；③临界 SCC 应力 σ_{SCC} 或临界应力场强度因子 K_{ISCC}；④SCC 裂纹扩展速率；⑤SCC 机理研究中各因素之间的相关作用，SCC 敏感的电位范围，裂纹扩展速率与应力强度因子、声发射信号之间的关联作用，合金显微组织与 SCC 裂纹扩展路径的关系，等等。

利用上述数据就可以评定 SCC 敏感性，用于估算工程结构的使用寿命等。另外，在研究 SCC 行为、机理和规律性时，常辅以金相观察、断口分析、电子显微镜观察、微区成分分析等多种研究分析手段。

7.3　氢致损伤*

金属材料在冶炼、加工及使用过程中，经常会有氢进入材料中，使材料产生氢（致）损伤。氢损伤也称氢脆，包括氢压引起的微裂纹（钢中白点（一种氢压裂纹）、焊接冷裂纹、H_2S 或酸中浸泡裂纹）、氢致鼓泡、高温高压氢腐蚀、氢化物相或氢致马氏体相变、氢致塑性损失以及氢致开裂或断裂。金属的氢致损伤，可用不同的方法进行分类。根据氢的来源不同，可分为内部氢脆(金属内部原有的氢)和环境氢脆(金属在环境中渗入的氢);根据应变速率与氢脆敏感性的关系可分为第一类氢脆(随着应变速率增加,氢脆敏感性增加)和第二类氢脆(随着应变速率增加,氢脆敏感性降低);根据经过低速率变形后,去除载荷,静止一段时间再进行高速变形时其塑性能否恢复,又可分为可逆性氢脆(塑性可恢复)和不可逆性氢脆(塑性不可恢复)。早在1817年,人们就发现钢制品经酸洗后其延性降低,Hughes 于 1880 年明确将这种现象归于酸洗中析氢的后果。氢损伤是石油、天然气、化工、冶金、航空、航天、核工业、能源等部门机械失效的主要原因之一,因此备受人们的重视,对其行为、规律、机理和控制进行了广泛的研究,并取得了丰富的成果。

一、材料中氢的来源及存在形式

1. 材料中氢的来源

(1) 内氢来源。冶炼、铸造、焊接、热处理等过程中空气、原料、器壁所含水分、铁锈或碳氢化合物等可分解出氢,而进入金属中;金属在酸洗、电镀、化学镀过程中还原的氢会进入金属内部;用含氢还原介质(如 H_2,NH_3)渗氮、渗碳或碳氮共渗等表面处理过程中,氢也可进入金属内部;高温高压(或常压)H_2环境中充氢、水溶液中电解充氢、熔盐充氢等人为向金属材料中引入氢。

(2)外氢来源。外氢是材料在使用过程中,由外界环境引入的氢。外氢是通过下列途径,在金属材料表面产生活性氢原子,然后进入金属中。

1) H_2或 H_2S 气体。当金属材料与环境中的 H_2,H_2S 等接触时,H_2通过物理和化学方式吸附(adsorption)在金属表面上,发生分解产生活化氢原子,活化氢原子吸着(absorption)在金属内表面,进而通过内表面去吸附而成为溶解在金属中的氢。

2)水溶液。金属在水溶液中发生电化学腐蚀时,阴极发生析氢反应,水化质子(H_3O^+)在金属表面上还原成原子氢。生成的原子氢有两个去向,一部分进入金属内部,另一部分复合成分子氢形成氢气泡放出。当后者受阻时,则进入金属的 H 就会增加。当金属被阴极极化或阴极保护时,氢的还原将被加速。

3)湿空气。一些吸水活泼性元素(如 Al,Si,Ti,V)与空气中的微量水接触,发生反应生成原子氢,即 $x\mathrm{M} + y\mathrm{H_2O} \longrightarrow \mathrm{M}_x\mathrm{O}_y + 2y\mathrm{H}$ (式中 M 代表 Al,Si,Ti,V 等元素),一部分原子氢进入材料内部。

4)含氢的物质。含氢物质与金属表面发生反应放出氢,即 $\mathrm{HX} + \mathrm{M} \longrightarrow \mathrm{MX} + [\mathrm{H}]$。产生的活化氢原子[H],既可以吸附在金属表面,通过扩散进入金属内部,也可化合成氢分子气体而逸出。

2. 氢在材料中的存在形式及作用

氢在金属内部可以 H_2、固溶氢、化合物等不同形式存在,并产生不同的影响作用。

(1)氢分子。氢含量超过固溶度时,将会从过饱和固溶体中析出氢气。析出的氢气易于在位错区、晶界、相界、微裂纹、孔洞等内部缺陷处集聚,使金属产生鼓泡、白点、裂纹等。

(2)氢化物。氢与稀土金属、钛、钴等可生成一定的氢化物。例如,氢与 α-Ti 生成 TiH_x(x=1.53～1.99),导致金属塑性和韧性下降;氢与 Si 在适当的条件下,可以形成硅烷 SiH_4 气体;钢中的 Fe_3C 在高温高压的氢气中,可分解而形成甲烷 CH_4 气体。这些都会造成材料的裂纹。氢在碱金属(Li,Na,K 等)、碱土金属(Mg,Ca 等)中也能形成氢化物,如 NaH 等,Na^+ 和 H^- 以离子键方式结合在一起,氢以 H^- 的形式存在。

(3)固溶体。氢以 H^-,H,H^+ 的形态固溶于金属中。H 进入金属后,其 1s 电子会进入导带或过渡金属(Fe,Ni,Pd 等)的 d 带从而形成 H^+。d 电子层的电子密度增加,使原子间的斥力增大,导致晶格结合强度的降低。氢原子是所有元素中几何尺寸最小的,其半径仅为 0.046 nm,因而易于扩散进入金属,并占居金属晶格的间隙位置。固溶氢可导致晶格畸变,增加晶体空格浓度,促进金属位错的发射和运动,促进裂纹尖端局部塑性变形,促进室温蠕变等后果。

3. 氢在材料中的输运与富集

氢对材料的作用与氢在材料中的输运及局部富集情况密切相关。金属中氢的输运方式主要有点阵扩散、应力诱导扩散和氢的位错迁移等。氢处在金属点阵的间隙位置,它从一个间隙位置跳到另一个间隙位置的过程就是氢的扩散。氢扩散的推动力之一是浓度梯度,氢扩散的难易程度可以用扩散系数 D 表示,即

$$D=D_0\exp\left(-\frac{Q}{RT}\right) \tag{7.8}$$

式中,D_0 是扩散常数;Q 是扩散激活能;R 为摩尔气体常数;T 为绝对温度。氢在金属内部的扩散受金属的晶体结构、纯度、晶粒大小、晶体的缺陷种类及数量等因素影响。例如,对于钢,马氏体与下贝氏体的 D 很小,珠光体或高温回火马氏体的 D 最大。体心立方(bcc)的 Q 最小,因而 D 很大;而面心立方(fcc)或密排六方(hcp)的 Q 极大,从而 D 很小(见表 7.2)。

表 7.2　氢的扩散系数

结构	金属	D_0/(cm²/s)	Q/(kJ·mol⁻¹)	D(室温)/(cm²/s)	结构	金属	D_0/(cm²/s)	Q/(kJ·mol⁻¹)	D(室温)/(cm²/s)
bcc	α-Fe	2.0×10^{-3}	6.86	1.28×10^{-4}	fcc	Ni	4.8×10^{-3}	39.4	6.1×10^{-10}
	β-Ti	1.95×10^{-3}	27.8	3×10^{-8}		Al	2.1×10^{-1}	70.6	2.6×10^{-10}
hcp	α-Ti	1.8×10^{-2}	51.8	1.9×10^{-11}		304 钢	4.7×10^{-3}	53.5	2.2×10^{-12}
	Ti-Al	1.7×10^{-2}	54.8	4.7×10^{-12}		316 钢	1.7×10^{-2}	52.5	1.2×10^{-11}

金属中的各种晶体缺陷(空位、位错、晶界、相界)、第二相(包括夹杂)等周围存在应力、应变场,这个应力场和间隙氢原子周围的应变场交互作用,从而把氢吸引在缺陷或第二相周围(捕获氢),这种能够捕获氢的缺陷或第二相称为氢的陷阱(Trap)。氢陷阱对于氢的扩散和氢

脆敏感性有显著的影响。捕获氢能力强的深陷阱(如相界面、晶界)对氢的约束能力强,氢一旦被深陷阱捕获则难以逃逸,因此这类陷阱也称为不可逆陷阱。反之,对氢的约束能力弱的陷阱,则称为浅陷阱或可逆陷阱。温度升高可以使深陷阱对氢的约束能力变弱或使陷阱变浅。深陷阱易于使氢饱和而形成氢气,这种氢气的压力可导致裂纹,故是有害的。相反,均匀分布的中等深度陷阱(如固溶 Ti ,Ta 及稀土元素),能使氢原子趋于稳定均匀分布,因而可降低氢脆敏感性。无论深陷阱还是浅陷阱,均对氢的扩散起阻碍作用,使扩散系数下降。

在应力梯度作用下通过应力诱导扩散,氢将向高应力区富集,经过足够长的时间,氢浓度分布将达到稳定值。在应变场是球对称的条件下,三向应力区的氢平均浓度可用下式表示,即

$$c_\sigma = c_0 \exp \frac{\sigma_h \bar{V}_H}{RT} \tag{7.9}$$

式中,σ_h 为流体静压力,$\sigma_h=(\sigma_x+\sigma_y+\sigma_z)/3$;$\bar{V}_H$ 为氢的偏摩尔体积;c_0 为 $\sigma_h=0$ 时的氢浓度或金属中的平均氢浓度。由式(7.9)看到,三向应力 σ_h 愈高,该处的氢富集程度愈大。

位错是氢的一种陷阱,因此位错周围通常存在氢气团。实验证明,发生塑性变形时,位错的运动能够迁移位错周围的氢(即位错能带着氢气团一起运动),因而位错密度高的地方(或塑性应变大的地方),氢浓度也高,即应变也能够引起氢的富集。该类富集用 c_ε 表示,则局部氢浓度应为应力引起的氢富集 c_σ 和 c_ε 之和,即

$$c = c_\varepsilon + c_\sigma \tag{7.10}$$

材料中缺口或裂纹尖端存在应力集中,有很大的应力梯度,同时缺口顶端受力足够大时,出现局部屈服,应变也较大,因此缺口后裂纹尖端的氢富集严重。图 7.21 所示的缺口顶端氢富集的双峰特征测试结果即是应变致氢富集(缺口极顶端)与应力致氢富集(缺口前方最大三向应力 σ_h 处)的原因。

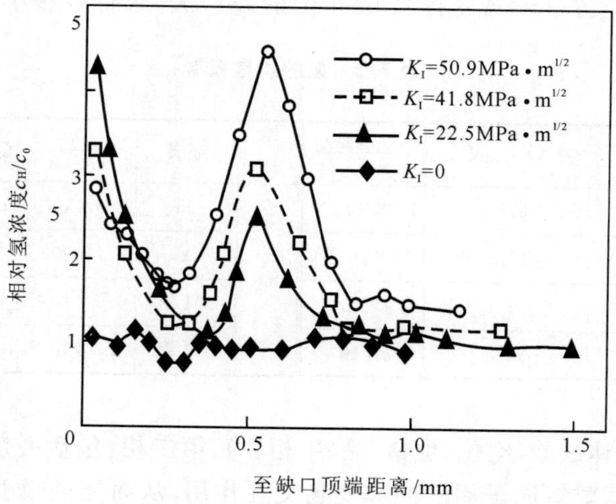

图 7.21　不同加载条件下缺口顶端氢浓度分布

二、氢损伤的特点

1. 第一类氢脆

第一类氢损伤的敏感性随应变速率的增加而增高，属于这一类氢损伤的有氢腐蚀、氢鼓泡、氢致开裂、氢化物型氢脆等。其共同特点是：① 这种氢脆裂纹都是由于金属内部氢含量过高所造成，在钢中含氢质量分数超过 10^{-5}；② 在材料承受载荷之前金属内部已经存在某些缺陷（断裂源），在应力作用下加快了这些缺陷形成裂纹及扩展；③ 这类氢损伤造成金属永久性破坏，使材料塑性和韧性降低，即使采用加热等驱除氢的方法，也不能使材料塑性和韧性恢复，故为不可逆氢脆。

(1)氢腐蚀。在高温（约 200℃以上）高压氢（压力高于 30 MPa）环境中，氢进入金属，产生化学反应。例如，在钢中与渗碳体（Fe_3C）反应，即

$$Fe_3C + 2H_2 \longrightarrow 3Fe + CH_4$$

生成甲烷气体，结果导致材料脱碳，并在材料中形成裂纹或鼓泡，最终使材料力学性能下降，这种现象称为氢腐蚀（Hydrogen Attack，缩写为 HA）。氢腐蚀是化学工业、石油炼制、石油化工和煤转化工业等部门中所用的一些临氢装置经常遇到的一种典型损伤形式。

氢腐蚀过程一般包括如下三个阶段：

1)孕育期。此阶段腐蚀率极低，材料机械性能和显微组织无变化，晶界碳化物及其附近有大量亚微型充满甲烷的鼓泡形核。

2)迅速腐蚀期。此时钢中脱碳十分迅速，CH_4气泡核在钢的晶界上快速长大，互相连接。当其压力大于材料的强度时，气泡转化为裂纹，导致材料的体积膨胀，力学性能下降。

3)饱和期。随着材料内部碳的耗尽，腐蚀速率降低，材料的体积不再变化。

温度和氢偏压是影响钢发生氢腐蚀的重要因素。因为氢腐蚀属于化学腐蚀，反应速度、氢吸收、碳扩散及裂纹扩展等均属热激活过程，所以温度升高，氢腐蚀速率增大。在一定的氢压条件下，钢发生氢腐蚀存在一最低温度；在一定温度条件下，氢腐蚀的发生需要一定的氢分压。即发生氢腐蚀需要温度和压力的一个组合条件，此即著名的 Nelson 经验曲线，如图 7.22 所示。图中曲线上方是发生氢腐蚀的不安全区，而曲线下

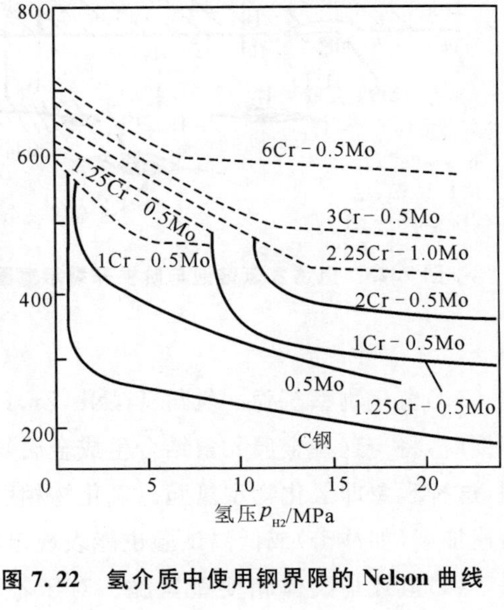

图 7.22　氢介质中使用钢界限的 Nelson 曲线

方为钢的使用安全区。根据该曲线可以选择高温高压下 H_2 环境中工作的压力容器的用材。氢腐蚀的推动力是 CH_4 的生成量及聚集状况，因此，钢中添加形成稳定碳化物的元素（Cr，Mo，Ti，V，Nb 等）可抑制 CH_4 的生成，有助于钢抗氢腐蚀性能改善。例如，碳钢在高压 H_2 中使用不发生氢腐蚀的最高温度约为 250℃，若加入 Cr（$w_{Cr}=0.06$）和 Mo（$w_{Mo}=0.005$），则使用温度可高于600℃。钢中碳化物的球化处理，可使界面能降低而有助于氢腐蚀孕育期的延长。

（2）氢鼓泡与氢致阶梯型开裂。由于氢扩散到金属的孔洞及缺陷处，特别是夹杂物与基体的交界处，形成氢分子，在局部产生压力很大的高氢压，引起表面氢鼓泡（Hydrogen Blistering，缩写为 HB）和（或）氢致内部裂纹。当裂纹沿板（或管）材轧制方向扩展时，相邻的裂纹相互连接，形成横截于厚度方向的、形似阶梯的一种特殊形状的裂纹，此即氢致阶梯型开裂（Hydrogen Induced Stepwise Cracking，缩写为 HISC）。HB 或 HISC 是钢在 H_2S 水溶液环境中的主要破坏形式之一。HB 与 HISC 使构件（如管壁）的有效厚度减薄，当其受到外加应力时，常常发生破裂。裂纹形成位置在金属的夹杂物处，如图 7.23 所示。特别是 MnS 夹杂，它与基体膨胀系数不同，热轧过程变成扁平状，夹杂与基体界面存在微隙。氢原子往往在微隙端部聚积，并由此引发裂纹。此外，硅酸盐、串链状氧化铝及较大的碳化物、氮化物也能成为裂纹的起始位置。图 7.24 所示为 16Mn 钢在 H_2S 饱和人工海水中浸泡时的氢致阶梯开裂显微形貌。

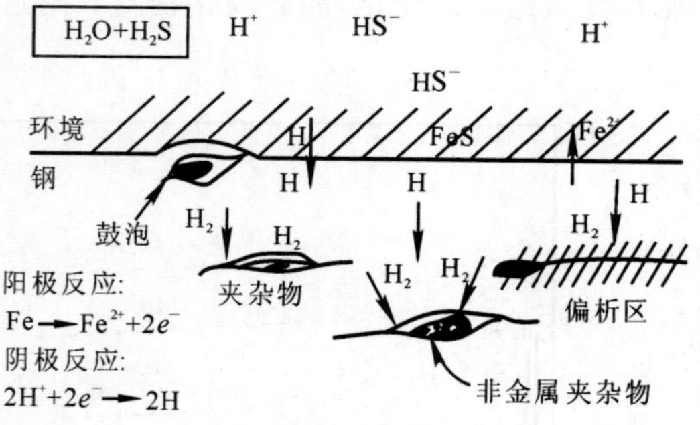

图 7.23　氢诱发氢鼓泡与阶梯开裂示意图

图 7.24　16Mn 钢在 H_2S 饱和人工海水中的氢致阶梯开裂裂纹微观形貌（300×）

（3）氢化物型氢脆。氢与 Ti，Nb，Zr，Hf，V，Ta 等元素亲和力较大，当材料中的氢超过溶解度时，将与这些金属元素结合生成金属氢化物而导致材料塑性和韧性下降，甚至发生脆性断裂，这种现象即氢化物型氢脆。氢化物相引起的氢脆和氢的扩散、富集过程无关，因此即使以高速加载（如冲击）或低温试验也能表现出氢化物引起的氢脆。

（4）氢致马氏体相变型氢脆。对于不稳定型奥氏体不锈钢（如含 Ni，Cr 相对低的 304，321，316 钢等），在室温时是塑性和韧性很好的奥氏体。这种不锈钢在电解充氢时会发生氢致马氏体相变，形成 hcp 的 ε 相或 bcc 的 α' 相（脆性相），由此导致钢的塑性和韧性下降。其原因是充氢时钢的表层会产生很高的压应力，这个局部应力的作用类似冷加工，能够诱发马氏体相变。同时，氢能够使奥氏体的堆垛层错能下降，例如质量分数为 2.74×10^{-4} 的氢可使 304 钢的层错能降低 37%，这也有利于马氏体相变的发生。

2. 第二类氢脆

第二类氢损伤的敏感性随应变速率的降低而增高，其特点是：① 变形速率对氢脆影响很大，变形速率增加，金属的氢脆敏感性下降；②氢脆裂纹源的萌生与应力有关，裂纹的生成是应力和氢交互作用下逐步形成的，加载之前并不存在裂纹源；③其中有些氢脆是可逆的，有些是不可逆的。

含有过饱和状态氢的金属在应力作用下形成氢化物（如钢中形成 CH_4）而造成脆断。这类氢脆对应力是不可逆的，一旦应力促进氢化物形成，当去除载荷后再进行变形时，塑性则不能恢复，因此此类氢脆为不可逆氢脆。不可逆氢脆实际上是一种氢化物氢脆，其脆断形式与氢化物型氢脆完全相同。

含固溶氢的金属在缓慢的变形过程中逐渐形成裂纹源，裂纹扩展后产生脆断。如果没有形成裂纹前去除载荷，静止一段时间之后再进行高速变形，金属的塑性可得到恢复。这种内部氢脆和环境氢脆均属可逆氢脆，只是氢的来源和氢脆历程及裂纹扩展速率的影响因素有所不同。可逆氢脆的过程主要是，金属中的氢在应力梯度作用下向高的三向拉应力区富集，当偏聚氢浓度达到临界值时，便会在应力场的联合作用下导致开裂。即使在初始氢含量很低（或环境致氢能力很弱）的情况下，通过应力诱导扩散，氢能逐渐富集，进而也可引起材料的塑性损失和脆性断裂，因此，此类氢脆对三向应力非常敏感。可逆氢脆具有如下几个特点。

(1)滞后破坏。金属在某一应力和氢共同作用下，经过一段孕育期，在内部产生裂纹。在应力的持续作用下，裂纹扩展，最后发生脆断，即属于延迟性破坏或滞后破坏。这种破坏特征可用图 7.25 所示的曲线表示，该曲线类似于疲劳破坏的 $S-N$ 曲线，因此也有人将可逆性氢脆称为静态疲劳。曲线的上限应力值为材料正常拉伸速度下得到的破坏应力，应力高于该值，材料立即产生破坏；应力低于该曲线的下限应力值，材料不发生氢脆破坏，因此，该下限应力称为材料氢脆的临界应力 σ_H。处于上限与下限应力之间时，材料经过一定的孕育（或潜伏）期后出现裂纹的亚临界扩展，直至最终断裂。

(2)氢含量的影响。随氢含量增加，氢脆敏感性增大，表现在下限临界应力值降低，裂纹萌生孕育期和断裂寿命缩短。多数金属只需少量的氢就可引起氢脆，如高强度钢的 $w_H>10^{-6}$ 就可能引起氢脆。

(3)温度的影响。可逆性氢脆一般发生在 −100～100℃ 的温度范围内，在室温附近（−30～30℃）氢脆的敏感性最高。温度过高，氢易扩散，但不易富集；温度过低，氢不易扩散。

(4)材料强度的影响。一般来说,材料的抗拉强度 σ_b 愈高,其氢脆敏感性愈高。通常碳钢材料的硬度低于 HRC22 时,不发生氢脆断裂而产生鼓泡。

(5)裂纹的扩展。裂纹的扩展通常为不连续的,且裂纹一般不在表面,裂纹较少有分枝现象(见图 7.15)。

(6)应变速率的影响。通常只有应变速率低于某一值时,氢脆敏感性才显著。应变速率过高,固溶氢的扩散与富集跟不上,氢脆敏感性降低。

(7)可逆性氢脆通常对材料的韧性或塑性指标(如延伸率、断面收缩率)影响较显著,而对材料的强度指标(屈服强度和断裂强度)的影响较小。

(8)氢脆发生前,通过适当的加热处理使氢从材料中逸出可以达到消除氢脆的目的。

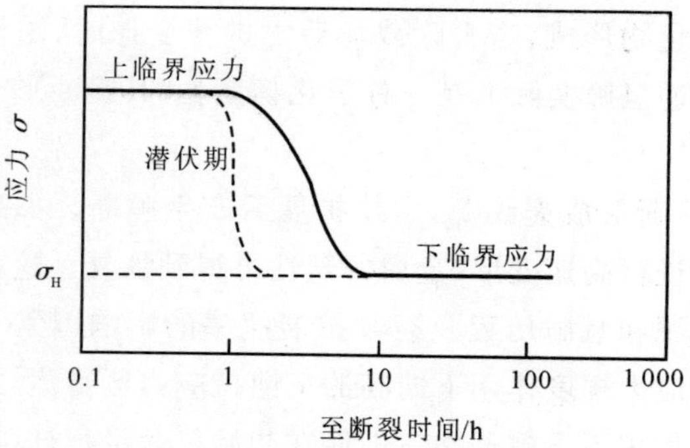

图 7.25　充氢高强度钢在静载荷作用下延迟破坏应力-时间曲线

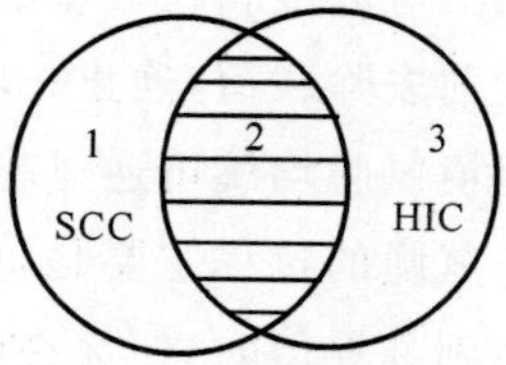

图 7.26　SCC 和 HIC 之间的关系

3. 应力腐蚀与氢脆的关系

金属在电解质水溶液中的应力腐蚀开裂(SCC)与氢脆或氢致开裂(HIC)有联系,但又不是完全相同的现象,两者的逻辑关系可用图 7.26 表示。若电化学腐蚀的阴极析氢对断裂过程起主要或主导作用,则这种系统的 SCC 机理是 HIC 机理,这种 SCC 也是一种 HIC,位于图中的重叠区 2;若应力作用下的阳极溶解对 SCC 起决定性作用,则这种系统的 SCC 机理为阳极溶解型,这种 SCC 位于图中的 1 区;导致氢脆的氢除来自腐蚀的阴极反应外,还有内氢或其他外氢来源,这些 HIC 位于图中的 3 区。

4. 氢脆断裂的形态学特征

氢脆断口宏观形貌的主要特征是断口附近无宏观塑性变形,断口平齐,结构粗糙,氢脆断裂区呈结晶颗粒状,色泽为亮灰色,断面干净,无腐蚀产物。非氢脆断裂区呈暗灰色纤维状,并伴有剪切唇边。裂纹源(氢脆断裂起始区)通常在表层下的三向拉应力最大处。对于缺口构件,缺口半径大或外应力小时,裂纹源远离缺口根部。一般只有当表面存在尖角或截面突变等应力集中时，氢脆断裂源才有可能产生于表面。但需要指出的是，在水溶液中氢脆型开裂机理的 SCC 破坏，其裂纹可能起源于最初的腐蚀坑，此时裂纹源在表面，断口上也会看到较轻的腐蚀迹象（裂开后腐蚀所致）。在氢脆断裂宏观断口上，粗大棱线收敛方向即氢脆裂纹萌生区，如图 7.27 所示。

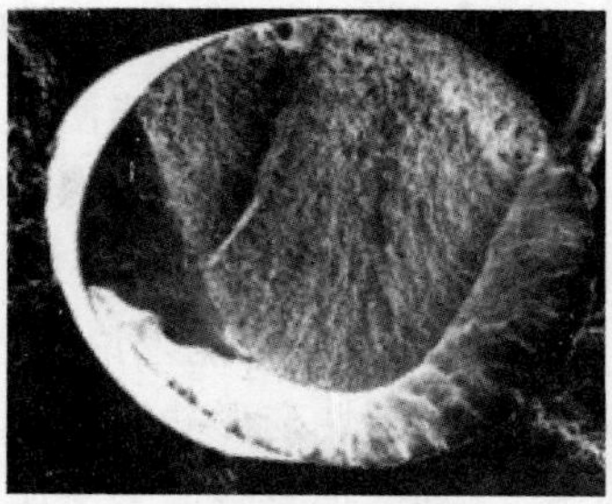

图 7.27　GC－4 超高强度钢在 w_{NaCl}＝0.03 水溶液中阴极极化－1250 mV 时的宏观断口形貌

氢脆的微观断口随氢脆类型、氢含量、合金成分、晶粒度、应力大小、温度及应变速率等的不同而有一定变化，但最基本的断口特征是沿晶断口与准解理断口。沿晶分离系沿晶界发生的沿晶脆性断裂，呈冰糖块状，如图 7.28（内氢脆型）所示；准解理断口常呈现浮云状、波纹或河流花样状，较一般解理面积小，通常在准解理面周围能够看到一些韧窝花样，解理面上还常可见到鸡爪形的撕裂棱，如图 7.29（外氢脆型）所示。

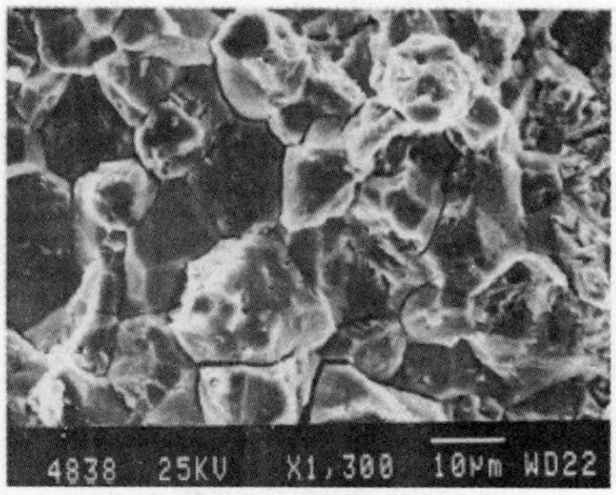

图 7.28　电镀 Cr 的 AISI4340 钢的拉伸断口微观形貌

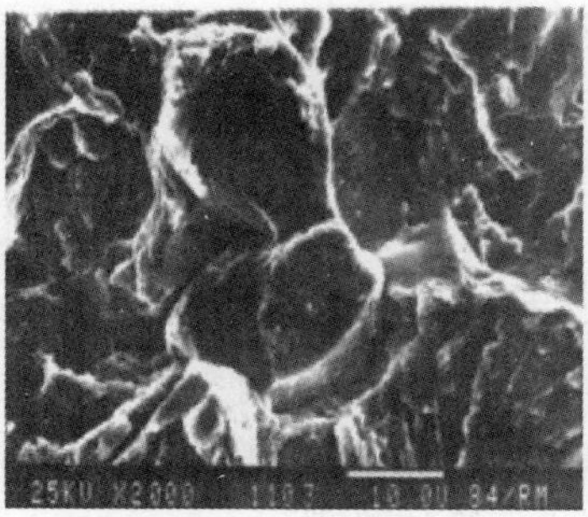

图 7.29　GC－4 超高强度钢在 w_{NaCl}＝0.03 水溶液中阴极极化－1250 mV 时的拉伸试样微观断口形貌

三、氢损伤机理

对于氢损伤导致材料各种形式的性能降级，目前提出了多种理论模型，其中较为流行的模型包括氢压理论、氢吸附降低表面能理论、减聚理论或氢降低键合力（弱键）理论、氢促进局部塑性变形理论、形成氢化物理论等。所提出的理论模型颇多，但目前尚无形成统一的认识。其原因来自两个方面：一是氢损伤过程的复杂性和人们认识问题的片面性及局限性；二是具体情况的个体差异性使得氢损伤机理的多样性和多变性。因此，只有不断地加深研究，才能揭示氢损伤机理的真正本质。

前面提到的钢中白点、H_2S 诱发裂纹、充氢导致的氢鼓泡和裂纹等不可逆氢脆，用氢压理论解释较为合理；但仅用氢压理论解释氢致可逆型损伤、氢致滞后开裂等，则较为困难，因为对裂纹形核起控制作用的并不是氢压。

氢降低原子键合力理论认为，当局部应力集中等于原子键合力时，原子键就破裂，从而微裂纹形核；固溶的原子氢能使原子键合力降低，即能使氢致微裂纹形核所需的局部应力集中降低，因而使造成局部应力集中所需要的临界外加应力或临界应力强度因子降低。弱键理论模型直观、简明，因而得到了较为广泛的认可，但是目前该理论模型还缺乏有力的实验证据。

氢吸附降低表面能理论，直观上能够较好地说明部分氢损伤过程，但仅仅认为氢吸附降低表面能，而对塑性变形功无影响，则与实际情况相去甚远，因为塑性变形功较断裂表面能要高出很多。因此，把氢降低表面能理论与氢吸附促进局部塑性变形理论相结合，可望获得较全面的氢损伤图像。

分析各类氢损伤机理模型，可以把它们分为三类，即可以从如下三个方面认识氢脆。

(1) 推动力理论——化学反应所形成的气体(CH_4，H_2O)和沉积反应所析出的氢气团造成的内压，氢致马氏体相变应力，都可以与外加的或残余的应力叠加，引起开裂。

(2)阻力理论——氢引起的相变产物如马氏体、氢化物，固溶氢引起的结合能及表面能下降，都可降低氢致开裂的阻力，促进开裂。

(3) 过程理论——氢在三向应力梯度下的扩散和富集，表面膜对氢渗入和渗出的影响，氢在金属缺陷的陷入和跃出，氢对裂纹尖端位错的发射、运动和塑性区的影响等，都是从过程的分析来阐述氢损伤或氢脆的机理。

图 7.30 是肖纪美给出的从相图中含氢的相所导致的各种变化来理解现有各种氢脆模型的系统概貌，能够使我们对氢损伤有一个整体认识。现有的各种机理模型并不是孤立或相互矛盾的，而是有联系或相辅相成的。对于具体的体系，应从氢致变化去确定起决定性作用的机理。

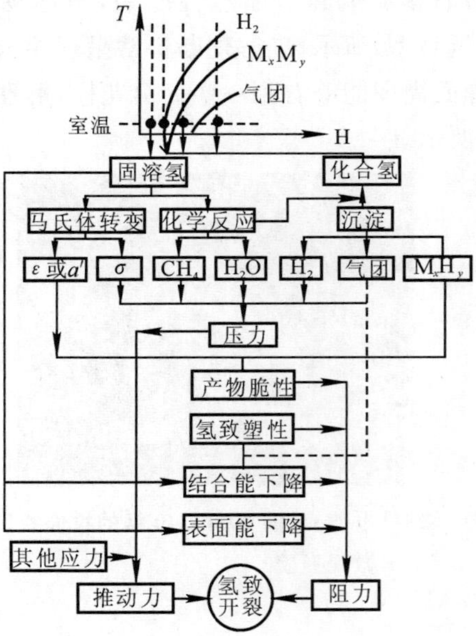

图 7.30 氢致变化与氢损伤机理概貌

四、氢损伤的控制措施

在实际工作中，对于不同形式的氢损伤的控制，应该首先明确起决定性作用的机理，然后采取恰当的技术措施。控制氢损伤的一般途径有：提高金属或合金自身的抗氢损伤能力，抑制环境氢(外氢)进入金属或降低内氢含量，合理地控制环境温度和力学条件等。

对于高温高压氢引起的结构钢的损伤(氢腐蚀)，已公认是由于氢与渗碳体的反应产物甲烷的压力所引起的，因此在钢中加入能形成稳定碳化物的元素，如 Cr，Mo，V，Nb，W 等，是控制氢腐蚀的有效措施。其原因是这些元素与碳形成碳化物，降低了 Fe_3C 的含量或者固溶于 Fe_3C，增加了 Fe_3C 的稳定性。此外，这些合金元素都能提高钢的高温持久强度。钢中加入合金元素 Cu 可以提高钢在 H_2S 环境中的抗氢损伤性能，因为 Cu 存在时发生如下反应，即

$$Fe + Cu + H_2S \longrightarrow FeS + Cu_2S + H_2$$

致密的腐蚀产物膜 Cu_2S 可以阻碍氢进入钢中。在钢中加入能够捕获氢且使之均匀分布的陷阱型合金元素（如 Si，La，Ca，Ta，K，Nd，Pd，Hf 等）或碳化物和氮化物形成元素（如 Ti，V，Zr，Nb，B，Al，Th 等）也能降低氢损伤敏感性。不过加入这些合金元素必须以不影响钢的其他性能为前提。提高管线钢抗 H_2S 裂纹的措施主要是降低钢中 S 含量，减轻宏观和微观偏析以及使 MnS 夹杂球化等。此外，在设计中尽可能选择强度较低的材料，因为材料的强度越高，氢脆敏感性通常越高。

限制外氢进入金属可通过建立屏障及降低外氢活性两种措施实现。金属表面屏障可分为直接屏障和间接屏障两种。所谓直接屏障包括低氢扩散性和低氢溶解度的金属镀层（如 Cu，Mo，Al，Ag，Au，W 等）、表面热处理生成的致密氧化层、有机涂层、塑料或橡皮衬里等，防止金属材料与氢或致氢环境接触，从而起到隔离作用。所谓间接屏障，是指通过加入某些合金元素延缓腐蚀反应或生成的产物有抑制氢进入基体的作用，也可通过在液体介质中添加某些阳离子，使其在金属表面生成低渗透性的膜，阻碍氢的进入。降低外氢的活性，可以减少外氢的危害，例如在气相的 H_2S 或 H_2 中加入氧，或在液相中加入适当的缓蚀剂抑制阴极析氢，或者加入某些促进氢原子复合的物质。

降低或抑制内氢的措施可归纳为降低材料氢含量和脱氢处理两个方面。降低氢含量的技术途径有：冶炼时采用干料，或进一步采用真空熔铸技术和真空热处理技术；焊接时采用低氢焊条；酸洗和电镀时，选用缓蚀剂或制定合理的工艺路线，或以真空镀技术取代传统湿法镀处理等，以尽量降低引入的氢量和根除氢的引入。对氢脆敏感的高强钢和高合金铁素体钢，在酸洗或电镀后，必须严格烘烤除氢。例如，为了降低高强度钢零部件表面处理中的氢脆问题，可以采用疏孔镀镉、电镀镉-钛，镀后在 180～200℃下加热 20 h 左右除氢的方法，也可以采用真空蒸镀镉或真空离子镀铝。

设法降低和消除应力也是控制氢损伤的重要技术途径。在机械装备设计时应避免或减小局部应力集中，保证材料的应力水平低于氢损伤的应力临界值。在加工、制造、装配过程中尽可能避免引入过高的残余张应力，或者采用合理的退火工艺消除引入的残余张应力。许可的情况下，利用喷丸等形变强化手段在材料表面引入有益的残余压应力。

氢脆的产生与氢在材料中的扩散和富集密切相关，而温度是影响氢扩散和富集的重要因素。对于高温高压下的氢腐蚀，温度越高，氢腐蚀倾向越大，因此，应根据材料的 Nelson 经验曲线（见图 7.22）选择设备工作温度。对于其他类型的氢损伤，敏感的温度范围在 0～100℃。据此可适当地控制环境温度，以达到抑制氢损伤的目的，但需要注意高温下的蠕变和低温时的冷脆。

7.4 腐蚀疲劳

一、腐蚀疲劳破坏的特征

金属材料和工程结构在交变应力和腐蚀介质协同、交互作用下导致的破坏现象，称为腐蚀疲劳失效。腐蚀疲劳的概念是1917年由Haigh首先提出的。腐蚀疲劳引起的破坏比单独由腐蚀和机械疲劳（即惰性环境中的纯疲劳）分别作用时引起破坏的总和严重得多，它不仅是航空、船舶、石油、天然气、化工、冶金、机械、海洋开发等工程结构的安全隐患，而且是人体植入关节等的重要失效形式。腐蚀疲劳过程受力学因素、环境因素和材料因素交互影响，与一般腐蚀、纯机械疲劳和应力腐蚀失效相比，表现出诸多自身的特征。

1. 力学特征

(1) 通常不存在腐蚀疲劳极限。正弦波交变应力是疲劳载荷 σ 随时间 t 的简单变化规律之一，如图7.31所示。图中各符号所代表的意义如下：

最大应力： $\sigma_{max}=\sigma_m+\sigma_a$；

最小应力： $\sigma_{min}=\sigma_m-\sigma_a$；

应力比： $R=\dfrac{\sigma_{min}}{\sigma_{max}}$；

应力振幅： σ_a；

应力范围： $\Delta\sigma=2\sigma_a$；

平均应力： $\sigma_m=\dfrac{1}{2}(\sigma_{max}+\sigma_{min})=\dfrac{1-R}{1+R}$。

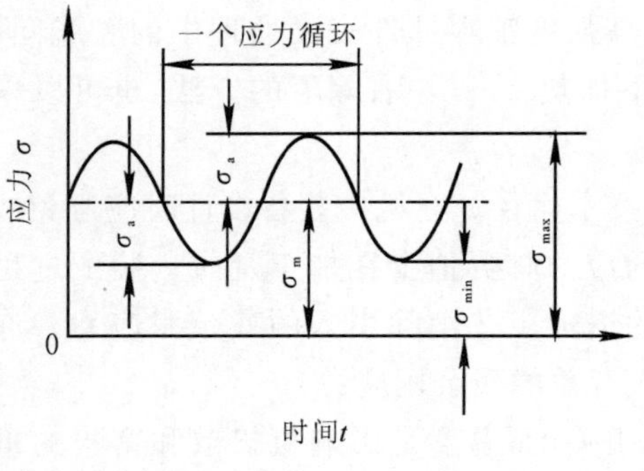

图7.31 应力循环图

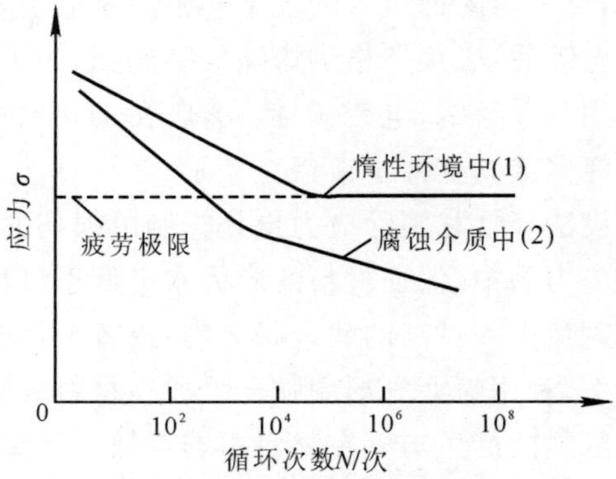

图7.32 钢的机械疲劳和腐蚀疲劳曲线

在交变载荷下，金属承受的最大交变应力 σ_{max} 愈大，则至断裂的应力交变次数 N 愈少；反之，σ_{max} 愈小，则 N 愈大。如果将所加的应力 σ_{max} 和对应的断裂周次 N 绘成图，便得到如图7.32所示的曲线，通过试验测得的这种曲线称为疲劳曲线(即应力-寿命曲线，或 $S-N$ 曲线)。图 7.32 中的曲线(1)表示，当应力低到某值时，材料或构件等承受无限多次应力循环而不发生疲劳断裂，这一应力值称为材料或构件的真正疲劳极限，通常以 σ_R 表示(对应循环应力比为 R)。就是说，疲劳极限是指一定的材料或构件可以承受无限次应力循环而不发生破坏的最大应力。发生破坏时的应力循环次数或从开始承受应力直至断裂所经历的时间称为疲劳寿命，通常以 N_f 表示。通常横轴用对数坐标表示寿命，纵轴用均匀坐标或对数坐标表示最大应力或应力振幅来绘制应力疲劳试验中获得的 $S-N$ 曲线。铁基合金在真空中的疲劳(机械疲劳)有上述真正的疲劳极限，而非铁基合金(如铝、镁)的机械疲劳和多数金属材料/环境体系的腐蚀疲劳表现出类似的特征，均没有与应力完全无关的水平线段——真疲劳极限，即只要循环载荷周次足够大，材料总会发生断裂(见图 7.32 中的曲线(2))。对于这种情况，可采用条件疲劳极限作为评定指标，实际中通常规定交变载荷循环周次在 10^7 次时，材料所能承受的最大循环应力或应力幅为其条件疲劳极限。

腐蚀疲劳的条件(或表观)疲劳极限与材料的抗拉强度没有直接的相关关系，这一点与纯机械疲劳也不相同。例如，抗拉强度在 275～1 720 MPa 范围的碳钢和低合金钢，其腐蚀疲劳条件极限仅在 85～210 MPa 范围内变化。

(2)腐蚀疲劳裂纹扩展的特征曲线。腐蚀疲劳裂纹扩展速率(da/dN)随裂纹尖端应力强度因子幅($\Delta K=K_{max}-K_{min}$)的变化规律($\lg(da/dN)-\Delta K_I$ 曲线)通常具有三种典型的情况，如图 7.33所示。

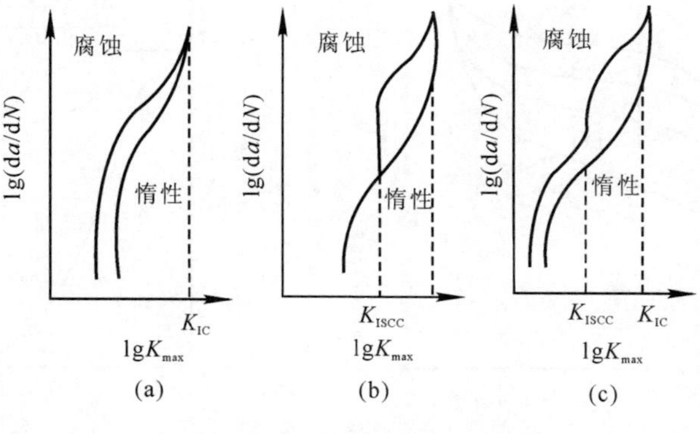

图 7.33　典型腐蚀疲劳裂纹护展行为

在图 7.33(a)所示情况下，腐蚀与疲劳载荷的协同作用使疲劳裂纹扩展的临界应力强度因子幅 ΔK_{th} 显著降低，当裂尖应力强度因子 $K_I \to K_{IC}$ 时，腐蚀介质中的疲劳行为与惰性环境中的情况趋于一致，该类腐蚀疲劳(CF)称之为真腐蚀疲劳。在真腐蚀疲劳情况下，即使循环载荷的最大应力强度因子 K_{max} 小于应力腐蚀的临界应力强度因子 K_{ISCC}，腐蚀对疲劳开裂行为也有一定的影响。在图 7.33(b)所示情况下，只有当 $K_{max}>K_{ISCC}$ 时，腐蚀环境才起作用，裂纹扩展速率 da/dN 明显增大，在 K_{ISCC} 以下，腐蚀的作用可以忽略，该类型的 CF 称为应力腐蚀疲劳，因为这种情况可看成是机械疲劳与应力腐蚀开裂(见图 7.7)的简单叠加。图 7.33(c)所示情况为图 7.33(a)与图 7.33(b)两者的叠加，在很大范围内，da/dN 都显著地提高了，ΔK_{th} 下降了，此情况称为混合型 CF。铝合金在水溶液中通常属于图 7.33(a)所示情况，低碳钢在含氢环境中通常为图 7.33(b)所示行为，高强度钢在纯水或水蒸气中则表现出图 7.33(c)所示情况。

(3)循环载荷应力比和频率的影响。应力交变频率 f 和应力不对称系数(应力比)R 对腐蚀疲劳影响显著。当 f 很大时，腐蚀来不及发生，只产生机械疲劳破坏；反之，当 f 很小时，则与静拉力作用接近，产生 SCC 破坏。f 在某一范围内，最易产生 CF 失效，而且在腐蚀疲劳的应力范围内，f 愈小，裂纹扩展速率愈高，因为腐蚀的作用更加显著。另一方面，载荷比 R(或平均应力)增大，腐蚀疲劳寿命通常降低，载荷比对裂纹亚稳扩展(Ⅱ)阶段影响一般较小，而对起始扩展阶段(Ⅰ)和快速扩展(Ⅲ)阶段影响显著，特别是 ΔK_{th} 随 R 增加而减小，如图 7.34 所示。图 7.35 则给出机械疲劳、腐蚀疲劳和应力腐蚀破坏形式随应力比 R 和应力交变频率 f 的转变情况，即三者的关系是相对的，如应力腐蚀可看成是频率很低或应力比很高时的特殊的腐蚀疲劳。

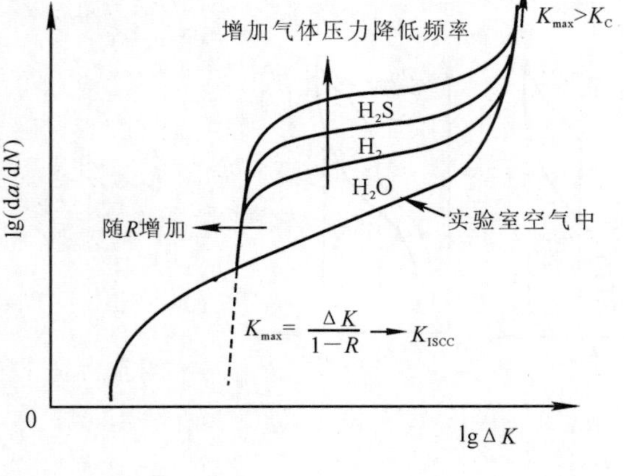

图 7.34　介质、频率和应力比 R 对高强度钢疲劳裂纹扩展速率的影响示意图

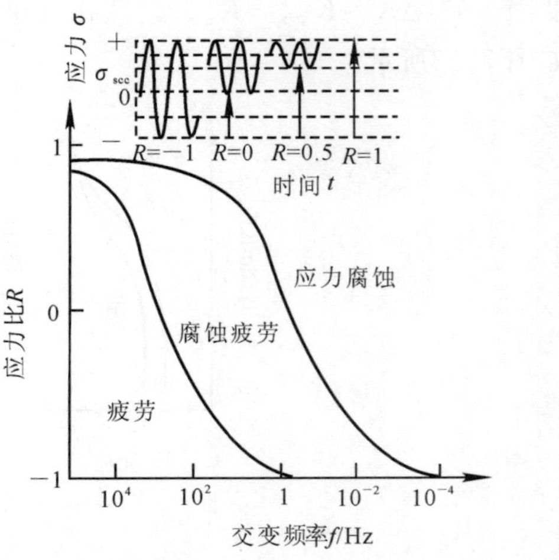

图 7.35　机械疲劳、腐蚀疲劳、应力腐蚀三者的关系

(4)循环载荷应力幅和波形的影响。循环载荷的交变幅度增大，不仅提高了裂纹尖端的应力强度因子幅值，而且使裂纹内腐蚀介质的泵吸作用和裂尖的金属活性增加，造成腐蚀的作用增大，由此导致 CF 寿命降低。循环载荷的变化波形对 CF 行为有明显的影响。例如，在 $f=$

0.1 Hz 的情况下，12Ni－5Cr－3Mo 钢在质量分数为 0.03 的 NaCl 水溶液中相同应力条件下的疲劳裂纹扩展速率 da/dN 按“正弦波→正锯齿波→三角波→方波→负锯齿波”的顺序递减，当应力波型为方波和负锯齿波时，da/dN 与空气中的相近。

(5)超载作用。与机械疲劳类似，当循环载荷出现超载时，通常引起裂纹尖端加工硬化、引入残余压应力、促进裂纹闭合，由此导致腐蚀疲劳裂纹扩展速率的降低。但是如果超载过高，产生损伤性影响作用，则会造成裂纹扩展速率的增大。

2. 环境特征

(1) 腐蚀疲劳断裂的腐蚀环境没有特殊性要求，即不需要特定的材料/介质组合。只要在疲劳应力和腐蚀环境联合作用下都可发生 CF 断裂，不需要特定的电化学腐蚀电位范围等特殊条件，这一点与 SCC 是完全不同的，因此，CF 破坏更具广泛性，其破坏的严重性更大。严格地说，只有在真空或惰性气氛中才不发生 CF 破坏，在空气、氧气、甚至湿的氩气环境中都可发生 CF 破坏，如图 7.36 所示。

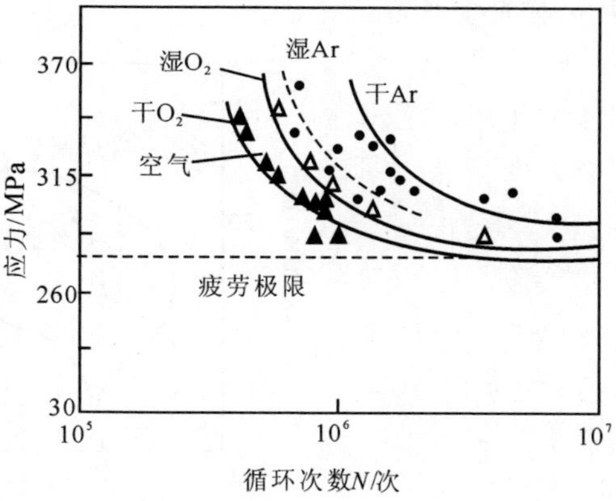

图 7.36　空气、氧、氩对 1015 钢疲劳行为的影响

(2) 通常环境腐蚀性增强，CF 破坏倾向增大(见图 7.34)。例如对于钢(尤其是高强度钢)，CF 裂纹扩展速率按照下列顺序递增：惰性气体→大气→水蒸气→水→硫酸盐水溶液→氯化物水溶液→氢气氛→硫化氢。但值得注意的是，腐蚀过强导致局部腐蚀转化为均匀腐蚀，可能反而降低钢的 CF 破坏倾向。如温度升高引起钢的严重腐蚀，造成许多浅的裂纹源，从而降低局部的应力集中，并使阳极与阴极面积比变大，结果使钢的抗腐蚀疲劳能力提高。另外，氧时常通过吸附或化学反应促进裂纹闭合，阻碍 CF 裂纹的扩展，从而提高 CF 条件疲劳极限值。

3. 形态学特征

(1)宏观形态特征。腐蚀疲劳断口的宏观形貌可分为如下几个区域：①有腐蚀特征的源区；②较平滑的疲劳区；③凹凸不平的瞬断区；④剪切唇区。源区多数靠近表面部位，通常存在较严重的腐蚀痕迹；平滑区的腐蚀也较为严重；瞬断区的腐蚀较为轻微，呈放射状；剪切唇区的腐蚀与瞬断区基本相似。

从腐蚀疲劳断裂过程的应变现象来观察，基本上没有宏观的塑性变形，属于脆性断裂。与机械疲劳不同，腐蚀疲劳通常为多裂纹源特征，由此导致 CF 断口多呈台阶状。由于受腐蚀的作用，腐蚀疲劳断口与纯机械疲劳断口相比，断口特征形貌较为模糊，腐蚀的严重性及断口的模糊程度取决于材料在腐蚀介质中浸泡时间的长短。CF 裂纹较短、较粗，分枝较少。

(2)微观形态特征。腐蚀疲劳断裂的裂纹及断口形貌与疲劳应力及腐蚀环境密切相关，随疲劳应力的形式、大小和腐蚀环境的腐蚀类型的不同而不同。腐蚀环境对 CF 断口会产生更为复杂的影响，当环境对材料的腐蚀性较轻微时，断口形貌与纯机械疲劳断裂相似；但当腐蚀环境较为严重时，CF 断口表现出较为独特的形态特征。腐蚀条件对 CF 裂纹的孕育期影响很大，许多腐蚀疲劳裂纹是从点蚀坑、缝隙处或表面缺陷处萌生的。

腐蚀疲劳断口微观形态上多呈现穿晶特征，有时也可呈沿晶或穿晶与沿晶混合型，具体以哪种方式为主取决于材料、腐蚀环境和力学条件。图 7.37 示出 CF 断口显微形貌随裂纹尖端应力强度因子起始值 K_{mi} 和应力强度因子幅 ΔK 的变化情况，断口形态的变化还受载荷循环频率等因素的影响。

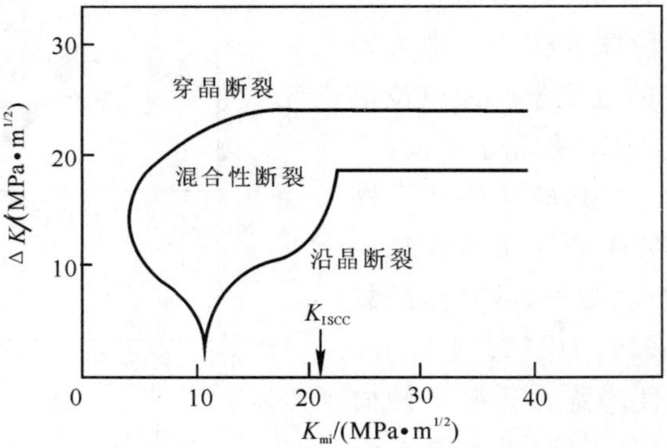

图 7.37　C－Mn 钢在 CO_3－HCO_3 盐溶液中 CF 断口转变情况（$f=0.19$ Hz, $R>0$）

由于腐蚀的作用，断口上疲劳辉纹（或条带）往往不如机械疲劳清晰，且疲劳辉纹较粗，间距较大有时断口上可见到一些蚀坑，如图 7.38 所示。当材料对应力腐蚀敏感，且裂尖 $K_{max}>K_{ISCC}$时，断口上应力腐蚀的特征明显。当材料对氢脆敏感时，此时断口呈现明显的氢脆特征，且可看到疲劳辉纹，如图 7.39 所示的 Ti6Al4V 钛合金的氢脆型 CF 断口。

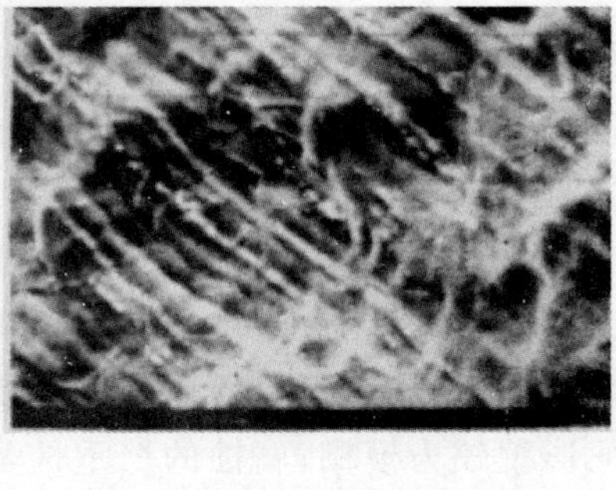

图 7.38　SUS 钢在醋酸水溶液中的 CF 断口形貌

图 7.39　Ti6A14V 钛合金氢脆型 CF 断口

二、腐蚀疲劳的机理

腐蚀疲劳过程包括裂纹的萌生、早期慢速扩展和后期的快速扩展至断裂阶段，涉及材料、环境和交变载荷之间的相互作用，其断裂呈现多种形态，其裂纹扩展速率也表现出多种不同的规律。因此，腐蚀疲劳断裂的机理也应是多样性的，应结合具体情况进行具体分析。目前提出了多种腐蚀疲劳机理模型，但均不够完善，下面仅介绍几个有代表性的。

1. 气相中的腐蚀疲劳

(1) 衔接受阻模型。图 7.40 所示为该理论模型的示意图。金属材料加载时表面发生滑移，若有氧气存在，可在滑移带处溶入高浓度的氧，使热效应增加，空位增殖，表面形成氧化膜。在反向加载发生逆方向的滑移时，滑移面俘获的氧进入滑移带，阻碍了断裂面的衔接或焊合，引发裂纹，从而使滑移带转变成疲劳裂纹，使裂纹扩展第 I(初始)阶段的过程提前(相对于惰性气氛)，并加速第 I 阶段裂纹的扩展。

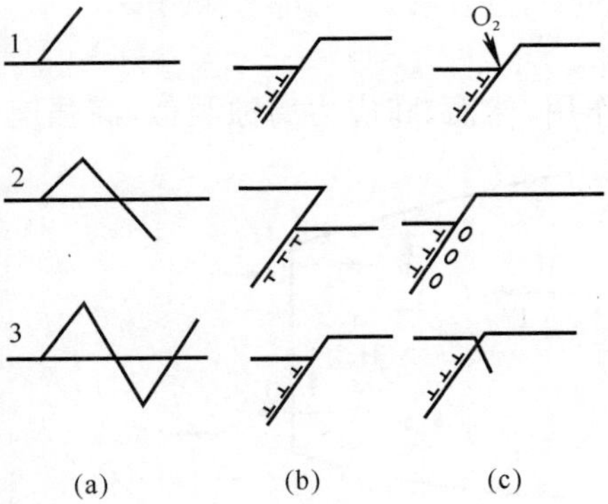

图 7.40　腐蚀疲劳的衔接受阻模型

(a)载荷情况；(b)无氧；(c)有氧

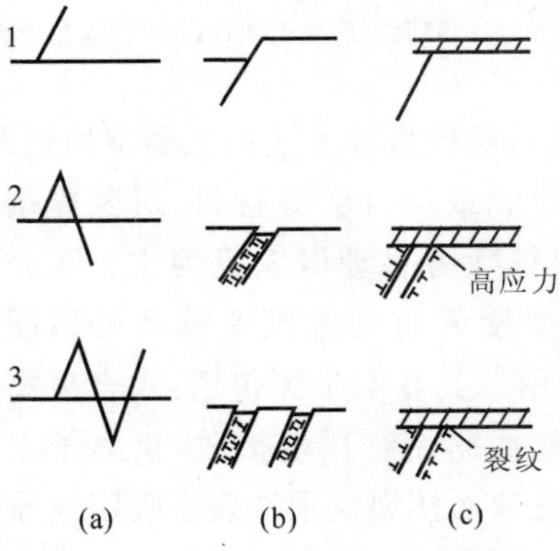

图 7.41　膜下空穴堆聚形成裂纹模型

(a)载荷情况；(b)无膜；(c)有膜

(2) 氧化膜下空穴堆聚形成裂纹模型。该理论认为，气相介质与金属发生化学反应在表面生成保护膜，使表面强化。在交变应力作用下，保护膜阻碍位错通过自由表面的逃逸，导致膜下位错堆集，形成空穴与凹陷，在交变应力作用下形成裂纹，如图 7.41 所示。

2. 液相中的腐蚀疲劳

(1) 蚀孔应力集中-滑移不可逆性增强模型。如图 7.42 所示，该理论模型认为，电化学腐蚀环境使金属表面形成的点蚀孔成为应力集中源，当金属受拉应力作用时，在点蚀孔底产生滑移台阶，滑移台阶处暴露出的新鲜金属表面因腐蚀作用使逆向加载时表面不能复原(即逆向滑移受阻)，由此造成裂纹源的产生。疲劳的反复加载，使裂纹不断向纵深扩展。

(2)滑移带优先溶解模型。该模型认为，金属表面在交变应力作用下产生驻留滑移带，挤出、挤入处由于位错密度高或杂质在滑移带处的沉积等原因，使原子具有较高的活性而成为局部小阳极，而其他部位则处于活性相对低的状态（成为大阴极），由此导致驻留滑移带处发生优先腐蚀溶解，进而使腐蚀疲劳裂纹形核。裂纹形核后，交变应力和裂纹内局部电化学腐蚀的协同作用使裂纹不断扩展。

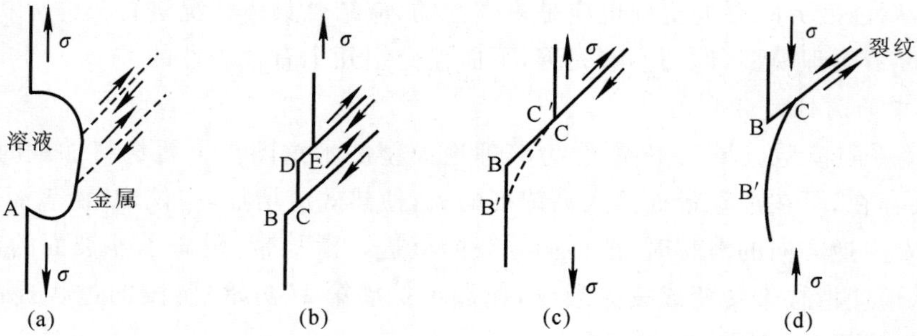

图 7.42 蚀孔应力集中-滑移不可逆性增强模型

(a)腐蚀产生点蚀孔；(b)产生滑移台阶；(c)台阶溶解形成新的表面；(d)逆滑移形成裂纹

(3)氢脆模型。上述两个模型均强调了腐蚀的作用，然而，和应力腐蚀类似，高强度钢、高强度铝合金或钛合金等材料，对氢脆敏感，其腐蚀疲劳机理以氢脆为主。水介质中腐蚀疲劳的氢脆机理模型可用图 7.43 表示。其基本步骤包括：水合氢离子从裂纹面向裂纹顶端扩散，氢离子发生还原反应而使裂纹顶端表面吸附氢原子，被吸附的氢原子沿表面扩散到表面的择优位置上，氢原子在交变应力的协同作用下向金属内的关键位置（如晶粒边界、裂纹顶端的三向高应力集中区或孔洞处）扩散与富集，交变应力与富集的氢联合作用导致裂纹的萌生与扩展。另外，有的研究结果则表明，吸附氢对 CF 裂纹的扩展比三向应力集中区富集的氢的作用还大，即吸附氢是推动 CF 裂纹扩展的主要因素。

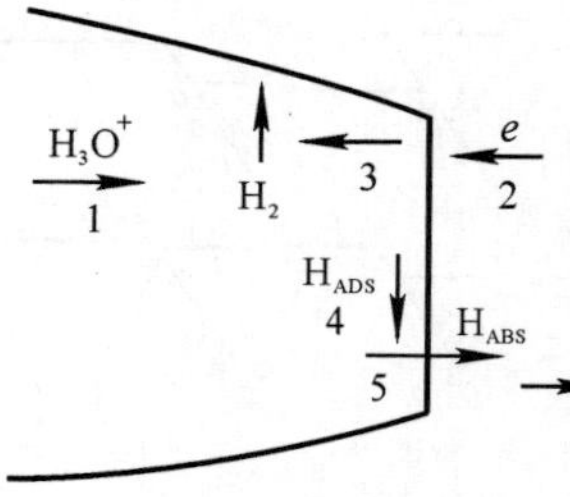

图 7.43 在水溶液发生的氢脆型腐蚀疲劳机制

1—溶液扩散；2—放电和还原；3—被吸附氢原子的重新结合；
4—被吸附氢原子的表面扩散；5—氢被金属所吸收；
6—被吸收氢的扩散

三、腐蚀疲劳裂纹扩展模型*

腐蚀疲劳破坏是环境、材料微观组织结构和循环载荷之间发生交互作用的过程，其机制与具体的材料-环境-载荷系统有关，因而对这一复杂过程做定量的模型化研究仍然只处于初级阶段。目前定量处理腐蚀疲劳裂纹扩展的模型主要有下述两种，即叠加模型和竞争模型。

1. 叠加模型

该模型假定材料在腐蚀疲劳条件下的裂纹总扩展速率($\mathrm{d}a/\mathrm{d}N$)可以由纯粹的机械疲劳的扩展速率$(\mathrm{d}a/\mathrm{d}N)_{\mathrm{F}}$和应力腐蚀裂纹扩展速率$(\mathrm{d}a/\mathrm{d}N)_{\mathrm{SCC}}$的线性叠加来确定，即假定存在

$$\left(\frac{\mathrm{d}a}{\mathrm{d}t}\right)=\left(\frac{\mathrm{d}a}{\mathrm{d}N}\right)_{\mathrm{SCC}}+\left(\frac{\mathrm{d}a}{\mathrm{d}N}\right)_{\mathrm{F}} \tag{7.11}$$

由于在一个疲劳循环周期 T 内，应力腐蚀裂纹扩展速率会随着应力强度因子 K 的变化而变化，所以应该通过下列积分运算来求取上式等号右边的第一项，即

$$\left(\frac{\mathrm{d}a}{\mathrm{d}N}\right)_{\mathrm{SCC}}=\int_{T}\frac{\mathrm{d}a}{\mathrm{d}t}K\,\mathrm{d}t \tag{7.12}$$

对高强度钢等有限的一些材料，利用上述线性叠加模型进行腐蚀疲劳行为预测可以得到较为满意的结果。但是，该线性叠加模型假设腐蚀疲劳的力学因素与环境因素之间不存在交互作用，即疲劳和应力腐蚀各自独立地对裂纹的扩展有贡献。同时，这个模型还假定应力腐蚀开裂机制与腐蚀疲劳机制是相同的。然而，这两个假设与许多工程合金，特别是低强度材料的实验观察结果是矛盾的，因此，在应用中受到了限制。为克服该模型的上述局限性，人们提出了各种修正方法，一种典型的修正方法为

$$\left(\frac{\mathrm{d}a}{\mathrm{d}t}\right)=\left(\frac{\mathrm{d}a}{\mathrm{d}N}\right)_{\mathrm{SCC}}+\left(\frac{\mathrm{d}a}{\mathrm{d}N}\right)_{\mathrm{F}}+\left(\frac{\mathrm{d}a}{\mathrm{d}N}\right)_{\mathrm{CF}} \tag{7.13}$$

式(7.13)等号右边最后一项反映循环载荷与环境之间的交互作用的影响，它来自于环境同疲劳过程中产生的新鲜裂纹面之间的反应，它是在一个加载循环内发生的表面反应的函数。对于表面反应很强烈的材料环境系统，这种贡献还与腐蚀性介质输送到裂纹顶端的速率有关。

2. 竞争模型

该模型认为在腐蚀疲劳过程中，疲劳开裂过程与应力腐蚀开裂过程之间存在相互竞争。根据这种过程竞争模型，在每一个特定的应力强度因子下，裂纹都以二者中占优势的速率向前扩展。这一模型虽然也得到了一些试验结果的支持，但该模型未能考虑腐蚀疲劳过程中交变应力与恒定应力和腐蚀环境协同作用推动裂纹扩展上的不同，且用该模型不能解释混合型断裂形态，因而也是不够完善的。

此外，由于不仅循环载荷、材料和环境的特定组合对腐蚀疲劳裂纹扩展速率影响很大，而且裂纹尺寸对裂纹的扩展速率也有重要影响，因此，为了获得一个完备的腐蚀疲劳模型，还必须考虑腐蚀过程中与裂纹尺寸有关的关键因素。例如腐蚀性物质输送到裂纹顶端的速率，由裂纹壁开闭引起的泵吸介质的速率，相对两裂纹面间的小位移幅摩擦接触和裂纹闭合效应等因素。同时，针对具体的腐蚀疲劳体系，首先必须明确其机理。综上所述可以看出，要解决腐蚀疲劳定量模型中涉及的错综复杂的问题，需要多个相关学科研究者们的不懈努力。

四、材料腐蚀疲劳的控制方法

尽管目前对腐蚀疲劳的机理认识尚不够十分清楚，但是大量的研究结果使人们对腐蚀疲

劳的行为、影响因素的作用规律等已经有了较充分的了解，并总结出了一些有效的控制措施。

1. 合理选材与优化材料

一般说来，抗点蚀性能好的材料，其腐蚀疲劳强度也较高；而对应力腐蚀断裂敏感的材料，其腐蚀疲劳抗力也较低。因此，应根据实际情况，合理选材或优化合金材料。由于钢的强度愈高，通常其腐蚀疲劳敏感性愈大，因此选择强度低的钢种一般更为安全。提高材料的耐蚀性能对改善其抗腐蚀疲劳性能一般是有益的，如不锈钢在水中的腐蚀疲劳强度比普通碳钢高出一个数量级。减少材料中的夹杂或有害元素（如钢中的 MnS 夹杂，S，P 有害元素等）有利于提高耐蚀性，因而对改善材料的抗腐蚀疲劳性能也是有效的。

2. 降低张应力水平或改善表面应力状态

设计上注意结构合理化，减少应力集中，避免缝隙结构，适当加大截面尺寸。采用消除内应力的热处理。通过氮化、碳氮化、喷丸、滚压、高频淬火等表面硬化处理，引入表面残余压应力。例如，氮化钢氮化后，在河水中的腐蚀疲劳强度从 75 MPa 提高到 390 MPa；喷丸强化和高频淬火使钢在质量分数为 0.035 的 NaCl 水溶液中的疲劳强度分别提高 200％和 360％。

3. 减缓腐蚀作用

常用的措施有施加表面涂（镀）层、添加缓蚀剂和实施电化学保护技术。例如，高强铝合金外层包铝，可降低其在雨水或海水环境中的腐蚀疲劳断裂倾向；钢丝镀锌可显著延长其在海水中的疲劳寿命。介质中添加铬酸盐或乳化油，均提高了钢材的腐蚀疲劳抗力。电镀镉或镉钛可以使碳钢在水溶液中的疲劳强度显著提高。阴极保护技术已成为广泛用于海洋金属结构物腐蚀疲劳的防护措施，但此时必须注意该方法对 HE 敏感的材料不适用性。对于氧化性介质中使用的碳钢或不锈钢，采用阳极保护也可达到显著的效果，如对 Fe－13Cr 合金在质量分数为 0.10 的 NH_4NO_3 溶液中实施阳极保护，使其腐蚀疲劳条件极限高于空气中的值。

7.5 摩耗腐蚀

摩耗腐蚀是指金属材料与周围环境介质之间存在摩擦和腐蚀的双重作用，而导致金属材料的破坏现象。由于这种破坏是应力和环境中化学介质协同促进的过程，因此，也是应力作用下腐蚀的形式之一。

按照与金属发生摩擦的物质种类（如固体（包括固体颗粒）、液体或液体中气泡等），以及相对运动的方式和速度大小等的不同，可以有各种类型的摩擦、磨损现象，因而，相应地也就有不同类型的摩耗腐蚀。本书仅介绍两种典型的摩耗腐蚀——微动腐蚀和冲击腐蚀。

一、微动腐蚀*

1. 基本概念

微动（Fretting）是指相互接触的表面之间发生的极小幅度（一般认为不大于 300 μm）的往

返运动,这类现象通常存在于名义上处于静止的机械配合件之中,产生微动的原因往往是交变应力或振动工况(如发动机运转、气流波动、热循环应力、疲劳载荷、电磁震动等)作用于处于静止状态的零部件或结构。由于微动作用导致的表面损伤或破坏现象称为微动损伤(Fretting Damage)。微动损伤与通常的大位移宏观滑动或滚动引起的表面摩擦损伤有诸多不同的特点,常常导致处于微动环境中的结构或构件咬合、松动、疲劳寿命降低、功率损失,或引起环境污染、噪声增加等等,是影响航空、航天、交通、核能、通信、生物医学等诸多部门中结构安全性和可靠性的重要隐患。然而,由于微动过程的隐蔽性、微动损伤行为的错综复杂性等,目前从设计、制造、使用、维修,到失效分析等环节均未被人们充分认识,由此导致存在一些片面性的甚至错误的观点。

微动造成的损伤有如下三种基本模式:

(1)微动磨损(Fretting Wear,缩写为 FW):指接触表面由小位移的往复运动引起的表面损伤,而这种微动运动是由外界振动所引起的。

(2)微动疲劳(Fretting Fatigue,缩写为 FF):指接触表面的微小位移的往复运动是由接触体一方承受的外界交变疲劳应力引起的,这类微动作用通常促进疲劳件裂纹的萌生和扩展。

(3)微动腐蚀(Fretting Corrosion,缩写为 FC):指在腐蚀介质(如腐蚀性气氛、海水、酸雨、人的体液等)中发生的微动损伤(包括微动磨损与微动疲劳)。

上述三种微动失效模式与疲劳和腐蚀之间的关系可用图 7.44 来表示。图中,CFW 是腐蚀环境中的微动磨损,CFF 是腐蚀环境中的微动疲劳,CF 是腐蚀疲劳,微动腐蚀包含了 CFW 和 CFF。微动损伤的几种形式不是孤立的,一般情况下它们可能同时存在并互相影响。微动磨损多以磨损失效为特征,但是当存在强约束或接触体承受静态张应力时,也会表现出疲劳裂纹的萌生、扩展,甚至断裂;微动疲劳多以裂纹的加速萌生、加速早期扩展为失效特征,但是当大位移或弱约束时,磨损失效的特征会突出,甚至减缓疲劳裂纹的萌生。除非在惰性环境中(如真空条件下)不发生微动腐蚀,即使在干燥的室温大气环境中,微动腐蚀也是难免的,因为微动作用可以破坏金属表面的保护性氧化膜,并促进表面温度升高。

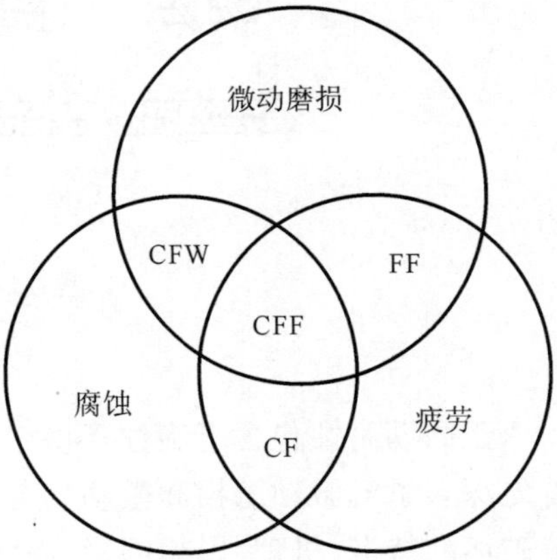

图 7.44　微动损伤与疲劳及腐蚀之间的联系

人们最初对微动的认识是以 1911 年 Eden 等关于在疲劳试验中发现试样夹具夹持处因微动作用优先断裂的报道为标志的。对微动损伤的首次研究是 Tomlinson 于 1927 年进行的,他分析出钢试样微动区表面出现红棕色 $\alpha-Fe_2O_3$ 磨屑,由此创造出微动腐蚀(Fretting Corrosion)的概念。大量的研究工作则始于 20 世纪 60 年代,尤其是进入 80 年代以后,微动损伤的研究得到了长足的发展。由于人们对微动损伤认识上的局限性,曾导致用来描述涉及微动损伤的术语较为混乱,如接触磨损、接触疲劳、摩振腐蚀、微动摩蚀、微振磨蚀、微振腐蚀、振蚀、磨蚀、咬蚀、摩擦腐蚀、磨损氧化等等,甚至把所有微动损伤均归于微动腐蚀,即这些术语倾向于强调腐蚀的作用。其主要原因是人们最早认识微动现象的时候,发现微动损伤区存在大量的腐蚀产物(氧化了的磨屑)和锈斑。但由于后来发现贵重金属材料在大气中或一般金属材料在真空中均会发生微动损伤,由此认识到腐蚀不是微动损伤的本质。

微动损伤在工程实际中广泛存在,就其发生部位而言,大体可分为两大类。一类为相对静止的接触面,如铆接件、螺栓连接件、榫槽、法兰连接件、键、销固定件、电接触插件等,如图 7.45 所示;另一类为各种摩擦副停止运行时由于机器振动产生的微动磨损,如滚动轴承、齿轮、键轮、各种柔性连接、汽缸、滑动电接触等。还有一些很难归入这两类之中,如人工关节、钢丝绳、某些仪表轴承等。微动损伤在各种运输工具中发生得非常普遍,其中尤以飞机结构最为突出。

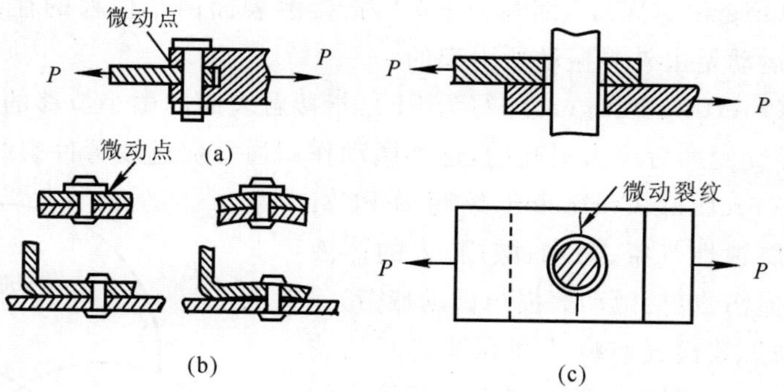

图 7.45　连接中常见的微动损伤

(a)螺栓;(b)铆钉;(c)销

由于微动腐蚀包含了腐蚀环境中的微动磨损和微动疲劳,因此,要深入认识微动腐蚀,必须首先深入了解微动磨损和微动疲劳的相关知识。为此,本书以下分别讨论微动磨损和微动疲劳破坏的特点、机理、影响因素,而将微动腐蚀问题仅作为环境影响因素分别在微动磨损和微动疲劳中加以论述,这样能够使读者对微动腐蚀有更清晰和更全面的认识。

2. 微动磨损

(1)微动磨损的形态学特征。钢的微动磨损表面特征是表面出现一层红棕色的粉末或磨屑(主要为 $\alpha-Fe_2O_3$),铝合金、镁合金、钛合金、铜及镍基合金表面出现黑色氧化磨屑(分别为 Al_2O_3,MgO,TiO,CuO,NiO),将其除去后,可发现表面有许多小麻坑、犁沟、裂纹。微动磨损麻坑的形状不同于一般点蚀,一般深度在 5～50 μm 范围。微动磨损初期,常可看到因形成冷焊点和材料转移产生的不规则突起。表面形貌和微动条件有密切关系。当振幅较大或载荷低时,表面出现与微动方向一致的划痕(见图 7.46(a))、脱层(见图 7.46(b)),此时的表面失效形式以磨屑的产生和表面麻坑的出现为主。当振幅很小时,表面不出现任何划痕,反而显得更光滑，但仍可观察到碾压的痕迹。在低振幅高载荷下，钢球对平面微动时，往往呈现中心无相对位移处完全未触动，而在边缘为环状磨痕(见图 7.46(c))，微动损伤区的亚表层出现加工硬化、白亮层(摩擦转变结构)、微裂纹等(见图 7.47)，即此时微动磨损失效的特征以裂纹的萌生与扩展为主。微动磨损区的微裂纹因微动条件的不同可以呈现出单裂纹、多裂纹，裂纹的扩展方向也有所不同。

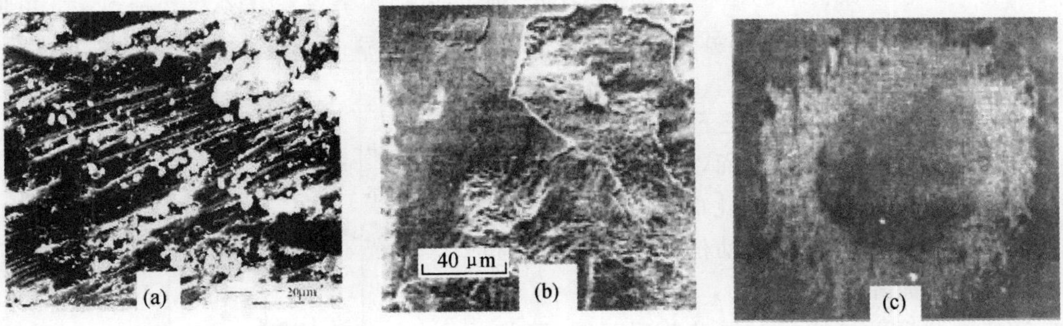

图 7.46　微动磨损形态

(a)犁沟与磨屑；(b)脱层；(c)球/平面接触中心未触动

微动磨损的形态特征表明，微动磨损的机理涉及粘着磨损、磨粒磨损、疲劳磨损和腐蚀磨损四种基本磨损机制，因而是最为复杂的磨损形式。由于包括微动磨损在内的微动损伤的特殊性，目前微动损伤研究范畴已成为摩擦学学科中的一个独立而重要的分支，称之为微动摩擦学(Fretting Tribology)。

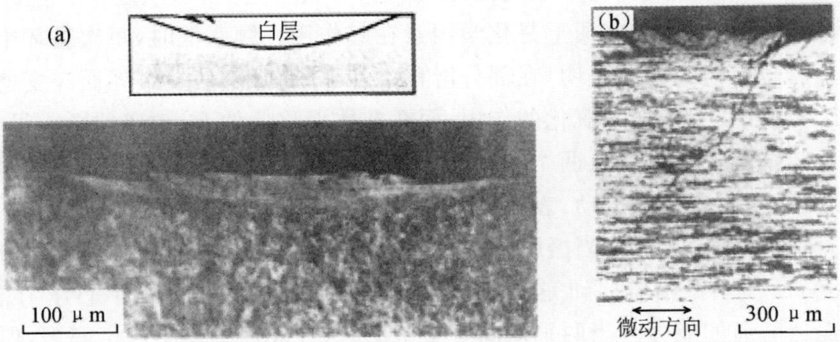

图 7.47　微动磨损区形成的白亮层与裂纹

(a)白亮层；　(b)裂纹

(2)影响因素。

1)位移幅和接触压力的影响。实验表明，位移幅在几个纳米的情况下就可以引起微动磨损。图 7.48 表示了滚珠钢球与普通碳钢板接触时，微动磨损体积和振幅的关系。从图中可见，当振幅达到 25 μm 时，磨损量突然增加，以后呈近似线性关系增长。当低振幅时，磨屑一般可保持在接触面之间，从而阻止了金属之间的直接接触。如果两接触面较大，且受力均匀（如平面对平面），磨损率（以单位时间内磨损体积变化表示）发生突变的振幅可能就要高一些，如达到 70 μm。通常当振幅增加到 300 μm 以上时，磨损形式变成往复式的滑动磨损，磨损率也变为常数。微动条件下的相对滑动速率较低，例如，微动频率为 25 Hz、位移幅为 25 μm 时，平均滑移速率为 1.25 mm/s，较通常轴承的滑动速率约小 1 000 倍。

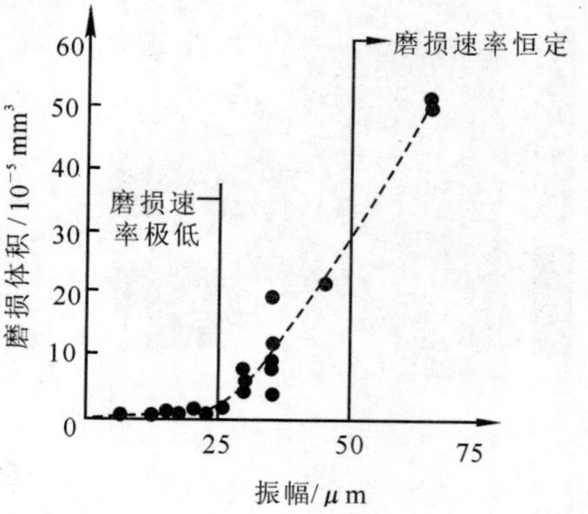

图 7.48　微动磨损体积和振幅的关系

在位移幅保持不变的情况下，接触压力增大，通常使微动磨损速率增加。然而，一般情况下微动位移幅与接触压力不是独立变化的，例如接触压力增大，相对运动的约束增强，微动位移幅减小，此时磨损速率可能反而降低。

按照微动接触体的相对滑动状况不同，可将其分为处于整体滑移（两接触体始终处于相对滑动状态）、部分滑移（两接触体间存在一个微滑区和一个粘着区，如图 7.46(c)所示）和混合滑移（处于滑移和部分滑移之间的状态，通常是初期为滑移状态，中期及后期为粘、滑动态变化的平衡状态）三种微动接触状态，而处于何种状态则依赖于位移幅和接触压力。在整体滑移条件下以磨粒的产生为主要失效形式，在混合滑移状态通常最容易产生疲劳裂纹，而在部分滑移区损伤较轻。

2）频率的影响。一般规律是频率越低，磨损越大；频率越高，影响越小。但频率的影响不如其他参数明显，频率的影响实质上是化学因素在起作用。频率低时，每次循环中氧化能有足够的时间进行。也有研究结果表明，在部分滑移条件下，高频率使接触界面应变速率增大和温升提高，因此会增强疲劳损伤和氧化的作用；而在整体滑移条件下，频率的影响很小。

3）接触形式的影响。主要从两个方面影响磨损：① 应力分布。平面对平面接触，压力分布均匀，界面上较少出现局部滑动，表面通常有均匀的损伤。球面或柱面对平面接触，接触应力呈高斯分布，中心压力最大。当振幅较低时，往往呈部分滑移，中心区因无相对运动，不受损伤（见图 7.46(c)；而当振幅增加到完全滑移状态时，情况则相反，由于中心压力最大，损伤也最严重。②保持磨屑的能力。当两平面间产生微动时，在表面上均匀产生磨屑，但中心磨屑不易溢出，在界面上保留时间较长，接触环境的机会较少，聚集的磨屑有可能使界面压力升高，加速磨损，也可能因减少振幅或摩擦因数，从而减少磨损。球面对平面接触，磨屑不易保持，对磨损的影响比前者小。

4）氧化的作用与气压、温度的影响。实验表明，氧化膜对微动磨损有加速和缓解的双重作用。当金属表面能够形成韧性好、结合力高、有一定厚度、覆盖性强的氧化膜时，可避免金属材料之间的直接接触，通常能够明显降低摩擦因数，减少摩损。特别是一些金属表面在高温下能够形成尖晶石结构的釉质氧化膜（如低碳钢形成［$FeO \cdot Fe_2O_3$］、不锈钢形成［$FeO \cdot Cr_2O_3$，$NiO \cdot Cr_2O_3$，$NiO \cdot Fe_2O_3$］，Ni-Cr 合金形成［$NiO \cdot Cr_2O_3$］），这种氧化膜十分光滑，摩擦因数低，且有很好的自修复能力，因此，能够显著地提高抗微动磨损性能。然而，当氧化的速率较低，微动过程中形成的氧化膜薄且结合力差时，氧化膜会不断地被磨去而形成磨屑，从而加剧磨损；当微动区出现平行于表面的微裂纹时，氧会迅速进入裂纹加速氧化，导致体积膨胀，促进裂纹扩展，加速磨屑的形成，同样也会促进微动磨损。上述氧化膜的两种截然不同的作用应视具体情况，分析何者占主导地位。与氧化相关的磨屑对微动过程也有截然不同的两种影响作用：①加速磨损——氧化物磨屑硬度高于金属基体，因此作为磨料会造成磨粒磨损。②减轻磨损——一方面氧化物磨屑把对磨的金属隔离，减少粘着磨损；另一方面较厚的磨屑可起到滚动轴承的作用，降低摩擦因数，调节和减缓微动磨损。同样，磨屑的双重作用，也需要具体分析。

对碳钢的研究结果表明，大气压力从 1 mPa 变化到 10^5 Pa(1 atm)，摩擦因数单调下降，磨损率单调增加。在 1 mPa 的真空条件下（模拟航天环境），摩擦因数高达 3，几乎测不出磨损量，但粘着造成的表面损伤（材料转移、出现裂纹等）十分严重，主要原因是此时表面无氧化膜形成。低于 10 Pa 形成含氧量相对低的黑色 Fe_3O_4 磨屑，高于 10 Pa 则形成含氧量相对高的红棕色 Fe_2O_3 磨屑。

温度主要通过影响氧化状况来影响微动磨损。虽然极低温度下（如数开时）微动摩擦力很高，然而微动磨损速率却较低，原因是在这种温度环境中氧化膜不会形成。从室温附近开始，随温度上升，磨损率通常呈下降趋势。对低碳钢，只有达到 530℃以上才会出现磨损的突然上升。这种规律可解释为：随温度升高，表面氧化物变厚并牢固地附在基体上，阻止了金属对金属的直接接触。铁的主要氧化物是 Fe_3O_4，Fe_2O_3 和 FeO，前两种不易破碎，容易保持在基体表面。而 FeO 易成鳞片状剥离，且厚度大的膜由于内应力增加而降低了基体的支持作用。所以在 530℃左右出现的磨损率突然上升，正是由于 FeO 在该温度下占了优势，并使氧化膜的厚度大大增加。

5）环境湿度和水溶液介质的影响。湿度的影响比较复杂，而且对不同材料的影响各异。湿度的影响主要是由于它的润滑作用，使磨屑易于从接触面溢出，促使金属直接接触，所以这时会出现磨损迅速上升。铝合金微动磨损对湿度敏感性很高，当相对湿度为 60%时，磨损率最高，此时金属-金属的直接接触增大，且接触区的过时效使表面软化。

对于不锈钢等依靠钝化膜抗蚀的材料来说，微动磨损作用使保护膜破坏，降低其保护作用，因此，在腐蚀性电解质溶液中的磨损率较大气环境明显提高，电极电位也因微动磨损而显著降低（如微动磨损使 Ti6Al4V 钛合金在 NaCl 水溶液中的腐蚀电位降低约 500 mV），点蚀等局部腐蚀倾向增大。对于不耐蚀的材料来讲，腐蚀性电解质溶液对微动磨损的提高更为显著。例如，w_{Mn} 为 0.05 的碳钢在海洋环境中的微动磨损率较大气中提高 1～2 个数量级，但实施电化学阴极保护，可以使其微动磨损速率降低到接近大气中的数值。

6)材料组织和性能的影响。微动磨损是粘着磨损、疲劳磨损、磨粒磨损和氧化磨损四种机制同时起作用的综合磨损形式。在大多数情况下,粘着机制更重要一些,所以在选材时,可多从抗粘着磨损的要求出发,而兼顾其他方面。例如,对于同一种金属或晶格类型,点阵常数、化学成分相近的金属或合金组成的摩擦副更易发生粘着,也易造成微动磨损。脆性材料则比塑性材料抗粘着能力强,金属磨屑的粒度小,故磨损量小。提高材料硬度一般能增加其抗粘着、抗剪切的能力,从而也增加抗微动磨损的性能。然而,一味地提高表面硬度而不兼顾表面韧性,并不一定能达到最好的抗微动磨损效果,因为此时可能会降低表面的抗疲劳磨损和抗裂纹扩展性能。图 7.49 所示为短时渗氮(用 SN 表示,硬度低但韧性较高)和长时渗氮(用 LN 表示,硬度高但韧性较低)影响钛合金 Ti6Al4V(BM 表示未表面处理状态)微动磨损速率的实验结果。可以看出,韧性相对好的短时氮化能够更有效地提高钛合金的微动磨损抗力。

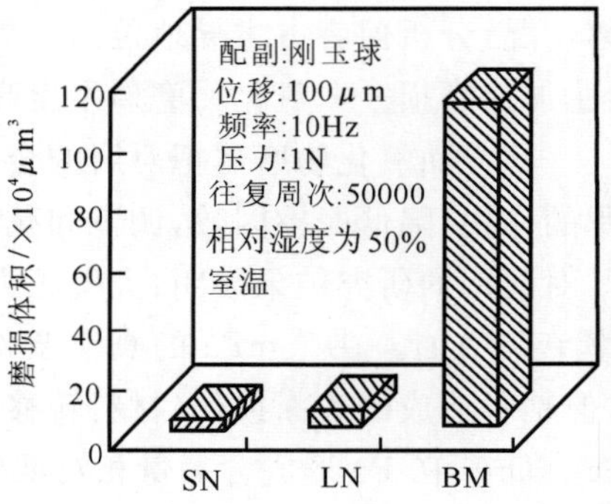

图 7.49 氮化处理对钛合金 Ti6Al4V 微动磨损抗力的影响

(3)微动磨损的机理。微动磨损受多种因素影响,过程十分复杂,因此,尽管已开展了大量的研究工作,但目前仍未形成一个被广泛接受的机理模型。现今提出的各种机理模型均存在或多或少的局限性,尤其是早期的理论模型。下面介绍几种有代表性的观点或理论。

1)早期的理论模型。早期的理论模型多数强调腐蚀(主要是氧化)和磨屑对微动磨损的促进作用。

Uhlig 等人提出机械和化学联合作用是引起微动破坏的主要原因,根据氧化和磨损发生的先后,可分为磨损-氧化机理和氧化-磨损机理。磨损-氧化机理认为,微动副接触实际是微凸体的直接接触,在接触压力和微动的联合机械作用下发生冷焊、粘着及冷焊点撕裂,形成金属碎屑,摩擦热使碎屑迅速氧化而形成硬的磨料,磨粒磨损进一步加剧机械作用,由此周而复始地促进微动磨损过程。氧化-磨损机理则认为,金属表面微动作用前已形成一层薄而结合牢靠的氧化膜,微动的机械作用使接触微凸体处氧化膜去除,并形成磨粒,露出的新鲜金属表面再次被氧化,整个过程往复进行,接触表面不断被磨损。上述理论模型对于理解微动磨损很直观,因此常被教材引用。但是,该模型不能说明氧化和磨粒缓解微动磨损的情况。

Feng 等人提出了解释微动接触面上大深坑形成的多阶段理论模型,可用图 7.50 进行图解。这几个过程是:①微动接触表面形成保护性氧化膜;②由于相对滑动,氧化膜破裂并形成磨屑;③磨屑落入凸峰点之间的空隙里(见图 7.50(a));④空隙被添满,邻近的储有磨屑的空隙连成一个平面(见图 7.50(b)),磨粒磨损和氧化磨屑床形成;⑤随着磨损过程的继续,一些磨粒逸流到两边的低洼区(见图 7.50(c));⑥磨屑产生和溢出保持动态平衡,磨损进入稳定阶段，由于相对滑动幅值很小，聚集在中心的磨屑难以逸出，使该部分两表面间的接触压力增大，磨损加剧，逐渐形成了下凹的深坑（见图 7.50(d)），并且相同的过程，许多小坑可能连成大深坑。该模型同样未考虑氧化和磨粒缓解微动磨损的情况。

20 世纪 70 年代后，部分学者如 Waterhouse 等将 Suh 在大位移滑动磨损条件下提出的脱层理论应用于微动状态，认为颗粒的剥离与亚表面层裂纹的萌生及平行于表面扩展有密切关系，因此脱层理论适用于微动条件下的磨损。

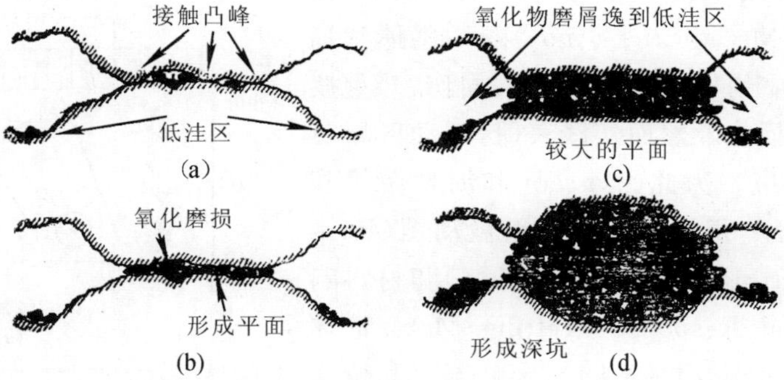

图 7.50　微动磨损的发展过程和大深坑的形成示意图

2）新的理论模型。进入 20 世纪 80 年代，在微动磨损基础理论研究上有了突破性的进展，提出了几个有代表性的新理论，主要包括接触界面运动调节机理、微动的三体理论和微动图理论等。

接触界面运动调节机理：Berthier 和 Vincent 等提出了微动摩擦过程中接触界面的运动调节机理。他们将接触系统分解为三体（即两个接触本体和第三体——磨屑）或 5 个基本组成部分（即两个接触本体、依附在接触本体上的两个表面膜及其中间的磨屑第三体）。在摩擦过程中，每一个基本组成部分都有可能发生弹性变形、法向断裂、剪切、滚动等 4 个基本运动调节方式，以实现两个接触本体的相对滑移，因此，按照排列组合，在 5 个位置共有 20 种运动调节机理。微动的运动调节机理不仅适用于干摩擦，而且可推广到润滑工况。它的最大特点是可以更清楚地了解界面相对运动过程和微观摩擦特性，可以说明磨屑和氧化的双重作用。

微动的三体理论：该理论认为，磨屑的产生可看成是两个连续和同时发生的过程。即：①磨屑的形成。接触表面粘着和塑性变形，并伴随强烈加工硬化；加工硬化使材料脆化，白层同时也形成，随着白层的破碎，颗粒剥落；颗粒随后被碾碎，并发生迁移，迁移过程取决于颗粒的尺寸、形状和机械参数（如振幅、频率、载荷等）。②磨屑的演化（以黑色金属为例）。起初磨屑呈轻度氧化，仍为金属本色，粒度为微米量级；在碾碎和迁移过程中进一步氧化，颜色变成灰褐色，粒度在亚微米量级；磨屑深度氧化，呈红褐色，粒度进一步减小为纳米颗粒，X 射线衍射分析表明，磨屑含 $\alpha-Fe$，$\alpha-Fe_2O_3$（呈红色）和低百分比的 Fe_3O_4。微动第一体（即相接触的金属本身)的磨损受磨屑的转变、磨屑床(或称第三体床)的保持和第三体的磨粒作用控制。而磨屑床的保持或第三体的排除取决于试验条件和试样形状外,多数情况下,第三体床的存在降低了粘着的有害作用,摩擦因数下降,保护了金属表面,减缓了磨损;但如果试验周期性地停顿,第三体被排除出接触区,磨损就会增加。利用三体理论可较好地解释钢铁材料等微动摩擦因数随循环周次的变化规律,以及磨屑的双重作用等现象。

微动图理论:Vingsbo 等参照 Lim 提出的磨损图,以影响微动过程的主要量(压力、位移、频率等)为坐标,提出了几种类型的微动图。在微动图中,将微动表面的相对运动划分为粘滞区(Stick)、混合区(Mixed Stick And Slip)、整体滑移区(Gross Slip),相应的损伤类型为轻微损伤、严重疲劳损伤和严重磨损损伤。然而实践表明,运动区域与损伤类型不完全对应。为此,Vincent 和周仲荣等基于微动磨损实验结果,提出了运行工况微动图(Running Condition Fretting Map,简称 RCFM)和材料响应微动图(Material Response Fretting Map,简称 MRFM)。图 7.51(a)表示在不同的接触压力和位移幅度下,摩擦力(纵坐标)-位移幅度(横坐标)循环曲线变化规律不同,同时接触区相对运动模式也不同,RCFM 用于描述微动接触区相对运行状况。MRFM(图(b))用于描述与 RCFM 相对应的材料损伤形式,在 MRFM 中存在"裂纹萌生"和"磨屑脱落形式的磨损"重叠区。值得注意的是:① RCFM 与 MRFM 区域边界不一定完全重合;② RCFM 和 MRFM 随微动循环周次会发生变化;③图中所示微动图为球面/平面接触几何条件下,由 FW 实验所总结出的,当接触几何发生变化,或推广到微动疲劳实验中(此时有外加疲劳循环应力)时,其形状将发生改变。

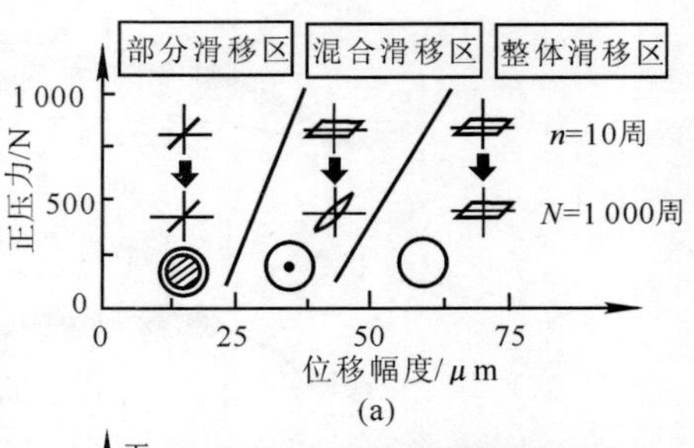

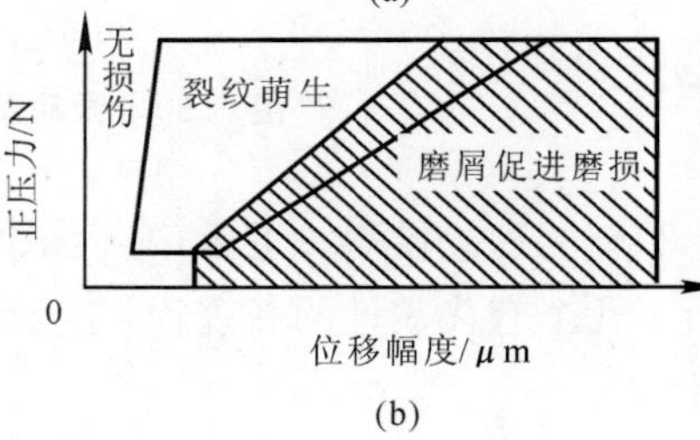

图 7.51 微动图示意图

(a)RCFM;(b)MRFM

上述模型主要是针对大气环境中的微动磨损,对于腐蚀性电解质溶液中的情况,还需要考虑电化学腐蚀的协同作用等因素。

3. *微动疲劳*

(1)微动疲劳过程及特征。微动疲劳破坏经过四个阶段——裂纹萌生、裂纹早期扩展、裂纹后期扩展和构件失稳断裂。腐蚀环境可对前三个阶段产生显著影响。疲劳寿命主要取决于裂纹的萌生和早期扩展,微动和腐蚀则是对这两个过程的加速。

微动疲劳接触区的损伤特征与微动磨损的特征较为相似。在微动疲劳初期,接触表面发生粘着和局部焊合,导致表面粗糙化,材料表面发生塑性变形,位错密度增加,出现加工硬化(有时还呈现软化现象),引入表面残余应力,对于碳钢材料,表层还常常出现"白亮层(摩擦转变马氏体)”。在微动疲劳后期,表面常常出现脱层现象,并伴随磨屑的产生。

微动疲劳裂纹通常萌生在接触区的滑动与非滑动的交界处,如图 7.52 所示。微动疲劳的初期,在微动接触区表面常常形成多条萌生微裂纹,这些微裂纹初始沿着与接触表面成一倾斜角的平面扩展(见图 7.53 中的第Ⅰ阶段),其原因是接触区应力在表层引起的多轴应力场的作用结果。随着裂纹的扩展,多裂纹发生合并,形成一条主裂纹并转向为垂直于外加交变正应力方向扩展(见图 7.53 中的第Ⅱ阶段),其他裂纹则因屏蔽作用而停止扩展。进入疲劳裂纹扩展的第Ⅱ阶段时,影响裂纹扩展速率的不仅是外加应力强度因子幅,微动磨损过程中形成的磨屑或腐蚀产物及腐蚀性介质(空气、水、润滑剂等)都可以在微动磨损过程中逐渐进入裂纹内部,像楔子一样嵌入微裂纹内,使裂纹尖端的应力强度因子幅增大,并伴有化学作用(即同时存在腐蚀疲劳的作用),这些都促使疲劳裂纹扩展速率增加,使疲劳寿命下降。

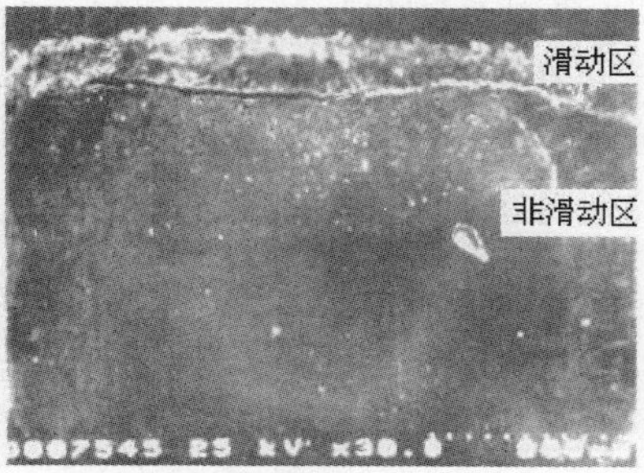

图 7.52　Ti6A14V 合金微动疲劳接触区裂纹萌生位置

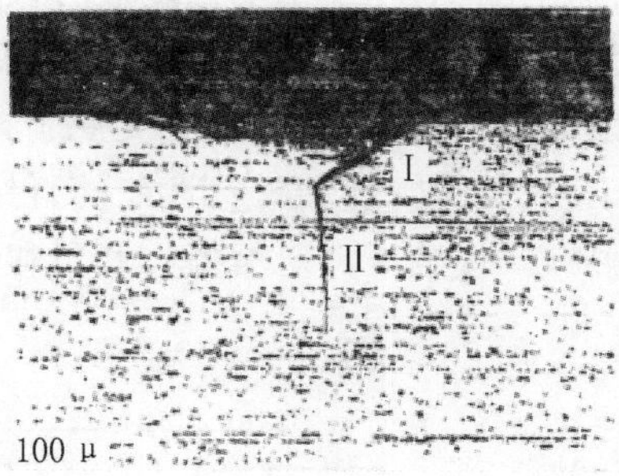

图 7.53　时效 Al－4Cu 铝合金的微动疲劳裂纹萌生与扩展

微动疲劳断口的宏观和微观形貌与纯机械疲劳断口较为相似(见图 7.54),即整个断口宏观上可以分为疲劳源区、裂纹稳定扩展区和瞬断区。在微观上可见疲劳条带,腐蚀产物或磨屑往往进入并附着在断口的源区及初始扩展区,分析断口上这些腐蚀产物或磨屑的成分和结构有利于判断微动疲劳损伤失效。微动疲劳最为明显的特征是微动磨损面上有大量的微裂纹、表面金属掉块、不均匀的磨损擦伤,其色泽发生明显改变且出现磨蚀坑。微动产生的微裂纹大多集中位于微动区的边缘。

图 7.54　1Cr11Ni2W2MoV 合金微动疲劳断口形貌

(2)微动疲劳的影响因素。微动疲劳(FF)是接触区微动磨损和外加疲劳载荷双重因素联合作用下的材料失效形式。由于微动磨损因素的协同加速裂纹的萌生和早期扩展作用,导致零构件的寿命较常规机械疲劳寿命大幅度降低，通常使材料的疲劳强度降低20%～50%，有时甚至降低得更为显著，即微动疲劳的破坏性较微动磨损和常规疲劳更为严重。在微动疲劳失效中，疲劳、磨损和腐蚀兼而有之，因此，微动疲劳损伤是一个十分复杂的过程，涉及材料、结构、化学、力学等多个专业领域，目前对其认识远不及对常规疲劳的了解。

微动疲劳过程的影响因素颇多，有人估计超过了50多个因素，当然这些因素有主次之分。Dobromirski等认为，主要因素只有三个，即摩擦因数、位移幅度和接触压力，其中摩擦因数最为重要。但实际中摩擦因数是随位移幅度而变化的。Vincent和Vingsbo等人近年来的研究结果表明，微动疲劳中的位移幅度的作用更为重要。人们认识的不同是由于研究出发点和各自的试验条件不同等造成的。另外，主要因素、次要因素也会由于具体条件的变化而有所改变。各因素也不是孤立的，而有相互联系和影响。笔者从各因素间的相互联系及作用机制出发，归纳出图7.55所示的微动疲劳及微动磨损过程中各因素间相互联系的框图，供参考。微动疲劳损伤过程由材料特性、接触区微动磨损状况及应力状态所决定，微动磨损在表面造成加工硬化（或软化）、几何缺口或交变应力而影响微动疲劳过程，微动磨损过程受接触区摩擦力、接触压力、位移幅度和材料性能的直接影响。接触几何对摩擦力、接触区应力分布和位移幅度均有影响。接触压力对摩擦力和位移幅度有影响。

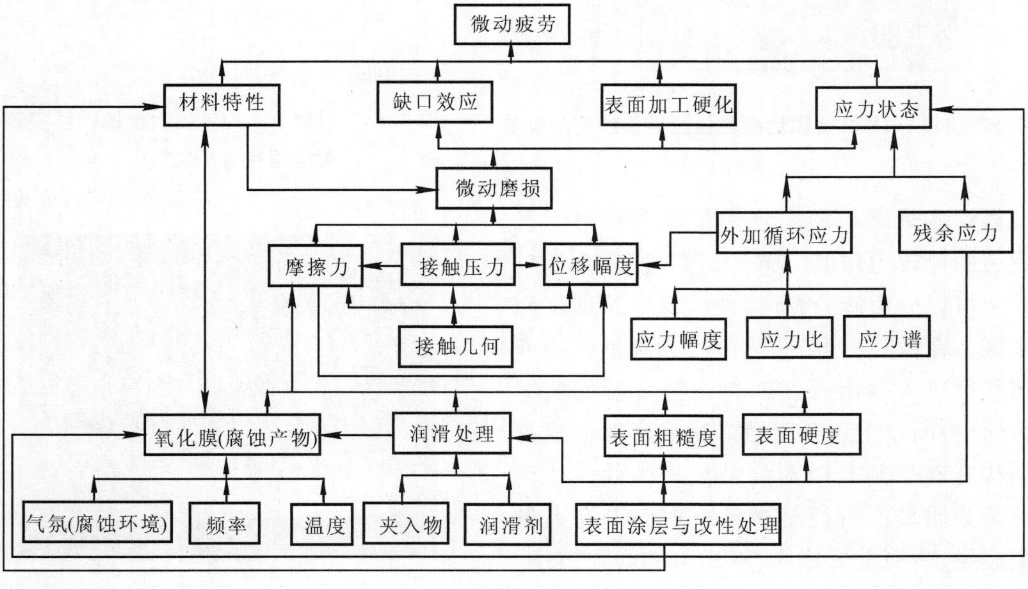

图7.55 影响微动疲劳的因素

当位移幅度由外加循环应力控制时，则由外加循环应力幅度、应力比或应力谱决定。外加循环应力和残余应力（人为引入的或加工过程造成的）共同影响应力状态。表面状态（表面粗糙度、硬度)、表面润滑状况和表面腐蚀情况影响接触区摩擦力大小及材料性能。表面腐蚀受环境介质状况、频率、温度、材料表面性质影响。下面介绍几个主要因素对 FF 行为的影响。

1)位移幅度。研究表明,微动位移幅度对微动疲劳行为的影响十分重要(见图 7.56),随位移幅度从小增大,微动失效模式发生显著的改变。当位移幅度很小时,接触面处于相对静止(完全粘着)状态,微动的影响小,微动疲劳的寿命较高;当位移幅度很大时,接触面处于整体滑移状态,此时微动磨损的作用是以加速接触区磨屑的产生为特征,磨损失效占据主导地位,微动对裂纹萌生的影响降低,甚至磨损作用使已经萌生的裂纹去除,由此导致疲劳寿命也较高;当微动位移幅处于 20 μm 左右时,接触表面处于粘着-滑移混合状态,此时接触区微动的作用主要是促进裂纹的萌生与早期扩展,因此,微动疲劳寿命出现最小值。

2)接触压力与循环载荷。接触压力同样是影响微动疲劳行为的重要因素,但是由于微动疲劳的相对运动是由外界循环载荷引起的,接触载荷增大,往往导致位移幅度减小,因此,接触压力的改变对微动疲劳寿命的影响较为复杂。接触压力影响滑移/非滑移区接触状况,进而改变滑移/非滑移交界处的应力集中情况。交变疲劳载荷对微动疲劳寿命的影响规律与对常规疲劳寿命的影响是一致的,即应力幅度值增加,疲劳寿命降低。循环载荷的平均应力对微动疲劳的影响程度大于常规疲劳,主要影响裂纹的扩展,而对裂纹的萌生影响较小。

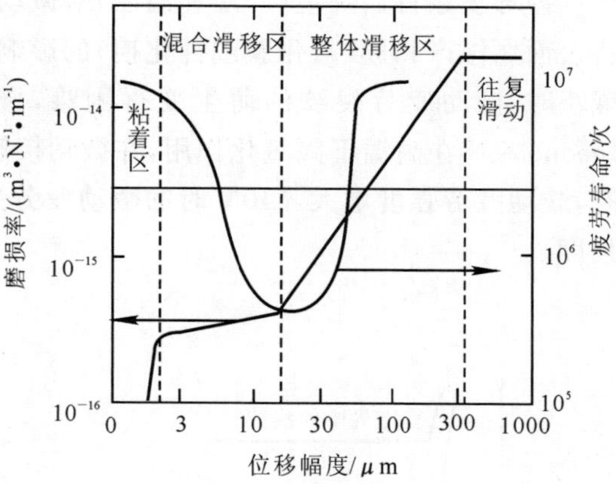

图 7.56　微动疲劳寿命、磨损率与位移幅度的关系

3)材料特性。多数情况下,材料的常规疲劳强度高,其微动疲劳强度也较高,但是,这并不是普遍规律。缺口敏感性强的材料,其微动疲劳抗力较低,因此,强度较低的退火态金属材料往往具有较高的微动疲劳抗力。微动配副对微动疲劳行为也有重要影响,在其他条件相同的条件下,高硬度微动配副常常促进疲劳裂纹萌生,加速微动疲劳损伤,而铝、铜及其合金等软材料作为微动配副时,微动疲劳损伤较为轻微,原因是软材料的润滑及良好的导热作用。

4)微动循环频率。在腐蚀环境中,微动循环频率对微动疲劳有双重影响作用。① 频率的变化可以改变环境介质(包括空气中的氧)在每个载荷循环中的作用时间。在腐蚀介质存在的条件下,降低频率可缩短材料疲劳裂纹的萌生寿命,加速裂纹的扩展速率。② 频率变化的另一个作用是影响接触表面之间的摩擦力。频率增大可使微动接触区的新鲜金属表面更加频繁地暴露在周围环境介质中,同时还可使接触区局部温度升高。这些因素会影响微动损伤区表面氧化膜的形成和氧化物磨屑的聚集,由此可能起到润滑作用,降低接触表面上的摩擦力,减缓接触区的应力集中,提高微动疲劳强度。因此,频率的影响最终由上述两方面的竞争和协调决定。

5)表面粗糙度。接触表面的粗糙度对微动疲劳行为的影响规律与对常规疲劳的影响有所不同。一般讲,表面愈粗糙,表面应力集中程度愈高,因此其常规疲劳抗力愈低。然而,对于微动疲劳来说,表面粗糙度提高有缓解微动的作用;若凸起点和凹谷的曲率半径不是太小,则较粗糙表面的剪切强度较低。这些原因均会导致微动疲劳抗力的提高。我们的研究表明,在有表面残余压应力存在的情况下,表面粗糙度适当增加有利于缓解表层残余压应力的衰减,因而有利于材料微动疲劳抗力的提高。

6)残余应力。残余拉应力加速疲劳裂纹的萌生和早期扩展,因此促进微动疲劳破坏。残余压应力可以部分地抵消外加疲劳拉应力,对微动疲劳裂纹的早期扩展产生抑制作用,另外,残余压应力对减轻磨损也有一定的有益作用,因此残余压应力有利于微动疲劳抗力的提高。

7)环境条件。环境(介质和温度)对微动疲劳的影响主要取决于对接触表面摩擦因数和材料表面腐蚀产物膜(氧化膜或钝化摸)的影响情况。当表面腐蚀产物膜导致接触表面摩擦因数减小时,微动疲劳裂纹的萌生变得困难,微动疲劳寿命呈增加趋势。例如,镍基高温合金Inconel 718在高温下因氧化作用,在微动接触区表面形成一层釉质减摩氧化膜,导致随温度升高,微动疲劳强度增大,540℃时的微动疲劳强度较室温下提高 130%,接近合金室温常规疲劳强度。

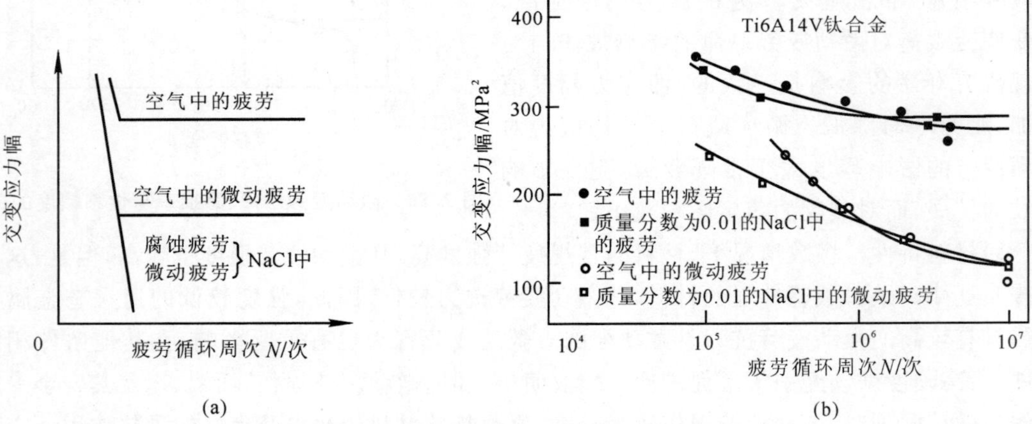

图 7.57 环境介质对微动疲劳和常规疲劳的影响

(a)不耐蚀材料;(a)耐蚀材料

对于不耐蚀的金属材料,微动作用与腐蚀作用类似,均加速疲劳裂纹的萌生和扩展,因此,导致材料的疲劳强度降低,如图 7.57(a)所示。然而,对于钛合金、奥氏体不锈钢等耐蚀金属材料,其在腐蚀环境介质中的耐蚀性能是依靠表面形成具有防护功能的钝化膜,这种钝化膜通常具有很好的自修复能力,因此,其海水中的腐蚀疲劳强度与空气中的常规疲劳强度十分接近。由于微动作用能够破坏上述钝化摸,因此,无论在海水中还是在空气中,其微动疲劳强度均明显低于常规疲劳强度，且两种环境中的微动疲劳强度较为接近，如图 7.57(b)所示。

(3)微动疲劳损伤机理。自 20 世纪 60 年代起，微动疲劳损伤的研究逐步受到重视，尤其是经过近一二十年的发展，对微动疲劳损伤机理有了较为深入的认识。

微动疲劳寿命主要取决于裂纹的萌生和早期扩展，微动和腐蚀对这两个过程起加速作用，因而微动疲劳损伤机理的研究始终围绕着微动疲劳裂纹的萌生和早期扩展行为。

关于微动疲劳裂纹萌生，现已提出了多个机理模型，具有代表性的包括：

1)低周疲劳模型。该模型的依据是，在一定实验参数下，下述三个事件出现在同一个数量级的疲劳周次，即微动疲劳损伤门槛值、严重微动磨损的孕育期和近屈服点载荷下的常规疲劳寿命。所谓微动疲劳损伤门槛值，即产生微动损伤所需的最低微动疲劳循环次数。

2)磨损几何缺口引起的应力集中模型。该模型基于微动疲劳裂纹萌生于磨粒磨损、疲劳磨损、粘着磨损等蚀坑中的实验观察结果，且发现微动疲劳损伤门槛值与粘着峰出现的周次接近。该类模型均强调了磨损对裂纹萌生的作用。

3)接触引起宏观应力局部集中模型。微动疲劳裂纹萌生研究早期注重腐蚀与磨损的作用，后来则注重接触区应力的分布问题。微动摩擦过程的接触在表面产生交变切向应力，在接触区后面产生拉应力，在接触区前面产生压应力。当无滑动时，接触区外边缘出现交变应力峰，从而萌生微动疲劳裂纹。当出现局部滑动时，裂纹萌生在滑移与非滑移交界处。

事实上即使某一特定条件下的微动疲劳裂纹萌生也常常涉及几种损伤机理，只是所占比例不同，同时微动疲劳损伤机理随着材料的不同和实验参数的变化而改变。关于裂纹萌生寿命在微动疲劳总寿命中所占比例，目前尚无统一的看法。其原因一是与初始裂纹长度的定义有关；二是即使定义方法一致，萌生寿命与实验参数也有密切的关系。

关于微动疲劳损伤的定量理论模型目前已有数个，有兴趣的读者可参考有关文献资料。

微动疲劳裂纹扩展分为两个阶段(见图 7.53)，第Ⅰ阶段裂纹沿着与接触表面成一倾斜角的平面扩展，第Ⅱ阶段沿着垂直于外加交变应力的平面扩展。第Ⅰ阶段裂纹倾斜扩展是接触应力在表层引起的多轴应力场作用的结果。倾斜角大小及扩展深度与材质、滑移幅度、接触压力、摩擦力及外加交变疲劳应力的状况等因素有关。多数情况下倾角接近 45°，斜向发展深度在 100 μm 量级。微动作用影响裂纹扩展的第Ⅰ阶段是公认的，至于对第Ⅱ阶段的影响情况，目前尚无一致的看法。微动疲劳第Ⅰ阶段裂纹扩展速率较常规疲劳可高出 3 至 4 个数量级，并且第Ⅰ阶段扩展在短裂纹范围，因此有人认为裂纹快速扩展应是微动和短裂纹效应协同作用的结果。当裂纹斜向微动接触区下面扩展时，接触压力有促进裂纹闭合的作用，此闭合力也将影响裂纹的扩展。当裂纹扩展超出微动作用影响范围时，其扩展行为与常规疲劳一致。

前面提到的关于微动磨损的第三体理论、速度调节机理和微动图等新理论模型同样可以用于阐述微动疲劳过程，只不过此时需把外加循环载荷的作用考虑进去。

4. 微动损伤的控制措施

影响微动损伤的因素很多，解决的方法也有多种，有的方法看起来甚至是相互矛盾的。例如，从微动磨损的实验结果知道，垂直负荷愈大，则磨损率愈大，但有时增加垂直负荷能减少振幅，甚至消除微动。增加接触面间的摩擦因数也有类似的影响，因此具体问题要作具体分析，分别对待。目前控制微动损伤的主要技术措施如下：

(1)采纳合理设计方案与加工工艺。其主要目的是避免产生微动，增加接触面间的压力是常用的方法。例如，减小接触面积或增加螺栓数目，甚至改铆接为焊接。加工时注意提高加工精度，保证同心度等。在微动无法阻止的部分，尽量避免或降低微动面上的应力集中。

(2)合理选材。由于微动磨损初期的主要方式是粘着磨损，因此抗粘着磨损措施中的选材方法可以采用，但要考虑该零件的环境条件和工作状态。

(3)利用润滑剂或插入物。由于微动磨损接触面常常处于高比压状态，液体润滑剂难以进入或保持，因此广泛使用固体润滑剂。常用的固体润滑剂有二硫化钼、二碘化锡、聚四氟乙烯、石墨等。利用金属和非金属插入物能够①改变接触面的性质；②改变摩擦因数；③由插入物变形吸收部分微动。常用的插入物材料有银、铜、铝和非金属如橡皮、塑料、毛绒甚至纸张等。

(4)渗层、镀层或涂层处理。由于这些表面处理措施不需要改变原设计和材料，且较为经济易行，因此是防止微动磨损最切实可行的措施。常用的有扩散渗层、离子镀膜、离子注入及离子氮化等。离子氮化对于提高材料的微动磨损抗力十分有效，并且也可有效地提高氮化钢的微动疲劳强度。然而，笔者等的研究表明，钛合金等离子氮化处理后其微动疲劳寿命明显降低，并且氮化层硬度愈大(韧性愈小)，其微动疲劳寿命降低得愈明显。

(5)机械形变强化。它可采用冷挤压、滚压、干涉配合和喷丸强化等方法处理，其中喷丸强化已公认是提高材料常温下微动疲劳抗力十分有效的方法之一，且在生产中广泛应用。喷丸使材料表层引入残余压应力、表面加工硬化和表面粗糙度增加，残余压应力对改善材料微动疲劳性能有重要贡献，而表面加工硬化和表面粗糙度的作用，目前尚无统一的认识。由于在高温条件下喷丸引入的表层残余压应力会出现松弛现象，因此喷丸对高温下微动疲劳抗力的增强效果下降。喷丸强化对提高材料的微动磨损抗力也是有益的。

二、冲击腐蚀

1. 冲蚀现象和特征

冲击腐蚀(Erosion Corrosion)是指金属材料表面与腐蚀流体、多组元流体(即流体中含有固体粒子或液滴)相互作用而引起的金属损伤现象，也称之为冲刷腐蚀或磨损腐蚀。若液相流体中悬浮着较硬的固体颗粒，则破坏的严重性很大。若液相流中在固体表面由于气泡(气穴)不断形成和溃灭，瞬间产生的高冲击压力对固体材料表面造成破坏，则这类冲蚀又称为空泡腐蚀或气穴侵蚀或气蚀(Cavitation Corrosion)。造成冲蚀的固体粒子通常都比较硬，但当流速高时，软粒子甚至水滴也会造成冲蚀。

人们对液滴冲蚀或气蚀的观察已有近百年的历史，目前最引人注目的是水轮机叶片的气蚀和汽轮机末级叶片上的水滴冲蚀，如图 7.58 所示。在航空结构中，飞机蒙皮和发动机前级叶片也同样存在雨水和风沙的冲蚀问题。但由于气蚀现象十分复杂，目前大量工作仍然停留在各种参数对实验结果的影响和气蚀破坏表面及材料显微组织的观察上，尚未发展到提出较为完整的物理模型和数学表达式的阶段。

表 7.3 给出了根据流动介质及第二相粒子的不同将冲蚀现象分类的情况，以便于对冲蚀现象的分析。冲蚀是机械和化学（或电化学）二因素协同作用造成的破坏，由于其工况条件的隐蔽性使得难于预测和控制。冲蚀的形貌，常带有方向性的槽、沟，波纹、圆孔和山谷形。在固体颗粒冲蚀情况下，材料表面磨损特征表现为存在大量的冲蚀坑，在凹坑的边缘有隆起，沿粒子冲击方向的流动及严重的塑性变形等。液滴冲蚀初期为不连续的冲蚀点坑，长时间的冲蚀则使点蚀坑连成片。气蚀损伤表面形貌与材料的硬度有关，如工业纯铁的气蚀初期出现塑性变形，后期可看到不规则裂纹、断裂面，甚至解理面。对于软钢，则一般观察不到解理面特征。

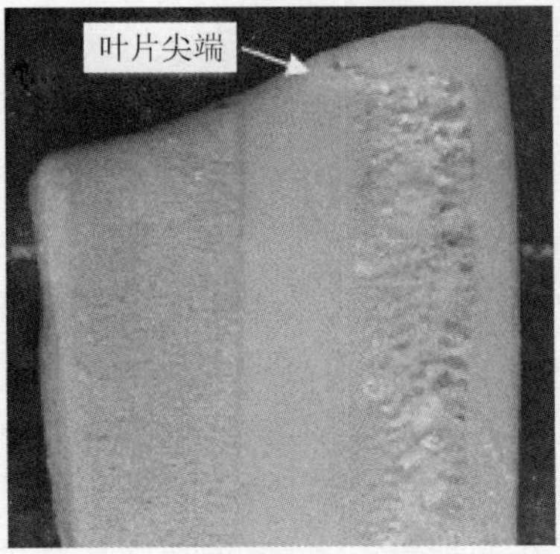

图 7.58　汽轮机末级叶片上的水滴冲蚀

表 7.3　冲蚀现象的分类及工程实例

冲蚀类型	介质	第二相	工程实例
喷沙冲蚀	气　体	固体粒子	烟气轮机，锅炉管道
雨蚀、水滴冲蚀	气　体	液　滴	高速飞行器，汽轮机叶片
泥浆冲蚀	液　体	固体粒子	水轮机叶片，油气井钻杆
气蚀（空泡腐蚀）	液　体	气　泡	水轮机叶片，船用螺旋桨
湍流腐蚀	液　体		换热器管壁，水轮机叶片

冲蚀受多种因素的影响，它与金属材料的性能、表面膜、介质的流速、湍流、冲击、液相电解质的腐蚀性等因素有关。通常硬度较小的一些金属（如铜、铅等）更易发生。金属和合金的化学成分、耐蚀性、硬度和冶金因素等对冲蚀抗力均有显著的影响。总的说来，耐蚀性好的材料其抗冲蚀性能也好。耐冲蚀性能与材料上能否生成保护性能好的膜密切相关，即与膜的生成难易，膜的生长速度和再生性以及膜的抗机械破坏、抗磨损的能力有关。介质的流动速度影响也很大，在极高流速下，一般是加速冲蚀的。但在一般情况下，增加流速既可能增大腐蚀，也可以减轻腐蚀，这要看它对腐蚀机理的影响如何，具体问题应具体分析。

图 7.59 示出了铝的腐蚀速率随着流速增大而上升的关系曲线。当流速为零或很低时，铝在发烟硝酸中几乎不腐蚀，其原因是铝在此酸中能生成氧化铝钝化膜的缘故；当流速增大时，由于部分氧化膜被除去，冲蚀速率不断地增大。但在同样的发烟硝酸中，347 不锈钢的腐蚀速率则随着流速的增大而呈下降趋势(见图 7.60)。这是因为，该钢种在静止的硝酸中具有自催化腐蚀的特性(阴极反应生成亚硝酸)，同时具有高的腐蚀速率。流速增大能冲走表面腐蚀性的亚硝酸，致使腐蚀率随着流速的加大而不断减小。此外，一定的流速能使沉积物难以在金属表面上沉积，因而也可避免沉积物引起的腐蚀。实际中流速的影响大致可分为两种情况：①由于流速的增加而使腐蚀剂(如氧、二氧化碳或硫化氢等)与金属表面接触的机会增加，或者使金属表面的静态膜厚度减小，离子的扩散、转移增大，这种情况一般是加速腐蚀的。②在有缓蚀剂存在的情况下，一定的流速使缓蚀剂的利用率提高，因而使腐蚀减慢；同时较高流速又能减少或阻止污泥、尘垢的沉积，从而使缝隙腐蚀的条件得到消除，也能减少冲蚀。但这种情况有时也会因悬浮固体的摩擦，破坏金属材料表面的保护膜而又加速腐蚀，因此，实际情况较为复杂，应根据腐蚀机理作具体分析。

湍流腐蚀和空泡腐蚀是两种特殊而重要的冲蚀形式，故下面对其作简要介绍。

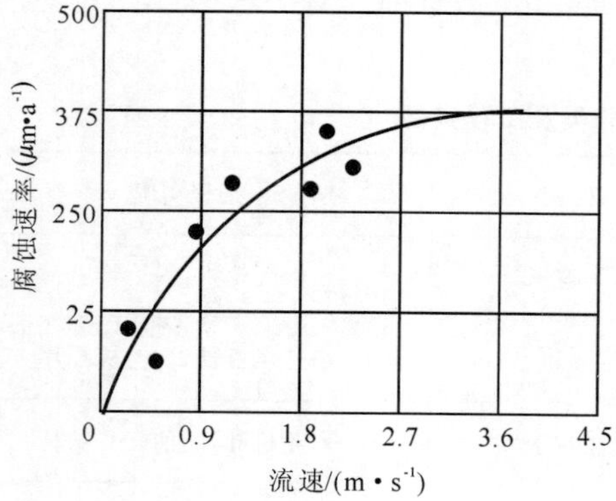

图 7.59　铝合金 3003 在 42℃ 发烟硝酸中腐蚀速率与流速的关系

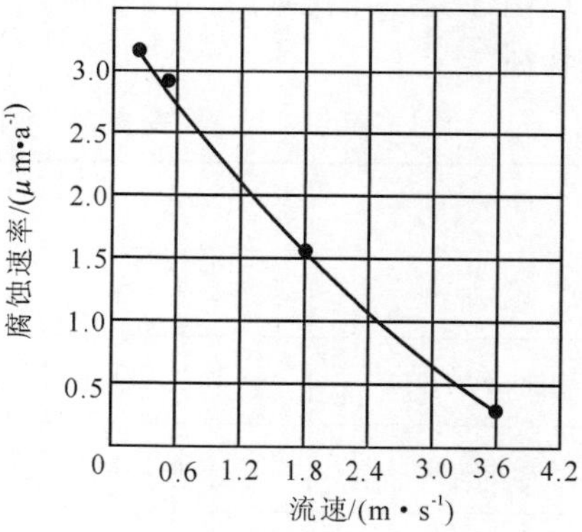

图 7.60　不锈钢 347 在 42℃ 发烟硝酸中腐蚀速率与流速的关系

2. 湍流腐蚀

液体按流动速度大小可分为层流和湍流状态。层流流速较慢，流体质点迹线有条不紊，流体雷诺数小于 2 300(雷诺数 $R=\rho_c L_a v/\eta$，ρ_c 为流体密度，η 为流体粘滞系数，v 为流速，L_a 为物体线度，如管径)。当流体处于湍流时，流速较快，流体质点互相混杂，流速及压强常有不规则的涨落，此时流体的雷诺数大于 2 300。

在材料表面或设备的某些特定部位，由于介质流速的急剧增大而形成湍流，由湍流导致的冲蚀即称为湍流腐蚀。湍流使金属表面液体的搅动比层流更为剧烈，结果使金属与介质的接触更为频繁。湍流不仅加速了腐蚀剂的供应和腐蚀产物的移去，而且又附加了一个流体对金属表面的切应力。该切应力能够把已经形成的腐蚀产物剥离，并随流体转移开。当流体中含有气泡或固体颗粒时，切应力的力矩增大，金属表面损伤更加严重。湍流腐蚀大多发生在叶轮、螺旋桨，以及泵、搅拌器、离心机、各种导管的弯曲部分。图 7.61 是换热器入口管壁湍流腐蚀的形态示意图。遭到湍流腐蚀的金属表面，常常呈现深谷或马蹄形的凹槽状，一般按流体的流动方向切入金属表面层，蚀谷底部光滑没有腐蚀产物积存。

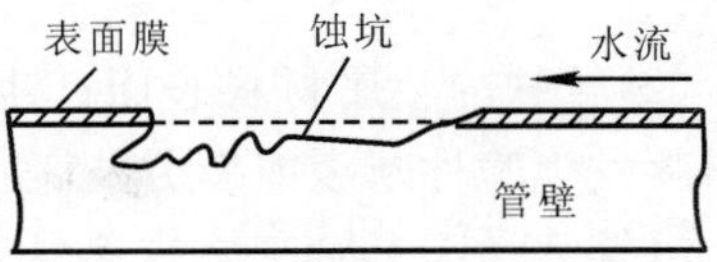

图 7.61　冷凝管内壁湍流腐蚀示意图

在输送流体的管道内，流体发生突然改变方向的部位(如弯管、U 形换热管等的拐弯处)的管壁冲蚀速率通常远高于平直管部位，此部位的管壁减薄快，甚至穿孔。造成这种湍流腐蚀的原因是由于高速流体(或含颗粒、气泡的高速流体)直接不断冲击金属表面所造成的，是高速流体的力学因素与电化学腐蚀因素协同作用导致金属破坏的结果。

3. 空泡腐蚀

空泡腐蚀通常是由流速高于 30 m/s 的液流和腐蚀介质的共同作用而产生的。例如船舶的推进器、涡轮叶片和泵叶轮等构件中的高流速冲击和压力突变的区域，最易于产生此种腐蚀。原因是金属构件的特殊几何外形未能满足流体力学的基本要求，使金属表面的局部区域产生涡流，在低压区引起溶解气体的析出或介质的气化。这样接近金属表面的液体，不断有蒸汽泡的形成和崩溃，而气泡溃灭时产生的冲击波力量很大，能够破坏金属表面的保护膜。这种冲击波作用到固体材料的表面，类似于水锤作用效应，使材料遭受空化磨损，由此导致出现诸多孔洞。图 7.62 是空泡腐蚀形成过程的示意图，大致可分为如下几步：①保护膜上形成气泡；②气泡溃灭，在溃灭区中尚能发生回弹作用，在微射流与回弹压力作用下加速固体表面的疲劳破坏，使保护膜损伤；③暴露的新鲜金属表面遭受加速腐蚀，再次重新成膜；④在原位置膜附近处新气泡再度形成；⑤气泡又破灭，表面膜重遭损坏；⑥暴露区又一次被腐蚀，重新形成新膜层，以此循环往复，造成金属表面累积损伤，形成孔洞式破坏形态。空泡腐蚀也是力学因素和化学因素联合作用(力学化学效应)的破坏结果。表面膜的存在不是空泡腐蚀的必要条件，即使没有表面膜的存在，破灭空泡的冲击波同样足以把金属锤成粗糙的表面，一旦表面变粗糙，就为新空泡核心的形成提供了便利。

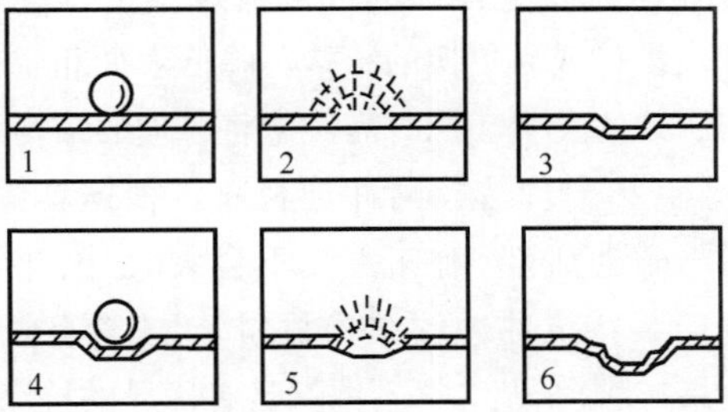

图 7.62　金属表面发生气蚀的过程步骤

空泡腐蚀破坏的表面具有如下特征：

(1) 气蚀区内出现大量球形凹坑，这些凹坑的直径大小不等，呈蜂窝状点坑，如图 7.63

所示。

(2)较软的金属材料表面产生塑性变形，较脆的材料发生脆性断裂或疲劳破坏。

尽管力学因素对于空泡腐蚀损坏的贡献是很大的，但是，电化学因素的贡献也是不容忽视的，尤其是在腐蚀性较强的液相流体介质情况下。例如，将 TiNi 镀层保护的碳钢试样分别在纯水、质量分数为 0.035 的 NaCl 水溶液和质量分数为 0.035的 HCl 水溶液中进行空泡腐蚀实验，结果表明在腐蚀性低的纯水中空泡腐蚀最轻，而在腐蚀性最强的质量分数为 0.035 的 HCl 水溶液中空泡腐蚀最为严重(见图 7.63)。

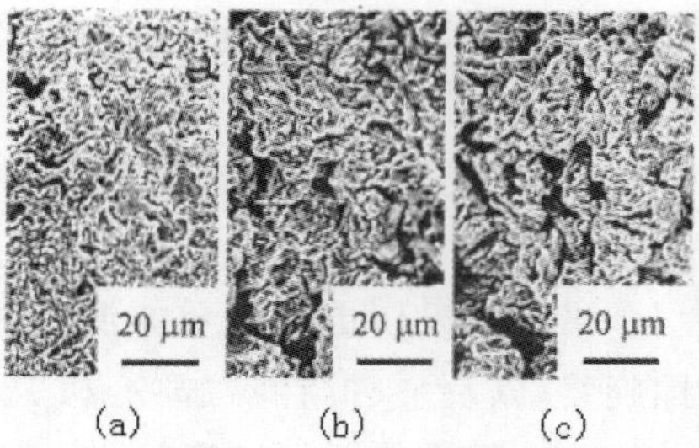

图 7.63 镀 TiNi 碳钢试样空泡腐蚀微观形貌

(a)纯水；(b)质量分数为 0.035 的 NaCl；
(c)质量分数为 0.035 的 HCl

4. 冲蚀的控制

对机械零部件或设备抗冲蚀破坏可以从以下几个方面加以控制。

(1)改善系统的设计。设法改变流体的入射攻角，减小入射粒子和介质的速度，改进冲蚀部件的形状因素。通过增大管径，可减小管内流体的流速，使之保持层流状态。使管子的弯头和其他易发生冲蚀的部位流线型化，以减小冲击的作用。增加管子的壁厚，并将易发生冲蚀的部位设计成易更换的结构。降低表面粗糙度，减少气泡形核点，降低流动液体的压力差，以减缓空泡腐蚀的发生。同时需注意将合理的结构设计与科学的制造方法相结合，才能达到最佳的效果。

(2)合理选择耐冲蚀材料。根据具体的冲蚀类型和机理，选择合理的耐冲蚀材料。例如，对于普通舰船，航速一般不会太大，因此常选用 Cu - Ni($w_{Cu}=0.70$，$w_{Ni}=0.30$)合金作为制造舰船某些抗冲蚀的结构材料；对于含有固体颗粒的流体，用高硅铸铁通常可以达到较好的抗冲蚀效果；钛合金及 316 不锈钢具有优异的抗海水腐蚀性能，因而在海洋环境中有很好的抗冲蚀性能。

(3)采用恰当的表面处理技术。通过表面处理，提高材料表面的硬度和韧性。例如，表面沉积硬质镀层，离子注入、渗氮与渗金属元素等表面合金化处理；表面激光改性处理；通过表面喷丸、冷挤压等形变强化措施引入表层残余压应力；采用橡胶、塑料涂层，吸收流体冲击波，以减缓空泡腐蚀。

(4)采取电化学保护措施。对于电解质水溶液环境中发生的冲蚀，通常采用电化学阴极保护可达到减缓冲蚀发生的目的。其原因是阴极保护降低或抑制了金属的腐蚀，同时，阴极保护使金属表面产生氢气泡，阻挡了空泡腐蚀产生的冲击波。但需要注意的是，对氢脆敏感的金属材料不宜采用阴极保护措施。

(5)环境介质处理。除去环境介质中的氧或添加缓蚀剂，对控制冲蚀常可收到较好的效果。对液相流体介质进行澄清和过滤处理，以去除固体物，对减缓冲蚀也是有益的。另外，在可能的情况下，应降低操作温度。

上述方法的选择应综合考虑使用效果和经济性，实际中常常需要将几个方法结合使用才能收到好的效果。

7.6　低熔点金属致脆*

在一定的温度范围内，金属或合金在与某些低熔点金属接触并同时承受张应力时，其断裂强度和塑性指标显著降低，这种现象称为金属或合金的低熔点金属致脆（Metal-induced Embrittlement，缩写为 MIE）。当低熔点金属处于液相时，称之为液态金属致脆（LMIE）；当低熔点金属处于固相时，称之为固态金属致脆（SMIE）。LMIE 现象至少在 1874 年就被人们认识，1914 年起材料科学工作者对其进行研究，传统上通常把 LMIE 现象称为材料的液态金属腐蚀。而 SMIE 现象只有到 20 世纪 60 年代随着高强度钢的广泛应用，才被人们认识并着手研究。MIE 是航空、航天、核能、化工等工程结构的一种重要破坏隐患，至今人们已对其现象和机理进行了较为深入的研究，并曾举办过 MIE 的国际专题研讨会。MIE 的特征与氢脆（HE）、应力腐蚀（SCC）、回火脆性等现象较为相似，然而由于 MIE 导致的材料和结构的损伤不如其他形式的破坏普遍，因此，人们对 MIE 损伤与控制措施的了解尚不及对 HE，SCC 等现象深入，这正是 MIE 导致许多工程结构破坏的原因。

本节根据编者的研究结果和有关文献资料，介绍 MIE 的产生条件、特征、机理及其控制途径，为读者在实践中认识、分析、诊断和控制该类环境断裂事故奠定知识基础。

一、低熔点金属致脆的产生条件

MIE 现象的发生必须具备以下几个基本条件：①特定的基材金属-脆化金属组合；②基材金属与脆化金属之间应紧密接触；③基材金属通常应承受张应力；④体系处于特定的温度范围。

表 7.4 所示为目前发现的导致常见金属结构材料脆断的主要低熔点金属环境。

表 7.4　常见金属结构材料的低熔点脆化金属环境

结构材料	脆化金属环境
高强度马氏体钢	Hg, In, Sn, Pb, Cd, Zn, Li, Cu
奥氏体不锈钢	Zn, Cu, Li
钛合金	Hg, Cd, Ag, Au, Zn, Al, Pb, Cu
铝合金	Hg, Ge, In, Sn, Pb, Cd, Zn, Na
镍合金	Hg, In, Li, Zn, Ag
镁合金	Na, K, Rb, Cs, Zn
铜合金	Hg, Ga, Bi, Zn, Li, Sn, Pb, In
锆合金	Hg, Cd, Cs, Zn

从表 7.4 可见，不同的金属材料，其脆化环境有所不同，但 Hg，Zn，Cd，Sn，Pb 等金属元素可造成多种合金材料 MIE 破坏。确定一个体系是否存在 MIE 现象，受结构材料和脆化金属之间接触条件的影响。研究结果表明，在相同的应力条件和温度下，Ti6Al4V 合金与 Cd 箔接触较与 Cd 粉接触脆化倾向大，离子束增强沉积 Ag 较机械压 Ag 箔于试样表面造成的钛合金断裂应变降低的显著，即 MIE 的发生应保证基材金属与脆化金属之间紧密接触。张应力是产生 MIE 的必要条件之一，因此施加压应力通常不会导致 MIE 开裂(但外加压应力引起局部张应力则会导致 MIE 裂纹萌生)，张应力既可以是外加的，也可以是残余的。MIE 只有在一定的温度范围内才会发生(见图 7.64)，即 MIE 存在一下临界温度 T_L 和一上临界温度 T_H，只有温度高于 T_L 或低于 T_H，方可产生 MIE 破坏。T_L 和 T_H 与实验条件和研究材料组合有关。例如，增大张应力可使 T_L 降低，而增大应变速率使 T_L 和 T_H 均升高。再例如，4340 钢在 Zn 熔点(400℃)的 95%才产生固态锌脆，而 Ti6Al4V 钛合金在 Cd 熔点(38.5 ℃)的 12%下即可产生固态镉脆。

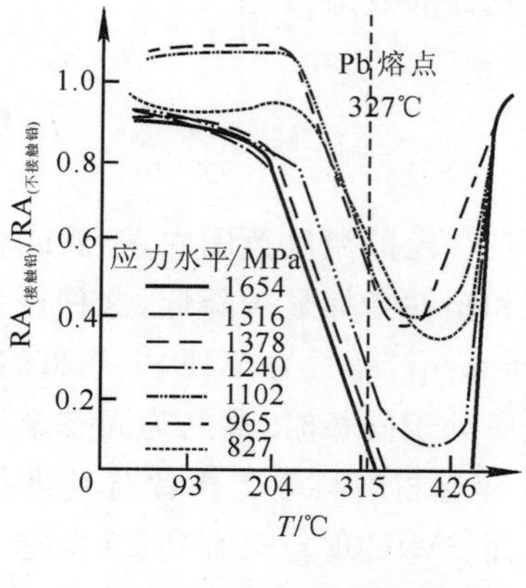

图 7.64　不同应力水平下接触 Pb 的 4145 钢试样与裸钢试样断面收缩率比值

实际工业结构的 MIE 破坏既可能产生于生产加工过程(热加工工艺)，也可能出现于使用过程中。例如，美国某航空制造公司由于装配过程中使用镀 Cd 的锤子敲击钛合金构件而导致镉脆断裂；镀 Cd 紧固件曾导致 Westinghous XJT4 发动机和我国某歼击机发动机的压气机盘脆性开裂；液态 Zn 污染不锈钢管曾导致英国某化工厂发生泄漏和爆炸事件。生产中的低熔点金属脆化源有以下几种情况：①用于润滑、防腐蚀或降低接触电阻的各种低熔点金属镀层；②焊接工艺中使用的焊剂材料；③冷热加工中使用的低熔点金属润滑剂；④软金属(如 In)真空密封材料；⑤核裂变产物；⑥冷热加工和装配过程中的低熔点金属污染；⑦金属材料冶炼过程中混入的杂质元素或人为有意加入的改善机加性能的低熔点金属元素。

根据 MIE 的产生条件，揭示某一体系是否存在 MIE 破坏隐患，必须采用科学合理的研究方法，试验中应设计合理的低熔点金属与基材金属的接触方式、加载方式、裂纹萌生与扩展检测技术等。早期人们多用电镀法实现低熔点金属与基材金属的接触，这对高强度钢和钛合金等 HE 敏感的材料，则难于排除 HE 的影响。传统加载方式多采用恒载拉伸或疲劳加载法，前者实验结果分散性大，有时难于揭示 MIE 现象，后者在与机械压合法实现接触联合使用时，则会因接触区的微动损伤作用而掩盖了 MIE 现象。MIE 的发生多在较高温度环境下，直接测量裂纹的萌生和扩展难度较大，如采用直流电位降检测法，灵敏度和可靠性并不理想。编者利用锥型试样、离子束增强沉积或真空溅射沉积方法和慢应变速率拉伸(SSRT)技术相结合，克服了上述方法的不足之处，间接地测量了钛合金银脆裂纹的萌生和扩展相关物理量，并由此较好地解释了各种有关实验结果。需要指出的是，MIE 研究和分析方法的选取必须依据研究目的，若是考察某一体系在应用中是否存在 MIE 隐患，则必须尽可能选择接近工况的研究方法。

二、低熔点金属致脆的特征及影响因素

1. 形态学特征

MIE 的形态特征表现在宏观断口上无明显塑性形变，LMIE 多为单裂纹源，SMIE 则一般呈多裂纹源，即表明 SMIE 裂纹萌生相对较容易。微观上 LMIE 与 SMIE 对于有些金属有所不同，前者以沿晶开裂为主，后者则多以穿晶准解理或沿晶与穿晶混合为主要特征，并且或多或少地带有塑性变形痕迹。仅从断口特征难于区分 MIE 与 HE，SCC 的差别，必须借助能谱、电子探针、俄歇电子谱等分析手段，判断断口上是否存在脆化金属元素。

(1)宏观形态特征。固态与液态金属致脆裂纹均起始于材料表面，断口无明显塑性形变。LMIE 起始区较为平坦，在平坦区有发散状的棱线，并且有二次裂纹存在，如图 7.65 所示。

SMIE 通常为多裂纹源(图 7.66 所示为真空磁控溅射 Ag 试样在不同温度下的慢应变速率拉伸试样宏观断口形貌，400℃时无明显银脆，断口呈典型的塑性断裂特征，450℃以上表现出明显的银脆行为，断口颈缩不明显，裂纹数目增加)，断口较为粗糙，一般为多源型台阶状，有撕裂痕迹和二次裂纹存在。

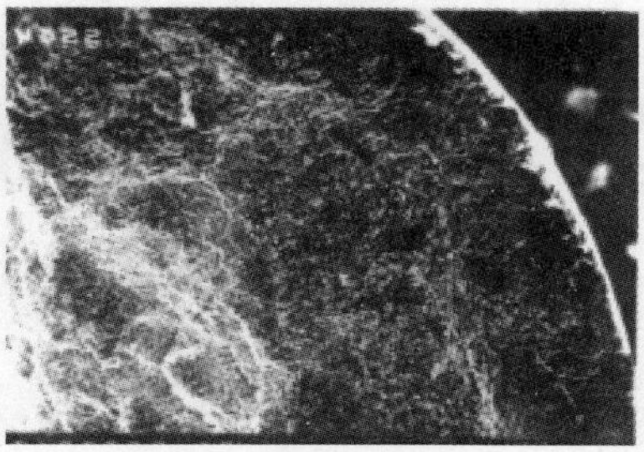

图 7.65　TC11 钛合金液态隔脆宏观断口形貌

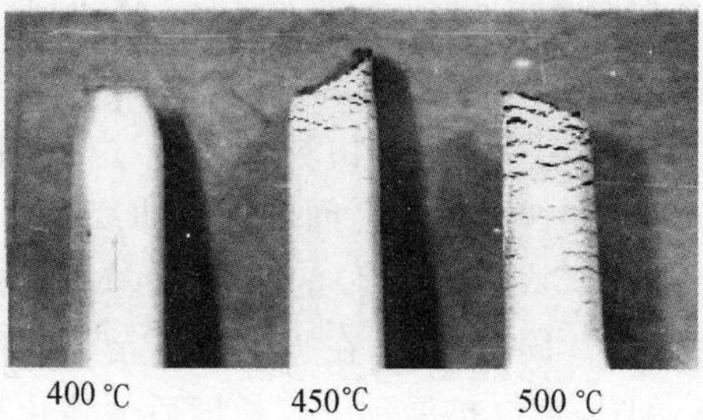

图 7.66　磁控溅射银 TC11 钛合金试样断口区形貌

(2)微观形态特征。多数金属材料的 LMIE 和 SMIE 断口无显著的区别。一般对于面心立方(fcc)和体心立方(bcc)金属材料，多以晶间开裂为特征(见图 7.67)；而对于密排六方结构的金属材料，则以准解理开裂为主要失效形式。对于钛合金来说，LMIE 和 SMIE 的微观断口特征存在较明显的区别，微观上 LMIE 多以沿晶开裂为主，有时也可见到准解理、撕裂棱、小坑状特征(见图 7.68)，而 SMIE 则多以穿晶准解理、沿晶与穿晶解理混合

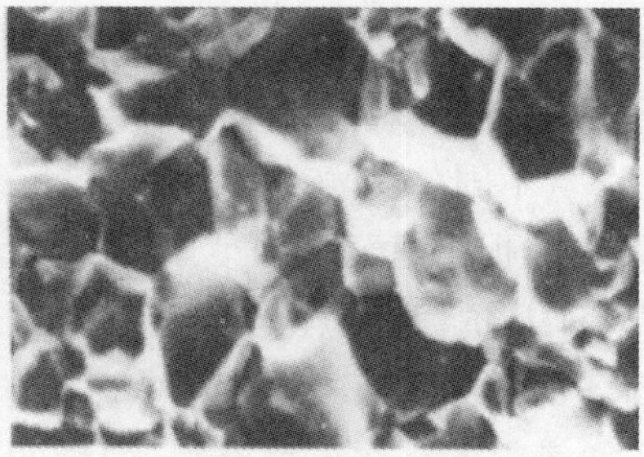

图 7.67　30CrMnSiA 高强度钢固态镉脆断口

断裂(见图 7.69)为主要特征。SMIE 断口上有时也可见到或多或少地带有塑性变形痕迹的形态特征(见图 7.70),与 SCC 断口类似,裂纹呈树枝状分枝,断口上出现二次裂纹。

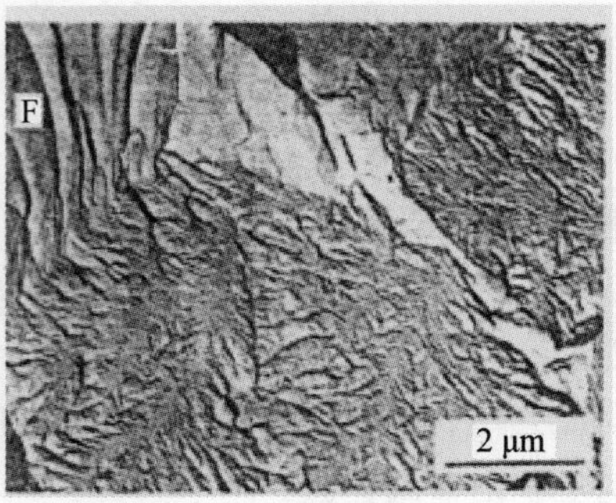

图 7.68 Ti6A14V 钛合金液态汞脆显微形貌

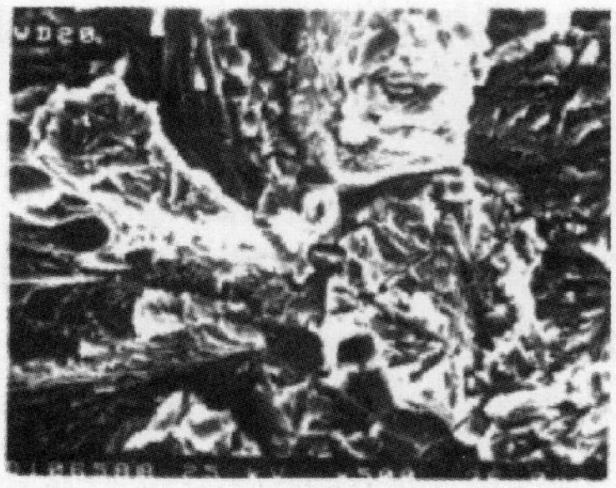

图 7.69 TC11 钛合金固态镉脆断口形貌

2. 动力学特征

MIE 的动力学特征表现为:①破坏过程的延迟性;②裂纹扩展的不连续性;③裂纹发展的自限制性;④开裂过程的热激活特性。MIE 与 HE 和 SCC 相似,属于延迟性破坏,破坏过程包括裂纹萌生、亚稳扩展和失稳断裂三个阶段,其断裂寿命主要由前两个过程决定。LMIE 寿命以裂纹萌生过程为主,而 SMIE 寿命则由裂纹扩展过程控制。测定 SMIE 试样伸长量随时间的变化曲线表明,裂纹的扩展是阶跃式(非连续)的,这是由 MIE 的机理过程决定的。同时发现,在脆化金属元素量不足的情况下,MIE 裂纹扩展到一定长度后便停止扩展,即使承受的静载不断增加,这是脆化金属元素被裂纹表面消耗后不能及时向裂尖输运的缘故。由于裂纹的萌生和扩展受脆化金属原子的扩散过程影响,因此,MIE 发展过程与环境温度密切相关,并表现出延迟特征。

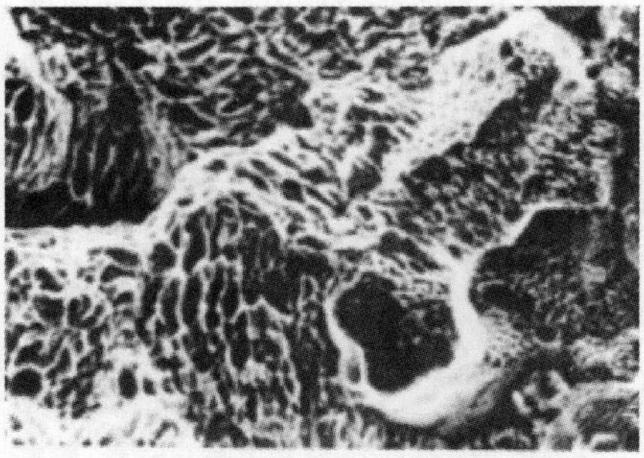

图 7.70 30CrMnSiA 高强度钢固态镉脆断口

3. MIE 的影响因素

材料的 MIE 敏感程度受冶金因素、环境因素和力学因素共同影响。例如,强度相近而仅是 Ni 含量不同的 4340 钢和 4140 钢,在 300 ℃下承受同样的张应力,其 SMIE 寿命相差 1～2 个数量级。提高材料的强度水平或增大晶粒尺寸则促进 MIE 破坏,而冷强化处理有利于提高材料的 MIE 抗力。脆化金属环境成分的稍微改变常常明显影响 MIE 敏感程度。例如,4140 钢与纯 Pb,Pb - Bi(w_{Bi}=0.000 1),Pb - Zn(w_{Zn}=0.000 01),Pb - Sn(w_{Sn}=0.000 1)接触,其 SMIE 敏感程度存在显著差别;少量的 Sn,Cd,Zn,Ga 加入 Hg 中,同样导致纯铝液态汞脆敏感性的极大变化。研究表明,真空环境中 MIE 敏感性高于大气环境,其原因是大气中的氧使基材金属-脆化金属界面处形成氧化膜，从而阻止了脆化金属原子与基材金属的直接作用。这正是慢应变速率拉伸实验(SSRT)较恒载实验更能揭示大气环境中 MIE 敏感性的主要原因，因为 SSRT 加载可以使氧化膜不断破裂，保证基材金属与脆化金属的局部直接接触。试样几何形状、加载类型(Ⅰ，Ⅱ，Ⅲ型)对 MIE 行为的影响与对 SCC 和 HE 行为的影响规律一致，而应变速率的作用对 LMIE 和 SMIE 有所不同。编者对钛合金镉脆敏感性的研究结果表明，在一定的应变速率范围内，LMIE 敏感性随应变速率增加而增大，SMIE 敏感性则随应变速率的增加而降低，其原因是两种脆化过程中致脆金属原子的输运机制的不同。LMIE 过程中，脆化金属依靠裂纹的毛细管作用向裂尖输运，可在很短时间内完成；SMIE 过程中，脆化金属原子是通过裂纹表面自扩散进行的，该过程较其他步骤慢，是 SMIE 的控制环节。

三、低熔点金属致脆的机理模型

金属致脆是一个较复杂的过程，虽对其机理进行了多方面的研究，并提出了多个理论模型，但目前尚未有一种模型能够完满地解释所有的金属致脆现象。下面简要介绍几个有代表性的理论模型。

(1)吸附降低表面能模型。该模型认为低熔点金属在裂纹尖端吸附，使表面能 γ_s 降低，因而导致断裂临界应力降低。该模型直观，能够定性地解释晶间开裂及温度、应变速率和晶粒度的影响，然而该模型却存在明显的问题。对于一般金属材料，塑性变形功 γ_p 是 γ_s 的 $10^3 \sim 10^4$ 倍，因而影响断裂临界应力 σ_c 的是塑性变形功，吸附降低 γ_s 对 σ_c 的影响是微不足道的。

(2)吸附降低原子键合力模型。该理论模型认为，低熔点金属原子在裂纹尖端吸附，影响基体金属原子的电子密度和原子间键合力，进而降低拉开基材金属原子所需的应力(减聚力)，从而使断裂强度降低，产生穿晶式或沿晶式解理开裂。该模型同时认为，减聚力过程对裂纹顶端近旁的滑移分布没有影响，滑移面上位错的运动使裂纹钝化。该模型能解释一些体系的 MIE 断口形态特征及温度、应变速率和晶粒度的影响，但在定量化方面尚有问题，且不能解释许多试验现象。

(3)吸附促进裂尖位错发射模型。该模型是 Lynch 首先提出的，指出由于脆化金属原子在裂尖吸附，使原子键的剪切强度降低，因而位错的成核和运动变得容易，断裂通过裂尖极局部的剪切和微孔聚合而进行，裂纹与裂尖前微孔的连接所需应变很低，断口宏观为脆性特征，微观上有塑性断裂特征(如存在小的塑性微坑(见图 7.70))。该理论模型能较好地解释一些体系的 MIE 裂纹扩展行为和形态特征，但有些 MIE 体系并未发现断口上有明显塑性形变特征存在。

(4)低熔点金属原子沿晶扩散促进脆化模型。该理论模型认为，脆化金属原子首先沿基体金属晶界扩散约 10 个原子直径深度，使晶界局部位错增殖，在外力作用下导致脆性断裂。该模型能很好地解释裂纹萌生，但不能说明裂纹的扩展，因为原子沿晶扩散系数太低，通常与实际金属致脆裂纹的快速发展过程不符，且不能用于解释穿晶开裂和单晶金属的 MIE 现象。

(5)应力协助溶解模型。该模型是用以解释液态金属致脆过程的,认为裂纹尖端由于局部高度应力集中,促进了基体金属原子溶入低熔点金属中,从而引起裂纹扩展。这种假设不仅无法说明裂纹萌生与扩展的差异,而且由该模型推论 LMIE 与 SMIE 激活能应有显著差别,这与实验结果相违。

(6)Gordon - An 两段论模型。Gordon 和 An 在分析前人模型及自己实验结果的基础上提出了所谓两段论模型,即认为裂纹萌生和扩展由不同的机理控制。裂纹萌生服从脆化金属原子沿晶界预先扩散致裂纹成核模型,而裂纹扩展则由脆化金属原子输运过程控制。LMIE 与 SMIE 的机理无本质差异,仅是脆化金属原子向裂尖的输运机制不同。如前所述,LMIE 过程中一般认为以裂纹的毛细管作用向裂尖输运脆化金属原子;SMIE 过程中,脆化金属原子则是通过裂纹表面自扩散进行的。该模型的不足之处在于,难以解释单晶或非晶体材料的金属致脆行为,同时缺少充分的实验证据。

综上所述可看出,以上几种模型均或多或少地存在着不完善之处,各自只能在特定条件下,对特定体系给出一定程度的合理性解释。同时,上述模型均忽视了氧化的作用,而在实际情况中,氧化的作用往往不可忽视,特别对较高温度下的体系尤为重要,必须加以考虑。我们对钛合金银脆、镉脆、铜脆和铝脆等的研究结果表明,不同的实验条件和不同的体系,其 MIE 机理及控制因素会有所不同。

四、低熔点金属致脆破坏的控制

根据 MIE 产生的必要条件和影响因素及机制,MIE 的防护与控制可以从材料因素、环境因素和力学因素三个方面入手。

从材料方面讲,通过合金化、组织细化、冷加工强化等途径可以提高材料的抗 MIE 破坏性能。例如,Bi 加入 Al - Mg 合金中可改进其钠脆抗力,原因是 Bi - Na 金属间化合物的形成可阻止 Na 元素向裂尖扩散。编者对比了 Ti6Al4V,TC11(Ti6.5Al3.5Mo1.5Zr0.25Si)和 Ti811(Ti8Al1Mo1V)三种钛合金的银脆敏感性。结果表明,具有较高蠕变抗力的 TC11 合金 MIE 敏感程度最低,而含 Al 量最高的 Ti811 合金,其 MIE 敏感程度最高。其原因可能是后者易沿晶析出 Ti_3Al 金属间化合物,从而成为银脆开裂的敏感途径。

从环境因素着手,最有效的方法是避免金属结构材料与有害的低熔点金属直接接触。例如有关航空技术文件中规定,严格禁止使用 Cd,Pb 质榔头和用这些材料制作的夹具、模具与钛合金直接接触;若钛合金加工中不可避免与有害金属接触,加工后必须严格清理;凡是加工过 Cd,Zn,Pb,Al 等零件的剪床、铣床、刀具等应避免直接用于加工钛合金零件。另一种避免直接接触有害低熔点金属的方法是在材料表面沉积一有效的扩散阻挡层。我们的研究结果表明,利用真空离子镀的方法在钛合金表面沉积 Ni 层可有效地控制钛合金的银脆,原因是 Ag 在 Ni 中的固溶度很低,因而 Ni 镀层可有效地阻止 Ag 向钛合金基体的扩散。Ni 镀层同样能够有效地控制高强度钢的 Cd 脆。研究还表明,通过低熔点金属合金化也可达到延缓 MIE 破坏的目的。例如，通过 Cu 与 Cd 合金化控制 Cd 的扩散过程，能够降低锆合金的镉脆敏感性。在许可的条件下使结构材料避开 MIE 敏感的温度工作，也是有效地控制 MIE 损伤的有效手段之一。

通过合理的结构设计使结构材料处于低应力状态工作，也可有效地防止 MIE 开裂的发生，但更需引起重视的是，应采取恰当的方法消除冷热加工和装配工艺中引入的残余张应力。利用喷丸强化技术在基材表面人为地引入残余压应力，并造成表面组织细化和加工硬化，对于控制较低工况温度下的 MIE 破坏也是较为有效的。

思考题与习题

1. 解释下述概念和符号的含义。

应力作用下的腐蚀，应力腐蚀，腐蚀疲劳，氢脆，第一类氢脆，第二类氢脆，可逆性氢脆，不可逆性氢脆，氢鼓泡，氢致开裂，固态金属致脆，液态金属致脆，低熔点金属致脆，摩耗腐蚀，冲击腐蚀，空泡腐蚀，湍流腐蚀，微动腐蚀，微动疲劳，微动磨损，微动损伤，滞后破坏或延迟破坏，K_{ISCC}，σ_{SCC}，da/dt，da/dN，ΔK。

2. 何谓应力腐蚀的三要素？试简述应力腐蚀的力学特征、环境特征和材料学特征。

3. 试画出应力腐蚀裂纹扩展速率 da/dt 与裂纹尖端应力强度因子 K_I 的关系曲线，指出曲线上两个端点对应的 K_I 代表材料的什么特征值，并分析图中各阶段裂纹扩展的特征及控制因素。

4. 测定材料的应力腐蚀敏感性有哪些常用的试验方法？相应的评定指标是什么？选择试验方法时应依据怎样的指导原则？

5. 试简述金属材料应力腐蚀的主要机理模型和区别判断不同机理的主要方法。

6. 为了测试某一合金材料的应力腐蚀敏感性及电化学极化的影响，将该合金材料加工成缺口试样，施加恒定应力 $0.5\sigma_s$，浸泡在 25℃，pH＝6 的某种电解质腐蚀溶液中，并施加不同的阳极或阴极极化电流密度 i，测量各试样的断裂寿命 t_f，试验结果如下表所示。

i /(mA · mm^{-2})	+8.0	+5.1	+3.0	+1.2	0	−0.33	−2.4	−4.1	−7.5	−8.8
t_f/min	12	13	15.5	31	90	415	92	39	21	19

(1)画出断裂寿命 t_f 的对数值 $\lg t_f$ 随极化电流密度 i 的变化关系曲线；

(2)根据所画曲线分析该合金的应力腐蚀机理模型。

7. 试根据应力腐蚀的机理类型，阐述应力腐蚀破坏的主要控制措施。

8. 受拉应力的软钢在沸腾的 $Ca(NO_3)_2$ 溶液中，裂纹连续扩展速率为 0.2 mm/s。这相当于多大的腐蚀电流密度？如果此速率是有代表性的，那么，对于裂纹的电化学机理，你的答案

意味着什么？（提示：根据法拉第定律推算裂纹扩展速率与铁发生阳极溶解的电流密度之间的关系式）

9. 在空气中，临界裂纹长度（即发生失稳快速断裂时对应的裂纹长度）$a_c \approx 0.25(K_{IC}/\sigma)^2$。当应力 σ 为材料的屈服强度 σ_s 的 60％时，计算下列材料的临界裂纹尺寸 a_c：

(1)合金钢（$\sigma_S = 1500$ MPa，$K_{IC} = 70 \text{MPa} \cdot \text{m}^{\frac{1}{2}}$）；

(2)钛合金（$\sigma_S = 850$ MPa，$K_{IC} = 60$ MPa · $\text{m}^{\frac{1}{2}}$）；

(3)铝合金（$\sigma_S = 300$ MPa，$K_{IC} = 35$ MPa · $\text{m}^{\frac{1}{2}}$）。

在应力腐蚀条件下，临界裂纹长度 a_c^{SCC} 为

$$a_c^{SCC} \approx 0.25(K_{ISCC}/\sigma)^2 = (K_{ISCC}/K_{IC})^2 a_c^{air}$$

假定上式中的 $K_{ISCC} = 15$ MPa · $\text{m}^{\frac{1}{2}}$，且线弹性计算是适用的，试计算上述三种合金的 a_c^{SCC}。

10. Parkins 为了说明应变速率在应力腐蚀过程中的重要作用，设计了一个著名的试验。将预制裂纹的碳锰钢试样在 0.5 mol/L Na_2CO_3 ＋1 mol/L $NaHCO_3$ 溶液中进行恒载荷悬臂梁加载。以悬臂梁偏折度与时间作图，如图 7.71 所示。曲线的斜率表示蠕变的相对值，曲线的变化趋势表示了试件的应力腐蚀敏感性。曲线 A 对应的试样自始至终施加－650 mV (SCE)的极化电位；曲线 B 对应的试样自始至终施加－900 mV 的极化电位；曲线 C 对应的试样 40h 前施加－900 mV 的极化电位，40 h 后移到－650 mV 的极化电位；曲线 D 对应的试样 17 h 前施加－900 mV 的极化电位，17 h 后移到－650 mV 的极化电位。试分别说明 A，B，C，D 四个曲线的试验中哪种情况发生了应力腐蚀，哪个电位是应力腐蚀的敏感电位，为什么说应变速率对应力腐蚀的作用甚至比应力的作用还重要？

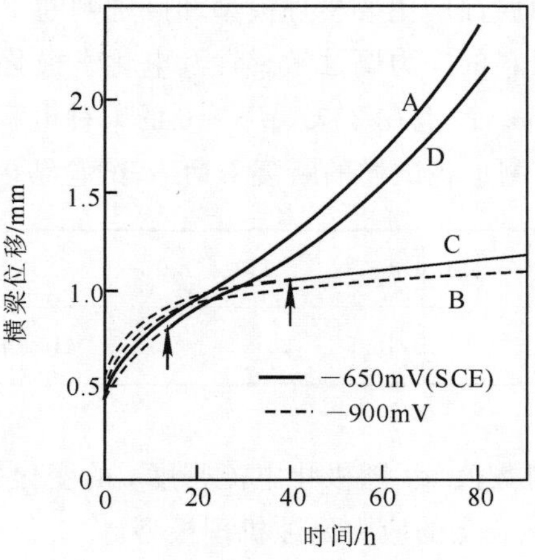

图 7.71　横梁位移(偏折度)-时间曲线及极化电位的影响

（C－Mn 钢在 Na_2CO_3＋$NaHCO_3$ 溶液中，恒载荷悬臂梁试件，75℃）

11. 金属中氢的来源主要有哪几种途径？它在金属中的存在形式有哪些？

12. 试述金属材料氢损伤的类型和特点。

13. 简述氢脆的主要机理模型和氢脆破坏的主要控制技术措施。

14. 试画出腐蚀疲劳裂纹扩展速率 da/dN 随裂纹尖端应力强度因子幅 ΔK 变化的典型曲线，并说出主要的腐蚀疲劳类型。

15. 对某铁基合金在海水中的腐蚀疲劳进行试验研究，共有 17 个紧凑拉伸试样(类似 WOL 试样)，满足平面应变条件。试样宽度 $W=50$ mm，试样厚度 $B=25$ mm，试样被预裂出疲劳裂纹，裂纹长度 a 与试样宽度 W 的比值 $a/W=0.5$。试样分为两组，编号 1～8 试样在 298 K 的干燥空气中进行疲劳试验；编号 9～17 试样在 298 K 的海水中进行疲劳试验。最小循环载荷与最大循环载荷的比值 $R=P_{min}/P_{max}=0$，循环频率为 0.1 Hz。下表给出了各试样承受的最大载荷 P_{max} 和对应的裂纹扩展速率。假设裂纹尖端应力强度因子 $K_1=\frac{PY_2}{BW^{\frac{1}{2}}}$，当 $a/W=0.5$ 时，式中应力强度因子系数 $Y_2=9.60$。

(1)根据表中所给数据绘图，分析试验钢种对海水的腐蚀疲劳敏感性；

(2)在图上确定三个重要的点，分析腐蚀疲劳的机制类型；

(3)如果这种材料/环境的组合在实际中是不可避免的话，请给出合理的防护措施。

试样编号	P_{max}/kN	(da/dN)/(mm/周)	试样编号	P_{max}/kN	(da/dN)/(mm/周)
1	2.10	1.2×10^{-7}	9	1.43	1.3×10^{-7}
2	2.39	5.5×10^{-7}	10	1.63	5.0×10^{-7}
3	3.49	1.8×10^{-6}	11	2.10	1.3×10^{-6}
4	5.82	7.25×10^{-6}	12	3.49	4.8×10^{-6}
5	12.52	6.5×10^{-5}	13	5.82	1.7×10^{-5}
6	21.00	2.7×10^{-4}	14	12.52	1.1×10^{-4}
7	45.10	2.5×10^{-3}	15	21.00	4.0×10^{-4}
8	58.23	1.0×10^{-2}	16	45.10	2.6×10^{-3}
			17	58.23	1.0×10^{-2}

16. 微动磨损与大幅度的往复式磨损有何不同？微动疲劳与微动磨损和微动腐蚀之间有何联系？为什么说腐蚀不是微动损伤的必要条件？

17. 微动疲劳的影响因素主要有哪些？当微动接触区磨损严重时，是否构件的疲劳寿命就一定比磨损轻微时短？

18. 控制微动损伤的主要措施有哪些？对防止微动磨损有效的方法，一定对控制微动疲劳有效吗？为什么？

19. 微动对耐蚀金属材料与不耐蚀金属材料的应力幅度-疲劳寿命曲线（$S-N$ 曲线）有何不同的影响？为什么？

20. 冲击腐蚀主要有哪几种形式？说明其产生的条件和作用机理。

21. 试分析液体介质流速对金属材料腐蚀速率的影响情况。

22. 低熔点金属致脆产生的必要条件是什么？试画出低熔点金属致脆敏感性随试验温度变化的趋势图，并分析其形成的原因。

23. 试给出三个以上的有代表性的低熔点金属致脆机理模型，评述其优、缺点。分析应变速率对固态金属致脆与液态金属致脆的不同影响。

24. 简述控制低熔点金属致脆的主要技术方法。

25. 试从产生条件、影响因素、形态特征等方面，比较应力腐蚀、氢脆、腐蚀疲劳和低熔点金属致脆的异同性，给出区分和诊断这些不同类型破坏形式的可能方法。

第 8 章　金属在自然环境中的腐蚀

自然环境包括大气、海水、土壤等。绝大多数工程设施和机电设备均是在自然环境中使用的，例如武器装备、交通设施、载运工具、海港码头设施、工业设备、城乡建筑、地下管道等。作为工程设施和机电设备中使用的各类材料，受自然环境腐蚀的情况最为普遍，造成的经济损失和社会影响也最大。因此，认识和掌握材料在自然环境中的腐蚀行为、规律和机理，对于合理地控制工程设施和机电设备的腐蚀，延长其使用寿命，确保安全生产，降低经济损失具有十分重要的意义。

8.1　大气腐蚀

一、大气腐蚀的类型及特征

在大气环境下的化学或电化学反应引起的金属材料及其制品的变质或破坏称为大气腐蚀。纯净的大气由氮气(75%)、氧气(23%)、水分和少量惰性气体(Ar，He，Xe，Ne，Kr)等组成，然而现代工业已造成大气的严重污染。例如，一个 100 000 kW 的火力发电厂，每昼夜由烟筒中排出的 SO_2 就有 100 t 之多。表 8.1 给出了大气污染物的组成。

全世界在大气中使用的金属材料超过其生产总量的 60%。参与大气腐蚀过程的主要是氧和水分，其次是二氧化碳，但是当今全球大气中的腐蚀性气体，例如二氧化硫、硫化氢、氯气等却越来越成为大气腐蚀的主要杀手。大气腐蚀还与地域、季节、时间等条件有关。

表 8.1　大气污染物质的主要组成

气　　体	固　　体
含硫化合物：SO_2，SO_3，H_2S	灰尘
氯和含氯化合物：Cl_2，HCl	NaCl，$CaCO_3$
含氮化合物：NO，NO_2，NH_3，HNO_3	ZnO 金属粉末
含碳化合物：CO，CO_2	氧化物、粉煤灰
其他：有机化合物	

由于大气环境的不同，材料的腐蚀严重性有着明显的差别。在含有硫化物、氯化物、煤烟、

尘埃等杂质的环境中会大大加速金属的腐蚀。例如,钢在海岸的腐蚀比在沙漠中大400～500倍,且离海岸越近,钢的腐蚀越严重。又如空气中的SO_2对钢、铜、镍、锌、铝等金属的腐蚀速率影响很大,特别是在高湿度情况下,SO_2会大大加速金属的腐蚀。据估计,常用金属材料在工业区比沙漠区的大气腐蚀速率可能大50～100倍。由此可见,大气腐蚀对工程设施和机电设备的安全性和可靠性有着严重的影响。

大气腐蚀的分类是多种多样的。按地理和空气中含有微量元素的情况,可以分为工业大气腐蚀、海洋大气腐蚀和农村大气腐蚀;按气候条件分类,可以分为热带大气腐蚀、湿热带大气腐蚀和温带大气腐蚀。从腐蚀条件看,大气的主要成分是水和氧,而大气中的水汽是决定大气腐蚀速率和历程的主要因素,因此,可以根据金属表面的潮湿程度(或水汽在金属表面的附着状态)对大气腐蚀进行更为直观的分类。

金属表面的潮湿程度与大气的相对湿度有密切关系。所谓相对湿度,是指在某一温度下,空气中水蒸气含量与该温度下空气中所能容纳的水蒸气的最大含量的比值(一般以百分比表示),即

$$\text{相对湿度(RH)}=\frac{\text{空气中水蒸气的含量}}{\text{该温度下空气所能容纳的最大水蒸气含量}}\times 100\%$$

不同物质或同一物质的不同表面状态,对大气中水分的吸附能力是不同的。当空气中相对湿度达到某一临界值时,水分在金属表面形成水膜,从而促进电化学腐蚀过程的发展,此时的相对湿度称为金属腐蚀的临界相对湿度。

根据金属表面的潮湿程度或大气的相对湿度,通常把大气腐蚀分成三类,即干的、潮的和湿的大气腐蚀。

(1)干的大气腐蚀:在空气非常干燥的条件下,金属表面不存在水膜时的腐蚀称为干的大气腐蚀,其特点是在金属表面形成一层保护性氧化膜(1～10 nm),并常常伴随金属表面的失泽。如铜、银被硫化物污染的空气腐蚀所造成的失泽现象。

(2)潮的大气腐蚀:大气的相对湿度在100%以下,金属表面存在着肉眼不可见的薄水膜(10 nm～1 μm)时所发生的腐蚀称为潮的大气腐蚀。例如,铁在大气中没被雨、雪淋到时的生锈即属于潮的大气腐蚀。

(3)湿的大气腐蚀:水分在金属表面已成液滴凝聚而形成肉眼可见的液膜层(1 μm～1 mm)时所发生的腐蚀称为湿大气腐蚀。当空气中的相对湿度在100%左右,或者当雨、雪、霜及水沫等直接落在金属表面上时,就发生这种腐蚀。

但腐蚀工作者普遍采用环境腐蚀的严酷性来分类,因为这样分类更接近于实际情况。

二、大气环境腐蚀性分类

由于大气环境的腐蚀条件对金属材料的腐蚀行为有重要的影响,因此国际标准组织制定了《ISO 9223 大气腐蚀性分类标准》。这种方法是根据金属标准试样在某环境中自然暴露试

验所得出的腐蚀速率或综合环境中大气污染物浓度和金属表面潮湿时间而进行分类的，其总体结构如图 8.1 所示。

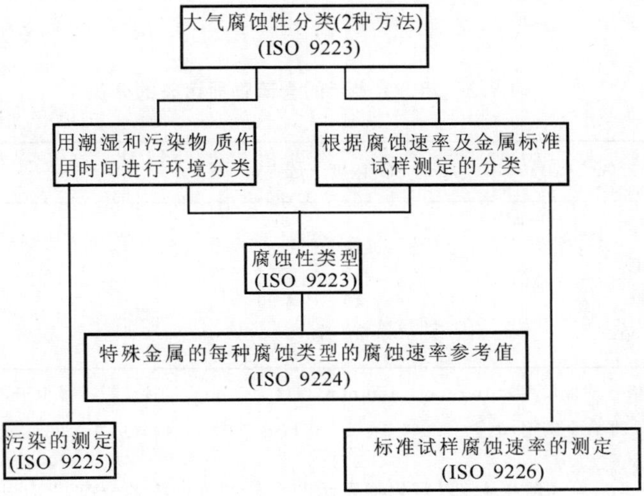

图 8.1　国际标准化组织关于大气腐蚀性的分类方法

按测定金属标准试样腐蚀速率进行分类，将大气腐蚀性分为 C1，C2，C3，C4，C5，即腐蚀性很低、低、中、高、很高 5 类，如表 8.2 所示。

表 8.2　以不同金属暴露第一年的腐蚀速率进行环境腐蚀性分类

腐蚀类型	金属的腐蚀速率				
	单位	碳钢	锌	铜	铝
C1(很低)	g/(m² · a)	<10	<0.7	<0.9	<0.2
	μm/a	<1.3	<0.1	<0.2	
C2(低)	g/(m² · a)	10～200	0.7～5	0.9～5	
	μm/a	1.3～25	0.1～0.7	0.1～0.6	
C3(中)	g/(m² · a)	200～400	5～15	5～12	0.6～1.3
	μm/a	25～50	0.7～2.1	0.6～1.3	
C4(高)	g/(m² · a)	400～650	15～30	12～25	
	μm/a	50～80	2.1～4.2	1.3～2.8	
C5(很高)	g/(m² · a)	650～1500	30～60	25～50	
	μm/a	80～200	4.2～8.4	2.8～5.6	

按测定环境中 SO_2 或氯离子的浓度及试样表面潮湿时间进行分类，分别划分污染环境为P0，P1，P2，P3 和 S0，S1，S2，S3 类型(见表 8.3、表 8.4)，潮湿时间为 $\tau1$，$\tau2$，$\tau3$，$\tau4$，$\tau5$ 类型(见表 8.5)。表 8.6 为将环境污染类型和潮湿时间类型综合起来评定腐蚀性类型，用 C1，C2，C3，C4，C5 表示出来。

表 8.3　用 SO_2 表示的含硫物质污染的分类

SO_2 沉积速率 $P_d/(mg/(m^2\cdot d))$	SO_2 浓度/$(\mu g\cdot m^{-3})$	类　型
$P_d\leqslant 10$	$P_c\leqslant 12$	P0
$10<P_d\leqslant 40$	$12<P_c\leqslant 40$	P1
$40<P_d\leqslant 80$	$40<P_c\leqslant 90$	P2
$80<P_d\leqslant 200$	$90<P_c\leqslant 250$	P3

注：1. 标准试片的规格。试板尺寸为 100 mm×150 mm，厚度为 1 mm，每种试板不得少于 3 个。

2. 试片的成分钢。非合金碳钢($w_{Cu}=0.000\,3\sim0.000\,1$，$w_P<0.000\,7$)；$w_{Zn}\geqslant 0.985$；$w_{Cu}\geqslant 0.995$；$w_{Al}\geqslant 0.995$。

表 8.4　以氯化物表示的含盐空气污染的分类

氯化物沉积速率 $S/(mg/(m^2\cdot d))$	分　类	氯化物沉积速率 $S/(mg/(m^2\cdot d))$	分类
$S\leqslant 3$	S0	$60<S\leqslant 300$	S2
$3<S\leqslant 60$	S1	$300<S\leqslant 1500$	S3

表 8.5　以润湿时间的分类

类型	润湿时间		实　例
	每年润湿时间 τ/h	相对润湿时间/(%)	
$\tau1$	$\tau\leqslant 10$	$\leqslant 0.1$	具有气候控制的内部小气候
$\tau2$	$10<\tau\leqslant 250$	$0.1\sim3$	除在潮湿气候中，内部无空调的场地外，没有气候控制的内部小气候
$\tau3$	$250<\tau\leqslant 2\,500$	$3\sim30$	干燥的、寒冷的和部分温带气候的户外大气，温带气候下适当通风的棚内
$\tau4$	$2\,500<\tau\leqslant 5\,500$	$30\sim60$	各种气候(干燥和寒冷气候除外)的户外大气；潮湿条件下的通风棚，温带气候不通风的棚内
$\tau5$	$5\,500<\tau$	>60	部分潮湿气候；潮湿条件下的不通风棚内

表 8.6　通过环境污染和润湿时间的分类计算出来的大气腐蚀类型

普通碳钢

	τ1			τ2			τ3			τ4			τ5		
	S0－S1	S2	S3	S0－S1	S2	S3	S0－S1	S2	S3	S0－S1	S2	S3	S0－S1	S2	S3
P0－P1	1	1	1 或 2	1	2	3 或 4	2 或 3	3 或 4	4	3	4	5	3 或 4	5	5
P2	1	1	1 或 2	1 或 2	1 或 2	2 或 3	3 或 4	3 或 4	4 或 5	4	4	5	4 或 3	5	5
P3	1 或 2	1 或 2	2	2	2	2	3	4	4 或	5	5	5	5	5	5

锌和铜

	S0－S1	S2	S3	S0－S1	S2	S3	S0－S1	S2	S3	S0－S1	S2	S3	S0－S1	S2	S3
P0－P1	1	1	1	1	1 或 2	3	3	3	3 或 4	3	4	5	3 或 4	5	5
P2	1	1	1 或 2	1 或 2	2	3	3	3 或 4	4	3 或 4	4	5	4 或 5	5	5
P3	1	1 或 2	2	2	3	3 或 4	3	3 或 4	4	4 或 5	5	5	5	5	5

铝

	S0－S1	S2	S3	S0－S1	S2	S3	S0－S1	S2	S3	S0－S1	S2	S3	S0－S1	S2	S3
P0－P1	1	2	2	1	2 或 3	4	3	3 或 4	4	3	3 或 4	5	4	5	5
P2	1	2	2 或 3	1 或 2	3 或 4	4	3	4	4 或 5	3 或 4	5	5	4 或 5	5	5
P3	1	2 或 3	2	3 或 4	4	4	3 或 4	4 或 5	5	4 或 5	5	5	5	5	5

注：用腐蚀分类号码中的数字表示腐蚀性(例如用 1 代表腐蚀性 Cl)。

三、大气腐蚀机理

金属的表面在潮湿的大气中会吸附一层很薄的湿气层即水膜，当这层水膜达到 20～30 个分子层厚时，就变成电化学腐蚀所必需的电解液膜。所以在潮和湿的大气条件下，金属的大气腐蚀过程具有电化学腐蚀的本质，是电化学腐蚀的一种特殊形式。金属表面上的这种液膜是由于水分(雨、雪等的直接沉降)，或者是由于大气湿度或气温的变动以及其他种种原因引起的凝聚作用而形成的。当金属表面只存在着纯水膜时，因为纯水的导电性较差，还不足以促成强烈的腐蚀，实际上金属发生强烈的大气腐蚀往往是由于薄层水膜中含有水溶性的盐类以及腐蚀性的气体引起的。在实际情况下，随着水分的凝聚，水膜中可能溶入大气中的气体(CO_2，

O_2,SO_2等),还可能落上尘土、盐类或其他污物。一些产品或金属材料在加工、搬运或使用过程中,还会沾上手汗等,这些都会提高液膜的导电性和腐蚀性,促进腐蚀加速。例如,在低温、潮热、盐雾、风沙等恶劣环境条件下,各种军用品将会使军用产品产生腐蚀、水解、长霉等现象。

空气中水分的饱和凝结现象也是非常普遍的。这是由于有些地区,特别是热带、亚热带及大陆性气候地区,气候变化非常剧烈,即使在相对湿度低于100%的气候条件下,也容易造成空气中水分的冷凝。图8.2示出了能够引起凝露的温度差和空气温度、相对湿度间的关系。由图可知,在空气温度为5~50℃的范围内,当气温剧烈变化达6℃左右时,只要空气相对湿度达到65%~75%左右时就可引起凝露现象。温差越大,引起凝露的相对湿度也会越低。昼夜温差达6℃的气候,在我国各地是常见的,达10℃以上的也很多。此外,强烈的日照也会引起剧烈的温差,因而造成水分的凝结现象。即使在中纬度地区的国内各地,向阳面和背阳面的温差达20℃以上的现象也不少见,这样,在日落后的降温过程中水分很容易凝结。

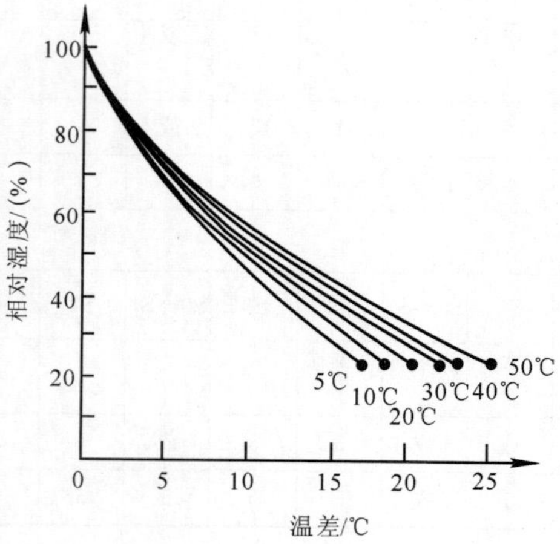

图8.2 在一定温度下,引起凝露的温差与大气湿度间的关系

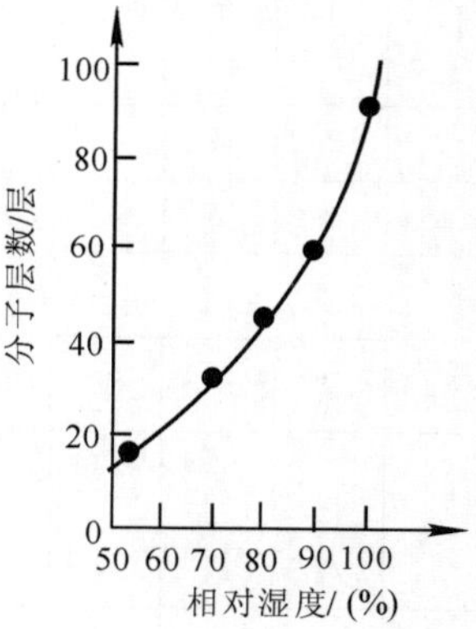

图8.3 空气中相对湿度与金属表面吸附水膜的关系

在大气条件下,结构零件之间的间隙和狭缝、氧化物和腐蚀产物及镀层中的孔隙、材料的裂缝,以及落在金属表面上的灰尘和碳粒下的缝隙等,都具有毛细管的特性,它们能促使水分在相对湿度低于100%时发生凝聚。

在相对湿度低于100%,未发生纯粹的物理凝聚之前,由于固体表面对水分子的吸附作用也能形成薄的水膜,这称为吸附凝聚。吸附的水分子层数随相对湿度的增加而增加。吸附水分子层的厚度也与金属的性质及表面状态有关,一般为几十个分子层厚,如图8.3所示。

在物质吸附了水分之后,即与水发生化学作用,这种水在物质上的凝聚叫化学凝聚。例如，金属表面落上或生成了吸水性的化合物（$CuSO_4$，$ZnCl_2$，NaCl，NH_4NO_3 等），即使盐类已形成溶液，也会使水的凝聚变得容易，因为盐溶液上的水蒸气压力低于纯水的蒸气压力。可见，当金属表面上落上铵盐或钠盐（手汗、盐粒等）时，就特别容易促进腐蚀。在这种情况下，水分在相对湿度 70％～80％时便会凝聚，而且又有电解质存在，所以就会加速腐蚀。

（1）阴极过程。金属发生大气腐蚀时，由于氧很容易到达阴极表面，故阴极过程主要依靠氧的去极化作用，即氧向阴极表面扩散，作为去极化剂，在阴极进行还原反应。氧的扩散速率控制着阴极上氧的去极化作用的速率，并进而控制着整个腐蚀过程的速率。阴极过程的反应与介质的酸碱性有关，在中性或碱性介质中发生如下反应，即

$$O_2 + 2H_2O + 4e \longrightarrow 4OH^-$$

在酸性介质（如酸雨）中则发生如下的反应，即

$$O_2 + 4H^+ + 4e \longrightarrow 2H_2O$$

由于大气中的阴极去极化剂是多种多样的，因而大气腐蚀也不能排除 O_2 以外的其他阴极去极化剂（如 H^+，SO_2 等）的作用。

（2）阳极过程。腐蚀的阳极过程就是金属作为阳极发生溶解的过程，在大气腐蚀的条件下，阳极过程反应为

$$M + \chi H_2O \longrightarrow M^{n+} \cdot \chi H_2O + ne$$

式中，M 代表金属；M^{n+} 为 n 价金属离子；$M^{n+} \cdot \chi H_2O$ 为金属离子化水合物。

一般来讲，随着金属表面电解液膜的减薄，大气腐蚀的阳极过程的阻滞作用增大。其可能的原因包括两个方面：一是当金属表面存在很薄的液膜时，会造成金属离子水化过程较难进行，使阳极过程受到阻滞；另一重要原因是在很薄液膜条件下，易于促使阳极钝化现象的产生，因而使阳极过程受到强烈的阻滞。

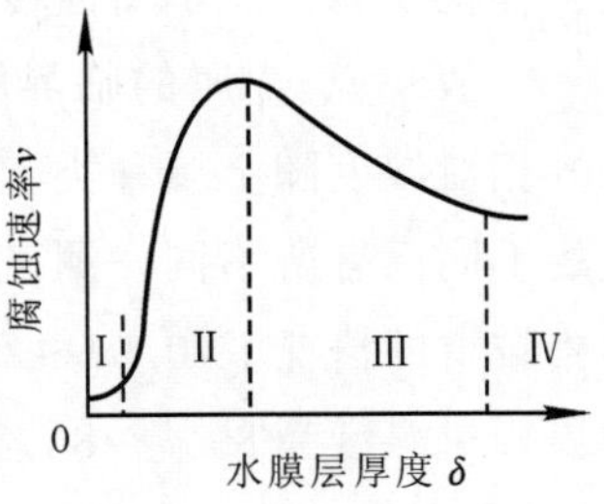

图 8.4　大气腐蚀速率与金属表面水膜厚度的关系

Ⅰ—水膜厚度 δ=1～10 nm；

Ⅱ—δ=10 nm～1μ m；

Ⅲ—δ=1 μm～1 mm；

Ⅳ—δ>1mm

总之，极化过程随着大气条件的不同而变化。对于湿的大气腐蚀，腐蚀过程主要受阴极控制，但这种阴极控制已比全浸时大为减弱，并且随着电解液膜的减薄，阳极过程变得困难。可见，随着水膜厚度的变化，不仅表面潮湿程度不同，而且电极过程控制因素也会不同。

大气中腐蚀速率和水膜厚度的关系，如图 8.4 所示。图中Ⅰ区为金属表面上只有几个分子层厚的吸附水膜情况，没有形成连续的电解液，腐蚀速率很小，相当于干大气条件腐蚀，在此条件下发生化学腐蚀。区域Ⅱ中，膜开始具有电解质溶液的特点，金属

腐蚀性质由化学腐蚀转变为电化学腐蚀，此区域对应于潮的大气腐蚀。腐蚀速率随着膜的增厚而增大，在达到最大腐蚀速率后，进入区域Ⅲ。Ⅲ区为可见的液膜层下腐蚀，随着液膜厚度进一步增加，氧的扩散变得困难，因而腐蚀速率呈下降变化趋势。液膜进一步增厚，就进入Ⅵ区，这与全浸泡在溶液中的行为相同，由于这时氧通过液膜有效扩散层的厚度已经基本上不随液膜厚度的增加而增加了，因此腐蚀速率也只是略有下降。

一般大气环境条件下的腐蚀都是在Ⅱ区和Ⅲ区中进行的，随着气候条件和相应的金属表面状态（氧化物或盐类的附着情况）的变化，各种腐蚀形式会互相转换。

四、影响大气腐蚀的因素

大气腐蚀复杂，影响因素颇多，主要包括气候条件、大气中有害杂质及腐蚀产物等影响因素。

1. 气候条件的影响

大气的湿度、气温、日光照射、风向、风速、雨水的 pH 值、各种腐蚀气体沉积速率和浓度、降尘等都对金属的大气腐蚀速率有影响。

（1）大气相对湿度的影响。大气腐蚀强烈地受到大气中水分含量的影响。湿度的波动和大气尘埃中的吸湿性杂质容易引起水分凝结，在含有不同数量污染物的大气中，金属都有一个临界相对湿度。即超过这一临界值，腐蚀速率就会突然猛增；而在临界值以下，腐蚀速率很小或几乎不腐蚀。出现临界相对湿度，标志着金属表面上产生了一层吸附的电解液膜，这层液膜的存在使金属从化学腐蚀转变成了电化学腐蚀，腐蚀大大增强。

一般来说，金属的临界相对湿度在 70％左右。临界相对湿度随金属种类、金属表面状态及环境气氛的不同而有所不同。测试表明，上海地区在 SO_2 污染较重的情况下（0.02～0.1 mg/m^2），Al 腐蚀的临界相对湿度为 80％～85％；Cu 约为 60％；钢铁为 50％～70％；Zn 与 Ni 则大于 70％。在大气中，如含有大量的工业气体，或含有易于吸湿的盐类、腐蚀产物、灰尘等情况下，临界相对湿度要低得多。如图 8.5 所示，当大气中有 SO_2 存在时，在相对湿度低于 75％的情况下，腐蚀速率增加很慢，与洁净空气中的差不多。但当相对湿度达到 75％左右时，腐蚀速率突然增大，并随相对湿度增大而进一步增加，且污染情况愈严重，增加趋势愈大。

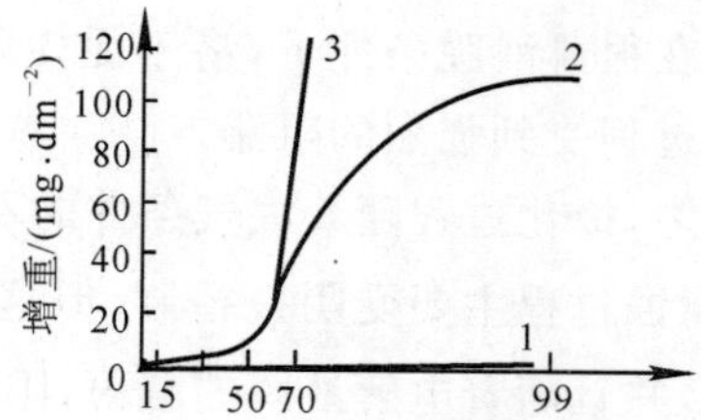

图 8.5　铁的大气腐蚀与空气相对湿度和空气中 SO_2 杂质的关系

1—纯净空气；2—含 SO_2 体积分数为 0.000 1 的空气；3—含 SO_2 体积分数为 0.000 1 和碳粒的空气

(2)温度和温度差的影响。空气的温度和温度差也是影响大气腐蚀的主要因素，尤其是温度差比温度的影响更大(见图 8.2)，因为它不但影响着水汽的凝聚，而且还影响着凝聚水膜中气体和盐类的溶解度。对于湿度很高的雨季和湿热带，温度会起较大的作用。一般说来，随着温度的升高，腐蚀加快。

在生产和储存金属产品的车间和库房中应尽可能避免剧烈的温度变化。对于高寒地区或日夜温差较大的地区，可以利用暖气控制温差，并控制相对湿度。当不可避免有剧烈的温度变化时，则应采用可靠的防锈方法

(3)日照时间和气温。如果温度较高并且阳光直接照射到金属表面上，由于水膜蒸发速率较快，水膜的厚度迅速减薄，停留时间大为减少。如果新的水膜不能及时形成，则金属腐蚀速率就会下降；如果气温高、湿度大而又能使水膜在金属表面上的停留时间较长，则会使腐蚀速率加快。例如，我国长江流域的一些城市在梅雨季节时就是如此。

(4)风向和风速。风向和风速对金属的大气腐蚀影响也很大。在沿海地区，在靠近工厂的地区，风将带来多种不同的有害杂质，如盐类、硫化物气体、尘粒等，从海上吹来的风不仅会带来盐分，还会增大空气的湿度，这些情况都会加速金属的腐蚀。

2. 大气中有害杂质的影响

在污染大气的杂质中，SO_2的影响最为严重。实验证明，空气中的 SO_2 对钢、铜、锌、铝等金属的腐蚀速率影响很大。虽然大气中的 SO_2 含量很低，但它在水溶液中的溶解度比氧高1 300倍，使溶液中 SO_2 达到很高的浓度，大大加速金属的腐蚀。大气中的 SO_2 来源于石油、煤燃烧的废气和工厂生产排出的废气。

SO_2溶于金属表面上的水膜，可反应生成 H_2SO_3 或 H_2SO_4，其 pH 值可达 3～3.5。H_2SO_3是强去极化剂，对大气腐蚀有加速作用，在阴极上去极化反应如下：

$$2H_2SO_3+2H^++4e \rightleftharpoons S_2O_3^{2-}+3H_2O$$

$$2H_2SO_3+H^++2e \rightleftharpoons HS_2O_4^-+4H_2O$$

上述反应产物的标准电极电位比大多数工业用金属的稳定电位高得多，可使这些金属成为构成腐蚀电池的阳极，而遭受腐蚀。大气中 SO_2 对 Fe 的加速腐蚀是一个自催化反应过程，其反应为

$$Fe+SO_2+O_2 \rightleftharpoons FeSO_4$$

$$4FeSO_4+O_2+6H_2O \rightleftharpoons 4FeOOH+4H_2SO_4$$

$$2H_2SO_4+2Fe+O_2 \rightleftharpoons 2FeSO_4+2H_2O$$

生成的硫酸亚铁又被水解形成氧化物，重新形成硫酸，硫酸又加速铁腐蚀，反应生成新的硫酸亚铁，再被水解生成硫酸……如此循环往复而使铁不断被腐蚀。研究表明，碳钢的腐蚀速率与大气中的 SO_2 含量成线性关系增大。

HCl是一种腐蚀性很强的气体，溶于水膜中生成盐酸，对金属的腐蚀破坏甚大。H_2S气体在干燥大气中易引起铜、黄铜、银等变色，而在潮湿大气中会加速铜、镍、黄铜、铁和镁的腐蚀。NH_3极易溶于水膜，增加水膜的pH值。这对钢铁有缓蚀作用，但与有色金属生成可溶性的络合物，促进了阳极去极化作用。特别是对铜、锌、镉有强烈的腐蚀作用。

金属受大气中氯化物盐类腐蚀，主要表现在沿海地区受海风吹起的海水形成细雾，这种含盐的细雾称为盐雾。当盐雾降落在金属表面时，由于氯离子的作用，促进金属的腐蚀破坏。氯化物的另一个主要来源是手汗等人体分泌物。一般汗液中，总盐分含量约为0.5%～2.5%，水分为99.5%～97.5%。

工件热处理后表面附着的残余盐、焊接后的焊药，如果处理不干净也容易引起锈蚀。

五、控制大气腐蚀的方法

控制大气腐蚀的方法很多，主要途径有三种：一是材料选择，可以根据金属制品及构件所处环境的条件及对防腐蚀的要求，选择合适的金属或非金属材料；二是在金属基体表面制备金属、非金属或其他种类的涂层、渗层、镀层；三是改变环境，减少环境的腐蚀性。

1. 提高金属材料自身的耐蚀性

金属或合金材料自身的耐蚀性是金属是否容易遭到腐蚀的最基本因素，合金化是提高金属材料耐大气腐蚀性能的重要技术途径。例如，在普通碳钢的基础上加入适量的Cr，Ni，Cu等元素，可显著改善其大气腐蚀性能。此外，优化热处理工艺，严格控制合金中有害杂质元素的含量也是改进耐蚀性的重要方法。

2. 采用覆盖保护层

利用涂、镀、渗等覆盖层把金属材料与腐蚀性大气环境有效地隔离，可以达到有效防腐蚀的作用。用于控制大气腐蚀的覆盖层有两类：①长期性覆盖层。例如渗镀、热喷涂、浸镀、刷镀、电镀、离子注入等；钢铁磷化、发蓝；铜合金、锌、镉的钝化；铝、镁合金氧化或阳极氧化；珐琅涂层，陶瓷涂层和油漆涂层等。②暂时性覆盖层，指在零部件或机件开始使用时可以除去（或用溶剂去除）的一些临时性防护层。如各种防锈油、脂，可剥性塑料等。

3. 控制环境

(1)充氮封存。将产品密封在金属或非金属容器内，经抽真空后充入干燥而纯净的氮气，利用干燥剂使内部保持在相对湿度低于40%以下，因低水分和缺氧，故金属不易生锈。

(2) 采用吸氧剂。在密封容器内控制一定的湿度和露点，以除去大气中的氧，常用的吸氧剂是Na_2SO_3。

(3) 干燥空气封存。亦称控制相对湿度法，是常用的长期封存方法之一。其基本依据是，在相对湿度不超过35%的洁净空气中一般金属不会生锈，非金属不会长霉，因此，必须在密封性良好的包装容器内充以干燥空气或用干燥剂降低容器内的湿度，形成比较干燥的环境。

(4)减小大气污染。开展环境保护，减小大气污染有利于缓解金属材料的大气腐蚀。

4. 使用缓蚀剂

防止大气腐蚀所用的缓蚀剂有油溶性缓蚀剂、气相缓蚀剂和水溶性缓蚀剂。

8.2　海水腐蚀

21 世纪是海洋世界的时代，海洋占地球表面积的 71%，而人类可以利用的陆地面积仅有 12%，200 m 水深之内的大陆架面积约占地球总面积的 5%，相当于陆地可利用面积的 40%。由于海洋中蕴藏着巨大的资源财富，因此海洋开发有着极其广泛的前景。海洋开发首先要面对恶劣的海洋环境，由于海水是一种强电解质溶液，因此金属材料在海洋中会遭受严重的腐蚀。金属材料在海洋工程中应用量大，服役条件广，迄今为止仍是海洋工程中的主要用料。金属材料在海洋环境中的腐蚀损失相当严重，据估计，海洋腐蚀的损失约占总腐蚀损失的 1/3。我国大陆海岸线长达 1.8 万公里，6 500 多个岛屿的海岸线长 1.4 万公里，有近 300 万平方公里的管辖海域。开发广阔富饶的海洋，对于中华民族的繁荣昌盛具有重要的战略意义，因此，研究和解决海水腐蚀问题，对我国国民经济建设和国防建设均具有十分重要的意义。

一、海水腐蚀的特征

海水是一种含盐量很高的腐蚀性电解质，盐分中主要是 NaCl，约占总盐度的 77.8%，其次是 $MgCl_2$。海水中的总盐度约为 3.2%～3.7%，因此，人们通常以质量分数为 0.03 或 0.035的 NaCl 水溶液近似地代替海水，进行模拟海水环境的腐蚀试验。海水呈弱碱性(pH＝8.1～8.3)，海水中的氧和 Cl^- 含量是影响海水腐蚀的主要环境因素。

金属在海水中的腐蚀形式可分为均匀腐蚀和局部腐蚀两大类，局部腐蚀又包括点蚀、缝隙腐蚀、电偶腐蚀、应力腐蚀、腐蚀疲劳、磨蚀、气蚀等不同形式。活性较大且在海水中不钝化的金属发生均匀腐蚀；在海水中有钝化倾向的金属，如果局部钝化膜破坏，将发生局部腐蚀。根据腐蚀条件不同，把海洋环境分为海洋大气区、飞溅区、潮汐区、浅海区、大陆架区、深海区和海泥区，人们常按不同的环境区域讨论海洋腐蚀问题。典型海洋环境的分类、环境条件和腐蚀特点如表 8.7 所示。

(1)在海洋大气区。影响腐蚀的主要因素是沉积在金属表面的盐粒和盐雾的数量，由于海盐吸湿性强，易在金属表面形成含盐液膜，因此海洋大气比内陆大气腐蚀性大得多。盐的沉积因地理位置、风浪条件、距离海面高度、深入内陆距离、曝晒时间、雨量、气候变化等条件而异，一般来说，其腐蚀速率为内陆大气腐蚀的 2～5 倍，热带海洋大气腐蚀条件较强，温带次之，两极最小。

表 8.7　典型海洋环境的分类

海洋区域	环境条件	腐蚀特点
海洋大气区（飞溅区上部）	影响腐蚀性的因素是距离海面的高度、风速、风向、降露周期、雨量、温度、太阳辐射、尘埃、季节和污染	阴面（背风面）可能比阳面损坏得更快，珊瑚尘和盐粒子联合对金属设备具有特殊的腐蚀性，通常深入内陆方向腐蚀性迅速减弱
飞溅区	潮湿、充足氧气的表面，无海生物沾污	对于钢等许多金属，此区因干湿交替，侵蚀最为严重，保护涂层比其他区域更难以保持
潮汐区	高潮线处常有海生物沾污，从污染的港水中来的油层及污物，通常还有充足的氧气	在整体钢桩的情况下，处在潮汐区的钢充当阴极，使得潮汐区的钢的腐蚀得到某种程度的保护。在潮汐区，单个的钢试片显示较强的侵蚀。表面的油层能减轻钢的侵蚀
浅海区（近表层和近海岸）	海水通常为氧所饱和，污染、沉积物、海生物沾污、海水流速等都可能起着重要的作用	腐蚀较在海洋大气中严重，在阴极区形成石灰质的水垢，可采用保护涂层和（或）阴极保护来控制腐蚀。在大多数浅水中，有一层硬贝及其他生物沾污阻止氧进入表面，从而减轻了腐蚀
大陆架区	植物沾污，随着离开海岸，动物（贝类）沾污也大大减少，氧含量有所降低，特别是在太平洋，温度亦较低	随水深增加，腐蚀减轻，但不易生成水垢型保护层
深海区	氧含量不一，在太平洋深海区含氧量比表层低得多，而在大西洋则差别不大。当温度接近于0℃时，水的流速低，pH值比表层低	钢的腐蚀通常较轻，极化同样面积的钢，阳极消耗较表层处大，不易生成保护性矿质水垢
海泥区	常有细菌，如硫酸盐还原细菌。海底沉积物的来源、特性和行为不一	泥浆通常有腐蚀性，形成泥浆-海底水腐蚀电池，部分埋置的钢试片在泥浆中迅速受侵蚀。构件埋置部分阴极极化消耗的电流比海水中低。有微生物腐蚀

(2)在飞溅区。结构表面几乎经常被饱和充氧海水所润湿，因此腐蚀相当强，在这个区没有海生物沾污，在高速水流冲击下能产生腐蚀和磨蚀的共同作用，加剧飞溅区的破坏。对一些

材料，特别是钢，在飞溅区的腐蚀是所有海洋区域中腐蚀最严重的区域，保护膜和覆层容易破坏，油漆容易脱落。普通碳钢在没有采取防腐措施的情况下，其腐蚀速率可达 0.5～1.0 mm/a之多，该部位的腐蚀速率一般为海水全浸区的 5～10 倍。但不锈钢和钛等金属由于良好的充气条件促进钝化，耐蚀性增强。

(3)在潮汐区。在我们一般人的印象中，这个区域由于海水的涨落、干湿交替，腐蚀一定会相当严重，但事实却恰恰相反，钢铁在这部分的腐蚀比全浸于海水中的部分还要轻得多。这种腐蚀轻的原因有各种解释。一般认为，对于钢桩由于同时处于潮汐区和全浸区，形成了宏观电池，潮汐区部分为宏观电池的阴极，因而腐蚀较轻。

(4)在浅海区。海水供氧较充分，接近饱和，生物活性大，海洋生物附着严重，温度较深水区高，环境污染程度较高，所以，腐蚀速率较深海区大。随深度增加，海水含氧量、温度、污染程度均下降，腐蚀速率减小。

(5)在深海区。随深度增加，海水溶氧量先减后增，在 600 m 深处最少，约为 0.2 mL/L，这样的含氧量也足以引起某种程度的腐蚀。深水区温度低，接近 0℃，水流速低，pH 值降低，深海区很难形成钙质沉淀层。深海区腐蚀较浅海区要小。

(6)在海泥区。海底泥土区中由于溶解氧极少，在一般的海洋构筑物中是腐蚀较轻的部位，特别是在海底 1 m 以下的深处，其腐蚀更为轻微。在海底土壤的腐蚀中，土层越深腐蚀越轻，但在海水与海泥的界面区有一个严重的腐蚀峰。在这部分，氧的浓差电池、硫酸盐还原菌、电阻率、盐度等都是影响腐蚀的重要因素。海洋介质条件比较复杂，沉积物的物理性质、化学性质和生物性质都会影响腐蚀性。通过对近海建筑物的观察和打入浅水中的试验桩取得的资料表明，钢在该区的腐蚀较其上边的海水中缓慢，阴极极化容易实现。

图 8.6 是 Humble 给出钢桩在 Kure 海滨暴露 5 a 后的典型的腐蚀示意图。

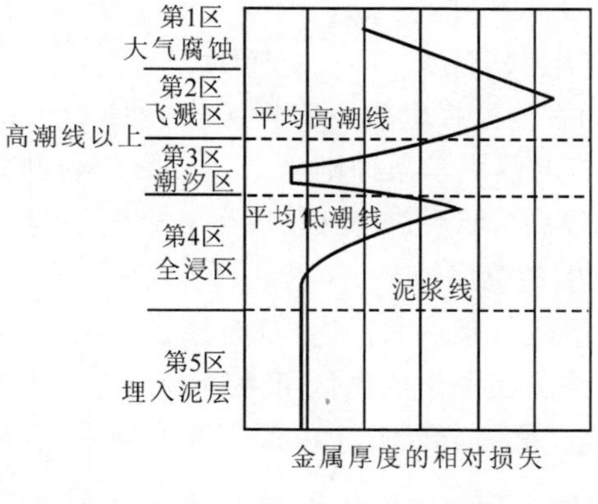

图 8.6　钢桩在北卡罗来纳州 Kure 海滨海水中暴露 5a 后的腐蚀示意图

金属材料在海洋中的腐蚀情况如表 8.8 所示。

表 8.8　金属材料在海洋中的腐蚀情况

- 海洋腐蚀类型
  - 单纯电化学腐蚀
    - 均匀腐蚀（海洋大气腐蚀中常见的形态）
    - 局部腐蚀
      - 不锈钢孔蚀、铝合金剥蚀、缝隙腐蚀
      - 异种金属间电偶腐蚀、涂膜下丝状腐蚀
      - 不锈钢腐蚀 、铝合金晶间腐蚀、铜合金选择性腐蚀
      - 沟槽腐蚀
  - 电化学与机械作用共同产生的腐蚀
    - 恒定应力下的腐蚀——应力腐蚀破裂
    - 交变应力下的腐蚀——腐蚀疲劳
    - 磨损腐蚀（振动、冲刷、空泡）
  - 电化学与生物作用共同产生的腐蚀
    - 微小海生物腐蚀或细菌腐蚀
    - 大型海生物腐蚀及污损

二、海水腐蚀的原理及影响因素

1. 海水中金属电化学腐蚀的特点

海水是含盐量很高的天然电解质，因此海水会造成大多数常用金属材料的腐蚀。由于海水中溶解有一定量的氧，因此决定了大多数金属材料在海水中腐蚀的电化学特征。除了电极电位很低的金属镁及其合金外，所有金属材料在海水中都以氧去极化腐蚀为主，即绝大多数金属材料在海水环境中发生的腐蚀电化学反应如下：

阳极反应　　$M \longrightarrow M^{n+} + ne$

阴极反应　　$O_2 + 2H_2O + 4e \longrightarrow 4OH^-$

假如 $M \rightleftharpoons M^{n+} + ne$ 的平衡电极电位为 E_M，$O_2 + 2H_2O + 4e \rightleftharpoons 4OH^-$ 的平衡电极电位为 E_o，发生上述电化学反应的热力学条件则为 $E_M < E_o$，两者的差即是腐蚀的推动力。由于氧还原反应的平衡电极电位很高（pH=7 时标准平衡电极电位为 0.815 V），因此只有极少数贵金属如 Hg，Pt，Au 等不发生耗氧腐蚀。

上述阳极反应和阴极反应是在某一共同电位（自腐蚀电位）下进行的，该电位处于两电极反应的平衡电极电位之间。按腐蚀电位的高低可大概判断金属在海水中的腐蚀倾向性，一般随腐蚀电位升高，抗蚀性增强。亦可判断发生电偶腐蚀的倾向性（常用金属和合金在海水中的电偶序见第 6 章图 6.3）。

根据腐蚀速率受控制的因素不同，可将金属在海水中的腐蚀分为两大类。

（1）金属的腐蚀速率受阴极过程控制。该类金属包括碳钢、低合金钢、铸铁、锌、镉等，它们

在海水中不发生钝化，阳极极化率很小，腐蚀过程由氧扩散控制。

(2)金属的腐蚀速率受钝化行为控制。该类金属在海水中有自钝化能力，腐蚀速率取决于钝化膜的稳定性。例如，钛及其合金的钝化膜十分稳定，因此在海水中基本不腐蚀，而普通不锈钢和铝合金的钝化膜在海水中不稳定，故易发生点蚀等局部腐蚀。

2. 影响海水腐蚀的环境因素

金属在海水中的腐蚀行为除决定于材料自身因素外，在很大程度上决定于金属在海洋环境中的暴露条件。金属在海水中的腐蚀属阴极控制型，凡影响氧还原反应的因素，如海水中的含氧量(质量浓度)、盐度、温度、pH 值、流速、海生物附着等，均影响金属的腐蚀。

(1)含氧量。金属在海水中腐蚀的主要阴极反应是氧的还原反应，因此海水中的含氧量自然是影响腐蚀的主要因素。对于不形成保护性膜层或膜的保护性很差的活性金属，氧浓度愈高，腐蚀速率愈快。对于形成保护性钝化膜的金属，需要足够的氧维持钝态，含氧量愈高愈容易钝化，钝化膜愈稳定。含氧量太低时，钝化膜会发生局部破损，导致局部腐蚀。水中的含氧量随盐度增加或温度升高而降低(见表 8.9)，温度变化对水中溶解氧的影响更为显著。

表 8.9　在标准大气压、空气饱和状态下水中含氧量

$\times 10^{-6}$

氯度/10^{-3}		0	5	10	15	20
盐度/10^{-3}		0	9.06	18.08	27.11	36.11
温　度	10℃	14.6	13.3	12.8	11.9	11.0
	20℃	11.3	10.7	10.0	9.4	8.7
	30℃	9.2	8.7	8.2	7.8	7.2
	40℃	7.7	7.3	6.8	6.4	5.4

(2)含盐量。海水的主要组成如表 8.10 所示，氯化钠是海水中溶解最多的组分。

表 8.10　海水的主要组成

成分	100g 海水中盐的克数/g	占总盐量的质量分数/10^{-2}	成分	100g 海水中盐的克数/g	占总盐量的质量分数/10^{-2}
$NaCl$	2.721 3	77.8	K_2SO_4	0.0863	2.5
$MgCl_2$	0.380 7	10.9	$CaCO_4$	0.0123	0.3
$MgSO_4$	0.165 8	4.7	$MgBr_2$	0.0076	0.2
$CaSO_4$	0.126 0	3.6	合计	3.5	100

由于海水含盐量高，因而有很高的电导率，平均比电导约为4×10^{-2} S·cm^{-1}，是河水的200倍左右，故海水的腐蚀性很强。海水中存在大量氯化物，大量氯离子的存在使得大多数金属在海水中不易形成稳定的钝化膜，如不锈钢在海水中容易发生点蚀破坏。在相通的海洋中含盐量不会有显著变化，在公海的表层海水中，正常含盐量变化在3.2%～3.7%之间，含盐量在该范围内变化对一般金属的腐蚀无明显影响。只有在河口区或内海，海水含盐量才会有较大变化。海水含盐量不仅影响电导率，而且对海水中的含氧量(含氧质量浓度)有影响(见表8.9、图8.7)，因此，金属的腐蚀速率通常随含盐量的变化并非单调地增减，而是表现出图8.7所示的规律。当含盐量较低时，电导率增加对腐蚀的促进起主导作用，因而腐蚀速率随含盐量增加而增大；当含盐量较高时，溶解氧的降低很显著，因而钢的腐蚀速率随含盐量的增加呈下降变化趋势。

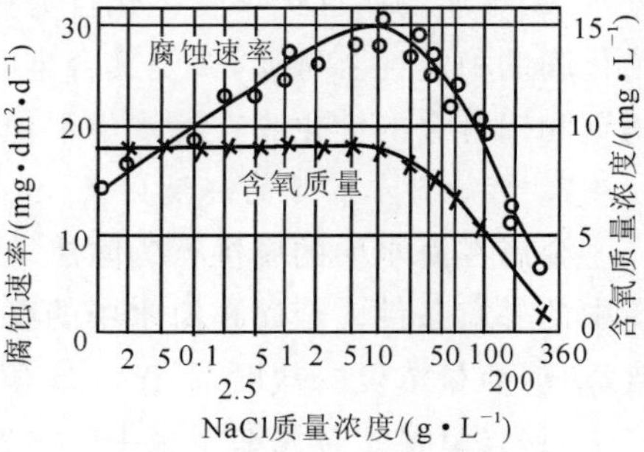

图8.7　钢的腐蚀速率与含盐量的关系

当海水温度升高、碱性增加时，海水中Ca^{2+}会形成碳酸钙或碳酸氢钙沉淀物，Mg^{2+}会形成$Mg(OH)_2$沉淀物，对金属腐蚀具有一定保护作用。

(3)海水温度。海水温度随地理位置、季节和深度有较大变化。海水温度对金属材料的腐蚀具有双重影响。一方面温度升高扩散加快，电导率增大，电化学反应加快，腐蚀加速；另一方面，温度升高，海水中溶氧量降低，并促进钙质沉淀层形成，可减缓腐蚀。一般来说，前者的作用大于后者，因此通常随海水温度升高，腐蚀速率增加，温度每升高10 ℃，钢在海水中的腐蚀速率约增大1倍。

(4)pH值。海水pH值通常处于8.1～8.3之间，属近中性，pH值在此范围内变化对腐蚀影响不大。海水pH值可因植物光合作用而发生变化。例如，植物茂盛，CO_2减少，溶氧浓度上升10%～20%，pH值接近9.7；在厌氧性细菌繁殖情况下，溶氧量低，而且含有H_2S，则pH值常低于7。pH值较大范围变化会影响腐蚀速率，pH值降低，则腐蚀速率增加；pH值升高，促进石灰质沉淀，腐蚀速率下降。

(5)海水流速。海水流速对腐蚀速率有较大影响。由于流速直接影响对金属表面的供氧情况，流速增大，到达金属表面的氧量增加，增加了耗氧腐蚀的极限电流密度。对于非钝化金属，极限电流密度增加使腐蚀速率增加，而对于易钝化金属却促进了钝化。这就是为什么钝化金属在静止海水中耐蚀性下降的原因。但当海水流速很高时，海水冲刷作用增强，海水中气泡和固体颗粒增加，使气蚀、磨蚀增加。

(6)海洋生物。海洋工程结构表面上附着的海洋生物也影响海洋设施抗腐蚀性能。因为海洋生物的生理活性可能产生或消耗海水中的溶解气体量(O_2，CO_2等)，硫酸还原菌和腐败的海洋生物则会产生H_2S，pH值降低。对于钝态金属，海洋生物使金属表面与氧隔开，促进钝化膜破坏；对于活性金属，海洋生物附着能隔离金属表面与腐蚀介质，阻碍氧的输运，会减少腐蚀。海洋生物附着还会对结构物的镀层和涂层产生损害。生物附着的程度随地域而变化，在热带海水中生物附着可能全年发生，而在北极水域几乎不存在生物附着。

三、海水腐蚀的试验方法*

船舶与海洋工程材料腐蚀试验方法可分为三大类：室内试验、海港现场试验和实物试验。各大类中的主要试验方法如图 8.8 所示。盐雾试验是模拟产品在自然海洋大气中的使用情况，在试验室里利用专用试验设备加速腐蚀的一种方法，其目的是用于考核材料及其防护层的抗盐雾腐蚀能力，因此，开展盐雾试验对研究影响海水腐蚀的因素及为产品的设计和生产提供科学的依据很有必要。表 8.11 和表 8.12 分别给出了各方法的适用范围及其优缺点情况。

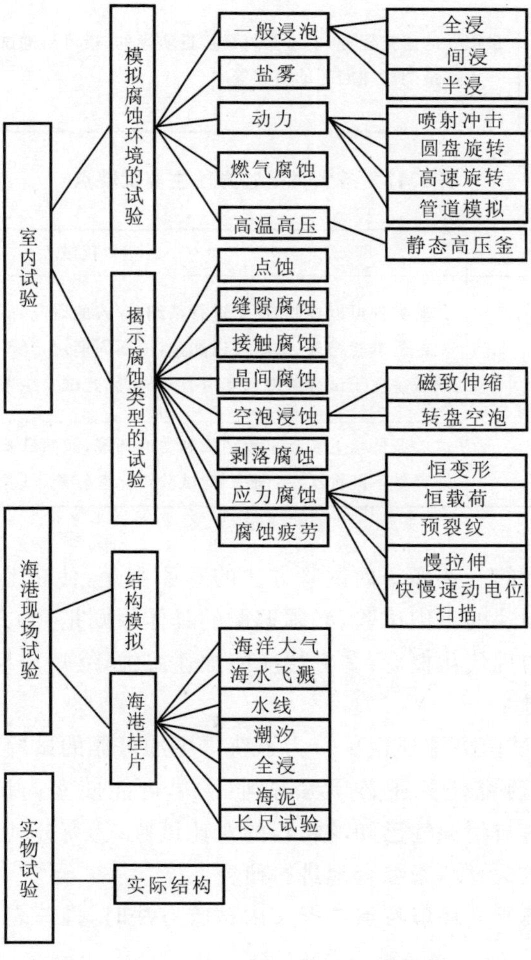

图 8.8　船舶、海洋工程材料的腐蚀试验方法

表 8.11 各类试验方法可能完成的研究任务

方法类别	所能完成的试验研究任务
室内试验	材料耐蚀性与防蚀方法的评选试验;为克服因试验周期太长而必须进行的加速试验;腐蚀、防护机理研究;有机械作用和介质流动条件下的试验;造成腐蚀失效事故的环境重现试验;质量管理、复验鉴定等
海港现场试验	最佳状态材料与最佳防蚀方法的鉴定、选材;夹持方法简单的应力腐蚀试验;大型动水试验;结构模拟,室内试验有争议试验的复验;为获得作为室内试验对比依据的试验;较重要的研究任务等
实物试验	最重要的研究任务,要求获得最接近实际的、最可靠的试验结果;难以模拟的结构与环境体系的腐蚀问题的研究等

表 8.12 各大类试验方法主要优缺点

方法类别	主要优缺点
室内试验	试验条件可以控制,便于进行精细、深入的研究,同时易于获得重现性好、可比性好的试验结果;试验可以加速,因而周期短,经济性好 缺点是由于试验条件与实海有差异,因此试验结果的可靠性不如后两类方法
海港试验和实物试验	试验条件接近实际工程结构和实海环境,因而试验可靠性好 缺点是不同批次(不同季节)试验对比性较差,试验周期较长

室内试验是经常进行的。选择室内试验方法的总原则是,使试验最接近船舶或海洋工程结构的使用条件。对于加速的室内试验,必须遵循的具体原则是:①方法所包含的材料—介质体系必须符合腐蚀机理的现代化概念;②方法应能加速腐蚀,缩短周期,并且经济简便,容易实施;③方法有良好的重现性。

目前,标准化的腐蚀试验方法还很少。为了获得更加可靠的试验结果,在制定具体的试验方案时,对于比较重要的研究任务还必须考虑到:①尽可能使室内试验与室外试验相结合;②必须安排所研究的材料与耐蚀性已知的材料的对比试验;③充分利用物理、化学、电化学、力学、金相学等各学科的测试手段,来综合地进行研究。

在根据工程材料及其所处环境特点选择室内试验方法时,推荐表 8.13 的内容作为参考。

表 8.13　各种条件下船舶、海洋工程材料室内试验方法的选用

环境条件的特点	该环境条件下的典型工程结构	该种结构的代表材料	可选用的室内腐蚀试验方法：浸泡	盐雾	动水	高温高压	点蚀	缝隙腐蚀	电偶腐蚀	空泡浸蚀	应力腐蚀	腐蚀疲劳	磨蚀	燃气腐蚀
静止的海水、淡水、海淡水、海泥或中性卤化物溶液中	压载水舱、储罐、饮水舱、石油平台、港工设施、海底管线、钢板(管)桩码头	结构钢及其他材料	+											
	不锈钢或铝合金结构在海水中	1Cr18Ni9Ti，LF5	+				+							
电导率高的介质中	螺旋桨与船体、焊缝与基体金属、铆钉与铆接材料	两种或两种以上金属电连接							+					
金属表面被异物遮盖，腐蚀介质不易渗入的环境下	金属与金属、金属与非金属迭缝中，垫片下，异物沉积部位，海生物下面，铆接搭缝，涂层破损处	所有金属材料						+						
流动的海水介质中	船体水下部位、海水管路、消防管路、冷凝管、轴、轴托架	结构钢、铜合金、铜镍合金	+		+									
高速流动的介质，有机械振动的环境介质中	螺旋桨、水翼、舵、泵壳及叶片、汽缸套、扫雷器	高强钢、结构钢、铜合金、钛合金								+		+		
海洋大气，海洋大气与海水交变作用下	指挥台、上层甲板等上层建筑、桅杆、船体水线交变区、水中武器、水鼓、航标、钢桩码头、石油平台潮差区以上部位	各种材料	+	+	+									
腐蚀介质与静拉伸应力共同作用下	水下船体或其他结构的焊接部位、受力构件、水翼装置	高强钢、不锈钢、钛合金、铝合金	+								+			
腐蚀介质与交变应力共同作用下	船体、尾轴、螺旋桨、舵板、扫雷器、高压气瓶、石油平台	所有材料	+								+	+		
高温高压环境介质中	船壳、锚链、挖泥船、火焰筒、柴油机增压器	不锈钢、锆合金、铜镍合金				+								
含泥沙的流动水质中	船壳、锚链、挖泥船、选矿机械结构钢、高强钢	结构钢、高强钢			+								+	
燃气或海洋性燃气气氛中	燃气轮机叶片、涡轮盘、火焰筒、柴油机增压器	高温合金												+

四、海水腐蚀的防护措施

防止海水腐蚀主要采取如下的技术措施。

1. 开发和合理选用耐蚀材料

海洋腐蚀体系庞大而复杂，根据不同的腐蚀环境开发耐海水腐蚀的新材料和合理选用现有耐蚀材料是控制海水腐蚀的重要措施之一。材料的选择应综合考虑有效性、重要性和经济性等。比如，海洋探测用深潜器通常选用耐海水性能优异但价格较高的钛合金制造；船舶螺旋桨则选用耐蚀性较好，价格适中的铜合金制造；军用快艇选用有一定耐蚀性但质轻的铝合金；大型海洋工程结构却选择价格低廉的低碳钢和低合金钢，并通过涂层和阴极保护来防护。

2. 涂层保护

(1) 长效金属复合涂层。长效金属复合涂层是目前应用于舰船船体、管路(主要是外壁)、组装件等防腐蚀最有前途的一项长效保护技术。长效复合涂层由金属镀层加有机涂层组成，通常是热浸镀或热喷镀金属加有机涂层。复合涂层的防护性能取决于金属涂层的种类、厚度及其环境的适应性。

(2) 塑料涂层。塑料具有很高的耐蚀性，现发展起来的塑料粉末涂料和涂覆方法，集防蚀与装饰于一体。塑料涂层分为涂塑和喷塑，由于塑料涂层厚度可达 500 μm 以上，因此它具有高的绝缘性和高的耐蚀性，在管道和储罐的防护上应用越来越广泛。

(3)重防腐蚀涂料。在严酷的腐蚀环境下，一般防腐蚀涂料是无法适用的，为此发展了重防腐蚀涂料和涂装技术。重防腐蚀涂料是相对于一般防腐蚀涂料而言的，它是指在严酷的腐蚀条件下，防腐蚀效果比一般防腐蚀涂料高数倍以上的一类新型防腐蚀涂料。

3. 阴极保护

在海水全浸状态下，利用电化学阴极保护是控制海水腐蚀的重要措施之一。阴极保护往往需要与涂料保护联合使用，以达到更为理想的效果。根据实际情况，阴极保护可选择牺牲阳极保护方法或外加电流保护方法。阴极保护不仅对全面性腐蚀有效，而且对局部腐蚀也有效。

此外，近年来采用电解海水释放氯的方法用以杀死海洋生物，则是防止海洋生物腐蚀和污损的十分有效的技术方法，目前该方法已得到推广使用。

8.3 土壤腐蚀

金属在土壤中的腐蚀是金属的严重腐蚀问题之一。埋设在地下的各种金属构件，如开采井下设备、地下通信设施、金属支架、各种设备的底座、各种地下水管、煤气管、输油输气管道等都在不断地遭受着土壤腐蚀，引起油、气、水外泄，停工停产，甚至水灾、环境污染等。土壤腐蚀不仅造成了巨大的经济损失，而且给社会带来严重的危害，因此工业发达国家均十分重视材料的土壤腐蚀及其控制问题。

一、土壤的性质和特点

1. 土壤的性质

(1)土壤的组成。土壤是由各种颗粒状的矿物质、有机物质、水分、空气及微生物等组成的多相并具有生物活性和离子导电性的多孔的毛细管胶体体系。它含有固体颗粒，如砂、灰、泥渣和腐植土，在这个体系中有许多弯弯曲曲的微孔(毛细管)，水分和空气可以通过这些微孔到达土壤深处。

(2)土壤中的水分。土壤中的水分和溶解在这些水中的盐类，使土壤成为电解质。土壤的导电性与土壤的孔隙度、土壤的含水量及含盐量等因素有关。土壤越干燥，含盐量越少，其电阻越大；土壤越潮湿，含水量、含盐量越多，电阻就越小。干燥而少盐的土壤电阻率可高达 10 000 Ω · cm，而潮湿多盐的土壤电阻率可低于 500 Ω · cm。一般来说，土壤的电阻率可以比较综合地反映在某一地区的土壤特点。土壤电阻率越小，土壤腐蚀越严重，因此，可以把土壤电阻率作为土壤腐蚀性的评估依据之一。但应该指出，这种估计有时并不符合所有情况，因此土壤电阻率并不能作为评估土壤腐蚀的唯一依据。土壤的电阻率与土壤腐蚀性的关系如表 8.14 所示(以钢的腐蚀为例)。

表 8.14　土壤的电阻率与土壤腐蚀性的关系

土壤的电阻率 /(Ω · cm)	0～500	500～2 000	2 000～10 000	>10 000
钢在土壤中的腐蚀速率 /($mm \cdot a^{-1}$)	>1.00	0.20～1.00	0.05～0.20	<0.05
土壤的腐蚀性	很高	高	中等	低

(3)土壤中的氧。土壤中的氧气，部分存在于土壤的孔隙与毛细管中，部分溶解在水里。土壤中的含氧量与土壤的湿度和结构有密切关系。在干燥的砂土中含氧量较高；在潮湿的砂土中，含氧量较少；而在潮湿密实的粘土中，含氧量最少。由于湿度和结构的不同，土壤中的含氧量可相差几万倍，这种充气的极不均匀性，也正是造成氧浓差电池腐蚀的原因。

(4)土壤的酸碱性。大多数土壤是中性的，其 pH 值在 6.0～7.5 之间；有的土壤是碱性的，如碱性的砂质粘土和盐碱土，pH 值在 7.5～9.5 之间；也有一些土壤是酸性的，如腐植土和沼泽土，pH 值在 3～6 之间。

(5)土壤中的微生物。微生物腐蚀是指由微生物直接的或间接的参与腐蚀过程引起金属的破坏，微生物腐蚀往往和电化学腐蚀同时发生，两者很难截然分开。微生物对金属的土壤腐蚀影响最重要的是厌氧的硫酸盐还原菌、硫杆菌和好氧的铁杆菌。微生物对金属的腐蚀，对油田、矿井、水电站、码头、海上建筑和地下设备均有不可忽视的破坏作用。

2. 土壤的特点

土壤是一种具有特殊性质的电解质，其表现为多相性、多孔性、导电性、不均匀性、相对固定性等特点。

多相性表现在土壤为固、气、液和微生物等组成的多相体系。土壤具有毛细管的多孔性，同时还是胶质体系。在土壤的颗粒间形成大量毛细管微孔或孔隙，为空气和水的存在提供便利条件，土壤中含有的盐类溶解在水中，使土壤具有离子导电性。

土壤的性质及结构容易出现小范围或大范围内的不均匀性。从小范围看，有各种微结构组成的土粒、气孔、水分的存在，以及结构紧密程度的差异；从大范围看，有不同性质的土壤等。因此，土壤的各种物理、化学性质，尤其是与腐蚀有关的电化学性质，不仅随着土壤的组成及含水量变化，而且随着土壤的结构及其紧密程度有所差异。

对于土壤来说，其固相部分几乎不发生机械的搅动和对流，因此在一般情况下，土壤的固体构成物，对于金属表面来说，可以认为是固定不动的，而仅仅靠着气相和液相作有限的运动。例如，土壤孔穴中的对流和定向流动，以及地下水的移动等。

土壤作为腐蚀性介质所具有的这些特点，必将影响到其电化学过程的特征。

二、土壤腐蚀的特征

金属在土壤中的腐蚀，与在电解质溶液中的腐蚀本质是一样的。大多数金属在土壤中的腐蚀都属于氧去极化型电化学腐蚀，只有在少数情况下(如在强酸性土壤中)，才发生氢去极化腐蚀。

1. 阳极过程

金属进行溶解并放出电子，如铁发生如下阳极反应，即

$$Fe + nH_2O \longrightarrow Fe^{2+} \cdot nH_2O + 2e$$

在酸性土壤中，铁离子以水化离子的状态溶解在土壤的水分中。在中性或碱性土壤中，铁离子与氢氧根离子进一步反应生成氢氧化亚铁，即

$$Fe^{2+} + 2OH^- \longrightarrow Fe(OH)_2$$

氢氧化亚铁在氧和水的作用下，生成氢氧化铁，即

$$2Fe(OH)_2 + (1/2)O_2 + H_2O \longrightarrow 2Fe(OH)_3$$

虽然氢氧化铁的溶解度很小，但比较疏松，因而覆盖在钢铁表面上所起的保护性差。然而由于紧靠电极的腐蚀介质缺乏机械搅动，氢氧化铁、氢氧化亚铁与泥土粘结在一起，形成紧密层，因而随着时间的增长，使阳极过程受到阻碍，导致腐蚀速率的减小。

在比较干燥的土壤中，由于湿度小，空气易于透入，如果土壤中没有氯离子存在，则会促进金属钝化而减慢腐蚀；如果土壤相当干燥，含水量极少，则使金属离子的水化产生困难，导致阳

极过程更加不易进行。

2. 阴极过程

阴极过程主要是氧的去极化还原过程。其反应式如下：

$$O_2+2H_2O+4e \longrightarrow 4OH^-$$

土壤中的氧存在于孔隙中和溶解在水中，由于水中溶解氧是有限的，因此，对土壤腐蚀起主要作用的是缝隙和毛细管中的氧，它们透过固体的微孔电解质到达阴极表面，传递过程比较复杂，进行得也比较慢。显然，土壤的结构和湿度，对氧的流动有很大的影响。在疏松的土壤中，氧的渗透和流动比较容易，金属的腐蚀就严重；而在粘性土壤中，氧的渗透和流动速率较小，使阴极过程受到较大的阻滞。

土壤腐蚀过程的控制因素有如下几种情况：潮湿土壤中微电池腐蚀时，主要是阴极控制；疏松、氧渗透率很大的干燥土壤中微电池腐蚀时，以阳极控制为主；长距离宏观电池腐蚀时，为阴极—电阻混合控制或电阻控制。

三、土壤腐蚀的几种形式

1. 由于充气不均匀引起的腐蚀——氧浓差电池腐蚀

当金属管道通过结构不同和潮湿程度不同的土壤时(如通过砂土和粘土时)，由于充气不均匀形成氧浓差电池的腐蚀，如图 8.9 所示。处在砂土中的金属管段，由于氧容易渗入，电位高而成为阴极；而处在粘土中的金属管段，由于缺氧，电位低而成为阳极。这样就构成了氧浓差腐蚀电池，因而使粘土中的金属管段加速腐蚀。

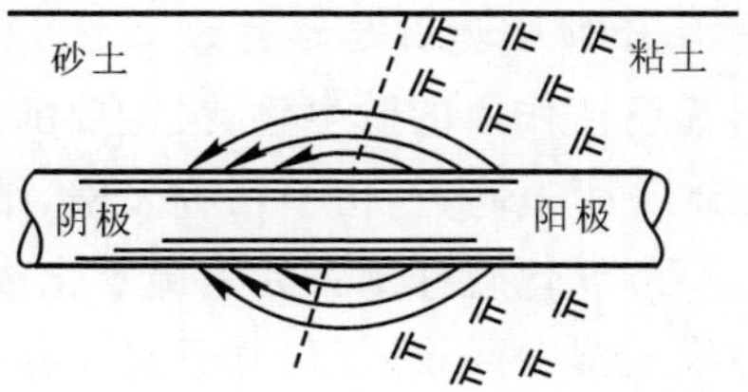

图 8.9　管道通过不同土壤时形成的氧浓差电池腐蚀

同样，埋在地下的管道(特别是水平埋放，并且直径较大的管子)、金属钢桩、设备底架等，由于各部位所处的深度不同，氧到达的难易程度就会有所不同，因此，就会构成氧浓差电池。埋得较深的地方(如管子的下部)，由于氧不容易到达而成为阳极区，腐蚀主要就集中在这一区域。

另外，石油化工厂的储罐底部若直接与土壤接触，则底部的中央，氧到达困难，而边缘处，氧则容易到达。这样就形成充气不均的宏观氧浓差电池，导致罐底的中部遭到加速腐蚀。

2. 由杂散电流引起的腐蚀

杂散电流是地下的导电体因绝缘不良而漏失出来的电流，或者说是正常电路以外流入的电流。地下埋设的金属构筑物在杂散电流影响下所发生的腐蚀，称为杂散电流腐蚀或干扰腐蚀。杂散电流的主要来源是直流大功率电气装置，如电气化铁道、有轨电车、电解及电镀车间、电焊机、电化学保护设施和地下电缆等。图8.10为一实例的示意图。

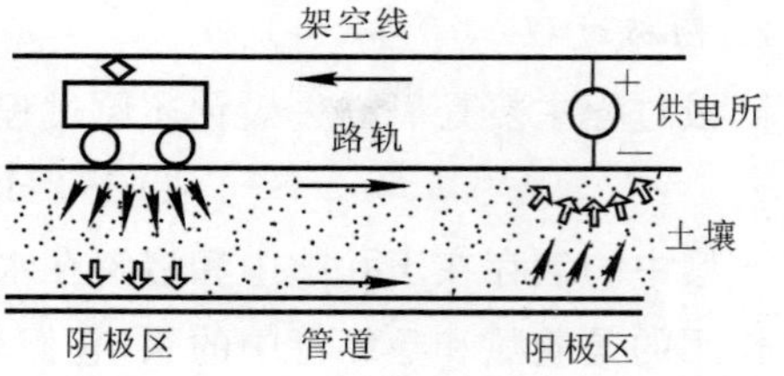

图 8.10 土壤中杂散电流腐蚀实例的示意图

在正常情况下，电流自电源的正极通过电力机车的架空线，再沿铁轨回到电源负极，但当铁轨与土壤间绝缘不良时，有一部分电流就会从铁轨漏失到土壤中。若附近埋设有金属管道等构件，杂散电流就会由此良导体通过，再流经土壤及轨道回到电源。此时，土壤作为电解质传递电流，有两个串联的电池存在，即：

路轨(阳极)→土壤→ 管线(阴极)

管线(阳极)→土壤→ 路轨(阴极)

杂散电流从金属管道或路轨流入土壤(电解质)的部位是电解池的阳极区，腐蚀就发生在此处。金属腐蚀量与流过的杂散电流的电量成正比，符合法拉第定律。计算表明，每流入 1 A 的电流，每年就会腐蚀掉 9.15 kg 的铁或 11 kg 左右的铜或 34 kg 左右的铅。可见，杂散电流引起的腐蚀是相当严重的。例如壁厚为 7～8 mm 的钢管，4～5 个月即可发生腐蚀穿孔。

已发现交流电也会引起杂散电流腐蚀，但破坏作用较直流电小得多。例如，对于频率为 60 Hz 的交流电来说，其作用约为直流电的 1%。

3. 由于微生物引起的腐蚀

引起腐蚀作用的微生物，最主要的是嗜氧的硫杆菌和厌氧的硫酸盐还原菌。

在地下管道附近，由于污物发酵，结果产生硫代硫酸盐，硫杆菌就在其上大量繁殖，产生元素硫，然后，氧化硫杆菌将元素硫氧化成硫酸，造成对金属的严重腐蚀。

如果土壤中严重缺氧，并且又不存在氧浓差电池及杂散电流等腐蚀宏电池时，腐蚀过程是很难进行的。但是，对于含有硫酸盐的土壤，如果有厌氧的硫酸盐还原菌存在，腐蚀不但能顺利进行，而且更加严重。这主要是由于生物的催化作用而加速腐蚀的缘故。

海底的沉积物，不管深浅如何，通常都会有细菌，沉积物中的细菌通常都是厌氧的。由细菌作用产生的气体有 NH_3，H_2S 和 CH_4，因此生物腐蚀对海底管线具有较大的威胁。

4. 其他类型的腐蚀

除上述几种形式的土壤腐蚀外，还有土壤中异类金属或新旧管线电接触引起的电偶腐蚀，土壤中含盐量不均匀引起的盐浓差宏观电池腐蚀(盐浓度高的部位电极电位低成为阳极而加速腐蚀)，土壤中温度不均匀造成的温差电池引起管线或构筑物局部加速腐蚀等。

土壤的电导率、透气性、含水量、含盐量及酸碱度等是影响土壤腐蚀的主要环境因素。

四、土壤腐蚀性评价及现场埋设试验*

评价土壤的腐蚀性，对于地下工程设计、制定腐蚀控制措施及构筑物寿命预测等均具有十分重要的价值。然而，由于土壤腐蚀涉及的因素颇多、复杂性颇高，因此科学地评价土壤的腐蚀性难度较大。目前国内外通常采用单项指标和多项指标来评价土壤的腐蚀性。所谓单项指标，是指根据土壤的某种理化性质（如电导率、含水量、pH 值、氧化还原电位、含盐量等）的差别来判断土壤的腐蚀性。尽管这种方法简单，在某些情况下是适用的，但是存在明显的局限性。为此目前倾向于多项指标的综合评定法，即选择某种对金属腐蚀影响比较严重的土壤理化性质进行综合考虑，得出综合评价指标。具体做法是，先把土壤有关因素分项做出评价，并给出指数，然后将这些评价指数累计起来，再给出一个综合性评价等级。

由于土壤介质组成的复杂、不均匀，而且还处于不断的变化之中，使得土壤腐蚀在实验室内很难模拟，加之实验室的试验结果也要用现场的土壤腐蚀试验数据作为检验的标准，因此，现场埋设试验是评价土壤腐蚀性的重要试验方法。

土壤腐蚀现场试验，主要指在室外的土壤中埋设各种不同尺寸、不同种类的材料试件，按规定的试验周期进行土壤环境参数测量、材料试件的腐蚀测试及研究。

1. 主要研究内容

(1)结合地下工程发展的实际需要，了解和研究各类土壤的腐蚀性；

(2)研究金属和非金属材料，包括优质涂层材料在土壤中的腐蚀规律；

(3)研究不同因素对土壤腐蚀性的作用及规律。

2. 试验站的选择

根据土壤分类学制定的土壤类型、理化性质、地区气象条件、地下构筑物的发展状况、交通及管理的方便条件等选择试验站。尤其是重点研究的试验站（或称中心试验站），要具备进行土壤理化参数和金属材料连续测试的条件。

3. 试验材料及试件制备

试验材料以地下构筑物建设的常用材料为主，主要为钢、铅、铝及其合金，铜及其合金等金属材料；非金属材料为各类混凝土、钢筋混凝土、塑料、地下电缆及光缆外护套用的各种材料；金属和非金属涂层材料等。试验材料规格、化学成分及制造工艺应尽量与实际相同。为了使不同类型土壤腐蚀性具有可比性，最好使用同批生产的材料。

4. 试件的尺寸及数量

试件的尺寸及数量根据试验目的来制定。试件大的，如钢桩可以达几十米长，小的只有几十厘米。全国土壤网站金属试件一般采用 150 mm × 50 mm × 50 mm 的板，以及长为 250 mm、壁厚为 5 mm、管径为 30 mm 的管。试件尺寸大，测量结果可靠性大，但不便于进行质量的测试。每种试件一个周期试验至少有 4 个平行试件，现场试验一般为 24(4 个平行试件/周期×6 周期)个试件。如果测试项目多，可以相应增加试件个数。

混凝土试件采用 100 mm×100 mm×100 mm 的正方体，电缆试件和光缆试件长度分别为 356 mm 和 120 mm。

5. 试件的埋藏及测试

(1)埋藏坑一般为长方形,大小随试件大小、数量而定,试件间距不得小于试件直径的2倍。

(2)挖坑时,挖出的土,应按土壤层次放置,回填时按原层次回填,力求回填土的厚度与密度和原土相同。

(3)管状试件一般水平放置,板状试件垂直放置,所有试件埋在同一个土层上;电位序相差很大的金属试件,相距不宜太近,以防产生电位差而引起腐蚀。

(4)对土壤应进行理化性质、微生物分析。

(5)试坑四周设立永久性标志。

6. 试件的挖掘及分析

(1)挖掘试件时,当接近试件时应小心把试件上部土壤散去;金属试件进行腐蚀电位测量,同时测量氧化还原电位。

(2)根据要求进行取样、记录,并进行微生物分析用土样和理化性质分析用土样的采集。

(3)包装试件,运到实验室进行分析。

(4)进行试件的分析。首先,清除试件表面的泥土,周边的沥青或环氧树脂用汽油洗净,除去表面层的腐蚀产物,清洗、干燥后称重;其次,测量局部腐蚀面积及小孔腐蚀的深度,计算腐蚀率;最后,进行表面腐蚀产物的X射线分析和局部腐蚀的扫描电镜及电子探针分析,研究局部腐蚀的规律性,以及材料与土壤介质所发生的反应。

7. 数据处理

由于土壤是一种不均匀的多相体系,并且具有明显的季候性和区域性,又因为影响土壤腐蚀的因素复杂和它们间的交互作用,所以,无论材料的腐蚀率与时间的关系,还是腐蚀率与土壤环境各因子的关系多为非线性关系,显然不能用线性回归的数学方法进行处理。为了对现场试验取得的大量腐蚀数据进行处理,找出材料土壤腐蚀的变化规律和影响材料腐蚀率的主要因素,是一个非常重要的环节。目前包括采用非线性映照法(NLM)和主分量分析法(PCA)评价地下管线的腐蚀等级,低合金钢土壤腐蚀性能灰色模型研究,区域碳钢土壤腐蚀数据模式识别研究,神经网络在金属土壤腐蚀研究中的应用,因子分析法在土壤腐蚀性中的应用,模糊聚类分析在土壤腐蚀性评价中的应用等先进理论和方法,正在研究土壤腐蚀规律中发挥着重要的作用。

五、控制土壤腐蚀的技术措施

为了防止土壤腐蚀,通常可采用如下技术措施:

(1)覆盖层保护。地下金属构件上施加的涂层,通常是有机或无机物质做成的。常用的有石油沥青、煤焦油沥青、环氧煤沥青、聚乙烯胶粘带、聚氨酯泡沫塑料、环氧树脂等。目前用得比较普遍的是煤焦油沥青、环氧树脂涂料和聚氨酯泡沫塑料等。

(2)电化学保护。延长地下管线寿命的最经济有效的方法是把适当的覆盖层和电化学阴极保护法联合使用。既可以采用牺牲阳极的阴极保护法,也可以采用外加电流的阴极保护法。涂层与阴极保护联合使用法,不仅可以弥补保护涂层的针孔或破损缺陷造成的保护不完整,而且可以避免单独阴极保护时高电能的消耗。

(3)土壤处理。利用石灰处理酸性土壤可有效地降低其浸蚀性。在地下构件周围填充石灰石碎块,或移入浸蚀性小的土壤,并设法降低土壤中的水分,也可达到有效控制土壤腐蚀的目的。

8.4　微生物腐蚀*

微生物腐蚀(Microbiological Corrosion)是指在微生物生命活动参与下所发生的腐蚀过程。微生物腐蚀主要是促进金属材料的破坏,往往和电化学腐蚀同时发生,两者很难截然分开。此外,微生物腐蚀还会降低非金属材料的稳定性。近年来微生物对材料形成的腐蚀破坏越来越突出,引起了人们的关注。例如发电厂、化工厂大量使用的水冷管道,输油、储油装置,大型船舶,纸浆处理设备,飞机整体油箱内部环境等都很适于细菌的寄生和生存,为微生物腐蚀创造了条件。由于微生物腐蚀速率很快,且常在局部区域形成突然穿孔,对设施的安全性构成威胁,甚至发生重大人身伤害事故,并带来巨大的经济损失。

一、微生物腐蚀的特点与表现形式

1. 微生物和海生物附着对金属材料腐蚀的影响

通常在温暖条件下和低流速(小于 1 m/s)海水中,许多微生物和海生物能吸附在钢桩、近海平台和船底表面并生长和繁殖,尤其是在较温暖的海域和春夏两季,这些海中附着生物对海船和海上建筑物及渔网等均有危害,故称其为污损生物。污损生物的吸附,会引起防蚀涂层的脱落而造成严重腐蚀,某些微生物(如硫酸盐还原菌、铁细菌等)本身就会对金属造成腐蚀作用,故海洋防污与防蚀有着密切的关系。海洋污损生物有 200 种以上,各种污损生物通常是共生的,且相互依存。有些污损生物以微生物为食物,故微生物的生长能促进其繁殖,当这种污损生物死亡时,也会引起微生物的大量繁殖。即微生物与海生物的彼此依存,共同促进了海洋结构材料的腐蚀破坏。

附着海生物会直接导致海洋结构金属材料的腐蚀,藤壶是最为典型的一种。藤壶整个壳体是封闭的,只有觅食时才打开壳口。按其底板的性质可分为钙质底和脱质底两类,钙质底板的藤壶分布广、数量多、危害大,较早引起人们的重视。藤壶会引起海水中某些金属材料发生“藤壶开花腐蚀”,即在死藤壶的壳口处涌出腐蚀产物如花朵,剖开“开花”的死藤壶,内部有 H_2S 的臭味,在藤壶底板中部有腐蚀坑,因此,藤壶对海水中碳钢和低合金钢的腐蚀行为的影响是局部腐蚀。藤壶对海水中的 1Cr18Ni9Ti 和蒙乃尔合金等易发生缝隙腐蚀的金属材料,则常产生两种腐蚀形式，即“藤壶开花腐蚀”和缝隙腐蚀。

一般来说，海洋金属结构的微生物腐蚀的形貌特征为壶状孔蚀，中间大，两头小，从一头开口形成空洞。腐蚀从小孔端开始，与通常见到的点蚀完全不同。如果从小孔端开始做宏观金相试验，逐层打磨、抛光和浸蚀，则可见空穴愈来愈大，如蛀洞一样，里面充满腐蚀产物。去掉腐蚀产物后，观察到腐蚀表面粗糙，高低不平，其原因是腐蚀有选择性，往往是对某一相优先腐蚀，这样就在腐蚀面上造成许多凹坑。

2. 土壤中微生物引起的腐蚀

土壤中微生物引起的腐蚀作用最主要的嗜氧的硫杆菌和厌氧的硫酸盐还原菌。

(1)杆菌。有排硫杆菌(Thiobacillus Thioparua)和亚铁氧化硫杆菌(Thiobacillus Ferro-oxidans)两种。在地下管道附近，由于污物发酵结果产生硫代硫酸盐，排硫杆菌就在其上大量繁殖，产生元素硫。然后，亚铁氧化硫杆菌将元素硫氧化成硫酸，造成对金属的严重腐蚀。

(2)硫酸盐还原菌。硫酸盐还原菌(Sulfate-Reducing Bacteria，缩写为 SRB)是一类以有机物为养料的厌氧性细菌，广泛分布在土壤、海泥、海水、河水、地下管道、油气井等处，是主要的环境污染生物指标之一。对于含有硫酸盐的土壤，如果有硫酸盐还原菌存在，即使土壤中严重缺氧，腐蚀也能顺利进行，甚至比通常含氧充分时还严重。

二、微生物腐蚀的机理

在微生物引起的腐蚀中备受人们关注的微生物是细菌、真菌、水藻和原生动物，本教材仅讨论细菌腐蚀的机理。细菌通常很小，其长度一般在 10 μm 以下。参与腐蚀过程的细菌主要有两大类，一是好氧菌(亦称嗜氧菌或喜氧菌)，即有游离氧存在的条件下能够生存的一类细菌，如硫氧化细菌、铁细菌等；二是厌氧菌，指只有在缺乏游离氧的条件下才能生存的一类细菌，如硫酸盐还原菌。

1. 好氧菌

(1)硫氧化细菌。主要是硫杆菌属的细菌，其中主要有排硫杆菌和亚铁氧化硫杆菌，它们可以把硫、硫代硫酸盐和亚硫酸盐氧化成硫酸盐，并产生强酸。其反应为

$$2S+3O_2+2H_2O\xrightarrow{\text{硫氧化菌}}2H_2SO_4$$

它们是好氧的粗短杆菌，大小为 0.5 μm×(1.0～3.0)μm，最适宜的生长温度为 25～30℃。它们的腐蚀作用主要在于产生硫酸，可使局部环境 pH 值低达 1.0，同时将 Fe^{2+} 氧化成 Fe^{3+}。当它们附着在海水中不锈钢表面时，使不锈钢点蚀敏感性增大，加速了不锈钢的腐蚀。

(2)铁细菌。这类细菌的种类很多，与腐蚀有关的主要是氧化铁杆菌 Ferrobacillus Ferro-oxidans (F.F)。它是一种好氧细菌，依靠反应 $Fe^{2+}\longrightarrow Fe^{3+}+e$ 获得自身新陈代谢所需的能量，同时把硫化物氧化成硫酸。氧化铁杆菌常与硫杆菌生活在一起，它通过反应

$$4Fe(OH)_2+2H_2O+O_2\longrightarrow 4Fe(OH)_3\downarrow$$

把二价铁氧化成三价铁，从而获得生存所需能量。以上述方式形成的三价铁氧化能力很强，可以使硫化物氧化成硫酸，因而有很强的腐蚀性。例如，这种细菌对美国宾夕法尼亚矿区黄铁矿作用的结果，每年约有 1 000 000 t 硫酸排到俄亥俄河流域，导致使用这条河水的水泵和其他矿山机械的严重腐蚀。

另外，还有盖氏铁柄杆菌属（Gallionella）和纤毛菌（Leptothrix）的铁细菌，最适宜在 pH＝6～8、温度约为 24℃的环境中生长。

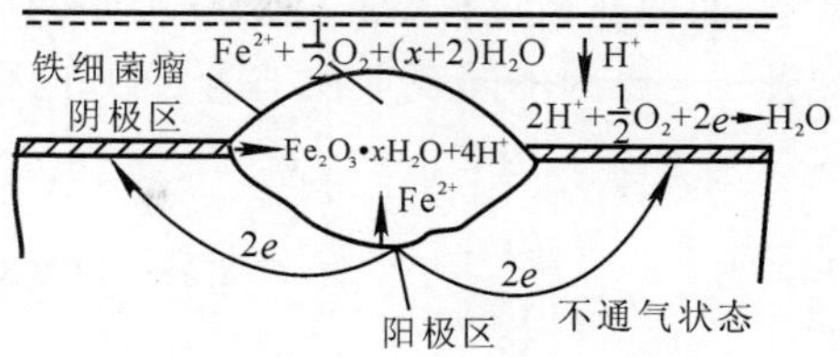

图 8.11　铁细菌在水管内壁形成氧浓差腐蚀电池示意图

代谢作用过程中消耗氧是所有好氧菌的一个共同特征。许多管道中的腐蚀，常常产生氧浓差电池，氧耗大的区域相对于其他区域成为阳极，使管道产生局部腐蚀，如图 8.11 所示。

2. 厌氧菌

厌氧菌主要有硫酸盐还原菌（SRB），它有好多种菌属，主要有去碘弧菌属（Desulfovibro）和脂肠形菌属（Desulfotomaculum）。它们在温度 25～40℃，pH＝5.5～9 条件下能良好生长，最适应生长的 pH 值是 7.2。SRB 能腐蚀碳钢、铜、铝、镍和不锈钢，它在最佳生长条件下，0.4 mm厚的不锈钢片在 60～90 d 就能被腐蚀穿孔，腐蚀速率达 3.75 mm/a。这主要是由于微生物的催化作用而加速腐蚀的缘故，硫酸盐还原菌可促成如下反应，即

$$SO_4^{2-}+8H \xrightarrow{\text{还原菌吸附}} S^{2-}+4H_2O$$

腐蚀时析出的原子态 H 被细菌消耗，同时 Fe^{2+} 变为 FeS（黑色）而防止了 Fe^{2+} 的积累，即消除了电极极化作用，从而使电化学腐蚀过程迅速进行，金属遭受严重的腐蚀。而细菌恰在这个过程中很快地繁殖，故这种细菌的存在是很危险的。

另外，铜绿色极毛杆菌（Pseudomonas Aeruginosa）、甲烷极毛杆菌（Pseudomonas Methanica）、代氏乳杆菌（Lactobacillus Delbruckii）、芽枝雷菌（Clladosporium Resinaae）等许多细菌都能造成对金属的腐蚀，尤其对铝合金的腐蚀更甚。

在船壳的附着生物下面，例如在藤壶和其他大型附着微生物下面，可能发生厌氧条件，造成氧浓差。若有 SRB 存在，则腐蚀极易发生。从电化学角度考虑，在近中性（如海水中）并排除了氧的环境里，钢铁的腐蚀应当是微不足道的；然而在缺氧的海水中，或中性缺氧的含水环境里，由于有 SRB 的存在，钢铁的腐蚀速率非常高。表 8.15 中列出文献中报道过的一些腐蚀实例。从表 8.15 中可以看出，低碳钢在海水中与在无菌培养基中的腐蚀速率有显著差别，这充分说明 SRB 对低碳钢的腐蚀具有明显的促进作用。在不能发生氧的阴极还原环境里，由于 SRB 的存在，腐蚀速率会出现惊人的增高，甚至超过了能够发生氧的阴极还原环境中的腐蚀速率。由于阴极去极化作用是海水腐蚀过程中的一个关键性步骤，在没有氧的条件下，金属腐

蚀的阴极反应是氢的逸出，但逸出氢的活化过电位太高，腐蚀电池本身难以提供这样的电位，因而阴极就被一层原子态氢所覆盖，使得腐蚀几近中止。而 SRB 的作用就是从金属表面除去氢原子，而使腐蚀过程继续下去。但是对于 SRB 如何对金属表面起作用的机理，至今尚有不同看法。主要的不同观点在于因 SRB 的存在，产物中对阴极去极化作用有贡献的是 FeS 还是 H_2S。

表 8.15 SRB 对钢及铸铁腐蚀影响的实例

文献作者	腐蚀实例	腐蚀程度	腐蚀速率 /($mm \cdot a^{-1}$)
Bunkee	土壤中钢质自来水管	9 年中 10 mm	1.10
Doig	油井中的钢套管	55 个月中 12.5 mm	2.08
Copenhagen	港湾中的钢板桩	12 年中 20 mm	1.27
Copenhagen	含 SRB 舱水中船板钢	2 年中 8 mm	4.01
Lagne. F. L	含 SRB 海水中低碳钢	每年 0.13 mm	0.13
Booth,Cooper	不含 SRB 的无菌培养液中的低碳钢		0.012
管野照造	含 SRB 海泥中的铸铁		0.22
管野照造	不含 SRB 海泥中铸铁		0.009

荷兰人 Kuhr 于 1934 年提出的 SRB 作用的反应机理如下：

$4Fe \longrightarrow 4Fe^{2+} + 8e$ （阳极反应）

$8H_2O \longrightarrow 8H^+ + 8OH^-$

$8H^+ + 8e \longrightarrow 8H$ （阴极反应）（细菌参与的阴极去极化）

$SO_4^{2-} + 8H \xrightarrow{\text{还原菌吸附}} S^{2-} + 4H_2O$

$Fe^{2+} + S^{2-} \longrightarrow FeS$ （二次腐蚀产物）

$3Fe^{2+} + 6OH^- \longrightarrow 3Fe(OH)_2$ （二次腐蚀产物）

总的反应式为

$$4Fe + SO_4^{2-} + 4H_2O \longrightarrow FeS + 3Fe(OH)_2 + 2OH^-$$

而认为 H_2S 为活性中间产物，进而促进腐蚀的理论给出的反应过程为

$$Na_2SO_4 + 4H_2 \xrightarrow{\text{细菌作用}} Na_2S + 4H_2O$$

$$Na_2S + 2H_2CO_4 \longrightarrow 2NaHCO_4 + H_2S$$

$$Fe + H_2S \longrightarrow FeS + H_2$$

三、微生物腐蚀的防护措施

目前在控制微生物引起的腐蚀方面还没有一种尽善尽美的措施，处理这些问题时通常从腐蚀角度考虑比从微生物学角度考虑为多，要完全消灭腐蚀性微生物是很难实现的。目前的微生物腐蚀防护措施主要有以下几种：

1. 采用杀菌剂或抑制剂

能够杀死微生物的药剂为杀菌剂，只能使微生物处于不活动或不生长状态的药剂为抑制剂。例如，季铵盐类（十二烷基二甲基苄基氯化铵）为 SRB 的杀菌剂，铬酸盐是 SRB 的抑制剂。应根据有效性、经济性、环保性等因素合理地使用杀菌剂或抑制剂。

2. 改善环境条件，控制细菌的生长

如能减少细菌的有机物营养源或者除去代谢物质，就有可能控制细菌的活动。例如，切断硫化物矿石中硫的来源将阻止硫杆菌产生硫酸；控制介质的 pH 值，如控制 pH 值在 5.5～9 范围以外，可以抑制 SRB，但须全面考虑操作环境与实际腐蚀情况。

3. 使用表面涂（镀）层

采用金属镀层（如电镀铬）与涂层（如涂锌）或非金属涂层（如环氧树脂漆、聚乙烯涂层、煤焦油沥青涂层等）不仅可以隔离金属制品与腐蚀环境，而且可以使金属制品表面光滑，以减少细菌的聚集。

4. 阴极保护

将阴极保护与涂镀层联合使用，同样可以达到控制微生物腐蚀的目的。若恰当地将电位控制在使阴极表面附近呈碱性环境（如碳钢控制在 −0.95 V（相对于 $Cu/CuSO_4$ 参比电极）以下），还可以达到抑制细菌活动的目的，进而可提高细菌腐蚀控制的效果。

思考题与习题

1. 什么是大气腐蚀？试比较农村大气、工业区大气和海洋大气腐蚀的特点。

2. 何谓相对湿度？当相对湿度低于 100%时，为什么金属表面上能够形成水膜？

3. 干燥空气封存法建立在何种理论基础之上？

4. 按水膜厚度的不同，金属材料的大气腐蚀分为哪几种类型？试作出金属表面水膜厚度与金属腐蚀速率的关系曲线，并对曲线的各个区域给予解释。

5. 试阐述大气中的 SO_2 加速钢腐蚀的原理。

6. 海水中氧含量如何影响金属的海水腐蚀？

7. 温度和含盐量对金属腐蚀速率有怎样的影响规律？请说出原因。

8. 第二次世界大战后不久，美国制造的一艘豪华游船“海洋在召唤号”，船体用 Monel 合金（一种 Ni－Cu 合金）做船体外壳，用钢钉铆接。在海洋中试船不久，就发现船体主要构件发生了严重的破坏，最后不得不报废。请分析破坏的原因及腐蚀的形态，用什么措施可以减轻或防止其腐蚀？

9. 试比较大气、海水和土壤腐蚀中的阴极过程的异同。

10. 试以碳钢的海水腐蚀为例，给出钢板厚度相对损失 δ 与五个海水腐蚀区的关系曲线，说明腐蚀速率最大的是哪个区域，其原因何在？

11. 土壤有何特点？土壤中微生物对腐蚀有何影响？

12. 说明土壤的电阻率是评估土壤腐蚀的重要依据而不是唯一依据的原因。

13. 试分别给出大气腐蚀、海水腐蚀和土壤腐蚀的控制措施，并加以比较。

14. 土壤中杂散电流为什么会引起土壤中金属的腐蚀？如何进行控制？

15. 微生物腐蚀是否就是微生物对金属材料的直接腐蚀？试比较好氧菌和厌氧菌造成金属材料腐蚀机理的异同性，并给出控制微生物腐蚀的主要技术措施。

第 9 章　高温腐蚀

9.1　高温腐蚀的类型和研究高温腐蚀的重要性

一、高温腐蚀的类型

材料在高温下与环境介质发生化学或电化学反应，导致材料变质的现象称为高温腐蚀(High Temperature Corrosion)。“高温”是高温腐蚀发生的基本条件，但是多高的温度算高温，是个相对的概念。对于金属材料的高温强度行为，通常是以材料的再结晶温度来划分温度的高低。一般认为在再结晶温度以上，也就是大约在0.3～0.4倍材料熔点($T_{熔点}$，热力学温度)以上的温度，即为高温。对于腐蚀行为，则以引起金属材料腐蚀速率明显增大的下限温度，作为高温的起点。例如，发生硫腐蚀最严重的温度范围为200～400℃，因此，对于硫腐蚀来说，200℃已经是属于高温范畴了。除了温度以外，环境介质是高温腐蚀的重要参数。环境的差异对腐蚀的形态、机理、速率及腐蚀产物有明显的影响。

按环境介质的状态，可将高温腐蚀分为三类。

1. 高温气态介质腐蚀

无论是单质气体分子(如 O_2，Cl_2，N_2，H_2，F_2 等)、非金属元素的气体化合物(如 H_2O，CO，CO_2，CH_4，SO_2，H_2S，HCl 等)、金属氧化物气态分子(如 MnO_3，V_2O_5 等)，还是金属盐的气态分子(如 NaCl，Na_2SO_4 等)都会诱发和加剧金属的高温腐蚀。由于这种腐蚀是在高温、干燥的气态环境中进行的，而且在它的起始阶段又是材料与环境气体直接发生化学反应所致，因而常被称为化学腐蚀、干腐蚀，或广义的高温氧化，以有别于在电解质水溶液中的电化学腐蚀。研究表明，在腐蚀形成一定厚度的氧化膜后，氧化膜的进一步成长存在着电化学机制，因此，把高温气体腐蚀简单看成为化学腐蚀是不全面的。

2. 高温液体介质腐蚀

液体介质包括液态金属，如 Pb，Sn，Bi，Hg 等，低熔点金属氧化物，如 V_2O_5，Na_2O 等和液态熔盐，如硝酸盐、硫酸盐、氯化物、碱等。高温液态介质腐蚀的机理，取决于液态介质和固态金属之间的相互作用。

当液态金属用作导热物质时，存在冷热温差的场合，液态金属在热端将构件金属溶解，而在冷端又将其沉积出来，这种腐蚀形式则属于物理溶解。

当液体金属或液态金属中的杂质与固态金属发生化学反应时，在固态金属表面生成金属间化合物或其他化合物，这种腐蚀形式则属于化学腐蚀。低熔点金属氧化物腐蚀，通常发生在含钒或钠等的燃料燃气中。例如，含钒燃料燃烧后生成 V_2O_5，其熔点只有 670℃，在金属表面上呈熔融状态存在。它属于酸性氧化物，可以破坏金属表面的氧化膜，从而加速金属腐蚀，这种形式的腐蚀也属于化学腐蚀。

液态熔盐中高温腐蚀，也称为熔盐腐蚀。熔盐属离子导体，具有良好的电导性，金属在熔盐中会发生与在水溶液中相似的电化学腐蚀。金属在熔盐中也可能发生与熔盐或与溶于熔盐中的氧和氧化物之间的化学反应，即化学腐蚀。

3. 高温固体介质腐蚀

这是金属在腐蚀性固态颗粒冲刷下发生的腐蚀现象。腐蚀介质包括固态燃灰及燃烧残余物中的各种金属氧化物、非金属氧化物和盐的固态颗粒，如 C，S，V_2O_5，NaCl 等。这类腐蚀既包含固态燃灰和盐粒对金属的腐蚀，又包含着这些固态颗粒对金属表面的机械磨损，故属于高温磨蚀。

二、研究高温腐蚀的重要意义

上述各种腐蚀类型中，氧化是高温腐蚀中最常见的一种形式（本章将以其作为重点）。热力学将告诉我们，几乎所有的金属在大气环境中都具有自发发生氧化的倾向。金属冶炼将自然界中的矿石（金属的各种氧化物）还原为金属，而金属在其铸造成型、轧锻形变加工及热处理过程中，由于氧化却又消耗了自己。仅以钢的生产为例，氧化的损耗就约占钢总产量的 7%～10%，损失相当惊人。

高温腐蚀涉及的范围很广，锅炉、反应釜、蒸馏塔、内燃机、涡轮发动机……都是在高温下各种工业介质环境中服役的。介质中除了氧以外，常常还含有水蒸气、二氧化硫、硫化氢、气相金属氧化物、熔盐等。这些物质诱发或加剧腐蚀的发生与发展，而温度通常是更进一步加速腐蚀过程。高温腐蚀不仅消耗了金属材料，还影响着这些生产装备运行的安全性和可靠性，制约着它们的使用寿命，并限制了它们性能的进一步提高。可以这么说，无论是冶金、石油、化工、动力等基础工业，还是代表当代尖端科学技术的航空航天、核能等工程技术，都离不开对高温腐蚀规律的掌握和正确运用。

可以预见，面对 21 世纪高科技时代的到来，为提高效率，许多装备需要进一步提高运行温度；许多新技术可能需要在更高温度下实现。这些均有赖于具有更优良抗高温腐蚀性能的新材料和防护涂层的研制和开发。新的科技和工程的发展，必将极大地推动高温腐蚀的研究；同时，高温腐蚀规律的更深入认识和其防护技术的不断完善也将极大地促进整个现代科学技术的进步。

9.2　金属高温氧化的热力学基础

狭义的高温氧化(High Temperature Oxidation)是指在高温下金属与氧气发生反应生成金属氧化物的过程。除极个别金属(如 Pt,Au 等)外,绝大多数金属在常态空气中都有与氧发生反应,生成氧化物的自发倾向。广义的高温氧化是指高温下组成材料的原子、原子团或离子丢失电子的过程。本章节仅讨论狭义的高温氧化问题。

金属氧化的热力学即讨论金属氧化是否会自发进行和自发进行倾向的大小问题。

一、金属氧化可能性的判断

1. 金属氧化过程的自由能变化

高温氧化反应大都是在恒温、恒压条件下发生的。化学热力学告诉我们,恒温、恒压条件下的过程是否会自发进行可以用体系吉布斯(Gibbs)自由能的变化 ΔG 来判断。即:当 $\Delta G<0$ 时,反应能自发进行;当 $\Delta G>0$ 时,反应则不能自发进行。体系的 ΔG 值降低得越多,反应自发进行的倾向越大。当 $\Delta G=0$ 时,反应达到平衡。

金属的狭义氧化,即金属与氧直接发生反应生成氧化物的过程,反应式可以表示为

$$M+O_2 \longrightarrow MO_2 \tag{9.1}$$

该反应的自由能变化为

$$\Delta G=\Delta G^{\ominus}+RT\ln\frac{a_{MO_2}}{a_M a_{O_2}} \tag{9.2}$$

而

$$\Delta G^{\ominus}=\Delta G^{\ominus}_{MO_2}-\Delta G^{\ominus}_{M}-\Delta G^{\ominus}_{O_2} \tag{9.3}$$

式中,$\Delta G^{\ominus}$ 为物质标准生成自由能;a 为活度,对于稳定单质,$\Delta G^{\ominus}_{M}=\Delta G^{\ominus}_{O_2}=0$;同样,对于固态物质,$a_M=a_{MO_2}=1$;而 $a_{O_2}=p_{O_2}$(体系的氧分压)。故式(9.2)写为

$$\Delta G=\Delta G^{\ominus}-RT\ln p_{O_2} \tag{9.4}$$

表 9.1 列出了一些氧化物的标准生成自由能。表中数据表明,自然界中绝大多数金属氧化物的标准生成自由能均为负值,即使在常压条件下($p_{O_2}=2.13\times10^4$ Pa),氧化过程的自由能变化 ΔG 比 $\Delta G^{\ominus}$ 稍正,但仍为负值。所以不难得出:在常态大气条件下,绝大多数金属材料都有自发氧化的倾向,即金属氧化物是稳定的,而金属本身是不稳定的。另外,在常态下,氧化反应的 ΔG 随着温度升高有由负向正变化的趋势,即金属自发氧化的趋势随温度上升而减小。这一点与人们直观感觉恰恰相反,然而这正是金属冶炼要在高温下进行的热力学依据。

表 9.1　一些氧化物形成的标准自由能变化($\Delta G^{\ominus}$)

氧化物	Ag_2O	Cu_2O	PbO	NiO	FeO	ZnO	Cr_2O_3	SiO_2	Al_2O_3	MgO
$\Delta G^{\ominus}/(kJ\cdot mol^{-1})$	−21.3	−289.2	−376.2	−430	−455.6※	−631	−660※	−824	−1060	−1140

注:带※号的数据为 500 K 温度下测得的,其余数据为 300 K 温度下测得的。

2. 金属氧化物的分解压

金属氧化反应达到平衡时,体系中氧气的分压称为金属氧化物的分解压,记作 p'_{O_2}。由质量作用定理知,式(9.1)反应平衡常数 K 为

$$K=\frac{a_{MO}}{a_M p'_{O_2}}=\frac{1}{p'_{O_2}} \tag{9.5}$$

而氧化物的标准生成自由能 $\Delta G^{\ominus}$ 为

$$\Delta G^{\ominus}=-RT\ln K=-RT\ln\frac{1}{p'_{O_2}} \tag{9.6}$$

$$\Delta G=\Delta G^{\ominus}-RT\ln p_{O_2}=RT\ln\frac{p_{O_2}}{p'_{O_2}} \tag{9.7}$$

显然,当体系的氧分压高于氧化物分解压,即 $p_{O_2}>p'_{O_2}$ 时,$\Delta G<0$,金属氧化自发进行;反之,当 $p_{O_2}<p'_{O_2}$ 时,$\Delta G>0$,金属为稳定态,金属氧化物自发分解,氧化反应不能自发进行。不难理解,如果知道温度 T 时系统标准吉布斯自由能变化值($\Delta G^{\ominus}$),即可得到该温度下的金属氧化物的分解压,将其与气相中的氧的分压进行比较,便可判断金属氧化反应的方向。一些金属氧化物在不同温度时的分解压列于表 9.2。

表 9.2　几种金属氧化物在不同温度下的分解压

温度 K	金属氧化物按下式分解时的分解压力 /101.325kPa					
	$2Ag_2O \rightleftharpoons 4Ag+O_2$	$2Cu_2O \rightleftharpoons 4Cu+O_2$	$2PbO \rightleftharpoons 2Pb+O_2$	$2NiO \rightleftharpoons 2Ni+O_2$	$2ZnO \rightleftharpoons 2Zn+O_2$	$2FeO \rightleftharpoons 2Fe+O_2$
300	8.4×10^{-5}					
400	6.9×10^{-1}					
500	2.49×10^{2}	5.6×10^{-31}	3.1×10^{-38}	1.8×10^{-46}	1.3×10^{-68}	
600	3.6×10^{2}	8.0×10^{-24}	9.4×10^{-31}	1.3×10^{-37}	4.6×10^{-56}	5.1×10^{-42}
800		3.7×10^{-16}	2.3×10^{-21}	1.7×10^{-26}	2.4×10^{-40}	9.1×10^{-30}
1 000		1.5×10^{-11}	1.1×10^{-15}	8.4×10^{-20}	7.1×10^{-31}	2.0×10^{-22}
1 200		2.0×10^{-8}	7.0×10^{-12}	2.6×10^{-15}	1.5×10^{-24}	1.6×10^{-19}
1 400		3.6×10^{-6}	3.8×10^{-9}	4.4×10^{-12}	5.4×10^{-20}	5.9×10^{-14}
1 600		1.8×10^{-4}	4.4×10^{-7}	1.2×10^{-9}	1.4×10^{-16}	2.8×10^{-11}
1 800		3.8×10^{-3}	1.8×10^{-5}	9.6×10^{-8}	6.8×10^{-14}	3.3×10^{-9}
2 000		4.4×10^{-1}	3.7×10^{-4}	9.3×10^{-6}	9.5×10^{-12}	1.6×10^{-7}

表中数据表明：

(1)常温下绝大多数金属氧化物的分解压远小于大气中氧的分压，即在此状态下金属都有自发氧化的趋势。

(2)随着温度的升高，金属氧化物的分解压增大，金属自发氧化的热力学趋势减小。

(3)调节体系氧分压能够改变金属的自发氧化热力学倾向，根据这一原理可以实施金属的可控气氛热处理。

3. 系统标准吉布斯自由能-温度关系图

根据金属氧化物的系统标准吉布斯自由能变化 $\Delta G^{\ominus}$，可以判断氧化反应的方向性，即氧化发生的可能性。然而 $\Delta G^{\ominus}$ 是随温度而改变的，以 $\Delta G^{\ominus}$ 为纵坐标，温度为横坐标，将各种金属氧化反应的 $\Delta G^{\ominus}$ 随温度的变化关系绘在一张图上，便得到系统标准吉布斯自由能-温度关系图，即 $\Delta G^{\ominus}-T$ 图或 Ellingham 图，如图 9.1 所示。

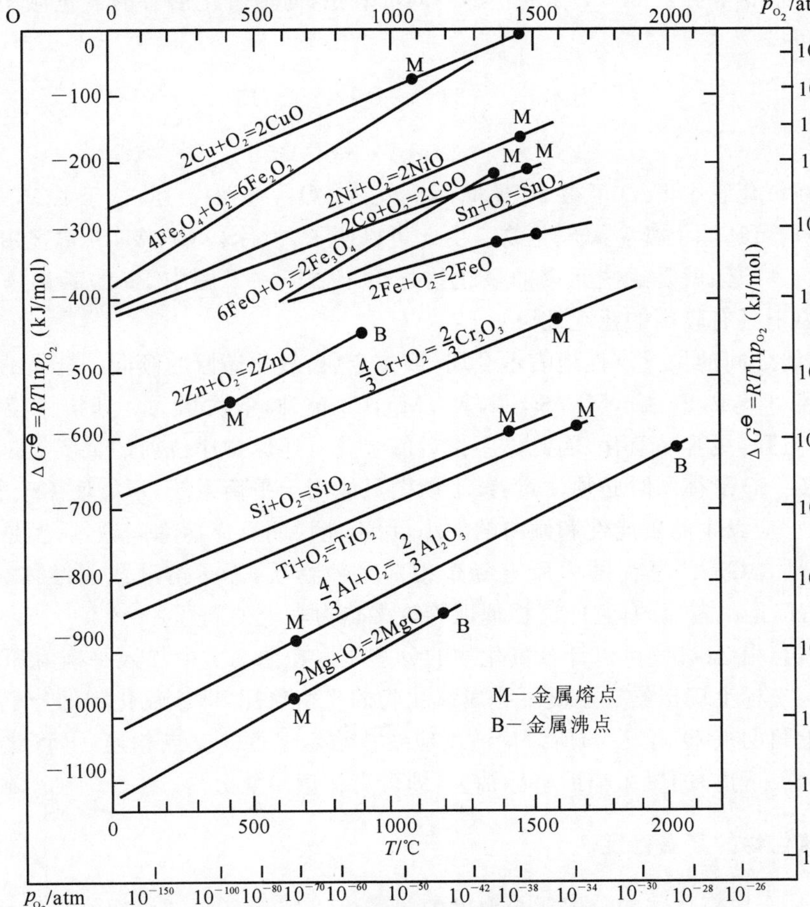

图 9.1　一些金属氧化物的 $\Delta G^{\ominus}-T$

---

* atm 是非法定计量单位，1 atm＝1.013 25×10⁵ Pa。

图 9.1 中所示各种金属氧化物的 $\Delta G^{\ominus}$ 均为负值，即这些金属具有自发氧化的倾向。它们的 $\Delta G^{\ominus}$ 与 T 均呈具有正斜率的直线关系。温度越高，$\Delta G^{\ominus}$ 的绝对值越小，对应氧化物的稳定性越小。图中氧化物的直线位置越往下，该氧化物越稳定。据此可以判断金属氧化物在标准状态下的稳定性，以及一种金属还原另一种金属氧化物的可能性。譬如，从图中可得出，铝和铁在 600℃状态下氧化时的系统标准吉布斯自由能 $\Delta G^{\ominus}$ 分别为

$$\frac{4}{3}Al + O_2 \rightarrow \frac{2}{3}Al_2O_3 \tag{9.8}$$

$$\Delta G^{\ominus} = -933 kJ \cdot mol^{-1} < 0$$

$$2Fe + O_2 \rightarrow 2FeO \tag{9.9}$$

$$\Delta G^{\ominus} = -414 kJ \cdot mol^{-1} < 0$$

由上述反应可见，铝和铁在 600℃标准状态下均可氧化，而前者比后者的氧化倾向更大。将上述二式相减，可得

$$2FeO + \frac{4}{3}Al = \frac{2}{3}Al_2O_3 + 2Fe \tag{9.10}$$

$$\Delta G^{\ominus} = -519 kJ \cdot mol^{-1} < 0$$

这表明，在氧化膜中 FeO 可被 Al 还原而生成 Al_2O_3。正如上述，位于 $\Delta G^{\ominus}-T$ 图中下部的金属氧化物均可还原上部金属氧化物。由此可以明了，为什么 Cr，Al，Si 常被用做耐热钢的主要合金元素，其原因就是这些元素的氧化物均位于 $\Delta G^{\ominus}-T$ 图中 Fe 的氧化物的平衡线以下，它们在高温下具有较高的稳定性。

图中各直线之间的位置定性地表示金属（或类金属）氧化还原的倾向。金属的氧化倾向性按照 Cu，Pb，Ni，Co，P，Fe，Cr，Mn，Si，Ti，Al，Mg，Ca 排列，依次增大。即排序位后的金属与氧的结合能力更强，更容易氧化，因此排序位后的金属可还原排序位前的金属氧化物。

在使用 $\Delta G-T$ 平衡图时必须注意，该平衡图只能用于平衡系统，不能使用于非乎衡系统；而且它仅说明反应发生的可能性和倾向的大小，而不能说明反应速率问题，后者是属于动力学范畴问题。另外，$\Delta G-T$ 平衡图中所有凝聚相都是纯物质，不是溶液或固溶体。尽管如此，$\Delta G-T$ 平衡图仍是很有用的，它能简捷地回答许多热力学上的问题。

前文曾指出，由 $\Delta G^{\ominus}$ 值可以计算氧化物的分解压。在图 9.1 中加入平衡氧压的辅助坐标后，可直接从该坐标上读出给定温度下金属氧化物的平衡氧压，即该氧化物的分解压。具体做法是，从最左上角的点 O 出发，与所讨论的反应线在给定温度的交点相连，再将此连接直线延长到与图右边（或下边）的氧压辅助坐标轴上，即可直接读出氧分压。

二、金属氧化物的高温稳定性

除了上述从金属氧化物的分解压与温度的关系可以判断金属氧化物的高温稳定性之外，还可从其熔点和蒸气压等物理性质判断它们的高温稳定性。在一定温度下，物质都有一定的蒸气压。金属氧化物的蒸发热越大，则蒸气压越小，该固体氧化物便越稳定。如果金属氧化物

易挥发，则这种氧化物膜对基体就无保护作用。例如，虽然钼的熔点高达 2 553℃，但 MoO_3 在 450℃以上就开始挥发了，起不到保护作用。有些金属的熔点虽高，但其氧化物的熔点较低，当温度超过氧化物的熔点时，氧化物处于液态，也无保护性，有时还会加速金属的腐蚀。例如钒的熔点为 1 750℃，而 V_2O_5 的熔点只有 670℃，因此钒的高温稳定性很差。

此外，合金氧化时，往往出现两种以上的金属氧化物。当两种氧化物形成共晶时，其熔点降低。温度超过共晶点，便会加速氧化。

对于金属氧化热力学的讨论，仅指出金属氧化的趋势，而未涉及氧化速率（即氧化动力学）的问题。不能简单地认为金属氧化的热力学倾向越大，其氧化速率就越大。

9.3　金属氧化膜的结构和性质

金属氧化在其表面常生成一层氧化膜（锈皮），这层氧化膜的结构和性质对金属氧化的速率和机理有着决定性的影响。

一、金属氧化物的类型

严格按化学计量比组成的化合物晶体，其离子（包括金属阳离子和非金属阴离子）严格地占据着规则晶格的结点，为离子键结合。在热力学温度 0 K 的低温下，其离子不能移动，是典型的绝缘体。温度升高，由于热激发，某些离子从结点迁出，成为晶格间隙离子，而原结点变成空位。这种晶格缺陷的存在，在晶体内将产生浓度梯度和电位梯度。离子可以通过缺陷进行扩散迁移，显示出晶体的离子导电性，其电导率随温度升高而减少。属于这类的金属氧化物只有 MgO，CaO，ThO_2 等极少数的氧化物。

绝大多数金属氧化物及金属硫化物都是非化学计量比化合物，具有离子-金属键结合性质。其室温下电阻率在 $10^{-10} \sim 10^{1}\,\Omega \cdot cm$ 之间，且随着温度升高而增大，属于半导体。根据这类非当量化合的氧化物中过剩组分的不同，可以将金属氧化物分为两类。

1. 金属离子过剩型氧化物（n 型半导体氧化物）

这类氧化物中，过剩的金属离子处于晶格间隙。氧化物整体是电中性的，因此晶格间隙中必然存在着相等电量的间隙电子。图 9.2 为 ZnO 半导体电荷关系特性示意图。氧化时间隙离子（Zn_i^{2+}）、间隙电子（e_i^-）向 ZnO/O_2 界面迁移，并吸收 O_2 而生成 ZnO，即

$$\frac{1}{2}O_2 + Zn_i^{2+} + 2e_i^- \rightleftharpoons ZnO \quad (9.11)$$

Zn^{2+}	O^{2-}	Zn^{2+}	O^{2-}	Zn^{2+}	O^{2-}
e_i^-				Zn_i^{2+}	
O^{2-}	Zn^{2+}	O^{2-}	Zn^{2+}	O^{2-}	Zn^{2+}
		e_i^-			
Zn^{2+}	O^{2-}	Zn^{2+}	O^{2-}	Zn^{2+}	O^{2-}
Zn_i^{2+}		e_i^-			e_i^-
O^{2+}	Zn^{2+}	O^{2-}	Zn^{2+}	O^{2-}	Zn^{2+}

图 9.2　ZnO 电荷关系特性示意图

因为这类氧化物是由电子导电，电子荷负电(Negative)，故又称为n型半导体氧化物。这类氧化物，随着氧压的增加，其间隙离子和准自由电子(间隙电子)减少，电导率降低。属于这类的氧化物及硫化物有ZnO，CdO，BeO，Fe_2O_3，Al_2O_3，SiO_2，PbO_2，V_2O_5，MoO_3，WO_3，CdS，Cr_2S_3，TiS_2等。

2. 金属离子不足型氧化物(p型半导体氧化物)

该类氧化物也就是氧离子过剩型氧化物。由于氧离子的体积比金属离子大，因此在这类氧化物的晶体结构中，不是过剩的氧离子占据着晶格的间隙位置，而是表现为晶格中部分结点未被金属离子所占据，成为阳离子空位。氧化物整体的电中性则是依靠形成部分高价的阳离子而获得补偿。图9.3以NiO为例，示出这类氧化物的电荷特性构成示意图。NiO中含有阳离子空位($\square_{Ni^{2+}}$)和高价阳离子(Ni^{3+})。Ni^{3+}意味着Ni^{2+}失去一个价电子，相当于是个电子空穴($\square_{e^-}$)，简称空穴，带正电。加热时，NiO/O_2界面上的O_2进入晶体内，生成新的NiO，其反应式为

Ni^{3+}	O^{2-}	Ni^{2+}	O^{2-}	□	O^{2-}
O^{2-}	Ni^{2+}	O^{2-}	Ni^{3+}	O^{2-}	Ni^{2+}
□	O^{2-}	Ni^{2+}	O^{2-}	Ni^{2+}	O^{2-}
O^{2+}	Ni^{3+}	O^{2-}	Ni^{2+}	O^{2-}	Zn^{3+}

图9.3 NiO电荷特性示意图

$$\frac{1}{2}O_2 + Ni^{2+} \rightleftharpoons NiO + \square_{Ni^{2+}} + 2\square_{e^-} \tag{9.12}$$

一个阳离子空位($\square_{Ni^{2+}}$)，就对应有二个电子空穴($\square_{e^-}$)，氧化物整体仍保持电中性。由于这类氧化物半导体主要通过电子空穴的迁移而导电，电子空穴荷正电，因此称为p型半导体氧化物。属于这类的氧化物及硫化物有NiO，FeO，Cu_2O，CoO，MnO，Cr_2O_3，Ag_2O，Cu_2S，SnS，Ag_2S等。

二、金属氧化膜的组成和晶体结构

纯金属的氧化，一般形成由单一氧化物组成的氧化膜，如NiO，MgO，Al_2O_3等。但有时也能形成多种不同氧化物组成的膜。例如，当铁在空气中于570℃以下氧化时，氧化膜由Fe_3O_4和Fe_2O_3组成；当温度高于570℃时，氧化膜由FeO，Fe_3O_4和Fe_2O_3组成(见图9.4)。这是由于其各种氧化物相的热力学的稳定性不同所致，可以从Fe-O系平衡图获得解释。

依据氧离子和金属离子在点阵空间位置的不同，金属氧化物可以形成多种类型的晶体结构，最主要的五种典型的晶体结构示于表9.3。常见的具有保护性的氧化膜是Al_2O_3，Cr_2O_3，SiO_2，稀土氧化物CeO_2，Y_2O_3及尖晶石型氧化物等。这些氧化物高温稳定性好，稀土氧化物还可以改善氧化皮的附着性，提高抗

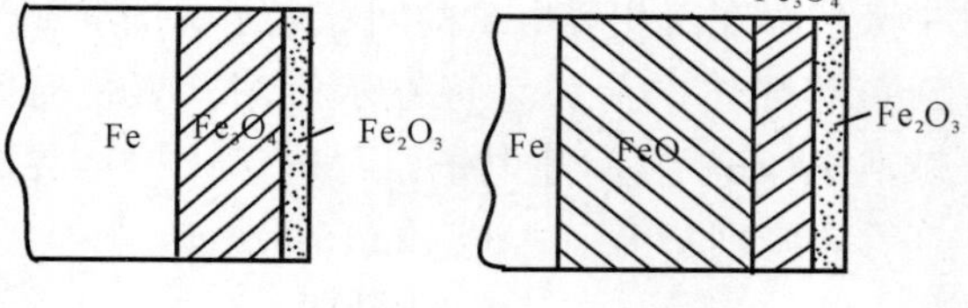

图9.4 铁表面氧化膜结构示意图

(a)570℃以下；(b)570℃以上

氧化能力。

表 9.3　常见金属氧化物典型的晶格结构类型

晶体结构类型	氧化物种类
氧化钠型	MgO，CaO，SrO，CdO，CoO，NiO，FeO，MnO，TiO，NbO，VO
氟化钙型	ZrO_2，HfO_2，UO_2，CeO_2，ThO_2，PuO_2
金红石型	TiO_2，SnO_2，MnO_2，VO_2，MoO_2，WO_2，RnO_2，GeO_2
刚玉型	$\alpha-Al_2O_3$，$\alpha-Fe_2O_3$，Cr_2O_3，Ti_2O_3，V_2O_3
尖晶石型	$FeCr_2O_4$，$NiCr_2O_4$，$CoCr_2O_4$，Fe_2NiO_4，Fe_2CoO_4，Co_2NiO_4

三、金属氧化膜的完整性和保护性

氧化膜是金属氧化的产物。氧化膜的形成在一定程度上阻滞了金属与介质的直接接触和物质传递，减慢了继续氧化的速率，因而具有一定的保护作用。但是，这种保护作用的实现需要满足一定的条件。

1. 金属氧化膜的完整性

金属氧化膜的完整性是具有保护性的前提。毕林(Pilling)和彼得沃尔斯(Bedworth)提出，氧化膜完整性的必要条件是，氧化时所生成的金属氧化膜的体积(V_{ox})比生成这些氧化膜所消耗的金属的体积(V_M)要大，即 $V_{ox}/V_M>1$，此比值称为 P－B 比，以 PBR 表示，即

$$PBR=\frac{V_{ox}}{V_M}=\frac{M_r\rho_M}{nA_r\rho_{ox}} \tag{9.13}$$

式中，M_r 为金属氧化物的相对分子质量；A_r 为金属的相对原子质量；n 为金属氧化物中金属的原子价；ρ_M 和 ρ_{ox} 为分别为金属和金属氧化物的密度。

由式(9.13)可知，只有 PBR＞1 时，金属氧化膜才是完整的(能够完全覆盖整个金属表面)，才可能具有保护性。当 PBR＜1 时，生成的氧化膜不能完全覆盖整个金属表面，即形成了疏松多孔的氧化膜，不能有效地把金属与环境隔离开来，因此这类氧化膜不具有保护性，或保护性很差。例如，碱金属或碱土金属的氧化物 MgO，CaO 等即属于这种情况。

PBR＞1 只是氧化膜具有保护性的必要条件，而不是充分条件。PBR 过大(如大于 2)，膜的内应力过大，易使膜破裂，也会失去保护性或是保护性很差。例如，钨的氧化膜的 PBR 值为 3.4，保护性就很差。

表 9.4 列出了一些金属氧化膜的 PBR 值。实践证明，保护性较好的氧化膜的 PBR 值应为 $2.5>V_{ox}/V_M>1$。例如，铝和钛的氧化膜的 PBR 值分别为 1.28 和 1.95，具有较好的保护性。

表 9.4　某些金属氧化膜的 PBR 值

PBR<1		PBR≈1						PBR≫1	
氧化物	PBR	氧化物	PBR	氧化物	PBR	氧化物	PBR	氧化物	PBR
K_2O	0.45	$\alpha-Fe_2O_3$ (on Fe_3O_4)	1.02	$\alpha-Al_2O_3$	1.28	Cu_2O	1.67	Cr_2O_3	2.02
Cs_2O	0.47	La_2O_3	1.10	PbO	1.28	NiO	1.70	Fe_3O_4 (on Fe_2O_3)	2.10
Cs_2O_3	0.50	Y_2O_3	1.13	SnO_2	1.31	BeO	1.70	$\alpha-Mn_3O_4$	2.14
Rb_2O_3	0.56	Nd_2O_3	1.13	$\gamma-Al_2O_3$	1.31	SiO_2	1.72	$\alpha-Fe_2O_3$ (on $\alpha-Fe$)	2.15
Li_2O	0.57	Ce_2O_3	1.15	ThO_2	1.35	CuO	1.72	SiO_2	2.15
Na_2O	0.57	CeO_2	1.17	Ca_2O_3	1.35	CoO	1.74	ReO_2	2.16
CaO	0.64	Er_2O_3	1.20	Pb_3O_4	1.37	TiO	1.76	$\gamma-Fe_2O_3$ (on $\alpha-Fe$)	2.22
SrO	0.65	Fe_3O_4 (on FeO)	1.20	Ti_2O_3	1.47	MnO	1.77	IrO_2	2.23
BaO	0.69	TiO	1.22	PtO	1.56	FeO (on $\alpha-Fe$)	1.78	Co_2O_3	2.40
MgO	0.80	In_2O_3	1.23	ZrO_2	1.57	V_2O_5	1.85	Mn_2O_3	2.40
BaO_2	0.87	Dy_2O_3	1.26	ZnO	1.58	WO_2	1.87	Ta_2O_5	2.47
CaO_2	0.95			PdO	1.59	Rh_2O_3	1.87	Nb_2O_5	2.74
						UO_2	1.97	V_2O_5	3.25
						Co_3O_4	1.98	MoO_3	3.27
								$\beta-WO_3$	3.39
								OsO_2	3.42

2. 金属氧化膜的保护性

金属氧化膜是否具有保护性是人们非常关心的问题。由于金属氧化膜的结构和性质各异，其保护能力有很大差别。在一定温度下，不同金属氧化物可能有不同的存在状态。例如 Cr，Mo，V 在 1 000℃的空气中都被氧化，其氧化物状态则各不相同，则有

$$2Cr+\frac{3}{2}O_2 \longrightarrow Cr_2O_3 \quad (固态)$$

$$Mo+\frac{3}{2}O_2 \longrightarrow MoO_3 \quad (气态，450℃以上开始挥发)$$

$$2V+\frac{5}{2}O_2 \longrightarrow V_2O_5 \quad (液态，熔点 670℃)$$

在 1 000℃下这三种氧化物中只有 Cr_2O_3 为固态，有保护性；而钼和钒的氧化物不但无保护性，而且其存在还会加速氧化，甚至造成灾难性事故。

实践进一步证明，并非所有的固态氧化膜都具有保护性，只有那些组织结构致密，能完整覆盖金属表面的氧化膜才有保护性。氧化膜的保护性取决于下列因素：

(1) 膜的完整性。膜的 PBR 值在 1～2.5 之间。

(2) 膜的致密性。膜的组织结构致密，金属和 O^{2-} 在其中扩散系数小，电导率低，可以有效地阻碍金属与介质中氧的接触。

(3) 膜的稳定性。膜的氧化物热力学稳定性要高，难熔、不挥发，且不易与介质作用而

破坏。

（4）膜的附着性。膜与基体结合良好，有相近的膨胀系数，不易剥落。

（5）膜的力学性。能膜具有足够的强度和塑性，足以经受一定的应力、应变和摩擦作用。

3. 氧化膜的机械损伤

氧化膜的机械损伤是膜中的内应力达到一定程度时，发生应力松弛的结果。高温腐蚀时在氧化膜成长过程中，在膜与基体金属之间、在膜的不同层次之间，以及在复杂混合物中不同相之间，由于结构上存在着差异，将在界面上产生结构内应力。另外，由于各相热膨胀系数的不同，在冷热交变作用时会产生内应力。若膜的塑性变形能力低或膜与基体金属的附着力不牢，内应力可导致膜破裂、鼓泡或剥落，从而使高温腐蚀加速。在多数情况下，氧化膜的机械损伤与膜中存在的内应力有密切的关系。氧化膜在构件的尖角处、棱边上和急剧转弯处应力集中最大，并且金属变为氧化物时体积突然增大，最易引起开裂和剥落，如图 9.5 所示。

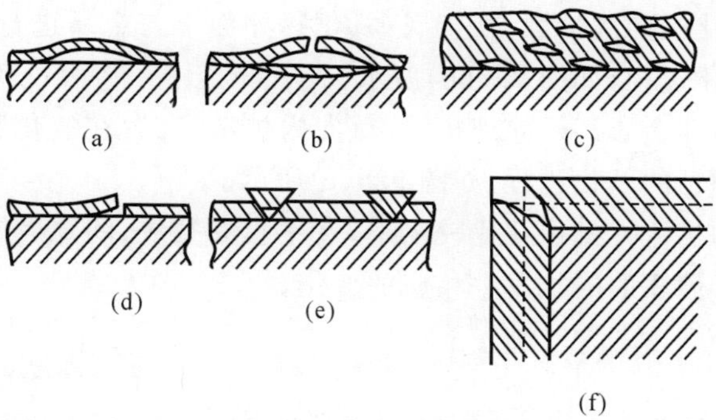

图 9.5　氧化膜在其成长过程中发生破裂的各种类型

(a)膜没有破裂的空泡；(b)破裂的空泡；(c)气体不可透过的微泡；
(d)剥落；(e)切口裂纹；(f)在角和棱边上裂开

9.4　金属高温氧化的动力学和机理

一、金属高温氧化的基本过程

金属的高温氧化是一个复杂的物理-化学过程，包括氧在金属表面的物理吸附、化学吸附、氧化物生核和长大、形成连续的氧化膜，以及氧化膜增厚等环节。

金属的表面具有较高的能量（表面能），可以自动吸附来自环境介质或其内部的其他分子和原子。高温下介质中的氧在裸露的金属表面上的吸附，最初为氧分子的物理吸附，其吸附热一般小于 25 J/mol，形成一种松散结合的吸附层；接着氧分子解离，变成紧密结合的化学吸附，吸附热可以达到 200 kJ/mol 以上，接近发生化学反应水平。金属表面点阵缺陷的露头处具有更大的吸附能力，促使氧化物首先在此生核。提高氧的浓度会大幅度增加氧化物的生核速率。

适度地提高温度，不仅增加氧化物的生核率，而且增大氧化物晶核长大速率，加速连续氧化膜的生成进程，直至完全覆盖金属表面，形成完整的氧化膜。

一旦形成完整的氧化膜，氧化过程的继续进行将取决于两个因素：①界面反应速率，包括金属/氧化物及氧化物/气体两个界面上的反应速率。②参加反应物质通过氧化膜的扩散和迁移速率，包括浓度梯度作用下的物质扩散和电位梯度引起的电荷迁移。这两个因素控制了继续氧化的速率。当表面金属与氧开始作用，生成的氧化膜极薄时，这时起主导作用的是界面反应，即界面反应为氧化的控制因素。但是，随氧化膜生长增厚，扩散过程(包括浓差扩散和电迁移扩散)将逐渐起着越来越重要的作用，以致成为继续氧化的控制因素。

金属离子和氧通过氧化膜的扩散，可能有三种方式。

(1)金属离子通过氧化膜向外扩散，在氧化物/气体界面上与氧进行反应，膜在外侧继续成长。例如铜的氧化过程，如图 9.6(a)所示。

(2)氧离子通过氧化膜向内扩散，在金属/氧化物界面上与金属进行反应，膜在内侧成长。例如钛、锆等金属的氧化过程，如图 9.6(b)所示。

(3)两者相向扩散，即金属离子向外扩散，氧向内扩散；二者在氧化膜中相遇并进行反应，使膜在该处成长。例如钴的氧化过程，如图 9.6(c)所示。

实际上金属氧化的扩散方式往往比较复杂，氧化膜的裂纹、间隙、结构缺陷等都会影响离子、原子的扩散和渗透，使膜的成长发生相应的变化。

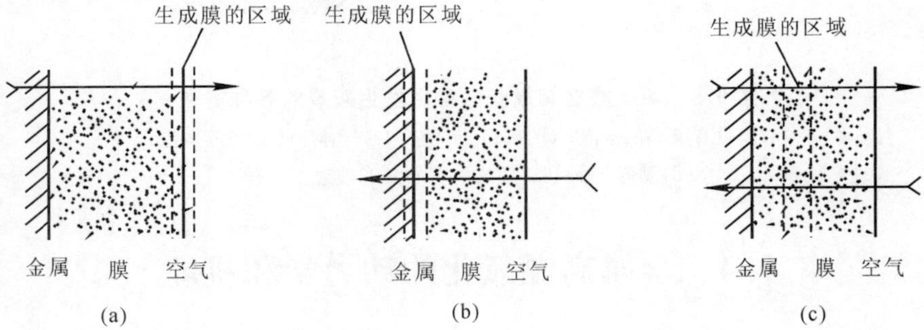

图 9.6 金属离子和氧离子扩散方向与膜成长的位置示意图

(a)金属离子向外扩散；(b)氧离子向内扩散；(c)双向扩散

二、金属氧化的动力学规律

金属的氧化程度，通常用单位面积上的增重 ΔW 来表示，也可用氧化膜的厚度 y 来表示，而氧化膜的生长速率，即单位时间内氧化膜的生长厚度可用 dy/dt 表示。氧化增量与膜厚 y 则可用式

$$y=(\Delta W M_{r,ox})/(M_{r,O_2}\rho_{ox}) \tag{9.14}$$

进行换算。式中，$M_{r,ox}$ 为氧化物的相对分子质量；M_{r,O_2} 为氧的相对分子质量；ρ_{ox} 为氧化物的密度。

金属的氧化动力学是研究金属的氧化速率问题。在通常情况下，氧化速率问题也就是氧化膜增厚规律的问题。恒温下测定氧化过程中氧化膜的增重 ΔW 或厚度 y 与氧化时间 t 的关系曲线——恒温动力学曲线——是研究氧化动力学最基本的方法。它不仅可提供许多关于氧化机理的信息，如氧化过程的速率控制步骤，膜的保护性及反应速率常数变化等，而且还可应用于氧化防护工程的设计。

研究表明，各种金属氧化的动力学曲线大体上可分为直线、抛物线及对数或反对数等几种类型。

1. 直线规律

当金属氧化时，若不能生成保护性氧化膜（PBR＜1），或在反应期间形成气相或液相产物而脱离金属表面，则氧化速率 dy/dt 与膜厚无关，直接由形成氧化物的化学反应所决定，为一常数，即

$$dy/dt = k_L$$

或

$$y = k_L t + C \tag{9.15}$$

即膜厚（或增重）与氧化时间 t 成直线关系。式中，k_L 为氧化的线性速率常数，c 为积分常数。K，Na，Ca，Mg，Mo，V 等金属高温氧化皆遵循直线规律。图 9.7 所示为镁在氧气中于不同温度下的氧化动力学规律。

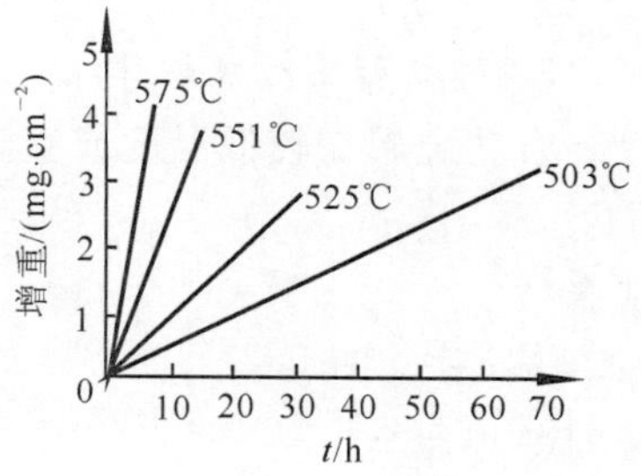

图 9.7 纯镁恒温氧化

2. 抛物线规律

大多数金属和合金的氧化动力学为抛物线规律。氧化时，由于金属表面上形成较致密的氧化膜，氧化速率与膜的厚度成反比，即

$$dy/dt = k_p/y$$

或

$$y^2 = k_p t + C \tag{9.16}$$

即氧化膜生长服从抛物线规律。式中，k_p 为抛物线速率常数；C 为积分常数，与初始状态有关，通常不为零。Fe，Cu，Ni，Co 高温氧化通常遵从抛物线规律。图 9.8 所示为铁在空气中高温下的氧化情况。

实际上，许多金属的氧化常偏离抛物线的平方规律，比如 Cu 在 100～300℃的氧气中恒温氧化服从立方规律，因此可将式(9.16)写成通式

$$y^n = k_p t + c \tag{9.17}$$

当 $n<2$ 时，表明氧化速率并非完全与膜厚的增加呈反比关系。即除了正常扩散的阻滞作用外，可能存在诸如应力、空洞和晶界等加速扩散的因素。

当 $n>2$ 时，说明膜厚增加对氧化所产生的阻滞效应比单纯受扩散的影响更严重，即还有其他抑制氧化过程的因素。例如，合金氧化物的掺杂效应，致密阻挡层的形成等都是可能的

原因。

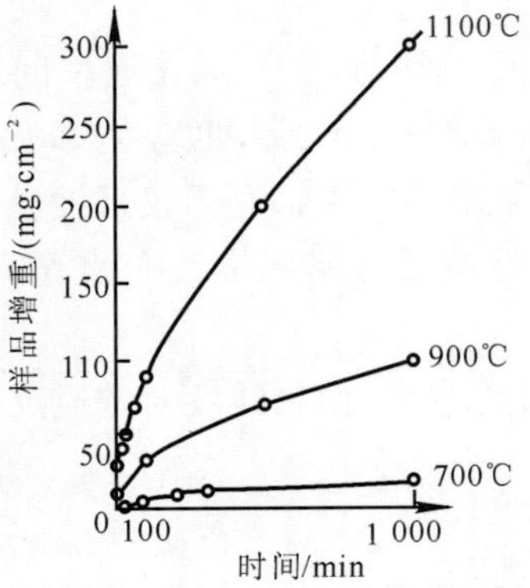

图 9.8 铁在空中高温氧化的抛物线规律

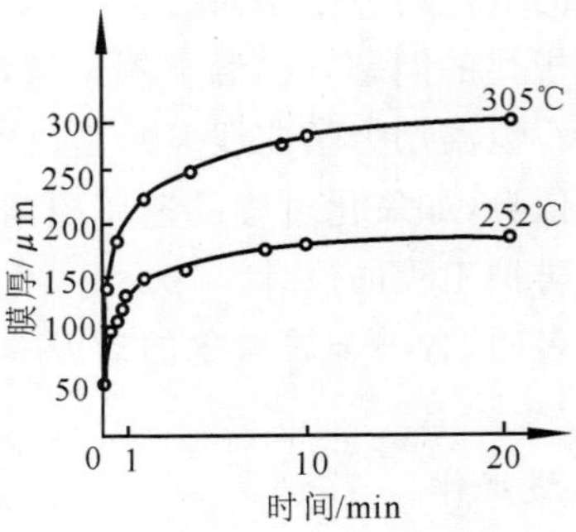

图 9.9 铁在较低温度下氧化的对数规律

3. 对数和反对数规律

有些金属在较低温度或室温氧化时服从对数或反对数规律。对数规律的关系式为

$$dy/dt = Ae^{-By}$$

或者

$$y = k_1 \ln(k_2 t + k_3) \tag{9.18}$$

反对数规律为

$$dy/dt = Ae^{B/y}$$

或者

$$1/y = k_4 - k_5 \ln t \tag{9.19}$$

式中,A,B 及 k_1,k_2,k_3,k_4 和 k_5 皆为常数。

这两种规律意味着氧化过程受到的阻滞远比抛物线关系中的大。例如,室温下,Mg,A1,Cu,Fe,100～200℃下的 Zn,Fe,Ni 等金属的氧化服从对数规律。100～200℃下 Al 和 Ta 等金属的氧化服从反对数规律。实际上有时很难区分这两种规律。图 9.9 所示为纯铁在较低温度下的氧化动力学曲线,它符合对数规律。

以上所述氧化膜生长规律的三大类型,是指氧化膜稳定生长阶段而言的。以抛物线生长规律为例,由式(9.16)可见,$y \to 0$,$dy/dt \to \infty$,显然与实际情况不符,因此上式不能说明氧化初期氧化膜的增厚规律。在氧化的初期,膜增厚主要受化学反应速率的控制,故服从直线规律。实际上整个氧化过程的动力学曲线应包括初期的直线段、稳定期的特有成长规律,以及它们之间的过渡段。这样,表示氧化膜成长的综合动力学曲线将具有图 9.10 所示的形式。如果考虑膜在增厚过程中,受内应力作用而遭破坏,则动力学曲线将由几个线段组成(如铜在500℃氧化时的情况,如图9.11所示)。图 9.11 表明,铜在 500℃氧化的每个时间段内,氧化曲线均由直线线段、过渡段和抛物线线段组合而成，使得总的氧化过程趋于直线规律。

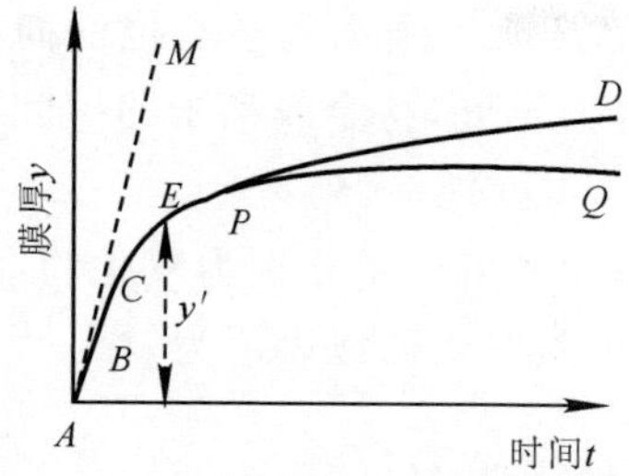

图 9.10　金属氧化的综合动力学曲线

ABM—直线规律；ABCED—抛物线规律；

ABCEPQ—对数规律

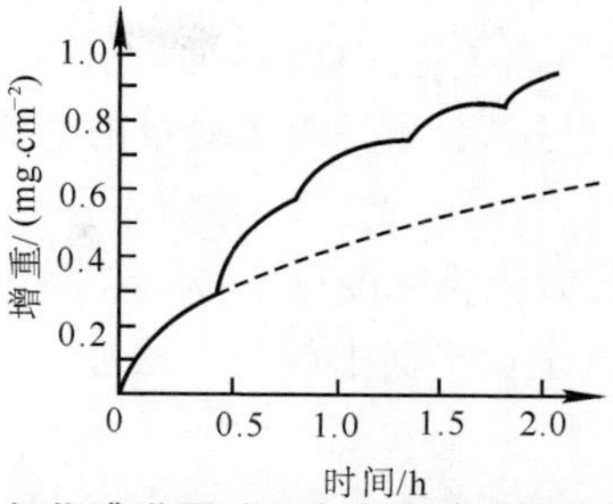

图 9.11　氧化膜增厚过程中发生破裂的动力学曲线

（铜在 500℃下的氧化膜厚度变化，虚线表示假想膜不发生机械破坏的抛物线关系）

应当指出，金属氧化动力学规律不仅取决于金属本性，还与氧化温度和氧化时间（氧化膜的厚度及结构变化）有关。同一金属在不同温度下氧化可能遵循不同规律；而在同一温度下，随着氧化时间的延长，氧化膜增厚的动力学也可能从一种规律转变为另一种规律。

三、金属氧化的机理

氧化历程中各个步骤的速率不同，其中最慢的分步骤决定整个氧化过程的速率。该分步骤称作氧化的控制步骤。在不同条件下，金属氧化的控制步骤可能不同，甚至在同一氧化过程中，不同阶段的控制步骤也会发生变化。氧化过程的控制步骤不同，氧化的机理和动力学规律也就不同。除了在稀薄的气体环境外，一般情况下在氧化气氛中（例如在大气中），气氛中的氧向氧化膜表面传输的速率是非常迅速的，可以供应充分的氧以维持整个氧化过程的进行，不会成为氧化的控制步骤。在氧化的初期，当生成的氧化膜极其薄（小于 5 nm），且膜中存在一定的空隙时，氧化膜不足以把金属与介质完全隔开的情况下，或是当生成的氧化物不具有保护性（例如生成挥发性的氧化物）的情况下，界面反应便成为氧化的控制步骤，氧化动力学符合直线规律。在高温下，由于金属与氧发生化学反应的速率是相当快的，金属氧化的绝大多数情况是，一旦生成了一定厚度的氧化膜，正、负离子在氧化膜内的扩散和迁移，就成为氧化过程的控制步骤。

本节将着重介绍氧化膜生长的抛物线动力学理论模型。建立的理论模型应当能够揭示氧化过程的具体控制步骤，并且确定抛物线速率常数与生成氧化物的性质及氧化条件之间的定量关系。

1. 金属氧化的扩散模型

假如金属表面形成致密均匀的氧化膜，并且金属/氧化膜和氧化膜/气体界面上的反应速率很快，那么，氧化过程的控制因素便是离子穿过不断增长的氧化膜中的扩散。离子在氧化膜内扩散的驱动力是内、外界面的浓度差。由于界面反应的速率很快，在每个界面上均可达到热力学平衡。假设生成的氧化物为p型半导体，即晶格中存在金属离子空位和电子空穴。氧化过程中金属离子空位向内界面迁移，而电子空穴向外界面迁移。金属离子空位的向内迁移通量 J_{VM}，也可以看做是相等通量的金属离子向反方向迁移。据此，得金属离子的扩散通量为

$$J_{M^{n+}} = -J_{VM} = D_{VM}(c''_{VM} - c'_{VM})/y \tag{9.20}$$

式中，y 为氧化膜厚度；D_{VM} 为金属离子空位的扩散系数；c''_{VM} 和 c'_{VM} 分别为氧化膜/气体界面和氧化膜/金属界面上的空位浓度。金属离子的扩散通量 $J_{M^{n+}}$ 还可以表示为

$$J_{M^{n+}} = c''_{M^{n+}}\,\mathrm{d}y/\mathrm{d}t \tag{9.21}$$

这样便有

$$c''_{M^{n+}}\,\mathrm{d}y/\mathrm{d}t = D_{VM}(c''_{VM} - c'_{VM})/y \tag{9.22}$$

因为在每个界面上都达到了热力学平衡，所以 $c''_{M^{n+}}$ 和 $(c''_{VM} - c'_{VM})$ 都是常数，由此得到

$$\mathrm{d}y/\mathrm{d}t = k_p/y \tag{9.23}$$

对式(9.23)积分，并取 $t=0$ 时，$y=0$，则有

$$y^2 = 2k_p t \tag{9.24}$$

这就是通常的抛物线规律，其中系数 k_p 是个常数，并且有

$$k_p = D_{VM}(c''_{VM} - c'_{VM})/c''_{M^{n+}} \tag{9.25}$$

阳离子空位浓度与氧分压有关，可表示为

$$c_{VM} = 常数 \times p_{O_2}^{1/n} \tag{9.26}$$

式中 n 为常数，因而有

$$k_P \propto [(p''_{O_2})^{1/n} - (p'_{O_2})^{1/n}] \tag{9.27}$$

由于 $p'_{O_2} \ll p''_{O_2}$，故有

$$k_p \propto (p''_{O_2})^{1/n} \tag{9.28}$$

由此可知，抛物线系数 k_p 是与空位扩散系数 D_{VM} 和氧分压 p_{O_2} 成正比的一个常数。

2. 金属氧化的电化学模型(Wagner 理论)

Wagner 等研究认为，在形成了具有一定厚度的氧化膜后，金属的继续氧化是一个电化学反应过程，如图 9.12 所示。以两价金属为例，在金属/氧化物界面上金属失去电子变为金属离子，发生阳极反应，即

$$M \longrightarrow M^{2+} + 2e$$

失去的电子经半导体氧化膜到达氧化物/气体界面，而在该界面上的氧得到电子后变为氧离子，发生阴极反应，即

$$\frac{1}{2}O_2 + 2e \longrightarrow O^{2-}$$

氧化膜可视为固体电解质，其中可进行电子和离子的迁移和扩散。氧化膜的成长既要求电子的迁移，也要求阳离子或阴离子或两者穿过膜的运动。阳离子与阴离子相遇发生化合而

生成氧化物，即

$$M^{2+} + O^{2-} \longrightarrow MO \qquad (9.29)$$

电化学模型相应的电池回路的总电阻 R_i 为离子电阻 R_i 与电子电阻 R_e 之和，即

$$R = R_i + R_e \qquad (9.30)$$

膜中电子、阴离子和阳离子对膜的比电导 k 的贡献大小与它们的迁移数 n_e, n_c, n_a 成正比，即电子的比电导为 $n_e k$，离子的比电导为 $(n_c+n_a)k$，因此，对于面积为 S 厚度为 y 的氧化膜，其电子电阻 R_e 为

$$R_e = \frac{y}{n_e kS} \qquad (9.31)$$

其离子电阻 R_i 为

$$R_i = \frac{y}{(n_c+n_a)kS} \qquad (9.32)$$

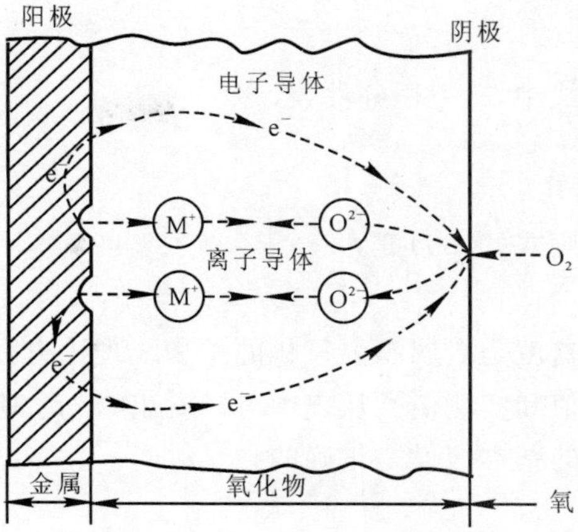

图 9.12　金属氧化的电化学机理示意图

总电阻为

$$R = R_e + R_i = \frac{y}{kS}\left(\frac{1}{n_e} + \frac{1}{n_c+n_a}\right) \qquad (9.33)$$

因 $n_e + n_c + n_a = 1$，故

$$R = \frac{y}{kSn_e(n_c+n_a)} \qquad (9.34)$$

设氧化物的相对分子质量为 $M_{r,ox}$，根据法拉第定律，每形成 1 mol 氧化物需通过 nF 的电量。若以通过膜的电流 I 表示氧化膜的生长速率，则在 dt 时间内生长 dy 厚的膜的摩尔数为

$$I dt/nF = dy \cdot S\rho_{ox}/M_{r,ox}$$

整理上式，可得膜的生长速率为

$$\frac{dy}{dt} = \frac{IM_{r,ox}}{nFS\rho_{ox}} \qquad (9.35)$$

式中，ρ_{ox} 为氧化膜的密度。

设氧化反应电池的电动势为 E，它可由反应的自由能变化 ΔG 求出，即

$$E = -\Delta G/nF \qquad (9.36)$$

根据欧姆定律，有

$$I = \frac{E}{R} = \frac{EkSn_e(n_c+n_a)}{y} \qquad (9.37)$$

将式(9.37)代入式(9.35)，可得

$$\frac{dy}{dt} = \frac{M_{r,ox}Ekn_e(n_c+n_a)}{nF\rho_{ox}}\frac{1}{y} \qquad (9.38)$$

积分得

$$y^2=\frac{2M_{r,ox}Ekn_e(n_c+n_a)}{nF\rho_{ox}}t+C \tag{9.39}$$

式中，C 为积分常数。令

$$k_p=\frac{2M_{r,ox}Ekn_e(n_c+n_a)}{nF\rho_{ox}} \tag{9.40}$$

则式(9.39)变为

$$y^2=k_pt+C \tag{9.41}$$

这就是金属高温氧化的抛物线理论方程式。表 9.5 列出了某些金属氧化速率常数 k_p 的计算值和实测值。从表中可以看出，k_p 的理论计算值与实测值符合得很好，说明上述推导过程中的基本假设是正确的。

表 9.5 某些金属计算与实测的 k_p 值

金属	腐蚀环境	氧化物	反应温度/℃	k_p/(mol/(cm·s))	
				计算值	实验值
Ag	S	Ag_2S	220	2.4×10^{-6}	1.6×10^{-6}
Ag	$Br_2(g)$	AgBr	200	2.7×10^{-11}	3.8×10^{-11}
Cu	$I_2(g)$	CuI	195	3.8×10^{-10}	3.4×10^{-10}
Cu	$O_2(p=8410\ Pa)$	Cu_2O	1 000	6.6×10^{-9}	6.2×10^{-9}
Cu	$O_2(p=1520\ Pa)$	Cu_2O	1 000	4.8×10^{-9}	4.5×10^{-9}
Cu	$O_2(p=233\ Pa)$	Cu_2O	1 000	3.4×10^{-9}	3.1×10^{-9}
Cu	$O_2(p=30\ Pa)$	Cu_2O	1 000	2.1×10^{-9}	2.2×10^{-9}

根据式(9.38)和式(9.40)，可对氧化过程分析如下：

(1)当金属氧化反应的 $\Delta G=0$，即 $E=0$ 时，则 $k_p=0$，此时处于平衡状态，金属不能进行氧化反应。当 ΔG 的负值越大，则 E 越大，k_p 值越大，说明氧化膜增长的可能性越大。

(2)氧化膜的电导率 k 越大，则 k_p 值越大，金属氧化速率越大；反之，k 值越小，k_p 值越小，膜生长速率越小；若生成的膜是绝缘的，则氧化过程将停止，即加入生成具有高电阻氧化物的合金元素，可提高合金的抗氧化性。表 9.6 列出了 1 000℃时某些氧化物的电导率。

表 9.6 1 000℃下某些氧化物的电导率

氧化物	FeO	Cr_2O_3	Al_2O_3	SiO_2
电导率/(S·cm^{-1})	10^2	10^{-1}	10^{-7}	10^{-6}

(3)当 $n_e = n_c + n_a$ 时，$n_e(n_c + n_a)$值最大，k_p 也最大。这说明在氧化膜增长过程中，电子迁移和离子迁移的比例恰当，未发生极化现象，因而氧化速率快。这一点提示人们，根据氧化膜中电子和离子迁移倾向的大小，加入适当的合金元素，减少电子或离子的迁移速率，从而提高合金的抗氧化性。通常半导体型氧化膜中电子导电比离子导电高 1 000 倍。可见，离子迁移是金属氧化的控制因素。

Wagner 理论是基于氧化膜中存在着浓度梯度和电位梯度，进行扩散和电迁移而导出的，因此，它对于薄的氧化膜的生长并不适用。

9.5　影响金属氧化行为的因素

一、温度的影响

温度升高会使金属氧化的速率显著增大。根据氧化膜的厚度及其保护性能不同，氧化速率取决于界面反应速率或反应物通过膜的扩散速率。它们与温度的关系分别为

$$k = Z\mathrm{e}^{-\frac{Q_r}{RT}} \tag{9.42}$$

$$D = D_0\mathrm{e}^{-\frac{Q_d}{RT}} \tag{9.43}$$

式中，k 和 D 分别为表面反应速率常数和扩散系数；Z 和 D_0 为常数；Q_r 和 Q_d 分别代表界面反应活化能和扩散激活能。由以上二式可见，k 和 D 都与温度 T 呈指数关系，因此金属氧化速率 v 与温度 T 的关系可表示为

$$v = \frac{\mathrm{d}y}{\mathrm{d}t} = A\mathrm{e}^{-\frac{Q}{RT}} \tag{9.44}$$

式中，A 为常数；Q 为金属氧化的活化能。对多数金属和合金来说，Q 值通常为 $2.1\times10^4 \sim 2.1\times10^5$ J/mol。对式(9.44)取对数，得

$$\lg v = \lg A - \frac{Q}{2.303T} \tag{9.45}$$

可见，金属氧化速率的对数与 $1/T$ 之间为直线关系。此关系对许多金属的氧化过程是正确的。例如，铜在 700～900℃的氧化，H70 黄铜在 600～900℃间的氧化均如此。

二、氧压的影响

由于氧化膜的类型不同，气体介质中的氧分压对金属氧化的影响也不一样。

(1)对于金属过剩型氧化物(n 型半导体)，如 Zn/ZnO 体系，氧化反应为

$$\frac{1}{2}O_2 + Zn^{2+} + 2e \rightleftharpoons ZnO \tag{9.46}$$

氧化膜生长速率由 Zn^{2+} 向外扩散的速率控制。当氧压增大时，间隙锌离子的浓度 $c_{Zn^{2+}}$ 应降

低，因而使氧化速率降低。但由于在 ZnO/O_2 界面上的 $c_{Zn^{2+}}$ 相对于 Zn/ZnO 界面已相当低了，增加氧压对 ZnO/O_2 界面上 $c_{Zn^{2+}}$ 的影响很小，可以忽略，因此 Zn 的氧化速率几乎与氧压无关（见图 9.13(a)）。

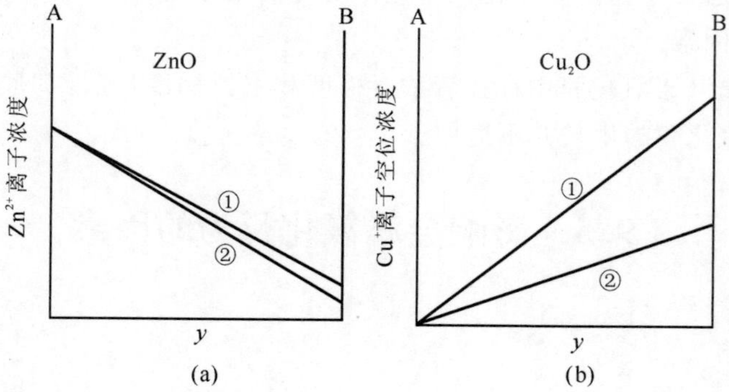

图 9.13　不同氧压下金属离子浓度沿氧化膜厚度的分布示意图

(a) $Zn/ZnO/O_2$ 系；(b) $Cu/Cu_2O/O_3$ 系

A—M/MO 界面，B—MO/O_2；①氧压 10^4 Pa，②氧压 10^3 Pa

(2)对于金属离子不足型氧化膜（p 型半导体），如 $Cu/Cu_2O/O_2$ 体系，氧化反应为

$$\frac{1}{2}O_2 + 2Cu^+ \rightleftharpoons Cu_2O + 2\square_{Cu^+} + 2\square_{e^-} \tag{9.47}$$

式中，$\square_{Cu^+}$ 为膜中 Cu^+ 离子空位；$\square_{e^-}$ 为电子空穴。由质量作用定律，并考虑到 $c_{\square_{Cu^+}} = c_{\square_{e^-}}$，则

$$k = (c_{\square_{Cu^+}} \cdot c_{\square_{e^-}})^2 / p_{O_2}^{1/2} = (c_{\square_{Cu^+}})^4 / p_{O_2}^{1/2}$$

$$c_{\square_{Cu^+}} = A p_{O_2}^{1/8} \tag{9.48}$$

式中，K 和 A 为常数。由于氧化膜增长速率受阳离子空位（$\square_{Cu^+}$）的迁移控制，因此，若氧压增加，$c_{\square_{Cu^+}}$ 增大，则可导致氧化速率增高（见图 9.13(b)）。但若达到了氧的溶解度极限，氧压再增大，对氧化速率的影响则很小。

三、气体介质的影响

混合气氛中的高温腐蚀是个极重要的问题。表 9.7 列出了在 900℃下碳钢和 18—8 不锈钢在混合气氛中的氧化增重。由表可见，大气中含有 SO_2，H_2O 和 CO_2 显著地加速了钢的氧化。在上述试验条件下，18—8 不锈钢比碳钢的抗氧化性能好。但是，在含 H_2O 和 SO_2 或 CO_2 的混合气氛中，碳钢的氧化量比在大气中增加了 2～3 倍，而 18—8 不锈钢则增加了 8～10 倍。气体介质对不同金属和合金氧化影响的差异，是不同氧化膜保护性能的差异所致。

表 9.7　混合气氛中碳钢和 18－8 不锈钢的氧化增重 (900℃,24h)

混合气氛	碳钢氧化增重 mg/cm²	18—8 不锈钢氧化增重 mg/cm²	碳钢与 18—8 钢的氧化增重比值
纯空气	55.2	0.44	138
大气	57.2	0.46	124
纯空气＋2％SO_2	65.2	0.86	76
大气＋2％SO_2	65.2	1.13	58
大气＋5％SO_2＋5％H_2O	152.4	3.58	43
大气＋5％CO_2＋5％H_2O	100.4	4.58	22
纯空气＋5％CO_2	76.9	1.17	65
纯空气＋5％ H_2O	74.2	3.24	23

燃料燃烧产物对金属的高温氧化有着很大影响。随着燃料和空气成分的不同,燃烧产物差异很大。例如,燃汽轮机中的燃气含有 CO_2,CO,H_2O,H_2,O_2,N_2,NO,SO_2,SO_3,NaCl 等气体,以及某些固体微粒。研究表明,随 H_2O 气增加,高温氧化速率大增;而含有 SO_2 的燃气,其腐蚀速率则更大,且随 SO_2 含量的增加而不断增大。介质含氧量高,则高温氧化严重;反之,若限制供氧量,致使燃气中 CO,H_2,H_2S 量提高,甚至使燃气由氧化性变为还原性气体,则可使氧化减缓,或不发生氧化。但不足的空气量必然导致燃烧不完全,经济上是不合算的,因此,应适当控制供氧量,使燃气保持近中性较为合理。实际上完全氧化性或还原性的燃气是不存在的。从化学平衡原理可知,燃气中只要有大量的 CO_2 存在,就必然有 CO 存在;只要发现有 H_2,就必然会有 H_2O。同样若有 H_2S,就会在高温下形成 SO_2,即

$$H_2S + O_2 \longrightarrow H_2 + SO_2$$

$$H_2S + 2CO_2 \longrightarrow H_2 + SO_2 + 2CO$$

只不过氧化性气体中富有 H_2O,SO_2 和 CO_2,而还原性气体中富有 H_2,H_2S 和 CO。介质的含氧量则直接影响到它们的相对含量。

大气或燃烧产物中,含硫气体(包括硫蒸气、SO_2 或 H_2S)加速金属的高温腐蚀,主要是因为形成的腐蚀产物——硫化物——的特性所致。与金属氧化物比较,硫化物有下列特性:

(1)热力学稳定性差,生成自由能比氧化物高。

(2)体积较大,例如 FeS,NiS,MoS,CrS,CuS 等的体积与生成相应氧化物所消耗的金属的体积之比,在 2.5～3.0 之间,因而生成硫化物的内应力较大,使表面膜易于破裂。

(3)晶格缺陷较多,例如 $FeO_{1.055\sim1.10}$,而 $FeS_{1.10\sim1.3}$,因而有利于物质的迁移。

(4)硫化物可能与金属、氧化物或别的硫化物生成低熔点共晶体,例如 Fe - FeS,Ni - NiS,FeO - FeS,MnO - MnS,FeS - MnS 等共晶体的共晶温度分别为 985℃,645℃,950℃,1 350℃和 1 181℃。

碳钢和某些合金钢(尤其在 Cr 含量低于 Ni 含量的钢中),在含硫气体中还可能出现晶间腐蚀现象。这可能是由于硫化物的缺陷多,或生成了低熔点共晶物,从而有利于硫向金属晶界扩散。

金属 Cr 和 Al 可有效地抗硫蚀。含 Cr 高的钢,由于生成 CrS 具有一定的保护性,从而提高了抗 SO_2 腐蚀的能力。

9.6 合金的氧化

一、合金氧化的特点

合金的氧化与纯金属的氧化存在许多相似之处,纯金属氧化中发生的现象,也常会在合金氧化中发生。但是合金至少含有两个组元,存在两个以上可能氧化的成分,其氧化受更多因素的影响,因而合金氧化的行为和机理更为复杂。合金氧化行为的特殊表现如下:

(1)合金组元的选择性氧化。合金各组元对氧有不同的亲和力,与氧亲和力大的组元优先氧化。若此亲和力相差悬殊,甚至可能形成只含有一种合金组分的氧化膜,即发生组元的选择性氧化,而在基体中该组元则相对地贫化。

(2)相的选择性氧化。当合金中各相在界面上化学稳定性或相稳定性有显著差异时,则不稳定相优先氧化,造成合金表层组织不均匀性。

(3)内氧化。如果合金具有一定的氧溶解度,并且氧向合金内部的扩散速率较快,合金中较活泼的组元便在合金内形成氧化物,即发生内氧化。在 Cu 与 Si, Bi, As, Mn, Ni, Ti 等组成的合金中,都可以发现内氧化现象。当合金中较活泼组元的浓度超过某一临界值时,则可能生成该组元的氧化膜,即发生由内氧化转变为选择性氧化。

(4)合金氧化膜的组成和结构有多种可能形式。当合金氧化时,有时可能只有其中一种与氧亲和力特别强的组元生成氧化物;有时则各组成元素均可能发生氧化,生成各种氧化物。因此,合金的氧化膜在一层中可能由两个或两个以上的相组成;而纯金属氧化膜,即使由多层组成,各层往往只是一个相。

(5)合金中各种氧化物之间相互作用可能生成氧化物的固溶体或复合氧化物,形成不同的组成关系。下一节将对此作进一步介绍。

二、合金氧化的分类

实用的合金种类繁多，其氧化行为也各有特点，将合金氧化按反应类型分类是十分必要的，属于同一类型的合金具有相似的氧化特征和规律。现以二元合金为例，分析一下合金可能的氧化形式。设 AB 为二元合金，A 为基体金属，B 为含量少的添加元素，其氧化的可能形式有下列几种不同的情况。

1. 合金中只有一种组分氧化

这种情况通常发生在合金二组元对氧的亲和力相差很大时，依据二组元与氧亲和力的强弱，其又可以进一步区分为两种情况。

(1)合金组元 B 氧化，基体金属 A 不氧化。当基体金属的金属性较强(即和氧的亲和力较小)，氧在其中有一定的溶解度，而添加组分为金属性较负的金属(和氧的亲和力较大)，这两种金属组成的合金氧化时，将发生这种情况。如果合金元素 B 向外扩散的速率很快，则在合金表面上生成 BO 氧化膜(见图 9.14(a))。即使在氧化初期，合金表面上生成了氧化物 AO，但由于 B 组分与氧亲合力大，将发生置换反应($AO+B \longrightarrow A+BO$)，而转变为 BO，这就是选择性氧化。如果氧在合金中有一定的溶解度，且其扩散速率很快，则 B 组元的氧化将发生在合金内部，生成 BO 氧化物颗粒(见图 9.14(b))，这就是内氧化。在 Ag 与 Cu，Al，Cd 等组成的合金中，以及在 Cu 和 Si，Bi，Mn，Ni，Ti 等组成的合金中，都可发现内氧化现象。这一现象可被应用于制造弥散强化合金，以及对含有 Cr 和 Al 合金元素的氮化钢进行表面硬化处理。

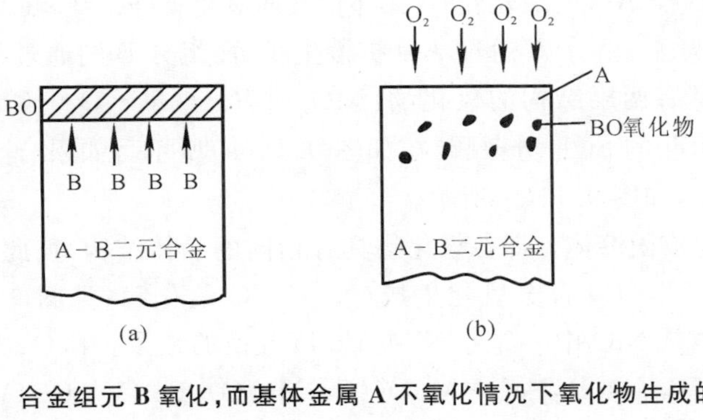

图 9.14　合金组元 B 氧化，而基体金属 A 不氧化情况下氧化物生成的示意图

(2)基体金属 A 氧化，合金组元 B 不氧化。当合金元素 B 与氧亲和力比较小，且其含量低时，容易出现这种情况。例如一般的钢，其氧化膜基本上是由铁的氧化物组成。在这种情况下，合金的氧化在形态上有两种：一种是在氧化物 AO 膜内溶有合金组分 B，如图 9.15(a)所示；另一种是在邻近 AO 膜层的区域，B 组分含量比正常的多，即 B 组分在合金表面层中发生了富集现象，如图 9.15(b)所示。产生这两种情况的机制尚不清楚，一般认为与反应速率有关。

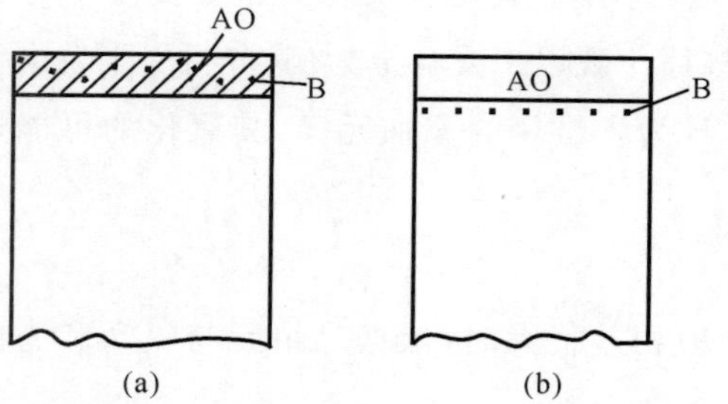

图 9.15 只有合金的基体金属 A 发生氧化生成的氧化膜的示意图

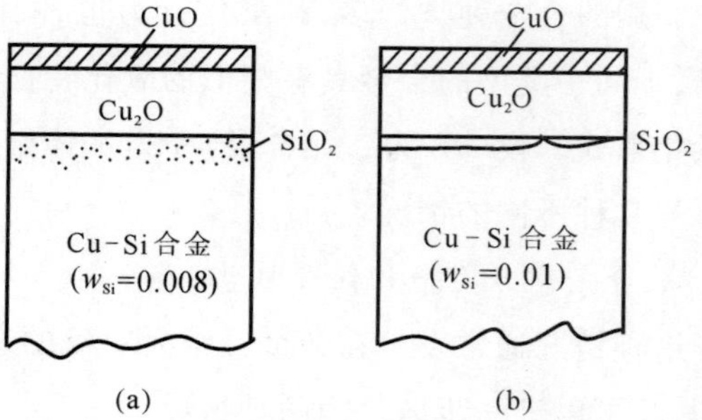

图 9.16 Cu-Si 合金在空气中氧化的示意图

2. 合金的两组分同时氧化

当 AB 合金的二组元对氧的亲和力相差不大，且环境中的氧压比两组分氧化物的分解压都大时，合金两组分可同时氧化。合金表面氧化膜的结构与两种金属氧化物间的相互作用和溶解性质有关，可发生下列三种情况。

(1)两种氧化物互不溶解。这种情况下，合金表面通常只形成基体组分 A 的氧化物。在氧化初期，虽然生成了 AO 和 BO 两种氧化物，但由于 A 的量占绝对多数，因此氧化膜几乎都是 AO。根据互不溶解的条件，B 不向 AO 层中迁移。在以后的氧化进程中，由于 A 向外扩散，AO 逐渐长大，生成净 AO 的氧化膜；B 在邻近表面氧化膜处富集，在此处生成 BO，成为混合氧化膜的内层。实际上，组分 A 通过 AO 扩散生长，而组分 B 则通过 BO 层扩散生长。例如在 Ni-Cr 合金上具有两层结构的氧化物：NiO-NiO+$NiCr_2O_4$。Cu-Si 合金，在 CuO，Cu_2O 层下生成了内氧化的 SiO_2 分散颗粒，如图 9.16(a)所示。如果合金中含 Si 量较多，则可生成连续的 SiO_2 层，如图 9.16(b)所示。

(2)两种氧化物生成固溶体。即各氧化物具有相同的晶体结构，彼此互溶，组分间并无定量的比例关系。例如，Ni-Co 合金氧化生成(Ni，Co)O 氧化膜(见图 9.17)，其晶体结构与 NiO 相同，它可以看做是 NiO 中一部分 Ni 被 Co 所置换的结果。FeO-NiO(可表示为(Fe，Ni)O)，FeO-CoO((Fe，Co)O)，FeO-MnO((Fe，Mn)O)，Fe_2O_3-Cr_2O_3($(Fe,Cr)_2O_3$)等皆为固溶体型氧化物。

(3)两种氧化物生成化合物型复杂氧化物。其特征是各氧化物按一定的比例关系构成一种新氧化物，可以用分子式 mAO · nBO 表示。最具实际意义的是形成具有良好抗氧化性能的尖晶石型复合氧化物，如镍基合金的氧化物 NiO · Cr_2O_3(即 $NiCr_2O_4$)(见图 9.17)。如果合金组分不等于化合物的组成比，将形成如图 9.17(c)所示的多种氧化物组成的膜层。常见的具有尖晶石晶格的氧化物相如表 9.8 所示。

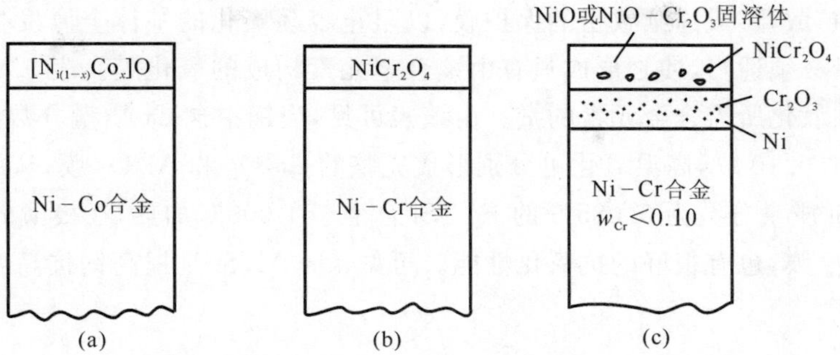

图 9.17 Ni-Co,Ni-Cr 合金氧化膜组成示意图

总之，合金的氧化膜的组成和结构要比纯金属的复杂得多。

表 9.8 具有尖晶石晶格的氧化物相

氧化物基型	复合氧化物相	a/nm	氧化物基型	复合氧化物相	a/nm
以 Fe_2O_3 为基	$MnO \cdot Fe_2O_3$	0.857	除铁以外的其他金属的氧化物	$CoO \cdot Cr_2O_3$	0.832
	$TiO \cdot Fe_2O_3$	0.850		$NiO \cdot Cr_2O_3$	0.831
	$CuO \cdot Fe_2O_3$	0.844		$CuO \cdot Al_2O_3$	0.806
	$CoO \cdot Fe_2O_3$	0.837		$ZnO \cdot Al_2O_3$	0.807
	$NiO \cdot Fe_2O_3$	0.834		$MgO \cdot Al_2O_3$	0.807
以 FeO 为基	$FeO \cdot Cr_2O_3$	0.835	三价金属纯氧化物	$\gamma-Fe_2O_3$	0.832
	$FeO \cdot Al_2O_3$	0.810		$\gamma-Al_2O_3$	0.790
	$FeO \cdot Fe_2O_3$	0.838		$\gamma-Cr_2O_3$	0.774
	$FeO \cdot V_2O_3$	0.840			

三、提高合金抗氧化的途径

耐氧化的金属材料可分为两类。一是贵金属，如 Au，Pt 等，其热力学稳定性高，不与氧发生作用；二是与氧的亲和力强，且生成致密的保护性氧化膜的金属和合金，如 Al，Cr，耐热合金等。工程中很少使用贵金属，而是利用第二类金属的性质，通过合金化提高其抗氧化性能。用合金化提高金属材料的抗氧化性能，一般有以下四种途径。

1. 通过选择性氧化生成优异的保护膜

加入的合金元素与氧的亲和力应大于基体金属与氧的亲和力，且其离子半径比基体金属小，易于向表面扩散，形成连续致密的保护膜，以阻止容易氧化的基体金属发生氧化。为此合金元素的加入量必须适当，使之形成只有由该合金元素构成的氧化膜。表 9.9 列出了一些合金中产生选择性氧化所需合金元素的量。由该表可见，当钢中含 Cr 质量分数大于 0.18，或含 Al 质量分数大于 0.10 时，高温氧化可分别形成完整的 Cr_2O_3 和 Al_2O_3 膜，从而提高了钢的抗氧化能力。含 Si 质量分数为 0.085 5 的 Fe－Si 合金于 1 000℃加热，在极薄的 Fe_2O_3 膜下能生成白色的 SiO_2 膜，也有很好的抗氧化性能。可见，Cr，Al，Si 是提高钢抗高温氧化的极重要的合金元素。

表 9.9　一些合金产生选择性氧化所需合金元素的量

合金	产生选择性氧化所需合金元素的质量分数	产生选择性氧化的温度/℃	选择性氧化生成的氧化物
铬钢	$w_{Cr}>0.18$	1 100	Cr_2O_3
铝钢	$w_{Al}>0.10$	1 100	Al_2O_3
黄铜	$w_{Zn}>0.20$	>400	ZnO
铝青铜	$w_{Al}>0.025$		Al_2O_3
铜-铍合金	$w_{Be}>0.01$	赤热	BeO
铝-铍合金	$w_{Be}=0.002$	630	BeO
铝-铍合金	$w_{Be}=0.03$	500	BeO
铝-镁合金	$w_{Mg}=0.000\ 3$	650～660	MgO
铝-镁合金	$w_{Mg}=0.001$	620	MgO
铝-镁合金	$w_{Mg}=0.014$	400	MgO

2. 使生成具有尖晶石结构的复合氧化物膜

尖晶石型复合氧化物的通式为 $AO \cdot B_2O_3$。尖晶石具有复杂致密的结构。离子在这种膜中的移动速率缓慢，这不是由于晶格缺陷浓度减小，而是因为迁移所需的激活能增大所致。到目前为止，尖晶石晶格中离子的扩散机理尚不清楚，但其优异的抗氧化性能是明显的。例如，优秀的耐热钢中都含有质量分数大于 0.10 的 Cr，虽然还达不到发生选择性氧化的含 Cr 质量分数，但可形成尖晶石型复合氧化物 $FeO \cdot Cr_2O_3$（即 $FeCr_2O_4$）。对 Ni－Cr 合金，则生成 $NiO \cdot Cr_2O_3$尖晶石型氧化物。它们都有优良的抗高温氧化性能。

3. 控制氧化膜的晶格缺陷浓度，降低离子的扩散速率（原子价规律）

根据金属氧化物的半导体性质，按照其晶格类型的不同，加入不同价位的合金元素，可以改变氧化膜中的晶格缺陷密度，以增强合金的抗氧化能力。

(1)对于金属过剩型氧化物(n型半导体氧化物),若向基体金属中加入少量原子价较高金属元素,比如Zn中加入Al,氧化物点阵某些结点的Zn^{2+}为Al^{3+}所取代,为了维持电中性,间隙离子的数量减少,Zn^{2+}的扩散速率降低,金属的氧化速率变慢。反之,若加入较低价的合金元素,如Zn中加Li,间隙Zn^{2+}数量增多,扩散速率增大,金属氧化速率加快。

(2)对于金属不足型氧化物(p型半导体氧化物),若向基体金属中加入少量原子价较高的金属元素,比如Ni中加入Cr,为了维持电荷平衡,在NiO点阵中将出现更多的阳离子空穴和电子空穴,Ni^{2+}和它们的换位更为便利,促进金属更快氧化。相反,若加入较低价的合金元素,如Ni中加入Li,NiO中阳离子空穴和电子空穴相应减少,Ni^{2+}扩散速率减小,氧化速率减慢。

上述规律称为控制合金氧化的原子价规律,也叫哈菲(Hauffe)原子价规律。它是在大量实验基础上提出来的,只适用于氧化物的固溶极限以下,而且氧化反应只受扩散控制的情况。应当注意,合金化对材料氧化速率的影响受制于多种因素,需要综合分析。例如镍中加入铬,按原子价规律将降低抗氧化性,实际上当含铬质量分数大于0.10时,却显示出优异的抗氧化性。这主要是因为形成了尖晶石型复合氧化物,离子扩散激活能剧增,扩散系数锐减的结果。此外,当选择性氧化时,原子沿晶扩散等都会影响氧化过程。

4. 增强氧化物膜与基体金属表面的粘附力

提高氧化膜与基体金属表面的粘附力是增强合金抗氧化能力的重要措施。研究表明,在耐热钢及耐热合金中加入稀土元素能显著地提高其抗氧化能力。例如,在Fe-Cr-Al电热合金中加入稀土元素Ce,La,Y显著地提高了它们的使用温度及寿命。其主要原因就是由于加入稀土元素后,增强了氧化膜与基体金属的结合能力,使氧化膜不易破坏和脱落,从而显著地改善了钢和合金的抗氧化性能。

四、铁和耐热合金钢的抗氧化性*

耐热合金钢(简称耐热钢)是指在高温下抗氧化性好并具有一定热强性的铁基合金。因此,首先需要了解铁的氧化特性。

1. 铁的高温氧化

当钢铁在空气中加热时,在较低温度下(200~300℃)表面便开始出现可见的氧化膜,随着温度升高,氧化膜逐渐增厚。钢铁氧化膜的结构比较复杂。温度低于570℃,仅生成Fe_2O_3和Fe_3O_4(见图9.4(a))。Fe_2O_3是n型半导体,Fe_3O_4是p型半导体。它们的晶体缺陷少,结构致密,特别是Fe_3O_4具有尖晶石型复杂立方结构,是铁氧化皮中结构最致密、抗氧化性能最好的氧化物。温度超过570℃,在氧化膜的内层生成FeO。整个氧化皮从内到外由FeO,Fe_3O_4和Fe_2O_3三种氧化物组成(见图9.4(b))。其中FeO层最厚,约占整个膜厚的90%。FeO是p型半导体,而且结构疏松,具有高浓度的Fe^{2+}空位,致使Fe^{2+}快速扩散和氧化物迅速生长。因此,570℃以下铁的氧化速率是比较低的;高于570℃,其抗氧化性则急剧下降。表9.10示出钢在不同温度时氧化速率的大小。可见，570℃通常是普通钢铁连续可用的上限。当温度比570℃更高时，氧化和脱皮更趋于严重。

表 9.10 钢在热空气中的氧化※

温度 ℃	氧化速率 mg/(dm² · d)	温度 ℃	氧化速率 mg/(dm² · d)	温度 ℃	氧化速率 mg/(dm² · d)
100	0	500	62	900	5 710
200	3.3	600	463	1 000	13 500
300	12.7	700	1 100	1 100	20 800
400	45	800	4 490	1 200	39 900

※软钢在所给定温度下的空气中暴露 24 h。

气相的组成对铁的高温腐蚀有强烈的影响，特别是水蒸气和硫的化合物影响最大，如表 9.11 所示。

表 9.11 工业气体成分对碳钢气体腐蚀的影响

气体成分	相对腐蚀量	气体成分	相对腐蚀量
单纯空气	100	空气＋H_2O ($\varphi(H_2O)=0.05$)	135
空气＋SO_2($\varphi(SO_2)=0.02$)	118	空气＋H_2O＋SO_2($\varphi(H_2O)=0.05$，$\varphi(SO_2)=0.05$)	276

2. 耐热钢的抗高温氧化性

如前所述，纯铁和普通钢是不耐高温氧化的。为了提高钢铁的抗高温氧化性能，依照9.6节所述的原则，采取了综合合金化的办法。实践证明，铬是提高钢抗氧化性能的最有效的元素。当 Fe－Cr 合金在高温下腐蚀时，发生铬的选择性氧化并生成尖晶石氧化物 $FeO \cdot Cr_2O_3$（即 $FeCr_2O_4$），显著提高了钢的抗氧化性能。铝和硅也有良好的抗氧化作用（见图 9.18），因此许多耐热钢中都含有不同数量的 Cr，Al 和 Si。但是 Al 或 Si 的质量分数过大，会使钢的加工性恶化，所以钢中 Al 及 Si 的质量分数通常分别不超过 0.08 及 0.04。耐热钢除了要求抗氧化性能外，还要求具有一定的热强性，为此常加入 Mo，W，V，Nb 和 Ti 等元素。

合金元素的大量加入对钢的显微组织产生明显的影响。Cr，Al 和 Si 都是铁素体形成元素，高铬钢，如 Cr17，Cr25 等便成为铁素体耐热钢。钢中加入镍对抗氧化性能几乎无什么影响，但在高铬钢中加入适量的镍，能获得奥氏体组织，提高钢的高温强度和高温蠕变性能，因此高Cr铁素体钢和高Cr-Ni奥氏体钢（如1Cr18Ni9Ti，4Cr14Ni14W2Mo等）是最主要的耐热合金钢，它们的使用温度可达850～1 100℃。含Cr质量分数较低的马氏体耐热钢（如Cr13类型钢）的抗氧化温度为700～800℃，而普通的珠光体型低合金钢的使用温度一般不超过600℃。

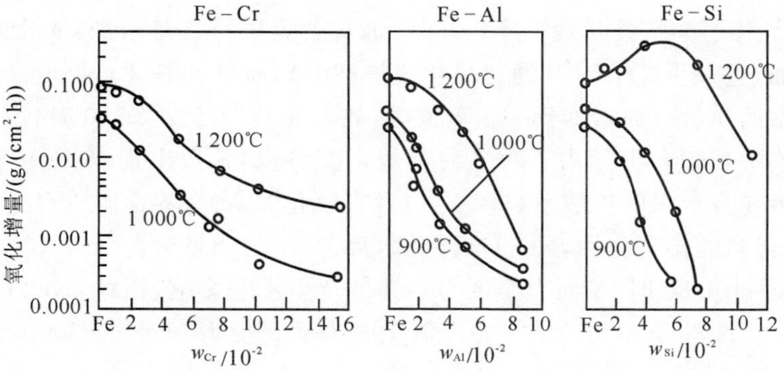

图9.18　Fe-Cr合金，Fe-Al合金，Fe-Si合金的高温氧化（氧化时间1 h）

五、镍基高温合金的抗氧化性*

镍基合金是目前在高温高负荷条件下使用的优良耐蚀合金。镍氧化时只生成p型半导体NiO膜，其氧化反应速率和氧化膜增长速率都显著低于Fe和Co。由于NiO的晶格常数小和晶体中阳离子空穴浓度低，NiO锈皮具有很好的致密性和低的氧化速率。此外，NiO具有优良的高温塑性，并与基体镍有近似的热膨胀系数，这使锈皮在应力和温度交变作用下能牢固地附着在基体表面而不脱落。但是NiO表面可大量吸附氧，镍中溶解氧的能力也比Fe，Co强，因此镍基合金易发生内氧化。镍的高温抗氧化性优于Fe和Co，而略低于铬。镍的抗氧化温度可达1 100℃，并具有良好的抗高温碳蚀、氮蚀、卤素气体腐蚀，但是在含硫的气体中其腐蚀抗力较差。

铬与氧的亲和力强，其在300～1 000℃间氧化生成稳定的刚玉型密排六方结构的p型半导体氧化物Cr_2O_3。由于Cr_2O_3生长速率缓慢，被认为是具有最好抗氧化性的一种氧化物。虽然Cr_2O_3与金属铬的热膨胀系数差别很大，且其性质较脆，在热应力作用下氧化皮容易开裂和脱落，金属铬不宜作为合金的基体金属，但是铬作为主要合金元素加入镍中，可以显著地提高合金的抗氧化性。值得注意的是，铬的加入量必须适当。当铬含量较低时，即在纯Ni中加入少量铬，主要生成NiO膜，高价离子Cr^{3+}溶解于p型半导体NiO中，其掺杂作用的效果是增加了NiO的空位浓度，反而使Ni的氧化速率增大。当铬的质量分数超过0.05时，合金中的铬开始发生内氧化，生成了 Cr_2O_3。铬含量进一步增加，内氧化区中的 Cr_2O_3 数量增多。随着外氧化膜向金属中推进，内氧化的 Cr_2O_3 颗粒便被 NiO 包围。NiO 和 Cr_2O_3 固态反应的结果生成了 $NiCr_2O_4$，即

$$NiO + Cr_2O_3 \longrightarrow NiCr_2O_4 \tag{9.49}$$

所生成的 $NiCr_2O_4$ 质点作为第二相保留在 NiO 膜中。由于金属阳离子通过 $NiCr_2O_4$ 尖晶石氧化物扩散比通过 NiO 慢得多，$NiCr_2O_4$ 对 Ni^{2+} 扩散的阻挡作用超过了 Cr^{3+} 的掺杂效应，Ni - Cr 合金的氧化速率常数开始下降。并且，随着合金中铬含量增加，氧化膜中 $NiCr_2O_4$ 所占体积分数增加，进一步减小 Ni^{2+} 通过氧化膜扩散的总通量，Ni - Cr 合金的氧化速率常数持续下降。但当铬的质量分数增加到一临界值时，如 1 000℃下大约 0.10 时，由于此时合金表面形成的外氧化膜中 Cr_2O_3 开始占了较多的分数，氧化速率常数出现骤降，达到与纯铬相近的水平。考虑到铬在合金中的扩散系数较小，以及在氧化膜/合金界面附近合金一侧处含铬量可能下降，为了获得高的抗氧化性，Ni - Cr 合金通常含 Cr 的质量分数为 0.18～0.20。然而，当 Cr 的质量分数超过 0.30 时，又对合金的力学性能产生不利影响，因此，Ni80Cr20 为镍基高温合金的基本组成。Ni80Cr20 合金在 400℃氧化时表面锈皮为 NiO；在 500～700℃时，氧化皮为 Cr_2O_3；高于 800℃时，表面锈皮为尖晶石型 $NiCr_2O_4$ 和少量的 Cr_2O_3，NiO。$NiCr_2O_4$ 在表面锈皮中的出现，不仅提高了锈皮的致密性，而且由于它的热膨胀系数与合金近似，在热应力下不易脱落，表现出优良的抗氧化性能。

Ni - Cr 二元系中加入 W，Mo 等元素可增加合金的固溶强度，提高基体的再结晶温度，并降低基体中原子的扩散速率，它们对合金的抗氧化性也有一定的影响。当温度低于 1 000℃时，W 的加入，在提高合金固溶强度的同时，能抑制 Cr 的扩散。当温度超过 1 000℃时，其中的 W 和 Mo 合金元素都要被氧化成有较大结构应力的 WO_3 和易挥发的 MoO_3。WO_3 使外锈皮在热应力下容易从合金表面剥落，MoO_3 增加了锈皮的不连续性和锈皮中的孔洞。

Ni - Cr 系中加入 A1 和 Ti，可形成 Ni_3(A1，Ti)强化相。Ni - Cr - Al - Ti 是复相高温合金，不同相表面上膜的物理化学稳定性、氧化速率和锈皮组成均有差别，因此，从高温氧化一开始，表面就出现不均匀的氧化并形成具有复相结构的锈皮。

在 Ni - Cr 二元合金中固溶少量 Si，Mn，Y，Th 等元素，会增加锈皮与合金基体的结合力。并且由于形成 $MnCr_2O_4$ 尖晶石型氧化物，阻碍了 CrO_3 的形成，可使氧化速率降低，内氧化也减轻了。但是 Ni - Cr 合金在温度超过 1 000℃，并在高氧压条件下，Cr_2O_3 与 O_2 反应能生成气态的 CrO_3，即

$$\frac{1}{2}Cr_2O_3(s) + \frac{3}{4}O_2(g) = CrO_3(g) \tag{9.50}$$

在这种条件下，一方面氧化膜的生长速率按抛物线规律增厚，另一方面 Cr_2O_3 与氧反应后，又以 CrO_3 形态挥发，使氧化膜不断变薄。总的氧化速率为膜的生长和挥发两个过程速率的加和。高于 1 000℃，CrO_3 的局部挥发破坏了氧化膜的连续性，合金表面开始出现晶界氧化和疏松组织层，使合金的抗氧化性能急剧恶化，需要采取表面涂层加以防护；而在 1 000℃以下这种

合金的抗氧化性能是很优良的。

镍基高温合金种类很多。例如，我国的变形镍基高温合金 GH33 合金（成分为 $w_{Cr}=0.20$，$w_{Ti}=0.02$，$w_{Al}=0.01$，$w_{Si}\leqslant 0.01$，$w_{C}=0.001$，余量为 Ni）常用来制造燃气轮机叶片；GH128 合金（其成分为 $w_{Cr}=0.20$，$w_{Mo}=0.08$，$w_{W}=0.08$，$w_{Ti}=0.006$，$w_{C}<0.0005$，其余为 Ni），用于制造发动机火焰筒加力燃烧室等。铸造镍基合金 K－38（相当于 In738，其成分为 $w_{Cr}=0.16$，$w_{Co}=0.09$，$w_{Mo}=0.02$，$w_{W}=0.025$，$w_{Ti}=0.03$，$w_{Al}=0.03$，$w_{Ta}=0.02$，$w_{C}=0.0015$，其余为 Ni）常用于制造舰用燃气轮机叶片。镍基耐热合金抗氧化性能的改善，大大提高了发动机的许用温度和使用寿命，推动了航空、航天和航海事业的发展。

9.7 金属材料的热腐蚀*

一、热腐蚀及其特征

煤、油等各种燃料燃烧后产生的混合气氛中常含有少量的硫及其他一些杂质，如低熔点的盐类 Na_2SO_4，K_2SO_4 和低熔点氧化物 V_2O_5 等，它们沉积于被氧化的金属表面，形成熔盐，使原来金属表面的保护性氧化膜破坏，从而造成对基体金属材料的加速腐蚀现象。这种高温腐蚀破坏过程不同于单纯的高温氧化，故将其称为热腐蚀（Hot Corrosion）。

热腐蚀通常表现出如下的特征：

（1）金属材料的腐蚀是在覆盖着熔融的硫酸盐或其他化合物薄层下进行的高温腐蚀，如图 9.19 所示。

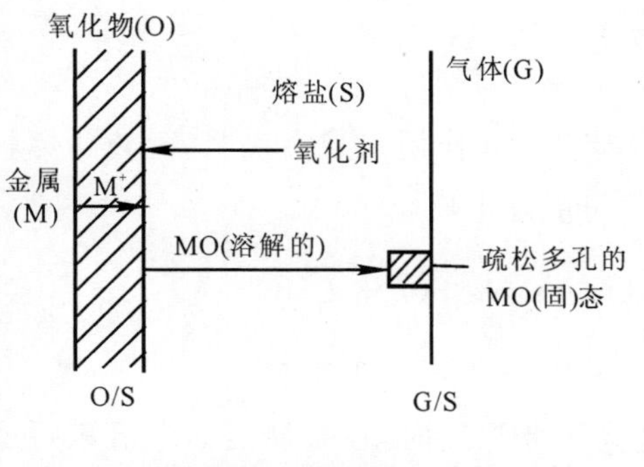

图 9.19 金属热腐蚀体系构成示意图

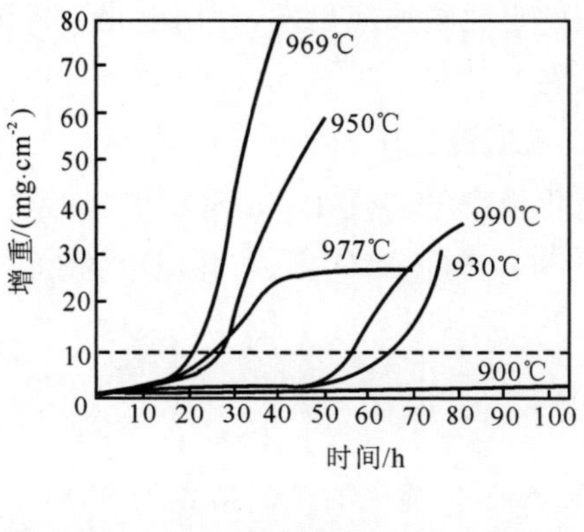

图 9.20 In738 合金在压力为 10^5 Pa 的 O_2 中的增重曲线

（表面涂有 1 mg/cm^2 的 Na_2SO_4）

（2）根据动力学曲线（见图 9.20），热腐蚀明显地分为两个阶段：孕育期和加速腐蚀期。在孕育期内，合金的腐蚀速率较小；而一旦进入加速期，则腐蚀速率迅速增大，并伴有腐蚀产物的大量剥落，往往造成灾难性的腐蚀后果。

(3)由于熔盐的生成和存在有一定的温度界限，热腐蚀发生也有一定的温度区间。

(4)在腐蚀形态上，热腐蚀的表面层为疏松多孔的、无附着力的氧化物和硫化物的混合物，在合金的内部则往往存在着沿晶界分布的硫化物。

(5)热腐蚀过程常常伴有固态介质(燃灰颗粒)的冲刷作用(冲刷腐蚀)和粘合产物(如积碳)。

热腐蚀介质中的熔盐，包括硫酸盐、碳酸盐、硝酸盐、氯化物、氢氧化物及低熔点氧化物。其中最为常见的是硫酸盐，如硫酸钠。通常将在 Na_2SO_4 熔点(884℃)以上温度产生的热腐蚀称为Ⅰ型热腐蚀，或高温热腐蚀；而将在 Na_2SO_4 熔点以下温度产生的热腐蚀称为Ⅱ型热腐蚀，或低温热腐蚀。热腐蚀介质中常见的低熔点氧化物为 V_2O_5。由 V_2O_5 引起的热腐蚀，则称为钒蚀。

由于燃烧产物成分的复杂性，及构件表面上所生成熔融盐膜组成的多样性，因此，不同环境状态下金属热腐蚀的机制不完全一样。本节将重点分析硫酸盐导致的高温热腐蚀的机理及影响因素，并扼要介绍低温热腐蚀和钒蚀的基本特性。

二、典型热腐蚀——硫酸盐高温热腐蚀——的机理

有关高温热腐蚀的机理，早期的研究比较注重硫的作用，因此提出了硫化模型；以后的研究发现，氧化物在熔盐中的溶解度对热腐蚀有着重要作用，提出了酸-碱熔融模型。此外，还从熔盐膜的电化学反应出发，利用电化学机理来解释金属的热腐蚀行为。下面就分别介绍上述三种模型。

1. 硫化模型

硫化模型强调硫在 Na_2SO_4 引起的热腐蚀中起着主导作用。观察表明，含硫的燃料燃烧时生成 SO_2，SO_3 等气体，与环境中的 O_2，NaCl 等可能发生反应

$$2NaCl + SO_2 + \frac{1}{2}O_2 + H_2O \longrightarrow Na_2SO_4 + 2HCl \tag{9.51}$$

$$2NaCl + SO_3 + H_2O \longrightarrow Na_2SO_4 + 2HCl \tag{9.52}$$

生成 Na_2SO_4。纯硫酸钠的熔点为 884℃，当温度高于此温度时，在金属表面上沉积一层硫酸钠熔盐膜。由硫酸钠熔盐诱导的热腐蚀过程分为两个步骤：

(1)从硫酸钠中还原出来的硫与合金组元形成硫化物。当它们在高温下与金属接触时，形成液态金属-金属硫化物共晶，其反应式如下：

$$Na_2SO_4 + 3R == Na_2O + 3RO + S \tag{9.53}$$

$$M + S = MS \tag{9.54}$$

$$M + MS = M \cdot MS(\text{共晶}) \tag{9.55}$$

式中，R 表示某还原性的组分；M·MS 为金属和金属硫化物共晶，如 Ni·NiS(共晶温度为 644℃)，Co·CoS(共晶温度为 880℃)。

(2) M·MS 共晶被穿过盐膜的氧分子所氧化，而释放出硫化物。这些硫化物可再次与金属基体的组元形成共晶，即

$$M \cdot MS + \frac{1}{2}O_2 = MO + MS \tag{9.56}$$

$$M + MS = M \cdot MS(\text{共晶})$$

从而使硫化共晶反应持续进行。此外，金属表面的硫化物也可以被氧化，释放出的硫进一步向内扩散，在金属深处形成硫化物。上述各个过程的不断进行，便导致了金属的严重损耗，如图 9.21 所示。

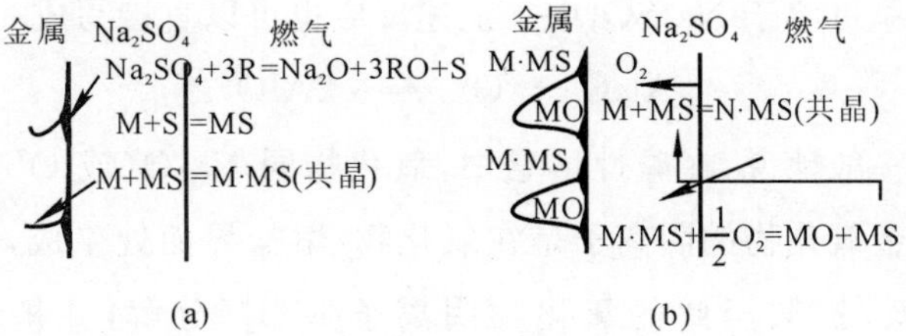

图 9.21　高温热腐蚀硫化模型示意图

(a)初始阶段；(b)腐蚀阶段

2. 酸-碱熔融模型

实验曾证实，在合金表面分别涂覆 Na_2CO_3，$NaNO_3$ 及 Na_2SO_4 三种不同盐膜，它们的热腐蚀动力学并没有多大的区别。因此有研究者认为，热腐蚀并非由于合金的硫化而导致氧化加速，而主要是与防护性的氧化物层在熔盐中溶解有关。

由 Na－O－S 平衡图可知，高温下 Na_2SO_4 的稳定性取决于 SO_3 和 O_2 的分压，并存在如下反应关系，即

$$Na_2SO_4 = Na_2O + SO_3 \tag{9.57}$$

故可把 Na_2SO_4 看成是由酸性组分 SO_3 和碱性组分 Na_2O 组成(碱性组分可以取 Na_2O，也可以取氧离子 O^{2-}，两者具有同等的效果)。这样，熔盐的溶解反应可区分为酸性熔融和碱性熔融。

当 Na_2SO_4 熔盐中酸性组分(SO_3)增加到足够高时，金属表面氧化物同 SO_3 反应，并以阳

离子形式溶解于熔盐中。例如：

$$Al_2O_3 + 3SO_3 \longrightarrow Al_2(SO_4)_3 \tag{9.58}$$

反应产物 $Al_2(SO_4)_3$ 溶于 Na_2SO_4 中，则有

$$Al_2(SO_4)_3 \longrightarrow 2Al^{3+} + 3SO_4{}^{2-} \tag{9.59}$$

$$SO_4^{2-} \longrightarrow SO_3\uparrow + O^{2-} \tag{9.60}$$

此称为酸性熔融。一般地说，在酸性熔融中氧化物同 SO_3 反应，并以阳离子形式溶解于熔盐中。金属阳离子在合金/熔盐界面上生成，并向熔盐/气体界面扩散，在那里与 O^{2-} 作用，形成疏松多孔的金属氧化物层。

当 Na_2SO_4 熔盐中 O^{2-} 活度较高时，金属氧化物同 Na_2O 反应，并以阴离子形式溶解于熔盐中。例如：

$$Al_2O_3 + Na_2O \longrightarrow 2NaAlO_2 \tag{9.61}$$

反应产物 $NaAlO_2$ 可溶于 Na_2SO_4 中。上述反应也可以直接写成

$$Al_2O_3 + O^{2-} = 2AlO_2^- \tag{9.62}$$

此称之为碱性熔融。一般地说，在碱性熔融中，氧化物同 Na_2O（或 O^{2-}）反应，并以阴离子形式溶解于熔盐中。合金氧化物的阴离子是在氧化物/熔盐界面处生成，并向熔盐/气体界面扩散，在那里 O^{2-} 活度低，扩散至此的氧化物阴离子 MO_2^- 分解，并析出新的疏松的氧化物(MO)。原先的致密氧化膜在氧化物/熔盐界面处溶解，新的疏松氧化物层在熔盐/气体界面析出，维持了熔盐内氧离子的负梯度，使反应不断地进行下去，直至合金表面的盐膜耗尽为止。热腐蚀生成的表面膜疏松多孔，并且非常容易剥落。

不同的金属氧化膜均存在着酸性溶解或碱性溶解的可能性。热腐蚀时氧化膜的溶解机制与 Na_2O 有极大的关系。通常氧化物在 Na_2SO_4 熔盐中的溶解度随 Na_2O 活度而变化，并存在一个最小的溶解度。例如，当 Na_2O 活度为 10^{-10} 时，NiO 在 Na_2SO_4 熔盐中的溶解度达到最低（见图 9.22）；当 Na_2O 活度超过 10^{-10} 时，NiO 的溶解度随 Na_2O 活度增加而增加，此时发生的反应为 $2NiO + O^{2-} + \frac{1}{2}O_2 = 2NiO_2{}^{2-}$，即发生碱性溶解；当 Na_2O 活度低于 10^{-10} 时，NiO 的溶解度随 Na_2O 活度减小而增加，此时发生的反应为 $NiO = Ni^{2+} + O^{2-}$，即发生酸性溶解。其他氧化膜也表现出类似的溶解行为，如图 9.23 所示。一般地说，随着熔盐中 Na_2O（或 O^{2-}）活度增加，金属氧化物溶解度增大，为碱性溶解；而随着熔盐中 Na_2O（或 O^{2-}）活度减小，金属氧化物溶解度增大，则为酸性溶解。当然各种离子的稳定性是不同的，对一种氧化膜能导致酸性溶解的条件，对另一种氧化膜则可能引起碱性溶解。不同氧化膜的溶解度

曲线依据自身的相对稳定性，在图 9.23 中向左或向右移动。

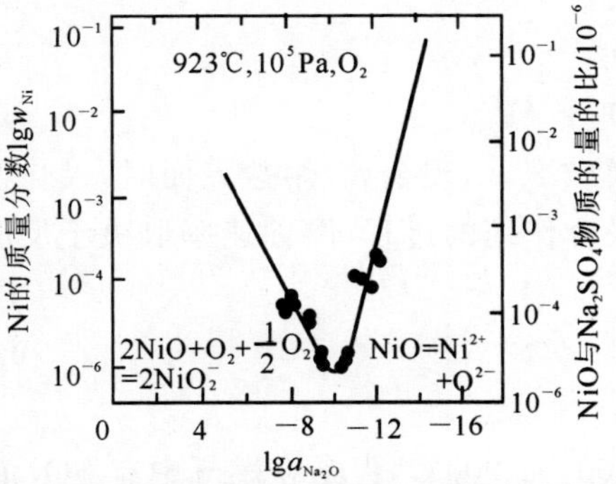

图 9.22　NiO 在熔融的 Na_2SO_4 中溶解度的变化

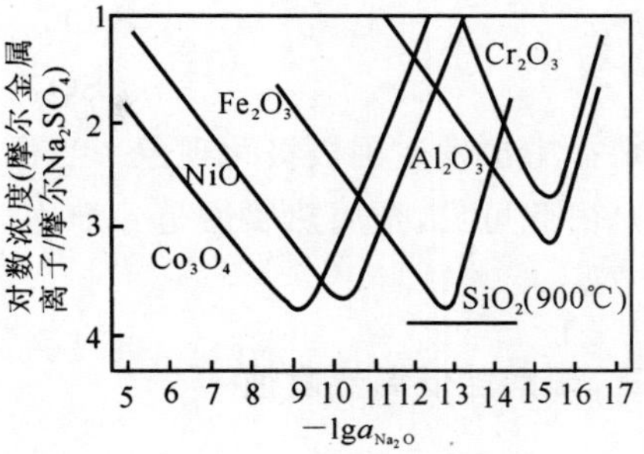

图 9.23　1200K 和压力为 10^5 Pa 的 O_2 条件下几种氧化物在熔融的 Na_2SO_4 中的溶解度曲线

3. 电化学模型

熔融的液态硫酸钠为良好的电解质，它对金属的腐蚀行为类似于水溶液。在金属/氧化膜/熔盐/气体的体系中，既有化学反应，又有电化学反应，即

气相成分与熔盐间为化学反应，如 SO_3 溶解于 Na_2SO_4 中，

$$SO_3 + SO_4^{2-} \rightleftharpoons S_2O_7^{2-} \tag{9.63}$$

在金属与氧化膜界面，为金属氧化的电化学反应，即

$$M \longrightarrow M^{2+} + 2e \tag{9.64}$$

在金属氧化膜与熔盐之间存在电化学反应，阳极反应为氧化物的酸性或碱性溶解；阴极反应为氧化剂的还原，如图 9.24 所示。

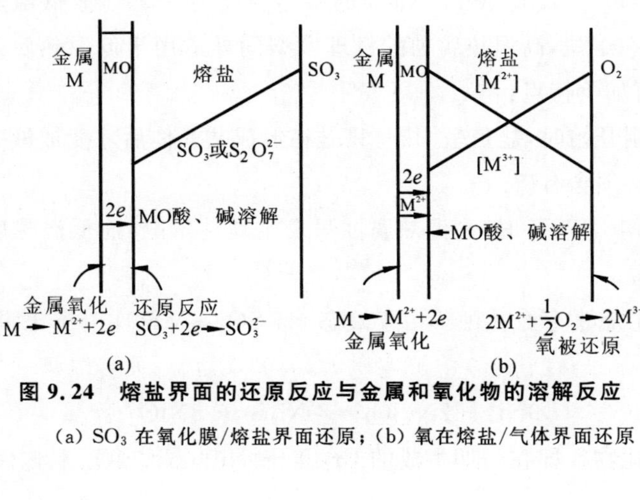

图 9.24　熔盐界面的还原反应与金属和氧化物的溶解反应

(a) SO_3 在氧化膜/熔盐界面还原；(b) 氧在熔盐/气体界面还原

阴极氧化剂为 SO_3 或 $S_2O_7^{2-}$，碱性还原与水溶液中相类似。

$$SO_3 + 2e \longrightarrow SO_2 + O^{2-} \longrightarrow SO_3^{2-} \tag{9.65}$$

$$S_2O_7^{2-} + e \longrightarrow SO_4^{2-} + SO_3^- \tag{9.66}$$

$$SO_3^- + e \longrightarrow SO_2 + O^{2-} \tag{9.67}$$

熔盐中也发生阴极极化现象。当保护性氧化膜破裂，出现金属/熔盐界面时，极化便可能发生。由此可见，金属热腐蚀是一个化学-电化学联合作用的过程，腐蚀速率取决于反应最慢的环节。

三、硫酸盐低温热腐蚀

一般高温合金产生热腐蚀的温度范围大约为800～1 000℃，但是在燃气中有 SO_3 存在的条件下，由于 SO_3 与构件表面上的金属氧化物反应生成硫酸盐与 Na_2SO_4 组成了低熔点共晶体，这样，在硫酸钠熔点(884℃)以下，约为600～750℃温度区间，也能导致严重的热腐蚀。此现象称为低温热腐蚀，或Ⅱ型热腐蚀。这类热腐蚀的破坏性非常严重，如导致涡轮叶片的寿命降低到只有800℃以上工作时的寿命的一半。

许多合金如Co－Cr，Co－Al，Ni－Cr，Ni－Cr－Al及Co－Cr－Al－Y合金等出现低温热腐蚀。发生低温热腐蚀的主要原因是，初始生成的金属氧化膜与气氛中的SO3反应，形成它们对应的硫酸盐，即

$$CoO + SO_3 = CoSO_4 \tag{9.68}$$

$$NiO + SO_3 = NiSO_4 \tag{9.69}$$

随着反应的进行，当上述金属硫酸盐(其通式可表示为 MSO_4)含量增加达到某一临界浓度时，其和 Na_2SO_4 形成了低熔点共晶体。例如 $Na_2SO_4-NiSO_4$ 的共晶温度为671℃，$Na_2SO_4-CoSO_4$ 的共晶温度为565℃，Na_2SO_4-NaCl 的共晶温度为630℃，故低温热腐蚀仍是在液态盐中进行的。由于存在熔盐，高温热腐蚀的机理模型同样适用于低温热腐蚀。和高温热腐蚀相比，低温热腐蚀具有如下特点：

(1) 低温热腐蚀刚开始时，盐是呈固态，只是在形成共晶体后才变成液态。

(2) 环境气氛中必须含有硫。

(3) 合金中不含Mo，W，V时，高温热腐蚀只发生碱性熔融，而低温热腐蚀可以发生气体(SO_3)诱导的酸性熔融。

(4) 低温热腐蚀形态常存在孔蚀。由于液态 $Na_2SO_4-MSO_4$ 沿氧化膜晶界渗透，并与基体金属发生反应

$$9Ni + 2NiSO_4 = Ni_3S_2 + 8NiO \tag{9.70}$$

生成金属硫化物和氧化物。即在初期生成的 $Cr_2O_3 + NiO/NiCr_2O_4$ 氧化膜之下形成了蚀坑，

产生了孔蚀，如图 9.25 所示。当合金中含 Cr 时，Cr 则可以置换 Ni_3S_2 而生成 CrS。

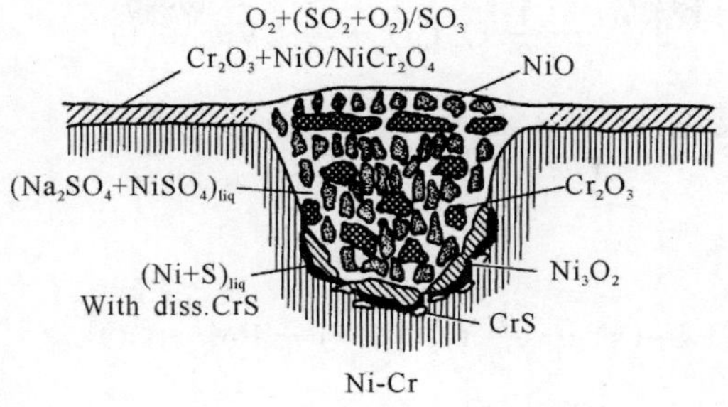

图 9.25 Ni-Cr，Co-Cr 合金低温热腐蚀特征——孔蚀——示意图

由于 Na_2SO_4 - MSO_4 共晶体的低熔点和孔蚀的伴生，低温热腐蚀的腐蚀性甚至可能比高温热腐蚀还要严重，如图 9.26 所示。由图 9.26 可见：①热腐蚀速率比纯氧化高得多；②当温度超过 1 000℃时，由于 Na_2SO_4 挥发，热腐蚀作用急剧减弱，直至完全消失；③氧化生成 Cr_2O_3 膜的合金耐蚀性高于生成 Al_2O_3 膜的合金。

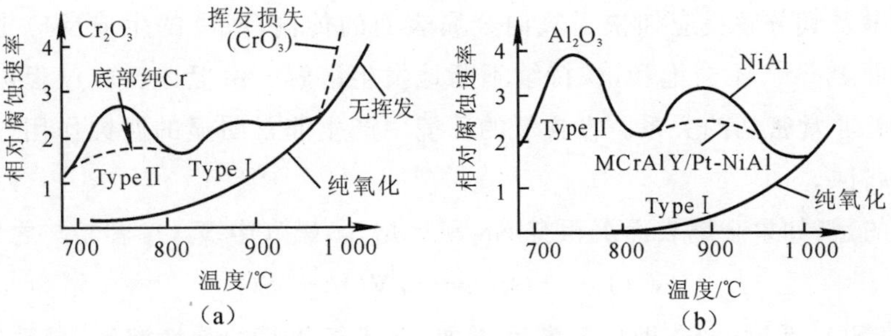

图 9.26 低温热腐蚀、高温热腐蚀及纯氧化速率的比较

四、钒蚀

金属材料在高温下与含有钒化合物的燃料灰分接触，明显地加速其氧化，此现象称之为钒蚀。重油燃料中含有钒等杂质，其燃烧后生成 V_2O_4 和 V_2O_5。它们与金属表面氧化物反应或与其他灰分结合生成钒酸盐。这些钒酸盐大都是低熔点物质，凝聚在构件表面上，将加速材料的高温腐蚀。

现以铁为例，来说明其腐蚀过程。铁表面沉积一层 V_2O_4，V_2O_5 熔融物，在氧化物/气体界面发生反应，即

$$2V^{4+}+\frac{1}{2}O_2(g)=\!=\!=2V^{5+}+O^{2-} \tag{9.71}$$

而在氧化物/铁界面发生反应，即

$$2V^{5+}+Fe=\!=\!=2V^{4+}+Fe^{2+} \tag{9.72}$$

总反应为

$$Fe(s)+\frac{1}{2}O_2(g)=\!=\!=Fe^{2+}+O^{2-} \tag{9.73}$$

也就是说，在氧化物/铁界面，铁发生溶解。此后，Fe^{2+} 向气体/氧化物界面扩散，并且以 FeO 析出，结果在外表面形成一层非保护性的 FeO 膜。

由于在燃气/氧化膜界面，钒化物熔融时吸收氧，即

$$Na_2O\cdot V_2O_4\cdot 5V_2O_5+\frac{1}{2}O_2=\!=\!=Na_2O\cdot 6V_2O_5 \tag{9.74}$$

而在氧化膜/金属基体界面上，钒盐变成复式钒盐放出氧，即

$$mNa_2O\cdot nV_2O_5=mNa_2O\cdot(n-p)V_2O_5\cdot pV_2O_4+\frac{p}{2}O_2 \tag{9.75}$$

即钒酸盐的熔融及其分解反应加快了氧向金属表面的传输，FeO 的生成反应也被明显加快。所以在铁的表面上 Fe^{2+} 不会饱和，铁持续不断地发生溶解。由上述反应过程可看出，钒蚀与气氛中的氧有着非常密切的关系。在含氧的环境中产生非常明显的腐蚀作用，而在惰性气氛中就不会发生腐蚀。

值得注意的是，如果金属表面沉积有 Na_2SO_4 熔盐，燃气中 V_2O_5 容易与之发生反应，即

$$V_2O_5+SO_4^{2-}=\!=\!=2VO_3^-+SO_3 \tag{9.76}$$

反应的结果，使 SO_3 活度升高，即熔盐酸度增加，造成氧化膜的酸性溶解，导致热腐蚀的急剧增加。

五、热腐蚀的影响因素

讨论热腐蚀的影响因素，主要是指对热腐蚀孕育期产生明显作用的因素。孕育期的长短可从几秒钟到数千小时。它与许多因素有关，如合金成分和显微组织、介质气氛、温度、压力、构件的形状，以及是否存在磨蚀等。

1. 合金成分

高温下使用的合金需要优异的综合性能，通常采取多组元复合合金化的办法。各合金元素对热腐蚀的影响需考虑彼此间的交互作用。这里仅简要介绍主要合金元素的基本作用。

(1) 镍和钴。镍和钴分别是重要高温合金的基体元素。一般来说,钴基合金的抗热腐蚀性能更好。镍基合金中适当提高钴的含量可在一定程度上提高合金的抗热腐蚀性能。

(2)铬和铝。铬是最有效的抗热腐蚀的合金元素。它能在合金表面上形成致密的、黏附性好的 Cr_2O_3 保护膜。一般来说,在镍基和钴基合金中,随着铬含量的提高,其抗热腐蚀性能显著提高。铝是重要的抗高温氧化的合金元素,一般高温合金中都含有一定量的铝。由于 Al_2O_3 对熔盐的作用比较敏感,其抗热腐蚀性能不理想,在有些合金中铝显示出可延长合金热腐蚀孕育期的作用,但在另一些情况下,铝则表现出使合金腐蚀速率增大的不利作用。

(3) 钼、钨和钒。为了提高高温力学性能,许多高温合金中都含有难熔金属钼、钨和钒。它们与氧的亲和力很强,形成 MoO_3,WO_3 和 V_2O_5 等化合物,均属于促进酸性熔融热腐蚀的元素,其中以钼最为突出。但是研究表明,它们的有害作用存在一临界含量,低于这一含量,合金并不发生严重的热腐蚀。这一临界含量与合金的含铬质量分数有关,随铬的质量分数的增加而增加。

(4)钛、铌和钽。它们通常有提高合金抗热腐蚀性能的作用,但其加入量有一定的限制。铌的质量分数通常为 0.02～0.04,钛的作用在 w_{Ti}/w_{Al} 为 4∶1 时较佳。

(5)稀土元素。微量稀土元素 Y, Hf, Ce 等加入,有利于增强氧化膜与基体合金的结合力,从而提高合金的抗热腐蚀性能。

2. 温度

热腐蚀与温度有着密切的关系。热腐蚀发生的前提条件是在合金表面上形成一薄层熔融的盐膜,因此有一下限门槛温度,即这些表面沉积物(如 Na_2SO_4)的熔点或其与氧化物形成共晶的温度。在这个温度以上,随着温度升高,一方面反应速率随之增加,热腐蚀的孕育期缩短;另一方面,由于盐的气化,沉积到合金表面的盐的数量就会减少,腐蚀则减轻。当温度超过某一极限时,热腐蚀消失,氧化代之成为主要的形式,腐蚀相对地变得缓和。从腐蚀程度-温度关系曲线上,可以观察到热腐蚀的上限门槛温度(见图 9.26)。

在有 SO_3 存在的条件下,在 650～750℃时也能导致严重的热腐蚀——低温热腐蚀,使构件的使用寿命大大降低。此外,温度的周期变化(热循环),易使保护性氧化膜破坏,可显著增加热腐蚀速率。

3. 介质成分

介质成分对热腐蚀机理的作用,如前文所述。这里仅就其作用的效果作些补充。燃料中的硫是造成热腐蚀的重要因素,航空燃料中硫的质量分数一般是 0.002～0.004。表 9.12 的试验结果说明,即使把硫的质量分数降低到 0.000 4,并不显著减轻热腐蚀。就是说,只要燃气中有微量的硫就足以引起热腐蚀。表 9.12 还表明,燃气中只要有一定量的盐分(NaCl),就会显著加重热腐蚀。

表 9.12　燃气中硫和盐的质量分数对合金腐蚀损失的影响

实验条件*					燃料中硫的质量分数	空气中盐的质量分数 10^{-6}	平均失重/(mg·cm^{-2})		
温度 ℃	空气消耗质量 kg/h	燃料消耗质量 kg/h	流速 m/s	压力 MPa			U500	Inconel	IN100
871	3 265.9	27.2	190.5	1.52	0.000 2	0	0.7	0.5	0.4
						1	1.7	0.7	1.7
						10	38.1	5.8	35.6
					0.04	0	0.6	0.3	0.4
						1	0.7	0.2	0.3
						10	63.3	8.8	65.2
					0.4	0	1.1	0.5	1.3
						1	1	1.4	5
						10	3.6	11.2	17.8
982	3 265.9	54.4	208.8	1.52	0.000 2	0	2.4	1.1	1.3
						1	4.5	2.2	6.8
						10	7	55.8	110.9
					0.04	0	2.7	2.5	4.4
						1	4.7	11.4	24.3
						10	5.8	45.9	113.3
					0.4	0	2.5	1.1	1.8
						1	4	16.8	26.9
						10	4.2	37	21.1

* 使用高压高速燃气腐蚀试验器试验(时间 5 h)。

4. 其他因素

除上述因素外,影响热腐蚀还有许多因素,这里仅列举一二。

(1)燃气压力。一般随着燃气压力增大,腐蚀速率增大。这是因为污染物凝聚所需的浓度随压力的增高而下降。

(2)燃气流速。燃气流速对热腐蚀有不可忽视的作用,流速增大使腐蚀加重。特别是当燃气中夹有固态燃灰颗粒时,提高流速可能因增强了冲刷腐蚀而导致氧化膜的开裂和剥落,引起非常严重的热腐蚀破坏。但是当燃气中有挥发性成分(如 MoO_3,WO_3)时,提高流速则可以减轻这些挥发性氧化物的不利影响。

(3)气动力学因素。有时同一构件各个部位腐蚀的程度和形式很不相同,除了因构件上温度分布不均匀外,这主要是受气动力学因素的影响。例如,叶片上各部位所形成沉积层的厚度是不一样的。显然,只有在有沉积层的区域才可能发生热腐蚀,而且沉积层越厚,热腐蚀越严重。

(4)合金的制备工艺。热腐蚀破坏经常在合金的成分和组织不均匀处起始,故合金的制备工艺也影响合金的抗热腐蚀性能。

六、金属热腐蚀的控制措施

控制金属材料的热腐蚀是一个有重要实际意义的问题,至今尚无完善的解决办法,可以采取的措施主要有如下几项：

1. 选择适当的抗热腐蚀的合金

从材料本身来讲，通过合金化可提高合金的抗热腐蚀性能，各种合金元素的作用已在 9.6 节介绍。目前，已有一些抗热腐蚀的高温合金可供选用。鉴于在高温燃气环境工作的构件，除要求抗热腐蚀性能外，尚要考虑材料的高温强度、组织的稳定性、可加工性等等，因此选材时要综合分析，权衡各方面的要求，不可顾此失彼。合金的具体性能可查专门手册。

2. 合金表面施加防护涂层

采用各种保护性良好的涂层是提高合金抗热腐蚀能力的一个重要措施。已开发应用的涂层种类很多，按其组成可分为三类。

(1)金属间化合物涂层。例如，广泛应用的固态扩散渗铝涂层，其主要组成便是具有优良抗氧化性能的 β－NiAl 相(对镍基合金)或 β－CoAl 相(对钴基合金)。它们氧化时表面生成稳定的 $\alpha-Al_2O_3$。在铝化物涂层基础上加入一些 Cr，Si 或稀土氧化物，可进一步提高涂层的抗蚀性能和力学性能。

(2)合金涂层。最具代表性的是 MCrAlY 型(M 代表 Fe，Ni，Co)合金涂层，其中最有名的是 Ni－Cr－A1－Y 或 Co－Cr－Al－Y 耐高温氧化涂层。该类涂层的含铝量比铝化物涂层大为减少，涂层中 β－NiAl 相或 β－CoAl 相的量大大降低，而形成相当数量的溶有 Cr，Al 和 Y 等元素的镍基或钴基固溶体。涂层中 Al 的作用是形成抗氧化性优良的 $\alpha-Al_2O_3$，Cr 的作用是促进 Al 的扩散，Y 则增加涂层与氧化物之间的结合力。MCrAlY 涂层能有效地降低合金在 Na_2SO_4 熔盐中的溶解，同时它较铝化物涂层具有更优良的塑性。

(3)复合涂层。涂层由底层和氧化物层组成。底层可以是纯金属(如 Ni)、金属间化合物(如 NiAl)或 MCrAlY 型合金；氧化物层是用 CaO，MgO，Y_2O_3 或 ZrO_2 等。复合涂层既具有优良的抗热腐蚀性能，又与合金基体有良好的结合力，同时可达到热障的目的。最有代表性的组成是 MCrAlY－ZrO_2(Y_2O_3)。

3. 控制环境中的盐和其他杂质的含量

环境中的硫与氯化钠是导致热腐蚀的主要环境因素，硫主要来自燃料，而氯化钠主要来自大气中的盐雾。提高燃料的质量，包括减少燃料中的杂质含量及添加一些高温缓蚀剂(如 Sm_2O，SnO 等)，可以减轻金属的热腐蚀。

4. 改进构件的结构设计

如改进燃气轮机的设计，采取冷却技术，降低构件表面的温度，以抑制热腐蚀的反应，从而控制热腐蚀的发生。

思考题与习题

1. 如何判断金属在室温大气环境中自发氧化的倾向？

2. 金属氧化膜完整性的条件是什么？金属氧化膜具有良好保护性需要满足哪些基本

要求？

3. 如何判断高温下氧化膜的稳定性？

4. 金属氧化物按照金属与氧的组成关系和导电特性可以分为哪些类型？

5. 常见的金属氧化物的晶体结构有哪几种形式？

6. 金属氧化物的组成和晶体结构与金属的抗氧化性有何关系？

7. 常用金属中哪些金属氧化物具有良好的抗氧化性？为什么？

8. 金属氧化膜稳定成长阶段的动力学曲线可以分为哪几种基本类型？每种曲线所描述的氧化规律的控制过程是什么？

9. 试用电化学理论模型推导金属高温氧化动力学的抛物线规律，说明该理论的指导意义。

10."氧化物生成自由能是个热力学参数，它只说明氧化趋向，而与氧化动力学无关"，这种说法对吗？为什么？

11. 金属氧化物的哪些性质和物理参数与氧化动力学有直接关系？

12. 金属氧化速率与温度之间具有什么关系？影响金属氧化的因素还有哪些？

13. 合金氧化具有什么特点？什么叫选择性氧化？什么叫内氧化？它们出现的条件是什么？

14. 以二元合金为例，分析合金高温氧化的各种不同类型，说明它们的形成条件。

15. 提高合金抗氧化性能的途径有哪些？试说明各自的原理和应用的条件。

16. 比较铁、耐热钢、镍基高温合金的抗氧化特性，举出几种抗氧化性能优良的耐热钢和高温合金，并解释原因。

17. 什么叫热腐蚀？它具有什么特征？

18. 什么叫高温热腐蚀？什么叫低温热腐蚀？它们产生的条件是什么？

19. 试分析硫酸盐高温热腐蚀的机理，比较各种理论模型的关系。

20. 什么叫钒蚀？产生钒蚀的原因是什么？

21. 试分析影响热腐蚀的各种因素及热腐蚀的预防措施。

22. 通过氧化物形成的标准自由能 $\Delta G^{\ominus}$ 与温度 T 的关系（见图 9.1），分别求出 1 100℃时 Al_2O_3，SiO_2，Cr_2O_3，NiO 和 Fe_2O_3 的分解压的近似值。并说明哪些元素可作为提高铁基合金和镍基合金抗选择性氧化性能的元素。

23. 试推导以氧分压和氧化物平衡分解压相对大小为判据的金属高温氧化倾向的热力学判断准则（设金属的高温氧化反应方程式为 $M + O_2 \rightleftharpoons MO_2$）。

24. 锌氧化生成 ZnO 的 PBR＝1.62，Zn 的密度为 7.1 g/cm^3，相对原子质量为 65.4，O 的相对原子质量为 16。Zn 试样在 400℃下氧化 120 h 的增重速率为 0.063 g/(m^2 · h)。试求出

试样表面氧化膜的厚度。

25. Cu 在 1 000℃、氧分压 $p_{O_2}=30$ Pa 的条件下氧化成 Cu_2O。已知电导率 $\sigma=100$ S/m，迁移数 $n_e\approx 1$，$n_a=6\times 10^{-5}$，$n_c=10^{-5}$，Cu_2O 的密度为 6.2 g/cm^3，试计算反应的抛物线速率常数 k_p。

第 10 章　金属材料的耐蚀性

金属材料是广泛应用于工程、结构和设备的主要材料。根据其服役的条件与环境，不仅要求金属材料具有一定的力学性能(强度、塑性、硬度)、物理性能(磁、光、电、声)，同时也要求金属材料具有一定的化学稳定性能(耐腐蚀性能)。本章在分析金属耐腐蚀合金化原理的基础上，将重点介绍常用金属材料的耐蚀性。

10.1　金属耐腐蚀合金化原理

工业中广泛应用的金属材料绝大多数是合金。通过合金化，可使基体金属的成分、组织、结构和耐腐蚀性能发生改变，以满足各种环境条件对金属材料耐腐蚀性能的要求，因此利用合金化是提高金属材料耐蚀性的最基本手段。

一、利用合金化提高金属耐蚀性的途径

1. 提高金属的热力学稳定性

在大气和许多腐蚀介质中，大多数合金的金属状态在热力学上是不稳定的。除了腐蚀介质的特性和环境条件外，金属的热力学不稳定性程度取决于金属的性质。因此，在不耐蚀的金属中加入热力学稳定性高的合金元素对其合金化，使合金表面形成由贵金属元素的原子组成的连续保护层，则可以达到提高其耐蚀性的目的。但是，这种合金化方法用于提高合金抗腐蚀性能时，其作用是有限的。一方面，需添加大量的贵金属组元，例如 Cu - Au 合金中需加入摩尔分数为 0.25～0.50 的金使其合金化，合金化后 Cu - Au 合金的耐蚀性与金接近，但这种材料的成本太高；另一方面，贵金属元素在固溶体中的溶解度有限，许多合金要获得大量合金组分的单一固溶体几乎是不可能的。

2. 阻滞阴极过程

当金属的腐蚀过程受阴极控制时，利用合金化可提高合金的阴极极化度，阻滞阴极过程，达到降低腐蚀速率的目的。具体方法如下：

(1)减少金属或合金中活性阴极面积。当金属或合金在酸性溶液中腐蚀时，析氢过程优先在氢过电位小的阴极相或杂质上进行。如果减少合金中的阴极相或杂质，就减少了活性阴极面积，阻滞阴极过程的进行，提高了合金的耐腐蚀性。例如，锌、铁、铝、镁和许多其他金属及合金，如果减少其阴极相、特别是杂质的数量，可显著地降低这些金属在酸性溶液中的腐蚀速率。尤其是电位较低的铝、镁及其合金，不但在酸中、甚至在中性水溶液中也会产生同样的效果。

同样在腐蚀过程受阴极控制的条件下，采用使组织均匀化的固溶处理可以提高合金的耐蚀性。反之，退火或时效处理时由于活性阴极相的析出，则会降低其耐腐蚀性能。例如，固溶状态的硬铝比退火或时效状态硬铝的耐蚀性高。

(2)加入氢过电位高的合金元素。在合金中加入析氢过电位高的合金元素，通过提高阴极合金的析氢过电位，而降低合金在酸中的腐蚀速率。例如，在含铁、铜或贵金属杂质的锌中，加入氢过电位高的镉、汞进行合金化后，可使锌的腐蚀速率显著降低；在工业镁或以工业镁为基的多相镁合金（含铁杂质）中，加入质量分数为 0.005～0.01 的锰，由于锰的氢过电位比铁高，因此可大大降低其在氯化物水溶液中的腐蚀速率。

3. 阻滞阳极过程

利用合金化的方法降低阳极活性，阻滞阳极过程的进行，可提高合金的耐蚀性。尤其是通过提高阳极钝性进一步改善合金耐蚀性的方法十分有效，已在实际生产中得到了广泛的应用。

腐蚀阳极过程的阻滞，可以利用合金化的方法改变合金成分，改变腐蚀介质或改变腐蚀过程进行的条件来实现。以下仅讨论金属或合金因成分变化而引起的阳极阻滞过程。

(1)减少合金表面阳极区的相对面积。在腐蚀过程中，如果合金基体是阴极，强化相或合金中的晶界、少量杂质是阳极，则通过相对减少阳极区的面积就可提高合金的耐蚀性。从腐蚀的观点看，合金中的强化相相对于合金基体（阴极）最好是阳极，这样可以降低合金的腐蚀速率。例如，Al－Mg 合金中的强化相 Al_2Mg_3 相对于基体是阳极，在海水中腐蚀时，Al_2Mg_3 相被首先溶解，阳极面积相对减少，腐蚀速率降低。但在实际结构合金中，这种情况很少，多数结构合金，例如强化相 Fe_3C 相对于碳钢、铸铁中的 δ 相（铁素体）是阴极，因此这种方法有一定的局限性。

在有些情况下，可以通过提高合金的纯度或采用适当的热处理制度，减少合金中的杂质，使晶界细化或钝化以减少阳极区面积或增大阳极区的化学稳定性，达到提高耐蚀性的目的。

(2)加入使阳极易钝化的合金元素。工业中常用的合金基体元素如铁、镍、铬、钛、铝和镁等，在适当的条件下都具有一定的钝化性能，除了采用一些氧化剂处理使金属或合金产生钝化外，还可在这些基体金属中加入更易钝化的合金元素，提高整体合金的钝化性能，制成耐蚀合金。例如，在铁中加入质量分数为 0.12～0.30 的铬，制成不锈钢或耐热钢；在镍或钛中加入钼，制成 Ni－Mo 合金或 Ti－Mo 合金，其耐蚀性都有极大的提高。

(3)加入强的阴极性合金元素，促进合金钝化。在可钝化的腐蚀体系中，如果在金属或合金中加入阴极性合金元素，可使金属的腐蚀电位进入稳定的钝化区电位范围，此时金属的耐蚀性就可显著提高。

需要强调的是，此方法提高合金耐蚀性需满足的条件，如图 10.1 所示。①腐蚀体系应是可钝化体系，否则，加入阴极性合金元素后，随着阴极效率的提高，阴极极化曲线由 $E_C^e C_1$ 变到 $E_C^e C_2$，与阳极极化曲线的交点仍处于活性溶解区，腐蚀电流由 i_{C1} 增加到 i_{C2}，导致腐蚀速率增加。②在可钝化的腐蚀体系中，加入活性适当的阴极性元素，使合金的腐蚀电位移向钝化区。

例如，阴极极化曲线从 $E_C^e C_2$ 位置变化到 $E_C^e C_3$ 的位置，此时腐蚀电位处于完全钝化电位 E_{pp} 与过钝化电位 $E_{t,p}$ 或点蚀电位 E_b 之间，腐蚀电流 i_p 要比活性溶解区的电流小几个数量级，腐蚀速率大大降低。如果加入活性太强的阴极性元素，使阴极极化曲线 $E_C^{e'} C_4$ 移向过钝化区，与阳极极化曲线相交于过钝化区或点蚀区，相应的腐蚀电流为 i_{tp} 和 i_{br}，出现强烈的过钝化腐蚀或点蚀。③为使合金能自行钝化，在致钝电位 E_{pp} 下，阴极电流 i_{C3} 必须超过临界阳极钝化电流 i_{pp}，即 $i_{C3} > i_{pp}$。

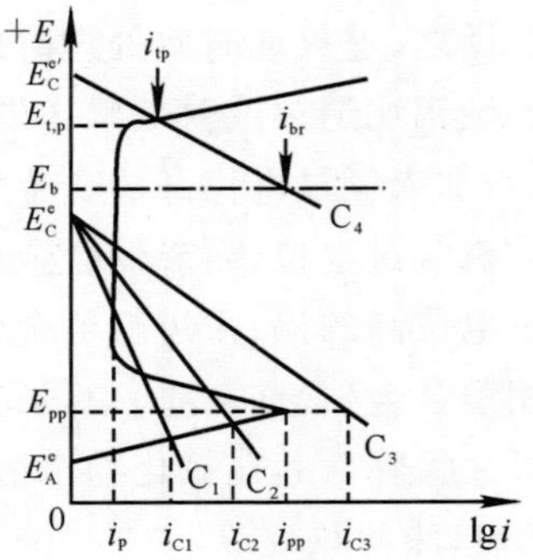

图 10.1　阴极性元素对可钝化体系腐蚀电流的影响

许多正电性金属，都可作为阴极性元素，如钯、铂、钌及其他铂族金属。在有些情况下，可用电位不太正的金属元素，如铼、铜、镍、钼、钨等金属，此类金属元素用量较小，它们的质量分数一般为 0.002～0.005。

作为阴极性元素的各种正电性金属，可不同程度地提高合金的耐蚀性。阴极性元素本身的稳定电位愈高，其阴极极化率愈小，作为阴极合金化元素的钝化作用愈显著。

4. 在合金表面形成致密、完整的腐蚀产物膜

通过在金属或合金中加入其他合金元素，使合金表面形成致密、完整、具有保护性的腐蚀产物膜，可进一步增大腐蚀体系的电阻，有效地阻滞腐蚀过程的进行。例如，在钢中加入铜和磷的耐候钢，在其表面形成了结构致密、完整的非晶态羟基氧化铁 $FeO_x \cdot (OH)_{3-2x}$ 产物保护膜，使其腐蚀速率大大降低。

实际的腐蚀体系不仅与金属或合金的成分、组织、结构有关，而且也与介质成分、浓度、温度、压力等环境因素有关，腐蚀过程十分复杂。因此提高金属或合金的耐蚀性不能只限于一条途径，应该根据腐蚀环境或使用条件综合考虑，以选用或研制合理的耐蚀合金。

二、金属耐腐蚀合金化机理

合金化是提高金属材料耐蚀性的重要途径之一。合金元素对耐蚀性的影响机制可以归纳为两个原理，即合金本体结构改变原理与合金表面形成耐腐蚀结构原理。了解和掌握这些原理或学说，对进一步研制新的耐蚀合金或更好地选择和使用现有的耐蚀合金将有较大的帮助。

1. 合金本体结构改变原理

(1)塔曼定律(稳定性台阶定律或 $n/8$ 定律)。在研究两个组分组成单相固溶体的腐蚀时，塔曼(Tamman)发现，随着合金中稳定的贵组元质量分数的增加，合金的电位开始时变化很小，其数值和较不稳定的金属的电位相近，但当合金中起保护作用的贵组分浓度达到一定含量

时，合金的电位朝着正电性方向剧变，其大小趋向贵组分的电位，这时贵金属元素将较不稳定的金属元素完全包围起来，合金的腐蚀速率明显减小。这一规律就是第 5 章介绍合金的钝化行为时谈到的塔曼定律。

塔曼定律可表述如下：金属 A 在某种介质中稳定，而金属 B 在某种介质中不稳定，并且金属 A 和 B 能生成无限固溶体。如果将金属 A 加入金属 B 中，随着加入金属 A 的质量分数逐渐增加，较稳定组分 A 的保护作用并非逐渐地而是阶跃性地表现出来，并且保护作用一般是当稳定组分 A 的含量为 1/8，2/8，4/8，…，$n/8$ 等原子份数时，即相当于摩尔分数为 0.125，0.25，0.375，0.50 时才表现出来。上述金属 A 的诸浓度称为稳定性台阶，如表 10.1 所示。例如铁中加入铬，在符合 $n/8$ 定律（$n=1,2$）时，合金的电极电位有一突变。

表 10.1　几种固溶体的稳定性台阶

合　金	保护性组分	稳定性台阶	合　金	保护性组分	稳定性台阶
Ag - Au	Au	2/8　4/8	Fe - V	V	4/8
Ag - Pd	Pd	4/8	Mg - Ag	Ag	7/8
Au - Pd	Pd	4/8	Mg - Cd	Cd	2/8
Cu - Au	Au	1/8　2/8	Mn - Ag	Ag	6/8
Cu - Pd	Pd	4/8	Zn - Ag	Ag	2/8
Fe - Si	Si	2/8　4/8	Zn - Au	Au	4/8

当应用 $n/8$ 定律时，应使固溶体中固溶的较稳定的组元含量达到 $n/8$ 的原子份数，而不是合金中含量。例如，钢中加入铬，是要保证固溶体中铬的质量分数达到 0.117（$n=1$）以上，当钢中含有碳时，铬与碳会形成碳化物（如 $Cr_{23}C_6$），消耗合金基体中的铬，因此不锈钢中铬的质量分数一般均在 0.13 以上，以保证固溶体中有足够的铬含量。

需要指出的是，塔曼定律只有在没有显著扩散作用的条件下才能产生，否则，当较不稳定的金属元素自内向合金表面扩散时，则稳定性台阶就不存在了。例如 Pd - Hg 合金，Hg 应该保护 Pd 在醋酸中不被腐蚀，但由于 Pd - Hg 固溶体在 20℃时产生扩散作用，所以 Pd - Hg 合金的耐蚀性变化并没有按稳定性台阶规律变化。

从 19 世纪开始进行的不锈钢系列的研制，就是塔曼定律最重要的应用实例之一。

（2）电子结构学说。此理论是基于过渡族金属在形成固溶体时，原子内部的电子结构发生变化而提出的。例如，Cr 原子的 3d 层缺 5 个电子，当 Cr 与 Fe 组成固溶体时，每个 Cr 原子从 Fe 原子中夺取 5 个电子，使 5 个 Fe 原子转变为钝态，使 Fe 的耐蚀性提高。不锈钢的钝化就属于这种情况。

2. 合金表面形成耐腐蚀结构原理

（1）表面富集耐蚀相学说。不论是单相合金还是多相合金，由于杂质的存在或不同相的化学稳定性存在差异，因此在腐蚀过程中，其中一相（或杂质）优先溶解，另一相则富集在合金表面，这样便有可能形成完整、致密的保护层，降低腐蚀速率。例如，当 α+β 黄铜在酸中腐蚀时，α 相中 Zn 的含量比 β 相中的少，β 相因腐蚀稳定性差被优先溶解，而在 α+β 黄铜表面逐渐富集了含铜较多的 α 相（见图 6.32）。

合金表面上富集的较稳定相是否起到提高合金耐蚀性的目的，则由耐蚀相的完整性和阳极钝化能力所决定，具体包括下面两种情况。

1）合金中少量的第二相或杂质为阴极，合金基体为阳极。在此情况下腐蚀时，较稳定的第二相在合金表面形成不连续、疏松的堆积物层。如果阳极相不能钝化，则这种不连续、疏松的堆积物层不但不降低腐蚀速率，反而会使腐蚀速率加速，如图 10.2(a)所示。例如，当灰口铁或碳钢在硫酸或盐酸中腐蚀时，铁素体被腐蚀，而碳化物或石墨以不连续、疏松的状态堆积在合金表面，加速腐蚀过程；又如硬铝在腐蚀时，θ 相（$CuCl_2$）也会加速合金的腐蚀。

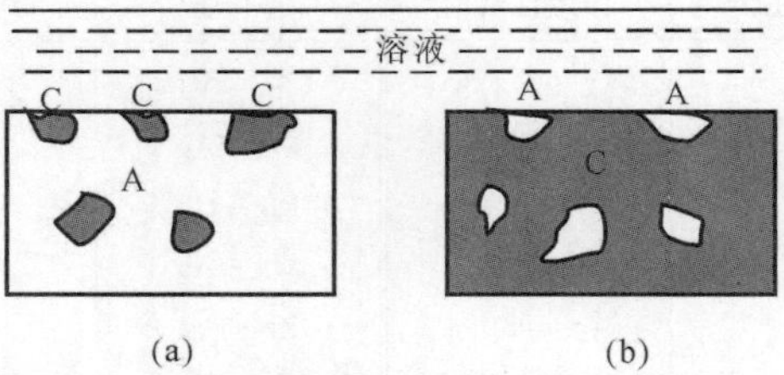

图 10.2　合金表面电化学不均匀性示意图

A—阳极；C—阴极

但若阳极相在该腐蚀条件下能够产生钝化，合金表面不连续、疏松状态堆积的阴极则可促进阳极基体的钝化，合金的腐蚀速率明显降低。

2）合金中少量的第二相或杂质为阳极，合金基体为阴极。在此情况下腐蚀时，不稳定的第二相或杂质被溶解后，在合金表面形成连续、致密的腐蚀产物膜层，使合金的耐蚀性提高，如图 10.2(b)所示。例如，Al－Mg 合金和 Al－Mg－Si 合金中的 Al_2Mg_3 相和 Mg_2Si 相都是阳极相，因此在海水中的耐蚀性比 Al－Cu 系合金高。

（2）表面形成富集耐蚀组分的完整结晶膜层学说。对于固溶体合金的耐腐蚀性，可以用表面形成富集耐蚀组分的完整结晶膜层学说来解释。此理论认为，当固溶体合金腐蚀时，稳定性较小的组元有较大的阳极溶解倾向，通过在稳定性较强的组元的原子上进行阴极去极化过程而优先溶解，阴极性原子通过表面扩散形成晶核并结晶析出由耐蚀组元原子组成的阴极相，或依靠体积扩散形成比合金原始成分中耐蚀组元更富集的耐蚀合金层，可显著提高合金的耐蚀性。例如，当 Cu－Au 合金腐蚀时，在合金表面 7～8 μm 的厚度内富集了金原子。不锈钢（$w_{Cr}=0.17$，$w_{Ni}=0.13$，$w_{Mo}=0.02$，其余为 Fe 和不等量的 Si）在 60℃ 的加有 $w_{K_2Cr_2O_7}$ 为 0.005和 w_{HNO_3} 为 0.05 的溶液中腐蚀后，表面形成的钝化膜中的元素成分与合金原始成分相比，Mo，Si 的质量分数增加（富集），而 Fe 的质量分数减少。

在固溶体合金腐蚀过程中，当合金表面形成富集耐蚀组分的完整、致密的结晶膜层时，其耐蚀性就会提高，否则，如果耐蚀元素形成疏松的、海绵状的或相当厚的粉末层，作为阴极相，不但不能提高耐蚀性，反而加速腐蚀。例如，β-黄铜脱锌就属于这种情况。

(3)表面富集阴极性合金元素促进阳极钝化学说。与添加钝化元素合金化进而提高合金耐蚀性的方法不同，用添加阴极性合金元素对钝化合金进行改性处理时，阴极性合金元素的添加量一般很少(约为百分之零点几)，就可显著提高合金的钝性与耐蚀性。

添加质量分数为 0.007 的 Pd 的铬钢($w_{Cr}=0.27$)在 18℃，$w_{H_2SO_4}$ 为 0.30 的溶液中的腐蚀情况如图 10.3 所示。图 10.3(a)表明，添加 Pd 和未添加 Pd 的两种合金，当开始腐蚀时，自腐蚀电位接近；随着腐蚀的进行，含 Pd 的合金其电位正移，此时在合金表面开始富集了 Pd；大约 7 min 后，电位正移很快，说明合金表面富集了更多的 Pd 元素。图 10.3(b)表明，当腐蚀开始时，由于活性阴极杂质 Pd 的作用，使含 Pd 的合金腐蚀较快，因为 Pd 的有效面积较小，不足以使合金基体钝化；腐蚀进行到约 7 min 后，析氢线突然转变为水平线，说明此时腐蚀停止了，其原因是腐蚀使 Pd 在合金表面富集，最终导致基体转变为钝态的结果。与此同时，未含 Pd 的合金，电位几乎不变，腐蚀以等速进行。

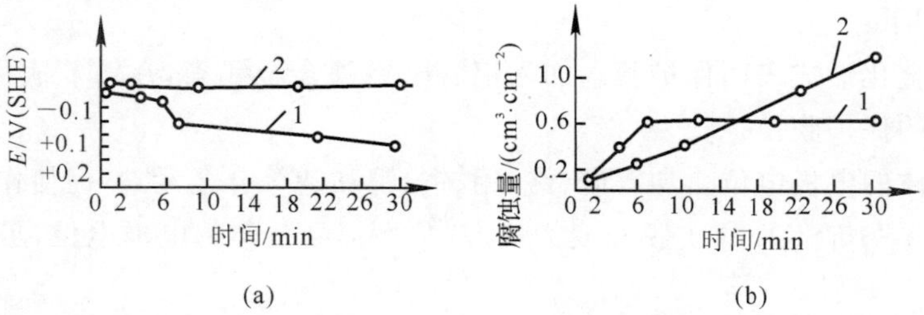

图 10.3　铬钢在 18℃，$w_{H_2SO_4}$ 为 0.30 的溶液中的腐蚀情况

(a)电位-时间曲线；(b)腐蚀量(以析 H_2 量表示)-时间曲线

1—含 w_{Pd} 为 0.007 的铬钢；2—未含 Pd 的铬钢

这种富集在合金表面的阴极性合金元素，一般不需要形成完整的表面保护膜层即可使阳极钝化，其作用机理不是覆盖作用，而是电化学作用。

(4)表面富集贵金属元素学说。对于阴极性合金元素，诸如金、铂、钯等，如何在合金表面富集，目前有两种观点。现叙述如下：

1)贵金属元素先以离子的形式进入溶液，然后以金属相的形式在合金表面进行二次电化学析出(电结晶)。例如，当 Ti-Pd 合金($w_{Pd}=0.002$)在酸性溶液中腐蚀时，Pd 通过金属间化合物 Ti_2Pd 的溶解进入溶液，然后 Pd^{2+} 再通过二次电结晶的途径在合金表面析出、富集。

2)合金中电位较低的合金元素选择性溶解，使贵金属元素在表面逐渐富集，形成了一层很薄的富集了贵金属的固溶体。更有可能的是，贵金属元素通过表面扩散(因为表面扩散速率远远大于体积扩散速率)，以独立相的形式在合金表面电结晶成自身的金属相。

(5)表面致密腐蚀产物膜形成学说。当加入的合金化元素能够使得合金表面形成结构致密、电阻高的腐蚀产物膜时，也可以达到阻止基体金属进一步腐蚀的目的。如前所述，耐候钢的抗蚀性能提高就可以用这一学说解释。

10.2 铁和铁基合金的耐蚀性

铁和铁基合金，如铸铁、碳钢、低合金钢和不锈钢等，是工业上用量最大、使用最广泛的金属材料。本节主要介绍它们的耐蚀性特点及典型腐蚀行为。

一、铸铁的耐蚀性

铸铁是含碳质量分数大于 0.021 1 的铁碳合金，另外还含有较多的硅、锰、硫、磷等元素。常见的铸铁有灰口铸铁、白口铸铁、可锻铸铁、球墨铸铁、孕育铸铁、蠕墨铸铁等，它们在大气、土壤、海水、淡水等中性介质中都不耐蚀，但在低浓度碱溶液、浓硫酸及氢氟酸中是耐蚀的。为了提高铸铁的耐蚀性，通常在铸铁中加入少量的合金元素，如硅、铬、铝、铜和镍等，形成耐蚀铸铁。具体方法如下：

(1)利用合金化形成表面保护膜。加入铝、硅、铬等合金元素，在铸铁表面形成一层完整、致密、结合良好的保护膜。

(2)提高基体的电极电位。加入硅、铬、钼、铜、镍和磷等合金元素，促使作为阳极的铸铁基体在表面形成 Cr_2O_3，SiO_2 保护膜而变为钝态，从而提高基体的电极电位，阻滞电化学腐蚀过程，提高耐蚀性。

(3)改善铸铁组织。形成单相铁素体或奥氏体组织、使石墨球化等，可使腐蚀原电池减少，或腐蚀介质不易进入铸铁内部，进而提高铸铁的耐蚀性。

1. 普通铸铁

普通铸铁的化学成分的大致范围为 w_C 为 0.025～0.04，w_{Si} 为 0.01～0.03，w_P 为 0.004～0.015，w_S 为 0.0002～0.002，其余为 Fe。其中碳以渗碳体 Fe_3C 或石墨的形式存在，因此会对腐蚀产生较大的影响。

普通铸铁在潮湿且含有 SO_2 的工业大气或含有氯离子的海洋大气中的腐蚀速率远高于农村大气中的腐蚀速率。普通铸铁在水中的腐蚀速率较低，原因是在较硬的水质中，铸铁表面易形成水垢，阻止铸铁的腐蚀过程，但在软化水或去离子水中，表面不易形成水垢，腐蚀速率反而较高。

普通铸铁在常温低浓度的 NaOH 溶液中，表面能形成一层牢固的保护膜，因此不易被腐蚀，广泛用于常温低浓度的 NaOH 溶液的生产和储运。但当 NaOH 的质量分数超过 0.70、温度接近沸点时，铸铁的腐蚀速率迅速增加。在熔融的 NaOH 中，铸铁则容易产生应力腐蚀。在氨水中，普通铸铁的耐蚀性较好，但在质量分数为 0.01 的稀氨水中的耐蚀性则较差。

在酸溶液中，普通铸铁的耐蚀性与酸溶液的种类及浓度有关。例如，普通铸铁在任何浓度的盐酸或任何浓度、温度下的纯磷酸中的耐蚀性都很差。在浓度很小的醋酸、丁酸、草酸、柠檬酸和乳酸等有机酸中，腐蚀也很严重。在氧化性酸中，铸铁中的石墨相可促使基体钝化，因此其腐蚀速率比碳钢低。当硫酸的质量分数大于 0.70 时，铸铁表面生成了具有保护性的硫酸铁膜而使腐蚀速率大大降低；当质量分数超过 1(游离 SO_3)时，由于 SO_3 和 Si 反应生成 SiO_2，使铸铁体积增大，会引起晶间腐蚀开裂。在硝酸中，当质量分数大于 0.35 时，普通铸铁会发生过钝化倾向；当质量分数大于 0.50 时，腐蚀速率变得很低；当质量分数高达 0.94～1 时，则会引起严重的过钝化腐蚀。在浓硫酸和浓硝酸的混合酸中，当含水质量分数不超过 0.32、硫酸质量分数不少于 0.12 时，普通铸铁非常耐腐蚀，可以在 110℃ 以上使用。在 HF 中，普通铸铁一般不适用。

在无湿气存在的有机化合物中，普通铸铁可耐大多数有机化合物的腐蚀，例如乙烯基乙二醇等，但在中等温度的四氯化碳及四氯化乙炔等卤化物中不耐腐蚀。

在腐蚀性较强的盐溶液中，普通铸铁的耐蚀性较差。

在熔融的铁、铝、镉和锡中，腐蚀速率很小，但在普通铸铁中加入镍、铬、铜或钼后，反而会增加其在熔融锌中的腐蚀。

2. 耐蚀铸铁

如前所述，耐蚀铸铁是在普通铸铁中加入少量硅、铬、铝、铜和镍等合金元素而形成的，因此，具有较高的耐蚀性。

(1)高硅铸铁。高硅铸铁是以硅为主要合金元素的 Fe－Si－C 合金。常用的高硅铸铁中的硅质量分数为 0.14～0.18，碳质量分数为 0.005～0.01。这种合金在许多化学介质中，表面能形成一层以 SiO_2 为主的致密保护膜，因而具有良好的耐蚀性。铸铁中硅质量分数不低于 0.145，才能保证具有良好的耐蚀性，否则，随着硅含量的降低，铸铁在酸中的耐蚀性明显下降，如图 10.4 所示。例如，硅质量分数为 0.10～0.12 的硅铸铁仅仅在稀硝酸、浓硫酸等介质中才有较好的耐蚀性。

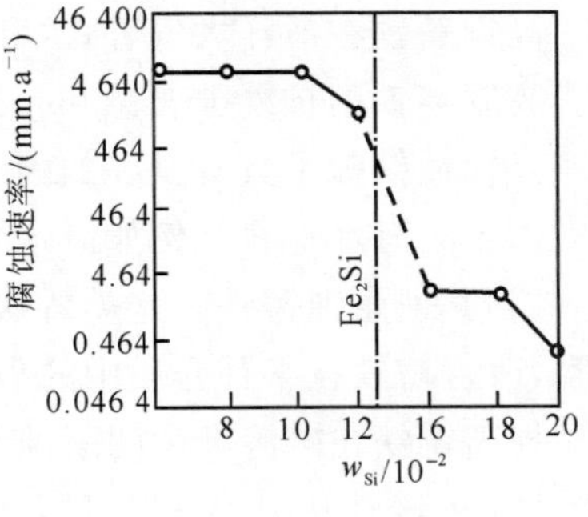

图 10.4　硅铸铁的腐蚀速率与硅质量分数的关系(沸腾 $w_{H_2SO_4}=0.35$)

高硅铸铁在醋酸、磷酸、硝酸、硫酸、铬酸及温度不高的盐酸中具有良好的耐蚀性。在高硅铸铁中加入质量分数为 0.025～0.04 的钼，可以提高其在盐酸、氯气中的耐蚀性(表面形成 MoO_2Cl_2 钝化膜)；在高硅铸铁中加入质量分数为 0.065～0.085 的铜，不仅可提高在酸中的耐蚀性，也可提高在碱类介质中的耐蚀性。但高硅铸铁在苛性碱、氢氟酸及温度较高的盐酸中则不耐蚀。

常用的高硅铸铁有 NST Si15，NST Si17 等，其中 NST Si15 使用最广泛。这种铸铁除高温盐酸、氢氟酸外，在其他介质中均可使用。例如，用于强腐蚀条件下的泵、阀、管道等，也可用做电化学保护工程中的阳极材料。

(2)高铬铸铁。加入铬质量分数为 0.14～0.36 的铸铁称为高铬铸铁，它属于白口铸铁。由于铸铁中的碳含量较高，因此加入的铬含量除了保证使碳元素能化合成碳化铬外，在合金基体(铁素体)中应有足够的含量(质量分数不低于 0.13)，才能使高铬铸铁在许多腐蚀性介质中具有良好的耐蚀性。

高铬铸铁在大气、海水、矿水、硝酸、浓硫酸、碳酸、磷酸、通气盐酸、大多数有机酸、碱液、盐溶液等介质中有良好的耐蚀性，尤其在一些氧化性酸中，铸铁表面能形成一层薄的、致密的氧化膜，可使耐蚀性大大提高。

高铬铸铁在高温浓碱液、熔融碱、稀硫酸中不耐蚀，但在高铬铸铁中加入质量分数为 0.02～0.03的钼则可提高其在稀硫酸中的耐蚀性，加入质量分数为 0.03～0.04 的铜、质量分数为 0.01～0.02 的镍则可提高在含有 SO_2 甚至少量(质量分数为 0.05)氢氟酸的氧化性介质中的耐蚀性。

高铬铸铁除了具有良好的耐蚀性外，还有良好的铸造性、耐热性和耐磨性，因此常用于泵体、阀体、离心机件及熔化有色合金的坩埚等。

(3)高镍铸铁。加入镍质量分数为 0.12～0.36 的铸铁称为高镍铸铁，其组织为奥氏体加石墨。高镍铸铁在硝酸、硫酸、盐酸、磷酸、醋酸中的耐蚀性差，在温度不高的氢氟酸、硼酸中有一定的耐蚀性。在碱中，如质量分数低于 0.50 的氢氧化钠、质量分数低于 0.75 的氢氧化钾溶液中，有良好的耐蚀性，但在热碱中高镍铸铁会产生应力腐蚀。

高镍铸铁在海洋大气、海水和中性盐类水溶液中有良好的耐蚀性，如铵盐、钠盐、钾盐等溶液。高镍铸铁的抗缝隙腐蚀和孔蚀能力比不锈钢好。

高镍铸铁除了具有良好的耐一般腐蚀性能外，还有良好的耐冲蚀性、耐热性和耐磨性，因此常用于耐海水材料。例如海水泵、阀和管道等。

(4)其他耐蚀铸铁。这类铸铁主要是指低合金耐蚀铸铁，往往是在铸铁中加入少量的合金元素，改善铸铁在某种介质中的耐蚀性。例如，在铸铁中加入质量分数为 0.03～0.05 的镍，可明显提高铸铁在碱溶液中的耐蚀性；加入质量分数为 0.02 的锡，可提高铸铁在酸性介质中的耐蚀性；在铸铁中加入锑，可以提高铸铁在酸和碱介质中的耐蚀性；含 w_{Cu} 为 0.01，w_{Cr} 为 0.015～0.020，w_{Mo} 为 0.005～0.012 等合金元素的低合金铸铁，在海水中的耐蚀性是普通铸铁的 5 倍；含 w_{Cu} 为 0.004～0.008，w_{Sb} 为 0.001～0.004 的铸铁，则适用于在近海污染的海水中使用。含铝质量分数为 0.035～0.06 的铸铁也称为铝铸铁，它在碱性介质中具有较好的耐蚀性，但在纯氨水中不耐蚀。

二、碳钢的耐蚀性

碳钢的相组成物为铁素体和渗碳体，因为铁素体的电位要比渗碳体低，在腐蚀微电池中，渗碳体作为阴极，而铁素体作为阳极被腐蚀，所以，碳钢的耐蚀性与其化学成分、组织结构和腐蚀条件等多种因素有关。

在非氧化性酸中，碳钢不能产生钝化现象，随着碳含量的增加，渗碳体 Fe_3C 数量增加，腐蚀速率随之增加，如图 10.5(a)所示。在氧化性酸中，随着碳含量的增加，碳钢出现钝化倾向，腐蚀速率明显降低，如图 10.5(b)所示。

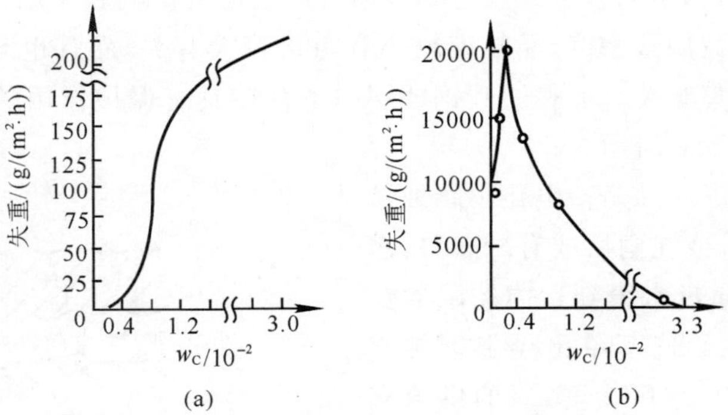

图 10.5　含碳质量分数对铁碳合金腐蚀速率的影响

(a)在 25℃，$w_{H_2SO_4}$ 为 0.20 的溶液中；(b)在 25℃，w_{HNO_3} 为 0.30 的溶液中

碳钢中的合金元素硅可提高碳钢在自然条件下的耐蚀性及抗高温氧化性，Mn 则降低碳钢的耐蚀性。但在常规含量范围内，硅、锰对腐蚀速率没有明显的影响；硫、磷等合金元素则可促进碳钢在酸中的腐蚀。例如，硫常以 FeS，MnS 的形式存在于钢中，可作为阴极夹杂，增加钢在酸中的腐蚀速率，在大气或中性溶液中作为局部腐蚀的诱发源，引起孔蚀、应力腐蚀和晶间腐蚀等。磷和硫一样作为阴极夹杂，增加钢在酸中的腐蚀速率，但能改善钢在大气、海水环境中的耐蚀性。

碳钢的组织与成分及热处理状态有关。在一般情况下，碳含量愈高，热处理对耐蚀性的影响愈大。例如，淬火态的碳钢耐蚀性最差(淬火应力的产生)，低温回火后有所提高；中温回火后，由于产生了高度弥散的活性阴极 Fe_3C 相，腐蚀速率最大；高温回火后，阴极性 Fe_3C 相聚居，活性阴极面积减小，腐蚀速率大幅度降低。

在强腐蚀介质、大气、海水、土壤中碳钢都不耐腐蚀，但在室温的碱或碱性溶液中有较好的耐蚀性。在大气、海水、土壤等中性或极弱酸性溶液介质中，碳钢的腐蚀主要是氧去极化腐蚀，影响腐蚀速率的主要因素是金属表面保护膜的性质和氧到达阴极表面的难易程度。

三、低合金钢的耐蚀性

低合金钢一般是指在碳钢中加入 Cu，P，Cr，Si 等总的质量分数不超过 0.05 的合金元素，以提高耐蚀性为目的的合金钢。有耐大气腐蚀低合金钢、耐海水腐蚀低合金钢、耐硫酸露点腐蚀低合金钢、耐硫化物腐蚀低合金钢，以及抗氢、抗氮低合金钢等。这里只介绍前两种低合金钢的耐蚀性。

1. 耐大气腐蚀低合金钢

耐大气腐蚀低合金钢也称为耐候钢。这类钢的大气腐蚀是在水膜存在下，空气中的氧通过锈层进行电化学反应的过程。而锈层由疏松的 FeOOH 外锈层和致密的 Fe_3O_4 与 FeOOH 混合物的内锈层构成，钢中的合金元素主要是通过内锈层的影响起作用。研究表明，耐候钢较高的耐蚀性不仅与内锈层致密度、晶粒度较小和阻抗较大有关，而且也与 Cu，P，Cr 等合金元素在非晶内锈层中富集有关。而普通碳钢锈层中不存在具有保护作用的致密性非晶内层，因而腐蚀速率高，如图 10.6 所示。

由于耐候钢的大气腐蚀是一电化学腐蚀过程，因此，当湿度很高，或在雨后或有凝露时，水膜很厚，空气中的氧通过水膜到达内锈层的扩散距离增加，使氧的供给速率降低，导致腐蚀速率减缓；在干燥环境中，水膜变薄，氧的供给充足，腐蚀速率加快；在充分干燥的环境中，水膜消失，腐蚀则停止。

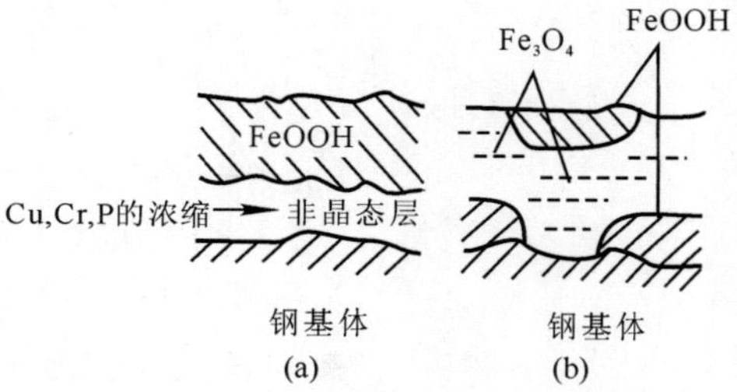

图 10.6 钢在大气环境中锈层结构示意图

(a)耐大气腐蚀钢；(b)普通钢

另外，富集在非晶内锈层中 Cu，P 可促进钢的均匀溶解，并加快 Fe^{2+} 的氧化，有助于生成均匀的 γ-FeOOH 锈层，促进向非晶态转化。P，Cr 可使内锈层的晶粒细化，进而使内锈层致密化，减少 Fe_3O_4 的形成，增加内锈层的阻抗，导致腐蚀速率降低。

在钢中加入一定量的钼、镍和硅，也可改善锈层结构，提高耐候钢的抗大气腐蚀能力。

常用的耐候钢有 16Mn，15MnVCu，12MnPV，12MnPRE 和 10MnPNbRE 等，分别用于大型桥梁、海边电视塔、铁路客车和石油井架、船舶等工程结构中。

2. 耐海水腐蚀低合金钢

由于海水导电率高，且含有大量氯离子，所以低合金钢在海水中腐蚀时，电阻极化很小，又不能产生钝化，因此低合金钢在海水中腐蚀，主要是受阴极极化控制，即氧去极化腐蚀。钢在海洋环境中的腐蚀速率与钢的暴露条件（海洋大气区、飞溅区、潮汐区、全浸区和海泥区）密切相关，如图 8.6 所示。

但钢中的 W，Al，Cu，P 等合金元素，在腐蚀过程中会以难溶性金属盐（$FeWO_4$）的形式沉积在活性阳极区，对局部腐蚀有自修补作用，阻滞阳极反应，使钢的局部腐蚀不同程度地减弱。钢中的 Cu，Ni 等合金元素，可以使锈层进一步致密化，提高保护作用。

钢中的合金元素，如铬、磷、铜、硅、镍等，对非晶态 Fe_3O_4 锈层的形成有促进作用，也可使腐蚀速率减小。

常用的耐海水腐蚀低合金钢有 Mariner，10CrMnAl，10NiCuAs，08PVRE 和 12Cr2MoAlRE

等。其中，国产的 10CrMnAl 耐海水腐蚀低合金钢已广泛用于生产海水管线；Mariner 则是美国生产的一种 Ni－Cu－P 低合金钢，主要用于飞溅区的钢板桩，但其焊接性和缺口韧性不好，在海水中全浸性能差；法国的 APS 20M，已用于船舶、管道；前苏联的 CXЛ－4D 大量用于制造船舶；日本研制了 Mariloy 系列钢，例如 Mariloy P50 钢，适合于飞溅区，高铬的 Mariloy S 钢适用于全浸，含硅、铬、钼、铜的 Mariloy T50 钢不仅适合飞溅区，也适合在海水中使用，是目前综合性能较好的耐海水腐蚀钢。

四、不锈钢的种类及其耐蚀性

一般把在空气和中性介质中耐腐蚀的钢称为不锈钢，而在各种侵蚀性较强的介质中耐腐蚀的钢称为耐酸钢。通常把不锈钢和耐酸钢统称为不锈耐酸钢，简称为不锈钢。不锈钢的“不锈”，即耐蚀性只是相对的，在一些介质中是“不锈”的，但在另一些介质中则会被腐蚀，因此没有绝对“不锈”的不锈钢。

不锈钢通常按化学成分、显微组织和用途进行分类。按化学成分，可分为铬钢、铬镍钢、铬锰氮钢、铬锰镍氮钢等；按显微组织，可分为马氏体不锈钢、铁素体不锈钢、奥氏体不锈钢、奥氏体-铁素体双相不锈钢、沉淀硬化不锈钢等；按用途，可分为耐海水不锈钢、耐点蚀不锈钢、耐应力腐蚀开裂不锈钢、耐硫酸腐蚀不锈钢、耐硝酸腐蚀不锈钢等。

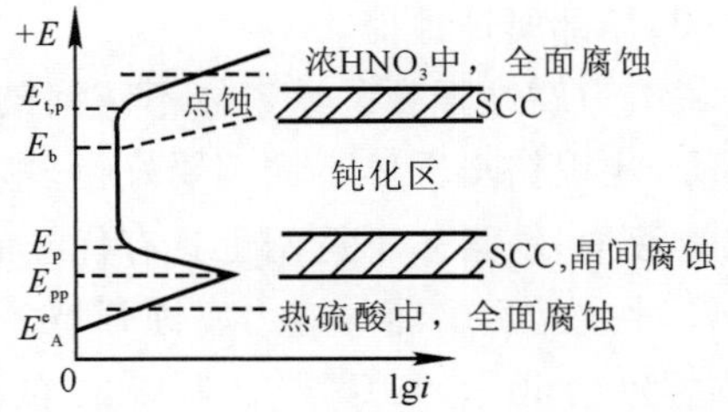

图 10.7　不锈钢腐蚀类型与腐蚀电位的关系示意图

不锈钢的腐蚀行为不仅与电极电位、腐蚀环境条件有密切的关系(见图 10.7)，而且还取决于不锈钢的种类。本节以显微组织分类为主线，分析不锈钢的耐蚀特点及腐蚀行为。

1. 马氏体不锈钢

马氏体不锈钢是一类高碳的铬不锈钢，其中碳质量分数在 0.001～0.009 之间，铬质量分数在 0.12～0.18 之间。这类钢的成分特点是碳质量分数比其他各类不锈钢都高，合金元素除铬外，有时还添加少量的钼或镍。例如 1Cr17Ni2，9Cr18MoV 等。马氏体不锈钢比铁素体不锈钢和奥氏体不锈钢的耐蚀性都差，而且含碳质量分数越高，耐蚀性越差。

马氏体不锈钢在大气、海水和氧化性介质中耐蚀性较好，但在诸如硫酸、盐酸、氢氟酸、热磷酸、热硝酸等强酸，熔融碱的介质或缺氧的海水中不耐蚀。

马氏体不锈钢抗局部腐蚀能力较低，如对点蚀、晶间腐蚀和应力腐蚀较敏感，对氢脆敏感性大，因此在有可能产生局部腐蚀的环境中，尽量不使用。

另外，热处理状态对马氏体不锈钢的耐蚀性影响较大。例如，在淬火状态时耐蚀性最好，淬火＋回火状态次之，退火状态最差。例如，用于汽轮机叶片的 1Cr13，2Cr13 钢采用 600～

650℃高温回火，其组织为回火索氏体，能获得较好的综合性能和良好的抗 SCC 性能；但如果在 450～550℃中温回火，其组织为回火屈氏体，在介质中腐蚀微电池数量最多，耐蚀性变差；同时，中温回火产生碳化物$(Cr \cdot Fe)_7C_3$，使基体中的铬严重贫化，导致耐蚀性大幅度下降。

2. 铁素体不锈钢

铁素体不锈钢是以铬为主要合金元素(铬质量分数在 0.12～0.18 之间)，具有体心立方晶体结构的铁基合金。例如 Cr13 型，Cr17 型，Cr25～28 型等类型，时常加入 Ni，Mo，Cu，Ti，Nb 等合金元素，提高耐蚀性。

(1)均匀腐蚀性能。铁素体不锈钢耐均匀腐蚀能力主要是靠 Fe－Cr 合金与介质反应后在表面生成一层屏蔽介质的钝化膜来达到目的。这类钢的成分特点是铬含量高，碳含量较低，因此这类钢在硝酸等氧化性介质中有良好的耐蚀性，耐蚀性和抗高温氧化性能优于马氏体不锈钢，与同等铬含量的镍铬奥氏体不锈钢相当，且随着铬含量的增高，其耐氧化性介质腐蚀的能力也随之增强，但在还原性介质中，铁素体不锈钢的耐蚀性不如镍铬奥氏体不锈钢。

(2)局部腐蚀性能。

1)应力腐蚀开裂。铁素体不锈钢最突出的特点是在含 Cl^- 水溶液中具有优异的抗应力腐蚀能力，比镍铬奥氏体不锈钢要好得多，同样，在含有微量 Cl^-、溶解氧的高温水介质中或苛性钠水溶液中，铁素体不锈钢也具有优异的抗应力腐蚀能力。但在某些介质条件下，也会产生起源于点蚀或晶间腐蚀的应力腐蚀开裂。例如，退火状态的 AISI430，434 铁素体不锈钢，在沸腾的 w_{LiCl} 为 0.50 及 95℃，w_{LiCl} 为 0.30 的介质中也会产生应力腐蚀开裂。

2)晶间腐蚀。铁素体不锈钢与奥氏体不锈钢相反，对处于晶间腐蚀敏感状态的铁素体不锈钢，在 700～800℃进行短时间回火处理，可减少或消除晶间腐蚀倾向。此外，最为有效的办法是降低钢中的碳、氮质量分数，使 $w_C + w_N \leqslant 0.000\ 1$，即可降低铁素体不锈钢的晶间腐蚀倾向。例如，Cr17 型不锈钢，碳质量分数控制在小于 0.000 05、氮质量分数控制在小于 0.000 015的范围内，才有可能消除晶间腐蚀倾向。晶间腐蚀的机理可以用第二相析出理论解释。

3)点蚀与缝隙腐蚀。普通铁素体不锈钢抗点蚀、缝隙腐蚀的能力较差，仅当铬质量分数在 0.25 以上时，抗点蚀、缝隙腐蚀的性能才会变好。例如 Cr13 型、Cr18 型不锈钢中的 C，N 及其他杂质元素形成的夹杂物，很容易成为点蚀源，导致这类钢的抗点蚀、缝隙腐蚀的性能大大降低。另外，如果在普通铁素体不锈钢中加入 Mo，则 Mo 以 MoO_4^{2-} 的形式吸附在活性金属表面，抑制活性金属的溶解，提高抗点蚀性能。同样 Mo 的加入，也可提高抗缝隙腐蚀的能力。例如 0Cr18Mo2Ti，其抗点蚀能力比同等铬、钼含量的奥氏体不锈钢 1Cr18Ni12Mo2Ti 要好，在含 Cl^- 介质中的抗缝隙腐蚀能力也比后者好。

3. 奥氏体不锈钢

奥氏体不锈钢是铬质量分数一般在 0.18 以上、镍质量分数在 0.08 以上(同时含有钼、铜、硅、铌、钛等合金元素)，室温下具有单相奥氏体组织的铁基合金。奥氏体不锈钢不仅具有优良耐蚀性能，而且也具有良好的综合力学性能、工艺性能和焊接性能，是不锈钢中最重要、用途最广泛的一类不锈钢。根据化学成分，可分为 Cr－Ni 和 Cr－Mn 两个系列。

(1)均匀腐蚀性能。Cr－Ni 型奥氏体不锈钢在氧化性介质中，如大气(包括海洋大气)、稀的或中等浓度(质量分数小于 0.65)的硝酸、浓硫酸中是耐蚀的，但在还原性介质中，如盐酸、亚硫酸、沸腾的冰醋酸中，则是不耐蚀的。

奥氏体不锈钢在磷酸中是耐蚀的，如果磷酸中含有 SO_4^{2+}，F^-，Cl^-，S^{4+}，Mg^{2+}，Al^{3+} 等杂质，一般就不耐蚀。而含 Mo 的奥氏体不锈钢则在低浓度的沸腾磷酸中具有良好的耐蚀性能，在有机酸和某些还原性酸中则有更好的耐蚀性能。在苛性碱中，奥氏体不锈钢也具有相当好的耐蚀性能。

Cr－Mn 型奥氏体不锈钢在腐蚀性不太强的硝酸、甲酸、醋酸、草酸等介质中，其耐蚀性和 Cr－Ni 型奥氏体不锈钢相当，但在腐蚀性较强的高温硝酸、硫酸及磷酸等介质中，其耐蚀性比 Cr－Ni 型奥氏体不锈钢差。

(2)局部腐蚀性能。

1)晶间腐蚀。奥氏体不锈钢的晶间腐蚀按机理可分为敏化态晶间腐蚀和非敏化态晶间腐蚀。敏化态晶间腐蚀是指钢经过敏化处理后产生的，例如奥氏体不锈钢焊接时在焊缝热影响区处产生的焊接腐蚀，其机理的经典理论是贫铬理论。非敏化态晶间腐蚀则是指钢中杂质元素在沿晶界偏析产生，例如，超低碳 18Cr－9Ni 经 1 050℃固溶处理，在强氧化介质中由于 P，Si 沿晶界偏析而产生的晶间腐蚀。非敏化态晶间腐蚀常常不出现存在贫铬晶界的奥氏体不锈钢上，而是出现在固溶体的奥氏体不锈钢中。

化学成分对奥氏体不锈钢晶间腐蚀的影响主要是碳质量分数和合金元素。钢中碳质量分数越高，碳化物析出量越多，贫铬程度增大，晶间腐蚀越严重。当碳质量分数小于或等于 0.000 2时，晶间腐蚀可以避免，而碳质量分数小于或等于 0.000 3 的不锈钢具有优良的耐晶间腐蚀性能。在钢中添加合金元素 Ti，Nb，由于 Ti，Nb 与碳的亲和力大于 Cr 与碳的亲和力，生成的 TiC，NbC 在固溶处理时不溶解，减少或消除了 $Cr_{23}C_6$ 碳化物的析出，因而可提高奥氏体不锈钢抗晶间腐蚀的能力。例如，ZG0Cr18Ni9Ti，ZG1Cr18Ni12Mo2Ti，0Cr18Ni11Nb 等。

2)点蚀和缝隙腐蚀。点蚀和缝隙腐蚀是奥氏体不锈钢在氯化物环境中常见的局部腐蚀形式。不锈钢缝隙腐蚀发生、发展的电位范围均比点蚀宽，缝隙腐蚀产生的临界电位比点蚀更低。例如，不锈钢 Cr17Ni12Mo2 在 70℃，0.5 mol/L 的 NaCl 溶液中，缝隙腐蚀临界电位为－3.6 V(SCE)，而点蚀生成临界电位为－0.25 V(SCE)，说明缝隙腐蚀比点蚀更容易发生，同时也更难控制其发展。

采用电化学方法，使阴极极化到低于再钝化电位(保护电位)，高于 Flade 电位的电位范围内，就可使不锈钢避免点蚀和缝隙腐蚀的产生。

添加合金元素 Cr，Ni，Mo 及 N 是提高不锈钢耐点蚀和缝隙腐蚀性能的有效措施，尤其是 Cr 和 Mo 对点蚀和缝隙腐蚀性能有决定性影响。当 Cr 质量分数达到 0.25 时，点蚀电位急剧增大；当 Mo 质量分数在 0.031～0.035，Cr 质量分数从 0.21 增加到 0.27 时，缝隙腐蚀的临界温度从 22.5℃升高到 50℃，在提高点蚀电位的同时，使缝隙内表面钝化膜稳定性提高，不易被击穿，从而耐蚀性提高。例如，随着 0Cr19Ni9，0Cr17Ni12Mo2 和 0Cr19Ni13Mo3 三种不锈钢中 Mo 质量分数的依次增加，它们耐点蚀和缝隙腐蚀的性能也按此顺序提高。

在氯化物溶液中加入 NO_3^-，OH^- 等缓蚀剂也可控制奥氏体不锈钢产生点蚀。

3)应力腐蚀开裂(SCC)。奥氏体不锈钢的最大缺点是对应力腐蚀开裂(SCC)非常敏感。奥氏体不锈钢应力腐蚀开裂机理有阳极溶解机理、机械-电化学系统作用机理之分，应力腐蚀开裂的类型有沿晶型和穿晶型两种。在氯化物溶液、含微量氯离子和氧的热水、高温水(135～350℃)、苛性碱、连多硫酸和硫化氢水溶液等介质中，奥氏体不锈钢均可产生应力腐蚀开裂。在硫化氢中，奥氏体不锈钢不论是敏化态或是固溶态都会产生 SCC，前者为沿晶型，后者为穿晶型。在碱液中，奥氏体不锈钢的破裂一般是穿晶型。低碳不锈钢为穿晶型，高碳不锈钢为沿晶型。

通常，采用向合金中添加镍、硅，减低磷、氮的方法降低不锈钢的应力腐蚀开裂敏感性，其中镍是提高奥氏体不锈钢抗应力腐蚀开裂性能的最为有效的元素。随着 Ni 质量分数的增加，不锈钢在 $MgCl_2$ 溶液中抗应力腐蚀开裂性能增加，当 Ni 质量分数大于或等于 0.45 时，几乎可以避免应力腐蚀开裂。其原因是 Ni 含量的增加，使奥氏体钢的层错能增加，位错容易形成网状结构，减小穿晶开裂敏感性。同样，在不锈钢中添加质量分数为 0.02～0.04 的 Si，也可提高不锈钢在 $MgCl_2$ 溶液中抗应力腐蚀开裂性能。

4. 奥氏体-铁素体双相不锈钢

奥氏体-铁素体双相不锈钢的室温组织是奥氏体与铁素体的复相组织，也称为复相钢。这种钢既具有奥氏体不锈钢优良的韧性、焊接性，也具有铁素体不锈钢的高强度和耐氯化物应力腐蚀开裂的性能。按化学成分，可分为以铁素体为基的 Cr－Ni 复相不锈钢和以奥氏体为基的 Cr－Mn－N 复相不锈钢两个系列。复相不锈钢的成分特点是镍含量较低、甚至不含镍，特别是 Cr－Mn－N 系列，在许多领域可取代高镍含量的 Cr－Ni 奥氏体不锈钢。

(1)均匀腐蚀性能。奥氏体-铁素体双相不锈钢虽然镍含量较低、甚至不含镍，但却有较高含量的能提高耐蚀性的铬元素，而且也含有较高的钼、铜、硅等。在一般情况下，其耐均匀腐蚀性能不低于 18－8 型和 18－12Mo 型的 Cr－Ni 奥氏体不锈钢，在浓硝酸，稀盐酸，中等浓度的硫酸，磷酸，醋酸等介质中，有些钢如 0Cr26Ni5Mo2，0Cr17Mn13Mo2N，0Cr21Ni6Mo3Cu，ZGCr17Mn9Ni4Mo3Cu2N 等奥氏体-铁素体双相不锈钢比 Cr－Ni 奥氏体不锈钢往往具有更优秀的耐蚀性。

工程实践证明，在腐蚀环境中，只要奥氏体-铁素体双相不锈钢中的两相 α，γ 均处于钝态，就不会产生选择性腐蚀，但在还原性介质中，含钼的双相不锈钢有明显地选择性腐蚀倾向，α，γ 相哪个优先腐蚀，取决于化学成分、两相比例和腐蚀介质等。

(2)局部腐蚀性能。

1)晶间腐蚀。与纯奥氏体不锈钢相比,奥氏体-铁素体双相不锈钢的晶间腐蚀敏感性较小,具有良好的耐晶间腐蚀性能。其原因在于奥氏体-铁素体双相不锈钢当经历敏化温度加热时,铬碳化物优先在 α/γ 相界面的 α 相一侧析出,而 γ/γ 奥氏体晶界上铬碳化物析出较迟且数量较少,不易形成网状结构;同时,在 α 相一侧析出碳化物周围的贫铬,可以较快地从含铬的铁素体内部通过扩散而得到补充,因此其耐晶间腐蚀性能提高。同时,奥氏体-铁素体双相不锈钢可焊性好,不需热处理,焊接接头有良好的耐蚀性,不像奥氏体不锈钢会产生焊接腐蚀。

2)应力腐蚀开裂。与奥氏体不锈钢相比,双相不锈钢通常表现出优良的耐应力腐蚀开裂性能,特别是当 α/γ 相比例接近 1 时,效果最好。研究表明,在较低应力水平下,奥氏体-铁素体双相不锈钢显示出优良的耐应力腐蚀开裂性能;但在高应力水平下,双相不锈钢的耐应力腐蚀开裂性能下降,甚至比奥氏体不锈钢差,如图 10.8 所示。

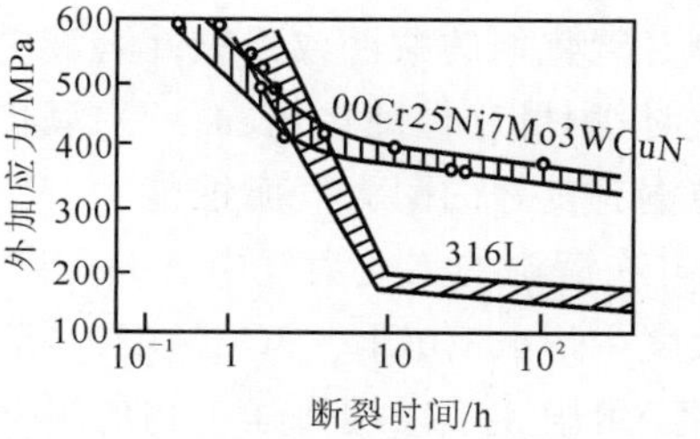

图 10.8　双相不锈钢 00Cr25Ni7Mo3WCuN 与奥氏体不锈钢 316L 的应力-断裂时间曲线

双相不锈钢优良的耐应力腐蚀开裂性能与以下因素有关。一是双相不锈钢具有较高的屈服强度,在腐蚀环境中能承受较高的应力;二是第二相的存在对应力腐蚀裂纹的扩展起到机械阻碍作用。另外,从电化学观点看,铁素体相对于奥氏体为腐蚀电池的阳极,而使阴极的奥氏体得到保护。

3)点蚀和缝隙腐蚀。奥氏体-铁素体双相不锈钢具有较高的抗点蚀性能与添加合金元素的种类、成分有关,而与双相不锈钢的复相组织关系不大。例如,铬可大大延长点蚀的孕育期。钼可富集在靠近基体的钝化膜中,提高钝化膜的稳定性,提高抗点蚀性能;同时钼可显著延长缝隙腐蚀的诱导时间,降低缝隙腐蚀的敏感性。N 可显著提高双相不锈钢的抗点蚀和缝隙腐蚀性能,原因有三。一是 N 可消耗小孔或缝隙中的 H^+,形成 NH_4^+,吸附在钝化表面,同时 NH_4^+ 的缓蚀作用有助于 MoO_4^{2-} 的稳定,二者的协同作用与靠近氧化物和金属界面富集的镍一起使双相不锈钢的钝化膜表面保持均一性;二是 N 在钝化膜表面富集,形成合金元素的氮化物相;三是 N 在活性表面富集,阻止金属的进一步溶解。

10.3　铜及铜合金的耐蚀性

铜及铜合金是常用的有色重金属,分为紫铜(纯铜)、黄铜(以 Zn 为主要合金元素)、青铜(以 Sn 和 Al 为主要合金元素)和白铜(以 Ni 为主要合金元素),主要用于化工、电工、造船及热交换设备等。

一、铜的耐蚀性特点

纯铜的化学稳定性高，其标准电极电位约为 0.345 V(SCE)，比标准氢电极电位高，但比氧电极标准电位低，所以，铜在一般的水溶液中不会产生氢去极化腐蚀，而产生氧去极化腐蚀。当腐蚀介质中没有氧化剂存在时，铜是耐蚀的；如果腐蚀介质中有氧化剂存在，铜会被加速腐蚀。

在去气的水溶液、非氧化性酸(HCl、稀 H_2SO_4)和有机酸(醋酸、柠檬酸、脂肪酸、乳酸、草酸)等介质中，铜具有较高的化学稳定性，不会被腐蚀；在去气硫酸、硝酸、浓硫酸、去气的氢氧化钠等含氧化剂的酸性或强碱性溶液中，铜会被腐蚀；在中性或弱碱性溶液中，特别是有溶解氧存在时，铜可进行钝化，表面产生氧化膜而阻止腐蚀。

纯铜有良好的耐大气腐蚀能力。当纯铜暴露在大气中时，先在表面生成紫红色的 Cu_2O 和 CuO，在潮湿的工业大气中进一步腐蚀形成 $CuSO_4 \cdot 3Cu(OH)_2$ 和 $CuCO_3 \cdot Cu(OH)_2$、在海洋大气中形成 $CuCl_2 \cdot 3Cu(OH)_2$ 等表面保护膜，可阻止铜的进一步腐蚀。同时，由于铜离子(有毒)可阻止或减缓海洋生物的附着、繁衍，因此纯铜也具有良好的抗微生物腐蚀能力。但铜会在潮湿且含有 SO_2、H_2S 和 Cl_2 的气体介质中被强烈腐蚀，或者在氨、铵盐、氯化物等溶液中被腐蚀。例如，当铜在含 NH_3，NH_4^+ 或 CN^- 的介质中腐蚀时，因形成了铜的络合离子 $[Cu(NH_4)^{2+}]$，大大降低了溶液中的铜离子浓度，使铜的电极电位降低，加速了铜的腐蚀。

二、铜合金的耐蚀性

1. 黄铜的耐蚀性

黄铜是以 Zn 为主要合金元素的 Cu－Zn 合金，因其呈黄色而称为黄铜。黄铜可分为简单黄铜和复杂黄铜。简单黄铜是 Cu－Zn 二元合金，复杂黄铜是在简单黄铜成分的基础上添加其他组元而形成的多元合金。简单黄铜的微观组织与合金中锌的含量有关，因此简单黄铜就有三种不同的组织状态，即 α 黄铜(Zn 质量分数小于 0.36)、α＋β 两相黄铜(Zn 质量分数在 0.36～0.465之间)和 β 黄铜(Zn 质量分数在 0.47～0.50 之间)。

黄铜在大气、纯净淡水、海水、有机类酸和多种介质的水溶液中有良好的耐蚀性，在流动海水、热水、蒸汽、无机酸中耐蚀性较差。对锌质量分数小于 0.20 的 α 黄铜，其在各种常用介质中的耐蚀性与紫铜相当；对锌质量分数大于 0.20 的单相或两相黄铜，其在某些介质中的耐蚀性能远比紫铜和低锌黄铜差。例如，在含 Cl^-，I^-，Br^-，F^-，O_2，CO_2，H_2S，SO_2，NH_3 的水溶液中，黄铜的耐腐蚀性能明显降低。

黄铜的耐腐蚀性能并不是很好，通常采用加入硅、铝、锡、铅、锰、镍、铁等合金元素的方法，改善黄铜的耐腐蚀性能。例如，在黄铜中加入质量分数为 0.02～0.04 的锰，形成的锰铁黄铜具有更好的耐海水腐蚀性能；加入质量分数为 0.01～0.03 的铁，可显著提高黄铜在大气、海水中的耐蚀性。

黄铜在某些腐蚀介质和环境中，还会产生脱锌腐蚀、应力腐蚀、电偶腐蚀、点蚀、晶间腐蚀、腐蚀疲劳等局部腐蚀。其中，脱锌腐蚀和应力腐蚀是两种重要的腐蚀形式。

(1)脱锌腐蚀。在海水、含氧中性盐的水溶液、氧化性酸溶液中，黄铜常常会产生脱锌腐蚀。如第 6 章所述，黄铜的脱锌腐蚀是一种典型的成分选择性腐蚀，即电位较低的组元被优先腐蚀溶解，而留下电位较高的贵金属组元。黄铜脱锌腐蚀的形态与黄铜的成分、腐蚀介质等条件有关，一般情况下，简单黄铜以层状脱锌为主，复杂黄铜以局部栓状脱锌为主。在海水中产生层状脱锌，在淡水中产生局部栓状脱锌。层状脱锌使金属构件整体减薄、强度逐渐降低，而局部栓状脱锌，使金属呈针孔状腐蚀，容易产生突然断裂。黄铜脱锌腐蚀的机理详见第 6 章。

一般情况下，通过添加合金元素锡、磷、砷、锑等，改变黄铜的化学成分，以控制黄铜脱锌腐蚀。例如，添加锡、砷的海军黄铜 HSn70 - 1 和 HSn70 - 1 - As 等。

(2)应力腐蚀开裂。锌质量分数大于 0.20 的二元黄铜，在有拉应力存在的条件下，在潮湿大气，特别是在含有氨、二氧化硫的大气中，或含有汞盐、铵盐、硫酸、硝酸等潮湿的环境中，具有较大的应力腐蚀开裂敏感性。例如，黄铜子弹壳在夏季的雨季中出现的开裂(也称为季裂)，就是典型的黄铜应力腐蚀开裂例子。黄铜的应力腐蚀开裂形态分为沿晶型和穿晶型。在成膜溶液中，主要产生沿晶型断裂；在不成膜溶液中，主要产生穿晶型断裂。

黄铜的应力腐蚀开裂机制通常认为，在成膜溶液中，黄铜表面形成一层韧性较差的氧化亚铜膜，在应力、应变作用下，氧化亚铜膜发生脆性破裂，进而在晶界处成膜，这层膜脆裂后使裂纹扩展到基体金属，并因滑移而中止，使裂纹尖端暴露在腐蚀溶液中，随后又产生晶间渗透、成膜、脆裂、裂纹扩展，此过程反复进行，最终形成阶梯状间断性断口。在不成膜溶液中，应力使黄铜表面的露头位错优先溶解，导致裂纹沿位错密度最高的途径扩展并引起断裂。在锌含量较低的 Cu - Zn 合金中，位错主要是胞状形态，晶界是最大位错密度区，故产生沿晶型断裂；在锌含量较高的 Cu - Zn 合金中，位错主要是平面状形态，堆垛层错是最大位错密度区，故产生穿晶型断裂。由于锌原子在应力作用下在位错处偏聚，增加位错处的活性，因此随着锌质量分数的增加，裂纹扩展速率随之增加。

黄铜中加入锡、砷、硅、铝等合金元素，可降低黄铜的应力腐蚀开裂敏感性。例如，通过合金化方法形成的复杂黄铜，即海军黄铜 HSn70 - 1As 等。

2. 青铜的耐蚀性

铜合金中除紫铜、黄铜、白铜外，其余的均称为青铜。一般按第一主添加元素命名，如锡青铜、铝青铜、硅青铜等。与黄铜相比，青铜具有更高的强度与耐蚀性能，在某些环境中，青铜的耐蚀性能比白铜差。

(1)锡青铜的耐蚀性。锡青铜中的主要合金元素是锡。加工锡青铜的锡质量分数一般在 0.10 以下，铸造锡青铜的锡质量分数一般高达 0.22。当锡质量分数小于 0.05 时，可获得 α 单相组织；当锡质量分数较高时，可获得 $\alpha+(\alpha+\delta)$ 相组织。

锡青铜中加入锡后，一方面使 α 相(锡在铜中的置换固溶体)和 δ 相($Cu_{31}Sn_8$ 为基的固溶体)具有相近腐蚀电位,很大程度上减弱了腐蚀电池的作用;另一方面,在大气中锡青铜表面形成一层致密的二氧化锡膜,使耐蚀性提高,而且随着锡含量的增加,二氧化锡膜越致密、越厚,耐蚀性也越好。因此,锡青铜在大气、海水、淡水、蒸汽、稀硫酸、有机酸及碱性溶液中有良好的耐蚀性,但在氨水、亚硫酸钠、酸性矿泉水、盐酸等介质中不耐蚀。

(2)铝青铜的耐蚀性。铝青铜是以铝为主要合金元素的铜合金,是工业中常用的一种无锡青铜。铝青铜可分为简单铝青铜和复杂铝青铜。简单铝青铜是 Cu - Al 二元合金,复杂铝青铜是在简单铝青铜成分的基础上添加铁、镍、锰等组元而形成的多元合金。

铝青铜能在表面形成一层致密、稳定的 Al_2O_3 保护膜,在一般氧化条件下具有稳定性,在还原性条件下也具有一定的耐蚀性,因此铝青铜具有良好的耐蚀性。铝青铜的耐蚀性与铝质量分数有关,在 α 单相区,随铝质量分数增加,Al_2O_3 膜增厚,耐蚀性提高。如果铝质量分数继续增加,则会产生 γ^2 相($Cu_{32}Al_{19}$),因其电位较低而优先腐蚀,在表面形成许多紫铜色的小孔洞(称为“脱铝”)。在铝质量分数超过 0.11 后,由于氧化膜增厚与脱铝的双重作用,反而对耐蚀性影响不大。

铝青铜在大气、海水、氯化物溶液和一些酸中的耐蚀性很好,但在硝酸中不耐蚀,在碱中由于氧化膜溶解而加剧腐蚀。铝质量分数较高的铝青铜有较大的应力腐蚀敏感性。

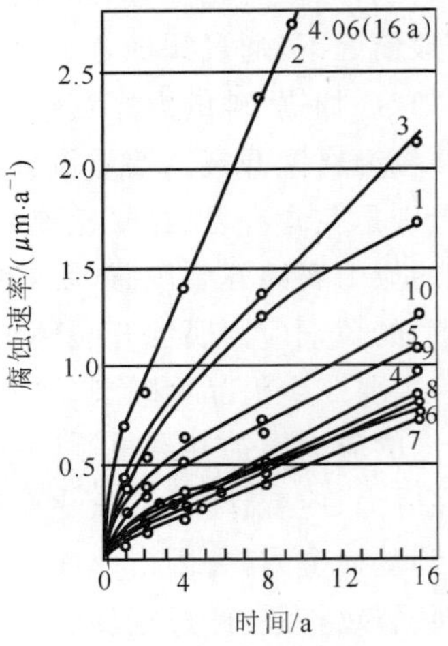

图 10.9 铜合金在热带海洋大气中经 16 a 后的腐蚀结果

1—纯铜($w_{Cu}=0.9994$);2—硅青铜;3—磷青铜;4—铝青铜;5—黄铜 90;6—黄铜 80;7—炮铜;8—海军黄铜;9—蒙茨黄铜;10—锰青铜

3. 白铜的耐蚀性

白铜是以镍(镍质量分数一般小于 0.50)为主要合金元素的铜合金(Cu - Ni 合金),添加锌、锰、铝等合金元素后,可形成锌白铜、锰白铜和铝白铜等。

白铜在海水、有机酸、各种盐溶液等腐蚀介质中均具有良好的耐蚀性,在白铜中加入少量铁或锰可明显提高耐蚀性。由于白铜具有优异的耐蚀性,常用于制造高耐蚀性的结构和构件。

图 10.9 给出了铜及其合金在热带海洋大气中的腐蚀比较试验结果。可以看出,铜及其合金均具有很好的耐海洋大气腐蚀性能,但铜合金成分对耐蚀性也有重要的影响。

10.4 铝及铝合金的耐蚀性

铝及铝合金具有比强度高,塑性好,导电、导热性能优异,以及优良的加工性能和耐蚀性能,是广泛应用于各种工业领域,特别是航空、航天工业中的有色金属材料。

一、纯铝的耐蚀性特点

铝的化学活性很高，标准电极电位很低（约为 -1.67 V(SCE)），虽然热力学上不稳定，但却有良好的钝化性能。因为铝和氧的亲和力很大，所以在大气中铝表面很快会生成一层薄而致密、具有自愈合能力的 Al_2O_3 氧化膜，且随着时间的延长或大气湿度的增加，氧化膜的厚度愈厚，因此使铝在大气中具有良好的耐蚀性。除了铝在大气中自然形成的氧化膜外，工业上一般采用化学氧化、电化学阳极氧化的方法，形成较厚的氧化膜。

在碱中，碱能与铝表面的氧化膜发生反应生成偏铝酸钠与水，氧化膜溶解后，碱与铝进一步反应形成偏铝酸钠，并释放出氢气。此反应随温度、碱液浓度的升高而加剧，由此导致铝的耐蚀性能急剧恶化。但铝在氨水、硅酸钠溶液中，耐蚀性能较好。

铝在硫酸、盐酸、草酸、蚁酸中不耐蚀，但在氧化性浓酸中会生成一层钝化膜，使耐蚀性能提高。

铝在水中耐蚀性能良好；在含有 Cl^-，F^- 的溶液中，容易使氧化膜破坏而引起点蚀；在含有阴离子 $Cr_2O_7^{-2}$，Cr_4^{2-} 的溶液中，铝可产生钝化；在含有电位较正的阳离子 Fe^{2+}，Ni^{2+}，Cu^{2+} 的溶液中，因二次析出效应，铝会被加速腐蚀。

二、铝合金的耐蚀性

铝合金为易钝化金属材料，因而对局部腐蚀较为敏感，常见的局部腐蚀形态有点蚀、晶间腐蚀、剥蚀和应力腐蚀开裂等。其腐蚀特点与特性如下：

1. 点蚀

点蚀是铝合金常见的局部腐蚀，在大气、水、弱酸性溶液及盐溶液等介质中，都会产生点蚀。点蚀产生的起因是氧化膜局部破坏（或存在缺陷）而形成的微腐蚀电池，其机理与不锈钢点蚀类似。但就点蚀产生的成因而言，比较一致的观点是：①铝合金的电位必须达到临界点蚀电位；②Cl^- 的存在，Cl^- 通过氧化膜上的微孔或缺陷进入铝合金表面；③络合离子的形成有助于铝阳极溶解过程的进行，例如，超硬铝合金在海洋大气、工业大气中常常发生点蚀。

铝锂合金（即含锂成分的铝合金）由于具有比一般工业用铝合金高的比强度和比刚度，因而近年来颇受航空、航天等领域的重视。2090（Al－2.2Li－2.7Cu－0.12Zr）铝锂合金的点蚀倾向比 7075 稍大一些。在 2090 铝锂合金中，质量分数为 0.02～0.025 的锂对铝锂合金电位影响不大，而铜在固溶体中的质量分数则对合金电位的影响很大。2090－T83，T84，T81 和 T86 的电位与 2xxx 与 7xxx 合金的人工时效状态的电位十分接近，它们之间相互连接时不会产生电偶腐蚀。

防止铝合金点蚀的途径：采用耐点蚀性能好的 Al－Mn 合金和 Al－Mg 合金；利用表面包覆纯铝或 Al－Mg 合金层的办法提高点蚀抗力；消除或减少溶液中的 Cl^-、氧化性离子和溶解氧等；改进热处理工艺，避免铝合金在 500℃淬火，以防析出过多的阴极性沉淀相等。

2. 晶间腐蚀

硬铝合金、超硬铝合金在淬火+人工时效的情况下，晶间腐蚀敏感性剧增，尤其是硬铝合金，最突出的腐蚀形态就是晶间腐蚀。例如，当 Al-Cu，Al-Cu-Mg 合金在热处理时，$CuAl_2$ 相（富 Cu）连续在晶界析出，沿晶界产生贫 Cu 区，$CuAl_2$ 相与晶界贫 Cu 区构成腐蚀电池，贫 Cu 区为阳极，导致晶间腐蚀。Al-Zn-Mg 合金和 Mg 质量分数大于 0.03 的 Al-Mg 合金在热处理时，电位较负的 $MgZn_2$ 相或 Mg_5Al_8 相作为阳极在晶界连续析出，与晶粒本体构成腐蚀电池，导致晶间腐蚀。需注意的是，当析出相呈连续网状分布时，晶间腐蚀最为敏感；当析出相呈断续状分布时，晶间腐蚀不易产生。

防止铝合金晶间腐蚀的措施：采用淬火+自然时效的热处理制度，可消除铝合金产生晶间腐蚀的倾向；采用包覆铝或离子镀铝的保护方法。

3. 应力腐蚀开裂

迄今为止，除纯铝，Al-Mn，Al-Mg-Si 合金尚未发现应力腐蚀开裂现象外，其他铝合金都有不同程度的应力腐蚀开裂敏感性，而且强度愈高，应力腐蚀开裂敏感倾向越大。例如，Al-Mg（$w_{Mg}>0.03$），Al-Zn-Mg，Al-Zn-Mg-Cu 系合金的应力腐蚀开裂敏感性最大。对于 Al-Zn-Mg，Al-Zn-Mg-Cu 合金来说，应力腐蚀开裂敏感性与 Mg，Zn 的总质量分数及 Mg，Zn 的质量分数比值有关，最佳的质量分数比是 1∶3，且总质量分数要小于 0.05，此时合金的应力腐蚀开裂敏感性最小；但当 Mg，Zn 的总质量分数提高到 0.06～0.07 时，应力腐蚀开裂敏感性明显增大。

铝合金应力腐蚀开裂的机理主要有阳极溶解理论和氢脆理论，也有人认为是两者的协同作用。虽然两种理论出发点不同，但却有相同的结果。即：当析出相质点连续时，应力腐蚀敏感性增大，同时氢脆也越严重；当析出相质点间距增大时，应力腐蚀敏感性降低，同时氢脆也得以减轻。

研究和实践表明，添加少量过渡族金属元素，如锰、铬、钛、锆、钒等，可大大降低铝合金应力腐蚀开裂敏感性，其中铬和锆的效果最好。另外，也可采用合理的热处理制度，或在铝合金表面包覆铝或离子镀铝的保护方法，以消除或降低应力腐蚀开裂敏感性。

对于 2090 铝锂合金，其抗应力腐蚀开裂性能强烈地受人工时效影响。时效不足的 T84 状态，与接近峰值时效的 T83，T81 和 T86 相比，应力腐蚀开裂敏感性更大，但峰值时效状态在短一横方向上有一定的抗应力腐蚀开裂敏感性能。经压力加工的 2090 合金的薄板、中厚板（厚度小于 25 mm），由于非再结晶的晶粒结构，而使长-横方向的应力腐蚀开裂敏性大大小于短-横方向。研究表明，2090-T83，T86 具有优良的长-横方向抗应力腐蚀开裂性能。

2091（Al-2Li-2.2Cu-1.5Mg-0.12Zr）铝锂合金的抗应力腐蚀开裂性能与显微结构有关。对于薄板，随着显微组织的纤维化，应力腐蚀开裂敏感性下降。

对于 8090（Al-2.5Li-1.3Cu-0.7Mg-0.12Zr）铝锂合金，其抗应力腐蚀开裂性能也与人工时效有很大的关系。对于 8090 铝锂合金的厚产品，短-横方向抗应力腐蚀开裂敏感性能在峰值时效状态下最好，长-横方向具有非再结晶显微结构时也有良好的抗应力腐蚀开裂性能；而具有再结晶显微结构的厚、大尺寸的产品，则具有较低的应力腐蚀开裂敏感性。

添加微量稀土元素 Ce，可提高铝锂合金抗应力腐蚀开裂敏感性能。微量元素 Ce 的加入对 Al - Li - Mg - Cu 系合金晶界析出相的长大有促进作用，粗大晶界析出相可使应力腐蚀裂纹尖端钝化及拉长晶界析出相间距，降低了阳极溶解速率，进而使裂纹扩展速率减缓，使抗应力腐蚀开裂敏感性能提高。

为了改善韧性和提高抗应力腐蚀开裂敏感性的能力，美国研制了锂质量分数为 0.02 的 XT110，XT120，XT130 系列和锂质量分数为 0.033 的 XT140，XT150，XT160 系列的铝锂合金，这种 XT 系列的铝锂合金比工业铝锂合金和常用的高强度铝合金具有更为优异的抗应力腐蚀开裂敏感性能。

4. 剥蚀

经轧制或锻压成型的具有晶间腐蚀倾向的铝合金型材，在诸如氨类，H_2O_2，NO_3^-，Cl^- 的腐蚀介质中，会产生剥蚀。高镁铝合金、Al - Zn - Mg 合金的剥蚀敏感性最大，Al - Zn - Mg - Cu 和 Al - Zn - Mg 合金也有不同程度的剥蚀倾向。其中，Al - Mg 合金的剥蚀是沿晶开裂，Al - Zn - Mg 合金的剥蚀是穿晶开裂。

在海岸暴露试验条件下，2090 铝锂合金薄板、厚板及 2090 - T86 合金的挤压件都具有优良的抗剥蚀性能，大大优于同等试验条件下的 7075 - T76 合金。2091 - T84 合金的抗剥蚀性能取决于显微结构及产品的淬火速率，显微结构的非再结晶程度越大，剥蚀越均匀。一般来说，2091 合金的抗剥蚀性能与相同尺寸的 2024 - T3 合金类似。8090 合金在大气暴露条件下，具有良好的抗剥蚀性能。

减轻或消除铝合金剥蚀的措施：一是添加细化晶粒的过渡族金属元素铬、锰、硼等，抑制和减缓 β 相沿晶界沉淀及促进其在晶内外均匀分布，破坏腐蚀发展的阳极通道。二是加入能减小相间电位差的元素。例如，在 Al - 7Mg 合金中加入质量分数为 0.01～0.02 的锌，使固溶体电位从 －800 mV 变到 －920 mV，缩小了 β 相（－1 200 mV）间的电位差。三是适当的热处理制度。

10.5　镁及镁合金的耐蚀性*

镁及其合金为有色轻金属，是工业中密度最小的一种金属材料。其优异的比强度，使其在飞机、导弹、卫星等航空、航天领域及现代通信领域中有着广泛的应用前景。实际中限制镁及其合金应用的主要因素是其耐蚀性能差。

镁合金可分为铸造镁合金（ZM）和变形镁合金（BM）两类，其中铸造镁合金比变形镁合金用途更广。

按合金主要化学成分，又可分为 Mg - Mn 系、Mg - Al - Zn 系、Mg - Zn - Zr 系、Mg - Th

系、Mg－Li 系和 Mg－稀土系。

按腐蚀特征不同，对变形镁合金也可分为两类。即：①无应力腐蚀开裂倾向的合金，如 Mg－Mn合金、Mg－Zn－Zr 合金、Mg－Mn－Ce 合金；②有应力腐蚀开裂倾向的合金，如 Mg－Al－Zn 合金。

一、镁的耐蚀性特点

镁的标准电极电位很低，约为－2.34 V，在常见介质中的电位也比较低，如在海水中为－1.5～－1.6 V，在 0.5 mol/L 的 NaCl 溶液中为－1.45 V，所以镁很容易在表面形成一层腐蚀产物膜。但由于该膜层疏松多孔，不如铝表面氧化膜完整、致密，因此镁的耐蚀性通常很差。

在干燥大气中，镁表面会生成一层灰色的氧化膜，其保护作用虽然有限，但镁还是稳定的。在潮湿大气中，镁的腐蚀主要是氢去极化腐蚀，其耐蚀性取决于大气的湿度与污染程度。当大气湿度增加时，腐蚀速率也随之增加，特别是当相对湿度大于 90％时，腐蚀速率会急剧增大。在农村大气条件下，腐蚀产物的主要成分是 $MgCO_3 \cdot H_2O$，$MgCO_3 \cdot 5H_2O$ 和 $3MgCO_3 \cdot Mg(OH)_2 \cdot 3H_2O$；而在工业大气条件下，还有 $MgSO_4 \cdot 6H_2O$ 和 $MgSO_4 \cdot 7H_2O$。

在室温的蒸馏水中，镁表面会迅速氧化生成一层保护膜，阻止镁的进一步腐蚀；但如果溶入盐，特别是氯化物或重金属盐类，则会导致保护膜脱落，引起点蚀。一般情况下，淡水或海水中的溶解氧对镁的腐蚀影响不大，浸泡在静止水中的镁的腐蚀很轻微；但如果采用搅拌等方式破坏或阻止保护膜的形成，或不断补充水使 $Mg(OH)_2$ 总不能达到饱和，就会加速镁的腐蚀。水中的氯离子会破坏氧化膜的稳定性，使腐蚀加速。

在许多有机酸、无机酸和中性介质中，镁的腐蚀速率一般都很大；但在铬酸、磷酸、氢氟酸中，由于镁处于钝态，其稳定性随之提高。

在碱性溶液中，镁表面生成一层难溶的 $Mg(OH)_2$ 保护膜，因而耐蚀性很好。

在含有 $S_2O_6^{2-}$，Cl^-，SO_4^{2-} 等的盐类溶液中，镁的腐蚀速率较大；在含有 CrO_4^{2-}，CrO_7^{2-}，PO_4^{3-} 等的盐类溶液中，因为镁表面易形成保护性腐蚀产物膜，所以腐蚀速率较小。

镁中的杂质元素 Fe，Ni，Co，Cu 会加速镁的腐蚀，因为 Fe 不溶于固态镁，以 Fe 的形式分布于晶界，而 Ni 和 Cu 在镁中的溶解度极小，能与镁形成 Mg_2Ni，Mg_2Cu 等金属间化合物，呈网状形式分布在晶界上，所以使镁的耐蚀性大大降低；而 Ag，Ca，Zn 等元素对镁的腐蚀影响作用次之；Mn，Al 元素对镁的腐蚀影响作用较小。

在高温条件下，镁表面的氧化膜无保护性，因此极易发生氧化腐蚀。添加 Ni，Cu，Sn，Zn，Al 和稀土元素可提高镁在大气中的抗高温氧化能力。

二、镁合金的耐蚀性

通常镁合金耐蚀性能不及纯镁。镁合金在大气中的耐蚀性能虽然不及铝合金，但是比低碳钢要好。大气湿度对镁合金的腐蚀行为有重要影响。当相对湿度在 9.5％以下时，镁合金的腐蚀很轻微；当相对湿度超过 30%时，腐蚀严重性明显增加；当相对湿度在 80%以上时，腐蚀已十分严重。当潮湿大气中含有氯化物、硫酸盐时，镁合金的腐蚀性不仅增大，而且出现点蚀现象。

镁合金在一般酸性、碱性、中性溶液中都不耐腐蚀，即使在纯水中也会被腐蚀。但是镁合金在浓度较高的氢氟酸中，因表面能够形成一层溶解度很小的氟化镁保护膜而表现出较好的耐蚀性。镁合金在 pH 值大于 11 的碱性溶液中，由于表面能够生成稳定的钝化膜而表现出较好的耐蚀性；但是当溶液中有 Cl^- 存在时，因钝化膜易遭破坏，镁合金也会被腐蚀。相对而言，Mg－Mn 合金是镁合金中耐蚀性能最好的一种合金。

脂肪类、芳香类碳氢化合物，酮类、醚类、乙醇对镁合金有轻微的腐蚀性。无水甲醇会引起严重的腐蚀，其腐蚀速率则因水的存在而显著减小。

变形镁合金在大气、水中的应力腐蚀开裂敏感性较大，当水中通氧时会加速应力腐蚀开裂敏感性，一些阴离子也会加速镁合金的应力腐蚀开裂。例如，Mg－Al－Zn 在使用环境中常常具有很大的应力腐蚀开裂倾向。

镁合金的应力腐蚀开裂有沿晶型和穿晶型两种类型。对 Mg－Al－Zn 来说，在退火状态下，$Mg_{17}Al_{12}$强化相沿晶界分布，合金的应力腐蚀开裂便沿着晶界扩展、开裂，而形成沿晶型的应力腐蚀开裂特征；在淬火状态下，合金组织为均匀的固溶体，晶间没有 $Mg_{17}Al_{12}$ 强化相析出，合金的应力腐蚀开裂便穿过晶内扩展、开裂，而形成穿晶型的应力腐蚀开裂特征。一般认为，穿晶型的应力腐蚀开裂是金属间化合物 FeAl 相沉淀在晶粒内部的晶面上构成的腐蚀通道引起的。

Mg－Al－Zn 合金的应力腐蚀开裂敏感性，随含 Al 质量分数的增加而增大；不含 Al 的镁合金，如 MB15 的应力腐蚀开裂敏感性就很小。

Mg－Al－Zn 合金的应力腐蚀开裂敏感性也与阴离子有很大关系。在无应力状态下，合金在不同阴离子介质中的腐蚀速率顺序为 $Cl^- > SO_4^{-2} > NO_3^- > Ac^- > CO_3^{2-}$；在有应力状态下，合金有应力腐蚀开裂倾向，阴离子的影响顺序为 $SO_4^{2-} > NO_3^- > CO_3^{2-} > Cl^- > Ac^-$。需要注意的是，介质中 Cl^- 含量的增加，将会加速应力腐蚀开裂，如果此介质中还有一定含量的 CrO_4^{2-} 离子，由于少量的 CrO_4^{2-} 不能使镁合金表面全部钝化，未被钝化的区域便成为腐蚀的核心，将会使应力腐蚀开裂急剧加速，很快造成构件破坏。

镁合金经氧化处理后耐蚀性较好，但为避免电偶腐蚀，当镁合金在与铝合金、镍基合金、铁基合金等其他合金连接时，必须采取绝缘保护措施。

10.6　钛及钛合金的耐蚀性*

由于钛及其合金密度小、比强度高、热稳定性好，在强腐蚀介质中化学稳定性很高，并具有很强的自钝化能力，因此被广泛用于航空、航天和其他工业领域。

一、钛及钛合金的一般耐蚀性特点

钛的标准电极电位为-1.63 V，化学活性很高。但因为钝化能力强，以及钝化膜具有自修复能力，所以在许多介质中十分稳定，耐蚀性能良好。钛的钝化性能不仅比铝好，也比铬、镍、锆和不锈钢好，如图10.10所示。其钝化特点是：①致钝电位低，临界钝化电流小，钝态稳定性高。②钝化电位范围宽。例如在硫酸溶液中，钛的钝化电位范围高达20 V，而不锈钢的钝化电位范围仅0.25 V，所以钛的钝态稳定性明显比不锈钢高。③钝态不易被Cl^-破坏。例如，在0.1 mol/L的NaCl溶液中，不锈钢钝化膜被击穿发生点蚀的电位是0.28 V，而钛则高达12 V，所以在NaCl溶液中钛的钝化膜具有很高的稳定性。

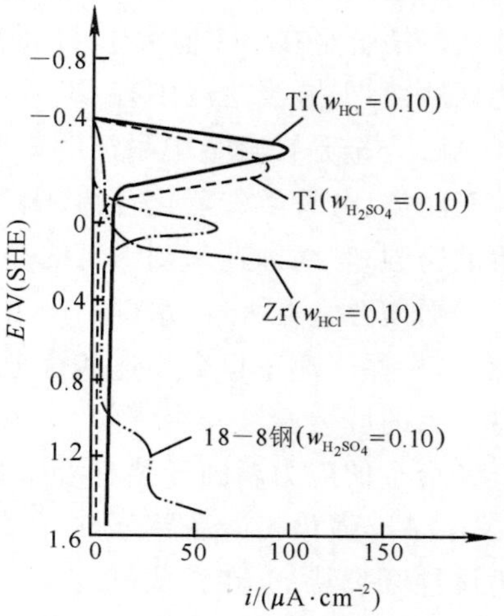

图10.10　钛、锆和不锈钢的阳极极化曲线(35℃)

在一些氧化性酸中，钛的耐蚀性很好。例如，钛可以耐沸点以下各种浓度硝酸的腐蚀，但钛在发烟硝酸(NO_2质量分数超过0.02、且含水量不足时)中由于剧烈的放热反应而引起爆炸，因此钛一般不在质量分数为0.80以上的高温硝酸中使用。

在盐酸、稀硫酸、磷酸、氢氟酸等非氧化性酸中钛不耐蚀，且随着温度和浓度的升高腐蚀严重性增大。当酸中存在高价的重金属离子时，可以有效地抑制钛的腐蚀。钛在质量分数为0.10～0.98的硫酸中不耐蚀，只能用于质量分数为0.05的溶氧硫酸中(室温)；在磷酸中，钛的腐蚀也严重，与在盐酸、硫酸中一样，Fe^{3+}，Cu^{2+}都可有效抑制钛的腐蚀；在HF中，钛与HF反应，表面生成多孔的TiF_3膜层，因此钛在HF中不耐蚀，也不能在酸性氟化物溶液中使用。

在氢氧化钠、氢氧化钾、氢氧化铵、氢氧化钙和氢氧化镁等碱性介质中，钛的耐蚀性非常好。但碱溶液中的游离氯，会使钛的耐蚀性下降；氨及过氧化氢则会加剧钛的腐蚀。

在氯化物溶液中，钛的耐蚀性能优异，但在$ZnCl_2$，$CaCl_2$，$AlCl_3$溶液中的耐蚀性与温度和浓度有关。随温度和浓度的升高，耐蚀性能下降。

除蚁酸、草酸和较浓的柠檬酸外，在其他的有机酸中钛均具有优异的耐蚀性能。

二、钛及钛合金的局部腐蚀行为

与不锈钢、铝合金、铜合金等金属材料相比，钛及其合金具有较高的抗局部腐蚀能力，但在一定的条件下，钛及钛合金仍会产生缝隙腐蚀、应力腐蚀、氢脆和焊缝腐蚀，而其抗点蚀性能通常十分优异。

1. 点蚀

钛在许多氯化物溶液中具有良好的抗点蚀性能。钛的点蚀多发生在沸腾的高浓度氯化物溶液中，如 w_{MgCl_2} 为 0.42，w_{CaCl_2} 为 0.61，w_{AlCl_3} 为 0.86，w_{BaCl_2} 为 0.30 的溶液，以及非水溶液（仅有少量水的含溴甲醇溶液）中。在氯化物溶液中，钛的点蚀敏感性随着浓度增加而提高，但随着溶液流动速率的加快而降低。

点蚀的产生主要是卤素离子的浸蚀作用使表面钝化膜出现局部破坏而引起的。

钛的点蚀敏感性与表面状态有很大关系。例如，用砂纸打磨后的粗糙表面，或用锌、铁、铝、锰、铜等金属材料摩擦后的表面，均可促进点蚀的产生。

2. 缝隙腐蚀

钛在酸性、中性溶液中容易产生缝隙腐蚀，而且比碱性溶液中的概率大。在氯化物溶液中，钛的缝隙腐蚀敏感性随着溶液的温度和浓度增加而增大。例如，在海水、质量分数为 0.20 的 NaCl 盐雾试验中，钛无缝隙腐蚀现象产生；但在温度为 150℃ 的海水中，经过 24 h 钛就产生了缝隙腐蚀。一般认为，在氯化物溶液中，溶液的温度越高、pH 值越小，钛的缝隙腐蚀严重性就越大；但当 $pH>10$ 时，则不会产生缝隙腐蚀。钛在卤化物溶液中的缝隙腐蚀电位顺序为 $Cl^- < Br^- < I^-$，说明钛在氯化物溶液中容易产生缝隙腐蚀。

增加溶液中的氧或氧化剂会提高抗缝隙腐蚀性能，但如果缝隙腐蚀已产生活化腐蚀，氧或氧化剂则会加速缝隙腐蚀的进程。

3. 电偶腐蚀

处于钝化状态的钛及钛合金电极电位很高，当与大部分金属连接时，总是处于阴极而自身不会遭受腐蚀，但却可能导致与其连接的低电极电位金属的加速腐蚀。例如，在 w_{NaCl} 为 0.03 的溶液中，锌、镉、铝等的稳定电位比钛低得多，一旦与钛连接则会使其腐蚀速率激增 50～60 倍；铁、铜的腐蚀速率增加不大；不锈钢（钝态）、铬、银和镍基合金等金属的电位与钛相差不大，与钛连接时对其腐蚀速率几乎没有影响。

为防止钛及其合金与铝合金结构件连接时产生电偶腐蚀，常采用绝缘连接措施或减小连接件之间电位差的办法。例如，飞机结构中使用的与高强度铝合金结构件连接的钛合金紧固件，国内外常采用离子镀铝的方法，在钛合金紧固件表面沉积一层铝镀层，以控制电偶腐蚀。

4. 应力腐蚀

钛及钛合金在 Cl^- 水溶液、甲醇、红发烟硝酸、盐酸、海水等介质中会产生应力腐蚀。

溶液中的 Cl^-，Br^-，I^-，可诱发在蒸馏水中无应力腐蚀倾向的钛合金的应力腐蚀敏感性；在室温的浓氢碘酸、氢溴酸、盐酸溶液中，Ti-8Al-1Mo-1V 合金的应力腐蚀开裂速率依次增大，且随着 Cl^-，Br^-，I^- 浓度的增加，应力腐蚀开裂速率加快。

介质中的杂质，会对应力腐蚀起促进或阻止作用。例如，当甲醇+0.1 mol/L 的 H_2SO_4 溶液中的含水质量分数高于 0.002 时，Ti-6Al-4V 合金无应力腐蚀倾向；当无水或含水质量分数低于 0.002 时，则会产生应力腐蚀。同样，甲醇中微量的铂可以使工业纯钛的应力腐蚀开裂时间缩短，当盐酸质量分数小于 10^{-6}时，工业纯钛 Ti－35A 才不至于产生应力腐蚀。溶液的温度升高，会导致应力腐蚀速率明显增加，但对应力腐蚀临界强度因子 K_{ISCC}影响不大。

在中性水溶液中，大多数钛合金的应力腐蚀开裂断口为穿晶解理型。

当钛合金与高温氯化物、溴化物、碘化物接触时，如果环境中还有氧和水分存在，在承受应力之下就会发生应力腐蚀；含卤化物的熔盐也能引起钛合金的应力腐蚀破坏。

钛合金的应力腐蚀开裂机理有阳极溶解理论和氢脆理论之分。应该说明的是，许多情况下阳极溶解与氢脆往往均会起作用乃至起协同作用。

另外，如第 7 章所介绍，当钛合金与低熔点金属接触并同时承受张应力时，钛合金会发生一种类似应力腐蚀的延迟性破坏——低熔点金属致脆。

5. 氢脆

钛在温度大于 300℃的氢气或含氢气氛中，或在还原性酸中腐蚀时，或在缝隙腐蚀的过程中，或在应力腐蚀的裂纹尖端及在海水中处于阴极状态时，都会因吸氢而导致氢脆。

钛在电解质水溶液中产生氢脆应同时具备三个条件：①溶液的 pH 值小于 3 或大于 12；②温度高于 80℃，否则钛表面只形成一层氢化物；③有产生氢的某种机制，如均匀腐蚀、缝隙腐蚀、应力腐蚀等，或表面污染、划伤等使金属或表面局部电位低于其自发析氢电位。

钛在电解质溶液中的吸氢是阴极反应的结果，如果在电解质溶液中加入某种氧化剂取代或抑制氢在阴极析出，则可防止吸氢。例如，Ti－6Al－4V 合金在用 HF 酸洗时，如果在 HF 中加入一定量的硝酸，就可抑制钛合金吸氢，减小氢脆倾向；还有一些重金属离子、氧、空气、某些氧化性阴离子、有机缓蚀剂等也可以不同程度地抑制吸氢，减小氢脆倾向。与此相反，H_2S，$P_2O_7^{4-}$，As，Sb 等则可促进钛合金吸氢，增加氢脆倾向。

工业纯钛的氢脆属于氢化物型氢脆，氢脆敏感性与变形速率有关，一般在高速变形条件下会产生氢脆。

一般认为，在应力作用下，钛基体中的氢向裂纹尖端应力集中区扩散、富集，形成氢化物，并在氢化物/母材界面或基体中的氢化物内产生内裂纹，裂纹在应力作用下进行扩展，导致氢脆的产生。

6. 焊接腐蚀

钛在热浓硝酸、硫酸、盐酸、含氧化剂的醋酸、含钼添加剂的铬酸、镀镍电解液等介质中，会产生焊接腐蚀。

钛具有一定的焊接腐蚀敏感性。其主要原因是，金属间化合物 TiFe 在晶界上析出、富集，尤其是容易在焊接中偏析的 β 相，在某些介质中会优先腐蚀，造成晶粒脱落，以晶间腐蚀的形式加快焊区腐蚀，即焊接腐蚀。为使焊缝中不产生 β 相，应控制金属中铁、铬、镍等形成 β 相的元素的含量，一般应控制这些元素的总质量分数在 0.000 5 以下。

三、耐蚀钛合金

为提高工业纯钛在还原性酸中的耐蚀性，特别是解决钛的缝隙腐蚀敏感性，开发、研制出了许多耐蚀钛合金，如 Ti－32Mo，Ti－0.2Pd，Ti－0.3Mo－0.8Ni 和 Ti－15Mo－0.2Pd 等。从合金化上提高钛合金的耐蚀性，一是加入如 Nb，Ta，Mo 等影响钛的阳极极化特性的合金元素，使致钝电位、致钝电流密度和维钝电流密度降低，使稳态钝化电位范围增大；二是用强阴极性合金元素 Pd，Pt 等促进钛的钝化，从而提高耐蚀性，如图 10.11 所示。

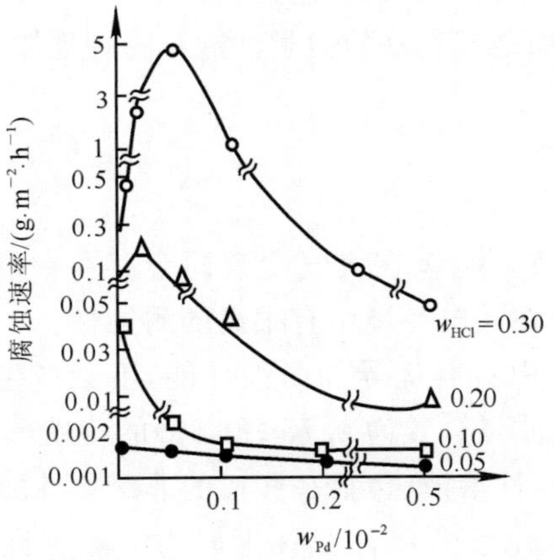

图 10.11　钛中加入不同量的 Pd 对其在不同质量分数盐酸中腐蚀速率的影响(25℃，200 h)

1. Ti－0.2Pd 合金

Ti－0.2Pd 合金是 α 钛合金。在 Ti－0.2Pd 合金中加入钯元素后，可以降低钛合金的氢过电位，Ti－0.2Pd 合金的阴极极化曲线较钛的阴极极化曲线显著正移，使合金的稳定电位正移，导致耐蚀性提高。研究表明，Pd 是以微阴极 Ti_2Pd 的形式存在于合金内部或表面，因为其过电位低，可使阳极反应加速进行($Ti+2H_2O \longrightarrow TiO_2+4H^++4e$)，当反应进行到一定程度时，合金钝化，电位正移，耐蚀性能明显提高，抗缝隙腐蚀性能良好。

Ti－0.2Pd 合金可在氧化性与中等还原性介质的条件下使用，与工业纯钛相比，扩大了在盐酸、硫酸和磷酸等介质中的使用范围。同时该合金有较好的抗氢脆敏感性能。

2. Ti－0.3Mo－0.8Ni 合金

Ti－0.3Mo－0.8Ni 合金是 α 钛合金。该合金对高温、低 pH 值氯化物或弱还原性酸具有良好的抗缝隙腐蚀性能，其耐蚀性显著优于纯钛，而接近 Ti－0.2Pd 合金。但因为该合金不含贵金属 Pd 元素，所以成本低，用途更广，可替代 Ti－0.2Pd合金作为抗缝隙腐蚀的耐蚀钛合金。

在稀盐酸、稀硫酸溶液中，Ti－0.3Mo－0.8Ni 合金的耐蚀性优于工业纯钛，但比 Ti－0.2Pd

合金差；在王水、硝酸氧化性介质中，Ti－0.8Ni－0.3Mo合金的耐蚀性比工业纯钛、Ti－0.2Pd都高；在有机酸中，Ti－0.3Mo－0.8Ni合金的耐蚀性比工业纯钛高，而与Ti－0.2Pd接近。在苛性碱和其他高浓度碱性溶液中，Ti－0.3Mo－0.8Ni合金可能发生腐蚀和氢脆，因此，在碱性溶液中使用温度与钛一样，应控制在93℃以下。

10.7 镍及镍合金的耐蚀性*

镍属于有色金属，镍合金属高性能耐蚀合金。在很多介质中，甚至在强腐蚀介质中，镍及镍合金都具有很高的耐蚀性，加之其良好的力学性能与物理性能，因此在许多腐蚀环境中得到了广泛的应用。

一、镍的耐蚀性特点

镍的标准电极电位为－0.25 V，镍在大气中表面会存在一层化学稳定性高的钝化膜，镍钝化后，电极电位更高，因此镍在大气环境中有很高的耐蚀性。

镍在碱性溶液和热浓碱液中具有优异的耐蚀性能，不会产生碱脆型应力腐蚀，但在高温(300～500℃)、高压和高浓度(质量分数为0.75～0.89)的苛性碱中，在拉应力条件下，镍会产生沿晶腐蚀断裂；在中性和微酸性溶液(包括一些稀的非氧化性酸、有机酸)及其有机溶剂等介质中，镍的耐蚀性能较好；在氧化性酸和含有氧化剂的溶液及许多熔融的金属中，镍则不耐腐蚀。

在淡水、海水和高温干氯等介质中，镍有良好的耐蚀性能，但在含硫化物(SO_2)的大气中不耐蚀。另外，镍对各类食品也有良好的耐蚀性能。

二、镍合金的耐蚀性

1. Ni－Cr合金

Ni－Cr合金中的铬质量分数与不锈钢的铬质量分数相当，因此在一般腐蚀介质中，两者的耐腐蚀性能也差不多；但因为Ni－Cr合金中的镍质量分数比不锈钢的镍质量分数高，所以在热碱液与碱性硫化物等介质中，其耐蚀性和抗高温氧化性能比不锈钢好。

最早使用的Cr20Ni80电热合金，在高温氧化性气氛中，表面生成致密的Cr_2O_3氧化膜，能阻止进一步的氧化，因而具有良好的抗高温氧化性能。它在氧化性气氛中使用温度达1 150℃，在还原性气氛中使用温度也高达1 100℃。Cr20Ni80因其镍含量较高，所以在硫化物介质中的耐蚀性能较差。

在Cr20Ni80电热合金基础上发展出的Inconel合金，成分比较复杂，除基体元素Ni外，合金中含有Cr,Fe,Nb,Al,Mn,Si,Cu,C,S等元素。由于其在高温下具有高的力学性能和抗氧化性能，因此常作为高温材料和耐酸合金使用。例如，Inconel 600合金，可在碱中、常温的磷酸和硫酸、低浓度的沸腾硫酸、低温低浓度的氢氟酸等介质中使用，也在醋酸、脂肪酸等有机酸中有良好的耐蚀性。Inconel 600 对介质中氯离子引起的应力腐蚀不敏感，但在高温的碱中则有产生应力腐蚀的可能。

2. Ni－Mo 合金

Ni60Mo20Fe20(Hastelloy A)，Ni65Mo28Fe5V(Hastelloy B)是两种典型的 Ni－Mo 合金，合金中 Mo 的质量分数大于 0.16，可使合金的耐蚀性显著提高。Ni－Mo 合金的最突出特点是其具有优异的耐盐酸腐蚀性能，尤其是 Hastelloy B 比 Hastelloy A 更耐盐酸腐蚀。

在硫酸、磷酸、氢氟酸、溴酸、甲酸、醋酸及有机酸等非氧化性酸中，Ni－Mo 合金具有良好的耐蚀性。

在氯化铝、氯化镁、氯化铜、氯化锑等非氧化性盐溶液和湿氯化氢等许多种气体中，Ni－Mo 合金也具有良好的耐蚀性。

在含氧化性离子的溶液硝酸等氧化性酸中，Ni－Mo 合金的耐蚀性不好。

在硫酸和盐酸中，只要有 10^{-6} 量级质量分数的氧化性盐(包括氯化铁、氯化铜和硫酸铁)存在，就可显著增大 Ni－Mo 合金的腐蚀速率；盐酸中的溶解氧、微量的硝酸杂质都会使 Ni－Mo 合金的腐蚀速率增加，尤其是后者的作用更加显著。

Ni－Mo 合金在许多介质中没有应力腐蚀倾向，但在高温、高压的纯水中，其晶间型应力腐蚀开裂的敏感性很高。

3. Ni－Cr－Mo 合金

具有代表性的 Ni－Cr－Mo 合金是 Hastelloy C(Ni－16Cr－16Mo－4W)和不含 W 的 Chromet 合金。为改善 Hastelloy C 合金在敏化状态下晶间腐蚀敏感性，在 Hastelloy C 合金的成分基础上降低合金中的碳、硅质量分数，就发展出 Hastelloy C－4，Hastelloy C－276 合金。

Hastelloy C 合金在硝酸、硝酸和硫酸的混酸、铬酸和硫酸的混酸等氧化性酸中，有良好的耐蚀性；在海水、蚁酸、醋酸、湿氯中耐蚀性很好；但在盐酸中的耐蚀性不如 Ni－Mo 合金。

Hastelloy C－4 合金比 Hastelloy C－276 合金的碳质量分数更小，在敏化状态或焊接态，析出的碳化物和金属间化合物相对少，因此，在氧化性介质和含氯化物介质中不致产生严重的晶间腐蚀。

4. Ni－Cu 合金

Ni－Cu 合金也称为 Monel 合金，其成分为 w_{Cu} 为 0.27～0.29，w_{Fe} 为 0.02～0.03，w_{Mn} 为 0.012～0.018，其余为 Ni。

Ni 和 Cu 可形成无限固溶体，当合金中摩尔分数为 $x_{Ni}<0.50$ 时，其耐蚀性接近于铜，反之，其耐蚀性接近于镍。因此，在一般腐蚀介质中，Ni－Cu 固溶体合金与铜或镍相比，更具优越性。

Monel 合金最突出的特点是，在各种浓度和温度的氢氟酸中非常耐蚀，其耐蚀性能仅次于铂和银。

在中性溶液、高温卤素、低浓度盐酸、各类食品、淡水、海水、大气、多种有机化合物等介质中，Monel 合金耐蚀性能好；在氧化性酸和其他强氧化性溶液、熔盐、熔融金属、熔融硫及高温含硫气体等的介质中，Monel 合金不耐蚀。

Monel 合金的应力腐蚀开裂敏感性较高，一般应在 530～560℃保温退火 1 h 后使用。

10.8 非晶态合金和纳米晶金属的耐蚀性*

非晶态合金和纳米晶金属材料是颇有发展前途和应用前景的新型材料。非晶态合金与同类的晶态合金相比，具有更为优良的物理、化学性能；纳米晶金属材料则由于尺寸进入到 1～100 nm 范围，赋予金属许多特有的性能。因此本节将对非晶态合金和纳米晶金属材料的耐蚀性能进行分析和介绍。

一、非晶态合金的耐蚀性

1. 非晶态合金的耐蚀性特点

对于非晶态合金来说，从热力学角度看是亚稳定的，但与相同或相近成分的晶态合金相比，其化学稳定性却很高，在许多环境中具有相当高的耐蚀性能，如图 10.12 所示。一般而言，非晶态合金的耐蚀性与表面均匀性，表面钝化膜和合金添加元素有关。

(1)表面均匀性。

1)化学均匀性。非晶态合金通常是利用快淬方法制备的。在快淬过程中，由于冷却速率大都在 10^6℃/s 以上，原子长程扩散被抑制，因此液-固转变后形成的非晶态合金中，避免了平衡凝固过程中产生的第二相、沉淀、成分起伏和偏析等缺陷，被认为是理想的化学均匀合金。

2)结构均匀性。非晶态合金是一种单相的长程无序、短程有序的均相结构，不存在晶态合金中常见的晶界、位错和堆垛层错等缺陷。

由此可见，非晶态合金表面化学成分、结构的高度均匀性，几乎不存在化学、电化学腐蚀的活性点，因此这也是非晶态合金具有较高耐蚀性能的原因之一。

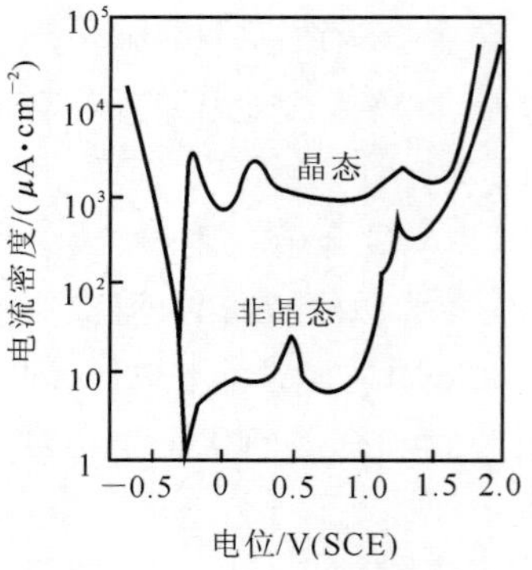

图 10.12 非晶态和晶态 Fe－10Cr－13P－7C 合金的阳极极化曲线(1 mol/L H_2SO_4 中)

(2)钝化膜。与晶态合金一样，非晶态合金表面的钝化膜也是其耐蚀性能高的原因之一，而耐蚀性能的好坏，则与钝化膜的成分、结构、性质有关。例如，非晶态结构的 Fe－10Cr－13P－7C

合金，在 1 mol/L HCl 的溶液中可自发钝化，其合金表面的钝化膜主要成分是羟基氢氧化铬 [$CrO_x(OH)_{3-2x} \cdot H_2O$]。可以看出，$Cr^{3+}$ 在钝化膜中的富集程度很高，因此合金的钝化能力很强，耐蚀性能很好。研究表明：①含 Cr 的非晶态合金在 1 mol/L HCl 的溶液中可自发钝化，即使 Cr 质量分数较小的非晶态合金也能自发钝化，而且其钝化能力与 Cr 质量分数较大的不锈钢相当。②钝化膜中 Cr^{3+} 的质量分数高于晶态合金。如 Cr 质量分数为 0.03 的 Fe－3Cr－2Mo－13P－7C 非晶态合金与 Cr 质量分数为 0.19 的 Fe－19Cr－2Mo 不锈钢，前者的钝化膜中 Cr^{3+} 的质量分数为 0.57，后者为 0.58。

对无稳定钝化膜的非晶态合金，其活性溶解速率远高于晶态金属，而这种活性溶解则会使 Cr^{3+} 在钝化膜内富集。活性溶解越快，钝化作用也越快，Cr^{3+} 在钝化膜内富集的程度就越高，形成均匀、致密的钝化膜，导致耐蚀性能提高，因此，活性溶解是钝化膜形成的必要条件之一。

非晶态合金表面的钝化膜通常具有较强的自修复能力。

(3)合金添加元素。

1)非金属元素。在金属-类金属型非晶态合金中添加磷、碳、硅、硼等元素，通过对钝化的动力学和钝化膜成分的影响，可提高合金的耐蚀性。例如，硼、硅、碳、磷等合金元素，对非晶态合金耐蚀性能的提高作用依次增大，尤其是磷。其原因有二：一是磷可促使钝化膜形成之前的活性溶解，加快有利于形成钝化膜的金属离子的富集速率；二是磷以 P^{5+} 溶解于水溶液，几乎不存在于钝化膜中，因此磷是提高非晶态合金耐蚀性能的最有效元素。碳对钝化膜形成有一定的促进作用，但不存在于钝化膜中，作用次于磷。硅、硼分别以硅酸盐和硼酸盐的形式存在于钝化膜中，作用不如磷和碳。

2)金属元素。在金属-类金属型非晶态合金中添加铬、钼、钛等金属元素，可显著提高合金的耐蚀性。其中铬的作用最大(铬质量分数大于 0.05 时)，钼在质量分数小于 0.05 时可显著提高合金的耐蚀性。如果与铬同时加入同族的钼、钛、钨、钒等元素中的一种，则耐蚀性更好。例如，在质量分数为 0.035 的 NaCl 溶液中，非晶态合金 $Ni_{68}B_{21}Si_{11}$ 和 $Ni_{39}Fe_{24}Co_{10}Nb_2B_{17}Si_8$ 合金的腐蚀速率分别为0.004 3 mm/a，0.001 5 mm/a；在质量分数为 0.10 的 HCl 溶液中，腐蚀速率分别为 0.016 2 mm/a，0.010 4 mm/a。这说明添加元素 Fe，Co，Nb 对抗腐蚀性能的贡献。

3)贵金属元素。铂、钯、钴、铑、钌等贵金属添加元素，虽然在金属-类金属型非晶态合金表面钝化膜中含量较少，但腐蚀过程中它们在膜/基体界面上富集，降低阳极活性，使金属-类金属型非晶态合金的耐蚀性能提高。

2. 非晶态合金的腐蚀行为

(1)均匀腐蚀。金属-类金属型非晶态合金的耐蚀性能，主要取决于钝化元素的作用，而非晶态的组织结构作用次之。例如，在稀硫酸中，非晶态的 $Fe_{70}Si_{30}$ 合金比晶态的 $Fe_{70}Si_{30}$ 合金的腐蚀速率低一个数量级，如果使晶态合金中的硅质量分数提高 0.10，则因硅的钝化作用可使腐蚀速率降低到原来的 1/50。

与一些金属-类金属型非晶态合金相比，金属-金属非晶态合金不是非常耐腐蚀，其耐蚀性低于合金中具有最高钝化能力（或耐蚀性能）的晶态纯金属的耐蚀性。

晶化处理可使金属-类金属型非晶态合金的耐蚀性急剧恶化。晶态合金 $Ni_{68}B_{21}Si_{11}$ 在室温质量分数为 0.035 的 NaCl 和质量分数为 0.10 的 HCl 溶液中的腐蚀速率分别是非晶态合金 $Ni_{68}B_{21}Si_{11}$ 的 6 倍和 12 倍。

对于表面没有钝化膜的非晶态合金 $Fe_{68}Ni_{10}Si_{12}B_{10}$，在 0.03 mol/L 的 H_2SO_4 溶液中，其溶解可分为两个过程：一是表面加工产生的特殊结构的溶解过程，二是基体的溶解过程（取决于非晶基体的组织结构）。宏观上发生均匀腐蚀的非晶合金，在微观上表现为同一部位阴、阳极区交替出现，由此造成非晶合金材料宏观上的均匀腐蚀表象。材料发生均匀腐蚀的最小阳极尺度取决于材料的微观结构，非晶态合金以 Bernal 多面体为基本单位参与反应，最小阳极尺度为 2 nm，因此，非晶态合金具有极高的均匀腐蚀程度。

（2）局部腐蚀。非晶态合金具有优良的耐蚀性能，一般情况下不会产生点蚀、缝隙腐蚀等局部腐蚀。对于特殊条件下（如阳极极化）产生的点蚀和缝隙腐蚀，其发展速率通常也较晶态合金低。

在质量分数为 0.10 的 $FeCl_3 \cdot 6H_2O$ 溶液中，由于活性阴离子 Cl^- 的作用，晶态的 Cr18-Ni8 不锈钢的腐蚀速率较快，并产生了点蚀，但非晶态的 $Fe_{72}Cr_8P_{13}C_7$ 合金几乎未遭受腐蚀。

非晶态合金在酸中阴极极化或在充氢的情况下，会使断裂应力下降，产生氢脆，尤其是金属-类金属型非晶态合金更为明显，这也是非晶态合金作为结构材料使用受到限制的主要原因之一。

二、纳米晶金属的耐蚀性

纳米晶金属材料可分为纳米粉末（零维）、纳米纤维（一维）、纳米薄膜（二维）、纳米块体（三维）和纳米复合材料与纳米结构等六大类，如图 10.13 所示。本节只对纳米粉末（零维）、纳米薄膜（二维）和纳米晶金属材料的腐蚀性能作简要介绍。

纳米晶金属材料的物理、化学特性一直是研究的焦点和热点，直至 20 世纪 90 年代纳米晶金属材料的腐蚀行为才引起人们注意。对于纳米晶金属材料腐蚀行为的解释，主要是基于电化学原理及表面钝化膜的形成。

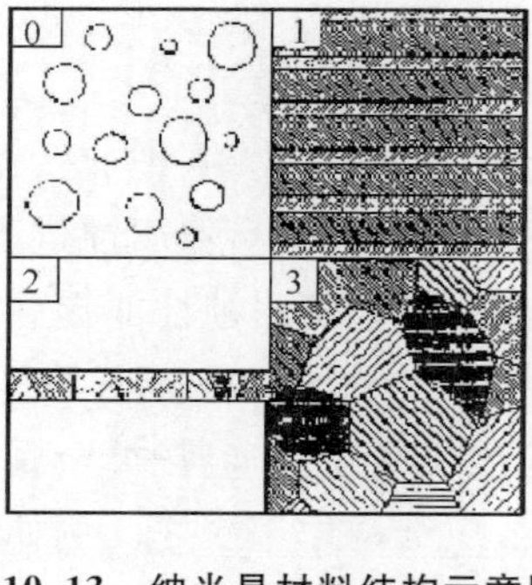

图 10.13　纳米晶材料结构示意图

0—零维；1—一维；2—二维；3—三维

纳米晶体中大量的晶界处于热力学亚稳态，一般以固溶脱溶、晶粒长大或相变的形式转变为较稳定的亚稳态或稳定态。纳米晶体一旦发生晶粒长大，就成为普通的粗晶材料，失去其优异性能。根据经典的多晶体晶粒长大理论，纳米晶体的晶粒长大驱动力远大于普通多晶体的长大驱动力，即使在常温下纳米晶体也难以稳定。但研究表明，单质纳米晶体的晶粒长大温度略低于多晶合金的再结晶温度$0.5T_m$，约在$(0.2\sim0.4)T_m$之间，而合金纳米晶体的晶粒长大温度通常大于$0.5T_m$。这说明纳米晶体具有很好的热稳定性，其原因可根据纳米晶体材料的内在稳定性，以及其结构参数诸如晶粒尺寸的分布、等轴晶粒形态、低能晶粒边界结构、相对平的晶粒边界外形和样品中的多孔性特征来解释。

1. 纳米粉末

纳米粒子按相结构分为单相和多相，按原子排列的有序程度和对称性，纳米粒子可分为晶态、非晶态和准晶三类。纳米粉末表面原子严重缺失，化学活性高，同时也因比表面能大，所以很不稳定，易被氧化或聚集。因此，纳米粉末常在惰性环境中储藏、运输和使用。为了发挥纳米粉末的优异性能和作用，常常对纳米粒子进行表面改性处理。

表面改性处理（也称为表面修饰）是通过表面添加剂与纳米微粒表面发生物理、化学作用，改变纳米微粒表面状态，进而改善和改变纳米微粒的分散性、耐久性、耐候性、相容性，赋予纳米微粒表面新的物理、化学等性能。

表面改性处理分表面物理修饰和化学修饰两类。

2. 纳米薄膜

纳米薄膜的制备方法通常有固相法和液相法。纳米薄膜可分为两类，第一类是纳米粒子镶嵌在另一种基体材料中的颗粒膜；第二类是纳米粒子组成的膜。纳米薄膜的腐蚀行为和机理可从电化学角度和钝化性能的角度来分析。

许多实验研究表明，将复合镀层中的复合颗粒尺寸减小到纳米级，就可制备出第一类纳米薄膜。由于纳米颗粒的加入，改变了复合镀层的组织形态与结构，进而也改变了镀层的耐蚀性及其他性能。例如，纳米$Zn-CeO_2$复合镀层中的纳米氧化铈颗粒，改变了锌的电沉积过程，使结晶产生择优取向，镀层组织更均匀、致密，导致纳米$Zn-CeO_2$复合镀层耐蚀性提高。

硅钢片表面复合化学镀镍-磷-含氧酸盐纳米微粒（利用含氧酸盐纳米微粒磷酸锌(10 nm)、锡酸锌(8 nm)、硅酸锌(10 nm)）镀层的腐蚀性能研究表明：①镍-磷-纳米微粒锌盐复合化学镀层的抗盐水和H_2S气体的腐蚀性能不仅优于硅钢片，甚至优于相近厚度的镍-磷镀层，说明镍-磷镀层中含有一定量的共沉积的纳米微粒有利于增强镀层的抗腐蚀性能；$Ni-P-ZnSnO_3$复合化学镀层的抗盐水的腐蚀性能优于$Ni-P-ZnSiO_3$和$Ni-P-Zn_3(PO_4)_2$，而三者抗H_2S气体的腐蚀性能相当。②在600℃时，硅钢片与$Ni-P$，$Ni-P-ZnSnO_3$，$Ni-P-ZnSiO_3$和$Ni-P-Zn_3(PO_4)_2$镀层的高温腐蚀速率分别为2.214，0.226 2，0.131 0，0.089 28，0.095 23 g/(m·h)，说明镍-磷-纳米微粒锌盐复合化学镀层的抗高温氧化性能较好。因为非晶态镍-磷镀层的晶化温度约为400℃，600℃时镀层已完全晶化析出大量的Ni_3P，Ni_5P_2等，此时非晶态合金由于表面钝化膜而导致的高抗腐蚀性能的优势已不存在。而镍-磷-纳米微粒锌盐镀层由于纳米微粒热稳定性高，在加热过程中这些盐的存在阻碍了镍-磷基质的晶化过程，使其晶化温度提高，晶化过程缓慢，非晶态的氧化膜破坏较少；同时根据瓦格纳(Wagner)氧化理论,镍的氧化速率是由 Ni^{2+} 离子迁移所控制的,纳米微粒的加入阻碍了 Ni^{2+} 离子迁移,从而使氧化速率降低。③纳米微粒的存在不仅改变了镍-磷镀层的外貌,还使纳米复合镀层的表面自由能降低。

对于第二类纳米薄膜,由于薄膜中组织、结构尺寸的纳米化,其电化学腐蚀行为也存在尺寸效应。例如,在 0.05 mol/L H_2SO_4+0.05 mol/L Na_2SO_4 腐蚀介质中,纳米化后低碳钢的腐蚀速率增加。纳米低碳钢的电化学腐蚀行为存在尺寸效应。当晶粒尺度小于 35 nm 时,纳米低碳钢的电化学腐蚀速率随晶粒尺度的增加而降低;当晶粒尺度高于 35 nm 时,晶粒尺寸对腐蚀速率影响不大。纳米化后低碳钢的阳极反应历程不变,阳极交换电流密度提高;而阴极反应历程改变,析氢反应容易,并由电化学步骤控制转变为由扩散步骤控制。纳米化后低碳钢阴、阳极反应同时得到促进,腐蚀速率增加。

在 HCl 介质中,与常见金属材料相比,溅射制得的纳米 304 不锈钢(Fe－18Cr－8Ni)具有优异的定向腐蚀阻力,其原因在于纳米晶金属材料的微小晶粒尺寸和均匀性。利用磁控溅射方法分别在 IN738 和 K38G 合金表面各溅射一层与基体同成分的纳米晶涂层,两种涂有 $w_{Na_2SO_4}$ 为 0.75 和 $w_{K_2SO_4}$ 为 0.25 的混合物的纳米晶涂层在 900℃的热腐蚀行为都表明,由于纳米晶涂层能生成一层连续的 Al_2O_3 内层,延长了氧化失稳的孕育期,使合金的抗热腐蚀性能提高。

高温合金 K38G 溅射纳米晶膜层和铸造 K38G 合金在 900℃的 $CO+CO_2$ 混合环境中的腐蚀对比试验表明,尽管二者的腐蚀过程均遵从抛物线动力学规律,但前者的抛物线速率常数较后者低一个数量级,即前者的耐蚀性能较后者显著提高;同时,纳米 K38G 合金膜层不存在内氧化问题。纳米 K38G 合金膜层优异的高温耐蚀性能归于纳米晶膜层中的快速扩散和选择性氧化促进了保护性单相 Al_2O_3 氧化膜的形成。

3. 纳米块体

纳米块体材料的制备方法较多,如惰性气体蒸发、原位加压制备法,高能球磨法结合加压成块法、非晶晶化法、脉冲电流直接晶化法和强烈塑性变形法等。

目前,由于纳米块体材料制备难度较大,因此关于其腐蚀性能的研究鲜有报道。与纳米薄膜一样,尽管纳米块体材料的制备方法会对其物理、化学性能,包括腐蚀性能产生一定的影响,但就腐蚀机理、性能而言,应该与纳米薄膜有相似之处,当然这还需实验研究来证实。

思考题与习题

1. 利用合金化方式提高金属耐蚀性的途径有哪些?
2. 简述耐蚀合金化机理。
3. 比较铁素体不锈钢与奥氏体不锈钢晶间腐蚀的异同。
4. 试用腐蚀极化图解释图 10.5 所示的腐蚀规律。

5. 黄铜的主要腐蚀形态是什么？举例说明其腐蚀机理与原因。

6. 硬铝合金表面为什么要包覆一层纯铝，它对应力腐蚀有何影响？

7. 分析铝合金主要腐蚀形式的成因，说明防止这些腐蚀的技术措施与方法。

8. 简述镁合金的应力腐蚀开裂机理及影响因素。

9. 工业纯钛的局部腐蚀形态有哪些？从电化学角度分析耐蚀钛合金的合金化原理。

10. 非晶态合金的耐蚀性特点有哪些？为什么非晶态合金作为结构材料使用还有局限性？

11. 如何理解纳米薄膜金属材料的腐蚀行为和耐蚀性？举例说明。

第 11 章　非金属材料的腐蚀行为

11.1　研究非金属材料腐蚀的重要性

随着科学技术的发展，材料科学也在发生着日新月异的变化。金属材料、高分子材料、复合材料和无机非金属材料已成为当今社会的四大支柱材料。金属材料由于其生产工艺成熟、综合性能优越、资源丰富和价格性能比具有优势等而具有强大的生命力，因此会在人类社会发展进程中的相当长的时间里唱主角。然而非金属材料以其独特的性能正在飞速发展，在国民经济中的应用越来越广泛，在一些领域中已逐步取代了部分金属材料，而在部分特殊领域中其用量有超过金属材料的发展趋势。

包括高分子材料、复合材料和无机非金属材料在内的新型非金属材料表现出诸多优势。

高分子材料的基本组分是有机高分子化合物，它具有质量轻、绝缘性好、化学性能稳定、成型方法多等优点。高分子化合物长链结构的多重性赋予了高分子材料各种特殊的性能。人们可以利用各种手段来改变各个层次的结构以制出所需性能的产品，如已为人们熟知的橡胶和塑料。如果再引入具有特殊功能的基团，还可制出具有特殊功能的材料，如记忆塑料。如今高分子材料在国民经济和国防建设中已具有举足轻重的地位。

无机非金属材料主要是以硅酸盐化合物为主的一类材料，如玻璃、陶瓷和混凝土等。这类材料具有高熔点、高强度、高硬度、耐腐蚀、耐磨损及抗高温氧化等基本性能，有些材料因其特殊结构还兼有导电、隔热、铁电、磁性、压电、超导等特性，因而无机非金属材料在建筑、化工、电子、冶金、国防、航空、航天、动力工程等方面有着广泛的应用前景。

复合材料的发展十分迅速，应用日趋广泛。复合材料是一种多相材料，是由基体材料与增强材料复合而成，使其不仅能保持原有组分的综合性能，而且还具有原组分所不具备的特性。主要表现为比强度和比模量高，化学稳定性优良，减摩、耐磨，自润滑性好，耐热性高等，因而在机械工业、汽车工业、化学工业、尤其是航空航天领域有着巨大的发展潜力。

尽管非金属材料具有诸多金属材料所无法比拟的优越性能，但同大多数常用金属材料一样，非金属材料也存在着各种环境介质因素引起的腐蚀失效的问题，只是它们的腐蚀行为及机理与金属材料有所不同。金属材料多发生电化学腐蚀，而非金属材料的腐蚀破坏往往是由于物理或纯化学的作用所致。

尽管高分子材料耐酸、碱、盐溶液的能力很强，但是通常都不耐有机溶剂，且高分子材料普遍存在易老化现象。作为无机非金属材料的一大类，硅酸盐玻璃在大气、水、酸或碱等介质环境中，其表面上会发生以化学反应为主的物理、化学侵蚀作用；当承受应力时还会发生应力腐蚀破坏，这对于光学精密仪器的使用性能和现代高层建筑等的安全性会构成隐患。具有晶体相和玻璃相的多相材料的陶瓷在酸、碱、盐等化学介质的作用下，仍然可能发生点蚀、晶间腐蚀、应力腐蚀等，高温下还会发生气体的氧化失效和熔融盐、熔融玻璃、熔融金属等介质的腐蚀破坏。复合材料过去曾被认为是永不遭受腐蚀的材料，但后来的事实证明，复合材料一样会发生腐蚀失效，腐蚀过程受基体材料、增强相材料和界面相等的影响，腐蚀机理非常复杂，难以进行定量分析。混凝土作为一类特殊的廉价复合材料，由硅酸盐和不同增强材料复合而成，在建筑领域中有着最广泛的应用；但混凝土对化学介质敏感，在酸、碱、盐（尤其是硫酸盐）的作用下易发生多种形式的腐蚀破坏。显然，为了确保非金属材料的推广应用，必须深入开展有关非金属材料腐蚀行为、机理和控制技术的研究工作。

由于非金属材料的腐蚀机理较为复杂，且现今开展的研究工作还远不够充分和深入，因而对于许多非金属材料目前还没有形成一个比较成熟的、能为多数人所认同的腐蚀理论，由此使得相应的防护措施还处于探索阶段。因此，关于非金属材料的腐蚀与控制问题的研究，仍是今后腐蚀科学工作者面临的一个相当重要的任务。本章仅对现今较为普遍接受的非金属材料的腐蚀知识作简要介绍。

11.2　高分子材料的腐蚀

一、高分子材料的腐蚀类型

高分子材料由于环境因素的物理作用、化学作用或生物作用，导致其物理化学性能和机械性能逐渐退化，以至最终丧失其使用功能的现象称为高分子材料的腐蚀，俗称为老化。

高分子材料的腐蚀受材料自身因素（化学结构、聚集态结构和配方条件）和环境因素共同影响，环境因素包括物理因素（如光、热、高能辐射、机械应力等）、化学因素（如有机溶剂、氧、水及碱、酸等介质）及生物因素（微生物、海洋生物）等。高分子材料的腐蚀过程实质上就是高分子的降解、交联及物理过程引起的次价键的破坏等过程。

根据高分子材料与环境介质的反应过程及反应机理，可将高分子材料的腐蚀分为溶解腐蚀、化学侵蚀、降解、环境应力开裂（或应力腐蚀）及生物腐蚀等。图 11.1 是高分子聚合物材料与环境介质作用的示意图。表 11.1 总结了高分子材料在大气及水介质环境中的主要腐蚀破坏形式。

腐蚀破坏的结果表现为：①表面形态和色泽的改变，如出现污渍、斑点、银纹、粉化、失泽和变色等；②物理性能的改变，如溶解性、溶胀性、流变性、耐温性及渗透性的变化；③力学性能的改变，包括拉伸、弯曲、冲击强度的变化；④电学性能的改变，如介电常数、绝缘性能的变化等。

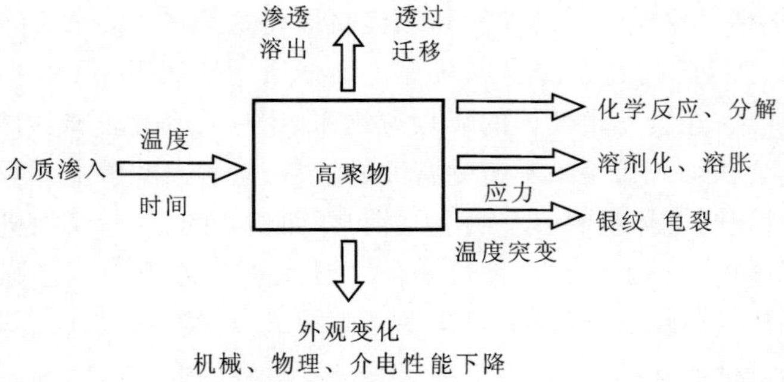

图 11.1　高分子聚合物与环境介质的作用示意图

表 11.1　高分子材料在大气及水介质中的腐蚀破坏形式

化学环境	氧	氧	氧	水及水溶液	大气中氧/水汽	水及水溶液	水及水汽		
其他条件	中等温度	高温	紫外线		室温	应力	微生物	热	辐射
腐蚀形式	化学氧化	燃烧	光氧化	水解	风化	应力腐蚀	生物腐蚀	热解	辐射分解

二、高分子聚合物的结构特点

所谓高分子化合物或称高分子聚合物，系指那些由众多原子或原子团主要以共价键结合而成的，相对分子质量在 1 万以上的化合物。

高分子聚合物是由具有共价键的分子聚合而成，这种分子是高聚物的结构单元（或称单体），这种单元（或单体）重复连接而形成聚合物，巨大的相对分子质量导致高分子间的相互作用非常大。下面简单介绍几个与聚合物性质有关的概念。

1. 共价键

原子接近时通过共有电子对形成共价键的方式，获得 ns＋np 全填满的稳定结构。当形成共价键时，一般要形成 sp 的杂化轨道，从而降低系统的内能，增加结合能，形成稳定结构。结合键有几个重要的性质。

（1）键长：组成键的两个原子核之间的距离，它随杂化状态而有所变化。产生这种变化的原因是由于从 sp^3 到 sp，杂化轨道中的 s 百分比从 25％增加到 50％，s 轨道离原子核较 p 轨道近，故键长减短。

（2）键能：将组成共价键的原子分开所需能量（见表 11.2）。从表 11.2 可以看出，由于 C—C 键能低于 C—H 键能，因而乙烷（CH_3—CH_3）高温裂解时，优先断裂的是 C—C 键。表 11.3 的数据还说明，某些键能也受分子中其他原子或原子团的影响。

（3）极性键：各个元素吸引电子的能力（电负性）不同，因而电子云的分布不均匀，电子云向电负性高的元素集中，形成极性键。

表 11.2　常见共价键的键能　kJ/mol

键	键能	键	键能	键	键能	键	键能	键	键能
H—H	431.0	I—I	150.6	C—Br	280.3	H—F	584.8	C≡C	832.6
C—C	347.3	C—N	305.4	C—I	221.8	H—Cl	431.6	C ═O	803.3
O—O	142.3	C—O	292.9	H—C	381/427	H—Br	364.0	C—O	292.9
Cl—Cl	238.5	C—F	485.3	H—N	389.1	H—I	297.1	C—N	305.4
Br—Br	188.3	C—Cl	338.9	H—O	460.2	C—C	610.9	N≡N	945.6

表 11.3　某些键的离解能　kJ/mol

键	键能	键	键能	键	键能
H_3C—H	435.1	CH_2 ═CH　CH_2—H	355.6	CH_3CH_2—CH_3	355.6
CH_3CH_2—H	410.0	$C_6H_5CH_2$—H	355.6	$(CH_3)_2CH$—CH_3	347.3
CH_2 ═CH—H	435.1	CH_3—CH_3	368.2	$C_6H_5CH_2$—CH_3	292.9

2. 一级结构

有机高分子化合物的大分子(或单体)可分为两部分：一部分是碳氢化合物基，通常称为碳骨架；另一部分是官能团。例如，乙烯单体($CHR ═CH_2$)中，R 是官能团或取代基，余下的是碳氢化合物基。

3. 高级结构

高分子化合物立体结构的规整性或规整度，可依 R 的位置进行分类。通常把化学成分相同而因取代基沿分子主链排列方式不同，从而具有不同链结构的现象称为立体异构(类似于金属中的同素异构)。依 R 的位置不同，高分子化合物有三种空间构型。即：全同立构、间同立构及无规立构，如图 11.2 所示。全同立构是指取代基 R 有规律地位于碳链平面同一侧；取代基 R 交替地排在碳链平面的两侧，称为间同立构；取代基 R 无规律地排列在碳链平面两侧，则称为无规立构。

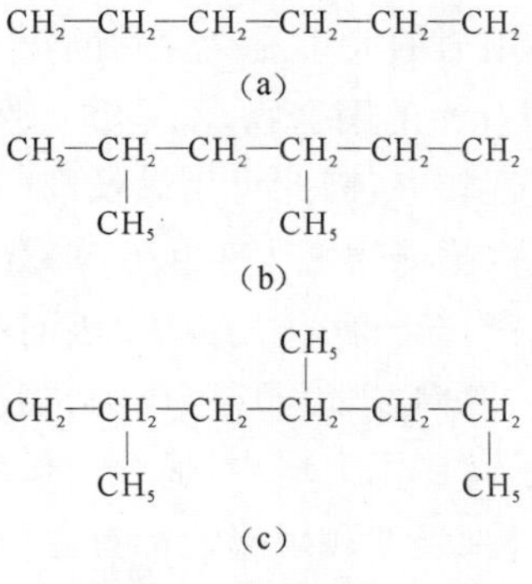

图 11.2　分子结构

(a)聚乙烯分子结构；(b)全同立构；(c)无规立构

4. 晶体结构

因排列整齐的直链结合强、内能低，高分子聚合物中可形成局部排列整齐的晶体结构。高分子中的结晶区很小，长约数纳米至数十纳米，它们形成微晶分散在非晶质中。结晶区域所占质量分数叫做结晶度，材料不同，其结晶度不同。

有机高分子材料的分子长链中原子间由于共价键而结合较强，但这些长链的线性大分子交联而成立体结构时，交联方式会影响这类材料的化学稳定性。通常分子中共价键的键能约为 100～900 kJ/mol，而存在于分子间的范德华力（偶极力、诱导力和色散力）和氢键却明显地弱于化学键。偶极力是存在于极性分子间的作用力，其作用能为 13～21 kJ/mol；诱导力是极性分子的永久偶极与其他分子上引起的诱导偶极之间的相互作用力，作用能为 6～13 kJ/mol；存在于分子瞬时偶极之间的色散力的作用能为 0.8～8 kJ/mol。范德华力没有方向性和饱和性，作用范围小于 1 nm，作用能约比化学键小 1～2 个数量级。氢键则是极性很强的 X—H 键上的氢原子与另外一个键上电负性很大的原子 Y 上的孤对电子相互吸引而形成的一种键（X—H…Y），它具有方向性和饱和性，键能不超过 40 kJ/mol，比化学键小很多。但是存在于高分子之间的范德华力和氢键却明显地强于化学键。这是因为高分子化合物的相对分子质量大，一般为 10^4～10^7，其中的链结构单元（以下简称链单元）数目大约有 10^3～10^5 个。如果每个链单元相当于一个小分子，每两个链单元之间的相互作用就相当于小分子之间的作用，那么高分子之间的相互作用能应是链单元之间的作用能与链单元数目的乘积。虽然链单元之间的作用很弱（明显地弱于化学键），但是链单元数目很大，使得这个乘积远远超过组成高分子的化学键的键能，并且相对分子质量愈大，相互作用则愈大。因此，在高聚物中，分子间作用力起着特殊的重要作用。

高分子的凝聚态只有固态和液态，而没有气态。其原因是加热高聚物时，由于高分子间的相互作用力很大，当能量还不足以克服分子间的相互作用时，主链上的化学键已先被破坏，产生了热分解。相对分子质量对高聚物的力学性能也有很大影响，高聚物的相对分子质量一定要达到某一数值后，才能显示出适用的机械强度，并且相对分子质量愈大，机械强度愈大。分子间作用力的大小与高聚物的物理性质之间存在着明显的对应关系。例如，内聚能密度小于 290 MJ/m^3 的聚合物，都是非极性高聚物，分子间力主要是色散力，作用力较弱，加上分子链的柔顺性较好，因此可用做橡胶（只有聚乙烯是个例外，它易于结晶而失去弹性，只能作为塑料使用）；内聚能密度大于 420 MJ/m^3 的高聚物，由于分子链上有强极性基团，或者分子链间能形成氢键，分子间作用力大，因而有较好的机械强度和耐热性，再加上分子链结构比较规整，易于结晶、取向，强度很高，成为优良的纤维材料；内聚能密度在 290～420 MJ/m^3 之间的高聚物，分子间作用力居中，适合于作塑料使用。综上所述，分子间作用力的大小对于高聚物的凝聚态结构、强度和耐热性都有着很大的影响，因而也决定着高聚物的使用性能及耐腐蚀性能。

三、溶解腐蚀

1. 溶解和溶胀

溶剂小分子渗入高分子材料内部破坏大分子间的次价键，并与大分子发生溶剂化作用。体型高聚物会溶胀、软化，使强度显著降低；线型高聚物可由溶胀而进一步溶解。

当高分子材料在与环境介质作用时，除了介质向高分子材料内部渗透扩散外，高分子材料中的某些成分，如增塑剂、稳定剂等添加剂或低相对分子质量组分，也会从固体内部向外扩散、迁移，溶入环境介质中，这当然也会使高分子材料变质。高聚物的结构(结晶度、交联密度、取向程度、缺陷大小分布等)、介质的浓度、介质分子的大小、温度变化、液体流动情况以及应力大小和作用周期等都会影响高分子材料的溶解腐蚀过程，使外观、物理和机械性能产生不同的变化。

2. *溶解过程及其影响因素*

物质的溶解度主要决定于溶质、溶剂以及溶质与溶剂分子间的引力和分子间的相对运动。在相互混溶的系统中，存在着三种分子间的吸引力，即溶质分子间、溶剂分子间和溶质分子与溶剂分子间的吸引力。前两种吸引力有保持溶剂与溶质分离的作用，只有后一种吸引力才有利于溶质在溶剂中的溶解。

文献研究表明，加热并不能克服高分子间的相互作用而使高聚物气化，但是溶剂却能把聚合物中的一个个高分子拆开来，变成稀溶液中一个个孤立的高分子。虽然溶剂对高分子的作用能够克服高分子之间的相互作用，但是由于高分子间的相互作用很强，因此即使是良溶剂也不能一次完全克服高分子间的相互作用，而是逐步克服链单元间的相互作用，直至拆散凝聚在一起的高分子。实际过程是高聚物在溶剂中先溶胀后溶解，这是高分子溶解腐蚀的又一个特点。在高聚物与溶剂接触初期，由于高分子链很长，高分子间相互缠结，作用力很大，不易移动，因此高分子不会向溶剂中扩散。但是高分子链具有柔性，链段由于热运动而产生空穴，这些空穴很快就被从溶剂中扩散而来的溶剂小分子所占据，导致高聚物体积胀大(溶胀)。此时，整个高分子链还不能摆脱相互之间的作用而向溶剂分子中扩散。不过，随着溶胀的继续进行，溶剂分子不断向高聚物内层扩散，必然就有愈来愈多的链单元与溶剂分子混合，使得高分子链间的距离逐渐增大，链间的相互作用力逐渐减小，致使愈来愈多的链单元可以松动。当整个高分子链中的所有链单元都已摆脱相邻分子链间的作用时，整个链就松动了，就可以发生缓慢向溶剂中的扩散运动，高分子与溶剂分子相混合，最后完成溶解过程，形成均一的高分子溶液。例如，溶剂钻入高分子线团里面，就好像高分子链单元之间作用着相斥的力，这种斥力把一个个高分子链拆开来。显然，高聚物的溶解能力与它的相对分子质量、分子间作用力和链的柔性都有关。相对分子质量越大，结晶程度越高，分子间作用力越大，溶解度就越小。若链的柔性较大，则其溶解现象如同自某一表面剥取胶布，可以从某一端逐步撕离而不需要一次克服全部粘附力；若链的柔性小或链是刚性的，由于需同时克服高分子链间的大部分或全部作用力，其溶解度必然很小甚至不溶解。例如，在纤维素和聚乙烯醇分子中，所含的碳和羟基数的比例相同，但由于链的柔性不同，纤维素分子刚硬，而聚乙烯醇分子较柔软，故纤维素不溶于水而聚乙烯醇则极易溶解于水。

线形非晶态高聚物随着温度的变化呈现出玻璃态、高弹态和粘流态等三种物理状态。在这几种状态下，高聚物分子链段的热运动的能力有极大的差别。在低温的玻璃态下，基本上没有分子链段的热运动；在高弹态下，分子链段可以比较自由地进行热运动；在高温的粘流态下，分子链段甚至整个大分子都在进行运动。因此，与分子链段相关的溶胀和溶解过程，在这三种状态下也不同，如图 11.3 所示。其中，在玻璃化温度 T_g 以下对应玻璃态；在粘流温度 T_f 以上为粘流态；在 T_g 和 T_f 之间为高弹态。

当 $T<T_g$ 时，非晶态高聚物的溶胀层由四部分组成，一般这四个区域的总厚度约为 0.1～1 mm。在Ⅰ区中，高分子已经全部溶剂化，呈粘液状，称液状层；Ⅱ区中，有大量溶剂，呈透明凝胶状，称凝胶层；Ⅲ区中，虽含有溶剂，但较少，高聚物层呈溶胀状，仍处于玻璃态，称为固体溶胀层；Ⅳ区中含溶剂很少，且溶剂主要存在于高聚物的微裂纹及空洞中，称为渗透层。上述四层中，Ⅰ和Ⅱ区所占比例最大。因为它们的存在（特别是Ⅱ区）妨碍了小分子的进一步渗透，所以是影响溶解速率的主要障碍。高聚物的相对分子质量增大，溶胀层的厚度增加，导致高聚物的溶解速率明显下降。

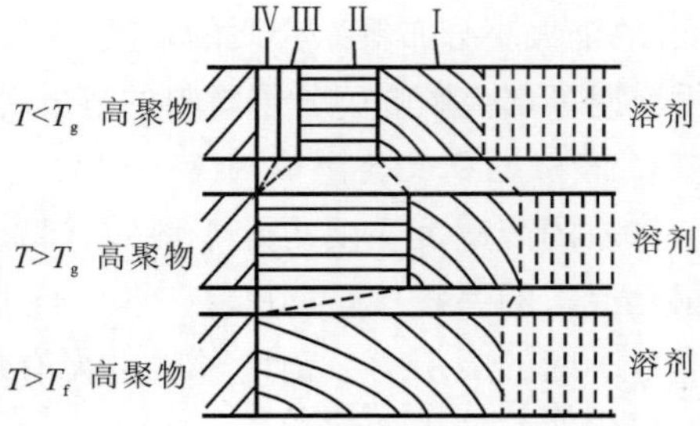

图 11.3　非晶态高聚物溶胀层的结构示意图

随温度增加，分子链热运动加剧，溶胀层的层次变少，表明溶胀和溶解加快了。当 $T>T_f$ 时，就只有Ⅰ区，这时高聚物呈粘流态，溶解过程实际上变为两种液体的混合过程。

对于结晶态高聚物，由于分子链排列紧密，分子链间作用力强，溶剂分子很难渗入并与其发生溶剂化作用，因此，这类高聚物很难发生溶胀和溶解。

高分子材料的溶解通常受如下几条原则支配：①极性相近原则，即通常溶质易于溶解在极性相近的溶剂中；②溶度参数相近原则，即对于非极性体系，高聚物与溶剂的溶度参数越接近，则越易于溶解；③溶剂化原则，即溶质和溶剂分子之间的作用力必须大于溶质分子之间的作用力，通常当高分子与溶剂分子所含的极性基团分别为亲电基团和亲核基团时，就能产生强烈的溶剂化作用而互溶。

高聚物溶胀不仅使其体积发生显著膨胀，而且导致其强度、伸长率急剧下降，甚至丧失其使用性能，如图 11.4 所示。

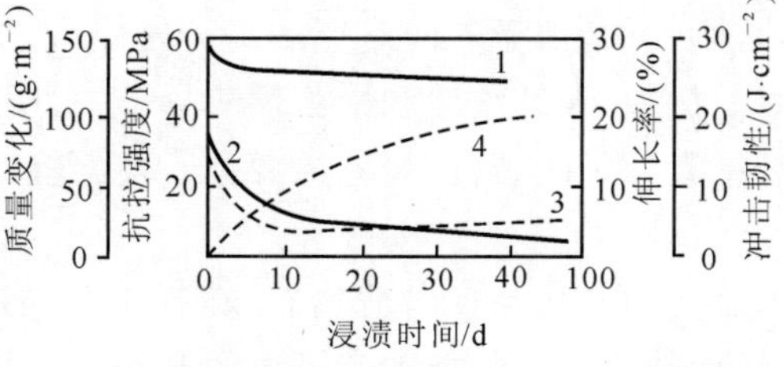

图 11.4　硬聚氯乙烯中水的渗入量及其对性能的影响

1—抗拉强度；2—伸长率；3—冲击韧性；4—质量变化

四、化学侵蚀

化学侵蚀是指发生不可逆化学反应所导致的腐蚀。它包括两类：一类是酸、碱、盐类的水溶液腐蚀，另一类是气体氧化。在活性介质作用下，渗入高分子材料内部的介质分子可能与大分子发生化学反应，如氧化、水解等，使大分子主价键发生破坏、裂解，这种破坏称为化学裂解。

与水对高分子材料性能的影响相比较，酸、碱、盐及有机溶剂对高分子材料的作用要强烈得多，表现为使高分子材料性能发生变化的程度高、速率快。化学介质向高分子材料内部渗透、扩散，并发生化学反应，同时高分子材料中的被溶物、降解及氧化产物也从高分子材料向介质析出、流失。也就是说，高分子材料既因前者而增重，又因后者而减重。因此，化学介质对高分子材料的腐蚀除了引起性能降低，还引起其外观和状态变化，例如失去光泽、变色、起泡、裂纹、纤维裸露、浑浊等等。

化学介质对高聚物的扩散机制和扩散规律与水的扩散相类似。化学介质除向高聚物渗透，使高聚物溶胀外，还与高聚物发生化学反应，包括生成盐类、水解、皂化、氧化、硝化和磺化，引起高聚物的主价键破坏、裂解等。这些化学反应构成了高聚物的腐蚀，并造成其性能下降。

例如，聚苯乙烯(PS)在硫酸中发生如下腐蚀反应，即

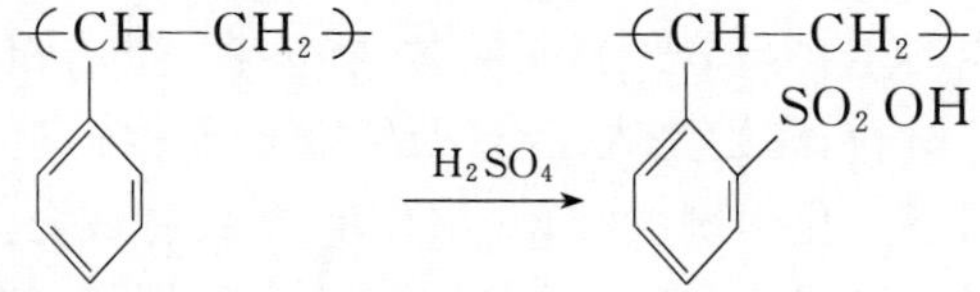

聚乙烯(PE)受 Cl_2 介质作用发生如下氯化腐蚀反应，即

$$-CH_2-CH_2-\underset{\underset{|}{\overset{|}{CH_2}}}{CH}-CH_2- \;+Cl_2 \xrightarrow{\text{光或热}} -\underset{\overset{|}{Cl}}{CH}-CH_2-\underset{\underset{|}{\overset{|}{CH_2}}}{CH}-\underset{\overset{|}{Cl}}{CH}-$$

聚醚水解反应如下：

$$-\underset{|}{\overset{|}{C}}-O-\underset{|}{\overset{|}{C}}- \;+HO-H \longrightarrow -\underset{|}{\overset{|}{C}}-OH \;+\; HO-\underset{|}{\overset{|}{C}}-$$

大气中的氧、臭氧、污染物(NO_2，SO_2 等)在一定的环境条件下也会使高聚物发生化学反应而破坏。其典型反应如下：

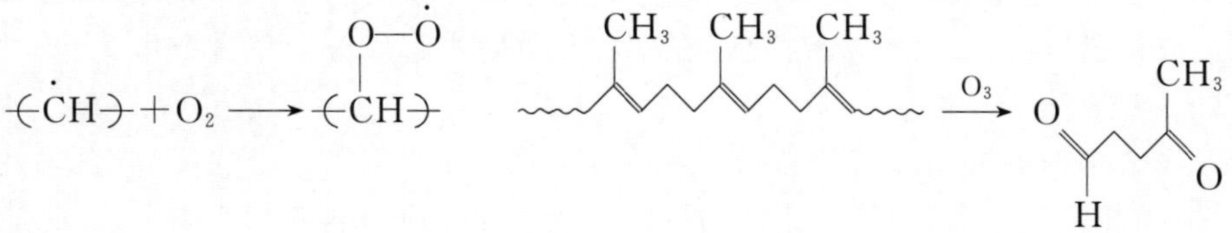

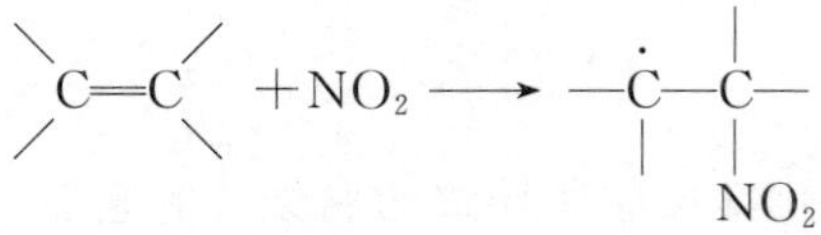

五、降解

高分子聚合物降解的过程就是相对分子质量下降的过程。高分子材料降解具有不同类型，如光照、热力、机械及化学降解。整个高分子材料共有的特点是在紫外光或辐射影响下明显地被腐蚀。热力降解对非生物降解高分子材料起主要作用。像用做固定或缝合的生物降解的高分子材料在受到机械应力的作用时，机械降解发挥作用。所有生物降解高分子材料都含有可水解的键，因此，它们最主要的降解机理是通过水解作用或酶催化水解作用进行化学降解。

降解性高分子材料的腐蚀过程是很复杂的。水进入高分子材料内，伴随着溶胀，水的侵入引起高分子材料的化学降解，导致了齐聚物和单体的产生。降解改变了物体内的微细结构，通过齐聚物和单体的释放形成细孔。同时受降解产物调控微孔内部 pH 值，发生酸性—碱性的变化，最终释放齐聚物和单体，引起高分子材料质量的丧失。

1. 高分子材料降解的影响因素

高分子材料的降解是腐蚀的关键步骤，通过水解和酶活性作用两个主要的反应截断高分子键。后者只是对天然形成的生物高分子材料有效，如多糖、蛋白和聚 β-羟基酸。

对于多数可降解高分子材料，特别是人工合成的高分子材料，被动水解是最主要的降解方式。可影响该反应速率的因素为化学键的类型、pH 值、共聚物成分及水解吸收。随着生物降解高分子材料的降解，同时伴随诸如齐聚物和单体的结晶作用或 pH 值改变等化学和物理变化。这些因素中的某些因素对降解速率具有一种重要的反馈作用。相对分子质量是监测降解过程最重要的参数。除相对分子质量降低外，还可用其他参数作为降解的观察参数。例如，机械强度的降低，完全降解为单体或单体的释放，所有这些是互有联系的，但不需要服从同样的动力学。乳酸的水溶液可自动形成聚乳酸齐聚物，影响相对分子质量的测定。在腐蚀的理想动力学中，共聚物不释放单体，腐蚀参数之间的特殊关系改变由高分子材料的类型决定。

(1)化学键对高分子材料降解的重要性。高分子材料的骨架主要取决于键的类型，键的类型确定了材料的水解速率。评价反应程度的几种分类既可由高分子材料的水解动力学数据来确定，亦可从含有相同功能团的低分子化合物来推测。

表 11.4 表明了酐和原酸酯键水解反应速率最快，其次是酯和酰胺键，说明材料的分子排列对其水解过程有显著影响。表面催化作用能改变材料的反应能力。例如，乙酸乙酯的酸的 2 倍阻中，氢被氯置换，由于负电诱导效应，在中性介质中水解反应速率常数由 $2.5\times10^{-10}\,s^{-1}$ 增加到 $1.1\times10^{-6}\,s^{-1}$。

(2)介质 pH 值对高分子降解的影响。介质 pH 值通过催化作用影响反应速率。例如，酯的反应速率在 pH 值变化后，由于催化作用可以改变诱导反应强弱的某些顺序，因此酯的水解作用既可为酸也可为碱催化。仔细研究过高分子材料的生物降解，发现 pH 值对大多数可生物降解高分子材料的降解都有影响。对聚羟乙酸和聚乳酸共聚羟乙酸缝线，发现断裂强度明显地依赖于降解介质的 pH 值。在中性 pH 值介质中，降解反应缓慢；在低的或高的 pH 值介质中，降解反应速率都快。由于自催化作用，在低 pH 值介质中聚乳酸链较快发生多相腐蚀断裂。聚乳酸的多相腐蚀产生羟酸单体，由于降低介质 pH 值加速了聚合物的降解，通过应用酸性和碱性赋形剂，可按一个可控制的方式改变高分子材料水解过程的降解速率。这样，介质 pH 值有效地用来影响高分子材料的降解速率。例如，聚对-P-羟基苯氧基丙烷共聚酸酐圆柱介质的 pH 值由 7.4 增加到 10，降解速率增加 1.5 倍。

表 11.4　聚合物键水解反应比较

聚合物类型		1/2 寿命
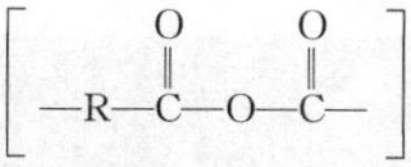	酐	0.1 s
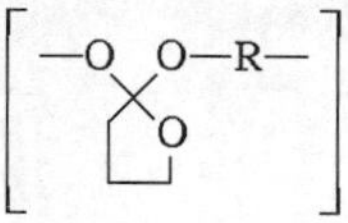	原酸酯	4 h
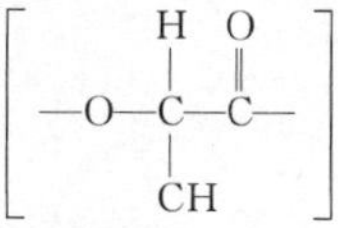	酯	33 a
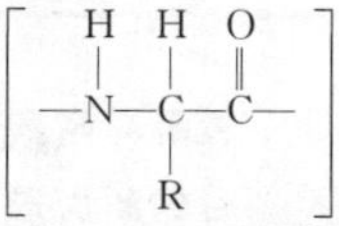	酰胺	33 000 a

(3)共聚物成分对高分子降解的影响。通过引入另一种单体进入高分子链中，原始高分子的许多特性，如结晶度或玻璃转变温度，会受到影响，在聚酐中可观察到这种变化，它的降解依赖于共聚物的成分。对聚 1,3-双-P-羟基苯氧基丙烷-共聚-癸二酸(P(CPP-SA))而言，它的降解明显地依赖于 CPP 的含量。据报道，提高芳香族单体的质量分数(0.50～1)，可显著地提高腐蚀时间。诸如玻璃转变温度和高分子材料的结晶度，由于其他一些因素对共聚物组成的依赖关系，这些因素可间接影响共聚物的降解速率。

(4)水吸收对降解的影响。水解作用是水和不稳定功能基团间的双分子反应。两种反应基团的浓度决定了反应速率。类脂性高分子材料不能吸收大量的水分，因此水解引发的降解速率缓慢。相反，亲水性高分子材料吸收大量水分，由此加快了降解速率。在药物释放面积中，水吸收特别重要。例如，水凝胶可承受相当大的膨胀，这对某些高分子材料可作为药物控制释放剂是决定性参数。

2. 高分子材料降解的特征

降解高分子材料的腐蚀分为表面(或非均相的)腐蚀及本体(或均相的)腐蚀。图 11.5 表明,在使用期间,表面腐蚀时材料仅从表面丧失,其体积变得愈来愈小,但保持了原来的几何形状;对于本体腐蚀,腐蚀不局限于材料的表面,因此,材料的几何形状保持不变。不过材料的表面和本体侵蚀是理论上的分类,实际中大多数高分子材料的腐蚀不能明确地确定归属于哪一类。

(1)形态的变化。腐蚀最初的改变仅限于高分子材料表面,例如聚酐和缓冲液接触后立即可观察到裂纹形成,图 11.6 显示了聚酐与磷酸缓冲盐接触 18.5 h 后的断面形态。用电子显微镜可观察到表面粗糙度增加。随着腐蚀的进行,高分子材料变成多孔结构。在聚 3-羟基丁酸酯材料表面还可见到结晶颗粒现象,进一步证实了侵蚀时的形态改变。

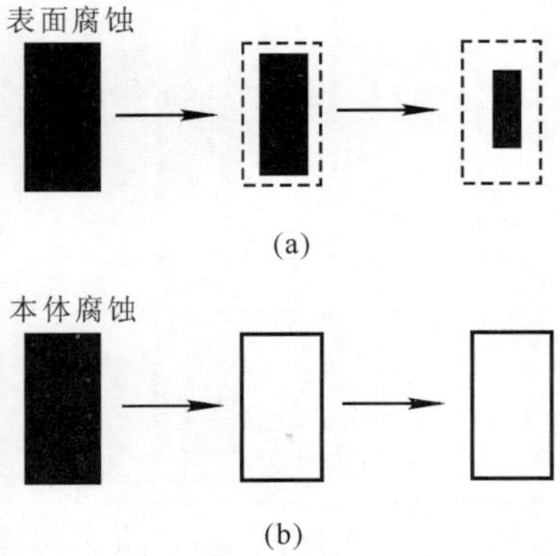

图 11.5　高分子材料腐蚀示意图

(a)表面腐蚀;(b)本体腐蚀

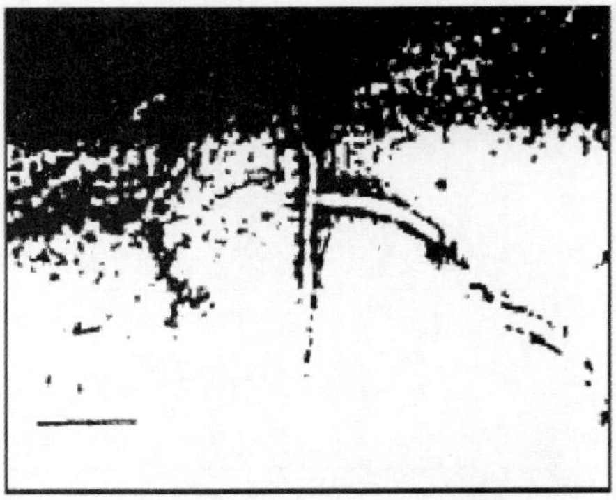

图 11.6　聚酐与磷酸缓冲盐接触 18.5 h 后的断面形态

(2)腐蚀过程中齐聚物和单体的产生。在聚合物键的降解过程中,产生齐聚物和单体,但是它们不一定被直接释放。有人曾研究过许多高分子材料从聚合物本体释放齐聚物和单体过程,发现聚癸二酸释放单体有一个短时间的诱导期,早期释放速率最高。

对聚合物释放单体的差异提出了两种机制:一是腐蚀控制释放,即假设共聚物存在不同类型的键,以不同的速率断裂,单体游离,以扩散的速率释放;二是扩散控制释放,根据溶解性和扩散系数的差异计算不同的释放速率。

3. 高分子材料的降解形式

(1)光降解。在腐蚀性环境中紫外光对复合材料的影响也是不容忽视的一个方面。光降解是指高分子材料由于受到光照而发生包括材料物理和机械性能变坏、分子链断裂以及化学结构变化的过程或现象。高分子材料及其制品在使用环境下,因受到各种环境因素如光、热、氧、水分、微生物等的作用会发生老化降解。但一般认为,在户外大气环境下光是引起老化降解的主要因素，主导高分子材料最初光化学过程的是太阳光谱中的近紫外光波段。太阳光通过大气层到达地球表面的紫外光的波长一般是在290～400 nm范围内，大约占到达地面太阳光谱的5%。但这5%左右的紫外光区所具有的能量在攻击高分子化学结构导致断键、断链等光致化学降解作用上却最有威力，这是因为根据光量子理论，光波长越短，光量子所具有的能量越大，在290～400 nm范围的紫外光所具有的光能量一般高于引起高分子链上各种化学键断裂所需要的能量。

高分子材料在光照下是否会发生断键从而导致一系列的氧化降解过程，首先取决于分子链所吸收波长的能量和化学键的强度。高分子材料在自然环境中的光降解实质是光氧化降解（或光老氧化）过程，氧化对光降解过程起着强烈的促进作用。光氧老化过程和机理相当复杂，主要表现为：

1)自然界中的三线态氧分子$^3O_2$吸收光能量后，可跃迁变成活性很大的单线态氧分子$^1O_2$；

2)单线态氧和聚合物反应成为氢过氧化物ROOH，形成了生色团，使聚合物更容易吸收紫外光而发生降解；

3)ROOH吸收光能后生成RO·＋·OH(因RO—OH键离解能小)；

4)RO·游离基夺取聚合物中的H原子，生成大分子游离基R·，而R·容易氧化生成ROO·，进而继续催化聚合物的氧化；

5)RO·也会经过歧化作用发生断链，产生羰和大分子游离基；

6)羰基容易吸收紫外光，发生NorrishⅠ型反应（α断裂），相对分子质量下降，而且又生成两个新的游离基。如果聚合物分子有适当支链存在，也可能发生Ⅱ型反应（β断裂），生成双键和新的羰基产物。

（2）生物降解与微生物腐蚀。聚合物的生物降解是指在生物作用下，聚合物发生降解、同化的过程。引起生物降解作用的微生物主要包括真菌、霉菌或藻类。生物降解的作用机理大致可归为三类：生物物理作用——由于生物细胞增长而使聚合物组分水解、电离或质子化而发生机械性破坏，分裂成低聚物碎片；生物化学作用——微生物对聚合物作用产生新物质（如CH_4，CO_2和H_2O）；酶直接作用——被微生物侵蚀部分导致塑料分裂或氧化崩裂。生物降解并非单一机理，是复杂的生物物理、生物化学的协同作用。

微生物对高分子材料的腐蚀和分解是一个非常复杂的科学问题，它涉及材料学、化学及生物学。微生物在材料表面的附着经历了一系列的过程，发生一系列的反应。

1)材料表面上会在很短的时间内（几秒钟）形成一层有机物膜，其厚度仅为5～10 nm。这些有机物包括有水溶性物，微生物分泌的体外多聚物和有机残体降解的中间产物。

2)部分微生物会有选择地运动并附着在材料表面的特定部位。

3)微生物的附着也可能是趋向性的或是随机运动造成的。

4)部分吸附着的微生物还会由于自身的运动或水体的动力学方面的因素而脱离附着点。

5)附着紧密的微生物则进行繁殖,合成多聚物,形成微生物膜及其结构。

6)附着的微生物加速高分子材料的腐蚀和分解。

微生物降解与高分子的组分及结构密切相关。对于合成高分子材料,酶降解腐蚀通常只选择其分子链端开始。高分子材料中的大多数添加剂,如增塑剂、稳定剂和润滑剂等低分子,最易于受微生物降解。当高分子主链上含有可水解基团时,对微生物侵蚀十分敏感。

(3)光-生物降解。光-生物降解实际是光与生物的协同作用。光-生物降解的机理认为,淀粉等生物降解剂首先被微生物降解,基质变得疏松;日光、热、氧等引发光敏剂、促氧化剂和生物降解增敏剂的光氧化和自氧化作用,生成自由基;在自由基生成含氧产物的同时,高聚物断链,至可被微生物同化。而环境的影响使得光-生物降解变得更加复杂。

(4)高能辐射降解。核反应堆和空间存在高能辐射源,产生 α,β,γ 和 X 射线,中子、加速电子等。波长约为 $10^{-4}\sim10$ nm,能量巨大。当高分子材料被这些高能射线作用时,如所用辐射剂量很大,可以彻底破坏其结构,甚至使它完全变成粉末;在一般剂量的辐射下,高分子材料的性质也有不同程度的变化。辐射化学效应是大分子链的交联与降解。对大多数高聚物来说,交联与降解是同时发生的,只是何者占优而已。

一般说来,若 α-碳位置上没有氢原子,则主键断裂,发生降解。如聚四氟乙烯、聚甲基丙烯酸甲酯、聚异丁烯等在高能辐射作用下易于降解。

在高能辐射能量 $h\nu$ 作用下,高聚物首先发生电离或激发作用,然后进一步发生降解与交联反应。辐射降解反应过程,对聚异丁烯首先发生 C—C 断裂,即

$$—CH_2—CRR—CH_2—CRR'— \xrightarrow{h\nu} —CH_2—\dot{C}RR' + \cdot CH_2—CRR'—$$

然后生成的自由基以歧化反应或从其他分子中夺取 H 而稳定,即

$$—CH_2—\dot{C}RR' + \cdot CH_2—CRR'— \longrightarrow CH_3—CRR'— + CRR'{=}CH—$$

$$—CH_2—\dot{C}RR' + RH \longrightarrow —CH_2—CRR'H + R\cdot$$

$$—CH_2—CRR'—\dot{C}H_2 + RH \longrightarrow CH_3—CRR'— + R\cdot$$

聚合物的高能辐射降解稳定性有如下次序:聚苯乙烯>聚乙烯>聚氯乙烯>聚丙烯腈>聚三氟氯乙烯>聚四氟乙烯。即仅含有碳氢原子的聚合物的辐射稳定性较高,分子链上再含有芳香基团时稳定性更好,而含有其他原子时稳定性变差。具有优良的光、热氧化稳定性的含氟聚合物的耐辐射性能最差。

六、环境应力开裂

1. 环境应力开裂现象

在应力(外加的或内部的残余应力)与某些介质(如表面活性物质)共同作用下,不少高分子材料会出现银纹,并进一步生长成裂缝,直至发生脆性断裂,其断裂应力比在惰性环境中低

得多。这种现象被称为环境应力开裂或应力腐蚀。

环境应力开裂具有如下特点：

(1)破坏从表面开始，宏观呈脆性破坏，微观上看属于韧性破坏；

(2)所受破坏应力比在空气中的屈服应力低；

(3)在裂缝的尖端部位存在着银纹区；

(4)与金属材料的应力腐蚀开裂不同，材料并不发生化学变化；

(5)在发生开裂的潜伏期，屈服应力不降低。

2. 环境应力开裂机理

高聚物的开裂首先从银纹开始。所谓银纹，就是在应力与介质的共同作用下，高聚物表面所出现的众多发亮的条纹。银纹是由高聚物细丝和贯穿其中的空洞所组成，如图 11.7 所示。在银纹内，大分子链沿应力方向高度取向，所以银纹具有一定的力学强度和密度。介质向空洞加剧渗透和应力的作用，又使银纹进一步发展成裂缝，如图 11.8 所示。裂缝的不断发展，可能导致材料的脆性破坏，使强度大大降低。化学介质种类不同，其应力开裂机理也不同。

图 11.7　银纹和裂缝的示意图

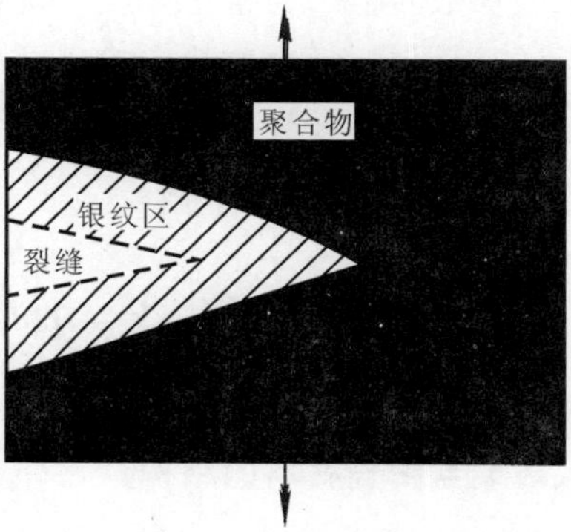

图 11.8　银纹发展成裂缝示意图

(1)非溶剂型介质，包括醇类和非离子型表面活性剂等表面活性介质。这类介质对高聚物的溶胀作用不严重。介质能渗入材料表面层中的有限部分，产生局部增塑作用。于是在较低应力下被增塑的区域产生局部取向，形成较多的银纹。这种银纹初期几乎是笔直的，末端尖锐，为应力集中物。试剂的进一步侵入，使应力集中处的银纹末端进一步增塑，链段更易取向、解缠。于是银纹逐步发展、成长、汇合，直至开裂。这是一种典型的环境应力开裂，有人用表面能降低的理论来解释这种现象。

(2)溶剂型介质，其溶度参数与高聚物的相近，因此对材料有较强的溶胀作用。这类介质进入大分子之间起到增塑作用，使链段易于相对滑移，从而使材料强度严重降低，在较低的应力作用下可发生应力开裂。这种开裂为溶剂型开裂，在开裂之前产生的银纹很少，强度降低是由于溶胀或溶解引起的。

(3)强氧化性介质,如浓硫酸、浓硝酸等。这类介质与高聚物发生化学反应,使大分子链发生氧化降解,在应力作用下,就会在少数薄弱环节处产生银纹;银纹中的空隙又会进一步加快介质的渗入,继续发生氧化裂解。最后在银纹尖端应力集中较大的地方使大分子断链,造成裂缝,发生开裂。这类开裂产生的银纹极少,甚至比溶剂型介质情况下还少,但在较低的应力作用下可使极少的银纹迅速发展,导致脆性断裂。

3. 影响环境应力开裂的因素

(1)高分子材料的性质。高分子材料的性质是最主要的影响因素。高聚物因种类、相对分子质量、结晶度、内应力的不同而对环境应力开裂的敏感性有很大差别。一般来说,相对分子质量小而相对分子质量分布窄的材料,因大分子间解缠容易而使发生开裂所需时间较大分子的短。高聚物的结晶度高,容易产生应力集中,且在晶区与非晶区的过渡交界处易受到介质的作用,因此易于产生应力开裂。材料中杂质、缺陷或因加工而形成变形不均匀和微裂纹等应力集中因素,都会促进环境应力开裂。

(2)环境介质的性质。介质对环境开裂的影响,主要决定于它与材料间的相对的表面性质,或溶度参数差值。通常若介质对材料浸湿性能很好,则易溶胀,不是典型的环境应力开裂;若介质不能浸湿材料,介质的影响也极小;只有溶度参数差值在某一范围内时,才易引起局部溶胀,导致环境应力开裂。除此之外,试件的几何尺寸、加工条件、浸渍时间、外加应力等条件都会对环境应力开裂产生影响。

11.3 玻璃与陶瓷材料的腐蚀*

一、玻璃与陶瓷材料的结构

传统意义上的无机非金属材料主要包括陶瓷、玻璃、水泥和耐火材料,其化学成分多属于硅酸盐类,其中以陶瓷材料的历史最为悠久,因此,无机非金属材料又常称为硅酸盐材料或陶瓷材料。陶瓷材料的腐蚀行为与耐蚀性能和其组织结构及成分密切相关。

按组织形态,可以将陶瓷材料分为三大类:无机玻璃,微晶玻璃,陶瓷。

1. 玻璃及其结构

(1)玻璃的类型。凡熔融体通过一定方式冷却,因粘度逐渐增大,而具有非晶结构特征和固体机械性质的物质,不论其化学组成及硬度范围如何,都可称之为玻璃。玻璃态是某些物质的存在状态,通常也被称为非晶态、亚稳态或介稳态。玻璃体(简称玻璃)是玻璃态物质的总称。玻璃体内部结构呈“近程有序、长程无序”的状态。

无机玻璃主要是硅酸盐玻璃,玻璃通常由如下“三体”组成:

1)玻璃形成体——例如 B_2O_3,SiO_2,GeO_2,P_2O_5 等,用以形成玻璃的三维网络;

2)网络变形体——例如 Na_2O,K_2O,CaO,MgO 等,其金属离子无规则地分布在三维网络中，所提供的额外氧离子改变了网络的结构；

3)中间体——例如 Al_2O_3，PbO 等，其作用介于上述二者之间，既可形成玻璃，也可改变网络结构。

此外，由于 Na_2O，K_2O，B_2O_3 等具有降低玻璃熔点和粘度的作用，因此也称为溶剂；而 CaO，MgO，Al_2O_3 等可以改进玻璃的化学稳定性，故称为稳定剂。

根据玻璃的成分，可以将玻璃分为如下几类：二氧化硅玻璃、碱硅酸盐玻璃、钠钙硅酸盐玻璃、硼硅酸盐玻璃、铝硅酸盐玻璃、铅玻璃和特种玻璃(如微晶玻璃、高硅氧玻璃、多孔玻璃、钢化玻璃等)。

(2)玻璃的结构特点。玻璃的结构涉及玻璃的组分(或成分)和组成玻璃的组元之间的排列方式。不同类型的玻璃有不同的结构形式，因而也就有不同的耐蚀性能。

1)二氧化硅玻璃——即石英玻璃，是一种简单的氧化物玻璃，由熔融的 SiO_2 构成，如图 11.9(a)所示。其基本结构单元与硅酸盐晶体基本相同，可用硅酸盐中最基本的单元 SiO_4 四面体(见图 11.10)的无规网络来描述，其中 Si—O—Si 键角有很大的变动，结构上缺乏像晶体那样的长程有序性，仅存在一定区域内的短程有序性。这种玻璃的热膨胀系数小，有很好的热稳定性和耐化学腐蚀性能。

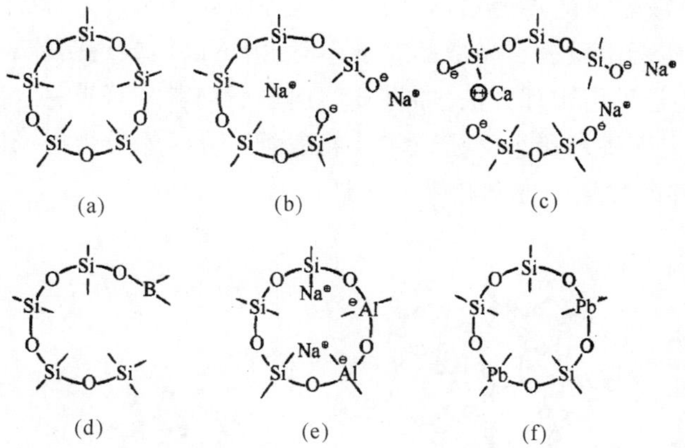

图 11.9　玻璃结构示意图

(a) 透明石英$(SiO)_2$；(b) $Na_2O\cdot5SiO_2$；(c) $Na_2O\cdot CaO\cdot5SiO_2$；(d) $1/2B_2O_3\cdot4SiO_2$；(e) $Na_2O\cdot Al_2O_3\cdot3SiO_2$；(f) $2PbO\cdot3SiO_2$

2)碱金属硅酸盐玻璃——主要成分为二氧化硅。此外加入碱金属的氧化物，常用的是 Na_2O，由于破坏了 Si—O—Si 键(见图 11.9(b))，降低了粘度，提高了热膨胀系数，同时也降低了化学稳定性，其耐水性较差。

3)钠钙硅酸盐玻璃——在钠玻璃中加入稳定剂 CaO(见图 11.9(c))，可提高化学稳定性，$Na_2O—CaO—SiO_2$ 是大部分传统玻璃的基础，加入适量的 Al_2O_3 可进一步提高化学稳定性，并减小晶化趋势。

4)硼硅酸盐玻璃——把 $Na_2O—CaO—SiO_2$ 中的 R_2O(Na_2O 或 K_2O)和 RO(CaO,MgO 等)成分的一半以上用 B_2O_3 来置换,就形成了硼硅酸盐玻璃。B^{3+} 置换 Si^{4+} 而进入网络(见图 11.9(d)),但其周围仅有 3 个氧离子,因而热膨胀系数有所增加,化学稳定性有所降低,为此规定 B_2O_3 的质量分数不得超过 0.13。

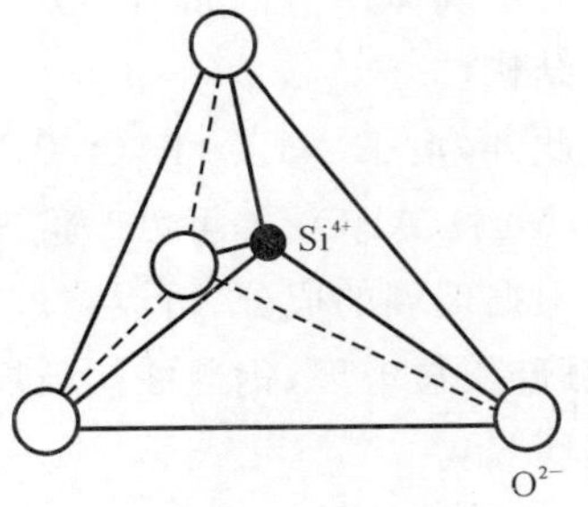

图 11.10 硅氧四面体结构示意图

5)铝硅酸盐玻璃——在钠玻璃中加入 Al_2O_3(见图 11.9(e)),铝进入四面体的顶角,从而增加了化学稳定性和抗晶化的能力。Al 与 Na 的比值对其性能有重要影响。

6)铅玻璃——PbO 是中间体,一般是网络变形体,但铅也可以进入网络(11.9(f))。加入氧化铅,使玻璃的折射系数及密度增大,而对电阻没有影响,其化学稳定性主要取决于其他氧化物。

7)微晶玻璃——亦即玻璃陶瓷,是单个晶体分布在非晶态的玻璃基体上的一类陶瓷材料。微晶玻璃通常为白色或着色的不透明体,是将原料炼制成玻璃,在稍低于玻璃软化点的温度下加热,采用特殊工艺使析出微晶。当微晶非常小时,则可以形成透明体。

8)钢化玻璃——是采用物理方法(如将玻璃加热后向其表面吹风)或化学方法(如将玻璃放在熔盐中浸泡,使表面进行离子交换),使玻璃表面形成压缩应力层,其强度较常规玻璃提高 1~10 倍,因而有很好的机械强度和化学耐久性能。

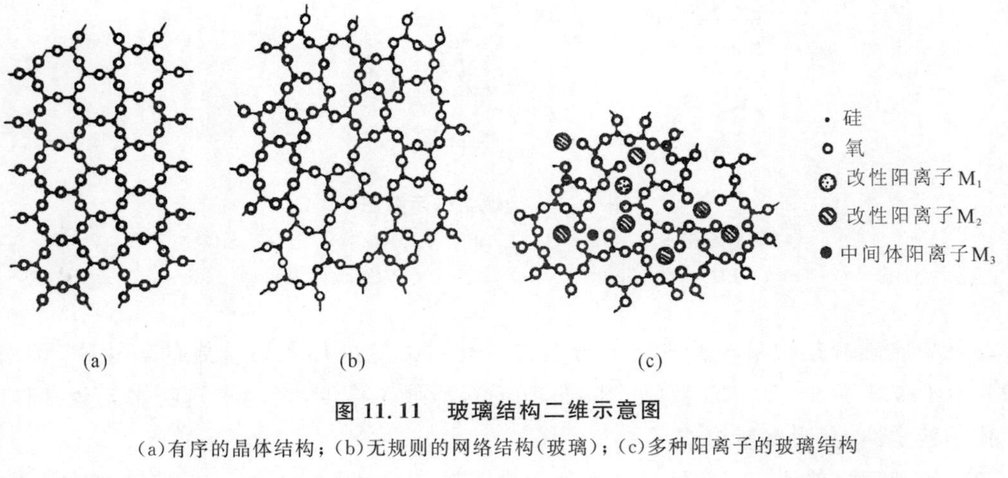

图 11.11 玻璃结构二维示意图

(a)有序的晶体结构;(b)无规则的网络结构(玻璃);(c)多种阳离子的玻璃结构

图 11.11 给出了玻璃的无规则的网络模型结构示意图。对于形成氧化物玻璃,人们提出

了以下四条规则:①每一氧离子应与不超过两个的阳离子连接;②每一阳离子周围的氧离子配位数必须小,一般为 4 或 3;③氧多面体是共角的,而不是共面或共棱;④每一氧多面体至少有三个是共用的。

由于玻璃的上述特殊结构,使得玻璃体具有如下四个基本特性:①各向同性——由于玻璃体内部质点的随机分布,宏观上是均质和各向同性的,呈现出与液体相似的性质。②介稳性——玻璃态是由熔融体快速冷却得到的,保留有高温时的结构,其能量高于晶体,因而从热力学上讲是不稳定的;然而,由于玻璃体的粘度非常大,从动力学上讲,其向晶态转变的速率极低,因而实际上又是稳定的。③凝固特性——玻璃由熔融态转变为固态的过程是在一定温度范围(几十至数百摄氏度)内进行的,因此玻璃无固定熔点。④在凝固过程中,玻璃的物理和化学性质是随温度连续变化的。

2. 陶瓷及其结构

(1)陶瓷材料的类型。狭义上的陶瓷是指含有晶体相组织的陶瓷材料,主要包括普通陶瓷和特种陶瓷。

普通陶瓷也叫传统陶瓷,以天然硅酸盐矿物为原料,包括粘土($Al_2O_3 \cdot 2SiO_2 \cdot H_2O$)、石英($SiO_2$)和长石($K_2O \cdot Al_2O_3 \cdot 6SiO_2$),经粉碎、成型和烧结制成,组分配比不同,其性能也就不同。

特种陶瓷也称为现代陶瓷、精细陶瓷、高性能陶瓷,工程陶瓷指的主要也是特种陶瓷。按用途将特种陶瓷分为结构陶瓷和功能陶瓷两类。工程上最重要的是高温陶瓷,主要包括氧化物陶瓷(如 Al_2O_3,ZrO_2,MgO,CaO,BeO,ThO_2,UO_2)、硼化物陶瓷(TiB_2,ZrB_2,CrB_2,WB)、氮化物陶瓷(Si_3N_4,AlN,BN,TiN)和碳化物陶瓷(如 SiC,B_4C,TiC,ZrC,WC)等。

(2)陶瓷材料的结构。陶瓷材料的性质主要取决于其物质结构(化学结合键、晶体结构等)和显微结构(相组成、分布、尺寸、形状、缺陷等)。

在陶瓷材料结构中,以离子键(如 MgO,CaO,Al_2O_3,ZrO_2 等)和共价键(如金刚石,Si_3N_4,SiC)为主要结合键。而由两种或两种以上键组成的混合键则更为普遍,如硅酸盐化合物中最基本结构单元硅氧四面体$[SiO_4]^{4-}$就为离子键和共价键的混合。

陶瓷材料通常由晶体相、玻璃相和气相(孔洞)组成。

晶体相是陶瓷的主要组成相,其结构、数量、形态和分布决定了陶瓷的性能。硅酸盐陶瓷晶体相的结合键为离子键和共价键的混合键,基本结构单元硅氧四面体$[SiO_4]^{4-}$按照一定的规则在空间进行有序排列,如形成岛状、链状、层状和骨架状结构,如图 11.12 所示。氧化物陶瓷晶体相主要由离子键结合,如 Al_2O_3 晶体就是一种结构紧密、离子键强度很大的晶体,有时也有共价键。非氧化合物(如碳化物、氮化物、硼化物、硅化物)陶瓷晶体相主要由强大的共价键结合,但也有一定成分的金属键和离子键。

玻璃相是陶瓷烧结时各组成物及杂质形成的一种非晶态物质,它的结构是由离子多面体(如硅氧四面体$[SiO_4]^{4-}$)构成短程有序排列的空间网络。玻璃相在陶瓷中所起的作用是粘结分散的晶体相，降低烧结温度，抑制晶粒长大，填充气孔，提高材料的密度。但玻璃相对陶瓷的机械强度、耐热耐火性等是不利的，所以不能成为陶瓷的主导相，一般质量分数为 0.20～0.40。玻璃相的成分为氧化硅和其他氧化物，由玻璃形成体、网络变形体和中间体组成。

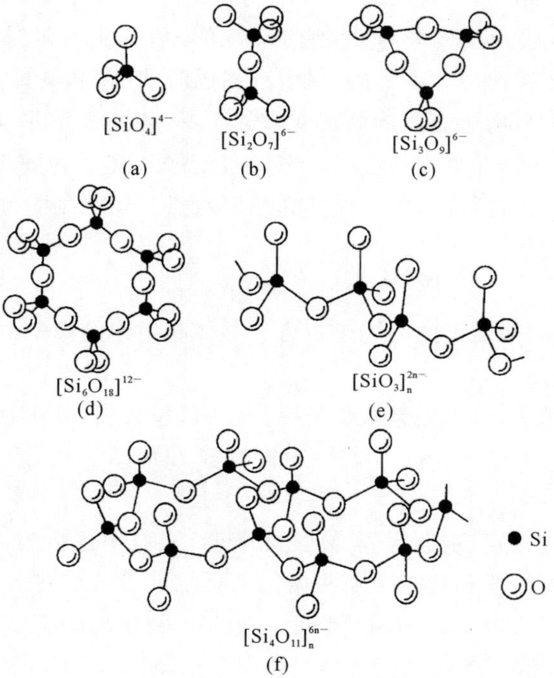

图 11.12 硅酸盐结构示意图(部分)

岛状结构：(a)单个四面体；(b)成对四面体；(c)三节单环；(d)六节单环；

链状结构：(e)单链；(f)双链

气相是陶瓷组织内部残留下来的孔洞，是陶瓷生产过程中形成的，其存在对陶瓷的强度、密度、化学耐久性等是不利的，因此，一般希望尽可能降低陶瓷中的气相比例。例如，普通陶瓷的气孔率通常要控制在 5%～10%，而特种陶瓷的气孔率则要控制在 5%以下。

二、玻璃与陶瓷材料腐蚀的机制

1. 玻璃与陶瓷的耐蚀性

按所处腐蚀环境分类，玻璃和陶瓷材料在使用中会遭受液体介质、气体介质和固体介质的腐蚀破坏。对于陶瓷材料中的晶体相，可能受到的腐蚀性液体环境有熔融玻璃、熔融盐、熔融金属和水介质，而玻璃体或陶瓷中的玻璃相则受水介质腐蚀的情况更为普遍。因此，本教材主要介绍陶瓷和玻璃在水介质环境中的腐蚀行为与机制。

玻璃和陶瓷材料通常仅在碱性溶液和特殊酸性环境中才有较高的腐蚀速率。例如，硅酸盐玻璃与陶瓷以酸性氧化物 SiO_2 为主要组分，有很好的耐中性水介质和绝大多数酸性介质环境的腐蚀，然而却不抗碱性水介质的腐蚀。当 SiO_2（尤其是无定性的 SiO_2）与碱接触时，将发生腐蚀反应

$$SiO_2 + 2NaOH \longrightarrow Na_2SiO_3 + H_2O$$

生成的硅酸钠易溶于水及碱液。

SiO_2 质量分数较高的硅酸盐材料属耐酸材料，除氢氟酸及高温磷酸外，它们几乎能耐其他所有无机酸的侵蚀。当磷酸的温度高于 300℃时，能溶解二氧化硅；任何浓度的氢氟酸都会与二氧化硅发生反应。氢氟酸、高温磷酸与 SiO_2 的反应如下：

$$SiO_2 + 4HF \longrightarrow SiF_4\uparrow + 2H_2O$$

$$SiF_4 + 2HF \longrightarrow H_2[SiF_6]\text{（硅氟酸）}$$

$$H_3PO_4 \xrightarrow{2\ 170℃} HPO_3 + H_2O$$

$$HPO_3 + HPO_3 \longrightarrow P_2O_5 + H_2O$$

$$SiO_2 + P_2O_5 \longrightarrow SiO_2 \cdot P_2O_5\text{（焦磷酸硅）}$$

硅酸盐材料的耐酸性不仅与化学组成有关，而且与物相有关。一般来说，材料中 SiO_2 的质量分数越高，耐酸性越强，SiO_2 质量分数低于 0.55 的天然及人造硅酸盐材料是不耐酸的，但也有例外。例如，由于铸石中的 SiO_2 与 Al_2O_3，Fe_2O_3 等在高温下形成耐蚀性很强的普通辉石物相，虽然铸石中 SiO_2 的质量分数低于 0.55，却有很强的耐蚀性；而红砖中 SiO_2 的质量分数很高，达 0.60～0.80，但是以无定形状态存在，没有耐酸性。如果将红砖在较高的温度下煅烧，使之烧结，就具有较高的耐酸性。这是因为在高温下 SiO_2 与 Al_2O_3 形成具有高度耐酸性的新矿物——硅线石（$Al_2O_3 \cdot SiO_2$）与莫来石（$3Al_2O_3 \cdot SiO_2$），并且其密度也增大。

含有大量 CaO，MgO 等碱性氧化物的硅酸盐材料属于耐碱材料，它们与耐酸材料相反，完全不能抵抗酸类的作用。例如，钙硅酸盐组成的硅酸盐水泥，可被所有的无机酸腐蚀，而在一般的碱液（浓的烧碱液除外）中却是耐蚀的。

2. 玻璃与陶瓷在水介质中的腐蚀机制

玻璃是非晶体，陶瓷是晶体、非晶体和气相的多相结构。研究这种多相结晶体结构材料的溶解腐蚀时，首先将各相的溶解分别处理，这样，可以将溶解机理和动力学过程简化，即把单一晶体相的溶解看做单一化学物质的溶解。那么，主体溶解率 R_{net} 是各单一相的溶解速率（R_i）与其表面积（S_i）乘积之和与总面积的平均值，即

$$R_{net} = \left(\sum S_i \cdot R_i\right)/S \tag{11.1}$$

式中，R_{net} 为总溶解率；R_i 为各相的溶解速率；S_i 为各相的表面积；S 为晶体总面积。

如果更加深入地研究陶瓷体溶解的细节，就会发现各种次级效应：①主要晶粒溶解会改变反应溶液，从而影响次要（少数）晶粒的溶解行为；②溶剂可能诱发相间的化学反应；③陶瓷中

的某些相或者它们的反应产物会包覆其他相，这些具有微观包裹能力的陶瓷材料利用低溶解度的惰性相包裹和保护其他一些易溶解的相。液体只能经由这种材料内相通的孔隙进行传输，那么液体在孔隙间的传输速率决定了该材料的体积溶解率。

结晶态和玻璃态材料的溶解腐蚀一般有以下几种机制和规律：

(1)同步溶解型。同步的意思是，通过单相结构固体的简单离解使溶液中各组分元素的比例与原固体中的一致。例如，热压单相陶瓷 MgF_2 作为光学窗口材料应用在可见光和近红外区，MgF_2 在水中发生一个简单的电离反应，即

$$MgF_2 \rightleftharpoons Mg^{2+} + 2F^-$$

这个反应与介质的 pH 值无关，反应在平衡态时达到饱和极限值，该极限值可根据所涉及的化学元素的形成自由能算得。当晶体溶解时，晶粒表面后缩(不一定均匀)，没发现有保护层存在，各组分通过表面层的浓度梯度呈单阶分布。

(2)与溶剂发生化学反应的同步溶解型。主要是通过酸—碱或者水解反应发生的同步溶解。此类溶解反应不会产生固相反应产物，并且表面后缩时不形成表面层。以高熔点 MgO 在高温酸溶液中的溶解为例，则有

$$MgO + 2H^+ \rightleftharpoons Mg^{2+} + H_2O$$

当存在液态水时，MgO 是不稳定的，这样就存在一个竞争反应，即

$$MgO + H_2O \rightleftharpoons Mg(OH)_2$$

反过来 $Mg(OH)_2$ 溶于酸溶液，即

$$Mg(OH)_2 + 2H^+ \rightleftharpoons Mg^{2+} + 2H_2O$$

氢离子的直接腐蚀作用主要发生在低 pH 值环境中，而在近中性环境中水直接发生腐蚀作用，因此，不仅仅是反应速率，反应机制也可能与 pH 值相关。然而，溶解的表面仍然以单阶的浓度梯度的形式均匀后缩，如图 11.13(a)所示。

从上面可以看出，这些简单的例子本身就是一个复杂的化学溶解反应过程，而且它们在溶液中生成新相和发生络合反应时会变得更加复杂。这些相互作用可以通过计算机程序更加有效的处理。

(3)形成晶体反应产物的非同步溶解型。在非同步溶解期间，原固相与共存的液体反应生成成份不同的新固相。溶液中组分元素的质量分数比例与母体固相中的质量分数不一致。在所有情况下，溶解度小的反应产物可能会在发生溶解的试样表面生成具有某种程度保护性的阻挡层。非同步溶解的例子如下：

$$SrTiO_3 + 2H^+ \rightleftharpoons Sr^{2+} + TiO_2 + H_2O$$

上述反应充分表明：钛酸锶与水溶液反应，生成锶离子进入溶液，而钛则以难溶的 TiO_2 形式存在。发生腐蚀的界面通常是有棱角的。如果反应产物保留下来，则在反应界面处的锶浓度就会迅速地下降为零，而钛的浓度则保持原始表面浓度，如图 11.13(b)所示。

(4)形成非晶态层的非同步反应型。当原固相具有如同铝硅酸盐一样的骨架结构的时候

会发生一种不同类型的反应。尽管反应产物与原始材料化学成分不同,但是组织结构是一致的,诸如发生部分水解、并有二氧化硅聚合物等存在的情况。这种产物往往是非晶态的,被称做凝胶层。经化学改性过的表面是完整的,由于凝胶层的主体密度低,表面不仅不后缩,甚至略有前移。铝硅酸钠(钠长石)与酸性水溶液的反应就是一个例子,即

$$2NaAlSi_3O_8 + 2H^+ + 9H_2O \rightleftharpoons 2Na^+ + Al_2Si_2O_5(OH)_4 + 4H_4SiO_4$$

尽管反应产物被写为高岭石的组成形式,但是在溶解表面的真实产物可能不是晶态的。凝胶层除了密度和组织结构上的改变,在化学成分上的改变也是显而易见的,如图 11.13(c)所示。

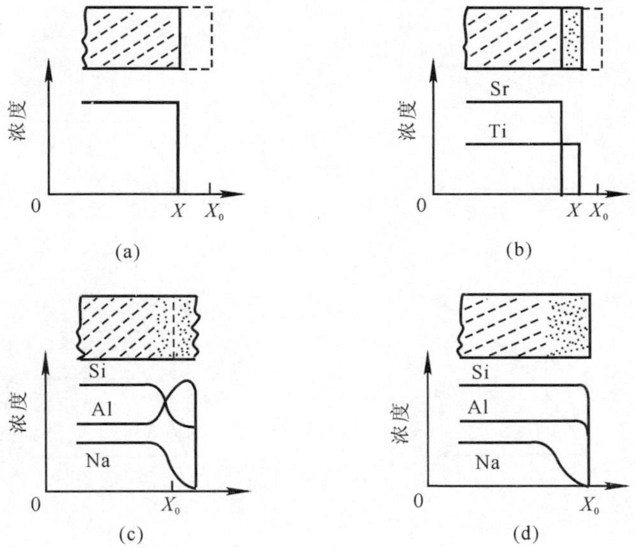

图 11.13　陶瓷和玻璃溶解机制图

(a)溶解界面均匀腐蚀的同步溶解；(b)有反应物存在的非同步溶解；(c)固体表面与溶液间发生反应腐蚀；(d)铝硅酸钠玻璃的溶出

(5)离子交换型。离子交换反应就是一些可移动的离子(如碱金属或碱土金属阳离子)从相对稳定的基体中流失,同时留下一些更加完整或者缺陷非常多的基体,如图 11.13(d)所示。再一次以铝硅酸钠为例,则有

$$\underset{(主体)}{NaAlSi_3O_8} + H_3O^+ \rightleftharpoons \underset{(表面)}{(H_3O)AlSi_3O_8} + Na^+$$

原始表面保持着相同比例的硅、铝。通过析出层,钠不断地流失。

溶解并同时产生一层凝胶层造成的表面破坏与离子交换反应造成的破坏之间没有明显的区别。同样的,经常存在一些同步溶解的附加反应。如铝硅酸钠可发生下面的反应,即

$$NaAlSi_3O_8 + 4H_3O^+ \rightleftharpoons Na^+ + Al^{3+} + 3H_4SiO_4$$

体系的总腐蚀速率依赖于不同化学反应和不同反应机制的共同作用。

表面的溶解与否主要取决于固相与液相是否平衡。如果平衡，在封闭体系中，溶解将是一个具有一定饱和度的平衡过程，新鲜溶液是保持溶解反应继续进行的主要因素。如果固相在有水时不稳定，那么水解反应将持续进行，直到水被耗尽，或者固体物质被完全破坏。如果材料是玻璃，过程将更加复杂。相对于相同组分的多晶集合体，玻璃表面上各处都处于亚稳定状态。主体材料的再结晶就是与非同步溶解和离子交换反应的竞争过程。

(6)晶态陶瓷溶解的动力学规律。随着晶体材料的溶解，溶液中离子浓度的变化（即腐蚀的动力学规律）通常表现出如图 11.14 所示的几种基本类型。

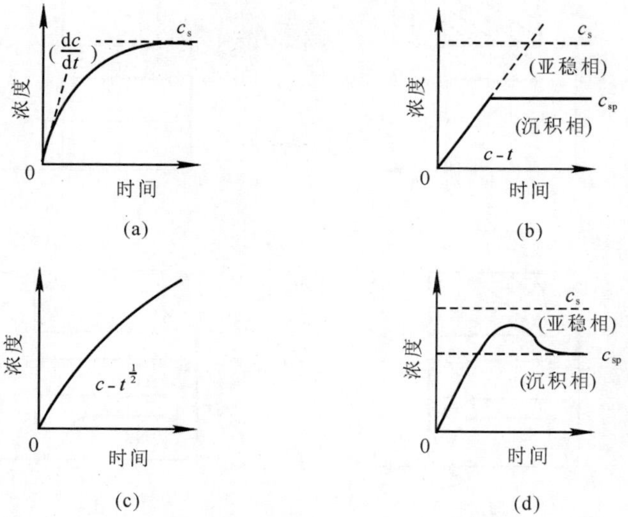

图 11.14　依照各种溶解机制溶液中离子浓度的波动曲线

(a)固体的溶解已经达到液体饱和溶解度 c_s；

(b)被溶液中具有快速沉淀动力学的沉淀相切去顶端的线性动力学曲线；

(c)抛物线型扩散控制动力学曲线；(d)具有缓慢沉淀动力学产物沉淀的溶解

三、玻璃的腐蚀行为

1. 玻璃腐蚀的特点

玻璃受到的侵蚀首先发生在玻璃的表面，由于玻璃表面存在许多裂纹和缺陷，在大气、水、酸或碱等介质的作用下，在玻璃表面会发生以化学反应为主的物理、化学侵蚀作用。玻璃表面首先变质，随后侵蚀作用逐渐深入，直至玻璃本体完全变质，从而导致腐蚀破坏。

在玻璃腐蚀过程中，可浸出离子的优先萃取，形成萃取层。萃取层的作用如同进一步萃取的扩散阻挡层，如 Si，Al 离子可形成网状沉淀。硼不仅可形成（也可能不完全形成）起扩散阻挡作用的附加凝胶层，而且还可成为吸附基体，或许还能成为正沉淀的金属离子的色谱分离衬底。实验中发现二氧化硅、铝、硼等不仅组成了附加的凝胶层，而且形成一层起到吸收作用的衬底。图 11.15 示意图表明，发生腐蚀的玻璃表面有一个离子缺乏层，其上有一层沉淀物或凝胶层，凝胶层最终会在表面再结晶，形成反应产物相。

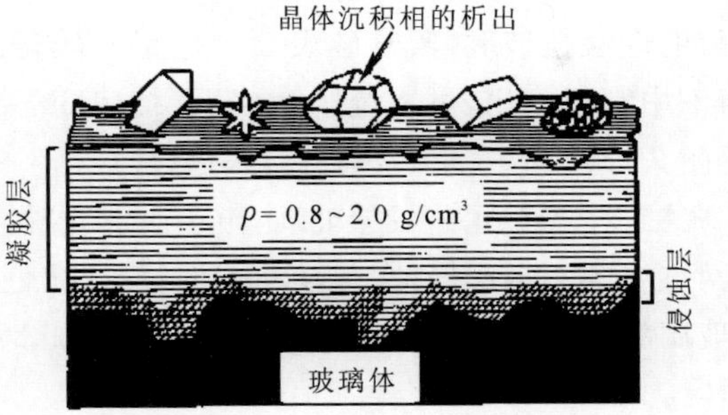

图 11.15　腐蚀后玻璃表面层结构示意图
（表层具有离子贫乏的析出层、凝胶层和再结晶层）

当玻璃与侵蚀介质接触时，因侵蚀介质的种类及酸碱性不同，其侵蚀反应的性质有很大区别。可以发生包括水解及在酸、碱、盐水溶液中的腐蚀、玻璃的风化等在内的溶解和化学反应，以及由于相分离所导致的选择性腐蚀。任一侵蚀时间内，硅酸盐玻璃表面下 200 nm 厚度以内的表面层的状态如图 11.16 所示，可以分为五种情况。

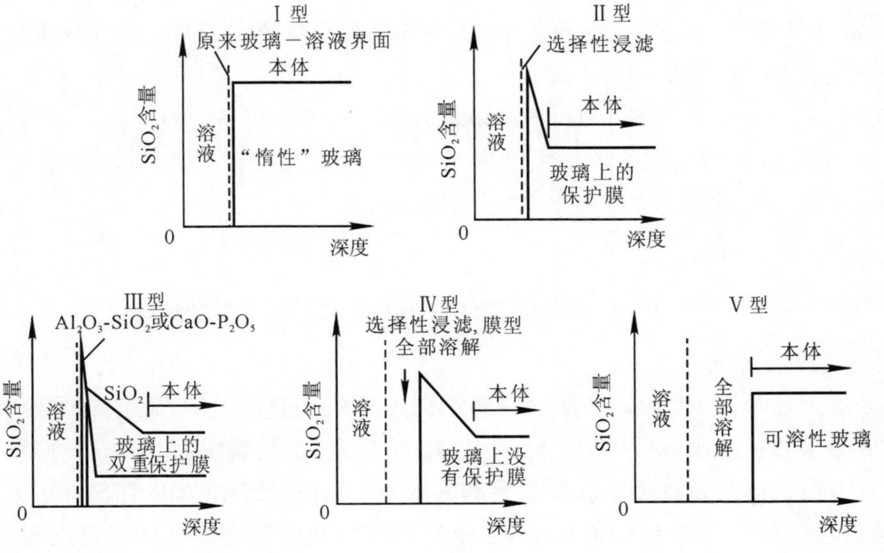

图 11.16　硅酸盐玻璃受侵蚀时表面状态

(1)Ⅰ型:在中性溶液中侵蚀,水化层厚度小于5 nm,表面与内部组成几乎相同,即此时玻璃表现出高度的耐久性;

(2)Ⅱ型:低碱硅酸盐玻璃及碱土硅酸盐玻璃在 $pH<9$ 的溶液中处理,其中某些碱性组分被选择性浸出,表面生成富硅层,此种情况下玻璃具有中等耐久性;

(3)Ⅲ型:含铝或含磷的硅酸盐玻璃,其富硅表面产生铝硅酸盐或钙磷酸盐类型的双重表面,这种玻璃在酸和碱溶液中都很耐用,可通过脱碱、表面结构变态或从溶液中沉淀等方法获得此种保护膜,具有中等耐久性;

(4)Ⅳ型:含碱量较高的二元或三元硅酸盐玻璃,由于二氧化硅含量较低,生成的富硅层不能防止玻璃由于脱碱或网络溶解而迅速侵蚀,化学稳定性很差,属低耐久性;

(5)Ⅴ型:将硅酸盐玻璃放在 $pH=9\sim10$ 的溶液中形成的,此时玻璃等量溶解,不能生成保护膜,为最低耐久性情况。

2. 不同形式的玻璃腐蚀

玻璃的腐蚀环境多为水介质,构成玻璃器件的不同的氧化物具有其独特的性质,尽管与溶液pH值相关,但是各自的溶解度不同,溶剂/玻璃表面的界面处形成反应层也不同。对许多玻璃-溶剂体系,当界面处的溶液达到饱和时,腐蚀反应达到平衡,界面处于稳定状态。

玻璃在水及水溶液中可能发生的腐蚀形式包括如下几种情况:

(1)水解。水对硅酸盐玻璃的腐蚀通常分为两个阶段。第一个阶段起源于 H^+ 与玻璃中硅氧网络外碱金属或碱土金属阳离子的离子交换。含有碱金属或碱土金属离子R(Na^+,Ca^{2+}等)的硅酸盐玻璃与水或酸性溶液接触时,发生了玻璃中的碱离子与溶液中氢离子交换的水解反应,此时破坏的是Si—O—R,而不是Si—O—Si。其反应的实质是弱酸盐的水解,此过程称为硅酸盐玻璃腐蚀反应的第一个阶段,即

$$\equiv Si—O—Na + H^+ \rightleftharpoons \equiv Si—OH + Na^+ \text{(离子交换反应)}$$

随着离子交换的进行,H^+ 的减少加剧,相对应 OH^- 增多,pH值提高,从而开始了 OH^- 对玻璃的腐蚀。上述离子交换产物进一步发生水解反应,即

$$\equiv Si—OH + \frac{3}{2}H_2O \rightleftharpoons HO—\overset{\displaystyle OH}{\underset{\displaystyle OH}{\overset{|}{\underset{|}{Si}}}}—OH \text{(水解反应)}$$

其初始反应速率由 H^+ 向内扩散和碱离子向外脱附扩散的速率控制,随后则由碱离子通过浸出后表面层的扩散速率所决定。随着水解反应的进行,玻璃中脆弱的硅氧网络被破坏,从而受到腐蚀。但是当在表面层反应产生足够多的 $Si(OH)_4$ 产物时,由于 $Si(OH)_4$ 是一种极性分子,能使水分子极化成为 $Si(OH)_4 \cdot 2H_2O$,而定向地附着在玻璃的表面层周围。这时形成具有硅酸凝胶特性的高度分散的 SiO_2-H_2O 体系。它除少部分溶于溶液外,大部分附着在材料表面,形成硅酸凝胶薄膜。随着硅胶薄膜的增厚,H^+ 和 R^+ 的交换速率越来越慢,从而阻

止腐蚀继续进行，此时过程受 H^+ 向内扩散速率的控制。因此，在 pH 值较低的酸性溶液中，玻璃中 R^+ 与 H^+ 进行离子交换和水解反应后，形成的硅酸凝胶薄膜产物又能阻止反应继续进行，所以 Si—O—Si 骨架未动，故腐蚀较轻。

随着反应的进行，溶液的 pH 值会逐步增加，当 pH 增加到 10 以上时，玻璃中起骨架网络作用的≡Si—O—Si≡链将会被氢氧根离子所分解而断裂，即为反应的第二阶段。OH^- 与硅酸盐玻璃中的≡Si—O—Si≡发生反应，即

$$\equiv Si—O—Si\equiv + OH^- \rightleftharpoons \equiv Si—OH + \equiv SiO^-$$

≡Si—O—Si≡链断裂，非桥氧≡SiO^- 群增多，结构被破坏，SiO_2 大量溶出，玻璃表面不能生成保护膜。一般认为，在高 pH 值溶液中发生网络溶解，与时间呈线性关系。虽然 $pH<9$ 时第一阶段反应占优势，而 $pH>10$ 时第二阶段≡Si—O—Si≡网络溶解占优势，但在很宽的 pH 范围内，这两种过程是同时发生的。

(2)酸侵蚀。一般说来，当硅酸盐玻璃中酸性氧化物 SiO_2 质量分数足够大时，是耐酸蚀的，通常仅有氢氟酸和磷酸对其有显著的溶解作用。氢氟酸和磷酸对玻璃的腐蚀都是先与 SiO_2 起作用引起的，但作用机理不同。磷酸与 SiO_2 作用能将 SiO_2 转化为可溶性的水化硅磷酸，氢氟酸与 SiO_2 作用后生成易溶解的盐类。

氢氟酸对玻璃的腐蚀是由于阴离子 F^- 的作用，HF 极易破坏 Si—O—Si 键，即

$$\overset{H^+\ F^-}{\equiv Si—O—Si\equiv} \longrightarrow \overset{F^-\ H^+}{\equiv Si\cdots O—Si\equiv} \longrightarrow \equiv Si—F + OH—Si\equiv$$

当钠钙硅玻璃与氢氟酸作用时，发生反应

$$Na_2O \cdot CaO \cdot 6SiO_2 + 28HF \longrightarrow 2NaF + CaF_2 + 6SiF_4 + 14H_2O$$

SiF_4 继续与 HF 反应生成络合硅氟酸，即

$$3SiF_4 + 3H_2O \longrightarrow H_2SiO_3 + 2H_2SiF_6$$

$$SiF_4 + 2HF \longrightarrow H_2SiF_6$$

生成的硅氟酸又会与硅酸盐水解产生的氢氧化物相互作用，得到硅氟酸盐，即

$$Na_2SiO_3 + 2H_2O \longrightarrow 2NaOH + H_2SiO_3$$

$$H_2SiF_6 + 2NaOH \longrightarrow Na_2SiF_6 + 2H_2O$$

实际中为了获得具有某些光学性能的光学玻璃，在硅酸盐玻璃中加入了大量 Ba，Pb 及其他重金属的氧化物，相对降低了 SiO_2 的质量分数。由于这些氧化物的溶解，使这类玻璃易为醋酸、硼酸、磷酸等弱酸腐蚀。

(3)碱侵蚀。一般来讲，硅酸盐玻璃很容易被碱侵蚀，发生反应

$$\equiv Si—O—Si\equiv + OH^- \rightleftharpoons \equiv Si—OH + \equiv SiO^-$$

此时≡Si—O—Si≡键断裂，非桥氧≡SiO^- 键数目增多，被碱破坏的 Si—O—Si 骨架中的硅溶解到溶液中。溶解度越大，侵蚀的程度越严重。碱对玻璃的侵蚀主要是受玻璃表面与界面反应所支配的反应过程影响，与阳离子在玻璃表面上吸附力大小有关，即吸附力强的阳离子，其

影响也大。所以,玻璃的碱侵蚀不仅与 OH^- 的浓度有关,而且与阳离子的种类也有很大关系,在相同 pH 值的碱溶液中,不同阳离子的碱侵蚀强度顺序为 $Ba^{2+} > Sr^{2+} \geqslant NH_4^+ > Rb^+ \approx Na^+ \approx Li^+ > N(CH_3)_4^+ > Ca^{2+}$。因此,通过侵蚀层的离子扩散是决定侵蚀速率的关键阶段。碱侵蚀大致可分为三个阶段:

1)首先发生阳离子在玻璃表面的吸附;

2)阳离子的水化能力的作用,阳离子附近的 OH^- 的浓度相应增高,OH^- 与 Si—O—Si 键作用加剧而侵蚀;

3)≡Si—O—Si≡键断裂生成的非桥氧≡SiO^- 键,最后形成硅酸根离子,并逐渐溶解在碱溶液中。除了 NH_4OH,$Ca(OH)_2$ 以外,一价阳离子碱溶液比二价阳离子碱溶液侵蚀速率大,由于 $Ca(OH)_2$ 溶液侵蚀生成了溶解度较低的 $CaSiO_3$,其侵蚀速率较低。

(4)大气对玻璃的侵蚀与风化。大气的侵蚀实质上是水汽、二氧化碳、二氧化硫等作用的总和。玻璃受大气侵蚀的过程也是首先由表面开始的,表面某些离子吸附了空气中的水分子,这些水分子以 OH^- 形式覆盖在玻璃表面,并不断吸收水分或其他物质,形成一薄层。若组成中含碱性氧化物较少,这种薄层形成后就不再继续发展;若含碱性氧化物较多,则被吸附的水膜会变成碱金属氢氧化物的溶液,随后进一步吸收水分,从而使玻璃表面受到破坏。

大气中的水汽比水溶液具有更大的侵蚀性,因为它与玻璃主要发生离子交换的释碱反应,其产物不断地沉积在原来部位,且随时间的延长使侵蚀作用不断发生,造成玻璃表面碱性浓度越来越大,pH 值迅速上升,逐步过渡到主要破坏≡Si—O—Si≡网络的溶蚀过程,最后成为类似于碱的侵蚀。生活中各种玻璃器皿都经常有机会接触水和水汽,对于显像管玻璃及部分电真空玻璃因其使用寿命长,且周围环境接触水汽的机会多,所以提高其耐水性十分重要。

玻璃和大气长期作用,在表面出现雾状薄膜,或者点片状白斑、细线状模糊物、彩虹等过程通称为玻璃风化,俗称为玻璃发霉。大气条件下,玻璃的风化腐蚀基本上是由水蒸气侵蚀所造成的。风化严重时,玻璃表面形成白霜,因而失去透明,甚至产生平板玻璃粘片现象。

硅酸盐玻璃的风化过程主要表现为溶解和水解浸析两种形式。在大气中玻璃开始风化时,表面首先吸附大气中的水形成一层水膜,湿度越大,水膜吸附的水分越多。随后,吸附水中的 H_3O^- 或 H^+ 与玻璃中网络外附加阳离子进行离子交换的水解浸析和碱溶解侵蚀,破坏硅氧骨架。由于表面上的风化产物不会移动,始终附着在玻璃表面,使风化随时间的延续而增强。水汽对玻璃表面作用分下列几个阶段:

1)开始时,水汽或潮气吸附在玻璃的表面。

2)随后,水汽或潮气向玻璃内扩散。

3)表面层中的可溶性的硅酸盐,如硅酸钠和硅酸钾等,被水解破坏,在普通 NaO - CaO - SiO_2 系统玻璃中形成苛性钠并分离出 SiO_2。

4)分离出的 SiO_2 生成硅氧凝胶,在玻璃表面形成保护性薄膜,它阻止了进一步的侵蚀作用。所以,当玻璃被水侵蚀时,最初侵蚀作用较快,逐渐变得缓慢,最后作用基本停止。

5)离子交换生成的苛性钠,与空气中的二氧化碳作用生成碳酸钠,团聚在玻璃的表面,构成表面膜中的可溶性盐。由于它的强吸湿性,吸收水分潮解,最后形成碱液小滴。当周围的温度、湿度改变时,这些小滴的浓度也随之变化。如果浓缩的碱液小滴和玻璃长期接触,凝胶状硅氧薄膜就可以在其中部分地溶解,而使玻璃表面发生严重的局部侵蚀,形成斑点。浸析和溶解这两个过程并非绝对不可变更的,在一定的条件下,两者也可发生转化。

当大气中酸性气体 CO_2 和 SO_2 的体积分数较大时,会加速玻璃的风化。在不通风的仓库储存玻璃时,若湿度高于 75%,温度达 40℃以上,玻璃就会发生严重风化。

目前,普遍采用的防止玻璃风化的方法有:表面处理法,如气体处理法、盐类处理法、酸类处理法、胺类处理法、有机防雾剂处理法等;电化学处理法;其他防风化法,如洒防霉粉法、夹纸法等。实际中应根据具体情况选用其中的一种或几种方法。

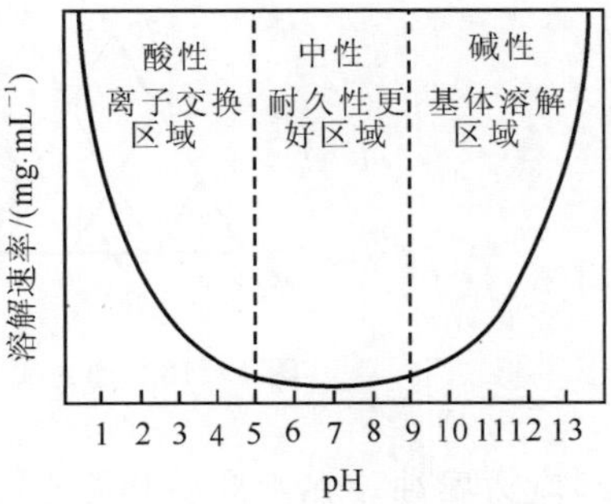

图 11.17　pH 值对玻璃溶解的影响

从前面所介绍的几种腐蚀类型看,玻璃的腐蚀与水介质中的酸碱性关系密切。图 11.17 给出了水介质 pH 值对玻璃溶解速率的影响规律。表 11.5 则给出了各类玻璃在酸及碱性溶液中的腐蚀数据,其中耐碱玻璃由于含有 ZrO_2,故在酸性溶液中的腐蚀速率也很低。

表 11.5　各类玻璃在酸及碱性水溶液中的腐蚀数据

编　号	玻　璃　类　型	腐蚀失重/($mg \cdot cm^{-2}$)	
		$w(HCl)=0.05$,100℃,24 h	$w(NaOH)=0.05$,100℃,5 h
7900	高硅氧玻璃($w_{SiO_2}=0.96$)	0.000 4	0.9
7740	硼硅酸盐玻璃	0.005	1.4
0080	钠钙灯泡玻璃	0.01	1.1
0010	电真空铅玻璃	0.02	1.6
7050	硼硅酸盐钨封接玻璃	选择性腐蚀	3.9
8870	高铅玻璃	崩解	3.6
1710	铝硅酸盐玻璃	0.35	0.35
7280	耐碱玻璃	0.01	0.09

(5)选择性腐蚀。当玻璃中存在双相组织结构时,由于双相组织中各相受到酸碱侵蚀的能力不同,而产生选择性腐蚀。图 11.18 所示的 $SiO_2-B_2O_3-Na_2O$ 三元体系中的影线区的成分,通过 580℃,3～6 h 的热处理,可以形成双向组织——高 SiO_2 基体中分散有孤立硼酸盐相。这种双相组织的玻璃易发生选择性腐蚀。在酸介质中,双向组织中的富 B_2O_3 的硼酸盐相易受侵蚀,而高 SiO_2 的基体没有变化,从而形成疏松的玻璃。孔洞的直径在 3～6 nm 之间,

孔洞的体积可达28%。再在弱碱性介质中处理，腐蚀溶去孔洞内部残留的 SiO_2，可进一步扩大孔洞直径。这是一个典型的选择性的腐蚀的过程。有许多玻璃具有这种相分离及选择腐蚀的性能，利用这一特性还可以进行材料的加工制作。采用热处理-选择性腐蚀工艺对简单的钠玻璃进行处理，可以获得具有分子筛功能的孔洞直径为0.7 nm的疏松玻璃。

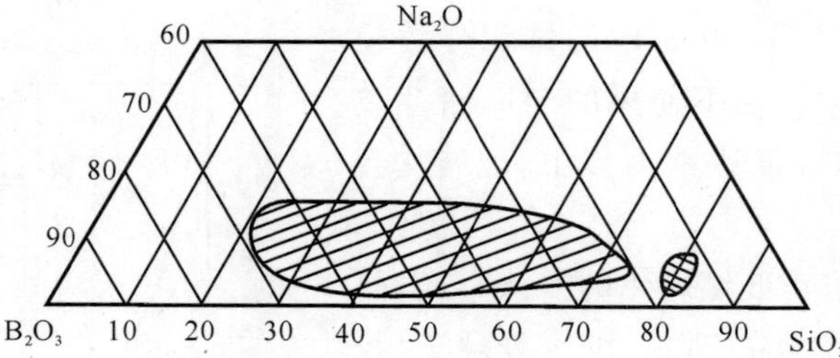

图 11.18　通过浸蚀可获得疏松玻璃的成分范围(影线区)

(6)应力腐蚀。在水介质和静态拉应力协同作用下，玻璃也会产生应力腐蚀破坏，这种延迟破坏也称为静态疲劳。玻璃材料的延迟失效与玻璃成分和环境相关。优先发生在裂缝尖端的应变材料分子键的化学反应是造成失效的原因，该反应速率对应力敏感。

玻璃应力腐蚀裂纹扩展的动力学曲线与金属应力腐蚀裂纹扩展非常相似。图11.19给出了玻璃裂纹扩展速率与裂纹尖端外加应力强度因子 K_{I} 之间的关系曲线示意图，图中曲线存在有三个特征不同的区域。

在裂纹扩展的第Ⅰ阶段(低应力Ⅰ区)，裂缝扩展速率 da/dt(小于 10^{-5} m/s)指数性地取决于外加应力强度因子 K_{I}，裂缝生长由水的腐蚀性作用(离子交换)所控制。水的腐蚀作用使 Si—O—Si 键破裂。第Ⅰ区域的曲线位置和斜率取决于玻璃的成分，研究表明，典型玻璃的抗应力腐蚀的顺序为熔融氧化硅＞铝硅酸盐＞硼硅酸盐＞碱石灰硅酸盐＞硅酸铅。

在裂纹扩展的第Ⅱ阶段(中等应力Ⅱ区)，裂纹扩展速率(10^{-5} m/s $< da/dt < 10^{-3}$ m/s)与外加应力强度因子 K_{I} 无关，裂缝生长由水向裂缝尖端的迁移速率所控制。

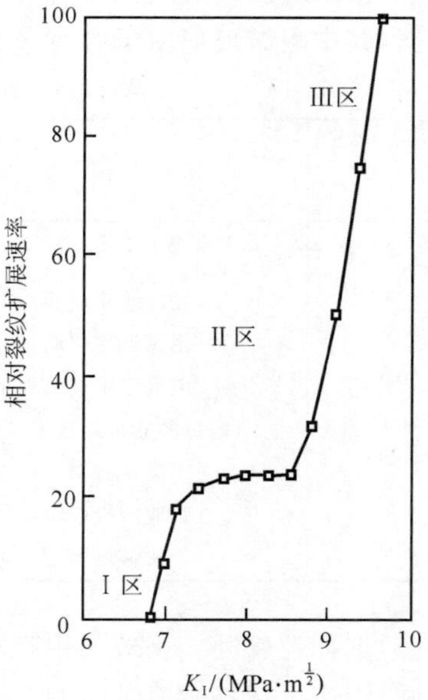

图 11.19　裂纹扩展速率与外加应力强度因子 K_{I} 的关系曲线示意图

在裂纹扩展的第Ⅲ阶段(高应力Ⅲ区)，裂纹扩展速率(大于 10^{-3} m/s)指数性地取决于外加应力强度因子 K_{I}。裂纹生长仅由机械结合的断裂所控制，与环境介质无关。

促进裂纹生长的环境介质必须既是电子施主又是质子施主。在碱石灰玻璃里，改性剂离子并不直接参与断裂过程，但也许会改变 Si—O 桥接键的反应性，影响网络键接的弹性性能，因此静态疲劳由 Si—O 键与裂纹尖端环境之间被应力提高的反应速率所控制。

在玻璃的应力腐蚀过程中，水分子与承受应变的 Si—O 键的反应由下述三个步骤组成：

1)水分子将其氧的单一电子轨道对准 Si，而 Si 含有与氧化硅的氧键接的氢(被应变的 Si—O 键在此处加速反应)；

2)伴随着质子转移到氧化硅的氧，电子从水的氧转移到 Si；

3)水的氢—氧键破裂，在每一断裂表面，转移过来的氢形成 Si—OH 键。

图 11.20 描述了上述机理模型，上述模型具有一定的普遍性，尤其适用于被吸引到(水的)氧的单一电子对的阳离子。上述模型虽然描述的是硅酸盐玻璃的情况，但研究表明，尽管在细节上有所不同，对氧化铝也是同样的裂解化学吸附机理。在氧化铝中，键不必经过应变就可使吸附发生。

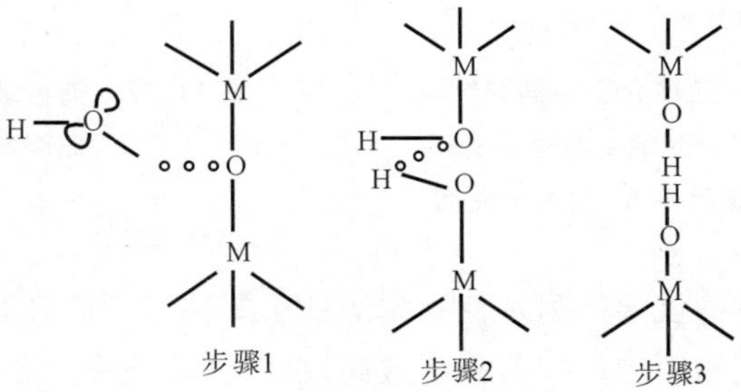

图 11.20　水导致承受应力的硅氧键破裂示意图

实验表明，不仅纯水和水介质与应力联合可以加速玻璃的裂纹扩展，而且甲醇、甲酰胺、联氨、甲基甲酰胺等有机介质也能造成玻璃的静态疲劳破坏，如图 11.21 所示。由于外部环境介质和玻璃成分的不同，裂纹尖端的局部环境条件和反应类型也会有所不同，例如在水介质中，氧化硅玻璃裂尖的 pH 值约为 4.5，而碱石灰玻璃裂纹尖端的 pH 值则可达到 12。同时，由于环境、力学和玻璃材料的组合不同，静态疲劳试验中曲线的三个区域不一定均会出现，如有的情况下仅有区域Ⅰ的扩展情况，或仅出现区域Ⅰ和区域Ⅱ的扩展特征。

此外，试验研究发现，玻璃应力腐蚀同样存在小裂纹扩展效应(即低应力强度因子下的裂纹扩展速度反而高于高应力强度因子下的裂纹扩展速度，如图 11.22 所示)和小裂纹的扩展聚合现象。

3. 影响玻璃腐蚀的因素

影响玻璃腐蚀行为或化学稳定性的因素包括：材料自身的内部因素，如成分与组成结构、热处理与表面处理等冷热加工工艺；环境因素，如环境介质的成分，尤其是 pH 值大小，环境的温度和压力等因素;对于应力腐蚀或静态疲劳破坏,还涉及力学因素的影响。一些因素在前面的讨论中已进行了介绍,下面仅简要介绍化学组成、热处理、表面状态和温度与压力的影响情况。

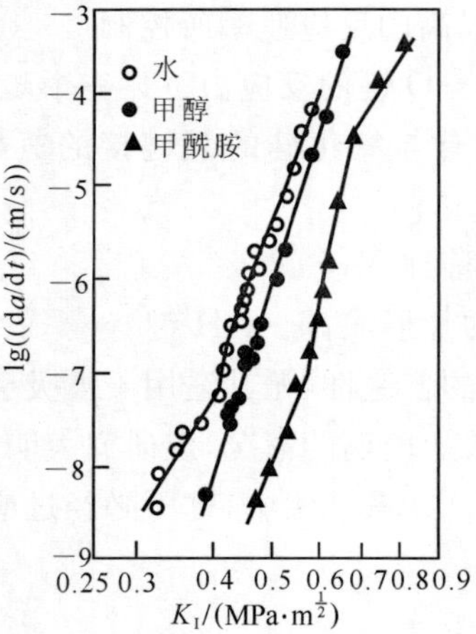

图 11.21 钠钙玻璃在三种介质中的裂纹扩展速率 da/dt 的对数值与外加应力强度因子 K_1 的关系曲线

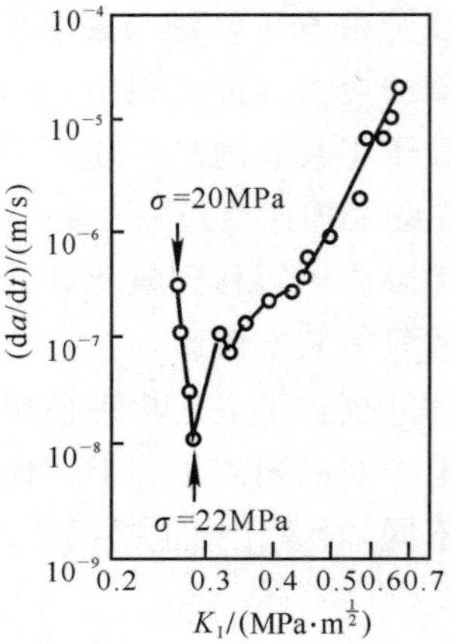

图 11.22 钠钙玻璃小裂纹(数十微米至数百微米)扩展动力学曲线

(1)化学组成。硅酸盐玻璃的耐水性和耐酸性主要决定于硅氧和碱金属氧化物的含量。

硅氧含量愈高,硅氧四面体连接的程度愈高,在酸性环境中的耐久性愈好。

碱金属氧化物中以氧化钾影响最大,氧化钠次之,氧化锂再次之。

在简单的硅酸盐玻璃中,抗水性一般随碱金属或碱土金属的阳离子半径的增加而下降,即 $Cs_2O>K_2O>Na_2O>Li_2O$;$BaO>SrO>CaO>MgO>BeO$。

当玻璃中含有 RO,R_2O_3,$RO_2(ZrO_2)$等三组分或更多组分的系统时,它们对水的耐蚀性有很大提高,且可以阻挡钠离子的扩散。

玻璃中同时存在两种碱金属氧化物时,其耐水性要比单含一种碱金属好,且在两者的比例中有一最佳点,称之为“混合碱效应”或“中和效应”。

在 $SiO_2\cdot Na_2O\cdot RO$(RO_2 或 R_2O_3)化学组成的玻璃中,ZrO_2,Al_2O_3,MgO,CaO,BaO,TiO_2,ZnO 等氧化物置换部分 Na_2O 后,表现出不同的耐酸碱行为。各种氧化物的耐水性和耐酸性的顺序如下:

耐水性:$ZrO_2>Al_2O_3>TiO_2>ZnO>MgO>CaO>BaO$;

耐酸性:$ZrO_2>Al_2O_3>ZnO>CaO>TiO_2>MgO>BaO$。

(2)热处理。玻璃在退火过程中因与炉气接触,化学稳定性显著提高。这是因为玻璃在退火时,炉气中的酸性气体(主要是氧化硫)可以中和玻璃表面部分碱性氧化物,形成主要成分为硫酸钠的"白霜"层，该"白霜"层易被除去，从而降低玻璃表面的碱性氧化物的质量分数，提高玻璃的化学稳定性。反之，若退火不良或退火时缺乏酸性气体的存在，就会造成玻璃表面碱的富集，导致玻璃表面化学稳定性的降低。

退火玻璃的密度较淬火态大，网络结构又比较紧密，所以退火玻璃较淬火玻璃的化学稳定性高。而硼硅酸盐玻璃例外，有时淬火玻璃具有较高的化学稳定性。

(3)表面状态。介质对玻璃的侵蚀首先从表面开始，因此玻璃表面状态对化学耐蚀性有很大的影响，故可以借助于各种表面处理方法来改善玻璃的表面状态，以提高其化学稳定性。例如，可以用水和酸溶液等来处理，使玻璃表面生成有一定厚度的贫碱性离子而富硅氧膜，以提高其化学稳定性；也可以在玻璃表面涂覆有机硅或有机硅烷类物质，使其在玻璃表面生成一层有机聚硅氧烷憎水膜，减缓水对玻璃表面的水化作用，有利于提高玻璃的化学稳定性。

(4)温度与压力。玻璃的化学稳定性随着温度的升高而剧烈地变化。在100℃以下，随着温度每升高10℃，侵蚀介质对玻璃的侵蚀速率增加50％～150％。100℃以上时(如在热压器中)，侵蚀作用始终是剧烈的，只有含锆多的玻璃才是稳定的。

压力对玻璃的化学稳定性的影响也很大，当压力提高至$(29.4\sim98)\times10^5$ Pa时，甚至较稳定的玻璃也可以在短时期内剧烈地被破坏，同时有大量氧化硅转入溶液中。高压水位计玻璃受侵蚀的现象，就是典型的例子。

四、陶瓷材料的腐蚀行为

陶瓷材料中通常既包含有晶体相(主相)，又包含有非晶体玻璃相，同时还常有一定的气相(孔洞存在)，因此其耐蚀行为既与玻璃有相似之处，也有其自身的特点。陶瓷中的玻璃相的腐蚀行为与前面所介绍的玻璃材料相一致，为此下面重点讨论晶体材料的腐蚀行为。

1. 无机非金属晶体材料的腐蚀行为

(1)水介质中的腐蚀。陶瓷中的晶体相或晶体陶瓷由于其原子按一定的规则排列，因此其能量状态较玻璃相低，化学稳定性和耐腐蚀性能通常也较玻璃体或玻璃相好。例如，结晶的二氧化硅(石英)虽属耐酸材料，但也有一定的耐碱性，而无定形的二氧化硅就易于溶解于碱性溶液中。然而，在较为苛刻的水介质环境中，晶体陶瓷材料仍然会发生腐蚀破坏。

晶体陶瓷材料在水介质中的腐蚀主要是以水解、离子交换和溶解方式进行。影响腐蚀的因素包括陶瓷材料的成分和组织、水介质组分与pH值、温度、陶瓷材料的表面状态等因素。

氧化铝陶瓷的主晶相为$\alpha-Al_2O_3$刚玉晶相，具有酸、碱两重性，但由于铝和氧之间存在很强的键合力，因此随着Al_2O_3含量的增加，氧化铝陶瓷的化学稳定性和耐蚀性能显著提高，对酸、碱水溶液均具有良好的耐蚀性能。但在高温硝酸或碱性溶液等苛刻的水介质中也会遭受较严重的腐蚀，如会被150～200℃含有NaOH的水溶液腐蚀，腐蚀反应为

$$Al_2O_3+OH^-+2H_2O\longrightarrow Al(OH)_4^-+AlOOH$$

$$AlOOH+OH^-+H_2O\longrightarrow Al(OH)_4^-$$

上面的第二个反应较快，氧化铝溶解速率与水溶液中 NaOH 的浓度成线性关系。表 11.6 给出了高铝陶瓷（$w_{Al_2O_3}>0.99$）对无机酸和碱液的抗腐蚀能力数据。

表 11.6　高铝陶瓷对于无机酸和碱液的抗腐蚀性能

介质种类	温度/℃	腐蚀耗损/($g\cdot cm^{-2}$)	介质种类	温度/℃	腐蚀耗损/($g\cdot cm^{-2}$)
HNO_3	20	$<0.1\times10^{-4}$	HF 溶液（$w_{HF}=0.38$）	20～100	$<1\times10^{-4}$
	100	0.2×10	H_3PO_4 溶液（$w_{H_3PO_4}=0.83$）	20	1×10^{-4}
HCl	沸	0.2×10^{-4}		100	$<5\times10^{-4}$
H_2SO_4	100	$<5\times10^{-4}$	NaOH 溶液（$w_{NaOH}=0.20$）	20～100	$<1\times10^{-4}$

研究表明，氧化硅四面体的键接程度和聚合程度越高，陶瓷材料的化学稳定性也越高。具有低密度交叉链接的材料，往往快速地、协同地溶解；而具有高密度交叉链的材料往往非协同地溶解。例如在室温下，当水介质 pH=7 时，硅四面体结构的填充密度对陶瓷溶解度的影响试验表明，下列物质溶解度递增的顺序为：石英＜方石英＜蛋白石＜无定形氧化硅。室温下石英（SiO_2）不与 HCl，HNO_3，H_2SO_4 反应，但会被碱溶液缓慢侵蚀；升高温度，石英容易被 NaOH，KOH，Na_2CO_3，Na_2BO_7 侵蚀；石英在 HF 溶液（$w_{HF}=0.49$）中会发生溶解，但溶解度依赖于被侵蚀的晶面。

氧化钇稳定的氧化锆（YSZ）单晶在热溶液中（600℃和 100 MPa 条件下）处理 24 h，有 4 种表现方式：在碱溶液中（包括 LiOH，KOH，NaOH 或 K_2CO_3），随着氧化钇越易溶解，出现部分分解和溶解/沉淀现象；在酸性溶液中（包括 HCl 或 H_2SO_4）氧化钇快速溶解，形成多晶单斜晶系的 ZrO_2 的界面；在与 H_3PO_4 溶液反应中界面形成 ZrP_2O_7；中性溶液中溶解度非常小。

烧结 SiC 在 290℃的 0.045 mol/L Na_2SO_4＋0.005 mol/L H_2SO_4 和 0.1 mol/L LiOH 水溶液中的腐蚀行为研究表明，腐蚀失重随 pH 的增大而增加，有氧条件下失重较无氧条件大。随着 SiC 水解，溶解过程表面未发现形成二氧化硅层，反应方式按反应

$$SiC+4H_2O\longrightarrow Si(OH)_4+CH_4$$

和

$$Si(OH)_4\longrightarrow H_3SiO_4^-+H^+\longrightarrow H_2SiO_4^{2-}+2H^+$$

进行，而 $Si(OH)_4$ 溶胶立即溶解。$Si(OH)_4$ 溶胶在酸性溶液（pH＝4）中比在碱性溶液中溶解慢，从而提供轻微程度的保护，导致溶解速率呈抛物线变化。在碱性溶液（pH＝10）中溶解速率呈线性变化规律。二硼化钛微粒加强的碳化硅室温下在几种溶液（王水、NaOH 和 HF/HNO_3）中的腐蚀试验表明，王水腐蚀性最大，质量分数为 0.50 的 NaOH 溶液腐蚀性最弱，HF/HNO_3 溶液的腐蚀性居于前二者之间。

70℃时 SiN 在 HCl 水溶液中的腐蚀行为研究表明，在小于 1 mol/L HCl 溶液中，腐蚀由表面反应控制；而在大于 5 mol/L HCl 溶液中，腐蚀是由界面反应层（假设形成二氧化硅）扩散控制。

对于应力作用下的陶瓷材料，还有静态疲劳、动态疲劳和循环疲劳等失效破坏形式。当承

受低于惰性环境中临界应力的恒定负荷的长期作用后，陶瓷的失效称为静态疲劳或延迟失效；若以恒定的应力或应变速率加载，则称为静态疲劳；当所受载荷为交变应力时，即所谓循环疲劳。水介质腐蚀环境可促进陶瓷材料的上述不同形式的疲劳过程，造成一些陶瓷材料的应力腐蚀、腐蚀疲劳等失效。这种失效的机理通常认为，腐蚀性环境要么直接向裂纹尖端提供非晶相，要么通过改性在裂纹尖端形成非晶相，裂纹尖端的非晶相渗透到晶界，随后引起局部蠕变脆裂。如果裂纹尖端的非晶相贫化，那么裂纹尖端将发生钝化，裂纹扩展受阻。

(2)气体腐蚀。蒸气侵蚀多晶体陶瓷会造成比液体的腐蚀更为严重的腐蚀。与蒸气腐蚀有关的最重要的材料因素之一是孔隙度或渗透性。蒸气侵蚀的反应产物可以为固体、液体或气体。蒸气还常常和液体侵蚀产生联合而持续的效应，蒸气在朝向低温的热梯度作用下，会渗透入材料并凝结成液体溶液来溶解材料。

热能是使离子扩散过表面反应层并使该层不断增长的驱动力。低温下，在极薄膜层（小于 5 nm）的范围内存在着能将阳离子吸引出膜层的强电场，这非常类似于室温下发生的金属氧化。反应膜层的增长可以按与时间成直线型、抛物线型、对数型、反对数型或渐进线型中的一种或一种以上的规律进行。

在气-固反应动力学里，控制速率的可能步骤如下：

1)气体向固体扩散；

2)气体分子吸附于固体表面；

3)被吸附气体的表面扩散；

4)在表面特定部位的反应物分解；

5)表面反应；

6)反应产物从反应部位脱落；

7)反应产物的表面扩散；

8)气体分子从表面解吸附，以及从固体中扩散出来。

这些步骤中的任何一个都可能控制腐蚀速率。

气体腐蚀中最为普遍的腐蚀形式是氧化，例如，氮化物陶瓷的氧化可用方程

$$2M_xN_y + O_2 \rightleftharpoons 2M_xO + yN_2$$

表示。

碳化物陶瓷的氧化反应主要有

$$SiC + 3/2O_2 \longrightarrow SiO_2 + CO$$

$$SiC + 3/2O_2 \longrightarrow SiO + CO_2$$

二硼化物的氧化反应为

$$M^{4+}B_2 + 5/2O_2 \rightleftharpoons M^{4+}O_2 + B_2O_3$$

与金属氧化规律类似，非氧化物陶瓷的氧化速率常数 k 同样受氧分压 p_{O_2} 控制，其间的关系为

$$k = A\ln p_{O_2} + B$$

式中，A 和 B 是常数。研究表明，除了浓度梯度以外，氧化的扩散驱动力主要是横跨薄膜(厚度为 100～200 nm)的电场。

陶瓷的氧化分为主动氧化和被动氧化两种类型，如 Si_3N_4 的氧化机理不是主动的就是被动的。主动型氧化发生在反应氧分压低的环境中，形成不稳定的 SiO，反应式为

$$2Si_3N_4(s) + 3O_2(g) \rightleftharpoons 6SiO(g) + 4N_2(g)$$

被动型氧化发生在反应氧分压高的环境中，反应式为

$$Si_3N_4(s) + 3O_2(g) \rightleftharpoons 3SiO_2(s) + 2N_2(g)$$

SiO_2 形成一保护覆盖层，阻止氧化的进一步进行。界面上形成的 N_2 的气压可能大到使保护覆盖层开裂和产生孔隙，从而发生额外的氧化。主动氧化与被动氧化随氧分压和氧化温度而转变。图 11.23 给出了不同研究者得到的 Si_3N_4 陶瓷主动氧化和被动氧化转化数据，结果的差异是各研究者试验中所用材料的不同及试验条件的区别。

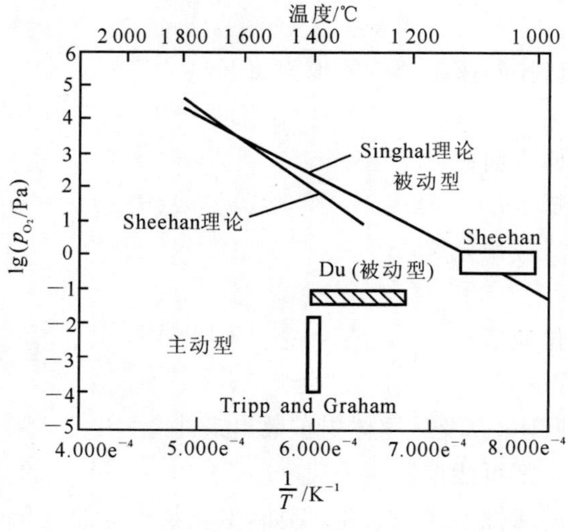

图 11.23　Si_3N_4 氧化主动型和被动型转化文献数据

水蒸气可以加快陶瓷材料的氧化进程，如水蒸气使 Si_3N_4 陶瓷和 SiC 陶瓷分别按式

$$Si_3N_4(s) + 3H_2O(g) \rightleftharpoons 3SiO(g) + 2N_2(g) + 3H_2(g)$$

和

$$SiC(s) + 3H_2O(g) \rightleftharpoons SiO_2(g) + CO(g) + 3H_2(g)$$

加速腐蚀。

陶瓷在潮湿大气中的主要失效原因之一就是大气中水的侵蚀作用。例如，Y－TZP 陶瓷在潮湿大气中的失效过程可以归纳为以下几个步骤：①在表面水的化学吸收；②Zr－OH 和/

或 Y－OH 在表面成键，并且在表面形成应力点结构；③随着羟基在表面和晶格内部的迁移，应力产生了积累集中，这样导致发生一定的形核缺陷的转换；④在四方晶格内部，单斜相形核并长大，四方相向单斜相的转变产生了微观和宏观的断裂。

除氧气、水蒸气造成陶瓷的气体腐蚀外，CO_2，CO，甚至金属蒸气等也会构成陶瓷的腐蚀源。例如：

$$TiB_2 + 2CO_2 \longrightarrow TiC + B_2O_3 + CO$$

$$6K + 16Al_2O_3 \longrightarrow 3(K_2O \cdot 5Al_2O_3) + 2Al$$

(3)其他液体的腐蚀。熔融玻璃、熔融盐和熔融金属等均可造成晶体陶瓷材料的腐蚀溶解。研究陶瓷材料在这些熔融液体中的腐蚀行为，对于玻璃生产、陶瓷部件在汽轮机里的腐蚀以及物理冶金等均具有重要的意义。

与水介质对晶体陶瓷的腐蚀一样，上述熔融液体对固体晶体材料的溶解腐蚀分为间接溶解、直接溶解和选择性溶解等情况。

当腐蚀是通过在固态晶体材料和溶剂之间形成一层界面或反应产物而进行的时，该反应产物的溶解度比整个固体的低，有可能形成或不形成附着表面层，不同研究人员把这类溶解机理称为间接溶解、非协同溶解，或者非均匀溶解。

当固体晶体材料要么通过分解，要么通过与溶剂反应而直接溶解到液体里时，这类机理被称为直接溶解、协同性溶解或均匀溶解。

对于无论界面形成与否，当只有一部分固体组分被溶解时，则称为选择性溶解。

液体里晶体组分的饱和溶解浓度，以及这些组分的扩散系数，共同决定了存在的是某一机理还是其他的机理。要确定饱和程度，必须知道含量最多的组分及它们在液体中的浓度，这进一步确定了固体是否会溶解。在间接溶解类型中，限制速率的步骤是形成界面层的化学反应以及通过该界面层或溶剂的扩散。

由于篇幅所限，有关陶瓷材料在这些熔融液体中腐蚀行为的详细讨论，本教材不作介绍，对此有兴趣的读者请参阅有关文献资料。

2. 孔隙度对陶瓷材料腐蚀行为的影响

孔隙的存在会使材料受腐蚀介质作用的面积增大，因此试样的孔隙越多，所表现出的腐蚀就越严重。孔隙会降低材料的耐蚀性，使腐蚀不仅发生在表面上，而且也发生在材料的内部。必须注意，对腐蚀影响重要的不仅仅是总孔隙度，而是孔隙度的总表面积，因此孔隙尺寸及其分布成为影响陶瓷材料腐蚀行为的重要参数。

只有在腐蚀性介质能渗透进孔隙的条件下，陶瓷的孔隙度才会对全面腐蚀有影响。当孔隙是互不相通而封闭时，受腐蚀性介质的影响要比开口的孔隙为小。因为当孔隙为开口时，腐蚀性液体容易透入材料内部，由此导致腐蚀速率随开口孔隙的增加而线性增大，如图 11.24 所示。

如果在材料表面及孔隙中腐蚀生成的化合物为不溶性的，则在某些场合它们能保护材料不再受到破坏，水玻璃耐酸胶泥的酸化处理就是一例。

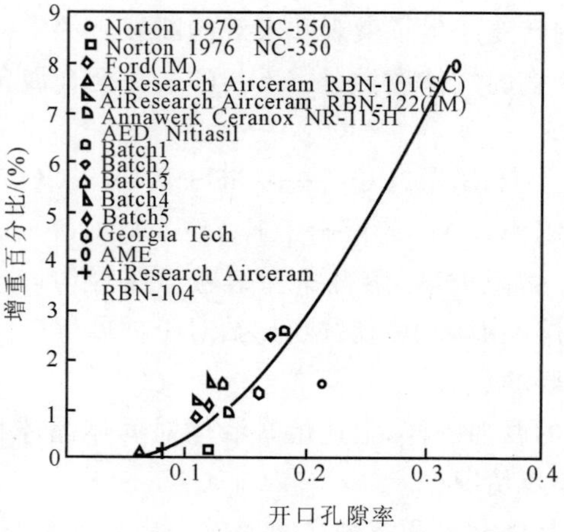

图 11.24　各种 RS－Si_3N_4 材料在 1 400℃ 空气中暴露 1 000 h 的增重百分比与孔隙率的关系

3. 玻璃陶瓷在水介质中的腐蚀行为

玻璃陶瓷是一种通过控制玻璃的结晶化而制成的一种多晶固体。相对于瓷器、玻璃、烧结陶瓷和粘土体，这类材料是一种新型的陶瓷。这种新型玻璃陶瓷由于它的多晶结构，它具有很多独特加工性能和物理性能，诸如化学稳定性、机械强度、热膨胀系数、介电常数和电磁辐射传递系数。这些优良的高使用性能使它被广泛地应用在高科技，特别是武器装备方面。

下面简要介绍玻璃陶瓷材料在水介质环境中的腐蚀行为。

研究表明，玻璃陶瓷材料在水介质环境中的腐蚀形态主要为局部腐蚀，如点蚀、晶间腐蚀、应力腐蚀、选择性腐蚀等。

玻璃陶瓷主要的破坏形式是溶解腐蚀，溶解腐蚀的形式可大致细化为五种类型。

(1)离子析出。玻璃中的碱性离子与溶液中的氢离子(或水合氢离子 H_3O^+)发生离子交换。

(2)完全溶解。表面的硅酸盐结构破坏(一般在出现析出之后，但也不尽然)。

(3)饱和与沉淀。溶液内组分的浓度达到饱和极限，玻璃表面会有沉淀，从而改变了玻璃表面的特性及其后的耐腐蚀能力。

(4)局部腐蚀。因玻璃表面成分或者应力分布的不均匀性导致表面的不均匀腐蚀。

(5)自然老化。玻璃表面在浓缩/未浓缩的水蒸气中的暴露导致在玻璃表面发生离子交换和形成盐层。

玻璃陶瓷在微观结构上，可以认为是大量小晶体存在于玻璃基体中。通常的做法是，通过特殊的形核热处理，在基体中形成随机取向的非常细小的晶粒(1 μm)，制备多晶材料。

现以化学计量的氧化锂硅玻璃($Li_2O-2SiO_2$(33L 型))系统为例,介绍玻璃陶瓷在水介质中的腐蚀行为。生成的玻璃陶瓷的晶体相和玻璃相都具有相同的组成。

氧化锂硅玻璃是大量商用氧化锂铝硅玻璃陶瓷的基础二元成分。这种 33L 型玻璃陶瓷含有两个固相,尽管这两个固相具有相同的组成成分,但是一个是非晶态,另一个是晶态。

氧化锂硅玻璃陶瓷在中性水溶液中,反应早期,锂离子通过与溶液中氢离子(或 H_3O^+)的交换而从玻璃表面选择性地溶出。如果是以纯水为析出液的封闭系统,玻璃表面和溶液的面容比又比较高,溶液的 pH 值将随着浸泡时间的增加而迅速升高。当溶液的 pH 值升至大于 9 的时候,玻璃腐蚀的第二种机制就变得更加重要了。这种机理认为,由于 OH^- 破坏了硅氧键,使得玻璃的网状结构发生溶解。离子交换与网状结构溶解的相对重要性主要取决于溶液的 pH 值、浸泡温度、浸泡时间和面容比等因素。

下面通过比较不同结晶体积分数的氧化锂硅玻璃陶瓷分别在中性和酸、碱水介质溶液中的腐蚀特征,进一步了解结晶相和玻璃相腐蚀行为的异同。

将结晶体体积分数分别为 0,0.20,0.60 和 0.90 的氧化锂硅试样放置在去离子水,0.1 mol/L氢氧化钠,0.1 mol/L 盐酸溶液中,在 100℃下进行浸泡试验。试验表明,经过腐蚀的试样,由结晶化百分比差异导致的区别显而易见,特别是经过中性和碱性溶液浸泡的试样。在中性和碱性溶液浸泡之后,晶体相更加明显。在浸泡一定时间之后,溶液的 pH 值增加。这主要是因为浸泡使材料中的锂离子与溶液中的氢离子发生离子交换,而使得溶液中富集氢氧根离子,从而使 pH 值升高。

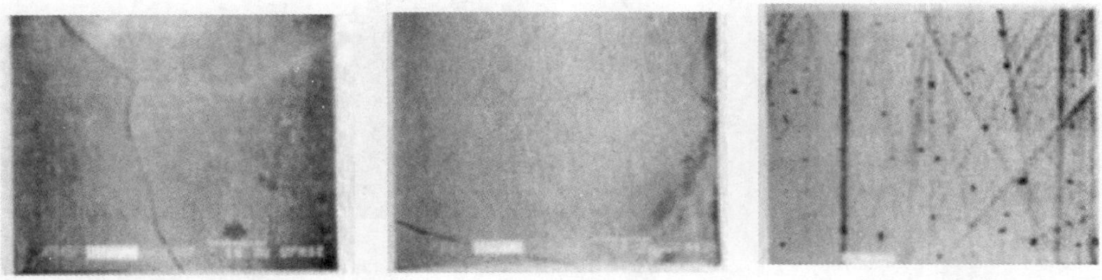

(a)　　(b)　　(c)

图 11.25　分别在酸性、中性和碱性溶液中浸泡 2 h 后氧化锂硅玻璃表面形态(无结晶相)

(a) 0.1 mol/L HCl 溶液;(b)中性去离子水;(c) 0.1 mol/L NaOH 溶液

对于无结晶相的氧化锂硅玻璃(即结晶相体积为 0),当 pH 值在 1～13 范围时,离子交换和网状结构溶解都会发生。但在酸性溶液中,腐蚀的主要机制是离子交换。图 11.25 中所示的腐蚀形态有两个主要特征:①表面出现裂痕;②显现出抛光的擦痕。裂痕的出现主要是离子交换机制所致,需多大离子交换强度可产生裂痕尚不确定,但是它的大小可能与玻璃的成分有关。抛光擦痕在酸性溶液中浸泡期间不会发生尺寸改变的事实表明,在 pH 值很低的情况下,网状结构溶解量很小。与此相反，浸泡在碱性溶液中的试样，抛光擦痕扩大，而表面裂痕消失，因此，腐蚀的主要机制是网状结构的溶解。试样表面上出现的一些小颗粒是腐蚀产生的沉淀物。在中性溶液中浸泡的试样，腐蚀是离子交换和网状结构溶解的综合作用，但随着浸泡时间增长，网状结构的溶解更明显。

在20%结晶度玻璃陶瓷的浸泡试验中，可以观察到三种类型的腐蚀形态，如图11.26所示。在酸性溶液中，与结晶度为0的玻璃一样，仅仅发生离子交换。在中性和碱性溶液中，玻璃相网状结构溶解的过程中，玻璃相和结晶相的界面处优先溶解。相边界的优先溶解主要是由于界面处的应力和微量成分的浓度梯度所致。浸泡在中性溶液中的试样表面玻璃相上的裂痕显示，试样发生的依然是离子交换反应。这些裂痕没有出现在晶体相上，可能给出非常重要的信息，即玻璃相和晶体相的相对耐蚀性。整个暴露出来的晶粒显示，结晶相结构比玻璃相网状结构耐蚀性好。

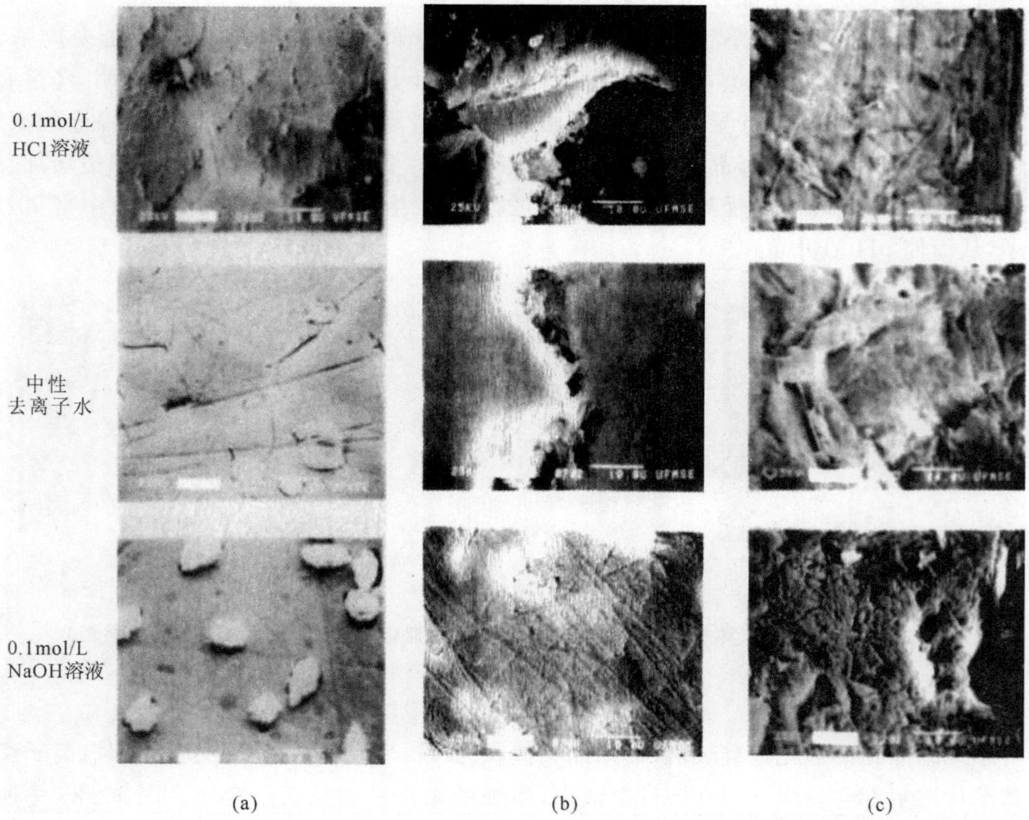

图 11.26 含不同结晶相的氧化锂硅玻璃陶瓷分别在酸性、中性和碱性溶液中浸泡 2 h 后的形态

(a) 20%结晶相；(b) 60%结晶相；(c) 90%结晶相

当结晶相体积比例从 20%增加到 40%，60%甚至到 90%的时候，表面组织也从玻璃基体上零星的结晶相转变为以结晶相为主，如图 11.26 所示。在中性或者碱性溶液中浸泡后，这种现象会更加明显地显现出来。网状结构优先溶解会除去玻璃体而突出了结晶体。结晶相表面的腐蚀主要发生在高 pH 值的溶液中。结晶相中间层物质去除的情况（或晶间腐蚀）可能是在结晶相生长过程中夹在结晶层中的残余玻璃相发生溶解的结果，或者是沿选择性结晶面腐蚀的结果。在酸性溶液中浸泡的试样，尽管网状结构的溶解微乎其微，离子交换仍然存在。

11.4　混凝土的腐蚀*

一、混凝土的结构特点

混凝土是一种复杂的建筑材料，它是砾石、卵石、碎石或炉渣在水泥或其他胶结材料中的凝聚体，是一种特殊的复合材料。混凝土品种繁多，家族庞大。工程中使用最为广泛的是钢筋混凝土，它是以钢筋作为混凝土的增强材料。在混凝土中用量最大的胶结材料是水泥，特别是波特兰水泥。

前面的各章已较详细地讨论了各种金属材料的腐蚀行为与机理，因此本章节重点讨论混凝土中水泥等组元的腐蚀，而对混凝土中钢筋的腐蚀仅作简要介绍。

水泥熟料系由硅酸三钙（$3CaO \cdot SiO_2$）、硅酸二钙（$2CaO \cdot SiO_2$）、铝酸三钙（$3CaO \cdot Al_2O_3$）和铁铝酸四钙（$4CaO \cdot Al_2O_3 \cdot Fe_2O_3$）等组成。这些熟料与水作用（水合作用）凝固后即成为水泥石。水合作用的产物取决于水泥中的组元组成。通常水泥石的构成包括水化硅酸钙 $2CaO \cdot SiO_2 \cdot nH_2O$，氢氧化钙 $Ca(OH)_2$，以及含水铝酸三钙 $3CaO \cdot Al_2O_3 \cdot 6H_2O$，铁铝酸钙 $4CaO \cdot Al_2O_3 \cdot Fe_2O_3 \cdot nH_2O$ 等。其中硅酸钙使混凝土具有强度，故可用做建筑结构材料。氢氧化钙呈碱性，使水泥石的 pH 值高达 12 以上，由于这种碱性使钢筋处于钝化状态，故钢筋本身通常情况下不易遭受腐蚀。但当钝化膜遭到破坏时，则钢筋将会腐蚀，并进而破坏混凝土结构。

混凝土是一种非匀质性的结构材料，从微观结构上看，它属于多孔体，其内部有许多大小不同的微细孔隙，一切浸蚀性的介质就是通过这些孔隙和裂缝进入混凝土的内部，从而腐蚀混凝土。浸蚀介质的渗透性又与这些孔隙大小、孔隙的连通程度（即毛细管通路）有密切关系，孔隙率越大，介质的渗透率越高，危害越大，尤其是孔径大于 25 nm 的开放式孔隙危害性极大，它是造成混凝土介质渗透性浸蚀的主要原因。

二、混凝土的主要腐蚀形式及机理

1. 混凝土腐蚀的类型

混凝土构筑物在服役过程中，由于受到周围环境的物理、化学、生物的作用，造成混凝土内部某些成分发生反应、溶解、膨胀，从而导致混凝土构筑物的破坏，这种现象即为混凝土的腐蚀。室温下混凝土结构的腐蚀主要是水和水溶液的腐蚀。

混凝土中的硅酸盐水泥组分的腐蚀有两种分类方法：①按腐蚀的形态分类，可分为溶出型腐蚀（溶解浸蚀）、分解型腐蚀、膨胀型腐蚀（或称结晶型腐蚀），如表11.7所示。溶出型腐蚀为物理作用，分解型腐蚀为化学作用，膨胀型腐蚀既可能是物理作用引起，也可能是由于化学反应所造成。②按环境分类，可分为硫酸盐腐蚀、酸性介质腐蚀、海水腐蚀、土壤腐蚀、生物腐蚀等。在实际工程中，有时是单一类型腐蚀，但是大多数情况下是多种类型的复合腐蚀。

表11.7 水泥类材料按形态分类的腐蚀类型

腐蚀类型	腐蚀作用来源	腐蚀过程
溶出型腐蚀	软水的作用	硬化水泥石中的 $Ca(OH)_2$ 受软水作用，产生物理性溶解并从硬化水泥石中溶出
分解型腐蚀	①pH<7的溶液（酸性溶液和碳酸） ②镁盐溶液	硬化水泥石中的 $Ca(OH)_2$ 与酸性溶液作用或与镁离子的交替作用，生成可溶性化合物，或生成无胶结性能的产物，导致 $Ca(OH)_2$ 丧失，使硬化水泥石分解
膨胀型腐蚀（结晶型腐蚀）	①硫酸盐溶液 ②结晶型盐类溶液	硫酸盐溶液与 $Ca(OH)_2$ 作用，产生硫酸钙型、硫铝酸钙型的腐蚀，体积膨胀。结晶型盐类溶液在水泥孔隙中脱水、结晶，体积膨胀

2. 混凝土的腐蚀机理

(1)溶解浸蚀。环境介质将混凝土中易溶成分（如硬化水泥石中的 $Ca(OH)_2$）溶解和洗出，引起混凝土强度减小，酸度增大，孔隙增加，腐蚀介质进一步加速渗入和溶解，周而复始，导致混凝土结构的破坏，这种现象称为溶解浸蚀。

硬水含有 $Ca(HCO_3)_2$ 或 $Mg(HCO_3)_2$，能把硬化水泥石中的 $Ca(OH)_2$ 变成为 $CaCO_3$ 沉淀下来，形成的碳酸盐薄膜使硬化水泥石密实，所以普通的江水、河水、湖水或地下水等硬水对水泥不构成严重腐蚀问题。而软水不但能溶解 $Ca(OH)_2$，而且还能溶解硬化水泥石表面已形成的碳酸盐薄膜，因此对硬化水泥石产生溶出型腐蚀的水主要是软水，冷凝水、雨水、冰川水或者某些泉水等软水会对水泥构成严重腐蚀。当混凝土中 CaO 损失达33%时，混凝土就会被破坏。溶出型腐蚀的速率主要受水的冲洗的条件、硬化水泥石表面水体的更换条件、水体的压力、水体中含影响 $Ca(OH)_2$ 溶解度的物质数量等因素的影响。

(2)分解型腐蚀。

1)碳化作用。CO_2 或含有 CO_2 的软水与水泥中的 $Ca(OH)_2$ 等起反应，导致混凝土中碱度降低和混凝土本身的粉化，其反应式如下：

$$Ca(OH)_2 + CO_2 \longrightarrow CaCO_3 + H_2O$$

$$CO_2 + H_2O \longrightarrow H_2CO_3$$

$$Ca(OH)_2 + H_2CO_3 \longrightarrow CaCO_3 + 2H_2O$$

混凝土的碳化作用受混凝土的组分、配比、环境条件(如温度、湿度、CO_2 浓度)和碳化期龄等因素的影响。

2)形成可溶性的钙盐。在工业生产中,经常会有一些 pH<7 的酸性溶液能与硬化水泥石中的钙离子形成可溶性的钙盐,造成腐蚀。其腐蚀过程为:溶液中 H^+ 与硬化水泥石中的 OH^- 相结合成为水,使硬化水泥石中的 $Ca(OH)_2$ 分解,而硬化水泥石中的 Ca^{2+} 与溶液中的酸根结合,生成新的可溶性钙盐;然后酸性溶液又与铝酸钙的水化物和硅酸盐的水化物起反应。反应产物的可溶性越高,腐蚀溶液的更新速率越快,则硬化水泥石的破坏速率也越快。

含有盐酸、硫酸、硝酸、醋酸、蚁酸、乳酸的废水、软饮料中含有的碳酸、天然水中溶解的 CO_2 等通过阳离子交换反应,与硬化水泥石生成可溶性的钙盐,被水带走,造成混凝土结构的腐蚀破坏。例如,发生的反应为

$$Ca(OH)_2 + 2HCl \longrightarrow CaCl_2 + 2H_2O$$

$$Ca(OH)_2 + H_2SO_4 \longrightarrow CaSO_4 + 2H_2O$$

$$Ca(OH)_2 + 2HNO_3 \longrightarrow Ca(NO_3)_2 + 2H_2O$$

$$Ca(OH)_2 + H_2CO_3 \longrightarrow CaCO_3 + 2H_2O$$

$$CaCO_3 + H_2CO_3 \rightleftharpoons Ca(HCO_3)_2$$

氯盐是造成沿海混凝土建筑物和公路与桥梁腐蚀的重要原因之一,而铵盐等则是导致化肥厂混凝土结构破坏的主要原因,其破坏机理均属于形成可溶性的钙盐的分解型腐蚀。例如:

$$2Cl^- + Ca(OH)_2 \longrightarrow CaCl_2 + 2OH^-$$

3)镁盐侵蚀。含有氯化镁、硫酸镁或碳酸氢镁等镁盐的地下水、海水及某些工业废水,所含有的 Mg^{2+} 与硬化水泥石中的 Ca^{2+} 起交换作用,生成 $Mg(OH)_2$ 和可溶性钙盐,导致硬化水泥石的分解。例如,硫酸镁的反应式为

$$MgSO_4 + Ca(OH)_2 + H_2O \longrightarrow CaSO_4 \cdot H_2O + Mg(OH)_2$$

生成的氢氧化镁溶解度极小,极易从溶液中沉析出来,从而使反应不断向右进行。

(3)膨胀型腐蚀。膨胀型腐蚀主要是外界腐蚀性介质与硬化水泥石组分发生化学反应,生成膨胀性产物,使硬化水泥石孔隙内产生内应力,导致硬化水泥石开裂、剥落,直至严重破坏。此外,渗入到硬化水泥石孔隙内部后的某些盐类溶液,如果再经干燥,盐类在过饱和孔隙液中结晶长大,也会产生一定的膨胀应力,同样也可能导致破坏。膨胀型腐蚀主要的两种形式如下:

1)硫酸盐侵蚀。硫酸盐的腐蚀是盐类腐蚀中最普遍而具有代表性的。它的腐蚀过程如下:硫酸盐与水泥混凝土中的游离氢氧化钙作用,生成硫酸钙,再进一步与水化铝酸钙作用,生成硫铝酸钙,体积膨胀两倍以上,所以受硫酸盐腐蚀的水泥砂浆混凝土,普遍出现体积膨胀。以硫酸钠为例,化学反应式如下:

$$Ca(OH)_2 + Na_2SO_4 \cdot 10H_2O \longrightarrow CaSO_4 \cdot 2H_2O + 2NaOH + 8H_2O$$

$$4CaO \cdot Al_2O_3 \cdot 19H_2O + 3(CaSO_4 \cdot 2H_2O) + 7H_2O \longrightarrow$$

$$3CaO \cdot Al_2O_3 \cdot 3CaSO_4 \cdot 31H_2O + Ca(OH)_2$$

2)盐类结晶膨胀。有些盐类虽然与硬化水泥石的组分不产生反应,但可以在硬化水泥石孔隙中结晶。由于盐类从少量水化到大量水化的转变,引起体积增加,造成硬化水泥石的开裂、破坏。仅仅是盐的干燥和结晶作用,对膨胀型腐蚀的影响是不大的;但是当在高于相间的转换温度时被干燥,而又在低于转换温度时浸湿时,能产生较大的体积膨胀。例如,温度高于32.3℃的无水硫酸钠,对硬化水泥石没有腐蚀作用,但当硫酸钠在较低温度进入浸湿的硬化水泥石中,而在较高温度干燥时,便会成为一种稳定的结晶体 $Na_2SO_4 \cdot 10H_2O$,其体积为原来无水盐的 4 倍,它在硬化水泥石中引起很大的压力,造成破坏。又例如当挡土墙或混凝土板的一侧所含水分有可能蒸发时,孔隙中盐类的结晶就成为一个纯属物理性的破坏因素。

碱性介质也会造成混凝土的结晶型膨胀破坏。在制造苛性钠或纯碱的化工厂里,混凝土与空气中的 CO_2 发生碳化作用,生成 Na_2CO_3 或 K_2CO_3,水分蒸发后碳酸盐结晶导致膨胀,即

$$Na_2CO_3 + 10H_2O \longrightarrow Na_2CO_3 \cdot 10H_2O$$

$$K_2CO_3 + 1.5H_2O \longrightarrow K_2CO_3 \cdot 1.5H_2O$$

混凝土原材料中的水泥、外加剂、混合材和水中的碱(Na_2O 或 K_2O)与骨料中的活性成分(氧化硅、碳酸盐)发生反应,反应生成物重新排列和吸水膨胀产生应力,诱发混凝土结构开裂和破坏,这种现象被称为碱骨料反应。这种破坏已造成许多工程结构的破坏事故,并且难以补救,因此被称为混凝土结构的“癌症”。

(4)微生物腐蚀。钢筋混凝土除了可能产生上述的腐蚀外,还会在特定污水管道的环境中发生微生物腐蚀。例如城市环保工程、大型民用或国防混凝土结构中常会遇到微生物对混凝土的腐蚀。

含无机和有机污染物质的水排入城市排水系统后,首先被系统中原有的流水混合、中和、稀释、扩散或浓度加大。比较重的粒子沉降到管道底部,形成粘泥层。有机物质便成为微生物的营养源,它们被分解与消化。在这个生物的氧化作用过程中,开始有充分的氧气,有机物被好氧菌分解成水、二氧化碳、五氧化二磷、硫酸根离子等。这种反应需要消耗水中大量的溶解氧。水中的溶解氧因得不到补给而显著降低,一旦耗用殆尽,氧化作用便停止。厌氧菌参与分解有机物,将其分解成甲烷、氮和硫化氢等气体。其中硫化氢本身对混凝土无明显的侵蚀作用,但遇上混凝土表面的凝聚水膜,就生成硫酸,对混凝土具有强烈的侵蚀作用。

排水管道混凝土管的微生物腐蚀一般分为两类:一类是含有大量硫化氢的工厂废水或化粪池污水排入混凝土管道,导致微生物腐蚀;另一类是管道底部沉积的粘泥层在厌氧状态下,产生的微生物腐蚀。澳大利亚的 Thistlethwayte 提出了为人们所广为接受的腐蚀机理,如图 11.27 所示。

混凝土管壁的微生物腐蚀的主要过程如下:

1)污水和废水中的有机和无机悬浮物随水流流动而逐渐沉积于管底成为粘泥层。粘泥层中的硫酸根离子被硫还原菌还原,生成硫化氢。

2)释放的硫化氢进入管道未充水的上部空间,与管壁相接触。

3)在管壁上,硫化氢由于生物化学的作用,氧化生成硫酸。

4)在生成的硫酸的不断作用下,管道上部混凝土被腐蚀。

硫酸盐还原菌是使硫酸盐转变为硫化氢的主要角色。食砼菌(Concretivorus)则在管壁上与硫化氢产生生物反应,生成硫酸,从而成为破坏混凝土的最终杀手。

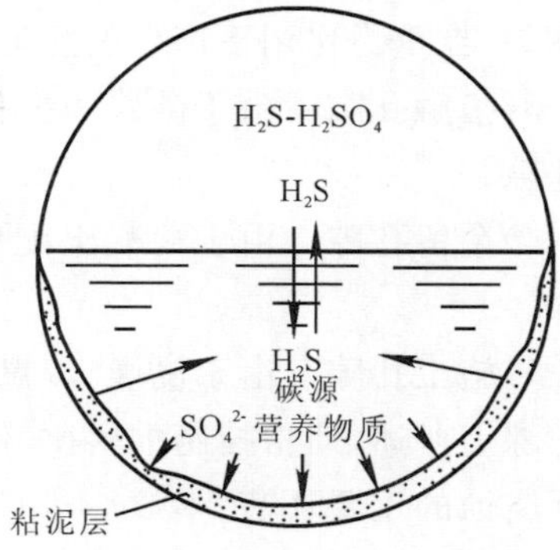

图 11.27　混凝土管中污水腐蚀机理

新浇灌的混凝土具有很强的碱性,pH 值达到 12,没有任何一种硫杆菌能生存在这样的碱性环境中,因此混凝土暂时不受细菌作用,不会发生腐蚀;混凝土在空气中自然碳化,其表面的 pH 值逐渐降低至 9 以下,在这种碱度下,硫杆菌便利用硫化氢作为基质,生化反应成氢硫酸;混凝土表面的 pH 值继续下降至 5,这时,食砼菌开始大量繁殖,并生成高浓度硫酸;pH 值降到 2 以下,混凝土水泥石中的硅酸钙和铝酸钙水化物被酸溶解,从而导致混凝土破坏。

三、影响混凝土腐蚀的主要因素

1. 混凝土结构中的孔隙及其对腐蚀的影响

(1)混凝土结构中的孔隙。钢筋混凝土的结构孔隙种类有毛细孔隙、沉降孔隙、接触孔隙、余留孔隙及施工孔隙等。孔隙的存在为腐蚀介质的进入和腐蚀反应的发生提供了便利条件。

1)毛细孔隙。水泥熟料与水之间发生水合作用后,便生成水泥石。水泥在水化凝固过程中多余的水分(即需要的化合水 β 值之外的水分)将蒸发,蒸发后在混凝土中遗留下孔隙。其数量和大小与拌合时的水灰比、水泥水化程度、养护条件等因素有关。普通水泥在水化过程中,需要的化合水 β 值为水泥质量的 20%～25%,但是为了达到拌合过程要求的和易性(即塑性),在实际施工中加入的水量大大超过这个比例,通常会达到水泥质量的 60%以上。多余的那部分水就会导致孔隙和毛细管的形成。

水泥水化过程的 β 值(结合水)与凝固的龄期(时间)有关,一般在 360 d 左右达到固定值(约 25%左右)。表 11.8 列出了不同品种水泥在不同的凝固期内的结合水 β 值。

表 11.8　水泥不同龄期的结合水系数 β 值

水泥品种	水泥水化结合水 β 值					
	3 d	7 d	28 d	98 d	360 d	备　注
普通硅酸盐水泥	0.11	0.12	0.15	0.19	0.25	龄期达 1 a 后 β 值固定
矿渣硅酸盐水泥	0.06	0.08	0.10	0.15	0.23	

2)沉降孔隙。在混凝土结构形成时由于钢筋的阻力,或因集料与水泥各自比重和颗粒大小不匀,在重力作用下产生的孔隙。这与配合比密切相关。

3)接触孔隙。由于砂浆和集料变形不一致,以及集料颗粒表面存有水膜,水分蒸发后残留的孔隙。

4)余留孔隙。由于混凝土配比不适当,水泥贫瘠,不足以填满粗细集料的间隙而出现的孔隙。

5)施工孔隙。由于浇灌、震捣不良而引起的孔隙。

综上所述,严格控制配料比、保证原料质量、精心操作等是减少各类孔隙的有效措施,也是降低腐蚀的重要环节。

(2)混凝土的密实性与腐蚀的关系。混凝土的密实性与腐蚀关系很密切。在任何介质作用下,密实性愈高的混凝土耐蚀性相对也愈好,反之亦然。混凝土的密实性主要取决于混凝土拌合过程中的水灰比(即水与水泥之间的重量比例),即水灰比愈小,则混凝土的孔隙率愈小。一般规律是:当水灰比在 0.5 以下时,水泥石的孔隙率较低,水泥石的密实性较好,渗透性很低;当水灰比为 0.6 时,其渗透性略有增加;当水灰比超过 0.6 时,则渗透性急剧增加,如图 11.28 所示。

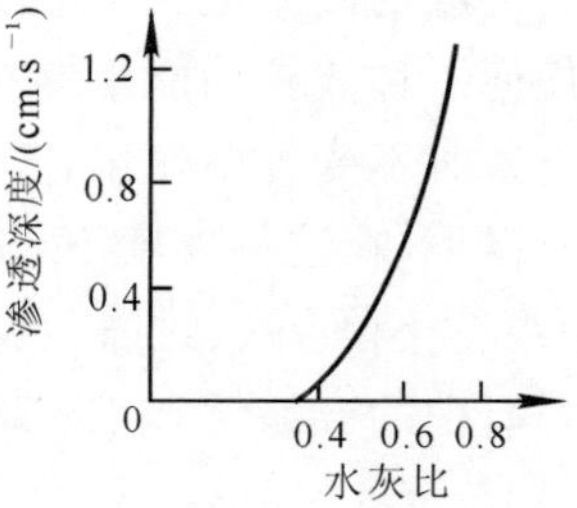

图 11.28　水灰比对混凝土渗透性的影响

当水灰比从 0.4 增加到 0.7 时,渗透系数增加至原来的 100 倍。渗透系数或渗透深度是表示混凝土密实程度的量化指标,也是混凝土抗腐蚀性能定量化的描述。降低孔隙率和渗透性是控制混凝土腐蚀的重要途径。

2. 水泥外加剂与混凝土耐蚀性的关系

水泥外加剂是用来改善混凝土内部组织结构而向水泥中引入的化学物质。向水泥中引入一定量的水泥外加剂以增加混凝土的密实性,提高混凝土的抗渗性。外加剂的作用主要是能吸附、分散、引气、催化或与水泥的某种成分发生物理、化学作用,使混凝土性能得到改善。不同的外加剂,其性能、化学作用各异。

(1)减水剂。在混凝土拌合物中掺入适量不同类型的减水剂以提高其抗渗性能。减水剂具有强烈分散作用,它借助于极性吸附作用,大大降低水泥颗粒间的吸引力,有效地阻碍和破坏颗粒间的凝絮作用并释放出凝絮体中的水,从而提高了混凝土的和易性。在满足一定施工和易性的条件下可以大大降低拌合用水量,使硬化后孔结构分布情况得以改善,孔径及总孔隙率均显著减小,分散和均匀混凝土的密实性,从而提高混凝土的抗渗性、耐蚀性。

(2)引气剂。在混凝土拌合物中掺入微量引气剂,可以提高混凝土的密实性、抗渗性与耐蚀性。引气剂是具有憎水作用的表面活性剂,它能显著降低混凝土拌合水的表面张力,经搅拌可在拌合物中产生大量密闭、稳定和均匀的微小气泡,在含气体积分数为 0.05 的 1 m^3 引气混凝土中直径为 50～200 μm 的气泡约有数百亿以至数千亿个，大约每隔 0.1～0.3 mm 即有一个气泡。由于这些微细、密闭、互不连通的气泡的阻隔，使毛细管变得更细小、曲折、分散，从而减少了渗透的通道，达到提高混凝土密实性、抗渗性与耐蚀性的目的。

(3)三乙醇胺防渗剂。引入三乙醇胺是借助三乙醇胺催化作用，在早期生成较多的水化产物，部分游离水结合为结晶水，相应地减少了毛细管通路和孔隙，从而提高了混凝土的抗渗性。

3. 湿度等对混凝土腐蚀行为的影响

湿度是影响混凝土耐腐蚀性的重要因素。一般在长期处于相对干燥条件下，而又无有害气体浸蚀时，混凝土基本无腐蚀发生；在长期处于浸水条件下，水泥结构中的孔隙中充满碱性水分(pH 值大于 10 以上)，空气中的氧或二氧化碳又无法进入时，混凝土结构很少腐蚀或腐蚀很微弱。当空气相对湿度在 60%～80%之间或处于干湿交替的条件下，混凝土的表面既有水又有空气中的氧及二氧化碳进入混凝土时，则混凝土会遭受腐蚀。其腐蚀程度又与混凝土本身的密实性有密切关系，如孔隙的连通程度、孔隙的大小等。

4. 水泥品种对腐蚀的影响

不同品种的水泥，其化学成分各异，制成的混凝土的性能有别，对各种介质的耐腐蚀程度也不同，因此在有腐蚀环境的条件下，正确选择混凝土的水泥品种是十分重要的。

水泥通常分为如下几种主要类型：硅酸盐水泥、普通硅酸盐水泥、矿渣水泥、火山灰质硅酸盐水泥、粉煤灰硅酸盐水泥、特种水泥(如水玻璃耐酸水泥，抗硫酸盐水泥等)。

(1)普通硅酸盐水泥。普通硅酸盐水泥和硅酸盐水泥性质基本相同，只是硅酸盐水泥比普通硅酸盐水泥纯度更高些。其特点是早期强度高、硬化快，用它制成的混凝土密实性好、碱度高，因而对钢筋的保护性好。它适用于所有的承重与非承重的混凝土和钢筋混凝土结构。

(2)矿渣硅酸盐水泥。其特点是早期强度低，但它耐水性能和耐硫酸盐的性能略高。普通硅酸盐水泥耐硫酸根(SO_4^{2-})的浓度为 250 mg/L，而矿渣水泥耐硫酸根的浓度为 450 mg/L。在常用水泥中，以矿渣水泥耐氯化铵的性能最好。但矿渣水泥混凝土的密实性差，且干缩性大、易裂，其碱度也低于普通硅酸盐水泥，所以将它用于上部结构时，不及普通硅酸盐水泥耐腐蚀综合性好，只适用于潮湿环境的地下构筑物。

(3)火山灰质硅酸盐水泥。火山灰质硅酸盐水泥与矿渣硅酸盐水泥性能基本相同，但综合性能差。火山灰质硅酸盐水泥混凝土吸水性大，不适合用于受冻融的工程，也不适合用于干燥地区的结构，在一般有腐蚀的建筑工程中不推荐采用。

(4)抗硫酸盐水泥和高抗硫酸盐水泥。由于组成中铝酸三钙和硅酸三钙低，具有较好的耐硫酸盐性能。抗硫酸盐的水泥可耐硫酸盐浓度达 2 500 mg/L 的硫酸根；高抗硫酸盐水泥可耐浓度 10 000 mg/L 的硫酸根。这两种水泥适用于有硫酸盐腐蚀的地下和港口工程，其抗冻融和耐干湿交替性能都优于普通硅酸盐水泥。

在常用水泥中，在配合比相同的条件下，普通硅酸盐混凝土的密实性最好，碱度最高。在各种水泥中，普通水泥混凝土的碳化速率最慢。用不同水泥拌制混凝土，碳化速率的试验结果比较如表11.9所示。

表11.9　不同品种水泥拌制的混凝土相对碳化速率比较

水泥品种	普通水泥	矿渣水泥	火山灰水泥	粉煤灰水泥
相对碳化速率	1	1.4	1.7	1.9

5. 酸、碱、盐对混凝土腐蚀的影响

(1)酸的影响。酸对水泥砂浆和混凝土的作用一般属于化学溶蚀。主要是酸与水泥石之间的相互反应,包括阳离子交换,易于溶解的反应产物通过扩散或渗透而流失。常见的无机酸和有机酸中的醋酸,可将水泥石完全破坏。

一般说来,硫酸、硝酸、盐酸、铬酸、醋酸对水泥砂浆及混凝土的腐蚀比较强烈,其中硫酸对水泥石不仅有分解作用,而且硫酸根离子与钙离子反应,生成的硫酸钙还具有膨胀破坏作用,所以在相同条件下,硫酸对水泥石的破坏比其他大多数酸要强烈。磷酸的腐蚀性较弱,是因为磷酸与水泥反应后生成不溶性磷酸钙,使腐蚀难以继续进行。酸腐蚀的能力与其相对分子质量的高低有关。相对分子质量高,对混凝土腐蚀性小,一般可视为无腐蚀;低相对分子质量的柠檬酸、醋酸对混凝土有较大腐蚀性;草酸则无腐蚀性。

(2)碱的腐蚀。碱对水泥砂浆和混凝土腐蚀性较小。在水泥的组分中,硅酸三钙,水解后生成的氢氧化钙,在任何温度下,在任意浓度的碱中都很稳定。硅酸三钙和硅酸二钙,经水化(凝固)而生成的含水硅酸钙($2CaO \cdot SiO_2 \cdot nH_2O$,$3CaO \cdot SiO_2 \cdot nH_2O$),对质量分数在0.30以下的碱也有很优良的耐蚀性。由铝酸三钙水化生成的含水铝酸钙,耐碱性较差,质量分数为0.30的苛性碱液在常温下能破坏已硬化的含水铝酸三钙。铁铝酸钙水化(凝固硬化)后,与硅酸二钙和硅酸三钙的耐碱性基本相同。故铝酸三钙是水泥的四种矿物组分中耐碱性最差的成分。

在通常的情况下,苛性碱对水泥砂浆混凝土的腐蚀性并不大。只有当碱的质量分数较高时(例如大于0.20),能缓慢地腐蚀那些结构不密实的混凝土。温度升高,腐蚀迅速加剧,处于熔融状态的高温碱液,对混凝土有强烈的腐蚀。从化学性质上讲,碳酸钠对水泥砂浆混凝土无化学反应,基本没有腐蚀性。但是在干湿条件下,碳酸钠能渗入不密实的混凝土,在孔隙中再结晶而生成含水碳酸钠,体积膨胀后使混凝土破坏。

(3)盐的腐蚀。盐类对水泥砂浆混凝土的腐蚀主要是由于体积膨胀造成的破坏,同时也有化学溶蚀。

在盐类中,硫酸盐的腐蚀是盐类腐蚀中最普遍的。在硫酸盐中又以硫酸钠、硫酸铵对水泥砂浆混凝土的腐蚀破坏性最大。水泥石在硫酸铵溶液中会产生连续反应,使其强度不断降低。硫酸钙在硫酸铵溶液中形成了复盐$CaSO_4 \cdot (NH_4)_2SO_4 \cdot H_2O$,溶解度增大。其他铵盐的腐蚀性与硫酸铵的上述反应相同,但是其他铵盐的酸根离子与水泥石中钙离子生成的钙盐,不及硫酸钙水化物的体积大。

化学溶蚀可见于镁盐和铵盐，它们能与混凝土中的氢氧化钙生成可溶性的盐。

纯净的氯化钠对混凝土无腐蚀性，但在氯化钠中经常含有杂质氯化镁、氯化钙等吸湿性很强的成分，且氯化钠的渗透力强，在干、湿交替条件下，能缓慢地腐蚀混凝土。

盐类对混凝土的腐蚀，除了与它的化学性质有密切关系外，还与盐介质的溶解度、吸湿性和含水率有关。溶解度愈大，吸湿性愈高，含水率愈大的盐类则腐蚀性愈大，反之则小。

四、钢筋混凝土中钢筋的腐蚀

钢筋混凝土中除了混凝土各组分会发生腐蚀之外，钢筋本身的腐蚀也很常见，并且其破坏性也非常大，由此影响着钢筋混凝土结构的安全性和寿命。由于混凝土内埋置钢筋的锈蚀，引起混凝土开裂，致使构件承载力不足，导致结构耐久年限降低，这是影响混凝土结构耐久性的最主要因素之一。不仅在工业厂房、化工车间、酸洗车间等有侵蚀性化学物质的环境中，存在因钢筋锈蚀引起的结构耐久性破坏，而且在水工、海工及道桥结构中，也普遍存在着钢筋锈蚀开裂破损的现象。在混凝土结构中，钢筋的腐蚀可以分为自然电化学腐蚀、杂散电流腐蚀、应力腐蚀、氢脆、微生物腐蚀等形式。

1. 自然电化学腐蚀

通常混凝土呈较强的碱性，其 pH 值在 12 以上，而钢筋在这种强碱性环境中(pH 值为 12.5～13.2)，表面会生成一层致密的薄膜，呈钝化状态，保护钢筋免受腐蚀。通常周围混凝土对钢筋的这种碱性保护作用在很长时间内也都是有效的。然而一旦钝化膜遭到破坏，钢筋就处于活化状态，就有受到腐蚀的可能性。

使钢筋的钝化膜破坏的主要因素有四点：①当无其他有害杂质时，碳化作用使钢筋钝化膜破坏；②由于 Cl^- 的作用，使钢筋钝化膜破坏；③由于 SO_4^{2-} 或其他酸性介质侵蚀而使混凝土碱度降低，当 pH 值降至 10 以下时，钝化膜破坏；④混凝土中掺加大量活性混合材料或采用低碱度水泥，导致钝化膜破坏或根本不生成钝化膜。

钢筋生锈的内部条件是钝化膜遭到破坏，产生活化点；钢筋锈蚀的外部条件是必须有水及氧的作用。当这些条件同时具备时，则钢筋表面存在电位差，由此产生局部腐蚀电池，导致钢筋锈蚀。锈蚀产物的体积大于腐蚀掉的金属体积，产生膨胀应力，导致混凝土层顺筋开裂，此即所谓混凝土的“先蚀后裂”现象。

2. 杂散电流腐蚀

杂散电流腐蚀是由于漏电引起的，一般发生于电解车间，在其他厂房中由于在结构上违章接电或天车系统绝缘不良等，也会出现漏电现象。直流电解系统漏泄到地下的电流，对钢筋混凝土结构所造成的腐蚀破坏，其实质是一种电解作用。根据杂散电流流动方向和路径的不同，可以分为阳极腐蚀和阴极腐蚀。当混凝土中的钢筋处于阳极时，就发生阳极极化而出现阳极腐蚀，钢筋锈蚀膨胀，混凝土开裂。如果钢筋处于阴极，根据阴极保护理论，当阴极电流较小时，一般不会发生腐蚀。而当阴极电流较大时，钢筋表面阴极反应速率加快，氧的去极化反应

产生大量 OH^-，使钢筋表面的混凝土过度碱化，并导致大量氢气析出，破坏钢筋与混凝土的粘结力，使混凝土开裂。钢筋表面尽管轻度锈蚀，但会增加氢脆的危险。

3. 应力腐蚀

应力腐蚀是指钢筋在应力和一些腐蚀介质的共同作用下，形成脆性断裂。通常是腐蚀介质先腐蚀钢筋，使钢筋表面产生大小不等、离散分布的腐蚀坑，成为应力集中源，钢筋在拉应力和腐蚀介质的联合作用下，在应力集中源处萌生裂纹，引起早期断裂。这种破坏的外观变化并不显著，所以有较大的潜在危险性。

应力腐蚀主要发生在预应力钢筋上，它的产生有三个条件——拉应力、腐蚀介质和钢筋对应力腐蚀的敏感性。对钢筋应力腐蚀影响较大的腐蚀介质有硝酸和氯化物等。对腐蚀较敏感的钢筋有直径不超过 4 mm 的各类钢筋和钢丝，经过强化处理过的任何直径的钢筋，或拉应力大于 329 MPa 的经过冷加工的预应力钢筋等。一般讲，高碳钢丝对应力腐蚀比低碳钢丝敏感。

4. 氢脆

钢筋的氢脆具有与应力腐蚀开裂相似的外貌，使处于应力状态的试件脆性、无缩颈地断裂。氢脆是由于硫化氢等与铁作用，以及杂散电流的阴极大电流腐蚀产生氢原子并进入钢筋内部所致。氢原子渗入钢材内部缺陷处或应力集中部位，重新结合成分子，失去了能溶于钢中的能力并形成很大的内应力。由此产生相当大的局部应力与高强钢材的低变形性能及高拉应力等因素的协同作用，使钢筋产生裂纹，并迅速发展，最后导致脆断。

五、混凝土腐蚀的控制措施

控制混凝土及其结构的腐蚀可以采取如下一些技术措施。

1. 改善混凝土本身的组分和结构

根据使用环境，选取合理的混凝土各组分的成分及比例，合理地降低水灰比，严格控制灰沙比，提高水泥砂浆混凝土的密实性和抗渗透性。合理掺入引气剂、减水剂、防水剂、粉煤灰等，改善混凝土的抗渗和耐久性。进行合理的搅拌、振捣和充分的湿养护等施工工艺。开发和使用新型耐蚀混凝土，如钢纤维混凝土、长寿命混凝土。

2. 使用防护涂料

使用防护涂料将混凝土结构与外界环境隔离开来，是一种经济易行的技术措施。目前可用的新型防护涂料主要有鳞片涂料、IPN 涂料(一种聚合物共混物)、超厚膜涂料、水性涂料和新型粉末涂料等。

3. 阴极保护与使用生物杀菌剂

对于钢筋混凝土结构，利用阴极保护措施是防止钢筋腐蚀的重要措施。对于已遭受碳化腐蚀的钢筋混凝土结构，应采用电化学驱氯和再碱化技术。具体做法是，设法给钢筋外加 1～3 A/m^2 的阴极极化电流，使钢筋表面的钝化膜恢复，达到提高抗蚀性的目的。采用生物杀菌剂(如烷基氮苯溴化物、有机锡制剂等),则可以有效地控制混凝土结构的微生物腐蚀破坏。

11.5　复合材料的腐蚀行为

复合材料是由两种或两种以上的物理和化学性质不同的物质,用一定方法,得到的一种新的多相固体材料。复合材料中通常有一相为连续相,称为基体;另一相为分散相,称为增强材料。分散相可以是纤维,也可以是颗粒状或弥散的填料,分散相与基体间存在相界面。

一、复合材料的分类

按基体材料分类,可以将复合材料分为金属基复合材料、聚合物基复合材料、陶瓷基复合材料、石墨基复合材料、水泥基复合材料等类型;

按增强材料形态分类,有连续纤维增强复合材料、短纤维增强复合材料、粒状填料复合材料、编制复合材料等类型;

按增强纤维种类分类,有玻璃纤维复合材料、碳纤维复合材料、有机纤维复合材料、金属纤维复合材料、陶瓷纤维复合材料及混杂纤维复合材料等类型;

按材料功用分类,有结构复合材料、功能复合材料和智能复合材料等类型。

二、金属基复合材料的腐蚀

金属基复合材料的性能特点是保持了金属基体的高强度,良好的塑性、韧性,高耐热性能,良好的导热、导电性能等。常用做金属基体材料的金属有铝及其合金、铜及铜合金、镍合金、镁合金、钛合金等。金属基复合材料多用于航空、航天、国防、汽车等工业领域。

(1)金属基复合材料的界面。增强纤维在金属基体中的分布情况和纤维与基体的浸润情况都影响复合材料的性能。

金属基体与纤维增强物的界面结合有以下几种形式:

1)物理结合。借助材料表面的粗糙形态产生的机械咬合作用及由于基体的收缩应力包紧纤维而产生的摩擦结合作用。这种结合与化学作用无关,基体与纤维之间基本上不发生反应或溶解,结合强度主要与纤维表面的粗糙程度有关。

2)溶解与浸润结合。纤维与基体之间不发生化学反应但相互溶解,在不同组元形成的溶解扩散区内形成原子间结合力。

3)反应结合。纤维与基体之间发生化学反应,产生新的化合物,形成界面反应层,这种情况下结合强度一般较大。

(2)金属基复合材料的耐蚀性。金属基复合材料的耐蚀性一般都要比金属基体差,其原因如下:

1)合金元素在增强物/基体界面处偏析;

2)围绕增强物相产生残余应力；

3)在增强物周围基体中位错密度升高；

4)增强物/基体界面处产生空洞；

5)由于制备过程中基体合金与增强材料发生反应而导致活性界面层；

6)界面层的电偶效应。

(3)金属基复合材料的腐蚀行为。常用金属基复合材料主要有铝基复合材料、铜基复合材料和镁基复合材料。它们的腐蚀行为简述如下：

1)铝基复合材料的腐蚀。铝基复合材料是目前应用最广的金属基复合材料，种类很多，其中增强物有碳纤维、碳化硅、硼纤维、氧化铝等。金属基体除了纯铝之外，工程上采用更多的是各种铝合金。不同类型的增强物可导致相同铝合金基体的腐蚀速率大不相同。由于碳纤维具有导电性，其在电解质中的电位亦较高，故碳/铝复合材料有明显的电偶腐蚀倾向，耐蚀性比铝合金基体大大降低。而碳化硅/铝复合材料的耐蚀性与基体相比，则降低不多。

ⅰ. 碳/铝复合材料。当碳/铝复合材料中的碳纤维和铝基体同时暴露于腐蚀介质中时，电偶效应就会导致铝基体发生加速腐蚀。碳/铝复合材料除了发生电偶腐蚀以外，由于碳/铝界面的存在促进了孔蚀和缝隙腐蚀，使阳极溶解过程也明显加速。

如果碳纤维未暴露在外，仅表面的铝暴露于海洋环境中，则铝基体发生孔蚀。当铝表面与其他物质构成缝隙时，也容易发生缝隙腐蚀。小孔腐蚀和缝隙腐蚀最终会穿透铝表面，使内部的碳纤维暴露于介质中，这时腐蚀会大大加速。腐蚀优先沿纤维/基体界面进行，形成的腐蚀产物 $Al(OH)_3$ 在复合材料中产生锲入作用，导致严重脱层腐蚀。

ⅱ. 碳化硅/铝复合材料。碳化硅/铝复合材料在海水中的腐蚀比碳/铝复合材料要轻得多。与无碳化硅的相同成分铝合金基体相比，碳化硅/铝复合材料的腐蚀速率稍有增加。碳化硅/铝复合材料在海水中的腐蚀速率比在盐雾或海洋大气环境中明显升高，孔蚀速率也相应提高。

碳化硅/铝复合材料的腐蚀多发生在碳化硅纤维与铝基体的界面处，其原因是界面处的缝隙容易导致孔蚀和缝隙腐蚀，并最终可能造成表面剥层，界面处的残余张应力及应变促进腐蚀进程。复合材料与其合金基体相比，孔蚀萌生的倾向相近，但孔蚀扩展速率较快。

ⅲ. 硼/铝复合材料。硼/铝复合材料在氯化物溶液中会发生严重腐蚀，其耐蚀性比其铝合金基体要差得多。腐蚀集中发生在纤维/基体界面处，材料中的微裂纹可能是导致腐蚀加速的主要原因，因此在硼/铝复合材料的制备过程中，应特别注意防止形成微裂纹等缺陷。

ⅳ. 氧化铝/铝复合材料。为获得良好的润湿性能和键合力，氧化铝/铝复合材料中的铝基体中往往加入不同合金元素，以便在纤维和基体之间形成一层键合力较强的中间化合物。界面层的存在使复合材料耐蚀性降低。

2)铜基复合材料的腐蚀。一般来说，各种铜基复合材料在海水中的耐蚀性与相应的基体铜合金差不多。在海水中，材料表面形成一层绿色的腐蚀产物膜，其成分可能是 $Cu_2(OH)_3Cl$，在边缘或缝隙处往往有局部腐蚀。在海洋大气中，铜基复合材料表面也会形成绿色腐蚀产物膜，但厚度比海水中要小得多。

3)镁基复合材料的腐蚀。由于镁的活性很高，碳/镁复合材料在海水中会严重腐蚀，在碳纤维与镁基体同时暴露的区域，因电偶作用腐蚀很快。随着材料中碳纤维的体积百分比增加，腐蚀速率增大。因此，如果在氯化物环境中使用碳/镁复合材料，必须避免碳纤维暴露于环境，并设法改善基体的抗蚀能力。减少镁合金基材的杂质含量和对碳纤维表面进行适当的防护处理，可以提高耐蚀性能。

表 11.10 给出了 AZ91C 镁合金和 6061 铝合金及对应复合材料在 5×10^{-5} mol/L NaCl 水溶液中的电化学腐蚀测试结果。可以看出，由于电偶效应，碳纤维增强复合材料比相应的基材的电位正移，复合材料的腐蚀速率比基体材料显著增大，尤其是碳/镁复合材料。腐蚀介质温度升高，腐蚀速率增大。

表 11.10　AZ91C 镁合金和 6061 铝合金及对应复合材料电化学腐蚀结果

材料种类	25℃		60℃	
	E_{corr}/V(SCE)	i_{corr}/(μA · cm^{-2})	E_{corr}/V(SCE)	i_{corr}/(μA · cm^{-2})
AZ91C	−1.425	4.13	−1.390	11.70
AZ91C-碳	−1.127	178.0	−1.135	198.7
6061	−0.851	1.23	−1.228	14.46
6061-碳	−0.827	4.10	−0.889	23.61

三、非金属基复合材料的腐蚀

1. 聚合物基复合材料

(1)聚合物基复合材料的增强材料。按增强纤维形态分类，有连续纤维增强材料、短纤维增强材料、粒状填料材料等类型。按增强纤维种类分类，增强材料有玻璃纤维、碳纤维、有机纤维、金属纤维、陶瓷纤维及混杂纤维等类型。

(2)聚合物基复合材料的界面。在聚合物基复合材料的界面形成过程中，基体树脂首先与纤维接触并发生浸润，然后树脂围绕纤维固化，形成的界面层包括基体表面层、基体与纤维的界面及纤维表面层几个部分。界面的结合主要来自下列作用。

1)界面浸润作用。纤维增强材料表面被树脂基体充分浸润，从而产生较大结合强度。

2)化学键作用。在纤维表面经过处理后，存在能同时与树脂基体和纤维起化学作用的偶联剂官能团时，可在界面形成很强的共价键结合。

3)物理吸附作用。纤维与基体树脂之间由于机械咬合和物理吸附产生结合力。

4)扩散作用。在聚合物基体和纤维之间产生组分的相互扩散，形成界面区的扩散层或多分子层，产生结合强度。

对于不同类型的复合材料界面体系，可能以某种作用为主或几种作用同时存在。

(3)聚合物基复合材料的腐蚀途径。复合材料在腐蚀性介质作用下，性能受到较大影响，主要是通过对树脂基体、增强纤维和它们的界面等途径侵蚀破坏而表现出来。

1)腐蚀介质对树脂基体的影响。有两种作用原理：一是腐蚀介质扩散或经吸收而进入树脂基体内部，导致树脂基体性能变化，这种过程称为物理腐蚀；另一种是腐蚀介质与树脂基体发生化学反应，如降解或生成新的化合物等，从而改变树脂基体原来的性质，这种过程称为化学腐蚀。硝酸、浓硫酸等强氧化性腐蚀介质和强碱对大多数树脂基体都有较严重的腐蚀作用。

2)腐蚀介质对增强纤维的影响。腐蚀介质侵入复合材料内部与纤维作用有三条途径：一是通过工艺过程中形成的气泡及应力破坏形成的通道；二是树脂基体内的杂质遇腐蚀介质后，溶解产生渗透压进而形成微裂纹，使介质渗入；三是介质沿界面渗入。腐蚀介质的侵入将对纤维造成影响，会使纤维与基体界面的粘结劣化。

3)腐蚀介质对复合材料界面的影响。腐蚀介质侵入界面后，一是产生聚集，使树脂溶胀，导致界面承受横向拉应力，进而产生裂纹，造成界面结合力下降；二是从界面析出可溶性物质，在局部区域形成浓度差，从而产生渗透压；三是腐蚀介质与界面物质发生化学反应，破坏化学结构，使界面脱粘，导致界面结合力降低。同时温度越高，树脂基体链段的松弛运动越快，腐蚀介质中的水分子扩散率越大；时间越长，基体吸水及渗入界面的水越多，从而使得界面结合力的下降也就越大。

另外，应力腐蚀和生物腐蚀均会对复合材料在使用状态下性能的可靠性造成影响。为了提高复合材料的性能稳定性，必须有效地控制对复合材料的腐蚀。

(4)聚合物基复合材料腐蚀的机制。

1)水解。水、酸和碱可引起树脂、纤维及界面水解。升高温度可大大加快水解过程。

2)氧化反应引起断键。氧、臭氧、硝酸(盐)及硫酸(盐)等氧化剂，可与树脂、纤维及界面反应引起断键。

3)应力开裂。聚合物基体吸收液体，引起其溶胀和增塑。溶胀引起复合材料中内应力场发生变化，从而导致一定量的纤维/树脂脱粘。对水溶液情形，烘出树脂中的水分会使树脂表面处于拉伸状态而易于出现银纹和表面龟裂。

4)聚合物的溶胀与溶解。

5)溶出。如果低分子物质与聚合物间不以化学键相联，则溶剂会使低分子物质从聚合物中溶出。交联聚合物常含有少量的非交联物质，后者可被溶剂溶出。聚酯树脂接触碱液会发生化学侵蚀，其结果增加了可溶出物质的量。如果聚酯或类似聚合物长时间浸渍在溶剂中，再烘干，则所得材料与原来的不同。由于塑料稀释剂的损失，导致了材料模量的增加。

6)渗透压引起的破坏。树脂内孤立的水溶性物质，在吸水量达一定值后，会形成渗透压区。在这些区域内将产生细小而繁多的微裂纹，这些微裂纹对树脂强度有害，而对树脂模量的影响不大。

7)纤维/树脂脱粘。纤维与基体以化学键、次价键、机械咬合等形式粘接。化学键可通过纤维的表面处理来改善。对碳纤维,要进行氧化处理,以增强基体和纤维间的粘接。玻璃纤维用硅烷进行表面处理,硅烷与纤维和基体均发生化学反应。硅烷涂层与玻璃纤维间的化学和物理键可被水破坏。在界面区,离子从玻璃纤维中溶出而引起的渗透压,有利于界面脱粘。脱粘可通过细致的烘干来部分恢复,在许多情况下,剪切强度可完全恢复。

如果用复合材料制造的结构件是承力的,那么在腐蚀性环境中它就处于腐蚀性介质和应力的双重作用下。这时,复合材料不仅会发生上述的一系列破坏反应,还会发生因介质和应力联合作用导致的应力腐蚀断裂。在应力腐蚀过程中,拉应力会加速环境介质和树脂基体中有关组分的彼此相互扩散与渗透,促进树脂基体的溶胀和裂纹的产生及扩展。

另有研究发现,海水中的微生物会影响聚合物基复合材料的腐蚀行为。

2. 陶瓷基复合材料*

(1)陶瓷基复合材料的种类和基本性能。陶瓷材料的突出特点是高硬度、高强度,耐磨性、耐腐蚀和耐高温氧化性、耐热性都非常好,但不足之处是塑性、韧性差,脆性大。发展陶瓷基复合材料的主要目的是改善其塑性、韧性,提高抗冲击性能。

目前用做陶瓷基复合材料的基体材料主要有硼硅酸盐玻璃,苏打-石灰玻璃,铝硅酸锂玻璃-陶瓷,铝硅酸镁玻璃-陶瓷,莫来石,MgO,Si_3N_4,Al_2O_3,SiC 等。陶瓷基复合材料中的增强材料(或增韧材料)主要有高模量碳纤维、由聚碳硅烷得碳化硅纤维、由 CVD 得碳化硅纤维、$\alpha-Al_2O_3$纤维、氧化铝-硼硅酸盐纤维、硼纤维、钨丝、铌丝、不锈钢丝、碳化硅晶须、Si_3N_4 晶须等。根据几何尺寸,可以将增强材料分为长纤维、短纤维、晶须和颗粒等几种类型,而将陶瓷基复合材料分为长纤维增强和短纤维、晶须及颗粒增强两大类。

(2)陶瓷基复合材料的界面。陶瓷基复合材料的界面有两类。一类是无反应界面,在界面上基体与增强相直接结合形成原子键合,界面多为共格或半共格,但也有非共格界面,这种界面的结合强度较高。另一类是反应界面,在基体与增强相之间形成一层中间反应层,将基体与增强相结合起来。在这类界面上,基体与增强相无特定的取向关系,可以通过控制界面反应来控制界面层厚度,从而控制界面的结合强度。

(3)陶瓷基复合材料的腐蚀。陶瓷基复合材料的腐蚀除受环境因素影响外,在材料自身方面主要受基体材料、增强材料和界面区的结构及成分的影响。基体材料必须与增强材料相容,尤其是二者的热胀系数应基本匹配,以避免在界面处产生过高的残余应力和裂纹。

一般说来,陶瓷基复合材料在耐高温、耐腐蚀和抗氧化方面比金属基和聚合物基复合材料优异。限制陶瓷基复合材料使用的常常不是常温环境,而是高温环境下的氧化问题。

例如,碳纤维增强陶瓷基复合材料在常温条件下,对大多数环境介质有较好的耐蚀性能。这是由于如前面章节所介绍的陶瓷基材在常温下的大多数环境中耐蚀性很好,而碳纤维在惰性介质中能耐 2 500～3 000℃的高温,在大气中 300℃以下可长时间稳定,它几乎能耐各种浓度的盐酸、磷酸、硫酸等强酸和碱的腐蚀,耐溶剂性也很突出,苯、丙酮、丙醇、乙醇等溶剂与它不发生反应(见表 11.11)。然而,当温度高于 400℃时,碳纤维很快氧化。由此导致碳纤维增强复合材料的性能迅速降低,导致材料失效。这是影响其在氧化性气氛中长效应用的致命弱点,为此作为该类材料的高温应用,应首先解决的问题就是抗氧化性问题。目前主要通过整体抗氧化涂层来对材料进行抗氧化保护。对抗氧化涂层的基本要求如下:①在所保护温度范围稳定,涂层与基体不易剥落或者分离;②低的氧和碳的扩散系数;③良好的抗冲蚀性能;④裂纹自愈合功能;等等。为满足这些要求,典型的涂层体系由粘接层、功能层和抗冲蚀层等多层复合组成。抗冲蚀层的功能是阻挡氧气进入材料内部,抵抗气流冲蚀。抗冲蚀层最常用的是致密的化学气相沉积(CVD)SiC 涂层,另外 Ir,Al_2O_3,Y_2O_3,Ta_2O_3 和莫来石($3Al_2O_3 \cdot 2SiO_2$)等也被用来做抗冲蚀层材料。功能层的作用是形成玻璃态可流动物质,封填涂层微裂纹,阻止氧的进入。目前常用的功能层材料是能氧化形成玻璃态物质的化合物 B_4C,TiB_2,$SiMo_2$ 等。粘接层的功能是粘接基体与涂层系统,减少涂层与基体间的热膨胀不匹配,粘接层材料最常用的是涂层 SiC。

表 11.11　三类碳纤维的耐蚀性能

腐蚀介质	预氧化纤维	碳纤维	石墨纤维	腐蚀介质	预氧化纤维	碳纤维	石墨纤维
浓盐酸	不耐	耐	耐	苯	耐	耐	耐
质量分数为 0.30 的硫酸	不耐	耐	耐	丙酮	耐	耐	耐
质量分数为 0.30 的磷酸	不耐	耐	耐	质量分数为 0.20 的氢氧化钠溶液	不耐	耐	耐
质量分数为 0.98 的醋酸	不耐	耐	耐				

碳化硅纤维比碳纤维的抗高温氧化性能好,在大气中最高可耐 1 200℃的高温,因此在一些情况下采用 SiC 纤维来增强陶瓷材料,如碳化硅纤维增强 SiC,Al_2O_3 或 Si_3N_4。值得注意的是,复合材料的组元间的界面的氧化行为对复合材料的高温性能有十分重要的影响。例如,在复合材料制备过程中,为了提高纤维和基体材料之间的传递载荷能力,常常在 SiC 纤维表面涂覆涂层,六方 BN 就是被选用的 SiC 纤维表面涂层材料之一。然而,该涂层材料的熔点仅为 450℃,在 850℃时被氧化成 B_2O_3(液相)。有两种失效机理可造成该涂层材料的功能丧失,一是 B_2O_3 与陶瓷中的 SiO_2 组分反应生成硼硅酸盐玻璃相(见图 11.29(a)中的白色圆环区),二是当 B_2O_3 与高温水汽相遇时会形成易挥发的 $H_xB_yO_z$ 化合物,由此导致纤维与基材的脱粘,破坏复合材料的结构,如图 11.29(b)所示。

由此可见各组元的高温稳定性对陶瓷基复合材料的抗高温氧化性能有重要的影响。从耐氧化角度出发,可以将陶瓷基复合材料的组成相分成三类:

1)氧化物。氧化物本身不氧化,然而,当其他氧化物或杂质与氧同时存在时,可形成低熔点的混合氧化物或玻璃。

2)Si 的非氧化物。特别是 SiC,Si_3N_4,$MoSi_2$,假设体系中的氧偏压不太低,那么就会在其上形成一有效的 SiO_2 保护层,从而限制氧化反应速率。

3)其他非氧化物。其他非氧化物抗氧化能力相对较差,当温度低于 1 000℃时,氧化速率很快。例如,TiC,TiN,B_4C,BN,TiB_2 等增强的陶瓷基复合材料。

影响陶瓷基复合材料高温抗氧化性能的主要环境因素是温度和氧分压。

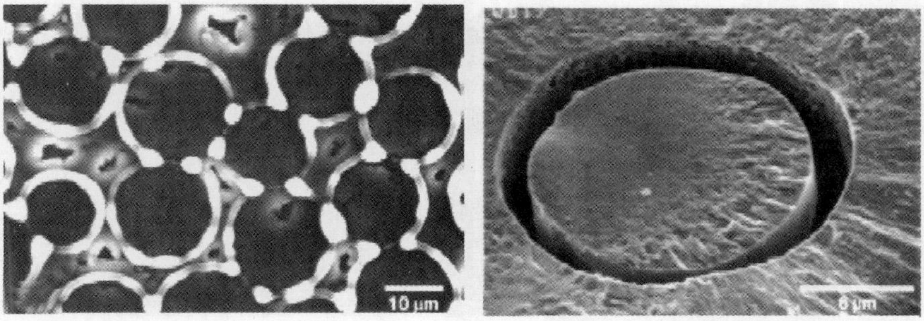

(a)　　　　　　　　　　(b)

图 11.29　SiC 复合材料界面 BN 涂层失效情况

(a) BN 涂层氧化形成硼硅酸盐玻璃相;

(b)形成挥发性 $H_xB_yO_z$ 气体化合物使 SiC 纤维与基体间脱粘

3. 水泥基复合材料*

水泥基复合材料是以水泥为基体,与其他材料组合而得到的一类复合材料。水泥具有很高的水硬性,硬化后强度高;同时还具有优良的可塑性,以及优良的耐热性、耐寒性、抗老化性、耐腐蚀性,而且价格低廉。水泥基复合材料主要有:

(1)混凝土,由水泥、水、沙粒和石子组成的水泥基复合材料。

(2)纤维增强水泥基复合材料,如玻璃纤维增强水泥、钢纤维增强水泥。

(3)聚合物混凝土,用聚合物改良混凝土中的胶结料,得到聚合物混凝土。有三种类型——聚合物水泥混凝土、树脂混凝土和聚合物浸渍混凝土。

目前,有关聚合物混凝土的腐蚀研究较少,而钢筋混凝土的腐蚀已在前面的章节中进行了介绍。

4. C/C 复合材料*

C/C 复合材料是以碳纤维为增强相的碳基复合材料。该材料密度小(理论密度为 2.2 g/cm^3),不仅具有碳材料所特有的热性能,如低热膨胀系数、高热导率、高气化温度和良好的抗热震性能,而且在高温下还有优异的力学性能,如高强度、高模量、良好的断裂韧性和耐磨性能。更特别的是,C/C 复合材料随温度的升高,强度反而升高,因而在航空、航天、核能及许多民用工业领域受到极大重视。

由于C/C复合材料的基体与增强相均为碳或石墨，而碳或石墨耐蚀性非常好，所以C/C复合材料在室温下基本不发生腐蚀。只有在高温下，碳或石墨才会发生氧化腐蚀。解决C/C复合材料高温氧化的有效措施之一是采用表面涂层，目前Si基陶瓷材料，如SiC和Si_3N_4，被广泛用做C/C抗氧化涂层材料。实际中由于裂纹的存在，普通单一涂层往往很难实现全温度范围的抗氧化防护，而无贯穿裂纹的新型涂层体系可使防护性能显著提高。

此外，需要注意的是，尽管C/C复合材料本身在常温下有很好的耐蚀性能，但它与很多金属材料(如碳钢、铝合金等)接触时，往往导致金属材料的电偶腐蚀，因此需要加以防护。

思考题与习题

1. 从传统意义上讲，非金属材料的含义是什么?
2. 什么是高分子材料?
3. 何谓高分子材料的老化?
4. 高分子材料在什么情况下会发生老化?
5. 当发生老化时，高分子材料的破坏形式有哪些?
6. 高分子聚合物原子间的键合方式有哪些?
7. 高分子的凝聚态是固态、液态和气态，对不对?
8. 为什么说分子间作用力的大小对高聚物的凝聚态结构、强度和耐热性都有很大的影响?
9. 高分子材料腐蚀的主要形式有哪些?
10. 什么是高分子材料的溶解腐蚀? 发生溶解腐蚀的原因是什么?
11. 何谓高分子材料的化学腐蚀? 化学腐蚀主要分几类? 每种类型各包括几种形式?
12. 何谓高分子材料的降解? 降解主要有哪些类型?
13. 哪些因素会影响高分子材料的降解?
14. 高分子材料降解的主要特征有哪些?
15. 高分子材料降解的主要形式是什么?
16. 高分子材料发生应力腐蚀时有何特征?
17. 请阐述高分子材料发生应力腐蚀的机理。
18. 哪些因素会影响高分子材料的应力腐蚀?
19. 陶瓷可分为哪几类?
20. 玻璃态物质的内部结构有何特征? 与金属的内部结构有何区别?
21. 通常组成玻璃的“三体”，指的是哪三体?
22. 一般陶瓷材料由哪几相组成? 各相有何特点?
23. 玻璃与陶瓷在水介质中的腐蚀有几种机制? 每种机制的要点是什么?

24. 玻璃与陶瓷的同步溶解型腐蚀机制的核心是什么？
25. 何谓玻璃与陶瓷的“与溶剂发生化学反应的同步溶解型”腐蚀？
26. 请简述玻璃与陶瓷的形成晶体反应产物的非同步溶解型腐蚀机制。
27. 何谓玻璃与陶瓷的离子交换型腐蚀？
28. 玻璃的腐蚀行为有哪些特点？玻璃腐蚀的主要形式有哪些？
29. 根据图 11.16，解释硅酸盐玻璃受侵蚀时表面状态的变化。
30. 简述硅酸盐玻璃在水介质中发生水解的过程。
31. 简述硅酸盐玻璃在酸、碱介质中受侵蚀的过程。
32. 何谓玻璃的大气侵蚀和风化？
33. 请比较玻璃与合金的选择性腐蚀有何不同。
34. 请结合图 11.19，解释玻璃发生应力腐蚀过程的特征。
35. 影响玻璃腐蚀的主要因素有哪些？
36. 陶瓷的气体腐蚀分主动氧化和被动氧化两类，请分别叙述它们的特点。
37. 为什么孔隙度对陶瓷材料的腐蚀行为有影响？如何影响？
38. 简述玻璃陶瓷在水介质中腐蚀过程的主要步骤。
39. 什么是混凝土材料？其主要腐蚀形式有哪几种？
40. 混凝土材料的主要腐蚀机制有哪些？各自的特点是什么？
41. 影响混凝土腐蚀的主要因素是什么？如何影响？
42. 请简述钢筋混凝土内钢筋的腐蚀形式和机理。
43. 请简述复合材料的定义和分类。
44. 复合材料的腐蚀有什么特点？
45. 影响金属基复合材料与非金属基复合材料腐蚀行为的主要因素有哪些？

第 12 章　腐蚀控制方法及其选择

研究材料腐蚀的主要目的在于澄清腐蚀的原因、机理、规律和控制因素，以便采取科学合理的技术措施控制腐蚀。由于腐蚀是材料或结构与环境介质发生作用造成的，因而控制腐蚀的技术途径主要可以从材料、环境、界面三方面考虑，当涉及应力因素时，则需要控制力学参量。目前尽管防腐蚀的具体技术方法很多，但这些方法归纳起来主要有以下几种类型：

(1)正确选用材料及合理设计结构和加工工艺；

(2)腐蚀环境处理与合理使用缓蚀剂；

(3)电化学保护；

(4)采用表面涂(镀)层与表面改性技术。

每种防护措施都有其适用的条件，在实际工作中具体采用怎样的技术，应根据腐蚀控制的目标、技术方法实施的可行性和经济性等加以综合考虑。

12.1　正确选用材料及合理设计结构和加工工艺

一、正确选用材料

正确选材是腐蚀控制的关键环节之一，也是腐蚀控制的第一步。选材应遵循以下原则：

(1)材料的耐蚀性能应满足构件的使用环境要求。对初选材料，应查明它们在所处介质中有哪些类型的腐蚀敏感性以及腐蚀速率的大小，暴露于腐蚀环境的部位可能发生哪些腐蚀类型以及防护的可能性；接触部位是否可能存在接触腐蚀；承受应力的类型、大小和方向等。在容易腐蚀和不易维护的部位，选择高耐蚀性的材料，选择腐蚀倾向小的热处理状态。只有认真分析使用环境的特点，才能达到选材的合理性。

理论和实践证明下列的一些材料和环境的搭配是比较合理的：铝用于非污染的大气；含铬合金(包括不锈钢)用于氧化性溶液；哈氏合金用于热盐酸；铅用于稀硫酸；蒙乃尔合金用于氢氟酸；不锈钢用于硝酸；钢、高硅铸铁用于浓硫酸；锡用于蒸馏水；钛用于热的强氧化性溶液；钽用于除氢氟酸和烧碱以外的介质等。

对于承载构件用材料，不能仅仅考虑抗拉强度和断裂韧性 K_{IC} 值，还必须考虑材料在应力作用下的腐蚀敏感性问题。

(2)材料的物理性能、机械性能和加工工艺性能应满足构件的设计与加工要求。结构材料除具有一定的耐蚀性外，一般还需具有必要的机械性能(如强度、硬度、弹性、塑性、冲击韧性、疲劳性能等)、物理性能(如耐热、导电、导热、光学、磁学性能等)及工艺性能(如机加工、铸造、焊接性能等)。例如,热交换器用材料要具有良好的导热性,泵材及螺旋桨用材要求具有良好的耐磨性和铸造性,桥梁及大型设备用材往往要求具有良好的可焊性,等等。

(3)选材应力求经济效益和社会效益的良好结合。要尽量兼顾经济性与耐用性。在保证产品性能可靠的前提下,优先考虑国产的、资源丰富的、价廉的材料。应在充分估计预期的使用寿命范围内,平衡一次投资与经常性的维修费用、停产损失、废品损失、安全保护费用等。对长期运行、一旦停产可能造成重大经济损失及制造费用大大高于材料费用的设备,选择耐蚀材料比较经济;对于短期运行的设备及易更换的简单零部件,则可以考虑采用成本较低、耐蚀性稍差的材料。

在其他性能相近的情况下,尽量选择不会污染环境或者对环境污染小的材料及便于回收的材料,同时应注意材料在加工过程中对环境的污染和对人身健康的影响。

二、结构设计中的腐蚀控制

腐蚀控制是一个系统工程问题,涉及设计、选材、制造、储运、使用、维护和维修等多个环节,而结构的合理设计是十分关键的一环。因此,在产品设计阶段就必须从防腐蚀的角度出发,根据材料和所处环境特点,严格计算和确定使用应力,进行合理的防腐结构设计。

在结构设计中,需要注意以下几点:

(1)外形力求简单。简单的外形结构便于实施防护措施、检查、维修和故障排除。无法简化结构的设备,可以将构件设计成分体结构,使腐蚀严重的部位易于拆卸和更换。

(2)防止积水和积尘。在易于积水和积尘的部位往往腐蚀更严重,因此在结构设计时应注意以下几点:

1)尽量采用密闭结构,以防雨水、雾气、灰尘甚至海水的侵入。

2)容器的出口应位于最低处,可能积液的地方要开设排水孔(见图 12.1)。

3)布置合适的通风口,以防湿气的汇集和凝露。

4)尽量避免尖角、凹槽和缝隙,以防冷凝水和灰尘积聚。

5)尽量少用吸水性强的材料,若不可避免,周围应密封。

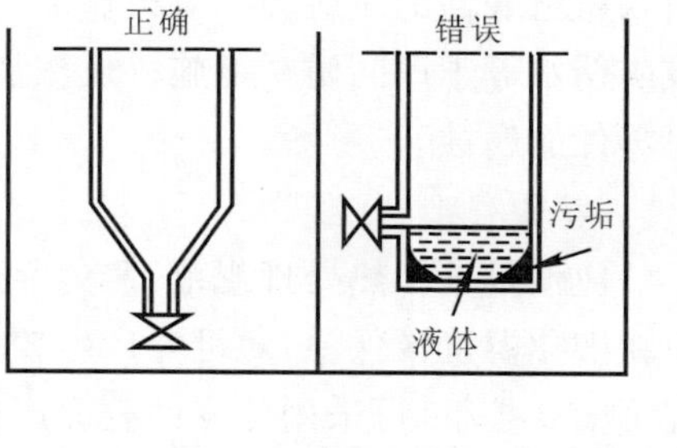

图 12.1　容器的出口处应使液体易于排空

(3)防止缝隙腐蚀。可以通过拓宽缝隙、填塞缝隙、改变缝隙位置或防止介质进入等措施加以避免,如图 12.2 所示。

(4)防止电偶腐蚀。设计时尽量避免电位相差较大的金属直接连接在一起;在连接部位及铆钉、螺钉或点焊连接头处,应当有隔离绝缘层;设计时注意异类金属接触时的面积比;尽量使接触处没有水分的积聚。

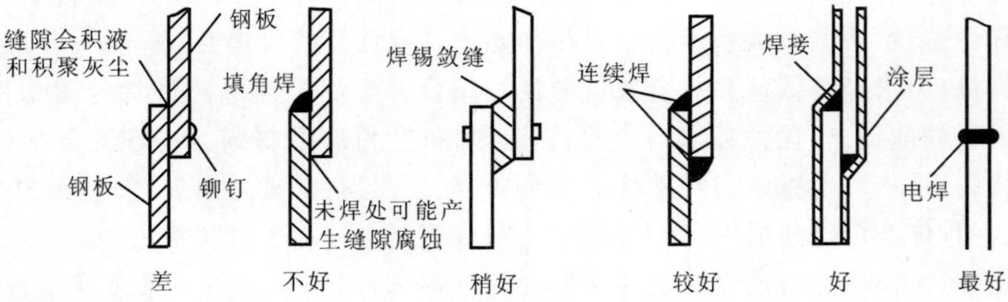

图 12.2　防止搭接处缝隙腐蚀的方案

(5)防止应力腐蚀开裂、氢脆和腐蚀疲劳。应避免使用应力、装配应力和残余应力在同一个方向上叠加；合理地控制材料的最大允许应力；尽量避免零件应力集中和局部受热，设计时不要有尖角；加大危险截面的尺寸和局部强度；设计的结构应力求避免产生振动、颤动或传递振动，避免载荷及温度急剧变化情况的出现。

三、实施合理的工艺设计

材料在加工和装配过程中，也会造成腐蚀或留下腐蚀隐患，因此，在工艺设计中应该引起足够的重视。

1. 机械加工

机械加工过程容易产生残余应力。一般情况下，材料应在退火状态下进行机械加工，以保证残余应力较小。机械加工后要进行消除应力热处理，可以采用磨光、抛光、喷丸强化等方法引入材料表面的压应力。对机械加工周期比较长的零件或耐蚀性差的材料，应采取浸防锈油或防锈水等工序间防锈措施。机械加工中使用的切削冷却液中应选用合适的缓蚀剂，以减小对零件的腐蚀。

2. 热处理

应慎重选择热处理规范，避免因热处理不当引起晶间腐蚀、应力腐蚀、氢脆等。要尽量避免在敏化温度区保温，对可能产生较大残余应力的热处理工艺，应有消除残余应力的措施。在许可的条件下，可采用使零件表面产生压应力的热处理方式等。

应注意选择热处理气氛。对易氧化的金属，最好采用真空热处理或通入保护气氛的热处理，也可以使用热处理保护涂层；对有氢脆敏感性的材料，要禁止在氢气中加热。

3. 锻造和挤压

由于锻造和挤压件的性能呈各相异性，在短横向上应力腐蚀最敏感，设计时应尽量避免工作应力施加在此方向上。同时，应注重锻造工艺的选择，如对高强度铝合金而言，模锻比自由锻的应力腐蚀敏感性高。锻造时还要控制流线末端的外露等。

4. 铸造

不同的铸造工艺所得零件的表面有很大的差异，耐蚀性也相差很大。通常压力铸造比普通铸造表面光滑、致密，普通铸造铸件表面由于存在大量的孔洞、砂眼和夹杂等缺陷，容易成为应力腐蚀、腐蚀疲劳的危险区。此外，表面的差异也使表面处理的效果有很大的不同。铸造还会产生偏析，使零件的不同部位合金的成分有差异。这尤其对靠加入合金元素含量达到一定值时耐蚀性才有很大提高的合金的耐蚀性有较大的影响。

5. 焊接

焊接的方式不同，材料的缝隙腐蚀敏感性亦不同。例如，采用对接焊就比搭接焊好，连续焊比点焊好。

对防止电偶腐蚀而言，采取不用焊条的焊接工艺，如搅拌摩擦焊，就比用有焊条的工艺为好；选择焊条时，焊条的组织成分应和基体尽量接近，或者其电位较基体稍高一些。

为防止焊缝两侧热影响区的腐蚀，焊接后应采用固溶淬火。为减小焊接后的应力，还应注意焊接顺序的设计，尽量减小零件的变形。对氢脆敏感的材料，要避免在能产生氢原子的气氛中焊接。焊接后，焊缝处的残渣应及时清理，以免引起局部腐蚀。

6. 表面处理

在表面涂覆之前的脱脂、酸洗中，要防止产生过腐蚀或渗氢，酸洗时要选择合适的缓蚀剂。

在电镀、氧化处理之后，要及时清洗干净零件表面，避免残液腐蚀零件。

对氢脆敏感的高强钢等材料，要选用低氢脆的电镀工艺或其他表面处理工艺，电镀后一定要进行除氢处理。

对组合件，一般是先表面处理，后组合；对镀锌、镀铬等容易引起金属脆性的镀层，严禁镀后焊接。

7. 装配

设备装配时不应造成过大的装配应力。设计时要提高精度，减少公差；装配时要采用合理的装配方法。装配时严格施工，不能赤手装配精密产品；装配时不能将镀层损坏；对有密封要求的零件，装配中要保证密封质量；装配结束后，应及时清理检查，注意通风口、排水口不能堵塞。

12.2　腐蚀环境处理与缓蚀剂的应用

一、腐蚀环境的处理

腐蚀是由材料所接触的环境造成的，因此，治理环境是减缓或消除材料腐蚀的重要技术途径。治理环境包括两个方面，一是去除或控制环境中促进腐蚀的有害因素，二是强化有利于减缓腐蚀的因素或加入有利的物质。如石化工业中应用广泛的方法有“三脱一注”，即脱水、脱气

(如 O_2,CO_2,H_2S 等)、脱盐和注入缓蚀剂。下面通过对影响腐蚀的主要环境因素的分析,讨论环境的治理问题。

1. 温度

腐蚀介质的温度对材料的腐蚀速率有明显的影响,在一般情况下,许多介质随着温度升高而对材料的腐蚀性增强,因此在许可的情况下,采用降低温度的措施,则可以使腐蚀速率降低。但对于温度与其他因素有相互影响的情况(如降低温度的同时增加了水溶液中氧的溶解度),简单的降温不一定能达到预期效果,有时甚至出现事与愿违的情况。此外,温度还常常会影响腐蚀的机理和腐蚀产物膜的稳定性,此时更要谨慎处理。

温度变化有时也会加速材料的腐蚀,所以对于存放原材料、半成品和成品的仓库,一般都有在一定范围内保持恒温的要求。

2. 流速

腐蚀介质的流动速率对金属腐蚀的影响可分为几种不同的情况,可以根据不同的情况,采取控制流速的办法来进行腐蚀的控制。

在很高的介质流速下,某些金属材料会出现磨损腐蚀。在这种情况下,如果允许降低介质的流速,则可以减轻或避免磨损腐蚀。

对于有扩散控制的耗氧腐蚀,提高流速或搅拌速率可加大氧的扩散流量,因此会使腐蚀加快。在这种情况下,如果降低流速,则可以减缓腐蚀;但如果金属依靠扩散的氧来维持钝态,那么保持一定的流速,从而保证金属钝化所需的氧,则可以使金属具有较好的耐蚀性。

对于析氢腐蚀,由于腐蚀速率受电化学极化控制,因此改变介质的流速对腐蚀速率没有明显的影响。

3. 氧和氧化剂

耗氧腐蚀是最普遍的一种腐蚀形式,它是由于氧的存在而发生的腐蚀。去除环境介质中的氧,可以减轻或防止腐蚀,因此脱氧成为控制锅炉等设备腐蚀的重要措施,一般要求水中氧体积分数低到 10^{-9} 的数量级。脱氧的方法有物理方法和化学方法两种。常用的物理脱气方法是蒸汽法;化学方法较为有效的有离子交换树脂法、联胺脱氧法等,如联胺脱氧的反应为

$$N_2H_4 + O_2 \longrightarrow 2H_2O + N_2$$

但对于可钝化的金属或合金,一定的含氧量或加入一定量的强氧化剂,则可使金属转变为钝态。如果氧或氧化剂的含量不够,不能使金属变为钝态,这时金属的腐蚀随着氧或氧化剂含量增加而加速;如果它们的含量足够使金属钝化,则可将腐蚀控制在最低限度之内;此外,如果含氧化剂量过高,有时反而使金属处于过钝化状态,即腐蚀又加速了。

4. 介质的成分与浓度

当采用通过改变介质浓度的方法来进行腐蚀控制时,要针对不同的情况采取不同的措施。例如,对于可发生钝化的金属铅,当硫酸浓度在一定范围内变化时,由于在铅上生成了硫酸铅保护膜,因此浓度变化对腐蚀影响不大。但当硫酸浓度过高时,硫酸铅保护膜会溶解,因此铅

的腐蚀速率会急剧增大。在这种情况下，为了减少铅的腐蚀，硫酸的浓度不应太高。但对于在硫酸介质中的不锈钢或铁，还有在醋酸或硝酸中的铝，则与铅在硫酸中的情况完全不同。当酸的浓度不够高时，金属腐蚀速率比较快；而当酸的浓度很高时，由于酸的电离度变得非常小，对金属腐蚀的速率急剧降低；当酸的质量分数达到 1 时，在中等温度下几乎对金属没有腐蚀作用，即用铁基等金属容器储存浓酸是安全的。

除了合理地控制环境介质的浓度和 pH 值外，有害成分如 Cl^- 等必须加以严格地控制。此外，由于金属材料的应力腐蚀对环境介质有特殊的选择性，因此，实际中应尽可能避免敏感环境与材料的接触。

5. 湿度

潮湿空气是产生大气腐蚀的重要条件，如果能通过排除湿气的办法来改变环境的湿度，从而使金属处于干燥的环境之下，则可以减轻或防止金属腐蚀。排除湿气可采取通风、密封和包装、利用干燥剂防潮等措施，有时也可用抽真空或抽真空后充以惰性气体的办法来去除腐蚀性介质氧和水等，保持环境干燥。

6. 材料的相容性

当一种材料与另一种材料接触时，实际上也是一种腐蚀环境问题。例如，两种材料接触会产生电偶腐蚀和缝隙腐蚀，有些材料会挥发出有机腐蚀性气氛，有些相互接触的材料会引起化学腐蚀等。这些不相容的材料如果没有防护措施，则不能在一起共同使用。

7. 缓蚀剂的应用

利用缓蚀剂来改善材料所处的环境，是一种十分重要的腐蚀环境的处理措施，在许多领域中得到了广泛的应用，为此在下面将重点进行讨论。

二、缓蚀剂及其分类

缓蚀剂(Corrosion Inhibitor)是一种以较低的浓度和适当的形式存在于环境(介质)中，可以防止或显著减缓腐蚀的化学物质或几种化学物质的混合物。合理使用缓蚀剂是防止金属及其合金在环境介质中发生腐蚀的有效方法。缓蚀剂技术由于具有良好的效果和较高的经济效益，已成为防腐蚀技术中应用最为广泛的方法之一。

缓蚀剂在使用中直接投加到腐蚀系统中去，具有操作简单、见效快和能保护整个系统的优点。缓蚀剂的用量一般很少，通常从千万分之几到千分之几，个别情况下用量达百分之几。

缓蚀剂的性能可以通过缓蚀率 η 来表征，即

$$\eta=(v_0-v)/v_0\times100\% \quad 或 \quad \eta=(i_k^0-i_k)/i_k^0\times100\%$$

式中，v，v_0 分别为有缓蚀剂和无缓蚀剂条件下的腐蚀速率；i_k，i_k^0 分别是用电化学方法测定的有缓蚀剂和无缓蚀剂条件下相应的腐蚀电流密度值。缓蚀率越大，缓蚀性能越好。

也可以用缓蚀系数(γ)表示加入缓蚀剂降低金属腐蚀速率的倍数，即

$$\gamma=v_0/v \quad 或 \quad \gamma=i_k^0/i_k$$

在许多情况下，金属表面常产生点蚀等局部腐蚀。此时，评定缓蚀剂的有效性，除其缓蚀率外，尚需测量金属表面的点蚀深度等。

实验室中，缓蚀率的测试方法主要有重量法，各种电化学测试方法，如塔菲尔直线外推法、线性极化法、交流阻抗法等。近年来有人用光电化学法、谐波分析法、电化学发射谱法、电子自旋共振技术等新方法来测试缓蚀剂的缓蚀率。

缓蚀剂的种类繁多，缓蚀机理复杂，目前尚没有统一的方法将其合理地分类以反映其分子结构和作用机理之间的关系。为了研究和使用方便，常从多种角度对缓蚀剂进行分类。

1. 按化学组成分类

按通常对物质化学组成的划分，可以将缓蚀剂分为无机缓蚀剂和有机缓蚀剂两大类。

无机缓蚀剂一般是通过氧化金属表面而生成钝化膜，或者在金属表面形成沉淀盐膜来抑制腐蚀反应的进行。其典型物质有亚硝酸盐、硝酸盐、铬酸盐、重铬酸盐、磷酸盐、聚磷酸盐、硅酸盐、钼酸盐、含砷化合物等。20 世纪 80 年代以来，无机缓蚀剂的研究侧重于寻求对生态环境无污染的无机化合物，以取代对环境有害的化合物的应用。钼酸盐、钨酸盐和稀土化合物是近期开发应用的环境友好无机缓蚀剂。

有机缓蚀剂在金属表面上进行物理或化学的吸附，从而阻止腐蚀性物质接近金属的表面。作为缓蚀剂的有机化合物，通常是由电负性较大的 N，O，S 等原子为中心的极性基构成，能够以某种键的形式与金属表面相结合。

2. 按缓蚀剂的作用机理分类

按照缓蚀剂对电极过程的影响，Evans 把缓蚀剂分为阳极型缓蚀剂、阴极型缓蚀剂和混合型缓蚀剂三类。由图 12.3 所示的极化图可明显看出，由于缓蚀剂的加入，分别增加了阳极极化、阴极极化或二者同时增大，使腐蚀电流由原来的 I_{corr} 减小到 I_{corr}'。

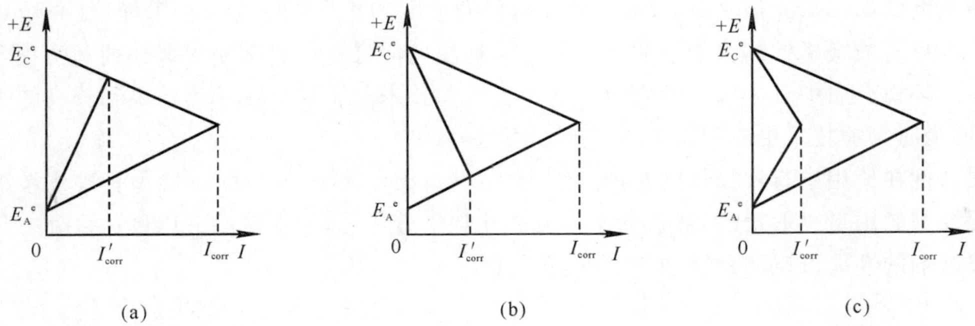

图 12.3 不同类型缓蚀剂的极化图

(a)阳极型缓蚀剂；(b)阴极型缓蚀剂；(c)混合型缓蚀剂

(1)阳极型缓蚀剂又称阳极抑制型缓蚀剂，通常是缓蚀剂的阴离子移向金属阳极使金属钝化。对于非氧化型缓蚀剂(如苯甲酸钠等),只有依靠溶解氧存在,才能起抑制作用。

阳极型缓蚀剂是应用广泛的一类缓蚀剂。但如果用量不足,不能充分覆盖阳极表面,就会形成小阳极大阴极的腐蚀电池,反而会加剧金属的点蚀,因此阳极型缓蚀剂又有"危险性缓蚀剂"之称。

(2)阴极型缓蚀剂又称为阴极抑制型缓蚀剂,能使阴极过程减慢,增大酸性溶液中氢析出的过电位,使腐蚀电位负移。这类缓蚀剂通常是阳离子移向阴极表面,并形成化学的或电化学的沉淀保护膜。这类缓蚀剂当用量不足时并不会加速腐蚀,故阴极型缓蚀剂又有"安全缓蚀剂"之称。

(3)混合型缓蚀剂也叫做混合抑制型缓蚀剂,这类缓蚀剂对阴极过程和阳极过程同时起抑制作用。虽然使用这类缓蚀剂使腐蚀电位变化不大,但腐蚀电流却可减小很多。该类缓蚀剂主要有三种:含氮的有机化合物、含硫的有机化合物及含硫、氮的有机化合物。

3. 按缓蚀剂改变腐蚀金属表面状态的情况分类

从缓蚀剂改变腐蚀金属表面状态的情况来对缓蚀剂分类,可将缓蚀剂分为两大类:一类是在金属表面上形成三维的新相(有一定厚度的表面膜),这类缓蚀剂称为成膜型缓蚀剂或相间型缓蚀剂(Interphase Inhibitor),具体还可以进一步分为氧化膜型缓蚀剂和沉淀膜型缓蚀剂;另一类缓蚀剂是使金属表面形成一层连续的或不连续的吸附层,故称之为吸附型缓蚀剂或界面型缓蚀剂(Interface Inhibitor)。

(1)氧化膜型缓蚀剂。凡能在金属表面形成厚度约为5～10 nm的致密保护膜的缓蚀剂均属氧化膜型缓蚀剂。例如铬酸盐、钼酸盐和钨酸盐。需要指出的是,并不是所有的强氧化剂都是氧化膜型缓蚀剂。例如,高锰酸钾是一强氧化剂,不仅不能起到缓蚀作用,反而促进腐蚀。

(2)沉淀膜型缓蚀剂。这类缓蚀剂能与介质中的离子反应并在金属表面形成防腐蚀的沉淀膜。沉淀膜的厚度比一般氧化膜厚(约为几十至一百纳米),而且其致密性和附着力也比钝化膜差,所以效果比氧化膜型要差一些。此外,只要介质中存在有缓蚀剂组分和相应的共沉淀离子,沉淀膜的厚度就不断增加,有可能引起结垢的副作用,所以通常要和去垢剂联合使用才会有较好的效果。

(3)吸附型缓蚀剂。这类缓蚀剂一般都是含氮、硫、磷、氧的有机化合物,它们吸附在金属表面上,使介质不易与金属接触,从而减缓腐蚀。缓蚀剂能否很好地在金属表面形成致密的吸附膜,与很多因素有关,如介质温度、浓度、流速、金属表面状态等。

4. 按物理状态分类

按物理状态,可将缓蚀剂分为以下几类:

(1)油溶性缓蚀剂。油溶性缓蚀剂一般作为防锈油的添加剂,基本上是由有机缓蚀剂组成的。这类缓蚀剂的分子中存在着极性基团(亲金属和水)和非极性基团(亲油的碳氢链),因此,这类缓蚀剂可在金属/油的界面上发生定向吸附,构成紧密的吸附膜,阻挡水分和腐蚀性物质接近金属。

(2)气相缓蚀剂。气相缓蚀剂是在常温下挥发成气体的金属缓蚀剂,因此,如果它是固体,就必须有升华性;如果是液体,必须具有大于一定数值的蒸汽分压。这类缓蚀剂必须在有限的空间内使用,例如,将被防护的金属产品放在密封包装袋中,内部放入气相缓蚀剂。

(3)水溶性缓蚀剂。它们可溶于水溶液中,通常作为酸、盐水溶液及冷却水中的缓蚀剂,也用到工序间防锈水、防锈润滑切削液中。

5. 其他分类

按应用介质情况,可以把缓蚀剂分为适用于酸性介质、碱性介质、中性水溶液或盐水溶液的缓蚀剂等。按被保护材料的品种,还可将缓蚀剂分为黑色金属缓蚀剂和有色金属缓蚀剂等。

三、缓蚀剂的作用机理

1. 缓蚀剂的电化学机理

(1)阳极型缓蚀剂。阳极型缓蚀剂是指能够抑制腐蚀电池阳极反应的缓蚀剂,其缓蚀机理可分为两种情况:

1)阳极钝化型缓蚀剂。该类缓蚀剂可使腐蚀金属的电位正移,进入钝化曲线的稳定钝化区,从而阻滞了金属的腐蚀。例如,在含氧的中性水溶液中加入少量铬酸盐(如铬酸钠),可使钢铁、铝、锌、铜等金属的腐蚀速率显著降低,其机理就属于此种情况,如图 12.4 所示。当未加缓蚀剂时,金属的阳极极化曲线为 A,添加缓蚀剂后金属的阳极极化曲线为 A′,假定两种情况下的阴极极化曲线不变,均为 NMC。由于添加了如铬酸盐这类具有氧化性的金属盐,在金属表面容易生成钝化膜,或者使原来破损的氧化膜得到修复,提高了金属的钝性,因此阳极极化曲线由 A 变成 A′,致钝电流 I_{pp} 和维钝电流 I_p 都减小,钝化电位区扩大,致钝电位 E'_{pp} 下的 $I'_{pp}<I_{corr}$。缓蚀剂的加入使得阳极极化曲线和阴极极化曲线的交点由活化态的点 M 变为钝态的点 N,腐蚀电流由 I_{corr} 减小到 I_{corr}'。

2)阴极去极化型缓蚀剂。例如,在近中性的含氧溶液中,利用亚硝酸盐抑制铁的腐蚀就属于这种类型。亚硝酸盐是强的阴极去极化剂,加速阴极反应过程,即

$$NO_2^- + 8H^+ + 6e \longrightarrow NH_4^+ + 2H_2O$$

增大阴极电流,缓蚀机理可用图 12.5 加以说明。当溶液中未加入亚硝酸盐时,金属在腐蚀介质中的阳极极化曲线为曲线 1,阴极极化曲线为曲线 2,两极化曲线相交于点 S,相应的腐蚀电位为 E_{corr},腐蚀电流为 I_{corr}。此时金属处于活化状态,腐蚀速率较大。当腐蚀介质中加入足够的亚硝酸盐时,对阳极极化曲线并没有明显影响,但缓蚀剂的阴极去极化作用使阴极极化曲线从曲线 2 处移至曲线 3 处(同一电位下增加了阴极反应的电流密度)。此时,阴极极化曲线和阳极极化曲线相交在钝化区的点 S′,即金属进入钝态电位区,腐蚀电位正移到 E_{corr}',腐蚀电流大大降低($I_{corr}'<I_{corr}$),即缓蚀剂通过阴极去极化而使金属发生钝化。应当指出,当阴极去极化型缓蚀剂用量不足时,阴极极化不充分,阴极极化曲线由曲线 2 移至曲线 4,阴、阳极化曲线相交于活性区的点 S″,而无法进入钝化区。其结果反而使腐蚀电流由 I_{corr} 增加到 I_{corr}'',加剧了腐

蚀，因此这类缓蚀剂用量不足也是很危险的。

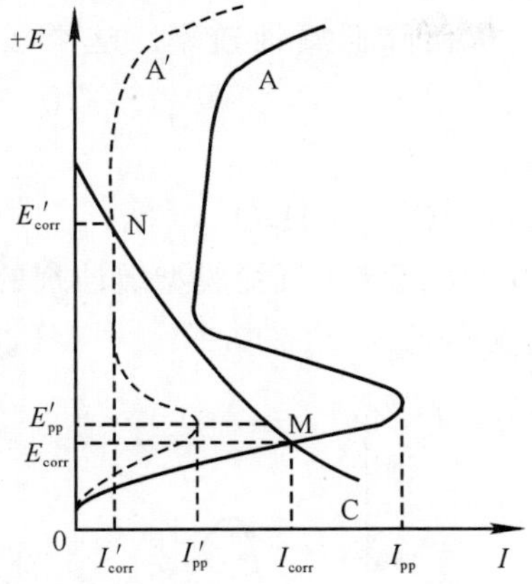

图 12.4 阳极钝化型缓蚀剂作用原理示意图

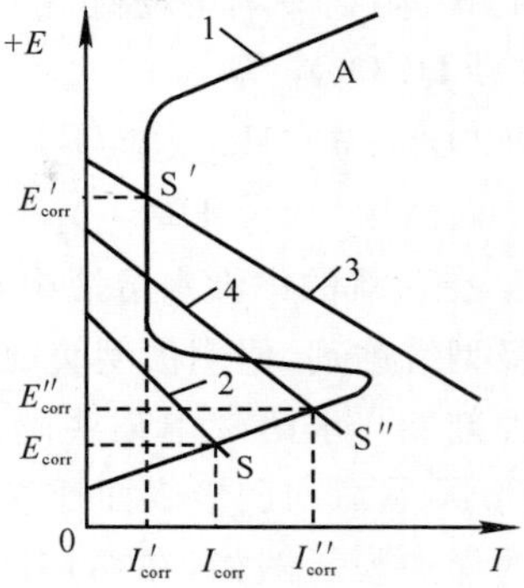

图 12.5 阴极去极化型缓蚀剂作用原理示意图

有些阳极型缓蚀剂加入到腐蚀介质中以后，金属表面不一定出现钝化现象，而是金属的腐蚀电位发生了正方向移动，使阳极极化曲线的塔菲尔斜率加大，这种情况同样也能减缓金属的腐蚀。表 12.1 是铁在 0.05 mol/L 的硫酸钠溶液中，当加入不同质量浓度的重铬酸钾时，测得的腐蚀电位。重铬酸钾使铁的腐蚀电位正向移动，随着重铬酸钾质量浓度的增加，腐蚀电位移动了 500～550 mV。这说明重铬酸钾是一种阳极性缓蚀剂。

表 12.1 不同质量浓度重铬酸钾的腐蚀电位

重铬酸钾的质量浓度/$(g \cdot L^{-1})$	0	0.05	0.10	0.50	4.0	6.0	12.0
E_{corr}/mV	−65	75	180	320	390	470	490

磷酸盐、硼酸盐、硅酸盐这些阳极型缓蚀剂本身并没有氧化性，但是在含有溶解氧的水中水解，产生氢氧根离子并在金属表面形成钝化膜，利用它们有效阻止金属及其合金的腐蚀。

苯甲酸盐、肉桂酸盐等因其阴离子吸附于电极反应的阳极区，抑制金属的阳极溶解，所以也是阳极型缓蚀剂。

(2)阴极型缓蚀剂。阴极型缓蚀剂能在金属表面形成沉淀膜，覆盖阴极表面，阻碍氧的扩散或提高氧或 H^+ 还原反应的过电位，使腐蚀速率降低。阴极型缓蚀剂主要通过以下作用实现缓蚀。

1)阴极型缓蚀剂通过提高氢离子放电的过电位，抑制氢离子放电反应。例如，在酸性介质中，砷、铋、汞等金属盐在腐蚀过程中在金属表面阴极区析出，覆盖阴极表面，可提高析氢的过电位，使氢离子在金属表面的还原反应受阻而起到缓蚀作用。图 12.6 表示在硫酸溶液中的腐蚀过程。从图中可以看出，在加入质量分数为 0.000 45 的 As(按 As_2O_3 计)后，钢的腐蚀速率明显降低，说明砷盐在酸性溶液中可以抑制氢去极化腐蚀。

2)缓蚀剂的阳离子向腐蚀微电池的阴极迁移，与阴极产生的OH^-反应，形成氢氧化物或碳酸盐沉淀膜，阻碍氧向阴极扩散，提高阴极过电位，从而降低腐蚀速率。这类缓蚀剂如$ZnSO_4$和$Ca(HCO_3)_2$等。

$Ca(HCO_3)_2$与OH^-反应可生成$CaCO_3$沉淀，即

$$Ca(HCO_3)_2 + OH^- \longrightarrow CaCO_3 \downarrow + HCO_3^- + H_2O$$

$ZnSO_4$在含氧的中性水溶液中可生成难溶的$Zn(OH)_2$沉淀。沉淀膜型缓蚀剂的缓蚀效果不如阳极型缓蚀剂，但阴极型缓蚀剂比阳极型缓蚀剂安全。

3)缓蚀剂能与水溶液中某些阳离子作用，生成大的胶体阳离子，然后向阴极表面迁移，在阴极区放电并形成较厚的保护膜。例如，在循环冷却水和锅炉水中经常采用的聚磷酸盐即为该种缓蚀剂。

(3)混合型缓蚀剂。混合型缓蚀剂既能抑制电极过程的阳极反应，同时又能抑制阴极反应。这类缓蚀剂对腐蚀电化学过程的影响主要通过以下三种方式：

1)能与阳极溶解反应生成的金属离子作用，生成难溶物。这样的保护膜既抑制了阳极过程而起到缓蚀作用，同时也使阴极上氧的还原过程变得困难。

2)能形成复杂胶体体系的化合物可作为有效的缓蚀剂，带负电荷的胶体粒子主要在阳极区集中和沉积，抑制阳极过程。

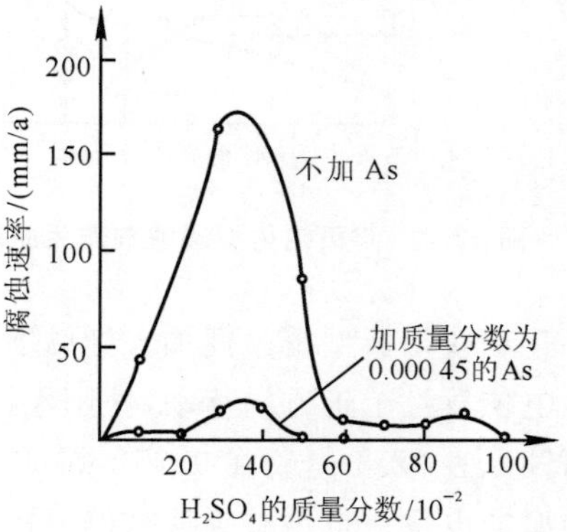

图 12.6 As_2O_3对钢在硫酸中腐蚀速率的影响

3)某些有机物在金属表面吸附，这些物质不都是含氮、硫、氧的化合物。中性介质中有机物的缓蚀作用效果较差，但有些有机物还是可以通过在金属表面的吸附实现缓蚀的。

2. 缓蚀剂缓蚀作用的物理化学机理

(1)氧化膜型缓蚀剂。氧化膜型缓蚀剂本身是氧化剂或以介质中的溶解氧作为氧化剂，使金属表面形成钝态膜层，造成金属离子化过程受阻，从而减缓金属的腐蚀，故又称为钝化剂(Passivator)。这类缓蚀剂的作用机理是，使金属表面从活化腐蚀状态转变为钝化状态，腐蚀电位也由活化电位区跃变到钝化电位区，电位变化值较大，通常超过 100 mV。这类缓蚀剂的成膜过程是在阳极反应区进行的，因而使得腐蚀过程的阳极反应的进行变得困难，属于阳极型成膜缓蚀剂。

氧化膜型缓蚀剂效率高，性能好，已经得到广泛的应用。但如果用量不足，则可能在金属表面形成大阴极(成膜区)小阳极(裸露的活化区)型腐蚀电池而导致点蚀的发生。

(2)沉淀膜型缓蚀剂。沉淀膜型缓蚀剂通过电化学反应，在金属表面生成沉淀膜。沉淀膜可由缓蚀剂之间相互作用生成，也可由缓蚀剂和腐蚀介质中的金属离子、OH^-等(腐蚀产物)

作用生成。在多数情况下，沉淀膜在阴极区形成并覆盖于阴极表面，将金属和腐蚀介质隔开，抑制金属电化学腐蚀的阴极过程，有时还能覆盖金属的全部表面，同时抑制金属电化学腐蚀的阳极过程和阴极过程。这类缓蚀剂使电极电位变化不大，并且也存在着引起局部腐蚀的可能性。

(3)吸附型缓蚀剂。吸附型缓蚀剂多为有机物质组成，对金属材料的腐蚀减缓，从机理上可以分为三种情况。

1)缓蚀剂吸附在腐蚀金属表面，起着几何覆盖效应，使腐蚀反应只能在没有被吸附粒子所覆盖的表面部分进行，由此使发生腐蚀的有效面积缩小。同时，这种吸附覆盖效应与成膜型缓蚀剂的覆盖效应是不同的，吸附型缓蚀剂的吸附与脱附是同时进行的，所达到的平衡是动态平衡。由于吸附粒子在金属表面上的位置是随着吸附-脱附的动态平衡过程而不断地随机地改变，因此，即使达不到完全覆盖金属表面，也不会引起局部腐蚀。该类吸附型缓蚀剂的缓蚀效率等于吸附粒子覆盖的面积分数。

2)缓蚀剂吸附在腐蚀金属表面的反应活性位置上，使这些位置上的反应活性降低或反应的活化能位垒升高，反应进行困难，起到了活性位置覆盖效应。与几何覆盖效应存在两点区别：一是活性位置覆盖具有定位吸附特点，即吸附仅优先发生在金属表面上的少数反应活性高的位置上；活性位置覆盖效应型缓蚀剂的缓蚀效率不等于吸附粒子覆盖的面积分数，而是覆盖面积的某一函数。

3)缓蚀剂参与电极反应，从而起到缓蚀作用。具体有两种作用机理：①催化机理，即缓蚀剂作为一种催化剂参与电极反应，改变了电极反应的机理，起到电极反应的负催化效应(抑制阳极反应或阴极反应，如图 12.7 所示)，从而使腐蚀速率降低。②缓蚀剂参与电极反应后的产物吸附于金属表面，起缓蚀作用，作用机制要么是按几何覆盖效应，要么是按活性位置覆盖效应。由于发生吸附并起作用的是反应产物，因此，也称这种情况为次生缓蚀作用。

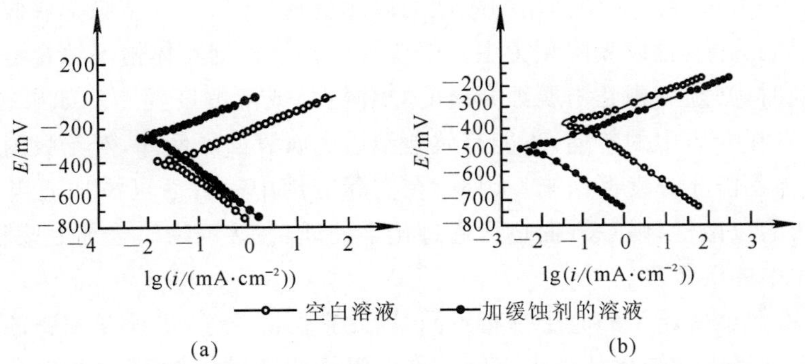

图 12.7　缓蚀剂对一个电极反应有负催化效应

(a)抑制阳极反应；(b)抑制阴极反应

3. 气相缓蚀剂的作用机理

对于气相中使用的缓蚀剂在控制金属材料的腐蚀方面，其机理与前面所讨论的液相中使用的缓蚀剂无本质区别。但是气相缓蚀剂与液相缓蚀剂相比，在作用进程上增加了“首先挥发成为气体，再经扩散而到达金属表面”的环节。

气相缓蚀剂气化并到达金属表面的历程，因气相缓蚀剂分子结构的不同而有两种可能。一是气相缓蚀剂分子遇到潮气，离解或水解出有保护作用而又能挥发的基团，如碳酸环已胺分解为环已胺和二氧化碳，磷酸氢二铵分解成氨和磷酸。这些基团经过挥发、扩散到达金属表面，在达到一定浓度后，可抑制金属腐蚀。它们分解的过程并不是在金属表面上进行的。另一种可能是缓蚀剂整个分子挥发，扩散到金属表面，在金属表面上发生离解和水解分离出保护性基团而起保护作用。例如亚硝酸二环已胺，是以整个分子挥发、扩散到金属表面，当湿气凝聚时，在金属表面上发生如下水解反应，即

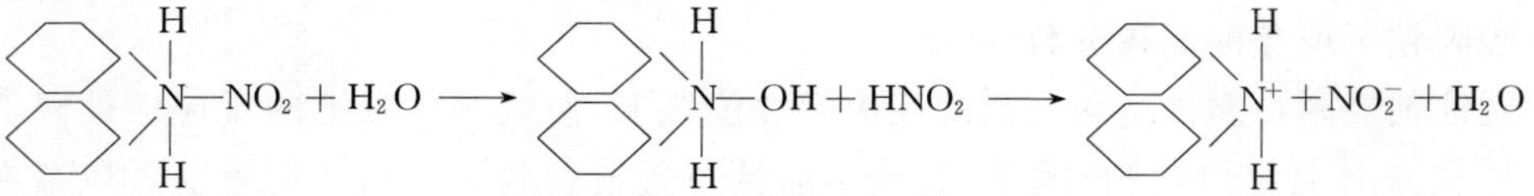

二环已胺碱基

生成的二环已胺阳离子吸附在钢铁表面，按吸附型缓蚀剂作用机理起缓蚀作用，而离解出的 NO_2^- 可促使阳极区钝化，从而达到保护的目的。

四、缓蚀剂的选择和应用

1. 缓蚀剂的选择

采用缓蚀剂防腐蚀，由于设备简单、使用方便、投资小、收效大，因而得到广泛应用。缓蚀剂有明显的选择性，应根据金属和介质等具体条件选用合适的缓蚀剂。

(1)腐蚀介质。不同 pH 的水介质中金属的腐蚀机理可以有很大的差异，因此缓蚀剂的选用也有所不同。一般中性水质中使用的缓蚀剂以无机物为多，且以被膜型或成膜型为主；酸性介质中则以有机物为多，且以吸附型为主。但应用中必须根据具体情况综合考虑。

使用缓蚀剂时，必须考虑它与腐蚀介质的“相溶性”或溶解度问题。如果缓蚀物质的溶解度太低，则影响它在介质中的传递，不能有效地到达金属表面。例如，对于吸附型缓蚀剂，虽然吸附性能好，但并不能充分发挥出来。因此，在实际应用中一方面可添加适当的表面活性剂，以增加缓蚀物质的分散性；另一方面也可通过化学处理，在缓蚀物质分子上接联亲水的极性基团以增加在水相中的溶解度。

(2)金属。不同金属原子的电子排布不同，因此它们的化学、电化学和腐蚀特性不同，它们在不同的介质中的吸附和钝化特性也不同。许多钢铁用高效缓蚀剂对铜效果不好，而铜的特效缓蚀剂，如巯基苯并噻唑(MBT)或苯并三唑(BTA)，对钢铁的缓蚀效果也差。如果需要防护的系统由多种金属组成，则单一的缓蚀物质难于全面满足要求。对这种系统，要考虑使用照

顾多种金属腐蚀的复配缓蚀剂。

(3)缓蚀剂的用量和复配问题。缓蚀剂的用量，只要能产生有效的防护作用，当然是愈少愈好。缓蚀剂用量过多，能改变介质的性质(如 pH 值)，甚至减弱缓蚀效果，降低经济效益。缓蚀剂的效果与用量的关系并不是线性关系的。当缓蚀剂用量太少时，作用不大；当达到一定临界浓度时，作用很快增加；当进一步加大缓蚀剂用量时，作用增加有限。临界浓度随体系的性质而异，选用缓蚀剂时，必须预先进行测量，以便判断合适的用量。对于成模型缓蚀剂，初始使用时往往加大用量(可比正常用量高出一二十倍)，以快速生成完好保护被膜，即所谓“预膜”处理，常常能取得很好的效果。

由于金属腐蚀情况的复杂性，现代缓蚀剂很少仅采用单种缓蚀物质。多种缓蚀物质复配使用时往往比单独使用时总的效果高出许多，即发挥协同效应。产生协同效应的机理随体系而异，一般是考虑阴极型和阳极型缓蚀物质的复配，不同吸附基团的复配，增加溶解性能的复配，照顾不同金属的复配等，这方面正是目前提高缓蚀剂效率的研究重点。

(4)缓蚀剂的整体运行效果及环境保护。缓蚀剂使用时除考虑抑制腐蚀的目的外，还应考虑工业系统的总体效果。例如，工业用循环冷却水，除能引起冷却管道金属的腐蚀外，还将结垢，使冷却效率下降。在非密闭的系统中，菌藻等物质的繁殖，可加重腐蚀，甚至堵塞管道。因此，作为循环冷却水的处理，除需加入缓蚀剂外，还应加入阻垢剂和杀菌剂，这样的复配水处理一般称作水质稳定剂。

许多高效缓蚀剂物质往往具有毒性，这使它们的使用范围受到了很大限制。近些年来，随着人类环境保护意识的增强和可持续发展观的深入，对缓蚀剂的开发和应用也提出了新的要求。围绕性能和经济目标，研究、开发对环境不构成破坏作用即环境友好缓蚀剂已成为缓蚀剂的发展方向。

2. 缓蚀剂的应用

(1)化学清洗中的缓蚀剂应用。在酸洗过程中，酸对金属设备和材料都有腐蚀作用，尤其是无机酸。另外，金属和酸反应生成的氢气会造成金属设备的氢脆破坏，氢气还会带出大量的酸性气体(酸雾)，造成劳动条件的恶化，因此酸洗时一般都要添加缓蚀剂。常用的酸洗缓蚀剂主要有硫酸酸洗缓蚀剂、盐酸酸洗缓蚀剂、硝酸酸洗缓蚀剂、磷酸酸洗缓蚀剂、氢氟酸酸洗缓蚀剂、柠檬酸酸洗缓蚀剂、氨基磺酸酸洗缓蚀剂等。

盐酸酸洗缓蚀剂主要有醛类、有机胺类、咪唑啉类及硫脲衍生物等。氢氟酸酸洗缓蚀剂主要有硫脲类等。硝酸酸洗缓蚀剂主要有硫化物、亚硫酸盐、硫代硫酸盐、硫脲等。柠檬酸酸洗缓蚀剂有甲醛-硝茎苯、苯基硫脲、二邻甲苯硫脲、咪唑啉衍生物等物质。

(2)中性介质中的缓蚀剂应用。中性介质中的缓蚀剂主要有无机缓蚀剂、有机缓蚀剂、复合缓蚀剂三类。

无机缓蚀剂主要有铬酸盐、亚硝酸盐、硅酸盐、钼酸盐、锌盐、钨酸盐、磷酸盐和聚磷酸盐几种。有机物缓蚀剂有含磷有机缓蚀剂、有机胺类缓蚀剂，其他含氮的中性介质缓蚀剂、含硫的中性介质缓蚀剂及其他中性介质缓蚀剂。

单一品种的冷却水缓蚀剂的效果往往不理想，因此，人们经常采用复合型缓蚀剂去控制敞开式或密闭式循环冷却水系统中金属冷却设备的腐蚀。

(3)石油工业中的应用。在石油工业中，各种金属设备被广泛地用在采油、采气、储存、输送和提炼过程中。由于各种金属设备经常处于高温、高压及各种腐蚀性介质(硫化氢、碳酸气、氧、有机酸、水蒸气及酸化过程加入的无机酸等)的苛刻条件下，遭受异常强烈的腐蚀和磨蚀，因此为防止或减缓这种腐蚀，选择缓蚀剂时，应根据金属设备使用的环境来确定。

1)油井缓蚀剂。采油过程中，除利用地下能量的一次采油外，还要用外部向油层中加入能量的二次采油法，其中酸化处理工艺是油、气井一项常用的增产措施。例如用盐酸加氢氟酸，盐酸质量分数高达0.28，对采油设备的腐蚀是相当严重的，为此需要利用缓蚀剂来控制开采设备的腐蚀。油井酸化缓蚀剂早期采用无机化合物，目前已为有机化合物代替。常用的有机化合物有甲醛、咪唑啉及其衍生物、季胺盐类等。

2)油罐用缓蚀剂。这类缓蚀剂主要有三种类型：为防止油罐底部沉积水腐蚀用的水溶性缓蚀剂，常用的无机缓蚀剂有亚硝酸盐，当水中含有硫化物时可以用有机缓蚀剂苯甲酸铵；为防止与油层接触的金属腐蚀的油缓蚀剂，一般可使用酰化肌氨酸及其衍生物；为防止油罐上部与空气接触的金属腐蚀采用气相防锈剂，常用的有亚硝酸二环己铵。

3)输油管缓蚀剂。目前广泛使用的输油管缓蚀剂有有机化合物奎啉、环己铵、吗啉及二乙胺等。

(4)工业循环冷却水中使用的缓蚀剂。水是工业生产必不可少的重要资源。工业冷却水用量很大，且由于曝气而在冷却水中溶入了大量的溶解氧，通常设备腐蚀较为严重。腐蚀也使水质变坏，耗费大量水资源。工业循环冷却水可分为敞开式和密闭式两种。在敞开系统中，经常采用的是阳极型缓蚀剂重铬酸盐，而将聚磷酸盐和铬酸盐混合使用，对循环冷却系统则是最佳的复合缓蚀剂；在密闭循环式冷却水系统中，经常采用的缓蚀剂有聚磷酸盐、锌盐、硅酸盐等。

(5)大气缓蚀剂。使用缓蚀剂控制大气腐蚀时，需要考虑环境因素和使用范围两个方面。这类缓蚀剂按其使用性质，大体上分为油溶性缓蚀剂、水溶性缓蚀剂及挥发性的气相缓蚀剂三类。

1)油溶性缓蚀剂。油溶性缓蚀剂的分子必须有吸附力很强的极性基团，容易吸附于金属表面上的极性基有羧酸、羟基、胺类、磺酸基、磷酸基等。各类油溶性缓蚀剂对金属有不同的适应性能。

2)水溶性缓蚀剂。这类缓蚀剂以水为溶剂，可方便地用做机械加工过程的工序间防锈。大多数的无机盐，是优良的水溶性缓蚀剂，如亚硝酸钠、硼酸钠、硅酸钠、铬酸盐及重铬酸盐、磷酸盐等。

3)气相缓蚀剂。这种缓蚀剂具有足够高的蒸气压，即在常温能很快充满周围的大气中，吸附在金属表面上而阻滞环境大气对金属的腐蚀过程。气相缓蚀剂种类很多，常用的有6类：有机酸类、胺类、硝基及其化合物、杂环化合物及胺有机酸的复合物和无机酸的胺盐。

12.3　电化学保护

电化学保护是指对金属施加外电动势，将其电位移向免蚀区或钝化区以减小或防止腐蚀的方法。电化学保护技术发明 100 多年来得到了飞速的发展，无论是理论研究还是实际应用都达到了很高的水平。目前电化学保护技术已经广泛应用于舰船、海洋工程、石油、化工及城市管道的防护。

电化学保护只适用于电化学腐蚀情况，按作用原理可分为阴极保护和阳极保护。电化学保护的经济效益非常显著。例如，一座海上采油平台的建造费超过 1 亿元，不采用保护，平台的寿命只有 5 a；而采用阴极保护，平台可用 20 a，牺牲阳极材料和施工费只需 100～200 万元。地下管线的阴极保护费一般只占总投资的 0.3%～0.6%，就可以大大延长使用寿命。

一、阴极保护

阴极保护(Cathodic Protection)是将被保护金属构件作为阴极，进行外加阴极极化以降低或防止金属腐蚀的方法。

1. 阴极保护原理

(1)基本原理。第 3 章 3.4 节已对阴极保护的原理进行了简要阐述，现通过图 12.8 进一步加以说明。阴极保护原理可用图 12.8 所示的极化图加以说明。金属表面阳极和阴极的初始电位分别为 E_A^e 和 E_C^e，当金属腐蚀时，由于极化作用，阳极和阴极的电位都接近于交点 S 所对应的腐蚀电位 E_{corr}，与此相对应的腐蚀电流为 I_{corr}。在腐蚀电流作用下，金属上的阳极区不断发生溶解，导致腐蚀破坏。当对该金属进行阴极保护时，在阴极电流作用下，金属的电位从 E_{corr} 向更低的方向变动，阴极极化曲线从点 S 向点 Q 方向延长；当金属电位极化到 E_1，这时所需的阴极极化电流为 $I_{C,1}$，相当于 E_1Q 线段。E_1Q 线段由两个部分组成，其中 PQ 线段这部分电流 I_1 是外加的，而 E_1P 线段这部分电流 $I_{A,1}$ 是阳极溶解所提供的。显然，这时金属腐蚀电池的阳极电流 $I_{A,1}$，要比原来的腐蚀电流 I_{corr} 减小了。即腐蚀速率降低了，金属得到了部分的保护。差值 $I_{corr}-I_{A,1}$ 表示外加阴极极化后金属上腐蚀电流的减小值，称为保护效应。当外加阴极电流继续增大时，金属的电位将变得更低。当金属的极化电位达到阳极的初始电位 E_A^e 时，金属表面各个部分的电位都等于 E_A^e，腐蚀电流就为零，全部电流为外加阴极电流 $I_{C外}$ (E_A^eC 段)，金属表面只发生阴极还原反应，而金属溶解反应停止了，因

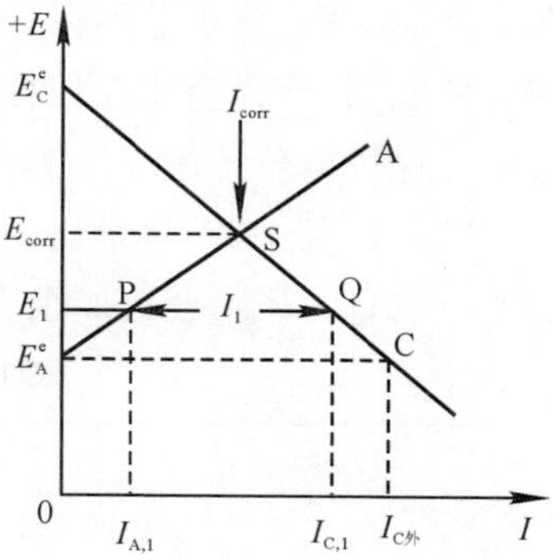

图 12.8　阴极保护原理示意图

此金属得到了完全的保护。这时金属的电位称为最小保护电位。金属达到最小保护电位所需要的外加电流密度称为最小保护电流密度。因此要使金属得到完全保护，必须把它阴极极化到腐蚀电池的阳极平衡电位。

阴极保护的基本原理也可以用电位-pH图加以解释(见第2章)。

(2)阴极保护的主要参数。

1)保护电位。保护电位(Protective Potential)是指阴极保护时使金属停止腐蚀(或腐蚀可忽略)所需的电位值。理论保护电位与介质pH有对应的关系，以铁为例，其理论保护电位(相对饱和硫酸铜参比电极，以CSE表示)如下：

当pH<9.0时，则有

$$E=-0.93\ \text{V}$$

当9.0< pH<13.7时，则有

$$E=-0.395-0.0591\ \text{pH}\ (\text{V})$$

当pH>13.7时，则有

$$E=+0.010-0.0886\ \text{pH}\ (\text{V})$$

实践中，钢铁的保护电位常取−0.85 V(CSE)，比理论保护电位稍正，这是因为实际中影响因素不可能全考虑到，而此值下的钢铁腐蚀速率已相当小，完全可以忽略。

在实际应用中，为了兼顾保护程度和保护效率，不应片面追求达到完全保护，而是给出一个保护电位范围，允许金属在保护下仍以不大的速率进行均匀腐蚀。例如，我国国家标准对钢在海水中的保护电位范围规定为−0.80～−0.95 V(相对于Ag/AgCl参比电极)。表12.2列出了英国标准局1991年给出的一些金属的阴极保护最小电位值。在电阻率高的介质中进行保护电位测量，*IR*降会造成很大的误差，此时需加以修正。

表12.2　阴极保护采用的最小电位值　　V

金属或合金		参比电极			
		铜/饱和硫酸铜(土壤和淡水)	银/氯化银/饱和氯化钾(任何电解质)	银/氯化银/海水	锌/海水
铁和钢	通气环境	−0.85	−0.75	−0.80	+0.25
	不通气环境	−0.95	−0.85	−0.90	+0.15
铅		−0.6	−0.5	−0.55	+0.50
铜合金		−0.50～−0.65	−0.40～−0.55	−0.45～−0.60	+0.60～+0.45
铝及铝合金		−0.95～−1.20	−0.85～−1.10	−0.90～−1.15	+0.15～−0.10

2)保护电流密度。保护电流密度(Protective Electric Current Density)是指被保护构件单位面积上所需的保护电流。它的数值受到多种因素的影响。保护电流密度的大小与金属的表面状态(有无保护膜、漆膜的损坏程度、海生物的附着情况等)，介质条件(组成、浓度、温度、流

速等)有关。对于钢板桩码头和海洋采油平台,这些长期浸泡在海水中的钢结构来说,不同的保护部位(指水下高度上的差别)由于海水温度、含氧量、pH值、流动速率、海生物生长数量及形状、硫酸盐还原菌的存在等的差异,应选取不同的保护电流密度。海洋自然地理环境对保护电流密度数值的影响是很大的。例如,同样的钢结构平台在墨西哥湾的保护电流密度为60 mA/m^2,在北海为130 mA/m^2,而在库克湾却高达400 mA/m^2。保护电流密度不够大,达不到预期的保护效果;而过高的保护电流密度又会造成巨大经济浪费,还可能引起钢材氢脆,提前失效。表12.3列出了不同类型钢构件在水中和埋地的保护电流密度。

表12.3 钢构件所需阴极保护电流密度

钢构件		覆盖层状况	保护电流密度/($mA \cdot m^{-2}$)
埋地	管道、容器、储罐、电缆、导管	塑料	0.001～0.01
		沥青玻璃布	0.01～0.05
		沥青羊毛毡	0.3～7.0
	铠装电缆	油浸黄麻	3～17
	套管、接地极	无覆盖层	10～100
淡水	桥梁,上、下水构筑物	良好覆盖层	0.05～0.6
	闸门、水坝	旧覆盖层	0.5～8
	水罐、水井	无涂覆	5～13
	热交换器、锅炉	无涂覆	100～600
海水	趸船、系船浮标	良好涂覆	0.2～20
	航行中船舶	旧涂覆层	20～1000
	码头设施、浮桥、浮筒	旧涂覆层	50～1000
	钢板桩、压载舱	无涂覆层	100～1000

(3)阴极保护方法。阴极保护是通过外加阴极极化来实现对金属材料的保护。根据外加阴极极化方式不同,分为牺牲阳极保护方法和外加电流阴极保护法,其原理如图12.9所示。

1)牺牲阳极保护法(Sacrificial Anode Protection)。牺牲阳极保护法是指采用比被保护金属电极电位低得多的金属或合金,与被保护金属连接,以防止金属腐蚀。

由图12.9(b)可见,在被保护金属构件上连结一个电位更低的金属或合金作阳极,依靠它不断溶解所产生的阴极电流对金属进行阴极极化。牺牲阳极法是一种较古老的保护方法,具有电流分散能力好,不需要外加电源和专人管理,不会干扰邻近金属设施,施工方便等优点,因此,目前在阴极保护中使用仍很广泛。在某些场合(例如没有外加电源),只能采用牺牲阳极法。近年来,随着海上油田的开发,大量的牺牲阳极用于保护采油平台和输油管线。通常采用有较低电极电位的镁、铝、锌及它们的合金作为阳极,与被保护的金属构件(阴极)连接。当在电解质中发生电化学腐蚀时,作为阳极的金属由于比较活泼,很容易失去电子而受腐蚀,从而使被保护的金属构件免遭腐蚀。

2)外加电流阴极保护法。外加电流阴极保护法(Impressed Current Cathodic Protection)又称强制电流法。由图12.9(c)可见,它是由外加的直流电源直接向被保护金属构件施加阴极电流,使其发生阴极极化。它由辅助阳极、参比电极、直流电源和相关的连接电缆所组成。外加电流法的应用尽管比牺牲阳极法整整晚了100年,但因该方法具有输出电流连续可调,保护范围大,不受环境电阻率的限制,保护装置寿命长以及工程越大越经济等优点,发展十分迅速,目前广泛应用于地下管线、港口设施及船舶等方面。

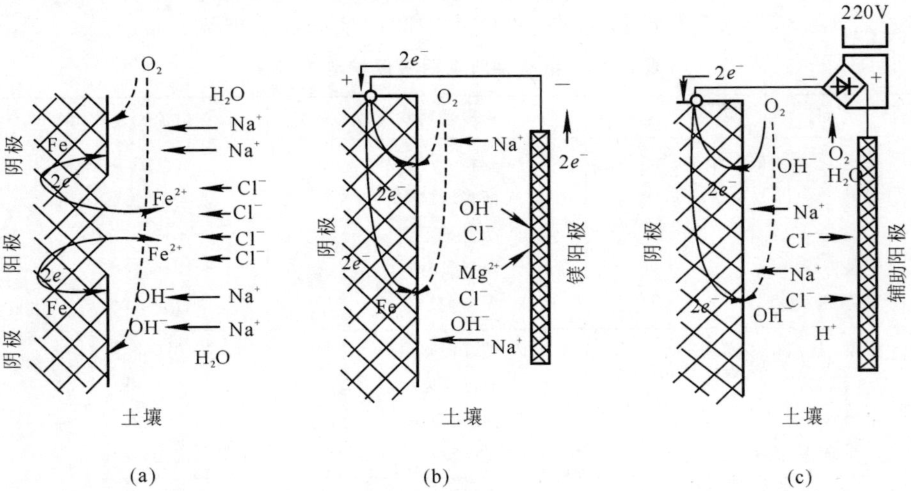

图 12.9 电化学腐蚀和阴极保护

(a)腐蚀;(b)牺牲阳极阴极保护;(c)外加电流阴极保护

(4)阴极保护的应用领域。阴极保护技术自首次应用以来,经过170多年的发展,已成为实用、简便而又非常有效的防腐蚀措施,在世界各地广泛应用于国民经济建设和国防各个领域。阴极保护既可减缓金属在海水、淡水、土壤和化工介质中的均匀腐蚀,又对金属材料的点蚀、晶间腐蚀、应力腐蚀开裂、腐蚀疲劳、杂散电流腐蚀及生物腐蚀等有很好的控制作用。表12.4是目前已采用的阴极保护的范围。

表 12.4 阴极保护的应用范围

可防止的腐蚀类型	全面腐蚀,电偶腐蚀,选择性腐蚀,晶间腐蚀,点蚀,应力腐蚀开裂,腐蚀疲劳,冲刷腐蚀等
可保护的金属种类	铸铁,普通钢,不锈钢,镍及镍合金,铜及铜合金,铝及铝合金,铅及铅合金
适用的介质环境	淡水,咸水,海水,污水,海底,土壤,混凝土,$NaCl$,KCl,NH_4Cl,$CaCl_2$,$NaOH$,KOH,H_3PO_4,HAC,NH_4HCO_3,NH_4OH,脂肪酸,稀盐酸、油水混合物等
可保护的构筑物及设备类型	船舶,压载舱,钢桩,栈桥,水下管道,海洋平台,水闸,地下电缆,地下油气管道,油井套管,油气罐内外壁,桥梁基础,换热器,箱式冷却器,水管内壁等

从表12.4可以看出，阴极保护的应用范围十分广泛。但是必须指出，实施阴极保护是有条件的。主要条件有：①腐蚀介质必须是能导电的，以便构成电的回路；大气及其他不导电介质原则上不能采用阴极保护。②被保护的金属在所处介质中要容易进行阴极极化，否则耗电量大。③对于复杂的大型金属设备或构筑物，屏蔽作用可能使保护电流分布很不均匀。④为了降低保护电流密度，通常阴极保护与覆盖层保护联合使用；另外，为防止电流流失，一定要将被保护构筑物与非保护构筑物实行电绝缘。⑤理论上阴极保护适合所有材料，但由于阴极保护外加电流值较高，故对易产生氢脆的材料应慎用。

2. 阴极保护系统

(1)外加电流法阴极保护系统。外加电流阴极保护系统的组成部分有直流电源、辅助阳极、参比电极和被保护的阴极。

1)外加电流阴极保护的电源设备。电源用于向被保护结构构筑物提供阴极保护电流，是外加电流阴极保护系统的心脏。对所需直流电源的基本要求如下：

ⅰ. 适应现场工作环境(温度、湿度、日照、风沙)，在长期运行时能安全、可靠地工作；

ⅱ. 保证有足够大的输出电流，而且可以在较大范围内进行调节；

ⅲ. 有足够高的输出电压，以克服系统中的电阻，而且输出阻抗应与回路电阻相匹配；

ⅳ. 安装容易，操作简便，不需经常检修。

目前可用来作为电源设备的有整流器、恒电位仪、热电发生器(TEG)、密闭循环蒸气发电机(CCVT)、风力发电机、太阳能电池及大容量蓄电池组等。

2)辅助阳极材料。在外加电流阴极保护系统中与直流电源正极相连接的电极称为辅助阳极。它的作用是使外加阴极电流得以从阳极经过介质流到被保护体，构成电流的回路。辅助阳极的电化学性能、机械性能、工艺性能、阳极的形状及布置方法等均对阴极保护的效果有重要的影响，因此，必须合理地选用阳极材料。辅助阳极应满足以下基本要求：

ⅰ. 具有良好的导电性和较小的表面输出电阻；

ⅱ. 在高电流密度下阳极极化小，而排流量大。即在一定的电压下，阳极单位面积上能通过较大的电流；

ⅲ. 具有较低的溶解速率，耐蚀性好，使用寿命长；

ⅳ. 具有一定的机械强度、耐磨、耐冲击振动；

ⅴ. 材料来源广，价格便宜，容易制作。

目前，外加电流阴极保护系统中采用的辅助阳极品种甚多，基本上可分为可溶性阳极(如废钢铁、铝及铝合金等)和难溶性阳极(如石墨、高硅铸铁、磁性氧化铁、铅银合金、铂系阳极、钛基金属氧化物等)两大类。

3)阳极屏。在外加电流阴极保护系统工作时，从阳极排放出很大的电流。阳极周围被保护结构的电位往往很低，以致析出氢气，溶液的碱性增大，并使阳极附近的涂层损坏，降低了保护效果。为了防止电流短路，扩大电流分布，在阳极周围要加屏蔽层即阳极屏。

阳极屏材料应具有较高的粘附力和一定的韧性，能防止介质的冲击并耐海水或 Cl^-，OH^- 的侵蚀，且介电性高，寿命长，并易于施工。

目前使用的阳极屏主要有涂层类、非金属薄板类及覆盖绝缘层的金属板等。

阳极屏的形状一般取决于阳极的形状。阳极屏的尺寸与阳极最大排流量和所用涂料的种类有关，通常以确保阳极屏边缘被保护结构的电位不超过析氢电位为原则。

4)参比电极。参比电极在外加电流阴极保护系统中是用来测量被保护结构的电位并向控制系统传送信号的。为了调节保护电流的大小，使结构的电位处于给定的范围内，通常要求参比电极在长期使用时必须电位稳定，重现性好，不易极化，使用寿命长，并有一定的机械强度。

在阴极保护中常选用的参比电极有甘汞电极（中性介质中）、硫酸铜电极（土壤、中性介质）、氯化银电极（海水、氯离子稳定的中性介质中）、氧化汞电极（碱性介质）等。这几种电极都是由电极材料和带有特种电解液组成的半电池电极。它们一般比较贵、安装易损坏，使用起来不方便。还有一种固体电极，是由电极材料直接与腐蚀介质组成的半电池，常用的电极材料有不锈钢、碳钢、锌、镁等金属材料。目前研制成功的长寿命埋地型硫酸铜电极由两部分组成：一是电极本身；二是为改善电极工作环境的填包料（导电填包料主要为石膏粉、硫酸钠和膨润土）。使用这种填包料可以解决液体电介质的渗漏问题，同时保证电极电位的稳定性，而且使用寿命可达数年。

(2)牺牲阳极法阴极保护系统。当向正在作用的腐蚀电池体系中接入另一电位较低的电极，这时这一电极与原腐蚀电池构成一个新的宏观电池。根据电化学原理，这一低电位的电极是新电池的阳极，原腐蚀电池即成为阴极。从阳极体上通过电解质向被保护体提供一个阴极电流，使被保护体进行阴极极化，实现阴极保护。随着电流的不断流动，阳极材料不断消耗掉。牺牲阳极法阴极保护系统只由牺牲阳极和被保护金属结构组成，不需要专门的外加电源。

1)牺牲阳极材料应满足的条件。作为牺牲阳极材料，金属或合金必须满足以下条件：

ⅰ.电位足够低，可供应充分的电子使被保护金属设备发生阴极极化。但是电位又不宜太低，以免在阴极区发生析氢反应，损伤被保护体表面有机涂层及石灰覆盖层，或引起被保护金属氢脆。牺牲阳极的电位与保护电位之差称为驱动电位。一般来说，在导电良好的介质（如海水）中，要求驱动电位在 0.25 V 左右。

ⅱ.阳极的极化率要小，电位及输出电流稳定。

ⅲ.理论发生电量要高，即阳极材料的电容量要大。电容量是指单位重量阳极溶解时所产生的电量，用 A·h/g 表示，与电化学当量（g/(A·h)）成反比。

ⅳ.必须有高的电流效率，即实际电容量与理论电容量的百分比要大。高电流效率表示阳极的自腐蚀电流小，金属溶解所产生的电量绝大部分用于阴极保护。

ⅴ.溶解均匀，腐蚀产物松软易脱落，不粘附于阳极表面或形成高电阻硬壳。此外，腐蚀产物应无毒，不污染环境。

ⅵ.材料价格低廉，来源充分，制造工艺简单。

根据以上要求，牺牲阳极材料主要有镁和镁合金、锌和锌合金、铝合金三大类，它们的基本性能如表12.5所示。

表12.5 三种牺牲阳极材料的主要性能

牺牲阳极材料	当量①/(g·(A·h)$^{-1}$)	电量②/(A·h·g^{-1})	电位/V(SCE)	电流效率/(%)
镁和镁合金	0.453	2.21	−1.5	50
锌和锌合金	1.225	0.82	−1.05～−1.09	≥95
铝合金	0.337	2.97	−1.10～−1.18	≥85～90

注：① 理论电化学当量；② 理论发生电量。

2)牺牲阳极形状及重量。牺牲阳极的形状和尺寸与阴极用途及保护结构的形状有密切关系。

在船舶外壳保护中大都采用长条形阳极，而在港口设施和海洋工程结构中较多采用梯形截面板状阳极。船舶用铝阳极的重量只有几公斤或十几公斤，而港口用铝阳极的重量达到几十公斤，甚至超过100 kg。船舶压载水舱和原油储罐用的牺牲阳极都是梯形截面板状阳极，每支铝阳极重量为10～30 kg，海洋平台的立柱和海底管线都是圆柱体。一般形状阳极很难安装，为此，推出了手镯式阳极结构，即将多块板状阳极组成手镯状，然后再固定在被保护体上。手镯式锌阳极如图12.10所示。

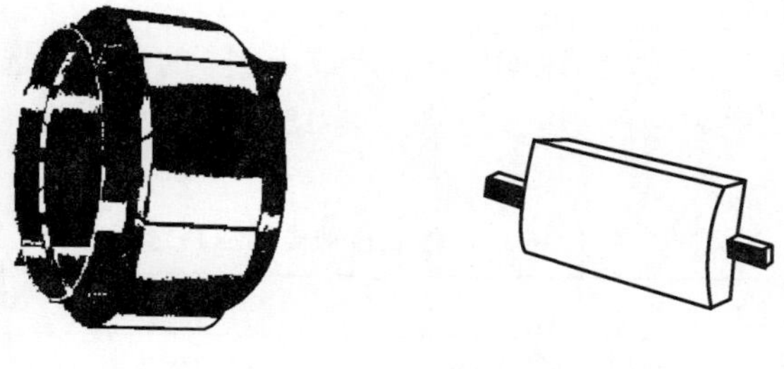

(a) (b)

图12.10 手镯式锌阳极外形

(a)组装图；(b)单片阳极块

在土壤环境中较多采用梯形和D形截面棒状镁阳极。最近开发出带状镁和锌阳极，主要用于高电阻率土壤、淡水和套管内壁保护。镁、锌、铝三种牺牲阳极的具体型号、规格及主要尺寸见国家标准GB/T4950《铝-锌-铟系合金牺牲阳极》、GB/T4948《铝-锌-合金牺牲阳极》和石油工业标准SY/T0019。

3. 阴极保护系统的设计

(1)外加电流阴极保护。外加电流保护系统的设计，主要包括选择保护参数，确定辅助阳极材料、数量、尺寸和安装位置，确定阳极屏材料和尺寸，计算供电电源的容量等。

有关阴极保护系统中的直流电源、辅助阳极、阳极屏、参比电极等前面已作介绍，下面简要介绍外加阴极保护电流及阳极的计算。

1)保护电流。阴极保护所需的电流量往往随时间的延长而减小，这是因为结构表面形成了沉积层，特别是在海水中比较明显。所以在设计时要计算最大的保护电流量，以满足阴极保护初期的及外界条件恶化时的要求。

最大的保护电流量等于起始时平均保护电流密度与保护总面积的乘积，即

$$I_{max} = i_{av} S$$

式中，I_{max} 为最大保护电流量(A)；i_{av} 为平均保护电流密度(A/m^2)；S 为保护总面积(m^2)。

保护电流密度值可根据有关资料选取(见表 12.3)。

2) 阳极面积。首先应计算出阳极的总有效面积为

$$\sum S_a = I_{max}/i_a = nS'$$

式中，$\sum S_a$ 为阳极总的有效表面积(m^2)；I_{max} 为最大的保护电流量(A)；i_a 为阳极的工作电流密度(mA/m^2)；S' 为单个阳极的有效面积；n 为阳极数。

若已知阳极材料的消耗量 K(kg/(A・a))，设计规定阳极使用时间为 a(a)，阴极保护总电流为 I(A)，则阳极的消耗总量 W(kg) 为

$$W = K\,I\,a$$

(2) 牺牲阳极的设计。

1) 阳极种类的选择。通常根据使用环境(水或土壤) 的电阻率选择牺牲阳极的种类，再根据保护电流的大小来选取阳极的型号、规格。表 12.6 所示为水和土壤中牺牲阳极选择的原则。

表 12.6　牺牲阳极种类的应用选择

水中		土壤中	
可选阳极种类	电阻率 /(Ω・cm)	可选阳极种类	电阻率 /(Ω・cm)
铝	< 150	带状镁阳极	> 100
		镁(≤−1.7 V)	60 ~ 100
锌	< 500	镁	40 ~ 60
		镁(≤−1.5 V)	< 40
镁	> 500	锌	< 15
		Al - Zn - In - Si	< 5(含 Cl^-)

注：表中电位均相对于 Cu/ 饱和 $CuSO_4$ 参比电极。

2) 工艺参数的计算。牺牲阳极设计中工艺参数计算主要有阳极输出电流和阳极工作寿命两方面内容。

ⅰ. 阳极输出电流按欧姆定律计算，即

$$I_a = \frac{(E_c - \Delta E_c) - (E_a - \Delta E_a)}{R_a + R_c + R_w} = \frac{\Delta E}{R}$$

式中，I_a 为阳极输出电流(A)；E_c 为阴极开路电位(V)；ΔE_c 为阴极极化电位(V)；E_a 为阳极开路电位(V)；ΔE_a 为阳极极化电位(V)；R_a 为阳极接地(水)电阻(Ω)；R_c 为阴极过渡电阻(Ω)；R_w 为回路导线电阻(Ω)；ΔE 为驱动电位(V)；R 为电路电阻(Ω)。

驱动电位是牺牲阳极工作电位与被保护结构极化后的电位(即保护电位)之差。电路电阻通常取阳极接地(水)电阻，因为导线电阻占的比例很小。阳极电阻与介质的电阻率及阳极的大小和形状有关。

水环境中阳极接水电阻计算公式为

$$R_A = \frac{\rho}{2\pi L}\left(\ln\frac{4L}{r} - 1\right)$$

式中，ρ 为介质电阻率(Ω·cm)；L 为阳极的长度(cm)；r 为阳极的当量半径(cm)，$r=\sqrt{A/\pi}$；A 为截面积(cm^2)。

土壤环境中阳极接地电阻计算公式为

$$R_V = \frac{\rho}{2\pi L}\left(\ln\frac{2L_a}{d} + \frac{1}{2}\ln\frac{4t+L}{4t-L} + \frac{\rho_a}{\rho}\ln\frac{D}{d}\right)$$

$$R_H = \frac{\rho}{2\pi L}\left(\ln\frac{2L}{D} + \frac{1}{2}\ln\frac{L}{2t} + \frac{\rho_a}{\rho}\ln\frac{D}{d}\right)$$

式中，R_V 为立式有填料阳极接地电阻(Ω)；R_H 为水平式有填料阳极接地电阻(Ω)；ρ 为土壤电阻率(Ω·m)；ρ_a 为填包料电阻率(Ω·m)；L 为阳极长度(m)；L_a 为阳极填料柱长度(m)；D 为阳极填料柱直径(m)；t 为阳极中心至地面的距离(m)；d 为阳极等效直径(m)，$d=C/\pi$，C 为边长。

ⅱ. 所需阳极数量为

$$N = f\, I_A / I_a$$

式中，N 为阳极数量(支)；I_A 为所需保护电流(A)；I_a 为单支阳极输出电流(A)；f 为备用系数，取 2～3 倍。

ⅲ. 阳极工作寿命为

$$T = \frac{mQ \times 1\,000}{I_m \times 8\,760} k$$

式中，T 为牺牲阳极使用寿命(a)；m 为每块牺牲阳极的质量(kg)；Q 为牺牲阳极实际电容量(A·h/kg)；I_m 为牺牲阳极平均发生电流(mA)，$I_m=(0.6\sim0.8)I_a$；k 为牺牲阳极利用系数，通常取 0.85。

4. 阴极保护方法的比较

当设备或金属产品发生腐蚀或新投入运行之前，首先应当考虑和判断有无阴极保护的可能性。如果采用阴极保护，则需判断是否可以达到使产品延寿和保证产品性能的要求。然后，从被保护体系的特性、管理要求、维修难易、设计寿命、耗电大小、投资费用、电源供应等方面综合考虑，确定采用牺牲阳极法还是外加电源法。两者的比较见表 12.7。当介质电阻率在 10 000 ~ 15 000 Ω·cm 以上时，不考虑采用牺牲阳极法。

表 12.7　牺牲阳极法和外加电源法阴极保护比较

牺 牲 阳 极 法	外 加 电 源 法
1. 适用于没有电源的地方，但必须用电位较低的牺牲阳极与被保护体偶接	1. 必须有外加直流电源，必须装设辅助阳极
2. 输出功率和保护半径小，但保护装置结构简单，安装方便	2. 输出功率大，保护半径大，但保护装置稍复杂
3. 适应性差，安装后基本不能调节保护参数，在导电性差的介质中使用受限制。阳极表面积大小对电流输出有影响	3. 适应性强，能根据介质情况和不同条件随时调节各种保护参数和开停车
4. 介质腐蚀性强时，阳极自腐蚀严重，对工艺介质可能有污染	4. 采用难溶或不溶性阳极，不会污染工艺介质
5. 安装后不需经常管理，基本上只需定期(最长寿命可达 20 a 甚至 30 a)更换阳极	5. 需要一定程度的管理，注意维护电器仪表的正常运行
6. 有时完全不需要参比电极	6. 常常需要用参比电极，尤其是恒电位法阴极保护
7. 电联接电阻对保护电流影响较大，但渗漏不会加速电联接件的腐蚀	7. 调节电源电压可克服回路电阻的影响，但阳极的绝缘防渗不好会造成电联接件电解腐蚀
8. 不容易产生杂散电流腐蚀，在地下管网复杂区域仍可应用	8. 容易产生杂散电流腐蚀，在地下管网复杂区域慎用
9. 一次投资费用较小，但对大型被保护体，总经济效益相对较差	9. 一次投资费用较大，但总投资并不大。被保护体愈大，经济效益相对愈高

二、阳极保护

将被保护设备与外加直流电源的正极相连，在一定的电解质溶液中将金属进行阳极极化至一定的电位，如果在此电位下金属处于钝态(Passive State)并维持其钝态，则阳极溶解过程受到抑制，从而使金属的腐蚀速率显著降低，这样设备就得到了保护。这种保护方法称为阳极保护(Anodic Protection)。

阳极保护是一项和阴极保护完全相反的技术。1945 年美国人巴特利特研究铁在硫酸中的阳极瞬间变化现象时，发现外加阳极电流可使铁转入钝态，从而停止了铁的溶解，这是阳极保护现象的最早发现。

1. 阳极保护原理

(1)基本原理。阳极保护的基本原理已在第 5 章进行了讨论。阳极保护就是使被保护金属构件通过阳极极化进入到金属的稳定钝化区(见图 5.2)，在这个电位范围金属处于钝化状态，正常的阳极溶解过程受到阻碍，从而达到控制金属腐蚀的目的。在稳定钝化区内，电位与金属腐蚀速率已经没有多少关系，维钝电流密度用以修补轻微溶解的部分钝化膜。阳极保护的基本原理也可以用电位-pH 图加以解释(见第 2 章)。

金属发生钝化的实质是其表面形成了氧化物固相膜或吸附膜，阻碍了阳极溶解过程的正常进行。钝性就是由阳极过程受阻所引起的金属和合金的高耐蚀状态。一旦表面膜被破坏，金属和合金立即回到原来的腐蚀状态，因此，阳极保护的关键是使金属表面建立钝态并维持钝态。能建立并维持钝态，设备就能得到保护；反之，则阳极极化不但不能使设备得到保护，反而会加速金属腐蚀。

金属钝化与电极电位的变化有密切的联系，钝化通常将使金属的电极电位向正方向移动 0.5～2.0 V。

(2)阳极保护参数。根据钝化金属的阳极极化曲线(见图 5.2)可知，阳极保护有三个主要参数。

1)致钝电流密度(i_{pp})。致钝电流密度 i_{pp} 值的大小，可以表明金属在给定环境中进入钝化状态的难易程度。i_{pp} 较小的体系，金属较易钝化；i_{pp} 较大的体系，金属钝化较困难。向金属中添加易钝化的合金元素，在溶液中添加氧化剂，降低溶液温度等措施均能使致钝电流密度减小。当应用阳极保护时，致钝电流密度将影响电源设备容量的选择。在生产实践中，往往采用分段钝化的方法来降低对电源容量的要求。即：在被保护设备接上电源后，慢慢将腐蚀性介质灌入设备中，使被溶液浸没的区域依次建立钝化。

2)维钝电流密度(i_p)。维钝电流密度 i_p 值的大小，表示阳极保护正常操作时耗用电流的多少，同时也决定了金属在阳极保护下的腐蚀速率。如果 i_p 值很大，金属腐蚀速率超过一定数值(例如 1 mm/a)，则阳极保护就失去了实际意义。维钝电流密度的大小与金属或合金的本性、介质条件(浓度、温度、pH 值等)及维钝时间有关。例如，同样在浓 H_2SO_4 中，碳钢的 i_p 值为 770 mA/m^2，而不锈钢的 i_p 值只有 1 mA/m^2。在维钝过程中，维钝电流密度随时间延长而逐渐减小，最后趋于稳定。

3)钝化区电位范围。钝化区电位范围对实施阳极保护有重要的意义。阳极保护时希望钝化区电位范围愈宽愈好，一般不能小于 50 mV。如果钝化区电位范围太窄，则当外界条件稍有变化时，金属的电位有进入活化区或过钝化区的危险，电位一旦进入了活化区，在通电条件下金属的腐蚀速率反而加快。影响钝化区电位范围宽度的主要因素是金属材料和腐蚀介质的性质。

钝化区的最佳保护电位可以从阳极极化与交流阻抗的关系曲线中找出，在这个电位下可以达到最佳保护效果。阳极保护参数的测定方法主要有恒电位法和电化学循环伏安法。

表 12.8 给出了碳钢和不锈钢在不同介质中阳极保护的主要参数。

2. *阳极保护系统及设计*

(1)阳极保护系统。阳极保护系统由直流电源、辅助阴极、参比电极和被保护的对象组成，目前主要用于保护各类化工设备。辅助阴极和参比电极都放置于设备内，硫酸储存槽的阳极保护系统示意图如图 12.11 所示。

表 12.8　碳钢和不锈钢在某些介质中阳极保护的主要参数

材料	介质	温度/℃	$i_{pp}/(A\cdot m^{-2})$	$i_p/(A\cdot m^{-2})$	钝化电位范围/mV
碳　钢	H_2SO_4　0.96*	49	1.55	0.77	>+800
	0.96～1	93	6.2	0.46	>+600
	0.96～1	270	930	3.1	>+800
	HNO_3　0.20	20	10000	0.07	+900～+1300
	0.50	30	1500	0.03	+900～+1200
	H_3PO_4　0.75	27	232	23	+600～+1400
	NH_4OH　0.25	25	2.65	<0.3	−800～+400
	NH_4NO_3　0.60	25	40	0.002	+100～+900
不锈钢	HNO_3　0.80	24	0.01	0.001	
	H_2SO_4　0.67	24	6	0.001	+30～+800
	0.70	沸腾	10	0.1～0.2	+100～+500
	H_3PO_4　0.85	135	46.5	3.1	+200～+700
	草酸　0.30	沸腾	100	0.1～0.2	+100～+500
	NaOH　0.20	24	47	0.1	+50～+350

* 表示质量分数为 0.96 的 H_2SO_4 溶液，下同。

1)直流电源。阳极保护中采用的直流电源与阴极保护类似，主要有整流器和恒电位仪。

选取阳极保护电源时，首先要确定合适的电流容量和电能容量。电流容量可由预先考虑的使设备钝化所需的电流来定。常常使用移动式的或辅助的电源来建立初期的钝态，然后用容量足够的在线电源来维持钝态。电能容量的大小应该使设备在较短的时间内钝化，因为钝化所需的电流与通电时间有很大的关系。只有在设备很少需要再钝化并且不保护时的腐蚀速率较低条件下，才采用小电流长时间钝化。一般情况下，设计时应考虑尽可能缩短钝化时间。

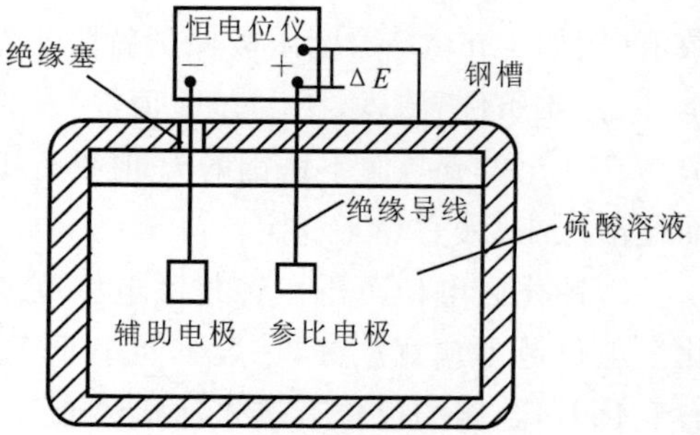

图 12.11　硫酸储存槽的阳极保护系统图

阳极保护电源选择的第二个参数为输出电压。电压的大小与整个电路的电阻有关，其中阴极至溶液的接触电阻是主要因素。

目前生产中应用的阳极保护直流电源的输出电压为 10～20 V，输出电流最大为 2 500 A。

2)辅助阴极材料。辅助阴极与直流电源的负极连接，其作用是使电源、被保护容器的内壁、容器内的液体构成电路。辅助阴极直接浸在腐蚀性介质中，并且是在通电情况下工作，因此对阴极材料有较高的要求。辅助阴极材料要在阴极极化下耐蚀，有一定的机械强度，易加工，价格较便宜。

为了减小阴极至溶液的接触电阻，从而降低电能消耗，应该采用表面积大的阴极。在生产中建议采用长的圆柱体阴极，这样也可以降低电阻。布置辅助阴极时还要考虑被保护体上电流均匀分布的问题。但是一般说来，阳极保护中的电流分布能力要优于阴极保护。表 12.9 列出了生产现场所用的部分辅助阴极材料。

表 12.9　生产现场所用的部分辅助阴极材料

阴极材料	使用介质	阴极材料	使用介质
铂和包铂金属	各种浓度的硫酸	石墨	稀硫酸
铬镍钢	浓硫酸	碳钢	碱溶液
钽	浓硫酸	1Cr18Ni9Ti	氨水
钼	浓硫酸	碳钢	纸浆液
高硅铸铁	浓硫酸	哈氏合金	化肥溶液
铝青铜	稀硫酸	Cr28Ni4Mo2Ti	化肥溶液

3)参比电极。阳极保护用的参比电极除满足参比电极的一般要求外，还应具备在腐蚀性介质中基本上不发生溶解的性能。参比电极在使用中直接接触腐蚀性介质，要根据介质的性质选用合适的参比电极(见表 12.10)。

表 12.10　阳极保护用的参比电极

电　极	系统及介质	电　极	系统及介质
甘汞电极	各种浓度的硫酸，纸浆蒸煮釜	Mo/MoO_3	纸浆蒸煮釜，绿液或黑液
Ag/AgCl	新鲜硫酸或废硫酸，尿素-硝酸铵，磺化车间	Pt 电极	硫酸
		Bi 电极	氨溶液
		316 不锈钢电极	氮肥溶液
$Hg/HgSO_4$	硫酸，羟胺硫酸盐	Ni 电极	氮肥溶液，镀镍溶液
Pt/PtO	硫酸	Si 电极	氮肥溶液
Au/AuO	酒精溶液	Pb 电极	碳化塔

(2)设计。设计程序及要点如下：

1)对于给定的被保护体系，根据已有的知识和经验，判断有无采用阳极保护的可能性。

2)可以根据本体系的阳极极化曲线，求出 i_{pp}(致钝电流密度)，i_p(维钝电流密度)和稳定钝化区范围。

3)根据 i_{pp} 的大小和保护面积，估算致钝时所需的电流，并据此设计致钝电源的电流容量；

再考虑溶液导电性、阴极结构和电源的电压容量。

4)根据维钝电流密度和保护面积的大小，估算出正常维钝电流，从而设计维钝电源的电流电量。致钝和维钝可共用一个直流电源，也可各用一个电源。

5)测量恒电位维钝下的腐蚀率，估计保护效果，推算出阳极保护后的设备寿命，以及估算电能耗费与经济效益。

6)根据模拟试验或经验，决定辅助阴极的结构和布置方式。

7)根据体系的腐蚀特性及阴极工作条件下材料的腐蚀行为，选择出辅助阴极材质；再根据阴极布置及强度、刚度、寿命要求，得出阴极尺寸及数量。为此往往要测出不同电流密度阴极极化下阴极材料的腐蚀率。只有当自腐蚀及阴极极化时都耐蚀，阴极选材才算合适。

8)根据工艺条件进行参比电极选择试验，确定合适的参比电极及其放置位置、结构。

对于参比电极的安装要注意的是，设备各部位电位分布的均匀性、溶液欧姆降的影响。参比电极应安装在阳极保护最不利的部位，既要防止过钝化，又要防止电位过低，起不到保护作用。像储罐之类的设备，参比电极应安装在容器靠底部，以免液位变动时，电极露出液面，切断信号回路。当然，也可以设置几个参比电极安装在不同的位置上。

3. 阳极保护的应用

阳极保护适用于酸、碱、盐等多种介质。它既适用于强氧化性酸如硝酸、铬酸，也可适用于还原性酸如盐酸、醋酸；尤其硫酸是阳极保护应用最广的介质。

从材料讲，阳极保护可适用于钢、铁、铬镍钢、镍及其合金、铝及其合金、钛及其合金等多种材质或几种材质的组合，适用于从低温到高温(温度不宜太高，否则被保护金属构件可能处于活化状态)有钝化现象的场合。表12.11列出了阳极保护技术的应用范围。

表12.11 阳极保护的主要适用范围

材料	介质
钢铁	硫酸，发烟硫酸，含氯硫酸，磺酸，铬酸，硝酸，甲酸，草酸，氢氧化钾，氢氧化钠，氢氧化铵，碳化氨水，碳酸氢铵，硝酸铵，硝酸钾，硝酸钠，碳酸钾，碳酸钠，氢氧化铵＋硝酸铵＋尿素，氮磷钾复合肥料
铬钢	除上述介质外，还有尿素熔融液
铬镍(钼)钢	除对铬钢适用的介质外，还有乳酸，氢氧化锂，氨基甲酸铵，硫酸铝，含有 NH_4^+，K^+，Ca^{2+}，PO_4^{3-}，SO_4^{2+}，NO_3^-，Cl^-，尿素的复合肥料(可防点蚀)，硫酸铵，硫氰酸钠
铬锰氮钼钢	甲酸，草酸，尿素熔融物(氨基甲酸铵)，硫酸，醋酸
钛及其合金	硫酸，盐酸，硝酸，醋酸，甲酸，尿素熔融物(氨基甲酸铵)，磷酸，草酸，氨基磺酸，硫酸＋硫化锌＋亚硫酸钠，氯化物
镍及其合金	硫酸，盐酸，硫酸盐，熔融硫酸钠(对 Incone 1600)
锆	稀硫酸，盐酸

硫酸生产中热交换器的阳极保护的应用取得了极大的成功。碳钢制的蛇形管热交换器在热的浓硫酸中工作一昼夜，就可能腐蚀损坏；不锈钢制的蛇形管热交换器在这种条件下也是如此。采用阳极保护可以提高工作温度，改善热交换情况，通过采用较便宜的制管材料及减小蛇形管尺寸来降低热交换器成本，增加操作稳定性和延长设备使用寿命，提高产品的纯度。表 12.12比较了不锈钢和碳钢阳极保护前、后在浓硫酸中的腐蚀速率。经多年研究得出，阳极保护的条件和效果与钢的成分、硫酸的质量分数、温度及其中 SO_2 含量等有很大的关系。

表 12.12　不锈钢和碳钢在 H_2SO_4 中实施阳极保护的效果

钢种	硫酸的质量分数	温度/℃	腐蚀速率/($mm \cdot a^{-1}$)		电位/V(SCE)
			未保护	有保护	
12Crl8Ni10Ti 不锈钢	0.7	100	105	0.04	0.4
	0.7	120	406	0.2	0.4
	0.9	120	19	0.8	0.5
碳钢	0.7	100	20	0.07	0.4

但是阳极保护方法也有一定的局限性，它只适合于活化-钝化体系，对非活化-钝化体系无效。如对钛/盐酸体系有效，对碳钢/盐酸体系就无效；它还不适用于保护气相环境和管道内壁。此外，对导电性极差的介质和引起溶液电解或副反应激烈的介质都不宜采用阳极保护。

三、阴极保护和阳极保护的比较与选择

1. 阴极保护与阳极保护的比较

阳极保护的主要优点是可用于从微弱到极强的腐蚀介质中，即使是在腐蚀性极强的环境中，所需的电流也很低。当对裸露或未加涂层的表面进行保护时，上述特点尤为突出。尽管在有些情况下，为了钝化或达到致钝电位需要很大的初始电流，但以后的维钝电流却很低。对于阳极保护外加电流通常等于被保护系统的腐蚀速率，因此阳极保护不仅起保护作用，还提供了一种监控瞬时腐蚀速率的方法。此外，通过实验室的极化测量可以精确确定阳极保护的操作条件。

应当注意，阳极保护在不能钝化或含氯离子的介质中不能使用；当保护系统失灵时，阳极保护的部件可能在几天、甚至几小时内失效。为此，阳极保护的设备，通常需要安装报警装置。

阴极保护适用于中性盐溶液、海水、土壤、淡水、污水，也可用于碱液、弱酸性溶液(如磷酸)等腐蚀性不太强的介质。在酸溶液中，由于金属强烈析氢，以及需要的保护电流太大导致成本增高，使得金属在酸溶液中的阴极保护毫无实用价值。在含有极微量电解质(酸、碱、盐类)的非电解质溶液中，由于需要的槽压太大而使阴极保护不可能实现。

理论上一切金属都可实施阴极保护，但对两性金属(如铝、铅)阴极保护时，要特别注意电流密度不宜过大。否则，将造成铝、铅表面介质层强碱性环境，反而加速铝、铅腐蚀。对于介质

中处于钝态的金属(如不锈钢),若外加阴极极化可使其活化,则阴极保护会加速其腐蚀。

如果被保护体结构复杂,会使阳极的分布受到限制,从而造成被保护体一些部位欠保护,而另一些部位过保护。因此,阴极保护适合于保护结构不很复杂的设施,如钢构件、港口设施、热交换器、反应釜、船舶等。

阴极保护不仅可以减缓金属的均匀腐蚀,而且还可以防止部分局部腐蚀。但阴极保护用于防止应力腐蚀断裂时,要特别注意给定体系发生的应力腐蚀断裂是否与氢脆有关,如果是的话,那么阴极保护将加速金属的断裂。

表 12.13 对阴极保护和阳极保护这两种电化学保护进行了比较。

表 12.13　阳极保护和阴极保护的比较

项　目		阳极保护 (只适用于活化-钝化金属)	阴极保护 (适用于一切金属)
介质腐蚀性		中等到强	弱到中等
相对成本	设备费	高	低
	安装费	高	低
	操作费	很低	中等到高
电流分散能力		很高	低
整流器		恒电位	恒电位或恒电流
外加电流值		非常低,通常是被保护设备的腐蚀率的直接尺度	高,与阴极还原反应电流有关,不代表腐蚀率
操作条件		可用电化学测试精确而迅速地确定	通常由实际试验确定

2. 两种电化学保护的选择

电化学保护方法的选择应根据具体情况进行分析和选择。对于一个具体的腐蚀体系,首先应当考虑能否采用电化学保护法,然后再考虑用哪种电化学保护方法。电化学保护方法的选择应主要从以下几点考虑。

(1)保护效果。选择电化学保护方法时首先应考虑保护效果。根据被保护体的结构特征、材料性质及所处环境的性质等,综合考虑采用哪种保护方法。当被保护体所在体系为活化-钝化体系时,则应采用阳极保护;当为非活化-钝化体系时,则只能考虑阴极保护。

(2)实施的难易程度。根据被保护体的性能及所处环境,考虑采用哪种保护方法。例如在管道内壁,尤其是小管径管道内壁进行电化学保护时,就不宜采用阳极保护。

(3)环境保护。在两种保护方法都可供选择时,应尽量选用对环境污染小的保护方法。

(4)经济效益。经济效益是选择保护方法时应考虑的一个重要因素,既不能一味考虑保护效果而不顾保护系统的成本,也不能只考虑系统成本而忽视保护效果。

12.4　表面涂镀层与改性技术

采用涂、镀、注、渗、化学转化、热流强化、形变强化等措施，改变材料表面的化学成分、组织结构、力学状态等理化和机械性能，使材料表面获得一层保护性的覆盖层或强化层，可以避免金属基体与介质的直接接触，有的覆盖层还具有电化学保护作用或缓蚀作用。这类方法经济有效，是目前用得最为广泛的防腐蚀措施，同时，表面覆盖层还有很好的装饰作用。

保护性表面覆盖层应具备以下条件：

(1)组织致密，孔隙率低，有一定的厚度，介质不易穿透；

(2)与基体材料有良好的结合力，不易脱落；

(3)具有较高的硬度、耐磨性、韧性和耐蚀性；

(4)在整个被保护表面上分布均匀；

(5)对被保护的基体材料无损害影响。

保护性覆盖层按保护层性质，分为金属覆盖层、非金属覆盖层和形变强化层等类型；按处理方法，分为湿法和干法两大类。目前表面处理方法种类繁多，发展十分迅速，已初步形成一门十分有活力的以表面工程技术为核心的学科分支——表面工程学。现代表面工程包括三大技术，即表面改性或转化技术、薄膜技术和涂镀层技术(见表12.14)，三大技术在保护性表面覆盖层的处理上均发挥了重要作用。

表12.14　现代表面工程技术

表面工程技术	涂镀层技术	电化学沉积技术：电镀、电刷镀、化学镀、激光电镀、脉冲电镀等 物理气相沉积技术(PVD)：蒸发气相沉积技术、溅射气相沉积技术、离子镀技术等 化学气相沉积技术(CVD)：常压CVD、低压CVD(原子层外延和等离子辅助)、电子辅助CVD、激光辅助CVD、热丝CVD、金属有机化合物CVD、化学气相浸渍(注入)等 热渗镀层：热渗镀单金属元素、热渗镀二元合金、热渗镀多元合金等 有机涂层：通用防腐蚀涂层、专用防腐蚀涂层、特种功能涂层等 无机涂层：高温抗氧化涂层、耐腐蚀涂层、法郎涂层、热障涂层、耐磨涂层、封严涂层、尺寸恢复涂层等
	表面转化技术	表面形变强化：喷丸强化、滚压强化、孔挤压强化、干涉配合等 表面热流强化：感应加热表面淬火、激光表面淬火、电子束表面淬火、液态床表面硬化等 离子注入：非金属离子注入、金属离子注入、复合离子注入、金属蒸气真空弧源注入、等离子体浸没离子注入等 表面合金化：粉末法扩渗、等离子渗、激光合金化、电子束合金化等 转化膜：化学转化膜、电化学阳极氧化、微弧等离子氧化等
	薄膜技术	防腐用薄膜技术、光学薄膜技术、微电子学薄膜技术、光电子学薄膜技术、集成光学薄膜技术、信息储存薄膜技术等

本教材仅对与腐蚀控制密切相关的金属覆盖层、非金属覆盖层和形变强化处理作简要介绍。

一、金属覆盖层

金属覆盖层(Metallic Coatings)包括单金属覆盖层和合金覆盖层。按相对于基材的电极电位高低,则可分为阴极覆盖层和阳极覆盖层;前者电极电位高于基材,后者电极电位低于基材。

金属覆盖层的主要工艺技术方法如下:

1. 电镀

电镀(Electroplating)是指将待镀零件作为阴极,电解液中的金属离子在直流电的作用下,在零件表面上发生还原反应,沉积出金属、合金或复合镀层的工艺技术,该工艺也称为电沉积工艺。电镀除了赋予金属零件表面较好的防护性能外,同时还使金属具有漂亮的外观,有的镀层还具有耐磨、减摩、电性能、磁性能、耐热性、可焊性及其他一些特殊的性能。

常用的单金属镀层有 Zn,Ni,Cu,Cr,Cd,Sn,Fe,Co,Pb,Au,Ag,Pt 等,有时镀层是由各种不同的金属一层层镀覆而成,如 Cu-Ni-Cr,Ni-Ni-Ni-Cr 的多层镀层,具有比单层镀层更好的性能。合金镀层的使用也较为普遍,如 Cd-Ti,Cu-Zn,Cu-Sn,Zn-Ni 等,Cu-Zn 合金镀层就是广泛用于家用五金件的防护装饰镀层,而 Cd-Ti 和 Zn-Ni 镀层因具有耐蚀性好、低氢脆的特点而成为保护高强度钢零部件的重要镀层。用电镀的方法还可以制备非晶态合金,如 Fe,Co,Ni 与 B,P,W,Mo 的非晶态合金。近年来,为了一些特殊的功能要求,金属-金属氧化物、金属-非金属复合镀层在工业上的应用不断拓展,如(Ni,Co)-SiC、(Ni,Co)-金刚石、(Ni,Co)-聚四氟乙烯等复合镀层。

采用电镀的方法通常只适合小型零部件,对大型设备的维修,则可以使用电刷镀。

电镀层的厚度易控制,沉积速率一般比较快,镀层可以做得很薄以节约金属;镀层与基体金属的结合强度较高;镀层均匀、致密,表面光洁,电镀时一般需要的温度不高。

电镀层的防护性能不仅与镀层材料的性质有关,而且与电镀槽液配方、电镀工艺参数(电流密度、温度、搅拌情况等)、工件预处理(如研磨、脱脂、除锈、水洗、活化等)及镀后处理(如干燥、钝化、封孔)等决定镀层性能的因素密切相关,因此需要严格控制。

电镀生产都需要对废水进行处理,国家对电镀废水的排放有严格的规定。

2. 化学镀

化学镀(Chemical Plating 或 Electroless Plating)是在没有外加电流作用的情况下,依靠溶液中各物质间或金属与溶液中物质间的氧化-还原反应,在制件表面形成与基体牢固结合的金属、合金或复合镀层的过程。常用的化学镀层有化学镀镍和化学镀铜层。

化学镀所获得的非晶态镀层硬度高、孔隙少。例如,化学镀镍磷合金层耐蚀性好,抗氧化、耐磨损,同时有好的磁性能;化学镀 Ni-P/SiC,Ni-P/PTFE(聚四氟乙烯)复合镀层不仅有很好的耐蚀性能，而且有优异的耐磨及自润滑性能，在要求耐磨和抗蚀的零部件上得到了很好的应用。化学镀与镀后热处理合理配合，可以获得抗蚀和耐磨综合性能好的镀层。

化学镀有诸多优点，如化学镀不需要电源，镀层表面没有电触点，和电镀相比，均镀性能好，只要电解液能到达的地方都能镀上，非常适合镀覆复杂零件。除了可以在金属表面镀覆外，还可以在非金属表面如塑料、陶瓷表面上镀覆，因此化学镀常用做非金属件上电镀层的底层。当然，化学镀也有不足的方面，一般化学镀的成本比电镀成本要高，槽液维护难度较大，同时镀速一般也较电镀慢。

此外，需要注意的是，化学镀与电镀一样，存在引起高强度钢和钛合金等对氢脆敏感性高的制品的氢脆破坏的隐患，因此当这类制品承受载荷尤其是疲劳载荷时，必须慎重对待。

3. 热浸镀

热浸镀(Hot Dip)简称热镀，是将被镀金属零件浸入熔点较低的其他液态金属或合金中以获得镀层的方法。该法的基本特征是在基体金属与镀层金属之间有合金层形成，即热浸镀层是由合金层和浸镀金属共同构成的。因该工艺简单，比电镀容易获得较厚(可达到 1 mm 以上)的镀层，使用寿命长，被镀金属材料一般为钢、铸铁及不锈钢等，所以得到广泛应用。例如，在室外使用的大型构件上(管道、钢架等)通常采用该类防护层；镀锌钢板(白铁板)和镀锡钢板(马口铁板)也是用这种方法制得的。热镀方法需满足下列条件：

(1)镀层金属的熔点要低，以保证工艺的易于实施和不导致被镀工件性能的变化或变形，目前用于浸镀层的金属主要有 Zn，Al，Sn，Pb 及其合金。

(2)熔融的镀层金属必须与基体金属润湿。

(3)工件必须能和镀层金属形成化合物或固溶体，以使金属基体和镀层金属间有足够的结合力。

4. 表面扩散渗入

表面扩散渗入(Surface Cementation)技术是用加热扩散的方法，把某种金属或合金渗入基体金属表面，形成一层合金层的方法，也称为渗金属或表面合金化。该技术的突出特点是，渗层的形成是一个热化学过程，在渗透区域内，渗透元素与基体起化学反应，并可能分别形成固溶体、析出物和化合物类型的表面层。该表面层均匀、无孔隙、热稳定性好、与基体结合非常牢固，不但有良好的耐蚀性，而且还可改善材料的其他物理化学性能。即使物体形状复杂，尺寸也不会有明显的变化。

热渗材料的选择范围很宽，根据耐蚀性、耐磨性或耐高温氧化性的要求来选择渗层金属，常用的有 Zn，Al，Si，Cr，Ti，B，W，Mo，V 等渗层金属。还可以进行二元与多元共渗。

热渗镀的方法很多，按接触介质划分，可分为固相渗、液相渗和气相渗；按复合手段分，可分为电泳法、料浆法、粉末法、真空等离子体法、熔盐法和涂镀层与热扩散相结合法等。

5. 包镀

将耐蚀性能良好的金属，通过机械碾压的方法包覆在被保护的金属或合金上，形成包覆层或双金属层。例如，高强度铝合金表面包覆纯铝层或铝锌合金，形成有包铝层的铝合金板材。

6. 热喷涂

热喷涂(Thermal Spraying)是一种利用热源将固体材料加热至熔化或熔融，并借助高速气流的雾化效果使其形成微细液滴，喷射沉积到基体表面形成涂层的方法。

热喷涂方法目前多按热源分类，热喷涂的热源类型有气体燃烧火焰、气体放电热源、电热、激光等。气体燃烧火焰热源法包括线材火焰喷涂、粉末火焰喷涂、棒材火焰喷涂、燃气重复爆炸喷涂、超声速火焰喷涂、粉末火焰喷焊；气体放电热源法包括电弧喷涂、等离子喷涂、大气等离子喷涂、等离子喷焊；电热热源法包括高频喷涂、线材电爆喷涂；激光热源法包括激光喷涂和激光喷焊。

热喷涂材料除金属和合金外，还可以喷陶瓷和塑料。热喷涂材料的形态分线材、棒材和粉末三类。不同的工艺方法和喷涂装置，对线材、棒材的直径和粉末的粒度有具体要求。应用最普遍的线材有铝及铝合金、锌及锌合金、铜及铜合金、铁合金、锡及锡合金、铅及铅合金、镍及镍合金、钼等。复合喷涂线材也用得较为普遍。

热喷涂的特点是方法多样，涂层广泛，工件不限，可赋予普通材料以耐蚀、耐磨、抗高温氧化、隔热、高温强度、密封、减摩、耐辐射、导电、绝缘等特殊的表面性能，且成本较低，经济效益显著。但一般的热喷涂方法制备的涂层结合力较低，孔隙率较高，均匀性较差，有的喷涂方法操作环境较差，要求采取劳动保护和环境保护措施。

20 世纪 90 年代取得较大进展的超声速电弧喷涂技术，使热喷涂涂层质量上了一个台阶。超声速电弧喷涂涂层强度高、孔隙率低、表面粗糙度低、耐磨耐蚀性能好，加之超声速电弧喷涂在工艺上没有严格的要求，在相当大的工艺参数范围内都能得到性能优异的涂层，因此设备获得了广泛的应用。采用超声速电弧喷涂铝与封孔涂料形成复合涂层对桥梁进行防护，预计防腐寿命在 30 a 以上；采用超声速电弧喷涂铝涂刷封孔涂料对导弹阵地设备腐蚀进行了防护，2 a 后检查装备，涂层完好如初，预计防护寿命在 30 a 以上；水冷壁是火力发电厂关键的生产设备，电厂水冷壁采用超声速电弧喷涂 FeCrAl 合金与高温封孔涂料形成的复合涂层进行防护，与普通电弧喷涂涂层相比，结合强度高，涂层质量大大改善，预计防护寿命在 8 a 以上。

7. 气相沉积

气相沉积(Vapour Deposition)也被称为干法镀，一般是在真空中被沉积的金属或合金以气态形式到达基体表面后形成覆盖层。气相沉积按机理，可以分为物理气相沉积和化学气相沉积。

(1)物理气相沉积。物理气相沉积(Physical Vapour Deposition，缩写为 PVD)法包括真空蒸镀、溅射镀和离子镀。用 PVD 法能够镀覆许多金属和合金镀层，尤其对钛、铝以及某些高熔点金属，用电镀方法一般是不易实现的，而 PVD 法较为适合。同时，PVD 法无氢脆隐患，对环境无污染。PVD 法也有不足的方面：较电镀、化学镀等成本高；单独的真空蒸镀或一般的溅射镀，镀层结合力较低；蒸镀或溅射镀因是直线性沉积，故不能镀覆复杂的工件。

1）真空蒸镀。真空蒸镀（Vacuum Evaporation）是在真空（10^{-2} Pa）中将镀料加热，使其蒸发或升华并沉积在镀件表面的工艺。加热方法有电阻加热、电子束加热、高频感应加热、电弧放电及激光加热等。常用的是电阻加热和电子束加热。电阻加热器材料一般采用 W，Mo，Ta 等高熔点金属制成丝状、舟状或块状，电阻加热器寿命短，而且易污染，只对熔点较低的金属适用；电子束加热是在高真空中将电子束直接照射蒸镀材料，使其蒸发，用这种方法可制得高纯度的膜层，也可以对 W，Mo，Ta 等高熔点金属进行蒸镀，还可以用此法蒸镀金属氧化物涂层。

单独真空蒸镀的镀层结合力较低，因而在防腐蚀方面的应用受到一定限制。得到应用的防腐蚀镀层有 Cd，Al，抗氧化镀层有 MCrAlY（M 代表 Fe，Co，Ni 等）。将真空蒸镀与其他方法联合使用（如镀渗结合、与离子束辅助结合等），可有效地改进镀层的结合力等性能。

2）溅射镀。溅射镀（Sputtering）是用荷能粒子（通常为气体荷正电粒子）轰击靶材（阴极），使靶材表面原子以一定能量逸出，溅射到靶材附近的零件上形成镀层。溅射室内的真空度（0.1～1 Pa）比真空蒸发镀低，溅射镀主要分为二级溅射、三级溅射、磁控溅射、等离子溅射、射频溅射、反应溅射、偏压溅射及离子束溅射等。

溅射镀主要用于制备电子元器件上的薄膜，也可以镀覆耐磨、抗蚀的合金或 TiN，TiC 等硬质镀层，用于提高切削刀具、轴承等的耐磨、耐蚀性能和使用寿命。

溅射镀最大的特点是能镀覆与靶材成分几乎完全相同的镀层，特别适合高熔点金属、合金、半导体和各类化合物的镀覆，镀层与基体的结合力比真空蒸镀法高。缺点是镀件温升较高（150～500℃）。磁控溅射由于沉积速率高成为溅射镀中应用最为广泛的一种，然而由于传统的磁控溅射镀层结合强度低，难以在复杂工件上镀上均匀的镀层，因此人们开发出非平衡磁控溅射技术和封闭磁场平衡磁控溅射技术。目前，封闭磁场非平衡磁控溅射已可制备出结合力高、耐蚀、耐磨性能优异的膜层。

3）离子镀。离子镀（Ion Plating）是一种基板表面和生长薄膜经受连续的或周期性的荷能离子轰击，从而改变薄膜生长过程和特征的薄膜沉积工艺。轰击和沉积物种可以有若干来源，轰击可以在等离子体或真空环境中发生。

离子镀的基本形式有两种：等离子体基离子镀和真空基离子镀，如图 12.12 所示。在等离子体基离子镀中，基板同等离子体接触，等离子体中的离子在偏压电场的作用下，加速并达到待镀件表面。在真空基离子镀中，薄膜材料在真空中沉积，而轰击来源于等离子枪，等离子枪发出的荷能离子束对镀膜材料的沉积源（溅射或蒸发）沉积的膜层进行轰击，使膜层致密和膜基界面混合，以获得高的膜基结合强度和好的膜层结构，因此，该工艺常常称为离子束辅助沉积（Ion Beam Assisted Deposition，缩写为 IBAD）或离子束增强沉积（Ion Beam Enhanced Deposition，缩写为 IBED）。

图 12.12(a)所示为等离子体基离子镀的简单装置，它采用电阻加热蒸发源；图 12.12(b)所示为真空基离子镀系统，它采用电子束加热蒸发源。在等离子体基离子镀中，基板放置在等离子体发生区或活性等离子体发生区之外的等离子顺流方向。

离子镀过程中还可以由等离子体或离子/等离子枪形成反应粒子,反应粒子轰击基板并同沉积材料反应,从而形成化合物薄膜材料,此即反应离子镀。根据沉积材料源、用于轰击薄膜的方法或其他沉积粒子的条件不同,可将离子镀分为溅射离子镀、反应离子镀、电弧离子镀、热阴极离子镀、高频离子镀、多弧离子镀、空心阴极放电离子镀等。

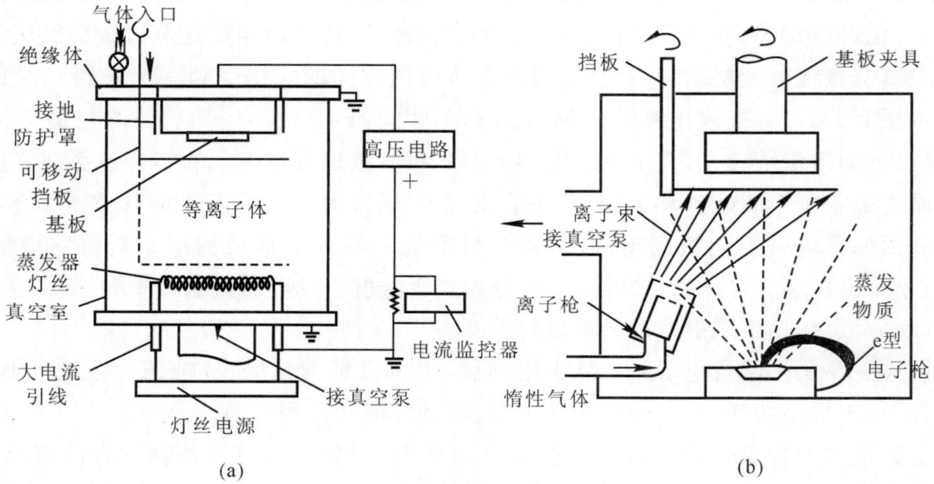

图 12.12 离子镀的两种基本形式

(a)等离子体基离子镀装置;(b)真空基离子镀装置

离子镀的主要特点是镀层附着力高和绕镀性好。附着力高的原因是由于已电离的惰性气体不断地对镀件进行轰击,使镀件表面得以净化;在膜层界面制备过程中,离子轰击作用使膜基粒子共混,形成伪扩散层。绕镀性好则是由于镀料被离子化成正离子,而镀件带负电荷,而且镀料的气化粒子相互碰撞,分散在镀件(阴极)周围空间,因此能镀在零件的所有表面上。另外,由于离子镀前进行辉光放电清洗工件表面,离子镀过程中工件受到离子的连续轰击,因而离子镀对零件的预处理的要求不高。

离子镀金属或合金镀层在防腐蚀和抗氧化方面得到了广泛的应用。例如,二极真空离子镀铝取代电镀镉,已成为钛合金、结构钢航空航天零部件的重要腐蚀控制镀层,而离子镀 MCrAlY 镀层则成为重要的抗高温氧化镀层。

(2)化学气相沉积。利用加热、等离子体激励和光辐射等方法,使气态或蒸气状态的化学物质发生化学反应,形成固态物质沉积在基片表面上,从而形成所需要的固态薄膜或涂层的方法,称为化学气相沉积(Chemical Vapour Deposition,缩写为 CVD)技术。

用化学气相沉积技术可以沉积金属、半导体和绝缘体薄膜,采用该种方法可以制成高度完整和高纯度的晶态物质和非晶态物质,可比较容易控制涂层的化学成分和结构,成膜速率快,在常压或在低真空下进行,镀膜的绕射性好。传统 CVD 的主要缺点是反应温度高,一般要在

1 000℃左右，许多基体材料经受不住如此高的温度。

近年来，为克服传统 CVD 的高温工艺缺陷，发展出了多种中温（800℃以下）和低温（500℃以下）CVD 新技术，其中金属有机化学气相沉积（MOCVD）和等离子体增强化学气相沉积（PECVD）技术就分别属于十分有前途的中温和低温新型 CVD 技术，由此扩大了 CVD 技术在表面技术领域的应用范围。CVD 技术在表面处理方面正受到广泛的重视，机械工程材料、反应堆材料、宇航材料、光学材料、医用材料及化工设备用材料等都可针对不同的使用条件，用 CVD 法镀制防护膜层，达到防腐抗蚀、耐热耐磨、表面强化等方面的要求。

8. 激光束、离子束及电子束技术

采用激光束、离子束及电子束技术对材料表面进行涂层或改性处理，统称为三束表面改性技术，是近 20 多年迅速发展起来的材料表面新技术，是材料科学的最新领域之一。

使用高能（数百 keV）离子束轰击固体表面，可以把任何元素掺入任何基体的近表面区域，而近表面区域的这种合金化不受溶解度及扩散系数之类的热力学条件所限制，这种离子束表面改性工艺称为离子注入。该工艺属低温沉积技术，在几乎所有的情况下，改性区深入基体内部达几十纳米。离子注入可改进金属材料的耐腐蚀、抗氧化、抗磨、抗疲劳性能。例如，离子注入 N，Cr，Zr，Ti，Si，Mo＋C，Ti＋C，使结构钢的耐蚀性能明显提高；离子注入 Y，Ce，使高温合金的抗氧化性能改进；而离子注入 N，C，Ba，使钛合金的常规疲劳和微动疲劳抗力提高。金属蒸气真空弧源（MEVVA）和等离子体浸没离子注入（PⅢ）新型技术的问世，使离子注入的工艺过程简化，实现了全方位注入，由此扩大了应用范围。利用离子轰击作用发展出了离子束辅助沉积（IBAD）、离子束表面混合和双束溅射（复合离子束溅射）沉积等表面涂层技术。

用脉冲激光器可获得极高的加热和冷却速率，从而可制成微晶、非晶及其他一些奇特的、热平衡图上不存在的亚稳合金，从而赋予材料表面以特殊的性能。具体的激光表面改性技术有激光相变硬化、熔凝、合金化、熔覆、颗粒注入、非晶化、冲击硬化、激光化学气相沉积（LCVD）等。激光表面改性技术可赋予结构材料表面良好的耐蚀、抗磨、抗氧化性能。需要指出的是，由于激光改性在材料表面造成很大的温度梯度和残余应力，易造成表面出现裂纹，因此，在工艺参数控制和方法选择中必须充分注意。

电子束和激光束一样也是一种高能密度的热源，可以把上千瓦的能量集中到直径几微米的区域内，从而获得高达 10^9 W/cm^2 的能量密度，实现相变硬化、表面熔凝、表面熔覆和表面合金化，并达到改进材料耐蚀、抗磨、抗高温氧化的目的。此外，电子束物理气相沉积（EB-PVD）用于沉积热障涂层，可获得具有足够应变容限的柱状晶结构，在提高发动机高温环境适应性和效率方面发挥了重要作用。

总之，离子束、激光束和电子束作为一种特殊的能量方式，在表面改性和实施化学气相沉积及物理气相沉积方面显示出诸多优势，可很好地、有效地改善基体表面的物理化学性能，使基体表面获得用其他方法不能获得的独特性能，使表面工程、微电子工业取得前所未有的进步和历史性的突破。三束技术在表面工程领域的应用范围极其广泛，前景极其广阔。

二、非金属覆盖层

非金属覆盖层,也称非金属涂层,分为无机涂层和有机涂层。

1. 无机涂层

(1)搪瓷涂层。搪瓷涂层又称珐琅(Glaze Coating),是类似玻璃的物质。搪瓷涂层是将钾、钠、钙、铝等金属的硅酸盐,加入硼砂、硼酸、碳酸钾、碳酸钠等熔剂,喷涂在金属表面烧结而成。为了提高搪瓷的耐蚀性,可将其中的 SiO_2 成分适当增加(例如质量分数大于 0.60),这样的搪瓷由于耐蚀性好被称为耐蚀搪瓷。耐蚀搪瓷常用做各种化工容器的衬里,它能抵抗高温高压下有机酸和无机酸(氢氟酸除外)的侵蚀。由于搪瓷层没有微孔和裂纹,因此能将钢铁基体与介质完全隔开,起到防护作用。搪瓷材料是脆性材料,要防止机械冲击及热冲击作用,否则将会使涂层加速破坏。

(2)硅酸盐水泥涂层。硅酸盐水泥涂层是将硅酸盐水泥料浆涂覆在大型钢管内壁,固化后形成涂层。由于价格低廉,使用方便,而且膨胀系数与钢接近,不易因温度变化发生开裂,因此广泛用于水溶液和土壤中的钢及铸铁管线的防护。硅酸盐水泥涂层厚度约为 0.5~2.5 mm,使用寿命最高可达 60 a。硅酸盐水泥涂层带碱性,因此易受酸性气体及酸溶液的侵蚀,这类涂层的另一缺点是不耐机械冲击及热冲击。

(3)陶瓷涂层。陶瓷涂层(Ceramic Coating)是采用热喷涂或气相沉积(包括 PVD 和 CVD)的方法将陶瓷材料涂覆于金属表面形成的涂层。涂层主要是氧化铝、氧化锆等耐高温氧化物,厚度在 0.3~0.5 mm,工作温度达 1 000℃以上。陶瓷涂层具有耐高温、抗氧化、耐腐蚀、耐磨、耐气体冲蚀,以及良好的耐热震性和绝热、绝缘性能。陶瓷涂层主要用于喷气发动机、燃气涡轮机等高温环境。

(4)化学转化膜。化学转化膜(Chemical Conversion Coating)是金属表层原子与介质中的阴离子反应,在金属表面生成附着性好、耐蚀性优良的薄膜。用于防蚀的化学转化膜主要有以下几种:

1)铬酸盐钝化膜。铬酸盐钝化处理(Chromating)常用于锌、镉、铝、镁、锡、黄铜的表面处理。将金属或镀层置于含铬酸、铬酸盐或重铬酸盐及添加剂的水溶液中处理,在金属表面形成由三价铬和六价铬的化合物组成的铬酸盐钝化膜,厚度一般为 0.01~0.15 mm。随厚度不同,膜的颜色可以从无色透明转变为金黄色、绿色、褐色甚至黑色。在铬酸盐钝化膜中,不溶性的三价铬化合物构成了膜的骨架,六价铬化合物则分布在膜的内部,起填充作用。当膜受到轻度损伤时,六价铬会从膜中溶入凝结水中,使露出的金属表面钝化,起到修补钝化膜的作用。

铬酸盐处理大量用于镀锌钢材,铝合金及镁合金的涂装前处理。由于六价铬对人体有害,钝化处理后的废水一定要经过严格处理才能排放。从环保的角度出发,目前正在进行代替铬酸盐处理的研究,但所研究的膜层质量和成膜速率还赶不上铬酸盐钝化膜。

2)磷化膜。磷化膜又称为磷酸盐膜,是将金属置于含磷酸和可溶性磷酸盐溶液中,通过化学反应在金属表面上生成不溶的、附着性良好的保护膜，该工艺称为磷化或磷酸盐处理(Phosphating)。磷化液有磷酸锌、磷酸铁、磷酸锰、磷酸钙、磷酸钠及磷酸铵等。磷化工艺可分为高温(80℃以上)、中温(50～70℃)和常温(15～45℃)三种情况。施工方法有浸渍、喷淋或浸喷组合。磷化膜的厚度一般在 1～15 μm，实际使用中厚度多采用单位面积膜层质量表示。磷化膜多孔，耐蚀性较差，磷化后必须用重铬酸钾钝化或浸油封闭处理。

磷化在钢铁件上使用最多，由于漆膜在磷化膜上有很好的附着力，因此磷化膜常用于钢铁零件涂漆的底层。此外，磷化膜还用于冷加工润滑、减摩及绝缘等方面。磷化膜也在镁及其他有色金属表面使用，镁合金在磷化后涂漆可以大大提高其耐蚀性。

3)钢铁的化学氧化膜。钢铁的化学氧化(Chmical Oxidation)是采用化学方法，在钢铁制品表面上生成一层保护性氧化膜(Fe_3O_4)，表面呈蓝黑色或深黑色，故又称为发蓝或发黑。其方法有碱性发蓝和酸性发蓝。碱性发蓝用得较多，方法是将钢铁制品浸入到含氧化剂($NaNO_2$ 或 $NaNO_3$)的氢氧化钠溶液中，在约 140℃下进行处理，得到 0.6～0.8 μm 厚的氧化膜。由于膜层薄，故对零件尺寸和精度无明显影响。

钢铁的化学氧化膜的耐蚀性较差，需要浸肥皂液、浸油或浸重铬酸钾溶液处理后，才有较好的耐蚀性和较好的润滑性。

钢铁的氧化处理广泛用于机械零件、电子设备、精密光学仪器、弹簧和兵器的防护与装饰。由于碱性发蓝在高温下进行，操作条件差，因此，近年来低温氧化工艺开发受到重视。

4)阳极氧化。阳极氧化(Anodic Oxidation)是将零件作为阳极放入特定的电解质溶液中，使表面形成具有保护性氧化膜的表面处理方法。它通常用于有色金属，除常见的铝合金阳极氧化外，镁合金、钛合金也常常采用此种方法进行表面防护和装饰。

铝在空气中自然氧化的膜厚为 3～5 nm，有一定的保护作用，但不能完全满足使用要求。铝及铝合金在硫酸、铬酸、草酸或混合酸中阳极氧化处理后，可得到几十至几百微米厚的多孔化膜，经在沸水或重铬酸钾等介质中封闭处理，膜层具有很好的耐蚀性、耐磨性和绝缘性，和基体结合得非常牢固。在未封闭前，还可利用氧化膜多孔的特点，给阳极氧化膜染上各种颜色作表面装饰用。采用特殊的工艺，还能使铝及铝合金表面生成一层具有瓷质感的氧化膜，有很好的防护及装饰效果。铝的阳极氧化技术在航空航天、汽车制造、民用工业上都得到了广泛的应用。镁及镁合金在自然条件下形成的氧化膜远不如铝合金的自然氧化膜的保护性好，但可以通过阳极氧化形成耐蚀性较好的氧化膜。镁合金阳极氧化可以在酸性和碱性介质中进行，氧化条件不同，氧化膜可以呈不同的结构和颜色。随着进入 20 世纪 90 年代镁合金在汽车、通信、计算机和声像领域的应用，镁合金阳极氧化技术得到了较快的发展。阳极氧化也是提高钛合金耐磨和抗蚀性能的一种方法，在航空航天领域有较广泛的应用。

近年来新发展起来的微弧等离子体氧化工艺是一种直接在铝合金、镁合金和钛合金等金属表面原位生长陶瓷层的新技术，在工作中使用较高的电压(直流或脉冲形式)，将工作区域由普通的阳极氧化法拉第区引入高压放电区域。采用该技术所制得厚度达数百微米厚的高硬度、低孔隙、具有瓷质感的氧化膜，其耐蚀性和耐磨性都很好。

2. 有机涂层

(1)涂料涂层。涂料涂层俗称油漆涂层，这是由于早期涂料主要以油为原料的原因。随着各种有机合成树脂的广泛应用，涂料已经形成了一个大家族。目前涂料涂层在整个表面覆盖层中所占的比例较大。涂料涂层除对金属具有保护作用外，还具有装饰作用、标志作用及特殊作用(如绝缘、抗微生物、耐辐射、示温、伪装、防震、红外线吸收、太阳能接收等)。

1)防锈涂料的基本组成。涂料一般由成膜物质、颜料、溶剂和助剂组成，表 12.15 给出了各主要组分的主要作用。通常根据主要成膜物质，涂料分为油基涂料和树脂涂料。常用的有机涂料有油脂涂料、酚醛树脂涂料、醇酸树脂涂料、沥青涂料、氨基树脂涂料、硝基涂料、纤维素涂料、过氯乙烯树脂涂料、乙烯树脂涂料、丙烯酸树脂涂料、聚酯树脂涂料、环氧树脂涂料、聚氨酯涂料、有机硅涂料等。

表 12.15　涂层的基本组成及主要作用

基本组成	典型品种	主要作用
成膜物质	油料、天然树脂、合成植物	是涂料的基础，粘接其他组分，牢固附着于被涂物表面，形成连续固体涂膜，决定涂料及涂膜的基本特征
颜料与填料	钛白粉、滑石粉、铁红、铅黄、铝粉、云母	具有着色、遮盖、装饰作用，并能改善涂膜性能(如防锈、抗渗、耐热、导电、耐磨、耐候等)，增强膜层强度，降低成本
分散介质	水、挥发性有机溶剂(如酯，酮类)	使涂料分散成粘稠液体，调节涂料流动性、干燥性和施工性，本身不能成膜，在成膜过程中挥发掉
助剂	固化剂、增塑剂、催干剂、流平剂等	本身不能单独成膜，但改善涂料制造、储存施工、使用过程中的性能

2)涂层的保护机理。有机涂料对金属材料的保护原理基于三个方面：隔离环境、缓蚀和电化学保护作用。

ⅰ. 物理覆盖作用。涂层覆盖于金属表面，将金属和环境隔开，起到了对金属的屏蔽作用。由于许多涂料对酸、碱、盐等化学物质显示惰性，在涂覆时通常涂覆多层，使涂层达到一定的厚度而致密无孔，有效地阻挡了环境对金属的侵蚀。

ⅱ. 缓蚀作用。借助涂料中的防锈颜料(如红丹、锌铬黄、磷酸盐、硼酸盐等)与金属反应，使金属表面钝化或生成保护的物质以提高涂层的保护作用。另外，一些油料在金属皂的催干作用下生成降解产物，也能起到有机缓蚀作用。

ⅲ. 阴极保护作用。介质渗漏接触到金属表面，就会形成膜下的电化学腐蚀。在涂料中使用电位比基体金属低的金属做填料，会起到牺牲阳极的阴极保护作用。

3)涂层的结构。一般涂层应包括底漆、中间层和面漆。底漆必须对金属具有良好的附着性和防护性；中间层应能增强底漆和面漆的结合强度；面漆应具备较好的耐蚀性、耐候性和抗紫外线辐射性能，同时提供装饰作用。每层涂料按需要涂刷一次至数次。根据环境和对底漆、中间层及面漆的不同要求，选择涂料的类型、涂刷次数及涂层厚度。要保证底漆、中间层和面漆是相容的。

4)涂装方法。应当根据涂料品种、性能、施工要求、固化条件以及被涂产品的材质、形状、大小、表面状况等具体情况，选择适当的施工方法和工艺设备。常用的涂装方法有刷涂、刮涂、浸涂、喷涂、淋涂、静电喷涂、电泳涂装、粉末涂装等。每涂一层都应充分干燥，干燥的方法分为自然干燥和强制人工干燥。自然干燥就是在常温下依靠溶剂的挥发，自行聚合及催化聚合由液态转变为固态形成漆膜的过程。而人工强制干燥包括加热干燥（如热风对流加热、辐射加热、对流辐射加热等）和照射固化（紫外线或电子束照射）。

(2)塑料涂层。可以将塑料粉末喷涂在金属表面，经热固化形成塑料涂层；也可用层压法将塑料薄膜直接粘接在金属表面形成塑料涂层。用此法制成的有机涂层金属板用途极为广泛。常用的塑料薄膜有丙烯酸树脂薄膜、聚氯乙烯薄膜、聚乙烯薄膜和聚氟乙烯薄膜等。

(3)硬橡皮覆盖层。在橡胶中混入质量分数为 0.30～0.50 的硫进行硫化，可制成硬橡皮，它具有耐酸、耐碱腐蚀的特性，许多化工设备采用硬橡皮做衬里。其主要缺点是加热后会老化变脆，只能在 50℃以下使用。

三、表面机械形变强化处理*

应力作用下的腐蚀破坏（应力腐蚀、腐蚀疲劳、氢脆、微动损伤等）是由应力和腐蚀环境协同作用造成的失效。对于这种类型的腐蚀控制问题，除采用前面所介绍的防护方法外，联合表面机械形变强化工艺技术，可以取得更为显著的效果。

随着塑性变形量增加，金属形变抗力不断增大的现象称为形变强化，或加工硬化。形变强化是通过位错在变形过程中的大量增殖，以及位错间的复杂交互作用而造成的。表面形变强化工艺技术就是借助于改变材料的表面完整性来改变疲劳断裂（包括常规疲劳、腐蚀疲劳、接触疲劳、微动疲劳）和应力腐蚀断裂抗力及高温抗氧化的能力。被改变的材料表面完整性包括表面粗糙度、表层的组织结构与相结构、表层的残余应力状态及表层的密度等。

1. 机械形变强化技术

机械形变强化工艺技术主要有如下几种类型：

(1)孔冷挤压强化。孔冷挤压强化系指利用比被挤压材料硬度高的特定工具（棒、衬套、模具等），在零件孔的内壁、孔角、沉头窝及孔周边，连续、缓慢、均匀地挤压材料，并形成一定的塑性变形层，从而提高其疲劳强度和抗应力腐蚀能力的一种工艺方法。具体有芯棒冷挤压（含孔壁、孔角及沉头窝的冷挤压）、开孔衬套（工艺衬套）冷挤压和孔周边压印等。

(2)干涉配合。所谓干涉配合，是指钉杆（铆钉杆或螺钉杆）或销钉直径大于孔径的一种过盈配合。当干涉量适当时，就可以在孔边获得合理的应力分布，从而明显地提高被连接件的疲劳强度，改进抗应力腐蚀性能。干涉配合分为铆接干涉配合和螺接干涉配合两大类。

(3)孔冷挤压加干涉配合螺接。即复合强化,如将螺栓孔冷挤压后安装干涉螺栓等。

(4)喷丸强化。喷丸强化是指高速运动的弹丸流连续喷射材料表面,并使其发生塑性变形,从而使金属材料获得好的抗疲劳(包括腐蚀疲劳)和抗应力腐蚀性能的过程。具体包括结构表面强化、圆角强化和大孔孔壁喷丸等。

(5)滚压强化。即利用比被强化材料硬度高的特定工具(滚轮),在一定的载荷下连续、缓慢、均匀地挤压材料表面,形成一定的塑性变形层,以提高材料疲劳强度和抗应力腐蚀能力。

喷丸强化对零件被强化的表面几乎没有粗糙度的要求,而滚压强化、内孔挤压强化工艺等,则对零件被强化的表面粗糙度有较高的要求。大部分的强化工艺对被强化零件的几何形状均有一定的要求,或者说其应用范围受到零件几何形状的一定限制,而唯独喷丸强化工艺不受零件几何形状的限制,具有适应性广、工艺简便、能耗低、成本低廉、强化效果高等优点。近半个世纪以来,工业发达国家对越来越多的主要承载机械零件,相继采用了表面喷丸强化处理。表 12.16 比较了喷丸强化、孔挤压和滚压强化三种主要工艺的特点和应用条件。

表 12.16　三种形变强化工艺的特点及对强化零件的要求

表面强化工艺类型	强化介质或工具	使用设备	被强化零件表面粗糙度 R_a/mm	可达到的表面粗糙度 R_a/mm	可获得的表面形变层深度/mm	被强化零件的几何形状要求
喷丸强化	弹丸(铸钢丸、玻璃丸、陶瓷丸等)	喷(抛)丸机	0.65～5	0.63～2.5	0.5～2.0	任何形状的内外表面
滚压强化	滚轮和滚轮架	车床	≤2.5	0.63～1.25	0.5～2.0	圆柱或圆锥体曲面
内孔挤压强化	内孔挤压枪	钻床	≤2.5	0.63～1.25	0.5～1.5	孔的圆形内表面

由于喷丸强化可在控制金属材料常规机械疲劳、腐蚀疲劳、应力腐蚀、微动损伤失效等方面发挥显著的效果,因此,下面仅简要介绍喷丸形变强化的基本原理及应用。

2. 喷丸强化

喷丸强化(Shot Peening)就是利用高速运动的弹丸流连续喷射材料表面,并使其发生塑性变形的过程。弹丸流不断撞击材料表层,如同无数的小锤连续不断地锤击材料表面,使表层(深度为 0.1～0.7 mm)材料发生循环塑性变形,而包围此塑性变形层的为广大的弹性变形基体。依金属材料的力学性能和喷丸工艺条件的不同,喷丸后材料表层发生以下变化(见图 12.13):①组织结构变化(如亚晶粒尺寸、位错密度及组态、相结构等);②表层内形成残余压应力场;③表面粗糙度变化。

上述三种变化也常常被称为喷丸强化三因素。喷丸强化三因素对材料的力学性能(尤其是疲劳性能和应力腐蚀开裂性能)产生两种不同影响:一种为强化因素,使喷丸后的力学性能改善;另一种为弱化因素,使喷丸后的性能下降。在一定的条件下,塑变层内的微细亚晶粒、高密度位错、不锈钢中的相变马氏体及残余应力等，都表现为强化因素；另一方面，喷丸后表面粗糙度增高（即增高了应力集中效应），或喷丸强度过高导致表面微裂纹的出现，这些通常为弱化因素。强化因素还可分为组织结构强化（简称组织强化）和残余应力强化（简称应力强化）。如何通过恰当的喷丸强化参数控制来削弱弱化因素的不利影响，而充分发挥强化因素的有利作用，是喷丸强化改进材料抗失效破坏的关键。

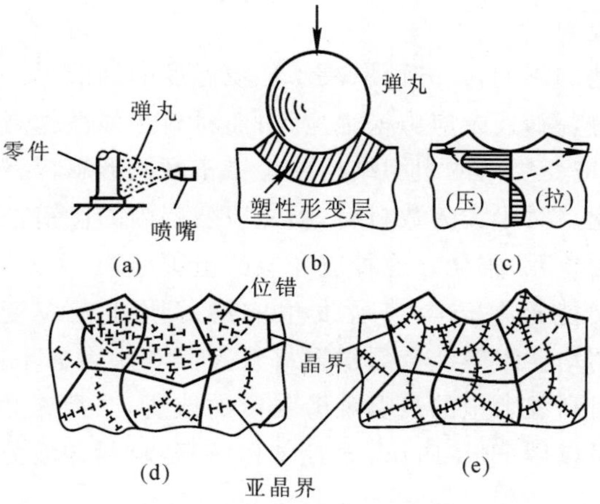

图 12.13　喷丸强化后表面层的强化情况

（1）应力强化。喷丸强化造成材料表层发生塑性变形，而包围此塑性变形层的广大弹性变形基体对塑性变形区产生约束，由此导致在材料表层引入残余压应力，而次表层为与之平衡的残余拉应力，如图 12.14 所示。喷丸层残余应力的分布与使用弹丸的硬度、被喷靶材的硬度（强度）及喷丸强度等因素有关。

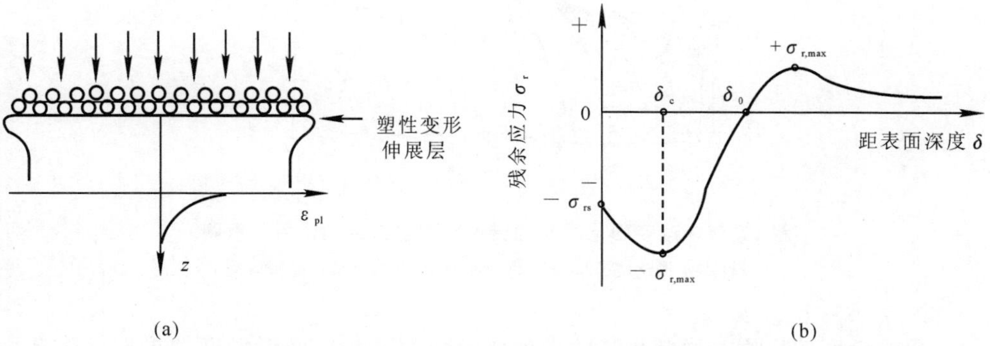

图 12.14　喷丸强化层形变和残余应力分布示意图

（a）弹丸作用材料表层示意图；（b）喷丸层残余应力分布

喷丸引入的残余压应力与零件承受的交变应力中的拉应力在同一截面叠加后，一是使有效张应力降低，二是使零件承受的最大拉应力由表面移至次（亚）表面。这无论对于减缓腐蚀过程，还是对于控制交变载荷破坏（常规疲劳、腐蚀疲劳或微动疲劳）或静载荷的应力腐蚀破坏，均是有利的。

需要注意的是，喷丸层起强化作用的残余压应力在下述条件下通常会发生松弛或衰减。

1）外加交变载荷中有压应力成分；

2）材料处于高温环境中。

温度对残余应力松弛的影响，一方面取决于环境温度的高低，另一方面取决于材料的热强性。在一般情况下，温度愈高，残余应力松弛愈大；而材料热强性越高，则残余应力松弛越低。

（2）组织强化。喷丸应变层内的组织结构在位错密度及形态、晶粒形状、亚晶粒尺寸、相转变等方面发生相应的变化。对于大多数材料，喷丸应变层内的位错密度增高、晶体点阵畸变增大，亚晶粒（或控制断裂的单元）细化。这种应变层的组织结构，一方面使得应变层内的晶体不易发生滑移，另一方面又能把基体金属所发生的滑移阻止在应变层与基体的界面上，如图 12.15 所示。上述作用均会阻碍疲劳裂纹在材料表面和次表面上的萌生，从而延长其疲劳裂纹的成核寿命。喷丸对高温合金的高温疲劳强度的改善，主要是依靠组织强化的作用。组织强化层内亚晶粒细化可以用 Hall-Petch 理论加以解释，材料的疲劳强度 σ_w 与亚晶粒尺寸 D 之间有如下关系：

$$\sigma_w=\sigma_0+kD^{-1/2}$$

式中，σ_0 为晶格阻力；k 为与材料有关的常数。上式表明，材料的 σ_w 随其 D 值的减小而增高，所以具有精细结构的应变层可以提供更高的力学性能。另外，应变层内均匀分布的位错，可降低晶粒内部各区域之间以及晶粒与晶界之间的电化学性质的差异，从而提高不锈钢等材料晶间腐蚀抗力。

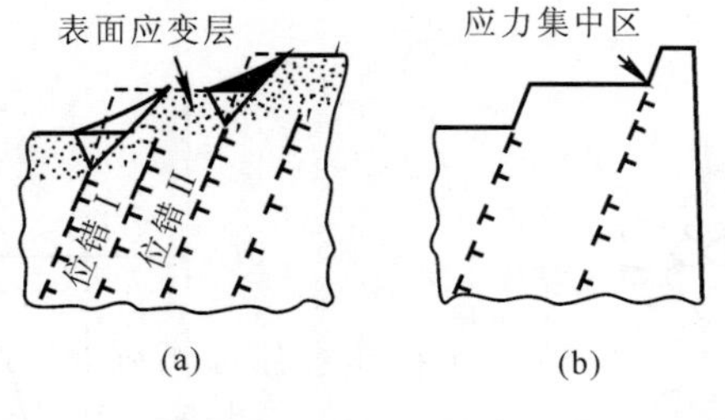

图 12.15　应变强化层对位错运动的组织影响作用示意图

（a）有应变强化层时位错运动；（b）无应变强化层时位错运动

（3）表面粗糙度的作用。通常材料的常规疲劳强度随其表面粗糙度的提高而降低。喷丸强化处理中所采用的喷丸强度越高，则一般表面粗糙度越高，由此给疲劳强度带来损失。然而，在适宜的喷丸强化工艺条件下，因喷丸粗糙度增高给疲劳强度所带来的损失总是抵消不了应力强化和组织强化给疲劳强度所带来的增益作用。应当指出，不是在任何条件下喷丸处理一定会导致表面粗糙度的增加，通过恰当的控制喷丸工艺参数，可以获得适宜的喷丸后表面粗糙度，从而得到适宜的强化效果。喷丸后采用表面精加工处理（如抛光）也可以减小表面粗糙度增大造成的不利影响。此外，对于微动疲劳损伤抗力提高的研究结果表明，在不引入表面损伤性裂纹的条件下，喷丸引起的适宜的表面粗糙度增大，减缓了微动作用，削弱了接触表面的剪切破坏，因而有利于改进材料的抗微动疲劳性能。

喷丸强化还可以提高涂（镀）层等的密度，从而改善其性能。例如，电镀法获得的 NiCrAlY 涂层热扩散处理后，经喷丸塑变处理后密度增高 30%。高密度的涂层会降低高温下氧原子在涂层内的扩散速率，从而使涂层抗高温氧化性能得以提高。

研究表明，喷丸强化不仅使金属材料的常规疲劳强度提高，而且使其抗腐蚀疲劳和抗微动疲劳性能明显改善，甚至效果高于对常规疲劳的作用。

图 12.16 所示是喷丸强化对高强度铝合金（Al6.0Zn2.4Mg0.74Cu0.10Cr）抗 NaCl 水溶液应力腐蚀性能的影响。从图中可以看出，喷丸强化后使铝合金的抗应力腐蚀性能显著提高。

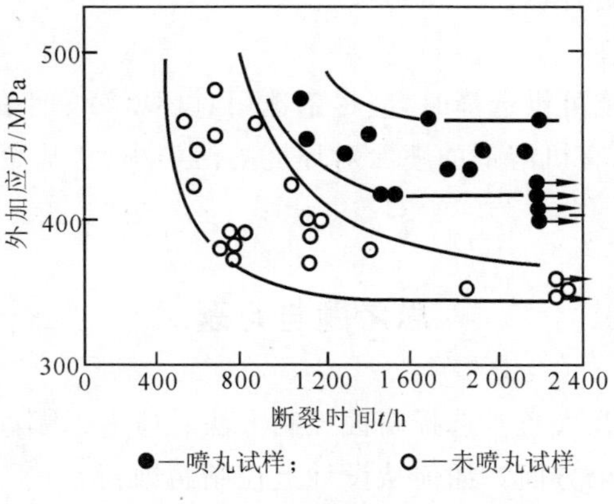

图 12.16　喷丸强化对高强度铝合金应力腐蚀抗力的影响

（材料：Al6Zn2.4Mg0.74Cu0.10Cr；介质：0.5 mol/L 的 NaCl 水溶液）

孔挤压强化的机制与喷丸强化类似，包括残余压应力强化和组织强化。强化层内残余压应力的存在，降低了零件孔壁强化层内的张应力水平，从而起到改善孔壁抗疲劳性能的作用。

12.5　腐蚀控制方法的选择原则

根据具体情况，选择合理、有效、可行的腐蚀控制方法，是减缓材料及设备腐蚀的重要环节。对于一个具体的腐蚀体系，在考虑腐蚀控制措施选择时，主要应从以下几点考虑。

1. 防护效果

防护效果是选择腐蚀控制方法时首先考虑的因素。应根据设备装置的整体性、主要部件的结构特征、材料的性质、所处环境的性质以及各种腐蚀控制方法的使用条件和特点等，综合考虑。各种腐蚀控制方法可以根据应用条件单独使用，也可以联合使用。

2. 实施难易程度

对用相同的材料制成的不同设备和零件，其防护措施的实施难易程度不同，而不同的材料对各种腐蚀控制方法也有不同的要求，在选择腐蚀控制方法时应加以注意。例如，对直径较小的空心管材，用电镀、喷涂的方法就比较困难，而采用化学镀、浸镀或浸涂的方法就方便得多；再如在铝、镁、钛等金属或合金表面电镀比较困难，而在其表面化学氧化、阳极氧化、真空离子镀就容易一些。

3. 经济效益

经济效益是我们选择腐蚀控制方法要考虑的一个十分重要的因素(见图 1.2)。不能只考虑防护效果不顾经济利益，也不能只从经济利益考虑而忽视防护效果。对贵重设备及零件、设备中不易更换的零部件，选择长期防护的措施更经济，而对于一些本身价值不高的零件，选用短期或中期防护方法可能更合理。

4. 环境保护

当有多种腐蚀控制措施可供选择时，应尽量选用对环境污染小的防护措施。例如，选择涂装方法时，粉末涂装就比含有机溶剂的喷涂对环境的污染小，水基涂料就比有机溶剂的涂料污染小。

思考题与习题

1. 腐蚀控制方法分为几大类？选择腐蚀控制方法时应考虑哪些因素？
2. 结构设计包括哪几个方面？如何从设计上控制腐蚀？
3. 防腐蚀选材设计的原则及应考虑的因素是什么？
4. 金属结构或设备的加工工艺对其腐蚀行为有怎样的影响？如何加以控制？
5. 何谓缓蚀剂？试从对电极反应过程的影响上分析缓蚀剂的缓蚀机理。
6. 缓蚀剂按其所形成保护膜的特征，可分为哪几类？何谓危险型缓蚀剂和安全型缓蚀剂？试分析吸附型缓蚀剂的缓蚀机理。
7. 试用电位-pH 图和腐蚀极化图说明阴极保护的基本原理。
8. 阴极保护的基本参数是什么？如何确定？
9. 阳极保护有何特点？如何确定阳极保护参数？
10. 实现阴极保护的方法有哪几种？各有何特点？如何选择？
11. 阴极保护和阳极保护各有什么特点？试指出各自的适用范围和选用原则。

12. 覆盖层分为哪几种？金属覆盖层的主要制备工艺有哪些？干法表面处理与湿法表面处理各有什么特点？如何选择表面处理方法？

13. 试指出有机涂层的基本组成及其作用，有机涂层保护金属材料的原理是什么？

14. 何谓形变强化和喷丸强化？喷丸强化为什么可以提高材料的腐蚀疲劳强度和应力腐蚀抗力？

15. (1)计算锌牺牲阳极的理论电容量。(2)实测锌阳极的电容量是 780 $A \cdot h \cdot kg^{-1}$，试计算阳极的电流效率。已知锌元素原子的摩尔质量为 65.4 g/mol。

16. 计算铜在 0.1 mol/L $CuSO_4$ 中达到完全阴极保护所必须极化到的最小电位(相对于 SCE)。

第 13 章　机电装备的腐蚀与控制*

13.1　航空器的腐蚀与控制

一、航空器及其结构特点

1. 航空器的种类

航空器属于飞行器中的一种。所谓飞行器通常是指所有能离开地面，在大气层内或空间飞行的器械的总称。以不同的飞行环境、飞行原理为依据，飞行器可分为三大类：航空器、航天器、火箭和导弹。此外，有人也将鱼雷等水中武器归入飞行器之列。

在大气层内飞行的飞行器称为航空器，如气球、飞艇、飞机、直升机等。在大气层外飞行的飞行器称为航天器，如人造地球卫星、航天飞船、航天飞机、行星探测器等。火箭是指以火箭发动机为动力的飞行器，如探空火箭、地球物理火箭等。而导弹既有主要在大气层之外飞行的如远程弹道导弹，也有装有翼面在大气层之内飞行的如空—空导弹、巡航导弹等。航空器属于航空研究领域，而航天器、火箭与导弹则通常归于航天研究领域。飞行器分类如图 13.1 所示。

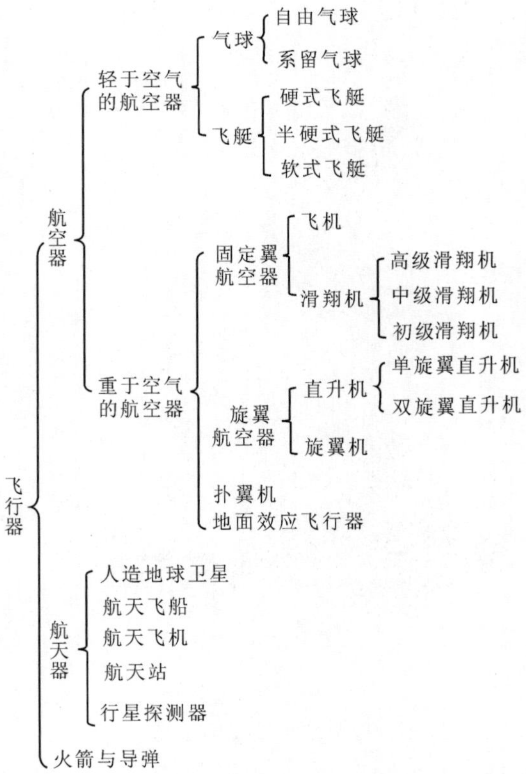

图 13.1　飞行器分类图

飞机是飞行器中品种最多、用途最广、数量最大、服役状态最复杂，失效事故最严重的飞行器群。

飞机根据不同情况，可按用途、构造特点、布局状况、质量大小、速率范围、适航要求等来分类。

(1)按用途分类。按用途，可将飞机分为两大类，即军用飞机和民用飞机。军用飞机又可主要分为歼击机、轰炸机、运输机、侦察机、预警机、教练机、舰载机等，而民用飞机的分类如图 13.2 所示。在军用和民用飞机中，都有能在水上起降的水上飞机。

(2)按适航要求分类。该分类方法用于航空器签证方面，是指根据航空器的预期使用或使用限制所进行的分类。可分为运输、普通、通用、特技、特殊用途、限用和临时使用的飞机等。

由于飞机、直升机及其动力装置的腐蚀与控制问题是航空领域备受关注的重要问题，因此本书仅讨论飞机、直升机和航空发动机的腐蚀与控制问题。为了便于读者更好地认识飞机和航空发动机的腐蚀特点，下面首先对飞机和航空发动机的结构作简要介绍。

民用飞机分类
- 旅客机
  - 干线客机(中/远程飞机)
    - 超声速客机
    - 亚声速客机
  - 支线客机
- 货运机
  - 干线货机(中/远程飞机)
  - 支线货机
- 通用运输机
  - 行政机
  - 教练机
- 农、林机
- 体育运动机
- 多用途轻型机
  - 轻型飞机
  - 超轻型飞机
- 研究、试验机

图 13.2　民用飞机按用途分类

2. 飞机的典型结构

除极少数特殊型式外，大多数飞机都是由机身、机翼、尾翼、起落装置和动力装置等五个主要部分组成的。图 13.3 给出了法国“阵风”战斗机的主要组成部分。

图 13.3　法国“阵风”单座战斗机

1—前缘缝翼；2—主起落架；3—副油箱；4—铝-锂翼身连接板；5—翼-身连接主骨架；6—机炮；7—右侧进气道口；8—前起落架；9—前鸭翼；10—机翼多梁结构，整体油箱；11—机翼碳纤维复合材料蒙皮；12—垂直安定面碳纤维蒙皮；13—方向舵复合材料结构；14—垂直安定面铝-锂附件接头；15—内外侧升降副翼(蜂窝芯子结构)

机身常分为前机身和后机身。对大型飞机而言,机身还可分为机头、前机身、机身中段、后机身、机身尾段。

机翼常细分为中翼、中外翼、外翼和翼尖。机翼是飞机借以产生升力并协同尾翼作飞行姿态控制的重要部件。

传统飞机主要使用金属结构材料,而现代飞机则大量使用复合材料,乃至各种智能材料。

3. 航空发动机简介

航空发动机是飞机的心脏,其类型包括活塞式发动机、火箭式发动机和空气喷气发动机。空气喷气发动机又分为冲压式喷气发动机和燃气涡轮发动机。目前使用最多的是燃气涡轮发动机。燃气涡轮发动机主要包括涡轮喷气、涡轮螺旋桨、涡轮轴、涡轮风扇等发动机,其中以涡轮喷气发动机和涡轮风扇发动机应用范围最广。下面仅以涡轮喷气发动机和涡轮风扇发动机为例,说明发动机的基本结构和工作原理。

图 13.4 为涡轮喷气发动机的示意图。它由进气道 1、压气机 2、燃烧室 3、涡轮 4、尾喷管 5 等部件组成。空气是涡轮喷气发动机的工作介质,进气道用来将外界的空气引进发动机内。压气机是专门用来使空气增压的部件。因为只有在高压下加入热量而在低压下放出热量所组成的热力循环才能获得机械功,所以在喷入燃油进行燃烧前,必须先提高工作介质(空气)的压力。当气流从压气机流过时,压气机工作叶片对气流做功,使气流的压力、温度升高。从压气机流出的高压空气,在燃烧室中和喷入的燃油混合、燃烧,成为具有很大能量的高温高压燃气。燃烧室是使燃油燃烧放出热能而对空气加热的部件。从燃烧室流出的高温高压燃气,流入与压气机装在同一轴上(或两根轴连接在一起)的涡轮。燃气的部分热焓,在涡轮中转变为机械能,带动压气机旋转。燃气在涡轮中的膨胀比远小于压气机中的增压比,所以涡轮出口处气流的压力和温度,都比压气机进口高得多。从涡轮中流出的高温高压燃气,在尾喷管中继续膨胀,以高速沿发动机轴向从喷口向外喷出。这一速率比气流进入发动机的速率要大得多,使发动机获得了反作用推力,此力即飞机需要获得的推动力。为了进一步提高涡轮后燃气的温度,可在涡轮后增添加力燃烧室,在加力燃烧室中再一次喷入燃油燃烧。这样,当气流在尾喷管中膨胀时,排气速率将更大,发动机推力也进一步增大。这种发动机称为复燃加力式涡轮喷气发动机,或简称为加力式涡轮喷气发动机。

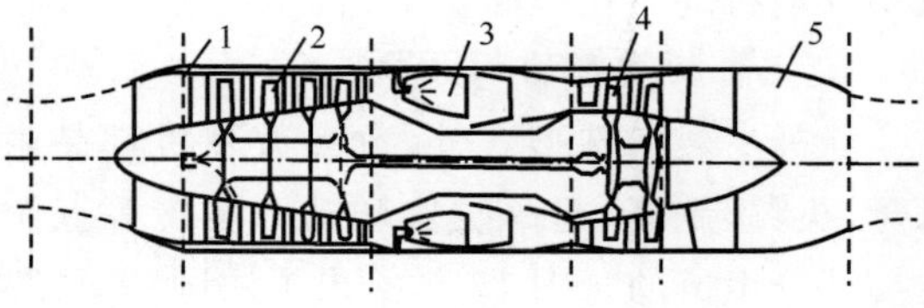

图 13.4 涡轮喷气发动机示意图

1—进气道;2—压气机;3—燃烧室;4—涡轮;5—尾喷管

图 13.5 所示为涡轮风扇发动机的示意图。图中的 2,3,4 分别为压气机、燃烧室和涡轮,组成燃气发生器。在燃气发生器的涡轮后面,增加一级或几级涡轮,和风扇 5 相连接。在前风扇后,气流分为两路:第一路(或称为内涵道)气流在前风扇后流入燃气发生器;第二路(或称为外涵道)气流在前风扇后流经燃气发生器周围的气流通道。流过第二路的空气流量和流过第

一路的空气流量之比，称为涵道比。两股气流可以分别排出或混和后排出。由于第一路的气流要在燃气发生器后面的涡轮中继续膨胀以带动风扇，温度和压力要进一步降低，第一路的排气速率减小，推力减小。但是由于燃气发生器的一部分能量通过涡轮传给风扇，使流过第二路的气流的压力升高，流过涡轮风扇发动机的总的空气流量增大，这第二路气流在外涵管道中膨胀，也产生推力。发动机的推力是这两部分推力之和。这种发动机由于它的经济性好，已成为目前高亚声速运输机用发动机的基本形式。涡轮风扇发动机也可以带有加力燃烧室，称为加力式涡轮风扇发动机。

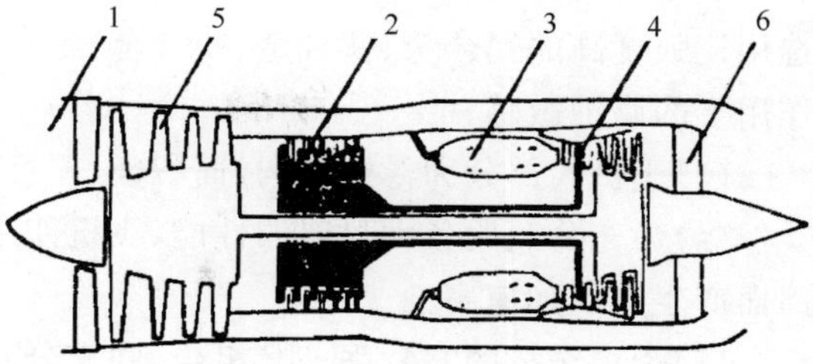

图 13.5　涡轮风扇发动机示意图

1—进气道；2—压气机；3—燃烧室；
4—涡轮；5—风扇；6—尾喷管

通过上述介绍可以看出，压气机、燃烧室和涡轮是发动机的核心，而压气机和涡轮又是出现失效事故最多的部件。图 13.6 给出了压气机转子叶片与压气机盘的几种连接方式，而涡轮则多以枞树型榫头和盘榫槽连接。

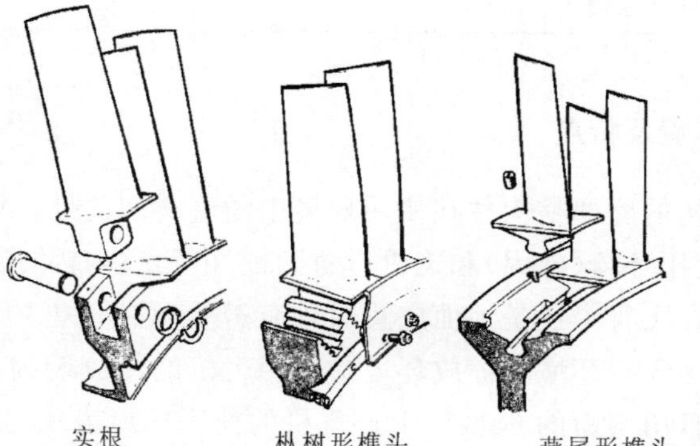

图 13.6　压气机转子叶片的几种安装方法

4. 航空器受载与结构特点

航空器的腐蚀破坏除与环境条件有重要关系外，还与其受力状况和结构特点密不可分。表 13.1 给出了飞机的主要受载情况。

航空器设计为了达到高性能、长寿命、高可靠性和适修性，采用了一切先进的结构技术，以保证航空结构的轻（低重量）、强（强度高）和刚（刚性好），由此使得飞机结构表现出如下的特点。

（1）设计安全系数小，结构大都承受很大载荷，由此易促进应力作用下腐蚀破坏的发生。

(2)比强度高材料的普遍应用,使耐蚀性能降低。为了减轻重量,飞机绝大部分结构材料选用比强度高的铝合金、钛合金、镁合金、超高强度钢等,这些材料要么耐蚀性低,要么对应力作用下的腐蚀敏感。

(3)飞机大部分为薄壁结构,面积大、厚度小,轻微腐蚀便对结构强度有很大的影响。

(4)为充分利用各种材料的性能,飞机使用的材料品种多,异类金属材料接触易因电偶作用而产生电偶加速腐蚀。

(5)为求结构的"轻、强、刚"组合,并充分利用有限空间,飞机构造比较复杂,内部不开敞,通风不良,易引起水分积聚,促进腐蚀。

表 13.1 飞机主要受载情况

分 类	受 载 情 况
飞行载荷	平衡机动,俯仰机动,对称垂直突风,鸟撞滚转机动,不对称垂直突风,偏航机动,发动机失效偏航,横向突风,发动机扭矩,发动机侧向、陀螺力矩,增压舱
着陆载荷	水平最大垂直,水平最大起转,水平最大回弹,尾沉着陆,单轮着陆,侧向载荷,回跳着陆,应急着陆
地面操作载荷	飞滑跑,滑行刹车,倒行刹车,转弯,侧偏,回转,牵引,千斤顶
水载荷	着水,起飞

二、航空器腐蚀环境及特点

飞机等航空器结构的腐蚀是构件在使用环境中随着时间的推移而发生的化学或电化学累积性损伤,由飞机的使用环境(外因)和飞机自身耐蚀性特点(内因)所决定。

由于航空器无论在飞行中还是地面放置时均有遭受腐蚀侵害的可能,因此与腐蚀相关的航空器的使用环境包括飞行环境和停放环境。民用飞机的停放期约占其日历寿命的70%,而军机的停放期则占其日历寿命的90%以上。飞机的使用环境表现出下述若干特点。

(1)复杂的气候条件。无论军用飞机还是民用飞机,均经受风吹、日晒、雨淋、雪打和夜露等外部环境的作用。尤其像我国海岸线长,沿海地域辽阔,大部分地处热带、亚热带、温带,气候普遍潮湿。民用航空四通八达,民机会遇到世界各地复杂的气候环境。

(2)苛刻的大气环境。飞机飞行时常经过工业区上空,而工业区上空聚集有大量的腐蚀性物质,如 SO_2,H_2S,Cl_2,HCl,NO_2,NH_3,CO,CO_2 等腐蚀性气体,以及 NaCl,$CaCO_3$,氧化物等腐蚀性固体颗粒,由此导致工业大气区的雨水和露水的酸度值(pH)可达 4.0,较一般农村大气环境(pH≈6.5)腐蚀性明显增加。海洋上空及沿海地区上空聚集有含盐分蒸汽,腐蚀性很强,如果再有污染性大气的联合作用,腐蚀性则更为苛刻。此外,在雨水中飞行的飞机外壳还遭受雨水的冲刷侵蚀。

(3)较大的温差变化。飞机在飞行时,从地面到高空,温度可从 40℃ 剧降到零下 50℃

(10 000 m 高空)，爬高下降过程温度变化很快；在机场停放时，日夜温差很大。上述较大的温差变化易使潮气在飞机内外表面凝结水膜，内部积聚水分。

(4)局部高温环境。飞机许多零、部件要在高温下工作。不仅动力系统如燃气涡轮发动机燃烧室、涡轮盘、导向叶片(高于 900℃)，活塞式发动机汽缸活塞、排气管(900℃左右)在高温下工作，超声速飞行因气流加热，机体表面温度也明显升高。例如在 30 km 高空，当马赫数为 3 时，机体表面温度可达 300℃；当马赫数为 5 时，可达 900℃。此外，靠近发动机部位及军用飞机炮舱部位，机体结构也在较高温度下工作。

(5)其他特殊的腐蚀因素。水上飞机、舰载飞机和直升飞机，与海水经常接触；对于民用客机，在厨房、厕所等特殊舱内，环境湿度大，生活水、污水等难免外溢或溅到飞机舱壁或地板；空运牲畜和海鲜产品造成飞机货舱较强的腐蚀环境(如牲畜饲料和排泄物、海盐、微生物等)；飞机在起降过程中，地面上卷起的含盐、碱沙土，冲刷和加速起落架及机体的腐蚀；飞机上仪表中水银(Hg)、零部件上的低熔点金属材料等则可能引起飞机零、部件液态金属腐蚀或低熔点金属致脆破坏；飞机零、部件在加工过程中因接触切削液、除油剂、酸洗液、电镀液、清洗剂，甚至手汗等，均会导致腐蚀产生，尤其是高强度钢和钛合金等零构件，在这些腐蚀过程中还会因基体吸氢而构成氢脆隐患。此外，除冰液等也会造成飞机结构的腐蚀。

腐蚀环境通常是指结构件所遭受的介质、温度、湿度、应力和时间等的联合作用的环境条件。通常按涉及的范围大小，将航空器的腐蚀环境分为三种类型：①总体环境，即整机所处的外部大环境，多为自然环境；②局部环境，即航空器不同部位、不同部件、不同组合件所处的特殊工况条件环境；③细节环境(或具体环境)，指影响仅涉及结构细节设计范围或某个零部件的具体部位所承受的腐蚀环境条件，如接头、接触面等。细节环境常常直接影响航空器结构的腐蚀行为，而总体环境、局部环境对细节环境则有重要影响。另外，航空器的零部件在加工过程中，也会引入腐蚀破坏隐患。

1. 航空器的总体环境

除水上飞机和舰载飞机外，无论军机还是民机，其总体环境一般均为大气。具体影响因素包括大气湿度、降雨量、风、雾、雪、凝露、温度、盐分、工业污染量、灰尘、太阳辐射等。不同地区，大气状况不同，对航空器的腐蚀情况也有明显的差异。例如某一型号的直升机使用的发动机，在美国本土服役时，涡轮叶片的寿命可以长达 12 000 h；而在越南热带海洋气候条件下使用，寿命平均仅有 1 200 h；当用于海上石油平台时，因叶片发生热腐蚀，其平均寿命不到 300 h。不同的机型，如运输机、歼击机、强击机、直升机、水上飞机、海上平台或舰载飞机等，可能遇到的总体环境会有很大的差异。

(1)大气湿度与雨量。大气湿度与降雨量和季节有密切的关系，在下雨期间，大气的相对湿度 RH 可达 90%以上。由于我国幅员广阔，地理环境和气候条件都很复杂，不同地区降雨量和湿度也存在很大的差异。例如海口、广州、台北等地年降雨量可达 1600～2 000 mm，平均相对湿度也高达 82%～85%；而呼和浩特、拉萨、兰州、西宁、银川等地年降雨量只有 330～

450 mm,因此平均相对湿度均在 60%以下,拉萨则低到 45%。另外,大气相对湿度随高度增加而降低。例如地面处最高相对湿度达 95%,而 6 000 m 高空处的最高相对湿度降低到 66%以下。在我国长沙市以南的南方各个机场,几乎全年的平均相对湿度多在 80%以上,即机场上停放的飞机成天处于 80%RH 的大气之中。

(2)大气温度。大气温度既可以直接影响腐蚀电极过程的扩散和反应速率,也可以因温差变化导致凝露,从而产生间接促进腐蚀的作用。在一般湿度范围内(RH=65%~75%),空气温度在5~50℃时,温度 6℃时即可凝露,并且温差愈大,出现凝露所需湿度愈低。我国夏天最高气温超过 40℃的地区很多,如新疆的吐鲁番、河北的保定、安徽的蚌埠、河南的南阳、福建的福安和漳州、湖南的株县、江西的长山、广西的百色等地,其中吐鲁番的最高气温曾达到 47.6℃,上述地区的地表温度均在 70℃以上。因此,飞机在这些地区服役时,在腐蚀介质条件相同的情况下遭受腐蚀的倾向高于其他地区。同时,大气温度在一天24 h中也会发生明显的变化,中午的气温通常要高于夜间 5~10℃以上。高度对大气温度有重要影响,图 13.7 给出了我国部分地区 6~10 月份气温随高度变化的情况。可以看出,当地面温度在 10℃左右时,10 000 m 的高空处的温度通常低于−50℃,因此,飞机由地面飞到高空时出现很大的温差变化,由此易使潮气在飞机内外表面凝结水膜或结冰,内部积聚水分。

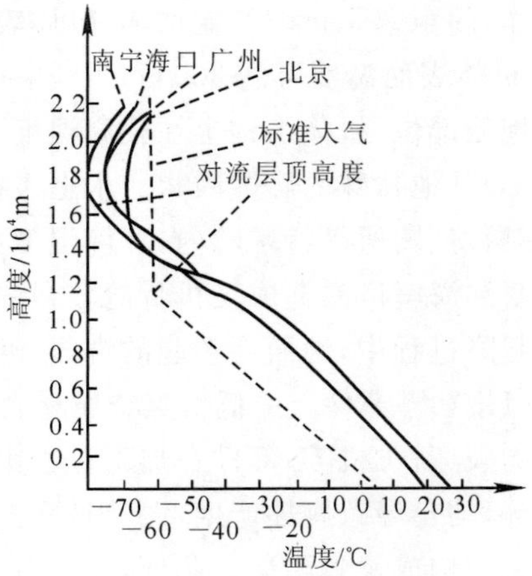

图 13.7 我国部分地区气温随高度的变化(6~10 月份)

(3)大气含盐量及污染状况。我国拥有 18 000 多公里的海岸线、6 500 多个沿海岛屿、37 万平方公里的领海、300 万平方公里的管辖海域,因此,无论军机还是民机均有在海洋气候条件下服役的可能。海浪和海风将海水溅起后带入大气,使沿海地区大气含有相当多的盐分。一般海洋大气含盐量(质量浓度)为月平均值 0.11~0.74 mg/m^3。沿海地区的飞机处于潮湿的含盐大气之中,大气经反复凝结——蒸发,水分逐渐减少,含盐质量浓度不断增加,由此加速飞机结构表面的腐蚀破坏。我国目前不少地区大气污染十分严重,大气中的 SO_2,H_2S,Cl_2,HCl,NO_2,NH_3,CO,CO_2 等腐蚀性气体不仅可以溶入航空器表面水膜中加速腐蚀,而且会溶入雨水中形成酸雨,直接腐蚀航空结构。表 13.2 给出了我国几个典型地区的雨水酸度 pH 值监测统计结果。

对于水上飞机和舰载飞机,其腐蚀环境更为苛刻。水上飞机机身及机翼两端浮筒均在起降滑行中接触或浸入海水;舰载飞机则常常经受海浪溅起的海水喷淋。这些因素均促进飞机的腐蚀。海水中约含质量分数为 0.027 的 NaCl,另外还含有 $MgCl_2$ 和硫酸盐等成分,其总含盐质量分数约为 0.035，因此，在模拟海水对航空结构的腐蚀实验中，通常选用质量分数为 0.035的 NaCl 水溶液作为腐蚀介质。

表 13.2　我国几个典型地区的雨水酸度 pH 值监测统计结果

地区	福建	湖南	湖北宜昌	南京	上海	重庆
雨水 pH 值	4.15～7.33	4.0～5.6	3.62～8.61	3.2 左右	5.6 左右	3.96～4.18
酸雨频率/(%)	89	75～85	47～49	41～46	30～40	93～100

2. 航空器的典型局部环境

(1)飞机舱内局部环境。由于温室效应的结果，飞机舱内温度高于舱外，同时，舱内温度随昼夜的变化也显著大于舱外机场的温度变化，如图 13.8 所示。舱内湿度同样会随舱内温度变化而改变，夜间舱内相对湿度可高达 90%～98%，而白天舱内相对湿度在 43%～80%。对于民航旅客机客舱，乘员的呼吸和出汗不仅会排出水气，而且呼吸还会吐出 CO_2，因此客舱内为弱酸性腐蚀湿气氛。飞机起飞后，随着飞行高度的上升，机内温度逐渐下降，舱内潮气就会凝结成水分，停留在隔音层和蒙皮表面之间，成为腐蚀飞机的主要介质。飞机降落到潮湿空气的地面上，在高空冷却了的表面极易再次出现冷凝水分。例如，一架载有乘客 100 人的民航客机，在潮湿的夏天，从广州起飞，抵达武汉，再返回广州，结果在低舱出水口汇集处可收集到 40～60 kg 的冷凝水。由于中短程飞机起降频繁，凝水机会多，因此比远程飞机腐蚀严重。

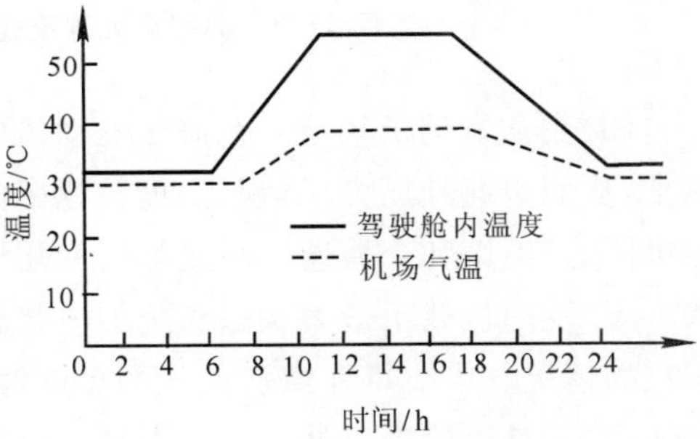

图 13.8　我国华南某机场气温与驾驶舱内温度一昼夜变化

空运活牲畜、海鲜、瓜果蔬菜等会增大飞机货舱内结构的腐蚀倾向，因为牲畜的排泄污物、海鲜的盐分、瓜果蔬菜释放的水分以及这些货物产生的热量，均会提高舱内环境腐蚀的苛刻程度，有时还会引起生物腐蚀的发生。

厨房、厕所专用舱处湿度大，用水不可避免会溅到舱壁、地板上，下水排污也难免外逸泄漏。倘若飞机地板密封不严，极易造成地板梁等结构的腐蚀。

非金属材料(包括油漆)挥发出来的气体(如聚氯乙烯塑料释放出的盐酸、酚醛树脂漆等释放出的甲酸、乙酸等)，有可能使一些金属及镀层(如 Zn，Cd 层)产生气氛腐蚀。

(2)飞机舱外局部环境。飞机起降过程中，跑道上卷起的砂石、泥土、除冰用的 NaCl 盐、雨水等，不仅冲刷、腐蚀起落架，而且损伤机体表面防护层，加速机体的腐蚀。民航客机飞行中厕所污水排除后散布在机体表面，使机体及舱门转轴接头等处严重腐蚀。当飞机高速飞行时，气动加热使飞机机体的头锥、机翼和尾翼等部位驻点处温度明显升高；当航空发动机和军械工作时，则使其附近区域温度升高，如发动机尾锥附近的持续温度可达 500℃左右。

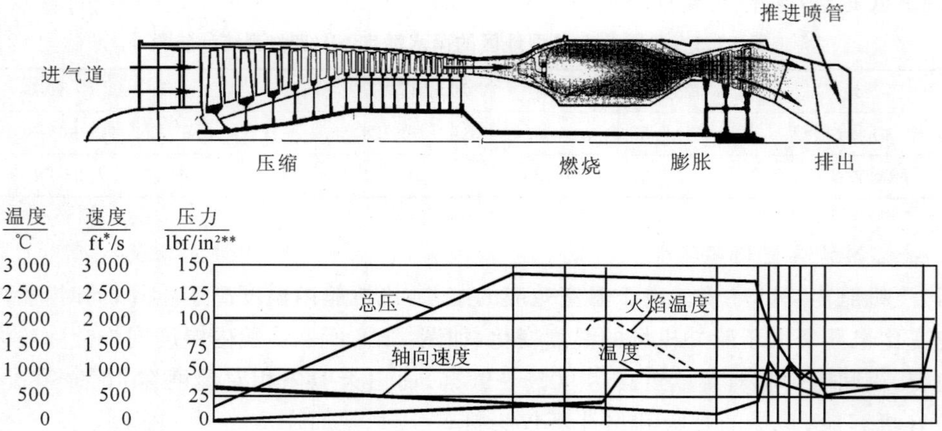

图 13.9 典型单轴轴流式涡轮喷气发动机气流参数沿流程变化

(3)航空发动机环境。在涡轮发动机的工作循环过程中，空气流或“工作介质”接受并放出热量，从而引起其压力、体积、温度及速率的变化。图 13.9 给出了典型单轴轴流式涡轮喷气发动机压力、温度和介质速率沿流程的变化情况。表 13.3 给出了涡喷 7 乙型发动机在标准大气状态下，发动机处于最大状态和全加力状态时，沿流程各特征截面的气压 p_t、温度 T_t 和速度 c 变化的情况。当飞机在海洋大气和工业污染大气中飞行时，发动机压气机吸入的都是腐蚀性气体，尤其是涡轮进口处吸入的则是高温高压腐蚀性气体。目前不少型号的发动机，为提高起飞推力，采用喷水加力系统(即在压气机进口处喷入水或水与甲醇，也可以是乙醇的混合液，降低气温，提高压气机效率，增加质量流量，可增大推力。另外，也可在燃烧室进口处喷液，或在进气道处喷液)，进一步使发动机的腐蚀环境苛刻化。

表 13.3 涡喷 7 乙型发动机气流参数沿流程的变化情况

特征截面		压气机进口	压气机出口	涡轮进口	涡轮出口	加力扩散器出口	加力筒体出口	喷口出口
p_t/MPa	最大	0.101 3	0.901 5	0.811 3	0.249 2		0.229 6	0.229 6
	全加力						0.248 2	0.221 6
T_t/K	最大	288	610	1 288	1 006	1 006	1 006	1 006
	全加力						1 850	1 850
$c/(m \cdot s^{-1})$	最大	208	216	201	289			574
	全加力							780

* ft 为英尺，1 ft＝0.304 8 m。

** lbf 为磅力，1 lbf＝4.448 N；in 为英寸，1 in＝2.54 cm。

3. 航空器的典型细节环境

(1)缝隙普遍存在。无论飞机结构还是发动机结构,机械连接十分普遍,如铆接、螺栓连接、耳片-销轴连接、榫头-榫槽连接、花键连接等,这些连接结构的缝隙因毛细吸附作用,极易引入和滞留腐蚀性水介质,从而为缝隙腐蚀的发生创造了条件。另外,飞机结构和发动机的特殊工况条件,使名义上静止的机械连接实际上处于微动环境之中,因此缝隙结构的存在为微动腐蚀的产生提供了必要条件。

(2)异类金属接触不可避免。航空结构追求轻、强、刚等综合指标,为了充分发挥各种金属材料的优势,异类金属的接触在航空器中十分普遍,如飞机中利用钛合金或高强度钢铆钉或螺栓将铝合金板与飞机钢梁结构等连接在一起,发动机中用钢制锁片或卡环将压气机或涡轮叶片与盘连接起来等。异种金属材料的接触使电偶腐蚀的发生难以避免。

(3)其他环境。蓄电池逸出的腐蚀性化学介质。为了绝热、隔音、绝缘、装饰等目的,在航空结构中存在金属与非金属材料的接触。非金属材料常常会挥发出腐蚀性气氛,与水介质结合会直接对金属结构产生腐蚀。不仅仪表的非金属材料壳体释放的腐蚀性气氛对仪表产生气氛腐蚀,而且含有水银的仪表挥发出的水银气氛或逸出的液态水银还会直接使铝合金产生汞齐化,导致液态金属腐蚀或低熔点金属致脆失效。在航空结构中还存在有温度梯度的结构,如发动机涡轮盘因采用吹风冷却等措施,使轮盘边缘与轮心存在数百度的温度差。此外,航空器中许多零部件承受着大小不一的应力,包括外载所致应力、残余应力、热应力和装配应力等,如涡轮盘上承受的应力有盘转动中的离心力、温度梯度引起的热应力、残留的内应力等。

4. 航空器制造过程中的典型工作环境

航空器零部件的制造过程复杂,经历备料、机加工、热表处理,直至总装、整机喷涂装饰等多种工序,这些过程中均会有腐蚀因素的影响。制造过程中典型的腐蚀环境如下:

(1)板金成型用润滑剂、机械加工用切削液;

(2)焊接助剂及焊接气氛;

(3)热处理加热过程中的炉内介质、冷却介质;

(4)表面处理过程中的除油、酸洗、电镀、化学镀、钝化、除氢等工艺过程用介质;

(5)质量检验所用探伤技术的介质,如超声探伤用的耦合剂、渗透探伤用的渗透液等;

(6)工作人员接触零部件时留下的手汗;

(7)零部件及整机用清洗剂;

(8)零部件接触到的低熔点金属污染物质等。

三、航空器的典型腐蚀类型、部位及级别

实践表明,航空器结构上几乎会发生所有类型的腐蚀。然而从结构完整性、可靠性和耐久性等方面考虑,局部腐蚀和应力作用下的腐蚀对航空器的腐蚀破坏更为严重和重要。

1. 飞机的腐蚀类型和常见部位

(1)常见腐蚀类型:①全面腐蚀;②缝隙腐蚀与丝状腐蚀;③异类金属或金属与碳纤维复合材料间的电偶腐蚀;④点蚀;⑤晶间腐蚀与剥蚀;⑥冲蚀与微动腐蚀;⑦应力腐蚀、氢脆与腐蚀疲劳;⑧氧化;⑨微生物腐蚀;⑩非金属材料的老化、鼓疱、剥离等。

(2)飞机结构常见腐蚀部位:①蒙皮接缝、紧固件连接处、铆钉孔;②起落架;③蓄电池区;④折叠、襟翼和铰链的凹槽处;⑤整体油箱;⑥旅客机的厕所、厨房、座椅轨道等;⑦其他易积水区域等;⑧发动机排气影响区、战斗机的火箭和机枪的射击爆发区等。

2. 发动机的腐蚀类型和常见部位

(1)发动机构件的常见腐蚀类型:①异类金属间的电偶腐蚀;②晶间腐蚀与剥蚀;③点蚀;④应力腐蚀;⑤腐蚀疲劳;⑥冲蚀;⑦高温氧化和热腐蚀;⑧微动腐蚀;⑨低熔点金属致脆等。

(2)发动机结构常见腐蚀部位:①风扇和压气机叶片;②燃烧室;③导向和涡轮叶片;④发动机包皮等。

3. 航空器的腐蚀级别

从现代航空维修工程的角度,按照飞机结构腐蚀的严重性和对承运人机队持续适航性的潜在影响,通常将飞机的腐蚀分为以下三个级别。

(1)一级腐蚀。一级腐蚀是指在两次检查之间发生的局部的损伤,这些损伤在制造厂规定的允许限度内,可以按照制造厂提供的结构修理手册(SRM)、服务通告等修复或去除腐蚀。

(2)二级腐蚀。二级腐蚀是指在两次检查之间发生的超出局部的损伤,它超出制造厂允许的修复或去除腐蚀限度,要求特殊修复或完全/部分更换主要结构元件(按制造厂的规定)。

(3)三级腐蚀。三级腐蚀是指在初次或后续检查中发现的大范围的损伤,由承运人判定为需要迅速行动的潜在适航问题。由于三级腐蚀级别最高,且和结构设计有关,因此需要制造厂参与判定。同时,需要对整个机型采取紧急的特别措施(如颁发适航指令等)。

四、飞机机体结构的腐蚀与控制

1. 飞机机体结构的腐蚀

由于飞机机体不同部位具体或细节环境不同,因此,可能发生的腐蚀类型也有所差异。表 13.4 列出了飞机机体(此处讨论的是以铝合金为主要结构材料机体)不同具体部位可能发生的腐蚀类型和产生的原因。图 13.10～图 13.14 则给出了典型的腐蚀事例。

腐蚀对飞机结构的完整性的影响可以概括为三个主要方面:①直接影响——腐蚀造成金属材料的直接损失,从而影响构件的强度和断裂韧性,降低了零件的结构完整性;②静载荷和腐蚀的协同作用,导致应力腐蚀和氢脆开裂现象,破坏飞机结构的强度,导致飞机结构件的失效;③动载荷和腐蚀的联合作用导致的腐蚀疲劳或微动腐蚀,大大加速飞机结构的提前失效。由于飞机无论在机场停放还是飞行均会遭到腐蚀破坏,因此近年来腐蚀(地面停放时所发生)和疲劳(飞行中产生)的非同步交互影响,即“先腐蚀—再疲劳”的互相促进,互相叠加,造成飞机结构的提前破坏，已引起了人们的极大关注。

表 13.4　飞机机体不同部位的腐蚀类型及其产生的原因

飞机部位	腐蚀类型	腐蚀产生的原因
1. 外机身		
(1)铝合金蒙皮	铆钉或焊点处出现点蚀及丝状腐蚀等	埋头窝处的蒙皮与铆钉头之间存在缝隙，蒙皮与长桁胶接点焊处存在缺陷或缝隙，表面油漆剥落等
(2)门、检查口盖	缝隙腐蚀、晶间腐蚀和剥蚀等	门的梁、框架、加强接头和板结构间存在缝隙，人为因素、维修等引起检查口盖处保护层损伤等
(3)蒙皮上铆钉孔	微动腐蚀与应力腐蚀	缝内吸水，铆钉与孔壁及孔口表面间存在微动作用
2. 机头		
(1)机头雷达罩	钢紧固件与铝合金结构间的电偶腐蚀，铝合金晶间腐蚀	水分及使用引起的油漆剥落
(2)前起落架舱	同上	舱门驱动、使用引起油漆剥落和跑道污染空气及赃物侵蚀的联合作用
(3)风挡框	晶间腐蚀、剥蚀	因密封材料失效而使水分进入
(4)电池组及通风区	电化学腐蚀	电池失效
(5)隔框	表面及晶间腐蚀	缝隙渗入水分、维修等引起油漆损伤
(6)热交换器门	晶间腐蚀及剥蚀	水分渗入
(7)控制电缆	表面磨耗及老化	化学作用
3. 前机身		
(1)大梁、框、桁条	表面及晶间腐蚀	水分进入绝缘物中
(2)地板、盥洗间、厨房区域	表面腐蚀、剥蚀	使用引起油漆脱落，污水与马桶除臭液浸渍
(3)军机炸弹舱	铝合金结构与钢紧固件的电偶腐蚀	舱门开关与装卸引起的油漆脱落
4. 中机身		
(1)机翼中央段与机身连接角铁及上板条	表面腐蚀、晶间腐蚀及钢紧固件与铝结构间电偶腐蚀	机翼弯曲及机身增压引起的油漆层破坏，封闭空舱内易于积留潮气和雨水
(2)地板结构	表面腐蚀、剥蚀	使用引起的油漆故障
(3)机身与机翼的环接头	应力腐蚀	机翼弯曲及水分渗入
(4)民机座椅轨道	表面腐蚀与磨蚀	污物、灰尘、凝结水分及磨损的联合作用
5. 后机身		
(1)登机梯及舱区	表面及晶间腐蚀	使用引起的保护层损伤
(2)地板结构	表面腐蚀、剥蚀	使用引起的油漆故障
(3)厕所区域	表面腐蚀、剥蚀	使用引起油漆层破坏，污物、污水、除臭剂等溅泼
(4)货舱侧壁及地板	表面腐蚀、剥蚀	使用引起的油漆故障，污物、海鲜、蔬菜等释放的水分与盐分等
(5)承压隔框	应力腐蚀、腐蚀疲劳	搭接头与加强条的紧固件受外力和积水的联合作用

续 表

飞机部位	腐蚀类型	腐蚀产生的原因
6. 尾翼		
(1)铝合金板、梁缘条及腹板结构	晶间及应力腐蚀开裂	飞行中机身弯曲和振动引起的油漆及密封材料故障，应力因素与积留的潮气或雨水的联合作用
(2)操纵面及调整片	内外蒙皮的剥蚀及表面腐蚀	吸潮，飞行中弯曲和振动引起的油漆及密封材料故障
(3)雷达罩销子	钢紧固件与铝结构间的电偶腐蚀，铝结构晶间腐蚀	使用引起的油漆层故障
(4)方向舵上的扭管接件及下肋条	表面腐蚀、剥蚀，钢紧固件与铝结构间的电偶腐蚀	吸潮，飞行中弯曲和振动引起的油漆及密封材料故障
7. 机翼		
(1)前、后梁缘条及腹板装配件，上下壁板	晶间腐蚀、剥蚀、应力腐蚀、腐蚀疲劳	缝隙积水，保护层损伤，机身弯曲和振动应力
(2)整流包皮舱门螺帽孔	晶间腐蚀，钢紧固件与铝结构间电偶腐蚀	吸潮，机身弯曲和振动引起的油漆故障
(3)检查门凸起部	表面腐蚀、晶间及应力腐蚀	维修引起的油漆层故障
(4)系统设备接头	表面腐蚀、剥蚀及钢接头与铝结构间的电偶腐蚀	吸潮
(5)襟翼舱壁板、机翼后缘	表面腐蚀、蒙皮剥蚀	吸潮，飞行中机身弯曲和振动引起的油漆及密封材料故障
(6)机翼上、下翼面蒙皮外表面	丝状腐蚀	表面油漆局部剥落
8. 短舱(内外侧)		
(1)主起落架舱	钢紧固件与铝结构间电偶腐蚀及铝合金晶间腐蚀	舱门驱动引起油漆层损伤
(2)短舱接头	晶间腐蚀	振动引起的油漆损伤
(3)齿轮箱	表面腐蚀与晶间腐蚀	吸潮
(4)下部大梁	铝挤压件与不锈钢腹板之间的电偶腐蚀，铝结构晶间腐蚀	吸潮

2. 飞机结构的腐蚀控制

飞机结构产生腐蚀的实质主要是带污染的潮湿空气的冷凝水、进入机体内的雨水等在机体结构表面形成水膜，而导致的各种类型的电化学腐蚀，包括点蚀、缝隙腐蚀、晶间腐蚀、剥蚀、丝状腐蚀、电偶腐蚀、应力腐蚀、腐蚀疲劳、氢脆和微动损伤等。飞机结构的腐蚀与所用材料的自身耐蚀性、设计方案、制造工艺、使用、维护、维修及服役环境等诸多因素密切相关，因此控制飞机结构腐蚀的技术途径也必须从上述各个环节入手进行全面考虑，从对飞机结构的完整性、可靠性、稳定性、耐久性、适应性及维修性等的作用和影响来展开，通过系统工程的方法来综合治理，其中防腐蚀设计对飞机结构的腐蚀控制是最为重要的一环。当今发达国家对飞机防腐蚀设计提出了很高的要求。例如，美国军机已在研制 F—15 时确定飞机使用 10 a 无需因腐蚀损伤而进厂维修；波音公司对民机的设计目标定位为 20 a 使用期中无重要腐蚀损伤。为贯彻这种设计目标，在其《腐蚀预防与控制大纲》(Corrosion Prevention and Control Program，简称为 CPCP)等文件中作了具体的规定。

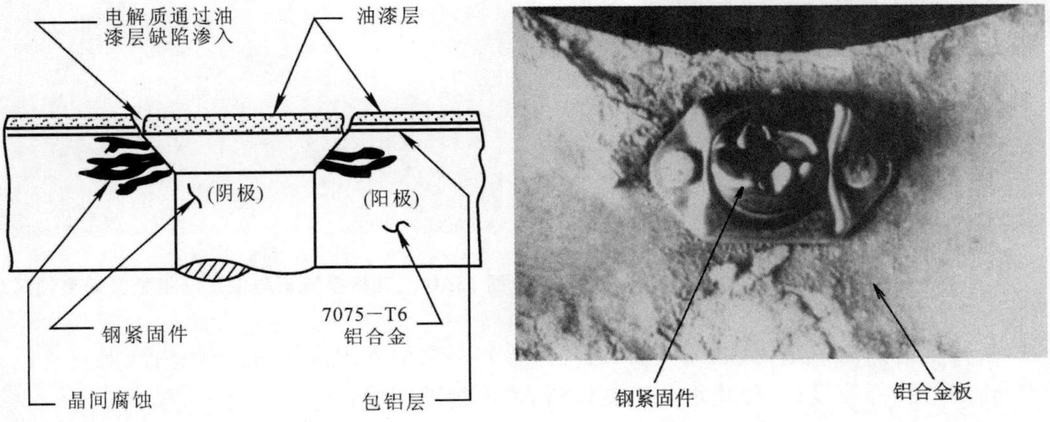

(a)　(b)

图 13.10　钢紧固件与铝合金板结构间的电偶腐蚀

(a)示意图(剖视)；(b)实物形貌(俯视)

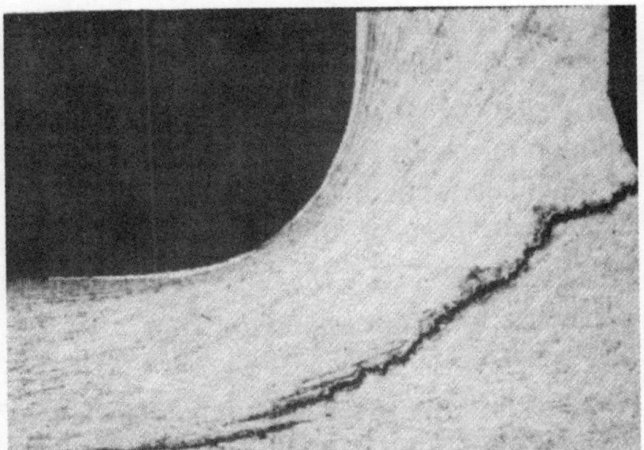

图 13.11　铝合金板件应力腐蚀开裂形貌

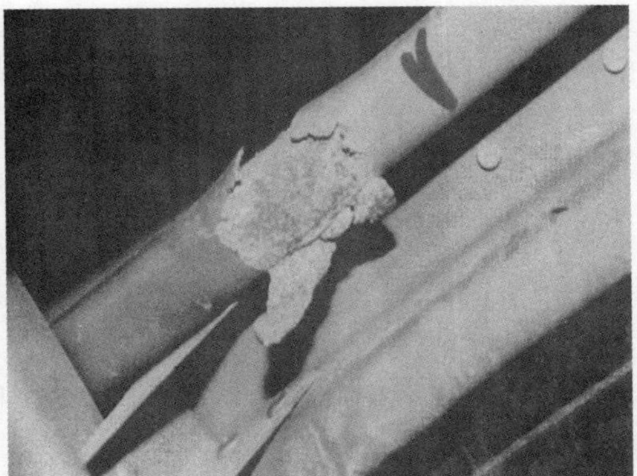

图 13.12　桁条剥蚀形态

防腐蚀设计主要包括：①防腐蚀结构设计；②异类金属接触相容性设计；③应力作用下腐蚀的控制设计；④耐蚀材料的恰当选用；⑤防护涂层的合理选择；⑥加工过程的精心控制等。

(1)防腐蚀结构设计。

1)进行结构密封，防止雨水进入、驱入；

图 13.13 舱门框腐蚀形貌

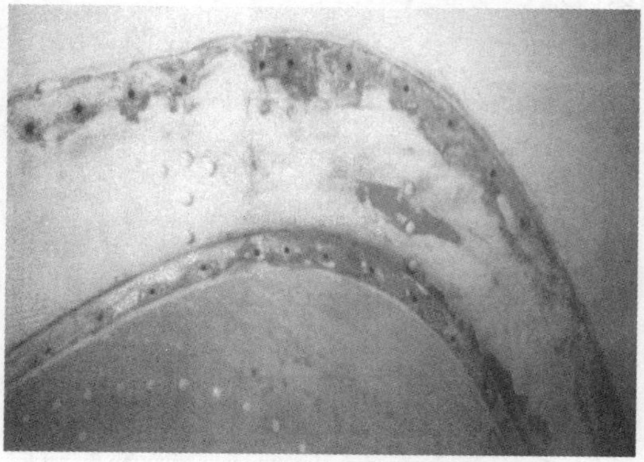

图 13.14 飞机整流罩与蒙皮连接处微动腐蚀形貌

2)安排合适的通风结构(通风气窗、通风口盖),甚至引入去湿机,排出机内潮湿空气;

3)作好结构外形设计,防止水分阻流停滞,进入缝隙凹槽;

4)在易形成凝露、进入雨水的部位,设计导流槽和必要的排水孔将水分汇集到排水处及时排除(见图 13.15);

5)在易凝露的表面上喷洒憎水防锈缓蚀剂;

6)根据环境的恶劣状况,腐蚀的严重性等,安排好各个部位材料选择和保护体系的选用。

(2)异类金属接触相容性设计。按照电化学腐蚀电极电位的高低,可以将航空用金属材料划分为表 13.5 所示的四种类型。当两种不同类型的金属材料相接触时,如果存在电解质溶液,则因电偶腐蚀的作用,电位较低的结构件就会受到加速腐蚀。两类金属的序号相差越大,低电位的金属被加速腐蚀的倾向越大。为控制异类金属接触造成的电偶腐蚀,飞机结构设计中要注意下列原则:

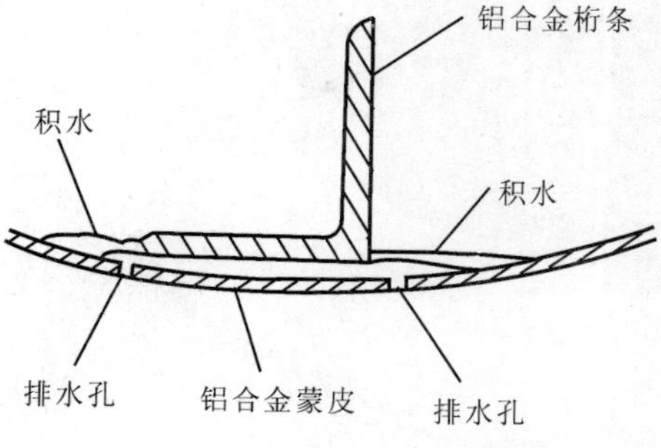

图 13.15 飞机内部典型积水部位和排水孔

1)尽量采用同种金属或电位差小的同类金属相互连接;

2)在阴极性零件表面镀覆一层与阳极性零件相容的金属镀层,如钛合金螺栓表面离子镀铝后与铝合金结构连接;

3)在两种金属之间垫入不吸水的非金属(如聚四氟乙烯)垫圈、衬垫或涂覆密封胶;

4)与电解液隔离,例如定期或不定期地在需保护的表面上喷洒薄膜或厚膜缓蚀剂,或全面涂漆或密封剂;

5)当上述措施难以采取时,使连接部分中阳极性零件的面积明显地大于阴极性零件的面积;

6)金属螺钉或螺栓在装入异种金属前,接触面均涂敷密封胶或有机涂料,并在连接面的所有边缘进行密封。

表 13.5　金属材料的电化学腐蚀分类

阳极	Ⅰ	镁及镁合金
电位由低到高	Ⅱ	镉、锌、铝及其合金
	Ⅲ	铁、钢(不包括不锈钢)、铅、锡及其合金
阴极	Ⅳ	铜、黄铜、青铜、铜-铍、铜-镍、银、金、铬、镍和镍基合金、钴基合金、不锈钢、石墨、钛及钛合金

我国军用标准 GJB1720—93《异种金属的腐蚀与防护》中提供了在海水、海洋大气和工业大气中相连接的 20 类金属或合金相容性与否的全面数据,可供航空结构的防腐蚀设计人员参考。对于其中不相容的连接,应采用施加保护层、绝缘密封等防护措施。

表 13.6 给出了不同金属材料和镀层相互接触时的电偶腐蚀等级。各等级的具体意义为:0 级——不引起电偶腐蚀(可安全使用);1 级——引起电偶腐蚀,但影响不严重(在大多数场合下可使用,热带海洋条件除外);2 级——引起严重电偶腐蚀(在人工调节的干燥室内或设备密封良好的条件下可使用)。凡属于 1 级的接触偶,如果在活动零件的接触部位涂油,或在不活动零件接触部分涂油,可提高其使用的安全性。凡属于 2 级的接触偶,如不能避免采用,必须用绝缘垫将金属隔离开;如果需要导电,则应另选一种与这两种材料电偶腐蚀敏感性均较低的金属作为镀层或中间垫片。超出表 13.6 所列范围的金属材料,应尽量选择电位差小的(一般认为电位差不大于 0.25 V)不同材料作为接触偶。对于控制碳纤维复合材料与金属材料之间的电偶腐蚀,可以采取碳纤维复合材料表面涂环氧底漆和聚氨酯瓷漆、表面使用共固化玻璃纤维-环氧绝缘保护层、边缘进行嵌缝密封处理。然而,当碳纤维复合材料与钛合金接触时,因电偶腐蚀敏感性小,不需要进行特别的防护处理。

(3)防止应力作用下腐蚀的设计。引起飞机结构件提前失效的应力腐蚀或腐蚀疲劳是合金材料在环境介质和拉伸应力(或交变应力)系统作用下的结果。为了防止这类破坏的出现,设计控制的原则如下:

1)隔离环境介质。

2)选择在该环境介质中对应力腐蚀不敏感或抗腐蚀疲劳性能优异的合金。

3)采取严格的消除残余拉伸应力,甚至有意引入表面压应力处理的措施,例如喷丸强化、孔挤压强化、干涉配合等工艺。

4)所设计的工作应力应当小于应力腐蚀门槛值(或临界值)σ_{SCC}。对于存在裂纹缺陷或等效缺陷的构件,设计应力强度因子 K_I 应当小于应力腐蚀门槛应力强度因子 K_{ISCC},即处在不出现应力腐蚀的安全区，而且要视零部件在飞机上所处的位置和重要程度，给予足够的安全系数。同时，必须充分重视在机械加工、成型、焊接、铆接、热处理、表面处理和装配等工艺过程中引入的残余应力的影响，应将各种残余应力计入设计应力之中。

5)在装配中，应充分分析设计误差和工艺误差，搞好加垫设计和加垫装配，防止强迫装配，控制装配应力。

表 13.6 不同材料和镀覆层相互接触时的接触腐蚀等级

接触材料	金、银、铂、铑、钯	铜、黄铜、青铜	铜镀镍	铜镀锡	铜镀银	铜镀镉	铜镀锌、钝化处理	不锈钢	钢镀铬①	钢镀镍②	铅	锡（焊粒）	钢③和铸铁	钢镀镉、钝化处理	钢镀锌、钝化处理	铝	铝、氧化处理	锌合金、钝化处理	镁合金、钝化处理	硬铝、氧化处理	铝镀锌、钝化处理	铝镀铜④	钛及其合金	炭刷	油漆覆盖层
金、银、铂、铑、钯	0																								
铜、黄铜、青铜	1	0																							
铜镀镍	0~1	0	0																						
铜镀锡	1	1	0~1	0																					
铜镀银	0	0	0~1	1	0																				
铜镀镉	1~2	2	2	—	2	0																			
铜镀锌、钝化处理	2	2	2	1~2	2	—	0																		
不锈钢	0	0~1	0	0~1	0	2	2	0																	
钢镀铬①	0	1	0~1	1	0~1	2	2	0	0																
钢镀镍②	1	0~1	0	0~1	0~1	1~2	1~2	0	0	0															
铅	2	1	1	0~1	1	1	2	1	1	0~1	0														
锡（焊料）	2	1	1	0	0~1	0	1	1	1	0~1	0	0													
钢③和铸铁	2	1	1~2	2	2	1~2	2	1	1~2	1~2	1	1~2	0												
钢镀镉、钝化处理	2	1~2	1~2	2⑦	2	0	—	1~2⑤	2	1~2	1	0~1	2	0											
钢镀锌、钝化处理	2	2	2	2⑥	2	—	0	2	2	1~2	1	0~1	2	2⑦	0										
铝	2	2	1~2	0~1	2	0~1	0~1	2	2	1~2	1~2	0~1	2	0~1	0~1	0									
铝、氧化处理	2	2	1	0~1	2	0~1	0~1	1	1	1	1	0	2	0	0~1	0	0								
锌合金、钝化处理	2	2	1	0~1	2	0~1	0~1	2	2	1~2	1	0	2	0	0~1	0~1	0	0							
镁合金、钝化处理	2	2	2	0~1	2	1~2	0~1	2	2	2	1	0~1	2	1~2	0~1	1~2	1	0~1	0						
硬铝、氧化处理	—	2	1	0~1	2	—	—	1	0~1	—	—	—	—	—	—	—	—	—	—	0					
铝镀锌、钝化处理	—	2	—	—	—	—	—	—	—	—	—	—	—	—	—	1	—	—	—	—	0				
铝镀铜④	—	0	—	—	—	—	—	—	—	—	—	—	—	—	—	2	—	—	—	—	2	0			
钛及其合金	—	0	0	0	0	2	—	0	0	0	—	—	—	2	—	2	1	—	—	1	—	—	0		
炭刷	—	—	—	1	—	—	—	—	—	—	—	—	—	2	2	—	—	—	—	—	—	—	—	0	
油漆覆盖层	—	0	0	0	0	1	—	0	0	0	—	—	—	1	—	0	0	—	—	0	—	—	0	—	0

注：① 铜、镍、铬复合镀层
② 铜、镍复合镀层
③ 碳素钢和低合金钢
④ 锌、铜复合镀层
⑤ 1Cr18Ni9Ti不锈钢
⑥ 沿海地区（无工业大气影响）属1级
⑦ 沿海地区（无工业大气影响）属0~1级

(4)耐蚀材料的恰当选用。早期飞机采用了当时耐蚀性相当好的材料，蒙皮普遍采用包铝板，但是几十年来情况发生了重大的变化。高强度结构材料的研究使用进展迅速，高强度铝合金、高强度钢、镁合金和钛合金的应用，使飞机的结构效率提高，飞机性能更好，但这带来了两个问题。一是高强度材料是以添加强化元素，减少耐蚀元素来达到的，所以往往提高强度的同时降低了材料本身的抗蚀能力；二是材料强度越高，所设计的结构更精细、更薄，一旦腐蚀损伤，后果也更显著。近代飞机性能（速率、高度、机动性等）不断提高，军用飞机值勤范围不断扩大，飞机种类（战斗机、舰载飞机、水上飞机等）明显有所增加，所以对飞机上所用材料对环境侵蚀抗力的要求也更加突出。钢、铝、镁、铜、钛合金和碳纤维增强的树脂基复合材料是近代飞机上常见的材料，这些材料在不同侵蚀介质条件下，其抗蚀性差异很大。当选择这些材料时，要注意下述原则：①摒弃单纯追求强度的传统选材原则，采用全面综合（强度、断裂韧性、耐蚀性、经济性、可靠性等）的选材原则，例如高强度铝合金 LC9，宁可选用其强度下降 10％～15％，而抗晶间腐蚀、剥蚀和应力腐蚀的 T73，T76 状态，不采用耐蚀性能相反的 T6 状态；②选用国内外机型多年使用的成熟材料，而不选用多次出现故障，造成事故的耐蚀性差的材料；③推荐选用耐蚀性能好、比强度高的钛合金，减少或不再选用耐蚀性差的镁合金；④承受高载荷的或重要的结构件，应选用对应力腐蚀、氢脆和腐蚀疲劳敏感性小的高强度材料。

(5)防护涂层体系和密封技术的合理选择。几乎所有的航空用的金属制件都要采用镀层、覆盖层、涂层或沉积层，相当一部分是为了提高材料制件的耐蚀性，其余则是为了耐磨、导电、减摩、隔热、耐热、装饰等目的，但同时也要具有在该使用条件下的耐蚀性。飞机防腐蚀设计的重要一环就是要选择防护涂层和防护体系，尤其对那些在腐蚀环境恶劣条件下工作的重要零部件和对腐蚀敏感的材料，更要严加把握。其选择原则如下：

1)掌握各种防护镀覆层、有机涂层的全面性能数据，选择耐蚀性和功能性最好的防护体系。

2)设计时要把握这些镀层、钝化层、氧化层、无机沉积层、有机涂层的选用依据、适用范围、设计要求与限制。

3)防护层和防护体系的选用与施加过程对基材不产生不良的影响。例如，为了控制电镀引起高强度钢的氢脆失效，航空标准中规定抗拉强度大于 1 380 MPa 的钢制零件，严禁镀镉、镀锌，而应选用镉-钛镀层、磷化处理、真空离子镀铝或镉等。

4)注意无机涂镀层或有机涂层的底层、中间层和面层及其所接触零件之间的相容性。

对于飞机所有外部或内部侵蚀性环境易到达的连接点和缝隙，包括各种舱门、口盖、流线型结构等，应按有关规定采用科学合理的结构密封措施，防止雨水和各种腐蚀介质的进入。

通过整理、分析各种有关腐蚀资料，逐渐积累了许多宝贵的防腐经验，形成了一整套科学、可靠的防腐蚀涂层体系。图 13.16 给出了波音 767 飞机的防腐控制用有机涂层情况。

(6)加工过程的精心控制。为了准确地贯彻防腐蚀控制的科学设计思想，必须重视对加工过程的精心控制。善于控制加工过程不损伤材料固有的耐蚀性，确保加工制造过程的质量，达到设计的目标。制造加工过程中采用的加工工艺及工艺材料必须是证实为不会对结构带来腐蚀隐患的。腐蚀往往从表面开始，表面的划伤、表面材料加工流线露头、表面残余拉伸应力、表面渗氢、表面层氧和低熔点金属的污染等表面完整性的破坏，都可能降低应力腐蚀门槛值，加速材料应力腐蚀开裂，加速腐蚀疲劳断裂，导致结构提前失效。所以，对航空结构受力件必须“精心设计、精心施工、精心维护”，并将这种精神贯穿构件制造的全过程。

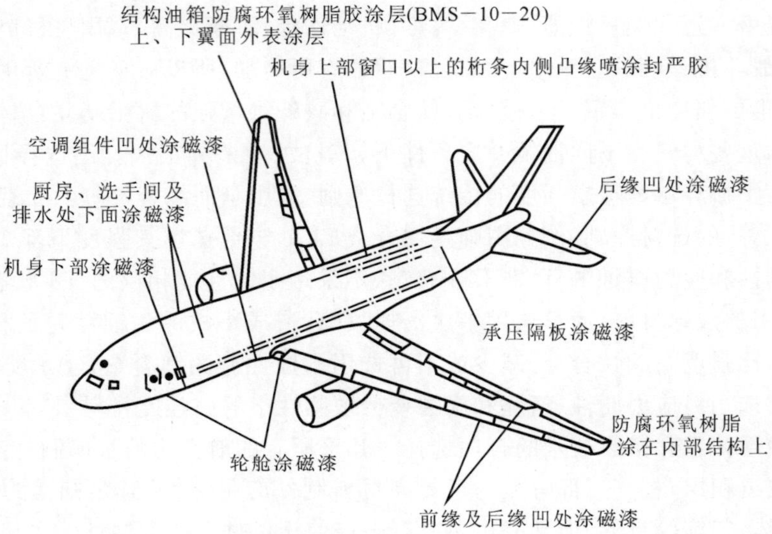

图 13.16　波音 767 飞机腐蚀的涂层防护

飞机腐蚀控制贯穿于飞机设计、制造、使用、维护和维修的全过程,因此,除上述防腐设计和加工过程中必须严格控制腐蚀外,还需要注意在航空产品封存、装配、使用、维护和维修过程中贯彻腐蚀控制的指导思想。其中维修过程应看成是航空结构的再制造过程,因此,必须严格按防腐蚀设计的原则进行相关的维修工作。对于承受疲劳载荷和损伤容限重要和关键零部件及容易产生腐蚀的部位,必须定期和不定期地检查腐蚀损伤与开裂程度,确保将腐蚀损伤控制在安全使用的范围内。

五、飞机机翼整体油箱的腐蚀与控制

1. 飞机机翼整体油箱的微生物腐蚀

现代飞机要求飞得更快、更高、更远,对于军用飞机还要求机动性更强,这一切均要求提高载油量和降低飞机的结构重量。采用整体油箱(即将机翼或机身承力结构的一部分设计成可以储存燃油的结构油箱)不仅可以充分利用机翼内的容积多装燃油,增加飞机的航程和续航时间,还可使机翼卸载,有利于减轻其结构重量。并且对于民航飞机,油箱远离客舱还可以使旅客更为安全。因此,现代飞机普遍设置有机翼整体油箱,有些民航客机甚至把全部燃油都储存在机翼内。

机翼整体油箱段的内表面通常有较好的密封保护层,并长期与燃油接触,发生电化学的可能性较小,然而对于热而潮湿气候条件下的飞机,尤其是长期停放在高温高湿度地区的飞机,微生物腐蚀成为威胁铝合金整体油箱安全可靠性的重要隐患。

微生物腐蚀最早是在第二次世界大战时太平洋战争中第一次被认识的飞机油箱严重腐蚀问题。20 世纪 50 年代后期整体油箱的微生物腐蚀事例逐渐增多，不仅出现了导致美国空军、海军飞机输油系统油滤和滤网堵塞、日本飞机油箱漏油等事故的发生，而且发展到波音 737 飞机机翼下壁板因微生物腐蚀与疲劳联合作用，出现 12 mm 以上的裂纹事件，致使该飞机不得不进行更换蒙皮的大修工作，耗费巨大。为解决整体油箱微生物腐蚀问题，美国空军和波音飞机公司等机构投巨资进行了广泛的研究，涉及整体油箱的燃油、密封胶、涂层、飞机结构设计等内容。目前在美国已形成军标 MIL—F—38363A《飞机燃油系统设计、性能、安装、试验及技术资料通用规范》，明确规定在设计整体油箱前必须仔细考虑水分积聚和微生物生长引起的结构腐蚀问题。同时制定了包括耐霉菌试验的《环境试验方法》MIL—STD—810 以及《燃油系统附件通用规范》MIL—F—8615C。英国和法国在共同编制的《超声速运输机设计规范》中对燃油箱保护层作了如下规定：必须具有有效的保护性，能够防止包括微生物腐蚀在内的一切可能形成的腐蚀。

研究表明，飞机铝合金整体油箱的微生物腐蚀，是微生物新陈代谢过程中分解了烃类物质，产生有机酸腐蚀金属材料的结果。微生物在燃油箱中的生长和对油箱金属材料的腐蚀受霉菌孢子，燃油，水分，含 Al^{3+}，Mg^{2+}，Zn^{2+} 的盐分和温度等因素的影响。燃油是霉菌的培养物，水分是霉菌存在必不可少的条件，而温度则是霉菌生长的必要条件（最理想的繁殖温度为 25～35℃）。燃油中难以避免含有微量的水分，水的密度大于油，因此易于沉在油箱底部；燃油箱壁板多为 AlMgZn 系高强度铝合金；飞机飞行中机翼表面因与空气摩擦，气动加热提高了油箱中的环境温度。上述诸因素为霉菌孢子在燃油和水分界面上的顺利繁殖提供了便利条件。微生物分解产生的有机酸和所形成的粘泥层下的氧浓差电池的联合作用，使铝合金壁板发生大面积点蚀（见图 13.17），严重时产生穿孔。

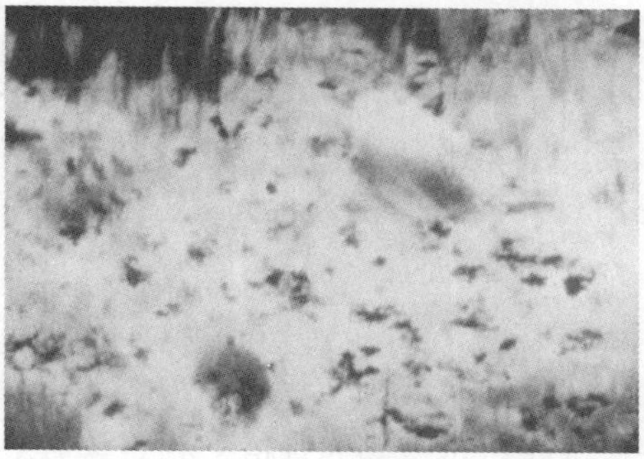

图 13.17　飞机整体油箱底部微生物腐蚀形貌

2. 飞机机翼整体油箱微生物腐蚀的控制

(1)改善局部环境。

1)排水。水是微生物生存的必要条件之一，同时也是促进电化学腐蚀的重要因素，因此，及时排除油箱中的水分是控制油箱腐蚀的重要措施。采用的方法包括：①控制燃油的含水量，加强燃油输送系统的管理，使含水量控制在质量分数 3×10^{-6} 以下。②实行定期排水制度。机翼整体油箱最低部位均设有放油口，此处也是最易积存死水的地方，因此，定期打开放油口可以排出积水，这样能够有效地控制微生物的腐蚀。③采用自动排水系统。实践证明，安装该装置的飞机，包括 DC—8，DC—9，DC—10，L—1011 及波音 727，737，747 等，均有效防止了霉菌的生长，抑制了微生物腐蚀的发生。④使用密封胶充填油箱的低洼区，从而消除积水死坑。

2)使用杀菌剂。在燃油储罐或直接在飞机燃油箱中加入杀菌剂，可有效地控制油箱的微生物腐蚀。含有机硼化物的 Biobor JF 是常用的一类杀菌剂，其初始使用杀菌剂的最大质量分数为 270×10^{-6}，以后逐次加入质量分数为$(135\sim150)\times10^{-6}$的杀菌剂，加入时间和质量分数的控制可根据从飞机燃油箱中排出的燃油的污染程度进行调节。需要注意的是，这种杀菌剂通常在施加 36 h 后才发挥作用，72 h 后效果显著，显然这会影响航班的正常运行。英国航空公司则使用铬酸锶片剂，将其装入塑料容器或布袋内，并固定在油箱的积水区，可以达到有效抑制微生物腐蚀的目的。杀菌剂的使用事先必须获得发动机生产厂的批准，以免影响发动机及其附件的正常工作。

(2)提高油箱自身的耐蚀性。包铝层可以有效提高铝合金的抗微生物腐蚀能力，因此美国 MIL—F—17874B《飞机燃油系统的安装和实验》中明确规定，整体油箱通常应是包铝合金结构，并且应进行阳极化或表面化学处理。如整体油箱内表面不易采用包铝层时，应使用采购部门批准的方法对其作防腐蚀保护。有的飞机为提高机翼油箱的耐蚀性，不用铝合金而改用耐蚀性优异的钛合金材料，如 F—111 中翼整体油箱，由 33 个 Ti6Al4V 机械加工零件用电子束焊接而成。综合使用防腐涂料和密封剂则是提高油箱抗微生物腐蚀的另一行之有效的方法。图13.18给出了一证明有效的油箱结构防腐-密封保护设计方案。

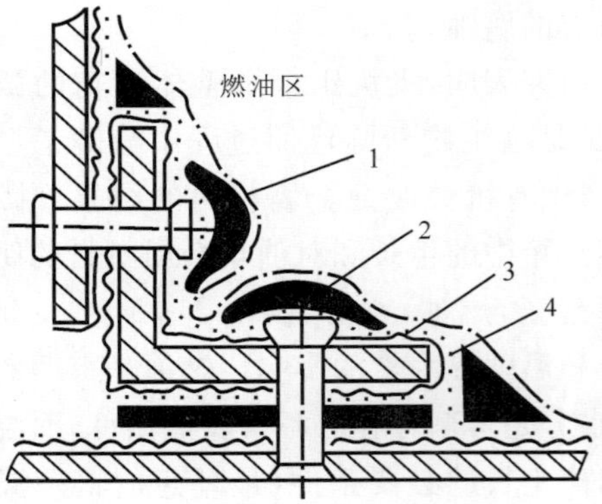

图 13.18　整体油箱典型结构防腐-密封保护工艺成形示意图

1—密封涂层；2—聚硫密封剂层；3—粘接底层；4—防腐底漆

(3)精心使用和维护。定期对燃油进行灭菌、排水；按规定经常检查整体油箱的腐蚀状况，鉴别是否发生微生物腐蚀，一旦出现，及时处理。波音公司研制成功了一种微生物检测器，既可以鉴别微生物的腐蚀情况，同时还可以加入杀菌剂。

对燃油进行过滤处理，除去所含杂质，也是防止整体油箱微生物腐蚀的有效方法。对于长期不装油的整体油箱，则需要在内表面涂滑油加以保护，以防止密封胶和涂层干裂，避免油箱金属材料基体的直接暴露。

六、飞机起落架的腐蚀与控制

1. 飞机起落架的组成

飞机起落架是供飞机起飞、着陆时在地面上滑跑、滑行和移动、停放用的，其工作性能的好坏以及可靠性直接影响飞机的使用和安全性。起落架的安装，一是可吸收并耗散飞机着陆垂直速率所产生的动能，二是保证飞机能够自如而又稳定地完成在地面上的各种动作。

现代飞机的起落架不单纯只是一个结构，而且是一种相当复杂的机械装置，如图 13.19 所示。它主要包括减震系统、受力支柱(有时这两者合二为一)、撑杆、机轮、刹车装置和防滑控制系统、收放机构、电气系统、液压系统和其他一些系统和装置。起落架有主起落架和前起落架之分。

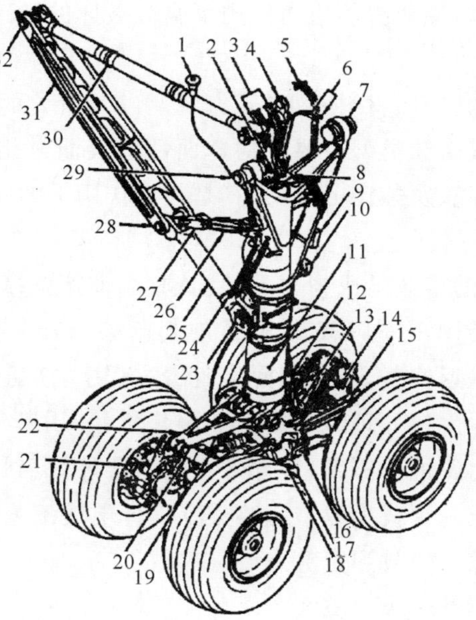

图 13.19　L—1011 撑杆支柱式主起落架

1—机械下位锁指示器；2—充气阀；3,6—至机翼的管路；4—液压收放作动筒；5—至机翼的导线管；7,29—后、前(转轴)轴销；8—管路支架；9—支柱电线接线盒；10—(收放)作动筒柱销；11—减震支柱；12—歧管(集合管)；13—夹紧装置；14—车架横梁接线盒；15—刹车连杆；16—盖板、配重和平衡传感器；17—上位锁减震器；18—车架横梁连接销；19—车架横梁定位器；20,22—下、上扭力臂；21—刹车；23—侧支撑杆螺帽；24—下位锁弹簧(2 个位置)；25,31—下、上侧支撑杆；26,27—上、下副撑杆(锁定用)；28,32—下、上侧支撑杆销钉；30—横向支撑杆

2. 飞机起落架的腐蚀

为了能够有效地完成飞机起落架的各项功能，起落架的结构较为复杂，同时起落架承受着着陆冲击载荷、滑跑冲击载荷、刹车载荷、静态操纵载荷(推、拉、扭、摆等)及地面停放载荷的作用。起落架的工况环境条件也较为苛刻，不仅承受风吹、日晒、雨淋、夜露、雪打，同时还受到飞机起降过程中卷起的机场上沙石、泥土的冲刷，而对于海岛机场或冬季使用了氯化钠清除跑道积雪的机场，含盐砂石的冲刷更为苛刻。另一方面，目前，世界各国在运输机的设计和制造方

面，都在朝着高速、大型、远程方向发展。为此，对起落架的要求日益苛刻，强度高、易加工、重量轻等等，这就要求起落架使用材料的比强度不断提高。例如，起落架用钢，20 世纪 30 年代拉伸强度为 1 000 MPa 左右，20 世纪 40 年代一般在 1 200～1 400 MPa，50 年代中期则普遍选用1 600 MPa 左右的钢材（同时开始使用铝合金和钛合金）。现在，各国使用的钢材，拉伸强度都在 1 800～2 100 MPa，使比强度由原来的 13×10^6 mm，提高到 25×10^6 mm 或更高些。然而，随着起落架使用金属强度的提高，材料中的各种非金属夹杂物及各种有害元素的偏析，导致对包括应力腐蚀、氢脆和腐蚀疲劳等应力作用下腐蚀破坏的敏感性明显提高，由此影响了起落架的寿命和安全可靠性。

根据飞机起落架的结构特点、材料要求、受力状况以及所处的环境条件不难理解，腐蚀是起落架的重要失效形式。其腐蚀类型主要包括全面性的表面电化学腐蚀、点蚀、电偶腐蚀、磨蚀、微动腐蚀、应力腐蚀、氢脆、腐蚀疲劳等，尤其是应力作用下的腐蚀危害性极大，曾经引起多起重大事故。

应力腐蚀、氢脆所引起的事故已成为严重的问题（当使用强度大于等于 1 400 MPa 时，这种情况尤为突出）。例如，美国 KC—135 运输机的起落架，1958 年一年之内接连多起发现起落架断裂故障。事后查明是返修时，脱漆剂浸泡脱漆过程中，渗氢引起的氢脆开裂。我军某部队 20 世纪 80 年代也曾发生因热处理时使用甲醇裂化气氛，引起氢脆开裂导致飞机主起落架活塞杆出现裂纹。由于应力腐蚀的原因，曾导致主起落架外筒、刹车轮毂、螺桩、起落架支撑梁的内侧连接孔处等多个部位开裂或失效。起落架零部件电镀工艺不合理也曾造成多起氢脆失效，如起落架外筒、起落架舱门收放弹簧等。

腐蚀疲劳则曾造成我军歼七飞机主起落架 8 年内 5 次充气嘴开裂导致的起落架断裂事故。如图 13.20 和表 13.7 所示，断裂或开裂事故均发生在飞机着陆过程中。对这些失效件的分析表明断裂的原因是在充气嘴内壁第一、二扣螺纹处有高水平循环应力，同时又有凝结水珠的条件，由此产生表面线状蚀坑，进而引发腐蚀疲劳裂纹萌生与扩展。从表 13.7 可以看出，腐蚀环境对起落架腐蚀疲劳寿命有明显的影响，海南岛气温高、年平均湿度大，因此裂纹扩展速率高，腐蚀疲劳寿命短。

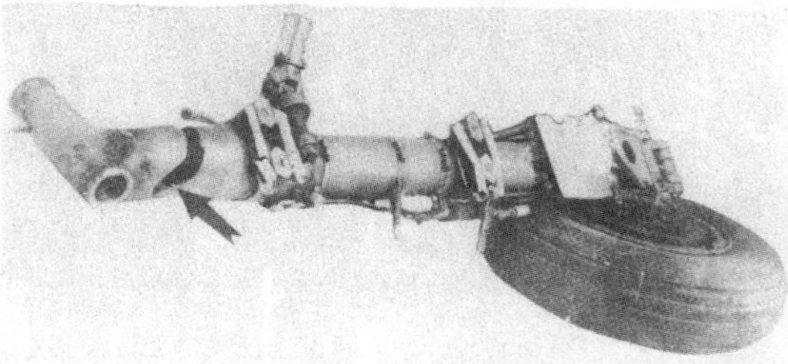

图 13.20　飞机起落架充气嘴腐蚀疲劳引起断裂形貌（黑色箭头指向断裂部位）

起落架的杆状结构，如支柱、撑杆和舱门机构的撑杆等往往固定有电缆、导管和软管的卡箍，这些有卡箍的部位很容易积水，因而易引发电化学腐蚀。起落架的转动关节处和支柱轴颈及轮轴轴颈等如润滑不良而又有腐蚀介质渗入，在长期的摩擦过程中容易发生磨损腐蚀，据统计起落架的轮轴和操纵系统活动面的连接轴上经常发生微动腐蚀破坏。

表 13.7　歼七飞机主起落架充气嘴断裂事故简况

序号	时间	地点	飞行起落次数/次	裂纹深度/mm	裂纹平均扩展量/(μm/次)	事故等级
1	1977 年 12 月		1 341			3
2	1979 年 2 月	南宁	569	0.62	1.09	2
3	1982 年 5 月	安徽	395	1.40	3.54	3
4	1983 年 1 月	海南岛	313	1.65	5.27	3
5	1985 年 1 月		584			3

3. 飞机起落架的腐蚀控制

控制飞机起落架的腐蚀破坏和控制任何一个重要机械装备腐蚀失效一样，应贯穿于设计、生产、检验、储运、使用、维护和维修的全过程之中。由上面的讨论可以看出，飞机起落架的主要失效机制是应力作用下的腐蚀破坏。为控制这类腐蚀，提高可靠性，延长使用寿命，应做到：①严格控制材质，降低起落架所用材料的应力腐蚀、氢脆和腐蚀疲劳敏感性；②精心设计细节，避免应力集中；③使用精密铸造，提高韧性；④限制机加工的进刀量，降低表面残余拉伸应力；⑤采用消除残余张应力的处理措施；⑥进行表面喷丸形变强化处理，施加表面残余压应力；⑦进行低氢脆表面处理，如电镀 Cd－Ti；⑧采用高抗腐蚀的聚氨酯漆体系；⑨使用中定期认真检查和精心维护保养；⑩返修中必须使用经证实对起落架无不利影响的工艺和方法。

表 13.8 列出了 C—141A 主起落架外筒选材及防护层选择的四次改进情况。可以看出，通过选择强度高、抗应力腐蚀性能好、对氢脆不敏感的 300M 钢作为起落架材料，同时配合合理的电镀层及有机涂层，才最终令人满意地解决了起落架外筒的腐蚀控制问题。

表 13.8　C—141A 主起落架外筒控制腐蚀情况

方案更动次数	材料与工艺			曾发生的腐蚀问题
	材料	电镀	油漆	
原设计	4340 钢 σ_b＝1 784～1 920 MPa	无	外表面：环氧底漆＋聚氨酯面漆；内表面涂防锈油	多次应力腐蚀事故
第一次变动	4340 钢 σ_b＝1 784～1 920 MPa	外表面真空镀镉	同上	内表面腐蚀和应力腐蚀
第二次变动	4340 钢 σ_b＝1 784～1 920 MPa	外表面氰化镀 Cd－Ti，内表面镀硬铬	表面涂硝化纤维底漆＋丙烯酸硝化纤维面漆	电镀过程引起氢脆，外筒损坏
第三次变动	4340 钢 σ_b＝1 784～1 920 MPa	停止电镀	同上	应力腐蚀
第四次变动	300M 钢 σ_b＝1 920～2 060 MPa	外表面镀 Cd－Ti，内表面镀硬铬	同上	无

七、航空发动机的腐蚀与控制

1. 航空发动机的腐蚀

腐蚀是航空发动机的重要失效形式，尤其是现代航空发动机不断追求高推重比、高压比和高涡轮前温度等性能指标，使得腐蚀损伤所占比例不断增加。例如，美军对 1 664 起发动机事故原因的调查表明，因腐蚀因素直接造成的事故占 15%。航空发动机的特殊工况条件和使用情况决定了其零部件的腐蚀较为复杂。当飞机停放在机场时，发动机遭受的腐蚀与飞机机构相近，主要为包括电偶腐蚀、缝隙腐蚀、点蚀、晶间腐蚀等各种形式的电化学腐蚀；然而，当发动机处于工作状态时，由于发动机的高温工况、振动因素、气动因素及载荷因素等的联合作用，除各类电化学腐蚀继续存在外，还会引起包括高温氧化、热腐蚀、冲蚀、低熔点金属致脆、微动腐蚀、腐蚀疲劳、应力腐蚀、碳腐蚀，乃至钛合金零部件的高温燃烧等特殊的腐蚀失效形式，尤其是随着现代航空发动机热端部件的工作温度愈来愈高，与高温环境相关的腐蚀破坏更为严重。

(1)电化学腐蚀。飞机的寿命大部分是在地面上消耗的，因此，当飞机在地面停放过程时，因机场腐蚀环境和发动机的零部件的具体结构，导致了各类电化学腐蚀的发生。当发动机处于运行状态时，电化学腐蚀则发生在发动机的冷端部件，如风扇、低压压气机叶片和盘等。

由于用于制造发动机风扇、压气机叶片及盘、涡轮叶片及盘等的材料包括铝合金、钛合金、不锈钢、镍基合金等易钝化金属材料，因此，在含 Cl^- 的潮湿环境，尤其是海洋大气环境下(气压高、盐雾大、湿度大)，很容易发生点蚀。而对于风扇或压气机转子叶片因极易遭受砂石、尘埃、雨滴的冲刷，表面完整性更易破坏，因此，产生点蚀的倾向更大。当点蚀坑正好处在叶片等转动部件的最大交变应力幅部位时，则会促进疲劳裂纹的萌生与扩展，使发动机构件的疲劳强度大大降低。例如，我海军某部队在对某涡桨型发动机一级压气机转子叶片(材料为1Cr12Ni2W2MoVNb 马氏体不锈钢)进行检修时，发现进气边出现了不同程度的点蚀损伤。实验表明，叶片使用仅 10 h，就使叶片的疲劳寿命降低 24%。

航空发动机中为了充分利用各种结构材料的优势性能，不同金属材料间的直接接触也较为常见，如用不锈钢卡环或固定锁片将钛合金叶片与盘固定在一起，用钛合金紧固件连接铝合金、不锈钢结构等。尽管在设计中对异类金属间可能产生的接触腐蚀进行了考虑，但由于发动机工况条件的复杂性，异类金属造成的电偶腐蚀现象也时有暴露，如我空军某机型用发动机多次出现不锈钢卡环与钛合金压气机叶片和盘之间的电偶腐蚀，而从一般电偶序中看，这两种金属之间却是接触相容的。对此编者与有关单位合作进行了分析和实验研究，发现发动机高温工况环境使不锈钢表面状态和成分发生变化是导致电偶腐蚀的根本原因，而用常温下的接触腐蚀电偶序数据来设计控制类似发动机工况环境的零部件的接触腐蚀不合适。

在发动机压气机铝合金和不锈钢叶片、涡轮盘高温合金榫齿上均发现过晶间腐蚀导致的破坏现象。铝合金叶片的晶间腐蚀破坏通常有三种表现形式：第一种是点蚀坑底部出现沿晶开裂；第二种是叶片表面出现较均匀的沿晶裂纹；第三种则是剥蚀形式。晶间腐蚀导致转子叶片和发动机盘疲劳寿命显著降低，如遭受晶间腐蚀的 GH2036 合金榫齿使涡轮盘的寿命降低到原寿命的 1/500～1/300。

发动机零部件的应力腐蚀一般有两种表现形式，一种是发动机开动期间发生在冷端部件上，另一种则是发动机停车期间由残余应力造成的。如果应力腐蚀是在转子部件上产生，则不论是由哪一种形式造成的，均会促进转动部件的疲劳失效。例如，某涡喷型发动机一级压气机转子叶片由 Cr17Ni2 马氏体和铁素体双相不锈钢制造，曾因出现应力腐蚀损伤而导致成百片叶片疲劳断裂失效，造成一等事故 2 起，损坏发动机 12 台，使 4 905 台发动机约 15 万片一级转子叶片全部报废更换，其损失十分严重。涡轮盘榫槽槽底也曾因应力腐蚀的原因而出现开裂现象，应力腐蚀主要发生在飞机停放地面发动机停车期间，是由槽底部残余应力和机场潮湿大气中 Cl^-，S^- 等腐蚀性离子联合作用造成的。统计表明，沿海地区使用的涡轮榫槽槽底裂纹率比在内地使用的涡轮盘高出近 3 倍。同时槽底应力腐蚀和发动机运行过程中的疲劳交替作用，共同促进槽底裂纹的扩展，导致涡轮盘的报废。发动机冷端转动部件（盘、叶片、轴等）也曾因发动机工作过程中的交变应力和腐蚀环境的共同作用而产生腐蚀疲劳失效。

(2)高温氧化和热腐蚀。对于处在高温、高压和高速燃气流冲刷联合作用下的航空燃气涡轮热端部件，其失效形式包括：①高温氧化；②热腐蚀；③高温持久应力引起的蠕变；④交变和振动载荷引起的机械疲劳；⑤热周期交变引起的热疲劳；⑥磨蚀和碳蚀等。这些失效形式在一般环境下，因温度不同对涡轮部件寿命的影响各异。当航空燃气涡轮工作温度低于 800℃时，机械疲劳通常为主要失效形式（当腐蚀环境恶劣时，800℃以下腐蚀也可能成为主要失效形式）；在 1 000℃以上时，则以蠕变、氧化和热疲劳（单独或联合作用）为主；在 800～1 000℃范围内，尽管各种形式的失效均可能发生，但热腐蚀最容易产生，尤其是在接近于海洋环境下工作的燃气涡轮，更易在此温度范围内发生热腐蚀。

当温度超过 950～1 000℃或者发动机使用的燃料及进入的空气含污染杂质低时，高温氧化是航空燃气涡轮发动机热端部件失效的主要形式。氧化过程受高速气流和交变温度条件的影响，涡轮部件表面形成的氧化皮极易破坏和剥落，呈现不均匀氧化或内氧化，甚至有氧化物蒸发与升华现象的发生，此时涡轮部件的氧化速率十分高，氧化作用和热应力及疲劳应力的联合作用，常常促进转动部件的疲劳断裂失效。

涡轮部件高温合金的氧化行为受合金成分、表面状态、环境温度、气流和应力等因素的影响。根据形成氧化皮的主要成分、生长动力学及其形貌，可以大致将高温合金分为两类，即形成 Al_2O_3 氧化皮的合金和形成 Cr_2O_3 氧化皮的合金。一般认为，合金中 Cr 与 Al 的比例是决定氧化皮类型的主要因素。Cr 与 Al 的原子比值大于 4 者，形成 Cr_2O_3 氧化膜。比值小于 4 者，形成 Al_2O_3 氧化膜。例如，对于镍基高温合金，形成 Cr_2O_3 氧化膜的条件是含 Cr 质量分数必须大于 0.15，含 Al 质量分数小于 0.05；而含 Al 质量分数为 0.05 或者略高一些的合金，则形成 Al_2O_3 氧化膜。Al_2O_3 氧化皮的生长动力学接近对数规律，氧化速率较低，膜连续且较薄，紧靠基体金属，在氧化皮下通常无内氧化发生，膜与基体金属的结合强度较低，因此在交变温度和其他机械应力作用下，容易从基体表面剥落，但抗氧化能力高于 Cr_2O_3 氧化皮。Cr_2O_3 氧化皮生长动力学一般符合抛物线规律，氧化皮生长速率较快，在氧化皮下通常有 Al 的内氧化发生，膜与基体金属的结合强度高于 Al_2O_3 氧化皮，抗热腐蚀性能也优于 Al_2O_3 氧化皮。

20 世纪 60 年代以来，压气机和涡轮的工作温度不断提高，甚至为了提高高温强度而牺牲抗蚀性，由此导致沿海和海上飞行的飞机的航空发动机屡屡出现各种因盐雾和海水而引起的故障——热腐蚀。热腐蚀的产生是由于发动机进气口吸入的盐雾中的 NaCl 和燃料中含有的硫及其他燃气成分在高温下反应生成硫酸钠，硫酸钠与氯化钠沉积在发动机高温合金零部件表面，彼此作用，形成助溶剂，导致叶片表面 Cr_2O_3 或 Al_2O_3 氧化皮熔化而失去对基体的保护作用，从而使基体高温合金遭受严重腐蚀。热腐蚀分为低温（600～884℃）热腐蚀和高温（884～1 000℃）热腐蚀。热腐蚀对涡轮零部件造成的破坏比一般氧化严重得多，如使叶片进、排气边及承受高压的叶盆表面产生“瘤”状或深坑状局部腐蚀破坏，导致发动机叶片寿命降低 90% 以上。图 13.21 所示为 K17G 合金叶片叶盆面热腐蚀形貌。

（3）微动损伤。航空发动机开车时的振动、空气或燃气流的作用及转动部件离心力的波动性等原因使航空发动机零部件的微动损伤十分普遍，如压气机叶片榫槽连接、涡轮叶片榫槽连接、压气机转子叶片导风轮与机轮、进气导流叶片、面式和其他轴密封、轴承套圈上的止动键和止推环、发动机汽缸排气门与卡锁，活塞式发动机中的主连杆及转接轴、花键连接、连轴器、安装边上的螺栓连接等。图 13.22 所示为某型发动机压气机 TC11 钛合金叶片微动疲劳破坏的实物形貌和受力示意图。可以看出，由于叶片波动离心力、叶片横向的悬臂梁方式的振动力的联合作用，导致在压气机盘榫槽和叶片榫头配合面上出现微动磨损作用，而叶片榫头和盘榫槽则遭受微动疲劳破坏。

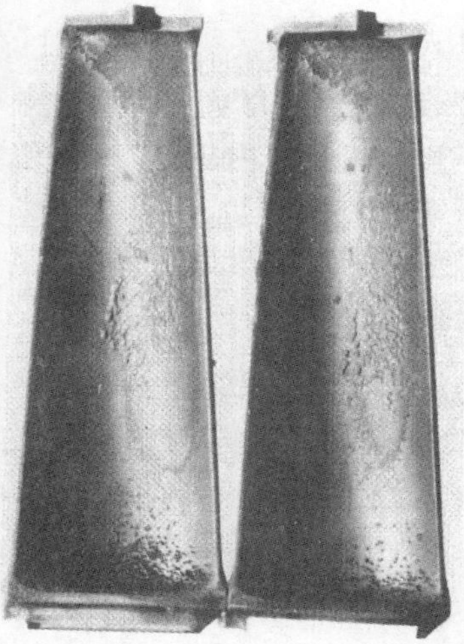

图 13.21　K17G 叶片叶盆面热腐蚀形貌

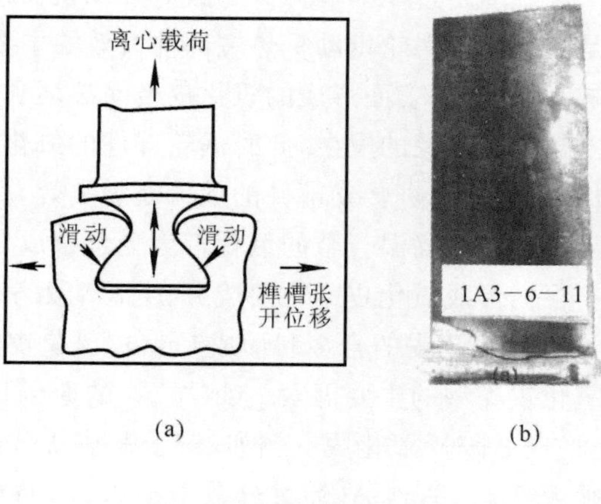

(a)　(b)

图 13.22　榫头-榫槽配合结构微动疲劳失效

（a）榫头-榫槽配合示意图；（b）榫头开裂

(4)低熔点金属致脆及其他类型的腐蚀。由于Cd镀层有很好的抗海洋气候腐蚀性能，而Ag镀层具有较优异的高温减摩作用，因此航空发动机上紧固件曾用Cd等作为防腐蚀镀层材料，用Ag等软金属作为控制钛合金压气机叶片榫头微动疲劳损伤的润滑镀层材料。然而，由于低熔点金属致脆的原因，镀Cd紧固件曾导致Westinghous XJT4发动机和我国某歼击机发动机的压气机盘产生镉脆失效，造成机毁人亡的重大事故；叶片镀银则导致了钛合金压气机盘的开裂破坏。

在高压压气机或涡轮的高温条件下，应力腐蚀破坏通常很少发生，然而，对于钛合金来说，由于其对热盐(KCl,NaCl,LiCl,KBr,LiBr等)环境有较高的应力腐蚀敏感性，而在海洋大气环境下服役的飞机，盐雾易吸入压气机中，因此，热盐应力腐蚀是影响压气机转动部件使用寿命的重要因素之一。此外，有时因压气机机匣内侧与转子叶片间的摩擦升热，会导致导热性能很差的钛合金机匣与转子叶片配合面上能量积聚而起燃，即所谓钛合金零部件的燃烧失效问题。

在燃气涡轮高温腐蚀中，除了上述腐蚀外，常见或有时会发生的腐蚀类型还有磨蚀和碳腐蚀。磨蚀是由进入发动机的砂石、尘埃或燃气燃烧形成的固体颗粒在高速燃气流的作用下冲刷导向叶片和涡轮叶片的结果。碳腐蚀则发生在航空燃气涡轮发动机的燃烧室壁上，是由于在含碳的高温气氛中，由于渗碳作用导致合金中形成碳化铬，随之发生碳化铬质点氧化，或者碳化铬附近的贫铬区氧化，或二者同时发生，导致镍铬合金燃烧室壁的破坏。

2. 航空发动机的腐蚀控制

由于航空发动机是飞机的心脏，其工况条件复杂，腐蚀失效形式多样，因此，对其腐蚀控制尤为重要，对所采用方法的技术水平要求也高。对于控制航空发动机零部件的电化学腐蚀所采用的方法和遵从的原则可以借鉴对飞机结构的腐蚀控制，而针对发动机热端部件的腐蚀控制方法则具有特殊的要求。

航空发动机根据其类型与使用条件、停放环境和发动机中的部位不同，其腐蚀的类型及严重程度存在很大的差异。对发动机的防护可分为一般防护体系和重防护体系，涉及产品设计、材料选择、防护工艺和维修程序等多个环节，属于一项系统工程。除了不断改进设计外，采取的腐蚀控制技术措施主要有尘埃分离技术、清洗技术、除湿技术、发展新材料、表面工程技术等。

(1)尘埃分离技术。为了防止砂粒、尘埃和海洋大气中的盐雾等吸入发动机造成压气机的磨蚀、应力腐蚀及涡轮部件的热腐蚀，采用惯性尘埃分离技术是一项效果显著的技术措施。例如，在沿海使用的T700及RTM322涡轴发动机上装了尘埃分离器，气流进入时，径向转弯两次，把尘埃甩到集物舱内。分离器对粗砂粒过滤效果高达92%，细砂粒达到80%，在恶劣条件下可使发动机寿命提高20倍。多种发动机上装上了类似的分离器，如JFTD12—A，PW4000等。分离器的使用不仅可以减少对各级叶片前缘的腐蚀，而且也能防止尘埃堵塞涡轮叶片的冷却孔。

安装尘埃分离器也有不利的方面，如会增加发动机的重量，降低发动机的效率，因此，是否要安装这类分离器，要综合考虑各方面的因素。

(2)清洗与除湿技术。海洋气氛、工业污染大气以及燃油燃烧时排放的硫、钒等物质随空气进入发动机，并在发动机零部件上沉积，由此导致发动机的各类腐蚀破坏，清洗技术则是解决因沉积物造成腐蚀的重要方法。清洗时通常选用专门的发动机清洗剂，有时也采用蒸馏水、甲醇水溶液等，飞机上专门配置清洗液容器和喷水嘴。实践表明，实施定期清洗维护方案，能够有效地降低航空发动机的热腐蚀等破坏。

发动机清洗后，必须及时进行干燥处理，较为有效的方法是用除湿机对准发动机进气道，将干燥空气鼓入。例如，丹麦空军一个飞行中队利用该方法除湿对发动机进行维护，一年可节约维修经费约 45 万元人民币，飞机安全性也得到了明显改善。

(3)使用耐蚀材料。随着发动机推重比的不断提高，发动机热端部件的温度愈来愈高，20 世纪 30 年代空冷式发动机温度仅有 300℃，现代涡轮喷气发动机温度则超过 1 000℃，而超声速燃烧冲压式喷气发动机的温度则高达 1 900℃以上。显然，温度越高，发动机零部件的高温腐蚀愈严重，因此，随着发动机性能的不断提高，耐蚀耐热材料也不断被开发和利用。例如，早期利用铝合金取代镁合金提高发动机低温端的抗电化学腐蚀性能，20 世纪 60 年代后用镍基合金和钛合金逐步取代钢，直至近些年来碳纤维复合材料、钛铝金属间化合物、金属基复合材料和陶瓷基复合材料等的开发应用，使发动机的耐蚀性和抗高温性能大大提高。图 13.23 是英国罗·罗公司对发动机用材及发展趋势的研究结果。

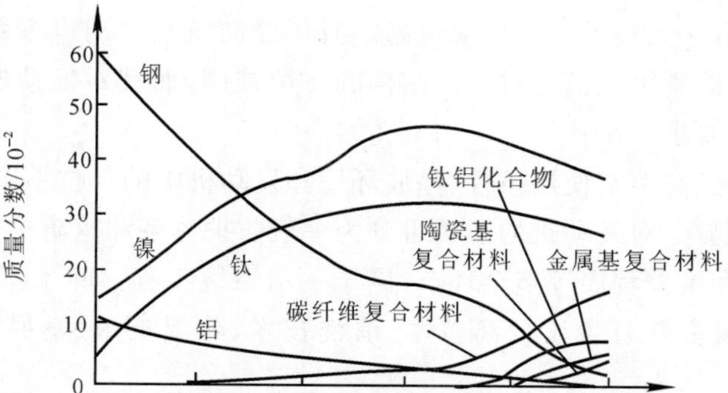

图 13.23　发动机用材料的发展趋势

(4)表面工程技术的应用。目前金属材料在航空发动机上的耐蚀耐热性能的潜力已几乎用尽，而表面工程技术可以赋予金属材料很好的耐蚀耐热性能，同时其经济性好，研究周期短，因此，目前表面工程技术在航空发动机的发展中起着十分重要的作用。可以说，几乎所有先进的表面工程技术方法均在航空发动机表面防护上进行过尝试，很多方法得到了应用，目前航空发动机 75%以上的表面采用了表面工程技术。图 13.24 给出了现代涡扇发动机上使用的主要表面工程技术。

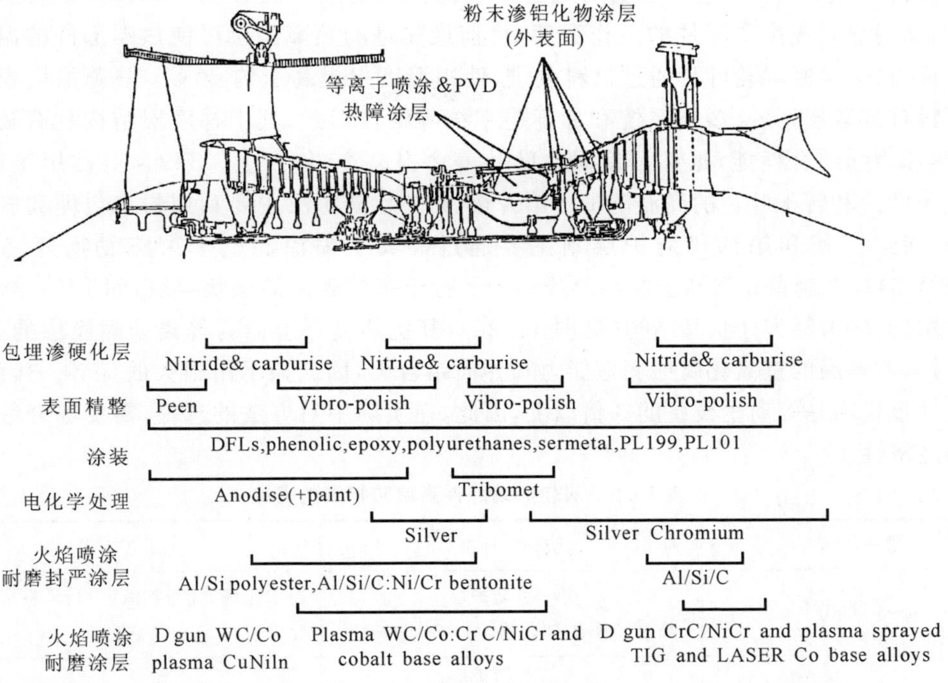

图 13.24 大型涡扇发动机零部件用表面处理技术(仅画出发动机的半剖面)

发动机冷端部件(如压气机机匣、盘及叶片等)的防护可以采用各种无机涂层、低温扩散层、电镀与化学镀层,以及真空离子镀和离子注入等表面处理技术。例如,用加有无机粘结剂的铝粉喷涂层,可以在 500℃下保护压气机机匣,电镀硬铬可以用于 300℃以下保护压气机钢制转动部件,电镀镍镉用于保护 400℃以下的低合金钢件。真空离子镀铝用于取代电镀镉不仅提高了耐蚀性、解决了钛合金紧固件与铝合金件间的电偶腐蚀问题,而且还有抗航空燃油的作用。离子注入 Cr,Ti+C 等则可显著提高发动机主轴承的耐蚀和抗微动腐蚀性能。

对于控制发动机热端部件的高温腐蚀相继推出了四代防护层系列,如表 13.9 所示。第一代防护层为单一的铝化物扩散层,其中共渗铝铬、铝钛、铝硅可以提高单纯渗铝的抗热腐蚀性能。由于第一代涂层在高温下易与基体产生相互扩散,于是在渗铝之前,在基材表面镀以铂、铑或钯作为扩散障,此为第二代高温防护层,不过铂与铝易生成铂铝脆性化合物。在严重腐蚀条件下或温度超过 1 100℃时,铝化物层的应用也受到限制,于是发展了第三代系列防护层 MCrAlX(M 为 Fe,Ni 或 Co,X 为 Y,Hf,Ce,Zr,Ti 和 Ta 等),其中 CoCrAlY 较 NiCrAlY 抗热腐蚀性能好,但其韧性较差,为此发展了综合性能较好的 NiCoCrAlY 涂层,及进一步添加

Hf,Ta 或 Re 等抗氧化有利元素的改进性涂层,如普惠公司研制的 NiCoCrAlY+Si+Hf 涂层用于 PW2037 及 PW4000 发动机,高温耐久性很好。第四代涂层为热障涂层(Thermal Barrier Coatings,缩写为 TBCs),它综合利用陶瓷(ZrO_2为主)的隔热能力及 MCrAlX 结合涂层的抗蚀性能,从而显著提高了零件的工作温度,目前最先进的热障涂层可使热端部件的温度降低 200℃,而近 25 年来涡轮叶片通过材料改进,使用温度仅提高了约 80℃。热障涂层根据不同要求可设计成双层系统、多层系统和梯度层系统等结构形式,其中梯度层结构具有较好的抗蚀、隔热和力学综合性能,据称可使涡轮叶片寿命提高 20 倍以上。TBCs 层被用于燃烧室、涡轮静子叶片和转子叶片的高温防护。第一代、第二代防护层主要利用粉末包埋和气相渗方法制备,而第三代和第四代防护层则主要通过等离子喷涂和电子束蒸发物理气相沉积(EB—PVD)技术制备。等离子喷涂热障层为平行于基体表面的层状组织,而 EB—PVD 制备的热障层的 ZrO_2层为柱状晶结构(见图 13.25),其抗热循环寿命为等离子喷涂层的 10 倍以上,同时具有较高的抗氧化腐蚀剥落能力和界面结合力,因此显示出很大的优势。然而,其设备一次性投资则是等离子设备的 3 倍以上,因此,在实际中对方法的选择,需要综合考虑使用要求和经济性。

表 13.9　涡轮热端部件高温防护层的发展

发展年代	防护层种类	工艺方法
20 世纪 40～50 年代	第一代防护层 简单扩散型:铝化物,Al-Si, Al-Cr	粉末包埋、气相扩散沉积、浆料法,电镀、化学镀、电泳+热扩散渗
20 世纪 60 年代	第二代防护层 改性扩散层:镀铂、铑、钯等扩散障改进简单扩散型涂层	气相扩散沉积、浆料法,电镀、化学镀、电泳+热扩散渗
20 世纪 60 年代末至 70 年代	第三代防护层 包覆型 MCrAlY 涂层	EB—PVD、等离子喷涂、溅射沉积、离子镀
20 世纪 70 年代至现在	第四代防护层 热障涂层	EB—PVD、等离子喷涂、离子镀、溅射沉积

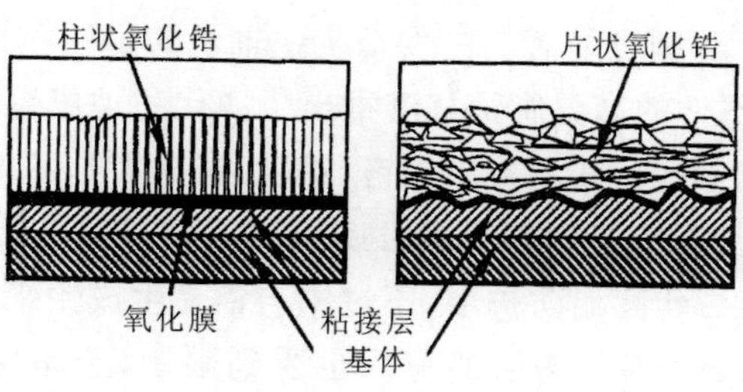

图 13.25　物理气相沉积(左)和等离子喷涂(右)热障涂层的组织对比

此外，对于控制气冷空心涡轮叶片内腔的高温氧化，可采用固体包埋法、化学镀法、浆料法扩渗技术，而化学气相沉积(CVD)(包括脉冲式、等离子增强式等)技术具有更突出的优点。等离子爆炸喷涂和激光表面熔敷等技术则被用于增强涡轮叶片锯齿冠阻尼面的微动磨蚀，收到了很好的效果。

需要指出的是，为了发挥不同表面处理的优势，同一部件上可能采用多种表面技术。例如，在钛合金转子叶片叶身上涂耐磨耐冲刷涂层；榫头上先进行喷丸形变强化处理，然后再涂固体润滑膜层，以控制微动疲劳损伤；而叶尖采用防钛合金燃烧的阻燃涂层。

八、飞机结构的腐蚀疲劳寿命分析

通过前面章节的介绍可以看出腐蚀疲劳是影响飞机结构寿命的重要因素，然而，由于早期对腐蚀的作用认识不够，致使我国在飞机结构的寿命估算和疲劳试验中几乎没有考虑环境的影响，也未进行腐蚀条件下的寿命修正。近 20 年来，随着现役飞机服役时间的增长，老龄飞机中腐蚀破坏现象愈来愈突出，如腐蚀导致蒙皮脱漆、减薄，翼梁缘条发生剥离腐蚀，紧固件及飞机结构上一些重要承力构件出现腐蚀疲劳裂纹等，尤其是沿海地区使用的海军型飞机因长期遭受海水、盐雾、潮湿等腐蚀性更为强烈的自然环境的作用，腐蚀疲劳对飞机结构完整性的影响更为严重，由此对飞机的安全性构成了威胁。因此，涉及腐蚀条件下飞机结构的寿命分析与预测的研究已引起人们的关注。

由于飞机停放和使用条件的多变性和飞机结构腐蚀疲劳的复杂性，目前不仅国内，即使发达国家也尚未建立起成熟的腐蚀环境下飞机结构寿命的预测方法。腐蚀条件对飞机寿命的影响包括两方面，一是飞机地面停放期间腐蚀导致构件疲劳抗力的降低，二是飞机在飞行过程中腐蚀因素协同作用导致飞机构件腐蚀疲劳损伤。飞机即使从不上天飞行，在足够的停放时间后，因腐蚀的原因飞机也会最终报废，为此，飞机的寿命指标有两个，即日历寿命和飞机载荷作用下的疲劳寿命(飞行小时数)。飞机日历寿命用日历持续时间表示，单位为年，对应飞机停放时环境作用导致结构件疲劳寿命的减少。目前，对腐蚀环境下飞机结构的疲劳寿命估算方法国内外都处在探索阶段，对飞机整机或全尺寸部件进行腐蚀疲劳试验是不现实的，因此，较普遍的做法是选择一些既受严重疲劳载荷又受严重腐蚀环境影响的飞机结构关键部位，进行典型结构件的腐蚀疲劳试验和分析，以用于对试验室全尺寸飞机机体或部件疲劳试验结果进行修正。试验中对加速腐蚀环境介质成分、当量折算关系、环境谱与载荷谱的匹配等的选择是十分关键的。本教材仅对飞机结构腐蚀疲劳寿命分析的有关思路进行简要介绍，有兴趣的读者可以进一步参考有关文献资料对此作深入的了解。

飞机结构的腐蚀疲劳寿命分析的步骤通常包括如下几个环节：根据飞机的类型及服役状况编制载荷-环境谱；按所编制的载荷-环境谱对飞机中最为危险或最为关键的部位进行疲劳试验，为腐蚀飞机疲劳寿命估算提供可靠的数据；根据一定的理论假设和模型，对疲劳试验结果进行分析，包括当量折算或修正，从而确定飞机结构的寿命。

1. 载荷-环境谱

(1)载荷谱的概念:在不考虑腐蚀因素的情况下,飞机结构的寿命主要由疲劳破坏决定。疲劳破坏是一个累积损伤过程,在研究飞机结构的疲劳寿命时,必须知道飞机结构(或构件)在整个使用过程中所承受的载荷随时间变化的历程——各级载荷的大小和出现的次数,即载荷谱。

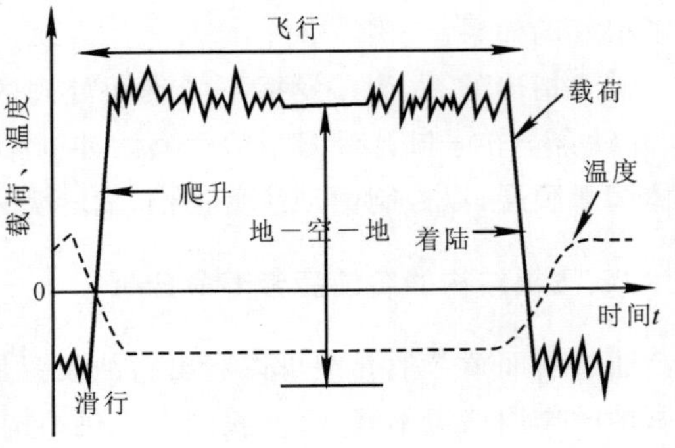

图 13.26 飞机机翼在一次飞行中的疲劳载荷-环境温度谱

飞机在每次飞行中大致需要经历以下几个过程:起飞滑行—爬行—巡航—下降—着陆撞击—滑行。在每个过程中,飞机都会受到疲劳载荷的作用,图 13.26 所示给出了飞机机翼在一次飞行中的疲劳载荷谱。飞机载荷谱有三个基本要素:载荷大小、出现频数和先后顺序。

要确定某种类型飞机的载荷谱,首先是选择正确代表该种飞机使用情况的飞机剖面图,即执行任务图。飞机剖面图给出了飞机在起飞、巡航及着陆各阶段的重量、速度和高度的变化。其次是将这种飞机剖面划分成若干段并进行计算。划分的原则是,在某一段落中,或者是一种特殊类型的载荷占优势,或者是飞机的重量、速度和高度变化不大。这样就可以确定该型飞机的重心过载谱。然后,根据飞机重心过载谱,换算成具体某一构件某处的疲劳应力谱。开展实验室疲劳实验时,则需要根据该载荷谱进行。

(2)环境谱的概念。飞机在使用中和地面停放过程中经受包括化学、温度和气候条件等各种腐蚀性环境的影响,仿照载荷谱的做法,将飞机经受的环境也进行编谱。所谓环境谱,就是指将飞机在使用过程中影响飞机结构使用寿命的那些环境因素随时间的变化状况(强度大小及变化频数)以数据表或图的形式表示出来,供环境作用下飞机结构疲劳强度的分析。图 13.26 示出飞机蒙皮在一次飞行中的温度谱。环境谱也有三个基本要素:环境强度、持续时间和先后顺序。

可以从不同的角度对飞机的环境谱进行分类。从环境状态看,可分为液体谱(污水、盐水、酸雨、农用飞机中液态农药等)、气体谱(空气、水蒸气、二氧化硫等)、压力谱、湿度谱、砂粒谱等;从环境的性质出发,可分为化学环境谱(如盐水谱、二氧化硫谱、污水谱等)和气候谱(包括温度谱、湿度谱、大气压力谱等);从环境的来源看,可分为外界自然环境谱和内部工作环境谱;从编谱方法看,可分为环境剖面谱、停放环境谱、环境总谱、飞—停—飞环境谱等;从编谱目的来看,可分为真实环境谱和当量环境谱,前者是按飞机的实际使用环境而编制的环境谱,但较难应用于加速实验,后者是对真实环境谱进行一定的当量化处理后所编制的环境谱,主要用于当量环境下的加速疲劳试验;从载荷和环境的组合来看,可分为飞—续—飞载荷-环境谱和程序块载荷-环境谱，其中所用环境谱应为当量环境谱；从飞机结构部位来看，可分为飞机总体环境谱和飞机局部环境谱，前者影响后者，后者决定腐蚀。

(3)载荷-环境谱。飞机结构的真实环境谱或使用环境谱可用于大气暴露试验的环境选择和比较，然而不能直接用于载荷和环境同时作用下的环境模拟试验。要进行这样的试验必须首先把真实的使用环境谱转换成当量环境谱，并形成用于腐蚀疲劳试验的载荷-环境谱。

飞机使用环境谱转换成当量环境谱时应满足三个基本条件：①当量环境谱的试验时间应与载荷和环境同时作用下的试验时间相同或相近；②当量环境谱本身所造成的飞机结构腐蚀效应与使用环境谱所造成的飞机结构腐蚀效应相当；③当量环境谱与试验载荷谱组合所造成的飞机结构腐蚀疲劳损伤和使用环境谱与载荷谱组合所造成的腐蚀疲劳损伤相当。在满足这三个条件的前提下，经过适当的简化可以将使用环境谱转化为更方便于试验的当量环境谱。

将当量环境谱和载荷谱进行有机地结合，即形成试验载荷-环境谱。所谓有机结合是指：①腐蚀疲劳试验中试验载荷谱和当量环境谱同时施加；②在编制试验载荷谱时要考虑当量环境谱的施加，同样，在编制当量环境谱时要考虑试验载荷谱的施加。图 13.27 示出了某轻型农林飞机(用于喷洒农药等)试验载荷-环境谱。该载荷-环境谱由飞行谱和间隙谱组成，飞行谱的疲劳载荷包括机动飞行载荷、阵风载荷和地面操作载荷，一个加载周期是一年中的 400 飞行小时，加载频率为 1 Hz，加载方式可以是飞—续—飞，也可以是程序块。间隙谱取空谱，在施加组合当量环境谱中各种环境强度的同时，施加空中 1 g 载荷，以考虑应力腐蚀的影响。一个加载周期的试验持续时间为 22.5 h，亦即该图是用 22.5 h 的腐蚀疲劳试验来模拟轻型农林飞机 400 飞行小时的实际飞行。

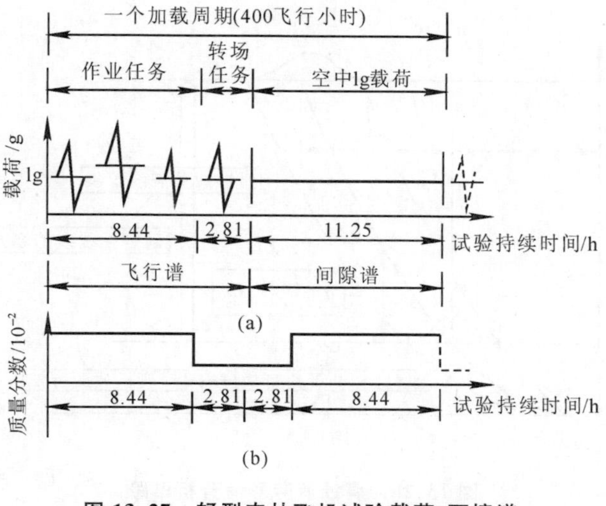

图 13.27 轻型农林飞机试验载荷-环境谱

(a)载荷谱；(b)环境谱

2. 腐蚀疲劳寿命分析方法

对于表面光滑的构件，腐蚀疲劳过程包括裂纹的形成、亚临界扩展和快速扩展至断裂等过程，决定构件寿命的是裂纹的萌生和亚临界扩展过程，因此，其寿命 N_f 可以包括裂纹形成寿命 N_i 和裂纹扩展寿命 N_p 两部分。即

$$N_f = N_i + N_p \tag{13.1}$$

如果考虑到腐蚀疲劳的短裂纹扩展与长裂纹扩展行为的不同，还可将扩展寿命分为短裂纹扩展寿命 N_{sp} 和长裂纹扩展寿命 N_{lp} 两部分，即

$$N_f = N_i + N_{sp} + N_{lp} \tag{13.2}$$

图 13.28 给出了腐蚀疲劳的寿命分析方法示意图。腐蚀疲劳裂纹形成寿命对应的裂纹长度 a_0 应该大到足以用断裂力学的原理来验证，通常情况下取 $a_0 \geqslant 0.25$ mm。a_0 作为裂纹萌生寿命和扩展寿命的分界点，采用腐蚀疲劳裂纹起始的应变寿命曲线和腐蚀疲劳裂纹扩展速率曲线分别预测裂纹的起始寿命 N_i 和扩展寿命 N_p。根据需要，既可以获得平均的寿命，也可以获得所选概率的寿命。

(1)腐蚀疲劳裂纹形成寿命分析。现以飞机中典型结构——紧固件连接——腐蚀疲劳裂纹的形成分析为例，来介绍飞机结构腐蚀疲劳裂纹起始寿命的分析过程。分析方法具体由以下几个主要部分组成：

1)进行用于获得基准环境和所选环境应变裂纹形成寿命的应变控制的常幅疲劳试验。

2)进行用于获得基准几何特性、应力水平、环境和载荷影响的谱载疲劳试验。

3)确定基准环境和所选环境的应变寿命许用值曲线。

4)进行应变寿命分析。

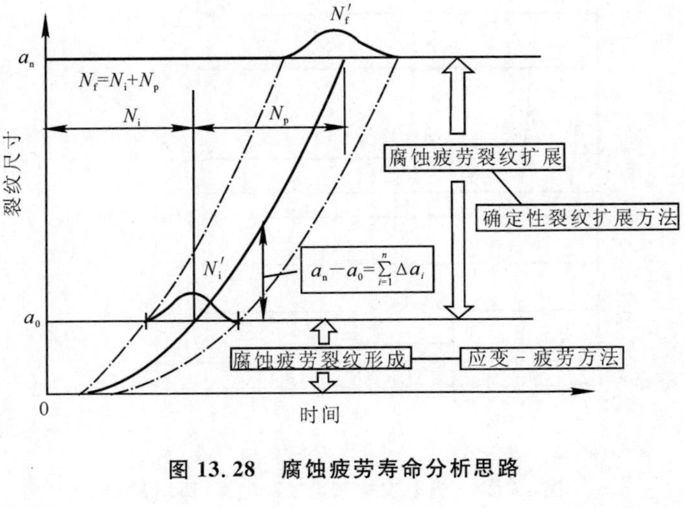

图 13.28 腐蚀疲劳寿命分析思路

常采用的裂纹起始寿命曲线拟合公式之一是 Coffin 和 Manson 的变形形式，即

$$\frac{\Delta\varepsilon_t}{2}=\frac{\sigma_f'}{E}(2N_i)^b+\varepsilon_f'(2N_i)^c \tag{13.3}$$

式中，$\Delta\varepsilon_t$ 为总应变；σ_f' 为疲劳强度系数；b 为疲劳强度指数；c 为疲劳延性指数；ε_f' 为疲劳延性系数；E 为弹性模量。

由于飞机结构是经受在谱载下的疲劳破坏，因此需要借助于疲劳累积损伤理论，最简单的是 Miner 线性累积损伤理论。该理论的基本假设是：各级不同应力水平的交变载荷引起的疲劳损伤可以分别计算，然后再线性叠加起来，而某级应力水平 S_j 造成的疲劳损伤与该应力水平所施加的循环数 n_j 和同一应力水平下直至发生破坏时所需的循环数 N_j 的比值呈正比，即与比值 n_j/N_j 成比例（比值 n_j/N_j 称为损伤比）。如果是单级加载，则损伤比等于 1 时即出现破坏。如果是多级加载，则认为总损伤等于各损伤比的总和，且当损伤比总和等于 1 时发生破坏，即

$$\sum\frac{n_j}{N_j}=\frac{n_1}{N_1}+\frac{n_2}{N_2}+\frac{n_3}{N_3}+\cdots+=1 \tag{13.4}$$

上式是多级循环加载下的破坏条件，亦即 Miner 线性累积损伤理论的计算公式。然而，Miner 理论忽略了不同应力水平载荷之间的交互影响。对于谱载荷下的腐蚀疲劳裂纹的萌生，可以依据累积损伤理论进行估计。

5) 建立给定载荷谱和应力水平下有效应力集中系数和裂纹形成寿命之间的关系。

6) 用谱载试验结果来转换应变寿命分析，以确定基准有效应力集中系数。

7) 修改基准有效应力集中系数，以考虑紧固孔的几何特性、百分比螺栓载荷传递和应力水平的影响

8) 用有效应力集中系数和疲劳试验数据来预测构件的腐蚀疲劳裂纹形成寿命。

(2) 腐蚀疲劳裂纹扩展寿命分析。同样以紧固件连接腐蚀疲劳裂纹的扩展为例，来介绍飞机结构腐蚀疲劳裂纹扩展寿命的分析过程。分析方法主要由两部分组成：必要的试验数据和腐蚀疲劳裂纹扩展的具体分析。具体步骤如下：

1) 用紧凑拉伸(CT)试件或中心裂纹拉伸(CCT)试件，在干燥空气和所选择环境（如质量分数为 0.035 的氯化钠水溶液）中获得适合的裂纹扩展速率 $\mathrm{d}a/\mathrm{d}N-\Delta K$（应力强度因子幅）数据。

2) 选择用于考虑应力比影响的裂纹扩展模型，以用于腐蚀疲劳裂纹扩展分析。用于干燥空气和所用环境（质量分数为 0.035 的氯化钠水溶液）中的 $\mathrm{d}a/\mathrm{d}N-\Delta K$ 数据对所选择的模型进行最优拟合。用校准的裂纹扩展模型，证明所用载荷谱所包括的应力比范围都是正确的。

具有代表性的用于拟合 $\mathrm{d}a/\mathrm{d}N-\Delta K$ 曲线的疲劳或腐蚀疲劳裂纹扩展的 Forman 模型为

$$\frac{\mathrm{d}a}{\mathrm{d}N}=C(\Delta K)^n/[(1-R)K_C-\Delta K] \tag{13.5}$$

式中，$\mathrm{d}a/\mathrm{d}N$ 为裂纹扩展速率；C，n 为经验常数；R 为应力比；K_C 为机械断裂的临界应力强度因子；ΔK 为应力强度因子幅或变程。

对式(13.5)积分，则可得到对应某一裂纹扩展段的寿命值为

$$N=\int_{a_0}^{a_j}((\Delta K)^{-n}[(1-R)K_C-\Delta K]/C)\mathrm{d}a \tag{13.6}$$

由第 7 章关于腐蚀疲劳裂纹扩展动力学规律知，在不同的 ΔK 范围，$\mathrm{d}a/\mathrm{d}N$ 不同，故应分段积分来估算腐蚀疲劳的扩展寿命。

3)选择适合的载荷相互作用模型，包括屈服区域和裂纹闭合模型。

4)选择分析的裂纹扩展计算机程序来完成裂纹扩展预计。

5)用中心开孔的狗骨型试件进行谱载裂纹扩展试验，以便获得谱裂纹扩展数据，并用这些数据对裂纹扩展分析"调整比例"。

6)用谱裂纹扩展数据调整或换算载荷相互作用模型和裂纹扩展分析。

7)用第 6)步中基准情况(即开孔、干燥空气、角裂纹缺陷)所确定的载荷相互作用模型参数对所选择的几何特性、应力水平、载荷谱、环境和百分比螺栓载荷传递进行腐蚀疲劳裂纹扩展预计。

除上述谱载荷下的飞机结构腐蚀疲劳分析方法外，还有各种通过利用修正系数估算飞机结构腐蚀疲劳寿命的工程方法，这些方法更加简化，实用性强，而对腐蚀疲劳的微观机制不去追究。当然，为了更加科学地预测飞机结构的腐蚀疲劳寿命，应从电化学腐蚀动力学、断裂力学、物理冶金学、有限元分析等多个学科方面对腐蚀疲劳进行定量性基础研究。然而，由于腐蚀疲劳的复杂性，尤其是涉及飞机这种特殊结构，这方面的工作开展的难度较大，因此在短时间内还较难取得突破性进展，不过这确实是各相关学科工作者需要努力的方向。

13.2 航天机械装备的腐蚀与控制

一、航天装备的腐蚀环境及特点

航天装备(如人造卫星、飞船、航天飞机、火箭、导弹、空间站等)一般要经历地面、发射和在轨运行三种环境过程，返回式航天器还要增加一项返回阶段过程。因此航天器所处的空间环境变化剧烈，非常复杂，除受到地面风吹、日晒、雨露、地下潮气和海洋盐雾等环境影响外，还承受主要包括高能电子流、高活性原子氧、太阳紫外辐照、温度交变循环、陨石及空间碎片冲击等的威胁，所有这些因素都会对航天材料产生不良作用。

航天装备在轨运行时所处的空间环境，主要集中于近地轨道和地球同步轨道。近地轨道的高度为 200～500 km，粒子的密度为 7.5×10^9 $\mathrm{cm^{-3}}$(200 km 处)～1.0×10^7 $\mathrm{cm^{-3}}$(500 km 处)。这些粒子中 50%～90%是处于中性基态的原子氧，这种高活性原子氧对材料，尤其是聚合物材料更具有相当危险的影响。由此推算，空间站在轨道上运行 11 a 所接受的原子氧积分通量约为 1.2×10^{22}～5.0×10^{22} 个原子/$\mathrm{cm^2}$。航天器在此轨道上运行的速度约为 8 km/s，原子氧冲击表面的能量为 5 eV。这种高热能粒子流足以使卫星材料中的许多化学键破裂而导致材料失效。

空间漂浮物和辐射也对航天装备材料构成威胁。低地球轨道环境中漂浮有陨石和空间碎片，典型的直径为 0.1～0.001 cm，还有电子和质子。在此轨道照射期间，材料可以接受的剂量为 0.1～1.0 MGy(Gy，戈瑞，吸收剂量单位，相当于 J/kg)。基本的电磁辐射是太阳紫外光谱，波长范围为 100～150 nm，通量为 4×10^{11} W/cm^2，同步地球轨道高度为 36 000 km，在此高度一颗运行 25～30 a 的航天器所接受的电磁辐照剂量可达 10～100 MGy。

航天装备服役期间所经历的环境温度变化也是非常剧烈和严酷的。表 13.10 综合了航天器所经历的各过程的环境温度状况以及设计原则。

表 13.10　航天器所经历各过程的环境温度状况及设计原则

过程	地面	发射	在轨(夜～昼)	返回
舱外环境温度	－50～＋50℃	＞1 000℃	－180～＋200℃	＞2 000℃
表面控制设计	地面期腐蚀	隔热、辐射	光吸收、热辐射	隔热、烧蚀、辐射
舱内环境温度设计	－5～＋30℃(个别要求 20±5℃或±3℃)			

据统计，在低地球轨道上运行 30 年的星体由照射区(120℃)到阴影区(－160℃)的交变过程要重复 17 000 次之多，大约每两天就要重复 3 次，这种快速的温度交变会在结构中产生高的热应力。以航天飞机为例，近地空间是航天飞机巡航运行阶段的基本环境，在这一环境中，大气密度随高度增加而减小，同时大气温度随高度增加基本上按指数规律递增，在距地面 300 km 高度处可达 700℃以上。在航天装备的往返途中则必须承受更加严峻的考验。例如，人造卫星、飞船、航天飞机等等在飞回大气层时有高温腐蚀问题，在进入大气层后，会遭受温度、湿度、盐雾雨淋、狂风暴雨等腐蚀环境的作用，甚至沙尘颗粒冲刷的联合袭击，特别是航天飞机在整个飞行过程中，要经受各种苛刻的热、机械、辐射线以及超声负荷的作用，其工况条件十分苛刻。有资料显示，“挑战者号”发射入轨时的速度超过 27 000 km/h，在头锥和前缘产生的热量可使表面温度达到 1 370℃；当返回再入大气层时，飞行器从 12 km 的高空大约以 7 500 m/s 的速度向地面运动，其表面的热流量可达 251.4 kJ/(m^2·s)，机翼前缘以及头锥帽上的温度将达到 1 650℃。图 13.29 给出了美国航天飞机轨道器的表面温度分布情况。美国设想的空天飞机(NASP)是一种可完全重复使用的航天器，在其高速飞行过程中，在大气层中的停留时间将大大长于航天飞机。据报道，NASP 的 X—30 试验机高速飞行时，其表面上任何区域的温度均不会低于 650℃。当 X—30 试验机以 8*Ma*(马赫数)速率在 26 822 m 高度飞行时，头锥处温度为 1 793℃，沿机身向后逐渐降至 871℃，即使机身后部温度最低处也要达到约 760℃。由于激波交叉加热，整流罩前缘的温度将增至 1 788℃，机翼或尾翼前缘的温度将高达 1 455℃，并逐渐降至后缘的 871℃。发动机整流罩的温度则可能将保持在 982℃。目前这些温度均已超出了大部分现有航天材料的耐温极限。当弹道导弹再入大气层时，弹头的驻点大气压力可达十几兆帕(上百个大气压)，弹头表面温度可达到上万度。这是任何传统材料

和简单的结构设计难以解决的课题。

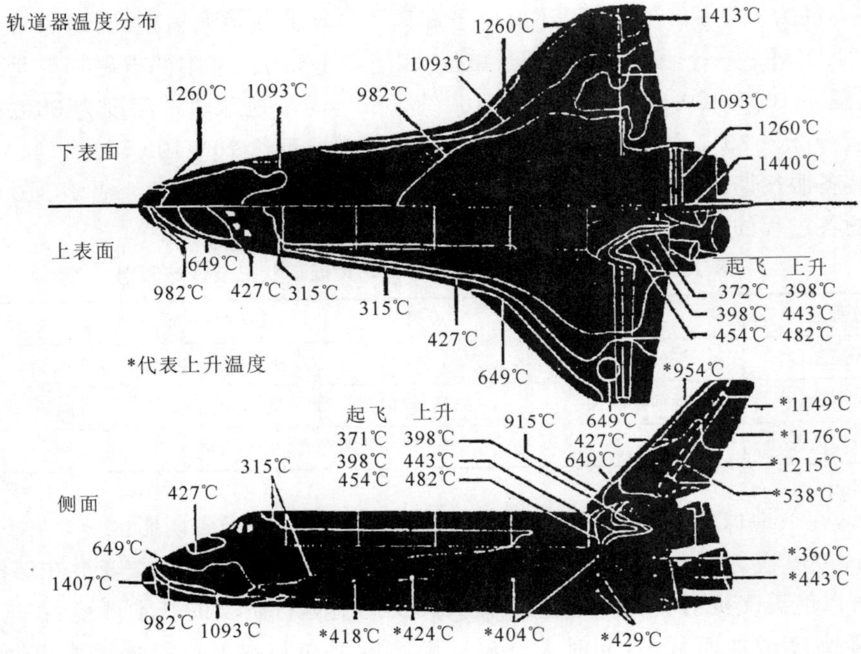

图 13.29 美国航天飞机轨道器表面温度分布

由于使用燃料的特殊性，航天装备以及与之配套的地面附属和保障设施还必须承受在其他一般情况下很少见的恶劣环境的腐蚀。例如，位于美国佛罗里达州卡纳维拉尔角的肯尼迪宇航中心发射场的钢结构发射台平时总是处于海边含盐的潮湿空气的侵蚀，当执行发射任务时则被火箭起飞时液体火箭推进燃料燃烧所产生的浓密的烟气所笼罩，这种烟气具有很强的酸性，对钢结构发射台造成严重的腐蚀作用。高能可储存的液体火箭推进剂是广泛应用于军事和航天领域的推进剂类型。所谓液体火箭推进剂是氧化剂和燃烧剂的总称。氧化剂有四氧化二氮、红烟硝酸等；燃烧剂有胺类、肼类等。这些液体火箭推进剂都具有腐蚀性较强、易燃易爆、毒性大等特点。氧化剂(无论是红烟硝酸还是四氧化二氮)都具有强氧化性，它们与胺类或肼类燃料接触时会发生自燃。该类氧化剂对金属既产生化学腐蚀，也产生电化学腐蚀。氧化剂可以连续吸收大气中的水分，使其含水量不断增加，而随着氧化剂中含水量的增加，它对铝及铝合金和不锈钢的腐蚀速率会迅速增大。另外，氧化剂对金属的腐蚀速率还会随着温度升高而显著增大。例如当50℃时，铝和不锈钢在红烟硝酸中的腐蚀速率比在15～20℃时要高几十倍。

航天装备的库存环境要求也相对比较高，因为航天装备的运行可靠性是至关重要的，其中电器控制系统的稳定可靠又具有特别的重要性。航天用电器设备的使用可靠性与其使用前储存条件关系很大，储存环境的温度、湿度、清洁度和腐蚀性气体都将影响它们的性能。就绝缘电阻来说，它对湿度十分敏感。电器表面沾污也将影响绝缘电阻，这往往是由于大气中的腐蚀性气体如 H_2S，SO_2 等气体的作用，使电器触点表面被腐蚀，生成一层氧化物或硫化物的绝缘膜而失泽，使触点的接触电阻增大。若在潮湿的腐蚀性大气环境中，则反应速率更快，生成的绝缘膜更厚，将严重影响电器设备的运行可靠性。为此，航天用电器设备对储存环境温度、湿度都有很严格的要求。

航天器及武器装备的发射环境也愈来愈苛刻，如火箭导弹发射的环境除各种复杂的地面环境外，还包括潮湿的井下与洞内，腐蚀环境恶劣的海上航母或核潜艇内，这些苛刻的腐蚀环境条件均对航天器及武器装备的安全使用寿命造成严重的影响。

可见，航天装备所必须面临的环境条件比航空装备所面临的情况还要复杂和严酷，因此，如何有效地解决由此带来的航天装备腐蚀问题就成为航天技术发展的关键之一。

二、航天机械装备的腐蚀类型

航天装备的腐蚀主要有以下几种类型：

由于外部高温产生的高温氧化。这种腐蚀形式主要发生在空气中。

由于高温产生的热腐蚀、热疲劳、高速热气流冲刷、烧蚀。如发动机内部，推进器尾喷管，航天器外表面等。这类腐蚀可能会有熔融的腐蚀产物等参与。

粒子云侵蚀，即指航天器再入大气层时，可能遇到雨滴、雪晶、冰雹等水凝结的自然物质或遇到大气层中的灰尘、核灰尘、空间漂浮物和微粒等云团的撞击、冲刷造成的航天器表面磨蚀。

由于宇宙辐射、臭氧等造成的高分子材料老化、失效。

由于振动产生的腐蚀疲劳或微动疲劳。如发射过程中的剧烈的高频周期振动。

由于高压等外来应力产生的应力腐蚀。如燃料舱，必须承受高压。

由于内部推进燃料及其反应产物造成的电化学腐蚀、氢脆等。液体燃料具有极强的腐蚀性或特别的低温和对材料的强渗透性，在储存和使用过程中会对材料安全产生威胁。

由于地面停放环境造成的腐蚀，此类腐蚀受环境温度、湿度、盐雾、气候变化等的影响。这种腐蚀情况与普通航空器所遇到的情况类似，具体可参考航空器部分的介绍。

三、航天机械装备的腐蚀控制方法

为抵抗如此恶劣的环境，航天工业采用的结构和材料应当满足以下要求：①具有足够高的强度和刚度，保证良好的综合性能；②重量轻、高比强度和高比刚度；③具有良好的抗热疲劳和抗声振疲劳性能；④与热防护材料有良好的相容性；⑤抗气流高速冲刷；⑥具有良好的耐腐蚀性能。其中热防护效果是最重要的一个方面。一般地说，航天飞机外表面的防热系统应具备足够的隔热能力以保证其内部结构的温度不超过 177℃，即一般铝合金和有机高分子材料的通常耐热温度,同时应具有良好的耐热腐蚀能力。目前大多通过涂层技术来加以改善。可以毫不夸张地说,没有主要针对抵抗温度剧变的热防护系统和主要针对减轻腐蚀的涂层防护技术就谈不上当代航天技术的发展。

针对航天机械装备所面临的环境特点,应当从以下几个方面考虑腐蚀控制问题:

1. 从设计上保证设备整体的可靠性

对于航天工程来说,可靠性是第一位的,尤其是运送载人航天器的运载火箭,更必须安全可靠,因此,航天装备用的材料、元器件和机载设备必须能经受恶劣环境的考验,需要加倍的可靠。同时,航天推进燃料的腐蚀性、毒性和极低温性、渗透性,对火箭材料和仪器设备会带来许多复杂的影响。例如,零下253℃的液氢,甚至可以透过某些金属壁,非常容易泄漏。泄漏的氢遇到空气中的氧,特别容易引起爆炸。尤其是火箭发动机中高速进入燃烧室的液氢,一旦遇到水珠和其他气体分子,会把它们冻结成比金属还硬的颗粒,并推动其高速前进,这样,这些颗粒就有可能如同子弹般击穿金属管道而对发动机造成伤害。有的金属材料遇到液氢会产生氢脆,变得容易断裂。因此,用液氢作燃料的火箭,对用作制造液氢储箱、输送管道、发动机等的材料,以及液氢的储存、运输和加注的安全性,都提出很高的要求,在设计时必须加以充分的考虑。在这方面,人类已有惨痛的教训。美国"挑战者"号航天飞机就是由于其右侧火箭助推器连接处环形密封圈遭到腐蚀,在火箭点火后破裂,导致燃气外泄,引起爆炸,同时该机在结构设计方面也存在问题。为了保证航天装备的运行安全,首先应当在设计和制造环节重视选择相应的耐腐蚀材料和结构防腐,同时应当多学科联合,形成一个有效的系统工程运作体系。

2. 选择和发展高性能材料

对于航天机械装备内部存在的腐蚀可能,要重点做好对一般电化学腐蚀、应力腐蚀、氢脆等腐蚀形式的防护。火箭发动机是火箭的心脏,因此火箭发动机技术是航天高技术的重要组成部分。火箭发动机工作时产生高温、高压、强噪声和强振动,工作环境十分恶劣;一些推进剂具有极低温和强腐蚀性;火箭在飞行的加速过程中,还会产生巨大的超重;进入轨道后,又会遇到失重、真空和辐射等情况。因此,就制造火箭发动机所用的材料而言,要求有极高的耐热、耐极低温、耐热震、抗疲劳、抗腐蚀等性能,要有高的比强度、比刚度,同时应有良好的加工性能。对于航天器壳体,尤其是再入大气层航天器来说,防热和隔热是关键技术,其解决必须依靠高性能材料。

对于完全不同于传统技术领域的航天技术来说,仅仅依靠现有技术改良是远远不够的,必须积极发展新技术、新材料,才能从根本上获得先进的性能,因此世界各先进国家都不遗余力地在这方面投入了大量财力进行研发。随着人类征服太空步伐的加快,各国在这方面取得了可观的成果,各种以航天应用为目的的高性能先进材料不断被研制出来。以下分别作简要介绍。

(1)先进聚合物及聚合物基复合材料。聚合物及其复合材料由于比强度、比模量高,热膨胀系数小,抗疲劳、隔热、吸能、破损安全性好,可设计性强等一系列突出优点,广泛而大量地被用做卫星、宇宙飞船、航天飞机、空间站等航天装备的结构部件。另一方面，为了保证飞行器有强的生存能力和更多的功能，除了结构材料以外，还需应用各种功能材料，如防热烧蚀材料、吸波隐身材料、透波材料等。应用于高性能聚合物基结构复合材料的增强纤维主要是有机纤维和碳纤维。其中有机纤维包括芳纶纤维、芳杂环纤维和超高分子量聚乙烯纤维。在已开发的品种中，以聚对苯撑并双噁唑(PBO)的性能最为突出，在高温、高压和严酷化学环境下有卓越的稳定性，耐烧蚀性能优异，残碳强度高，因而亦可用于隔热烧蚀复合材料。目前，在聚合物基复合材料高性能树脂基体方面的研究工作，主要围绕着提高工作温度和冲击韧性、改善耐湿热性能而展开。聚酰亚胺树脂的耐热性能优异，在航空航天领域有着广阔的应用前景，其中双马来酰亚胺(BMI)的工艺性能较好。BMI 树脂的耐热性和耐湿热性能均优于环氧树脂，但作为结构复合材料基体使用时，其冲击韧性不足。

三元乙丙橡胶(EPDM)被用作航天器壳体内绝热层，而聚二甲基硅氧烷(PDMS)的高低温性能和抗老化性能均优于 EPDM，密度不足 1 g/cm^3，热辐射降解率低，发气量小，极适宜用于航天领域，目前拟用作壳体内绝热层的基体。针对 PDMS 的常温力学性能差，美国正开发一种使用溶胶-凝胶(Sol-Gel)法、属于纳米材料范畴的自增强技术，可使其力学性能与耐热性大幅度提高。

我国在先进聚合物及复合材料方面也作了许多研究工作，并取得了一些重要成果。例如我国自行研制的一种新型的橡胶密封材料与强腐蚀性的 N_2O_4 具有较好的相容性，在室温至 -40℃间与 N_2O_4 接触 30 d 后仍能够保持良好的密封性能，可以作为使用 N_2O_4 的液体火箭推进系统的密封材料，总体性能与美国杜邦公司的 Kalrez 全氟橡胶密封件相当。

航天装备壳体外使用防护材料的目的是提高装备的生存与突防能力。外防护材料通常分外防热材料、抗激光材料、抗核效应材料、防静电材料及隐身材料等。其中最重要的是外防热材料。目前外防热材料的基体仍以有机硅弹性体与氯磺化聚乙烯橡胶为主。

酚醛树脂由于价廉、应用工艺成熟、碳产率较高、热解时可生成一种具有环形结构的烧蚀性能优异的中间产物，完全碳化后的残余层致密稳定等原因，可作为喷管防热材料，迄今仍在防热烧蚀材料领域扮演着重要的角色。为提高酚醛树脂的耐热性能与碳产率，通常引入氰基、硼元素、芳环有机硅、三聚氰胺或苯胺、苯基或苄基等进行共聚改性，以及采用新的原材料缩聚获得结构与酚醛树脂类似而性能较高的树脂等。例如，所得的氰基酚醛树脂的热氧化稳定性明显提高，分解温度达 440℃，1 000℃下的碳产率达 68%～70%；我国发展的高成碳酚醛树脂的碳产率、碳层强度、高温力学性能、烧蚀性能均优于常规的钡酚醛及氨酚醛，且工艺性能良好。在碳/酚醛材料中添加纳米碳粉，可提高酚醛树脂的热解峰值温度、降低酚醛树脂的热解收缩率，提高碳/酚醛材料的热稳定性、耐沸水性和碳化后的层间剪切强度，碳/酚醛材料的线烧蚀率下降，且极大地改善了烧蚀分层问题。碳/酚醛复合材料是目前用于固体火箭发动机喷管扩张段等部位的主要材料，特别是第一级发动机的喷管扩张段及战术火箭发动机的抗烧蚀部件等。

聚芳基乙炔树脂(PAA 树脂)是一类由乙炔基芳烃为单体聚合而成的高性能聚合物,它拥有固化时无低分子物逸出、耐高温性能十分优异、热解成碳率极高及工艺性能良好等特点,不仅可用作 C/C 复合材料的浸渍树脂,而且可用作树脂基结构复合材料与烧蚀复合材料的基体。PAA 树脂与酚醛树脂相比有着十分明显的优势,耐热性能大大提高,与碳复合后材料的抗烧蚀性能示于图 13.30。碳/PAA 的耐烧蚀性能已远远优于已在固体发动机上应用的各种碳/酚醛,表明了 PAA 树脂在固体火箭发动机树脂基防热复合材料方面有着广泛的应用前景。

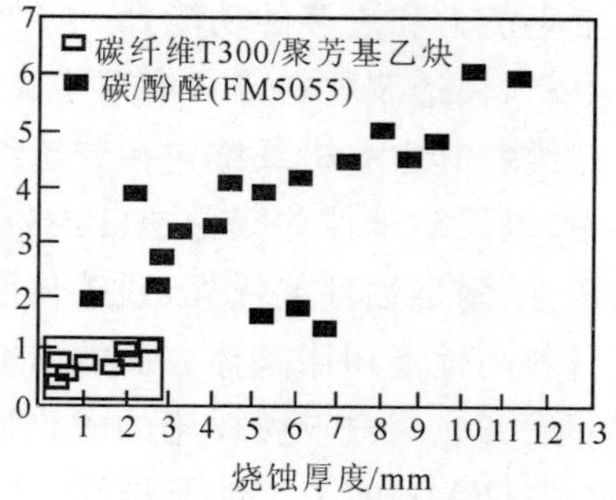

图 13.30　碳/芳基乙炔共聚物与碳/酚醛树脂在等离子高温下烧蚀的深度分布

(2) C/C 复合材料。C/C 复合材料具有优异的综合性能,是迄今为止用于固体火箭发动机喷管的最理想的烧蚀结构材料,但其过长的工艺周期、过高的制造成本在一定程度上限制了它的应用。C/C 材料的改进方向主要围绕着提高性能和降低成本而展开。在提高性能方面,除试图采用上述高性能聚合物作为浸渍树脂外,近年来提出的一项重要途径是应用难熔碳化物涂层来提高 C/C 材料的抗氧化能力,降低烧蚀率,承受更高的燃气温度或更长的工作时间,主要机理可归纳为抑制氧化作用、增强基体抗冲刷性能和弥补烧蚀后的缺陷。C/C 复合材料能够用来制造暴露于 1 400℃以上高温而无须进行主动冷却的轻质结构,被考虑用作空天飞机(NASP)的机架和防热面板的备选材料。在 NASP 中 C/C 与难熔金属热管构成的机翼前缘,在 2 209～3 316℃可保持强度。

(3)陶瓷基复合材料。陶瓷基复合材料具有优异的高温强度,是制作固体发动机 C/C 喷管和燃烧室壳体之间的热结构连接件的理想材料,此外,还可用作出口锥和延伸锥的一些部件(如喷管背壁防热/绝热系统等)。最近美国还提出可用碳纤维增强的 HfC,(Hf, Ta)C,(Hf, Si)C 等来制作未来的喉衬。陶瓷基复合材料作为固体发动机的热结构连接件,已进行过发动机地面热试车。在众多的陶瓷材料中,以氮化硅系高温耐热结构陶瓷复合材料(如 Si_3N_4,SiC/Si_3N_4,ZrO_2/Si_3N_4,$Si_3N_4+Al_2O_3$等)最引人注目。这类材料的综合性能较突出,具有耐高温、耐腐蚀、抗热震、硬度高、韧性好、热胀系数小、密度较低等特点,非常适于制作高温承力部件。目前,世界主要先进国家已把氮化硅系陶瓷材料作为耐热结构的首选陶瓷材料进行广泛、重点地研究与开发。NASP 采用的陶瓷基复合材料主要有 SiC/SiC 和 C/SiC。SiC/SiC 具有用于 1 300℃以上温度的潜力,有比 C/C 高得多的抗氧化性能,特别适用于 815～1 371℃的高温构件。尽管如此,陶瓷材料仍然存在加工性能差的普遍问题。随着纳米技术的发展,这一技术瓶颈有望被突破。

(4)钛系合金。钛及其合金在航天方面的应用非常广泛。由于航天飞机和导弹的速率已远远超过声速，从前使用铝合金的地方，因其耐热性的要求，已不大适应，钛及其合金因此成为首选替代材料。钛的密度小，又具有高的热强性和持久强度，对在振动载荷及冲击载荷作用下裂纹扩展的敏感性低，并且有良好的耐蚀性。在航天方面，Abiestar(阿波罗)火箭用的储压器、后喷嘴就是由 13 个锻制的 Ti6Al4V 钛合金板组成，并经过焊接而制成储压器。该储压器用于储藏动力燃料的氧化催化剂。钛合金在耐化学物质腐蚀方面十分优秀，例如，7715D 钛合金在 N_2O_4 中的腐蚀速率为 4×10^{-4} mm/a，在甲基肼中的腐蚀速率为 1×10^{-4} mm/a，即 N_2O_4 及甲基肼液对 7715D 钛合金无明显腐蚀，该材料已成功用于 FY—25 发动机推力室。

表 13.11 给出了美国第二代航天飞机和空天飞机热防护拟采用的防热材料情况。

表 13.11　美国第二代航天飞机和空天飞机热防护系统拟采用的防热材料

防热材料	抗氧化碳/碳	碳化硅/碳化硅	快速凝固钛合金	高温先进柔性隔热毡	先进柔性隔热毡
拟使用部位	机身前缘面板、控制舱		机身	机身	机身
工作温度/℃	1 371～1 927	816～1 371	593～837	1 093	650

3. 采用涂层和涂料技术

在航天机械装备上，对于外部腐蚀控制，最重要的技术方法是涂层防护技术。几乎现有的所有表面涂层新技术都被采用了，例如电镀、化学镀、真空离子镀、阳极氧化、着色、热分解、化学气相沉积、物理气相沉积、真空溅射沉积、等离子喷涂等等，而且技术还在不断创新。其根本任务是通过表面处理技术来形成新的表面，从而赋予其新的功能，提高结构的耐高温、隔热、抗辐射、抗氧化、改善材料相容性以及耐磨或连接咬合等性能。采用的涂层应具有以下特点：涂层厚度大，例如一般的陶瓷涂层厚 0.2～0.4 mm，而航天飞机要求 1～2 mm 甚至更厚；对涂层质量要求更高；涂层结构种类增多，涂层材料和被涂材料的种类大为增加，先进的涂层技术和具体工艺手段也层出不穷。C/C 材料的抗氧化能力有限，美国 LTV 公司研究了一种新技术，在 C/C 复合材料表面先用气相沉积技术沉积出一层碳化硅，然后在其上面涂覆一层具有纤维组织、稳定性好的 ZrO_2，可以起到热障、抗氧化的作用，从而提高了 C/C 复合材料的抗高温氧化性能。$MoSi_2$ - SiC 复合涂层体系在 1 650℃ 下对 C/C 复合材料可提供超过 100 h 的防护能力。C/C 材料抗氧化涂层所用的难熔碳化物除 SiC 外，还有碳化铪（HfC)、碳化钽(TaC)、碳化铌(NbC)、碳化锆 ZrC 等。抗氧化涂层的涂覆工艺多用化学气相沉积(CVD)和化学气相反应(CVR)技术。

航天发动机工作时，要求燃气通道内表面具有优越的抗高温、抗氧化性能和良好的机械性能。GH202 合金是一种常用于制造发动机受热零部件的高温合金材料，但其耐高温程度有限，不适于长期工作在 1 000℃ 条件。高温无机涂层（含 SiO_2，$BaCO_3$ 等）能够有效地提高 GH202 合金的耐高温氧化能力。研究结果表明，GH202 合金表面高温无机涂层经历了

1 000～25℃的 50 次热循环后,涂层无崩裂、脱落现象,涂层与基体结合牢固,性能良好。

用于调节辐射状况的涂料对于航天器来说非常重要。用于航天器上的耐热油漆是将颜料放入有机或无机粘合剂中调制而成的,一般分为黑色和白色两种,通常用尿烷制备黑色油漆,用有机硅制备白色油漆。另外,还可加入碳黑来制成黑漆,这种漆不仅可以吸收 85%日光辐射热量,而且还可以保护粘合剂不受紫外光照射的危害。黑漆可用于宇宙飞船上需要吸收阳光辐射热量并保温一定时间的部位。白漆可用无机粘合剂(硅酸钾)或聚硅氧烷(聚二甲基硅氧烷)粘合剂加上颜料来调制。白漆可使光线反射,将过量的热散发掉,并有较低的日光吸收系数($\alpha < 0.20$)及有较高的热辐射系数($\varepsilon > 0.8$)可保持低温状态而防止过热。据报道,黑色涂料 Z－306 和白色涂料 A－276 与原子氧的反应活性很低,作为防原子氧涂层用于聚合物表面,可以有效地减轻原子氧对聚合物材料的腐蚀。

在线路板组装时,要涂以防化学腐蚀和表面绝缘的油漆。这些油漆用尿烷类制成,可用浸渍、喷涂、真空沉积及在表面直接聚合等方法来涂覆。

在地面环境中也需要高性能的涂料。航天飞机发射时会产生大量酸性烟雾,导致发射台部件腐蚀。因此,每一次航天飞机发射后,整个发射台(上万平方米)必须清扫、除锈,然后通常用带锌涂料重新涂装。美国航空航天局(NASA)的洛斯阿拉莫斯国家实验室和德国汉堡的齐佩林·凯斯勒(Zipperling Kessler)的科学家们针对这一问题进行研究,发现掺入氯化氢的聚苯胺涂层能防止发射台锈蚀。测试表明,涂有该聚合物的低碳钢的样件能在稀盐酸中存在近 25 周而毫无锈迹;与此相对照的是,未涂聚合物的样件不到 4 周就生锈了。

4. 在液体推进剂中合理添加缓蚀剂

液体推进剂常用的氧化剂红烟硝酸一般是由硝酸、四氧化二氮(N_2O_4)、氟化氢(HF)和磷酸等组成的混合物。将浓硝酸与四氧化二氮混合使用(按重量计通常为 20%)是为了提高浓硝酸作为氧化剂时的效能,以及提高硝酸的热安定性。这种混合物具有比质量分数为 0.96～0.98 的硝酸更强的氧化性和更大的密度,从而可提高氧化剂的热值,减小装载体积。而加入氟化氢和磷酸,则是为了降低硝酸的腐蚀性作为缓蚀剂使用的。例如,在硝酸内加入质量分数为 0.004～0.006 的氟化氢,即可使它对铝和不锈钢的腐蚀速率降低几百倍;在含有质量分数为 0.16 的四氧化二氮的硝酸内加入质量分数为 0.01 的磷酸,则可使它对钢的腐蚀作用明显减小。因此,合理使用缓蚀剂可以有效地减轻液体推进剂对储存设备和火箭燃料箱的腐蚀。

上述的各类腐蚀控制方法其实在许多场合中是联合应用的。航天装备作为一种高技术的集合体,是各种新技术和新思维的载体,为现代科技提供了一个展示大舞台。

航天技术的进步是一个国家和民族科技水平的象征,2003 年 10 月 15 日我国神舟五号载人飞船首发成功,使我国成为世界上第三个拥有载人航天技术的国家,标志着我国航天技术跨入了世界航天科技的先进行列。航天技术非常富有挑战性,其中会聚了当今科技的最新研究成果,同时也不断地向科学提出更高的要求和更新的课题。随着科学技术的不断发展,人类将加快征服太空的步伐,日益发展的各种高性能的材料和提高材料性能的手段将成为帮助人类实现自由地穿梭宇宙的梦想的有力武器。

13.3　船舶结构的腐蚀与控制

船体材料是保证船体结构获得优异性能和安全可靠性的重要基础，因此对船体用材料的强度、塑性、韧性、抗脆性破坏性能、耐疲劳性能、耐腐蚀性能以及其他某些特殊性能均有严格的要求。目前船体用材料仍以碳素结构钢和低合金结构钢为主，这样就极易遭到腐蚀。海洋船舶结构的腐蚀主要包括电化学腐蚀、化学腐蚀和海洋生物腐蚀。在海洋环境下，空气中含有大量的氯离子，具有较高的导电率，易在金属表面形成微电池和宏观电池，增加金属腐蚀的活性，破坏金属表面的钝化膜，促使形成孔蚀或缝隙腐蚀等局部性腐蚀破坏。

一、船舶结构的腐蚀类型及控制方法

船体结构的腐蚀分为水线以上和水线以下两部分。水线以上部分指船舶甲板上层建筑的不同部位的设施，一般大致可分三种情况：

(1)安装在甲板上，直接暴露在海洋大气中的设备，如雷达转塔、发射转塔等；

(2)安装在舱内或舱外，有防护罩(但不密封)的设备，如电机柜和供配电设备等；

(3)安装在密封腔体内的装备，如导弹、波导内腔等。

在上述三种情况中，第三种情况的环境条件最好，只要密封不失效，受外部影响甚小。第二种情况是在舱内的设备，基本属于海洋性大气腐蚀环境。而第一种情况，在甲板上的设备则处于最恶劣的海洋飞溅区环境。这些设备直接处在太阳光暴晒下，昼夜温差大，经常结露。此外，这些设备位于船首甲板上部，航行时顶风破浪，风浪将海水带入甲板，经过蒸发浓缩，使其含盐量比海面大气中含量高出近百倍。这些设备始终处于高低温交变、饱和溶解氧和高盐雾的环境中，反复干湿交替，并受海浪冲刷，保护性钝化膜极易被破坏，从而受到强烈腐蚀，特别在热带海域，因气温较高，腐蚀更为严重。

船体及海洋工程结构设施等的腐蚀破坏形式总是由表及里或同时由表面向其他部位扩展，常见的破坏形式有：①全面腐蚀；②选择性腐蚀；③孔蚀；④溃疡腐蚀；⑤晶间腐蚀；⑥缝隙腐蚀；⑦电偶腐蚀等形式。

控制船体腐蚀的技术方法主要有两种方式：一种是涂层保护，对于水线部位以上的上层建筑和内舱部位的钢板，主要用涂料来进行保护；另一种是对于水线部位以下的钢结构，采用涂料与阴极保护相联合的方法来协同控制船体钢板的腐蚀。

二、舰船结构设施的腐蚀控制

采用合适的船舶涂料，以正确的工艺技术，使其覆盖在船舶的各个部位，形成一层完整、致密的涂层，使船舶各部位的钢铁表面与外界腐蚀环境相隔离，以防止船舶腐蚀的措施，称之为

船舶的涂层保护。船舶用涂料的防蚀原理主要包括两个方面，其一是惰性防蚀作用，即物理屏蔽作用；其二是活性防蚀作用，包括阴极保护作用、钝化作用等。

1. 涂层保护

钢质船体防锈涂料分为水线以上防锈漆和船底（水线下）防锈漆。

（1）船舶甲板上层建筑及设施的涂层防护。船舶甲板上层建筑及结构设施属于水线以上的腐蚀控制问题，这些部位所用的防锈漆是涂刷在船舶轻重载水线之间、船舷及上层建筑金属表面上，能够防止金属腐蚀的一种底漆。其作用是控制大气、水分、酸、碱气体等腐蚀介质直接与金属表面的接触，从而达到保护金属的目的，因此需满足以下基本要求。

1）对金属表面必须具有良好的附着力；

2）漆膜必须有很好的耐水性，小的吸水率和渗水性；

3）防锈漆中所用的颜料，对金属应该是阻蚀性或中性的，不能含有促进金属电化学腐蚀的颜料；

4）漆膜干燥后应能保持较长久的弹性，不能随着钢铁的伸缩而出现开裂和脱落。

水线以上部位防锈漆包括红丹、铁红、云铁、铬酸盐等品种。

（2）船底结构设施的涂层防护。船底防锈涂料是涂刷在长期浸入水中船底部位的一种防锈涂料。常见的船底防锈涂料包括沥青系船底防锈涂料、氧化橡胶船底防锈涂料、环氧沥青船底防锈涂料、乙烯型船底防锈涂料等。由于船舶在航行期间对处在水下的船底部位无法进行维修保养，并且通常与防污漆一起使用，因此同水线以上使用的防锈涂料在组成和性能上有很大的差别，船底防锈涂料的特殊要求如下：

1）漆膜在金属表面上必须具有很好的附着力，在长期浸水和在水流的冲击下不会脱落；

2）漆膜的透水性要小，否则会引起漆膜的起泡、脱落而失去防锈的作用；

3）漆膜干燥性要快，这样可减少船只因油漆施工而在船坞内的停留时间；

4）与船底防污漆应有很好的配套性能，防锈漆与防污漆的涂层之间应有良好的附着力，不会造成防锈漆与防污漆之间的分层和防污漆的大面积脱落，并能抑制海生物大量附着和海生物对漆膜的破坏。

防锈漆涂装过程中应注意场地清洁，周围大气的温度和湿度，正确配套底、面漆和确保底层漆膜的干燥，涂漆不宜太厚且涂层要均匀等，否则将影响漆膜质量，发生皱皮、露底、粘连、咬底、起粒、起泡等弊病。

2. 阴极保护技术在船体保护中的应用

使用阴极保护系统，在船舰的寿命期内具有明显的优越性及经济效益，因而得到重视并在海船中广泛应用。阴极保护对船体的保护度可达到90％以上，船体内部压载舱阴极保护设计合理时，保护度可达50％～70％以上。

对船舶采用阴极保护，必须考虑下列因素：

1）船舶是定期进坞的，宜采用牺牲阳极的阴极保护方案时，牺牲阳极的寿命应与进坞周期相当。

2)在船壳上安装牺牲阳极或辅助阳极都会增大船体表面的阻力。

3)船的尾部腐蚀速率较快,因为螺旋桨附近的湍流较大,而且青铜螺旋桨与钢船壳会形成腐蚀电池,所以这一部位的阴极保护需要更大的电流。

4)螺旋桨与船壳的电接触是间歇性的,若要保护螺旋桨,应将其轴与船壳之间实行电连接。

5)船壳阴极保护所需的电流是变化的,与船的航行速度有关。

6)船舶液体舱与石油产品接触,有着火危险,因此不能采用外加电流阴极保护。

船舶配置阴极保护系统的目的,就是保护船体,包括船壳外表面水下部分、螺旋桨、舵和海底阀箱等,减少船体维修与更新的费用,延长船体的使用寿命。不论是牺牲阳极系统,还是外加电流系统,都可用于船体外部的阴极保护。

(1)牺性阳极保护法。牺牲阳极保护法的实施是通过在船体上焊上阳极板来实现。阳极材料的电极电位要比船体钢的电极电位低得多,在电化学过程中阳极板慢慢溶解,而船体钢作为阴极得到保护。这种保护方法的优点是不需要外加电源,但也存在明显的缺点:一是阳极板必须定期更换,二是由于阳极板的体积较大、数量较多,需增加 0.5%～1%耗油量去克服增加的船体阻力。

在牺牲阳极系统中,首先要确定牺牲阳极材料,然后选取阴极保护参数,进行设计计算,最后要作出牺牲阳极的安装及布置方案。

1)牺牲阳极材料的选择。在船舶保护上通常采用铝合金和锌合金牺牲阳极。铝合金阳极与锌合金阳极相比,具有重量轻、电容量大、价格较便宜,施工安装较方便等优点。因此,铝合金牺牲阳极材料受到造船工业的欢迎,近年来其用量已超过锌合金阳极,据估算采用铝合金作牺牲阳极材料比用锌合金可节约费用 30%左右。

2)阴极保护参数的确定。为了达到满意的保护效果,正确选择牺牲阳极的阴极保护参数至关重要,表 13.12 是部分国家采用的船体阴极保护参数。

表 13.12　一些国家采用的船体阴极保护参数

国名	船体钢板表面情况	保护电流密度/($mA \cdot m^{-2}$)	保护电位/V	参比电极种类
美国	裸板涂漆	80～100 20～40	−0.80～−0.90 −0.80～−0.90	银/氯化银 银/氯化银
日本	油性涂料 乙烯、环氧涂料	60～80 30～40	−0.75～−0.95 −0.75～−0.95	银/氯化银 银/氯化银
原苏联	涂漆	30～60	−0.75～−0.95 −0.75～−0.90	银/氯化银
德国	裸板	100～150	+0.15～+0.25	锌
英国	涂漆	30～60	−0.80～−0.90	银/氯化银
中国	涂漆	40～60	−0.75～−0.95	银/氯化银

近年来，国内外大多数船舶均采用了环氧、氯化橡胶、乙烯等高性能长效防蚀复盖层，因此保护电流密度明显降低，表13.13列出国标规定的船体各部位的保护电流密度和保护电位的范围。

表13.13　船体各部位的保护电流密度和保护电位

参　数	部　位		
	涂漆船体钢板	青铜螺旋桨	舵板
保护电流密度/$mA \cdot m^{-2}$	8～18	300～400	100～250
保护电位(SCE)/V	−0.85～−1.00	−0.50～−0.65	−0.85～−0.95

3)阴极保护设计计算。根据国标GB8891《海船牺牲阳极保护设计和安装》，牺牲阳极法阴极保护设计的计算步骤如下：

ⅰ. 计算保护面积S。船体浸水面积可按近似公式

$$S_1 = 1.7TL_{WL} + V/T$$

计算。式中，S_1为船体浸水面积(m^2)；T为船舶满载吃水(m)；L_{WL}为船舶满载水线长(m)；V为船舶满载排水体积(m^3)。

螺旋桨表面积按公式

$$S_2 = n\pi d_1^2 \frac{\eta}{2} + n\pi d_2 L$$

计算。式中，S_2为螺旋桨表面积(m^2)；n为螺旋桨数量；d_1为螺旋桨直径(m)；η为螺旋桨展开盘面比；d_2为轴毂直径(m)；L为轴毂长度(m)。

ⅱ. 选取保护电流密度i。根据船体的实际使用情况(如航速、在航率、表面涂覆层种类、状况、船舶载重吨位等)，参考表13.13选取合适的保护电流密度。

ⅲ. 选择牺牲阳极材料及规格型号。可供选择的牺牲阳极材料有铝-锌-铟系合金和锌-铝-镉合金，船体阴极保护常用牺牲阳极的规格型号见表13.14。

ⅳ. 计算牺牲阳极用量。按式

$$N_i = iS/I_i$$

分别计算船体、螺旋桨、舵、海底阀箱等被保护结构所需要的牺牲阳极数量。式中，N_i为被保护结构所需的牺牲阳极块数；i为保护电流密度；S为被保护结构的浸水面积(m^2)；I_i为牺牲阳极发生电流(mA)。

全船所需的牺牲阳极数量为

$$N = \sum N_i$$

ⅴ. 估算牺牲阳极使用寿命。牺牲阳极使用寿命按式

$$t = k\,\frac{1\,000mQ}{8\,760I_m}$$

计算。式中，t 为牺牲阳极使用寿命(a)；m 为每块牺牲阳极的质量(kg)；Q 为牺牲阳极实际电容量(A・h/kg)，对铝-锌-铟系合金牺牲阳极，Q=2 400 A・h/kg，对锌-铝-镉系合金牺牲阳极，Q=780 A・h/kg；I_m 为牺牲阳极平均发生电流，$I_m=(0.6\sim0.8)I_i$(mA)；k 为牺牲阳极利用系数，通常取 0.85。

表 13.14　船体阴极保护常用牺牲阳极规格型号

型号		规格 长×宽×高/mm	质量 kg	发生电流 mA	适用范围 船舶排水量/t
铝合金阳极	AH-1	800×140×60	17	1 500	≥10^4
	AH-2	800×140×50	15	1 500	≥10^4
	AH-3	800×140×40	12	1 500	≥10^4
	AH-4	600×120×50	10	980	≥5×10^3
	AH-5	500×140×35	5.5	850	$5\times10^1\sim1.5\times10^4$
	AH-6	400×100×40	4.5	650	$4\times10^2\sim5\times10^3$
	AH-7	250×100×40	2.5	500	$2\times10^2\sim1\times10^3$
Zn-Al-Cd 合金阳极	ZH-1	390×120×50	15.6	610	>1×10^4
	ZH-2	500×100×40	13.6	680	>5×10^3
	ZH-3	400×100×35	9.0	540	$1\times10^3\sim1\times10^4$
	ZH-4	320×100×40	8.0	400	$1\times10^3\sim5\times10^3$
	ZH-5	200×100×35	4.0	370	$2\times10^2\sim1\times10^3$

4)牺牲阳极的安装与布置。牺牲阳极必须与船体、舵等有良好的电连接，要求接触电阻小于等于 0.005 Ω。一般采用直接焊接或螺栓固定两种方式。牺牲阳极安装前应在背面涂两层船体漆或垫橡皮胶垫，安装时背面要紧贴船体，牺牲阳极的工作面严禁沾污油漆和涂料。牺牲阳极布置有以下原则：

ⅰ. 船体所需牺牲阳极，应均匀对称地布置在舭龙骨和舭龙骨前后流线上；

ⅱ. 螺旋桨和舵所需的牺牲阳极，应均匀地布置在艉部船壳板及舵上，其安装高度应在轻载水线以下(见图 13.31)；

ⅲ. 牺牲阳极的长度方向沿流线方向安装；

ⅳ. 全船牺牲阳极总量的 1/3 应布置在船体艉部；

ⅴ. 海底阀箱所需的牺牲阳极应布置在阀箱内。

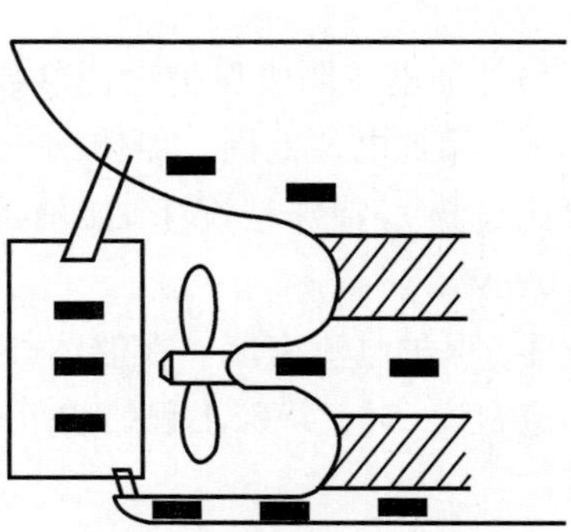

图 13.31　船舶尾部的牺牲阳极布置
(涂黑区为牺牲阳极)

5)应用举例。上海至青岛或大连的 7 500 t 客货轮要求保护年限 2.0 a。经计算，重载浸水面积为 2 500 m^2，螺旋桨面积为 26 m^2，舵面积为 60 m^2，根据船体各部位的保护电流密度计算得到，总的保护电流为 43 A。选取表 13.13 中 AH－5 铝合金牺牲阳极，共需 50 块。

阳极使用寿命验算：

$$t=0.85\times[5.5\times2\,400\times1\,000/(0.7\times850\times8\,760)]=2.15>2.0$$

满足了设计要求。

(2)外加电流阴极保护系统。外加电流系统使用的阳极板数量很少，一般预计有 15～20 a 的寿命。通常它们在造船阶段被永久性地安装在船体上，这样也就克服了牺牲阳极的缺点。它由船体传感器、控制单元、交流控制装置、变压整流装置及阳极板等组成。外部阳极板为电流发射器，电流由变压整流装置供给，受控于控制组件。低压直流电源由引自船体传感器并经控制电路处理的电信号来调节。实际上，外加电流系统为闭环控制系统，它可有效地实现电流控制，达到保护作用。外加电流阴极保护系统具有体积小、重量轻、能自动调节电流和电压等优点，尤其适用于大型船舶。

船舶外加电流阴极保护系统示意图如图 13.32 所示。它主要由恒电位仪、辅助阳极、阳极屏蔽层、参比电极、轴和舵接地装置等组成。对以上组成部分的技术要求，按国家标准 GB/T 3108执行。

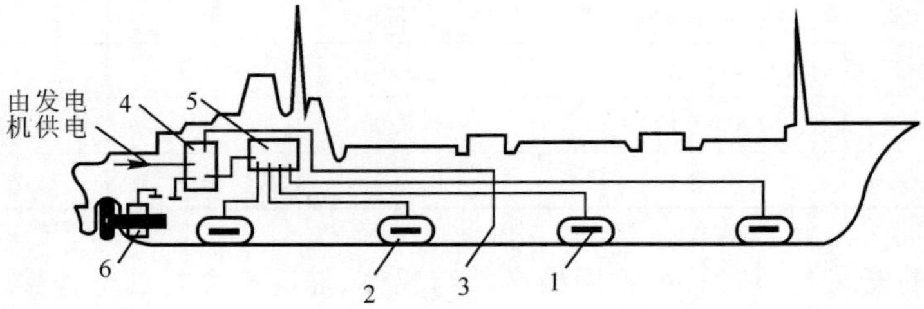

图 13.32　船体外部的外加电流阴极保护示意图

1—阳极；2—阳极屏；3—参比电极；4—自动供电电源；5—阴极保护配电盘；6—接触电刷装置

1)外加电流阴极保护设计参数。

ⅰ. 保护电位范围。船体钢板的保护电位范围应达到－0.80～－1.00 V(相对于银/氯化银参比电极)，特殊情况下，如辅助阳极布置受到限制时，保护电位范围可扩大为－0.75～－1.00 V。

ⅱ. 保护电流密度。在船体外加电流阴极保护系统设计时，可按表 13.15 中数据选取保护电流密度，对于特殊工程船舶可视其工作条件和允许进坞间隔期的长短，适当提高保护电流密度。

由表 13.15 可见，外加电流保护所取的电流密度要比牺牲阳极保护高，通常要高出 30％～50％。这是因为外加电流保护的船体电流密度分布具有不均匀性，为了使船体各部分都进入保护电位范围，必须适当提高保护电流密度。

表 13.15　船体外加电流阴极保护电流密度

保护部位	材料	表面状态	保护电流密度 $mA \cdot m^{-2}$
船体外壳	碳钢、低合金钢	涂装	30～50
螺旋桨	青铜、黄铜	裸露	500
舵	碳钢、低合金钢	涂装	150
声纳导流罩	不锈钢	裸露	350

2)船用辅助阳极与屏蔽层。目前,船体阴极保护用辅助阳极材料主要使用铅银合金、铅银微铂合金、镀铂钛、铂/钛复合电极、铂/铌复合电极和钛基金属氧化物等。辅助阳极宜采用长条形,也可采用圆盘形,详细规格型号见国标 GB/T7388。长条状阳极应布置在合适的位置上,通常在船的中部;圆盘状阳极结构紧凑,可嵌入船体安装,从而避免机械损坏,通常安装在船的艏部和艉部。

阳极屏蔽层的形状应与辅助阳极的形状相对应,目前常用的阳极屏蔽层材料有环氧、氯丁橡胶等涂料以及玻璃钢复盖层,此外也可采用聚氯乙烯和聚乙烯薄板,将它们用螺栓固定在船体上,安装孔用胶密封。确定阳极屏蔽层尺寸的基本原则是,确保屏蔽层边缘处的船体电位不高于船体涂层的耐阴极剥离电位,例如,对于氯化橡胶涂层为－1.20 V,对于环氧涂层为－1.50 V(均相对于 Ag/AgCl/海水参比电极),阳极屏蔽层的设计使用寿命为 6～10 a。

3)参比电极。船舶阴极保护中常用的参比电极有银/氯化银电极和锌及锌合金电极。

参比电极一般安装在保护电位具有代表性点处,如两组辅助阳极之间、艉部区域等,每台恒电位仪至少应配备两只参比电极,一只作测量用,另一只作控制用。

4)应用举例。我国于 20 世纪 70～80 年代先后在向阳、长更、长生、长柏、长松、凌云、风云、长通、长建、森海以及鲁海、浙海等沿海船舶近百艘上安装了外加电流阴极保护系统,近年来还在庄河、松河、冰河、湖河、春河等远洋运输船上应用此技术,均取得了良好的保护效果。例如,冰河号远洋集装箱运输船为 2.5 万吨级大型船舶,长 199.2 m、净宽 28.4 m,吃水 9.5 m,于 1991 年安装了外加电流阴极保护系统,至今仍在正常工作,该船共安装两台智能恒电位仪,船艏一台电流为 100 A,船艉一台电流为 200 A,在船舶两侧安装了 4 个钛基二氧化钌辅助阳极,其中 2 个电流为 100 A,2 个电流为 50 A。为了测量和控制船体外部电位,在船舶艏艉各安装了2 个银/氯化银/海水参比电极。

三、舰船海水管系的防护

舰船海水管系是舰船推进保障系统、发电机组保障系统和辅助系统的重要组成部分,其对于保证舰船动力装置、辅助机械和设备的正常工作具有重要的作用。舰船管系布设于舰船各部位,其数量多、间距小、维修保养困难,且大都处于潮湿、高温等易腐蚀的恶劣环境中。近几年来统计表明，新造舰船海水管系腐蚀问题在国内外舰船中均大量存在，其故障数仅次于主机。由于舰船使用于海洋环境条件中，尤其在我国南海海域，海水盐分浓度大、温度高，海生物多，更使海水管系腐蚀严重。金属腐蚀的基本特性和形态，在舰船海水管系的腐蚀均有发生。通常海水管系腐蚀发生在管道的薄弱部分，如分、汇流管件，管子弯曲处，法兰和螺母纹连接处，不同金属接触区域，截止阀、支管或节流阀后的管径变化区、滞流区，冷凝器、海底门、滤网等。

1. 影响海水管系腐蚀的主要因素

影响海水管系腐蚀的主要因素有材质、工艺、环境和使用过程等。

(1)材质。管系材质的耐蚀性是影响舰船海水管系腐蚀破坏的主要因素，其耐蚀性取决于材质的热力学、动力学特性，如化学活性、电极电位和腐蚀成膜的稳定性，并与材质的成分均匀性、内外表面的质量、热加工工艺等有直接关系。目前，可供舰船海水管系选择的材质有紫铜管、无缝钢管、镍铜管(B10，B30)、双相不锈钢管等。

(2)流速。海水在管系中的流动，加速了管系的腐蚀。其主要原因如下：

1)加快空气中的氧扩散到管系表面的速率；

2)海水中夹带泥砂等杂质，造成对管系表面的冲蚀；

3)流速超过一定极限后，与海水接触的管系表面出现空泡，其压力很大，出现空蚀现象，因此对不同材质的海水管系均有流速的限制。表 13.16 为部分材料在流动海水中的腐蚀情况。

表 13.16　部分材料在流动海水中的腐蚀速率　　mm/a

流速 m/s	紫铜 (TUP)	全涂塑钢 (QT)	四边不涂塑钢 (MT)	B10 镍铜	HDR 双相不锈钢
0	0.0 676	0.0 236	0.1 390	0.0 199	0.75×10^{-4}
0.5	0.2 496	0.0 199	0.5 304	0.0 757	0
1.5	0.2 331	0.0 214	0.8 482	0.0 584	0
3.0	0.3 779	0	1.3 385	0.0 430	4.22×10^{-4}
5.0	0.4 855	0.0 144	1.7 586	0.0 590	1.03×10^{-4}
7.0	0.5 481	0.0 024	1.7 963	0.1 502	2.87×10^{-4}

(3)工艺因素。

1)管系及其附件的制造。管系及其附件不论采用何种材质，其材质及加工均已有相关的标准，包括国标、行业标准、企业标准(或参照国外有关标准)。内容包括材质的化学成分，机械性能，技术、工艺要求，内、外表面质量，保管、储藏和运输等，关键是严格遵守，但从出现腐蚀情况分析，往往是由于质量波动或检验不严所致。

2)船上安装。对每艘舰船的管系及附件在舰船上安装，均有可依照的工艺要求，关键是对其表面的保护和固定时避免产生过大的内应力。

(4)使用因素。正确使用和及时维修保养，对于舰船海水管系的使用寿命也有着重要作用，故应要求舰员按照使用文件和条例进行保养、检查和维修。例如，在管系首次接触海水后，应使管系内海水经常不定期流动，防止因沉积物引起的局部保护膜破坏，导致点蚀的发生；按照原技术要求更换管系及附件，包括密封件。

2. 海水管系防腐对策

海水管系在现代舰船中具有重要的地位，其完好性直接关系到舰船的在航率和战斗力，而且一旦损坏，维修工作量和费用均大。因此，必须从所选管材、管内流速、安装工艺、使用维修等多方面给予重视，并应从全寿命费用均衡综合分析，取得最佳的军事经济效益。

(1)材质和工艺。从耐蚀性能来看，α－γ 双相不锈钢优于 B30，B10 镍铜管，B30，B10 镍铜管优于常用的不锈钢，不锈钢管或紫铜管优于一般钢管，涂塑钢管优于热浸锌无缝钢管。从管系制造工艺来说，B30，B10 应配套专用的贯通件，B30，B10，HDR 双相不锈钢、紫铜管、无缝钢管等管系材料均有良好的工艺性能。对不同类别的舰船，可参考表 13.17 选择海水管系材料。

表 13.17　舰船海水管系选材推荐

舰船类型		推荐选材
潜艇	常规潜艇	HDR 双相不锈钢、B30 镍黄铜
	核潜艇艇	HDR 双相不锈钢、B30 镍黄铜、镍基合金、钛合金
驱护舰		HDR 双相不锈钢、B10 镍黄铜
护卫艇等小型舰艇		HDR 双相不锈钢、B10 镍黄铜、薄壁无缝钢管涂塑
登陆舰和其他大型辅助船		B10 镍黄铜、无缝钢管涂塑
一般辅助舰船		无缝钢管涂塑

(2)管系海水流速。管系中海水流速、盐度、含沙量等都对管系腐蚀速率有直接影响，海水的含沙量和盐度是随不同海区而变化的，无法人为控制。但设计人员可通过管径的改变，控制海水流速，从而降低或减小腐蚀速率。各国对各种管材海水流速限制均不相同，国内的船舶规范与舰船规范的要求也不一样。CJBl 4. 1A《舰船轮机规范——水面舰船》规定，所有辅冷凝器和辅冷却器出口处流速应不大于 2. 3 m/s，其他铜管海水系统的流速应不大于 2. 8 m/s，应急情况不大于 4. 6 m/s。而英国《舰船轮机规范》则针对不同材料的孔径，对流速有不同的限制。对于 B30 镍黄铜管，水流速率不得大于 3 m/s；对于热浸锌钢管，水流速率不超过 0. 9 m/s。

(3)海水管系的表面保护。海水管系表面采用油漆、热浸锌、涂塑等措施，是一种避免海水腐蚀的有效方法。

钢管涂塑是用特殊的工艺及专用装备，将环氧系或聚乙烯高分子粉末涂料均匀地涂覆于管系内(外)壁，经固化或塑化后，在管系内(外)表面形成平整、光滑、坚固的保护层，使管系成为钢-塑复合制品。其塑料涂层厚度根据需要确定，一般厚度范围为：环氧系为 250～500 μm，聚乙烯系为500～1 000 μm，聚氯乙烯为80～100 μm。这样，管系金属被塑料涂层与海水介质所隔绝，有效地保护钢管，且该涂层耐磨、耐蚀、光滑致密，涂覆时不产生内应力，因此大大提高了使用寿命(一般比热浸锌提高5倍)，减少了修理费用，提高舰船在航率。而且，钢管经涂塑后，具有流体阻力小(热浸锌管阻力系数为0.012，涂塑管阻力系数为0.009)和防结垢的优点，提高了管系的效率，因此，该技术从20世纪80年代起已在国内外舰船上得到了应用。

(4)海水管系防腐防污装置。自外加电流阴极保护法出现后，人们一直试图将其应用到海水管系的保护。20世纪60年代，英国首先在潜艇上应用试验，随后在潜艇海水管路系统投入运行，取得了明显效果，60年代末广泛用于核潜艇，并推广应用到各类海军和民用船舶。我国自20世纪80年代以来，海军、交通部等有关单位相继研究开发了舰船防腐防污装置，并在民船和舰船上推广应用，取得了明显的经济、社会效益。

防腐防污装置，是采用特别的金属防腐阳极和防海生物阳极安装于海底门内，在一定的电流下进行电解，产生活性金属离子，形成电解液，与海水混合后经海水系统泵出，分布于整个水管系中，在管壁形成致密、完整的氧化保护膜，既防止海生物附着，又达到防腐目的。

钛合金或铝合金阳极电解产生$Fe(OH)_2$或$A1(OH)_3$絮状物质，经过反应形成Fe_3O_4或$A1_2O_3$的致密的氧化物保护膜吸附在管内壁上，使管壁与海水隔绝，由于该膜存在着的活性电子，以此阻止或补充管壁表面的电子移动，从而避免了管壁的腐蚀。钛基涂钌或镀铱阳极经电解形成微量次氯酸钠，可与Cu离子协同作用，收到更佳的防污效果。

(5)其他。

1)海水管系及其附件应使用同一材质，当采用不同材质时，要采取有效隔离或保护措施，防止电偶腐蚀的产生；

2)管道设计时，应尽可能采用直管，过渡段必须消除滞流区，弯管半径须依材料和管径的不同，满足有关的标准规范；

3)管系设计时应为维修检查创造良好条件；

4)不论采用何种材质的管材，均应设置防腐防污装置；

5)改进施工工艺，精心施工，管系制造和安装要按照相应的标准和工艺文件，并注意管系的固定应减小振动和强制性，对涂塑钢管注意涂层质量和完好性。

13.4 机械武器装备的腐蚀与预防

一、机械武器装备腐蚀的特点

机械武器装备产品包括各类枪械、轻武器、火炮、坦克车辆、军用方舱、弹药、火箭、引信，以及与上述兵器配套的各种光电仪器等。作为军事装备，它们不仅需要具有各自特定的使用功能，严格的可靠性以及易于维护保养等特点，而且在库房中长期储存、部队服役使用及一定的放置周期后，仍然保持上述特点。这样才能更好地满足战备要求。

环境对武器装备的危害，早在第二次世界大战时期就为各国所重视，此后，西方发达国家发展起来的环境试验无不和武器制造联在一起。美国在 20 世纪 80 年代把环境试验列为国防部重点发展的关键技术，并把环境工程引入到军事行业。此举，推动了美国高新武器的发展，海湾战争充分显示了美、英军长期致力于环境工程所发展起来的面向全球战略武器的战场效应。

环境工程是装备环境工程的简称，是利用环境，为保证装备环境适应性，满足规定要求而采取的一系列工程实践措施。

据美军对沿海空军基地的一次故障调查表明：气候环境引起的故障占 73%，机械环境引起的故障占 27%。由于武器是由各种金属、非金属、复合材料及火化工材料等构成，因此，在环境的综合作用下，腐蚀、老化、脆断、开裂、膨胀变形、发霉、虫蛀变质等随时可能发生，这不仅促使这类产品寿命缩短，维护保养困难，甚至由于材料的突然破坏，引起产品功能的丧失，造成恶性事故发生，影响战局，以致无论在经济上还是在军事上都会付出重大代价。尤其是在当今世界，以多种高新技术集成的新式武器，以及合成军协同作战更把武器使用范围延伸到了三维空间甚至太空，防空反导、远程打击、精确制导、反潜反舰、电子对抗等一系列的高科技战术系统，使武器装备日趋复杂，同时也对武器环境适应性和可靠性提出了更苛刻的要求。

因此，正确认识兵器产品中各种类型的腐蚀现象和腐蚀机理，从技术性能、军事要求和经济效益等方面综合考虑，采取合理的防护措施，有着极其重要的意义。

二、机械武器装备产品的腐蚀破坏

1. 武器装备产品的特殊因素

武器装备的腐蚀与防护有它自身的一些特殊因素，具体表现为以下几个方面：

(1)品种多。武器装备小到一颗子弹，大到坦克、火炮，从简单的手榴弹到复杂的各种导弹，不仅无一不存在腐蚀与防护问题，而且其腐蚀环境、腐蚀介质和腐蚀类型各有不同。

(2)数量大。许多兵器产品，尤其是弹药和轻兵器等，是战争中大量装备和消耗的物质，其储备数量往往是用几百万、几千万甚至几个亿来计算的。

(3)储备期长。战争是无法准确预测的，为战备需要，兵器产品必须长期积累储存，许多产品要求能储存若干年以上，性能仍然保持高度可靠。

(4)储存与使用环境复杂。兵器产品遍及平原、高山、海岛、沙漠、沼泽、丛林等自然环境，气候条件极其复杂多变，腐蚀环境苛刻性存在很大的区别。

(5)技术条件要求苛刻。现代武器精度高、结构复杂，相应也对环境工程提出了更高的要求。

由于上述这些因素的存在，使得兵器产品在生产、使用和储存环境中产生了大量的腐蚀问题，腐蚀的环境条件、苛刻程度、腐蚀类型等因武器装备种类和服役状况的不同而各异，这对相应的腐蚀控制技术措施也提出了不同的要求。

2. 兵器产品的腐蚀现象

兵器产品的腐蚀主要表现在以下几个方面：

(1)长期储存中的腐蚀引起大批量返修与报废。以各种口径后膛炮弹黄铜药筒为例，由于加工工艺不善，表面处理质量差，包装箱木材腐蚀介质含量高等原因，多次发生大量脱锌腐蚀、严重锈蚀以及应力腐蚀开裂等，往往因报废或返修一次损失就达数千万元。其他像迫击炮、火箭弹以及无后座力穿甲弹等都有类似的问题。

再以枪械为例，某厂20世纪50年代末及60年代初的产品(储存期最长十几年，最短的只有几年)至70年代初，发黑及磷化件发生严重锈蚀，先后返修三批数十万支，损失数十万元。

再以引信为例，某厂生产的产品仅库存几年，因零部件(大部分是电镀锌、镉、镍件及黄铜件)腐蚀而返修数万件，其中因无法修复而报废的数千件。总计损失约十万元，从这些少数例子中可以看到长期储存中腐蚀损失的概况。

(2)在部队使用中的腐蚀问题。坦克、车辆及火炮，由于前处理及涂层质量不高，在部队服役中多数早期锈蚀，而且很快发展成为严重锈蚀而大修，尤其在潮热沿海地区更为突出。根据有关兵种介绍，有的坦克车辆的表面涂漆大修期仅为半年，由于大修次数的增多，就相对减少了部队处于正常战备状态的车辆。

又如水陆两用坦克，由于从设计选材到防护技术都未考虑到海水腐蚀问题，只能在江河湖泊中使用。当开往南海某部队服役时，不久即出现车体、表面涂漆大面积脱落，紧固件因锈蚀严重而无法装卸，密封弹簧因锈断而大量漏水，操作系统因海水腐蚀生锈仅一昼夜就失灵，以至从登陆艇上无法登岛。水道夹套在海水、盐雾和泥沙的腐蚀下，几乎使套壁锈穿而发生严重后果。

火炮身管的烧蚀是兵器实际使用中的一种严重的腐蚀破坏，尤其是大口径火炮身管，有的只经几百发射击，即形成局部位置的严重烧蚀而失去精度，严重影响了战斗力。

(3)防护工艺技术性能不佳造成后患。由于腐蚀防护采用的工艺技术性能不佳，给部队维护保养和作战使用中带来的困境也是十分严重的。如涂厚层油封存的防腐工艺非常不利于部队作战，甚至出现一个班的战士有一半在擦油。有的火箭弹靠电发火，由于擦油不尽不导电，造成火箭弹发射不出去。

又如，由于兵器产品防护工艺技术性能低，为防止产品腐蚀变质，部队各库房都有几十人的维护保养组，各军区有几百人的维修部，还有上千人的大型维修厂，主要的维护保养大都是由腐蚀所致。在作战部队中，轻武器、舰炮及高射机枪等许多部件都存在海洋大气腐蚀的维修等，给部队带来繁重的工作。

当然，除了兵器产品在储存、使用中的腐蚀与防护问题外，在工厂生产过程中，原材料、半成品和成品工序间周转中的腐蚀也是十分突出的。

兵器产品的腐蚀破坏，既有常温下的各类电化学腐蚀，也包括高温下的氧化、热腐蚀和烧蚀等，有关电化学腐蚀、高温氧化和热腐蚀的知识在前面的章节已进行了讨论，故下面仅简要介绍烧蚀的有关基本知识。

3. 枪、炮身管的烧蚀

通常将身管口径在 20 mm 以上的武器称为火炮(如迫击炮、榴弹炮、高射炮、后膛炮和坦克炮等),而身管口径在 20 mm 以下的武器称为枪(如手枪、步枪、机枪、冲锋枪等)。现代战争要求火炮具有大口径、大威力、远射程、高射速和高的战技性能。一代新的高膛压、高射速火炮便应运而生,高能发射药的采用,使炮膛表面温度高达 1 649℃以上,膛压高达 470～558 MPa,炮弹的初速高达 1 740 m/s。在这种高温、高压、高初速的情况下,炮管内膛的烧蚀磨损十分严重,由此将会使初速下降,命中精度降低,炮弹引信失灵,弹带剥光以及弹道性能发生变化,从而导致火炮身管寿命大大缩短,不仅影响部队战斗力,而且会造成巨大的经济损失。例如,美国在 1978～1981 年,仅因 105,155,203 mm 口径炮管烧蚀磨损破坏造成的经济损失就达 1 277亿美元。因此,控制枪、炮身管的烧蚀备受国内外的重视。

(1)身管烧蚀的特征。枪、炮身管的烧蚀实际上与磨损是紧密相关、相互影响的,烧蚀是由于燃气作用造成的"耗损"破坏,而磨损则是弹丸高速磨削作用造成的"耗损"。在一般情况下,烧蚀对身管的破坏比磨损更严重。烧蚀与磨损的共同作用,促使内膛严重损坏,导致身管的直径扩大和弹丸的初速的下降。

烧蚀通常以身管内膛尺寸的变化来量度,以弹丸初速下降的损失程度来表示。一般内膛直径增加 5%,炮管即宣告报废,高精度炮管规定内膛直径因烧蚀磨损增加 2%,低精度炮管规定内膛直径增加 8%时报废。

身管烧蚀和磨损的特征主要表现为内膛的纵向和径向的不均匀性。

为了解身管烧蚀的特征,需要对身管的结构有所认识。图 13.33 所示为机枪枪管整体衬套(指枪管从尾管至枪口)示意图,可分为外套与内套,外套有的用 50 钢,内套有的用具有良好耐烧蚀性能的中碳低合金结构钢,如 25Cr2MoVA 或 30SiMn2MoVA 等,均用无缝钢管。在内套的内膛表面具有镀硬铬的膛线(阴线与阳线)。图 13.34 给出了内套的内膛局部剖面示意图,可以看到膛线是由数条阴、阳螺旋线组成的,称之来复线。枪的身管内膛都有来复线;对于火炮的身管内膛来说,身管内膛有来复线的称为线膛炮,而身管内膛无来复线的称为滑膛炮。

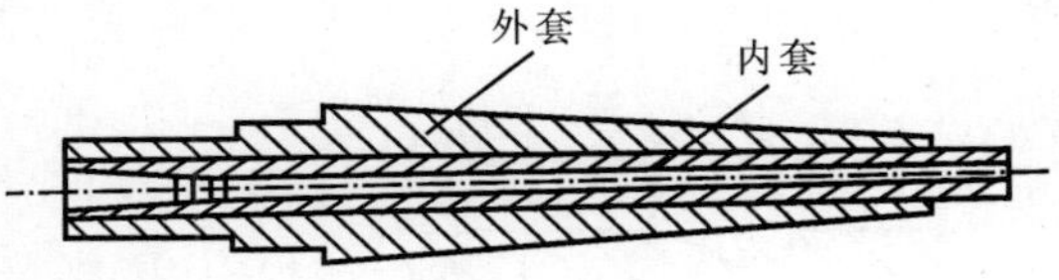

图 13.33　机枪枪管整体衬套示意图

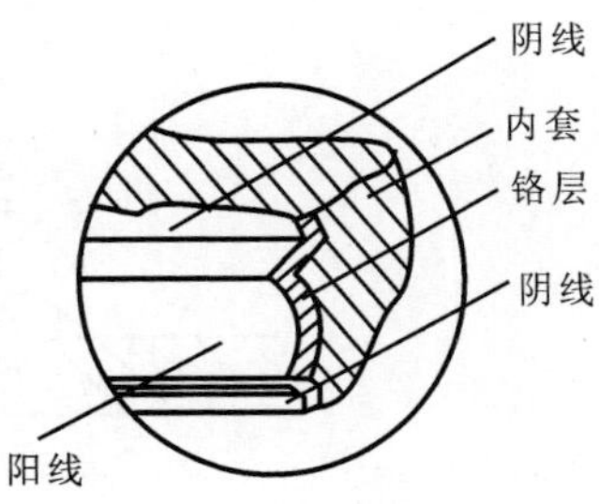

图 13.34　内套内膛局部示意图

对烧蚀磨损表面宏观观察表明，在射击初期和中期，身管内膛表面被大量铬层裂纹覆盖，形成裂纹网，而在每个闭合裂纹网络中，又有许多微细裂纹；在射击末期，膛线起始部位至膛线末端部分都无法辨明膛线的阴、阳二线，其表面呈现鳄鱼鱼皮状的深浅不同的沟槽和凹坑，而且内膛表面发生严重的破坏，并具有很高的硬度和脆性。

(2)身管烧蚀的机理。关于身管武器烧蚀机理，目前尚未形成统一的看法，这是由于身管的烧蚀是一个复杂且涉及多科学的综合过程。然而，身管的受力作用则具有共性的一面，身管内膛表面有弹丸的旋压作用，有火药气体的冲刷作用，有冷热交变的应力作用，等等。同时，受力部分在短时间还受高温、高压、高速气体和反应燃烧气体（主要是由击发药和发射药燃烧产生的气体，如 NO，NO_2，N_2O，CO，CO_2，H_2，CH_4 和 N_2 气等）对金属的高温腐蚀作用，以及弹丸高速磨削作用，使烧蚀更加复杂化。但对不同类型的产品，则受力破坏又有其特殊性。由于镀铬层有较高的化学稳定性和高的熔点（1 900℃左右），铬层裂纹在未穿透基体以前，身管膛面是不受火药气体的腐蚀和高温熔融的，因此身管烧蚀的化学作用主要是指火药气体在高温时与膛面基体金属产生的化学反应。镀铬身管与不镀铬身管在烧蚀破坏之初有明显差异，前者表现为铬层的开裂和脱落，后者则为基体金属直接受弹丸的磨损、火药燃烧气体的冲刷和腐蚀。

镀铬身管烧蚀过程大致可分为铬层开裂、铬层脱落、基体金属烧蚀三个阶段，如图 13.35 所示。烧蚀过程是身管内膛在火药燃烧气体产生的高温、高压和弹丸高速旋压的作用下，使镀铬层固有裂纹扩大、镀铬层开裂，铬层凸起、脱落，致使暴露的内瞠基体金属与燃气作用产生烧蚀。在实际中，三个阶段是相互交叉进行的。可以看出，铬层开裂是烧蚀的起始过程，如果铬层开裂能延缓，那么铬层脱落和基体金属烧蚀也会推迟，身管的寿命将得到提高。因此，铬层开裂是引起烧蚀的控制阶段。

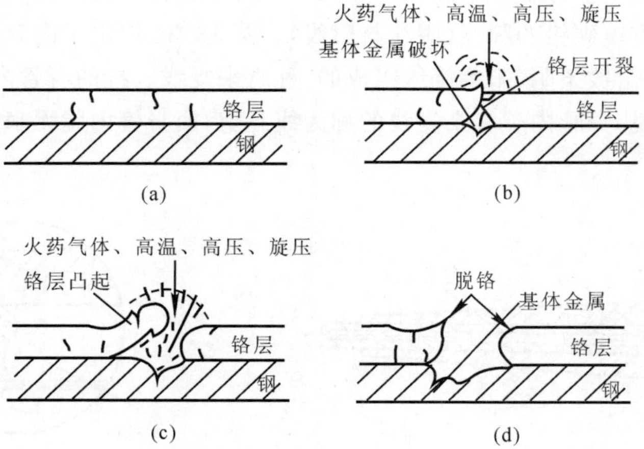

图 13.35　身管烧蚀过程示意图

在镀铬层未剥落时，基体金属的烧蚀是由于火药气体进入镀铬层裂缝与基体金属发生化学作用的结果而形成蚀沟，如图 13.36(a)所示。

当镀铬层剥落时，基体金属的烧蚀是火药气体、热作用和化学作用的共同作用结果，火药气体的冲刷作用，促进了热作用和化学作用过程，使基体金属表面形成白色的烧蚀层结构。烧蚀层由外白层、内白层和过渡层组成，如图 13.36(b)所示。

外白层是指射击瞬间，高温火药气体使内膛钢表面温度达到 AC_3 点（即钢加热时铁素体转变为奥氏体的终止温度线）以上，这时火药气体与膛面接触发生化学反应，并且碳、氮向膛内扩散，从而形成富碳、氮的奥氏体组织的淬火层，在形态上为不易腐蚀的白色层。外白层硬度很高（$H_{m,50g}>800$），但很薄，厚度为 0.25～0.5 μm，极易剥落。其成分与使用的发射药和内膛温度有关。在较低温度下主要是 Fe_3C，在较高温度下主要是 FeO。它与内白层有明显的界线。

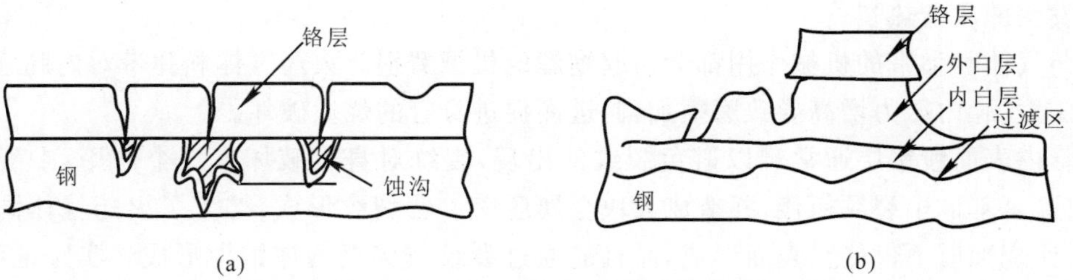

图 13.36　镀铬层存在和不存在时身管烧蚀表层的结构

(a)铬层未脱落时基体金属形成蚀沟；(b)铬层脱落，基体金属暴露于火药气体中

Fe_3C 或 FeO 的产生是基体金属 Fe 与火药燃烧气体中的 H_2O，CO，CO_2 以及自由碳等发生化学作用的结果。

1)渗碳体的产生。渗碳体的产生可用方程

$$3Fe+2CO\xrightarrow{1\,200℃}Fe_3C+CO_2$$

表示。此反应实际中由两个过程组成，首先在高温下由于 CO 极不稳定而分解成 CO_2 和活性碳原子，然后活性碳原子同铁直接发生反应生成 Fe_3C，并放出热量使温度上升 800℃，可达到膛面金属熔点温度，使膛面金属熔化。

2)氧化亚铁的产生。氧化亚铁的生成有两种反应，即

$$Fe+CO_2\longrightarrow FeO+CO$$

$$Fe+H_2O\longrightarrow FeO+H_2$$

前一种是吸热反应，温度大约降低 200℃；后一种是放热反应，温度大约上升 200℃。因此，反应热对膛面温度没有很大影响。但是，FeO 是硬脆的薄膜，很容易剥落。

内白层是指临界温度下急剧淬火（快速冷却）形成的马氏体和残余奥氏体组织。内白层比外白层软，厚度为 2～20 μm。白层内有裂纹，这些裂纹穿过白层一直延伸到过渡层。

过渡层又称热影响层，是指白层与基体金属之间，由于冷却时未达到临界温度或快速回火而形成回火屈氏体组织。其成分与钢基体相同，但晶粒比钢基体更细，硬度较高，其厚度约为60～200 μm，并有微观裂纹和宏观裂纹。

外白层对火药气体极为敏感，易被冲走，继而内白层暴露于火药气体之中，又有新的外白层产生，这种循环过程也是一种重要的烧蚀现象。

烧蚀过程受发射时身管内温度升高、机械作用和内膛表面镀铬层裂纹状况的影响。

身管温度升高的原因来自火药气体的燃烧和弹丸与内膛壁的摩擦，射击瞬间，高温火药气体作用可使内膛表面微层温度升至 AC_3 点甚至超过钢的熔化温度。内膛温度分布是极不均匀的，在横向、纵向都存在温度梯度，由此导致身管烧蚀、磨损破坏呈现出不均匀性。膛内所达到的温度首先决定膛面熔化或膛壁材料的热转变；其次，这种温度将控制膛面上的化学反应特征和速率；第三，温度还将影响膛壁材料的机械强度、延展性和硬度，并进而影响磨损、变形和射击时发生的所谓热裂。

火药气体和弹带的机械作用都会引起炮膛的机械磨损。火药气体和弹带对内膛施加很高的径向压力，膛内压力增高导致磨损加剧，进而促进身管的烧蚀破坏。

身管内表面镀铬层通常难以避免裂纹的出现，裂纹对身管破坏有三个作用：①裂纹的发展，使贯穿至基体中裂纹衔接，并造成大块金属脱落。②裂纹形成，扩大了火药气体同钢的反应面积，使烧蚀层不仅能在表面形成，而且能通过裂纹贯穿至基体钢中形成。实践证明，在较深裂纹处已发现有白层的存在。③裂纹的形成，使弹带同膛面接触不密实，为火药气体冲刷提供了通道。

三、机械武器装备的腐蚀控制

针对上述问题，国内的军工企业在防护涂料及涂覆工艺、镀层及化学转化膜、气相缓蚀剂、接触型防锈剂以及防潮封存方面进行了一系列的研究和开发工作。在枪炮身管的烧蚀机理、膜下丝状腐蚀机理以及自然环境与人工加速腐蚀试验、包装微气候的腐蚀研究等方面也进行了一定的研究工作。这些科学研究及工艺技术成果的应用，已经在兵器产品的腐蚀防护上取得了明显效果。

随着世界高科技的发展和面临21世纪现代化战争的挑战，要求研制特殊需要的高性能的新材料，以适应现代新的作战环境和新的兵器发展需要。对机械武备产品的腐蚀控制也提出了更高的要求。

1. 火炮身管烧蚀的控制

研究火炮发射时药室在承受高温高压条件下，发射药燃烧推进气体和炮钢之间的化学反应，以及夹杂在高速反应介质中的粒子所引发的机械和化学复合的腐蚀作用，从测定烧蚀组成物及结构，寻找影响烧蚀部分表面产生裂纹现象的因素等，探索烧蚀机理，以便尽可能从材料、表面镀层及缓蚀添加剂等方面着手，提高炮管使用寿命。

目前，身管镀铬仍是能应用于大规模生产的控制各种口径炮管烧蚀损伤的最经济的表面处理方法，研究重点放在各种减少或消除镀铬层表面裂纹上，推出的主要技术方法有低收缩铬（LC）（镀层硬度低，不易开裂）、镀多层铬、脉冲电镀铬、镀硬铬后激光软化处理、等离子喷涂等。缓烧蚀添加剂是控制身管烧蚀的另外一种重要技术方法。由于缓烧蚀添加剂能在炮膛内壁形成绝热、润滑或冷气层而产生冷却效应，能显著地减小大、中、小口径的各种火炮内膛热的输入，从而降低炮管温度，以达到控制烧蚀的目的。聚氨酯泡沫塑料、石蜡添加剂、滑石-石蜡添加剂是应用十分成功的缓烧蚀添加剂，这种添加剂可做成衬套在装药的前端或直接加入炮弹的发射药包中使用。实践表明，缓烧蚀添加剂可使身管寿命提高数倍、数十倍，乃至上百倍。开发抗烧蚀新材料和改进武器系统（包括身管、弹带和内膛表面快速导热装置）的设计也是控制身管烧蚀的重要技术途径。

2. 机械武备产品应力腐蚀断裂、氢脆和氢腐蚀的控制

为对付敌方坦克的复合装甲等，已经试验利用高密度铀合金（即放射性很小的贫铀）做穿甲弹的侵彻弹蕊。为此，拟研究铀合金在热加工、热处理中残余应力以及表面防腐处理和产品在潮湿气氛中腐蚀反应所产生的氢的渗入。研究其可能产生的应力腐蚀断裂、氢脆和氢腐蚀问题，以及研究在各种微气候中的铀合金腐蚀及力学性能变化的技术数据，采取相应有效的表面防护技术，控制应力作用下的腐蚀。

3. 采用新型高效表面防护技术控制腐蚀

针对坦克车辆、火炮和民用重型车辆的动力与传动机构、枪炮身管对耐磨、减摩和耐高温烧蚀等性能要求，加强新型涂覆技术的科学研究和应用推广工作。如将电子束、离子束、激光束表面强化技术、热喷涂新技术等作为兵器工业产品的重要防护技术进行开发与应用。

大幅度提高兵器产品中涂覆层的保护性，提高坦克、火炮等在恶劣环境条件下使用的适应能力，重点是水溶性涂料、高固体份涂料、粉末涂料和它们的涂覆工艺。

研究具有兵器产品所需要的特殊性能的涂层，如枪用高温涂层，炮管、火箭发射器用的高温涂层，防化学战剂涂层，火箭发动机隔热、耐烧蚀涂层等。

研究高性能薄层防锈润滑两用油脂，全面推广使用薄层防锈油封存，气相缓蚀剂封存。

4. 建立与完善检测方法和检测标准

建立并完善高寒地带、潮热地带和濒海地带的兵器产品自然环境试验体系，开展兵器产品零部件、元器件、专用材料（炮钢、轻武器、装甲钢，弹用钢及其他合金等）、专用表面防护涂镀层以及防腐封存包装材料等环境试验，并开展相应的人工模拟试验和加速试验及其与自然环境下兵器腐蚀的对应关系的试验，建立相关检测标准，为腐蚀与控制提供支持。

13.5　核反应堆材料的腐蚀与控制

自 1954 年美国研制成功世界第一艘核潜艇——“鹦鹉螺”号——以来，经过半个世纪的发

展，核潜艇已成为海军的重要力量，无论在战略地位上，还是在技术发展水平上，都取得了其他舰种所不能比拟的地位。现代核潜艇是战略核力量的中坚力量，具有强大的生命力，良好的隐蔽性和机动性。它能够突破敌方反导弹系统及“天战”而实施战略攻击，具有突然打击目标的能力，是有效的“核报复力量”、第二核打击力量。它无需空气而长时期地隐蔽在海洋底下，对敌国也可造成严重的威胁。因此，世界核潜艇发展非常迅速，少数已拥有核潜艇的国家都根据自己国家的特点，加速发展其相应的海军核力量，其他有条件的国家也在积极建造本国的核潜艇。到目前为止，世界上已拥有核潜艇300多艘，装有500多座各种类型的核反应堆及其相应的核动力装置，并从攻击型核潜艇(SSN)发展到洲际战略型核潜艇(SSBN)。核潜艇动力装置所用反应堆绝大多数都是压水堆，这是因为压水堆结构紧凑、安全可靠，且在压水堆方面具有丰富的运行经验。可以预计，压水堆仍将是本世纪各国海军核潜艇使用的主要堆型。

除了军事目的外，核能的和平利用方面的发展也十分迅速，最为突出的是核电工业的发展。截至1999年底，全世界32个国家和地区共运行着435台核电机组，发电总量占世界总发电量的18%，其中法国等少数国家的核电份额则占其总发电量的70%以上。

无论是军事应用目的的核潜艇，还是和平应用目的的核电工业，其核心装备为核反应堆。由于核辐射会导致物质结构变化(结构效应)、腐蚀介质分解(辐解效应)和金属表面原子能量增高(辐照-电化学效应)的原因，核反应堆材料的腐蚀具有其特殊性。由于核安全的重要性，因而核反应堆设施的腐蚀与控制受到了世界各国的高度重视。基于上述原因，本章节概括介绍有关核反应堆设施腐蚀与控制的基本知识。

一、核反应堆的基本知识

1. 核反应堆的分类

核反应堆类型繁多，用途多样，分类方法很多。一般按中子能量、冷却剂和慢化剂类型、堆芯结构及用途来分类。表13.18给出了核反应堆的主要分类情况。

2. 反应堆的基本组成

无论是核电站核反应堆还是核舰船动力反应堆的结构都大同小异，反应堆主要由堆芯、冷却系统、控制保护系统、反射层、屏蔽层、放射性剂量监测系统和其他辅助系统等组成。图13.37是核电站核反应堆结构示意图。

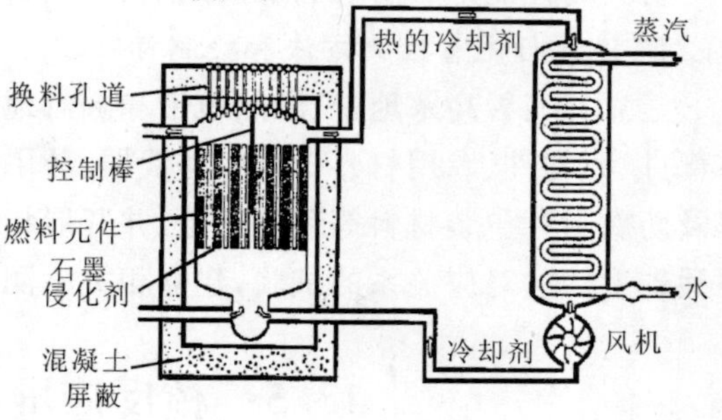

图13.37　核反应堆基本结构示意图

堆芯是反应堆的心脏(在热中子反应堆中也称为活性区)，它是发生链式裂变反应的场所。热中子反应堆的堆芯包括核燃料、冷却剂、慢化剂、支撑结构等。堆芯的形状有圆柱形、方形和球形等，它们是根据不同的设计要求和堆型、燃料、冷却剂和慢化剂的不同来选定的，一般以圆柱形为最常见。目前绝大多数堆属于非均匀堆，堆芯一般装在钢或铝合金容器中，容器外围有混凝土屏蔽层，反应堆本体设在堆大厅内。

表 13.18　核反应堆的主要分类

按中子能量分类	快中子堆——靠能量大于 1 MeV 的中子来维持自持链式裂变反应，简称快堆
	中能中子堆——靠能量为 0.1 eV～0.1 MeV 的中子来维持自持链式裂变反应
	慢中子堆——靠能量为 0.025～0.1 eV 的热中子来维持自持链式裂变反应，又称热中子堆
按冷却剂和慢化剂分类	轻水堆——以普通纯净水作为冷却剂。堆内压力为 150 个大气压，堆内冷却剂基本不大量沸腾的称为轻水压水堆；允许一回路在堆内发生一定程度的沸腾的称为轻水沸水堆
	重水堆——以重水(氧化氘)作为慢化剂，以重水(或轻水、有剂溶剂、气体)作为冷却剂。因结构不同，又分为压力管式重水堆、压力容器式重水堆、重水慢化轻水冷却堆等
	有机堆——以重水作慢化剂，有机介质作冷却剂
	石墨堆——分为石墨水冷堆，石墨气冷堆等
	气冷堆——分为天然石墨气冷堆、改进型气冷堆、高温气冷堆、重水慢化气冷堆等
	液态金属冷却堆——分为熔盐堆、钠快冷堆等
按用途分类	生产堆——主要用来生产原子弹所需的燃料钚和氢弹所需的氚
	发电堆——用来生产电能的反应堆
	核动力推进堆——主要为船舶、军舰、航母、潜艇提供动力
	实验研究堆——主要用来做反应堆燃料的堆材料的实验，以及物理、化学、生物等学科的科学研究工作
	同位素生产堆——用来生产工农业、医学和科研所需的各种放射性同位素
	增殖反应堆——用来生产反应堆所需的再生核燃料

燃料元件是活性区的核心部件，一般为了使裂变反应能顺利进行，都是将核燃料制成一定形状(如圆柱形或片状)，外面加以包壳，然后以一定排列方式组合成燃料组件，通过堆内支撑结构，排列成一定栅格形式，使整个堆芯大体呈圆柱形。

燃料元件通常为一根根细棒，它由包壳、燃料芯块等部分组成。包壳是经轻度冷加工的锆合金或铝合金管等，外径为 9～10 mm，壁厚为 0.5～0.7 mm。包壳的作用一方面是为了防止核裂变中产生的放射性裂变产物(如氪、氙、锶-90 等)跑到冷却剂中去污染整个冷却回路和周围环境，另外也防止核燃料受冷却剂的腐蚀。燃料芯块是浓缩度为 2%～3%的二氧化铀圆柱形烧结块，芯块直径为 8～9 mm，高度与直径之比为 1～1.5。芯块堆积成的燃料柱立于包壳管内，燃料柱两端设有隔热块(一般用三氧化二铝制成)。燃料元件棒一端有支撑管，另一端设有螺旋形弹簧，用来压紧燃料芯块，防止燃料元件运输过程中燃料芯块发生窜动。燃料棒内留有轴向储气空腔，用以储存裂变气体，防止包壳和焊缝受过大应力。燃料元件两端设有端塞，对端塞与包壳之间的环缝用焊接密封。燃料元件棒内充以 2～3 MPa 的氦气，以免包壳管被外压压塌。每个组件垂直地装入堆芯中，安放在堆芯的下栅板上。

二、辐照对材料及其腐蚀性能的影响

1. 辐射线的种类及其特性

核能利用涉及核裂变反应和核聚变反应，核裂变反应的核燃料有三种同位素：^{235}U，^{239}Pu及^{233}U，核聚变反应的热核燃料有氘、氚、锂及其化合物等。核反应产生核辐射，核反应堆就是一个强大的核辐射源。在核反应堆中，辐射主要有六种。

(1) α粒子(或称α射线)。实际上它是高速运动的氦原子核。

(2) β粒子(或称β射线)。它是高速运动的电子流。从核放射出的β粒子被物质阻止后，与一般电子并无差别。

(3) γ射线(又称光子)。它是原子核从激发能级跃迁至基极时的产物。γ射线不带电。

(4) 中子。它是构成原子核的基本粒子，不带电。核燃料的裂变总伴随着新的中子的产生，所以核燃料^{235}U或^{239}Pu的裂变是核反应堆中最大的中子源。

(5) 质子。质子和中子相结合构成原子核，故二者又统称核子，质子实际上就是被剥离了核外电子的氢原子核。

(6) 裂变碎片。它是重原子核裂变后形成的两个或多个较轻的新原子核(又称初级裂变产物)。几乎所有的裂变碎片都是放射性的，且大都发出β射线，并同时产生γ辐射。裂变碎片通常要经历多次蜕变后，才能生成稳定的物质。在压水堆的冷却剂中还会存在诸如氘核(或叫重氢)、氚核的辐射等。

从造成材料损伤的能力看，最重要的射线是裂变碎片和快中子。核裂变产生的裂变碎片核能量高、荷电多、质量大、穿透能力低，在核燃料中的射程仅有70 μm。由于裂变在覆有包壳的燃料中进行，在正常情况下裂变碎片不会进入冷却剂，所以裂变碎片的影响主要限制在核燃料之中；在高能中子碰撞下受击原子的移位，产生He的核反应(n,α)可导致材料变脆，因而处于反应堆芯部的核燃料包壳和结构材料在强烈的中子照射下，其性能会发生重大变化。

就冷却剂的辐射化学效应而言，重要的是γ和β射线。中子俘获反应和放出荷电粒子的核反应则对反应堆水化学具有重要意义，它们将造成新的核素并引起感生放射性。

2. 中子辐照对固体物质的作用

在射线作用下，材料性能发生宏观的、可以观察到的重要的变化，这种现象统称为射线的辐照效应。表13.19示例说明了不同材料的中子辐照效应，总体性能变化之前，辐射线在材料结构上引起的初始微观过程则叫做辐照损伤。辐照损伤的产生来自材料的点阵原子和入射粒子的相互作用。

由于中子不带电，它能一直穿入到金属内部，因此，中子的辐照作用是导致反应堆材料辐照损伤的更为重要的因素。中子辐照损伤主要是被辐照金属原子的核与快中子发生碰撞，从而使金属材料在晶体结构上产生各种缺陷。

表 13.19　中子的辐照效应

辐照剂量/(中子数/cm²)	辐照效应
10^{14}	锗晶体管失去放大作用
10^{15}	水和不太稳定的有机液体放出气体
10^{16}	天然和人造橡胶失去弹性
10^{17}	稳定的有机液体放出气体，人造橡胶变软，聚乙烯强度下降
10^{18}	矿物性充填酚类聚合物强度降低，天然橡胶硬化，碳氢化合物油类粘度增大，金属屈服强度明显增高，碳钢冲击韧性下降
10^{19}	聚苯乙烯强度下降，陶瓷的热导和密度降低，结构发生变化
10^{20}	碳钢延性显著下降，塑-脆转变温度提高；不锈钢的屈服强度增加 2 倍
10^{21}	铝合金和不锈钢的延伸率略减

(1)点缺陷。中子辐射使材料产生的点缺陷主要是空位、间隙原子和置换原子。

(2)离位峰(位移钉)。在中子辐射下，当空位联结在一起并继续运动几个原子的距离，然后停留在间隙位置而形成一个间隙原子壳，如图 13.38 所示。此极小体积所获得的巨大能量，在短时间内会变为热能，并使间隙原子壳发生熔化，在此熔融区内原子重新排列，由于接踵而来的迅速冷却，这些原子冻结在畸变后的位置上，这时就出现了包含大量空穴和间隙原子的离位峰。

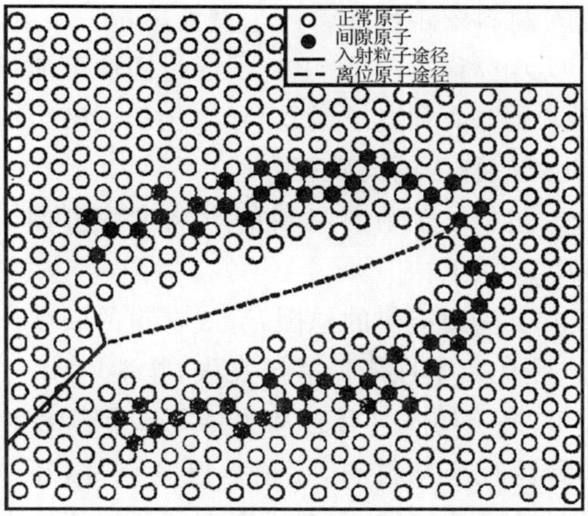

图 13.38　离位峰形成的图像

金属点阵中存在大量的空穴和间隙原子，会大大增加金属的硬度，并降低它的延性，许多材料(如石墨、金属铀)的体积会明显增加，在各向异性的晶体中，会发生定向生长和严重畸变。

(3)热峰(热钉)。当具有一定能量的运动粒子(如中子、质子)穿过物质时，在它所经过的路径上，除了产生离位碰撞(一次、二次或更高次的碰撞)外，还将发生一系列小角度散射。当粒子在将能量迅速地传给邻近原子的过程中，由于激发周围的邻近原子而受到阻尼时，其能量将以热的形式突然地释放在晶体的很小体积内，使其局部温度升高而形成一个“热峰”，随后，这一激发区迅速扩展，与此同时温度急剧下降，从而使体积不大的物质受到了快速加热和淬火作用。例如，有人估计，在铜晶格内，这个热峰将使直径为 3 nm 的球体(大约包含 1 100 个原子)温度升至铜的熔点(1 086℃)并持续 10^{-11} s，随着这一激发层迅速扩展，温度急剧下降。例如，当时间为 20×10^{-11} s 时，热峰可扩展到直径为 6 nm 的范围内，这时其平均温度已降至 150℃。此外，热峰区温度局部升高会引起金属膨胀，并在热峰区周围产生应力，导致即使具有完整晶格的晶体，也会产生塑性变形。在这个范围外，虽然应力较小，但有可能驱使已有的位错运动，当热峰冷却后，将留下永久的残余形变。由此可见，热峰的产生将导致材料物理和机械性能的变化。

(4)杂质原子。用中子轰击固体时，产生核转变而生成各种杂质原子。例如：

$$^{10}_{5}B + ^{1}_{0}n \longrightarrow ^{7}_{3}Li + ^{4}_{2}He$$

通常，在热中子(慢中子)反应堆中，由于生成的杂质原子数量不多，因此由它引起的效应也比其他缺陷的作用小。但在快中子反应堆中，由于快中子与很多元素，诸如铁、铬、镍、氮等都能发生(n，α)反应，以及快中子几乎与所有元素都发生(n，p)反应，因此，在快堆中生成的杂质原子(如氮、氢等)的数量较多，它们对材料宏观性能将产生重大影响。

(5)电离效应。带电粒子通过固体可能引起大量电离和电子激发，导致化学键破裂等，此效应称为电离效应。

上述中子辐射对材料的影响过程可如图 13.39 所示。

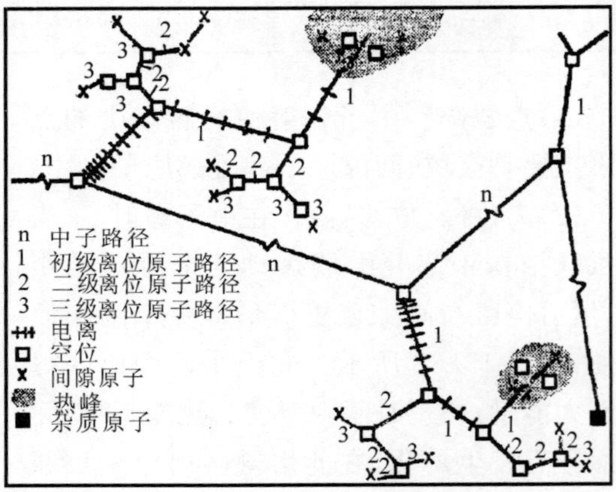

图 13.39 辐射操作的主要过程示意图

由于辐照损伤的原因，造成材料的硬度增大(硬化)，塑性降低甚至丧失，脆性增大。

3. 中子辐照对材料尺寸稳定性的影响

作为反应堆材料，无论是燃料元件，还是其他的堆内部件，都要求在中子辐照作用下尺寸稳定，否则就会对反应堆安全运行带来极大的危害。辐照引起材料尺寸变化主要表现在以下三个方面。

(1)辐照生长。某些材料(例如 α-铀、锆、镉、锌、钛等)在中子的辐照作用下表面为定向的伸长和缩短，这种现象的特征是它们的密度基本保持不变。例如，斜方晶系的 α-铀，其单晶体在辐照下，b 轴方向伸长，a 轴方向缩短，c 轴方向不变；六方晶系的石墨，在辐照下，c 轴膨胀，a 轴收缩。

(2)辐照肿胀。肿胀表现为体积增大而密度降低。例如，铀、二氧化铀、石墨、铍、氧化铍等这些常用的堆芯材料，在中子辐照下，在一定的温度以上都会发生肿胀。

(3)辐照蠕变。辐照蠕变是指由辐照引起热蠕变速率增加，或在没有热蠕变的条件下产生蠕变的现象。前者又称为辐照加速蠕变，后者则称为辐照引起的蠕变。

除上述中子对固体物质作用外，对处于同核燃料紧密接触的材料，还有裂变碎片对固体物质的作用问题。因为原子核裂变后形成的碎片具有很高的能量，它能使大量点阵原子产生位移。由于裂变碎片在燃料元件内的射程小，因此只在很靠近产生裂变的部位附近形成位移峰，这种位移峰所产生的效应与快中子引起的效应相同。

裂变碎片的作用相当于杂质原子进入点阵，固体裂变产物进入点阵后就会导致燃料元件的体积肿胀。气体裂变产物主要是氙和氪，其体积要比原来生成它们的燃料原子所占体积大许多倍，在某些燃料元件中，这种肿胀效应是引起其尺寸变化的主要原因。

4. 辐射线对水及水溶液的分解作用

辐射线作用于腐蚀介质（如水与水溶液），导致腐蚀介质成分改变，这种现象简称为辐解效应，辐解效应是辐照影响材料腐蚀行为的重要因素之一。

(1)辐射线对水的分解作用。水的辐照分解分为几个过程进行，受许多因素影响，因此是一个十分复杂的过程。

电离辐射将水分子电离，产生电子和带正电的水离子，即

$$H_2O \longrightarrow e + H_2O^+$$

吸收的能量不足以引起电离的水分子则将被激发，即

$$H_2O \longrightarrow H_2O^*$$

激发态水分子 H_2O^* 又可解离为氢原子和 OH 自由基，即

$$H_2O^* \longrightarrow H + OH$$

电离电子为极性水分子定向地包围，形成水合电子 $e_{水合}$，水离子则进一步离解或和相邻水分子发生反应，即

$$H_2O^+ \longrightarrow H^+ + OH$$

$$H_2O^+ + H_2O \longrightarrow H_3O^+ + OH$$

大量的 H_2O^+，$e_{水合}$，H_2O^*，H_3O^+，H，OH 等初级辐解产物相互作用，产生种种次级辐解产物。次级辐解产物在向水体扩散过程中又交互作用，最终形成稳定分子产物 H_2，H_2O_2 和 O_2，迅速达到化学平衡。

电离和自由基的形成过程十分迅速。通常可在 $10^{-18} \sim 10^{-11}$ s 内完成。

辐解产物从化学形态上看，有自由基产物和分子产物之别。自由基产物极为活泼，很不稳定，而分子产物则较稳定。分子产物主要是 H_2，H_2O_2 和 O_2。其生成方式有

$$H + H \longrightarrow H_2$$

$$OH + OH \longrightarrow H_2O_2$$

$$H_2O + H_2O^* \longrightarrow H_2 + H_2O_2$$

$$e_{水合} + H \xrightarrow{H_2O} H_2 + OH^-$$

$$e_{水合} + e_{水合} \xrightarrow{2H_2O} H_2 + 2OH^-$$

O_2 是影响材料腐蚀的重要成分，即使在无氧的环境中，辐照作用也会产生 O_2，反应如下：

$$H_2O_2 + OH \longrightarrow H_2O + HO_2$$

$$2OH \longrightarrow HO_2 + H$$

$$HO_2 + HO_2 \longrightarrow H_2O + 3/2O_2$$

$$H_2O_2 \longrightarrow H_2O + 1/2O_2$$

从辐射产物的化学性质看，可分为氧化性产物和还原性产物。氧化性产物包括 OH，HO_2，H_2O_2 和 O_2。氢氧自由基的氧化能力极强。当 H^+ 浓度为 1 mol/L 时，OH/OH^- 的氧化电位可达－2.8 V，这意味着它几乎能将所有低价无机物氧化到高价态，因而氢氧基的形成是水冷反应堆中金属腐蚀的重要因素。HO_2 是强氧化剂。

还原性产物包括 $e_{水合}$，H 和 H_2。$e_{水合}$是一种很强的还原剂，其还原能力比氢原子还强，它的还原电位为 2.6 V。除了能和其他自由基迅速发生反应外，$e_{水合}$还能和水中的许多物质发生反应。

一般认为，γ 射线是在反应堆中造成纯水分解的最主要因素。因为存在着作用显著的辐解反应的逆过程——复合反应，即

$$H_2 + OH \longrightarrow H_2O + H$$

$$H_2O_2 + H \longrightarrow H_2O + OH$$

所以水的净分解率并不大，分子产物只能积累到某一低的平衡浓度。例如 γ 射线辐射纯水，分子产物浓度为 $10^{-6} \sim 10^{-5}$ mol/L。

(2)辐射线对水溶液的分解作用。在溶有氧的水中，氧和辐解产生的氢原子反应生成 HO_2（$H + O_2 \longrightarrow HO_2$），$HO_2$ 通过本身的相互作用以及与辐解产生的氢氧自由基的作用，使 H_2O_2 和 O_2 的产生量大增。显然，辐解产物游离氧的产生反过来又会促进水的辐解和 H_2O_2 的生成。当有氮或空气参与含氧水中的辐射化学反应时，将会形成硝酸，即

$$2N_2 + 5O_2 + 2H_2O \longrightarrow 4HNO_3$$

加之水离子的离解和 H_2O_2 的离解（$H_2O_2 \longrightarrow HO_2^- + H^+$），将导致水的 pH 值下降，甚至可酸化到 pH＝3～4，这种既有氧、pH 值又低的条件使结构材料腐蚀加速，特别是不锈钢和镍基合金的腐蚀率以及金属表面腐蚀产物向冷却剂的释放量增加。由此可见，反应一回路初装水的除气是必不可少的。

和水中溶解氧的情况相反，水中的初始氢可以增加水的复合率，抑制水的辐解，降低辐解产物 O_2 和 H_2O_2 的生成量。

5. 辐射线对电化学过程的影响

辐射线对电极过程的影响反映在电极电位和电极极化行为的变化上（见表 13.20 和图 13.40），最终则是影响金属材料的耐腐蚀性能。辐照影响金属材料的耐腐蚀性能的原因主要归因于三个方面，即辐解效应、结构效应及辐照-电化学效应等。辐解效应、结构效应前面已作介绍，而辐照-电化学效应是指吸收辐射能后，金属表面原子的能量增高，有利于参与一定的电化学反应。金属辐照-电化学效应与辐射线的强度、辐照时间、电极材料与表面状态、溶液性质、液体和气体的容积比以及液体的流动状况等多种因素有关。

表 13.20　辐照引起金属电极电位的变化(1 MeV 电子辐照,25℃水溶液)

电极材料	电解液	辐照剂量 eV/(cm³·s)	电极电位/V		电极电位偏移 V
			未辐照	辐照	
Al	5 mol/L HNO_3	3.9	−0.428	−0.488	−0.060
Zr	5 mol/L HNO_3	3.9	−0.238	+0.292	+0.530
Ti	0.1 mol/L NaOH	0.5	+0.193	−0.168	+0.025
Cu	0.1 mol/L NaOH	0.5	+0.002	+0.032	+0.030
Ni	0.1 mol/L NaOH	0.5	−0.168	+0.112	+0.280

辐解效应反映了辐照对腐蚀介质的作用;辐照-电化学作用从能量角度反映了辐照对金属电化学性质的作用;结构效应则是辐照改变金属的相结构,形成缺陷,特别是对氧化膜的影响而导致腐蚀速率的变化。例如,实验表明,18—8 型奥氏体不锈钢在中子辐照下可发生从奥氏体到铁素体的转变,使钢在含氯化物介质中的耐蚀性下降。中子辐照使氧化锆由单斜晶体结构转变为斜方结构,改变了氧化膜的保护性能。氧化膜辐照损伤形成的缺陷对膜的导电率和扩散过程的影响也会改变金属的腐蚀速率。在压水堆的工作温度下,堆材料在水中的腐蚀受金属离子、氧离子通过保护性氧化膜的扩散过程控制。氧化膜中的辐照缺陷加速了扩散过程,因而由扩散过程控制的辐照下的腐蚀速率增大。许多实验表明,具有保护性氧化膜的金属材料如锆合金、不锈钢和珠光体钢等,在反应堆运行温度下,辐照通常使其腐蚀速率增加 1.2～4.4 倍。随着辐照剂量的进一步增高,辐照增强腐蚀效应会更为明显。

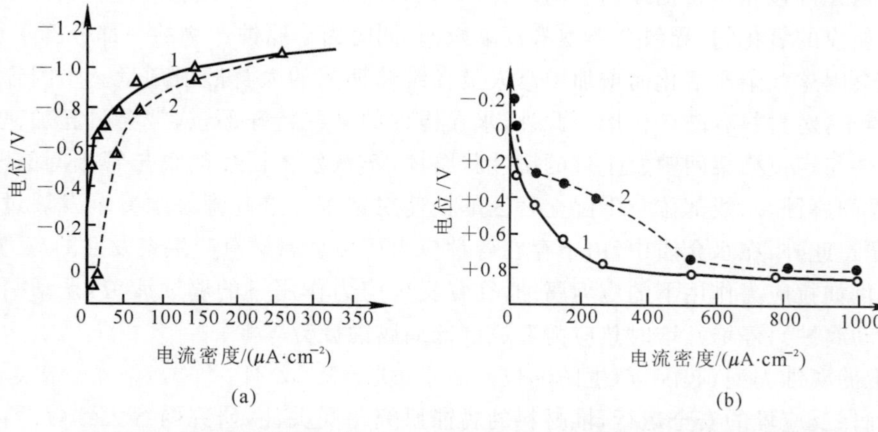

图 13.40　辐射对镍在 25℃,0.1 mol/L NaOH 水溶液中极化曲线的影响

(a)阴极极化曲线;(b)阳极极化曲线

曲线 1—未辐照;曲线 2—受辐照

水辐照分解的氧化性组分的还原作用会加速阴极过程,使电极电位正向移动。这一结果对材料耐腐蚀性能的影响，对于可钝化金属，取决于变化前后的电位在极化曲线中所处的位置。例如在含氧水溶液中，辐照使铝及其合金的阴极过程加快，但腐蚀电位仍处于钝化区，阳极过程没有变化。因此，一般说来辐照对铝及其合金的耐腐蚀性能无明显影响。但是如果水中含有不利于形成钝化膜的物质(如氯化物、硫酸盐等)，辐照就将加速其腐蚀。

辐照一般加速不可钝化金属的腐蚀。例如，试验表明，在 10^{12} 中子/(cm^2 · s)热中子辐照下，20 号钢的腐蚀速率因辐解效应而提高 3～5 倍。诚然，氧在腐蚀过程中既可作为去极化剂加速腐蚀，它又是形成氧化膜的必要组分，随着氧化膜的增厚、膜的致密度的提高，腐蚀过程又会减缓，因此，氧的影响是复杂的。例如在沸水堆中，锆和不锈钢处于钝态，珠光体钢在 300℃左右也形成保护性表面膜，因此一般情况下辐照对其腐蚀性能的影响实际上并不很大。

反应堆材料在水溶液中的辐照腐蚀是多因素综合作用的复杂过程，进一步探明各因素的作用机制，特别是各因素间的协合作用，是腐蚀研究工作的重点。

三、水冷式核反应堆的腐蚀及控制

1. 水冷堆的腐蚀类型

以水(轻水、重水)作为冷却剂的核反应堆，称为水冷式核反应堆(以下简称水冷堆)。因为水的比热较气体和液态金属为高，并较有机液体耐辐照，容易净化，储量丰富，成本低，特别是水具有良好的慢化效果，所以成为广泛应用的冷却剂。但因水的汽化温度低，故只能用于350℃以下的核反应堆中。

水在通道内流动时，通过接触面传递热量的同时，还将与结构材料发生反应，从而引起腐蚀，例如水与元件包壳材料铝或锆之间反应，生成 $A1_2O_3$ 或 ZrO_2 等腐蚀产物；与结构钢材及铍反应，生成相应的氧化物，导致金属本身逐渐减薄，同时由于腐蚀产物的一部分溶于水中，恶化了水质，又会因这些杂质活化而增加维修人员在维修期间的人身照射剂量。水因辐照分解而产生活性离子，对材料有破坏作用。此外，水在构件的某些特殊部位，常会引起加速的局部腐蚀，如锆元件与定位格架间曾发生过的柳叶状腐蚀，蒸汽发生器传热管与管板间的凹痕腐蚀，焊缝区的晶间腐蚀，水线部位及干湿交替区的快速腐蚀等。这些都是水冷堆发展过程中的腐蚀研究课题。此外，在水介质中，由于存在各种应力而使金属材料产生突发性的应力作用下的腐蚀开裂，例如拉应力作用下的应力腐蚀，往复交变应力作用下的腐蚀疲劳，振动引起的摩振腐蚀(或微动腐蚀)，停堆开堆时热应力造成的低周腐蚀疲劳等等。

水冷堆的腐蚀类型、起因、产生的部位及后果，列于表 13.21。

为了确保反应堆的安全运行，堆材料的腐蚀研究倍受关注，研究内容大致包括：①针对各类腐蚀现象开展机理研究；②改进与研制适合各种堆型的耐水、耐高温、耐辐照的系列耐蚀合金，以满足核反应堆核燃料元件及结构材料的需要；③开展防蚀研究，移植与发展现有防蚀技术于核工业设备中。

从核反应堆的基本结构来看，反应堆材料主要是堆本体材料和冷却回路材料，其中核燃料的包壳材料是十分重要和特殊的材料，包壳材料除了遭受一般腐蚀外，还承受强辐照加速的腐蚀作用，腐蚀条件苛刻，腐蚀影响因素多，腐蚀过程也较为复杂，因此，包壳材料的耐蚀性是制约反应堆寿命及效率的关键之一。下面将概述反应堆常用材料，包括核燃料芯体金属铀，核燃料元件包壳材料等在反应堆工况条件下的腐蚀行为与防护方法。

表 13.21　水冷堆的腐蚀类型

腐蚀类型	腐蚀起因	发生的典型部位	造成的后果
均匀腐蚀	水与金属反应生成均匀氧化膜等	生产堆铝工艺管与铝元件包壳	腐蚀均匀，易观察，后果一般
点蚀	钝化保护膜受活性离子(Cl^-)等的局部破坏及自催化作用，使孔加深	试验堆铝元件包壳	腐蚀失重小，但局部严重，后果中度
缝隙腐蚀	缝内缺氧形成的阳极与缝外阴极形成电偶及自催化作用	锆元件与定位格架间的缝隙区	腐蚀量小，但局部严重，后果中度
凹痕腐蚀 (denting)	管板与管间腐蚀产物堆积而压迫管子变形	蒸汽发生器传热管	同上
耗蚀 (wastage)	磷酸盐水处理法产生的淤泥对管子的均匀浸蚀减薄	传热管二次水回路侧	同上
晶间腐蚀	晶间析出异相，使某元素或相减少，造成微电池	敏化的不锈钢及焊接热影响区	金属失去强度及延性，后果严重
应力腐蚀破裂 (SCC)	特定介质中受拉应力的金属表面腐蚀加剧并形成裂纹以致断裂	蒸汽发生器弯管外侧	无预兆而突然破坏，后果是灾难性的
包壳与芯体相互作用 (PCI)	锆包壳内壁受芯体的裂变产物化学作用和机械作用而引起的破坏	元件包壳	同上
氢脆 (HE)	氢与锆反应形成氢化锆脆相，导致包壳的脆性断裂	同上	同上
低周腐蚀疲劳	受停堆开堆热应力的影响引起的破坏	堆体大构件	中度
磨蚀	受摩擦与腐蚀介质同时作用而破坏	介质流道狭窄处，泵叶轮处	破坏保护膜，加剧腐蚀，后果中度
细菌腐蚀	受细菌分泌物或氧浓差电池作用形成蚀坑	湿潮大气中铝工艺管有菌丝覆盖的局部	易察觉，一般
气氛腐蚀	有些气氛对铜锌及其合金的腐蚀加速	在密封环境中的配电箱或电器控制屏	腐蚀量虽小，但使控制失灵，后果严重
微动腐蚀	振动引起接触部位的磨蚀和开裂	薄壁燃料棒的弹性支撑机构	破坏保护膜，加剧腐蚀、磨损和开裂，后果严重

2. 核燃料铀的耐蚀性

金属铀常用作试验堆等的核燃料元件芯体，虽然芯体材料铀有包壳材料包覆着，但当包壳破损时，它会与冷却剂直接接触。在加工过程中或在储存期内，铀可能与空气接触，所以金属铀在空气中和水中的耐蚀性是需要重视的问题。

铀是活泼金属，在空气中与氧很容易形成氧化物，粉末状铀在空气中，由于激烈氧化而自燃，铀也可以和 H_2 或 CO_2 起反应。

铀在氧化初始阶段，氧化膜很薄，此时氧化物具有一定保护作用。随着时间延长，氧化膜按抛物线规律不断加厚。当超过 75 nm 时，膜开始呈鳞片状剥落，而失去保护作用，这是因为 UO_2 的体积比铀大（$V_{UO_2}/V_U=1.97$），而产生内应力所致。

潮湿空气会使铀的腐蚀速率明显增加，因此铀的储存最好是在流动的干燥空气中，因为流动空气可以形成附着力好的氧化膜。

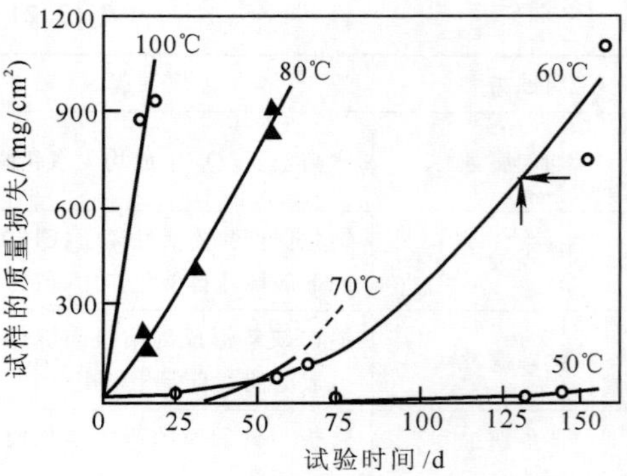

图 13.41　温度对充气蒸馏水中铀腐蚀的影响

当温度低于 50℃时，铀在纯水中的腐蚀速率很小（见图 13.41），此时铀的腐蚀产物粘附于基体表面，有保护作用，随着温度升高，其腐蚀速率明显增加。当高于 80℃时，铀的腐蚀膜就变得疏松，铀与水反应产生的氢（$U+2H_2O \longrightarrow UO_2+4H$）容易穿透膜，与铀形成 UH_3（$U+3H \longrightarrow UH_3$）并积存于氧化膜与铀界面处，因而破坏了氧化膜的附着力及其保护作用。

工程中为了改善铀在水中的耐蚀性，通过添加合金元素，使之形成铀的合金。

3. 元件包壳材料锆合金的腐蚀与控制

由于锆合金的热中子吸收截面小，机械性能及耐腐蚀性能优良，成为目前核反应堆（尤其是高温动力堆）的重要包壳材料及其他堆内构件的主要材料之一。

锆与钛位于元素周期表的同一族，化学性质相似，活性很高，其标准电位为 −1.539 V。然而，它在空气或水溶液中很容易形成结构致密、附着力高的氧化膜 ZrO_2，因而具有优异的耐蚀性能。

影响锆包壳寿命的腐蚀问题主要有：常规燃耗和高燃耗下的均匀腐蚀，元件内吸氢引起的氢脆，元件芯体与包壳相互作用（PCI）引起的破坏。

（1）均匀腐蚀与控制。锆包壳在高温冷却水内的腐蚀过程中，生成一层黑而致密、附着力强而有保护作用的氧化膜，其组成为 ZrO_{2-n}（$n<0.0050$）的单斜晶体。锆合金在潮湿空气、高温水和蒸汽中腐蚀时，具有两个不同规律的腐蚀阶段，图 13.42 所示为 Zr－4 合金（Zr1.5Sn0.22Fe0.1Cr）在高温水及蒸汽中的腐蚀，阶段之间有转折点，转折前的腐蚀速率低，与时间近似成立方关系；转折后的腐蚀速率高，与时间近似成直线关系，氧化膜由黑而致密转化为灰色，进而灰白疏松，保护作用大大削弱。接着腐蚀膜进一步加厚，在应力作用，开始剥落。内应力来源于锆原子形成氧化锆时体积增加（约 1.56 倍），外应力来源于机械摩擦、碰撞、划伤等。锆

合金在 500℃以下的过热蒸汽或高温水中腐蚀可用总的化学反应方程式表示，即

$$Zr + 2H_2O \longrightarrow ZrO_2 + 2H_2$$

氧化物的生长过程是氧离子通过氧化膜扩散至氧化膜/金属基体界面上，与锆发生反应生成 ZrO_2，属内生长过程。其过程也可以看做一个电化学过程，阳极反应是 O^{2-} 扩散通过氧化膜与锆基体生成 ZrO_2；阴极反应是电子扩散通过氧化膜并在介质/氧化膜界面上与 H^+ 结合生成 H_2。阳极过程是核反应堆包壳材料辐照腐蚀过程的控制步骤，O^{2-} 在氧化膜中的扩散途径是晶界、位错等缺陷，电子在氧化膜中的扩散途径是镶嵌在氧化膜中的金属夹杂物及第二相。

锆合金的均匀腐蚀受温度、合金元素、水质状况、核辐射、热流等因素的影响。

温度升高，锆合金的腐蚀速率增大，如图 13.42 所示。N,C,Ti 为对锆合金的均匀腐蚀不利的元素，通常规定它们的质量分数不应超过 4×10^{-5}，4×10^{-5} 和 1×10^{-2}。水中含有氯离子，即使高达0.01 mol/L，亦无害；而氟离子则是危险的，即使摩尔分数为 10^{-5}，也会明显增加锆合金的初始腐蚀量。pH 偏高，易产生碱蚀，因此应以 pH 值7～8为宜。

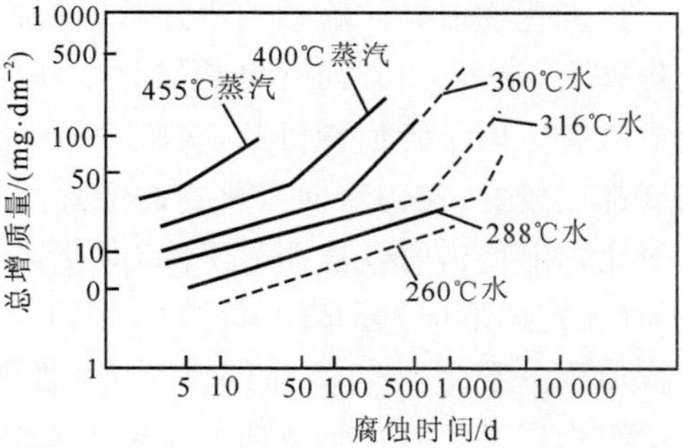

图 13.42　Zr-4 合金在高温水及蒸汽中的腐蚀

在高温水与水蒸气中，锆合金的抗蚀性与中子通量及含氧量(质量浓度)密切相关。在有辐照场的水中，氧的存在会显著提高腐蚀速率；在含氧水中，中子通量的提高，也会使锆合金腐蚀加剧。如果在压水堆的冷却剂中，保持很小的含氧量，则中子辐照的加速作用减弱。热流会使包壳表面氧化膜增厚。由于热阻增加，热传导困难而使金属与氧化物界面温度升高，腐蚀加速。

控制办法有：①研究与选用更耐蚀的锆合金；②选用合适的热处理工艺；③进行人工氧化膜处理；④控制水质等。

(2)锆合金的氢脆与控制。在用锆合金作燃料包壳的 UO_2 燃料元件中，包壳的氢脆破坏是最受关注的问题。

锆合金在水和水蒸气中所吸收的氢主要来源于：①腐蚀反应过程中产生的氢(简称腐蚀氢)；②溶解在水和水蒸气中的氢(简称溶解氢)；③在辐照作用下，一回路水辐射分解形成的氢(简称辐解氢)；④在压水反应堆冷却水中特意加入的氢(简称加入氢)，加氢的目的是使一回路水辐解产生的氧与氢化合成水，以减少堆芯结构材料腐蚀。

氢穿过氧化膜进入锆合金基体中，形成固溶体，或形成 δ 相($ZrH_{1.6}$)，其体积比锆增大13%，形成疏松结构，堆积在内表面，形成鼓泡，在内热外冷的包壳壁的温度梯度下，由内壁向外壁迁移扩散，同时形成许多微小贯穿的放射状裂纹。此时，若堆功率有急剧变化，则包壳管会由于受高应力作用而破裂，此即锆合金的氢脆损伤。

目前，在沸水堆内使用的 Zr－2 合金(Zr1.5Sn0.15Fe0.1Cr0.05Ni)包壳，即使在最大腐蚀速率条件下工作 5 a(325℃)，壁厚均匀减薄仅 35 μm，这对包壳强度和完整性几乎没有什么影响，因此均匀腐蚀引起的壁厚损失不是关键问题。然而，吸氢脆化却可以造成堆内核元件棒破损，而成为限制锆合金包壳寿命的主要因素之一。

一般说来，随氢含量的增高，延性会逐渐降低，当达到一定的氢含量时，氢化物析出能产生十分可观的脆化作用，甚至使包壳破裂，因此，有必要规定工作后期的锆合金构件的最大允许含氢量。一般认为，在寿命末期，氢体积分数大于 6×10^{-4} 时就不能接受了。

锆材中的氢化物取向、尺寸和温度等对锆材的氢脆性能有明显的影响。

1)氢化物取向。脆性的小片状氢化物可以起到裂纹起始点的作用，特别是当锆管中的氢化物垂直于切应力方向时更是如此，然后，裂纹向基体扩展，也可能是氢化物与基体界面脱开造成脆裂。但不管何种机制，实验表明：氢化物呈切向取向的锆合金管，综合性能最佳，延性和强度都比较好；径向取向氢化物的锆管性能最差，引起的氢脆效应最严重，尤其是那种长链状的氢化物能使锆管性能明显下降，即使含氢体积分数小到 4×10^{-5}，也会引起严重氢脆。混乱取向(无定向取向)分布的氢化物，对 Zr－2 合金和 Zr－4 合金拉伸性能的影响很小，直到锆合金含体积分数为 5×10^{-4} 的氢时，拉伸性能基本上与无氢存在时相差无几。

织构是决定氢化物取向的主要因素之一。在没有内应力的情况下，氢化物取向主要取决于锆管的基极织构。切向基极织构容易得到径向分布的氢化物，径向基极织构容易得到切向分布的氢化物。

值得注意的是，如果在加热时溶解的氢化物，在冷却析出时处在应力作用下，则其取向要与拉应力垂直，与压应力平行。这叫做应力取向效应。锆管在冷加工过程中经过剧烈形变所造成的残余内应力，由高温冷却时的锆基体的各向异性所造成的热应力，以及使用条件下经受的工作应力等等都可以影响氢化物的分布。即使是一个初始性能好的包壳管，由于一定条件下的应力取向效应，氢化物的取向也可能由切向变为径向，从而加剧氢脆。

一般认为，应力取向效应与织构、晶粒度及冷加工时的残余应力有关。

如果径向基极织构越强，那么在切向应力作用下，应力取向的敏感度越小。切向基极织构的锆合金管的氢化物应力取向效应最显著，因此，应尽量避免采用切向基极织构的锆管。

晶粒度越细，应力取向效应越明显。这是由于晶粒越细，有氢化物析出的晶粒的百分数越小，氢化物析出时的选择余地也就越大。一般晶粒度小于 20～30 μm 时，应力取向效应就显著；大于 40 μm 时，就不存在应力取向效应。

冷加工加剧应力取向效应。在反应堆运行温度下，燃料芯块可能和包壳贴合，这会使包壳承受较大的切应力。但当温度降低时，由于芯块的热膨胀系数比包壳管的大得多，因此拉应力大部分可被松驰掉，甚至不再贴合。然而在功率调整，温度有波动的情况下，切向拉应力是存在的，这时必须考虑应力取向效应。

控制应力取向效应，从材料上是控制锆合金管的织构和晶粒度；从设计上则要使核元件棒的内压始终低于一回路的外压。

2)氢化物尺寸和使用温度。氢化物长度超过管壁厚度的 1/10 时，即使氢化物取向分布混乱，氢脆效应也趋于严重。当锆管的晶粒较细时，容易得到分散、细小的氢化物，所以从缓和氢脆效应的角度来看，晶粒细小为好。但晶粒不宜过细，晶粒过细，会引起大的应力取向效应。综合考虑氢化物长度与壁厚的关系以及氢化物应力取向的影响，通常以限制氢化物长度不超过壁厚的 1/10 来规定锆管的晶粒度，一般认为粒度在 30～50 μm 为好。

氢脆现象和锆合金管的使用温度有关。当其温度低于 150℃时，氢化物是一种脆性夹杂物；高于 150℃时，具有相当的延性。因此，随温度的升高，氢脆效应逐渐减缓或趋于消失。所以，锆合金燃料包壳在运行过程中，一般不存在氢脆问题，只是在低于 200℃的停堆、开堆和换料时，才可能出现氢脆问题。

防止包壳内氢脆的措施是尽量减少芯体的氢源，例如增高芯块密实度(相对密度在 94%～95%以上)，尽量减少孔洞，特别是减少开口孔。元件在堵焊前应进行彻底的真空干燥。此外，在元件棒中轴向空腔内装以能吸收氢的吸气剂，实践证明，吸气剂对消除水分及碳氢化合物是有效的。当然，整个工艺过程都应十分清洁，酸洗不应残存氟离子，不应有碳氢化合物及油污等。锆中的 C,N,Ni 杂质元素增加，会使锆的吸氢量增加，而 Si 则会抑制吸氢，因此在冶金上通过合理地控制杂质含量也可以控制氢脆敏感性。

(3)包壳与芯块作用引起的元件破损与控制。包壳破损实质上是元件锆包壳同时遭受到芯块膨胀时施加给包壳的双轴拉应力的机械作用与芯块燃料裂变气体的化学作用发生的应力腐蚀开裂(简称 PCISCC)。

由于 UO_2 芯块的热膨胀系数大于锆合金包壳 6 倍，在高温运行时，膨胀使芯块与包壳紧密接触，并迫使包壳管沿轴向和径向伸长，形成环脊，造成局部塑性变形和应力集中，如图 13.43所示。当同时存在辐照场时，UO_2 会发生辐照肿胀，更加剧了包壳的应力和应变，此即为产生 PCISCC 的应力因素。

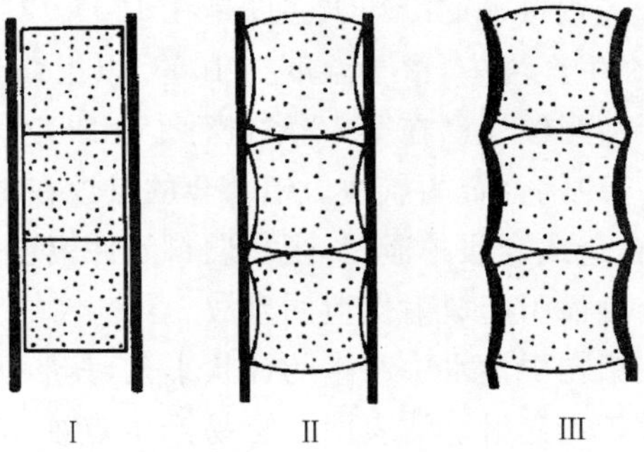

图 13.43　燃料与包壳之间的相互作用

关于产生 PCISCC 的化学因素，有些研究人员认为，在辐照下产生的游离碘由内层向外扩散，并沉积于芯块裂纹和对应的锆包壳内壁上，形成一层均匀的 ZrI_4，而在局部地区，此反应可能特别剧烈，而形成点坑。在应力足够大的集中点，将出现裂纹，然后碘蒸汽与裂纹尖端的锆又形成 ZrI_4，由于应力集中，使尖端的膜破裂，促使碘往深层渗入，产生新的 ZrI_4 膜。这样，膜的不断形成和破裂，使裂纹在低的应力下扩展，直至断裂。裂纹容易扩展是因为碘与锆原子起作用，而使裂纹的表面能降低之故。

与一般水溶液中的应力腐蚀类似，产生 PCISCC 的条件也是必须有静拉应力和特定的腐蚀剂，引起 PCISCC 的腐蚀剂有碘、铯、镉及其他裂变产物，如溴、铷、锝等。碘的临界阈值在 300℃及破裂时间为 200～1 000 h 条件下为 0.03 mg/cm^3，若将碘质量浓度提高到 0.5 mg/cm^3，则破裂时间仅为 0.1～3 h。材料的热处理工艺、织构、表面加工状态，以及反应堆提升功率速率等对 PCISCC 也有影响。

防止 PCISCC 的措施：①元件设计时应加大芯块与包壳间间隙，约为元件棒直径的 1%以上。②选取合适的包壳材料，以具有高的应变能力及高延伸率，并选用合理的热处理工艺。③元件棒内预先充氦加压，减少元件棒内外压差，可以推迟芯块与包壳开始接触时间，因而推迟 PCISCC 开始时间。④包壳内表面进行涂层处理。石墨及硅氧烷涂层对 PCISCC 的发生，具有抑制作用；金属镀层如铜等可减轻机械相互作用，并起到隔离气体的作用；元件包壳内表面喷砂处理或阳极氧化处理均可减轻 PCISCC。

4. 包壳铝合金的腐蚀与控制

试验研究堆（简称试验堆）是属于温度参数偏低的堆型，冷却剂的温度大多低于 100℃。生产堆（如生产^{239}Pu 的核反应堆）运行温度在摄氏百余度（中温），与试验堆相比，其冷却剂温度较高。无论试验堆还是生产堆，铝合金是目前广泛使用的堆结构材料。据统计，世界各国已建造的试验堆中，90%左右都采用铝合金，这是因为铝合金具有下列一些优良性能：中子吸收截面低、热导性好、比强度高、耐辐照、易加工、价廉，并在中等温度的纯水中，有良好的耐蚀性。在试验堆的建造中，铝合金已广泛被用作核燃料元件、控制棒、安全棒的包覆材料，工艺管、试验管、探测管、各种支撑结构及核反应堆壳体的材料。

铝及其合金在纯水中，按温度由低到高将出现点蚀、均匀腐蚀、晶间腐蚀等。在试验堆中，由于与铝接触的冷却水温度是在 100℃以下，一般只发生点蚀和均匀腐蚀，其中以点蚀最为危险；在生产堆中，由于温度在 100℃以上，铝合金的均匀腐蚀和晶间腐蚀变得严重和突出。铝合金的耐蚀性已在第 10 章进行了介绍，本章节仅就与反应堆关系密切的方面进行简要概述。

(1)铝合金的点蚀。铝合金的点蚀在试验堆中是比较常见的。当铝容器、管道等发生点蚀时，会造成介质的泄漏；当核燃料元件铝包壳发生点蚀穿透时，就会导致冷却水与核燃料的直接接触而引起放射性泄漏事故。

铝在中性水中产生的针状小孔，其形状各异。在铝的粗糙表面、划伤表面及有其他附着物表面较之光滑清洁表面上容易产生点蚀，在铝构件的上表面及侧面，较下表面更容易产生点蚀。边缘棱角区、干湿交替的水线区及焊接区都是蚀坑优先出现的地方。

铝合金的点蚀受温度、合金成分与结构、介质状况、设备结构等因素影响。

铝合金点蚀，一般是在室温或略高的温度范围内发生的，温度升高，点蚀倾向减少，而均匀腐蚀增大。纯度高的铝合金，抗点蚀能力强。铝合金中添加正电性合金元素（如 Cu，Fe，Ni 等）形成阴极合金相和杂质沉淀相时，则对点蚀起加速作用。添加适量的 Mn，Mg 或 Mn 时，这些元素可与阴极相杂质元素形成均匀化不稳定相，因而可减缓其对点蚀的加速作用。

环境介质中含有活性离子（如 Cl^-，Br^-，Cu^{2+}，Fe^{3+} 等）易使铝合金表面的钝化膜遭受局部破坏，因而会促进点蚀的发生。为此，为了控制点蚀，维持较稳定的钝化膜，要求水介质保持中性和高纯度，特别应控制 Cl^- 摩尔分数小于 5×10^{-8}，Cu^{2+} 摩尔分数小于 1×10^{-8}，pH = 5.5～6.5。

设备中铝与活性低金属构件接触（如不锈钢、铜等）会因极化而促成点蚀的发生。当铝构件间结合处有缝隙存在时，会因氧的浓差极化而引起点蚀。滞流区点蚀较流动水区倾向大。

(2)铝合金的晶间腐蚀与均匀腐蚀。生产堆采用铝合金作为元件包壳及工艺管材料。在中温高纯水中，纯度较高的铝合金，除了均匀腐蚀以外，经常出现晶间腐蚀。

研究表明，添加适量的 Fe，Ni，Cu，Si 等元素，可以使铝合金由危险性大的晶间腐蚀转化为危险性相对较小的均匀腐蚀形式，耐蚀性能也得到改善。

铝合金的均匀腐蚀不仅使材料减薄，而且产生的腐蚀产物能污染水质，同时还会由于辐照活化而引起回路剂量的升高，所以对铝合金的均匀腐蚀也应加以控制。

铝为两性金属，仅在中性介质中，膜是稳定的，即铝合金存在腐蚀速率最小的 pH 值范围。例如在 50℃时，最小腐蚀速率的 pH 值为 6.5，故试验堆中一般水质标准规定 pH 值为 5.5～6.5。

铝合金包壳在反应堆中的腐蚀受热流的影响，与铝工艺管和其他铝结构件不同，铝包壳元件本身是发热体，自身就会产生热流效应，元件表面腐蚀膜会随热流的强度增加而增厚，随着膜的增厚，由于发热体向冷却剂传热困难而导致铝元件表面温度的升高，从而引起腐蚀膜的更快溶解。

(3)铝合金的其他类型腐蚀。在试验堆系统中，还有硝酸气氛引起的局部腐蚀。这类腐蚀常发生在活性区空气富集的部位，如试验孔道及测量孔道等。在辐照场下，管道中的空气发生解离，形成一氧化氮、二氧化氮等，当与潮湿空气接触时，将形成微酸性潮气。它们与铝反应，生成白色针状的硝酸铝，使铝管道遭受腐蚀，严重时甚至可使铝管道局部穿透。

(4)铝合金的防护措施。

1)耐蚀铝合金的选择。根据生产堆热工参数，可选用耐晶间腐蚀、耐点蚀以及均匀腐蚀的铝合金。对元件包壳材料的选择，还应考虑中子吸收截面及加工性能等。常用的元件包壳为含 Fe，Si 的 2S 系列铝合金，对结构材料还应考虑其机械强度等，常用的铝合金为 Al－Mg－Si 系列。

2)保持水质标准。保持好的水质既可减少铝的局部溶解，又可防止在反应堆停堆期间点蚀的发生。

3)进行表面保护处理。常用的方法有化学膜处理，阳极氧化处理，高温预生膜处理等。

4)结构合理设计。设计时应考虑到焊接口、封装及连接头等要简易，构件间应避免摩擦、振动，缝隙结构尽量少。

5. 生产堆用不锈钢的腐蚀

生产堆结构材料中，不锈钢用量占比例很大。它可作为堆本体结构件，上、下部水管系统，热交换器传热管，卸料脉冲管等，此外一回路主管道及其他管道也大都采用不锈钢。不锈钢使用广泛，是因为不锈钢能形成钝化膜，而具有优异的耐均匀腐蚀性能。

随着反应堆的发展，温度、压力等参数的逐步提高，在不锈钢的使用中，不断发现一些严重的腐蚀问题，其中对堆运行寿命影响最大的为晶间腐蚀及应力腐蚀。

(1)不锈钢的晶间腐蚀。奥氏体不锈钢在 400～850℃的腐蚀介质中长期使用，或在该温度范围内保温或缓慢冷却，如果同时遭受腐蚀介质的电化学作用，常会出现晶间腐蚀。

控制不锈钢的晶间腐蚀可采用降低钢中碳含量、添加稳定化元素(Nb，Ti 等)、固溶处理、冷加工处理等措施。

(2)不锈钢的应力腐蚀。在生产堆结构材料中使用的奥氏体钢，据有关报道曾发生过多次应力腐蚀，应予重视。核工程中发生的多次应力腐蚀具有如下特征：

1)应力腐蚀多发区是那些结构复杂、应力集中的部位，例如热交换器传热管和管板接触部位附近，此部位应力有胀管应力、焊接应力、安装校正应力、热应力及工作应力等。

蒸汽发生器传热管的应力腐蚀裂纹主要是在 U 形管小弯曲部位管外侧拉应力处及管与管板接触区，这些部位与热交换器一样，也具有复杂的焊接应力，安装应力及工作载荷应力等。

2)应力腐蚀发生于水质恶劣的介质中及结构上存在缝隙或干、湿交替致使有害离子浓缩条件的部位，对热交换器来说，裂纹大多从二次水侧发生向一次水侧发展。

3)应力腐蚀常以局部腐蚀或划伤为前导，包括点蚀坑、晶间微裂纹、锈蚀痕、打痕划伤等。由此亦可知，凡产生点蚀及晶间腐蚀的各种影响条件，如不锈钢的敏化处理条件及碳、硫、磷、非金属夹杂等，都影响着应力腐蚀的敏感性。

关于不锈钢应力腐蚀的控制，可参考应力腐蚀和金属材料的耐蚀性章节中的相关内容。

13.6　电子设备金属材料的腐蚀与防护技术

电子设备(包括电子元器件)的腐蚀，不仅仅造成了材料的损耗，更为严重的是，它使产品精度和可靠性降低。电子设备失灵将导致整个装置丧失原有的功能。例如在航空工业中，机载设备因为腐蚀原因造成功能丧失，将直接影响到飞机的飞行安全性和可靠性。因此对电子设备的腐蚀，必须予以高度地关注。

一、电子设备的腐蚀环境分析

1. 电子产品按气候分区的大气腐蚀特点

电子设备的制造、运输、储存、使用，主要是处于大气环境中，因此，对电子设备中金属腐蚀问题的探讨，主要着重于大气环境中的腐蚀。大气环境条件是多变的。从经济观点出发，不希望对每种具体环境单独设计与制造一种专用的电子设备，因此应该对环境条件作简明而合理的划分。通常电子产品使用环境按全球气候，分为 4 个气候带(热带、亚热带、温带、寒带)、8 个气候区(湿热区、干热区、交替区、亚湿热区、亚干热区、温带正常区、干燥区、寒带)、22 种环境气候条件(指影响产品的各种气候因素、腐蚀因素和生物因素)，详细情况与具体指标如

表 13.22 所示。其目的是为试验部门制定各种人工气候试验标准，提供自然气候的依据，同时也为生产企业按各区气候特点，在设计产品时合理选材及制定工艺处理方法。

表 13.22 中所列的 22 种环境气候条件中，与金属腐蚀有关的最主要因素是湿度、温度与含盐分的空气，而含盐分的空气只限于沿海地带。因此，在 4 个气候带和 8 个气候区中，电子产品的腐蚀特征主要由该区的大气湿度和温度而定，而潮湿是最为有害的。

2. 潮湿的影响

无论潮湿是湿气、蒸汽还是液态水的形式，都是腐蚀的最大根源。它侵蚀金属和非金属，促进微生物的生成。

电子设备结构的合理设计，可以阻挡外来的水分，如雨、冰、雪、雹等，避免它们落入设备内部。但是湿气包含在空气之中，会以各种方式进入设备。它可以在温度或压力改变时通过凝结作用进入，也可以通过毛细管式的接缝处吸入。例如，用 O 形环或其他垫圈密封的设备，在温度变化时将会吸放气体，即在温暖的白天，放出干热空气；而在夜间，当设备变冷，内部压力降低时，就吸入周围湿冷空气。机载电子设备在地面与高空循环时，也出现吸放气体过程。冷空气进入，往往产生冷凝。有人发现在火箭掩蔽发射井内，有些部分有静水、流水及滴水，而其他面积则是干的。在热带湿热区的洞库机场，飞机上的凝露更是屡见不鲜。空气中的湿气，往往带有溶解的污染物，像氯化物、硫酸盐及硝酸盐等等，这将更显著地增加腐蚀速率。

3. 温度的影响

温度升高增大物质的化学活性，加快化学反应的速率，因此，化学侵蚀、酸腐蚀及其他有害过程，如有机气氛的逸出作用，都会由于高温的作用而加重。然而，高温可防止冷凝、驱赶湿气，这对电子设备是有利的。温度高还有抑制或杀菌的作用。

温度和湿度的协合作用，往往是导致电子设备腐蚀的主要原因。温度下降，而相对湿度升高，则发生凝露。例如，在热带、寒冷的夜晚可导致水凝结，而在北部温带，寒冷的夜晚可能引起湿气冻结。在 25℃，50％的相对湿度下，当温度急降到 10℃时，就会凝结成液态水。

一般来说，热带湿热区、热带交替区、亚热带的亚湿热区，特别是其沿海地区对电子设备金属腐蚀尤为严重，因此在这些地区内使用的电子设备，必须采取特殊的防护措施。航空、航天电子产品更应具有高空及全球的适应性，才能满足使用要求。

二、电子设备的腐蚀类型及特点

电了设备使用了几乎所有种类的金属材料，因此金属腐蚀的各种形式均可能出现，但是最主要和最常见的有以下几种形式。

1. 一般电化学腐蚀

随着设备运行条件和环境的变化，湿气会以各种方式侵入设备，在凝露处便构成了电化学腐蚀电池。腐蚀发生在元件表面的个别部位上，通常其腐蚀深度不大，而占有一定面积，因此称为斑状腐蚀。由于电子元件非常之精细，轻微的腐蚀，便可导致设备故障。

表 13.22 无线电产品世界气候分区

地区	环境气候条件	气候因素																			腐蚀因素	生物因素	
		极端最高气温	极端最低气温	最热月平均最高气温	最冷月平均最高气温	气温最大日差	最热月最大温热情况	最热月平均相对湿度	最热月最大干热情况	表面温度（黑色无光泽低传导性材料）	日太阳总辐射量（2 512 J/cm²）至少连续一个月	温热月	干热月	雾	露	砂阵（急风吹砂）	沙尘（自由沉降）	暴雨（100 mm/h）	严重冰冻（低温低于－25℃）	强风（风速大于10m/s）	含盐的空气	霉菌	昆虫
热带	湿热区	47℃	0℃	30℃	8℃	10℃	95%，同时气温35℃	90%，同时月平均气温大于25℃	50%，同时气温不低于35℃	75℃		1～12个月		有	有			迎季风山坡暴雨强度最大		有	沿海	有	有
热带	干热区	58℃	－5℃	45℃	5℃	41℃	80%，同时气温不低于20℃在沿海能连续12 h	15%，同时月平均气温大于35℃	5%，同时气温58℃	85℃	有		1～12个月	沿海	沿海	有	有				沿海		
热带	交替区	58℃	－5℃	45℃	5℃	41℃	在湿季与温热区同，在干季与干热区同	在湿季与湿热区相同。干季与干热区同	同左	85℃	有	1～4个月	1～4个月	湿季	湿季	干季	干季	湿季			沿海	湿季	湿季
亚热带	亚湿热区	47℃	－23℃	36℃	－5℃	24℃	90%，同时气温不低于20℃在沿海能连续12 h	86%，同时月平均气温大于25℃	5%同时气温35℃	75℃		1～5个月		有	有			迎季风山坡暴雨强度最大		有	沿海	有	有
亚热带	亚干热区	58℃	－30℃	40℃	－20℃	41℃		15%，同时月平均气温大于35℃	5%，同时气温58℃	85℃	有		1～5个月	沿海	沿海	有	有			有	沿海		
温带	正常区	46℃	－45℃以上	32℃	－30℃以上	20℃		80%，同时月平均气温大于20℃						有	有				有	有	沿海		
温带	干燥区	48℃	－45℃以上	35℃	－30℃以上	25℃		15%，同时月平均气温大于25℃	5%，同时气温大于30℃	75℃	有		1个月	有	有	有	有		有	有	沿海		
寒带		40℃	－68℃	29℃	－30℃	20℃		80%，同时月平均气温大于20℃						有					有	有	沿海		

在电子设备中还使用了大量的有机材料，它们或被制成零件，或施涂于金属表面，或作为包装材料。在使用过程中，它们将缓慢地释放出微量挥发性物质，并在其周围有限空间形成一种微气氛。当其中的腐蚀性挥发物（主要为甲酸和乙酸）达到一定浓度，并在一定的湿度和温度下时，就会发生气氛腐蚀。研究表明，在低湿度下，气氛腐蚀是很轻微的，并且存在着临界相对湿度，当相对湿度在 35%以下时，气氛腐蚀便可防止。但是当环境变得潮湿时，则会引起严重腐蚀，其腐蚀速率比一般大气腐蚀高几十倍。这可视为有机气氛对大气腐蚀的加速作用。对气氛腐蚀特别敏感的金属及镀层是镉和锌，其次是镁合金、铝、碳钢、铜合金。抗气氛腐蚀性能较好的金属及镀层有阳极化的铝及铝合金、不锈钢、镀镍层、镀铬层、镀金层以及钢铁发兰层等。

2. 电偶腐蚀

不同金属互相接触或金属与导电的石墨等接触引起的电偶腐蚀是使电子设备失效的最常见问题，因此电子设备设计时，必须高度重视材料的相容性问题。

按照美国军用标准 MIL - STD - 454《电子设备的通用要求》，把金属划分为四组，与表 13.5一致。在同一组内的金属允许接触，不同组的金属则不允许接触，或进行绝缘后才允许接触。在分析电偶腐蚀问题时，除了考虑互相接触金属之间的电位差外，还应注意极化的影响。减小互相接触金属之间的电位差、增大电极极化度，在其间加入绝缘物、缓蚀剂，去除电解液（膜）等都能防止电偶腐蚀。

3. 镀（涂）层下的腐蚀

电子设备根据预定环境和所需保护程度，常采取各种表面处理技术，如电镀、真空镀、阳极氧化、化学转化膜处理等，以提高其抗蚀性。但是这些镀（涂）层都或多或少存在一定的孔隙，铝、镁的阳极化膜和化学转化膜（如铬酸盐膜）更是多孔结构，需立刻封闭处理。如果镀（涂）层厚度选择不合理或工艺处理不当，则湿气或腐蚀介质便会通过孔隙的毛细作用，抵达母体金属表面，而引起腐蚀。此种腐蚀先从母体表面开始，然后向表面下扩散，常常引致金属镀（涂）层的起泡和分层，以至局部剥落。

除上述几种形式外，电子设备常见的腐蚀形式尚有表面氧化和污染。表面氧化或硫化使银镀层变色（发黑），有机材料的挥发气氛使金属“结霜”，潮气和灰尘使金属表面易沾染污物。这些情况可能使导电性能降低，焊点失牢（断脚），元件出现噪声等故障。此外，电器绝缘材料中分离出的霉菌也会造成电子设备材料的腐蚀，引起短路或断路。

三、电子设备的腐蚀控制方法

电子设备除了在规定的定期检查和维修时，可对其腐蚀状况进行检查并予以排除外，在运行过程中难以对其腐蚀状态进行调控，因此电子设备的腐蚀控制，主要体现于电子设备的防腐设计。

设备越复杂，所处环境越恶劣，技术要求越严格，则设备抗环境能力和可靠性指标要求也就越高。通常,电子设备的防护设计包含以下几个方面的内容。

1. 设备结构的防护设计

首先应按使用环境来选择防护类型,具体分类方法如下:

(1)按照封闭防护的方法,可分为开启型、封闭型、密封型等。

(2)按照气候防护,可分为温带型、寒带型、湿热带型、干热带型、陆地通用型、海洋温带型、海洋寒带型、海洋热带型、海洋通用型等。

(3)按外壳的防护功能,还可分为防滴水、防洒水、防溅水、防喷水、防浸水、防潜水、防波浪水、防水气、防气体、防工业液体、防化工腐蚀、防工业气体、防虫、防尘、防爆与防震等。

上述的分类供防护设计人员进行环境防护设计时对设备的选型与外壳设计时参考。

此外,设备的形状构形和制造工艺对防护功能也有密切的关系。例如,平面转接处应向下平滑,以免积水,并方便维护擦试;焊缝应尽量连续,焊接设计时和冷热加工中应尽量避免产生残余应力,这些方面与对机械设备的要求是一样的,详见 12.1 节。

2. 正确选材、合理制定加工工艺

(1)从防蚀方法看,选择不易腐蚀金属材料算是最简单的办法,但是它又要满足设计所希望的材料特性——电气、机械、物理、化学、加工性能,以及成本、资源等,这些往往互有矛盾,因此,合理的选材是一个综合考虑的过程。

(2)避免不合理的金属接触以防电偶腐蚀。经验证明,不同金属的接触电位之差应该不超过 0.5 V,否则结构上需采取隔离设计措施等。表 13.23 列出了电子设备防止电偶腐蚀的措施和示例。

表 13.23 防止电偶腐蚀的措施

措施	示例
1. 镀覆可相容金属,以降低电位差	在银的近旁用镍,而不用 H70 黄铜;镀锡的钢与青铜在一起使用
2. 使阳极性的金属表面尽可能大	大的铝合金板件中装有小的不锈钢金属件
3. 加腐蚀抑制剂,如铬酸锌膏	装配不同类金属构件时用铬酸锌
4. 插入惰性的阻挡层或衬垫,以防止接触	乙烯带、橡皮衬垫
5. 用抗碱的有机涂层,涂在阴极或两种金属表面	
6. 在设计中避免潮气能蓄积的地方	
7. 用干燥剂	
8. 用抗碱的有机绝缘体封住连接头	
9. 封住金属的表面,防止接触电介质	涂底漆色漆或涂密封膏
10. 用镀镉代替镀锌	
11. 使用镀锡或镀镍的金属构件	
12. 避免使用镁	

(3)金属耐蚀性与其组成、表面状态、应力存在与分布有关。可采用热处理、机加工工艺等

方法来改善金相组织，消除应力与变形，改变形状与表面粗糙度，以及使金属产生钝化等办法来提高金属的耐蚀性。

(4)用非金属材料代替金属材料。从防腐蚀观点看，在一定条件下，最好的防蚀材料可能是非金属材料。非金属防蚀材料很多，如塑料、玻璃钢、石墨、搪瓷、玻璃、涂料、橡胶等，只要使用得当，亦可作为电子设备中的防蚀材料。

3. *控制腐蚀环境*

用物理法来控制腐蚀环境常被广泛采用，具体方法主要有：

(1)用控制温度和湿度的办法对安放设备的环境进行空气调节。这是一种有效的方法，但费用高，在建筑物内或设备内实现人工的空调系统后能得到理想环境，使电子设备不易损坏。

(2)采用封闭的保护技术。把元器件或零部件嵌入封闭的材料中。封闭材料有塑料、树脂、玻璃、陶瓷等，这些材料的选择应注意其电气、机械性能、工艺及防蚀效果。如变压器、整流圈常嵌入树脂类材料中，电子元器件、组件或部件进行整体灌封处理等。但应注意到会产生散热问题、增加设备重量、杂散电容和高频损耗等。

(3)将电子设备封闭在密封的外壳中。密封是使设备完全不受到空气、水分、盐雾、灰尘及其他沾染物侵袭的有效办法，但密封亦带来不少困难，如散热等。采用结构密封时，如何防止潮气等腐蚀介质经由垫圈、转动轴和不良的机械损坏所形成的通路，以及塑料导线的包线层因塑料老化、橡胶失去弹性等而使潮气漏入设备，这就需要进行有效设计。对电子设备进行密封设计时，还必须注意设备内部零部件中有机材料的挥发物所造成的微气候条件。

应充分考虑因密封后给使用、维修带来的种种困难，故设计人员应将设备的密封与提高单个元器件、零部件抗蚀能力作合理的选择。实际上，往往只对部分元器件、零部件密封，较少对整台设备进行密封。

(4)连续加热设备。温度上升便能降低密封空间的相对湿度并使冷凝或吸收的水分蒸发掉。这是使设备在保持相当低的湿度下防止锈蚀最有效而价廉的方法之一，因为在大气中，当相对湿度低于临界湿度时，金属不易锈蚀。

当设备本身有内部热源时，可利用它做加热设备，当需停机时，人为使其连续工作或者自动接通外部加热器。当设备本身无内部热源时，可采用专制烘箱等外加热器加热设备。

(5)腐蚀介质处理。当腐蚀介质的量和波及范围有限时，可改变其化学组分，使其侵蚀性下降来达到防蚀的目的。具体措施如下：

1)减小介质的腐蚀活性，如水中除氧法等处理冷却水。

2)添加缓蚀剂于腐蚀介质，能显著抑制腐蚀速率。

3)降低空间中的潮气，如用硅胶做干燥剂置于包装箱中。

4. *在金属表面上镀(涂)防蚀层*

根据用途，可分为防护性镀覆、防护装饰性镀覆和特种镀覆三种。

(1)防护性镀覆是为了在各种环境条件下防止金属元器件等的腐蚀，如钢上镀锌以提高防护能力。

(2)防护装饰性镀覆用于需要进行装饰加工的零件,同时为了防止金属、元器件在各种环境的使用条件下的腐蚀,如镀多层光亮铬。

(3)特种镀覆是为了赋予金属及其元器件以某些特性或用于防止它受环境条件的影响,如镀金、银以提高零件表面的导电功能,并增加防护能力。

5. 采用临时性防蚀措施

金属在加工工序间,电子设备在运输和储存过程中,采用非永久性的防护措施是经济合理的。

(1)对金属制品采取临时性涂覆或包装处理。如油封,可剥性塑料膜,塑料袋加缓蚀剂法等,其有效期随环境和包装工艺而变化,约在 1～2 a 内。

(2)对设备进行临时性包装。根据设备的运输和储存的条件可进行各式包装,如纸封包、木箱包装、塑料或金属箱的密封包装,密封并充以惰性气体的包装等。

四、电子设备用金属防护层耐蚀性能试验方法

耐蚀性能试验方法可分为自然环境暴露试验、人工加速模拟试验及整机实地使用试验三种类型。

自然环境暴露试验因影响因素多变,难于求得变化规律,仅代表样品暴露地点实际储存或静态条件下定性或定量的腐蚀数据。人工加速模拟试验能获得各种环境因素对腐蚀速率影响的规律,但是试样的人工加速模拟腐蚀试验毕竟不同于整机的自然环境暴露,准确地确定两者之间的关系往往并不是一件容易的事情。整机实地使用试验能提供设备(包括金属防护层)在使用条件下各种定量数据,但其样品变化记录,是多种因素综合作用的结果,很难满足分析变化的要求。因此,每种试验方法所得数据都有局限性。以下就自然环境暴露试验和人工加速模拟试验方法作一简介。

1. 大气暴露试验

大气暴露试验是正确判断金属防护层性能优劣的一种重要方法。把镀(涂)各种电镀层或油漆层的金属试样放置在暴露场内的试样架上,进行天然大气条件下的腐蚀试验,定期观察及测定其腐蚀过程特征和腐蚀速率,并进行记录,其试验结果通常可作为制定有关金属防护标准的参考依据。

(1)试验场点选择。大气暴露腐蚀试验(即大气暴晒试验)的试验站应建立在有代表性的地区,如农村、城市、工业区、湿热地区、滨海或内陆地区等,以适应大气腐蚀规律的复杂性。目前,在我国已建立了八个不同气候环境条件的试验站(见表 13.24),进行各种常用材料的暴晒试验。进行试验时,应当测量和掌握试验站所在地的环境因素,如温度、降雨日数、降雨量、雨期的延续时间、风向、风速、湿度、日照时数等气象条件以及大气中的污染成分(如 SO_2,H_2S,NO_2,煤屑,盐粒,灰尘等)。如有可能,应将试验站建在当地气象台站附近。除专门的工业大

气试验站外，附近不允许有烟囱、通风口以及大量散发有害气体和灰分的厂房和装置，以防对试样干扰。为了对材料抗大气腐蚀的耐蚀性作出可靠的最终判断，应在尽可能多的、环境条件各异的试验站同时进行试验评定。如果是用于指定大气条件的材料，那么只需选择有限的试验站进行试验即可。但对污染大气中的腐蚀检测，则须在离污染源不同距离处及不同标高处进行试验。

表 13.24　我国各大气试验站地理位置与大气环境特征

站　址	地理位置		气候类型、环境气象特征
	东　经	北　纬	
北京(郊区)	116°	39°59′	南温带，亚湿润区，乡村环境
青岛(海岛)	121°19′	31°18′	南温带，亚湿润区，海洋环境
武汉(城郊)	114°18′	30°35′	北亚热带，湿润区，半工业环境
江津(乡村)	106°15′	29°29′	中亚热带，湿润区，乡村环境
广州(市郊)	113°19′	33°08′	南亚热带，湿润区，半工业环境
广州(郊区)	113°28′	33°08′	南亚热带，湿润区，乡村环境
琼海(乡村)	110°28′	19°15′	北热带，湿润区，乡村环境
万宁(海边)	110°05′	18°58′	北热带，湿润区，海洋环境

(2)电镀样板大气暴露试验结果的定性评定。电镀样板在大气中腐蚀情况的定性评定是用肉眼或放大镜(3～5 倍)观察各种镀层在大气中腐蚀的产物所具有的特征(如颜色、形状等)，从这些腐蚀产物及其变化发展的情况中，可以判断镀层或基体金属的腐蚀程度，从而确定其防护性能。镀层的定性检查和记录主要有如下几个方面：

1)镀层和基体金属腐蚀产物颜色和形状(见表 13.25)。

表 13.25　镀层和基体金属腐蚀产物及形态

镀层或基体金属	腐蚀产物	颜　色	形　状
钢或铁基体金属	$FeO \cdot Fe_2O_3 \cdot H_2O$	棕色	点状
铜或铜合金基体金属	$CuCO_3 \cdot Cu(OH)_2 \cdot H_2O$	蓝色、绿色	点状
镀锌层	$Zn(OH) \cdot ZnO, ZnCO_3 \cdot 2ZnO \cdot 3H_2O$	白色、灰白色	膜状灰色、点状灰色
镀镉层	$Cd(OH)_2$, CdO, CdS	白色、灰色、黄色	膜状、点状
镀镍层	$Ni(OH)_2$, NiO	浅绿色、暗灰色	膜状、点状
镀铬层	Cr 不易和 O_2 及 H_2O 反应		出现裂纹
镀锡层	SnO	深灰色	膜状
镀银层	Ag_2O, Ag_2S	黑褐色、紫红色、黄褐色	不均匀膜状

2)腐蚀点:腐蚀点(指镀层被穿透,直达基体金属)是评定阴极镀层防护性能的主要内容,可以按下列方式观察计算,用一透明的带有方格(5 mm×5 mm)的有机玻璃板覆盖在待测镀层样板表面,数出镀层表面总方格数,以 N 表示,再数出有腐蚀点出现的那些方格数目以 n 表示,则腐蚀点所占面积百分比为$\frac{n}{N}\times 100\%$。

3)光泽:光泽等级的划分表示镀层成膜状腐蚀时被氧化的程度,检查时以保存的同种原始试样作比较观察之,按光泽消失程度的不同分为四级。

1 级(良好)——无变化或变化不明显(有 90%以上面积保持原有的光泽)。

2 级(微暗)——光泽略有消失,但仍留光泽(有 50%以上面积尚保持有光泽)。

3 级(暗淡)——光泽显著消失,但仍稍有少量光泽。

4 级(深暗)——颜色深暗,光泽全部消失。

4)开裂:计算镀层开裂面积的百分比,计算方法与腐蚀点相同。

5)从电镀样板经过大气暴露试验后定性评定的结果确定其镀层保护等级。

腐蚀后的等级评定可参考国标 GB6461《金属镀层——对底材为阴极的覆盖层腐蚀试验后的电镀试样的评级》和 GB12335《金属镀层——对底材呈阳极性的覆盖层腐蚀试验后的试样评级》。根据腐蚀的严重程度不同,分为 11 级。

10 级——无腐蚀缺陷;9 级——腐蚀缺陷小于等于 0.1%;8 级——腐蚀缺陷占 0.1%~0.25%;7 级——腐蚀缺陷占 0.25%~0. 5%;6 级——腐蚀缺陷占 0.5%~1.0%;5 级——腐蚀缺陷占 1.0%~2.5%;4 级——腐蚀缺陷占 2.5%~5%;3 级——腐蚀缺陷占 5%~10%;2 级——腐蚀缺陷占 10%~25%;1 级——腐蚀缺陷占 25%~50%;0 级——腐蚀缺陷大于 50%。

2. 盐雾试验

(1)中性盐雾(NSS)试验。中性盐雾试验是一种广泛应用的人工加速腐蚀试验方法,适用于检验多种金属材料和涂镀层的耐蚀性。将试样按规定暴露于盐雾试验箱中,试验时喷入经雾化的试验溶液,细雾在自重作用下均匀地沉降在试样表面。试验溶液为 NaCl 水溶液(质量分数为 0.05),其中总固体质量分数不超过 2×10^{-5},pH=6.5~7.2。试验时盐雾箱内温度恒定保持(35±1)℃。

试样在盐雾箱内的位置应使其主要暴露表面与垂直方向成 15°~30°。试样间的距离应使盐雾能自由沉降在所有试样上,且试样表面的盐水溶液不应滴落在任何其他试样上。试样间不构成任何空间屏蔽作用,互不接触且保持彼此间电绝缘。试样与支架也须保持电绝缘,且在结构上不产生任何缝隙。

喷雾量的大小和均匀性由喷嘴的位置和角度来控制,并通过盐雾收集器收集的盐水量来判断。一般规定喷雾 24 h 后,在 80 cm^2 的水平面积上每小时平均应收集 1~2 mL 盐水,其中的 NaCl 质量分数应在 0.05±0.01 范围内。

根据试验产品、材料和涂镀层的种类不同，试验喷雾周期可在 2～3 000 h 范围内选定。国标规定试验应采用连续喷雾方式；有时按照试验的具体情况酌变，如采用 8 h 喷雾后停喷 16 h为一周期。国家标准 GB 5938《轻工产品金属镀层和化学处理层的耐腐蚀试验方法——中性盐雾试验(NSS)法》详细规定了中性盐雾试验的要求和方法。

(2)醋酸盐雾(ASS)试验。为了进一步缩短试验时间以及模拟城市污染大气和酸雨环境，发展了醋酸盐雾试验方法(国标 GB 5939)。此法适用于金属材料和涂镀层，如检验装饰性镀铜-镍-铬镀层等的耐蚀性。除溶液配制及成分与中性盐雾试验不同外，试验的方法和各项要求均相同。

试验溶液为在 NaCl 溶液(质量分数为 0.05)中添加冰醋酸，将 pH 值调节到 3.0～3.1。溶液中总固体质量分数不超过 2×10^{-4}，应严格控制试剂盐中的杂质种类和含量。试验温度控制在(35±1)℃。醋酸盐雾试验的周期规定同中性盐雾试验。

3. 湿热腐蚀试验

湿热腐蚀试验主要用于考察冷凝水膜的作用。由于潮湿及温度波动或长途运输中温度变化，往往会使空气中的水分在材料表面凝结成水膜，从而引起材料腐蚀或腐蚀加剧。湿热试验可以模拟热带地区的大气条件。在高温高湿条件能加速电偶腐蚀，所以此法对产品组合件(包括电镀层、油漆层在内的各种金属防护层)的综合性能鉴定很适合。但湿热试验的腐蚀性不很苛刻，试验周期较长。

一般采用的加速湿热试验方法有以下三种情况：

1)恒温恒湿试验。例如，控制温度为(40±2)℃，相对湿度为(93^{+2}_{-3})%。

2)高温高湿试验。例如，控制温度为(55±2)℃，相对湿度为 98%～100%，并在 55℃下保持 8 h，然后停止加热，自然冷却至室温，闭箱 16 h，24 h 为一个循环周期。

3)温湿交变试验。例如，高温(40±2)℃，相对湿度为 95%；低温(25±3)℃，相对湿度为 45%～75%。将每个试验周期分为升温、高温高湿、低温和低温低湿四个阶段(各阶段驻留时间根据试验要求而定)，并依此循环试验。

湿热腐蚀试验一般是在各种不同类型的湿热箱中进行。要点是暴露试验条件的设计、试样制作和试验结果评定。

恒定湿热试验和交变湿热试验方法可分别参见国家标准 GB/T 2423.3《电工电子产品基本环境试验规程》中的试验 Ca 及 GB/T 2423.4《电工电子产品基本环境试验规程》中的试验 Db。

13.7　机电装备腐蚀的监控

腐蚀往往是导致机电装备出现故障的重要原因。设备发生何种形式的腐蚀，腐蚀的程度，腐蚀后设备的状况如何，取决于设备本身的性质和设备所处的工作环境。设备的环境条件和运行参数的变化，在设备的长期服役过程中是难以完全避免和预料的。意外的和过度的腐蚀不仅使设备的效率下降，产品污染，寿命缩短，甚至可能引发重大事故，危害人身安全，造成严重的损失和后果。随着生产装置向大型化，生产过程向连续化方向的发展以及设备运转负荷的不断提升，这个问题的严重性日益引起人们的关注。

为了保证设备的安全运行，充分发挥设备的潜力，必须及时掌握设备的运行状况。腐蚀状态监测（简称腐蚀监测）就是在设备的运行过程中，对设备的腐蚀速率或与其腐蚀状态密切相关的参数进行系统的（连续的或断续的）测量；同时根据测量的结果，对设备实施合理的防护或对其生产运行条件进行适当的调整，达到适时合理控制腐蚀的目的。

一、腐蚀监测技术及其选择

1. 腐蚀监测方法概述

腐蚀监测技术是在工厂现场的腐蚀检验方法与实验室的腐蚀试验方法互相结合的基础上，吸收近代新的检测技术和数据处理技术而发展和完善起来的。现在已有一系列的腐蚀监测方法可供选用。按照所依据的原理和提供信息参数的性质，可将腐蚀监测方法分为物理方法、无损检测方法和电化学-化学方法三大类。为便于比较，表 13.26 综合示出了主要腐蚀监测方法的基本特性。

表 13.26 腐蚀监测方法综述

类别	方法	监测原理及信息	探测手段及与设备联系	适用性及限制
物理方法	警戒孔法	给定的腐蚀裕度消耗完即报警 设备的剩余壁厚（$\delta_{乘余}$）	报警装置 在设备或旁路短管有代表性的位置钻警戒孔	适用于无规律的腐蚀状态以及多层衬里结构的内壁 任意环境均可，手段简单，响应速率迟钝
	挂片监测法	$\bar{v}_w \propto \pm \Delta h$ 目视，显微检验，力性检测 （$\bar{v}_w$ 为平均腐蚀速率） （h 为挂片厚度）	挂片： 插入设备或旁路短管	稳速腐蚀的任意环境，手段简单，适应性强；挂片的处理、装取较麻烦，响应速率慢，测试周期长，挂片不等于设备本身
	电阻法（ER）	$\bar{v}_w \propto \Delta D; R = \rho/S$ （ρ 为电阻率，S 为截面积，D 为检测用电阻线的直径）	电阻探针及测量电桥	适用于均匀腐蚀的任意环境 测试过程基本连续，操作简便 要注意补偿温度的影响，响应速度慢
	氢压法	氢对金属的渗透，测量渗透的氢气压力（p_{H_2}），由 p_{H_2} 判断腐蚀程度及腐蚀断裂发生的倾向	氢探针，压力测量装置	适用于析氢腐蚀和触氢的环境，特别是对氢脆比较敏感的某些生产设备，响应速率较慢

续　表

类别	方法	监测原理及信息	探测手段及与设备联系	适用性及限制
无损检测法	超声波法	超声波在缺陷(裂纹、孔洞)和器壁的内表面上反射波的射程差引起脉冲信号 检测裂纹和孔洞的深度或器壁的剩余厚度	超声波探头，超声波探伤仪，超声波测厚仪或超声波数据采集和分析系统	可用于全面腐蚀，局部腐蚀或腐蚀断裂的监测，有系列的专门仪器，响应不很灵敏，技术要求相对较简单
	声发射法(AE)	开裂及裂纹扩展伴有声能的释放 $\mathrm{d}a \sim E_{声}$，$\mathrm{d}a/\mathrm{d}t \sim \Delta E_{声}$ ($E_{声}$ 为声能，a 为裂纹长度，t 为时间)	探头(声能 → 电信号的压电晶体转换器)，单路或多路缺陷定位系统	适用于应力作用下腐蚀断裂(应力腐蚀开裂，氢脆，腐蚀疲劳，磨蚀，气蚀等)和泄漏过程的监测。响应灵敏，有先进的仪器，需要专门的监测仪器和专门技术素养
	涡流法	交流电磁感应在表面产生涡流，在裂纹或蚀坑处涡流受干涉，使激励线圈产生反电势 检测裂纹和蚀坑深度	感应线圈探头及涡流检测仪	可用于铁磁性材料表面腐蚀及开裂过程的监测，以及表面非金属涂层厚度的检测；对于非铁磁性材料，可在设备外壁对内壁表面腐蚀情况进行检测 灵敏度取决于金属的电阻率，导磁率及所用激励交流电频率
	热像显示法	通过构件表面温度的图像推出其物理状态	热敏笔，红外摄像机或红外遥感记录和显示装置等	可用于传热及热能转换设备的“热”腐蚀情况，显示腐蚀的分布和状况，有专门的仪器，测量和显示方便 对腐蚀过程的响应不很灵敏，并受表面腐蚀产物的影响
	射线照相法	γ，X，中子射线的穿透作用	射线源，感光胶片或图像显示装置	被检构件的两侧需可触及，不太适于在线监测，需要专门的设备和知识，要注意辐射的防护 对腐蚀过程的响应较慢
电化学和化学方法	线性极化阻力法(LPR)	电化学极化阻力原理 $i_{\mathrm{corr}} = \dfrac{b}{R_{\mathrm{P}}}$ $R_{\mathrm{P}} = \left(\dfrac{\Delta E}{\Delta i}\right)_{\Delta E \to 0}$	电化学探针及腐蚀速率测试仪	适用于电解质环境中的全面腐蚀。可直接求出腐蚀速率，响应灵敏，测试方法较简便；探针的设计、加工及安装至关重要；低导电性介质中测量误差较大
	交流阻抗法(EIS)	电化学电极反应阻抗原理： $i_{\mathrm{corr}} = \dfrac{b}{R_{\mathrm{P}}}$ $R_{\mathrm{P}} = R_{\mathrm{T}} - R_{\mathrm{sol}}$	电化学探针，信号发生器及测试装置，或频响仪及其他阻抗测试系统	适用于电解质环境中的全面腐蚀和局部腐蚀，信息丰富，响应灵敏，精度较高，可用于低导电性介质中的腐蚀监测。需要有专门的知识及一定的技术素养

续　表

类别	方法	监测原理及信息	探测手段及与设备联系	适用性及限制
电化学和化学方法	电位监测法	测量被监测装置或探针相对于参比电极的电位变化，据此说明生产装置所处的腐蚀状态(如活态、钝态、孔蚀或应力腐蚀开裂)	电位测量仪器，电化学探针或利用被监测设备本身	适用于电解质环境中的全面腐蚀或局部腐蚀，响应灵敏，结果解释明确。需要有专门的知识，只能反映设备的运行状态，而不反映腐蚀速率
	电化学噪声(EN)	测量自然腐蚀电极间电位和电流的波动	三电极探针及高灵敏度电流表和电压表	适用于点蚀萌生等局部腐蚀监测和薄水膜条件下的腐蚀监控，数据分析复杂
	电偶法	$\bar{v}_{w} \propto i_{corr}$ 测定电偶原电池的电流 i_{corr}	电化学探针及零电阻电流表或腐蚀电流测量仪	适用于电解质环境中的全面腐蚀和电偶腐蚀，响应灵敏，需要有一定的专门知识
	氢渗透监测法	测量氢对金属渗透的氢电流(i_H)，由 i_H 判断腐蚀程度及腐蚀断裂发生的倾向	氢探针，渗透电流测量装置	适用于析氢腐蚀和触氢的环境，特别是对氢脆比较敏感的某些生产设备，响应速率较慢
	介质分析法	测量介质中被腐蚀的金属离子浓度，测量工艺物流中的 pH 值，氧浓度，或有害离子浓度	离子选择电极及离子计，或分析化学仪器	适用于全面腐蚀，对检测结果的分析需要有生产工艺和分析方面的专门知识。对腐蚀过程的反映较灵敏，但易受腐蚀产物特性的影响

(1)腐蚀监测的物理方法。这类方法所检测的信息都是物理量。除警戒孔监视法外，它们都是用与设备金属的材质和加工历程完全一样的材料做成试片或探针，将其浸入设备的工作介质中进行检测的，例如，挂片法、电阻法和氢压法等。警戒孔监视法虽然可以直接对设备腐蚀状况进行监测，但它却给设备带来一定的损伤。

1)警戒孔监视法。警戒孔监视法(又称哨孔监视法、腐蚀裕量监视法)是在容器或管壁上钻出一些不同深度的小孔，通过监视警戒孔处泄漏的出现(警戒孔一旦出现泄漏就立即予以完整的封闭)，而掌握设备或管道剩余壁厚的一种方法。警戒孔孔深根据设备的工作条件而定，其最小孔深便是设备临界剩余壁厚，它等于设备的设计壁厚与腐蚀裕量之差，如图 13.44 所示。

根据各警戒孔出现渗漏的时间，可以计算平均腐蚀速率。当设备腐蚀裕量耗尽，最小深度警戒孔发出泄漏报警指示，便可以及时停车或采取有效的保护措施，从而避免设备发生重大破坏的危险。此方法的要点是正确地决定钻孔位置，它应选择在预期会产生强腐蚀的部位。

这种方法具有一定的可靠性，但它只是维持设备装置安全性的一个附加措施，往往与其他腐蚀监控技术(如超声测厚)联合使用。

2)挂片法。挂片法是工厂设备腐蚀检测中应用最广泛的方法之一。它是将装有试片的支架固定在设备内(见图 13.45),在设备运行一定时间后,取出支架,对试样进行外观形貌、几何尺寸和质量变化检查,以判断设备的腐蚀状况;如果采用专门支架,使试样处于一定的应力状态下,还可以考查其应力腐蚀倾向。作为试片的材料,其内部材质、表面状态以及加工过程都应当与设备所用材料一致。试片的形状和尺寸应使其比表面积(表面积与质量之比)尽可能大,以利提高质量变化测定的灵敏度。

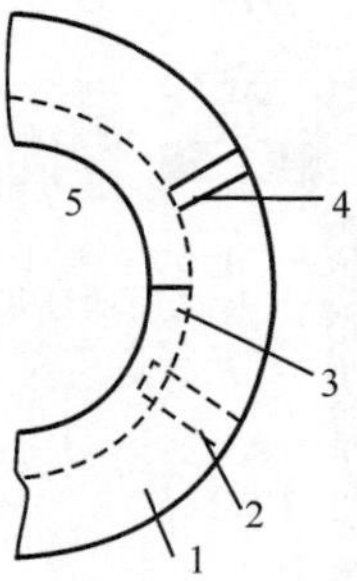

图 13.44 监视管壁腐蚀的警戒孔法

1—管壁;2—警戒孔;3—设计的腐蚀裕量;4—最小深度警戒孔;5—腐蚀性流体

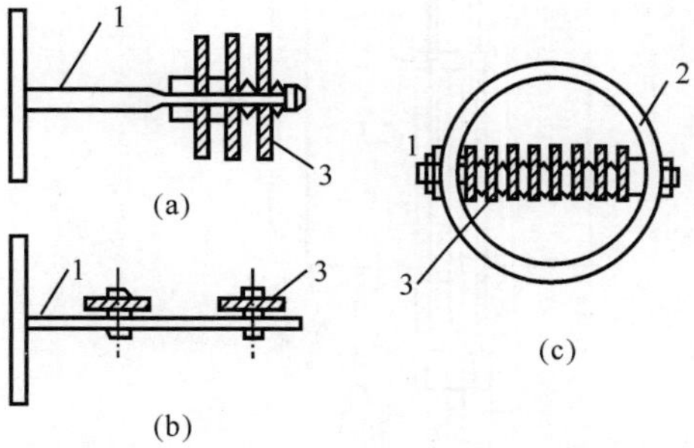

图 13.45 几种专用支架与试片

1—支架;2—管道;3—试片;

挂片法的优点是能直观地了解腐蚀现象,确定腐蚀类型,定量地测定试验周期内的平均腐蚀速率。它的局限性主要在于试验周期受设备维修计划制约,不能准确地确定腐蚀出现的时间和非均匀腐蚀情况下腐蚀速率的变化,也不能反映偶发的局部严重腐蚀状况。

通常用重量法确定挂片腐蚀量和计算腐蚀速率。当发生点腐蚀时,也可采用最大点蚀深度和点蚀系数等评定方法。

3)电阻法。腐蚀监测电阻法就是在运转的设备中插入用待测设备材料制造的测试元件所构成的探针(电阻探针),周期地测量探针电阻的变化,以监测设备的腐蚀状况。

电阻探针测量的是某个时间间隔内的累积腐蚀量。减小金属试片的横截面积,可以提高测量灵敏度,因此常用薄片状试片,也可用丝状或管状试片。电阻法通常采用惠斯登电桥或凯尔文电桥测量电阻比的变化。为补偿温度变化对电阻测量的干扰,在探针内安装了形状、尺寸和材料均与测量试片相同的温度补偿试片以作参考试片之用。参考试片或以涂层保护或埋置在探针体内,以避免腐蚀影响。将温度补偿试片与测量试片构成电桥两臂,进行平衡测量,如图 13.46 所示。

电阻探针结构简单、反应灵敏、适用性强(在任何介质中均可使用),但这种方法不适用于监测局部腐蚀的情况。

4)氢压法。氢是腐蚀反应的产物。当阴极反应为析氢反应时,由析氢量便可测量腐蚀速率。氢进入金属则会降低材料的延性,使金属变脆,这些都可能导致生产设备破坏。

压力型氢探针是由一根细长的薄壁钢管和内部环形叠片构成，如图13.47所示。钢管外壁因腐蚀而产生的氢原子扩散通过管壳（厚1～2 mm）进入体积很小的环形空间，在此处结合形成气态氢分子（$H+H \longrightarrow H_2$）。氢分子的不断积聚导致压力升高，直接由压力计指示出来。

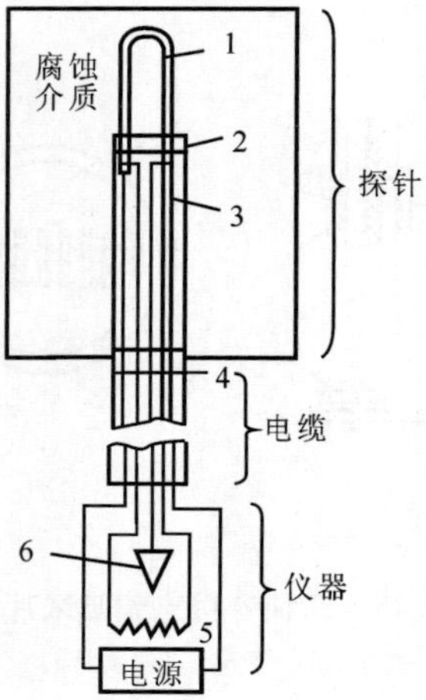

图13.46 电阻探针结构示意图

1—测量试片；2—电极密封；3—参考试片；
4—探针密封；5—表盘指示；6—放大器

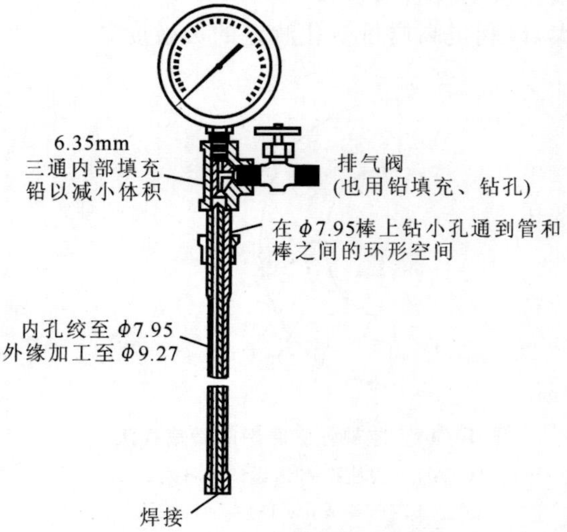

图13.47 压力型氢探针

压力型氢探针在低温和液相介质中应用相当方便。为获得高灵敏度，应使探针外部暴露的表面积尽量大，而内部的环形空间、连接管道和压力表的体积尽可能小。该方法适用于对氢脆比较敏感的某些生产设备。

（2）腐蚀监测的无损检测法。这类方法所检测的信息也是物理量，但它们不是通过插入设备介质中的探针或试样等模拟件，间接对设备的状态进行监测，而是直接对设备的某种物理特性进行检测，以确定设备的腐蚀速率或腐蚀状况。它的检测过程不影响设备的正常运行，也不改变设备工作表面状态，是一种非破坏性（无损）的检测方法。常用的腐蚀监测的无损检测法有超声波法、声发射法、涡流法、热象法以及射线照相法等。

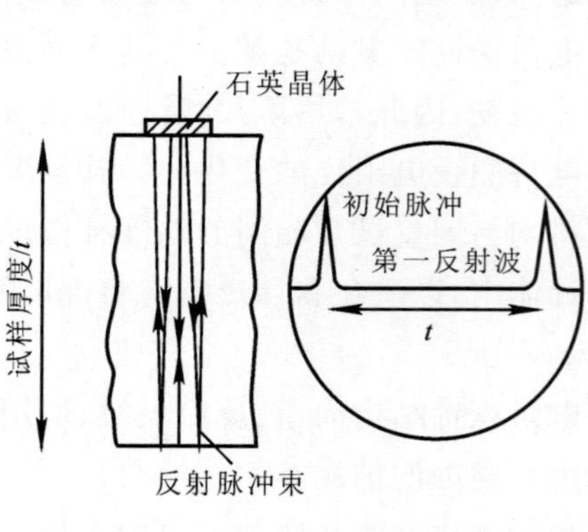

图13.48 超声脉冲反射法原理

1）超声波法。超声波法是利用压电晶体换能器产生的高频声波（2～10 MHz）穿过材料，测量回声返回探头的时间，如图13.48所示，或记录发生共振时声波的频率作为信号，来检测缺陷或测量壁厚。

超声波法广泛地用于检测设备的内在缺陷、腐蚀损伤以及测量设备和管道壁厚。它的优点是可以进行单面探测，不受设备形状的限制，探测速率快，操作安全。但是，它对操作人员的技术素质要求高，探测效果受操作人员主观因素影响。耦合剂和压电晶体耐温性能限制了它在高温条件下的应用，其可探测的金属表面最高温度为 550℃。

2)声发射法。声发射又称应力波发射。材料和结构在受力变形或断裂过程中将释放声能，某些腐蚀过程，如应力腐蚀开裂、腐蚀疲劳、磨损腐蚀等也都伴有声能释放。声发射监测技术就是通过监听或记录这种声波来检测设备上述类型腐蚀损伤的发生和发展，并确定它们的部位。

声发射监测仪是利用声电转换器(压电晶体)将声能转换成电信号。由所检测的声发射信号特征可以判断设备损伤的类型。材料变形或开裂所产生的声发射信号是上升时间极短的脉冲，并且随着裂纹扩展将不断发出不同强度的脉冲。设备内储液的泄漏所产生的声发射则是强度较低的连续信号，类似于背景噪音。不过伴随着液体泄漏若产生空化，也会引起脉冲信号。对腐蚀开裂的检测，声发射方法比其他无损检测方法要灵敏得多，它可以检测出萌发状态的微裂纹，但是它不能提供不受应力作用的腐蚀过程的任何信息，因此，通常它需要与其他方法配合使用。声发射现象在金属和非金属等所有固体材料中都存在，因此这种技术的应用领域非常广泛。

3)涡流法。涡流检测方法是用交流磁场在导电材料中感应出涡流。这个涡流的分布及大小除与激励的交流电频率，被测部位的金属材料以及检测线圈的形状、尺寸和位置有关以外，还与被测金属材料表面或接近表面的缺陷有关。这样，通过测定涡流的大小和分布，可以检测材料的腐蚀状况，例如，可能存在的孔蚀、晶间腐蚀、选择性腐蚀、全面腐蚀以及腐蚀开裂等。

用涡流法检测腐蚀损伤的灵敏度取决于待测金属的电阻率和磁导率，也取决于激励线圈的交流电频率，最佳频率随待测金属的性质及其厚度而变。对于铁磁材料来说，涡流的有效穿透能力很弱，因而这种技术实际上只能用来检查铁磁材料的表面；对于非磁性金属材料，选择适当的频率就可在设备外壁上检测内壁各个部位。

涡流法适用于多种黑色金属和有色金属，可用于测厚和检测腐蚀损伤，探测全面腐蚀和局部腐蚀，检测涂镀层厚度，在一定条件下可用于工业设备的在线测量。

4)热象显示法。热象显示法即红外图像法。任何物体在绝对零度以上可以释放出一定量的红外线。材料在受力变形和破坏时，由于滑移、生成裂纹等释放能量的过程中，都会引起材料表面温度和温度场的变化。与腐蚀有关的一些现象，如设备泄漏、耐火材料衬里的破坏、传热设备的结垢等，都可以提供进行红外测量的讯号。使用合适的红外探测系统测量材料表面的温度和温度场的变化，可以了解引起这种变化的材料缺陷和腐蚀等的原因。

热象显示技术的优点是可以非接触地进行在线测量，能否使用这种方法的关键在于设备表面是否存在着自发的或诱发的温度场。

红外照相已成功地用于确定架空电缆的腐蚀监测，以及在发电厂停车时对炉管的腐蚀进行直接测量。

5)射线照相法。在腐蚀监测方面，射线照相术可用于检测局部腐蚀和壁厚。使用最普遍的是X射线，也有使用同位素、γ射线和中子射线的情况。这种技术取决于射线在材料中的穿透性。射线穿过构件作用于另一侧的照相底片或荧光屏，在底片上产生的图像密度与受检材料的厚度和密度相关。

X射线源需要电网供电和水冷却，而γ射线则用小剂量的合适的放射性材料就可以获得。γ射线显示技术还具有穿透能力较强的优点，但分辨能力低于X射线，因为X射线可以聚焦。中子射线穿透能力强，可用于大型部件(如飞机机翼整体油箱)或设备的腐蚀检测，但优质的中子射线照相照片目前所用中子必须来源于核反应堆，由此制约了该技术的应用范围。

射线照相术的优点是，可以得到永久性的记录，结果比较直观，检测技术简单，辐照范围广，且只需一次辐照即可显示等。但是，它的应用由于射线对人体有伤害作用而受到限制。应用这种辐照技术时，须采取保证健康的安全措施。

(3)腐蚀监测的电化学和化学方法。电化学腐蚀监测方法是利用金属在电解质溶液中的腐蚀速率(或状态)与腐蚀电流(或电位)之间的关系，通过插入设备工作介质中并与设备材质完全一样的测量电极(探针)对设备的腐蚀过程进行监测。常用的方法有线性极化阻力法、交流阻抗法、电位法、电偶法等。化学方法则是通过对介质中某种活性物质或腐蚀产物的组分的测量，判断设备的腐蚀状况。

1)线性极化阻力法。在腐蚀电位附近(小于等于$\pm 20\ \mathrm{mV}$)，电位变化与电流变化成直线关系，其比值为极化电阻R_P，即

$$\frac{\Delta E}{\Delta i}=R_P$$

双电极探针的测量过程是在两电极之间依次施加不同极性的小电位(例如小于等于$\pm 20\ \mathrm{mV}$)，分别测量流过两电极的正、反向电流密度i_1和i_2。它们的算术平均值表征瞬时的全面腐蚀速率；而正、反向电流差i_1-i_2则为设备发生点蚀或其他局部腐蚀标志，被称为点蚀指数。

线性极化阻力腐蚀监测方法的优点是其对生产过程的干扰小，测量迅速，而且比较灵敏，能及时反映设备工况的变化，非常适用于设备腐蚀的在线监测。但是这种方法只适用于电解质中的腐蚀，而且介质的电阻率一般不应大于$10\ \mathrm{k\Omega\cdot m}$。此外探针的测量电极表面除了金属腐蚀外，不应存在其他的电化学反应，否则将会导致附加的误差，甚至得出错误的结果。

2)交流阻抗法。为了适应对工业设备作在线的实时监测的要求，现已发展出一种基于交流阻抗原理，又有自动测量记录金属瞬时腐蚀速率的腐蚀监测装置，即交流阻抗探针。例如，对一个受活化控制的电极体系，其典型的阻抗曲线为半圆环。如图13.49所示。阻抗曲线高频段与横坐标的截距R_{sol}代表了介质的电阻，而阻抗曲线低频段与横坐标的截距R_T代表了介质电

阻 R_{sol} 与极化电阻 R_P 之和。这样，在高频（如 10 kHz）和低频各作一次交流阻抗测量，便可求得体系的极化电阻 $R_P = R_T - R_{sol}$，将 R_P 代入线性极化公式便可方便求得金属的腐蚀速率。这就是交流阻抗探针的测试原理，实际上它是线性极化方法的拓展。

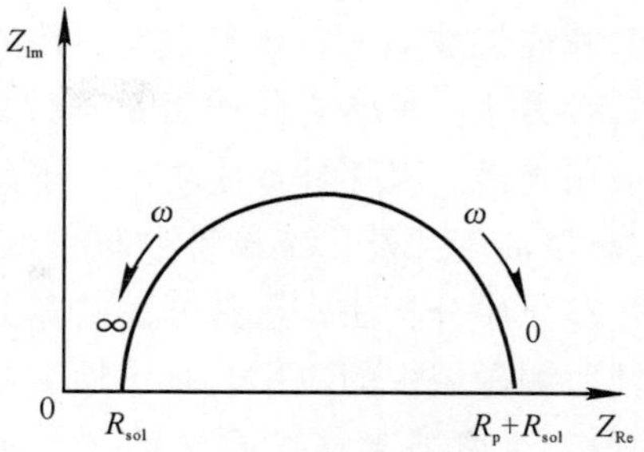

图 13.49　简单腐蚀电极体系的交流阻抗谱

由这种探针测得的腐蚀速率不包含溶液电阻带来的误差，可适用于高溶液电阻率体系（如钢筋混凝土），腐蚀速率的测量范围较宽。

另外，交流阻抗法还可以用于监测局部腐蚀，可以将它制成多通道和遥测形式的仪器。这是一种很有发展前途的腐蚀监测技术。

3）腐蚀电位监测法。最近研究还表明，腐蚀电位波动的标准偏差或均方根值可能与腐蚀速率成正比。

腐蚀电位监测方法就是用一个高阻（$R_{内} > 10^7\ \Omega$）伏特计测量设备金属材料相对于某参比电极的电位。最常用的 Ag/AgCl 电极适用于允许有痕量氯离子存在的大多数电解质溶液体系。

腐蚀电位监测法的优点是可以直接从设备本身获取腐蚀状态的信息，而无需另外设置测量元件。同时，其测量过程不改变金属的表面状态，对设备的正常运行过程没有影响。但是这种方法仅能给出定性的指标，而不能得到定量的腐蚀速率值。

4）电化学噪声法。电化学噪声法的基本原理十分简单，仅需要测量自然腐蚀电极间电位和电流的波动，这种波动能够反映电极表面的钝态变化等，但是这种波动数值通常很小（多数情况下小于 1 μV，小于 10^{-3} μA），需要高灵敏度的仪表及约 1 Hz 的测量频率。利用一个三电极的探针，可以同时测量电化学电位噪声和电流噪声，三电极通常用同种材料制成。电流噪声的测定是在其中两个探针元件之间进行的，而电位噪声则是在第三个元件和两个相耦合（用于电流测量的）元件之间进行的。电化学噪声信号的处理较为复杂，处理方法包括频谱分析和混沌动力学等。目前该技术的应用领域显著增加，尤其适用于薄水膜条件下的腐蚀监控，但对于从噪声中得出的腐蚀速率应谨慎对待。

5）电偶法。电偶法是一种很简单的电化学方法，只需用一台零阻电流表就可以测量浸于同一电解质溶液中的两种金属电极之间流过的电偶电流，从而可以求出电位较低金属的腐蚀程度。电偶探针一般由两支不同金属的电极制成。它不需要外加电流，设备简单，可以测定瞬时腐蚀速率的变化，以及介质组成、流速或温度等环境因素变化所造成的影响。缺点是测量的结果一般只能作相对的定性比较。

6）氢渗透法。基于电化学原理氢渗透装置的氢探针如图 13.50 所示。它反映的是渗氢的速率，可用于监视碳钢或低合金钢在某些介质（主要是含有硫化物或氰化物等的弱酸性水溶液，其他非氧化性介质或高温气体）中遭受到的氢损伤，即氢脆或氢鼓泡。它是确定氢损伤的相对严重程度的一种有效方法。虽然它的测量是连续的，但对腐蚀变化的响应相当慢。氢探针被成功地用于监视酸性油气输送管道、高压油气井及化工设备中的酸腐蚀。

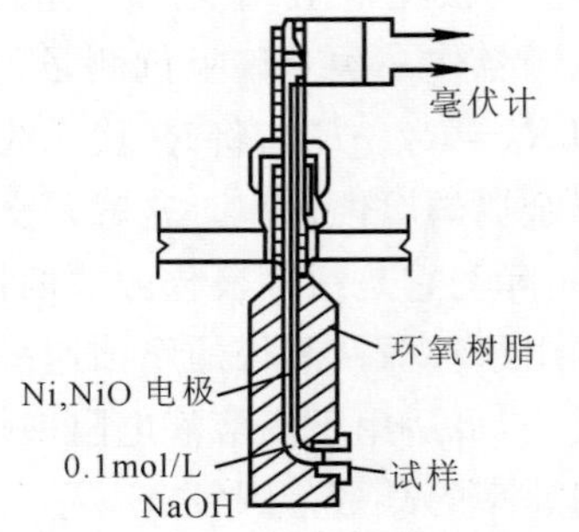

图 13.50　基于电化学原理的氢探针

7）介质分析法。这种方法实际上是化学分析方法在腐蚀监测领域中的应用。它包括工艺物料中腐蚀性组分的分析，受腐蚀金属离子浓度的分析和缓蚀剂的浓度分析等。作为一种腐蚀监测技术，它通常是以离子选择电极的方式而应用的。其基本原理是，将溶液中某一离子的含量转换成相应的电位，这样测读电位便可获得离子含量。常用的 pH 玻璃电极便是使用最早的一种离子（氢离子）选择电极。目前已有数十种阳离子和阴离子选择电极，如用以检测氯离子、氰根离子、硫离子的选择电极。

检测介质中金属离子浓度的变化，可以粗略估计设备的腐蚀速率。但是，这种方法有许多局限性，例如，往往由于不能设立足够的取样点，无法辨别设备中正在发生腐蚀的确切部位，也不能肯定所发生的腐蚀是均匀腐蚀还是点蚀或缝隙腐蚀。尽管如此，经过一定时期的经验积累，还是能找出这些数据与设备腐蚀行为之间的关系，并且可用来判断生产条件是否符合技术要求。

2. 腐蚀监测方法的选择

腐蚀监测的方法很多。每一种方法都有其长处和局限性，腐蚀监测的效果如何，首先取决于正确选择监测方法。监测方法的选择需要考虑以下两个方面的问题。

（1）对被监测系统腐蚀行为的认识及其监测的对策。正确选择适用的监测方法，需要确切了解所拟监测系统的状况。从腐蚀监测角度来看，系统的宏观状况可以分为两种基本类型。

1）腐蚀行为特性为已知的系统。这种情况或是对系统的腐蚀行为作了确切的诊断，或是所拟监测的对象与某个已成功地实施监测的系统相类似。这样根据诊断的结果或凭已有的经验便可以选择监测的方法，对监测的结果也容易分析和作出正确的解释。

2）腐蚀行为特性不甚明了的系统。这种情况下要确定最适当的腐蚀监测方法是很困难的。对此有两个办法可供采用。一是开展实验室研究，以确定哪些参数可能是重要的，从而决定在生产装置上应采用哪种监测方法，并帮助分析来自生产装置的检测结果；二是参考其他系统的经验，选取多种监测方法对生产装置进行工业监测。对于一个具体系统，在不能确切地决定实行监测需要哪一类信息时，使用一种以上的监测技术常常是必要的。以上两种办法究竟采用哪一种，这取决于是否具备合适的实验室设备和条件，是否拥有具备必要经验的工作人员以及对设备腐蚀问题了解的程度如何。

（2）腐蚀监测方法技术适用性的评判。就腐蚀监测方法本身来说，评判其技术的适用性应当从以下几个方面来考察：

1)所得信息的类型。某些监测方法测量的是腐蚀速率，另外一些方法则测量的是总的腐蚀量或剩余厚度，这两者未必相当。还有一些监测方法能提供有关环境介质特性，或有关腐蚀分布及腐蚀形态方面的信息。

2)测量所需的时间。有些监测方法完成一次检测所需周期较长，而有的监测方法瞬时即可获得检测的信息。

3)对腐蚀过程变化的响应速率。不能迅速完成一次测量的监测方法显然不适用于那些需要快速响应的情况。然而，并非所有能有效地提供瞬时信息的技术都具有快速响应的能力。当测量值属于腐蚀速率或腐蚀形态时，有可能得到快速响应，但如果测量值属于总腐蚀量、剩余厚度或者腐蚀分布时，响应速率就受到该技术对两次有效读数的分辨能力的限制了。

4)探针与生产设备腐蚀行为的对应关系。许多腐蚀监测方法是通过测量插入生产设备内探针的腐蚀行为而获取信息。在对监测结果分析时，必需进一步考察其与生产设备本身的腐蚀行为的关系。通过探针监测，通常只能提供总的腐蚀情况，而很少反映设备的腐蚀分布状况。

5)对环境介质的适用性。显然电化学监测方法只有在介质是电解质溶液时才适合。而非电化学测量的监测方法，则可以用于气态环境或非导电性液体介质中，也可用于电解质溶液中。

6)可以监测和评定的腐蚀类型。大多数腐蚀监测方法适用于全面腐蚀，但有些方法能灵敏地反映局部腐蚀的有用信息。

7)对监测结果解释的难易。各种监测方法依据的原理不同，检测的手段也不一样，这对监测结果的解释也有难易之分。

8)技术要求的复杂程度。有些监测方法或因其固有的技术的复杂性或是采用了复杂的仪器，其对使用者技术素质要求便较高，而有的监测方法在技术上则比较简单易行。

根据设备腐蚀行为的状况，按照上述的技术适用性的各项原则对各种监测方法进行比较，便可以帮助选择最适用的监测方法。选择监测方法及对监测结果的分析，既需要熟悉被监测的生产设备和生产工艺，还需要有监测技术的专长和腐蚀科学的专门知识。另外，在选择腐蚀监测技术方法时，除考虑方法的适用性和有效性外，经济性的制约也需要兼顾。

此外，各种腐蚀监测方法的有效性与监测点的设置有密切的关系。一个生产设备各处的腐蚀状况难以完全相同，而腐蚀监测时的测量，则是局限在探针上，或者局限在进行无损检测所测定的表面区域，或者局限于采样点和参比电极所覆盖的区域。显然，正确而合理的监测布点对于获得有效的监测信息是极为重要的，这是应当特别加以注意的。

自然，监测使用仪器的精度、探针的合理设计，监测系统中可能存在的副反应过程，以及所监测体系本身的稳定性等诸多因素，都将影响腐蚀监测结果的准确性。在应用各种腐蚀监测方法时，对可能影响其监测准确性的各种因素必须予以充分注意。

二、腐蚀监控中计算机的应用

电子计算机在腐蚀科学和工程中的应用范围日益扩大。在腐蚀监测方面,这种趋势尤为明显。腐蚀监测从工厂现场使用的简易腐蚀检验方法,发展到现代的使用从微处理器控制的便携式的单机专用仪器,到包含自动扫描、自动测量以及多路自动记录和综合处理的腐蚀监控系统,实现了成套设备集群系统的在线腐蚀监控。在线腐蚀监测的核心问题,是对监测对象按预定的方案及时采集数据,并对数据进行必要的运算和处理。如果系统配置有调节机构,还可以按照测试结果与预定值之偏差,作必要的反馈调控。显然完成上述这些任务,离开电子计算机是根本不可能的。腐蚀监测系统的基本硬件组成如图 13.51 所示。

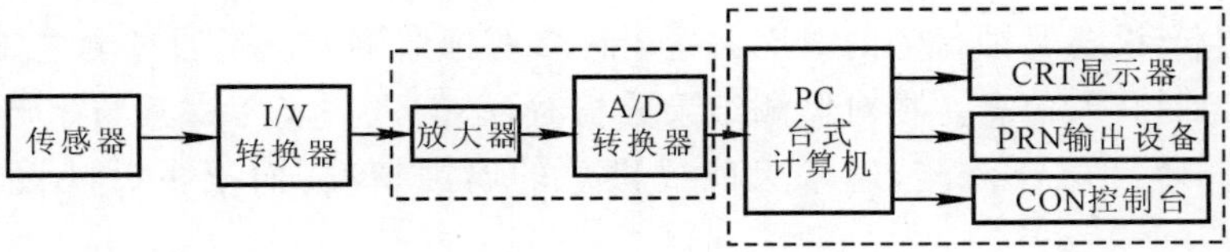

图 13.51 腐蚀监测系统基本组成示意图

首先,数据采集是通过适当的传感器(各种探头),将被测系统的电化学参数、化学变量以及非电信号(如温度、pH 值等)转化为电信号。有时测试的信号预先要经过衰减或放大,以适应计算机的测试范围要求。监测对象的采样值是模拟信号,只有通过模/数(A/D)转换器转换为按规定电平表示的一系列分离的数字信号后才能进入计算机。模/数转换器有多种类型,其主要性能指标是转换速率、转换精度和抗干扰能力,应根据所采取的监测技术的要求,合理选择。

对采集数据的计算处理,则需要分析监测对象腐蚀过程的反应原理,建立合理的数学模型及其解题方法,据此编写成相应的计算机程序(软件)。这中间常涉及数据的统计分析、数值积分、微分方程求解等,包含较大的计算工作量。由于计算机的运算速率快、存储量大,可以满足实时监测的要求。对于影响因素多、交互作用关系复杂,难以用一个数学函数描述的腐蚀问题,则可以应用人工神经网络技术,以试验数据为基础,从中找出规律,并建立模型,预测腐蚀速率,确定影响腐蚀过程的主次因素,判断腐蚀类型。应用微机进行腐蚀电化学极化测量,是在线监测的一个典型实例。由于微机的引入,这些系统可以实现腐蚀电位的自动跟踪,以及由弱极化数据,通过曲线拟合得出腐蚀电化学动力学参数等。

由于计算机具有一定的逻辑判断能力,测试结果经过数据处理后,如果反馈到执行机构按最佳状态对系统进行调控,就能实现过程的实时监控。计算机的输出结果是数字信号,而各种执行机构只接受模拟信号,它们之间的衔接则需要通过数/模(D/A)转换器。用微机控制的外加电流恒电位阴极保护系统是腐蚀监控的一个典型例子。通常其配置有采样保持电路和模/数(A/D)转换器,定时对阴极电位采样,并按照其与给定值的偏差,调整可控硅电源的输出电压，并保持这一输出电压，直至下一次采样。这样的保护电源可方便地扩展多通道巡回监控，用单一电源就能对多阳极系统实施恒电位阴极保护。

腐蚀监控是计算机在腐蚀工程中一个重要应用领域。在金属腐蚀电位测量、线性极化测量、交流阻抗测量、电化学噪声测量、电阻法和超声波法等方法进行腐蚀监测时，都可以使用微处理器或微机。计算机技术在腐蚀监控中的应用，促进了腐蚀测试仪器的小型化、智能化，并且它们都配有专门设计的软件，使用操作程序化，数据自动存储、记录，结果即时分析，图表瞬间显示，为腐蚀监控提供了极大便利。

此外，随着计算机网络技术的飞速发展与应用，不仅远距离腐蚀监控已成为现实，而且以网络为桥梁的腐蚀数据与信息共享，腐蚀与防护学术交流，腐蚀失效专家诊断与防护方案决策等均变得方便而快捷。

三、腐蚀数据库及专家系统简介

1. 腐蚀数据库

腐蚀科学技术的日益发展，积累了越来越多的文献、数据等资料，并且它们的数量还在急剧增加。电子计算机由于运行速率快、储存量大，其在信息的储存利用方面具有无可替代的作用。为了使腐蚀数据信息更好地有效利用，常将其组成腐蚀数据库系统。目前，国内外已相继建立了一些诸如土壤、大气环境等专门的腐蚀数据库，以及通用性腐蚀数据库。

鉴于腐蚀和腐蚀控制数据内容丰富、专业性强、来源广泛，并考虑到工程技术的发展和使用需求，数据库设计要求一般包含以下几个方面：

(1)数据准确可靠、全面系统、反映国内外最新研究成果，并对数据进行严格筛选和科学分类，做到标准化、规范化、图表化。

(2)数据库结构合理，先进实用，扩充、升级方便。

(3)系统运行安全可靠，操作快捷简便。

(4)链接接口的设计，与应用软件和专家系统具有良好的链接性能，使这些软件能利用该数据库中的数据进行结构设计和分析等。

(5)数据库具有自我维护和安全系统。

腐蚀数据库的结构和组成随数据库类型和应用范围而异。以我国自行开发的飞机结构腐蚀控制设计库为例，该库采用的是树形结构、模块设计，由飞机结构腐蚀控制基础数据库、结构腐蚀实例库和结构设计库 3 大分库，每一分库又包含若干个二级子库组成(见图 13.52)，二级子库之下，尚有三级子库。各分库和子库可以独立运行。

数据库是在数据库管理系统的支持下运行的。为了实现前述的设计要求，需要建立较完善的数据库管理系统(Data Base Management System，简称 DBMS)。通常数据库管理系统包含数据检索、数据管理、数据库维护、数据打印、数据库字典等五个方面主要管理功能模型，如图 13.53 所示。

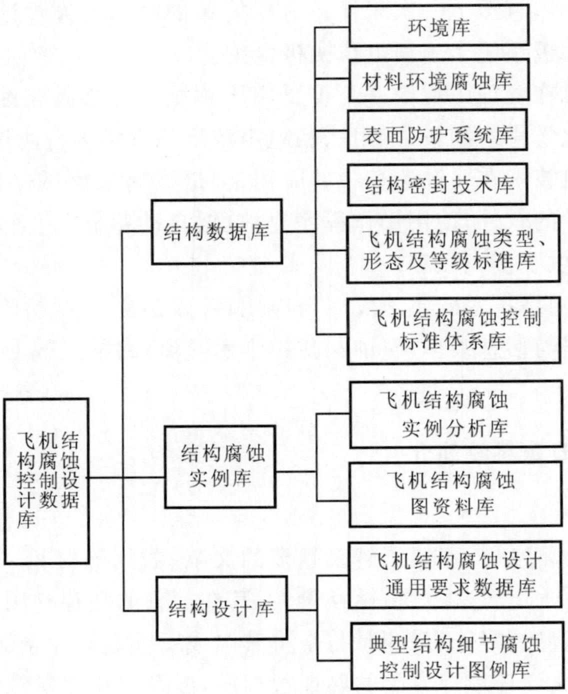

图 13.52　飞机结构腐蚀控制设计数据库结构基本框图

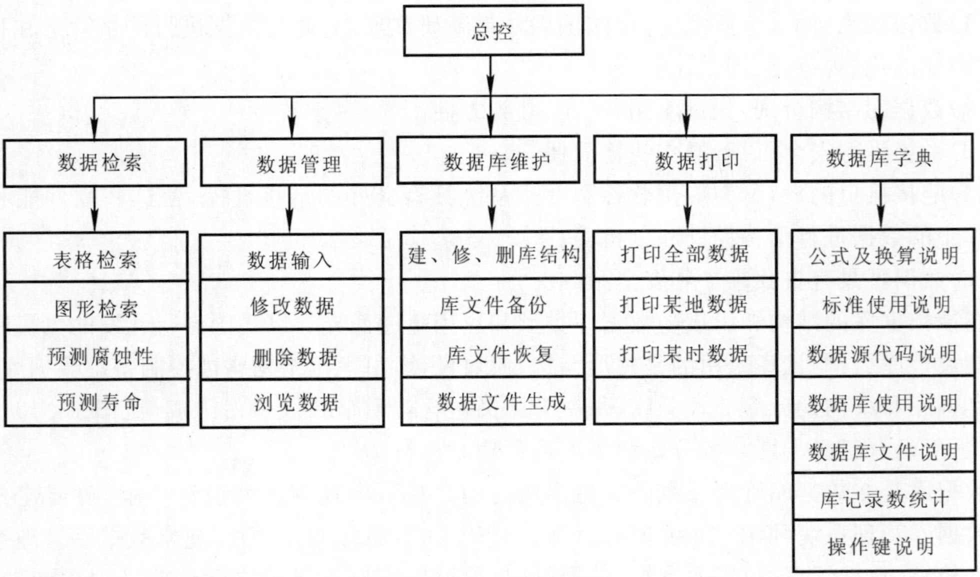

图 13.53　数据库管理系统主要功能框图

世界各国都在努力建立各种各样、范围不同的腐蚀数据库，并且通过协作和交流，出现了国际化的趋势。美国腐蚀工程师协会(NACE)和国家标准局(NBS)合作建立了 Corrosion Data Program，德国的 DECCHEMA 也建立了类似的腐蚀数据库。NACE 已陆续开发了多个软件，COR·SUB™是关于 25 种常用工程金属材料在 1 000 种介质中不同温度和浓度下的腐蚀数据。COR·SUB2™是 36 种重要非金属材料在 850 种化学介质中的腐蚀数据。COR·AB™包括了 *Corrosion Abstracts*(腐蚀文摘)自 1962 年创刊直至最新的全部内容。这些数据库的建立大大方便了腐蚀数据信息的管理、检索和应用。

2. 腐蚀专家系统

专家系统是一个基于知识的智能推理系统。专家系统的应用是现今腐蚀科学和工程发展的一个新方向。将专家解决腐蚀问题的知识与经验总结为规则，输入到计算机，结合必要的数据库、知识库和案例库，依靠计算机的运算能力和逻辑思考能力，采用一定的推理模式，模拟人的逻辑思维，对面临的腐蚀问题，比较各种可能性，并作出决策性判断，这就是以人工智能为基础的腐蚀专家系统。它涉及对知识的获取、知识库建立、推理控制机制以及智能人机界面。专家系统的最基本组成包括数据库、知识库、案例库、推理机、系统维护和人机界面等六个部分，如图13.54所示。建造专家系统可借助于一些有效的开发工具软件，如美国 Paperback 软件公司的 VP-EXPERT 软件。VP-EXPERT 由三大模块来实现其全部功能。它们分别是动作模块(Action Block)、规则模块(Rule Block)和陈述模块(Statement Block)。

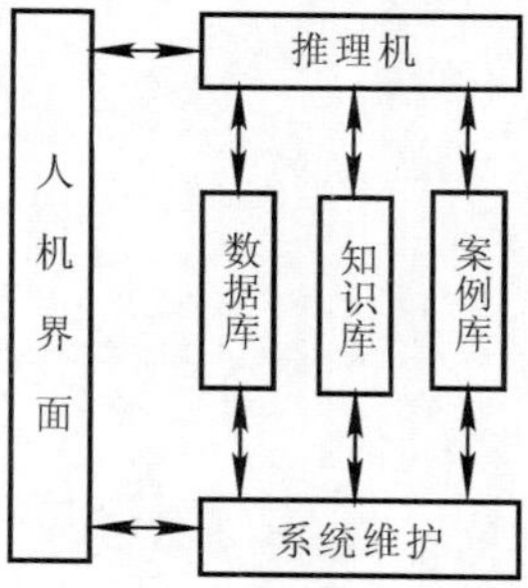

图 13.54　专家系统基本构成框图

这里仅以金属材料大气腐蚀与防护专家系统为例，对知识库的建立和推理机制作简要的说明。

(1)知识库的建立。知识获取是专业知识从知识源到知识库的转移过程。知识源的范畴随专家系统领域和应用目标而异。金属材料大气腐蚀防护专家系统的知识源包含：①影响金属材料大气腐蚀的环境因素(相对湿度 RH＞80％的年时数、年平均温度、日照时数、SO_2 浓度、Cl^- 浓度、NO_2 浓度、年降水量、年降水时数、雨水 pH 值等)；②影响金属材料耐大气腐蚀性能的内部因素(微量合金元素的影响，显微组织的影响等)；③常用金属材料原始的大气腐蚀与防护知识(规则)；④常用金属材料及涂镀层处理的市场价格等。

依据腐蚀知识因果相关性，结合开发工具 VP-EXPERT 的知识库特性，该专家系统的知识表达采用 IF THEN 形式的产生式规则表示。知识的插入与删除以及知识的修改，由知识库维护模块进行管理，如图 13.55 所示。

(2)推理机制。金属材料大气腐蚀防护专家系统推理机制采用 VP-EXPERT 的双向推理方式。规则的推理采用目标驱动的反向推理方式。总推理机制沿着对数据的正向搜索，推理流程如图 13.56 所示。

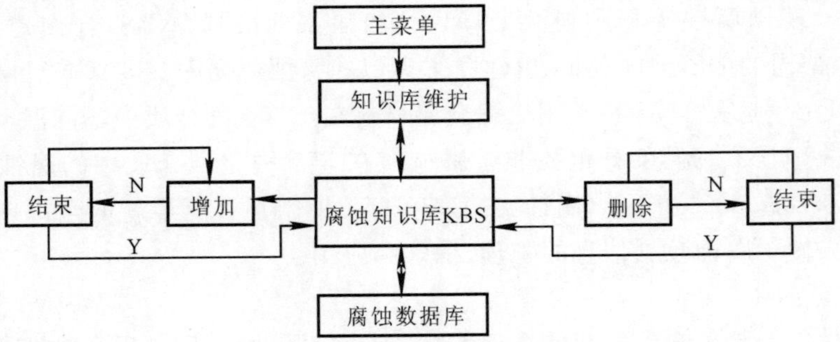

图 13.55 知识库管理和维护

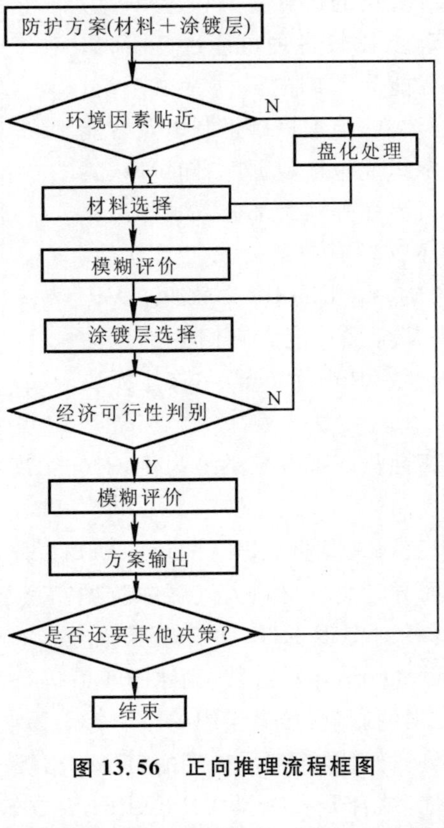

图 13.56 正向推理流程框图

金属材料大气腐蚀防护专家系统结构为模块化，层式多库结构如图 13.57 所示。

近年来腐蚀专家系统的开发有了很大的进展，已经有材料耐蚀性评定、应力腐蚀断裂诊断、桥梁涂层维护、地下结构阴极保护、酸液腐蚀、点蚀等专题性的腐蚀专家系统，以及适用范围更广泛的综合性的腐蚀专家系统。尽管目前的腐蚀专家系统，还未达到完全代替专家进行工作的程度,但它们在解决腐蚀工程问题上的确为人们提供了高水平的帮助。专家系统还具有自学习的能力,即在解决问题的过程中不断地积累知识完善自身。在使用过程中,可及时输入新的知识、规则,丰富和完善其内容。

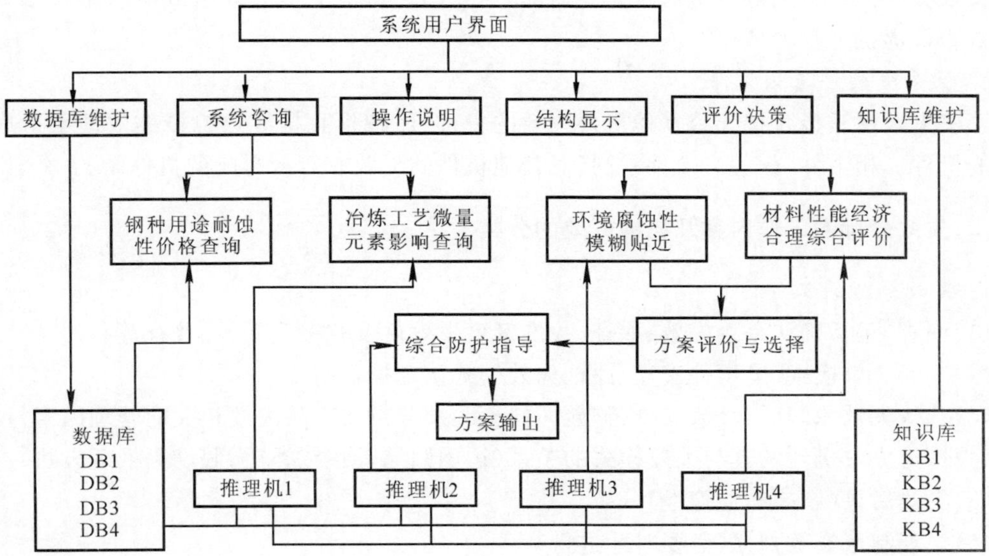

图13.57 金属材料大气腐蚀防护专家系统结构框图

13.8 机电装备的腐蚀失效分析

一、失效分析的基本概念

1. 失效

一个零件或部件处于下列三种状态之一的就认为是失效:①当它完全不能工作时;②仍然可以工作,但已不能令人满意地完成预期的功能时;③受到严重损伤不能可靠而安全地继续使用,必须立即从机器上拆下来进行修理或更换时。失效的内涵是“产品丧失规定功能”。机械失效亦称不可接受的故障。

2. 失效的模式、原因和机理

失效的模式是指失效的外在宏观表现形式和过程规律,即失效的宏观现象;失效的原因是指酿成失效的主要影响因素;失效的机理则是指失效的主要控制机制,即物理、化学变化本质和微观过程,可以追溯到原子、分子尺度和结构的变化,但与此相对的是它迟早也要表现出一系列宏观(外在的)的性能、性质变化和联系。以人生病来比喻,模式是指病症,原因是指病因,机理是指病理。

3. 失效分析

分析诊断失效的模式、原因和机理，研究采取补救、预测和预防措施的技术活动和管理活动即失效分析。尽管失效分析通常是事后的，但它却为避免类似失效事故的发生及预测预防新失效事件提供了重要依据。

4. 肇事失效件与相关件

肇事失效件泛指直接导致其他机件失效的机件，而特指直接导致机械失效甚至造成机械事故的机件。相关件(相关失效件)泛指对其他机件的失效有直接影响的机件。

二、失效分析的工作内容及机械失效的分类

1. 失效分析的工作内容

(1)调查(包括确认是否失效、取证、找准肇事失效件及相关失效件、普查等)；

(2)判断失效模式(肇事件宏观分析、失效模式认定推理)；

(3)查找失效原因(结合微观分析、破坏性检验及分析与产品失效相关的管理因素)；

(4)探讨失效机理及其与失效模式的关系(运用归纳、演绎、类比、假设等推理方法)；

(5)失效后果(影响和危险性)分析；

(6)合理制定失效判据(必要时才进行)；

(7)失效的数理统计分析(必要并有条件时才进行)；

(8)模拟再现和失效预测(必要并有条件时才进行)；

(9)明确产品失效责任(必要时才进行)；

(10)提出防止再失效的对策和技术措施(失效分析成果的反馈和反应)，注意可能有新的失效因子出现，写出分析报告。

2. 机械失效的分类

导致金属构件过早失效的可能原因有多种，例如设计上考虑不周，选材不当，材料本身的缺陷，加工制造不合格，热处理制度不合适，装配或安装方面的差误，质量控制和检验上的疏忽，储存或运输时的大意，违反操作规程，懈怠的养护工作，超负荷运行，引入了更苛刻的环境因素等。然而，由于绝大多数机械产品在制造、储运和使用过程中均处在一定的腐蚀环境之中，因此，腐蚀常常单独或与其他因素联合作用而成为失效的原因。失效分析的目的则是确定构件过早失效的原因，据此而采取防止发生类似破坏的预防措施。

机械失效分类有广义和狭义之分，广义分类方法见国标 GB3187 的介绍，而狭义的机械失效分类主要有按经济法观点分类、按机械产品使用过程分类和按机械失效模式、失效机理等分类。其中按失效机理(即材料损伤和变质)对机械失效分类比较合理，因为这样更利于认识失效现象的原因和研究失效的本质，故此处仅给出按失效机理的分类情况。由于失效机理与失效模式密不可分，因此按失效机理的分类方法实际是失效模式和失效机理相结合的分类法。

根据机械失效过程中材料发生变化（损伤和变质）的物理、化学的本质机理不同和过程特征的差异，可以作如下分类：

(1)变形：弹性，塑性，粘弹性；

(2)断裂：韧性断裂，解理断裂，准解理断裂，疲劳断裂（机械疲劳、腐蚀疲劳、高温疲劳、热疲劳、微动疲劳），沿晶断裂（氢脆、应力腐蚀、蠕变、低熔点金属致脆）等；

(3)腐蚀：化学腐蚀，电化学腐蚀，应力作用下的腐蚀，老化（非金属），变质（油液）；

(4)磨损：磨粒磨损，粘着磨损，疲劳磨损，腐蚀磨损，冲蚀磨损，微动磨损；

(5)热损伤：热冲击，熔化，过烧，过热，升华，烧蚀，热蚀，迁移；

(6)电损伤：电侵蚀，电腐蚀，电磨损，静电放电，雷击；

(7)污染；

(8)辐射损伤（辐射脆化、老化等）。

从以上八种失效类型可以看出，绝大多数失效形式中均包含了腐蚀失效，这充分表明了腐蚀失效涉及面的广泛。

3. 失效分析的技术方法

失效分析技术主要是指各种失效分析的方法和手段。对失效分析对象而言，从总体上可分为非破坏性失效分析方法和破坏性失效分析方法。其中最常用的技术方法如下：

(1)感官诊断分析技术：视觉检查，听觉检查，嗅觉检查，触觉检查。

(2)理化检测分析技术：失效形貌观察分析技术，化学成分分析技术，力学性能和断裂韧性测试技术，金相组织和夹杂物观测与分析技术，缺陷检测技术等。

(3)无损检测分析技术：放射线探伤，电磁探伤，声学法探伤，渗透法探伤，热试验探伤，磁粉探伤，激光全息检测，计算机辅助断层成像（CT），应力测试等。

(4)痕迹检查分析技术：感官检查，宏观形貌拍摄，金相检验，微观形貌分析，微区成分分析，污染物成分分析，腐蚀产物鉴别，表面性能测试，表面残余应力测定，表面晶体结构和原子状态分析等。

(5)医学诊断分析技术：有关人员的生理和心理因素分析，致死和致伤原因分析。

三、失效构件的制造及运行情况的调查

失效分析的第一步是失效现场调查和对失效构件的历史情况及背景资料的了解。现场调查分析的内容主要有失效事件发生的时间、失效经过和现场环境，残骸碎片与主体相对位置的分布，访问失效时的目击者（耳闻者），访问制造或使用有关人员和其他能提供有用信息的人员，为失效物理学分析选取试样的部位和方法。背景资料包括构件的材料、制造、加工过程及运行情况，为此必须获得有关构件和整个装置在制造和运行方面的技术规范和设计资料及图纸，以及有关材料、制造和验收方面的文件和记录。加工制造工艺方面的资料包括：①机械加工，如冷加工成形、拉伸、延展、弯曲、切削加工、抛光、研磨和校直等；②热加工，如铸造、锻造、

热处理、焊接等；③表面处理，如电镀、清洗、涂层、扩散渗镀及其他表面处理技术等。

机械零件或构件经加工与制造成型后，还要经过装配、包装、出厂、运输、储存、安装和调试等阶段。每个阶段的细节都要认真调查，这些对失效分析都是有重要参考价值的。

对运行情况的调查必须获得工艺规程、操作记录，运行卡片和维修记录等。要获得全部运行情况，主要取决于发生破坏以前所保存的记录是否完整和详细。如果掌握了完整的详尽记录，将会大大简化失效分析的工作任务。其中，应特别注意环境条件的变化，例如意外过载，载荷交变、温度波动、温度梯度、腐蚀介质等因素对工作状况的影响。

在调查过程中，要注意记录事故现场和失效构件的状况，对必要的场景和实物需要拍照和录象，并搜集残片和取样(包括金属材料和腐蚀产物)，这些都是失效分析的重要证据。现场观察和调查可利用的有关仪器主要有照相机、摄影机、内窥镜、放大镜、探测器、录音机、录像机、大型工件金相显微镜等。

四、腐蚀失效的主要分析技术

1. 感官检查分析技术

腐蚀失效分析与医生看病或侦探侦察案件有许多相似之处，因此，失效分析工作要有“医生的思路，侦探的技巧。”为此，必须重视感官检查分析技术。因为人具有运用模糊概念的能力，所以，即使在工业很发达的国家，感官检查至今仍占有很重要的地位。

感官检查分析技术主要依靠人体感官功能和智力、经验的结合来获取、存储、加工处理信息，从而达到分析目的。它主要包括视觉检查、听觉检查、触觉检查、嗅觉检查等。这种技术和我国传统的中医诊治有些类似。

(1)视觉检查。视觉检查是指直接用肉眼(也包括使用简单的放大器，必要时加光源，如手电筒等)进行观察，并对观察结果进行初步分析。

人的眼睛具有特殊的聚焦和分辨率，并有广阔的视野，可以对大面积范围进行快速检查，并有立体感三维图像的感知，还能分辨不同的颜色和形貌的细微变化。因此，在腐蚀失效的宏观分析中，视觉检查常常是主要分析方法。尤其是在腐蚀痕迹分析中，应用视觉检查技术可完成诸多任务，如痕迹的范围和分布特征，痕迹所处的部位和相对位置，痕迹的形貌(几何形状、尺寸、深度、角度、取向等等)，痕迹的颜色和亮度(灰度)，痕迹的状态(附着、重叠、往返、交叉、粗糙度、泄漏等等)，痕迹的种类(可能同时存在多种痕迹)等。

为了不遗漏可能存在的重要痕迹，视觉检查时应遵循以下几条原则：由大至小，即由整体到局部；由表及里，即由外壳→部件→零件，由外表→内表面；视觉检查一定要做到毫无遗漏的地步，因为它是整个腐蚀痕迹分析的基础。必要时应反复观察，并做好视觉检查记录。

(2)听觉检查。工程机械处于正常与非正常运动状态所发出的声音通常有较明显的差异。例如，一般作连续旋转运动的机件，在运动区间较小和处于封闭系统的情况下，多发出较平静的“嘤嘤”声；在非封闭系统和运动区间较大时，则多发出较大的轰鸣声；各种大型机械设备和由多种机械运动组合的机组，则产生较低沉而震动声响很大的轰隆声。所有这些声音的声调都比较稳定，声响基本保持不变，据此可以通过听觉来判断机械设备是否发生失效破坏。

由于人的听觉有局限性，为了准确判断异响，可借助快速听诊器、小型高灵敏度听音器（简称高感听音器）等仪器辅助进行。

（3）嗅觉检查。嗅觉检查是指通过检查者的嗅觉器官来辨别有无异常气味，以鉴别痕迹的种类或判断机械是否发生故障的方法。这种方法对于有机材料的腐蚀失效尤为有效。

在事故检查中常常遇到的气味有：各种烟味，如燃油味（油烟味）、漆焦味等；各种火药味，如火箭弹工作后散发的弹药味等；焦糊味，如油膏、塑料、帘布、木料等烤糊烧焦的味等；油味，如各种油料（燃油、液压油等）泄漏后的油味等；气味，如各种油漆味、酸味、塑料的芳香味等；胶皮味，如导线绝缘层、软管、软油箱、轮胎等橡胶制品的气味。

（4）触觉检查。触觉检查就是通过检查者的手感，检查机械的表面粗糙状态、震动、冲击和温升等情况，从而判断是否发生故障的方法。

人的手指的感觉是十分灵敏的，特别是实际经验比较丰富的维修人员，对于各种异常震动和温升的判断具有相当高的准确性和可靠性。例如，熟练地掌握了手感测温的人员，检测精度可准确到 3～5℃的范围之内。

感官诊断技术因有简便、快速等独特的优点，在包括腐蚀在内的机械失效分析中大有用武之地。但是感官诊断技术也有在定量精度等方面的局限性，此时无法与现代诊断技术相比。

2. 理化检测分析技术

失效分析中所用的实验检测技术种类繁多，涉及物理、化学、力学、电子学等各种学科和技术领域中的一些专门测试技术。常用的实验检测技术及分析方法、可利用的工具以及可得到的信息列于表 13.27 中。

常用的检测技术主要分为以下几类：

（1）失效件形貌的观察和分析技术；

（2）化学成分分析技术（包括常规、局部、微区、微量和表面化学成分分析技术）；

（3）失效件力学性能和断裂韧性的测试技术；

（4）金属基体组织和第二相以及非金属夹杂物的观测与分析技术；

（5）检查零件表面或内部缺陷的无损检查技术。

在选用实验检测技术时，应该遵循以下几个原则：

（1）考虑失效分析的实际需要。应根据失效分析的具体目的、分析的深度和进度要求、委托人的经济支付能力、分析任务的难度等因素，来选用有用的检测技术。

（2）考虑检测技术的适用性，即这些检测技术是可能实现的和可信的。

（3）考虑检测技术的经济性，选用那些实验费用较低、又能满足具体要求的检测技术。

3. 失效构件的断口分析

不同类型的腐蚀断裂失效观象，具有各自不同的宏观和微观的断口形貌特征，因此，通过失效断口形态的观察和分析，可以推断出腐蚀断裂失效的类型、机理及其产生的原因。

表 13.27 失效分析时采用的实验检测及分析方法、可利用的工具以及可获得的信息

试样类型	分析方法	可利用的工具	可获得的信息																		备注
			形貌	颜色	相	发光	容量	位置	表面缺陷	内部缺陷	内部结构	尺寸	硬度	强度性质	疲劳性质	断裂性质	制造性质	质量	点阵常数	成分	
表面(反射)	光学—视觉	肉眼	√	√				√	√			√									1×
	—低倍	放大镜	√	√				√	√			√									<100×
	—高倍	金相显微镜	√	√	√			√													<2 000×
	力学—划痕 —压痕	矿物硬度计 维氏、洛氏、努普硬度计											√ √								空间>1 mm 深度<5 mm
	电子—二次电子	扫描电镜	√															√	√	√	空间>5～100 nm；深度<1 nm～1 μm
	—背射电子	电子探针				√												√	√	√	
	—X 射线	俄歇能谱																		√	
	—俄歇电子																				
	X 射线—二次 X 射线	X 射线荧光带能谱或波谱，X 射线衍射			√														√	√	
	离子—二次离子	扫描离子探针 扫描电镜带离子探头																	√	√ √	空间>100 nm 深度<2.5 nm
薄片(透射)粉末	光学—吸收	照度计					√														
	—颜色滤波	原子吸收光谱																		√	
	—颜色改变	紫外光谱																		√	
	电子—吸收 —X 射线	透射电镜或扫描电镜	√		√			√		√										√	空间>0.3 nm（用复型）；空间>15 nm
	X 射线—吸收 —二次 X 射线	X 射线衍射			√														√	√	
体块	力学—压痕	布氏、洛氏硬度											√								空间>1.5 mm
	—静态强度	拉伸												√							
	—循环强度	疲劳													√						
	—断裂韧性	冲击、动态撕裂														√					深度<5 mm
	—形变	弯曲、扭转															√				
	磁性—改变	磁通量							√	√	√	√									深度>50 mm（由缺陷尺寸定）

续　表

试样类型	分析方法	可利用的工具	可获得的信息																		备注
			形貌	颜色	相	发光	容量	位置	表面缺陷	内部缺陷	内部结构	尺寸	硬度	强度性质	疲劳性质	断裂性质	制造性质	质量	点阵常数	成分	
体块	超声—反射	无损检测						√		√	√										深度<1 mm（取决于材料）
	X射线—吸收	X射线衍射								√	√	√									空间>1.5 mm
	电位—差值	涡流							√	√	√										

断口分析技术主要包括断口试样的取样和保存、断口宏观和微观形态分析、断口表面腐蚀产物的成分和相结构分析等内容。

(1)断口试样的取样和保存。取大试样多用火焰切割，切取之前要做宏观照相，以记载原来的图像和切取试样的部位。当内部损伤可能是由于腐蚀、应力及材料内部缺陷三者共同引起时，应在切取样品之前进行无损检验。常用的无损检验方法有射线探伤、超声波探伤、磁粉探伤、涡流探伤、渗透探伤等。应该注意的问题是，在进行探伤时，不应引起二次腐蚀或污染或损伤。切割时应注意远离断口或裂纹，以防止产生不利后果，同时应避免熔滴飞溅到断口面上。断口要做适当的选择，以便抓住重点，迅速找到断裂源。为了避免弄混断口部位，试样应标号。

断口和断裂源是失效起因的载体，在失效分析过程中，不得使之遭到外加的污染、腐蚀、擦伤。要绝对禁止不懂断口分析的人员去触摸或处理断口。

断口在移动或运送过程中，更应注意保护。通常运送断口可用泡沫塑料包裹并用布包扎(棉花有吸潮并锈蚀断口的危险)，外面再用塑料袋封起。在袋内应装一些硅胶，用于吸收潮气，但不应使其与断口接触，以防断口污染、碰伤或生锈。

保存断口的简便办法是把有断裂源的断口试样放在干燥器或真空储存器内，要保存大的断口做示范试样，可将质量分数为 0.02～0.05 的醋酸纤维素丙酮溶液用软毛刷涂在断口上。涂刷时要使凹陷处都涂满溶液，不要留有气泡，以避免产生锈斑。

腐蚀环境下的断口上面有腐蚀产物、氧化物和沉积物。为了看清断口的真实形貌，有时必须把这些东西都清除干净。在清除之前，要从覆盖于断口上的沉积物中取样，从中获得某些重要的信息，这对了解断裂的原因通常是很关键的。例如奥氏体不锈钢的应力腐蚀开裂，先要在未清洗的原始断口上用能谱或电子探针分析腐蚀产物的化学成分，待这一重要步骤完成之后，再清洗断口，否则就失掉了有关应力腐蚀介质的直接证据。必须考虑清洗方法对断口的损伤，如非必要和没有绝对把握时不做化学清洗，因为它对断口可能会造成损伤。

(2)断口宏观和微观分析。宏观分析主要是确定断面形貌和变形程度，判断裂源及其扩展方向。断口的色泽以及断面上腐蚀产物(包括氧化膜)的厚薄可用以确定断裂过程的顺序。必须把这些观察分析结果详细记录下来并拍照留存,以备总体分析之用。分析方法是用肉眼、放大镜或体视显微镜对腐蚀破断零件断口及其周围进行直接观察与分析,所用工具或仪器的放大倍数通常规定在50倍以下。宏观检验主要解决两个问题:一是失效的属性,二是失效的定性原因;而微观检验则是对这两个问题的进一步证实。

微观分析(显微断口分析)主要是观察和分析微观的特征形貌,如有无疲劳辉纹,裂纹的途径和形状,有无第二相析出和特殊相变,它们与晶界、夹杂物、滑移带和位错的关系,合金元素的分布和富集等。由此确定构件断裂的类型,如腐蚀疲劳断裂、应力腐蚀断裂、氢脆断裂、过载断裂、回火脆断或低温脆断等,进而确定断裂与应力、环境介质及材料状态之间的关系。微观分析的工具有光学显微镜、扫描电镜和透射电镜等,不仅可用于观察腐蚀表面的微观形态、金属表面被腐蚀性物质侵蚀的情况和范围,而且可用以分析基体金属的显微组织在腐蚀中的作用。这些仪器的特点如表13.27所示。扫描电子显微镜在断口分析中用途更为广泛,因为它可以直接观察断口表面而毋需制备复型,它还可以低倍放大观察试样,然后再把选定的区域放大到很高倍数。

(3)断口腐蚀产物分析。金属构件断口上腐蚀产物的分析对确定断裂原因来说是相当重要的。如奥氏体不锈钢发生氯脆,在断口上必然有Cl^-产物;铜发生氨脆,断口上应有NH_4^+;碳钢发生碱脆,断口上应有Fe_3O_4等。利用离子探针确定断口表层是否有较高含量的氢往往是诊断氢脆型断裂的重要手段,而通过分析断口上是否含有低熔点金属元素则是判定低熔点金属致脆的重要技术途径。断口产物通常较为疏松、极薄,因此需要高灵敏的分析技术。一般采用化学分析、光谱、带有能谱的扫描电子显微镜、电子探针、离子探针和俄歇谱仪等确定断口产物的成分,采用X光衍射仪、德拜粉末相机X光衍射、透射式电子显微镜选区衍射和高分辨率衍射等确定产物的相结构。有时为了扩大分析范围,还要对断裂源区附近的构件外表面的腐蚀产物进行成分和相结构分析。

(4)显微组织分析。在研究断裂与材料性能的关系时,还需要确定断裂途径与材料显微组织的关系。为此可在断裂构件的断口上或未完全断裂构件上选择适当部位,仔细制备截面金相样品进行观察。方法之一是将断口表面保护后以一定倾斜角度在断口上切取截面金相试样,这样即可在具有高景深的扫描电镜上同时观察到金相组织和断口形貌,更利于分析二者的相关性。

4. 构件的性能复查和失效过程的再现

构件材料的腐蚀抗力等性能不合格也常常是造成失效的主要原因,因此,在腐蚀失效分析中,对失效件进行性能复查常占有非常重要的地位。复查的范围包括:确定失效零部件或设备的化学成分是否合格;复验材料的力学性能,如硬度测定、拉伸试验和冲击试验,疲劳和腐蚀疲劳试验、应力腐蚀试验和断裂韧性等;进行金相鉴定,包括夹杂物的类型、级别及分布,晶粒度大小,相的类型、数量及分布等;利用无损检测技术检测材料内部有无缺陷存在;通过构件残余应力测定，分析应力作用下腐蚀失效的可能性及其原因。最好是在失效件上取样，若实有困难，可以在履历条件相同的构件上截取，但此时数据的可靠性会受影响。

通过对从现场调查、断口表面和金相截面分析、材料性能复查等途径获得的资料和数据进行综合分析，包括统计分析和归纳处理，通常可以确定失效断裂类型，并能形成构件失效的初步结论。然而对于重大失效事故往往还需要做重演性或模拟性试验，再现可能的失效过程，即根据已作出的结论模拟构件遭到破坏的可能运行条件进行试验。为在短期内获得结果，通常要强化某一影响因素(例如加速腐蚀试验)。但必须注意，强化因素的选择不能改变失效过程的作用机理，以免导出错误的结论。模拟试验结束后，需要对断口进行观察分析。最后把试验结果与实际断口的分析结果进行比较，若完全一致或相近，则说明原得结论是正确的，否则必须重新考虑。

五、环境断裂失效特征的比较与鉴别

判别和诊断材料与结构的环境失效方法主要是根据产生失效的各种特征与条件，宏观与微观形貌，成分分析结果，物理与力学性能分析等信息进行。表现形式相近的环境失效则需要仔细比较各自的特征异同，并常常需要借助排除法进行诊断。此处仅总结和讨论应力腐蚀、氢脆和腐蚀疲劳三种腐蚀断裂失效的对比诊断。

氢脆与应力腐蚀断裂是很难分开的，尤其是高强度钢及某些高强度铝合金、钛合金，要严格区分则更加困难。但这两种破断机制还是有区别的，表现在断口形貌特征上的区别主要有如下几点：

(1)应力腐蚀断裂起源于表面，而氢脆可起源于表面，但大多情况下起源于亚表面；

(2)应力腐蚀断裂沿晶区有较多、较深的二次裂纹或蚀坑，而氢脆没有或很少；

(3)应力腐蚀断裂的晶粒界面常有蚀坑、腐蚀沟痕，晶粒轮廓外形亦显得圆滑，而氢脆的晶界面上常有变形线(发纹或鸡爪痕)，晶粒轮廓鲜明；

(4)应力腐蚀断裂区没有明显的韧窝花样，而氢脆断裂区常伴有撕裂韧窝；

(5)应力腐蚀断裂源区常有腐蚀产物，多有泥纹花样，而氢脆断裂则不应有此特征。

应力腐蚀损伤与氢脆损伤表现在裂纹特征的区别主要是，应力腐蚀裂纹易分叉，因而常呈多条裂纹或是树根状；而氢致裂纹则几乎不分叉。然而，氢脆型应力腐蚀和非应力腐蚀型氢脆的区分就非常困难。在应力腐蚀过程中，阴极过程中形成的氢有可能进入金属内部，当进入的量较大时，就发生氢脆型应力腐蚀，而此时金属阳极溶解对裂纹扩展的贡献相对较低。由于冶炼及加工过程中渗入金属中的氢而导致的氢脆与应力腐蚀过程中析氢导致的氢脆是有所差异的。由应力腐蚀过程中的阴极反应而导致的氢脆在源区附近则呈现典型的应力腐蚀特征。

表 13.28 示出了应力腐蚀开裂与氢脆和腐蚀疲劳失效在产生条件、外观形貌特征等方面的比较。根据此表，有助于具体分析失效的性质和失效原因，以便在生产中采取有效措施分别防止有关失效破坏。

表 13.28 应力腐蚀开裂、氢脆和腐蚀疲劳失效的对比

项目		应力腐蚀开裂	氢脆	腐蚀疲劳
产生的条件特征	1	临界值以上的拉应力或缓慢变化的动应力	临界值以上的拉应力(三轴应力)	交变应力(无临界应力)
	2	高强度合金敏感,纯金属不敏感	大多数金属都能发生	大多数金属都能发生
	3	一种金属材料对特定的介质敏感,介质浓度不一定高	环境中只要能够向材料内部引入氢都能发生	只要对金属材料有腐蚀作用的环境均能发生
	4	发生温度以室温为主	室温最敏感,高温也会发生	无温度范围界限
	5	无应力时,环境介质对金属材料的腐蚀性通常不大	材料强度越高,所需要的临界氢含量愈低	交变应力幅愈大,断裂寿命愈短
	6	若为阳极溶解型机理时,可利用阴极保护方法控制	阴极保护会促进开裂	若为阳极溶解型机理时,可用阴极保护方法控制
	7	受应力作用时间的支配,随应变速率增加,敏感性降低	对应力的依赖性低	低交变应力频率通常促进破坏过程
	8	对金属组织敏感	对金属组织敏感	对金属组织敏感
	9	对不同 σ_s,有不同的门槛值	不同 σ_s,有不同的临界氢含量	应力比、波形有重要影响作用
其他	1	裂纹从表面开始,断口不平整	裂纹从内部开始,断口较平整	裂纹从表面开始,断口平整
	2	裂纹有宏观和微观分叉	裂纹几乎不分叉	宏观裂纹分叉,微观分叉少
	3	有大量二次裂纹呈树枝状	二次裂纹较少	裂纹较平直,二次裂纹少
	4	裂纹张开度小	裂纹张开度小	裂纹张开度大
	5	裂纹尖端较尖细	裂纹尖端尖细	裂纹尖端较粗钝
	6	裂纹源处常常有腐蚀产物	与点蚀坑无关	裂纹源处常常有腐蚀产物,常与点蚀坑无关
	7	裂纹源可能是一个或多个,可能有多条同时发生	裂纹源可能是一个或多个	裂纹源可能是一个或多个,但只有一条发展成主裂纹,并导致断裂
	8	不一定在应力集中部位萌生	多在三轴应力集中区萌生	多在应力集中区萌生
	9	沿晶断裂较多,但也有穿晶或混合型开裂,有准解理特征	低应力条件下以沿晶开裂为主,高应力条件下常常为穿晶断裂,有准解理特征	大多数表现为穿晶断裂,少数呈沿晶断裂
	10	与轧制方向有关	对轧制方向敏感	与轧制方向有关
	11	宏观断口呈脆性,无明显颈缩	宏观断口呈脆性,无颈缩	宏观断口呈脆性,无颈缩

思考题与习题

1. 试从飞机的结构特点和服役工况条件，分析飞机结构易遭腐蚀的原因。

2. 从腐蚀角度看，航空器的环境有哪几种类型？试分析内陆机场、大城市郊区机场、沿海机场停放的飞机的主要腐蚀环境。

3. 请给出航空器的典型腐蚀类型、部位及级别。对于不同的腐蚀级别，应作怎样的处理？

4. 试分析飞机机体的腐蚀特点、类型和影响其安全可靠性的最重要部位的腐蚀。

5. 如何控制飞机结构的腐蚀，才能保障其安全可靠地服役？

6. 飞机油箱的主要腐蚀类型是什么？试分析其原因，并给出控制方案。

7. 试分析飞机起落架的腐蚀特点，给出腐蚀控制的合理方案。

8. 航空发动机的主要腐蚀类型是如何产生的？根据现有腐蚀控制技术，给出合理的防护对策。

9. 什么是飞机的载荷谱和环境谱？请给出预测飞机日历寿命的主要思路。

10. 航天装备所处的腐蚀环境有什么特点？请与航空器的情况作一对比。

11. 航天器在其不同的运行阶段所面临的主要腐蚀问题各是什么？

12. 简述航天装备腐蚀控制的主要技术途径。

13. 根据金属高温氧化理论，说明耐高温涂层的作用原理。

14. 船用防腐涂料主要有哪几类？各有什么特点？

15. 试比较牺牲阳极法和外加电流法两种阴极保护措施应用于船舶腐蚀控制时的优缺点。

16. 试给出船舶牺牲阳极阴极保护参数选择的原则，以及牺牲阳极在船体上安装布置的原则。

17. 影响舰船海水管系腐蚀的因素有哪些？如何控制舰船海水管系的腐蚀？

18. 试根据船舶的工况条件，分析船舶结构的主要腐蚀类型，并提出可行的腐蚀控制方法？

19. 哪些产品属于兵器产品？兵器产品在腐蚀与防护问题上与民用产品相比较，有哪些特殊的制约因素？

20. 兵器产品的腐蚀主要表现在哪些方面？举例说明。

21. 针对兵器产品的腐蚀问题，如何进行具体的腐蚀控制？有何设想？

22. 试述枪、炮身管的烧蚀发展过程及机理，并提出有效的控制烧蚀的技术方案。

23. 核反应堆中的辐射线有哪些？各有什么特点？

24. 中子辐射对核反应堆固体结构材料产生怎样的影响？

25. 何谓辐解效应？给出辐射造成水分解的主要反应方程式及产物的主要分类情况。

26. 辐照影响金属材料的耐腐蚀性能的原因主要归于哪几个方面?

27. 试给出水冷堆的主要腐蚀类型、起因及后果,并举出发生腐蚀的典型部位。

28. 试分析影响锆包壳寿命的主要腐蚀类型的特点、机制,并给出有效的控制措施。

29. 铝合金主要用于哪些类型的反应堆?为什么?试指出铝合金在不同反应堆工况条件下的腐蚀特点和腐蚀控制的技术措施。

30. 不锈钢在哪种堆中应用最广?对堆运行寿命影响最大的不锈钢的腐蚀类型是什么?如何加以控制?

31. 电子产品使用环境按全球气候分为几带、几区?评价这些带、区气候条件的因素有哪些?其中对腐蚀影响最重要的因素是什么?

32. 电子设备最常见的腐蚀类型有哪些?

33. 电子设备的腐蚀控制应从哪些方面采取措施?

34. 电子设备用金属防护层耐蚀性能试验方法可以分为哪几种类型?它们各有何实际意义?

35. 常用的腐蚀监测方法有哪些?试从监测原理、测量的信息、探测手段、技术适用性等方面对它们加以比较。

36. 试比较线性极化阻力和交流阻抗法所依据原理之异同,它们的优缺点以及适用情况。

37. 如何正确选择设备的腐蚀监测方法?评判腐蚀监测方法的技术适用性有哪些原则?

38. 计算机在腐蚀监测中应用有何重要意义?腐蚀监测中计算机的应用在技术上需要考虑什么问题?

39. 腐蚀数据库有何重要意义?目前有哪些重要的通用性腐蚀数据库?

40. 何谓腐蚀专家系统?它的基本组成包含哪几个部分?

41. 请解释下列名词:

失效,失效模式,失效分析,肇事失效件。

42. 请给出失效分析的主要内容与步骤。

43. 机械失效从机理上可以分为哪些类型?具体包括什么?哪些与腐蚀有关?

44. 失效分析的主要技术方法有哪些?如何来选择这些方法?

45. 请给出腐蚀断口分析的程序与步骤。

46. 试从失效分析的角度,比较应力腐蚀、腐蚀疲劳、氢脆、低熔点金属致脆和微动腐蚀疲劳的诊断方法。

附　　录

附录 1　有关材料腐蚀与防护的常用图表

附表 1.1　平均腐蚀速率的表示方法

腐蚀率（D 为金属密度，g/cm³）			侵蚀率		
单位	简略号	折成 mm/a 换算系数	单位	简略号	折成 mm/a 换算系数
克/(米² · 时)[g/(m² · h)]	gmh	×8.76/D	毫米/年(mm/a)	mmpa	1
克/(厘米² · 时)[g/(cm² · h)]		×87 600/D	微米/年(μm/a)		1 000
克/(米² · 日)[g/(m² · d)]	gmh	×0.365/D	英寸/年(in/y)	ipy	0.039 4
毫克/(分米² · 日)[mg/(dm² · d)]	mdd	×0.036 5/D	毫英寸/年(mil/y)	mpy	39.4
毫克/(米² · 日)[mg/(m² · d)]	mmd	×0.000 365/D			

附表 1.2　常用参比电极的电位值

名称	结构	电极电位/V	温度系数/(mV · ℃)	适用介质
标准氢电极(SHE)	Pt[H_2]1atm|H^+(a=1)	0.000	0	酸性
饱和甘汞电极(SCE)	Hg[$HgCl_2$]|饱和 KCl	0.244	−0.65	中性
1 mol/L 甘汞电极(NCE)	Hg[Hg_2Cl_2]|1 mol/L KCl	0.280	−0.24	中性
0.1 mol/L 甘汞电极	Hg[Hg_2Cl_2]|0.1 mol/L KCl	0.333	−0.07	中性
标准甘汞电极	Hg[Hg_2Cl_2]|Cl^-(a=1)	0.267 6	−0.32	中性
海水甘汞电极	Hg[Hg_2Cl_2]|海水	0.296	−0.28	海水
饱和氯化银电极	Ag[AgCl]饱和 KCl	0.196	−1.10	中性
1 mol/L 氯化银电极	Ag[AgCl]|1 mol/L KCl	0.234 4	−0.58	中性
0.1 mol/L 氯化银电极	Ag[AgCl]|0.1 mol/L KCl	0.288	−0.44	中性
标准氯化银极	Ag[AgCl]|Cl^-(a=1)	0.222 3	−0.65	中性
海水氯化银电极	Ag[AgCl]|海水	0.250 3	−0.62	海水
1 mol/L 氧化汞电极	Hg[HgO]|1 mol/L NaOH	0.114		碱性
0.1 mol/L 氧化汞电极	Hg[HgO]|0.1 mol/L NaOH	0.169		碱性
标准氧化汞电极	Hg[HgO]|OH^-(a=1)	0.098	−1.12	碱性
饱和硫酸亚汞电极	Hg[Hg_2SO_4]|饱和 K_2SO_4	0.658		酸性
1 mol/L 硫酸亚汞电极	Hg[Hg_2SO_4]|1 mol/L H_2SO_4	0.675 8		酸性

续　表

名称	结构	电极电位/V	温度系数/(mV·℃)	适用介质
0.1 mol/L 硫酸亚汞电极	Hg[Hg_2SO_4]|0.1 mol/L H_2SO_4	0.682		酸性
标准硫酸亚汞电极	Hg[Hg_2SO_4]|SO_4^{2-} (a=1)	0.615	−0.80	酸性土壤
饱和硫酸铜电极	Cu[$CuSO_4$]|饱和 $CuSO_4$	0.316	+0.02	中性土壤
标准硫酸铜电极	Cu[$CuSO_4$]|$CuSO_4^{2-}$ (a=1)	0.342	+0.008	中性
1 mol/L 氢醌电极	Pt[氢醌(固)]|0.1 mol/L HCl	0.699	−0.73	酸性
0.1 mol/L 硫酸铅电极	PbO_2[$PbSO_4$]|0.1 mol/L H_2SO_4	1.565		酸性

注:1. 各电极的电位值系指 25℃相对于 SHE 的电位值; 2. 温度系数是指每变化 1℃时,电极电位变化的数值; 3. a 表示活度。

附表 1.3　25℃某些金属/水溶液体系的 Tafel 常数 b 和交换电流 i^0

体系	金属表面	b/V	i^0/(A·m^{-2})
H_2/H^+	Pt	0.13	10^2
	Fe, Cu	0.12	10^{-3}~10^{-2}
	Ni	0.10	10^{-7}
	Zn	0.12	10^{-7}
	Pb	0.11	10^{-9}
	Hg	0.11	10^{-11}
O_2/OH^-	Pt	0.10~0.15	10^{-6}
	Fe	>0.12	约 10^{-10}
HNO_3/NO	Pt	约 0.12	约 1

附表 1.4　常用金属的相对原子质量、化合价和密度

金属	相对原子质量 A_r	化合价 n	密度 ρ/(g·cm^{-3})	($A_r/n\rho$)/(cm^3·mol^{-1})	熔点/℃	v_d/i_{corr}①/[(mm·a^{-1})/(A·m^{-2})]
Mg	24.31	2	1.74	6.98	651	2.3
Al	26.98	3	2.699	3.33	660	1.1
Ti	47.90	2	4.505	5.32	1 668	1.7
Cr	52.00	2	7.19	3.62	1 890	
Mn	54.94	2	7.44	3.69	1 245	
Fe	55.85	2	7.87	3.55	1 539	1.2
Co	58.93	2	8.84	3.33	1 492	
Ni	58.70	2	8.91	3.29	1 455	1.1
Cu	63.55	2	8.96	3.55	1 083	1.2
Zn	65.38	2	7.13	4.58	420	1.5
Ag	107.87	1	10.50	10.27	960	3.4
Cd	112.4	2	8.65	6.49	321	
Sn	118.69	2	5.85(α),7.29(β)	10.14	232	2.7
Pb	207.2	2	11.34	9.14	327	3.0

① v_d, i_{corr}分别为深度法和电流密度法表示的腐蚀速率。

附表 1.5　几种气体在水中的溶解度

（在标准状况下，1 cm^3 水中溶解气体的体积分数）

气体	温度/℃						
	0	10	20	30	40	50	60
氢	0.021 5	0.019 8	0.018 4	0.017 0	0.016 4	0.016 1	0.016 0
氮	0.023 6	0.019 0	0.016 0	0.014 0	0.012 5	0.011 3	0.010 2
空气	0.028 8	0.022 6	0.018 7	0.016 1	0.014 2	0.013 0	0.012 2
氧	0.049	0.038	0.031	0.026	0.023	0.021	0.019

附表 1.6①　几种常用的腐蚀试验介质

腐蚀介质名称	组　成
人造海水	NaCl 27g/L，无水 $MgCl_2$ 6g/L，无水 $CaCl_2$ 1g/L，KCl 1g/L，pH＝6.5～7.2
代海水	3％NaCl 水溶液；3.5％NaCl 水溶液
代淡水	0.001％NaCl 水溶液
人造汗液	NaCl 0.70g，尿素 0.10g，乳酸 0.40g，蒸馏水 49.4mL，甲醇 49.4mL
不锈钢晶间腐蚀试验	(1) $CuSO_4 \cdot 5H_2O$ 110g，H_2SO_4(相对密度 1.84)55mL，H_2O 1L，沸腾溶液 (2) $CuSO_4 \cdot 5H_2O$ 160g，H_2SO_4(相对密度 1.84)100mL，H_2O 1L，铜屑，沸腾溶液 (3) HNO_3 10％，HF 3％，60～80℃ (4) 65％HNO_3，沸腾 (5) 10％草酸
铝合金晶间腐蚀试验	(1) NaCl 3％，H_2O_2 0.1％ (2) NaCl 3％，HCl(相对密度 1.19)1％，H_2O 1L，(35±2)℃
铝合金剥蚀连续浸泡试验	(1) NH_4Cl 1.0mol，NH_4NO_3 0.25mol，$(NH_4)_2C_2H_4O_6$ 0.01mol，H_2O_2(30％)10mol/L，pH＝5.3，(66±1)℃，24h(适用于 Al－Mg 合金) (2) NaCl 4.0mol，KNO_3 0.5mol，HNO_3 0.1mol，pH＝0.4，(25±3)℃，48h(适用于 Al－Zn－Mg－Cu 合金)，96h(适用于 Al-Cu-Mg 系合金)
不锈钢浸蚀剂	(1) HNO_3 ∶ HCl＝3 ∶ 1 (2) HNO_3 5mL，HF(48％)1mL，H_2O 44mL
铝合金浸蚀剂	(1) HF 0.5％，HCl 1.5％，HNO_3 2.5％，H_2O 95.5％ (2) HF 0.5％，H_2O 99.5％
镁合金浸蚀剂	4％HNO_3 酒精溶液

①附表 1.6～1.12 中的百分数(除注明的之外)均表示某种物质的质量分数。按国标规定，应表示为小数或 $x\times10^{-n}$ 的形式。如"0.001％NaCl 水溶液"应表示为"质量分数为 1×10^{-5} 的 NaCl 水溶液"，"$HNO_3>80\%$"应表示为"$w_{HNO_3}>0.80$"。

附表 1.7　一些常用的去除金属上腐蚀产物的溶液

金属	腐蚀产物	溶液及条件①
铁和钢	FeO，Fe_2O_3，Fe_3O_4，$Fe_2O_3 \cdot H_2O$，$FeO \cdot OH$，$Fe_3O_4 \cdot H_2O$	(1) 10%酒石酸铵＋NH_4OH，25～70℃ (2) 10%柠檬酸铵＋NH_4OH，25～70℃ (3) 10%H_2SO_4＋0.5%硫脲(或甲醛水 1%)，25℃ (4) 5%NaOH＋锌粒，80～90℃，30～40 min (5) 8%NaOH，阴极处理 (6) 10%柠檬酸铵，阴极处理 (7) 20%盐酸＋有机缓蚀剂，30～40℃
铝及铝合金	Al_2O_3，$Al(OH)_3$	(1) 5%HNO_3，10～15 min (2) 65%HNO_3，10～20 min (3) 5%(体积分数)HNO_3(比密度 1.4)＋1%$K_2Cr_2O_7$，15～20℃，0.5～2h (4) 20%偏磷酸＋5%CrO_3，20℃，10～15 min
铜及铜合金	Cu_2O，CuO，$Cu(OH)_2$，$CuSO_4 \cdot 3Cu(OH)_2$，$CuCl_2 \cdot (OH)_2$，$CuCO_3 \cdot Cu(OH)_2$	(1) 5%H_2SO_4，10～20℃ (2) 15～20%HCl，室温
不锈钢	10%HNO_3，60℃	
镁	MgO，$MgCO_3$	20%CrO_3＋1%$AgNO_3$，沸腾，10 min
锡及锡合金	SnO_2，SnO	(1) 5%HCl (2) 15%偏磷酸，沸腾，10 min
铅	PbO，$PbSO_4$，$Pb(OH)_2$，$2PbCO_3 \cdot Pb(OH)_2$	(1) 10%醋酸溶液，沸腾，10 min (2) 5%醋酸铵溶液，热，5 min

① 此栏百分数除个别注出为体积分数外，其余均为质量分数。

附表 1.8　铝在各种环境中的耐蚀性

介　质	耐　蚀	不耐蚀
酸溶液	酸醋(室温)，柠檬酸(室温)，酒石酸(室温)，硼酸(室温)，HNO_3＞80%(50℃)，脂肪酸	HCl，HBr，HF，$HClO_4$，H_3PO_4，甲酸，草酸，三氯乙酸
碱溶液	浓 $Ca(OH)_2$，NH_4OH＞10%(＜50℃)，$(NH_4)_2S$，Na_2SiO_3	LiOH，NaOH，KOH，$Ba(OH)_2$，NH_4OH＜10%，Na_2S，NaCN
盐溶液	硝酸盐，K，Na，NH_4，Ca，Ba，Mg，Mn，Zn，Cd，Al 的硫酸盐，磷酸盐，醋酸盐，有 Na_2SO_3 缓蚀的 NaClO，没有 Cl^- 的 $NaClO_4$，$KMnO_4$(室温 1%～10%)	Hg，Sn，Cu，Ag，Pb，Co，Ni 等重金属盐类，$NaClO_4$(含有 Cl^- 时)，NaClO，$Ca(ClO_2)$
气　体	大多数干燥的气体如 Br_2，Cl_2(＜125℃)，F_2(＜230℃)，HCl，HBr，O_3，S_2，SO_2，SO_3，H_2S，CO_2，NO，NO_2，NH_3，氟利昂，大多数氧化烃	湿的 SO_2，SO_3，Cl_2，HCl，NH_3 等，CCl_4，CH_3Cl，CH_3Br

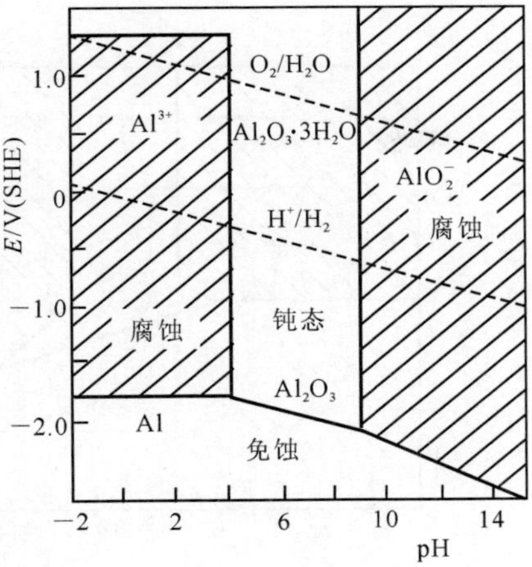

附图 1　Al - H_2O 体系的电位- pH 图

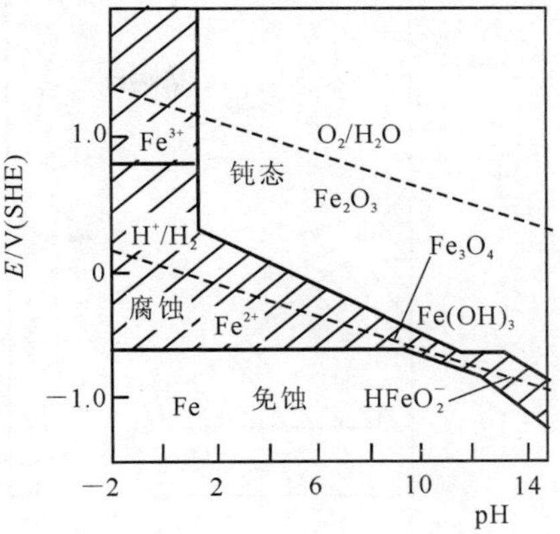

附图 2　Fe - H_2O 体系的电位- pH 图

附表 1.9　铁在各种环境中的耐蚀性

介　质	耐　蚀	不耐蚀
酸溶液	浓 HNO_3，H_2CrO_4，H_2SO_4>70%，HF>70%	除左面所述的以外的酸
碱溶液	大多数碱性溶液	如果在受应力状态下，在热的碱溶液中引起脆化
盐溶液	$KMnO_4$>1 g/L，H_2O_2>3 g/L，K_2CrO_4	$KMnO_4$<1 g/L，H_2O_2<3 g/L，氧化性盐类如 $FeCl_3$，$CuCl_2$，$NaNO_3$，水解性盐类如 $AlCl_3$，$Al_2(SO_4)_3$，$ZnCl_2$，$MgCl_2$
气　体	空气(<450℃)，Cl_2(<200℃)，SO_2(<300℃)，NH_3(<500℃)，H_2O(汽)(<500℃)，H_2S(<300℃)	空气(>450℃)，Cl_2(>200℃)，湿 SO_2，NH_3(>500℃)，H_2O(汽)(>500℃)，H_2S(>300℃)，F_2

附表 1.10　钛在各种环境中的耐蚀性

介　质	耐　蚀	不耐蚀
酸溶液	HNO_3 所有的浓度(直至沸腾)，王水(室温)，H_2SO_4<10%、HCl<10%(室温)，H_3PO_4<30%(35℃)，H_3PO_4<5%(沸腾)，H_2CrO_4、醋酸、草酸(室温)，乳酸和甲酸(室温)	H_2SO_4>10%，HF、HCl>10%，发烟 HNO_3(高温)，H_3PO_4>30%(35℃)，H_3PO_4>5%(沸腾)，三氯醋酸(沸腾)，草酸(沸腾)，甲酸(沸腾)
碱溶液	稀碱溶液(室温)，NaClO	热的浓碱
盐溶液	大多数盐溶液如氯化物、氧化性盐类直到沸点以下，例如 $FeCl_3$，$CuCl_2$	氟化物，例如 AlF_3，浓 $AlCl_2$(沸腾)，浓 $MgCl_2$，浓 $CaCl_2$(沸腾)
气　体	湿的 Cl_2，ClO_2，空气，O_2(<425℃)，N_2(<700℃)，H_2(<750℃)	F_2，干氯气，空气，O_2(>500℃)，N_2(>800℃)，H_2(>750℃)

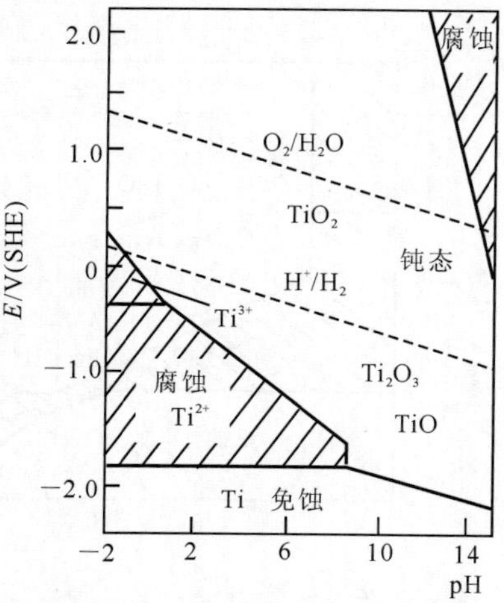

附图 3 Ti－H_2O 体系的电位－pH 图

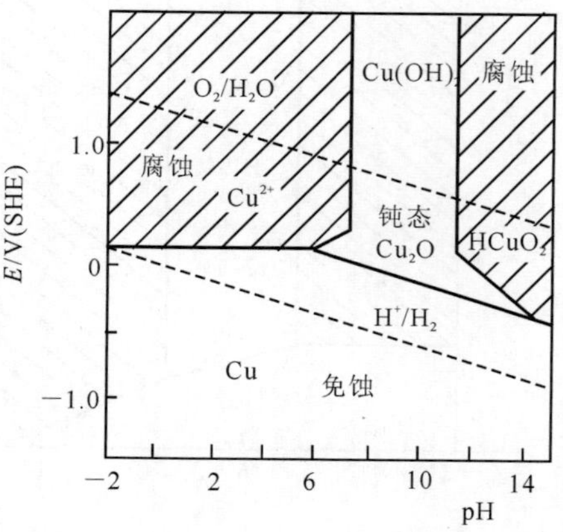

附图 4 Cu－H_2O 体系的电位－pH 图

附表 1.11 铜在各种环境中的耐蚀性

介 质	耐 蚀	不耐蚀
酸溶液	非氧化酸除气，HCl＜10％（＜75℃），HF＜70％（＜100℃），H_2SO_4＜60％（＜100℃），H_3PO_4（室温），乙酸（室温）	HNO_3，热浓 H_2SO_4，无空气的酸，HCl＞10％
碱溶液	稀的 NaOH，KOH，Na_2CO_3，K_2CO_3	强碱性的溶液 NaOH，KOH，NH_4OH，NaCN，KCN，NaClO
盐溶液	$KMnO_4$，K_2CrO_4，$NaClO_3$，除气的、静置的硫酸盐溶液以及硝酸盐和氯化物溶液，海水	大多数氧化性盐，如 $FeCl_3$，$Fe_2(SO_4)_3$，$CuCl_2$，$Hg(NO_3)_2$，$AgNO_3$，充气且搅拌的盐溶液
气 体	大多数干燥气体如 CO，CO_2，F_2，Cl_2，Br_2，SO_2，纯 H_2，O_2（＜200℃），OF_2，ClF_3，ClO_3F	湿的气体，如 SO_2，H_2S，CS_2，CO_2，F_2，Cl_2，Br_2，H_2（含有 O_2），干的 O_2（＞200℃）

附表 1.12 铬在各种环境中的耐蚀性

介 质	耐 蚀	不耐蚀
酸溶液	HNO_3＜50％（＜75℃），H_2SO_4＜5％（充气室温），H_2SO_4＋$CuSO_4$，H_2SO_4＋$Fe_2(SO_4)_3$，SO_2 的溶液，H_3PO_4（充气室温）	HCl，HBr，HI，浓 HNO_3（高温），H_2SO_4＞5％（＞50℃），HF，H_2SiF_6，$HClO_3$，H_3PO_4＞60％（＞100℃），H_2CrO_4
碱溶液	室温，除气稀的碱溶液	高温充气浓的碱溶液
盐溶液	大多数非卤化物盐	卤盐、氧化性盐（$FeCl_3$，$CuCl_2$，$HgCl_2$，NaClO）和酸性盐 $ZnCl_2$，$AlCl_3$ 引起全面腐蚀，其他卤盐会引起点蚀和缝隙腐蚀，硫代硫酸盐和连二亚硫酸盐

续 表

介 质	耐 蚀	不耐蚀
气 体	O_2(<1 100℃),H_2O(<850℃),H_2S,S_2(<500℃),SO_2(<650℃),NH_3(<500℃),Cl_2,HCl(<300℃),F_2,HF(<250℃)	O_2>(1 100℃),H_2O(>850℃),SO_2(>650℃),NH_3(>500℃),Cl_2,HCl(>300℃),F_2,HF(>250℃)

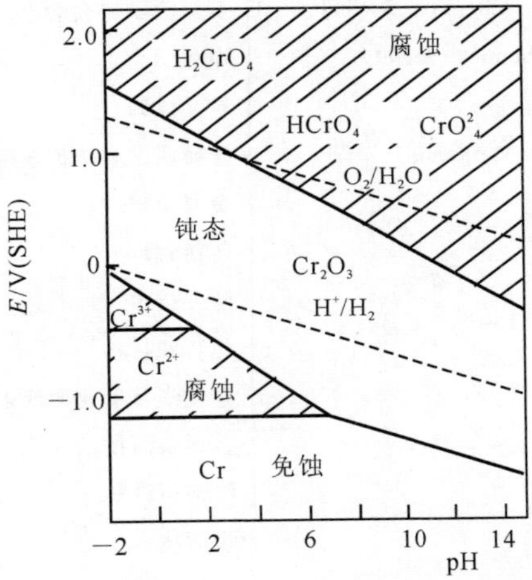

附图 5 Cr－H_2O 体系的电位－pH 图

附录 2 国内外腐蚀与防护领域的部分期刊、学术会议和有关网址

附表 2.1 国外腐蚀与防护领域的部分期刊

序号	名称	译名	国别	每年期数
1	Corrosion	腐蚀	美国	12
2	Material Performance	材料性能	美国	12
3	Corrosion Abstracts	腐蚀文摘	美国	6
4	Metal Finishing	金属涂饰	美国	12
5	Plating and Surface Finishing	电镀与表面涂饰	美国	12
6	Materials Protection	材料保护	美国	12
7	Materials Protection and Performance	材料保护与性能	美国	12
8	Powder Coatings	粉末涂层	美国	
9	Modern Paint and Coatings	现代油漆与涂料	美国	12
10	Oxidation of Metals	金属的氧化	美国	6

续 表

序号	名称	译名	国别	每年期数
11	Journal of Coatings Technology	涂料技术杂志	美国	12
12	Electrochemical Technology	电化学工艺	美国	6
13	Chemical Abstract	化学文摘	美国	26
14	Journal of Applied Electrochemistry	应用电化学杂志	英国	6
15	Journal of the American Chemical Society	美国化学协会会志	美国	26
16	Journal of the Electrochemical Society	电化学会志	美国	6
17	Products Finishing	产品涂饰	美国	12
18	Эи. Коррозия и Зашита Металлов	金属腐蚀和防护快报	俄罗斯	12
19	Зашита Металлов	金属防护	俄罗斯	6
20	防錆管理	防锈管理	日本	12
21	防食技术	防蚀技术	日本	12
22	包装と材料	包装和材料	日本	
23	电化学及ビ工业物理化学	电化学及工业物理化学	日本	12
24	金属表面技术	金属表面技术	日本	12
25	涂装と涂料	涂饰与涂料	日本	24
26	表面技术	表面技术	日本	12
27	材料と环境	材料与环境	日本	12
28	Werkstoffe und korrosion (Materials & corrosion)	工业材料和腐蚀	德国	12
29	Metalloberfläche	金属表面	德国	12
30	Galavanotechnik	电镀技术	德国	12
31	Farbe und Lack	颜料与油漆	德国	12
32	Corrosion Science	腐蚀科学	英国	12
33	British Corrosion Journal	英国腐蚀杂志	英国	4
34	Corrosion Prevention and Control	腐蚀防止与控制	英国	6
35	Journal of Oxidation of Metals	金属氧化杂志	英国	12
36	Anti-Corrosion (Methods & Materials)	防蚀	英国	6
37	Metal Finishing Plant & Processes	金属涂饰装置与方法	英国	6
38	Electrochemical Acta	电化学学报	英国	12
39	Industrial Finishing	工业涂饰	英国	12
40	Transaction of the Institute of Metal Finishing	金属涂饰学会会志	英国	6
41	Finishing Industries	涂饰工业	英国	12
42	Product Finishing	产品涂饰	英国	12
43	Metal Finishing Abstracts	金属涂饰文摘	英国	6

续　表

序号	名称	译名	国别	每年期数
44	Electroplating &Metal Finishing	电镀和金属涂饰	英国	12
45	Metal Finishing Journal	金属涂饰杂志	英国	12
46	Chemistry & Industry	化学和工业	英国	24
47	Surface Chemistry	表面化学	英国	
48	Finishing	涂饰	英国	12
49	Surface Engineering	表面工程	英国	6
50	Surface Treatment Technology Abstrcts	表面处理技术文摘	英国	6
51	Bulletin d' informations Association des Ingenieurs en Anticorrosior	法国工业防蚀协会情况通报	法国	
52	Surface Science	表面科学	荷兰	24
53	Application of Surface Science	表面科学应用	荷兰	12
54	Surface & Coatings Technology	表面与涂层技术	瑞士	39
55	Australasion Corrosion Engineering	澳大利亚腐蚀工程	澳大利亚	6
56	C. P. Corrosion Y Protection	腐蚀与防护	西班牙	
57	Canadian Chemistry Processin	加拿大化学过程	加拿大	

附表 2.2　腐蚀与防护领域部分中文期刊

序号	名称	主办单位	每年期数
1	中国腐蚀与防护学报	中国腐蚀与防护学会等	6
2	腐蚀科学与防护技术	中国科学院金属研究所	6
3	中国表面工程	中国机械工程学会	4
4	材料保护	机械科学研究院武汉材保所	12
5	腐蚀与防护	上海市腐蚀科学技术学会	12
6	表面技术	中国兵器工业第五九研究所	6
7	全面腐蚀控制	中国化工防腐蚀技术协会	6
8	中国涂料	中国涂料工业协会	6
9	涂料工业	中国化工建设总公司	12
10	化工设备与防腐蚀	中国化工机械动力技术协会	6
11	石油化工腐蚀与防护	中国石化集团防腐蚀研究中心等	6
12	现代涂料与涂装	中国化工新材料总公司北方涂料工业研究设计院	6
13	电镀与涂饰	广州市二轻工业科学技术研究所	6
14	电镀与环保	上海市轻工业科技情报研究所	6
15	表面工程资讯	中国表面工程协会等	6
16	表面技术杂志	台湾表面技术协会	6

附表 2.3　国内外腐蚀与防护领域的部分学术会议

序号	会议名称	组织机构	会议举办时间
1	全国腐蚀大会	中国腐蚀与防护学会	2003 年第 4 届
2	海峡两岸材料腐蚀与防护研讨会	两岸腐蚀与防护组委会	2002 年第 3 届
3	中国国际表面工程与防腐蚀技术及设备展览会	中国腐蚀与防护学会等	2002 年第 8 届
4	亚太地区腐蚀与控制会议	亚太材料与腐蚀协会	2003 年第 13 届(一届/2 年)
5	国际腐蚀大会(ICC)	国际腐蚀协会	2003 年第 15 届(一届/3 年)
6	美国腐蚀工程师协会(NACE International)年会	美国腐蚀工程师协会	每年一次
7	欧洲腐蚀大会	欧洲腐蚀联盟	每年一次
8	中国腐蚀与防护学会各专业委员会学术会议	各专业委员会	不定期
9	国际腐蚀与防护专题或专业会议	相关组织	不定期

附表 2.4　国内外腐蚀与防护领域部分信息资源有关网址

序号	主页(Homepage)名称	主页所在机构或内容	网址
1	NACE International	美国国家腐蚀工程师协会	http://www.nace.org
2	ASTM International	美国材料试验学会	http://www.astm.org
3	International Standard Organization (ISO)	国际标准化组织	http://www.iso.ch
4	Corrosion Source	腐蚀信息源	http://www.corrosionsource.com
5	Corrosion & Protection Center (UMIST, UK)	英国曼彻斯特腐蚀中心	http://www.cp.umist.ac.uk
6	International Society of Electrochemistry (ISE)	国际电化学学会	http://www.ise-online.org
7	European Federation of Corrosion (EFC)	欧洲腐蚀联盟	http://www.efcweb.org
8	National Paint & Coatings Association(NPCA)	美国国家涂料涂装协会	http://www.paint.org
9	American Electrochemistry Society	美国电化学学会	http://www.electrochem.org
10	International Corrosion Council (ICC)	国际腐蚀协会	http://www.icc-net.org
11	Infosphere	日本防蚀技术协会及《防蚀管理》	http://www.sphere.ne.jp
12	American Galvanizers Association	美国电镀协会	http://www.galvanizeit.org
13	ASM International	美国金属学会	http://www.asm-intl.org
14	Materials Research Society(MRS)	美国材料研究学会	http://www.mrs.org
15	American Welding Society	美国焊接学会	http://www.aws.org
16	Steel Manufacturers Association	美国钢铁制造学会及北美钢铁公司联网数据	http://www.steelnet.org
17	American Institute of Chemical Engineers	美国化工工程师学会	http://www.aiche.org
18	Fontana Corrosion Center	美国俄亥俄州大学方坦纳腐蚀中心	http://www.mse.eng.ohio-state.edu/frankel/fcc

续　表

序号	主页(Homepage)名称	主页所在机构或内容	网址
19	Battelle	Battelle综述研究所 (最新的腐蚀损耗数据统计)	http://searche.battelle.org
20	Argonne National Laboratory	美国 Argonne 国家实验室	http://www.cmt.anl.gov
21	United States Patent and Trademark Office	美国专利商标局	http://www.uspto.gov
22	Galvanizers Association of Australia	澳大利亚电镀协会	http://www.gaa.com.au
23	中国表面工程信息网(SEIN)	《材料保护》网络中心	http://www.csec-mp.com
24	防腐蚀工程技术网	北京腐蚀与防护咨询培训中心	http://www.cpetn.com
25	中国涂装网	中国涂料工业协会	http://www.china-painting.net

附录 3　腐蚀与防护领域的部分试验方法与规范

3.1　金属材料腐蚀试验方法

1. GB 12445.1—1990　高强度合金双悬臂(DCB)试样应力腐蚀试验方法
2. GB 12445.2—1990　高强度合金悬臂弯曲(CANT)预裂纹试样应力腐蚀试验方法
3. GB 12445.3—1990　高强度合金楔形张开加载(WOL)预裂纹试样应力腐蚀试验方法
4. GB 4157—1984　金属抗硫化物应力腐蚀开裂恒负荷拉伸试验方法
5. GB/T 4334.1—2000　不锈钢10%草酸浸蚀试验方法
6. GB/T 4334.2—2000　不锈钢硫酸-硫酸铁腐蚀试验方法
7. GB/T 4334.3—2000　不锈钢65%硝酸腐蚀试验方法
8. GB/T 4334.4—2000　不锈钢硝酸-氢氟酸腐蚀试验方法
9. GB/T 4334.5—2000　不锈钢硫酸-硫酸铜腐蚀试验方法
10. GB/T 4334.6—2000　不锈钢5%硫酸腐蚀试验方法
11. GB/T 17897—1999　不锈钢三氯化铁腐蚀试验方法
12. GB/T 17898—1999　不锈钢42%氯化镁应力腐蚀试验方法
13. GB/T 17899—1999　不锈钢点蚀电位测量方法
14. GB/T 5776—1986　金属材料在表面海水中常规暴露腐蚀试验方法
15. GB/T 6384—1986　船舶及海洋工程用金属材料在天然环境中的海水腐蚀试验方法
16. GB/T 7733—1987　金属旋转弯曲腐蚀疲劳试验方法
17. GB/T 7998—1987　铝合金晶间腐蚀测定方法
18. GB/T 8000—2001　热交换器用铜管内残余应力检验方法——氨熏检验方法
19. GB/T 8650—1988　管线钢抗阶梯型破裂试验方法
20. GB/T 10119—1988　黄铜耐脱锌腐蚀性能的测定

21. GB/T 10123—2001 金属和合金的腐蚀基本术语和定义
22. GB/T 10124—1988 金属材料试验室均匀腐蚀全浸试验方法
23. GB/T 10126—1988 铁-铬-镍合金在高温水中应力腐蚀试验方法
24. GB/T 10127—1988 不锈钢三氯化铁缝隙腐蚀试验方法
25. GB/T 10567.1—1997 铜及铜合金加工材残余应力检验方法——硝酸亚汞试验法
26. GB/T 10567.2—1997 铜及铜合金加工材残余应力检验方法——氨熏试验法
27. GB/T 10582—1989 测定因绝缘材料而引起的电解腐蚀的试验方法
28. GB/T 11112—1989 有色金属大气腐蚀试验方法
29. GB/T l2336—1990 腐蚀数据统计分析标准方法
30. GB/T 13303—1991 钢的抗氧化性能测定方法
31. GB/T13671—1992 不锈钢缝隙腐蚀电化学试验方法
32. GB/T 14165—1993 黑色金属室外大气暴露试验方法
33. GB/T 15260—1994 镍基合金晶间腐蚀试验方法
34. GB/T 15748—1995 船用金属材料电偶腐蚀试验方法
35. GB/T 15970.1—1995 金属和合金的腐蚀 应力腐蚀试验 第1部分:试验方法总则
36. GB/T 15970.3—1995 金属和合金的腐蚀 应力腐蚀试验 第3部分:U型弯曲试样的制备和应用
37. GB/T 16545—1996 金属和合金的腐蚀 腐蚀试样上腐蚀产物的清除
38. HB 5254—1983 变形铝合金拉伸应力腐蚀试验方法
39. HB 5259—1983 铝合金C型环试样应力腐蚀试验方法
40. HB 5260—1983 马氏体不锈钢拉伸应力腐蚀试验方法
41. HB 5374—1987 不同金属电偶电流测定方法
42. HB 5454—1990 耐热合金抗热腐蚀性能的快速评定方法
43. HB 5455—1990 铝合金剥层腐蚀试验方法
44. HB 5067—1985 氢脆试验方法

3.2 覆盖层物理、机械性能试验

1. GB/T 5270—1985 金属基体上的金属覆盖层(电沉积层和化学沉积层)附着强度试验方法
2. GB/T 15821—1995 金属覆盖层 延展性测量方法
3. GB/T 6463—1986 金属和其他无机覆盖层 厚度测量方法评述
4. GB/T 4956—1985 磁性金属基体上非磁性覆盖层厚度测量 磁性方法
5. GB/T 13744—1992 磁性和非磁性基体上镍电镀层厚度的测量
6. GB/T 4957—1985 非磁性金属基体上非导电覆盖层厚度测量 涡流方法
7. GB/T 4955—1997 金属覆盖层 覆盖层厚度测量 阳极溶解库仑法
8. GB/T 6462—1986 金属和氧化物覆盖层 横断面厚度显微镜测量方法
9. JB/T 7503—1994 金属覆盖层横截面厚度扫描电镜测量方法
10. GB/T 11378—1989 金属覆盖层厚度轮廓尺寸测量方法
11. GB/T 9790—1988 金属覆盖层及其他有关覆盖层 维氏和努氏显微硬度试验

3.3 覆盖层腐蚀试验与评定方法

1. GB/T 12609—1990　电沉积金属覆盖层和有关精饰　计数抽样检查程序
2. JB/T 6074—1992　腐蚀试样的制备、清洗和评定
3. GB/T 6464—1997　金属及其覆盖层　大气腐蚀试验　现场试验的一般要求
4. GB/T 11377—1989　金属和其他无机覆涂层　储存条件下腐蚀试验的一般规则
5. JB/T 8424—1996　金属覆盖层和有机涂层　天然海水腐蚀试验方法
6. GB/T 9789—1988　金属和其他非有机覆盖层通常凝露条件下的二氧化硫腐蚀试验
7. GB/T 14293—1998　人造气氛腐蚀试验　一般要求
8. GB/T 10125—1997　人造气氛腐蚀试验　盐雾试验
9. GB/T 6465—1986　金属和其他无机覆盖层腐蚀膏腐蚀试验(CORR 试验)
10. GB/T 6466—1986　电沉积铬层　电解腐蚀试验(EC 试验)
11. JB/T 6073—1992　金属覆盖层　实验室全浸腐蚀试验
12. JB/T 7702—1995　金属基体上金属和非有机覆盖层盐水滴腐蚀试验(SD 试验)
13. HB 5194—1981　周期浸润腐蚀试验方法
14. HB 5477—1991　非金属与金属材料接触腐蚀快速试验方法
15. GB/T 5619—1985　防锈材料百叶箱试验方法
16. JB/T 4050.2—1999　气相防锈油　试验方法
17. JB/T 4051.2—1999　气相防锈纸　试验方法
18. HB 5206—1984　包装材料对金属的接触腐蚀试验方法
19. HB 5227—1982　镀层和化学覆盖层表观腐蚀等级评定方法
20. HB 5192—1981　有机材料挥发气氛对锌、镉镀层腐蚀试验方法
21. GB/T 12335—1990　金属覆盖层　对底材呈阳极性的覆盖层腐蚀试验后的试样评级
22. GB/T 6461—1986　金属覆盖层　对底材为阴极的覆盖层腐蚀试验后的电镀试样的评级
23. JB/T 6976—1993　俄歇电子能谱技术元素鉴定方法

3.4 镀膜层试验方法

1. GB/T 11374—1989　热喷涂涂层厚度的无损测量方法
2. GB/T 8642—1988　热喷涂层结合强度的测定
3. GB/T 8641—1988　热喷涂层抗拉强度的测定
4. GB/T 8640—1988　金属热喷涂层表面洛氏硬度试验方法
5. JB/T 7509—1994　热喷涂涂层孔隙率试验方法　铁试剂法
6. JB/T 8554—1997　气相沉积薄膜与基体附着力的划痕试验法
7. JB/T 7707—1995　离子镀硬膜厚度试验方法　球磨法
8. JB/T 6075—1992　氮化钛涂层　金相检验方法
9. GB/T 9792—1988　金属材料上的转化膜　单位面积上膜层质量的测定　重量法
10. GB/T 9791—1988　锌和镉上铬酸盐转化膜试验方法

11. GB/T 8015.1—1987　铝及铝合金阳极氧化膜厚度的试验方法　重量法
12. GB/T 8754—1988　铝及铝合金阳极氧化　应用击穿电位测定法检验绝缘性
13. GB/T 12967.2—1991　铝及铝合金阳极氧化　用轮式磨损试验仪测定阳极氧化膜的耐磨性和磨损系数

3.5　有机涂层试验与检测方法

1. GB/T 13452.2—1992　色漆和清漆　漆膜厚度的测定
2. GB/T 5210—1985　涂层附着力的测定法　拉开法
3. GB/T 9286—1988　色漆和清漆　漆膜的划格试验
4. GB/T 11185—1989　漆膜弯曲试验(锥形轴)
5. GB/T 1732—1993　漆膜耐冲击性测定法
6. GB/T 6739—1996　涂膜硬度铅笔测定法
7. GB/T 1768—1979　漆膜耐磨性测定
8. GB/T 1765—1979　测定耐湿热,耐盐雾,耐候性(人工加速)的漆膜制备法
9. GB/T 1763—1979　漆膜耐化学试剂的测定法
10. GB/T 1766—1995　漆膜耐候性评级方法
11. GB/T 1771—1991　色漆和清漆耐中性盐雾性能的测定
12. GB/T 13452.4—1992　色漆和清漆钢铁表面上的丝状腐蚀试验
13. GB/T1865—1980　漆膜老化(人工加速)测定法
14. GB/T 9727—1988　色漆涂层老化的评价
15. GB/T 13893—1992　色漆和清漆　耐湿性的测定　连续冷凝法
16. GB/T 1961—1979　漆膜耐霉菌测定法
17. GB/T 5209—1985　色漆和清漆耐水性的测定　浸水性
18. GB/T10834—1989　船舶漆耐盐水性的测定　盐水和热水浸泡法
19. GB/T 6753—1986　涂料储存稳定性试验方法

3.6　质量控制与检验

1. GB/T 12611—1990　金属零(部)件镀覆前质量控制技术要求
2. JB/T 6986—1993　铝及铝合金电镀前表面准备方法
3. JB/T 7706—1995　有机涂料刷涂通用技术规范
4. JB/T 6978—1993　涂装前表面准备——酸洗
5. GB/T 6807—2001　钢铁工件涂漆前磷化处理技术条件
6. GB/T 11373—1989　热喷涂金属件表面预处理通则
7. JB/T 7703—1995　热喷涂陶瓷涂层技术条件
8. JB/T 7507—1994　刷镀通用技术规范
9. HB 5035—1992　锌镀层质量检验
10. HB 5036—1992　镉镀层质量检验

11. HB 5037—1992　铜镀层质量检验
12. HB 5038—1992　镍镀层质量检验
13. HB 5039—1992　黑镍镀层质量检验
14. HB 5041—1992　硬铬、乳白铬镀层质量检验
15. HB 5042—1992　装饰铬镀层质量检验
16. HB 5045—1992　黑铬镀层质量检验
17. HB 5046—1993　锡镀层质量检验
18. HB 5019—1993　铅锡合金镀层质量检验
19. HB 5051—1993　银镀层质量检验
20. HB 5055—1993　铝及铝合金硫酸阳极氧化膜层质量检验
21. HB 5057—1993　铝及铝合金硬质阳极氧化膜层质量检验
22. HB 5058—1993　铝及铝合金绝缘阳极氧化膜层质量检验
23. HB 5196—1982　镍镉扩散镀层质量检验
24. HB 5335—1994　金属镀覆和化学覆盖工艺质量控制
25. HB 5360—1986　高强度钢零件低氢脆镀镉-钛质量检验
26. HB 5373—1987　铝及铝合金铬酸阳极氧化膜层质量检验
27. HB 5486—1991　铂铝涂层检验标准
28. HB 5473—1991　铝及铝合金化学转化膜质量检验
29. GB/T 13912—1992　金属覆盖层钢铁制品热镀锌层　技术要求
30. JB/T 9206—1996　钢铁热浸铝工艺及质量检验
31. JB/T 7502—1994　离子镀膜前零件表面质量控制技术要求
32. HB 5362—1986　飞机常用金属防护层耐蚀性质量检验
33. JB/T 6071—1992　气相防锈剂　技术条件
34. JB/T 4051.1—1999　气相防锈纸　技术条件
35. JB/T 4051.2—1999　气相防锈油　技术条件
36. JB/T 6067—1992　气相防锈塑料薄膜　技术条件
37. GJB 154A—1993　防护包装规范

说明：

(1)GB——国家标准；HB——航空标准；JB——机械工业标准；GJB——国军标；/T 表示推荐标准。

(2)国际性腐蚀与防护标准有 ISO 标准(国际标准)，ASTM 标准(美国材料试验学会标准)和 NACE 标准(美国腐蚀工程师协会标准)等。

(3)标准通常每隔若干年均要进行修改，因此实际应用时应以最新版本为准，本教材所标注的年份仅供参考。

附录 4　有关腐蚀与防护术语中、英文名词对照表

1. 加速腐蚀试验 accelerated corrosion test
2. 加速氧化 accelerated oxidation

3. 酸洗 acid cleaning
4. 酸洗 acid pickling
5. 酸洗清洗剂 acidic cleaner
6. 酸度 acidity
7. 活化 activation
8. 激活能 activation energy
9. 活化极化 activation polarization
10. 活化剂 activator
11. 活性的,活化的 active
12. 活性金属 active metals
13. 活化-钝化电池 active-passive cell
14. 活性区,活化区 active zone
15. 活度 activity
16. 优级海军黄铜 admiralty brass
17. 充气 aeration
18. 充气电池 aeration cell
19. 嗜氧菌 aerobic bacteria
20. 老化 aging
21. 老化作用 aging action
22. 大气污染 air pollution
23. 周浸试验 alternate immersion test
24. 厌氧菌 anaerobic bacteria
25. 厌氧菌腐蚀 anaerobic corrosion
26. 阴离子 anion
27. 阳极 anode
28. 阳极极化 anodic polarization
29. 阳极电流密度 anodic current density
30. 阳极氧化物膜 anodic oxide coating
31. 阳极保护 anodic protection
32. 阳极区电解质 anolyte
33. 耐侯性低合金钢 anti-weathering low alloy steel
34. 外加电位 applied potential
35. 水溶液腐蚀 aqueous corrosion
36. 人造海水 artificial seawater
37. 大气暴露试验 atmospheric exposure test
38. 大气腐蚀 atmospheric corrosion
39. 奥氏体不锈钢 austenitic stainless steel
40. 辅助电极 auxiliary electrode
41. 细菌腐蚀 bacterial corrosion
42. 贱金属 base metal
43. 双金属腐蚀 bimetallic corrosion
44. 甘汞电极 calomel electrode
45. 甘汞电极电位 calomel electrode potential
46. 碳化 carburizing
47. 阴极 cathode
48. 阴极保护 cathodic protection
49. 阴极极化 cathodic polarization
50. 阴极电流密度 cathodic current density
51. 阴极电流效率 cathodic current efficiency
52. 阴极区电解质 catholyte
53. 阳离子 cation
54. 碱脆 caustic embrittlement
55. 空泡作用 cavitation
56. 空泡腐蚀 cavitation corrosion
57. 空泡损伤 cavitation damage
58. 空泡磨蚀 cavitation erosion
59. 电池 cell
60. 渗镀,渗碳 cementation
61. 化学清洗 chemical cleaning
62. 化学转化涂层 chemical conversion coating
63. 化学钝化 chemical passivation
64. 化学镀 chemical (electroless) plating
65. 铬酸盐处理(铬化) chromating
66. 清洗液 cleaning solution
67. 浓差电池 concentration cell
68. 接触腐蚀 contact corrosion
69. 转换涂层 conversion coating
70. 恒变形 constant deflection
71. 恒载荷 constant load
72. 腐蚀 corrosion
73. 腐蚀-磨耗 corrosion-erosion
74. 腐蚀疲劳 corrosion fatigue
75. 腐蚀电位 corrosion potential

76. 腐蚀控制 corrosion control
77. 腐蚀电流 corrosion current
78. 腐蚀电流密度 corrosion current density
79. 腐蚀疲劳开裂 corrosion fatigue cracking
80. 腐蚀疲劳极限 corrosion fatigue limit
81. 腐蚀产物 corrosion product
82. 腐蚀速率 corrosion rate
83. 腐蚀科学 corrosion science
84. 腐蚀试验 corrosion test
85. 腐蚀失重 corrosion weight loss
86. 腐蚀增重 corrosion weight gain
87. 电偶 couple
88. 电偶作用 couple action
89. 开裂 cracking
90. 龟裂 crazing
91. 缝隙腐蚀 crevice corrosion
92. 临界阳极电流密度 critical anodic current density
93. 临界浓度 critical concentration
94. 临界湿度 critical humidity
95. 晶体 crystal
96. 辅助电极 counter electrode
97. 电流密度 current density
98. 去活化作用 deactivation
99. 脱合金元素作用 dealloying
100. 脱铝 dealuminization
101. 去气 deaeration
102. 缺陷 defect
103. 脱脂 degreasing
104. 去矿物质 demineralization
105. 去极化 depolarization
106. 腐蚀深度 depth of corrosion
107. 沉积物腐蚀 deposit corrosion
108. 脱锌 dezincification
109. 扩散 diffusion
110. 扩散电位 diffusion potential
111. 差异充气电池 differential aeration cell
112. 极限扩散电流密度 diffusion limited current density
113. 电流 electric current
114. 电位 electric potential
115. 电化学电池 electrochemical cell
116. 电化学腐蚀 electrochemical corrosion
117. 电化学当量 electrochemical equivalent
118. 电极 electrode
119. 电极电位 electrode potential
120. 电极反应 electrode reaction
121. 电解质 electrolyte
122. 电解 electrolysis
123. 电解清洗 electrolytic cleaning
124. 电动序 electromotive force（Emf）series
125. 负电性电位 electronegative potential
126. 电泳沉积 electrophoretic deposition
127. 电镀 electroplating
128. 正电性电位 electropositive potential
129. 静电喷涂层 electrostatic coating
130. 脆化 embrittlement
131. 磨耗 erosion
132. 磨耗腐蚀（或冲击腐蚀）erosion-corrosion
133. 平衡电位 equilibrium potential
134. 腐蚀极化图 Evans diagram
135. 剥蚀 exfoliation corrosion
136. 交换电流密度 exchange current density
137. 暴露试验 exposure test
138. 疲劳 fatigue
139. 铁素体 ferrite
140. 铁素体不锈钢 ferritic stainless steel
141. 丝状腐蚀 filiform corrosion
142. 弗拉德电位 Flade potential
143. 剥层腐蚀 foliation
144. 膜 film
145. 微动腐蚀 fretting corrosion
146. 燃灰腐蚀 fuel ash corrosion
147. 电偶作用 galvanic action

148. 伽法尼电池 galvanic cell
149. 电偶腐蚀 galvanic corrosion
150. 电偶对 galvanic couple
151. 电偶序 galvanic series
152. 热镀锌 galvanizing
153. 恒电流的 galvanostatic
154. 普遍(全面)腐蚀 general corrosion
155. 晶界裂纹 grain boundary crack
156. 晶粒 grain
157. 石墨化腐蚀 graphitic corrosion
158. 重量法 gravimetric method
159. 绿锈 green rot
160. 哈氏合金 hastelloy
161. 热影响区 heat affected zone(HAZ)
162. 耐热钢 heat resistant steel
163. 热处理 heat treatment
164. 高温腐蚀 high temperature corrosion
165. 热腐蚀 hot corrosion
166. 热镀铝 hot-dip aluminizing
167. 湿度 humidity
168. 氢腐蚀 hydrogen attack
169. 氢鼓泡 hydrogen blistering
170. 氢损伤 hydrogen damage
171. 氢电极 hydrogen electrode
172. 氢脆 hydrogen embrittlement
173. 氢致开裂 hydrogen induced cracking
174. 氢超电压 hydrogen overvoltage
175. 氢标 hydrogen scale
176. 浸泡试验 immersion test
177. 冲蚀 impingement corrosion
178. 因科乃尔 Inconel
179. 因科罗 Incoloy
180. 工业大气 industrial atmosphere
181. 缓蚀剂 inhibitor
182. 晶间裂纹 intergranular crack
183. 不溶性阳极 insoluble anode
184. 晶间腐蚀 intergranular corrosion
185. 沿晶应力腐蚀断裂 intergranular stress corrosion cracking
186. 内氧化 internal oxidation
187. 内应力 internal stress
188. 离子浓差电池 ion concentration cell
189. 离子 ion
190. 离子注入 ion implantation
191. 刀线腐蚀 knife-line attack
192. 激光釉化 laser glazing
193. 层状腐蚀 layer corrosion
194. 晶格缺陷 lattic defect
195. 液态金属腐蚀 liquid metal corrosion
196. 局部作用 local action
197. 局部电池 local cell
198. 局部腐蚀 localized corrosion
199. 海洋腐蚀 marine corrosion
200. 马氏体 martensite
201. 马氏体不锈钢 martensitic stainless steel
202. 力学性能 mechanical property
203. 金属离子浓差电池 metal ion concentration cell
204. 金属喷镀 metal spray
205. 金属镀层 metallic coating
206. 微生物腐蚀 microbiological corrosion
207. 金属粉化 metal dusting
208. 混合电位 mixed potential
209. 轧制铁鳞 mill scale
210. 贵金属 noble metal
211. 海军黄铜 navy brass
212. 贵电位 noble potential
213. 非金属涂层 nonmetallic coating
214. 氮化 nitriding
215. 过电位 overpotential
216. 氧化 oxidation
217. 开路电位 open circuit potential
218. 氧化-还原电位 oxidation-reduction potential
219. 氧化物 oxide

220. 氧化膜 oxide film
221. 氧浓差电池 oxygen concentration cell
222. 钝化 passivation
223. 钝化剂 passivator
224. 钝化-活化电池 passive-active cell
225. 钝化的，钝性的 passive
226. 铜绿 patina
227. 酸度计 pH indicator，acidometer
228. 磷酸盐处理 phosphating
229. 酸洗液 pickling solution
230. 蚀孔 pit
231. 点蚀 pitting
232. 点蚀击穿电位 pitting breakdown potential
233. 点蚀系数 pitting factor
234. 点蚀电位 pitting potential
235. 极化 polarization
236. 动电位 potential dynamic(potentiokinetic)
237. 恒电位仪 potentiostat
238. 恒电位 potentisostic
239. 电位-pH 图 Pourbaix diagram，potential-pH diagram
240. 底涂层 prime coat
241. 保护电位 protective potential
242. 氧化-还原电位 redox potential
243. 还原 reduction
244. 参比电极 reference electrode
245. 相对湿度 relative humidity
246. 残余内应力 residua internal stress
247. 铁锈 rust
248. 防锈油 rust preventive oil
249. 牺牲阳极保护 sacrificial anode protection
250. 盐水喷雾试验 salt spray test
251. 喷砂 sand blasting
252. 饱和甘汞电极 saturated calomel electrode(SCE)
253. 氧化皮 scale
254. 季裂 season cracking
255. 选择性腐蚀 selective corrosion
256. 选择性氧化 selective oxidation
257. 自钝化 self passivation
258. 敏化热处理 sensitizing heat treatment
259. 喷丸 shot peening
260. 银-氯化银电极 silver-sliver chloride electrode
261. 慢应变速率 slow strain rate
262. 土壤腐蚀 soil corrosion
263. 剥离 spalling
264. 不锈钢 stainless steel
265. 标准电极电位 standard electrode potential
266. 标准氢电极 standard hydrogen electrode (SHE)
267. 应变能 strain energy
268. 杂散电流腐蚀 stray current corrosion
269. 应力场强度因子 stress intensity factor
270. 应力腐蚀断裂 stress corrosion cracking(SCC)
271. 硫化 sulfidation
272. 表面氧化 surface oxidation
273. 表面处理 surface treatment
274. 皮下腐蚀 subsurface corrosion
275. 塔菲尔斜率 Tafel slope
276. 失泽 tarnish
277. 抗拉强度 tensile strength
278. 热偶腐蚀 thermogalvanic corrosion
279. 热力学 thermodynamics
280. 结瘤腐蚀 tuberculation
281. 穿晶腐蚀 transgranular corrosion
282. 穿晶应力腐蚀断裂 transgranular stress corrosion cracking
283. 过钝化 transpassive
284. 膜下腐蚀 underfilm corrosion
285. 均匀腐蚀 uniform corrosion
286. 水线腐蚀 waterline corrosion
287. 焊接腐蚀 weld decay
288. 湿度 wetness
289. 工作电极 working electrode

参考文献

[1] 肖纪美,曹楚南.材料腐蚀学原理.北京:化学工业出版社,2002

[2] 刘永辉,张佩芬.金属腐蚀学原理.北京:航空工业出版社,1993

[3] 魏宝明.金属腐蚀理论及应用.北京:化学工业出版社,1984

[4] 孙秋霞.材料腐蚀与防护.北京:冶金工业出版社,2002

[5] 梁成浩.金属腐蚀学导论.北京:机械工业出版社,1999

[6] 中国腐蚀与防护学会,《金属腐蚀手册》编辑委员会.金属腐蚀手册.上海:上海科学技术出版社,1987

[7] 冶金工业部钢铁研究总院.金属和金属覆盖层腐蚀试验方法标准汇编.北京:中国标准出版社,1998

[8] 吴荫顺.腐蚀试验方法与防腐蚀检测技术.北京:化学工业出版社,1996

[9] 黄建中,左禹.材料的耐蚀性和腐蚀数据.北京:化学工业出版社,2003

[10] 美国腐蚀工程师协会.腐蚀与防护技术基础.朱日彰,译.北京:冶金工业出版社,1987

[11] 李金桂,赵闺彦.腐蚀和腐蚀控制手册.北京:国防工业出版社,1988

[12] 金石.航空器腐蚀与防护.西安:西北工业大学教材,1997

[13] 黄淑菊.金属腐蚀与防护.西安:西安交通大学出版社,1988

[14] 刘道新.机械失效分析与预防技术.西安:西北工业大学,2002

[15] 李金桂.现代表面工程设计手册.北京:国防工业出版社,2000

[16] 李铁藩.金属高温氧化和热腐蚀.北京:化学工业出版社,2003

[17] Brooks C R, Choudhury A. 工程材料的失效分析.谢斐娟,孙家骧,译.北京:机械工业出版社,2003

[18] Pierre R Roberge. 腐蚀工程手册.吴荫顺,李久青,曹备,等,译.北京:中国石化出版社,2003

[19] 麦克考利 R A. 陶瓷的腐蚀.高南,张启富,顾宝珊,译.北京:冶金工业出版社,2003

[20] 许维钧,马春来,等.核工业中的腐蚀与防护.北京:国防工业出版社,1993

[21] 李恒德,马春来.材料科学与工程国际前沿.济南:山东科学出版社,2002

[22] 胡士信.阴极保护手册.北京:化学工业出版社,1999

[23] 中国腐蚀与防护学会.腐蚀科学与防腐蚀工程技术新进展.北京:化学工业出版社,1999

[24] 中国腐蚀与防护学会.陆军武器装备防腐蚀工程应用与发展研讨会论文集.北京,2003

[25] 中国腐蚀与防护学会.第四届全国腐蚀大会论文集.北京,2003

[26] 柯伟.中国腐蚀调查报告.北京:化学工业出版社,2003

[27] Trethewey K R, Chamberlain J. Corrosion: for students of science and engineering. London: Longman Scientific & Technical, 1988

[28] Fontana M G. Corrosion engineering. 3rd ed. McGraw Hill, 1986

[29] Talbot D, Talbot J. Corrosion science and technology. Boca Raton : CRC Press, 1998

[30] Hoeppner D W, Chandrasekaran V. Fretting fatigue. West Conshohocken, PA: ASTM, 2000

[31] Latanision R M. Corrosion science, corrosion engineering, and advanced technologies. Corrosion

Science, 1995, 51(4):270
[32] 中国腐蚀与防护学会．腐蚀与防护习题集．北京:1995
[33] 尤里克 H H，瑞维亚 R W. 腐蚀与腐蚀控制．翁永基，译．北京:石油工业出版社，1994
[34] 朱日彰．金属腐蚀学．北京:冶金工业出版社，1989
[35] 胡茂圃．腐蚀电化学．北京:冶金工业出版社，1991
[36] 李荻．电化学原理．北京:北京航空航天大学出版社，1999
[37] 陈鸿海．金属腐蚀学．北京:北京理工大学出版社，1995
[38] 曹楚南．腐蚀电化学原理．北京:化学工业出版社，1985
[39] 曹楚南．腐蚀电化学原理．2 版．北京:化学工业出版社，2004
[40] 方坦纳 M G 等．腐蚀工程．左景伊，译．北京:化学工业出版社，1982
[41] 黄永昌．金属腐蚀与防护原理．上海:上海交通大学出版社，1989
[42] 查全性．电极过程动力学导论．北京:科学出版社，2001
[43] 田昭武．电化学研究方法．北京:科学出版社，1984
[44] 博克里斯 J O M，德拉齐克 D M. 电化学科学．夏熙，译．北京:人民教育出版社，1980
[45] 宋诗哲．腐蚀电化学方法．北京:化学工业出版社，1988
[46] 巴德 A J，福克纳 L R. 电化学方法——原理与应用．谷林英，译．北京:化学工业出版社，1986
[47] Pourbaix M. Lectures on electrochemical corrosion. New York-London: Plenum Press, 1973
[48] 杨武．金属的局部腐蚀．北京:化学工业出版社，1993
[49] 化工部化工机械研究院编．腐蚀理论·测试及监测．北京:化学工业出版社，1989
[50] 辛湘杰．钛的腐蚀、防护及工业应用．合肥:安徽科学技术出版社，1984
[51] Frankel G S. Pitting corrosion of metals. J. Electrochemical Science, 1998, 145(6):2186
[52] Szklarska-Smialowska Z. Corrosion Science, 1999, 41:1743
[53] J H W de Wit. New knowledge on localized corrosion obtained from local measuring techniques. Electrolchimica Acta, 2001, 46:3641
[54] Laitinen T. Localized corrosion of stainless steel in chloride, sulfate and thiosulfate containing environments. Corrosion Science, 2000, 42:421
[55] Guillaumin V, Mankowski G. Localized corrosion of 6056 T6 aluminum alloy in chloride media. Corrosion Science. 2000, 42:105
[56] Rokhlin S I, et al. Effect of pitting corrosion on fatigue crack initiation and fatigue life. Engineering Fracture Mechanics, 1999, 62:425
[57] Sato N. The stability of localized corrosion. Corrosion Science, 1995, 37:1947
[58] Campestrini P, et al. Relation between microstructural aspects of AA2024 and corrosion behavior investigated using AFM scanning potential technique. Corrosion Science, 2000, 42:1853
[59] Kruger J. Passivity of metals—a materials science perspective. International Materials Reviews, 1988, 33(3):113
[60] Johns D R, Shemwell K. The crevice corrosion and stress corrosion cracking of austenitic and duplex stainless steel fasteners. Corrosion Science, 1997, 39:473

[61] Assouli B, Srihiri A. Characterization and control of selective corrosion of α β′-brass by acoustic emission. NDT & E International, 2003, 36:117
[62] Leth-olsen H. Filiform corrosion of aluminum sheet corrosion behavior of painted material. Corrosion Science, 1998, 40(7):1179
[63] Schmidt W, Stratmann M. Scanning kelvinprobe investigations of filiform corrosion on aluminum alloy 2024—T3. Corrosion Science, 1998, 40(8):1441
[64] Afseth A. Effect of heat treatment on filiform corrosion of aluminum alloy AA3005. Corrosion Science, 2001, 43:2093
[65] Bautista A. Filiform corrosion in polymer-coated metals. Progress in Organic Coatings, 1996, 28:49
[66] Poulain V. Pretreatments and filiform corrosion resistance of cataphoretic painted aluminum charcterization by EIS and spectroscopic ellipsometry. Electrolchimica Acta, 1996, 41:1223
[67] Robinson M J, Jackson N C. The influence of grain structure and intergranular corrosion rate on exfoliation and stress corrosion cracking of high strength Al-Cu-Mg alloys. Corrosion Science, 1999, 41:1013
[68] Posada M. Exfoliation and related microstructure in 2024 aluminum body skins on aging aircraft. Materials Characterization, 1997, 38:259
[69] Jakbosen P T, Maahn E. Temperature and potential dependence of crevice corrosion AISI 316 stainless steel. Corrosion Science, 2001, 43:1693
[70] Ravndran K, Malhotra S N. The influence of aging on the intergranular corrosion of 22 chromium-5 nickel duplex stainless steel. Corrosion Science, 1995, 37:121
[71] Heusler K E. Fundamental aspects of the corrosion of alloys. Corrosion Science, 1997, 39:1177
[72] 李荻,左尚志,郭宝兰 . LY12 铝合金剥蚀行为的研究. 中国腐蚀与防护学报,1995,15(3):203
[73] 梁成浩 . 离子注入 Cr、Mo、Al 对碳钢缝隙腐蚀行为的影响 . 腐蚀科学与防护技术,1996,9(8):233
[74] 刘双梅,刘道新 . TA7 钛合金/耐热不锈钢电偶腐蚀敏感性研究 . 材料工程,2000(1):17
[75] 褚武扬 . 断裂与环境断裂 . 北京:科学出版社,2000
[76] 肖纪美 . 应力作用下的金属腐蚀 . 北京:化学工业出版社,1990
[77] 黄克智,肖纪美 . 材料的损伤断裂机理和宏微观力学理论 . 北京:清华大学出版社,1999
[78] 周仲荣,Leo Vincent. 微动磨损 . 北京:科学出版社,2002
[79] 李东紫 . 微动损伤与防护技术 . 西安:陕西科学技术出版社,1992
[80] 何明鉴 . 机械构件的微动疲劳 . 北京:国防工业出版社,1994
[81] 左景伊 . 应力腐蚀破裂 . 西安:西安交通大学出版社,1985
[82] 乔利杰,王燕斌,褚武扬 . 应力腐蚀机理 . 北京:科学出版社,1993
[83] Suresh S. 材料的疲劳 . 2 版 . 王中光,译 . 北京:国防工业出版社,1999
[84] 余宗森 . 钢的高温氢腐蚀 . 北京:化学工业出版社,1984
[85] 郑文龙,于青 . 钢的环境敏感断裂 . 北京:化学工业出版社,1988
[86] 徐滨士,朱绍华,等 . 表面工程的理论与技术 . 北京:国防工业出版社,1999
[87] 孙家枢 . 金属的磨损 . 北京:冶金工业出版社,1992

[88] 姜晓霞,李诗卓,李曙. 金属的腐蚀磨损. 北京:化学工业出版社,2003

[89] Attia M H. Standardization of Fretting Fatigue Test Mechods and Equipment. ASTM STP1159, 1992

[90] Sudarshan T R. 表面改性技术. 范玉殿,译. 北京:清华大学出版社,1992

[91] Henry S D. ASM Handbook: Vol. 18. Friction, Lubrication, and Wear Technology. The Materials Information Society Pub., 1992

[92] Hoeppner D, Adibnazari S. Literature review and preliminary studies of fretting and fretting fatigue including special application to aircraft joints. AD-A 280310, 1994

[93] Waterhouse R B. Fretting fatigue. International Materials Reviews, 1992, 37(2):77

[94] Glaeser W A. Tribology: The science of combating wear. J. the Society of Tribologists and Lubrication Engineers, 1992(9):867

[95] Bayoumi M R. The mechanics and mechanisms of fracture in stress corrosion cracking of aluminium alloys. Engineering Fracture Mechanics, 1996, 54(6):879

[96] Galvele J R. Recent developments in the surface mobility stress corrosion cracking mechanism. Electrochemica Acta, 2000, 45:3537

[97] Crooker T W, Leis B N. Corrosion Fatigue: Mechanics, Metallurgy, Electrochemistry and Engneering. ASTM STP 801, 1983

[98] Waterhouse R B. Fretting fatigue. London: Applied Science Publishers, Ltd, 1981

[99] Fernandes P J L, Jones D R H. Mechanisms of liquid metal induced embrittlement. International Materials Reviews, 1997, 42(6):251 - 261

[100] Lynch S P. Metal-induced embrittlement of materials. Materials Characterization, 1992,28:279 - 289

[101] Liu Daoxin, He Jiawen, Celis J P. Improvement of the fretting fatigue and fretting wear of Ti6Al4V by duplex surface modification. Surface and Coating Technology, 1999,116 - 119:234

[102] Liu Daoxin. Behavior and mechanism of solid silver-induced embrittlement. 10th International Workshop on Physics of Materials/Complexity in Materials, Xi'an, China, 2001

[103] 刘道新,何家文. 喷丸强化因素对钛合金微动疲劳抗力的作用. 金属学报,2001,37(2):156

[104] 刘道新. 加弧辉光离子渗 NiCr 与喷丸协同提高钛合金微动疲劳抗力. 摩擦学学报,2001,21(2):8

[105] 刘道新,何家文. 微动疲劳影响因素及钛合金微动疲劳行为. 航空学报,2001,21(2):454

[106] 刘道新,金石. 带镀层 300M 钢应力腐蚀行为与机理研究. 西安交通大学学报,1998,32(6):49

[107] 刘道新,路民旭,郑修麟. GC - 4 超高强度钢腐蚀疲劳断口分维特征的研究. 西北工业大学学报,1998,16(2):191

[108] 刘道新,何家文. 钛合金固态银致脆行为研究. 兵器材料科学与工程,1998,21(2):42

[109] 刘道新,何家文,黄淑菊. 钛合金的银脆、镉脆敏感性及其控制. 材料工程,1998(8):20

[110] 刘道新,金石. 300M 超高强度钢的应力腐蚀开裂. 特殊钢,1997,18(6):20

[111] 刘道新,唐宾,陈华. 钛合金表面离子束增强沉积 MoS_2 基膜层及其性能研究. 中国有色金属学报,2001 11(3):454

[112] 刘道新,陈华,何家文. 等离子氮化与喷丸强化复合改进钛合金抗微动损伤性能. 材料热处理学报,2001,22(3):49

[113] 刘道新．影响微动疲劳行为的材料因素研究．航空材料学报,2001,21(2):18
[114] 刘道新．300M超高强度钢应力腐蚀敏感性及断口分维特征．腐蚀科学与防护技术,1994,6(1):78
[115] 刘道新．固态金属致脆裂纹的萌生与致脆原子输运机制．西安交通大学学报,1999,33(4):57
[116] 王光雍．自然环境的腐蚀与防护．北京:化学工业出版社,1997
[117] 朱相荣．金属材料的海洋腐蚀与防护．北京:国防工业出版社,1999
[118] 孙跃,胡津．金属腐蚀与控制．哈尔滨:哈尔滨工业大学出版社,2003
[119] 夏兰廷．海洋腐蚀与防护．北京:冶金工业出版社,2003
[120] 国防科技工业自然环境试验学术交流研讨会论文集,2002
[121] 张东林,任建平．舰面设备海上环境防腐蚀研究．航天工艺,2001(2):37
[122] 罗永赞．一种新型高强度耐海水腐蚀不锈钢研究．中国造船,2000(3):86
[123] 黄强．锆合金耐腐蚀性能研究综述．核动力工程,1996(6):262
[124] 朱日彰,何业东,齐慧滨．高温腐蚀及耐高温腐蚀材料．上海:上海科学技术出版社,1995
[125] 翟金坤．金属高温腐蚀．北京:北京航空航天大学出版社,1994
[126] 李美栓．金属的高温腐蚀．北京:冶金工业出版社,2001
[127] 李铁藩．金属高温氧化和热腐蚀．北京:化学工业出版社,2003
[128] 张允书．热腐蚀的盐熔机理及其局限性．中国腐蚀与防护学报,1992,12(1):1－10
[129] 刘金声．离子束沉积薄膜技术及应用．北京:国防工业出版社,2003
[130] Lai G Y. High Temperature Corrosion of Engineering Alloys. ASM International Materials Park OH, Kotomo, Indiana, 1990
[131] 师昌绪．新型材料与材料科学．北京:科学出版社,1988
[132] 田永奎．金属腐蚀与防护．北京:机械工业出版社,1995
[133] 马特松 E. 腐蚀基础．黄建中,译．北京:冶金工业出版社,1990
[134] 黄嘉琥．耐腐蚀铸锻材料应用手册．北京:机械工业出版社,1991
[135] 崔崑．钢铁材料及有色金属材料．北京:机械工业出版社,1981
[136] 朱祖芳．有色金属的耐蚀性及其应用．北京:化学工业出版社,1995
[137] 武恭．铝及铝合金手册．北京:科学出版社,1995
[138] 吴一雷．晶界结构对 Al－Li－Mg－Cu 系合金应力腐蚀性能的影响．材料工程,1994(8):16
[139] 胡德昌．新型材料特性及其应用．广州:广东科技出版社,1996
[140] Colvin E L, Murtha S J. Exfoliation corrosion testing of Al-Li alloys 2090 and 2091 in Aluminum-Lithium alloy. Materials and Enginnering Publications, 1989,3: 1251－1260
[141] Doudeau M, Meyer P. Al-Li Alloys Developed by Pechiney. AGARD(NATO), No. 444, Oct. 1988
[142] Smith C J E. Corrosion and Stress Coorosin of Aluminum-Lithium Alloy. AGARD(NATO), No. 444, Oct. 1988:7
[143] 刘正．镁基轻质合金理论基础及其应用．北京:机械工业出版社,2002
[144] 方昌凡．工程材料手册——有色材料金属卷．北京:冶金工业出版社,1989
[145] 何圣静．非晶态材料及其应用．北京:机械工业出版社,1987
[146] 卢博斯基 F E. 非晶态金属合金．柯成,译．北京:冶金工业出版社,1989

[147] 姚素薇．非晶态合金镀层的耐蚀性能．天津大学学报,1999,32(3):374
[148] 李瑛．非晶合金活性溶解行为与其表面结构特征的 SEM 原位研究．中国腐蚀与防护学报,1999,19(3):129
[149] 李德林．深过冷快淬镍基合金与三维非晶的形成及性能研究:[D]. 西安:西北工业大学,1990
[150] 王世敏．纳米材料制备技术．北京:化学工业出版社,2002
[151] 徐国财．纳米复合材料．北京:化学工业出版社,2002
[152] 张立德．纳米材料．北京:化学工业出版社,2002
[153] 马美华．镍-磷-锌盐纳米复合化学镀层抗腐蚀性能的研究．应用化学,2001, 18(7):509
[154] 巩雄．纳米材料的研究进展．化学进展,1997(4):349
[155] 耿树江．溅射 IN738 纳米晶涂层的涂盐热腐蚀行为．腐蚀科学与防护技术,2001,13 (增刊):405
[156] 李瑛．表面纳米化低碳钢电化学行为尺寸效应．中国腐蚀与防护学报,2001,21(4):215
[157] 谢发勤．离子镀铝的钛合金紧固件的耐蚀性能研究．西北工业大学学报,1995,13(1):149
[158] 骆心怡．纳米氧化铈颗粒对电沉积锌层耐蚀性的影响．材料保护,2003, 36(1):1
[159] 徐滨士．纳米表面工程．北京:化学工业出版社,2004
[160] 徐种德,何平笙,周漪琴,等．高聚物的结构与性能．2 版．北京:科学出版社,1995
[161] 何曼君,陈维孝,董西侠．高分子物理．修订版．上海:复旦大学出版社,1990
[162] 冯新德,唐敖庆,钱人元,等．高分子化学与物理专论．广东:中山大学出版社,1984
[163] 肖纪美．腐蚀总论——材料的腐蚀及其控制方法．北京:化学工业出版社,1994
[164] 朱明华,蒋丽．高分子材料的降解及腐蚀机理．国外医学生物医学工程分册,1996,19(6):36
[165] Peanasky J S, et al. Percolation effects in degradable polyethylene-starch blends. J Polym Sci, Part B, 1991, 29:265
[166] 任东．塑料的生物降解性及其检测方法．塑料工业,1994(2):65
[167] 杨惠娣．近期降解塑料．降解塑料通讯,1996(2):38 - 48
[168] 黄根龙．新型降解功能添加剂的研究和应用．上海化工,1995,20(2):17
[169] 刘传明．钢筋混凝土的腐蚀原因分析与防护措施．全面腐蚀控制,2002, 16(3):55
[170] 韩静云,张小伟,陈忠汉．混凝土排污管的微生物腐蚀．混凝土与水泥制品,2000,6:89
[171] 吴人洁．复合材料．天津:天津大学出版社,2000
[172] 朱张校．工程材料．北京:清华大学出版社,2001
[173] 周敬恩,金志浩．非金属工程材料．西安:西安交通大学出版社,1987
[174] 邹世钦,张长瑞,周新贵,等．碳纤维增强 SiC 陶瓷复合材料的研究进展．高科技纤维与应用,2003,28(2):15
[175] 杜洪彦,邱富荣,林昌健．混凝土的腐蚀机理与新型防护方法．腐蚀科学与防护技术,2001,13(3):156
[176] 陆峰．铝基复合材料的腐蚀研究现状．表面技术,1998,27(6):20
[177] 方海涛．碳/碳复合材料抗氧化陶瓷涂层研究进展．高技术通讯,1999(8):54
[178] 刘道新,路民旭,何泽夏,等．玻璃表面应力腐蚀小裂纹生长与聚合．西北工业大学学报,1992,10(3):303

[179] 何泽夏,路民旭,刘道新,等．普通钠钙玻璃 SCC 特性的测试与分析．西北工业大学学报,1992,10(3):311
[180] Jacobson N S, Opila W H, Lee K N. Oxidation and corrosion of ceramics and ceramic matrix composites. Current Opinion in Solid State and Materials Science, 2001,5:301
[181] 赵文轸．金属材料表面新技术．西安:西安交通大学出版社,1991
[182] 李春渠．涂装工艺学．北京:北京理工大学出版社,1993
[183] 涂湘缃．实用防腐蚀工程施工手册．北京:化学工业出版社,2000
[184] 章葆澄．电镀工艺学．北京:北京航空航天大学出版社,1993
[185] 章葆澄,朱立群等．防腐蚀设计与工程．北京:北京航空航天大学出版社,1998
[186] 杨文治,黄魁元等．缓蚀剂．北京:化学工业出版社,1989
[187] 间宫富士雄．缓蚀剂及其应用技术．高继轩,丁瑞芝,译．北京:国防工业出版社,1984
[188] 张天胜．缓蚀剂．北京:化学工业出版社,2002
[189] 刘宝俊．材料的腐蚀及其控制．北京:北京航空航天大学出版社,1989
[190] 李金桂．防腐蚀表面工程技术．北京:化学工业出版社,2003
[191] 王仁智．航空材料喷丸强化手册．北京:航空航天部 AFFD 系统工程,1988
[192] 张定铨,何家文．材料中残余应力的 X 射线衍射分析和作用．西安:西安交通大学出版社,1999
[193] 蒋祖国．飞机结构腐蚀疲劳．北京:航空工业出版社,1992
[194] 陶春虎．航空发动机转动部件的失效与预防．北京:国防工业出版社,2000
[195] 陶梅贞．现代飞机结构综合设计．西安:西北工业大学出版社,2001
[196] 张栋．飞机结构的腐蚀和腐蚀控制．北京:国防工业出版社,1993
[197] 航空工业总公司．民用飞机结构腐蚀控制设计手册．北京:航空工业总公司民机系统工程部,1994
[198] 张栋．机械失效的实用分析．北京:国防工业出版社,1997
[199] 胡世炎．机械失效分析手册．成都:四川科学技术出版社,1999
[200] 刘民治,钟明勋．失效分析的思路与诊断．北京:机械工业出版社,1993
[201] 杜洪增．飞机机构疲劳强度与断裂分析．北京:中国民航出版社,1996
[202] 陶春虎．航空装备失效典型案例分析．北京:国防工业出版社,1998
[203] 李金桂,赵闺彦．航空产品腐蚀及其控制手册．北京:航空材料研究所,1984
[204] 美国金属学会．金属手册:第十卷．第八版．失效分析与预防．北京:机械工业出版社,1986
[205] 杜洪增．民机结构维修指南．北京:北京航空航天大学出版社,1993
[206] 常士基．现代民用航空维修工程管理．太原:山西科学技术出版社,2002
[207] 邵荣宽,隆小庆．民用飞机的腐蚀与控制．北京:海潮出版社,2000
[208] 王荣．金属材料的腐蚀疲劳．西安:西北工业大学出版社,2001
[209] 袁新泉．航空机械失效案例选编．北京:科学出版社,1988
[210] 刘道新．发动机三级涡轮叶片断裂分析．理化检验——物理分册,1998,34(12):33
[211] 李金桂．军用飞机防腐蚀设计．材料工程,1998(6):7
[212] 穆志韬．腐蚀环境下飞机结构疲劳寿命的分析方法．中国工程科学,2002,4(3):68
[213] 文修．P－3 飞机的腐蚀控制问题．航空工程与维修,2000(1):37

[214] 实青，白水．航空发动机的腐蚀及防护措施．国际航空，1993(2):41

[215] 曹寿德．整体油箱防腐蚀——密封保护工艺研究．材料工程，1999(6):13

[216] Azevedo C R F. Aircraft landing gear failure. Engineering Failure Analysis, 2002(9):1

[217] Simpson D L. Tailoring the structure integrity process to meet the challenge of aging aircraft. International Journal of Fatigue, 1999, 21:30

[218] Eliaz N. Characteristics of HE, SCC and TME in high-strength steels. Engineering Failure Analysis, 2002, 9:167

[219] Goward G W. Progress in coatings for gas turbine airfoils. Surface and Coatings Technology, 1998, 108:73

[220] Konter M. Materials and manufacturing of advanced industrial gas turbine components. J. Materials Processing Technology, 2001, 117:386

[221] Roberge P R. A framework for the prediction and management of environmental cracking problems. Materials & Design, 1995, 16(6):349

[222] DeMasi-Marcin J F. Protective coatings in the gas turbine engine. Surface and Coatings Technology, 1994, 88:1

[223] Comassar D M. Surface coatings technology for turbine engine applications. Metal Finishing, 1991, 3:39

[224] 郑南昌．火箭发动机热试车对控制系统的危害．航天工艺，1996(2):36

[225] 郑宏建．液体火箭推进剂贮存技术．上海航天，2001(5):61

[226] 邱惠中．美国空天飞机用先进材料最新进展．宇航材料工艺，1994(6):5

[227] 彭献初，马学荣．在用特燃贮罐定期检验，无损检测，1997，19(12):345

[228] 徐炽焕．高分子材料在航天技术中的应用．上海化工，2000，24:18

[229] 盛磊．原子氧环境对聚合物及其复合材料性能的影响．中国空间科学技术，1994(5):54

[230] 赵树萍，吕双坤．钛合金在航空航天领域中的应用．钛工业进展，2002(6):18

[231] 焦扬声．热防护材料的新进展——芳基乙炔共聚物的碳纤维增强材料．玻璃钢/复合材料，1997(1):41

[232] 李贺军．我国炭/炭复合材料研究进展．炭素，2001(4):8

[233] 古一，夏长清，曾凡浩．陶瓷涂层/GH202 合金界面显微组织的演化．中南工业大学学报，2001，32(4):402

[234] 卢嘉德．固体火箭发动机复合材料技术的进展及其应用前景．固体火箭技术，2001，24(1):46

[235] 吴福迪，任淑元．火箭液体氧化剂(N_2O_4)系统的新型橡胶密封材料．橡胶制品，2000，1(5):4

[236] 周玉娟．运载火箭卫星整流罩的材料与工艺．航天材料工艺，1994(1):38

[237] 崔红，苏君明，李瑞珍，等．添加难熔金属碳化物提高 C/C 复合材料抗烧蚀性能的研究．西北工业大学学报，2000，18(4):669

[238] Jha A K, Diwakar V, Sreekumar K. Stress corrosion cracking of stainless steel bellows of satellite launch vehicle propellant tank assembly. Engineering Failure Analysis, 2003

[239] 罗月新，陈克修，韩宏印．7715D 高温钛合金及其与推进剂的相容性试验．上海航天，1997(1):56

[240] 肖庆山．聚合物可以防止航天飞机发射台腐蚀．科技评论，1995(4):46

[241] 范士合，胡胜铭，王月香．CZ—3 运载火箭的技术改进．导弹与航天运载技术，1994(6):1

[242] 曾渝,尹志民,潘青林,等. 超高强铝合金的研究现状及发展趋势. 中南工业大学学报,2002,33(6):592

[243] 吴厚翠,张立功. 我国星船热控功能应用表面处理概况. 南昌航空工业学院学报,2002,16:137

[244] 郑宏建,刘文全,朱志华. 液体推进剂运输中常见事故的处理. 上海航天,2002(5):53

[245] 李成功,傅恒志,于翘,等. 航空航天材料. 北京:国防工业出版社,2002

[246] 曾汉民,李成功,等. 高技术新材料要览. 北京:中国科学技术出版社,1993

[247] 张东林,任建平. 舰面设备海上环境防腐蚀研究. 航天工艺,2001(2):37

[248] 张关根. 舰船海水管系防腐现状和对策. 船舶,1987(3):37

[249] 沈宏. 舰船海水管系选材及对策. 船舶工程,2002(4):43

[250] 罗永赞. 一种新型高强度耐海水腐蚀不锈钢研究. 中国造船,2000(3):28

[251] 黄永昌. 电化学保护技术和应用. 腐蚀与防护,2000(7):324

[252] 火时中. 电化学保护. 北京:化学工业出版社,1988

[253] 陈鹤鸣. 核反应堆材料腐蚀及其防护. 北京:原子能出版社,1984

[254] 鲍云樵. 原子巨人——核反应堆. 北京,科学出版社,1984

[255] 格拉西莫夫 B B. 吕允文,高秀雯,译. 核工程材料. 北京:原子能出版社,1987

[256] 倪受钢. 核反应壳用钢的辐照脆化. 压力容器,1989(7):71

[257] 徐健,白新德,等. 中子辐照对锆合金氧化性能的影响. 清华大学学报,1998(6):79

[258] 魏晓伟,沈保罗. 核反应堆中防护包壳的研究进展. 稀有金属,2002(7):304

[259] 徐先龙,钱家薄. 核反应堆材料的腐蚀及防护. 化工腐蚀与防护,1993(3):11

[260] 陈晓军. 国外潜艇核动力装置的由来和展望. 核动力工程,1993(6):263

[261] 《电子设备金属腐蚀与防护技术》编写组. 电子设备金属腐蚀与防护技术. 北京:中国标准出版社,1988

[262] 秦熊浦. 设备腐蚀与防护. 西安:西北工业大学出版社,1995

[263] 工业部腐蚀委员会. 工业腐蚀监测. 李挺芳,译. 北京:化学工业出版社,1986

[264] 刘晓方,黄淑菊,王汉功,等. 计算机在腐蚀与防护领域中的应用. 腐蚀科学与防护技术,1998,11(7):22

[265] 刘祖铭,曹定国,吴有金,等. 飞机结构腐蚀控制设计数据库研究. 航空学报,2002,22(7):360

[266] 陈群尧,王光雍. 利用专家系统开发工具 VP-Expert 建造金属材料大气腐蚀防护专家系统的探索. 计算机与应用,1996(1):293

[267] 张锋,乔宁,王光耀. 网络版材料腐蚀数据库的设计与实现. 全面腐蚀控制,2003,17(1):22

[268] 周计明,刘道新,白真权. 神经网络在预测高温高压环境中油管钢腐蚀速率的应用. 腐蚀科学与防护技术,2003,16(6):344

[269] 程长进. Internet 上的腐蚀防护技术信息资源. 腐蚀与防护,1998,19(1):15

[270] 傅强,林木松. Internet 上的化学资源检索. 材料保护,2001,34(7):37

[271] 曾荣昌,蒋爱华. 因特网上寻找科技信息的两种方法. 材料保护,1999,32(1):36

[272] 黄敬东. 如何在因特网上查找表面处理信息. 材料保护,2003,36(8):61